荣格心理学

[瑞士] 卡尔 · 荣格——著
Carl Jung
张楠——译

江西美術出版社
JIANGXI FINE ARTS PUBLISHING HOUSE

图书在版编目（CIP）数据

荣格心理学 /（瑞士）卡尔·荣格 (Carl Jung) 著；张楠译 . -- 南昌：江西美术出版社，2019.2（2021.11 重印）
ISBN 978-7-5480-5899-1

Ⅰ . ①荣… Ⅱ . ①卡… ②张… Ⅲ . ①荣格 (Jung, Carl Gustav 1875-1961) —分析心理学 Ⅳ . ① B84-065

中国版本图书馆 CIP 数据核字（2018）第 277495 号

出 品 人：周建森
企　　划：北京江美长风文化传播有限公司
策　　划：北京兴盛乐书刊发行有限责任公司
责任编辑：楚天顺　康紫苏
版式设计：阎万霞
责任印制：谭　勋

荣格心理学
RONGGE XINLIXUE

著　　者：（瑞士）卡尔·荣格（Carl Jung）
译　　者：张　楠

出　　版：江西美术出版社
地　　址：江西省南昌市子安路 66 号
网　　址：www.jxfinearts.com
电子信箱：jxms163@163.com
电　　话：0791-86566274　　010-82093808
邮　　编：330025
经　　销：全国新华书店
印　　刷：固安县保利达印务有限公司
版　　次：2019 年 2 月第 1 版
印　　次：2021 年 11 月第 2 次印刷
开　　本：710mm × 960mm　1/16
印　　张：41
ISBN　978-7-5480-5899-1
定　　价：98.00 元

Jung
Psychology
序言

荣格心理学是如何治愈灵魂的？

卡尔·古斯塔夫·荣格（Carl Gustav Jung），1875年7月26日出生于瑞士东北部康斯坦斯湖畔康斯维尔。在他的家庭中，宗教气氛很浓厚，八个叔叔及外祖母都是神职人员，父亲是一位虔诚的牧师，母亲则是一位神学家的女儿，这可能就是荣格性格中神秘主义倾向的诱因。

荣格从小就是个富有个性而又有点忧郁的小孩，他经常一个人玩耍，靠着幻想自娱自乐。到了上学后，世界对他打开了 扇大门，而他也发现了生活的另一面。成年后回忆起这个时期，他认为自己在当时是分裂为了两个人格——一号和二号。一号人格让他跟普通的孩子一样上学学习，而二号人格让他像大人一样，对人群多疑，不愿意相信别人，渴望离群索居。

渐渐地，学校和都市生活让他越来越认同一号人格以及所发现的新自我，孤僻的二号人格则慢慢地消逝，他从二号人格的先入之见中顺利解脱出来。

1900年，荣格从瑞士的巴塞尔大学医学院毕业，同年成为苏黎世大学伯格尔斯精神病院的助理医生。他开始对“神经症人群在想什么”感到好奇，随后几年中，他和同事们做了大量的字词联想测验，发现了神经症和精神病患者确实存在压抑的思想观念和情感丛……后来被他称为情结。1912年，他写了《里比多的变形与象征》，用神话分析的方法来解释梦和幻想，提出了对里比多的不同于性欲的理解；1921年出版了《心理类型学》，标志着分析心理学的创立。分析心理学成为人类20世纪科学和文化史上最显要的理论之一，他也成为20世纪最重要的思想巨人之一。

荣格曾在其自传中说，治疗灵魂是他的工作。他一直在思考的一个问题就是：既然个人的命运还在个人可以对之做出选择之前，就已经在极大的程度上被决定了，那么，在力所能及的范围内，个人应该做出些什么样的努力呢？

荣格谈人格面具

在荣格的理论中，如果阴影代表人的动物性，人格面具代表的就是人的社会性，是人在社会化的过程中形成的、与社会环境相适宜的心理模块。每个人都有很多人格面具，人在不同的场合、面对不同的人、从事不同的活动、扮演不同的角色时使用不同的人格面具。按场合的不同，可以把人格面具分为：外交面具，工作面具，社交面具，朋友面具，家人面具，夫妻面具，独处面具。

比如说：

你明明不喜欢热闹，但是在客人打算离开时，还是会热情地挽留；

你看不起某个谄媚的同事，但是在工作接触时，依然对他客气有礼；

你每天都感觉很疲惫，但是晚上回家后，还是撑起笑脸，努力做一个称职的丈夫……

人格面具对于我们适应社会是有益的，设想一下，如果一个人不能在不同的场合和不同的对象面前灵活地调整自己，给自己带上适当的人格面具，那么就很容易与他人发生冲突，并且进一步导致自身情绪的痛苦和心灵的创伤。

但是荣格也指出，我们不能过分刻意地戴着面具去扮演各种角色，否则很容易迷失自我，造成心理的迷惑与冲突。关于这一点，我们这里有个很好的例子：一部分长期从事监控与管理的人群，由于人格面具的过度展现，导致混淆了自己的角色身份，在一些不当的场合（如家庭）发号施令，引起人际冲突。

所以我们每个人在社会生活中，要学会合理地运用人格面具——既要适应现实，也要留有自己的生活空间，保持身心平衡，不要迷失自我。

荣格谈心理类型理论

在荣格的人格类型理论中，有两种基本的心理态度：内倾与外倾；以及四种心理功能：情感、思维、感觉和直觉。

内倾和外倾很好理解：有的人性格内敛保守，更能享受一个人独处的乐趣，这种人我们说TA是内倾人格；有的人性格活泼开朗，喜欢与人交流，乐于表现自己，这种就偏于外倾人格。当两种基本的心理态度与四种基本的心理功能相互搭配的时候，比如内倾的思维型或外倾的思维型，内倾的感受型或外倾的感受型等，于是就有了八种基本的人格类型。

荣格认为，不同的人格类型有着不同的特征与表现：简单来说，内倾情感型的人常常沉浸于个人的主观感受世界中，冷漠、寡言、不喜社交，更喜欢一对一的交流；外倾情感型的人对于外部世界非常有兴趣，他们将其大部分的精力都贡献在对外在世界的探索上。内倾思维型的人倾向于从自己的内在标准或观点，来开始其“问题解决”的过程，他们往往离群索居，沉溺于空想；而外倾思维型的人，思维具有创造性与综合性，他们更多地相信外在的事物是由逻辑与理性所决定的，而非情绪与情感，很多科学家和工程师都属于这个类型。内倾感觉型的人倾向于用其内在的标准来判断他人与事物；外倾感觉型的人则往往与社会或传统文化的价值观保持一致。内倾直觉型的人往往善于发挥内在世界的智慧，观点新颖，但是很多时候喜欢做白日梦；外倾直觉型的人对问题多具远见，富有想象力，但缺点是不能长时间坚持某一个观点，好改变主意。

荣格谈人格动力

你知道你体内藏着怎样的“洪荒之力”吗？我们所呈现出来的不同的做事方式、决策方式、生活方式背后，都有一种内在的驱动力，促使人格具有不同的表现，这就是人格动力。

荣格认为，心灵是一个封闭的系统，而心灵的能量则来自外界或身体，这些能量使心灵一直处在不断变动的状态，但是假如一个人的心灵是关闭的，那他也就失去活力了。

在荣格的理论中，心理能量不仅可以用心理值（一个人从事某项活动所花费的时间和金钱上表现出来的）来测量，而且心理能量还有前行和退行两种流动方向。前行是有意识地适应外部世界的方向，即努力与环境的要求保持一致；退行则是潜意识地满足内在的要求，即激活被排斥的潜意识内容以产生新的机能适应现实。荣格认为，前行和退行的适当调整对于人格发展和心理健康是至关重要的。

这里要说明的是，一个人的动力特点是由遗传、家庭环境、成长经历等因素长期作用形成的，但是心理能量也可以通过模仿或制作等方式进行转换，所以发现你真正的需求，合理地运用人格动力，才能激发你的潜能力。

作为一名伟大的心理学家，荣格提出的心理类型、人格面具、自我防御、潜意识等概念已经深入人心，影响着我们生活的方方面面，而当我们重新阅读，我们将对自我有更深刻的认识，并且重新发现生活的精彩之处。

目录

第一卷　心理类型

第二卷　荣格自传

第一卷 1

心理类型

Jung
Psychology
作者序

我在实用心理学领域工作了将近20年，这本书就是我这些年来深入研究所得到的心血结晶，它成型于我长期的思考过程中，内容来源于我在治疗精神疾病时所观察到的以及从实践中获得的无数经验，来源于我与社会上形形色色人士的沟通和接触，来源于我与朋友及学术对手的交流；同时，也来源于我对心理特质的自我批判。

我希望可以从历史学与术语学层面上将我从实践工作中获得的经验与现有知识结合起来，而不是把所有个案都呈现在读者面前使得他们阅读起来更加困难。我之所以这样做不是要为自己的论证寻找历史依据，而是要把一个医学专家的经验从狭窄的专业领域带进一种普遍联系中，以期达到让那些外行人——只要他受过教育就能看得懂并因此而有所斩获的目的。我坚信，本书所呈现的心理学观点的意义和适用范围是极其广泛的，所以与将其继续放在专业化科学假设的形式中相比，将其放在一般的关系中会得到更好的阐明，不然我也不会冒着可能会被误解为是在侵犯其他领域的危险进行这种延展。

为达此目标，我将只检视此领域内少数几位著作家的思想，而不会将与此有关的所有问题放在我的讨论内容中。因为就算只是编写相关材料和观点的目录，我都已经难以胜任了，更不用说对其进行长篇大论了，况且，这种做法对于推动问题的探讨和进展也没有任何实质性的作用。所以，为了更专注于对本质性问题进行讨论，我毫不犹豫地舍弃了多年以来我在研究过程中搜集得来的大量材料。我的朋友斯米德（Hans Schmid）博士住在巴塞尔（Basel），我们曾通过写信的方式就心理类型问题进行过切磋。这些信件非常有价值，是我们观念的交流与碰撞，对理清我们的思想很有帮助，它们中的大部分被我改动之后写进了本书，其余的只能忍痛割爱。而之所以要对那些信件做改动，是因为它们尚属于本书的准备阶段，若将其直接收入本书，不但不能使书中的内容更加清晰反而会造成混乱。但不管怎样，若是没有朋友的辛苦付出我是不能完成这本书的，所以，我要在此对他表示衷心的感谢！

柏拉图（Plato）[1]和亚里士多德（Aristotle）[2]这两个名字所代表的不仅是两种体系，还包括两种完全不同的性格类型，从古至今，这两种性格和思想体系虽然经过了各种包装，但仍不能掩饰其一直以来不同程度的对立性，特别是在中世纪，这种冲突表现得异常激烈，以至于那个时期的思想四分五裂，直到今天，其影响仍在并成为基督教会史上重要的内容。虽然称呼不同，但事实上我们所谈论的却始终都没有离开柏拉图和亚里士多德及他们的思想。灵觉的（visionary）、神秘的柏拉图式性格，对应的是基督徒灵魂深处坚定的信仰观念与信仰生活。而实用的、有序的亚里士多德式性格，则将这种信仰观念与生活固化为一个体系、一套教义、一种敬拜仪式。于是，基督教会最终兼容了这两种性格，前者体现在神职人员身上，后者则隐居于修道院里，但两者之间的冲突时有发生。

---

1 柏拉图（Plato，约前427—前347年），古希腊三大哲学家之一，同时也是整个西方哲学史和文化史上最伟大的思想家之一。代表作《理想国》等。——译者注

2 亚里士多德（Aristotle，前384—前322年），古希腊著名哲学家，西方哲学的奠基者之一。他博学多才，著作涉及哲学、物理学、政治学、音乐、生物学等诸多领域，在世界范围内产生了深远影响。被马克思称为古希腊哲学家中最博学之人。代表作《工具论》《物理学》《形而上学》《形治学》等。——译者注

第一章
古代和中世纪思想史中有关类型的问题

第一节　古代心理学

诺斯替教、德尔图良和奥利金

心理学自古就有，和人类历史相伴相生。但是，客观心理学却直到近期才得到了发展。可以说，在早期科学中，主观因素的增长使得客观心理学缺乏生长的土壤。因此，虽然古代人的著作不乏心理学方面的叙述，但却都不能被称为是客观心理学。这在很大程度上是受限于古代和中世纪特殊的人际关系。可以说，那时候的人们总是喜欢从生物学的角度来观察和评价他们的同类，这在古代立法和生活习惯中体现得淋漓尽致。然而，只要能找到其价值判断的表现形式，古代人就会对同类持形而上学的评价；这种评价是由人类灵魂具有永恒价值的观念孕育而来的。虽然这种形而上学的评价可以被当成是古代心理学上的有益补充，但这也不能抹杀它与那种生物学角度的观点一样有害这一事实；另外，它其中所包含的对人的评价，是唯一可以算成是客观心理学基础的一点。

有很多人认为，心理学可以被提升至权威的高度，但是，今天的我们都知道，只有观察和经验才是客观心理学的基础。这一基础可能会很合乎理想，但事实上，科学的理想和目的并不是尽可能地对事物进行最精确的描述而在于建立法则；若说到准确地描述事物，照相机或是留声机式记录仪恐怕才是最好的选择，而科学所要建立的法则只是要以简单的方式来表现样式繁多而彼此之间又有着相互联系的过程。这一目的因以概念为形式从而超越了纯粹的经验性范畴，不过，尽管概念具有普遍性和有效性，但追根究底还是考察者的各种主观心理汇集而成的。在建立科学理论和概念的过程中，不可避免地要在某种程度上掺杂大量个人的和偶然的因素，至于个人误差之类的问题也很常见，这是心理学方面的问题，与生理无关。就如大家所知道的那样，我们能看见色彩却看不到波长，与此相类似的现象在心理学中表现得尤为严重。早在我们进行观察时个人误差的影响就已经开始发挥作用了。因为我们看见的都是自己最容易见到的东西，所以我们首先会做的就是将责任推给别人。没有人是完美无缺的，这毋庸置疑，因此我们自己身上也肯定存在着很大的缺陷，而且，这种缺陷很可能会对我们的观察造成障碍。因此，我无法消除我对所谓客观心理学中的“纯粹观察”原则的怀疑，当然，如果我们能把自己完全局限于测时器或测力器等心理器械时则另当别论。同时，它也是人类抗衡实验心理学的巨大成果所凭借的手段。

不过，个人误差对自己观察后的表现和交流所产生的影响是很大的，至于其对经验材料的阐释和抽象所产生的影响则更是不言而喻了！一个观察者必须与其客体相适应，这就意味着他不能只是主观地看，还应该客观地看，这对心理学来说可谓意义重大。要一个人只是客观地看待问题几乎是不可能的，只要他不过分主观地看问题，就已经很了不起了。只有当客观事实被认为只在所讨论的客体领域中是有效的而不是普遍有效的，且能保证主观观察解释与之相符的时候，它才能以解释的真理性证据而自居。一个人因自身存在的“大缺陷”而看到了别人身上的“小缺点”。但就像上文所说的那样，在这种情况下，即使一个人身上有“大缺陷”也不能因此而证明别人身上没有“小缺点”。然而，倘若视力受损，就会普遍产生一种所有的“小缺点”都是“大缺陷”的理论。

如果想要科学而公正地对一个与观察主体的心理状态不同的心理进行评价，最基本的要求就是要认真考虑和重新认识一般知识的主观局限特别是心理知识的主观局限。而验证是否具备这一条件的标准就在于观察者是否能完全了解自己人格的界限和性质。至于怎样才算是完全了解自己，则要看他何时能在很大程度上摆脱集体观念和集体情感的强制性束缚，清楚地了解自己的个性。

我们越去研究历史，就越会发现隐藏在集体主义的外衣之下的个性泯灭。而且，追溯早期人类的心理，我们更发现其中没有任何个体观念的表现。我们只能找到集体的关系，或“神秘参与”（participation mistique——列维-布留尔[1]），却找不到个性。因为具有集体取向的心灵只能借助投射（projection）方式来思考和感觉，所以集体的态度会阻止我们了解和评价那些与主体心理不同的心理。我们所了解的“个体”心理是近期才出现在人类心灵和文化历史中的。所以，在早期人类历史中，居于统治地位的集体态度几乎完全阻止了对个体差异的客观心理评价和对个体心理过程进行科学的客观化思考。由于缺乏这种心理思维，知识被投射的心理所充斥，被“心理化”了。这在最初人类企图运用哲学的观点解释宇宙中有很明显的体现。个性的发展以及由此导致的人类心理的分化始终与客观科学的非心理化历程相伴同行。

综合上述思考我们就能得知，为何客观心理学资料的来源如此之少，以至于如今我们的手上所掌握的从古代流传至今的资料简直凤毛麟角。很难将古代的四体质

1 列维-布留尔（Lvy-Bruhl，1857—1939年），以研究原始思维而闻名的法国哲学家、社会学家。代表作《孔德的哲学》《低级社会中的智力机能》等。——译者注

（temperaments）当成是一种心理类型说，原因是这些体质仍在心理–生理的外观范围之内。但是，缺乏材料并不能阻止我们到描述心理二元对立的古代文献中去寻找线索。

诺斯替教（Gnostic）[1]哲学建立了三种类型，即圣灵（pneumatikoi）、心灵（psychikoi）、物质（hylikoi）。它们与三种基本的心理功能相对应：圣灵对应思维、心灵对应情感、物质对应感觉。诺斯替教坚信知识的价值，这种精神与对心灵的低级评价相吻合，却与基督教恰好相反。因为基督教更注重爱与信仰的原则，而这种原则对知识是排斥的。在基督教信仰领域，圣灵主义者影响力很小，因为他们只强调灵知（gnosis）。

只要你想到教会从很早之前便开始激烈而又恶毒地批判诺斯替教这一点，你就能知道类型的差异。早期基督教占据统治地位，其信仰更具实用性，这是毋庸置疑的。因此，一个原本理智的人因出于本能进行反击而陷入雄辩的论战中时，想要继续保持自己的本色是几乎不可能的。教会的统治相当严厉，信仰的原则也过于苛刻，不允许任何独立的活动存在。

而且，教会的信仰因超乎人类现有的理智而显得不具说服力，其个别高尚的观念尽管有很大的实用价值，但却阻碍了理性思想的发展。与情感型的人相比，理智的人更容易被“为理智献身”的思想所影响。所以，如果从目前我们心智的发展情形来看，为什么诺斯替教派的灵知不仅没有在心智内容方面丧失其巨大的优越性，其价值反而越来越大就很好理解了，而由此我们也能想到，它会对当时教会中的理智者产生多么大的吸引力。对理智者来说，这些其实就相当于尘世间所有诱惑的总和。特别是幻影说（Docetism）[2]，此说认为，基督的肉体形同虚设，他降世人间和受难都是一种象征（semblance），这种说法使得教会颇受非议。最后，纯粹的理智成分在争辩中占据了支配地位，可代价是人类的情感被白白牺牲掉了。

在这场针对诺斯替教的争辩中，两位极有影响的人物脱颖而出，他们是德尔图良（Tertullianus）和奥利金（Origen）。他们大约生活于公元2世纪末期，都兼具教会领袖和普通人的双重人格形象。舒尔茨（Schultz）在谈到他们时如此说：

奥利金如同一个有机体般尽其所能地吸收着所有营养，并把这些营养融入自己的本性当中；而德尔图良却很固执地拒绝这些营养，绝对地回绝任何一种外部表现。所以从本质上来讲，他们是对立的。他们对诺斯替教的反应不仅带着他们的人格和生命哲学的特征，对当时的宗教倾向与精神生活来讲，还具有诺斯替教观念的实质性意义。[3]

---

1 诺斯替教是罗马帝国时期流行于地中海中部沿岸的一些神秘主义教派的统称。——译者注

2 幻影说是早期基督教对基督的一种描述，该学说认为基督只是幻影。——译者注

3 舒尔茨：《诺斯替教的历史文献》（耶拿，1901），第28页。

公元160年，德尔图良出生于迦太基（Carthage）。早年间，他一直是个异教徒，且一度在都市生活中放浪形骸，这种生活一直持续到他三十五岁成为一名基督徒为止。他一生著书立说，成绩颇丰。我们可以从他的著作中看到他那种无与伦比的热忱，激情澎湃的气质以及他对宗教清晰和非凡的领悟力。他常常为了一种可接受的真理而陷入狂热中，并能异常灵活地抱持单一的观点；他暴躁，是个战无不胜的战斗精灵，他从不同情自己的对手，直到确认已经彻底击溃了对手之后才会庆贺胜利；他的言词如同一把寒光四射的利剑，蕴藏着人类所不能及的威力；他是延续了一千多年的罗马天主教会（Church Latin）的创始人，早期基督教的概念也是由他发明的。“如果他坚持一种观点，他就会像身后有百万地狱雄兵在追击自己一样，对这种观点的各种结论追根究底，哪怕理智早已荡然无存，哪怕所有被破坏了的合理秩序已经七零八落地呈现在他面前，他仍会勇往直前。”他那不可改变而富有激情的思维，使得他一再摈弃自己曾经为之付出过巨大努力的东西。所以，他的道德法则永远是那么的严苛。他苦苦追寻苦难的殉道，绝不允许女性摘下面纱，禁止再婚再嫁的行为发生。其实，诺斯替教在思想和认识上都是满怀激情的，但其思想及与其有密切关系的哲学和科学都遭到了德尔图良毫不留情的猛烈攻击。人们曾把这一样一句话当成了他的至理名言和崇高告白：“我相信它正是因其不合理性。”但这并不完全符合史实；他只是说：“上帝的儿子死了这件事可信，是因为它是荒唐的；他从坟墓中复活了这也很合理，是因为这根本就不可能。”[1]

德尔图良心思敏锐，他深切地知道哲学和诺斯替教的知识是何其贫瘠，因此对其根本不予理睬。他只相信内心的东西，并以其内心世界和内在现实为论据来对哲学和诺斯替教的知识加以反驳。他在这些内在现实的形成和发展过程中创造出了那些仍然包含在现代天主教体系之中的抽象概念。在他看来，非理性的内在现实从本质上来讲是一种动力；是他应对这个世界、集体效应和理性时所使用的科学和哲学依据，是他的原则。我对他所说的原话做了如下翻译：

我要寻找一个新的证据；这个证据是全人类的，它比所有的公告流传得更广，比所有篆刻的碑文更家喻户晓，比所有生命体系更有讨论价值，比全人类还要伟大。让我们尽可能地靠近这一证据吧！我的灵魂啊，假如你真的如许多哲学家所说的那样神圣而永恒，那恐怕你会因找不到立锥之地而终将消亡，所以也就不可能是绝对神

---

1 《基督之肉体》（*De Came Christi*）第5节，参见《论肉身说》，第19页。

圣的；假如你真的如伊壁鸠鲁（Epicurus）[1]所一力辩争的那样，那么不管你是数字组成的还是原子组成的、是来自天上还是出自尘世、是自古以来就附着于肉体之上还是后来才被灌进去的，你都很难生存；你到底从何演变而来，你通过什么方法让人变成现在这个样子，即如何使他们成为善于感觉和认识的合乎理性的存在的。但是，哦，灵魂，我不会因你曾在学校中受过教育，对图书馆中的一切如数家珍，在雅地加（Attica）的高等学府和圆柱大厅里聆听和熏染过圣人们的高贵教诲就对你赞誉有加。哦，不，灵魂！我只想说，你是那样的无知、笨拙、幼稚，还没有受过教育，跟那些除了拥有你之外一无所有的人，甚至跟那些市井巷陌、工棚作坊里的下等人没什么区别。不过，你的无知恰好正是我所需要的。[2]

在牺牲理智的过程中对自己造成的依赖感使得他毫不犹豫地对非理性的内在现实表示认可，这就是德尔图良信仰的真正基石。他发自内心地感受到了宗教过程的必要，并在“灵魂的天性是基督徒”（anima naturaliter christiana）这样完美的概念中抓住了这种纯粹感觉。对德尔图良哲学、科学以及诺斯替教都没有什么更深层次上的意义，因为他是以牺牲理智为理想的。这些性格特质在他生命的后期越发凸显出来。他在教会被迫向群众做出越来越多的妥协时奋起反抗，之后就开始追随佛里吉亚（Phrygia）[3]的先知蒙塔尼斯（Montanus）。蒙塔尼斯极其疯狂，他对这个世界持全盘否定态度并将其彻底精神化。受此影响，德尔图良其后写了许多文章抨击教皇克利刻图斯一世（Pope Calixtus I）的政策，言辞激烈，再加上他坚持蒙塔尼斯主义，这使得他在某种程度上游离于教会之外。根据圣·奥古斯丁（St Augustine）[4]的记载，后来，德尔图良又将蒙塔尼斯主义摒弃一旁，自己建立了新的教派。

德尔图良是古代内倾型人物的代表。他经过反复思考且敏锐地发展起来的理性受到了感性的强烈威胁。因为这种基督徒式的心理发展过程，他付出了巨大的代价，甚至就连蕴含在圣子伟大而又堪称典范的牺牲这一象征中的神话观念——这一最有价值的功能也失去了。他的理智以及由此产生的清晰的洞察力是最有价值的器官。因为理智成了牺牲品，所以纯理智的发展道路自然就走不通了，这就使得他不得不把他灵魂中的非理性原动力（dynamism）当成自己存在的根据。为了情感原则他迫不得已地放弃了作为灵魂动力现象所赋予的特有的理性标志，还有诺斯替教的理智，所以，这二

---

1 伊壁鸠鲁（Epicurus，前341—前270年），古希腊哲学家，曾创建伊壁鸠鲁学派，以追求不受干扰的宁静状态为其学说主旨。代表作《论自然》《准则学》《论生活》等。——译者注

2 参见《德尔图良文集》第1卷，第132页。

3 大约于公元前8世纪建立于小亚细亚的一个国家。——译者注

4 圣·奥古斯丁（St Augustine，354—430年），古罗马帝国时期基督教史上的权威人物，欧洲中世纪基督教神学、教父哲学的代表者。有“圣人”“圣师”的封号。——译者注

者在他看来就都变成了让人厌恶的东西。

大约公元185年，奥利金出生于亚历山大港（Alexandria），其父是一个基督教殉道者。他在很多方面都与德尔图良完全相反。他求知欲旺盛，所有有价值的知识都是他渴求的对象。当时的亚历山大港人才济济，名士云集，东西方文化汇聚一堂，百花争艳，这一切为奥利金学习新知识提供了很好的契机。他生长在这样一种独特的精神氛围中，因而不管是基督徒的观点还是犹太人、希腊人或是埃及人的观点他都全盘接受。刚开始时，他在一家宗教传道士开办的学校里执教，在此期间逐渐崭露锋芒。蒲鲁太纳斯（Plotinus）[1]的学生、异教哲学家坡菲内厄斯（Porphyrius）在谈及奥利金时如此说："从他的外在生活来看，他就如同一个基督徒般与法律水火不容；但他却用希腊的观念看待物质和神明，并以其代替外来的神话。"[2]

早在公元211年前，奥利金就把自己阉割了；或许我们可以猜想一下他为何这样做，但如果从历史着手，我们会发现自己的猜测也许并不符合事实。奥利金的语言极富感染力，影响甚大，所以他身边总是围着一群群的学生。他的那些话语被学生们认真地记录在手抄本上，我们可以从中找出很多精彩的句子。他具有多重身份，不仅是一位教师，也是一位多产的作家，甚至还在安提阿（Antioch）[3]给皇帝的母亲玛玛耶（Mammaea）举办过神学讲座，在卡萨内（Caesarea），还是一个流派的领袖。因为他四处游走，所以讲的课总是时断时续的。他知识渊博，能洞察蕴含于一般事物中的深奥含义。因他搜集到了古老的《圣经》手稿，所以在《圣经》文本的评论上占据了特殊地位。哈纳克（Harnack）在评价他时说："他是一个伟大的学者；一个古代教会中唯一真正的学者。"奥利金与德尔图良不同，他不仅不排斥诺斯替教的影响，甚至还把诺斯替教中某些激进的东西弱化，以达到将其运用到自己教会中来的目的。如果仔细研究了他的思想和观点，似乎将他说成是一个基督教的诺斯替徒也不为过。而如果谈到奥利金在信仰和知识上所持的立场，我们就必须提到哈纳克一段颇具心理学意义的话：

无论对信仰来说，还是对知识来说，《圣经》都是不可或缺的：信徒从《圣经》中获得他们需要的事实和训诫，而学者则可以通过阐释和研究《圣经》中的思想寻找到热爱上帝的力量——因此，经过精神的阐释，好像一切物质的东西都被融汇到观念的宇宙中去了，最后，在这种"提升"中，所有的一切都被看成永远晋升的阶石而被超

---

1 蒲鲁太纳斯（Plotinus，205？—270年），罗马哲学家，新柏拉图主义的发展者。——译者注

2 参见哈纳克：《教义史》第1章，第357页；尤斯比厄斯：《基督教教会史和巴勒斯坦殉教者》第1章，第192页。

3 位于小亚细亚的一座古城。——译者注

越，留下的只有：上帝与其所创造的一切受造之物的灵魂之间的那种幸福而永恒的关系（爱和显圣）。

奥利金与德尔图良在神学上的本质区别是哲学性的；奥利金的神学脱离不了新柏拉图派哲学的框架。希腊哲学和诺斯替教的观念世界在奥利金的身上竟然与基督教世界的观念世界完美地融合在了一起。但是他这种看似宽广的胸怀不但没有博得教会的欢迎，反而却受到了质疑。当然，奥利金是在死后才受到谴责的，但在此之前，在他已经白发苍苍时，狄希阿斯（Decius）[1]对他进行了长期迫害，因饱受痛苦折磨，他很快就与世长辞了。教皇安耐斯答希尔斯（Anastasius）一世于公元399年正式宣布对奥利金进行谴责；而查士丁尼（Justinian）[2]也于公元543年召开宗教会议对他的观点学说进行审判，并通过后来的多次会议确认了这一审判结果。

奥利金是古代外倾型的典型代表。他那种朝向客体的基本取向清楚地表现在他对客观事实的慎思明辨上；而且他那至高无上的“爱和神灵显圣”（amor et visio Dei）的原则也显示了这一点。在奥利金身上，基督教的发展历程体现出的是一个以客体间关系为出发点的类型，而且还总是通过人的性欲象征性地表达出这种关系，而这一点就能说明为什么如今一些心理学理论总是将某些心理的基本功能都归于性欲。所以，只有阉割才能充分体现出对最有价值的功能所做的牺牲。德尔图良与奥利金都是这方面非常典型的例子，但前者表现的是理智的牺牲，而后者却是阳物的牺牲（sacrificium phalli），因为基督教的发展过程要求人们断绝与客体的感官联系，即牺牲一切在人看来是最有价值的东西、最宝贵的财富、最基本的本能。从生物学角度来说，这类牺牲是为驯化的目的服务的；但从心理学上来说，它却打破了旧的束缚从而为新的可能性的发展打开了大门。

德尔图良之所以要牺牲理智，原因在于，理智会用世俗的一切紧紧束缚住他。而他之所以会攻击诺斯替教，是因为对他来说，诺斯替教就是走向理智的歧途，同时还包含着肉欲的代名词。而事实上，我们在现实中也发现诺斯替教分成了相应的两个派别：其中一派以超越所有限制的精神性为奋斗目标，而另一派则坠入伦理的无政府主义的漩涡，放荡不羁，且不知收敛。我们必须明确地区分节欲派（Encratites）和反秩序法律派（Antitactae或Antinomians）这两派；反秩序法律派会为了服从某些教义、遵循某些所谓的信条而故意犯罪，肆意放纵自己。尼科拉斯式人物、古雅典执政官等，就是后一流派的典型和代表，他们被形象地称为Borborians。雅典执政官的例子为两种事物为何既对立又紧密地联系在一起、不可分割做了很好的解释：这是同一个宗派

---

1 狄希阿斯（Decius，201—251年），罗马皇帝，公元249—251年在位，曾下令取消基督教。——译者注

2 查士丁尼（Justinian，483—565年），东罗马皇帝，公元527—565年在位。——译者注

被分成节欲派与反秩序法律派，而两派又都能符合逻辑且坚持追求其共同的目标的结果。假如你想知道将唯理智论发展到极致，并将伦理的后果在大范围内施行会产生怎样的后果，那你只需将诺斯替教的道德史拿来做一下研究就能知道答案。你会彻底理解什么是理智牺牲。这些诺斯替教教徒的观念与实践是那么的一致，以至于他们在生活中也肆意而荒唐地实践着这些疯狂的观念。

奥利金因自我阉割牺牲了尘世感官的快乐。在他看来，理智并不只是一种特殊的危险，更是一种使他迷恋客体的情感与感觉。通过阉割的手段，他摆脱了将自己与诺斯替教联系在一起的肉欲；从而可以无畏地沉浸于诺斯替教的思想之中。而德尔图良刚好与奥利金相反，他因牺牲理智而与诺斯替教背道而驰，不过，他也因此而获得了一种奥利金身上所没有的深度的宗教情感。舒尔茨（Schuhz）在评价德尔图良时说："在某一方面他高于奥利金，因为他总是以生命在灵魂的最深处践行着他所说的一切；如果说使奥利金深受感动的是理性，那么，感动了他的就是心灵。而换个角度说，他又远远落在了奥利金的后面，因为虽然作为一个思想家，他是极富激情的，但他却坚决不肯接受任何知识，他攻击诺斯替教的言论就等同于是在否定全人类的思想。"[1]

我们通过观察基督教的发展历程可以发现，最初的类型在现实中都刚好相反：奥利金本应该是一个感性的人却变成了一个充满理性的学者；而德尔图良本该是一个有深度的思想家，结果却变成了一个情感丰富的人。当然，如果从逻辑的角度出发，把上述情况反过来说就容易多了，比如德尔图良一直都感情丰富，而奥利金原来就是一个理性的人。可即便如此，类型的差异还存在着，并没有消失；此外，这也解释不了，德尔图良为何看到了理智是他最危险的方面，而奥利金则看到了性欲是他最危险的方面。这到底是怎么回事？我们说，经过讨论我们可以确定，他们用自己的最终命运告诉我们的是：他们全都被骗了。如果真是这样的话，那么我们就必须推断得出这样的结论，即，他们所牺牲的东西根本无足轻重，他们与命运进行了的交易并不公正。从原则上来讲，我们应该认可这种观点的有效性。在原始社会中也有这样的例子存在：那些狡猾的家伙手拎一只黑母鸡，走到要祭拜的偶像面前说："看，我带来了一头漂亮的黑猪来孝敬您。"虽然很多人会因贬低在人看来很崇高的偶像而获得快感，但在我看来，尽管这种贬斥性的解释方法看起来似乎与"生物学"的观点极其相符，但这并不代表它无论何时何地都是正确的。在精神领域中，仅就我们目前所知道的这两位伟人的经历来说，我们可以说他们整体的性格都相当的真诚，所以他们皈依基督教的行为都是真实而又具体的，这绝不是什么欺诈，也并不虚伪。

---

1 舒尔茨：《诺斯替教的历史文献》，第27页。

如果我们能以此为契机来试着掌握这种天性的本能过程的分裂（即基督徒做出牺牲的过程的显现）的心理学含义，那我们就不会再误入歧途了。综上所述我们可以推知，皈依即意味着过渡到另一态度。同时我们也可以知道，他们皈依基督教的强烈动机是什么，德尔图良说灵魂“天性上就是基督徒”从何种程度上来说是正确的。与天性中的其他所有东西相同，本能的自然过程也同样遵循着最小阻抗的原则。一些人在这方面有得天独厚的天赋，而另一些人在那方面表现突出；或是因父母情况和环境的特征的不同，在适应童年早期的环境上，一些人相对来说要求更多的抑制和内省，而另一些人则相对地要求更多的同情和参与。所以就自动形成了具有某种偏向的态度，并由此产生了不同的类型。每个人都是一个相对稳定的存在，具有所有基本的心理功能，如果他想充分地适应环境，就必须平等地运用这些功能。至于为什么会有多种不同的心理适应方式，有一种解释显得很理所当然：想只从一个方面来对这种现象做出解释显然是不可能的，举个例子，如果客体纯粹被思考或纯粹被感觉时，我们似乎只能部分地理解它。单一的（“类型化的”）态度会使心理适应出现缺陷，假如任由这种缺陷在生命的历程中不断地累积，那么，最终必将导致适应的紊乱，并使主体不得不趋向于补偿作用。但是，想要获得补偿就必须消除（牺牲）到现在为止所有的片面态度。而这样做的后果就是使能量暂时聚积，之后就会流向过去不曾被有意识地使用但早就无意识地存在的一些渠道中去。于是，适应的缺陷便能对皈依过程做出有效的解释，而主体对此的感觉则是模糊的不满足。这种情形在我们这个时代的转折中更加普遍，以至于全人类都希望能被救赎，而且，救赎需求使得古罗马的所有可能的和不可能的狂热崇拜都变得史无前例地清晰。此外，那些有着充分理论依据的“生命的完满存在”的代表们，虽然一点都不懂“生物学”，但却也能用有着科学依据的一些类似的论据为自己辩护。我们不可能从他们身上推断出为什么人类会这样贫乏，较之我们当今的科学，只有那时的因果论受到的限制才比较少；他们所谓的“寻觅过去”指的不是回忆儿时而是要追溯到宇宙的发生论根源上去，他们设计了很多暗示古老蛮荒时代的种种事件的体系，并认为是它们使人类遭受了巨大不幸。

对我们来说，德尔图良和奥利金所施行的牺牲委实太过偏激，但这却是相当符合那个时代的精神的，因为那个时代的精神完全是具体化的。正因如此，诺斯替教信徒才断定这二者的心灵是绝对真实的，而且与现实有着直接关联。对德尔图良来说，他情感的现实性不仅是客观的也是有效的。诺斯替教认为主观态度转变的内在知觉过程与一种宇宙发生系统的形式相似，并坚信其心理形象是真实的。

在我的著作《无意识心理学》（*Psychology of the Unconscious*）（1916年的英译本；1952年再版时更名为*Symbols of Transformation*）中，我把所有问题都归结为在基督教信徒心理过程中欲力的流量问题，在我看来，欲力可以划分成相互冲突的两部分。此观点的形成是以心理态度的单一性为基础的，而这种过于极端的单一性也常常使得无意识的补偿作用变得极为迫切。在基督教早期的诺斯替教运动中，无意识的补偿作用表现得更加明显。基督教本身代表的就是古代知识文化及价值的牺牲和毁灭，换句话说，也就是古典态度的灭亡。而对于目前的问题来说，不管我们谈论的是两千年前的时代还是现今的时代都没什么太大的区别。

第二节　古代教会中的神学争论

也许，类型的差异也曾在早期基督教会的争论中、在那些宗派和异端邪说的历史上出现过。那些与伊便尼派（Ebionites）相似的原初基督徒或犹太基督徒，坚持认为耶稣只拥有人性，而且只是木匠约瑟（Joseph）和玛利亚（Mary）的儿子。在他看来，耶稣的圣职仪式只是后来通过圣灵才获得的。从这一点上来说，伊便尼派的观点与幻影说者（Docetists）的观点刚好相反。这种对立使得二者陷入了长期论争。大约在公元320年，又出现了一位名叫阿莱亚斯（Arius）的异端人士，在他那里，冲突又演化出了新的形式。虽然此时在教义方面的冲突已经淡化，但事实上仍对教会政治产生了巨大影响。阿莱亚斯极力反对正统教会提出的（基督）与圣父同体这一信条。如果我们能对有关圣体同一说（homoousia）与圣体类似说（homoiousia）之间（换句话说，也就是耶稣与上帝是完全同一还是实体相似这两者之间的对立）阿莱亚斯式的巨大争辩的历史进行更深入的研究，我们就会明白圣体类似说教义很明显更注重的是人的感官和可知觉的方面，这与圣体同一说教义纯粹概念的和抽象的观点截然不同。同样，我们也会清楚地知道，单一性灵论者（Monophysites，他们眼中的基督，其本质是绝对单一的）反对乔尔斯登会议（The Council of Chalcedon）提出的双重性灵论信条（Dyophysite，他们承认基督具有二重性，即他的人性和神性合二为一，不可分割）的做法再次表明，非想象的和抽象的观点与双重性灵论者自然的和感性的观点之间是对立的。

如此一来，以下事实就变得更加清晰明了：与在单一灵性论者中出现的争论完全一样，虽然阿莱亚斯运动最初的构想将教义应当言简意赅当成是主要论点，但事实是，广大的群众并没有参加到争论中去。在那个年代，群众不会对这类问题有兴趣，不管它有多深奥都不例外，他们只会受政治权力的驱使去行动，而这显然与神学观点无关。类型的差异在这里没有什么具体的意义，如果非要说有的话，那也只是通过某些标语口号在为粗野的群众脸上贴金罢了。但无论怎样做都无法掩盖这样的事实，在那些有分歧和论争的人看来，圣体同一说与圣体类似学说之间的论争都是极为严肃的，因为不管是从心理学还是历史的角度出发，都会认为这里实质上体现的是伊便尼派和幻影说教义的纷争：前者认为基督具有纯粹的人性，而其神性是相对的即“外显的”；而后者则刚好相反，他们主张基督具有完全的神性，而肉身性是外显的。这种论争中还隐含着巨大的心理分歧，主要表现为两种立场：一种立场认为在感官知觉中蕴含着绝对的价值，或许人类和个人并不总是以主体的形式出现在那里，但不管怎样，这都是一种投射出来的人类感觉；而另一种立场却认为只有抽象的和超越人类之外的东西才具有主要的价值，主体即功能；这也就是说，超出人类感觉之外的客观规律决定了在自然的客观过程中的运作，而这种主要价值同时还构成了人类感觉的事实基础。倘若以此来看待人的话，那么，我们说，前一种观点忽视了功能，更偏重于功能–情结；而后一种观点则忽视了人这个必不可少的主体而更偏重功能。显然，两种观点都对对方的主要价值持否定态度。而双方的代表者越是坚持自己的观点，对对方的抨击就会越猛烈，也许他们都有一个共同的愿望，那就是强迫他人接受自己的观点直至最后彻底摧毁对方的主要价值。

在5世纪初的皮拉基亚斯（Pelagius）[1]论争中，类型对立的另一方面也显示出来了。德尔图良深切感受到，一个人即使受过基督教洗礼也不能避免犯罪，他的这一体验在与自己有很多相似之处的圣·奥古斯丁那里变成了充满悲观主义色彩的原罪观念，而原罪的本质是人类遗传自始祖亚当（Adam）的色欲（concupiscence）[2]。圣·奥古斯丁认为，虽然人类生来就是有罪的，但是上帝赐下了赎罪的恩典并可以由教会来代行这种恩赐，这是与原罪相对立的。在其观点中，人几乎没有什么价值，因为人不是造物主而是受造之物，除非通过教会介入，即相信上帝这唯一的途径，通过赦罪拯救才能得到上帝的恩赐，否则就会被遗弃给撒旦。如此一来，作为一种观念，教会的价值和重要性就被极大地提高了；而人的价值、道德自由和自我决断则荡然无存。这很符合奥古斯丁在自己的著作《上帝之城》中所阐明的纲领。

虽然原罪观念的花样层出不穷，但它始终带给人压抑感，所以，即使这种压抑的逻辑有多严密，检查做得有多周密，因为人们从情感上是不愿意长期受到压抑的，所以，要求得到人的自由及道德价值的呼声还是出现了。英国僧侣皮拉基亚斯（Pelagius）还有他的学生喀利斯修斯（Celestius）就很提倡这种有关人的价值情感的正当要求。他们将人的道德自由看作是一个既定的事实，并以此为基础建立了自己的教义。让人感到不可思议的是，皮拉基亚斯的观点和双重性灵论观点之间居然有着某种心理上的血缘关系，原因是，君士坦丁堡的大主教聂斯托里（Nestorius）为遭受迫

1 皮拉基亚斯（Pelagius，360？—420年），英国神学家。其主要观点为强调重视人的意志力量。——译者注

2 或者我们该这么说，是狂傲不羁的欲力借助命运的形式将人类引上歧途直至毁灭。

害的皮拉基亚斯派信徒提供了避难所。与西里尔派（Cyrillian）强调的基督作为神-人所具有的肉身单一性截然不同的是，聂斯托里认为基督的神性和人性是完全分离开来的。聂斯托里认为人们应该将玛利亚理解为“基督之母”而不是“上帝之母”，他甚至还据理力争说，把玛利亚看作“上帝之母”这种想法简直就是离经叛道。正是由于他坚持这些论点，聂斯托里派的争辩才得以形成，之后，这些争辩也随着聂斯托里教会的衰亡而彻底消失了。

第三节　关于化体说的争论

在经历过浩大的政治动乱、罗马帝国的覆灭还有古代文明的衰落之后，各教派之间的争论也逐渐淡出了历史舞台。但当若干年之后，社会局势再度稳定之时，类型差异又再次出现了，刚开始时，它们只会短暂地出现，但随着文明的发展，它们也变得越来越无法让人忽视。尽管之前在古代教会中曾引起激烈争论的那些问题早就已经荡然无存，而新的争论形式也已经出现，但不管形式如何变幻，都改变不了其掩盖下的同一心理问题这一事实。

科维修道院院长帕斯卡西乌斯·拉伯图斯（Paschasius Radbertus）大约于9世纪中叶发布了一篇有关圣餐礼（Holy Communion）的文章，在文中，他提出了将圣餐礼中的酒和神圣的薄脆饼看成是基督的血和肉的化体说（transubstantiation）。这一观点后来发展成一条我们都熟悉的教规，该教规使基督化体的过程在“真理、现实、实体”（intruth，inreality，insubstance）上完成了；尽管作为“偶然物”（accidentals）存在的圣餐礼上的酒和薄饼外观上仍未发生任何改变，但实际上，在信徒们的眼中，它们早就被当成了基督的圣血和圣体。僧侣拉特拉姆尼斯（Ratramnus）与拉伯图斯同在一个修道院，他大胆地提出了一种相反的意见来反对这种化体说。然而，对于拉伯图斯来说，拉特拉姆尼斯还不是最难对付的敌手，中世纪早期伟大的哲学家和思想家埃里金纳（Scotus Erigena）才是最让他头疼的。在赫斯（Hase）所著的《基督教教会史》一书中有如此描述：埃里金纳在他那个时代是那么的鹤立鸡群、高不可攀，甚至达到了经过数个世纪教会内部才敢有勇气对其进行批判和谴责的程度。大约是公元889年，身为马尔姆斯伯雷（Malmesbury）修道院院长的埃里金纳死于本院僧侣之手。对埃里金纳来说，真正的哲学与真正的宗教是一回事，与那个时代的绝大多数人不同，他可以进行独立的思考而并不盲目追随和服从任何权威。在他心里，理性远比权威更重要，也许这与那个时代有些格格不入，但正因如此，人们才能在数个世纪之后仍然正确地去看待他。在埃里金纳看来，就连那些在人们眼中无可挑剔的教会神父，如果其著作中挖掘不出人类理性的宝藏，也不能被称作权威人士。因此，他坚定地认为，圣餐礼只是纪念耶稣与他的信徒们所举行的最后的晚餐的一种形式罢了，确切地说，不论是在哪个时代中，只要是具有理性的人就都能接受他的这种观点。虽然他的思想明晰且简明易懂，从中也根本看不到一点儿想要诋毁神圣典礼含义和价值的意思，但在埃里金纳身上，却找不到任何与他那个时代精神的相似之处，他与周围世界的各种愿望也总是难以共融；这一点，从他最后被自己的修道院同僚出卖并杀害这件事上就能看出来。因为他能理性地进行思考，所以四面楚歌，很难取得成功；和他相反，拉德柏提斯可以说是成功的，因为这位院长根本不会思考，却能把实在的物体象征为“圣体”，使人从感官上获益，而这很幸运地趋合了那个时代的精神，因为刻意追求宗教体验具体化正是那个时代的潮流。

在这个关于圣餐礼的辩论中，我们很容易就能发现先前我们讨论中所遇见的一些基本因素，也就是朝向客体的具体观点以及拒绝同具体事物接触的抽象观点。

尽管在现代人看来拉德柏提斯的教条显得有点荒谬，但我们不能从理性的角度出发来否定拉德柏提斯和他的成就，认为它在历史上根本毫无价值。没错，拉德柏提斯的教条简直可以代表人类可以犯下的最大的谬误，但我们仍不能一开始就判定它毫无价值。正确的做法是，我们应该先将其放在过去几百年的宗教生活中去考察，看它究竟起了什么样的作用，然后再回到现代看看它还在间接影响这个世界的哪些地方。是的，我们决不能对此掉以轻心，比如说，在这种堪称奇迹的现实（基督化体）中，它确实是一种要求从纯粹的感官中释放心理过程的信仰，而这种释放必然会影响到心理过程本身。如果感性占据了太高的域限值，就不可能再进行思维定向。因为假如感性的域限值太高，必定会侵入人的心理内容，并在其中对以排除不相容心理因素为基础的定向于思维的功能造成破坏。如果能从这一点出发进行思考，那么，就连那些纯属投机取巧，或是从生物学的观点来证明其自身价值的宗教仪式和宗教教条也会显现出实际重要性，至于那些被教义的信仰所控制的个体所产生的直接而特有的宗教印象就更不用说了。我们对埃里金纳的评价越高，也就越不能对拉伯图斯的成就不屑一顾。不过，我们能从上述事例中明了一件事，那就是，不能将内倾型思维与外倾型思维放在一起进行比较，因为它们的决定因素决定了它们的不同实质——内倾型思维是理性的，而外倾型思维却是程序式的。

在此我要强调一点：以上论述并不能表示我对这两位神学家的个体心理做出了决定性判断。因为我们对埃里金纳知之甚少，所以无法对他的类型做出明确判断。以我们所掌握的少得可怜的材料来看，也许将他归为内倾型更为合适。而对于拉伯图斯，我们几乎完全不了解。我们只知道他有着迥异于常人的思维，但他却以情感的逻辑对他的时代将接受什么、什么才是符合这个时代潮流地做出了准确的预言。如果从这一点上来看，我们倒是容易将他归为外倾型。因为我们对这两位神学家缺少了解，所以暂时无法准确地判断他们的人格，特别是对拉伯图斯来说，情况也许与我们想象的完全不同。比如拉德柏提斯很可能是内倾型，只是因其智力水平有限而无法超越他那个时代的一般水平，加上他没有创造性的逻辑，所以，他只能从现有的教会神父文章的主旨中推导出浅显的结论。同样，如果埃里金纳生活在一个以常识为特色且只有符合常识才被认为是正确而加以接受的环境中，那他也可能是个外倾型。不过，这种情况尚不能被证实是真的。此外，正如我们所知道的那样，那个时代热切期望所有的宗教奇迹都是真实存在的，正是在这种时代特征的映衬下，埃里金纳显得过于冷酷和僵化，而拉伯图斯能将每个人所期盼的东西具体化，所以会使人感到振奋。

第四节　唯名论和唯实论之争

这场发生于9世纪有关圣餐礼的争论事实上只是一个更大的冲突在初露端倪；在之后的数个世纪里，这个冲突对人们的思维进行了划分并产生了巨大的后果。这就是唯名论（nominalism）与唯实论（realism）之间的冲突。人们一般认为唯名论是一个主张共相（universals）的流派，而所谓的共相指的是美、善、动物、人等一般的或普遍的概念，在这里，它们只是一些名称和词语而不是实在而具体的东西。或者开句玩笑，它们只不过是一种声息（flatusvocis）。法朗士（Anatole France）[1]曾说过：“思维是何物？人如何进行思考？我们用词来思考；感性的词会让我们重返自然。这就是思维！一个形而上学者用以构建他的世界体系的，不外乎就是一些修饰过的猴子和狗的叫声而已。”[2]事实上，这是一种极端的唯名论；当尼采把理性理解为“言词的形而上学”时就是这样的。

而与之相反的是，唯实论宣称共相不仅是一种客观存在且先于事物，而普遍性概念的存在方式则是柏拉图所说的观念。无论其与教会有何联系，都不能否认唯名论是一种怀疑论思潮的事实，它对具有抽象特征的独立的存在形式持否定态度。它是一种以刻板的教条主义为栖身之地的科学怀疑论。它的现实概念一定是符合事物的感觉现实的；事物的个别性体现的是与抽象观念相对应的现实性。与之相反的是，严格的唯实论却将抽象物当成了现实的中心，认为观念和共相存在于事物之先。

---

1 阿纳托尔·法朗士（Anatole France，1844—1924年），法国作家，1921年诺贝尔文学奖获得者。——译者注

2 《伊壁鸠鲁的花园》，第80页。

一、古代的共相问题

正像我们在论及柏拉图的理念学说时所表明的那样，目前我们讨论的冲突并不是新出现的而是非常古老的。柏拉图将犬儒学派（Cynicism）[1]和麦加拉学派（Megarians）[2]这些哲学流派中的代表者暗讽为“老态龙钟、迂腐守旧的学者”“精神贫瘠的人”，用某些非常尖酸刻薄的语言如“灰白胡须、迂腐过时的学者”与“精神贫乏者”来暗指代表人物，他们与柏拉图所提倡的精神是互相抵触的。犬儒学派的代表人物是安提西尼（Antisthenes）[3]，虽然他很接近苏格拉底学派的精神氛围，还与色诺芬（Xenophon）[4]是朋友，但他却依然公开地反对柏拉图美妙的理念世界。他甚至在一本专门攻击柏拉图的小册子中，将柏拉图的名字写成Σάθωυ，这个单词的含义是男性，但因其源于希腊文σάθωυ，即阴茎一词，所以特指的男性的生殖器——这种做法完全是在进行人格侮辱；如此看来，安提西尼是在用这种一贯的投射方式，微妙地向我们暗示他为何痛恨柏拉图。也正如我们所见，这也正是作为基督徒的奥利金要以自我阉割的方法来竭力控制的妖魔，因为只有这样，他才能顺利地走进那经过盛大装饰的观念世界中去。但安提西尼是一个早期基督教的异教徒，从很早以来，男性生殖器被公认为是感官愉悦的象征，这也是安蒂斯兹尼斯非常感兴趣的；而且，对此感兴趣的绝不只是他一人，正如我们所知，整个犬儒学派都是这样的，要知道，“回归天性”正是此学派一再强调的主旨。安提西尼极为看重具体情感和具体感觉有多方面的原因，而他是一个无产者是其中一个最主要的因素，这直接导致了他生性好妒。作为一个希腊人，他的血统并不纯正；他居住在希腊周边，在雅典城门外进行教学活动，并在此耗尽毕生心血对无产者的行为进行研究；这些无产者是犬儒派哲学的典范。更准确地说，正是无产者或是一些边缘人才构成了整个犬儒学派，而这些人的存在本身就是对传统价值的一种破坏性批判。

继安提西尼之后，该学派出现了另一个杰出代表，他就是第欧根尼（Diogenes）[5]，他将自己的称号定为“犬”（Κύωυ），还用产自帕罗斯岛（Parian）[6]的白色大理石雕刻成犬来装饰自己的坟墓。尽管他也满含温情地来爱整个人类，尽管他的整个天性中也散发着人类理解力的光辉，但这都不能阻挡他对同时代人发自内心敬奉的那些东

---

1 犬儒学派：古希腊的一个哲学学派，主张抛弃世俗中的一切文明，回归自然。后常被理解为“愤世嫉俗”“玩世不恭”的同义词。——译者注

2 麦加拉学派又被称为小苏格拉底学派，是古希腊哲学学派之一。该学派认为只有“善”才是唯一的存在，并以强调辩论技巧而著称。——译者注

3 安提西尼（Antisthenes，前445—365年），古希腊哲学家，苏格拉底的弟子，也是犬儒学派的创始人。——译者注

4 色诺芬（Xenophon，约430—354年），古希腊哲学家、历史学家、作家。苏格拉底的弟子。著有《远征记》《希腊史》等。——译者注

5 第欧根尼（Diogenes，前412—323年），古希腊哲学家，犬儒学派的代表人物。——译者注

6 希腊爱琴海中的一个岛屿，以出产白色大理石闻名。——译者注

西的嘲讽。他嘲笑那些因为看到舞台上的堤厄斯忒斯（Thyestes）准备吃人肉点心[1]，或是看到俄狄浦斯（Oedipus）[2]发生乱伦悲剧时而心生恐惧的观众。他认为吃人肉没那么可怕，因为人肉也没什么特别的，与别的肉也没什么两样，乱伦也不等于罪孽深重，家禽牲畜经常这么干，大家不也都看到了吗？总之，综合各个方面来看，麦加拉学派与犬儒学派都关系匪浅。对雅典人来说，麦加拉是一个失败的对手。该学派在创立之初可谓一帆风顺、前途无量，特别是该学派在西西里（Cicily）的拜占庭和希伯来的建立更是标志着他们已发展至巅峰状态，然而从那以后，该学派内部就爆发了争论，这场争论几乎耗尽了麦加拉的精力，以至于他再没能东山再起，无论在哪个方面都再也比不上雅典人。在雅典人的习惯用法中，“麦加拉式戏谑”是被用来形容那些粗俗的农夫们的机智的，这反映出的是一种被打败的民族遗传自母亲那里的嫉妒，这种情绪可以为许多麦加拉哲学的特征提供解释。这种哲学同犬儒学派一样都是名副其实的唯名论，都与柏拉图思想观念的唯实论刚好相反。

斯蒂朋（Stilpon）是麦加拉学派的重要代表，在他身上发生过一件很有特点的事，很值得一说：斯蒂朋来到雅典时，在护城上看到了菲狄亚斯[3]雕塑的栩栩如生的智慧女神雅典娜（Athene）。因为斯蒂朋是一名虔诚的麦加拉信徒，所以他说，这是菲狄亚斯的女儿而不是宙斯的女儿。这句诙谐的话恰恰暴露出了麦加拉式思维的全部内涵，因为斯蒂朋口中的一般性概念既没有真实性也不具有客观有效性。由此观之，当我们以全称来谈论“人”时，其实并没有涉及任何人，因为这里的“人”不是指这个个人，也不是指那个个人。蒲鲁塔克（Plutarch）[4]说斯蒂朋曾这样说：“一事物根本不能断言另一事物的性质。”这与安蒂斯兹尼斯的教诲很类似。若是提到这种思维陈述类型最早的代表应该追溯到拉姆尼斯的安蒂芬（Antiphon of Rhamnos）头上，他是一位生活在苏格拉底时代的雄辩术教师，他有一句名言一直流传至今：“一个人可以知觉到某修长物体，但对于其长度，他既不能用眼睛看到，也无法用心灵来辨认。”[5]该陈述直接否定了一般性概念的实体性。显然，这种思维类型撼动了柏拉图理念的整个地位，因为柏拉图认为，只有理念才是永远有效的，“现实的”和“多”都不过是瞬间的观念反映。与此相反，犬儒-麦加拉派的批判则立足于现实，把重点放在个别

---

1 提厄斯忒斯是希腊神话中珀罗普斯（Pelops）的儿子，在与其哥哥阿特黎斯（Atreus）争夺王位的过程中，阿特黎斯杀死了提厄斯忒斯的两个儿子，将他们的肉做成肉饼给毫不知情的提厄斯忒斯吃。——译者注

2 俄狄浦斯是希腊神话中的底比斯国王，神谕说他命中注定要杀父娶母，后来果然应验。——译者注

3 菲狄亚斯（Phidias，约前480—前430年），古希腊伟大的雕刻大师。著名作品有宙斯巨像、巴特农神殿的雅典娜巨像等。——译者注

4 普鲁塔克（Plutarch，约46—120年），罗马时期的希腊作家，代表作《比较列传》。——译者注

5 参见龚帕兹（Gomperz）《希腊思想家》第1章，第434页。

事物上，认为一般性概念根本就不是什么实体，只是纯粹的诡辩和描述性名称而已。

龚帕兹（Gomperz）认为这种明显且根本的对立其实说的就是属性和述词的问题。比如，当我们说“冷”和“热”时，其实指的是“冷”和“热”的东西，而“冷”和“热”是这些东西的属性、述词或判断。判断的对象就是那些被知觉到的和实际存在着的东西，也就是那些冷的或热的物体。我们可以从一系列这样的例子中抽象出“冷”和“热”的概念，而我们的思维会帮助我们将这些一般性概念与某些具体实物联系在一起，于是我们便把“热”和“冷”等一般性概念当成了实物般的东西，这是因为在抽象过程中仍然保留有感官知觉。想将“实物性”从抽象概念中除去是非常困难的，因为每一个抽象概念都与其所抽象的实物形影不离。从这个意义上说，述词的实物性其实是生来就有的。如果我们现在以一个更为高级的一般概念“温度”为例，那我们说，它的实物性就是我们马上就能知觉的，虽然从感官上来看，它变得不是特别明确，但所有感官知觉所拥有的那种可表现性（representability）的特质还是被保留了下来。如果我们再举出一个更为高级的一般概念——“能量”，那么不仅其实物性的特征完全没有了，从某种程度上说，其可表现性的特质也随之消失了。于是，有关能量的“本质”问题就在这里出现了分歧：能量究竟是一个纯粹的抽象概念还是某种现实存在的东西？我们可以肯定的是，在今天那些博学的唯名论者看来，“能量”就是一个名称，一个计量我们精神的“筹码”，仅此而已；虽说如此，我们平时谈到“能量”时却仍把它当成是某种实物般的东西；如此一来，如果从知识论的角度出发，就会在人们的头脑中不断埋下最大困惑的种子。

纯粹概念的出现是一种必然，它那种实物般的性质自然渗透到抽象过程中，带来述词或抽象观念的“现实性”，这既不是人为的，也不是专断地将概念实体化的结果。因为在现实中，抽象观念并不是被人为专断地实体化之后再被移植到一个同样人为的超验世界中去，而是刚好相反的。举例来说，原始人的映像（imago）或者说感官色觉心理的反映是非常强烈并极具感官色彩的，甚至于到了有时当一种自发的记忆-意象再现时会具有幻觉性质的程度。所以，当一个原始人的头脑里突然再现其已去世的母亲的记忆-意象时，他会感觉自己好像看到和听到了她的鬼魂。很明显，原始人之所以能知觉到那些对我们来说只能“想到”的已经逝去的亲人，原因就在于其心理意象拥有非同一般的感官性。这就能说明为何原始人会对鬼魂如此信仰；我们可以将把鬼魂简单地理解为一种“思想”。事实上，原始人所谓的正在“思想”只是一种灵视，只不过灵视的现实性实在太过强大，致使他经常将心理的误当成了现实的。鲍威尔（Powell）曾说：“主观与客观的混淆就是原始人的思维中最原初也是最基本的混淆。”[1]斯宾塞（Spencer）和吉伦（Gillen）也通过观察总结道：“对一个不具

1 《北美印第安人神话概略》，第20页。

现代文明的人来说，其在梦中所体验到的东西，跟他在醒着时所看见的东西没什么两样。”[1]我对非洲黑人的心理所做的研究得到的结果与上述观点完全一致。事实上，原始人对精灵的信仰并不是欧洲人所理解的产生于原始人对于解释的任何需要，而是根源于心理的唯实论以及意象相对于感官知觉所具有的自主性。原始人的思维是灵视性的和听觉性的，所以它同样具有启示性。因此，巫师作为灵视者，也就是原始部落中的思想家，能使精灵和诸神显现出来。正因如此，思维才会具有魔性作用，并因其现实性而等同于行动。同样，作为思想外覆物（the outercovering）的字词也因唤起了“现实”的记忆–意象而具有“现实的”效果。我们之所以会惊讶于原始人的迷信，是因为我们完全没有心理意象的非感官性；也就是说，我们已经学会了抽象地思考，当然，上文所述的局限性还是无法避免的。然而，每一个从事分析心理学的人都明白一点，那就是，即使他面对的病人是来自欧洲的“有教养的”人，也有必要经常提醒他们，这不是“行动”，只是思维。有些病人需要提醒的原因是他们认为只进行思考就可以了；而另外一些病人需要提醒是因为他觉得自己如果不思考就得马上付诸行动。

在这里，我们可以清楚地看到心理意象的原初现实性是怎样通过正常个体的梦幻及随着精神错乱产生的幻觉轻易地表现出来的，神秘主义者甚至还会以人为的内倾为手段，努力重建意象的原初现实性，以此与外倾相抗衡。通过伊斯兰教神秘主义者特威库尔-柏格（Tewekkul-Beg）所描述的摩拉王（Molla-Shah）为其主持的入教仪式，我们能找到说明上述问题的显著证据。特威库尔-柏格是这样描述的：

说了这些话后，摩拉王叫我到他的对面坐着，这时的我好像什么感觉都没有了，他蒙上我的眼睛，让我将所有灵魂的力量聚集于心，同时在心中描绘他本人的形象。我照着他所说的去做，在教主具有救助之神特别恩赐的精神感召下，我的心门猛然间被打开了。我在自己的内心最深处看到了一个好像是一只倒扣过来的碗一样的东西；只要这个碗被摆正，我的整个身心就会瞬间沉浸在无边的愉悦中。我对教主说：“就在这间屋子里，就在您的面前，我仿佛在看见了另一个特威库尔–柏格正坐在另一个摩拉王的面前，这是我内心之中的一幅真实的图像。”[2]

教主告诉特威库尔-柏格，这只是他入教仪式中的第一个意象。一旦通向现实的原初意象的道路畅通无阻，其他的意象也将马上纷至沓来。

这种述词的现实性原本就存在于人类精神中，因此被当成了一种天生的、既定的

1 《中部澳大利亚的北方部落》，第451页。

2 布伯（Martin Buber）：《出神入迷的告解》（*Ekstatische Konfessionen*），1909年版，第31页及以下页。

东西。只是在后来的批判中，抽象物才剥离了现实的性质。就算到了柏拉图时代，这种对字词概念的具有魔力的现实性的信仰仍旧威力不减，甚至强大到哲学家们要绞尽脑汁地想出一些圈套和悖论，以便通过绝对的字词含义的帮助使被问者不得不做出某种荒谬的回答。举个简单的例子，麦加拉教徒尤比利德斯（Eubulides）设计了一个名为“Enkekalymmenos”（戴面纱的人）的悖论：“你能认出你的父亲吗？回答是肯定的。你能认出这个戴面纱的人吗？回答是否定的。你在自相矛盾，你现在说你能认出自己的父亲，但同时又说你认不出他来，要知道，这个戴面纱的人就是你父亲。”这一悖论之所以成功是因为，那个被询问的人不知道在现实中“认出”一词的有效性只能被局限于某种特定情形下，反而天真地认为无论在什么情况下它指的都是同一客观事实。这一原则也同样适用于Keratines（带角的人）的悖论：“你没有失去的东西，就表明你还拥有它，是吗？是。那么你并没失去犄角，因此你就有（长了）犄角。”这一悖论之所以会成功同样也是因为，被询问者天真地认为，没有失去就等于拥有在任何情况下都是正确的。这些悖论向我们有力地证明，那种绝对的字词含义其实根本就是一种幻觉。因此，以柏拉图理念的形式出现的一般性概念，虽然具有形而上学的存在和独一无二的有效性，但其处境早已堪忧。龚帕兹说：

> 人们依然相信语言，它经常通过词语对具体事物相当不恰当的表达方式来唤醒我们，让我们对事物有所了解。与此相反的是，人们普遍天真地认为，某个词的运用范围和在总体上与之相对应的词义范畴必定在所有方面都是绝对吻合的。[1]

这种绝对奇迹般的字词含义预设了字词也隐含事物的客观行为，在这一点上，诡辩派的批评倒是很能切中要害。它证实并使人相信语言的无能。如果观念只是一些名称（当然，这一假设还未得到证实），那么对柏拉图的攻击就是可以成立的了。但是如果一般性概念指称的是事物的相似性和一致性，那它们就只是一些单纯名称那么简单了。此时问题就转变为：这些一致性与客观现实是否相符。因为一致性是确实存在的，所以一般性概念也与某种现实相对应。它所包含的现实性和对实物的精确描述难分伯仲。一般概念区别于后者之处只在于它对事物进行的描述和指称是一致的。如此一来，问题就集中在其语词的表达上，而与一般性概念和柏拉图式理念无关；而表达显然不管在什么情况下都不可能充分地描述事物和它的一致性。所以，从原则上来说，唯名论者攻击观念论的行为其实并不合理，完全就是一种僭越。也正因如此，我们也将柏拉图愤怒地对此置之不理的行为理解为是正确的。

---

1 参见《希腊思想家》第2章，第193页。

按照安蒂斯兹尼斯的观点看来，内属性原则是以这一事实为基础的：不是不存在任何一种非同一物的主词的，事实上，从来就没有过这种述词（宾词）。在安蒂斯兹尼斯眼中，只有那些与主词完全同一的述词（宾词）才是有效的。但就像“甜的就是甜的”这句话一样，有些同一性陈述也并没有说明什么问题，所以根本没有任何意义。此外，内属性原则还有一个弱点，那就是同一性陈述无关实物本身，例如，“草”这个词与实物“草”根本没有任何联系。这样说来，内属性原则在很大程度上与古代字词崇拜内容相同，因为语词崇拜总是天真地把字词等同于实物。所以，如果唯实论者再受到唯名论者的攻击：“你以为自己正在与实物进行交流吗？其实你根本就是在做梦，你充其量只是在和语词这个怪物缠斗！”那么，唯实论者完全可以用同样的话语来予以回击；因为唯名论者是在用字词取代实物，他们考虑的是字词而不是实物本身。尽管他们针对不同的实物会使用不同的字词，但不管怎么说，字词就是字词，永远也不可能是实物本身。

实在地说，虽然“能量”的概念被公认是一个语词概念，但谁也无法否认它巨大而显著的现实性，甚至就连电力公司都能靠它分红。如果有人要找出任何以形而上学的证据来证明能量是非现实性的，那么我想，电力公司董事会肯定不会同意。事实上，“能量”一词指出的是力量现象的一致性，而这种一致性时刻都在以最生动形象的方式证实着自己的存在。字词的现实意义是这样获得的：因为某个实物是真实存在的，而某个字词又被习惯性地用来指称这个实物，这个字词便因此具有了“现实意义”；说得更确切一些，指称事物一致性的一般性概念因这种一致性的真实存在而具有了同样的现实意义，它完全等同于某个字词指称个别事物时具有的现实意义。是个体态度和当时心理的问题造成了价值重心的转移。这种潜在的心理因素在安蒂斯兹尼斯身上也存在着，龚帕兹感觉到了这一点并进行了描述：

> 健全的常识、对幻想的排斥，也许还有个人情感的力量，这一切都为个体的人格还有整个性格打上了现实的印记；换言之，它们都处在现实力的影响下。

我们还可以据此对那种男性的妒忌做出解释，一个与公民权利无缘的无产者，一个生下来就相貌丑陋的男人，对于他们来说，诋毁别人价值是他们能爬上自己向往的高度的唯一手段。这种性格特征在犬儒主义者身上体现得尤为明显，他们总是对别人的一切诸多挑剔，只要是别人的东西对他来说就没有什么神圣可言。如果有机会可以攻击别人毫无价值，那么他会不计代价地去破坏别人家庭的安宁。

柏拉图的理念世界及其永恒的现实性正好有悖于犬儒主义者对心灵批判的态度。构成柏拉图观念世界的人的心理取向明显与上述挑剔、破坏性的判断不同。柏拉图的思维是一种综合性的、建构性的概念，是从繁杂的事物中抽象和创造出来的指称和表现事物的普遍一致性的真实存在。它们无形且超人类的性质与属性原则的具体性直接对立，而后者正努力尝试将思维的材料还原成独特的、个别的客观之物。这种尝试是在将众多孤立的事物中有联系的方面上升成永恒存在的、不朽的实体，当然，这与仅仅接受述词的原则一样都是不可能的。无论何时这两种判断形式中的哪一种都有其合理性，因为它们在每个个体身上都有合理的表现。据我看，下面事实将该情形表现得尤为清晰：曾创立了麦加拉学派的欧几里得（Eucleides）[1]发明了一种超乎个别和特殊个体之上的“统一于一”（All-oneness）的原则。他将伊利亚学派（Eleatic）[2]的“存在”原则与“善”相结合，并认为，“存在”和“善”是完全一致的，只有“非存在的恶”才是与之相对立的。当然，这种“统一于一”只是一种乐观的想法、一种代表着最高秩序的一般性概念。它简单地包括了存在，同时又与所有的证据相抵触，在这方面的表现甚至超过了柏拉图的理念。借助于这个概念，欧几里得清除了对建构性判断所做的否定性批判，并提供了一种趋向纯粹语词的补偿。他的“统一于一”原则笼统模糊，甚至根本无法表现事物的一致性，所以它不是类型，而只是追求统一愿望的产物；这种愿望试图将个别事物无序而繁杂的状态都包含在内。如果那些忠实于极端唯名论的人急于摆脱自己身上那些否定性批判的态度，那他们的这种愿望就会显得得尤为迫切。所以，这类人会有一种绝对不可能又武断的基本一致性之类的想法也就不足为奇了。很明显，那种完全以内在性原则为基础的情形是不可能存在的。对此，龚帕兹的评论显得十分中肯，他说：

无论在哪个时代，这类企图都注定会失败。而在一个缺乏历史理解力的时代里，它就更不可能成功。这个时代根本不会重视任何对心理的深入洞察。因此，那些浅显而不太重要的价值就会挤到那些较为重要但却不易被觉察的价值的前面去；这不是一种潜在的危险或威胁，而是早晚会发生的事。当人们高举兽性和原始性的大旗，将文明弃如敝屣时，从远古时代累积得来的人类进化的果实就已经面临毁灭了。

以事物的一致性为基础并与属性原则相对立的建构的判断创造了文明范围内的最高价值的普遍观念。就算只有那些逝去的先人才能拥有这些观念，但我们仍然可以找到很多线索把它们与我们紧密地联系在一起，就像龚帕兹所说的，它们已经变得无坚

1 欧几里得（Eucleides，约前330—前275年），希腊几何学家，“几何之父”，其代表作《几何原本》为欧洲数学奠定了基础。——译者注

2 伊利亚学派是创建于公元前460年左右的希腊哲学流派，奠基者为伊利亚的色诺芬。该学派主张将单一的、绝对的、纯粹的存在奉为唯一真正的存在。——译者注

不摧。他接着写道：

> 我们的确应该赞誉和尊敬那些失去生命的躯体，还有那些奉献和自我牺牲，正如我们对已逝的先人所做的那样；那些雕像、坟墓和战士的徽章就是最好的证明。如果我们不了解自己的本性，而只是奋力将那些与我们相连的线索拉断，让自己重归野蛮，那我们的灵魂就会被重创，就连那些被我们饰以奇绚外表的最坦白同时也是最基本的现实情感都会遗失。这种奇绚的外表还有那些世代相传地获得了高度赞誉的价值承载着生命的美丽与高雅、所有对动物本能的教化以及对艺术的欣赏与追求，而这一切在犬儒学派的手中都被毫不留情地彻底摧毁了。当然，很可能会有人愿意在此问题上对犬儒主义者和他们众多的现代追随者做出让步，不过，我们必须承认，这里的确还存在一个，只要跨过它，我们就能在某种程度上不受联想原则的支配，也就不会因深受其支配所产生的愚蠢和迷信而感到自责了。

我们之所以对内属性和述词的问题做了详尽的研究，不只是因为此问题反复出现在经院哲学的唯名论和唯实论之中，还因为有关它们的争论不仅从未停止甚至还有可能一直持续下去。在这里，争论的焦点仍然在于抽象观点与个体思维和情感之间的类型对立，二者之间的分歧主要在于：抽象观点以精神过程本身作为决定性价值，而个体思维和情感则有意无意地将对客体的感觉当成取向；在这种情形下，重心被转移到了人格上，而精神过程则变成了一种手段。这没什么好奇怪的，因为内在性原则就是无产阶级哲学所采纳的哲学。只要能找到将重心转移到个体情感上去的充分理由，那么，不管在哪里，思维和情感都会因缺乏肯定性的创造性能量（能量转移到了个体身上）而变成否定性的批判；变成一种将一切归为具体和特殊的纯粹的分析性器官。至于因此而导致的无序的特殊物的堆积，则被归入朦胧的"统一于一"的感觉之列，而这种感觉明显包含着愿望的成分。可是，只要精神的过程变成了重心，无序的杂多性便会为理念的心灵活动的结果所管制。尽管理念已经被最大可能地非个人化了，但仍然无法阻挡几乎全部的个体情感都进入了使其人格化的精神过程中。

也许，我们应该在继续我们的论述之前进行一下考察，看一下，柏拉图理念学说的心理学是否为关于柏拉图本人很可能属于内倾型的假设提供了证据？犬儒学派和麦加拉学派的心理学是否提供证据证明安蒂斯兹尼斯、狄奥真尼斯或斯蒂尔朋这样一些人物是外倾型的呢？不过，这都不是能解决问题的方法。要想判断柏拉图到底属于哪一类型就必须认真仔细地研究柏拉图那些被当作人性纪录的真实著作。而我本人并不想断然对此得出任何结论，因为这样太过草率。不过，假如有人能拿出足够的证据能够说明柏拉图确实属于外倾型，那我也不会感到惊讶。因为流传下来有关柏拉图的材料太过凌乱稀缺，所以我认为，其他人要做出明确的判断难度实在很大。因为在现在所讨论的两种思维类型中，价值重心的置换起着决定作用，所以对于内倾型来说，当个体情感以各种理由占据了重要地位并开始对思维发挥支配作用时，他的思维就是否定性批判的。同理，外倾型的价值的重心绝不可能放在他个人与客体的关系上而必然是放在与客体本身的关系上。只要与客体的关系处在主要位置上，就代表着心理过程已经受到了制约；但假如心理过程将个体情感排除在外，而只把注意力放在客体的性质上，那它就不再具有破坏性了。所以，我们只能将内属性原则与述词原则之间的特定冲突视作一种并不常见的情况，并在今后的研究过程中，对其进行更为彻底的考察。个体情感扮演的角色是肯定还是否定的决定了这一情况的独特性。当这种类型（一般概念）抑制个别事物到极小程度时，也就拥有了集合性观念的真实性。当个别事物的价值将这种类型（一般概念）排除在外时，也就即将面临自由放纵的分裂。这两种情况虽然都很极端且极不平衡的，但它们却形成了一幅对比明显、清晰鲜明的画图，这幅画图是这么的夸张以至于根本无须仔细辨认就能清楚地看到它的某些形式上比较温和也比较隐蔽的特征，甚至就连在个体情感并未占据显要位置的那种个性状况中，它们也仍与内倾型和外倾型的本质紧紧地连在一起。比如，心智功能到底居于主要位置还是次要位置，不同的答案将会带来巨大的差异。思维和情感占据的主次位置不同带来的结果也大不相同，就算个体的抽象力这一对普遍价值的深入最为有利的因素也无法将个人因素排除在外。这种情况导致了思维和情感中那些破坏性倾向的存在，这些倾向常常是源自个人在面对严酷的社会状况时所做的自我维护。然而，如果我们为了维护个人的倾向而把传统的普遍价值降低为个人的潜在倾向，那就是大错特错。因为这种心理学如今虽然也存在，但那并不是真正的心理学而是一种伪心理学。

二、经院哲学中有关共相的问题

因为缺少第三方的仲裁，两种判断形式的争论始终悬而未决。坡菲内厄斯（Porphyry）更是将这一问题带进了中世纪，他说："从普遍性和一般性概念的角度来讲，问题的本质在于：它们究竟是真实存在的还是只是理智上的？究竟是物质的还是非物质的？究竟是与可感觉事物分离开来的还是以这些事物为依托的？"[1]这就是经院哲学用来看待这一问题的方式。他们从柏拉图共相先于事物存在的观点开始，将普遍性观念当成一种原型和范式，认为它们不仅能将所有个体事物区分开来而且还高于它们，孤傲地存在于"天堂一样的地方"，具体情形就好像充满智慧的狄俄提玛（Diotima）[2]在与苏格拉底谈论关于美的话题时所说的：

1 参见《坡菲内厄斯论亚里士多的工具论与逻辑学》第2章，第609页及以下页。

2 柏拉图的对话式作品《飨宴篇》中提到的一位女先知。——译者注这种美不同于思想或科学中的美，也并不会以美丽的容貌、优美的双手或是其他肉体的方式展现在他的面前，这种美只存在于自身，除此之外的任何东西——不管是生命体、大地、天空或是其他的任何东西都不可能变成它的载体；在他看来，这种美是绝对的，它只属于自身，是绝无仅有且永恒存在的；因为其他美的事物只能分享它的一部分，所以，别的美会经历由生到灭的过程，而这种美本身却无增无减，不会发生任何变化。[1]

正如我们所见，那种只将一般性概念当成语词的批判性设定与柏拉图的形式是截然对立的。前者主张：现实的东西在存在之先，而观念的东西在存在之后。也就是说：共相在事物存在之后。而亚里士多德的现实主义观点较为中庸地存在于前后者之间，被称为形式和事物并存的“共相存于事物”。这是一种能充分表现出亚里士多德性格特点的具体的、具有调解性质的努力。在超验主义这一点上，亚里士多德与他的老师柏拉图（后来，柏拉图派逐渐后蜕变为毕达哥拉斯[2]式的神秘主义）完全不同，他更注重现实（有必要多说一句，这里的“现实”指的是古代的现实）；这种现实所包含的大部分东西都是一些具体形式，随着时间的流逝，人类心灵的宝库才将这些具体形式抽象并纳入其中。亚里士多德的解决方法其实质是将古代普遍认识具体化了。

中世纪关于共相问题的重大争论中的各种观点都经由以上三种形式大致地显明了，它们就是经院哲学辩论的中心。就算我拥有这种能力，我也绝不会过多的涉入这场巨大争论的细枝末节之处，而只会满足于对各种取向进行一个大体上的描述。11世纪末的罗塞利纽斯（Johannes Roscellinu）发起了辩论。他认为共相只是实物名称的集合，或者说得保守一些，只是肠胃气体的声响，存在着的仅是个体事物而已。对此，泰勒（Taylar）曾做出恰当的评价，说他是“被个体的实在性紧紧抓住了”[3]。除此之外，罗塞利纽斯还有一个特别的观点，即上帝也只是一个个体，正是在此观点的基础上，他才会把三位一体分解成三个彼此独立的位格；事实上，罗塞利纽斯奉行的就是三位异体说（tritheism）[4]。这很显然不被当时流行的唯实论所接受，所以在1092年于苏瓦松（Soissons）举行的长老会议会上，罗塞利纽斯的观点受到了严厉的批判。阿伯拉尔（Ablard）的老师冯·桑博（Guillaume yon Champeaux），与罗塞利纽斯的观点针锋相对，他是一个拥有亚里士多德般气质的极端唯实论者。他会在课堂上宣称：

1 《对话录》211B，第93页及以下页。

2 毕达哥拉斯（Pythagras，前582—前500年），希腊哲学家、数学家。著名的毕达哥拉斯定理即勾股定理的发现者。理念论和共相论的奠基人。——译者注

3 《中世纪的精神》第2章，第340页。

4 三位一体说即三神论，是一种认为圣父、圣灵、圣子并不是一体而是三个分离的神灵个体的宗教信条，被基督教视为异端。——译者注

一个事物既是整体性的存在同时也是个体性的存在。个体事物之间只存在一些繁杂的“偶然物”，而不存在什么本质性差异。依据此观点，事物的实际差异就变成了一种偶然性的东西，其情形就如同化体说所宣称的饼和酒都只是“偶然物”一样。

来自坎特伯雷的圣安塞尔姆（Anselm of Canterbury）既是经院派哲学的创始人，同时也是一个坚定的唯实论者。他发自内心地信奉柏拉图主义，对他来说，共相就存在于神圣的逻各斯（logos）中。如果站在这一立场上，我们就能很好地理解圣安塞尔姆所建立的在心理学上具有举足轻重地位的上帝论证（或称为本体论论证）。该论证的内容是：以上帝的观念证明上帝的存在。费希特[1]对此做了清楚的概述：“只要我们的意识中存在一个绝对之物的观念，就能证明这一绝对之物是现实存在的。”[2]安塞尔姆说，只要理性之中出现一种至高的存在的概念，同时也就涉及了实存的性质。他接着说：“真是有这样一种存在，它是我们能想到的最大的东西；真的就是这样，它的真实性使得我们根本不可能设想它是不存在的，这里的‘它’指的就是我们的上帝。”本体论论证有很明显的逻辑缺陷，因此像安塞尔姆这样的头脑是如何得出此论点的需要用心理学的解释来加以说明。我们能从唯实论者一般的心理意向中也就是从这样的事实中找到直接原因：在当时的时代潮流下，绝对不止一个社会阶层将价值的重心放在观念之上，这样的群体在当时为数众多。在他们看来，观念体现了生命的价值以及高于个体事物真实的真实性。因此，他们不可能承认最有价值和最有意义的东西却不是真正存在的东西。事实如此，他们的生活、思维和情感都完全定向于这种观点，这就是他们最有效的力证。因为效用的实质是一种现实，所以观念的不可见性在它的显著效用方面根本不起什么作用。他们所拥有的不是现实的感觉概念而是一种理想。

高利洛（Gaunilo）是与安塞尔姆处于同一时代的对手，在他看来，那种幸福岛[3]观念的反复出现并不能证明它们就真的存在。这种反驳的确是合情合理的。在之后的几个世纪里，与此相类似的反对观点也有不少，可它们对本体论论证的存在并不能构成障碍，以至于本体论论证一直保留到了近代还未消失，19世纪的黑格尔、费希特和洛采（Lotze）[4]都是本体论的代表人物。这些思想家关于本体论的论述很显然是相互矛盾的，但绝不能荒唐地认为这是因他们逻辑上的某些缺陷或是他们的愚昧而造成的。实际上，导致这一切的真正罪魁祸首是他们深层次的各种心理差异；对于这些差异，我们必须有清楚的认识并加以掌握。的确，人们很难接受那种认为事实上只存在

1 约翰·戈特利布·费希特（Johann Gottlieb Fichte，1762—1814年），德国哲学家。德国唯心主义哲学史上的重要人物。——译者注

2 《心理学》，第2章，第120页。

3 古希腊诗人荷马在他的著名史诗《奥德赛》中虚构的一座小岛。——译者注

4 洛采（Lotze，1817—1881年），德国哲学家、心理学家。——译者注

一种心理或只有一种基本心理原则的武断假设，这种假设常常都源自那些普通人伪科学的偏见，他们嘴上说的往往都是单数的人和单数人的心理，就好像这个世上就只有这一种心理似的。与此相同，他们所说的现实也总是单数的现实，仿佛整个世上除此之外再没有别的现实似的。现实，应当指的是运作在某个人灵魂中的东西，而不是某些人所想的在灵魂中起作用的东西，以致轻率地对其做出并不公正的概括。就算这种概括秉承的是科学精神，我们也要知道，科学只是一种心理态度、一种人类思维形式并，不是生命的结论。

本体论不是论据也不是论证，它只是一种心理证明；证明对于某群人来说，某种特定的观念是有效的和现实的，即一种与感知世界互争高下的现实性。感官主义者总是吹嘘自己的现实确定性，而观念论者则坚持自己的真实确定性。心理学对这两种（或更多）类型的存在必须要有清楚的认识，无论什么时候都不能将两者相混淆也不能将一种类型归入另一种类型中，好像这种类型的一切都只是另一类型的一种功能。当然，这并不是说要取消“只能在必需的程度解释原理”这条值得信赖的科学公理。不过，那种为我们所需的心理学解释原理的多样性并没有消失。除了上面所说的于这一假设有利的论点外，我们还应该看到这样一个非常明显的事实：虽然康德尽其所能地推翻了本体论论证，但这之后仍有许多康德主义哲学家又开始信奉本体论。中世纪的人们至少拥有同一种生命哲学，但今天的人们可就不是这样了，所以我们甚至连观念主义与现实主义，唯心主义与唯物主义这些二元对立范畴以及它们所引发的所有附属问题都理解得很吃力。

我们可以肯定一点，那就是本体论论证本身跟逻辑没有任何关系，因此，只要是现代理性的逻辑论证，就不会为本体论论证提供支持；但是，在这之后的历史中，安塞尔姆的本体论论证却演变成了一种被理智化或理性化的心理事实。然而，这是靠以假定为论据的狡辩及其他各式各样的诡辩术才得以做到的。正是由于这种情况，本体论论证才显示出它不容置疑的效力，也就是说，它的确存在着，且有公众舆论为证。我们所要思考的正是它普遍存在的事实，而不是它在论证中所使用的诡辩术。它以逻辑作为论证手段，但事实上这又不是一种单纯的逻辑论证，这正是本体论论证的弱点所在。本体论论证是一种心理事实，其存在和效力毋庸置疑，所以根本不需要用任何形式的论证来证明它。“因为人们想到了上帝，所以上帝存在着”，我们可以通过这一陈述清楚地看到公众舆论在证明安塞尔姆是正确的。然而，这种明显的真理，本质上也只是一种同一性陈述。关于它的“逻辑”论证不仅多余，而且错误，原因是：安塞尔姆的愿望是要将他关于上帝的观念变成一种具体的现实。他说：“某种更伟大而令人无法思考的东西存在于理解力和现实中，这是毋庸置疑的。”不过，经院哲学认为，现实概念与思维存在于同一层面上。其作品对中世纪早期哲学产生过巨大影响的阿雷欧帕吉特（Areopagite）的狄奥尼修斯（Dionysius）将理智的、理性的、可知觉的与简单存在着的东西从相邻范畴中区分了出来。而托马斯·阿奎那（Thomas Aquinas）[1]则认为那种同时存在于灵魂内外的东西才是现实。这一明显的等同使让我们意识到那时代人的思维具有原初的“实物般”的特征。如果从这一心理状态出发，再理解本体论论证的心理根源就会变得更加容易。不要把关注的重点放在观念的实体化上，因为它只是受了思维那种原初感官性（具体性）的影响，并不是最主要的。从心理学角度分析，高利洛用来反对安塞尔姆的论点并不充分，因为虽然尽管公众舆论可以证实幸福岛的观念出现的频率的确很高，但从有效性上来看，它的确比不上上帝观念，所以，上帝观念才拥有了更高的“现实价值”。

之后继承安塞尔姆的本体论论证的那些作者们在基本原则上再蹈覆辙。其中，最后的例证就是康德的理性。所以我们将对其进行简略的概述。康德说：

> 绝对必然的存在概念是一个纯粹理性的概念，换句话说，是一个纯然的观念，理性要求的事实很难证明此观念的客观现实性……但判断的无条件的必然性与事物的绝对必然性并不是一回事。事实上，判断的绝对必然性只是事物的一种有条件的必然性，或者换句话说，只是判断中的谓词的有条件的必然性。[2]

康德在说这段话之前，曾举过这样一个必然判断的例子：一个三角形一定有三个角。他还说：

> 以上论述并不代表三角形有三个角是绝对必然的，但是，在有一个三角形（这个三角形已经被给定了）的前提下，将必然发现在已经给定的三角形中存有三个角。事实上，此逻辑的必然性的确为一种如此之大的幻觉的力量提供了证明，以至于另外一个简单的设计也能用这种方式来加以证明，因为设计就如同实存之物已被包含在先验概念的意义中是由某物的先验概念形成的，如此一来，我们便可以说我们已成功地证明了结论，因为在这里，实存之物的必然性已经被归入概念的对象之中（已处在该物被我们所给定的且确实存在的条件下），因此以同一律为据，我们就一定要去设定此概念的对象的存在，因此存在本身就是绝对必然的——让我再多说一次，正因如此，存在的实存才在概念中得到了思考；这个概念有可能是随意设定的，也有可能就处在

---

1 托马斯·阿奎那（Thomas Aquinas，约1225—1274年），中世纪最著名的经院哲学哲学家和神学家。曾创立托马斯哲学学派，是最早提倡自然神学的神学家之一，也是天主教会所称誉的最伟大的神学家。他的名著《神学大全》被公认为神学权威著作。——译者注

2 《纯粹理性批判》，肯普·史密斯（Kemp Smith）译，第500页及以下页。——译者注

我们设定了其对象的条件下。

在这段话中，康德所说的幻觉的力量指的恰恰就是原始人的字词魔力，这是一种寓于概念之中的神秘魔力。经历了漫长的进化过程之后，人们终于不用再通过指代现实或表征存在来认识字词或辨别语声了。然而，虽然一部分人对这一点已经有所领悟，但这并不足以将那种根植于概念的迷信力量从所有人头脑中清除出去。很显然，某些无法根除的东西就存在于这种“本能的”迷信中，因为它具有某种存在的权利，但一直以来，我们还没有充分认识到这种权利是什么。在对幻觉所进行的阐释中，康德以同样的方式将谬论也引进了本体论论证中。他从完全内在于实存的概念中的“绝对必然的主体”这一命题出发，想要驳倒它同时又要避免自相矛盾，但这显然是不可能的。要知道，这一概念是“最高的现实存在”概念。

可以断定，此概念是具有全部现实性的，我们也因此而有理由去设定，这种存在是可能的……于是，“全部现实性”将实存包含在内；所以我们可以说，实存被可能的事物的概念包含于其中。如此一来，如果事物被拒斥，那么事物永恒的可能性也会被拒斥——可这是在自相矛盾……此时只有两种可能：或者在我们内心当中的思想就是事物本身，或者我们已在可能性范围内预设了实存。因此，我们可从其永恒的可能性来推断其实存——这是同语反复，除此之外并没有表达任何别的意思。

存在明显不是一个现实的述词；也就是说，它并非一个某物的概念，能被增加到该事物的概念上去，它只是对某物或某种决定性因素的设定。如果换成逻辑的语言，那么，我们说，它只是一个判断的系词。“上帝是无所不能的”这个命题蕴含着两个概念，这两个概念都有其对象，即“上帝”与“无所不能”，两个概念中的小词“是”（is）并没有添加新的陈述，它只是在与主词的联系中有设定述词的作用。现在，如果我们把主词（上帝）与它的所有述词（“无所不能”即其中之一）联系在一起，说“上帝是”，或说“上帝存在”，那么，我们并没有在上帝的概念上添加新的陈述，而只是将主词本身设定在其所有的述词中，或者说得更确切一些，是将它设定成一个与我的概念关系密切的对象性存在。这种情形下的对象与概念的含义必然是同一的；在概念上没有添加任何东西，它只是通过我对作为被绝对地给予的对象的思考（通过“它是”的表达）表达了某种可能性。换句话说，现实的所包含的东西并没比只是可能的多多少。例如，与一百个可能的银圆相比，一百个现实的银圆并不意味着更多的钱……但是，对我的经济状况来说，拥有一百个现实的银圆与只拥有一百个银圆的概念（也就是它们的可能性）可绝不能同日而语。

因此，无论对象的概念的内涵有多么的丰富，如果我们想把实存归入对象，就必须突破对象的概念范畴。并且还要在感知对象的情形中，以经验的法则为依据，让我们对某物的感知进入与它的联系中。但是，当谈论到纯粹思维的对象时，我们却没有任何办法去知道对象的实存，因为只有在完全先验的形式中它才能被认识到。我们所有对实存的意识（无论是通过直接地感官感知还是经由间接地与对某物的感知相关联的推断）都只是一种经验；所有被指称的不在此领域范围内的实存，虽然并不是我们所宣称的那种绝对不可能的存在，但从其实质上看，它们也仅是一些永远无法证实的假设。

依我看来，非常有必要对康德的基本论述做出详细的提示，因为我们正是从他的论述中找到了理性存在与现实存在之间存在的最明显的区别。黑格尔对康德表示了强烈的谴责，他认为把上帝观念与想象中的一百个银币放在一起做比较是不对的。但是，康德却对此予以了有力的反驳，他认为，逻辑必须排除一切内容，有一种内容占据优势的逻辑就不再是逻辑。从逻辑的角度来说，在逻辑关系的非此即彼之间，永远不会插入第三者。但是，在理性和现实之间，却还有灵魂的存在，这使得全部本体论论证变得毫无意义可言。在自己的著作《实践理性批判》中，康德尝试着用哲学的语言来全面而深入地评价灵魂的存在。他以上帝为实践理性的假设，这种假设的根源是先验的认识："尊敬道德律必然会产生出最高的善，而对最高的善的客观现实性的设定自然也会相伴而来。"[1]

如此一来，灵魂的存在便成了一个心理事实，但必须确定它是否只是在人类心理中出现过一次，还是频繁出现。人们所归结的"上帝"以及"最高的善"这个两个词本身所指示的是最高的心理价值。也就是说，"上帝"一词在决定我们的思想和行为时，就被赋予了那种实际上的最高也是最普遍的意义。

假如从分析心理学的角度来说，那么以前面的定义为依据，上帝的概念对应的就是那种集聚了大量欲力或心理能量，并推动特殊的观念得形成的情结。所以，就像经验所证明的那样，在心理学意义上，不同的人拥有不同的具体的上帝的概念。上帝就算只作为观念来讲，也不是单一的而永恒的，若是在现实中了，那就更不用说了。因为我们知道，在一个人的灵魂中其最高价值所在的位置和所指的内容是不同的。对一部分人人来说，"肚腹是他们的上帝"（参见《新约·腓立比书》第3章，第19节），而对另一部分人来说，金钱、科学、权力、性等等才是他们的上帝。随着最高的善所在位置的不同，个体的整个心理，至少其主要方面是有所不同的。因此，一种完全以诸如权力或性欲之类基本本能为基础而建立的心理学理论，当被运用到那些取向各不相同的个体身上时，就只能解释一些次要的特征。

---

1 参见《实践理性批判》，第226及以后诸页。

三、阿伯拉尔的努力和解

对经院哲学本身是怎样努力解决关于共相的论争，以及它们在缺乏第三方仲裁的情况下如何竭力平衡两种类型之间的对立进行研究是很有意思的一项工作。阿拉伯尔便发现了这种趣味并为此努力地奋斗着。阿拉伯尔总是愁眉苦脸的，他曾疯狂地爱上了爱洛伊斯（Héloise），为了得到爱，他不惜牺牲男子汉的气概。所以正如所有熟悉阿伯拉尔生平的人所知道的那样，他的灵魂是那么热烈地包容了那些分裂的对立，以致和解哲学上的对立对他来说成了一个极为重大的问题。在德・雷米扎的作品[1]中阿伯拉尔抱持的就是不折不扣的折中主义，他在批判和拒绝每一种人们所接受的共相理论的同时，又能自如地从中借鉴那些真实的和可靠的东西。阿伯拉尔在其著作中总是一再顾及争论的方方面面，所以其涉及共相论争方面的论述显得隐晦难懂。虽然在他看来人们所接受的观点都是错误的，但他还是倾尽全力去理解和调和这些彼此相悖的观点，以至于就连他的学生也不能深入地理解他。他在某些学生眼中是唯名论者，而在另外一些则学生眼中又变成了唯实论者。这种误解很典型：我们将其中一种特定的类型作为思考依据，要比把这两种类型放在一起来思考要容易很多，因为在前一种情形下，一个人能使逻辑抱持一贯性，而后一种情形中却并不存在中间立场。如果以此类推，那么唯实论和唯名论就都能产生一致性。然而，试图估量和平衡相互对立的类型的做法只会导致混乱，对于涉及的类型而来说，不可能会有令它们满意的结论，因为不管是双方中的哪一方都无法认同调和的解决。在阿伯拉尔的著作中，德・雷米扎搜集到了许多与我们的主题相关的矛盾的命题。他满腹疑惑：“我们是不是能这样推断，阿伯拉尔的头脑中的教义是庞杂而又前后矛盾的？他的哲学难道就是一团混沌吗？”

阿伯拉尔从唯名论中汲取了共相只是语词的真理，就此意义说，它们只是一种以语言为表达方式的既定的理性；除此之外，他还从中吸取了另一个真理，那就是，现实中的事物只是个别的事实而绝非共相。然而，阿伯拉尔同时又从唯实论中接受了这样的真理：个别的事实和事物因为具有极大的相似性而结合成为属和种。对阿伯拉尔来说，概念论就是调和的中间立场。它是一种功能，一种凭借它可以理解被知觉到的个别对象的功能，这些对象可以依据其相似性被划分为属和种，如此一来，它们绝对的杂多性就能被归结成一种相对的统一性。无论个别事物的杂多性与歧异性是如何的不容置疑，它用一个统一的概念将事物的杂多性和歧异性联结在一起的这种相似性的存在同样无可厚非。因为不管哪个人，只要他已在心理构成的推动下知觉到了主要是事物的相似性，那么，从一开始，综合的概念便不容置疑地给定了；换句话说，就是

---

1 德・雷米扎（Charles de rmusat）：《阿伯拉尔》。

综合性概念在确切的真实性的感官-知觉的帮助下自发地涌现出来。但是，那些心理构成促使其主要知觉到的是事物的杂多性与歧异性的人就不会有这种感觉，对他们来说，事物的相似性不是被理所当然地给定了的；所以他只能看到事物的差异，而且就像前一种类型真实地看见事物的相似性一样，这些差异对他来说也特别真实。

如此看来，对客体的移情可能是一种逐渐看重客体的独特性的心理过程，而对客体的抽象则可能是一种故意忽略个别事物的独特性，而将关注点放在一般相似性上的心理过程；观念的真正根基正是一般相似性。如果将移情与抽象结合在一起，以概念论之概念为基础的功能就会应运而生。以这种唯一的心理功能为基础，唯名论与唯实论找到了它们能够结合起来的中间道路。

虽然经院哲学家们知道怎样运用夸张的语词来谈论灵魂，但他们对心理学却茫然不知，因为在所有科学中，心理学是最年轻的。倘若那个时代心理学就已经存在，那么，阿伯拉尔一定会将灵魂的存在当成自己的调解方式。德·雷米扎敏锐地洞悉到了这一点，他说：

共相在纯粹的逻辑中只是一些既定的语言中的语词。在阿伯拉尔看来，物理学是超验的而非经验的，这门科学是他的真正本体论的科学，在这门科学中，属和种以产生和形构存在物的方式建立起来。我们可以这样总结：在物理学与他纯粹的逻辑之间，有一门我们可以称之为心理学的能起到调和或中介作用的科学。阿伯拉尔就是在这门科学中冥思苦想我们的概念的产生过程，并由此对存在物的整个理性的谱系，以及存在物的层次关系和它们现实存在的图像或象征进行探求的。

无论在哪个世纪里，共相究竟是先于事物存在还是后于事物都是争论的焦点，哪怕争论已经不再穿着经院哲学的外衣而是以一种新的形式出现也不能避免。可以说，这个问题同样很古老，因为争论的结果会一直在唯实论和唯名论之间摇摆不定。19世纪初的哲学本是对唯实论持绝对肯定态度的，但随着科学主义的兴起，问题又再度被推向了唯名论。然而此时的唯名论与唯实论已不像阿伯拉尔时代那样互相敌视了。因为心理学这门起调解作用的科学出现了，它已经足够强大，并把观念与事物结合在一起，对两边都不会怠慢和造成伤害。虽然直至今天也没有人有勇气宣称心理学已经完成了这一使命，但这也抹杀不了心理学本质上所具有的这种能力。我们必须要对德·雷米扎的结论表示赞同：

不管怎样，阿伯拉尔还是胜利了；因为，虽然人们将在唯名论和概念论中所发现的严重局限的责任都推到了阿伯拉尔的身上并就此对他进行了批判，但他的观点就其实质来说仍然是现代观点的最初形式。他不仅宣扬和预知这种观点，同时也坚持这一观点毫不动摇。在黎明到来前，那一丝冲破地平线的微光就已经在预示，一个还没有出现的太阳将会给整个世界带来曙光。

假如我们选择对心理类型的存在以及对一种类型来说是真理的，对另一种类型来说恰恰就是谬误这样的事实视而不见，那么阿伯拉尔的努力就将比经院哲学更徒劳无功。但是如果我们认识到这两种心理类型的存在，那么对我们来说阿伯拉尔的努力就极为重要了。他去谓词中寻找和解的位置，说他把谓词理解成一种“论述”远不如说他将其理解为因联结某种特定含义而形成的陈述，即一种实际上需要用一些语词来说明其含义的定义来得更为准确。他所说的并不是一种语言现象，因为从唯名论角度看这充其量只是一种语词或声响。没错，古代以及中世纪的唯名论使得语词与事物之间那种原初的、具有魔力的、神秘的同一性消失殆尽，从这一点上来说，这的确堪称是一个巨大的心理学成就。可对于那些其根本立足点不在事物本身而在于从事物中抽象出来的观念的人来说，这可不算什么成就。阿伯拉尔具有广阔的视野，所以他看到了唯名论的这种价值。他认为，字词确实是一种语词，而谓词包含的内容则更为广泛；它的含义是固定的，它对观念这一普遍的因素进行了描述；而这里的观念其实指的就是对事物进行的思考与敏锐的感知。共相存在于且只存在于谓词中，就此而论，将阿伯拉尔归于唯名论行列是有一定合理性的；但是，这显然不完全正确，因为同时他又认为共相比语词更具现实性。

阿伯拉尔的概念论表达势必会遭遇极大的困难，因为他的概念论必须建构在各种矛盾之中。关于这一点，牛津手稿中的一篇墓志铭能使我们更深入地了解阿伯拉尔的教义有多奇特：

他告诉我们，语词展示的是与事物的关系，
并且，通过意指来指涉事物；
他对属和种的错误加以纠正，
并一再告诫，属和种只关乎语词，
他明确表示，属和种都是谓词。
并因此证明，“有生物”与“无生物”不是同一属，
而“人”与“非人”均可称为种。

要想表达这种对立观点又避免不奇特这的确很难，然而阿伯拉尔还是努力地将其建基于理性的原则的立场之上。我们必须牢记，唯名论与唯实论之间的根本差异是心

理上的而不是仅限于逻辑的和理智的，这种心理的差异往往最后会被归结成对观念或对客体的心理态度的类型差异。假设某人是定向于观念的，那他必然会站在观念的角度上来认识和反应；倘若某人是定向于客体的，那他一定会从感觉的角度来认识和反应。在后一种情况下，抽象是次要的，因为对他来说，对事物的思考好似无足轻重，而前者则恰恰相反。定向于客体的人如果学不会对定向于客体的态度做出补偿，那他天生就是唯名论者，用歌德在浮士德中在《浮士德》中的话来形容，就是："名称乃是声响和烟雾。"而假如补偿开始发生作用，那他就能得到他想要得到的能力，然后就会变成一个能洞悉一切的逻辑学家，其认真刻板程度为常人所不能及。定向于观念的人生来就具有逻辑思维；这源自他的言行而非对教科书上的逻辑的理解以及对教科书上的逻辑的赞赏。德尔图良便是一个很典型的例子，他所属的类型的补偿作用让他变得感情丰富，虽然他的情感仍无法脱离他观念的魔力范围。基于同样的原因，那些因补偿作用而成为逻辑学家的人们，也和自己的观念一起被限制客体的魔力中。

我们所做的这些思考触及了阿伯拉尔思想的阴影面，以至于我们清楚地知道他所企图达到的结论是片面的。假如唯名论和唯实论的对立只是一个逻辑-理性论证的问题，那最后出了奇特诡异之处找不到任何别的结论这又做何解释呢？恐怕没有人能给出答案。因为既然它从实质上讲只是一个心理对立的问题，那么片面的逻辑-理性的建构以奇特诡异收场就是必然的结局："因此，人与非人均可以称为种。"就算以谓词的形式出现，逻辑-理性的表达若是想平等地对待两种对立的心理态度的实质也找不到任何调和方式，因为这两种对立的心理态度完全源自抽象，对具体现实没有任何认识。

无论有多么完善的逻辑-理性的建构，都会将客观印象所具有的直接性和生动性刨除在外。为了获得建构，它只能这样做。但这种做法会使它失去与客体的关系，而这在外倾型看来是最关键的东西。所以，无论哪种态度想采取令人满意的和解的方式都是绝对不可能的。但是就算人的心灵会因此而保持这样的分裂状态，人本身也不可能这样下去，因为这种分裂不只是哲学方面的问题，还是每天反复出现的、人与他自身还有与世界的关系问题。这是一个基本问题，亟待解决，但唯名论与唯实论之间的争辩显然对此无能为力。要解决此问题就需要第三方即调解立场的介入。理智的存在缺少可感觉的现实性；而实物的存在缺失的则是心灵。然而，事物和观念都汇集于人的心理之中，在那里，他们达到一种平衡状态。假如心理不能给出生命的价值，那观念会如何？假如心理不再具有感官-印象的决定性力量，那客观事物的存在还有价值吗？假如在我们身上灵魂的存在并不是现实，那谁又能说出真正的事实？生命的现实是灵魂的存在在生动的心理过程中，将事物具体的客观行为与唯一的程式化观念这两者结合起来的产物。只有心理所特有的生命活动才能使观念获得那种有效的力量，使感官-知觉获得那种强度，而这两者都是生命的现实的组成部分，缺一不可。

心理的自主活动像所有的生命过程一样，是持续不断的创造性活动，不能被解释为对感官刺激的反应行为和行使永恒观念的器官。每一天里，心理活动都在创造现实，而我只能用幻想来表达此活动。幻想是情感的同时也是思维的；既是感觉的同时也是直觉的。在幻想中每种心理功能之间都联系紧密，时而表现为原初的形式，时而又表现为我们所有官能相结合的最终的也最具创造力的产品。因此我认为，幻想非常清晰地表达着心理特有的活动。它是一种创造性活动，能够产生出所有可解问题的答案；它是一切可能性的缔造者，生命的统一将一切内在和外在世界的心理对立联结在了一起。幻想是主体与客体、内倾与外倾不可调和的要求之间的桥梁，从古至今直到以后永远皆是如此。能将这两种机制结合在一起的只有幻想。

假如阿伯拉尔足够深刻地认识到这两种观点之间的心理差异，那他在逻辑上想通过幻想的帮助来发展他的调解方式就是最好不过的了。如同情感一样，在科学领域内，幻想也是一种禁忌。因此，既然我们已经认识到类型的对立实际上是心理的对立，那我们就更应该清楚，心理学不仅立足于情感，同时也必立足于调解的幻想。然而，幻想大多是无意识的产物，所以这里又出现了极大的问题。幻想包含意识的因素，这毋庸置疑，但它也同样拥有本质上的不自主这一奇异的特征，并因此而与意识内容直接对立。同幻想一样，梦也具有这种特征，只是其奇异性和非自主性的程度更高。

一般情况下，个体与无意识的关系会在最大程度上对他与幻想的关系加以限制，时代的精神对这种情况又有很大的影响。因理性主义所居优势程度的不同，个体处置无意识及其产物的程度也不尽相同。为了阻止个体的幻想活动，所有封闭的宗教系统都会倾向于压抑个体中的无意识，在这其中，基督教是程度最深的。如此看来，宗教常常会用一些固定的象征概念来代替个体的无意识。所有宗教的象征概念都在力争通过一种典型的、具有普遍约束力的形式改造无意识过程。可以这样说，宗教教义是将“终极之事”以及人类意识之外的世界的最终信息呈现在了人们面前。我们在任何地方观察任何一种宗教的诞生，都会发现其教义形象都是凭借天启，或者说以其无意识幻想的具体化的形式灌输进创始者的头脑中的。这些源自他的无意识的形式具有普遍有效性，并因而取代了他人的个体幻想。《新约圣经》马太福音记载了耶稣基督生活中的一个片段：我们从耶稣在旷野中接受考验受试探的故事中看到，王位的观念是以魔鬼诱惑提问的形式从耶稣的无意识中浮现出来的，魔鬼为耶稣提供了统辖世间的最高权力；当然，这是有条件的。如果耶稣将这种幻觉误以为真并接受了它，那么世界上就又会出现一个政治狂人。但实际上，耶稣没有这么做，他只是以一个统领天国的君王的身份进入这个世界。所以，事实证明，耶稣绝不是一个妄想狂。那些反复从精神病的角度出发，认为耶稣的心理是一种病态现象的人简直是荒谬可笑的，他们无法理解耶稣经历的这一过程在人类历史中所具有的任何含义。

如今，人们已经普遍接受了耶稣用来向世界表现他的无意识内容的形式，并认为它具有普遍约束力。在这之后，所有个体幻想就变成了既没有意义也没有价值的幻想，更有甚者，有的还被当成了异端邪说而遭到打压，诺斯替运动的命运就是其中一个例子，后来兴起的异端其命运也大都如此。在旧约《圣经》中，先知耶利米（Jeremiah）就曾谈到过类似的内容，他这样告诫：

16. 万军之王耶和华如此说："不要听信这些先知对你们的预言，否则你们将变得一无是处。他们以虚空教训你们，所说的异象，是出于自己的心，不是出于耶和华的口。"

25. 我已听见那些先知假托我的名义所说的预言，他们说："我梦到了，梦到了。"

26. 那些说假预言的先知，根本就是在掩耳盗铃，这种预言到底要在他们心中酝酿多久？

27. 他们将这些梦灌输给他们身边的人，我的百姓因而再也记不住我的名字，就如同他们的先祖一样。

28. 得梦的先知，可以述说那梦；得我话的人，可以诚实宣讲我的话。耶和华说："谷壳的价值怎么能和麦子比呢？"

与此相同，我们在早期基督教中也能看到，主教们在彻底根除僧侣们的个体无意识活动时是多么的热情十足。在亚历山大港的阿桑那修斯大主教（The archbishop Athanasius）的圣·安东尼（St Anthony）传记中，我们找到了对深入地研究这种活动更有价值的资料。在书中，他对幽灵和幻觉进行了描述，揭示出灵魂所面临的危险，提醒这些危险已经来到了那些在孤绝中守斋戒和坚持祷告的人头上。他警告这些人，魔鬼非常狡猾，它善于伪装自己攻击圣洁的人，以致他们滑向堕落的深渊。在这里，魔鬼利用了隐居者自己的无意识的声音，对个体本性受到的强烈压抑进行反抗。我摘引了这本文字艰涩的书中的几个段落。[1]这些内容会清楚地告诉我们，无意识经受了怎样系统的压抑和贬低。

有时我们一个人也没有看见，但是却听见了魔鬼的声音，那感觉就好像是有人

1 《圣安东尼的一生》，见《教宗的天堂或花园》，亚历山大港大主教阿桑那修斯与他人合著（E.A. W. Budge英译），第1章，第3—76页。

在放声高歌；有时我们听见了不断反复地朗读《圣经》经文段落的声音，就像平时我们所听到的那样。有时还有这样的事情发生：魔鬼怂恿我们半夜起床祷告，叫我们笔直地站着，魔鬼让我们看见那些像僧侣和隐居者模样的人；这些人就好像走过一段漫长的旅途后非常疲倦，紧紧地依靠着我们。他们接着自言自语起来，直到觉得自己灵魂深处获得释放才肯停下来："我们这些特立独行、喜爱孤单寂寞的受造物，因着上帝而不能在我们自己的寓所藏身，不能按着自己的意思行使公正。"当他们无法通过这样的计谋来实现他们的意志时，他们就转向另一个人说："你如何还能继续活下去呢？你自己想想，在多少事情上你犯了不可饶恕的罪行，灵魂已经向我揭示了你所做的一切，否则我怎么能知道你具体所犯的是哪一条那一款。"所以，如果信徒对信仰没有深刻认识，听了这些话之后就会觉得自己确实做了一些不该做的事情，但是因为从来没有被追究和处罚过，所以他的内心会变得惶恐不安，并进一步陷入绝望和痛苦之中，小心翼翼地和人相处。

哦，我亲爱的，我们完全没有必要害怕被这些东西，但是当魔鬼放肆夸张那些所谓真实的东西时我们有必要感到恐惧，然而我们必须对他们进行严厉的谴责……所以，我们一定要保护好自己，不就算魔鬼们说的话真的可能有道理，也不要在他们面前表露出想听他们话的心思意念。如果让那些与上帝敌对的魔鬼充当我们的教师，那将是我们的耻辱。哦，弟兄们，让我们穿上正义的盔甲、戴上赎罪的头盔，让我们在这比赛中千钧一发之际从满弦的硬弓中射出我们虔诚的精神之箭吧，因为魔鬼什么都不是，就算他们算是个什么东西，与十字架的威力相比，他们的力量也是不值一提！

圣·安东尼继续写道：

一次，一个长相极其丑陋且傲慢无比的魔鬼站在了我的面前，他居然胆大妄为地用堪比一大群人的嘈杂声般的嗓音对我说："我，对，就是我，拥有上帝的权力！"然后又说："我，没错，就是我，是全世界之王。"他还说："说吧，你想从我这里得到什么？我会让你心满意足。"我鄙夷地向魔鬼吹了一口气，并用基督的圣名将其斥退……

还有一次，我正在禁食祷告，那个诡诈异常的魔鬼变成一个弟兄，双手端着饼出现在我面前，他对我充满爱心地忠告说："起来吧，这里有饼和水可供你吃喝，你如此辛劳需要休息和食物支撑体力。因为就你自己孤军奋斗，无论你将来会成为一个怎样的伟大之人，你终究是一个血肉之躯，有生有死，你应该感到惧怕和痛苦。"听了他的话之后，我没有回答而是保持一贯的平静。然后我伏身在地，开始衷心地祷告，我祷告说："我的主啊！求你斥责他，就像平常你赶走他那样。"我的祷告一结束，这个魔鬼就化为一道尘埃，如一缕轻烟般夺门而逃。

有一天晚上，魔鬼撒旦亲自来到我家门前，一直敲我的房门，我走过去开门看是谁，不料一个极其高大且强壮的人形出现在我面前。我问他：“你是谁？”他毫不隐瞒的回答：“我是魔鬼撒旦。”我问他：“你来我这里干什么？”他回答说：“那些僧侣、隐士以及其他基督徒总咒骂我而且将那些恶毒的诅咒堆在我的头上，这到底是为什么？”他那种疯疯癫癫的愚蠢很让我觉得简直摸不着头脑，于是，我问他：“那你干吗要给他们添麻烦呢？”然而他的回答是：“不是我要给他们添麻烦，麻烦是他们自找的。我在有些地方碰到的事情是我曾经经历过的，如果不告诉他们我是魔鬼，那么他们便不会停止杀戮。这样一来，我便没有了容身之地，刀光剑影也会成为过去，甚至连真正臣服于我的人也没有了，就连那些为我服务的人都用冷眼看我。因此我必须用锁链捆住他们，不然他们会以为对我不忠是正确的，然后从我身边逃走。基督徒已经遍布这个世界了，你不妨看看，就连在沙漠中基督徒的修道院和居所都那样星罗棋布。所以在他们对我进行污蔑的同时，我也要给他们严厉的警告。”

我十分惊讶于我主的仁慈，随后对魔鬼说：“为什么你在除此之外的其他任何场合都在说谎，这怎么解释呢？你现在讲的是实话吗？你本来是要说谎的，现在却讲实话了，这又是为什么呢？当耶稣基督降临这个世界彻底将你狠狠地踩在脚底下的时候，你的罪恶就从这个世界上被彻底清除了，这是真的。”魔鬼一听到耶稣的名字，便化为乌有，他的话语也戛然而止了。

从这些引文我们可以看出，在普遍的信仰当中，虽然个体的无意识非常透彻地表达出了真理可仍难逃被抛弃的命运。对此种行为，人类心灵史有着特殊的解释，但是这里我们并没有责任谈及这些理由，我们需要知道的就是无意识受到压抑这一事实。从心理学角度讲，压抑的根源在于欲力即心理能量的撤回。因此而获得的欲力会对意识态度的成长和发展起促进作用，从而逐渐建立起一种新的世界图像。而在此过程所获得的确定无疑的优势又自然而然地对这一新态度进行巩固。正因如此，我们才不会惊讶于我们时代的心理学为何会将一种注定会对无意识不利的态度当成自己的特征。

我们可以理解，为什么所有科学都拒绝情感和幻想的观点，因为这种做法确实有其必要性。科学正是因为这样才能成为科学。那么，换成心理学结果又会如何呢？答案是，如果心理学被看成是一门科学，那么它也必须这样做。但若果真如此的话，心理学能够公正地处理有关的材料吗？极力用抽象的形式来阐释其材料是所有科学都会做的事，所以心理学也能实际上确实也在用抽象的理性形式来把握情感、感觉和幻想的过程。用这种方法处理材料自然会使抽象理性观点具有权威性，但与此同时也将其他更为恰当的心理学观点的权利排除了。在作为一门科学的心理学中，这种更为恰当的观点不能作为独立的心理原则出现却反而被置之不理。无论在什么情况下，科学都不能脱离理性范畴，作为对象的其他心理功能都只能从属于它。理性就是科学王国中的主宰。然而，科学一旦进入实际运用的领域，那就另当别论了。之前理性是高高在上的君主，现在却变成了一个臣子——理性对科学来说的确是一种完善的工具，但也仅限于是一种工具；理性自身变成了前提而不再是目的。理性与科学，现在都被用来为创造性的力量和目的服务了。虽然它已不再是科学，但仍然可以称之为“心理学”；它是一门广义心理学，是一种具有创造性的心理活动，其中，创造性幻想被看成是最重要的方面。假如我们抛开“创造性幻想”这一词不用，那我们说，这门实用心理学中的主要角色被赋予了生命这种说法依然是正确的；因为一方面，生命显然是一种幻想，它能繁殖和生产，科学对它来说只是一种工具，而另一方面，它又代表着外在现实的多方面的要求，这些要求又会唤起创造性幻想的活动。科学自身是一种目的必然也是一种崇高的理想，然而，实现这种理想却会形成这样的事实：科学和艺术的种类与“自身即为目的”的数量成正比。这样一来，相关的特殊功能不仅会越来越高度分化和专门化，甚至还会远离世界和生命，专门化的领域越来越多，彼此之间却不再发生联系。最后只会看到贫乏与枯瘠，这不仅会发生在专业化领域，也会发生在每个人的心理方面，人越来越远离自己，换句话说，每个人的水平都降低到专门家的层次上去了。科学必须证明她对生命来说是有价值的；她不仅要做女主人，还要做自己的主人。这么做并不会丢她的脸。

虽然科学已经让我们知道了心理的失衡与扰乱状态，并因此让我们对她的内在理性禀赋心生敬意，但是，如果就这样在她身上放置一个绝对的目的，从而使她不再只是一种工具，那就大错而特错了。因为当我们从理性及科学的层面向实际的生命领域靠近时，困难就会扑面而来，我们已经被困住了，以至于我们被同其他有着一样真实生命的领域隔离开来。因此，我们只能将我们理想的普遍性当成一种局限，从而到处去寻找在精神上可以帮助我们的牧师，他有能力从完整的生命要求出发，将理性本身所能达成的心理普遍性放在我们面前。当浮士德[1]所宣扬“情感就是一切”所表达的也只是与理性相悖的命题，因而也只是走向了另一个极端；他并没有得到生命的和自己心理的整体性，这个整体中的情感和思维交融为第三种更高的原则。就像我曾经分析过的那样，你可以把这个第三种更高的原则当成一种实际的目的，也可以把它当成为达到这一目的的创造性幻想。科学或情感都不可能达成这一整体性目的，因为前者以自身为目的，而后者不具备思想的灵视能力。这两者只有以对方为辅助力量才能使自

---

1 德国著名诗人歌德作品《浮士德》中的主人公。——译者注

己变得更加完善，但它们是互相冲突的，所以我们不得不在它们之间架设一座桥梁。在创造性幻想中，我们找到了这一桥梁。它并非来自两者的任何一方，而是两者的母亲，更准确地说，它正孕育着一个孩子，这个孩子就是能使对立的两者达成和解的终最终目的。

假如我们只把心理学看成是一门科学，那么我们就只是在为科学的绝对目的服务而没有深入到生命。更准确地说，科学帮助我们认识事情的客观状况，但它总是维护它自己的目的而抵制任何其他的目的。只要理性不承认其他目的同样具有价值而始终维护自身至高的权威，那么它就会永远将自己封闭起来。它不肯让自己走出自身的第一步，这就证明了它不具有普遍有效性，因为对于理性来说，其他任何东西都只是幻想。但是，幻想往往就是那些最终真正成为现实存在的伟大事物所迈出的第一步啊！因为理性始终总固执而呆板地依附于科学的绝对目的，所以它才会同生命的源泉相隔绝。在它看来，幻想就是一种愿望的梦，这说明它根本看不起幻想，然而科学却恰好急需并且愿意接纳理性的这种态度。只要科学的发展仍是争议的焦点，那么把科学看成一种绝对目的就是不可避免的。但如果争议涉及了生命本身要求发展的问题时，这就是在犯罪。因此，在基督教文化过程中，压抑这些桀骜不驯的幻想活动就成了历史的必然；基于不一样的理由，我们今天的自然科学同样也认为有必要对幻想应进行压抑。但我们要切记，假如创造性幻想脱离了正当的范围，那它也会肆意泛滥，堕落为最有害的东西。但是这些限制指的并不是那些人为的由理智或理性情感所设置的限制；创造性幻想本就应当存在于必然性和无可争议的现实性的范围内。

不同的时代有着不同的使命，而且我们往往只有回顾历史的时候才能肯定地判断哪些是正确的，哪些是错误的。当“战争是万物之父”[1]就是时下争论的焦点，然而最终的裁判权却在历史手里。真理不是永恒的，它只是一台还有后续的好戏。一种真理越是“永恒”，就越缺乏生机与价值；因为它本身就已经向我们表明，它再没有什么能告诉我们的东西了。

只要心理学还只是一门科学，我们就能从弗洛伊德和阿德勒那些著名的观点中知道它是如何评价幻想的。弗洛伊德的解释是将幻想还原为因果的、原初的本能。阿德勒则将其还原为自我的基本的和终极的目的。前者是一种本能心理学，后者是一种自我心理学。本能不是个体的生物现象。以本能为基础的心理学是不会重视自我的，因为自我的存在离不开个性化原则，也就是说，离不开个体的差异，这种差异中独有的特征将个体从一般生物现象的类中分化出来。虽然生物的本能过程也能形成人格，但是就其个性本质上来讲，与集体本能还是有区别的；没错，就像正如作为人格的个

---

1 赫拉克利图斯（Heraclitus）：《早期希腊哲学》，第136页。

体总是与其集体性截然不同一样，个性与集体本能就是这样最为直接的对立着的。这一区分恰好就是它的本质所在。所以，我们说，被本能心理学当作基质的集体因素正是每一种自我心理学所要排除和忽视的东西，原因是，它对那种自我借此与集体本能相区分的关键过程做了描述。两种观点的代表人物互相敌视对方，因为他们各自所持的观点本就在互相抵触并贬低对方。如果本能心理学与自我心理学还认识不到它们的根本区别是什么的话，那么双方就会自然而然地认为自己的理论具有广泛的效力。当然，这并不是说本能心理学是不可能设想出自我-过程的理论的。它完全可以做到，只不过它所使用的方法会被自我心理学家当成是对自己的理论的否定。因此我们意识到，原来“自我-本能”也曾偶然出现在弗洛伊德身上，只是从整体上看，它还相当渺小。然而对阿德勒来说，性欲就好比是一种最不重要的工具，它是某种服务于权力的基本目的。阿德勒的原则在超越集体本能的基础上准确无误地证明了个人权力；但弗洛伊德却认为，本能促使自我服务于它的目的，所以自我仅仅表现为一种本能的功能。

弗洛伊德和阿德勒的科学的倾向是把一切都归结为他们自己的原则，并在此基础上进行演绎。借助幻想这种操作更易于完成，因为它完全就是本能的和自我的倾向的表现，它不同于意识的功能，无须适应现实并因此必须带有客观取向的特征。任何一个人，只要他能接受弗洛伊德的本能观点，就不难从中找到“愿望的达成”“婴儿期的愿望”“被压抑的性欲”。而对阿德勒的自我观点持肯定态度的人，要从中发现那些与自我护卫和分化有关的基本目的也并不困难，因为幻想本就是本能与自我之间的中介。所以，它的身上兼具备这两者的基本要素。任何一种单方面的解释都多多少少有牵强的、武断之嫌，因为这样做必然会压制另一方。但从总体上说，还是出现了一种可证明的真理；只不过它不是普遍有效而只是部分的真理。这种真理的效力仅限于自身原则的范围，一旦被放在其他原则的领域内就失去了作用。

弗洛伊德心理学最为人们所熟知的就是压抑不相容的愿望倾向这一核心的概念。人只不过是一种愿望的集合，这种愿望只能部分与客体相适应。来自环境的影响、人们受到的教育还有一些客观条件都会束缚人对本能的自由表达，而这正是造成人的心理障碍的根源。除此之外，还有一种影响则来自父母，它会导致道德的冲突或是生命婴儿期的固恋作用。原初的本能构成了总量，它不会有所增减但会因受到客观影响的各种干扰而发生改变；因此，必要的治疗方法就是对恰当挑选的客体做出尽可能不受限制的本能表达。阿德勒心理学的特征正好与此相反，它是以自我-优势的核心概念为特征的。人主要表现为一种自我基点，不管在什么情况下它都不应该被客体所限制。在弗洛伊德看来，对客体的渴望、固恋以及某些欲望的不可能性有着至关重要的作用；而阿德勒则认为，一切都在于主体的优势地位。阿德勒将弗洛伊德对客体的本能压抑变成了则是主体的自我保护护卫。在弗洛伊德看来，治疗在于消除那种使客体变得无法接近的压抑；而阿德勒认为，要得到治疗就必须去除使主体封闭起来的自我保护。

所以，弗洛伊德的观点是，性欲是基本的程式，它表现了主体与客体之间极为密切的联系；而阿德勒则认为，主体的权力才是基本的程式，它不仅有效地抵御了客体，同时还为主体提供了一种能阻断与外界所有联系的坚不可摧的堡垒。弗洛伊德希望本能可以不受阻碍地朝它们的客体流去；但阿德勒却希望通过消除客体邪恶的魔力，让自我摆脱将人禁锢起来的防御性盔甲。所以我们可以得出这样的结论：从本质上说，弗洛伊德的理论是外倾的，而阿德勒则是内倾的。当然，外倾的理论其效力范围仅限于外倾型，而内倾理论也同样只有在内倾型那里才能发生效力。因为纯粹的类型是因全然片面化的发展而产生的，所以它不可能保持平衡。如果过分地强调一种功能，那么也就是在压抑另一种功能。

如果心理分析所运用的方法是定向于患者所属类型的理论的，那么心理分析就不能消除压抑。所以，外倾型为了能与其理论进行统一而将他无意识中浮现出来的幻想还原为本能的内容，而内倾型则会把这些幻想还原为他的权力目的。从这种心理分析中所获得的结果只会使既有的不平衡进一步扩大化。因此，这种分析只是对现存的类型进行了强化，而绝不会促进类型之间的相互理解与调和。不仅如此，这种分析还拓宽了外在的和内在之间的鸿沟。这时就会出现一种内在的分裂，因为其他的功能会断断续续地在无意识幻想、梦等形式中出现，但却一次次地遭受压抑。在这种情况下，如果某个批评家认为弗洛伊德的理论是一种神经症理论，那么，就算这位批评家的观点中所带有的敌意攻击会让我们不愿再负责任地认真思考出现在我们面前的问题，从某种程度上来说，他的观点还是有道理的。弗洛伊德和阿德勒的观点同样都具有某种类型特征，同样都是片面的。

以上两种理论都对想象的原则嗤之以鼻，它们都贬低幻想，认为幻想充其量只是一种纯粹符号的[1]表达。可事实绝非如此，要知道幻想的含义是相当广泛的，除上述用法外它们还表现了在外倾型中被压抑的内倾的机制以及在内倾型中被压抑的外倾的机制。不过，因为被压抑的功能还处于无意识状态，所以得不到充分的发展，一直处于原始阶段。处于这种状态下的被压抑的功能显然无法与较高水平的意识功能结合。幻想之所以难以接受原因就在于它是从这种未获认可的、无意识功能的特殊性中派生出来的。基于上述理由，想象被那些以适应外部现实为主导原则的人当成了一无是处且应该被谴责的东西。但是我们不能否认，所有创造性工作和善的观念都是想象的结

1 在这里之所以用“符号的”（semiotic）一词，是为了能与“象征的”（eymbolic）相区别。弗洛伊德称为象征的东西事实上只是表现基本本能过程的符号（signs）。但这是对事物的表达方式中最为贴切的一种类比。

果，都来源于我们口中的童真幻想。不单是艺术家，可以说所有富有创造性的人生命中最伟大的东西都是从幻想中获得的。游戏可以激发幻想，这属于儿童的特征，因此显然与严肃工作的原则相互抵触。可是，假若幻想缺少这种游戏的性质，也就不会产生任何创造性工作。我们亏缺想象的游戏实在太多。所以，如果只是因为幻想的有害性或难以接受就认为它毫无价值，那我们也未免太短视了。我们要牢记，也许一个人的最高价值就存在于他的想象之中。我用“也许”一词是经过深思熟虑的，因为从另一方面来说，幻想也是没有价值的，理由是，它们还是原初材料时并就没有任何可实现的价值。要想让它们蕴含的巨大财富被发掘，就要让它们继续发展下去。不过，只依靠对幻想材料的简单分析还不能达到这一目的，只有用建构的方法来进行综合的处理才可以实现它的发展。

这两种观点之间的冲突能否以理性的方式完美地解决，答案仍不得而知。虽然我们应该在某种程度上重视阿伯拉尔的努力，可事实上，我们从他的努力中找不到任何有价值的东西，原因是，他始终没能突破概念论或“训诫论”所建立起来的调解的心理原则，他只是在重复那些片面而理性的古老的逻各斯概念。以调解者身份出现的逻各斯显然比说教（sermo）更有优势，这个优势指的就是在人的表达中，逻各斯对人的非理性的渴望也持肯定态度。

然而，我却始终存有这样的印象：假如阿伯拉尔没有因悲剧的命运而丧失了激情的推动力，那么以他对生命伟大的肯定与否定以及充满感悟力的优秀头脑，就不会只满足于建立起奇异的概念论而不肯再做进一步的创造性努力。要证明这一点很简单，只要把概念同伟大的中国哲学家老子、庄子或诗人席勒（Schiller）[1]在同一问题上所采取的方式放在一起比较一下就清楚了。

第五节 路德与兹温格利关于圣餐礼的论战

后来又出现了一些搅乱人们思想的争论，首先值得我们关注的是新教和宗教改革运动。因这一现象极为复杂，所以有必要先将其分解为许多独立的心理过程再进行分析解释。但这已不是我力所能及的。所以，我在这场巨大的争论中选取了一个特定的例子——路德（Luther）与兹温格利（Zwingli）之间关于圣餐礼的争论来进行分析。前文已经指出化体说教义已被1215年的拉特兰会议（Lateran Council）所承认，因而

1 约翰·克里斯托弗·弗里德里希·冯·席勒（Johann Christoph Friedrich von Schiller，1759—1805年），德国著名诗人、哲学家、剧作家，与歌德齐名的德国启蒙思想家，德国文学史上“狂飙突进运动”的代表者。代表作《阴谋与爱情》《欢乐颂》《美育书简》等。——译者注

之后成了基督教信仰的固定的教义；路德从小就生活在这种传统的环境中直至长大成人。新教绝不会容忍那种认为仪式和仪式的具体实施具有客观的拯救意义的观念，因为新教运动的目的是要完全推翻天主教体制，但路德仍无法控制自己陷入取用饼和酒时那种直接而有效的感官印象中去。对他来说，饼和酒不是纯粹的记号，对饼和酒的感官现实与直接体验是一种必不可少的宗教需要。因此他宣称我们在圣餐中所吃的饼、所喝的酒确实是基督的身体和鲜血。直接的体验与感官现实对他来说具有重大的宗教意义，所以他会有自己完全与耶稣的圣体同在的感觉。因此，他所有的论述都是在这种感觉经验下进行的：尽管基督的圣体的临在是“非空间性的”，但却是现实的。依据化体说教义，圣体本质上也是一直与圣餐礼中的饼和酒相伴存在的。此教义认为基督圣体处处存在，这引起了人类理性的极大不安，因而后来人们以立意遍在的概念来代替它，这个概念的意思是，上帝会出现在任何他想要出现的地方。但是路德并没有因此而受到干扰，他一直秉承感官印象的直接体验，而且希望通过解释能消除人类理性所有的顾虑，但他的解释要么是荒唐的，要么就不能尽如人意。

我们很难相信，只是因为传统的力量路德才会紧紧依附于这一教义，因为他已经证明，他有能力摒弃传统信仰形式。如果我们认为，路德在圣餐礼中与耶稣圣体的接触对他本人的情感价值超过了新教的原则，那显然是错误的。因为该原则认为，圣言是传达上帝恩典的唯一工具而非仪式。但路德却说，圣言具有拯救的力量，这的确没错，但分享圣餐也是传达上帝恩典方式的一种。我再次声明，这只是路德对天主教体制所做的表面上的让步；而事实上，它是对以直接的感官印象为基础而建立的情感事实的认识，这与路德的心理所要求的是相符的。

兹温格利与路德的观点相反，他对圣餐礼仅具有纯粹的象征性的看法表示赞同。从“精神上”分享基督的身体和鲜血才是他真正关心的。这种观点不仅具有理性和关于仪式的理想概念的特征；而且能避免所有与理性相悖的假设，具有不违背新教原则的优点。但是，必须指出的是，在如何看待路德所希望表达的感官-印象的现实性以及其特殊的情感价值这一问题上他做得并不公正。虽然兹温格利也参加圣餐礼，也像路德那样分享了饼和酒，但是圣餐礼对他来说并没有包含任何可以恰当地再现关于客体的独特的感觉和情感价值的程式。相反，路德提供了一个程式，但却是有悖于理性和新教原则的。从感觉和情感的角度出发，这并无大碍，而且也的确是正确的，因为这种观念或者说“原则”，几乎不会涉及对客体的感觉。总之，路德与兹温格利的观点是相互排斥的。

比较起来，路德的程式更注重对事物的外倾的概念，而兹温格利的程式则偏重于观念化的立场。虽然兹温格利的程式只是提供了一种理想的概念，对待情感和感觉并不粗暴，但却也从来没有为客体的影响留下一点空间。这情形就如同以路德为例的那种外倾型的观点一样；他们不仅对为客体所保留的空间感到不满足，还进一步要求一种观念服从感性的程式，就像观念的程式要求情感和感觉的服从一样。

考虑到上文已经对问题进行了一般性论述，所以我想在此结束关于古代和中世纪思想史中有关心理类型的问题这一章。透彻地处理如此困难而又意义深远的问题已经超出了我的能力范围。假如读者能对我的文字中对类型观点的差异留有某种印象，那么我就算是成功了。我深知这里所涉及的任何材料都远不能做出令人信服的论述，但我也无须补充。就让我把这个任务留给那些在此论题上比我知识更渊博的人去做吧。

第二章
席勒关于类型问题的讨论

第一节　席勒的《美育书简》

一、优势功能与劣势功能

尽管我知识有限，但据我所知，席勒应该算得上是第一个在很大程度上有意识地对类型态度进行了区分并对它们的特征做出了详尽论述的人。1795年席勒首次发表了《美育书简》（*Letters on The Aesthetic Education of Man*），该书的主要内容是他写给奥古斯丁贝格（Augustenberg）公爵的书信，从这本著作中，我们可以看到他在论及两大对立机制时及发现两者和解的可能性方面做出的巨大努力。[1]

席勒的论文包含深刻的思想，他对材料所做的透彻的心理分析，以及用心理学的方法来解决冲突的宽广视野，都促使我有兴趣进一步讨论和评价他的思想，因为我还是第一个对他的这些思想进行如此处理的人。从心理学的角度来说，席勒的功绩可以说是举足轻重的，我们将在后面进一步的讨论中对此进行清晰地说明；因为他为我们提供了一些经过精心构思得出的观点，而对这些观点的理解，我们这些现代的心理学家尚处于起步阶段。当然，我的责任也很重大，因为我要随时冒着可能会被指责为给席勒的思想加进了一个与他的原文不相符的建构的风险。虽然，我会尽量在所有基本观点上都引用他的原文，可是要想把他的思想引入现在的论题中就不可避免地要给它们加上某些解释或建构。在这种情况下，我只能做到尽可能尽地让我的论述与作者的原意相符。但另一方面，我们必须清楚地记住这样的事实，席勒自己一定也属于某种特定的类型，因此他会不知不觉地展示出自己观点的某种片段。因为我们现在只能描述那些在人们心中已经留下了清晰轮廓的图像，所以，我们可以说，我们在心理描述这方面的观点和认识上的局限是我们能找到的最明显的局限。

从许多特征来看，我认为席勒属于内倾型，而假如我们只考虑到歌德最重要的直觉的话，那么，我觉得，他则更倾向于外倾型。在席勒关于理想类型的描述中，我

1 所有引文来自斯内尔（Snell）所译《美育书简》。

们可以很轻松地发现他的自我形象。如果我们想要理解得更为全面，就不能忽略这样的事实，因为这种认同作用，席勒的全部阐述都避免不了带有一种局限性，这种局限性造成了席勒对一种功能的陈述丰富详尽而对另一种功能的陈述则相对稀少，原因是后一种功能在内倾型那里必定得不到完全的发展，而也正是因为这种不完全的发展造成了后一种功能不可避免的一些劣势特征。正因如此，我们才有必要对席勒的描述进行批评与纠正。显然，席勒是受到这种局限的影响才会使用一套缺乏普遍适用性的术语。席勒是一个内倾型，因此他与观念的联系的紧密程度要远远超过他与实物世界的联系。个体与观念的关系是感情性的还是反思性的，判断的标准就是看个体是属于情感型多一些还是思维型多一些。在此我要对各位读者发出呼吁，恳请大家牢记我在本书第十一章中所提供的定义，或许你们已受我先前著作的影响，将情感与外倾，思维与内倾画上了等号。我以内倾型与外倾型为依据将人划分成两种普遍的类型，然后又进一步将它们细分为各种功能-类型，如思维型、情感型、感觉型和直觉型。因此，一个属于内倾的人可能是思维型也可能是情感型，因为就像思维与情感都可能受客体的支配一样，它们也可能要受观念的统辖。

因此，如果仅从席勒的本性，特别是他相对于歌德的一些特性来说，我觉得他是属于内倾型的人。接下来的问题是，如果继续往下分，他会属于内倾型下的哪种类型。找到这个问题的答案是很难的。毋庸置疑，直觉对他来说极为重要；从这一角度考虑，如果只把他当成一个诗人，那么，可以将他归入直觉型。但是，从《美育书简》中透露出来的细节看来，席勒无疑是一位思想家。不仅从这本书上的内容，而且从他对自己的判断来看，我们知道，思辨的因素在席勒身上是极为强大的。所以我们必须将他的直觉因素挪到思维的那一侧，以便于我们能从关于内倾思维型的心理的角度对他进行研究。我希望可以充分地证明这个假设与事实是相符的，至少在席勒的书中可以找到许多可以支持我的论证的叙述。所以，必须提醒读者注意，上面我所提出的假设是我整个论述的基础。我认为这个提醒非常有必要，因为席勒在把握一个问题时总是从他自己内在经验的角度出发的。基于这一事实，另一种心理即另一类型在看待同一问题时必然会采取不同的方式，而席勒针对某个问题所进行得非常广泛的也因此而有可能被当作是欠妥的概括和带有个人主观的偏见。但是，这种看法也许是错误的，因为像席勒那样存在功能分立问题的人确实还有很多。所以，如果在下文的论述中偶尔出现强调席勒的片面性和主观性的情况，那并不是说我意在贬低席勒所提出问题的重要性和有效性，我只是想为其他的阐述提供一点空间。照此看来，我只是偶然间提出的这些批判，是想把席勒的论述改写到另一种语言环境中去，以达到缓解席勒的主观局限的目的。但是，我的论证与席勒的论点极为接近，因为它主要涉及的是内倾思维型的类型冲突问题，而极少涉及我们曾在第一章中花费了整章的篇幅讨论的内倾与外倾的普遍性问题。

席勒最先关心的问题是，导致两种功能分立的原因和根源是什么。他用确切的本能总结出个体的分化这个基本主题。席勒说：“造成现代人性这一创伤的正式文化本身。”这显示出他对问题的广泛理解。本能生命中种种心理力量和谐一致的分裂，是一种永远无法修复的创伤，一种货真价实的安福塔斯（Amfortas）式创伤[1]，因为众多功能中的某种功能的分化，将会让自己不断发育，而使其他功能萎缩。席勒说：

我敢肯定，假如将统一体和理性作为衡量的尺度，那么，与古代人相比，现代人显然更具优势，甚至还会超过古代世界中最杰出的人物。但是，这场竞赛应该包括将所有成员都包含在内，并在整体的人之间进行衡量。有哪个现代人有那个胆量站出来与单个的雅典人一对一地比试一下人性的价值吗？在这里，我们姑且不去讨论类（race）所获得的益处，而只考虑个体的这种不利条件是如何产生的。

在席勒看来，造成现代个人这种衰败的罪魁祸首是文化，或者说，是功能的分化。他还认为，艺术与学术中的直觉与思辨的思维的距离越来越远，它们都将对方排挤出自己的领域。

当人们把自己的活动局限在某一个领域之中时，就相当于这心甘情愿地让支配者来控制自己，而这个支配者会习惯性地压制人们其他方面的素质。这只会导致一种结果：要么是旺盛的想象力将知性好不容易得来的成果破坏殆尽，要么是抽象精神将那种点燃过想象力并温暖过我们心灵的火焰彻底扑灭。

他接着说：

假如社会在衡量人时以职务或功能作为尺度，只重视某一个公民的记忆力，重视另一个人图解式的知性，而对第三个人只重其视机械的熟练技巧；假如在这里只要求遵纪守法并认为最大的无知优异，在那里则刚好相反，只追求知识却没人管什么性格上的要求；假如要求最大可能地发展各种个体的能力甚至允许其达到已不能被主体允许的程度，为了能争取到个别可以带来荣耀和利益的天赋，而对心灵的其他能力弃之不顾，那我们又怎么可能不为此感到惊讶？

席勒的这些思考特别有深度。与席勒同时代的人因为对古希腊世界认识不够充分，所以只能通过那些流传下来的恢宏的鸿篇巨制来对希腊人进行评价，而实际上古

1 德国著名作曲家瓦格纳的三幕歌剧《帕西法尔》中的主人公，圣杯骑士之王。——译者注

希腊艺术的独特美感在很大程度上要得益于与其赖以兴起的周遭环境的鲜明对比，这一时代的人们往往会对希腊人做出过高的评价，这就没有什么难理解的了。与现代人相比，希腊人的优点就在于他们分化较少，当然，前提是，如果分化真的能被人们看作是长处，因在同一情形下，其短处也是同样明显的。人的功能的分化并不是人类为所欲为的主观愿望的产物，它与所有自然中的现象一样都是一种必然，这毋庸置疑。如果一个非常欣赏“希腊天堂”和阿卡狄亚（Arcadianbliss）[1]乐土的现代人，化身成一个雅典奴隶访问这里，那么他再次眺望希腊这块美丽的土地时，将是另外一种心境。事实的确如此，早在耶稣还没有诞生前的5世纪，那时的原初环境就已经为个体提供了让他们可以全面地展现自己的本质与能力的较大可能，但值得注意的是，要想成就这种可能性就必须以他无数的同胞都处在被压抑和伤害的恶劣环境中为代价。古代社会中的确有个别人的文化水平很高，但整个社会集体的文化水平却仍然处于低级状态。而创造集体文化的伟绩必须由基督教来完成。所以，如果从整体上说，现代人不仅可以与希腊人相提并论，而且不管用什么标准衡量，希腊人的文化水准都无法与现代人集体文化的水准相比。此外，我们说，席勒所认为的，我们的个体并没能和集体文化的发展步调一致是完全正确的，而且这种情况自席勒著作发表后的120年来不但没有任何改善甚至还有所退步；假如我们没有囿于这种阻碍个体发展的集体氛围之中，那么，从斯蒂纳或尼采的思想中所体现出的那些激烈的反应就显得多余了。所以，席勒的观点直到今日仍符合这个时代的特征却具有有效性。

就像古时候的人通常会以压抑绝大多数平民（贱民和奴隶）的手段来达到迎合上层阶级的需要的目的一样，从个体的发展上来说，后来的基督教世界也历经相同的过程而发展到了我们所见到的集体文化的程度，它想尽办法将这种过程转化到个体内在的心理领域中去，拿我们的话说，就是将其提升到了主体的层面。但是，这种为了少数上层人获得自由而压抑大多数下层人的情形，在基督教教义将个体的价值规定为一种不灭的灵魂时就戛然而止。在被选择时，个体中更具价值的功能终于超越了处于劣势的功能。而随着重点被转移到某一有价值的功能上，所有其他的功能也被尽数抹杀了。这在心理学意义上代表的是古代文明中那种社会的外在形式被转移到了主体之中，因而产生了一种原本在古代世界中是外在的，如今却原本内在于个体的状况；那就是，一种占支配地位的优势功能，为得到发展和分化而牺牲了大多数劣势功能。一种集体文化借助这种心理过程油然而生，“人权”也因而获得了一种远超古代得更为可靠的保证。不过，它仍然有不足之处，即它对一种主体的奴隶文化的依赖性，换句话说，就是对一种将对古代大多数人的奴役转化为心理领域内的奴役状态的依赖，因

---

1 古希腊伯罗奔尼撒半岛上的一个高原，因那里的生活恬淡、舒适、质朴而被视为田园式生活的典型代表。——译者注

此，可以说，提高集体文化同时也就意味着是在贬低个体文化。如果说对古代世界的人来说对群众的奴役是一道无法愈合的伤口，那么，对现代人的灵魂来说，对劣势功能的奴役同样也是一道永远无法愈合的伤口。

席勒曾经这样说："片面地训练这些能力必然会使个体陷入谬误，但却能使类达到真理。"优势功能取代劣势功能对社会来说是有价值的，但对个体来说却是有害的。这种损害已经到了很严重的程度，实际上，我们现代文化的巨型组织就是以全面扼杀个体为目标的，原因是，对个体人所具有的优势功能进行机械的运用是它们存在的根基。这里起着关键作用的是人的一种分化了的功能，而不是人。因此，"人"在我们的集体文化中不仅不再是以人的形式出现而变成了一种功能的代表，甚至还会被完全等同于这种功能，并把其他所有的劣势功能都排除在外。因为纯粹的功能代表的是一种集体价值和唯一可能的生计的保障，所以把现代人贬低为一种纯粹的功能毫不为过。不过，正如席勒清楚地看到的那样，功能的分化确实只能经由这一种方法才能发生：

发展人的多种能力的唯一方法就是使它们相互对立。但各种能力的对立也仅限于是文化的重要工具；只要有对立存在，人就只是正走在通向文化的路上。

如果以上述观点作为依据，那我们说，我们当前这种诸种能力相对立的状况就不能称之为一种文化的状况，而只是该状况的其中一个阶段而已。当然，不同的人对于这个问题的看法也会有所不同，因为对有的人来说文化就是集体文化的一种状况；而对另外一些人来说，文化仅仅就是文明[1]，这种对个体发展的严厉的要求应当被归之于文化当中。然而，席勒却错误地将第二种观点与自己联系在了一起，并把我们的集体文化与个体的希腊人进行比较，这种比较并不恰当，因为他没有认识到那个时代文明的缺陷，而正是因为这种缺陷使得那种文化的绝对有效性遭到怀疑。因此，真正绝对完美的文化是根本就不存在的，它总是有所偏颇的。当文化理想是外倾的时候，主要价值就存在于客体和人与客体的联系中这时的文化表现出来的是集体的特征；而当文化理想是内倾的时候，主要价值就存在于主体以及他与观念的关系中，这时的文化则表现出个体的特征。所以下述情形就变得很容易理解：在基督教倡导的博爱（它的对应关联物或对应者、对个性的侵犯）原则的影响下，出现了一种集体的文化，个体在那里由于其价值在原则上被贬低，因此很可能会被吞没。所以，处在德国古典思想家的时代的人会对古代世界的一切极其艳羡，在他们眼中，古代世界就是个体文化的典

---

1 关于文化与文明在德语中的区分可见《心理疗法的实践》，第227段，第10行。

型代表象征，所以，古代世界不仅因此得到了最高程度上的赞誉，而且还常常会被全面理想化。更有甚者，有很多人还会致力于模仿或恢复希腊精神，尽管这些尝试在今天看来颇有些愚蠢，但仍可被视为是个体文化的先兆。

在席勒写作《美育书简》之后的120年中，个体文化的状况不但没有好转，反而更坏了，因为如今大部分的个人兴趣都已被集体兴趣侵占，甚至没有给个体文化留下一点发展的空间。所以，今天的我们拥有一种经过高度发展且具有空前绝后的高度组织性的集体文化，而这种高度的组织性也恰恰是它变得对个体文化越来越有害的原因所在。在这里，一个人的“应是”与他所呈现出来的东西之间变得泾渭分明，换句话说，就是他作为个体的存在与作为集体的存在之间变得泾渭分明。他以牺牲自己个体性为代价来获得功能的发展。假如他表现突出，那只能代表他与集体功能是同一的；假如他平庸无能，那么，就算他的某种功能博得了社会的高度赞誉，他的个性也仍未得到开发而处于劣势，所以，他仍然是一个野蛮人，而对于能力突出的人来说，他必然沉湎于将自己的野蛮性遮蔽起来。毋庸置疑，这种片面性仍然为社会提供了许多无法估量却独一无二的优势条件。就像席勒准确观察到的：

唯有将我们精神的所有能量汇聚于一点，将我们所有的本质集中到一种单一的能力上，就像我们为这种单一的能力即个体的能力插上翅膀，通过我们的努力使它超越自然为它设置的界限。[1]

但是，这种片面的发展必然会催生出一种反动，因为被压抑的劣势功能不可能完全不参与我们生命的发展过程。人的内在分裂被消除的时候也就是未发展的功能可能作用于生命的时候。

我已经说过，文化的发展中的功能分化过程最终必将使心理的基本功能发生分裂，它不仅早就大大超出了个体能力的分化范围，甚至还对普遍的心理态度产生影响，决定着如何使用这些能力。而与此同时，那种因为遗传而获得较好发展的功能也从文化中分化了出来。这种功能对有些人来说是思维的能力，而对另一些人来说则是情感的能力，这些能力可以很轻松地获得进一步的发展，因为文化的要求的推动，个体会对这些存在于天性中的得天独厚的能力的发展倾注更多的热情。但是，值得注意的是，这种能力的发展与此功能是否天生就适合他并不是一回事；甚至可以这样说，它只是预设了某种易变性、灵敏性和可塑性，正因如此，这一功能往往并不包含最高的个体价值，因为该功能的发展是以达到集体目的为目标的，所以我们只能看到最高

1 参见斯内尔译《美育书简》，第44页。

的集体价值。实际情况很可能与我论述的相同，即在那些被忽视的功能中隐藏着更高的个体价值，虽然对集体生活来说，这些价值可能根本就不重要，但对个体的生活来说却是至关重要的。因为它们具有生命的价值，所以能赋予个体生命强度和美感，但不要试图去集体功能中寻找这种强度和美感，因为那将会徒劳无功。虽然一个人可以通过已分化的功能获得集体存在的可能，但却无法通过它获得生命的满足和快乐，而能给予他这一切的只有个体价值的发展。如果缺少这些东西人们就会觉得好像失去了什么，并会导致一种内在分裂般的分离，在席勒看来，它就好比是痛苦的创伤。他接着写道：

因此，对于整个世界来说，不管我们能从人的能力的分化培育中得到多少好处，我们都不能忘记个体在这种令人诅咒的普遍目的中注定要遭受的苦难。诚然，体育训练能使人身体强壮，但形体的美却只有通过四肢自由而协调的活动才能获得。同理，个体精神能力的努力能造就优秀的人才，但若使人感到幸福与完满还必须对这些才能施以均等的培养。假如说这种牺牲是人性培育过程中必须做出牺牲，那么我们与过去和未来的时代的关系又会如何？从前的我们是人性的仆人，几千年以来，我们被它奴役、为它劳动，我们的本性被摧残并被打下这种屈辱的被奴役的印记，但只要能让后世的人幸福安乐，拥有良好的道德，同时还能获得人性的自由的发展，这种牺牲又算得了什么呢！但是，难道说不管为了达成什么目标人们都可以忽视自己吗？难道说自然会为了达到自己的目的而剥夺理性给我们规定的完整性吗？答案当然是否定的，所以，以牺牲个体的整体性为代价来培育个体的能力的做法毫无疑问是错误的；或是当自然规律试图这样做时，我们应该通过一种更高的技艺（艺术）重建那些被技艺破坏了的我们的自然本性的整体性，而不是彻底放弃它。

席勒明显是在私人生活中对这种冲突有了最鲜明的体会和感受，正是存在于他身上的这种对抗，让他对一致性和协调性充满了渴望，从而使那些因奴役而萎缩的功能获得解放，恢复生命的和谐。瓦格纳（Wagner）[1]在他的歌剧《帕西法尔》（*Parifal*）中也表达了同样的主题，该剧通过圣矛的失而复得与伤口的愈合进行了一种象征性的表达。而席勒则通过哲学的反思将瓦格纳以艺术的方式所要表达的东西进一步清晰化。对此，他虽从未直接进行过表述，但我们却能明显地看出其中的含义，席勒的问题在于他注重的是如何恢复古代世界观和古代生命方式；人们从中得出了这样的结论：他要么忽略了基督教的救赎教义，要么就是有意对其视若无睹。不管是哪

1 威廉·理查德·瓦格纳（Wilhelm Richard Wagner，1813—1883年），德国歌剧史上具有承前启后作用的关键人物，后浪漫主义歌剧作曲潮流的开创者。代表作《黎恩济》《帕西瓦尔》《汤豪舍》等。——译者注

一种情况，他关注的重点都不是基督教的救赎教义而是古典美，然而，同席勒所追求的“从罪恶中获得拯救”一样，基督教的救赎教义也没有第二个目标。叛教者朱利安（Julian the Apostate）在与赫利奥斯国王（King Helios）谈话时曾说：“人的心灵之中‘充满激烈的搏斗’。”[1]这句话很耐人寻味，因为它不仅恰当地表明了朱利安自身的特征，同时还准确地揭示了那个时代所具有的古代后期那种内在的撕裂的特征，这种特征通常会表现为人类心灵与精神上史无前例的无序与混乱，而基督教教义宣扬的正是它能使人们脱离混乱的苦海。当然，基督教的目的不是解决问题，事实上，它提供的是一种破碎的自由，即使一种有价值的功能与所有其他功能分离开来，即使在那个时代，这种功能也专横地要求掌握统治权。基督教只提供出一种功能确定的发展方向而排除了所有其他功能的发展。也许正因如此，席勒才对基督教的救赎教义采取了忽略态度。异教徒接近自然即接近天性的行为似乎正是对基督教所无法提供的那种可能性的回应：

> 我们所要达到道德状态的道路，自然在它的天然造物中就给我们指明了。如果基始力量的竞争在较低组织中没有缓和下来，那么自然是不会提升到自然人的高级形式的。同理，如果伦理的人身上的各种基质的冲突、盲目的本能的对抗不能平息，粗野的对立不能停止，那么人就无法将全部精力投注到发展他的多样性上去。而换个角度说，只有保证人的性格的独立性，只有从屈服于他人的专制转变为庄严的自由时，人才能够使他内在的多样性与理想相统一。[2]

所以，我们说，劣势功能的分离或救赎并不能使对立物在自然（天性）的道路上和解，要想做到这一点，唯一的方法就是认识它、与它保持协调一致。然而，席勒认为，接纳劣势功能可能会导致一种“出于本能的但是却很盲目的对抗”，而反之，理想的统一性则很可能使优势功能压倒劣势功能的那种状况重新得以确立，并因此使那种原初的状况被恢复。劣势功能与优势功能的相互对立，并不是取决于它们的本性，而是取决于它们暂时所取的形式。因为一开始它们就对文明人达到他的目标造成了阻碍，所以才会被忽视并受到压抑；然而，这些目标的内容充其量只是一些片面的兴趣而已，是无法与人的个性的完美同日而语的。假如把目标定义为个性的完美，那么那些未被认可的功能就是不可或缺的，其实从它们的本性来说，与这种目标并不抵触。然而，只要文化的目标与个性完美的理想不一致，这些功能也就只好在某种程度上被贬抑、被压抑。有意识地接纳这些被压抑的功能无异于要打一场内战；或无异于要将

1 Oratio IV，In regem solem. 参见朱利安《著作集》（*L.C.L.*），第1卷，第389页。

2 见斯内尔译《美育书简》，第46页。——译者注

之前对所有对立物的所有禁锢统统解除掉，而这样一来，“性格的独立”就会立即消失。只有解决冲突才能取得这种独立，但如果各种冲突力量之间迟迟不出现一个果决的仲裁者，这种冲突也无法得到解决。在这条道路上，自由是和解产生的结果，不然就不可能完成合乎道德的自由人格的建构。但如果对自过分强求，那人们又将再次为本能的冲突所困：

一方面，人们因为惧怕自由（自由在其最初的试探中总是被当作敌人来看待）宁愿受奴役而获得安逸；另一方面，人们因对迂腐的监护职责感到绝望，而逃回了无拘无束的原始野蛮状态之中。人性的软弱成为篡夺的借口，而人性的尊严则成为暴力的借口，这种情况会一直持续到最终一个能掌管人世间一切事物的伟大力量出现，并能像一个普通的拳击裁判员那样用他的方式来裁决这些原则的表面冲突为止。

对此论述，现代法国大革命提供了一个生动但却是血淋淋的背景：

它高举着崇高的理想主义和哲学与理性的旗帜开始出征，蹚着血水结束于厮杀的混乱中，并在此过程中，产生了拿破仑这位独裁的天才。就连理性女神也对强权这个挣脱枷锁的野兽束手无策。席勒对理性与真理的失败感同身受，因而预言道：真理将变成权力：

如果到目前为止，真理还不能证明自己能够取得胜利，那原因恐怕不在于理性不懂得怎样揭示真理，而是因为心灵在面对理性时仍然关闭着大门，依然没有产生为真理付诸实践的冲动与激情。当在哲学和经验发出的亮光照亮了世界时，理性的蒙昧和偏见还怎么可能占据统治地位呢？时代得到了启蒙，换句话说，知识被发现并被广泛地传播开来，这至少可以在最低限度上更正我们的实践原则。自由探讨的精神会将那些阻碍我们需求真理的虚妄概念通通丢掉，将狂热和欺骗赖以生存的基座彻底摧毁。理性消除了感官的迷误与欺诈的诡辩，哲学曾经使我们背弃自然而现在又急切呼唤我们重回自然的怀抱——可我们还是野蛮的人，这是为什么？

席勒的这段文字让我们切身感受到了法国的启蒙运动和大革命中所包含的狂想的理性主义。“时代得到启蒙”，这个评价何其之高！“自由探索的精神将那些虚妄的概念统统丢掉”，这种理性主义何其伟大！直至今天，人们仍不能忘记《浮士德》中 Proktophantasmist（即肛门幻视者）[1]所说的话：“扫除一切，我们已经启蒙了！”那个时代的人们太过狂热了，所以他们对理性的重要性与效力做出了过高的评价，然而

1 《浮士德》第一部：《瓦尔普吉斯之夜》。

他们却不知道，如果理性真的具有这样的力量，那么她早就为自己找到最充分的显示自己的机会了，我们还应该知道这样一个事实，那就是，在那个时代，并不是所有有影响力的心灵都持有这种观点；所以，这种盛极一时极具理性主义色彩的理智主义，极有可能就是席勒自身所拥有的同一种素质经由异常强烈的主观发展而产生的结果。我们必须将理性在他身上所占的优势纳入考虑范围，这种优势牺牲的是他的情感，而不是诗人的直觉。在席勒看来，想象与抽象的冲突是永远存在的，这就是直觉与思维的冲突。所以，在1794年8月31日给歌德的信中，他这样说：

这使我在沉思与诗的领域中都不能做到全力以赴，特别是早年间更是如此；通常，当我想进行哲学思考时，却往往被我的诗人气质所征服，而当我写诗时，却又被哲学家的精神所俘获。甚至于，我的想象力总会为抽象力所干扰，而我的诗情又被冷静的推理力浇灭。[1]

他对歌德的钦佩发自肺腑，这一点从他与歌德的通信中对歌德的直觉力近乎女性的赞美就能看出来，这一切都来源于对上述冲突的深刻感受，也使得他与近乎完美的综合天才——歌德之间的对比更加鲜明。冲突来自情感的能量是怎样在他的理性与创造性想象之间达到均衡的这一心理事实。席勒本人好像也觉察到了这一点，因为他在写给歌德的同一封信中这样写道：只要他开始“认识和运用”他的道德力对想象和理性设置适度的限制，身体就会出现各种不适以迫使他突破这些限制。就像我们已经指出的，这种特征只属于那种还没发展完全的功能，这种特征本身具有自主性，并因此摆脱了意识的控制，无意识地与其他功能结合在一起。它没有选择任何分化，而只表现为一种纯粹的动力因素，一种驱动或负载，从而强制性地将意识或已分化的功能的能量据为己有。因此，在某些情况下，意识功能被带出了其意图与决断的界限；在另外一些情况下，意识功能还未达到目标就因阻碍而改变了方向；在除此之外的第三种情况下，它陷入了与其他意识功能的冲突之中，而且只要无意识的扰乱和纠结的力量一日没有分化出来，并从属于意识的支配，这种冲突就一日不能得到解决。我们可以做出这样一个准确的推测，即“我们为什么还是野蛮人”的感叹，不仅是由那个时代的精神培育出来的，同时也是席勒的主观心灵培育出来的。席勒同自己时代的其他人一样都没能找对恶的根源，因为不管到了什么时候，在理性与真理影响微弱的地方都看不到野蛮性存在的身影，野蛮性只会存在于这样的地方：对理性和真理的作用有太高的期望，甚至因近乎迷信地高估“真理”而赋予理性极高的效力。野蛮性是片面性

---

1 歌德：《与席勒来往书信集》（1794—1803），《全集》第10卷（伯特勒编辑），第20页。

的同义词，它缺乏控制，甚至会走向极端。

法国大革命最终达到了令人恐惧的顶点，而席勒不仅从这场让人记忆深刻的革命中看到了理性之神究竟在多大程度上控制了人类，同时也看到了非理性的野兽如何在那里高奏凯歌。正是发生于他所处时代中的这些事件促使席勒关注这一问题；因为这样的情形很常见，即一个表面上是主体的而实质上是个人的问题，恰好契合于那种作为个体冲突包含同样心理因素的外在事件时，它就立刻变成了一个包罗整个社会的普遍问题。这样，个人的问题就将之前缺失的尊严都夺了回来，因为内在的分裂总是不可避免地与某种羞辱性和被贬低的状况伴随出现，使得人的外在、内心都倍感屈辱；一个国家因内战而臭名昭著也是同样的道理。如此一来就没有人有勇气在公众场所暴露出仅属于他自己的冲突，当然，这是以他没有经历过度自尊的痛苦为前提的。然而，一旦人们感受并理解了个人的问题与当代大事件之间的联系，那种纯粹个人的封闭状态就会被消除，个体的问题就会转变成我们社会的普遍问题。对问题解决的可能性来说，这个收获可不小。因为以前与个人问题相搭配的只有个人意识兴趣的微弱能量，而现在所有集体本能的力量都联合起流入了个体，并与自我的兴趣汇合在一起；因此便出现了一种新的形势，提供了一种新的解决问题的可能性。因此，集体本能的力量使那种对于个人的意志力或勇气来说从不可能具有的东西变成了可能；同时也使一个人超越了从前仅凭他自己的能量根本无法超越的障碍。

据此，我们推测，正是当代事件的刺激使得席勒勇敢地投身于解决个体功能与社会功能之间的冲突的工作。卢梭也深切地感受到了同样的冲突，而事实上，也正是以这种冲突为出发点他才写出了《爱弥尔论教育》。下面，我要引述这本书中的几段文字，它们与我们讨论的问题有相同的主旨：

> 人的价值在于同整体即同社会的关系，作为公民的人，他是分子，必须依赖于社会这个分母。这样的制度才是好的社会制度：它最了解怎样做才能改变人的天性，怎样做才能以依赖性替代人的独立性，怎样做才能使人为群体所吞没，变成其中的一员。[1]
>
> 一个人如果想在社会生活中把自然的情感放在第一位，那就等于说他根本不知道自己要的是什么。如果他常常在他的愿望与应尽的义务之间挣扎徘徊、无法决断，那他就无法成其为一个人，更无法成为一个公民。不管对自己来说还是对别人来说，他都会变得一无是处。

卢梭用这样的名句作为这本书的开篇："当它离开造物者之手时一切都是善的；

1 《爱弥尔论教育》（福克斯雷英译），第7页。

而经人类之手后必然堕落。”这句名言不仅体现了卢梭本人的特色，也体现了他所处的那个时代的特色。

席勒同样也对过去进行了回顾，但他是要回归到生活在“希腊天国”的人那里，而不是要回归到卢梭的自然人那里去，尽管这两种情况截然不同，但有一点却是相同的，那就是他们都对过去的理想化和高度评价十分执着的取向。席勒对古典的美赞不绝口但是忽略了现实中的希腊；卢梭则用这样的语言将自己的观点拔高：“自然人指的就是他自己；他是完整的统一体，是绝对的整体。”然而卢梭却忽视了自然人具有全然集体性这样的事实，即自然人绝不是一个统一体，他不仅在于自己，也在于他人。卢梭又在其他章节中说：

无论是时间、地点，还是人物、事件，或是所有那些现在是或将来可能为我们所拥有的事物，我们都要把它们抓在手里，并加以掌控；然而我们自己却是最无关紧要。换句话说，我们每一个人都对这个辽阔的空间的一草一木观察细微，从而把自己分散到整个世界去。……难道使人们如此远离自己的正是天性吗？

卢梭以为这种状态是近代才发展出来的，其实他被骗了。实际上并不是这样的，因为这种状态一开始就存在，越是回溯到事情的开端就越能明显地看到其表现，我们只不过晚近才意识到它的存在。卢梭所描述的仅仅是被列维-布留尔（Levy-Bruhl）恰当地称为“神秘参与”的原初集体精神状态。这种对个体性的压抑是从古代流传下来的，而并不是产生于近代的，在古代它们不具有任何个体性。所以我们所谈到的压抑并非新近产生之物，而是对集体性的绝对权力的一种新的感受与认识。人们出于本能地认为，这种权力属于教会和国家体制，即使有机会也没有方法能逃脱永恒的道德的命令！然而人们过分地夸大了这些体制所具有的威权，实际上并非如此，所以才会出现各种革新者来攻击它们；其实在我们自身及我们野蛮的集体精神中无意识地存在着压抑的权力。站在集体心理角度来看，只要不是直接为集体目的服务的个体发展就都是惹人生厌的。所以，虽然前文提到的单一功能的分化其实是一种个体价值的发展。但这种发展仍然像这样被集体观点所制约，最终产生了对个体自身有害的结果。

因为这两位思想家对早期人类的心理状况掌握得并不全面，所以他们对过去时代的价值的判断也是不正确的。这种错误判断导致他们对早期人类的虚幻图像，对他们具有更完美的人类类型，且较高阶段的类型会随着时代的进步而倒退深信不疑。这种类型倒退的观点实际上是异教思维的遗留，它体现了古代人或野蛮人精神的显著特征，认为当今罪恶时代的前身是一个天堂般的黄金时代。基督教伟大的社会和精神成就便是使人类对未来产生盼望，带给人类上帝是现实存在的观念。[1]在比较近期的心智运动中，这种对古代的回顾取向越发凸显出来，而这是与自文艺复兴以来对异教日益普遍回归的现象密切相关的。

我认为，这种回顾取向也必然决定着人类对教育方式做出的选择。假如人的心灵追寻这一取向就必然要不断去过去的幻念中寻求支撑。然而，我们也许也会认为这种取向根本不值一提，前提是，我们不会被认识类型及类型机制之间的冲突所驱使去寻找能够重建类型间和谐关系的东西。我们可以从下面的引文中发现，我们的目标与席勒心中的目标不谋而合。这些话向我们呈现了他的基本思想，也是我们所要表达的观点的总结：

让仁慈的神明及时地将婴儿从他母亲的怀中夺走，把他放在遥远的希腊天国里，并让他在那里长大成人，之后，让他以一个陌生人的身份重返自己的时代；但是，他的出现并不会让别人感到高兴，因为他会像让人生畏的阿伽门农（Agamemnon）[2]的儿子一样清扫一切。[3]

这一简要陈述在最大程度上表达了对希腊模式的倾心。但我们仍能从中可窥见其局限性，正是因为它席勒才从根本上拓宽了自己的视野：

他需要的材料的确来源于现代，但从形式上上他所借助的东西将源自更为古老的时代——没错，就是源自超越任何时代的时代，借源自他的存在的绝对永恒的统一体。

席勒清楚地认识到自己应该追溯到更远的时代，即追溯到一个原初的英雄时代，那时的人类还具有半神性的特点。他接着写道：

在那里，美的源泉从他那具有魔力的天性的纯粹的以太（Aether）中喷涌而出，不管时代如何变迁，它都不会被世上的腐朽玷污，也正因如此，世代与时代才被抛进了无底的黑洞。

我们对那个时代产生了黄金时代的美的幻象，那时的人类依然是神，并且因为拥

1 从希腊神秘宗教仪式中可以看到这种预示。
2 希腊神话中的迈锡尼王。——译者注
3 见斯内尔译《美育书简》，第51页。

有永恒的美的幻觉而变得神采奕奕。在这里，席勒的诗人性质最终还是超过了其思想家的性质；但在接下来的叙述中，他的思想家特征又占据了上风：

的确，这不得不引起我们的深思，我们看到这样的事实：无论历史上的哪个时代，当艺术、品味繁荣昌盛的时候，人性必定相当衰败。而且从来不会出现这样的情景：一个民族有着高度发展和广泛传播的审美文化，同时又拥有政治自由和公共美德，或者换个说法，优雅的风尚、完美的行为会与良善的道德及真理共同发展。

以我们的经验及熟悉的知识为依据，我们推测，那些古老时代的英雄的生活行为一定很不严谨，而事实也的确如此，不管是希腊神话也好还是其他别的神话也好，总之，没有一个神话中描述的英雄的生活是严谨的。所有的美之所以能因它的存在而狂欢，是因为那时既没有颁布刑事法典也不存在公共道德的捍卫者。我们发现并认识到了这样的心理事实：越是充满生命力的美，就越要超脱于充满悲哀、痛苦肮脏的现实之上，唯有如此才能放射出耀眼的光芒；毫无疑问，摧毁席勒思想根基不是别人，正是他自己；因为他致力于证明的东西已经处于分裂状态，但是又可以借助幻觉、快乐和美的创造而重获统一。在这里，美本应是使人类天性回归到原初统一的调解人，可事实恰好相反，我们的所有经验都在告诉我们，美的对立面才是她自身存在的必要条件。

就像上述席勒的诗人性质占据上风一样，在这里却变成了他的思想家性质占据优势一样：他不相信美，甚至依据自己的经验而判断美可能是有害的：

不管我们定睛于古代世界的哪里，我们都会看到趣味和自由是无法共存的这一事实，只有破坏了英雄们的道德，美才能建立起自己的势力。

洞察这一经验所获得的结论，使席勒无法再维持其对美的主张。于是，通过对此论题进行深入的思考，席勒得出了这样一种认识，在此认识中他清晰地描述了美的另一面：

如果直到今天我们对美的效应的看法都源自经验的教诲，那我们就不能太过确切地去发展人的情感，原因是，这对人类真正的教养来说会造成危险；哪怕冒着变得粗陋和简朴的风险，我们也要尽量避免美的融化力，我们无须为了达到获取优雅的目的，而屈从于美的柔弱的影响力。

如果思想家们不是从字面意义而是从象征的意义上来理解诗人们的语言，那么二者之间的矛盾也就变得可以调和了，我们很清楚，诗人们多么渴望自己的语言能被理解。那么，是不是席勒误解了他自己呢？几乎真是如此，不然的话他不会做出这种自相矛盾的评论。诗人身份的席勒对美那晶莹剔透的源泉大加赞颂，这种源泉悄悄地流淌在各个每一时代和世代的底层，不断地从每一颗人类心灵中喷薄而出。诗人身份的席勒其实并不关心古希腊人，他真正关注的是我们各自身上所包含的古老的异教徒成分，是那些从未被玷污且永恒存在的天性和最原始的美，虽然它们只潜藏于我们的无意识中，但却与我们紧密相关，它们所映射出的光辉被我们以过去的形象理想化，以至于我们因此误以为能从那些远古的英雄身上找到我们所要追寻的美。这就是潜藏于我们身上的远古人，因与我们集体取向的意识是那么的格格不入，所以我们觉得他们面目可憎、难以接受，但同时他们也正是我们枉费心机四处追寻的美的承载者。我们身上的这个远古人正是席勒用诗所意指的，但却被思想家身份的席勒所误认的那个古希腊的典范。席勒无法从证据材料中用他思想家的逻辑推演出来并徒劳追寻的东西，却被他以诗人的象征的语言描述为“应许之地”（promised land）[1]。

以上论述已清楚表明，所有企图使我们时代的人的片面分化平衡的努力，都必须将是否接纳劣势功能也就是接纳未分化的功能的事实考虑在内。如果不懂得怎样释放劣势功能的能量，促使它们分化，那么不管哪种调解的努力都注定要失败。要想释放能量就必须遵循能量的定律，换句话说，就必须设置一条能将潜在的能量释放出去的坡道。

总是有人想将劣势功能直接转化为优势功能，但这根本就不可能，所以这些人从未成功过。同样，制造一种永恒运动也不可能会成功。因为如果没有高级的价值源能为之提供支援，没有哪种能量的低级形式能轻而易举地转换成能量的高级形式；也就是说，要想实现这种转换就必须牺牲优势功能。但是，能量的高级形式的原初价值是不可能同时被其低级形式所获得，也就是被优势功能所重新占有的，所以能量高级形式与低级形式只能在中间的水平上进行平分。如果一个个体将自己认同为他已分化的功能，那他必然会遭遇这样一种状况：尽管能量被平分了，但获得的价值却要比原初价值更低。这是一个必然的结论，所有的教育，但凡是以使人类本性达到统一与和谐为目的的，就必须考虑这一事实。席勒用独属于他的方式表达了同样的结论，但却宁愿放弃美也不愿意接受这样的一个结论。然而，当席勒用他思想家的思考申述他那严厉的判断时，席勒的诗人性质却跳出来说道：

但是，经验也许并不是裁决该问题的法庭，在承认它的证据有多重要之前，我们

---

1 《圣经》中上帝耶和华允诺赐给犹太人祖先亚伯拉罕及其后裔的迦南一带的土地。——译者注

无疑要先确认一点，即我们正在谈论的与那些于它不利的例证所证明的到底是不是同一种美。[1]

据此看来，很显然，席勒意图超越经验；或者换句话说，他赋予了美一种性质，而这种性质是经验所无法证明的。他坚信，“美必须是人性中必然的特性”，换句话说，美一定要表现为必然的、无可否认的范畴；在这里，他不仅涉及了一种纯粹的美的理性概念，还涉及了可以让我们脱离“现象范围和事物生动的呈现”的“超越的方法”。“无论是谁，如果他不能冲破现实，就根本不能获得真理”。席勒在主观上排斥经验所显示出的不可避免的下行趋向，使得他不得不让逻辑理性为感情服务，并因而以致促使逻辑理性建构起最终达成原初的目标的程式，即使这种情形是不可能出现的这一点早就被确切证明过也依然如此。

卢梭也犯了同样的错误，他做了这样一个假设：天性在从属于自然的地方是不会坠入堕落的深渊的，但在从属于人的地方则刚好相反，所以他得出以下结论：

如果国家的法律也像自然的法律一样是不允许任何人的权力对其进行破坏的，那么从属于人就变成了从属于自然；因此，共和政体下社会生活的优势就与所有自然状态的优势结合在了一起。而阻止人为恶的自由也将与提升人到善的高度的道德结合起来。[2]

依据如上思考，他提出下述忠告：

让儿童只从属于自然，遵循自然的规律对他进行教育……当他想四处跑动时，不要强制他静坐；当他想要安静时，不要让他跑动。只要我们不让我们愚蠢的行为对孩子的意志造成破坏，他们的愿望就不会再与任性扯上关系。

然而事实很不幸：不管在什么情况下，国家的法律都不能与自然的法律达到和谐统一，所以文明状态永远也不可能同时还是自然状态。即使我们设想这种协调最终可能变成现实，那也只能将其理解成是一种妥协，而在妥协的情况下，两种状态都不能实现自己的理想。如果有人想要实现其中的一种理想，就必须实践卢梭所说的：“一个人不可能既是自然人又是社会人；他只能当作一种选择。”

自然与文化必然存在于我们之中。我们不仅要面对我们自己，我们还必定与他人发生联系。所以我们必须找到这样一条道路：它并不只是一种单纯的理性的调和；但

1 见斯内尔译《美育书简》，第59页。

2 《爱弥尔论教育》［福克斯雷（Foxley）英译］，第49页。

注定会是一种与生命的存在和谐统一的状态或过程。就像先知所说，“在那里必有一条大道，被称为圣路”，在这条道路上“行路的人虽愚昧，也不至失迷”。[1]因此，我更加认为，我们应当公正地看待作为诗人的席勒，哪怕此时，他已经在某种程度上蛮横地侵入了席勒的思想家方面的领地；既然最后的结论不是理性的真理，那么非理性的真理当然也就存在。在人类的处事当中，通过理性之路显然不能达到的东西往往通过非理性之路变成了现实。的确，所有那些出现在人类历史上的最伟大的变革并非源自理性的思考，而是源自那些被同时代人所忽视或在他们看来很荒谬的方式，只有在历经了很长时间之后人们发现它们内在的必然性才给予完全的认可。然而更多的结果是它们最终都未得到认可，因为有关精神发展的所有最重要的规律依然是一本被封上七重封印而打不开的天书。

不管怎样，我都没想要赋予诗人身份的席勒所呈现的哲学姿态以任何特殊的价值，因为他只把理性当作一种骗人的工具。至此，理性已经完成了它所能完成的任务，已经揭示了欲望与经验两者间的矛盾。那种坚持从哲学思维中寻求解决此矛盾的方法显然已经没有任何意义。就算我们已经想到了解决的方法，但真正的障碍仍然摆在我们面前，因为无论是对于解决这一矛盾的可能性进行反复思考，还是发现理性真理都不能达到真正解决这一矛盾的目的，而要解决它唯一的方法就是找到一条对生命来说能真正接受的道路。我们并不缺少建议和睿智的箴言，但假如只通过建议和箴言就能解决问题，那么即便是在古老的毕达哥拉斯（Pythagoras）时代，人类也能从各个方面达到智慧的高峰。所以，就像我所说的，我们不该从字面意义上而要从象征的意义上来理解席勒所论述的内容，同时这种象征还会以哲学概念的形式出现，所以与席勒身上的哲学气质达成了统一。

与此相同，我们也不能把席勒所设置的“超越的方法”理解为一种以认识为基础而建立起来的批判性推论，而只能象征地将其理解为一种当某个人遇到无法解决的困难，或面临他的理性所不能克服的障碍时所能采用的方法。然而，在探索和运用这一方法之前，他肯定已经在他先前道路分叉处的对立物面前耗费了很多时间。这一障碍阻挡了他生命河流的前进。不管什么时候，只要出现这种欲力的阻挡，之前使生命的流程得以稳定统一的各种对立物就会瞬间土崩瓦解，并马上就会像盼望争斗的斗士一样彼此对峙、相互对立。因为没人能预测到这场冲突的战期和结局，所以对立双方都变得筋疲力尽，而第三种情形会因此油然而生，那就是新的道路的开始。

以此规律为依据，席勒开始专注于深入研究对立的本质。不管我们遭遇了怎样的阻碍，只要它是难以克服的，就会立刻导致我们的目的与客体之间的分裂变成我们自

1 圣经《以赛亚书》第35章，第8节。

身的分裂。之所以这样说，原因在于，当我们努力使客体服从于我们的意志时，我们的整个存在就逐渐与客体形成了联系，紧接着强有力的欲力也会投入进来，将我们存在的部分投入客体之中。如此一来，我们人格的某些部分就会与客体相类似的性质在某种程度上互相认同。而一旦产生了这种认同，冲突就被移入了我们心理之中。这种与客体冲突的“内向投射”所产生的内在的分裂使我们无力对抗客体，于是我们会释放出某种感情因素，这类感情因素常常代表的就是内在的不和谐。不管怎样，这些感情因素都表明我们正在感受我们自己，因而，只要我们不迟钝麻木，我们就正在对自身的状况给予关注，从而进一步对那些与我们自身心理相对立的活动予以探究。

以上便是席勒所采用的方法。他发现的不是国家与个人之间的不统一，而是他在第十一封信的开始就设定的“人格与状态”[1]的二重对立，也可以说是自我与其不断变化的感情状态之间的二重对立。因为不管怎样，自我是相对稳定的，但自我与客体的关系或感触性则是变化不定的。所以席勒想从本质上来研究这种分裂。事实上，这其中一边是意识的自我功能，另一边则是自我与集体的关系。这两种决定性因素都存在于人的心理当中。但是，不同类型看待这些基本事实的眼光也不同。在内倾型看来，自我的观念是意识持续发挥决定作用的标记，而与之相对立的则是与客体的关系或感受性。而外倾型刚好与之相反，他更加重视他与客体关系的连续性，而对自我的观念的关注则较少，因而呈现在他面前的问题是全然不同的。当我们在对席勒的思考进行进一步考察时，必须牢牢把握住这一点。比如，当他说，个人“在永恒不变的自我中且唯有在这之中”揭示自身时，就说明他是站在内倾型的角度来看问题的。而若是依照外倾型的观点，那我们只能说，个人在且只在它的关系中，即在与客体相关联的功能中才能进行自我揭示。因为在内倾型那里，“个人”完全等同于自我，而对外倾型来说，个人却等同于他的感受性，即他与客体的关系，而不是能进行感受的自我。可以这样说，与外倾型的感受性相比，他的自我远没有那么重要。一般来说，外倾型是在不断地变化中认识自己的，而内倾型则是在恒定不变中认识自己的。在外倾型看来，自我绝对不是“永恒不变的”，所以他对自我关注极少。而与之相反的是，对内倾型来说自我却是十分重要的；所以他才会从所有容易影响自我的客观变化中退缩回来。在内倾型看来，感受性可能会导致痛苦，而外倾型却认为它是绝对不可或缺的。在以下论述中，席勒的内倾型立场简直显而易见：

在一切变化中始终保持自身不发生改变，将各种知觉转化为经验，换句话说，就是将知觉转化为认识的统一，使他在时间中的各种表现方式变得与所有时间的规律相

1 见斯内尔译《美育书简》，第60页。

适应，这是他的理性本性给他规定的规律。

上述内容很明显体现了一种抽象的、自给自足的态度；这种态度甚至被等同于行为的最高规则。所有事件都必然被立即提到经验的层面，而那些适用于所有时间的规律也很快就会从这些经验的总括中浮现出来；然而，与此相同的另一种属于人的态度却没能将事件变为经验，它不仅很少产生出规律，甚至还或有可能成为将来的阻碍。

席勒只能将上帝思考为永恒的存在，而不能将其思考成变化中的，这完全符合他的态度；因此，他凭借精准的直觉认识到了那种合乎内倾型理想的"类神性"状态：

被想象成完美的人应该是在变化的潮流中本身保持永远不变的统一体……人在其自身的人格中拥有达到神性的天赋。

席勒的有关上帝本质的想法，完全不同于把基督视为上帝的肉身，以及新柏拉图派在关于圣母与圣子的问题上认为圣子是以造物主的身份降临尘世的观点。[1]但我们从中可以清楚地看到，席勒赋予了那种功能自我观念的永恒性；这是最高的价值的神性。对于席勒来说，最重要的东西莫过于从感受性中抽象出来的自我，所以同所有的内倾型一样，对于席勒来说，这是他已经分化出来的最主要的观念。他的上帝、他的最高价值就是自我的抽象和持存。而外倾型则与之截然相反，在他们看来，上帝就是与客体有关的经验，原因是他已完全投身于现实当中；在他看来，成了肉身的上帝远比那些高高在上的立法者更加亲切。在这里我有必要提前指出，这些观点的有效范围仅限于诸种类型的意识心理学中。若是在无意识中，这种关系就要颠倒过来。席勒似乎考虑过这方面的问题：尽管在意识上，他还是相信一个恒定的永恒不变的上帝的存在，但另一方面他也认为通往神性的道路是由感觉、感受性、生命的变化过程来揭示出来的。不过这些功能在他看来并不是主要的，他在某种程度上已经把自己与自我画上了等号，他将自我从变化中抽象出来，所以他的意识态度也就变成了完全抽象的，与此同时，他的感受性还有他与客体的关系也不可避免地陷入了无意识之中。

抽象的意识态度经常是在追求理想的过程中从每一个事件中吸取经验，再从经验中概括出规律，这种抽象的意识态度会在一定程度上导致局限和贫乏，而这恰好是内倾型的特征。席勒清楚地感受到他与歌德的关系具有一特征，因为歌德较为外倾的本性被他感受成了某种在客观上与他本人相对立的东西[2]。歌德曾这样耐人寻味地描述过

---

1 参见朱利安关于圣母的谈话，《著作集》第1卷，第462页及以后页。

2 席勒：《给歌德的信》（1798年1月5日），歌德：《与席勒来往书信集》（1794—1803），《全集》第10卷（伯特勒编辑），第485页。

自己：

我是一个喜欢沉思的人，而且还是一个彻底的现实主义者，所以我从不渴望也不希望从一切呈现在我面前的事物身上得到任何强加于它们身上的东西。客体对我来说只有是否符合我的兴趣之分，而没有其他的分别。[1]

关于他受到席勒的影响，歌德强调说：

假如我能以某类客体的表现者的身份为你提供一些帮助，那么你也引领着我摆脱了过于严厉地观察外部事物以及同它们之间的关系，让我重新找到了自己。在你的指导下，我学会了更公正地观察人类内部世界的复杂方面。[2]

恰好相反的是，席勒发现，歌德身上有一种东西能明显地完善或补充他的本质，同时也感觉到他们之间存在差异，在下面叙述中他作了暗示：

不要认为我拥有多么伟大的观念上的财富，因为那些通通来自你的身上。我的需要与努力是要从少量的东西中发掘出更多的东西来。如果你认识到我缺乏常人所熟识的知识，那么你也许会发现我已经获得了的成功。因为我的观念范围过于窄小，以致我能更快更频繁地穿越它，所以，我能更好地利用有限的资源，通过形式创造使本来缺乏的内容变得更加多样。你努力对你那巨大的观念世界进行简化，而我致力于在我极少的财富中创造出多样性。你拥有一个可供统治的王国，而我则拥有一个庞大而繁杂的观念家庭，我的目标是要将把这个家庭扩充成一个小宇宙。[3]

如果我们忽略这段话所体现出的内倾性格特征中的自卑感，而将这样的事实补充进来——将“巨大的观念世界”受外倾型的统治支配，理解为席勒本人受制于这一世界；那么，席勒就为我们描绘出了一幅表现出他思想贫乏的鲜明画图，这里所指的贫乏事实上是一种本质上抽象的态度所导致的结果。

抽象的意识态度进一步发展，导致无意识发展出一种补偿的态度，通过我们的解析将使其意义变得更为清晰。与客体的联系受到抽象作用的限制（原因在于获得了过多的“经验”与“规律”）越多，它们想让客体在无意识中获得发展的渴望就越强

1 歌德：《给席勒的信》（1798年4月27日），同上书，第564页。

2 歌德：《给席勒的信》（1798年1月6日），同上书，第48页及以后页。

3 席勒：《给歌德的信》（1794年8月31日），同上书，第19页。

烈，这最终会在意识中强制自己在感官上依恋于客体。因此，这种对客体的感官联系将会取代情感联系，因为抽象的作用，情感联系变得很匮乏，换言之就是受到了更多的压抑。正因如此，席勒更突出地将感觉看作是通向神性的道路而并没有选择情感。他的自我运用了思维，但是他的感受性、情感则运用了感觉。所以在他看来，以思维的形式出现的精神性与以感受性或情感的形式出现的感官感知两者之间出现了分裂。而在外倾型那里情况则刚好相反：他与客体的联系变得更加密切，但观念世界却是具体的、感觉性的。

感觉的情感，或者说得更准确一些，在感觉状况中存在的情感是集体的，这种情感会产生一种关系或是感受性状况，这种状况常常使个体处于神秘参与的状态或与感受到的客体部分一致的状态。这种一致导致个体强迫性地依赖客体，而强迫性依赖又以一种恶性循环的方式在内倾型那里强化了抽象作用，并以能解除由依赖和强迫引起的重担为目标。席勒看到了这种感受性情感的特殊之处，他指出：

> 假如人仅凭感觉，且只按照强烈的欲求去行动，那么人就只能以世界的形式存在。

但是，内倾型为了使自己逃避感受性，不可能一直进行抽象活动，所以他最终会认识到自己必须要把形式赋予外部世界。席勒说：

> 因此，如果不让自己仅以世界的形式存在，那么人就必须赋予外部世界形式；而且人必须把一切内在的东西外化。只有充分实现这两项任务，才能使人回到我所提出的那个神性的概念。[1]

这一点非常重要。让我们假设一下，即使与他相关联的那个人是他的创造者，但如果感官感受到的对象是一个人的存在，那么，他是否能接受这种规定？他能接受自己被赋予形式吗？从较小程度上来说，人固然拥有扮演神的角色的天职，但是那些没有生命的物体本身也拥有存在这一神圣的权利，而且，当人类开始磨制石器的时候，世界就已经摆脱了混沌状态。假如所有内倾型的人都希望把自己有限的观念世界外化，并以此赋形于外部世界，那的确不是一件省心的事。然而这种企图并没有停止而是每天都在上演，同时个体却在遭受着类神性的折磨。

席勒对外倾型进行了这样的概括："把所有外在的事物内化，赋予一切内在的事物以形式。"与我们所看到的一样，歌德身上的这种反应正是席勒所激起的。对此歌

1 见斯内尔译《美育书简》，第63页。

德也有类似的描述，他在给席勒的信中写道：

另一方面，在我所参与的每一种活动中，人们几乎可以把我描述为完全的观念主义：我对客体没有任何要求；但是，我要求一切都与我的概念相符。[1]

这也就是说，外倾型在思考时，就内倾型在行动时的情形一样，一切都是以外部世界为依据的。[2]所以，只有达到了一种近乎完美的状态，这一程式才会有效，实际上，内倾型获得的观念世界不仅非常丰富，而且还富于弹性与表现力，所以它不必再将客体放在普罗克拉斯提斯的床（a procmstean bed）[3]上；而外倾型也因对客体具有非常充分的认识和关注，而使得他的思维对客体发生作用时，不再以产生一幅漫画为结果。所以我们看到，席勒在最高可能的标准上建立起自己的程式，因此也就把一种几近苛刻的要求加诸个体的心理发展上，即假设他非常透彻地理解了自己的精神，同时对自己的程式在各个方面的意义知之甚详。

即便如此，有一点也是相当清楚的，那就是他的程式所说的“把所有内在的东西外化，赋予外在的事物以形式”是内倾型意识态度的理想。该程式一方面以他的内在概念世界、形式原则的理想领域的假设为前提，另一方面则以其理想运用于感性原则之可能性的假设为前提，这样，就不再会出现感触性，而是出现一种主动的力量。只要他是“感性的”，他就“只作为世界而存在”，而“为了不只作为世界而存在，他就必须为事物赋予形式”。这代表的是对被动的、接受的、感性原则的倒置。然而问题的关键是，要怎样才能使这种倒置发生呢？一个人能赋予他的观念世界这么宽广的领域真是令人难以想象，然而为了把相应的形式强加于物质世界他除此之外也别无选择。为了达到提升观念世界高度的目的，他还必须把他的感触性以及感性本质由消极的状态转变为积极的状态。这不可避免地要涉及人，而人却一定会被某物所制，否则他便可与神等同。于是人们必然得出这样的结论，即席勒思考得太深入了，这最终导致了他处置客体时态度粗暴。但是我们不能不承认，古老的、劣势的功能有其不受限制而存在的权利，正如我们所知，尼采事实上就这样做了，或者至少在理论上是如此。然而这个结论用在席勒身上并不合适，因为据我所知，他从未在任何地方有意识地表达过这一点。而且正好与之相反，他的程式带有一种完全质朴的、观念主义的特征，这十分符合他的时代精神，他所处的时代没有受到那种坚不可摧的对人性和人类

1 歌德：《给席勒的信》（1798年3月27日），《全集》第10卷（伯特勒编辑），第564页。

2 在这里我必须强调，我在这章中对外倾与内倾所做的讨论，只适用于这里所描述的类型：席勒代表直觉的内倾思维型，歌德代表直觉的外倾情感型。

3 普罗克拉斯提斯是希腊神话中的强盗，他将旅客劫到自己的店中，然后让个子高的躺在短床上，截去其比床长出来的部分；让个子矮的躺在比较长的床上，将其身体拉长至与床一样的长度。——译者注

真理的不信任的影响，而这种影响在尼采开创心理批评的时代却挥之不去。

只有那种无情而严厉的权力观点才可能贯彻执行席勒的程式，因为它从不公正地对待客体，也不会有意识地考量其本身的权能。只有席勒从未确切思考过，劣势功能才能夺得它在生命中的位置。如此一来，那些有着伟大言辞和光艳姿态中的质朴与无意识的古代要素，才会喷涌而出，它们对建构我们的现代“文明”是很有帮助的，但此刻，人们却在某种程度上，对此文明的性质抱有与此大相径庭的看法。一向披着文明生活外衣的古代权力本能，最终将露出它的真实面目，从而确切地证明了我们“仍旧是野蛮人”。因此我们不能忘记，无意识态度就像意识态度因它拥有崇高和绝对的观点而以某种肖神性自傲一样也具有类神性，只不过这种类神性是向下定向于一位具有性欲和兽性性质的古代神明的。赫拉克利特（Heraclitus）[1]的对立形态为这一时代的到来提供了确切证明，那就是当机械降神（Deus ex Machina）[2]出现之时，当我们理想的上帝退到了墙角之时。这情形就好像18世纪末的人们并未亲眼目睹在巴黎所发生的一切，但依旧在审美的、热情的或轻率的态度中沉迷不已，目的是为了在发现人类的本性犹如深渊时进行自我欺骗一样。

尘世中充满了恐怖，
那诱惑是来自人的而非来自神的，
愿人永远不希望看见
诸神用黑夜和恐怖覆盖的东西！

席勒：《潜水员》（Der Taucher）

当席勒还活着的时候，处理尘世问题的时刻还没有来临，而尼采的内心已经很接近这个时刻了，原因是，他认为，我们确实正向一个史无前例的互相倾轧的时代靠近。尼采是叔本华唯一真正的门徒，正是他掀开了质朴的遮盖，他在《查拉图斯特拉如是说》一书中，唤醒了尘世中那种不久之后必然到来的时代最具活力的观念。

二、关于基本本能

席勒在第十二封信中力图解决两种基本本能的问题，他不遗余力地对二者做出了详尽的描述。“感性的”本能就在于“让时间来限制人，并使人转变为物”[3]。这种本能要求：

---

1 赫拉克利特（Heraclitus，约前530—前470年），古希腊颇具传奇色彩的哲学家，曾创立爱非斯派，有“晦涩哲人”之称。代表作《论自然》等。——译者注

2 古希腊、古罗马戏剧中为了扭转剧情而用舞台机关送出的神。——译者注

3 斯内尔译《美育书简》，第64页。

一直不断变化，让时间拥有了内容。这种完全充满时间的状态就是感觉。

此状态下的人仅仅是一个量的统一体，是一种被时间充满了的瞬间，我们甚至可以说他消失了，因为只要他被感觉统治着，被时间缠绕着，那么他的人格就被取消了。

感性本能用坚实的纽带把积极向上的精神与感性世界捆绑在一起，把抽象从自由地在无限中遨游的状态拉回到当前的囚禁中。

这种本能的表现没有被假设为感官的欲望，而是被设定为感觉，这完全符合席勒的心理特征。这说明，他认为感官感知是具有反应性或感触性的，这同样也是内倾型的典型特征。而如果换作是外倾型，则毫无疑问会最先强调欲望的因素。更进一步说，这种本能要求变化；而观念却要求不变与永恒。不管是谁，只要他被观念所支配，他就会渴望永恒；因而他的观念必然会反对一切促其走向变化的事物。在席勒身上，情感和感觉因为其未发展的状况常常互相交织在一起。事实上席勒并不知道如何将情感与感觉区分开来，下面这段援引于他的话就可以为证：

情感只能宣告：在特定的时刻和对特定的主体是真实的；如果时间和主体发生改变的话，对前面感觉的陈述就要取消。

我们可以从这段话中清楚地看到：在席勒看来，感觉和情感这对概念是可以互换的，这表明席勒并没有很看重情感，从而将其与感觉区别开来。情感不仅能够建立起普遍性的价值，还能建立起完全特定的和个人的价值。但是，因为内倾思维型具有反应的和被动的特征，所以他的“情感–感觉”的确完全是特定的；又因为它只会发生在受刺激的情形下，所以它未曾超出个体的情形，以致达到与所有情形进行抽象比较的层面；对内倾思维型来说，能完成这一任务的不是情感功能而是思维功能。而内倾情感型则刚好与之相反，情感在他们那里获得了抽象的普遍性特征，因此它能建立起普遍而永久的价值。

通过进一步分析席勒的描述，我们意识到，“情感–感觉”（我用这种表达形式是为了更好地展现在内倾思维型中情感与感觉相混合的特征）是一种功能，但并未获得自我的认同。它的某些特征是不利的、异质的，它“取消”甚至夺走了人格，把人置于自身之外，使人远离自己。因此席勒将它比作把人置于“自身之外”[1]的感情。如果一个人安静下来，席勒认为这时“称之为回到了自身[2]，即回到自我，重建他的人格正好恰如其分”。由此可以很明显地看出，似乎对席勒来说，“情感–感觉”并不是

1 =外倾的。

2 =内倾的。

真正意义上的人格，而只是一种不确定的附属物，“坚定的意志可以成功地抵制它的要求”。但是，“情感-感觉”正是构成外倾型真正本质的一个方面；似乎只有当客体影响到他时，他才真的感觉是他自己——如果我们能意识到他的优势的、已分化的功能正是与客体的联系，就会很容易理解这一切，抽象的思维和情感恰与这种功能正好相对，就好比这两者对内倾型来说是同样不能缺少。与内倾思维型的情感相同，外倾情感型的思维也受到了感性本能的不良影响。对两者来说，感性本能都意味着它们在很大程度上被物质的与特定的东西限制。如此一来，只要借助客体，生命也能“自由地遨游于无限之中”，而不仅是抽象作用才能如此。

因为把感性从“人格”的概念和范畴中排除了，所以席勒才能宣称：人格是“绝对的和不可分割的统一体，它绝不会自我抵触”。理性急需的正是这种统一，理智总是使主体保持他最理想的完整性；所以作为优势功能，它必定要将处于劣势的感性功能排除在外。这会使得人的本质变得不再完整，但这恰好就是席勒探索的真正动机和出发点。

既然席勒认为情感具有“情感-感觉”的性质，并因此认定它绝对是特定的，那么形式化的思想就很自然地被赋予了最高的价值、真正永恒的价值，或者说被赋予了席勒口中的“形式的本能”[1]：

> 但是当思想宣告：那是（that is），那么这就是永久的裁决，它的裁决的效力是由人格本身来担保的，人格抵挡了一切变化。

然而我们不得不问：难道人格的意义和价值真的仅仅在于那些不会变化的东西吗？难道产生、变化和发展除了受到严重的“蔑视”之外就不能真正体现更高的价值了吗？[2]席勒接着写道：

> 因此，当纯粹的客体在我们内心起作用和形式本能支配一切的时候，就出现了存在的无限扩张，取消了所有限制，人从因贫乏感觉所限制的量的统一体提升为将所有现象领域囊括在内的观念统一体。因为这个过程，我们不再处于时间之中，而是在完美和无限的成功的帮助下，让时间处于我们之中。我们现在是类，而不再是个体；我们自己可以对一切精神做出判断，并用我们的行动来表现一切内心的选择。

1 对席勒来说，“形式的本能”就等于“思维的能力”。

2 后来席勒自己也对这种观点进行了批判。

毋庸置疑，内倾型思维对这种亥伯龙神（Hyperion）[1]极度渴望；但是很遗憾，这种“观念统一体”仅仅是极为有限的社会阶层的理想。思维充其量只是这样一种功能：当它获得充分的发展并遵循它自己的规律时，必然会要求得到普遍有效的权力。因此，人们通过思维仅能认识世界的一部分，而另一部分要靠情感来把握，第三部分要靠感觉，等等。实际上心理功能种类很多；因为从生物学的角度出发，就像眼睛之所以存在是因为光的存在一样，心理系统只能被理解为一个适应的系统。对于整个意义来说，思维只占其三分之一或四分之一，尽管在它的领域，唯独它具有有效性，就好比唯有视力才能知觉光波，唯有听力才能知觉声波一样。因此，一个认为观念单位高高在上，却把“情感–感觉”看成与他的人格绝不相容的人，就等同于一个拥有绝佳的视力却又耳聋眼花的人。

“我们现在是类而不再是个体”：如果我们完全把自己等同于思维或任何一种功能的话，结果的确会如此；因为尽管这时我们已同自己相当疏远，但是我们成了具有普遍有效的集体性的存在。刨除这四分之一的心理，其余的四分之三的心理都受到压抑。“难道使让人生如此远离自己的正是自然（天性）吗？”这虽然是卢梭的疑问，但我们可以拿来自问：难道真的是自然（天性），如此野蛮地过分褒奖一种功能，并且允许它卷走自身，这一切不是出于我们自己的心理吗？这种驱力当然也属于自然（天性）这种不驯顺的本能能量的一部分，如果这种能量不是在它被褒奖和赞誉为神圣灵感的理想功能中显示自己，而是“偶然地”显示在劣势功能中，那么即使已分化的类型在面对它时也会退缩不前。席勒正确地指出了这一点：

不过，你的个性和你现在所需要的都会与变化一同消失，你现在所强烈追求终将一天会变成你所憎恶的。

桀骜的、放肆的、失去均衡的能量无论表现在性欲这种猥亵的地方，还是表现在对最高度发展的功能的过度赞誉与神化中，从本质来说毫无二致：都是野蛮化。当然，如果一个人仍然被行为的对象所迷惑，从而忽略如何行动时，那么他就难以洞察这种状况。

人与一种已分化的功能的认同说明他正处在集体状况中——这当然与最初之时人的那种与集体的同一不同，就“我们自己常常宣称的我们共同的意见”来说，这属于集体性的适应，我们的思想和言说刚好与那些有着已分化的思维及有同样适应程度人的期望是同一的。此外，如果我们的所思和所行完全符合所有人所期望的那样，那

1 希腊神话中早期的太阳神。——译者注

么，“我们的行动就代表了所有人内心的选择”。其实，任何人都相信，如果我们能在最大程度上与一种分化的功能达成同一那实在是可喜可贺，原因是它能造成最突出的社会优势，但不要忘了，它同时也会也给我们天性中发展水平较低的方面（而这些方面却常常是形成我们的个性的重要部分）造成最大的劣势。席勒接着说道：

只要我们能确定，这两种本能从存在本源上来讲是必然对立的，那么使人的感性本能无条件地服从于理性本能就是唯一能使人保持统一的方式。不过这会导致这样的结果：人只有单一性而不能产生和谐，人依然处于分裂的状态。

在情感十分活跃的情况下我们很难维系自己的原则，因此我们可以采取一种更恰当的权宜之计，即通过促使情感变得迟钝来稳定性格；因为，与制服一个勇猛而敏捷的对手相比，在卸下武装的敌人面前保持镇定显然要容易得多。因此，此过程会最大程度影响我们所说的人的培育，也就是说在最高意义上运用这个词，它指称的是不但要培育人的外在方面还培育人的内在方面。如此培育出来的人将去除了原来粗野的自然本性；同时他能以他的原则抵御任何一种感性的天性，以致不管从外部还是内部都极少能影响他达及人性。

席勒也意识到了思维和感受性（情感–感觉）这两种功能是可以互换的，就像我们看到的那样，当其中一种功能占据优势地位时，以下情形就出现了：

他可以把主动的功能所要求的强度分配给被动的功能（情感—感觉），让物质本能先于形式本能，用感受性功能代替决定性的功能。他也可以把被动的功能所占据的广度分配给主动的功能（积极的思维），使形式本能优先于物质本能，把决定性的能力当成感受性的能力。在前一种情况下，人就绝不再是他自己了；而在后一种情况下，人却无法成为任何东西。如此一来，不管在哪种种情况下，人不是他自己也不是别的东西，而只是不存在。

这段著名的论述将我们已经讨论过的许多东西都包含在内。当情感–感觉被赋予积极的思维的能量（它是内倾型的一种倒置）时，原初未分化的“情感–感觉”就变得无可匹敌了：个体与被感知的客体相同一或陷入了一种极端的关系中。我们将这种状况称为低级外倾，换句话说，它使个体完全逃离出他的自我，与原初的集体性和自居作用融合在了一起。这样，他就不再是“他自己”而是一种纯粹的关系了，他因与他的对象相认同而失去了自我。内倾型本能地感受到一定要对这种状况予以抵制，但是他仍然可能会无意识地陷入此状况。这种状况当然不能被理解为是外倾型的外倾，尽管内倾型总是对其产生误解，但依然显示出一贯的轻蔑，事实上他对自己的外倾的态度一向如此。[1]另一方面，席勒用第二种情况最纯粹地描绘了内倾思维型，这种类型由于排除了劣势的情感–感觉而宣告了自己的贫瘠，宣告了“不管从外部还是内部都极少能影响他达及人性”的状况。

很明显，席勒在这里仍然是从纯粹的内倾型的角度出发进行写作的。外倾型的自我不是存在于思维中而是存在于对客体的情感联系中，他通过客体找到了真正的自己，而内倾型则在那里丢掉了自己。然而，当外倾型趋向内倾时，他就进入了一种与集体观念低级相连也就是一种与古代具体化的集体思维相同一的状况，人们称这种集体思维为感觉–思维。如同内倾型在他的低级外倾中失去了自己一样，外倾型也会在低级内倾中失去自己。因此，外倾型对内倾态度也报有同样的厌恶、恐惧和无言的蔑视。

席勒认为这两种机制之间的对立（对席勒来说是感觉与思维之间的对立，或用他的话来说是“事物与形式”“被动性与主动性”[2]的对立）是无法调和的。

感觉与思维、事物与形式、被动性与主动性之间的距离无限遥远，想让二者达成和解几乎是不可能的，它们永远对立，难以统一。

但是，这两种本能却又都是不可或缺的，它们作为“能量”而存在（席勒用现代使用非常广泛的语词来称呼它们），它们需要和要求“宣泄”。

物质本能和形式本能的要求都是真挚的，因为从认识上来讲，前者与事物的现实性有关，后者与事物的必然性有关。

但是，感性本能的能量的宣泄绝不是由身体无能或感觉迟钝导致的，其所获无论置于何处都应受到蔑视；它必须是一种人格的、自由的行动，通过道德的关注使感性的强度得到陶冶……因为感性必须让位于精神。

如此一来，我们就能推断出精神也必须要让位于感性。虽然席勒从未如此直接地说过，但他确实是有所指的：

形式本能的宣泄同样不是由精神的无能和思考力或意志力薄弱导致的，因为这是对人性的贬低。感觉的丰富是它鲜活的必然源泉；对感性来说，它必定要以必胜的力量来维持自己的领域，以此来对精神用篡夺的行为强加给它的暴力进行抵御。

1 为了不引起误解，我要在此做一下说明：这种轻蔑原则上与客体无关，而只涉及与客体的联系。

2 即感受性与积极的（主动的）思维之间的对立，这种积极的思维与前面提到的反应的思维是相对的。

从这些叙述中我们可以看出，席勒认识到感性与精神拥有同等的权利。他赋予感觉自身存在的权利。而与此同时，我们也从这段话中看到席勒更深刻的思考，那就是两种本能间的“相互作用”的观点、兴趣的共同性，或者干脆说是共生性，此观点认为，对某一物来说是废料的正好能做另一物的养料。席勒说：

我们现在得出了两种本能的相互作用的概念，这个概念是指，一种本能的运作建立的同时也限制着另一种本能的运作，它们都通过对方的活动而达到自己最高的表现形式。

如果我们对这种观点表示认同，就不能把它们的对立面理解为某些必须要去掉的东西，反之应将其看成是某种有益的能促进生命的东西，而且需要保持和强化。这对那种已分化并且对社会有价值的功能的优势来说，简直就是致命的一击，因为正是它从根本上导致了劣势功能被压抑以致衰竭。我们可以将此比作一位奴隶对于英雄的理想的反叛，为此理想，我们牺牲了所有的一切。假如就像我们所说的，这种原则一开始就致力于在人的精神化的基督教中得到很好的发展，接着又在增进人类物质目的的过程中发挥了同样的效力，那么，只要它最终被破坏，劣势功能就找到了一种自然释放的方式，不管是否正确，这些功能都将要求和已分化的功能一样被承认。借此，内倾思维型的情感-感觉与思维或感性与精神之间的全然对立也将公开显现出来。就像席勒所说的那样，这种全然的对立会导致一种相互的限制，表现在心理上就是权力原则的废除，即相当于摒弃那种凭借已分化的和适应于集体功能的力量而宣称具有普遍有效性的观点。

摒弃直接导致了个人主义（individualism），即对于实现个性的要求，人应该为何的实现。因此，让我们看看席勒在探讨这一问题上所做出的尝试：

两种本能的这种相互关系完全是一个理性问题，要想彻底解决它唯一的方法就是完善人的存在。该词最真实的意义，便是人性的观念，因而是随着时间的流逝逐渐靠近但永远不能触碰到的某种无限的东西。

很遗憾，席勒在很大程度上受本身所属类型的限制，否则他绝不会把两种本能的联合说成是一个“理性问题”，因为对立的双方在缺乏第三方仲裁的情况下绝不可能理性地统一起来，而事实上，这的确是它们被称为对立的原因。席勒所说的理性的东西一定不是ratio（理性），而应该是一种层次较高的、几近神秘的能力。事实上，只有在非理性或调和的形式中对立才能统一起来，在这种情况下，两者之间会出现某种新的事物，它虽然与两者不同，但它能从两者那里吸取等量的能量，作为对两者而不是其中任何一方的表达的力量。这种表达理性是无法策划的，只能由生命过程创造。事实上，我们可以从如下论述中看出，席勒已经指出了这一点：

但是，如果这种情况真的存在，即当人同时拥有这两种经验，当他意识到他的自由并同时感觉到他的存在，当他作为物质来感觉自身且同时又作为精神来认识自己，那么只有在这种状况下，人才能完整地直观他自身的人性，而人如果能具有这种直观的客体就象征着人的命运的完满。

因此，如果人能让两种机能或本能，即经验中感觉的思维和思维的感觉（席勒将其称为对象）同时活跃起来，那么，就出现了一种能表达他完满的命运的象征，即他用来统一其肯定与否定两方面的个体方式。

我们在准确地考察这种观点的心理内涵前，很有必要弄清席勒是怎样看待象征的本质和起源的：

感性本能的对象……广义上可以被称为生命；此概念指代的是一切物质存在及所有直接呈现于感官的东西。形式本能的对象……可以被称为形式，从象征和文字的意义上来说，这个概念包含的是事物所有形式方面的性质和所有它们与理智能力之间关系的概念。

所以，在席勒看来，“生命的形式”其实就是调解功能的对象，因为它代表的是统一对立物；“是有利于表示现象的所有审美性质的概念，换句话说，是我们最广义的美”。但是，象征的前提条件是具有创造象征的功能以及能理解它们的功能。后一种功能不参与创造象征，实际上人们可以将这种功能称之为象征的思维或象征的理解。我们可以把象征的本质理解为这样的事实，即它本身所表达的东西是不能被完全理解的，但它直觉地暗示了其潜在的意义。创造象征不是理性的过程，因为理性的过程根本无法产生出表征某种内容的意象而实质上这种意象又是无法理解的。只有具备某种较高领悟的直觉力才能理解一个象征，即使只是对一个被创造的象征进行大致地了解并将其联结到意识中去也需要这种直觉力。这种象征——创造的功能被席勒称作第三种本能，即游戏本能；虽然它与两种对立的功能之间没有任何共同点，但它依然介于两者之间，公正地处置它们的性质；它总是将（席勒并未提到这一点）感觉与思维规定为两种严肃的功能。然而，许多人认为，感觉和思维都不是严肃的，在他们看来，严肃必须代替游戏而立于中间位置。席勒在其他地方对第三种、调和的、基本本能的存在予以否认，尽管他的结论难免有所偏差，但我们仍将他的直觉假设为极其准确的。因为事实上确实有某些东西存在于对立的两者之间，尽管在已完全分化的类型中它已变得模糊不清。在内倾型中，我将它称为“情感–感觉”。因为相对来讲它受到了抑制，导致劣势功能中的一部分依附于意识；而其他部分则依附于无意识。已分化的功能可以充分地适应外部的现实；从本质上来讲，它是现实–功能；因此它竭尽所能不使自己混入任何幻想因素。所以，这些因素便开始联系那些受到同样抑制的劣势功能。正因如此，那些常常带着感伤色彩的内倾型的感觉，才会具有极为鲜明的无意识幻想的色调。使对立物融合于其中的第三因素是一种兼具创造性与接纳性的幻想的活动。这就是席勒所说的游戏本能的功能，他之所以这样说，是因为他想表达的要多于他所述说的。于是，他惊讶道：“终于可以说，人只有在充分意义上是人时才游戏；人只有游戏时才是完整的人。”他认为，游戏本能的对象是美。“人应该只与美游戏，只有当人拥有美时，他才游戏。”

席勒的确已经意识到，赋予游戏本能首要的地位有着什么样的意义。正如我们所见，压抑的解除促使对立物之间的冲突达成了一种均衡，这必然贬低了最高价值。就如我们现在所能理解的那样，假如欧洲人的野蛮发展至顶峰，那么这对文化来说的确是一场大灾难，因为没有人能保证当这样的人开始游戏时，其目的会是真正的美的愉悦以及审美的陶冶。当然，我们无法去证明这种预测。由于文化水平必然会降低，我们可以预料到将产生完全不一样的结果。席勒正确地指出：

在最初尝试之中还几乎觉察不到审美的游戏本能，因为感性本能一直以其恣意的癖好和野性的欲望对其加以干预。所以我们看到，野蛮低级的趣味首先抓住了新鲜的、使人惊奇的、臆想、绚烂的、奇异独特的以及激烈的和野蛮的事物，却对朴素与平静退避三舍。

据此可以得出结论，席勒觉察到了这种发展的危险。由此也可推断，席勒不会接受这一结论，而是会感到一股强烈的冲动，并由此赋予他的人性一个比那种提供给他的游戏的审美态度这一并不稳固的基础更加坚实的基础。事实的确如此。因为两类功能或两类功能集群间的对立如此严重且坚不可摧，所以只靠游戏几乎不能使这种冲突的危险性与严重性有所平衡。若想以牙还牙，第三因素是断不可少的，至少从严肃性上来讲，它能平衡其他两者。游戏的态度必然导致一切严肃性都消失无踪，因而就开辟了一条通向席勒口中的“无限的可决定性”的道路。本能可能被感觉所吸引，也可能被思维吸引；它有时会与客体嬉闹，有时又会与观念玩耍。但不管怎样，它都绝对不会与美游戏，因为那时的人已经脱离了野蛮人而是一个接受过审美教育的人了，可现在的问题是：人如何做才能摆脱这种野蛮状态？因此，我们必须首先确定，人要将他最内在的存在中的立足点置于何处。人既是感觉的同时也是思维的，这是与生俱来的；他本身就处在对立中，因此他必然要站在两者之间的某个地方。从他最深刻的本质上来说，作为一种存在，他必定能同时分享两种本能，然而他也可能用这样一种方式使自己区别于这两种本能。虽然他不可避免地要受到这两种本能的影响，并在一定程度上对它们服从，但同时他也可以使用它们。然而，就如同将自己区分于他所从属但却不认为与其同一的自然力一样，他也必须首先使自己与它们有所区别。就此，席勒说道：

更不要说，在我们灵魂中的两种基本本能与我们精神的绝对统一绝不冲突，它只是包含了能让我们把两种基本本能区分开来的规定。两种本能确实在精神中存在并运行着，但是，就这种精神本身来讲，却既不是物质或形式，也不是感性或理性。

我认为在以上论述中，席勒似乎准确地指出了一些很重要的东西，那就是个体内核分立出来的可能性，尽管它总是维持着各种对立功能之间的区分，但有时也可能就是各种对立功能的客体，而有时又可能会是诸主体。这种分立有可能是理性判断但也可能是道德判断。在某种时候它以思维的形式出现，而在另一些时候则以情感的形式出现。假如分立没有完成，或是说直到最后也没能发生，那么就必然会出现个性分解为二元对立的状况，这是因为个性已变得和它们一样了。甚至还会出现更严重的结果，那就是导致自身的分裂，或是以武断的决定偏向一方，共同粗暴地压抑与之对立的另一方。这一思想的过程由来已久，就我所知道的，从心理学上来讲，最早做出与之相关的最有趣的系统阐释的是锡尼西奥斯（Synesius），他是希帕蒂亚（Hypatia）[1]的学生，同时也是一位托勒密（Ptolemais）[2]式的基督教主教。他著有《论梦幻》（*De Insomniis*）一书，并在该书中提出了一个概念——“幻想的精神”（spidtus phantasticus），事实上，就像席勒提出的游戏本能及我所说的创造性幻想一样，这个概念同样具有心理学意义，而唯一不同的就是表达方式；他的表达方式是形而上学的而不是心理学的，他的这种古代的表达方式很难与我们的目的相匹配。锡尼西奥斯说：“幻想的精神调和着永恒与短暂，在其中最充满活力的是我们。”它在自身当中使对立双方达成统一；因此使天性本质的权利下降到动物的水平这件事中同样有它出

1 希帕蒂亚（Hypatia，约370—415年），希腊数学家、哲学家泰昂之女，杰出的希腊女数学家、哲学家、天文学家。——译者注

2 克劳狄乌斯·托勒密（Claudius Ptolemaeus，约90—168年），古希腊天文学家、地理学家、光学家。地心说的杰出代表，一生著作颇丰，其中《天文学大成》《地理学指南》《占星四书》对整个欧洲的科学发展都起到了深远影响。——译者注

现，它在那里变成了本能，并召唤起了恶魔般的欲望：

> 因为这种精神能像从邻居家拿东西那样轻易地从两个极端间找到自己想要的东西并用于自己的目的，所以它能将那些相隔很远的东西统一为单一的实体。因为自然将幻想引入她的众多领域之中，甚至下降到毫无理性可言的动物界……（幻想）本身就是动物的理智，对于动物来说，这种幻想力更多的是被用在去理解……各类恶魔都从幻想的活力中衍生出自己的本质。因为它们自身纯粹就是被想象出来的，都是内在发生之物的意象。

的确，站在心理学角度来看，恶魔就是发端于无意识中的入侵者，即无意识情结对意识过程连续不断的自发侵入。情结与那种不时地侵袭我们的思想、干扰我们的行为的恶魔相似；因此，因急性心理疾病而引发的狂乱在古代和中世纪被人们理解为是着了魔。所以，当个体一直专注于某一方面时，无意识就坚定地从另一面开始反叛——这种反叛最有可能在新柏拉图或基督教哲学家那里出现，原因是，他们表现出的立场是唯精神性的。锡尼西奥斯提到了恶魔的想象性质，这是具有特别价值的。正如我所说的，幻想的因素在无意识中的确与被压抑的功能联系在了一起。因此，假如个性（或者说“个体的内核”）不能独立于对立中，那就只能与之混为一谈，并因此被内在地撕裂，从而导致了一种痛苦的分裂状况。对此，锡尼西奥斯描述说：

> 因此，对此深信不疑的人们口中那种精神性灵魂的动物精灵因此就变成了两种偶像：一种是神明，另一种是形状各异的恶魔。在这里，灵魂也经受着折磨。

精神因为参与到本能中，于是就变成了“神明”和“形状各异的恶魔”。其实要想理解这种古怪的观念并不难，只要我们记得感觉和思维本身是一种集体性功能，个性（被席勒称为心灵）融于其中而未能分化出来就可以了。在这里，它已经变成了一种集体性存在，也就是肖神性存在，因为上帝（神）是一种具有集体性观念，且从本质上来讲是普遍存在的。锡尼西奥斯正是就此情形才说：“灵魂也经受着磨难。”但是，通过分化灵魂也获得了拯救；所以，他紧接着又说，当精神变得“潮湿与臃肿”时，它堕入底层，并因而与客体纠缠不清，但当它历经痛苦得到了净化时，就变得“干燥与热烈”并再次向上升起，这是因为，这种火热的性质使它脱离了地下居所的潮湿性质。

于是在此出现了这样的问题：不可分性即个性要驾驭制造分裂的本能依靠的是哪种力量？就算说席勒可以凭借游戏本能做到这一点，那也难以取信于人；要成功地使个性从对立中分离出来，某种严肃的东西或某种相当重要的力量是不可或缺的。一边是最高价值、最高理想的召唤，另一边则是最强烈的欲望的诱惑。席勒说：

无论是两种基本本能的哪一种，只要其发展起来，就必然会竭力地按照本性及需要来满足自己；正因为两者是必然的且趋向于相反的强制，所以必定会相互抵销，在两者之间，意志始终是完全自由的。因此，意志就成了抵御两种本能的力量，而两种本能中的任何一方都不能抵御对方……在人的身上，人的意志是唯一存在的力量，能消除人的意志和这种内在的自由唯有死亡和任一意识的毁灭者[1]。

从逻辑的角度来看，对立必然导致相互抵消这没错，可事实上并不是这样的，因为本能一直相互而积极地对立，从而不断引起无法解决的冲突。意志只有在我们预先准备那种必须先行达到的条件下才有可能解决争端。然而，至今为止，仍然无法解决如何使人摆脱野蛮性的问题，原因是还未建立起那种唯一能赋予意志公平地对待对立物并使其统一的任何条件。实际上，意志被某种功能所片面地规定这种现象标志的就是一种野蛮状态，因为意志还需要某种内容或是某个目标。而至于如何设定这个目标则要借助一段预设的心理过程，使理性或感情的判断或感官的欲望，能将某种内容和某种目标提供给意志。如果我们把感官欲望当成意志的动力，就会将与我们的理性判断相对立的这种本能当成行动的依据。如果我们用理性判断来解决争端的话，那么即使最公正的裁判也必然只是以理性判断为基础的一种特权；它能使形式本能凌驾于感性本能之上。不管怎样，只要意志的内容依赖于其中的一方，那么它就会更多地被这一方所限制。但是，为了达到真正解决冲突的目的，它必须将自己置于中间状态或中间过程，以保证和它太接近和太疏远的任何一方都不能够获得内容。在席勒看来，这毫无疑问是一种象征的内容，因为唯有象征才能处于两者对立的中间位置。以两种不同的本能为前提条件的现实是绝对不同的。对其中的一种本能来说，它纯粹是非现实或伪现实的，反之亦然。这种现实与非现实的双重性正好蕴含于象征之中。如果它只是现实的，那充其量就只是一种现实的现象，而自然不能成为象征。换个角度说，如果它真的完全是非现实的，那就纯粹是空洞的、与现实无关的想象，也不是象征。所以，只有同时包含了两者的东西才可能是象征。

从其性质来说，理性功能创造不出象征，因为它们只能生产出由单方面决定其含义，而不能同时将其对立面的理性产品囊括在内。感性功能同样也无法创造象征，因为其产品同样也是由客体单方面决定的，只包含自身而并不包含其对立面。所以，为

---

1 见斯内尔译《美育书简》，第94页。

了让意志建立在公正的基础上，我们必须向另一种权力求助，在那里对立物还保持着最初的统一尚未被清晰地分离出来。这显然不是意识的情形，因为意识的一切本质在于包括区分自我与非我、主体与客体、肯定与否定等等在内的所有区分。这些二元对立范畴的分立全然依赖于意识的区分作用；意识只能对适当的因素进行辨识，使其区分于不适当和无价值的因素。它只能认定某一功能有价值而另一功能没有价值，这句话意味着，它在对意志力赋予一种功能的同时又剥夺了另一种功能的权利。不过，如果某个地方不存在意识，或是只有无意识本能生命在占据优势，那么，反思就不存在了，赞成与反对以及分裂也不再存在，而唯一存在的只有简单的发生，自律的本能性和生命的均衡（当然有一点需要指出的是，这时本能还没有碰到它无法适应的情形，而一旦遇到不能适应的情况，就会出现阻积、感触、骚乱和恐慌）。

因此，企图通过意识来解决本能间的冲突是毫无作用的。意识的判断极为专横，它不能将象征的内容提供给意志，但是象征的内容是对逻辑的正反对立进行非理性解决的唯一途径。所以，我们必须继续深入；深入到那依然保持着原初本能性的意识的基地里去，换句话说，就是进入到无意识中去；在那里，一切心理功能都融入了原始的基本的心理活动中，没有任何区分。无意识缺乏分化的能力，主要原因是大脑中枢各部分之间几乎直接地联系着，而次要原因是无意识因素能量值的微弱。[1]以下事实可以使我们清楚地得知无意识因素具有相对少的能量：无意识因素一旦取得较强的能量值，它马上就不再属于意识的范畴而是上升到了意识的领域内，这种情况只有在无意识因素获得能量灌注的情形下才能变为现实。所以它被称为“幸运的观念”或“预感”，或者像赫伯特（Herbart）一样把它称为“自发呈现的表象”。意识内容强大的能量值与集中的光束具有同等的效力，因此它们的区分可以被清晰地感觉到，所以二者之也不会再发生任何混淆。而无意识则刚好与之相反，它只具有模糊的类似性的最异质的因素，它们光芒黯淡、能量微弱，所以可以相互替代。甚至就连就像我们在“光幻觉”（photism，布留尔语）或“色彩听觉”中所看到的一样，就连各种异质的感官印象都联结在了一起。语言当中也包含了许多这些无意识的混合物，这一点我已经在关于声音、光线和情绪状况的例证中显示出来了。[2]

那么，我们向无意识的权威求助也许是恰当的，因为它处于心理的中心区域，意识中被区分开来的以及相对抗的一切在那里都会汇集成群且相互构型。当出现意识之光时，它们会同时将两方面的构成因素的性质都显示出来；它们中的任何一方都处于一种独立的中间位置而绝不会从属于另一方。这样的中间位置是指，对意识来说两者

1 参见奈恩贝格（Nunberg）的《论联想过程的身体伴随物》；又见荣格的《语词联想研究》，第531页及以后页。

2 参见《转变的象征》，第233段及以后段。

是有价值的同时也是无价值的。说它是有价值的，是因为它未分化的状况赋予了它们一种以调解的意志的内容为实质的象征性特性；说它是无价值的，则是因为它们的构成无法将任何清晰可辨的东西呈现出来，因而意识不能够获得理解。

所以，不仅依赖于其内容的意志，人在无意识中还能找到层次更深的辅助资源，它们能孕育出创造性幻想，在任何时候都能于基本精神活动的自然过程中将象征构造出来，该象征能被用来决定调解的意志。这里的“能”是经过深思熟虑的，因为只要意识内容的能量值仍然胜过无意识象征的能量值，象征就不可能自动自觉地突破临界点，而是继续在无意识中保留着。如果出现这种情形往往说明情况比较正常；反之，若是出现了能量值的反转则说明情况不正常，而无意识也正是因此才能获得胜过意识的能量值。接着，象征就浮现出来了，不管怎样，意志和主导的意识功能都能接纳它，只有通过能量值的反转，意志和主导的意识功能才得以变成下意识的。而另一方面，无意识则转变成了超意识的，并随之出现了一种非正常的状态、一种心理紊乱。

所以，只要情况正常，无意识象征必然被人为地提供以能量，其目的是增加自身的能量值，从而引向意识。这是通过自身从对立中分化出来而实现的（此处又涉及了由席勒所提出的关于分化的观点）。对欲力的配置来说，这种分化与对立双方的欲力的分离相等同。因为欲力投入到诸种本能之后只有一部分可自由地支配，也就是说，只要不超出意志力的范围就都是这样的。这代表的是自我所能“自由”支配的能量的程度。这样，自身对于意志来说就变成了一个或许可能实现的目标，冲突越是阻碍进一步的发展，这个目标实现的可能性就越大。处于这种状况下的意志并不是由对立的双方决定的，而只是由自身决定的，即可自由支配的能量进入到自身，也就是说，它被内倾化了。然而这种内倾代表的只是自身将欲力保存了起来，使其不必参与对立的冲突中。向外发展的道路被堵住了，欲力于是很自然地转向了思想，可是此时，一种卷入冲突的危险却又再次降临。无论是从外在客体来看还是从内在客体即思维方面来说，分化和内倾的行为都会涉及可供支配的欲力的分离问题。欲力变得完全无对象（客体），且与一切具有意识内容的东西无关；所以它沉入了无意识，在那里，它主动地将那些预备转送给幻想材料，然后使它活跃并显现出来。

席勒以“生命的形式”来称呼象征是非常恰当的，因为这些不断聚集而来的幻想的材料将个性心理发展的意象也包含在了里面，所以，也就预先描绘和表现了对立面之间进一步发展的道路。虽然有着区分作用的意识活动很难在这些意象中发现任何可被直接理解的东西早就司空见惯，但是，不可否认的是，这种直觉包含了一种对意志具有决定性影响的生命力。因为受到了双方面的相互影响，意志的决定及其两个对立面又恢复了原来的力量。这种重新产生的冲突必然提出同样的处理要求，如此一来就为下一发展阶段提供了持续不断的可能性。我把这种对对立面之间进行调解的功能称为超验功能，这里的超验功能指的并不是什么神秘的东西，而只是一种意识因素和无意识因素相结合的功能，也许就类似于数学上实数与虚数的共通函数。

当然，我们绝不会因此而否定意志的重要性，但除此之外，我们还有一种非理性的本能的功能，那就是创造性的幻想，只有它有提供给意志一种能使对立面达到统一天性的内容的能力。被席勒直觉地理解为象征的本源的功能就是它；不过，因他将之看成是“游戏本能”，所以无法进一步把它当成意志的原动力。他只能返回理性来获得意志的内容，以至于完全倒向了这一方。然而，当他这样说时却产生了一个惊人的后果，那就是他与我们的问题已经相当接近：

因此，在建立法则（即理性意志的法则）的地位之前，必须彻底摧毁感觉的威力。只是让以前不存在的东西从现在开始存在这远远不够；还必须做到，要使原来存在的东西不再继续存在才可以。人不能从感觉直接过渡到思维，他还必须往回退一步，因为只有取消一种规定后，才能让与之相反的规定来取代它。为了能使主动的规定取代被动的规定，人必须暂时从规定性中超脱出来而让自己处于一种纯粹可规定性的状态之中。所以，人必须通过某种方式退回到单纯无规定性的否定状态之中，如果他能保证感觉之中没有任何东西的印象，那就说明他已经处于这一状态中。但是，该状态是内容全然的虚空，而现在的问题是，如何才能把一种相应的无规定性与一种同样的无限可规定性统一起来，这一无限可规定性可能会在最大程度上充实内容，因为此状态能直接产生出某些确切的东西。人必然要保存好通过感觉而接受的规定性，因为他不可能不顾现实；但同时，只要它还脱离不了有限性的性质，就注定要被抛弃，因为一种无限可规定性即将出现。[1]

假如我们不曾忘记席勒总是习惯于到理性意志中去寻找答案，那么通过前面的论述，就能很容易理解这段晦涩的文字。如果考虑到这个事实，那么他所论述的就再清晰不过了。所谓“往回退一步”指的就是从对立的本能中分化出来，也就是欲力从内在的和外在的客体中的分离出来并退回。当然，席勒在这里主要以感性的对象（客体）作为内容来进行思考的，因为就像已阐明的那样，迈向理性思维的彼岸是他的终极目标；以他的观点来看，这对于意志的规定似乎是不可或缺的。然而，他还是不可避免地为清除一切规定的必然性所奴役，这代表的就是与内在客体或思想的必然性，因为只有这样才能获得完全的无规定性和内容的虚空，这是无意识的原初状态，其中的主体和客体是无法分辨的。显然，席勒的意图也许可以被表述为是内倾进入无意识的过程。

1 见斯内尔译《美育书简》，第98页。

“无限可规定性”很明显代表的是一些与无意识极其相似的东西，代表着所有的东西都毫无区别的对其他的东西有影响的状况。这种意识的虚空状态一定是与“对内容的最大可能的充实”相统一的。只有无意识的内容才能作为意识的虚空状态的对应物对其进行充实，因为除此之外，再没有其他内容能被赋予给它。如此一来，席勒就对意识与无意识的融合进行了描述，并经由此状态，“产生出了某些确切的东西”。从我们的角度出发来看，这种“确切的”东西就是对意志的象征性规定。而对席勒来说，它是一种“调和的状态”，感觉与思维因此而达成了和解。他也将其称为一种“和解意向”，在此意向中，感性与理性都很活跃；然而，正因如此，其中一个才能将另一个的决定性力量消解掉，而它们的对立也会因否定而终结。我们将随对立物的消解而产生的虚空称为无意识。因为对立没有对它进行规定，所以这种状况会对所有规定感觉敏锐。这种状况被席勒称为“审美的状况”。席勒居然对感性和理性在这种状况下都不可能“活跃”的事实视而不见，要知道，就像他说的，这种状况下的两者都被相互的否定消解了。但是，既然一定会有一些活跃的东西存在，而席勒又没有别的功能可以驱使，那么，他就会顺理成章地认为对立的双方一定会重新活跃起来。它们的活动会自然地持续下去，而既然意识是“虚空的”，那它们自然就无法脱离无意识。[1]但是，席勒对“无意识”这一概念一无所知，所以，在这一点上他变得自相矛盾。他的调解的审美功能与我们的建构象征的活动（创造性幻想）是相类似的。席勒将对事物的“审美特征”看作是它与“我们诸种能力整体”的联系，“而不是与其中的任何一种能力相关联的特定对象”。[2]在这里，与这一模糊不清的定义相比，重返他之前的关于象征概念也许要更好一些；因为象征具有与所有的心理功能而不是仅与任何单一功能的某一特定对象相关联的性质。席勒在获得了和解意向后认识到：“今后，也许人可以本着自己的天性，使自己成为自己愿意成为的，于是，使人之所是的自由就完全回归到了自身。”

席勒因偏爱推理和理性演绎而成为自己结论的牺牲品。他对“审美”一词的选择就已经说明了这一点。如果他对印度文学了解较深，那么他将能看到在他心灵之眼前所浮现的原初意象，这种特征与“审美”意象迥然不同。他的直觉会将那种自远古时代起就已深藏于我们心灵之中的无意识模式牢牢抓住。尽管他早就对无意识的象征的特征进行了强调，但却仍然将它理解成“审美的”。我所考虑到的原初意象等同于在印度大梵–阿特门（brahman-atman）教义中所凝聚的东方观念的独特构型，在中国，老子对它进行了哲学宣讲。

印度观念提倡超脱于对立物，而所谓的对立物指的就是各式各样的对客体的感情

1 就像席勒所说的那样，处于审美状态中的人是零。第101页。

2 见斯内尔译《美育书简》，第99页。

状态和对情绪的执着。随着欲力收回其所有内容解脱油然而生，并由此导致了一种完全内倾的状态，这一心理过程被称为托波斯（tapas），这一称谓是极具特色的，将托波斯译为“静坐”（禅定）是最好不过的了。该词将无内容的冥思状态做了清楚的刻画，这一状态中的欲力就像孵蛋所需的热量一样被提供给自己。由于所有与客体的情绪联系都被切断了，于是这一现象就变成了一种必然；人内在的自身之中或是产生一种客观现实的对应物，或是产生一种内在与外在的完全同一，如果用术语描述，这种同一可以被称为此即彼（tattvam asi）。凭借自身与客体关系的融合，自身（atman）与世界本质（主体与客体的联系）的同一油然而生，以致可以认识到内在的阿特门与外在的阿特门的同一。大梵的概念与阿特门概念之间的区别极小，因为大梵并没有被明显地给予它自身的观念；可以说，它是一种普遍未被界定的内在与外在之间的同一的状态。

从某种意义上说，瑜伽（yoga）的概念是与托波斯相对应的，如果将瑜伽理解为一种冥思状态，远不如将其理解为达到托波斯状态的一种意识的技巧来得准确。瑜伽是一种方式，通过它欲力可以被有系统地“内倾”，然后摆脱对立的束缚。建立一种调解的状态是托波斯和瑜伽的目的，以致从中可以产生出创造性的和补偿的因素。站在个体的角度来说，心理上的结果是实现大梵、“至上灵光”或“极乐”。解脱修行的终极目的便在于此。而又因为大梵-阿特门是一切造物滋生的宇宙根基，所以，这一过程也可以同时被思考为是宇宙起源的过程。所以，这个神话告诉我们，正是在瑜伽修行者的无意识中产生了创造的过程，而这一过程可以被解释为是对客体的新的适应。席勒说：

> 只要人的内心有烛光点燃，身外就不会再是漆黑一片。只要人的内心平静安稳，世界上所有的风暴都将不再咆哮，自然中斗争的力量在静止的边界上慢慢平息。难怪远古时代的诗歌要以外在世界的一次革命来描绘人内心的这一伟大事件。

瑜伽，使对客体的关系变成了内倾的。它们通过剥夺能量价值而陷入了无意识之中，与我们所描述的一样，在那里，它们与其他无意识内容建立新的联系，因而在托波斯修行完成后，它们便以一种新的形式与客体联系在了一起。这种与客体关系的转变，使客体的面貌焕然一新，宛如新生；因此，对于托波斯修行的最终结果来说，宇宙起源的神话这个比喻十分贴切。印度宗教修行的倾向几乎都是内倾的，对客体新的适应也并不意味着什么；但它在无意识投射的形式中，以及在教义关于宇宙起源的神话中仍有存留，且未发生任何实质性变革。就这一点来说，印度宗教的态度与基督教的态度正好截然相反，因为基督教的博爱原则是外倾的，是对外部对象绝对地追求。

印度教的原则使知识更加丰富，基督教则使一切精益求精。

梨陀（rita）的概念也是大梵的概念的组成部分，所谓梨陀，指的就是正确的规律和符合规律的世界秩序。在大梵中，创生本质、宇宙根基以及一切的事物都按照正确的轨道运行，并经历着永恒的分解和再造过程；在大梵中没有哪种发展不是按照符合规律的道路运行的。在梨陀的概念的引导下，我们将目光转向了老子的道。道指的是由规律主宰的正确的道路，它位于对立双方的中间，既摆脱了它们，又统一了它们。行走在这条中间道路上对任何一方都不偏不倚，这就是生命的目的所在。老子完全没有那种迷狂的因素；他的哲学清澈而高超，是一种不会被神秘的烟雾所模糊的理性的和直觉的智慧——这种智慧如同星辰远离无序的现实世界一样地远离了混沌的状态，达到了人所能及的精神优越的最高程度。它把所有野蛮之物都驯服了，但又保留了它们的自然本性，只是将它们进行了提升。

如果说将席勒的思想与这些远古的思想放在一起进行比较很牵强，人们很容易反对。那么，我们更该知道，在席勒之后不久出现的叔本华用他的天才成为了这些思想最强有力的宣讲者，自此之后，这些思想便深深地扎根于德国人的心灵之中，再不曾远离。以我的观点来看，叔本华早就可以参照杜佩伦（Anquetil du Perron）的《奥义书》（*Upanishads*）[1]拉丁文译本，但席勒所处的时代有关这方面的史书是极其贫乏的，所以他几乎不可能有意识地对此类资料有所关注[2]，然而这无关紧要。从我自身的实际经验中我很清楚地看到，对这种联系的形成来说，直接的交流并不是必需的。我们发现，在爱克哈特（Meister Eckhart）的基本思想中出现的某些东西，在某种程度上也出现在康德的思想中，虽然它们都与《奥义书》的思想极为相似，但没有任何证据能证明它们之间存在联系。神话与象征也与之相同，它们能自发地产生世界的任何角落，而且是完全一致的，这是因为它们都是在全世界相同的人类无意识中形成的，这些无意识内容不同于种族与个体，它们很少会有差异。

我也感觉到，有必要指出席勒的思想与东方思想之间的相似之处，因为席勒的思想已经将审美主义[3]中某些太过狭窄的方面给抛弃了。审美主义对于解决人的教化这一极严肃极困难的问题来说并不合适；因为它总是对它所要创造的那个非常之物即爱美的能力进行预设。没错，对于问题的深入探讨来说这的确是个障碍，因为它对任何丑恶的或是困难的东西都选择视而不见，而快乐虽然是一种有教化意义的快乐却是它的目标。所以，审美主义不具备道德的力量，因为从本质上来讲，它仍属于一种精致

---

1 印度古老的经典哲学著作，经典文献《吠陀》的最后一部分。——译者注

2 席勒死于1805年。

3 在我看来，“审美主义”一词是“审美的世界观”的简略表达。我并不是在那种感伤姿态或者流行的贬低意义上使用该词，这或许才体现了该词的意义。

的享乐主义（hedonism）。虽然席勒努力想引进一种纯粹的道德动机，但仍然以失败告终；而正是由于他的审美态度的影响，他看不到审美主义所承担的认识人性的另一面的那种结果。由此而引发的冲突导致个体陷入相当的混乱与痛苦中，甚至就算美的景象能帮助他压制美的对立面，但他仍然无法从这种对立中解脱出来；如此一来，即便情况大好，充其量也只是再重建旧的状况罢了。要想帮助他摆脱冲突，就必然需要另一种并不属于审美的态度。这种态度只清晰地显示在相应的东方思想中。印度宗教哲学对此有极深的领悟，并且提出了解决冲突所需的疗救方式。这里所说的必需的方式，指的就是最高程度的道德努力、最大限度地自我克制与牺牲、最虔诚的宗教苦行与圣洁。

尽管叔本华对审美持尊敬态度，但还是非常明确地指出了这一方面的问题。然而，如果我们认为，对席勒来说，“审美”与“美”的概念与在我们这里一样有着同样的联系，那就大错而特错了。在我看来，如果我席勒认为“美”是一种宗教理想时，这并不太过分。对于他来说，美就是他的宗教。而若把他的“审美状态”称为“宗教虔诚”，这是再恰当不过的了。尽管席勒在此问题上没有过任何明确地表示，也没有把他的核心问题明显地描述为宗教问题，但他的直觉仍然涉及了宗教的问题；不过，这个宗教问题是属于原初人的，所以，尽管他在著作中运用了较大的篇幅对其加以讨论，但并没有直沿着这条思路继续延伸下去。

应该引起我们注意的是，随着席勒进一步展开他的论述，“游戏本能”问题也悄然隐藏到了趋向审美状态的背景身后，并获得了一种几乎称得上神秘的价值。不过我相信，这绝不是一种偶然现象，而是有着明确原因的。一般来说，一本著作不会将其最好的最深刻的思想用那种清晰方式表达出来，即使这些思想在书中的其他很多地方已经都有所暗示，并且可能达到了一种可以清晰地表达出来的程度。我认为，我们此时所面临的正是这种困难。但是，如果我们将审美状态的概念当成一种和解的创造性的状态，那么，席勒的思想便会立刻显示出了其深刻性和严肃性。但是，他仍然很明确地挑选出“游戏本能”并以此作为长久以来所寻求的调解活动。毋庸置疑，从某种程度上来讲，这两个概念是相互对立的，因为游戏和严肃是难以共存的相容的。严肃由深刻的内在必然性所产生，而游戏则是其外在的表现，它转向了意识。然而，这是一个必须游戏的问题，而并非一个想要游戏的问题；是内在必然性的幻想的游戏性的外在显示，而不是受到外部环境的强制，或者受意志的强制的显示。[1]这种游戏很严

1 与席勒所说的这一段话进行比较：“因为，对高度审美的人来说，即使是自由游戏时，想象也摆脱不了规律的统辖，只有征得理性同意，感觉才能允许自己享乐，所以互惠是必需的，理性制订规律的那种严肃性，必须与想象的旨趣达成统一，如果理性没有得到感觉本能的同意，就不能对意志发号施令。”《论美的形式运用中的必要限制》，《论文集》，第241页。

肃。但是，如果从意识和集体的观点出发来看，它的外在表现就是一种游戏。这种依附于所有创造物的性质是模糊不清的。

如果在还未创造出任何持久的和充满生机的东西之前游戏就戛然而止，那么它就仅仅是游戏而已，不过，如果换一种情形，它就能被称为是创造性活动。那些在游戏活动中所蕴含的相互联系的要素只有在被观察的批评的理性做出评价之后，才会出现以各种范式显现出来。理性并不能创造出某些新东西，只有源自内在必然性的游戏本能才能实现这一创造。创造性精神只与它最喜欢的对象一起游戏。

因此，那些潜能尚不为人所共知的创造性活动很容易被人看作是游戏。确实，大部分艺术家都会受到沉迷游戏这种指责。人们往往更倾向于给一个天才（例如席勒）贴上这种标签。然而，作为这些天才中的一员，席勒本人却渴望获得常人的理解，他希望超脱这种特异的人及其秉性，以便使自己也能分享创造性艺术家的帮助和解救，这是按其内在必然性活动的艺术家必须履行的职责。但是，把这种见解扩展到常人的教育上也许并不一定具有可能性；至少表面上看起来不能如此。

就像在所有类似的情形中那样，要想解决这个问题我们只能求助于人类思想史的证明。然而在这样做之前，我们必须要搞清楚的是我们处理这个问题的角度是什么。我们已经知道，席勒是怎样要求超越对立甚至使意识完全达到虚空的程度的，在那种状态中，不管是感觉、情感也好，还是思维、意向也罢，都不充当任何的角色。他追求的是一种意识尚未分化，且因能量值的减弱，以致所有内容都变得难以区分的意识状态。但是，只有在能量值足以区分内容之时真正的意识才会变成可能。只要是没有区分作用的地方，也就不存在真正的意识。所以，尽管意识的可能无时不在，但这种状况仍可以被称为是“无意识”。这其实代表的是一种精神水平低下（abaissement du niveau menta）的状况；与瑜伽和麻木的催眠状态有些相似。

据我了解，在导向“审美状态”的实际技术问题（当然，前提是采用技术这个词很合适）上，席勒从未表达过自己的任何观点。他曾在通信[1]中偶然提到，朱诺·路德维希（Juno Ludovisi）向我们显示的是一种“审美虔诚”的状态，全然沉浸和移情于所默察的对象中是其特点所在。但是，这种虔诚状态不具有那种作为无内容或无规定性存在的基本特征。然而，如果以其他段落为参考，那么，这个例子告诉我们的就是，席勒的头脑中一再呈现出来是虔诚或虔敬的观念。[2]这使得我们又重返宗教问题；但它同时也使我们看到，实际上把席勒的观点扩展到普通人那里也许是可行的。这是因为，宗教虔诚并不依赖于个人天赋，而是一种集体现象。

当然，这里也存在其他的可能性。我们看到，意识的虚空状态即无意识状态，是

1 见斯内尔译《美育书简》，第81页。

2 席勒写道：“女神需要我们的崇拜，像神的女子激起我们的爱。”同上书，第81页。

由欲力潜入无意识所造成的。那些存在于无意识中的情感–色调的内容处于正在休眠的记忆–情结中，它们源于个体过去的经历，而父母情结首当其冲，它基本等同于一般的童年情结。虔诚或欲力潜入无意识后，在童年情结中被重新激活，童年的回忆，尤其是与双亲情结的联系，重新焕发出生机。从这一复苏过程中产生出来的诸多幻想，促使父母产生了神性，也将与上帝的儿童般的关系以及相应的类似儿童的情感唤醒了。然而很富有特征的是，重新焕发生机的是父母情结的象征，而不是现实中父母情结的意象；弗洛伊德把这个事实解释为因抵制乱伦而导致对父母意象的压抑。我对这种解释很赞同，但我认为它还不完美，因为它没有将这种象征性置换的特殊含义纳入考虑。上帝意象形成中的象征化对于超出记忆的具体化和感官性来说至关重要；因为，借着把“象征”认定为一个现实的象征，回归父母情结就能立刻被转化为一种前行，但倘若仅仅把象征理解为具体的父母情结的标志，并因而剥夺了其独立的特征，那么它就仍然只是一种回归而已。[1]

通过对象征的现实性的认定，人类与诸神的距离又缩短了一些，换句话说，就是向思想的现实性又迈进了一步，使人成为大地的主人。席勒的感受是正确的，虔诚就是一种欲力退回到原初阶段的运动，是一种对原初本源的潜入。在这一过程中，象征作为原初前行运动的意象随之诞生，它是一切无意识要素运作的浓缩，是席勒口中“有生命的形式”，也是历史所证明的，一个上帝–意象。因此，席勒并不是偶然地以朱诺·路德维希为例而是抓住了神性的意象。歌德让母亲国的三角鼎上浮现出帕里斯（Paris）与海伦（Helen）的神性意象[2]——他们不仅是复活的一对，同时也是内在统一过程的象征，浮士德把他们当成无与伦比的内在救赎并花费毕生精力对其孜孜以求。后来的场景将此清楚地表现出来了，情节的进一步展开也明显地证实了这一点。就像浮士德这个范例让我们看到的，象征的幻觉指引着生命的进程，它把欲力引向一个更远的目标，而且这个目标之后将在浮士德的生命中一直坚强地燃烧着，以致他的生命就像燃烧着的火焰，向着远方的灯塔坚定地前行。这就是象征给生命带来的独特意义，宗教象征的意义和价值也正在于此。当然，我所指的象征是不为教条所窒息与僵化的象征，而是从充满活力的人的创造性的无意识中滋生出来的有生命力的象征。

只有那些认为世界历史仅仅从今天开始的人，才会对象征的巨大意义予以否认。本来谈论象征的意义就是多余的，但很不幸的是，实际情况并不是这样的，因为我们时代的精神总认为他自己要优越于我们时代的心理学。我们当今的道德主义和卫生学（hygienic）总是确信自己知道哪些是有害的或是有益的，哪些是对的或者是错的。一门真正的心理学不会把自己限制在这些问题上；而只需要认识事物本身便足矣。

---

1 参见《转变的象征》第180段、第329段及以下段。

2 见《浮士德》第二部分，第一幕，“男爵的大厅”。

象征-形成作为“虔诚状态”的结果无须依靠个体的禀赋就能在另一种集体宗教现象中存在。据此，我们也可以对席勒的观点进行延伸，将其放到普通人的身上。我认为对于普遍的人类心理来说，至少在理论上已充分地证明这个观点的可能性。为了使论证更加完整和清晰，我打算在这里进行一点补充，我对象征与意识以及象征与生命的意识行为之间的关系所进行的思考由来已久。对此，我得出的结论是，象征作为无意识表征具有重大的意义，其价值不容轻视。我从日常治疗神经病患者的经验中了解到，源自无意识过程的干扰具有一种重要的实际意义。分裂的程度越高，即意识态度与同个体的和集体的无意识内容越疏远，无意识内容就越是会对意识的内容进行有害的抑制或强化。因此，出于实际的考虑，象征必然具有举足轻重的价值。但是，如果我们认同象征的确是有价值的，且不考虑价值的大小，那我们说，象征就会因此而获得一种意识的动力，换句话说，也就是它被知觉到了，它的无意识的欲力-充值因此而获得了一个机会，使自己在生命的意识行为中可以被感觉到。因此我认为，它取得了一种事实上很重要的优势，即无意识的协作，它参与了意识的心理活动，从而清除了无意识所带来的干扰。

我把与象征联系的这种共同功能称为超越功能。对此，我还无法开始进行充分的阐述，因为如果想这样做，我就必须搜集作为无意识活动的结果而出现的所有材料。而迄今为止，专业文献关于幻想的描述还没有为我们这里所讨论的象征的创造提供任何概念。不过，这类幻想的范例较多地出现在纯文学中；但是，在“纯粹的”状态中并未出现任何有关于它们的观察和记载，在那里，它们已经被高度“审美的”精致加工过了。在所有的范例中，我特地挑出了梅伦克（Meyrink）的两部作品，分别是：《有生命的假人》（*Der Golem*）和《绿色的幻景》（*Dos Grüne Gesicht*）。我将在后面对此问题的这一方面进行进一步的处理。

虽然是席勒引发了这些关于和解状态的观察，但我们早已远远超过了他的概念。虽然他以相当敏锐的洞察力感悟到了人性中的对立，但他解决问题的尝试却还滞留在早期阶段。我认为，他的失败与“审美-状态”一词有一定的关系。事实上，席勒是将“审美状态”与“美”混为一谈，它使我们的心境出人意料地突然进入这样的状态。[1]他不仅将因果关系相混淆了，同时也违背了自己的定义，因为把“无规定性”等同于美，他赋予了这种“无规定性”状态以确定的规定性特征。所以从一开始，和解功能就被弃之不顾，因为丑立即被美掩盖了，而实际上，这种美也是一个丑的问题。我们已经看到，席勒把一个事物的“审美特征”界定为它与“我们不同能力之整体”的关系。因此，“美的”和“审美的”就并不一致，因为我们能力不同，所以在审美

1 见斯内尔译《美育书简》，第99页。

方面也是不同的：有些美而有些丑，只有极端的理想主义者和乐观主义者，才会把人性的“整体”完全看成是美的。其实说得更准确一些，人性就是人性；有黑暗的一面也有光明的一面。把所有颜色加在一起就成了灰色——亮色和暗色互为背景。

概念上有缺陷也证明了这一事实，和解状态是如何发生现在仍未获得清晰的解释。有很大的篇幅明确地论述了和解状态是由“纯粹美的愉悦”导致的。因此席勒说：

> 所有凭着直接的感觉就能取悦我们感官的东西，虽然使我们柔软而善感的天性向一切印象敞开了大门，但同样也使我们所能发挥的能力弱化了。而那些使我们振奋的理性力，给我们带来了抽象概念的东西，尽管对我们精神的各种抵抗力来说是一种增强，却也同样造成精神上的麻木迟钝，就像它使我们产生更大的主动性一样，也同样使我们丧失了感触性。所以，两者最终都必然走向衰竭……与之相反的是，如果我们沉浸在纯粹美的愉悦中，那么我们就能在一瞬间，在同等的程度上支配我们的被动力量和主动力量，并在严肃或游戏，休息或运动，顺从或反抗，抽象思维或静观默察中运用同等能力。

这段论述直接与前文关于“审美状态”的定义相矛盾，前文认为人在审美状态中是“虚空的”，是“零”，是“无规定的”，而此时，人却又在最高程度上被美规定了（“沉浸在它里面”）。然而，力图从席勒这段文字里进一步深究这个问题是根本没有什么价值。在这里他碰到了一个障碍，而这个障碍不仅横亘在他面前同时也横亘在他的时代面前，因为在任何地方他都会遇到无法看到的“最丑陋的人”，一直到我们这个时代，尼采才对此进行了揭露。“通过首先使人成为审美的”，席勒的目的在于把感性的人转化为理性的存在。他说：“我们必须使人的本性发生改变”，“我们要使人即使在其纯粹的自然生命中也为形式所支配”，“必须使人按照美的规律……实现他的自然规定性”，“使人必须在其自然生活中性的层面上，开始他的道德生活”，“尽管人仍受他的感性限制，但他必须开始他的理性自由”，“人必须用自己的意志法则来约束自己的嗜好”，“人必须学会追求更高阶层的高贵”。

上述引文中席勒所说的“必须”等同于我们所熟知的“应该”（ought），一个人在无路可走时总是会说“必须”。于是在这里，我们又无法避免地遇到了障碍。将解决这个只有时代和民族才能解决的巨大问题的希望寄托在某一个体心灵上，这是极为不公平的，因为它从来就没有这么伟大。而就算时代和民族能解决这个问题，那也只是听从了命运的安排而不是有意为之。

席勒思想之所以伟大是因为他的心理观察，以及他对所观察到事物的直觉把握。然而我要特别强调的却是他的另一条思想之路。我们看到，和解状态的特征就是产生某些“肯定性”的东西，即象征。象征从本质上来讲是对立的诸要素的统一；因而它也是现实与非现实对立的统一，因为它既是一种心理现实（出于它的功效），同时又不与任何物质现实相对应。它既是现实又是现象。席勒对这一点进行了清楚的强调，顺便还对现象进行了辩护，从各方面来看这都是含义隽永的：

极度的愚蠢与最高的理性之间在某种程度上很相似，即它们都只寻求现实，而不在意纯粹的现象。只有让客体在感觉中直接出现，才能将愚蠢的平静彻底打破，而只有让概念与经验材料发生关联，才能平静理性，总之，愚蠢超不出现实，理性在真实之下驻足。因此，对现实的需要还有对现实之物的依附，通通都是由人性缺陷所导致的，从这一点上说，对现实冷漠和对现象感兴趣，其实就是真正扩大了人性，是迈向文化教养之路上的关键性一步。

在早些时候，在我谈到价值的分配及象征时，就已将正确地评价无意识的实际优势表明了出来。如果我们能通过关注象征，从初始阶段就将无意识也考虑进来，那么我们就能把无意识对意识功能的干扰排除在外。正如我们所知，只要无意识没有获得实现，它就总是会将一种欺骗的魔力、一种虚假的现象加诸所有事物身上；它总是显现于客体之上，因为无意识中一切东西都被投射出来了。倘若我们能这样来理解无意识，那么便可将来自客体的虚假现象除去，促成真实。席勒说：

人在现象的艺术中行使自己支配的权利，在这里，他对我的与你的区分越严格，对形式与本质的分离就越详细，从而使形式的独立更加清楚明白，如此一来，他就不仅进一步扩展了美的王国，同时也更加保护了真实的疆界；因为如果他无法从现象中把现实解脱出来，也就意味着他无法将现象从现实中清除掉。

一个人，如果想达到绝对的现象，就要比那种将自己限定在现实中的人拥有更强大的抽象能力，同时心灵要更自由广阔、意志力要更旺盛，而且他还总是已经将现实抛到脑后。

第二节　论素朴的诗和感伤的诗

一直以来我都认为席勒将诗人划分为素朴的与感伤的两类[1]，或许这与本书所谈

1 《论素朴的诗与感伤的诗》，第205页及以后页。

的类型心理是相一致的。然而经过缜密思考之后，我却发现这并不是事情的真相。席勒的定义很简单："素朴诗人就等同于自然，而感伤诗人则寻找自然。"这一简要陈述的欺骗性很大，因为它假定了两种与客体的不同的关系。所以，以下说法相当具有诱惑力：那些把自然当作客体来寻索或期望的人并不拥有自然，他们属于内倾型；与此相反，那些本身即是自然，因而与客体的联系最亲密的人，则属于外倾型。然而，这种解释未免有些牵强，与席勒本人的观点共通的地方很少。与我们的类型区分截然相反的是，席勒在区分素朴的与感伤的之时，对诗人的个体精神丝毫没有涉及，反而是关系到诗人创作活动的特征，或是其作品的特征。同一位诗人，也许在这首诗中是感伤的，而在另一首诗中则是素朴的。当然也有例外——有一个人完全是素朴的，那就是荷马，不过，现代的诗人大部分都是感伤的。席勒明显地察觉了这一困难，因此他宣称，诗人并不是作为个体而只是作为诗人由他的时代决定的。他说：

只要是真正的诗人都属于素朴的或者感伤的，他们到底归属何类，要么由他们活跃于其中的时代的条件决定，要么由偶然的境遇决定，该境遇在很大程度上影响他们的一般性格或瞬间的情绪状态。

因此，在席勒看来，这并非关乎基本类型，而是关乎个别作品的某些特征或性质。所以很显然，一位内倾的诗人可能既是素朴的同时又是感伤的。如此一来，如果把素朴的和感伤的分别与外倾型和内倾型画上等号，那么就有关类型的问题上来讲，它就不仅完全偏离了论题，还偏离了类型机制的问题。

一、素朴的态度

我们首先来对席勒对这种态度所下的定义进行考察。前文已经谈到，素朴诗人就等同于"自然"。他"纯粹遵循自然，依靠感觉，把自己限定在对现实的纯粹复制上"，"我们之所以对素朴的诗感兴趣，是因为它将客体生动地呈现在了我们的想象中"，"素朴的诗源于自然的恩赐。它是幸运的一掷，倘若成功便不用增减，倘若失败也毫无损失"，"素朴的天才在从事一切事务时凭借的必然是他的天性；若凭借他的自由他将一事无成，只有当源于内在必然的自然（天性）在他身上发挥作用的时候，他才能实现自己的理想"，"素朴的诗是生命的产物，它要复归到生命"。素朴的天才完全依靠"经验"以及外在世界，他需要与它们"直接地接触"。他"需要外在的救助"。对素朴的诗人来说，他周围环境的"平庸"意味着"危险"，因为"感受性常常依赖于外部印象，只有通过创作才能永不停息地活动，才能避免有一种盲目的力量不时地强加于他的感受性的状况，但我们对人性做出这样的期待是很难的。不管在什么时候，只要发生这种情形，他的诗情就会变得陈腐平庸""素朴的天才是对他无限制地支配的自然的追随者。”

从这些定义可以清楚地看出，素朴的诗人是多么依赖于客体。他与客体的关系具有一种强迫性的特征，因为他内向投射于客体，即他在无意识中与客体相等同，也可以说他天生就是与天地同一的。这种与客体的关系在列维-布留尔看来就是神秘参与。这种同一总是由客体与一种无意识内容间的相似性产生出来的。换句话说，这种同一是通过与客体的类似而将一种无意识联想投射到客体身上而形成的。同样，这类同一也具有强迫性的特征，因为它表现了一定量的欲力，所有欲力都对无意识起作用，而意识并不能控制这些欲力，因此它们能强迫施行意识的内容。所以，从态度上来讲，素朴的诗人会受到客体很大的制约；客体甚至能独立地对他施加影响；因为他与客体同一，所以客体在他身上实现它自己。他把自己的表达功能借给了客体，所以根本就不是主动或意向性地呈现客体，而是采取因客体在他身上所采取的方式来呈现自己。诗人本身就是自然，因为自然在他身上创造出了作品。他“允许自然对他无限制地支配”。将绝对的权力交给了客体。据此看来，素朴的态度是外倾的。

二、感伤的态度

感伤的诗人寻找自然。他“反思客体作用于他的印象，他的反思只与那种能激化他也能激化我们的情绪紧密相连。在这里，客体与观念联系在一起，这种联系只依赖于他作为诗人的创造力”。他“总是陷入两种互相对立的观念和感觉以及有限的现实和无限的两种互相对立的观念中：他所激起的相混合的情感是这种双重的根源存在的证明”，“感伤的心境是由努力再造素朴的感觉所产生的结果，这个结果，即使处在反思的状况下也不会改变”，“感伤的诗源于抽象作用”，“出于希望消除人的本性的局限的目的，感伤的天才也会表现出完全清除人的本性的危险；他必然要将一切有限的和已定的现实提升到绝对可能性的高度，也就是将其理想化；而且甚至可能超越可能性本身，将其幻想化……感伤的天才将现实清除掉，希望能借此高攀到观念的世界中去，用绝对自由来支配他的物质生活”。

显然，与素朴的诗人比较起来，感伤的诗人的特征就是具有对客体的反思的和抽象的态度。他通过对客体的抽象而反思客体。可以这么说，当他开始创作时，他便先验地摆脱了客体；他自己就是运作者，而非客体运作于他。但是，他的创作并不是内向于他自己，而是对客体的超越。他区分于客体，不是与其相同一；他致力于建立自己与客体的关系，建立能“支配他的物质生活”的关系。他区分于客体的行为造成了席勒所指的双重意味；因为感伤的诗人的创作力源自两个方面：其一是源自客体／或他对客体的感知，其二是源自诗人本身。在他看来，外在的客体印象并不是绝对的东西，而是他根据自己的内容可以把握的材料。因此，他位于客体之上却又与客体相联系着，它们之间不仅是一种可感受性或接纳性的关系，更是一种可以任由他自由选择是否赋予客体价值或性质的关系。因而伤感的态度是内倾的。

但是，用外倾的和内倾的来表述这两种态度所具有的特征，仍然没有把席勒的观念完全展现出来。我们提出的外倾型和内倾型两种机制只是比较普遍的基本现象，它们只是大致指出了那些态度的特异之处。如果要想对素朴型和感伤型加深了解，我们还得求助于另外两种功能，那就是感觉和直觉。在后面的篇幅里，我将对它们进行更细致的讨论。在此我只简单地提一点，那就是素朴型的特征是感觉占主要地位，而感伤型则是直觉占主要地位。感觉促使主体依赖客体，甚至将其引进客体中；因而素朴型所面临的“危险”是他可能淹没于客体中。直觉是人对自己无意识过程的知觉，使人从客体中撤离出来；它超越了客体，位于其上，不断致力于支配其材料，把形式赋予它们，甚至用粗暴的手段迫使客体与他自己的主观观点相一致，尽管他这样做时并不是有意识的。所以我断定，完全脱离了现实，致使自己消失在无意识幻想世界的洪流中就是感伤型所面临的危险。

三、观念主义者与现实主义者

在同一篇论文中，席勒的反思使他对两种基本心理态度做出了预设。他说：

> 这将我引至那种备受关注的心理对立之上，它总是在进步文化时代中的人们身上出现，因为它很激烈且植根于内在的情绪结构中，这种对立造成了人与人之间严重的分裂，其程度甚至超过偶然的利益冲突所带来的分裂；它使诗人和艺术家通过表达普遍诉求而带给人们的所有希望全部幻灭，丝毫不顾及这就是诗人和艺术家的职责；它使哲学家不管付出多少努力都无法做到普遍地令人信服，丝毫不顾及这种信服已包含在哲学的真正观念中；最后，它也使现实生活中的人看不到自己的行为模式获得的赞赏。总之，这种对立要对以下事实负责，即任何心灵的产品或内心的行为，只要在一个阶层那里取得决定性的成功，那么就必将招致另一阶层的责难。毋庸置疑，这种对立的古老程度堪比文化的原始，就算即将湮灭，它也一直不变，除一些极为少见的个人特例外，这种对立过去一直存在着，而且可以预见，在将来它也会依然存在。虽然就其运作的本质来看，无论是哪种平息对立的尝试都注定要以失败告终，因为不管是站在自己立场上的哪一方都不可能承认自己有缺陷或承认对方的真实性，但是，如果能找到这一重大对立的最终根源，并能将争议的焦点至少还原成一种更简要的程式，那么我们就能收获颇多。

如上所述，我们能得出这样的结论，那就是席勒通过考察对立机制获得了两种心理类型的概念，就如我所描述的内倾的和外倾的所具有的意义一样。这二者在他关于事物的架构中的意义相同。从这两种类型的相互关系来看，席勒的类型观几乎可以证实我的假设中的每一个字每一句话。席勒以类型的机制作为着眼点入手，这与我之前所讨论的是一致的，这些机制“从素朴的和感伤的特征中分离出来，与两种普遍的诗人的性质类似”。如果我们将这一程序演示出来，把两种类型的天才的创造因素除去，那么素朴型剩下的就是他们对客体的依恋以及客体在主体中的自主性；而感伤型所留下的则是超越客体之上的优越性，这种优越性能体现出它对客体某种程度上的专断或对客体的处置。席勒继续说：

如此一来，素朴型在理论层面上就只剩下了冷静的观察精神，还有对与感官相一致的证据的顽固依赖；而在实际生活这一层面上剩下的则是对自然要求的顺从……感伤型的特征，在理论层面上只留下了永无止境的思辨精神，在所有认知行为和意志行为中它都执着于那个所谓的绝对物，而在实际生活层面中体现出来的则是道德的严酷性。对于所有人来说，只要他属于前者，那就说明他是现实主义者；如果属于后者，那就说明他是观念主义者。

席勒对他的两种类型所做的更深入的考察，几乎完全类似于我们所熟知的现实主义的和观念主义的态度这一现象，因此不在我们研究的旨趣范围之内。

第三章
太阳神精神与酒神精神

对于席勒已经认识到并进行了部分解答的这个问题，尼采以一种新的原创的方式对其开始了重新研究，这体现在他写于1871年的《悲剧的诞生》一书中。这本早期著作与叔本华和歌德的关系要比与席勒的关系更为密切。但是它在希腊主义和美学主义方面与席勒有着共同之处，而在救赎主题和悲观主义方面则与叔本华具有同等造诣，并与歌德的《浮士德》有着不胜枚举的相同点。就我们的论题来说，在这些关联中，尼采与席勒的关联自然是最能引发我们兴趣的。然而，我们也会一直记得对叔本华所走的道路不吝溢美之词，因为我们看到他在这条道路上行走带来了东方知识的黎明的曙光，这些知识在席勒那里只是像幽灵一样时隐时现。如果我们不在意叔本华的这种源自基督徒的信仰愉悦和救赎确证相比较的悲观主义，那么就可在大体上将叔本华的拯救学说看成是佛教的。他被东方人所俘获，这是一种很明显的对我们西方情境的反抗。就如大家所知道的，迄今为止，这种反抗在各种多少有些朝向印度的运动中仍然存在。对尼采来说，东方的吸引力在希腊这里戛然而止。他认为希腊位于东西方之间位置上，从某种程度上来讲，这倒与席勒较为接近，然而他在希腊特征上的看法又与席勒存在很大的差异！他不仅看到了明朗而金光闪耀的奥林匹斯天国，也看到了其背后那黑暗的底色。

“为了创造生命存在的可能，希腊人迫不得已因纯粹的必然性而创造了诸神……希腊人知晓并感到存在是恐惧与丑恶的；而为了能继续活下去，他们只能在自己和恐惧之间虚构出一个耀眼的奥林匹斯世界。那种种恐惧：对自然的巨大力量的惶恐不安；无情地出现在所有知识宝座的莫拉（Moira）；啄食伟大的博爱主义者普罗米修斯[1]肝脏的恶鹰；聪慧者俄狄浦斯不可逆转的可怕命运；导致奥莱斯特斯（Orestes）弑母的阿特留斯（Atrides）家族可怕的灾祸等等都被希腊人通过奥林匹斯这个幻想的中介世界而重新征服了，或者至少被隐藏起来看不见了。”[2]

---

1 希腊神话中的神，因帮人类从奥林匹斯山盗取火种而被宙斯缚在高加索山的悬崖上。宙斯每天派一只鹰去啄食他的肝脏，并在第二天又让它重新长好，循环往复，以示惩罚。——译者注

2 参见《悲剧的诞生》，霍曼斯英译，第31页及以后页，此处的引文已被修改过。

希腊人的那种“明朗”，以及那挂着温暖笑容的希腊天国，都被当成了用来掩盖其阴暗背景的光辉的幻象，直至今天，这一洞见仍然存在并成为反对道德审美主义的重要证据。

在这里，尼采所持的观点显然与席勒完全不同。人们纷纷猜测席勒关于审美教育的通信是用来处理自身所面临的问题的，然而尼采很明确地在他的书中说：这本书是“完全个人化”的。然而，席勒在那些自己羞于描写的地方，将自己心理的冲突看成是“素朴的”与“感伤的”对立，并因此把属于人性背景的和人性不可能触及的底层的一切都排除了。不过，尼采是能深刻而广泛地理解这种对立的，在他看来，这种对立不但不比席勒所想象的耀眼的美低劣，甚至还能揭示出广大无边的黑暗色调，这不仅能使亮色的色度增强，而且还不会阻止那些仍处于黑暗底层的东西被神圣化。

尼采宣布，自己的基本对立是太阳神精神与酒神精神之间的二元对立。[1]对此，我们首先应该做的是就其性质进行描述。因此，我从尼采的著作中选取了一组引文，以便读者读后可以做出自己的判断，同时也可评判我的观点——尽管读者对尼采的著作并不一定熟悉。

如果我们不只是从逻辑的推论出发而是从直觉的直接确定性出发来考察如下事实，我们将使审美科学更加获益，这一事实指的就是，艺术的持续发展离不开太阳神精神和酒神精神这种二元性，它们就像生殖繁衍离开性别的二元性一样卷入了那种只能短暂和解的永恒冲突中。

从阿波罗与狄奥尼索斯这两位艺术之神身上，我们认识到了希腊世界中的那种强大对立，还有阿波罗式造型艺术与狄奥尼索斯式非造型的音乐艺术两者之间在起源和目的上的强大对立。这两种截然不同的冲动一直共同发展，并大致处于互相对峙的状态，为了使双方的对抗能够一直继续下去，一方会不断促使另一方获得新生；为了进行沟通，它们似乎只能借助一个共同的称呼，那就是“艺术”才能进行沟通；直到最终，以希腊人的“意志”这个形而上学的奇迹互相匹配。正是这种兼具太阳神精神与酒神精神的创造性结合最终导致了雅典悲剧。

为了在刻画这“两种冲动”的特征时更加形象，尼采用梦幻和醉狂的状况来对导致它们发生的特殊心理状态进行比喻。太阳神精神的冲动产生的状态与梦幻的状况相似，而酒神精神产生出来的冲动状态则与醉狂类似。就像尼采说的一样，从本质上来讲，“梦幻”是一种“内向的幻觉”，“可爱的梦幻世界的表象”。太阳神“将内在幻想世界的美妙幻象牢牢握在手中”；他“具有全部造形能力”。他代表的是数量、尺度、界限，以及对一切野蛮与野性之物的驯服。“人们甚至可以将太阳神描绘成个

1 太阳神指的就是阿波罗，酒神是狄奥尼索斯。——译者注

性化原则的光辉的神圣意象。”

与之相反的是，酒神冲动代表的则是不受拘束的本能的自由放纵，是放荡不羁的兽性与神性的原动力的自由迸发；正因如此，在酒神合唱队中，人才经常会以上半身是神、下半身是山羊的森林神（Satyr）[1]的形象出现。面对个性化原则的毁灭，酒神精神既感到恐惧又有“狂欢的兴奋”，所以可以被称为醉狂，它使个体融入集体本能和集体成分中，通过集体冲破了孤独的自我。所以，在酒神精神中，人找到了人“与自然的疏离、敌对，或被自然奴役，再次以盛宴来庆祝自然与浪子（人类）的和解”。每个人都会感到他自己“不仅与他的邻人相一致、相和解、相融合，甚至已经完全地等同”。他完全失去了个人化。“人不再是艺术家，而是变成了艺术品”，“自然的全部艺术能力都展现在沉醉的迷狂中”。这代表的是，创造的原动力还有本能形式中的欲力已经占据了全部个体，就算他是一个客体，也把它当作一件工具或对其自身的表现来使用。如果我们可以把自然的创造当作“艺术品”的话，那么人在酒神精神的状态中也就变成了自然的艺术品；然而，就自然地创造这个词的本义来看称其为艺术品显然并不恰当，那么我们说，人就是纯粹的自然，他不是被自身及生存法则限制的一头野兽，而只是一道自由奔放而湍急的激流。为了顾及后面的讨论以及使读者更加清晰，我必须对此加以强调，因为尼采由于某种缘故而忘记了把这点讲清楚，从而为这个问题披上了一层虚假的审美的面纱，但在某些地方他又会情不自禁地掀开这层面纱。因此，他在谈到酒神精神的狂欢时说：

> 事实上，无论在什么地方，这些庆典从本质上来讲都是性的极度放纵，它的狂浪冲破了所有的家庭及其庄严传统；天性中最野蛮的兽性犹如脱缰的野马，所以导致肉欲与暴行可怕地混在一起，我认为这与真正的女巫的肉汤并无二致。

尼采认为，德尔非[2]的阿波罗与狄奥尼索斯的和解象征的是文明的希腊人内心当中诸对立物的和解。不过在这里，他忽略了自己的补偿程式，而这个程式恰好就是奥林匹斯的众神把他们的光辉归功于希腊人心理的幽暗的依据。正因如此，太阳神与酒神的和解只是一种“美的幻象”，是一种文明的希腊人在与自己的野蛮面相抗争时所迫切需要的东西，这种野蛮因素当处于狄奥尼索斯式状态时就会顺利地爆发出来。

无论是哪个民族，其宗教与其实际生活方式之间总是互为补偿，否则，宗教对这个民族来说就没有任何实际意义。以波斯人为例，他们那高尚的道德宗教就是对他们那臭名远扬的两面的生活方式（即使在古代也是如此）的补偿，而对于我们的“基

---

1 希腊和罗马神话中半人半兽的神，好色且性欲极强。——译者注

2 古希腊都城。——译者注

督教”时代来说，其博爱的精神便是世界史上最大的血腥屠戮的有益补偿——不管我们的方向是什么，我们都能证明这个规律是正确的。因此，我们可以从这种德尔菲式的和解的象征中得出这样的结论，那就是，希腊人的性格中存在着一种特别激烈的分裂。这种分裂也能从另一个角度说明那种在希腊社会生活中赋予神秘仪式以重大意义的渴望拯救的原因是什么，而希腊世界早期的赞美者将这一切彻底忽视了。他们因把任何他们缺少的东西天真地赋予希腊人而沾沾自喜。

所以我们说，在狄奥尼索斯状态中，希腊人会是除“艺术品”之外的任何东西；而且刚好相反，他们被自身的野蛮性所控制，个性被彻底剥夺，因而才会融入他的集体成分中，并使他通过放弃他的个人目的从而与集体无意识、“人类的才能，甚至与自然本身”融为一体。而对于在某种程度上实现了温顺的阿波罗精神来说，这种能使人忘掉他自己及其人性，使其成为一种纯粹的本能创造物的醉狂状态，无疑是极其可耻的；正是这个原因使得两种冲动间的激烈冲突无法避免地爆发出来。我们可以对文明人的本能释放的情景做一个假设，在热心于文化的人士看来，那仅是纯粹的美的流溢。这一错误的认识的来源是心理知识上的极度无知。与原初人的本能力量所带来的危险相比，文明人的那种被阻滞的本能力量要更具破坏性，因为低层次的原初人总是生存在不断超越其负面本能的状态中。所以，史前的战争所导致的后果及其恐怖性都无法与现代文明国家之间的战争相匹敌。这正与希腊人的情形相同。太阳神精神与酒神精神的和解因此油然而生，就如尼采所说的一样，达到这种和解“凭借”的是“形而上学的奇迹”，这源于他们这种恐惧的生存感受。这一论述和尼采另外所说的，太阳神精神与酒神精神的对立“似乎只有通过‘艺术’这一共同的才能互相沟通”，我们必须切记，尼采和席勒一样，也有一种把艺术当作调解和救赎的角色的明显倾向。他们因此将丑的也当成是“美的”，甚至就连野蛮与罪恶也可因蒙上审美的虚伪面纱而更具魅力，所以，仍然无法在审美上有所进步，不管是席勒还是尼采，他们都声称艺术的本质及其特殊的创造与表达的能力都具有救赎的意义。

尼采因此不仅将太阳神精神和酒神精神之间的冲突彻底忘记了，同时还忘记了它们最终的和解，在希腊人看来，这实质上是宗教的问题而根本就不是什么审美的问题。如果我们以种种相似性为依据，就可以推断出，酒神的森林神庆典是一种回归到与原初祖先或直接与动物图腾相认同的图腾庆典。在很多方面，酒神的狂热仪式都表现得神秘而又极富冒险性，不管怎样，它所体现出宗教的影响都非常强大。希腊悲剧源于原初宗教仪式的这一事实，至少与我们的现代戏剧和中世纪基督受难剧[1]之间所具有的那种关联很类似，现代戏剧完全起源于宗教；所以我们不能只从审美角度出发来考察这个问题。审美主义这种偏见只属于现代人，古代人绝对没有看到或体验过它所

1 一种清唱剧，以记载耶稣受难过程的福音书为原型改编而成。——译者注

呈现出来的酒神仪式的心理奥秘。和席勒一样，尼采也完全忽视了宗教观点，宗教的位置被审美取而代之。但宗教所具有的审美的一面也是明显不可忽视的。[1]然而，如果只是从审美的角度出发来对中世纪的基督教加以理解，其结果就如同完全从历史的观点出发一样只会导致它的真正特征被贬低和歪曲。只有同时关注它的所有方面才能真正理解它，从一种纯粹的审美视角出发就能正确地理解一座铁路桥的性质，这种说法根本不会得到大家的赞同。如果接受这种观点，那么阿波罗与狄奥尼索斯之间的冲突就被转化成了一个彼此对立的艺术冲动的问题，问题就被以这种方式放置在了审美范畴内，不管从历史上还是从本质上不能正确判断它；它变成了某些方面的考虑，而它的真实内容却无法经由它得到正确的判断。

问题被转移到审美范畴内无疑有其心理上的原因和目的。这种转移具有明显的优势：审美评价将问题直接转换成了一幅画图，使观赏者可以凝视它，站在一定的安全距离来重新体验它的激情，评点它的美丑，而不会有被卷入其中的危险。审美态度使人避免了有任何真正的参与因而不会使自己深陷其中，然而实际上，真正的参与就是以宗教所意指的东西来理解这个问题。历史的研究方法也与之具有同等优势，尼采在一系列有着重要价值的论文中批评了这一点。[2]仅从审美上来处理这么一个在他看来十分“棘手”的问题，其中具有的可能性当然很吸引人，因为它的宗教理解力（在此情况下仅有的理解力）是以现代人极度为之骄傲的实际经验为前提的。然而，就像我们在尼采于1886年写的《自我批判的尝试》（该书附有《悲剧的诞生》的再版前言）一书中所看到的那样，狄奥尼索斯似乎回敬了尼采：

酒神精神是什么？本书中答案是唯一的：一位“智者”说就是他的神的崇拜者和门徒。然而这个门徒指的并不是《悲剧的诞生》的作者尼采；那时的尼采还只倾心于审美主义，他真正成了一名酒神主义者的标志是他写出了《查拉图斯特拉如是说》，以及《自我批判的尝试》中那段著名的文字。那段文字这样描述道：

我的兄弟们，打起精神，向上，再向上！不要忘了你们的双腿！振作你们的双腿，你们是动作优美的舞蹈家，要是你们能头足颠倒地来跳舞就更好了！

虽然有审美做防护，但是尼采对问题有着深刻的把握，以致他非常接近了实情，所以他后来酒神精神式体验的结局几乎是不可避免的。他在《悲剧的诞生》中攻击了

1 当然，审美主义可以成为宗教功能的替代品。可又有什么东西可以同样地取代宗教功能呢？难道我们从来就没有过可以用某种替代物来取代宗教的缺失的时候吗？就算审美主义真的是一种极为高贵的替代品，那充其量也只是对所缺失的真实事物的一种补偿。因此，尼采后来“皈依”了酒神精神，这非常清楚地表明，审美替代物是经不住时间的考验的。

2 尼采：《不合时宜的思想》，第二部：“历史的效用与误用”。

苏格拉底，而实际上这种攻击针对的是理性主义者，因为理性主义者对酒神精神式的狂欢毫无反应。这种攻击类似于审美者经常犯的错误；这是一种使自己与问题距离越来越远的错误。但是即便是那个时候站在审美主义的立场，尼采还是潜在地对问题进行了真正的解决，他写道：对抗不能靠艺术而只能靠“希腊人的‘意志’这一形而上学的奇迹”来调和。他给意志一词加上了引号，考虑到他当时受到叔本华巨大的影响，我们完全有理由认为他借鉴了叔本华关于意志的形而上学的概念。我们认为，“形而上学的”有着“无意识的”心理含义。因此，倘若我们要用“无意识的”来替代尼采程式中的“形而上学的”，那么，一种无意识的“奇迹”就变成了解决问题的关键。这种“奇迹”常常是非理性的，因而就它本身来说，就是一个无意识的非理性的事件，并不需要理性与意识目的的参与就自发形成了。它的发生，就好比自然界造物的生长现象一样不是任何人类智慧的结晶，而是期盼、信念与希望的果实。

有关这一点，我会留至恰当的时机再予以充分讨论。接下来让我们从更深的层次上继续对太阳神精神和酒神精神的心理本质进行考察。我们首要思考的是酒神精神。从尼采的描述中我们便可得知，它正渐渐显示为一股向外和向下的激流，一种被歌德所说的“心脏扩张”；它是遍及世界的运动，就像席勒在他的《欢乐颂》中所描述的那样：

这个拥抱属于千万人！
这个吻遍及世界！
……
在自然之流的中心，
欢乐使所有造物醉饮；
不怕善也不畏恶，
是她走过的生的鼎盛之路。
当死神来临之际，
她把吻与酒赐给朋友。
啊，淫欲在悄然攀越，
先前上帝与天使所居之地。

这是酒神精神的扩张，是倾泻而下的普遍情感的洪流，它不可阻挡地喷发出来，就像烈酒般使感官为之醉狂。它是最高意义上的醉狂。

在以上状况下，感觉这一心理功能，不管是感官上的还是情绪上的，都变成了最高程度的参与者。这是所有那些紧紧地系着于感觉的情感的外倾，我们因此而称它为情感-感觉。在这种状况中所爆发的东西其纯粹的情绪特征更加明显，它们是一种本能，且具有盲目的强迫性，通过肉体方面的感触它们找到了自己特有的表达方式。

与之相比，太阳神精神是一种知觉，这种知觉的对象是美的内在意象，是尺度比例，是自制和均衡的情感。与梦相比较则更清楚地显示出太阳神精神状态的特征是一种内观的状态，还有对永恒观念的梦的世界的静观默察，所以属于一种内倾状态。

毫无疑问，到目前为止，我们的机制（内倾和外倾的）与上文所述是具有相似性的。但是，如果我们在发现了这种类似性之后就止步不前，那么就把我们自己的视野限制住了，这与尼采的观念是相悖的，就好像把他的观念放到了普罗克拉斯提斯的床上一样。

我们继续研究将会看到，如果内倾的状况成为习惯，那么它便会与观念世界保持了一种分化；与此相同，若是外倾的状况成为习惯的话，它也会与客观世界保持着这样的关系。在尼采的太阳神精神与酒神精神的概念中，我们根本看不到这种分化的影子。酒神的情感具有感触性感觉的完全古代的特征。因此，它与从本能中抽象和分化出来而成为易变因素的那种纯粹的情感截然不同，这种纯粹的情感将自己置于理性的控制之下，使自己成为理性的工具。尼采的内倾概念同样也与观念纯粹及分化的无关，不管是从感官决定上的还是创造性生产上的意象上来说，这种关系与对内在意象的知觉都与之相脱离而变成了一种对纯粹的和抽象的形式的沉思。太阳神精神是一种内在知觉以及对观念世界的直觉。从它与梦有相似这一点上就能清楚地看出，尼采不仅把这种状况看成纯粹是知觉性的，同时也把它视为纯粹是直觉性的。

这些特征完全显现在个人身上，而不能将其放置在我们关于内倾和外倾态度的概念中。对于一个善于沉思的人来说，他对内在意象的太阳神式知觉会用理性思维特性来精心编构知觉材料，或者说，他会产生出一种观念。在一个主要倾向于情感的人身上也会产生同样的结果：一种意象的“情感穿透”必然会产生出带有情感色彩的观念，从本质上来讲，它们与思维所产生的观念是相同的。因此，观念可以同时是情感的和思维的，比如祖国、自由、上帝、永恒等。这两种构造原则即是逻辑的也是理性的。不过，也有一种非常不同的观点存在，即逻辑的和理性的构造对它来说是无效的。这就是审美的观点。内倾是对观念的知觉的关注，它倾尽全力发展的是直觉，也就是内在幻觉；而外倾中则是对感觉的关注，它的注意力都集中在发展感官、本能和感触性上。若以此看来，思维和情感都绝不是对观念的内在知觉的原则；恰好相反的是，它们只不过是内在知觉和外在感觉的衍生物而已。

尼采的思想因而为我们提供了第三和第四种心理类型的原则，这两种类型与理性类型（思维型和感情型）是完全相对的，我们可以称它们为“审美的”类型，即直觉型和感觉型。然而这两种类型与理性型还是具有共同点的，那就是，都具有内倾和外倾的机制，但它们与思维型不同，思维型是在思维中对内在意象进行知觉和沉思；也与感情型不同，感情型在情感中对本能和感觉进行感触体验。刚好相反，直觉者把无意识知觉上升到一种已分化的功能的层面，从而能借直觉来使自己与外部世界相适应。这种适应得到了他的无意识的指引的帮助。无意识的指引是他通过精细敏锐的知觉以及诠释微弱的意识刺激所获得的。因为它是非理性和准-无意识的，所以很难对这种功能进行描述。从某种程度上来讲，我们可以把它与苏格拉底所说的恶魔相提并论，然而我们必须要做出这样一个限定：苏格拉底以其强有力的理性态度在最大程度上抑制了直觉功能，所以直觉功能只能以具体的幻觉的形式来接近意识。但是，感觉型却与此全然不同。

无论在哪一方面，感觉型与直觉型在所有方面的表现都是截然相反的，他几乎完全依赖于自己的感官印象。他的所有心理都被本能与感觉定向，所以他完全依赖于外部刺激。

对于自己个人的心理的特征，尼采特别予以强调，这一事实与一边是直觉的心理功能而另一边则是感觉和本能的心理功能正好相应。我们确实可以把他看作为倾向于内倾的直觉类型。尼采作为直觉类型的典范所写出的《悲剧的诞生》这本书极具个性，同时也是他超凡的直觉-艺术天才的杰作，而他的代表作《查拉图斯特拉如是说》可谓更胜一筹。他格言式的写作风格是他内倾的理性方面的绝佳体现。虽然这些著作还渗透着强有力的情感，但并不妨碍它展示出18世纪知识分子的那种深刻的批判的理性主义。他适度的理性及缺乏简洁，往往可以证明他是直觉型的。正是处于这样的情形中，在早期的著作中他不自觉地将个人的心理事实设为基础也就不足为奇了。这正好符合直觉的态度，这种态度主要是通过内在世界为来知觉外在世界的，为此，有时甚至不惜牺牲现实。同时，借由这种态度，他也深刻地洞察到他无意识的酒神精神的性质和其未加修饰的形式，就像我们了解到的那样，尽管这种形式曾经出现在各种情欲的暗示中，但却直到他暴发疾病之后才达到意识的表层。所以，那些在他突发疾病之后于都灵（Turin）[1]发现的极有意义的片段的手稿终因道德和审美的顾虑而被毁掉了，这简直是心理学上的一大憾事。

1 意大利西北部的一座城市。——译者注

第四章
人类性格区分中的类型问题

第一节　乔丹类型学概述

我已经按照时间顺序对先辈们对心理类型这一有趣的问题所做的贡献进行了考察，现在是时候来阐述一本小而奇特的著作了，关于这方面的知识来源，我得感谢我敬爱的同事、伦敦的朗格（Constance Long）博士。这本书就是乔丹（Furneaux Jordan）所著的《从躯体与出身看人类性格》（*Character as Seen in Body and Parentage*）。

乔丹在这本仅有126页的小书中主要描述了两种性格类型，关于它们的定义有许多方面很能吸引我们。尽管就像我们在这里所做的预言那样，作者真正关心的只是我们讨论的半个部分的类型，即思维型与情感型，而对于另一半类型，即直觉型和感觉型，他也曾谈到，并将二者混为一谈。让我们先看看作者自己是怎么解说的，他在本书导言的定义中这样写道：

> 性格中有两种普遍的基本的倾向……两种明显的性格类型（但还存在有第三种类型，即中间的类型）……其中一种是行动的倾向占绝对优势而较少倾向于沉思；另一种则是极端沉思而很少有行动的倾向。在这两种极端倾向之间还存在着无数与之同一等级的倾向；其中只要指出第三种类型就够了……在第三种类型中，沉思和行为这两种力量的倾向势均力敌……而位于这种类型中间位置的，同样也可能是偏执的性格倾向，或是其他反常的倾向，它们凌驾于激情和非激情之上。[1]

从这一定义中我们可以清楚地看到，乔丹在把沉思或思维与行动放在一起做对比，不用过多考虑我们就能很容易理解，对于一个观察人的学者来说，首先看到的便是沉思与行动这两种性格的对立，并会因此倾向于从这两方面来界定他所观察到的对立。然而，行动不仅只来源于冲动，它也可能是思维的产物，基于这样的思考，我们

1 乔丹：《从躯体与出身看人类性格》，第5页。

有必要对上述定义进行一下扩展。乔丹自己得出了这样的结论，他在该书第6页引入了一个层次更深的、对我们来说意义也很特殊的因素，即情感因素。他说，行为型的人“缺乏激情”，而沉思型的性格却“富有激情”。因而乔丹把两种类型称呼为“冷漠型”与“激情型”，所以，虽然情感因素在导言的定义中被乔丹忽略了，但后来却成了他进行叙述的固定术语。然而，他的概念与我们观点仍有分歧，在他看来，“冷漠型”是好动的，而“激情型”是不好动的。

对于乔丹的这种看法我不以为然，因为那种既有高度激情又具深邃人性的人实际上大有人在，他们精力充沛且好动；与此相反，那些具有有着冷漠而浅薄的性格的人们，他们也不会炫耀他们活动的特色，就连忙于生计这种低级的活动形式可能都没有。在我看来，尽管乔丹所谓好动的和不好动的因素本身也是决定性格的重要因素，但如果忽略这一点而将其放到另一种不同的观点中，那么我们将会清楚地看到乔丹在该书中所叙述的其他方面有价值的概念。

接着我们还会看到，乔丹会用“缺乏激情而更为好动”的类型来指代外倾型，用“富有激情而较不好动”的类型来指代内倾型。但是，这两者都既有可能是好动的也有可能是不好动的，而且不管怎样都不会对他们的类型产生影响，因此我认为，类型的主要特征是不包括活动的因素的。尽管如此，活动也仍可扮演一个次要的决定因素的角色，因为外倾型从整体上来看要比内倾型表现得更有动感，更充满活力以及更多地倾向于活动一些。但是这一特质的出现完全是由这样的情形决定的，那就是个体突然发现自己与外部世界相对。内倾型在处于外倾状态时显得主动，而外倾型在处于内倾状态时则显得被动。作为基本的性格特征，行为本身有时是内倾的，这时它全部导向内在，将其激烈的思维与情感活动掩盖在沉静的外表下；有时它又是外倾的，在外在方面有着精力旺盛的行动，但其内在却毫无思考，情感也没有一丝波澜。

为避免产生混乱，在我们精确地考察乔丹的观点之前，有一点我必须强调。在本书的第一章我说过，我在早期的写作过程中把内倾型等同于思维型、外倾型等同于情感型。对此，我在前文也做了解释，即认为内倾和外倾乃是一般基本态度（general basic attitudes），显然不同于功能类型，我是到后来才对这一看法逐渐有了清晰的认识。要想区分内倾外倾这两种态度也许非常容易，但要想分辨功能类型则需要有一定的经验。有时要辨别到底是哪一种功能占据优势地位是极为困难的。内倾型因为他的抽象态度，会自然显现出一副内省和沉思的模样。这往往会误导我们，让我们以为，在他身上思维具有压倒性的优势。同理，外倾型自然也会有许多直接的反应，这也同样容易使我们产生情感占据了优势的想法。但是这些推测都具有很大的欺骗性，因为内倾型完全有可能属于情感型，而外倾型则完全可能是属于思维型。乔丹只是对两种类型进行了一个大体上的描述。如果他进入细节的话，那么他的描述就会出现偏差，因为如果不同的功能-类型的特性混合了在一起，那么唯有通过更加深入的考察才能将它们分离开来。尽管如此，大体说来，关于内倾态度与外倾态度的图像他还是描绘得非常清楚的，所以这两种基本态度的性质才能被清楚地辨识。

在我看来，乔丹那种从感触性的角度来区分类型的特征的观点是具有真正价值的。我们已经知道，内倾型的反省与沉思的特性正是以此种状况作为补偿的，在这里，本能和感觉是无意识的和原始的。我们甚至还可将其说成，正因为如此他才成为内倾型：为了控制他那桀骜不驯且骚乱的感情，他将他那原始的、充满激情的本性提升到了抽象的安全的高度。这种见解真是一矢中的，而且在许多情况下都是如此。与之刚好相反的是，在我们看来，外倾型由于根基较浅，所以更多的是用自己的感情生活来分化与驯化他无意识的、原始的思维和情感，这种幻想活动给他的人格带来的影响极其恶劣。所以，他总是尽己所能地忙碌着，充分地追求生活和经验，以此来避免看到自己的邪恶思想与情感。通过以上可证实的观察，我们更容易理解乔丹那些看似自相矛盾的叙述，他在第6页中说，对“冷漠型”（=外倾型）性格来说，理性在生命的原则上以其极大的分量占据着统治地位，而在“沉思型”（=内倾型）性格中，感情占据着重要地位。

表面上看，这种解释似乎同我的“冷漠型”与外倾型相一致的主张是相互矛盾的。但倘若进行详细的考察，便可证明事实并非如此。因为，虽然内倾者（沉思型性格）总是竭力驾驭他难以应付的感情，但在现实中他甚至比那些其生命为定向于客体的欲望所有意识地牵引的人更受激情的影响。对于后者即外倾型来说，即使他侥幸走到了最后，但是他仍然会无法避免地体验到他的主观思维和情感是如何的执着及难以改变。他永远也无法猜测到自己受到了内在心理世界多大的影响，但他身边任何善于观察的人，却都能从他的追求中发现他的个人目的。因此有关他生存的那些颠扑不破的真理总处于自问中：“我真正追求的是什么？我确切的愿望又是什么？”对于内倾型来说，尽管具有已经意识到的思考透彻的意图，但他总是对他周围的人们清楚地看到的东西视而不见，他的意图的确服从于他既无对象又无目的且强有力的本能冲动，在很大程度上受它们的影响。在外倾型的观察者和批评者眼中，外倾型对思维和情感的展示很容易就被他们当作是一层薄薄的且只能部分掩盖外倾型冷漠且狡猾的个人目的掩盖物。而试图理解内倾型的人则可能很快就总结出，他那浅显的诡辩很难牵制他那强烈的激情。

在不同的情况下，这两种判断可能正确也可能错误。当意识观点或意识本身很强大并足以和无意识相抗衡时，这种判断就是错误的；而当微弱的意识观点遇到强大的无意识而不得不退让时，判断就是正确的。这样，原来在背景中存留的动力就喷发出来了：在一种情况下它是自我中心的目的，而在另一种情况下又变成了基本的情绪或是一种放纵的激情，所有的深思熟虑都被它们抛诸脑后。

这些思考对我们进一步理解乔丹的研究方式很有帮助：很显然，他喜欢通过感触性来观察类型，并因此将类型分为“冷漠型”和“激情型”。当他以情绪的观点为依据，把内倾型看作是富有激情的，而外倾型则是冷漠的、缺乏激情的，甚至是理性型的时，就揭示了一种特殊的、我们称之为直觉的方式。我已经指出，乔丹把理性类型和“审美”类型的观点混为一谈了。因为他把内倾型的特征描述为激情的，把外倾型的特征描述为理性的，这就能清楚地看出他是从无意识方面来看待这两种类型，或者换句话说，是通过其无意识的中介作用来理解它们的。他运用直觉来观察和认识，这是一个对人的实际观察者最经常使用的方式。

然而，不管这种观察是如何的真实和深刻，它都摆脱不了这样一种最基本的限制：因为它总是从被考察者的无意识的镜像，而并非从他的实际现象来判断他，所以它将被考察者当成活生生的实际存在而忽略掉了。这种错误与直觉密切相连，因此，理性总是无法与直觉相容，而只能勉强承认它具有存在的权利，而事实上，其在许多情况下，直觉都具有无可置疑的客观正确性。因此，乔丹的叙述大体上是与现实相符的，但这并不是说它与理性类型所理解的现实是相符的，而是说它与对它们来说的那种无意识的现实是相符的。显然，这些情形很可能会导致所有对于被观察者的判断变得一团糟而难以达成统一。因此，我们没必要为那些名词术语争论不休，而应该把精力放在把握那些可观察到的差异上去。存在某些分歧是很正常的，所以我虽然按照我的秉性，表达了与乔丹完全不同的观点，但是我们对观察到的现象所进行的分类是一致的。

在继续考察乔丹的类型思想之前，我们再来对他所说的第三种类型或“中间”类型做一下简单回顾。乔丹所设想的这一类型有两方面的含义：一方面指的是完全平衡的性格，另一方面则指不平衡的或“偏执”的性格。如果我们能记住瓦伦丁学派（Valentinian school）[1]的分类会对分析这一点很有帮助，据此分类，心灵和圣灵主义者高于物质主义者。物质主义者对应的是那些感觉类型的人即于那些其支配性的决定的因素源于感觉的人。感觉型的人虽然没有已分化的思维和情感，但他的感性却得到了充分的发展。据我们所知，原始人也是这样的情况。原始人的本能感知在其心理过程的自发行为中具有一种对应物，可以说，他的精神产物及思维都再直白不过地呈现于他的面前。他没有创造或思考它们的能力，所以它们会像幻觉一样在他身上自发地产生。因为直觉是对浮现的心理内容的本能知觉，所以这种精神活动毫无疑问该

1 指的是那些追随埃及神学家瓦伦丁纳斯（Valentinus）的信徒所组成的学派，盛行于公元150年前后，并最终成为诺斯替教的一个教派。物质主义者可以让自己沉溺于低级的世界，过着一种纯然的物质生活。

被称为直觉。虽然一般说来，感觉才是原始人的主要心理功能，但直觉却是其不太明显的补偿功能。在文明的较高层面上，有的人已经在某种程度上具有了已分化了的思维，有的人已经在某种程度上具有了已分化了的情感，还有一些人则具有较高水平的直觉，并能将其当成基本的决定性功能加以运用。我们将这些个体都归为直觉型。因此，我对乔丹的中间类型可转化为感觉型与直觉型深信不疑。

第二节　乔丹类型学的专门描述与批判

乔丹强调，从两种类型的一般特征来看，与激情型相比，冷漠型的人格更加突出也更加惊人。而他之所以会得出这样的结论，是因为他把主动的类型与冷漠型看成了一回事。我不能赞成这样的观点。如果我们对此错误的判断忽略不计，那么，我们说冷漠型或外倾型在行为上确实要比激情型或内倾型显得更突出一些。

一、内倾型女性（“激情型女性”）

乔丹首先对内倾型女性进行了讨论，以下是我们所概括的要点：

她的举止平静端庄，性格难以琢磨；她的言语有时尖酸刻薄，甚至是冷嘲热讽。虽然有时她的坏脾气表现得非常明显，但这不代表是反复无常，也不是因为她感到烦躁。她不是一个“爱在鸡蛋里挑骨头”的女人，她也不会砌词诡辩。她给人的印象是恬静的，能在不知不觉中让人获得慰藉感到舒适的，但是，激动与激情却偷偷潜伏在她静谧的外表之下。她那激情的天性发育缓慢，但性格的魅力却随着年龄的增长而与日俱增。她“很有同情心”，能设身处地地体谅和分担别人的困难。然而，在激情型女性中也可找到真正最坏的性格，她们往往会充当最残暴的继母。虽然她们中的大多数都很温柔，是贤妻良母，但她们那异乎寻常强烈的激情和情感往往会压制甚至彻底卷走她们的理性。她们的爱很热烈，但恨起来也相当凶狠。她们一旦嫉妒起来就会变成狂暴的野兽。如果她们恨继子，甚至可能将他们置于死地。但是，只要邪恶没有暴露出来，道德就会与深层的情感联系在一起，从而选择一条独立并具有深刻理性的道路，而不是一直遵循传统的标准。这绝不会是一种虚伪或屈服；也不是一种为了获得酬报的有心算计。激情型女性的优点和缺点只会在自己身处非常亲密的关系中时才会显现出来。在这里，她暴露了自己的快乐与悲哀，她的缺点和软弱，这其中，或许她还带着不轻易宽恕及难以抚平的情绪，隐藏着阴沉、愤怒、嫉妒甚至是无法控制的低下的激情。她对于目前总是很迷恋，却极少思考目前她所缺失的舒适和幸福。天性使然，她很容易忘记别人和时间。如果她被感动，那么她所表现出来的态度就没什么虚假的模仿，而更多的是被她的思想和情感方式所发生的变化带动之下言行举止上的显著的变化。在社会生活中，任何生活圈子都无法使她的本性发生改变。不管是在家庭中还是在社会中，她都很容易被人取悦，她也会很主动地欣赏、祝贺和赞美别人。她对受伤的人加以安慰，对失意的人多加鼓舞。对于弱者，无论是人还是动物，她都怀着强烈的同情心。她不拘小节，因而与各种人都能打成一片。她的判断温和且宽厚。她在读书的时候，会尽力把握该书最内在的思想和最深刻的情感；而且她会反反复复地读这本书，同时在书上做笔记，并翻折书角做记号。

以上这些描述让我们很容易认识到内倾的性格，但从某种程度上来说，这种描述并不全面，因为它的着重点在于情感方面，而没有顾及我给这种性格所添加的特殊价值，即意识的内在生命。虽然乔丹提及了内倾型女性是“好沉思的”（第18页），但是他并未对此进行更加深入的挖掘。然而，他的描述似乎证明了我对他的观察方法所做的评论是正确的。他主要对情感集聚所引发的外在行为和激情的表达留有深刻的印象；而没有对这种类型的意识生命进行深入探究。他从未提到内在生命在内倾型的意识心理中扮演着决定性的角色。例如，内倾型女性为何对阅读如此专注？因为除此之外她最热衷于理解和掌握观念。她为何安闲且怡然自得？因为她总是把情感隐藏且活跃于内心深处而不愿对他人吐露。她非常规的道德是以深刻的内省和令人信服的内在情感为基础的。她娴静的魅力和智慧的特质不仅是来源于她平和的态度，还来源于这样的事实：因为她能对与她对话者的言谈的价值持欣赏态度，所以人们能与她理性且连贯地交谈。她不会以突然想起的论证来打断对方的话，而是用她自己的思维和情感来使对方的表达获得补充，但她的思维和情感仍然是坚定的，绝不会因为对方的辩论而有所屈服。

这种意识心理内容的严密性及充分发展的有序性是对混乱而狂热的激情生活的有力防御，内倾型女性常常能意识到自己混乱而狂热的激情生活，至少对她个人来说是这样的：只有当她太过于了解时，她才会感到恐惧。她常常自我沉思，因此她遇事冷静，能认识和接纳他人，不会以压倒之势褒贬某一方。但是，她的激情生活有可能对她的优良品德造成破坏性影响，尽管她无法完全驾驭她的本能和情绪，所以尽可能地排斥它们。所以，她的情感生活相对于她逻辑而严密的意识来说基本上是混乱的、难以控制的。这种激情生活不具备真正的人性的特征，因此是不均衡的、非理性的，是一种对人类秩序造成破坏的自然现象。它不具备任何明显可知的事后思考或目标，因此它通常具有纯粹的破坏性，它就如同一股狂野的激流，不是有意破坏却又难以避免，是残酷无情且必然发生的，它只遵循自己的规律，只完成自己的过程。她的优美特质完全仰仗她的思维，通过宽容与仁慈的守望，这种思维虽然不能包容和改变全部本能能力，但仍成功地影响并抑制了她的部分本能生命。内倾型女性虽然能意识到她的理性思维和情感，但她几乎不能完全意识到她的感触性。与她的理性内容相比，她的感触性变化更少，可以说，它是异常呆滞的，很难发生变化；因而她无意识的执着，她的自我-意志和有时对触及她情绪的事物不合常理的固执都是难以改变的。

以上考察说明了仅从感触性方面来判断内倾型女性的好坏是片面且不公正的。如果说乔丹发现了内倾型女性最讨厌的性格，那么我认为，这仅仅是因为他就像仅从激情方面来判断母性的全部邪恶一样，太过分地强调了感触性这一事实所导致的。并且，内倾型女性有着不可思议且丰富的爱，但这绝不是她的占有欲导致的；相反，更常见的情形是她完全被爱所占据，她只有选择去爱，直到某一天突然遇到了一个有利的机会，她就会立即露出莫名其妙的冷漠，以致她的爱人都无法理解。内倾型女性的情感生活并不是绝对值得信赖的，它也会很脆弱。在这方面她不仅欺骗自己，也欺骗别人；如果别人过分相信她的感情时，就会因受到欺骗而对她感到失望。不过，她的心灵因为被更多地调适过，倒是可以依赖的。她的情绪则与未驯化的本性十分接近。

二、外倾型女性（“冷漠型女性”）

现在我们来讨论一下乔丹关于“冷漠型”女性的描述。讨论时我必须对乔丹引入“好动的”这一概念造成的混乱进行排除，因为这一掺入只会导致此类型的性格辨认起来更加困难。因此，当他谈到外倾型的某种“机敏性”时，指的并不是活泼或好动。

乔丹描述外倾型女性时说：

她有着好动、活泼、机敏和识时务的特征，她不会固执和持守。她的生活充满了琐事。与毕康斯菲尔德勋爵（Lord Beaconsfield）相比，她更加坚信这句名言：重要的事情并不是真的重要，不重要的事情并不是真的不重要。她喜欢逢人便谈论她祖母做事的方式，以及她的孙女又如何做事；她喜欢一遍遍地谈论人的生存及人世的普遍堕落。她每天都想着，如果没有她的打理，事情将会变得多么糟糕。她疲于应对社会活动中。她将大部分精力都放在了如何保持家庭的清洁上，这往往是许多女性生活下去的目的。她们最平常的状态就是“没有观念，缺乏热情，忙于劳动，专注清洁”。她们往往很早熟，她非常明白事理。十八岁的她并不比二十八岁或四十八岁的她表现得更差。尽管她的精神状态通常来讲根本谈不上广度和深度，但却条理清晰。如果她很聪明，就能当上领导。在社会上她是善良的、慷慨的和好客的。她常常评论她的邻居和朋友，却很少注意到他们对自己的评论，但是当他们遭受不幸时，她会伸出援助之手。她没有那种激烈的感情，对她来说，爱就是喜欢，恨就是讨厌，妒忌仅仅因为她的骄傲被伤害了。她不能维持长久的热情，相比诗歌的激情和哀婉之处，诗歌的形式美更能触动她的心。她的信仰和疑惑都是彻底而不强烈的。她虽缺乏信念，但并不疑惧。与其说她相信，不如说她是接纳；与其说她不相信，不如说她是不理会。她从不追究也从不怀疑。遇到大事时，她选择尊重权威；对于琐事，她习惯匆忙下结论。在她自己狭小世界的琐事中，不管什么都是错的；而在大千世界之外，不管什么都是对的。她拒绝把理性的结论运用于实践，而且这样做完全是出于本能。

她在家里所表现出的性格完全不同于她在社会上所表现出来的。在很大程度上，因受到野心及爱情变化的影响，她的婚姻或是遵从了世俗教条和"命里注定"的想法，或是从真情实感变得追逐实利。如果她的丈夫是激情型，那与他的妻子相比，他会更爱孩子。

她那些最惹人生厌的特征在家庭中一览无余。她喜欢反复唠叨，鸡蛋里面挑骨头，谁都不知道这样的家庭哪一天才能看见灿烂的阳光。这种冷漠型女性极少或完全不会进行自我分析。如果你直接指责她那种习惯性的唠叨，她会倍感惊讶并且恼火不已，她会给人一种暗示，她这么做完全是为了大家好，"但有些人就是不知道领情"。她自有一套保持家庭美满的方法，但如果涉及的是社会她的方法就会发生彻底的改变。家庭必须随时接受社会的检验。社会一定要获得和平与发展。社会的上层必定备受瞩目，它的下层遵纪守法。对她来说，家庭就是冬天，社会就是夏天。打开家门的同时，门外就会站着客人，她将会笑脸相迎。

冷漠型女性绝不会对禁欲主义欣喜若狂，对她来说，不用非得这么做才能显得体面且循规蹈矩。她热爱运动、娱乐，喜欢变化。她忙碌的一天可能开始于宗教仪式，而结束于一场喜剧。她特别喜欢宴请朋友，也喜欢朋友宴请她。她不仅在社会上找到了工作和报酬，还找到了快乐和慰藉。她信任社会，社会同样也信任她。偏见极少能影响她的情感，一般情况下，她都是"合乎情理"的。模仿是她的长项，好的榜样是她模仿的对象，但是她只是模糊地意识到自己在模仿。她所读的书一定是关于生活和行动的。

毫无疑问，这种常见的女性是外倾型的。我们从她的所有行为中都能明显地看到外倾型所必然具有的性格特征。她那无休无止的批评完全不是出于真正的思考，而是无关于思维的瞬间印象的发泄。记得我曾在某处读到过一句至理名言："思维是如此之艰难，以致我们大多数人都宁愿下判断！"时间的重要性对沉思者来说超过了一切，因此沉思者根本没时间考虑这种零散破碎且无关紧要的批评，这种批评由于依附于传统和权威而显得完全缺乏独立反思的能力。与此相同，缺乏自我批评还有独立思考能力都会让她的判断功能看上去显得软弱。与前面描述的内倾型相比，这种类型内在的精神生活表现得更加缺失。人们很容易就能经由上述言论想到：与其内在精神生活一样，这种类型的感触性也相当贫乏，甚至更严重一些，因为它显然是表面的，很肤浅，甚至就像在表演，之所以这样说，是因为感触性总是与一些隐秘动机有联系，或是我们可以感觉到其背后隐藏着这些动机，但这种类型由于感触性的贫乏致使其感触的产物失去了所有实际价值。然而，我更加认为，就像他过高地评价了内倾型一样，乔丹在此却对外倾型作了过低的评价。虽然乔丹有时也会对外倾型的一些良好品德加以肯定，但总的来说他认为这种类型是很坏的。我确信乔丹的观点有失公允。一般来说，只要一个人与其同类型中的一位或某些代表人物有痛苦的经验，他对这一类型的所有其他人就不会再感兴趣。我们千万要牢记：我们曾经说过，内倾型女性的正面意义得益于她的精神内容谨慎顺应一般思维，而与此相同的是，外倾型女性的感触性也会因适应人类社会一般生活而具有某种可塑性和表层性。因此她的感触性是已分化出来的、具有社会性的，而且有着非常重要的普遍价值，尤其在将其与那种沉静、沉闷而充满激情的内倾型的感触相比时，则更会凸显它的价值。尽管它的缺陷因牺牲了内在的精神生活而变得越发明显，但是这种已分化的感触性已经将所有混乱的和忧郁的东西都做了切除，使自己变成了一种可调节的适应功能。它不仅在无意识中存在，而且在与内倾型的激情相应的形式中同样存在，在这里，它展现出的是一种未发展的、原始的、幼儿期的状态。无意识的参与作用使得这种未发展的心理生产出了具有内容和潜在动机的感触性产品，虽然如果你不持批评态度可能觉察不到这一点，但是它们确实给批评的观察者留下了极坏的印象。这是因为观察者总是以自己潜在的自以为是的动机去观察它们，所以很容易忽略这种所展现的感触性产品所具有的实际现实性和适应有效性。如果没有已分化的感触性感情，那么，生活中也就不会再有一切安逸的、有节制的、从容的、无害的和表层的东西。人们或是在永恒的混乱中窒息，或是在激情受压抑的深渊中挣扎。如果内倾型的社会功能主要是为个体服务的，那么外倾型则一定是为群体生活而服务的，他同样有权存在。外倾型首先是沟通他人的桥梁，这就是社会需要外倾的原因。

我们都知道，感触性感情要靠暗示来加以表达，而心灵则只能间接地努力将其转换为别的方式来运作。社会功能不需要深刻的感情，否则它们会挑动人们的激情从而引起社会生活的混乱。同样，若是说内倾型已适应和已分化的精神有深度还不如说其有广度来的恰当；因此他理智、镇静，没有丝毫的扰乱和挑衅。可是，内倾型会因为他狂暴的激情而引起招致麻烦，而外倾型的无意识思维和情感则会让他愤怒，以至于他会冒失且不符合逻辑地以一种蠢笨的却又不留情面的方式来评价他身边的人。倘若我们试着将这些评价搜集起来建构一门与它们有关的心理学，那我们就会看到一幅十足粗暴的画面，它的冷酷和野蛮、粗鲁及愚蠢都能与内倾型凶猛的感触性情绪一较高下。因此，对于乔丹关于最坏的性格总是出现在激情充溢的内倾性格中的观点我不能表示赞同，因为外倾型有着同样顽固的恶习。然而，内倾的激情导致粗野的行为，而外倾的无意识思维和情感的粗俗则对人的灵魂产生伤害，至于其中哪一种更为恶劣，这我无从判断。前者在行为上有着显而易见的缺陷，而后者则将其粗俗的心灵掩藏在可接受的行为之下。然而有一点我必须强调，那就是，通常来说，内倾型只有在幻想中才具有外倾型所具有的关心社会、积极关注一般的福利，以及让别人感到快乐的果断态度的品质。

已分化的感触性情绪优雅而迷人，在它们身上我们能感受到一种审美的和仁善的气氛。许多外倾型的人会从事以音乐为主的艺术活动，或许是源于他们在这方面的特殊天赋，但更有可能是因为他们有着为社会生活服务的愿望。况且，外倾型的挑剔和唠叨也不全是毫无价值或惹人生厌。通常情况下，这些唠叨挑剔会带有一种良好教养的倾向，因而表现出许多优点。同样，他们屈从于别人的判断也可能会是一件好事，因为这能对那些阻碍社会生活和福祉的发展的过度而有害的行为起到抑制作用。武断地认为一种类型在所有方面都比另一种类型更有价值，这根本就不公正。各种类型互有差异、互相补充，并能因此而产生出不管是个体还是社会维系其生命都不可缺少的张力。

三、外倾型男性（“冷漠型男性”）

对于外倾型男性，乔丹描述如下：

他喜怒无常，易怒、忙乱、喜欢抱怨且挑剔。他经常贬低别人抬高自己。他常常做出错误的判断，计划也很少成功，但是他还一直对自己充满自信。西德尼·史密斯（Sidney Smith）谈到与他同时代的一位著名政治家时说，他随时都在为指挥海峡舰队做准备，不然就砍去自己的手臂。对于眼前发生的一切事情，他的座右铭是：要么这件事是假的，要么就是所有人都早就知道了。他的天空里无法容下两个太阳，如果出现另一个发光的太阳，他就会有一种奇怪的殉难的感觉。

他成熟得早，酷爱行政管理事业，通常是一名受到大家敬仰的公务员。在他看来，在自己的慈善事业委员会里，如何挑选洗衣女与如何选拔主席都很有趣。对于别人的评论他总是显得很有智慧，能抓住要点恰当地予以反击。他坚决、自信和持久地表现自己。他能不断地获得经验，经验也能帮助他。他宁可在只有三个人的委员会中当知名主席，也不愿做一个国家无名的捐助者。他绝不会因自己没有天分而变得也不那么自负。他很忙吗？他相信自己有着充沛的精力。他健谈吗？他相信自己的伶牙俐齿。

他几乎提不出什么新的观念，也无法开辟新的道路，但是他能很快地领会、追随、运用以及执行它们。他天性崇古，对信仰和政策的形式至少能接受。在特殊的情况下，他可能对他异端的鲁莽行径沾沾自喜。冷漠型有着高傲与威严的理智，因此，任何扰乱性影响都不能阻止他在所有的生活领域形成开阔而公正的思想。他的生活通常充满道德、真诚和崇高的原则；但有时也会因为他急于求成，而不断地惹来麻烦。

在公众大会上，如果运气不佳，他就没什么可提议、附议、支持、修正或反对的。这时，他会站起来请求把窗户关上，防止风吹进屋子；或者更可能发生的情形是，他会要求多开一扇窗，以便更多的空气能够流进来，因为，从生理上角度看，他就像需要被更多人关注一样需要更多的空气。他特别想做那些别人没要求他去做的事情，哪怕他并不适合做这些事；但是，他总认为，大家会像他看待自己那样，将他当成是一个忙碌不止的公益人士，总是对他报以希望。他让别人都欠他人情，然而他也希望得到回报。由于演讲精彩，他的听众很可能深受感动，可实际上他自己对此根本无动于衷。他也许能敏锐地了解他的时代，至少是能了解他的团体；他能提前感觉到这个团体要遇到什么危险，因此提前组织力量，机智地给对手回击。他的头脑中充满了计划和预言，到处忙碌不停。社会只会因他产生三种感觉：欣喜，不然就是诧异，如果两种都不是，那就一定是苦恼和震动。他对自己作为一名职业救世主、一位家喻户晓的救星的角色极为满意。也许，我们本身是软弱无能的，但我们可以完全信赖他，追随他的脚步，感谢上帝赐给我们这个人，请他来教导我们。

他讨厌静下来，在任何地方都不能较长时间地休息。忙碌了一天之后还有一个充满刺激的夜晚等着他。他穿梭于剧院、音乐会、教堂、集贸市场、宴会、学术座谈会、俱乐部等地方，随便转转都能碰到他。如果他不小心错过了一次会议、一封电报，他就会告诉别人自己还有另一个更值得夸耀的邀请要去参加。

我们可以通过上述文字很轻易地了解这种类型。虽然乔丹的描述中不乏对其的欣赏，但与描述外倾型女性时相比还是多了更多的贬损因素，就像一幅讽刺漫画一样。从某种程度上来讲，这是因为：乔丹的描述并未对外倾型的本质做出公正的评价，因为理性的态度是几乎不可能对外倾型的特殊价值做出正确评价的。而在内倾型身上，这种可能性也许会大大增加，因为就像由激情所导致的行为很容易解释他的激情一样，内倾型很容易通过理性的方式来表达其本质上的通达情理和意识的动机。另一方面，外倾型的特殊价值在于他与客体的关系。我认为，除了生命本身，理性批判是不能给予外倾型公正的评判的。当然，关于外倾型能极大地促进了人类社会的进步这一益处，我们完全能提供证明。但是如果分析他的手段和动机，那么总是会得出否定的结论，因为外倾型的特殊价值本来就不在他自身而在他与客体的联系中。他与客体的这种联系是理性程式永远不能把握的也是无法准确估量的。

理性批判一定会将它的分析继续下去，而这种做法必然会导致所观察的类型越发清晰和其动机与目的的消隐。所以，我们看到了一幅似乎是在对外倾型心理进行讽刺的漫画，相信观察此漫画的人在发现外倾型真正态度的时候，都会对为何外倾型的真实人格竟被描绘成了嘲笑的对象感到惊讶。这种看待事物的观念是片面的，它根本不可能正确地描述外倾型。为了能公正地看待外倾型，我们必须将这些关于他的思考通通抛掉，同样，只有当外倾型已经打算接受那些完全不可能实际运用的心理内容时，他才能在某些部分上与内倾型契合。理性分析把一切所觉察到的迹象、计谋、隐秘的动机等都归属于外倾型这似乎无可避免，哪怕它们实际上并不存在，至多仅是从无意识背景中发泄出来的带有阴影的情绪。

毫无疑问，当外倾者无话可说时，他肯定会要求打开或关上某扇窗户。但是有谁会关注这些，或对此印象深刻呢？我想，恐怕只有那些试图考察潜藏在这一行为背后的原因或对此行为进行沉思、剖析并阐释其意义的人才会做到，而其他的人是看不到任何耐人寻味的东西的，对他们来说，这一细微的动作已经完全淹没在生活的琐碎与忙乱中了。

然而，这些细微的行为正好能表现出外倾型心理：它是人类日常生活的一部分或是偶发事件，这也是它的全部意义所在，无所谓好坏。可反思的人却喜欢对其进一步深究，虽然说他的眼光能洞察到外倾型思维无意识背景中的东西，但就其所关注到的实际生活来说，他的眼光却是扭曲的。他看到的都是这个人的阴影面而不是他的正面。而阴影只有处在损害此人的正面和意识的情况下才能证明反思者的判断是正确的。

所以我认为把人与他的阴影即他的无意识分离开来是对的；不然的话，讨论就会遭到一种混乱的思想的威胁。一个人能从另一个人身上发现很多并不属于他的意识心理而是属于他的无意识心理的东西，并且误以为他观察到的这些东西从性质上来讲应该属于他的自我意识。这可能会是生命和命运的做法，但绝不可能发生在心理学家身上，因为对他来说，他最关心的是如何了解人的心理结构以及进一步可能地理解人类。我们必须把意识的人与他的无意识清楚地区分开来，因为借助对无意识背景、侧光或四分音符的还原过程是永远无法获得清晰和理解的，能做到这一点的唯有对意识观点的同化。

四、内倾型男性（“激情型男性”）

以下是乔丹关于内倾型男性的描述：

他可能陶醉在对某物纯粹的爱的快乐中一整晚；但他的快乐不会时刻变化，而只是因这些快乐无法平心静气。如果他从事公益事业，那可能是因为他特别适合从事这些事业受邀而来；或是因为他出于某些慈善的或恶作剧的动机而希望发展这些事业。只要他完成了这些事业，就会自动让贤。他衷心地希望别人能做得比他更好；在他看来，如果让他的事业在自己手中失败，还不如交给他人实现成功。他总是发自内心地赞赏他的同事，也许他的缺点正是对他周围人的优点评价过高。他从来都不是一个粗鲁的人。……这类人虽然有着深刻的情感以及爱做事好思考，但容易疑惑甚至犹豫不决；他们绝不能创立宗教，也不能带领宗教运动；他们连能令自己邻居恼火的自信都没有；他们从来不会自信地认为，绝对可靠的真理就掌握在自己的手中，虽然他们有着很大的勇气，时刻准备真理而献身。

我认为很有意思的是，乔丹对内倾型男性的论述，实际上只涉及上面所引述的一点文字。在其中，我们始终无法找到就像开篇中作者把内倾型称之为“激情型”的那种激情的描述。

当然，为了谨慎起见，我们还是可以推断，作者之所以对内倾型男性只进行了如此少量篇幅的描述完全是出于主观原因。因为乔丹之前对外倾型所做的描述详细却不公平，所以人们或许会想当然地认为他对内倾型也有同样彻底的描述。可是，为什么情况并不是人们所想象的那样呢？

假设乔丹在写作时一直站在内倾型一边，那么，对于像他这样，以严厉而无情的态度对待与他相对的类型，但做出的描述却与他的这本书完全不相适应这一点就没什么难以理解的了。这里我所说的并不是他缺乏客观性，而是指他无法认清自己的阴影。除非外倾型当面告诉他，除此外还要能承担与外倾性决斗的危险，否则内倾型是不可能了解或想象自己在外倾型这一与他对立型眼中出现时会是怎样的情形。外倾型不会把乔丹对自己性格的描述当成一幅正确和友善的图画来接受；同样，内倾型也不会对外倾型观察家或批评者对他的性格特征所做的描述表示赞同。因为一种类型对与他相对的类型总是持贬低态度的。

内倾型人物企图把握外倾型的本质必定会离题万里；同样，外倾型人物想从外在性视角来理解他人内在的精神生活结果也是云里雾里。内倾型总是错误地想从外倾型的主观心理来推知其行为，而外倾型则荒谬地认为内倾型内在的精神生活是外部环境的产物。外倾型认为，如果与客体之间没有明显的联系，那么抽象的思维序列就只是一种幻想、是大脑中挥之不去的一层迷雾。内倾型头脑的构造其实并不比外倾型强多少。总之，内倾型男性有很多可谈之处，随便谁都可以给他画一幅素描，而且会比乔丹对外倾型的刻画更详尽也更不利。

我认为，乔丹在观察内倾型时所得出内倾型的爱的快乐是“纯粹的”这一观点很重要。因为这通常就是内倾情感的特征：它是纯粹的，因为它存在于自身，源自人的深层天性；它从自身中涌现出来，自身就是它的目的；它只服务于这一个目的。这与那些从未屈从于文明的目的和目标的古代的和自然的现象的自发性是一样的。不管对还是错，或根本就无所谓对与错、适合与不适合的问题，总之谁也无法阻挡这种感情的状态涌现出来，并把自己强加在主体身上，哪怕是违背了主体的意志和期望也还是这样。这其中并未涉及任何关于它的所预计的审慎思考的动机。

对于乔丹著作中的其他章节，我不想予以置评。他以历史上的人格为例，呈现出的许多观点都是歪曲的，它们皆由于前面所提及的那种错误——把主动性和被动性作为评判的标准，并与其他的准则混为一谈，从而不可避免地产生了这样的结论：主动型人格一定是缺少激情型（冷漠型），富有激情的性格就是消极型。为了避免此类错误的发生我会尽量将好动性这一因素排除在标准之外。

然而，就我所知，乔丹仍然是对感情类型的性格进行了较为确切概述的第一人，他理应获得这一荣誉。

第五章
诗中的类型问题：斯比特勒的《普罗米修斯与埃庇米修斯》

第一节　斯比特勒类型学引论

如果类型问题除了给诗人提供关于情感生活的复杂性这个主题之外，再没有扮演其他什么重要的角色，那我们说类型问题不存在就是合理的。但是我们已经看到类型问题在席勒身上的情况，它一方面干扰思想家的席勒，另一方面又影响作为诗人的他。这一章的内容主要要集中在对一部几乎完全立足于类型问题的诗集《普罗米修斯与埃庇米修斯》（*Prometheus and Epimetheus*）的探讨上。这本诗集出版于1881年，由斯比特勒（Carl Spitteler）[1]所创作。

我并不想在一开始就断定，普罗米修斯这位先知先觉者是内倾型的代表，而埃庇米修斯[2]这位实践者和后知后觉者则是外倾型的代表。从本质上来讲，这两个人物之间的冲突表现的是同一个人身上内倾与外倾两种发展倾向之间的冲突，只不过在这里，斯比特勒用他的诗把两个独立的人物形象和他们类型的命运这一冲突具体化了。

诗中清楚地显示了普罗米修斯内倾的性格特征。我们看到的他表现出的是一副关注自己的内在世界、忠实于自己“灵魂”的内倾的模样。他回答天使时所说的话完全透露了他的本质：

> 但是，我并不能评判我灵魂的相貌，因为她（灵魂）是我的贵妇和女主人，是我的欢喜和悲伤的主宰，因为她的存在，我才能成为我。于是，我将与她共享我的荣耀，如果必须的话，我时刻准备为她放弃所有荣耀。[3]

---

1 瑞士著名作家，1916年诺贝尔文学奖获得者。——译者注

2 埃庇米修斯，希腊神话中普罗米修斯的弟弟，潘多拉的丈夫，只有后知之明，他的名字是愚昧的代名词。——译者注

3 《普罗米修斯与埃庇米修斯》（谬尔赫德英译），第22页及以后页。

普罗米修斯屈从于自己，他的荣耀或耻辱都源自灵魂——这一他与内在世界相联系的功能。说得确切一点，灵魂与无意识的联系是灵魂有一种神秘的、形而上学的特征的原因。普罗米修斯承认灵魂作为他的女主人和向导具有绝对意义，而埃庇米修斯同样无条件地使自己屈从于外部世界。普罗米修斯将他的自我献给了灵魂，献给了作为永恒意象与意义的源泉的那种与无意识的联系，所以变得非个人化了；因为他丧失了人格面具[1]的抗衡力量，换句话说，也就是失去了那种与外在客体相联系的功能。普罗米修斯因屈从于灵魂失去了与周围世界所有联系，这就意味着失去了外在世界对他进行矫正的可能。但是，这种丧失绝不能为现实世界的本质所容。因此，在他面前降临的天使，清楚地呈现为世界秩序的代表；从心理学的意义上说，他现在的角色就已经转变成了以对现实的适应为目标这一倾向的投射意象。天使对普罗米修斯这样说道：

如果你无法驾驭你那难以战胜的灵魂，从而获得自由，那么你将会看到：多年来你所获得的伟大奖赏、你内心的喜悦，以及你那颇有天赋的心灵的一切成果都将不复存。[2]

天使又说：

你将因灵魂之故而被逐出荣耀之国，因为她（灵魂）眼里没有神，也不遵循法律，在她的傲慢面前，天堂和地狱同样都不具有任何神圣性。

因为普罗米修斯对自己灵魂的定向是片面的，这就使得一切与外在世界相适应的倾向都受到了压抑并因此而沉入了无意识。甚至于就算它们能被感知到，也只是表现为投射，而不是他自己的人格。这里好像出现了一个矛盾：普罗米修斯所信奉及拥有的灵魂，可以说完全存在于他的意识中，但同时，他的灵魂又呈现为一种投射。既然灵魂如同人格面具般是一种联系的功能，那么它一定有两方面的意义：一方面属于个人；另一方面则依附于相关的客体，在这种情形下它就是无意识。通常来说，只要一个人不是哈特曼（Hartmann）哲学的忠实追随者，就会更容易承认作为心理因素的无意识仅是一种有条件的存在。以认识论为依据，我们可以看出，就像因现实事物的本质不在我们的心理学认识的范围之内，以致我们不能对其进行任何有效的陈述一样，我们对无意识的复杂心理现象的客观现实性也不可能做出什么有效的论述。然而如果以实际经验为出发点，那么我必须指出，无意识内容因在与意识活动的联系中所展现

1 见荣格《分析心理学的两篇论文》，第243段及以下段，第254段及以下段，第305段及以下段。

2 《普罗米修斯与埃庇米修斯》（谬尔赫德英译），第23页。

的固执与持久，同样有权宣称它是现实的，就好像外在世界的现实事物宣称其具有现实性一样，即使这种宣称在“符合客观外界标准的”心灵看来很值得怀疑。我们一定要记住，对于很多人来说，与外在世界的现实事物相比，无意识内容有着更多的现实性。人类思想史便是这两种现实的最好证明。通过对人类心理进行更加深入的研究，我们知道，一般来说，意识活动的两个方面的影响力都是同样强大的；从心理学上来看，我们有权利站在纯粹经验的立场上把无意识内容看成是与外在世界事物同样具有现实性的东西，尽管这两种现实可能显示出很不相同的性质，而且互相冲突。因此，那种认为一种现实必然高于另一种现实的观点是一种专断，毫无道理可言。通神论和唯灵论都在粗暴地干预对方，它们与唯物主义毫无二致。如此看来，我们只能让自己适应并相信我们的心理学能力。

所以，既然无意识内容具有特殊的现实性，那么我们就有同样的权利把它们描述为客体，就像描述外在世界的事物一样。人格面具作为一种联系的功能，总是被外在客体所制约，如果被固滞于主体一样，它也同样固滞于外在客体；作为与内在客体相联系的功能，灵魂也是如此，只不过她是通过内在客体表现出来的；因而从某种意义上看，她总是区分于主体，并在实际上被知觉为另一种不一样的东西。所以，灵魂在普罗米修斯身上就表现为某种与个体自我完全不一样的东西。即使一个人完全对外部世界表示屈从，他仍然拥一个使他自己区分于客体的世界；同样，即使一个人完全对无意识的意象世界表示屈从，但他的无意识的意象世界仍然作为一种与主体相区分的客体存在并活动着。就像神话意象的无意识世界，以外在事物的经验为媒介，间接地对完全屈从于外在世界的人所说的那样，现实世界及其要求也知道了应该如果间接地表达那些完全屈从于灵魂的人；因为没有人能逃避这两种现实。一个人若是沉溺于外在现实，他就一定生活在他的神话中；若是热衷于内在现实，那么他的梦想就是他的外在世界以及所谓的现实生活。正因如此，灵魂对普罗米修斯这样说道：

我曾对你说过，我不仅是一位女神，还很任性，我想把你领上回归之路，但你没有听我的话，所以事情照我所说的那样发生了：因为我的缘故，你被剥夺了英名的荣耀，被偷走了属于你生命的欢乐。

普罗米修斯不肯接受天使为他提供的天国；这意味着他没有按照事物所要求的与事物相适应，原因是这要求他拿自己的灵魂来做交换。虽然从本质上来讲，主体即普罗米修斯是人性的，但他灵魂的性格却与之截然不同。他的灵魂是魔性的，因为灵魂是内在客体与超个体的集体无意识，它们与作为联系功能的灵魂密不可分，透过灵魂闪现出来。作为人类心理历史背景的无意识浓缩了全部心理印痕（印迹）的承续过程，自远古时代起它就决定好了现存的心理结构。这些心理印痕就是功能-印迹，它通常有着人类心理使用最频繁和最密集的功能的典型特征。它们会表现为神话主题和神话意象，往往会带着惊人的相似性在所有的种族中出现；即使在现代人的无意识材料中，想证实它们也很容易。正因如此，这些在无意识内容中出现的确属兽性的特征或要素，竟会与那些从远古时代起就一直在生命的道路上作为人的组成部分的崇高的形象并存也就没什么难以理解的了。整个无意识是一个意象的世界，它拥有像“现实”事物的世界一样宽广无垠的领域。对一个完全屈从于外在世界的人来说，他总会在某种他所亲密和钟爱的存在物的形式中与无意识不期而遇，如果对个体对象的绝对忠诚是他的命运，那么他就能体验到对自己本性和外在世界的全部矛盾心理；与此相同，屈从于灵魂的人也会与作为无意识的恶魔化身的灵魂遭遇，她体现的是意象世界的整体以及它的极端性和矛盾性。这两种极端现象都超出了常态；因此那些走中间道路的常态的人根本就不了解这些野蛮的无法想象的东西。他认为它们实际上并不存在。只有很少的人能达到此界限的最高点，那里显现着它的镜像。对于一个总是持中间态度的人来说，灵魂并不具有隐晦的魔性特征而是人性的；他会认为，他的邻居也不具有与之相类似的问题。只有同时完全屈从外在世界和灵魂才会唤起它们的极端矛盾性。斯比特勒用直觉抓住了这样一个灵魂-意象，而如果从梦中观察，它好像并没有什么深刻的性质：

当他的激情变得狂乱甚至已经让他开始厌烦的时候，她的嘴和脸却奇怪地颤抖着，她的眼睑不停闪烁闭合。有某种让人害怕甚至颤抖的东西正隐藏在她那柔韧修长的睫毛后面，它们如烈火般正悄悄沿房屋蔓延，又如同老虎偷偷藏身于黑暗的灌木丛中，一道闪光突然掠过，它那黄色斑驳的皮纹在其中若隐若现。

很明显，普罗米修斯选择的是一条内倾的生活道路。与埃庇米修斯不同的是，他为了按照对遥远未来的预见来进行创造而排除了所有与现在的联系。而埃庇米修斯眼中的目的却是世界，或在世界看来有价值的东西。因此，他对天使说：

既然我的灵魂在我手上，我现在又渴望真理，那么只要能让你快乐，就请将能使我“谨言慎行”和能公正地对待一切的良知赐予我吧。

埃庇米修斯抵制不住走向他自己宿命的诱惑，将自己完全交由“无灵魂的”观点任其摆布。这种与世界的结合导致的直接结果是：

于是出现了这样的情形，当埃庇米修斯站起身来，他发现自己的身子在增大，勇气也在增加；他与他的存在合二为一，他的情感自如且健全。因此，他如同一个无所畏惧的人一样，迈着勇敢的步伐沿着一条笔直的道路穿越峡谷，如同一个受周密的思考鼓舞的人一样，目光坦然且勇敢地巡视着一切。

正如普罗米修斯所言，埃庇米修斯以他的灵魂做交换得到了“谨言慎行”。所以，他失去了灵魂，而普罗米修斯却得到了灵魂。埃庇米修斯对他的外倾唯命是从，原因是外倾能使他定向于外在客体，从而沉湎于世界的渴望和期待之中，表面上看这似乎对他很有益处。多年之后，经历了漫长孤独生活的埃庇米修斯在普罗米修斯的影响下变成了一个外倾型，实质上是一个模仿内倾型的伪装的外倾者。这种不自主的“性格的模仿”［波尔汉（Paulhan）语］会时常出现。转化成真正的外倾是他对“真理”迈出的一步，他也因此获得了相应的报酬。

普罗米修斯不得不为他的灵魂做出了惨烈的牺牲——由于灵魂的绝对要求，他中断了与外在客体一切的联系；而埃庇米修斯则刚好与之相反，他获得了一个直接有效的避难所，在这里他可以避免那种会在最大程度上威胁外倾型的危险，即完全屈从于外在客体的危险。这种庇护在良知中存在，传统的“正确思想”，换句话说，代代相传的举足轻重的世俗智慧为它提供了支撑，就像法官运用刑事法典判案一样，公众舆论也可以用这种方式来运用这些智慧。这给埃庇米修斯建造了一道防护墙，使他不至于无节制地屈从于外在客体，就像普罗米修斯无节制地屈从于自己灵魂那样。良知限制着他，占据了他的灵魂。当普罗米修斯重返人间，回到已成为法典的良知上来时，也就意味着他被残忍而任性的灵魂-女主握在了手中，只有无止境的受苦受难才能赎回他漠视世界的罪孽。

良知那无可厚非的谨慎与节制用一层纱布蒙住了埃庇米修斯的眼睛，使他无法清醒地生活在他的神话中，但是因为他总是与普遍的期望相一致，所以他的感觉一向都是正确的，而且因为他实现了所有人的愿望，所以他总会获得成功。这说明了人们渴望见到他们的国王的原因，也使得埃庇米修斯所扮演的角色虽然从结局上来讲并不光彩，却从来没有遭到强有力的公共舆论的抛弃。他的自信、自大、对自己的价值坚定不移的信心以及健全的良知和不容置疑的“正确行为”，都明显符合乔丹所描绘的外倾型性格。让我们看看埃庇米修斯拜访他生病的哥哥时的情形，他渴望生病的哥哥能够被治愈：

一切都安排妥当，国王埃庇米修斯在左右侍从的搀扶下向前迈开步子，他大声且友好地说了些善意的话：“普罗米修斯，我的亲爱的哥哥，我的心为你而悲伤！但是现在我已经振作起来了，看啊，我这里有一块药膏能治百病，尤其对因高热和严寒引起的疾病更是功效显著，而且它还能用于有效的慰藉与惩罚。”

说着他便拿起拐杖，迅速打开药膏，庄重且又小心翼翼地把它递到他哥哥的面前。但是，普罗米修斯一看到药膏，闻到它的气味，就马上厌恶地把头偏到一旁。见此情景，国王暴怒不已，他目露凶光大叫着预言道：“你这样做真的太不识时务了，灾难都没能使你变得聪明一点，你将招来更大的惩罚。”说着他从自己的斗篷里拿出一面镜子，向普罗米修斯讲述了事情的原委，口若悬河，他知道普罗米修斯的所有过错。

这一情景极明确地证实了乔丹所说的话：“如果有可能，社会必定会因他而欢喜；如果不是欢喜，那就一定是惊讶；如果两者都不是，那就一定是苦恼和震动。”[1]在东方，富人只有在两个侍从的搀扶下才会亲自在公共场合露面，他们通过这种方式来显示他的社会地位。埃庇米修斯也同样摆出了这种姿态来炫耀自己的地位。高贵的举止必须与告诫和道德说教配合在一起。即使这样做没有效果，对方至少也会因双方地位太过悬殊而被吓得惊慌失措。所以我们说，所有的做法都是为了产生一种印象。有个美国人曾说过：“在美国，只有能做事的人和能巧妙行骗的人能取得成功。”这说明了假象往往与实际行动一样能获得成功。因此，外倾型往往喜欢以外表来产生效果。内倾型则企图通过力量来达到这一点，即使徒劳无功也在所不惜。

如果我们把普罗米修斯和埃庇米修斯的特征结合到一个人的身上，那么这个人就是一个外表像埃庇米修斯而内在像普罗米修斯的人——这一个体不断遭受两种倾向地扯裂，每个倾向都试图将这一个体拉到自己这一方上来。

第二节　斯比特勒的普罗米修斯

与歌德的普罗米修斯相比较

把斯比特勒的普罗米修斯的概念与歌德的普罗米修斯的概念放在一起进行比较这很有意思。我有充分的理由相信，歌德更多地属于外倾型，而斯比特勒则更多地属于内倾型。要想得出这种公正的判断离不开对歌德的传记进行深入的研究分析。我的判断是建立在许多印象的基础上的，但由于篇幅有限，所以在这里我就不再详加论述了。

内倾的态度并不一定符合普罗米修斯的形象，我的意思是说，传统的普罗米修斯形象可能被做出完全不一样的解释。举例来说，在柏拉图的普罗塔哥拉斯（Protagoras）那里我们找到了另一种版本，众神通过火和水创造了万物，埃庇米修

1 乔丹：《从躯体与出身看人类性格》，第31页。

斯是把生命力赋予万物的分配者，而普罗米修斯不是。在此神话中的普罗米修斯（与古代的趣味相一致）是一位灵巧的发明天才。歌德的著作中有两个关于普罗米修斯的版本。在写于1773年的《普罗米修斯片段》（*Prometheus Fragment*）中，普罗米修斯是发明家和艺术家，他叛逆而自负、似神又蔑视神灵。他的灵魂是智慧女神，即宙斯（天帝）的女儿密涅瓦（Minerva）。普罗米修斯与密涅瓦的关系近似于斯比特勒的普罗米修斯与他的灵魂的关系：

你的话从一开始对我来说就是天上的光辉！
简直就是我灵魂的自我亲昵。
她自我倾诉衷肠，
她言词婉恻，悦耳动人。
当我认为这是我说的话时，
却是一位女神的言语，
当我认为是一位女神在说话时，
却又是我自己的声音。
是我的声音也是女神的声音，
是一种声音，我们亲密地合而为一。我永远爱着你！[1]

接下来又说：

当夕阳灿烂的余晖，
仍笼罩在阴暗的高加索，
以神圣的平和萦绕着我的灵魂，
离别，却又与我长在，
我的力量渐渐强大
每一次呼吸都深深吸入你那天国的气息。

从以上描述可以看出，歌德的普罗米修斯对他的灵魂也很依赖。他们之间的关系近似于斯比特勒的普罗米修斯与他的灵魂的关系。斯比特勒的普罗米修斯对他的灵魂说：

虽然我的一切都被剥夺了，但只要你自己与我同在，你那如蜜之口仍将我称为“朋友”，你那骄傲而仁慈的容颜散发出的光辉仍未离我而去，我就仍然具有不可胜

1 《歌德全集》第4卷（Beufler编辑），第188页及以后页。

数的财富。[1]

虽然这两个人物与灵魂的关系存在相似之处，但不管怎么说也还是存在本质差别的。歌德的普罗米修斯是一位发明家和艺术家，密涅瓦就是他用泥巴捏成的注入生命的雕塑。斯比特勒的普罗米修斯是受难的而不是创造的；只有他的灵魂才是创造的，而且灵魂的创造过程具有神圣性和神秘性。在分离时灵魂对他说：

现在我要离开你了。一项伟大的甚至堪称壮举的工作正等着我，我必须抓紧时间去完成它。

这好像是说，斯比特勒认为，他的灵魂被赋予了普罗米修斯式的创造力，而普罗米修斯自己则只是遭受着内在于他有着创造力的灵魂的折磨。但歌德的普罗米修斯与之完全不同，他是自我-行动的，从本质上来说是完全创造的，可以凭着自己的创造力公然对抗诸神：

谁会来帮我
对抗泰坦人的傲慢？
谁能救我脱离死亡？
把我从奴役中拯救出来？
啊，难道你不是靠热情而神圣的内心，
来完成这一切吗？[2]

在这个片段中，我们只看到了有关埃庇米修斯的零星描述，若将他与普罗米修斯相比就会觉得他过于低下，他坚决拥护集体情感，他把对灵魂的奉献仅仅理解为“顽固不化”。他对普罗米修斯说：

你是多么的形单影只！
你的顽固不化使你不懂那种极乐
那种诸神和你及你所拥有的一切，
你的世界，你的天堂，
都被一个蕴含一切的统一体中的极乐所包容着。[3]

1 《昔罗米修斯与埃庇米修斯》（谬尔赫德英译），第38页。
2 来自另一个《普罗米修斯片段》，（歌德全集）第1卷，第321页。
3 《歌德全集》第4卷，第188页。

我们从《普罗米修斯片段》中很少能看到这样的提示，因此我们很难了解埃庇米修斯的性格。但是，同样是对普罗米修斯进行描述，与斯比特勒相比，歌德则更加显示出了典型的差异。歌德的普罗米修斯外向地在世界上进行着创造，他用他所塑造的和他的灵魂所灌注生气的人物充塞世间，他的创造物一代代繁衍使人类遍布大地，他是人类的主人也是人类的导师。与之不同的是，斯比特勒的普罗米修斯一切都内向发展，就像消失于人类世界一样，他同样也消失于灵魂深处的黑暗之中，甚至只是在他的家乡这个小小的范围之内他也会迷路，感觉就像他不想让人看见似的。根据分析心理学中的补偿原则来分析，我们可以看到在这种情形下作为无意识化身的灵魂必定特别活跃，它已经为从事那种至今仍然很难觉察的工作做好了准备。除以上已经引用的段落外，在《潘多拉》（*Pandora*）的插曲中，我们也能看到斯比特勒对这种可预料的补偿过程进行的详细描述。

潘多拉[1]在普罗米修斯神话中如同谜一般，而斯比特勒在他的版本中把她描绘成了一位神圣的少女，她与普罗米修斯之间除了那种最深刻的关系之外再无其他。这种描述来源于某个神话版本，在那里，潘多拉或雅典娜[2]与普罗米修斯发生了关系。像歌德的版本一样，该神话中的普罗米修斯与潘多拉或雅典娜也有灵魂的联系。但是，斯比特勒的版本引进了一种分离，这种分离虽然在历史的神话中已被提到过但仍值得引起我们的注意，在那里，普罗米修斯与潘多拉的关系因同赫菲斯托斯（Hephaestus）与雅典娜的关系相似而受到了玷污。毫无疑问，歌德选择的是普罗米修斯与雅典娜发生关系这一版本。而在斯比特勒德的版本中，普罗米修斯拥有了自己的灵魂因而远离了神的领域。但在神话中，他的神性以及他与潘多拉原来的关系仍被保留下来，作为宇宙的对立情节在天庭上演着。这种发生于另一个世界的事件实际上只会在意识深层领域中即无意识中出现。因此，潘多拉插曲是普罗米修斯受难时，对继续发生在无意识中的事件的表现。只要普罗米修斯不再存于世上，断绝了与人类的所有联系，他就沉入了他自身的底层，他周围所剩下的唯一东西和唯一的客体，就是他自己。他变得具有“类神性”，因为神代表的就是能普遍自给自足的存在，并因其遍在性而处处存在。但是，普罗米修斯却极为悲惨地并未感受到一丝一毫这种类神性。在埃庇米修斯对普罗米修斯的痛苦表示了极度轻蔑之后，另一个世界中的插曲就拉开了序幕，很明显，普罗米修斯与世界的所有联系恰在此时被几近毁灭。凭借以往的经验，我们知

1 潘多拉，希腊神话中宙斯命令火神用黏土造成的第一个女性，拥有一切美好的天赋。宙斯将她送给了普罗米修斯的弟弟埃庇米修斯，同时还让潘多拉将一个装满了灾祸、疾病等一切苦难的盒子送给埃庇米修斯，后因好奇心驱使，潘多拉打开了这个盒子，从此人间开始充满了灾难。——译者注

2 希腊神话中的智慧与战争女神。——译者注

道，无意识内容最有可能在这种时候获得独立性和生命力，甚至有可能将意识压倒。[1]下述情景表现的就是处于无意识状况中的普罗米修斯：

在那个阴云密布的早上，在一个超乎世界之外的沉寂而荒凉的草原上，那位创造所有生命的神，听凭自己忍受着那神秘而无法承受的古怪疾病的折磨，绕着圆圈，踱着可诅咒的步子。

因为疾病，他既无法停下这项周而复始的工作，也不能在他前进的旅途中找到休憩之所，他就这样以精确的步子，经年累月地在这片荒原上走着圆圈，他的步伐迟缓，低着头，眉头紧锁，表情扭曲，他的眼神总是凝视着圆圈的中点。

他越是悲哀地低着头，就越是感到身体困乏脚步沉重，就好像这夜间痛苦的劳作已经榨干了他的生命之泉。终于到了这一天，他走完了这日日重复似乎永无止境的圆圈，在经历了黑夜与黎明之后，白昼来临了，他的最小的女儿潘多拉，以无法丈量的步伐向这神圣的地点靠近，态度谦恭地站在他的身旁，目光羞涩，恭敬地向他提问。[2]

很明显，神被普罗米修斯的病痛传染。普罗米修斯让他的所有激情、全部欲力内向流入灵魂，直达他最内在的底层，让自己全身心地为他的灵魂服务，与此相同的是，神也围绕世界的中点一圈又一圈地走着，以近乎自我灭绝的方式耗费自己的生命。这就等于说，他的欲力已全部沉入了无意识，在那里必将出现一种等价物；因为欲力是能量，而能量是守恒的，它消失后一定产生出某种等价物。这个等价物就是潘多拉和她献给父亲的礼物：一颗人类可以用来消除痛苦的珍贵宝石。

如果我们把这一过程放在普罗米修斯的人性方面，那就是说，在普罗米修斯因“类神性”的状况而饱经痛苦的同时，他的灵魂已经为做一项可以减轻人类苦难的工作做好了准备。他的灵魂试图影响人类。然而，我们不能把他的灵魂所实际计划和完成的工作与潘多拉的工作混为一谈。潘多拉的宝石是一种无意识的镜像，它是普罗米修斯的灵魂的实际工作的象征。以上文字清楚地表明，宝石代表着生命力流回自身的中心，进入无意识的底层，生命从这里获得再生。[3]这也许就是世界上关于宝石的描述为何与在*Lalita—Vistara*[4]一书中佛陀的诞生意象极为相似的原因：潘多拉把宝石置于一棵胡桃树旁，就像幻境女神Maya在无花果树下产下她的孩子一样：

---

1 见《普罗米修斯与埃庇米修斯》第161页。斯比特勒将埃庇米修斯著名的“良知”描述为一头小兽，因其与野兽的机会主义本能（opportunist instinct）相对应。

2 《普罗米修斯与埃庇米修斯》，第113页。

3 关于宝石和再生的主题，见《转变的象征》第二部分，第4章和第5章。

4 雷金德莱拉拉·密特雷（Rajendralala Miba）英译，第六章，尤见第94页。

午夜时分，胡桃树被夜幕笼罩着，宝石的熠熠光芒照亮了暗夜，如同黑暗天幕中的晨星，其钻石般的亮光刺透黑暗。

于是，频繁扇动翅膀的蜂蝶在花园里围绕着这个神奇的孩子玩耍、嬉戏、翩翩起舞……云雀从天空中俯冲而下，争着对这个新的可爱而阳光的面容表达敬意，当它们靠近和注视着这个明亮的光环时，它们早已被迷倒了……

并且，这棵被选中的仁慈而宽厚的树也如皇帝加冕般焕然一新，它那浓郁的绿叶是它的皇冠，它以国王般的手保护并抚摸着孩子的面容。它所有宽大的枝叶可爱地向下低垂着，似乎用这些来保护孩子那双奇妙的眼睛，唯恐失去这个给它带来快乐的失不再来的礼物，当千千万万轻柔摆动的树叶狂欢地战栗和抖动时，在惬意的狂喜中，一曲柔软而清澈的合唱正在窃窃私语般地吟唱着："谁会知道在这些卑微的树叶下藏匿着什么，谁能猜到憩息在我们中间的这个珍宝！"[1]

时辰一到，幻境女神就把她的孩子生在普那克萨（P1aksa）的一棵枝繁叶茂的无花果树下。他是菩萨的化身，他会将一种难以想象的光辉洒向世界；诸神和万物都参与了菩萨的诞生过程。他每在大地上行走一步，他的脚下就会立刻长出一朵硕大的莲花，他站在莲花之中审视整个世界。所以西藏人在祈祷时会说："啊！看这莲花中的宝石。"再生的时刻来临了，菩萨在他选中的菩提树下立地成佛，成了正觉者。像初生一样，这种再生伴随着同样的耀眼的光辉、同样的自然奇观和众神的幽灵。

在斯比特勒的版本中，无价的珍宝在埃庇米修斯的王国失落了，在那里，良知取代灵魂施行着统治。天使对埃庇米修斯的愚蠢感到愤怒，便斥责他："你就像愚蠢的无理性的野兽一样毫无灵魂可言，难道你以为你能骗得了万能的神吗？"[2]

潘多拉的宝石明显预示着一位新神的诞生，但我们只会在天国，也就是无意识中看到这种状况。埃庇米修斯式原则的人与外在世界的关系占据了统治地位，他们不能理解这种穿透意识的暗示过程。在下面的章节[3]中，斯比特勒对这种状况做了详尽的叙述，在那里我们看到，具有理性态度和定向于客体的意识世界不可能对宝石的真正价值及其意义做出评价。因此，宝石丧失了，再无补救之法。

获得新生的神代表的是一种生命再生的可能性、一种新生的态度和一种生命力的恢复；因为，从心理学的角度来看，神意指的总是最高的价值，是欲力的最高值、生命的最大强度和心理活动的最适度。但是，斯比特勒的版本已经向我们证明了普罗米

1 《普罗米修斯与埃庇米修斯》，第130页及以后页。

2 见《普罗米修斯与埃庇米修斯》第161页。斯比特勒将埃庇米修斯著名的"良知"描述为一头小兽，因其与野兽的机会主义本能（opportunist instinct）相对应。

3 参见《普罗米修斯与埃庇米修斯》，第135页及以后页。

修斯式态度与埃庇米修斯式态度并不能互相适应。两种态度最终走向分裂：埃庇米修斯式态度正如它实际所做的那样是与外在世界相适应的；而普罗米修斯式态度则并不是这样，因此，它必定产生一种生命的更新，产生一种被誉为赐予人类的宝石的对待世界的新态度（它被象征为赐给人类的宝石），而这种态度恰好就是为埃庇米修斯所深恶痛绝的。然而，通过潘多拉的礼物，我们认识到了曾在席勒的《美育书简》中讨论并尝试解决的问题，也就是已分化的功能与未分化的功能如何统一的问题。

在我们更深入地讨论这个问题之前，我们必须再回顾一下歌德的普罗米修斯。我们已经知道，歌德的以创造者形象出现的普罗米修斯与斯比特勒的以受难者形象出现的普罗米修斯是截然不同的。而与潘多拉的关系则是另一个更为重要的区别。斯比特勒的版本中的潘多拉属于另一个世界，是神的世界的普罗米修斯的灵魂的副本；但歌德的版本中的她却只是普罗米修斯的创造物和女儿，是他的绝对从属物。在歌德的版本中，普罗米修斯因与密涅瓦的关系而被置于武尔坎（Vulcan）的位置上，可实际上潘多拉是普罗米修斯创造出来的人物，根本不具有神性本质，在这里，普罗米修斯变成了一位创造之神被完全排除出了人的领域。所以，普罗米修斯说：

当我认为是我自己在说话时，
却是一位女神的声音，
当我认为是一位女神的声音时，
却又是我自己在说话。

而斯比特勒刚好与之相反，他认为普罗米修斯的神性已经被剥夺了，他的灵魂甚至也只是一个非正式的精灵；他的神性脱离了人世，被人格化了。就这方面来说，歌德的版本是古代的——它强调的是普罗米修斯的神性。也正因如此，埃庇米修斯的形象被弱化也就成了必然。但斯比特勒的版本中的埃庇米修斯的性格显然是积极的。所以，我不得不说我们很幸运，因为这样一来，我们才会在歌德的《潘多拉》这本著作中看到比我们先前所看到的《普罗米修斯片段》要完整得多的对埃庇米修斯性格的描写。在本书中，埃庇米修斯自我介绍道：

对我来说，白天黑夜并没有明显区别，
我身上延续这源自我氏族的古老的罪恶：
我的祖先为我赐名为埃庇米修斯。
默想曾经那些荒唐的行为，
回忆中满是烦恼的思绪，

想到那流浪中的所有忧郁，
过去岁月的良机稍纵即逝。
痛苦艰辛的劳作构成了我青春的岁月
我痛苦地看着它消耗着我的生命，
却只能漫不经心地抓住现在，
可得到的只是那让人倍受折磨难以承受的新愁。[1]

这些话显示了埃庇米修斯的本性：他回忆过去，沉思着，却始终无法忘记潘多拉，根据古代神话记载，潘多拉就是他的妻子。尽管潘多拉早早地抛弃了他，并带走了埃耳泼尔（Elpore，意为希望），只把女儿埃庇米莉娅（Epimeleia，意为忧虑）留给了他，但他仍不能忘却她的记忆-意象。这里对埃庇米修斯描述得非常清楚，所以我们能马上就能辨认出他所代表的心理功能是什么。当普罗米修斯依然是创造者和塑造者，每天都早早地起来，继续在世上从事他那永无止境的创造并留下他的印记时，埃庇米修斯却全然沉浸在幻想、梦和回忆中，充满焦虑的悲伤、满怀苦恼地思索着。潘多拉是赫菲斯托斯创造出来的，普罗米修斯拒绝接受她，而埃庇米修斯却娶她做了妻子。埃庇米修斯对潘多拉说："即使这颗珍宝带来的是痛苦，但我仍然会感到快乐。"潘多拉在埃庇米修斯眼中是珍贵的宝石，具有无与伦比的价值：

她永远属于我，她多么光彩照人！
她让我感受到了无与伦比的快乐。
我拥有了美，美就在我面前展示，
在那个万物复苏的春天，她辉煌地来到我身边。
我认识她，抓住她，然后获得了她。
沉重的思绪如雾般消失无踪，
她把我从地上带到了天堂。
你能用最美的言语来赞美她，
你或许可以赞美她，但她却显得更高贵。
即使把最好的东西都献给她也会觉得配不上她。
你会因她的话感到迷惑，但她没错。
你或许反对她，但她总是能说服你。
你不愿意侍奉她，但你仍是她的奴隶。

1 《潘多拉》，《歌德全集》第6卷，第407页。

仁慈与爱是她最愿意给予的回报。
最高的赞誉也不能让她跌落。
她有她的目标，她有自己的飞翔路线。
如果她拦截你，你将无法逃脱。
你给她出一个价格，她就把价格抬高，
直到在此交易中你献上所有的一切。
她姿态万千地降临人间，
她盘旋于江河，又跨越平原，
神性遍布大地使人目眩神迷，
她的姿态因内涵深刻而越发高贵，
这内涵和她自身都蕴含着无穷的力量。
她以青春和肉体光艳而至。

正如这些诗句所清楚表明了的，潘多拉在埃庇米修斯眼中具有一种灵魂-意象的价值：她是他灵魂的代表；她具有神性的力量，是至高无上的至尊。只要把这种属性赋予某个人格，我们便能肯定，这一人格意象是一个无意识内容所投射的意象，不然就一定是一个象征-载体。因为歌德口中的那力量无比强大的东西其实就是无意识内容，他用这样一诗句中表达了其显著的特征："你给她出一个价格，她就把价格抬高。"这句诗中精彩地描绘出了特别的激情因意识内容与类似于无意识内容发生联系而得到增强的情境。这种增强具有某种魔性和强迫性，因而它会产生"神性的"或"恶魔似的"效果。

歌德的普罗米修斯已被我们描述为外倾的，在他的《潘多拉》中也是一样。尽管这里的普罗米修斯已经失去了与灵魂的联系还有无意识的女性原则，但却得到了埃庇米修斯表现为朝向内在世界的内倾型。与斯比特勒的埃庇米修斯完全不同的是，歌德的埃庇米修斯忧郁沉思，他经常"反思"、并追忆曾经的死亡。因此我们说，认为歌德的《潘多拉》具体显露出了他先前《片段》中所暗示的观点这并不为过。埃庇米修斯代表沉思的内倾型，而普罗米修斯则代表行动的外倾型。歌德的普罗米修斯属于外倾型，斯比特勒的普罗米修斯则属于内倾型。在歌德的《潘多拉》中，普罗米修斯之所以进行创造，是因为他想实现在他的山上建造一座能生产出适合全世界使用的产品的常备制造厂这一集体目标。他将被自己斩断了的与自己内在世界的联系移交给了埃庇米修斯，换句话说，就是移交给了外倾型的次要的和纯粹对立的思维和情感，在这种思维和情感中会找到未分化的功能所具有的一切特征。所以埃庇米修斯才会对潘多拉言听计从，因为无论从哪个方面来说，潘多拉都比埃庇米修斯优越。从心理学角度来看，这亦代表的是外倾型无意识的埃庇米修斯式功能因灵魂的介入而被强化了，换句话说，也就是那种静默的、幻想的、沉思默想的功能通过这种方式而被强化了。假如灵魂与未分化的功能相结合，那么我们必然会看到：优势功能即已分化的功能将更具集体性；它服从的不是自由，而是集体良知（斯比特勒称其为“谨言慎行”）。这种状况极为常见，而它一旦出现，病态的自我中心就会强化未分化的功能或“另一面”。于是，为了消磨时间，外倾型会忧郁或臆想地沉思，有时甚至还会产生莫名其妙的幻想和其他症状，[1]而内倾型则因意识不到自己在强迫性的低下情感中挣扎，[2]而陷入了忧郁的困境。

是时候结束关于《潘多拉》中的普罗米修斯与斯比特勒的普罗米修斯之间的比较了。普罗米修斯充其量只是一种集体性的“行为渴望”，他的单面性相只相当于一种情欲的压抑。他的儿子菲勒洛斯［Phileros，爱神厄洛斯（Ero）的恋人］只代表着爱欲的激情；因为他是普罗米修斯的儿子，所以就像经常发生在儿童身上的那样，他必定会在无意识的胁迫下，再度经历他父母未曾经历过的那种生活。

埃庇米修斯是个后觉者，他总在事情过去之后为自己思考不周或行为不当懊恼不已，所以他与潘多拉的女儿被形象地取名为埃庇米莉娅（忧虑的意思）。菲勒洛斯爱上了埃庇米莉娅，这样一来，就弥补了普罗米修斯拒绝潘多拉的罪过。同时，当普罗米修斯的辛劳显示出来的只是未被承认的情欲，而埃庇米修斯对过去执着的沉思则显示为理性的忧虑时，这对兄弟之间就达成了一种和解，因为埃庇米修斯理性的忧虑可以对普罗米修斯那永不停歇的创造产生限制，使其不会超出理性的范围。

我们可以从歌德的外倾心理中逐渐推导出他这一问题解决的企图，并因此被带回到斯比特勒的观点中，为了讨论歌德的普罗米修斯形象，我们曾将这一问题暂时搁置起来。

斯比特勒的普罗米修斯像他的神一样，背离了外在世界和他周边的外界，他把目光放在内在的中心上，凝视那再生的“狭窄的通道”[3]。这种凝视或内倾把欲力导入了无意识。这种做法增强了无意识的活动，于是，心理开始“运作”，创造出一种致力于脱离无意识而进入意识的产品。但是，意识分为普罗米修斯式的和埃庇米修斯式的两种态度，前者从外在世界中把欲力撤回，全部倾注于内；后者则永远把欲力倾注于外，与无灵魂的状态互相呼应，完全被外在客体的要求困于其中。当潘多拉将她创作的礼物奉献给外在世界时，从心理学角度来看，这代表的是一种价值巨大的无意识产

---

1 这种状况可能因为心血来潮的喜好社交或频繁的社交活动而得到补偿，在这些热切的追求中可以把某些东西遗忘。

2 同时通过病态的、狂热的活动而获得补偿，它们同样为压抑的目的服务。

3 见《转变的象征》，第417段，引文末尾。

品即将莅临外倾意识，它正寻找一种与现实世界的联系。对于普罗米修斯或是那些作为人的艺术家来说，虽然他的直觉使他知道该产品具有巨大的价值，但是，他个人与世界的联系太过于屈从传统的专断，以至于它（潘多拉的礼物或产品）只被当作是艺术品来欣赏，其真正的意义即允诺生命再生的象征并没有被他所认识。要想使它由纯粹审美的趣味变为生命的现实，就必须把它吸纳进生命及生活中来。但是，当一个人主要持内倾的态度且沉溺于抽象时，他的外倾就只具有劣势的功能，无法脱离集体的约束控制。这些约束使得心理所创造的象征无法获得生命。因此，宝石丧失了，但是，如果作为象征中所表达的最高的生命价值的“神”不能成为生命的事实，那么，一个人也不可能具有真正的生命。因此，宝石的丢失同时意味着埃庇米修斯堕落的开始。

对立形态于此时出现了。所有理性主义者和乐观主义者认为，一切事物都是“向上发展”的，好事情会接二连三地到来，可实际上，情况刚好相反，具有无可指摘的良知和广为人知的道德原则的埃庇米修斯竟会与巨兽及其邪恶的主人结成联盟，他甚至用被委托给他照料的圣子们来与魔鬼做交换。从心理学的角度来看，这代表的是，人的最高价值因受到那种对世界的集体的、未分化的态度的抑制而变成了一种破坏性的力量，它的影响力不断膨胀，直到普罗米修斯的观念和抽象的态度被当成宝石用来建造灵魂，就像真正的普罗米修斯为世界重新燃起了生命的火焰那样才会结束。斯比特勒的普罗米修斯只能选择抛弃孤独，甚至还要以牺牲生命为代价指出人们的错误。就像歌德的普罗米修斯必定在菲勒洛斯身上体验到爱的无情一样，他也必定认识到真理是无情的。

事实上，传统的和集体的约束与埃庇米修斯态度中的破坏性因素是一回事，在那幅鲜明地讽刺传统基督徒的画作——埃庇米修斯对“羔羊”的盛怒中，这一点更是一目了然。通过这种感情的爆发，我们可以清楚地看到那种我们非常熟悉的来自《查拉图斯特拉如是说》的《驴之节日》（*The Ass Festival*）中的对当代倾向的表达。

某种东西曾经是好的并不意味着它永远都是好的，人们总是记不住这样的事实。人们总喜欢按照过去旧的方式，把那些早已变坏的东西仍看作是好的，直到这种错误的认识给人带来极大的牺牲与极度的痛苦之后，人们才开始意识到，那些曾经是好的东西也许现在已经变坏了，原来所具有的好品质也已经不复存在了。事无大小，皆是如此。人们即使早就知道一些儿童时代的方法和习惯以及那些曾经被认为高尚的善，事实上是存在危害的，却还是难以抛弃它们。如果我们把范围扩大，就会在更大范围上的历史变迁中看到同样的情形。一种集体态度必然对应一种宗教，说起世界史中最痛苦的章节，宗教的变迁绝对值得一提。在此方面我们的时代曾因史无前例的盲目而遭受磨难。我们认为，要想从心理上清除一切犹太教传统及其他宗教的影响，唯一的方法就是宣告已经刻在我们心上的每条信仰都是错误且无效的。我们对启蒙深信不疑，似乎我们面临的理性变化以某种方式深刻地影响了情感过程，甚至还深刻地影响了无意识。我们全然忽略了这样一个事实：历经两千年甚至更长时间的宗教是一种心理态度，是一种与外在和内在世界相适应的特定形式和方式，它创造出一种特定的文化模式和一种任何理性都不能对它提出质疑的氛围。当然，摆在我们面前的理性变化，是一种即将来临的可能性的指引，是一种征兆，但是，因为心理具有惰性，所以心理的更深层次的东西仍然会在先前的态度中长时间地发挥作用。只有这样，无意识才能使异教继续存在。在文艺复兴中我们看到，古代精神更容易再次焕发生命，在我们这个时代，也可以看到更为古老的原初精神再现的状况，相比任何其他时代，也许它们才是最了解历史的。

某种态度的根基越牢固，那么摆脱它的斗争就越激烈。随着“铲除罪恶”（Écrasez l’infâme）这一来自启蒙时代的呼喊，法国大革命中宗教变革的序幕徐徐拉开，宗教变革其实并不具有普遍性，其实质只是对一种基本态度的重新调整。而关于态度的普遍变化的问题自此之后就从不曾中断过；它再次成为19世纪许多卓越的思想家的热门话题。我们已经看到，席勒在把握这一问题时所付出的努力，而在歌德处理关于普罗米修斯与埃庇米修斯的问题时，我们还看到了另一种努力；它试图使较高分化程度的功能与较少分化程度的功能之间在某种程度上达成和解，较高分化程度的功能对应的是基督教向善的理想，而较少分化程度的功能因受到压抑而对应着基督教除恶的理想。[1]席勒是以古代神话为载体，以普罗米修斯与埃庇米修斯的故事为象征，努力从哲学和美学的角度出发来解决问题的，因此，就像我前面说过的那样，某些东西的出现只是说明发生了某些有代表性的和常见的事情：当一个人遇到一件他想尽一切办法都无法解决的困难工作时，就会自动地发生欲力的退行，即出现了退化。这时，欲力会从问题中退回来，转变成内倾的，并多多少少地在无意识中对一种与意识状况相类似的原初物进行重新激活。歌德对象征的选择就取决于这一规律：普罗米修斯给深处黑暗中的人类带来了光明与火。本来，歌德凭着自己渊博的学识是可以轻易地找到别的救星的，然而这样的话，他所选择的象征就无法获得充分的解释。因此他一定要把古代精神作为选择的源泉，18世纪是一个转折点，此时，古代精神被认定拥有一种补偿的价值，它以美学、哲学、道德甚至政治（新希腊主义，Philhellenism）中等种种可能的方式得到了表达。它被定义为古代的异教，获得了“自由”“素朴”“美”等等称誉，而这些都是与那个时代的渴望相符合的。席勒清楚地向我们表

---

1 参见歌德的《奥秘》（*Geheimnisse*），《全集》第3卷，第273-283页。在那里，蔷薇十字会员（Rosicrucian）是这样解决问题的：狄奥尼索斯（酒神）与基督达成和解，蔷薇与十字架达成和解。但诗歌并不动人，所以请恕我们无法将新酒倒入旧瓶之中。

明，这些渴望产生于一种不完美感，以及产生于精神的野蛮状态、道德的奴役和单调的感觉。而除此之外，这些感觉亦源自一切的片面评价，源自已分化的功能与未分化的功能之间的分裂已变得极为严重这一事实。基督教把整个人分割成两部分；一部分是有价值的另一部分是没有价值的，这对身处那个时代感受极其敏锐的人来说是相当难以接受的。罪恶曾经在永恒的自然美观念中，以及那时代向一个更古老的时代回溯的沉思中沉睡，那时，罪恶的观念还没有对人的完整性造成分裂，人性的崇高和低下仍然在完美的素朴中并存，没有触碰到道德与审美的敏锐神经。

但是，复旧的文艺复兴的企图重蹈了《普罗米修斯片段》和《潘多拉》的覆辙：它也同样胎死腹中，因为我们不能对其间经历的始终伴随着深刻的精神动乱的基督教世纪视而不见，所以古代的解决方式失去了它的作用。因此，中世纪时，这种对古代的偏爱就逐渐消失了。歌德的《浮士德》证明了这一过程，在该书中，问题是与魔鬼的头角相连的。善与恶之间神圣的赌注被接纳了。作为中世纪的普罗米修斯，浮士德接受了同作为中世纪的埃庇米修斯的靡菲斯特的挑战，他们订立了契约。此时问题的焦点变得一下子集中起来，而透过它我们会发现，浮士德其实就是靡菲斯特。埃庇米修斯的原则就是不停地往回看，认为一切都是采取“交换形式”（第303段）的那种原初状况造成的，这种原则凝聚在一起就变成了魔鬼的形象，他邪恶的力量以“魔鬼冰冷的拳头”对一切生命体构成了威胁，光明被迫重返孕育了它的母体的黑暗中去。魔鬼将真正的埃庇米修斯式思维暴露无遗，它所谓的“除了……以外什么也不”式的思维，使一切都被归结为不。埃庇米修斯对潘多拉的素朴的激情转变成梅菲斯特用于浮士德的灵魂的恶魔的诡计。普罗米修斯在拒绝具有神性的潘多拉时表现出来的敏锐预见，不仅延迟到葛丽卿（Gretchen）的悲剧以及对海伦（Helen）的仰慕中得到了完满的补偿，还在最后升入天堂母国中（“永恒的女性／引我们向上”）得到了补偿。

普罗米修斯之所以会被人格化为中世纪的术士形象，是因为他反抗被认可的众神。中世纪术士往往保留着原初异教的特征；他的性格未被基督教的两分化所浸染，仍无意识地与原本的异教无意识联系在一起，在它们原初的素朴中，对立物超越了“罪恶”的范围却不担负任何责任地彼此共存，它们如果被意识生命吸纳，就会以相同的魔力导致恶也导致善。这种人具有破坏者和拯救者的双重身份，所以充当解决冲突的意图的象征性载体就是再合适不过的了。更何况，中世纪的术士早就抛弃了不再具有可能性的古代的素朴，全身地投入到基督教中来了。他身上所具有的古老的异教因素会他在进入基督教的初始就无法避免地否定自身并进行苦修；因为他急迫地渴望拯救，所以他不得不探求一切可能的道路。然而，在解决问题的尝试上，基督教最后还是以失败而告终，这表明在那些顽强存活下来的异教因素中确实还有被救赎的可能，因为这些反基督教的象征开辟了接纳罪恶的道路。歌德凭借其敏锐的直觉把握住了这一问题。不过有趣的是，不管是《普罗米修斯片段》《潘多拉》，还是把采取折中的方式将狄奥尼索斯式快乐与基督徒的自我牺牲混合在一起的蔷薇十字会[1]等种种解决问题的方式很明显都很肤浅，也并不完善。

浮士德的拯救从他死的那一刻就已经开始了。他把神性以及普罗米修斯式的性格一直保留到弥留之际，直至此时，它们才因他的重生而离开他。从心理学上来看，这代表着要想放弃浮士德式的态度就必须赶在个体变成一个相统一的整体之前。从葛丽卿到较高层次的海伦，再到最后上升到圣母的形象，这些都是一个象征，我们现在的讨论无法将它丰厚的含义展现出来。在此只能这样说，它与诺斯替教所集中关注的夏娃、海伦、玛利亚和索菲娅-阿查莫丝（Sophia-Achamoth）等神妓的意象一样都是原初意象。

第三节　和解象征的意义

就我们目前所了解到的来看，如果我们回顾斯比特勒对问题的描述，我们就会立刻感觉到，普罗米修斯的本意并不是要与罪恶订立契约，他之所以这样做事原因在于埃庇米修斯的无思想性，他不具备对内在世界事物的辨别力而只具有集体的良知。对不可避免地定向于客体的立场这种状况来说，因为集体的价值必然完全决定着这种状况，所以新的具有独创性的东西的意义才会被忽略。客观的标准确实可用来衡量惯常的集体价值，但只有有生命的情感状态即自由的、个体的评价才能对某些新创造物进行正确的评价。这对于一个不仅与客体相联系而且具有"灵魂"的人来说，也是必不可少的。

新生的神的意象的丧失使埃庇米修斯变得堕落。从道德上来说，他的思维、情感和行为完全无可指摘，从而无法避免邪恶和破坏性因素的潜入，而且导致它们占据了上风。邪恶的侵入使之前的善变成现在的恶。于是，斯比特勒在此认为，具有主导性的道德原则起初是卓越的，但随着时间的流逝，它渐渐因丧失了生命的丰富性和多样性而失去了与生命的基本联系。这些理性上的概念原则虽然并没有什么错误但太过狭窄，所以它无法从整体上把握生命，赋予生命永恒的表现。神的降生完全超出了理性所能接受的范围。从心理学角度来看，它宣告了一个新的象征、一种新的最高强度的生命表现被创造出来了。这是任何一个埃庇米修斯式的人或在人那里任何埃庇米修斯

1 流行于18、19世纪的一种秘密结社组织，他们声称自己拥有各种秘传的知识与力量，并宣扬宗教的神秘意义。——译者注

式的一切都无法理解的。然而，从现在开始，要想发现生命的最高强度就只能遵从这个新的方向。其他一切的方向都慢慢消失或被忘却。

普罗米修斯的灵魂女主确实是一个魔性思维形象，但新的生命–赐予的象征却恰恰源自普罗米修斯对她的爱。因此在新的象征中，生命的美与恶的成分相互交织着，这是人们可以确定的。如果不是这样，那么它将不仅缺少生命的光辉，也缺少美，因为从道德上看，生命和美的实质都是中性的。也就是因为这个缘故，在象征中才看不到埃庇米修斯式的集体性精神存在任何有价值的东西。这种观点与“基督的羔羊”是相一致的，由于自己道德观点片面性，它的双眼被蒙蔽了。在新形式中，埃庇米修斯恼怒“羔羊”是与“铲除罪恶”相对应的，基督教是不可能理解反基督教所赋予生命以新的方向的新象征的。

如果不是诗人为我们探测和解读了集体无意识，那么我们会因这种难以理解的情形而陷入冷酷之中。诗人们总是把那种流动在黑暗中的神秘潜流呈现在我们面前，竭尽所能地揭示出在象征中它们所表达的东西。就像真正的先知一样，他们使集体无意识的深层次的东西运动起来，或者是像《旧约》说的那样，他们使“上帝的意志”得以彰显，随着时间的过去，它们最终会成为一种集体现象而停留在表面。普罗米修斯的行为所包含的赎罪含义，埃庇米修斯的堕落以及他与他的兄弟普罗米修斯的和解，会让人联想起果利诺（Ugolino）与罗吉耳锐（Ruggieri）大主教[1]之间的冷战的埃庇米修斯对“羔羊”的报复，所有这些都为解决冲突做好了准备，在这种冲突中包含的是对传统集体道德的誓死抵抗。

如果一个诗人很平庸，那么，我们可以推断，就算是他的巅峰之作，也无外乎就是他个人的情感与抱负。但是，斯比特勒的作品却居于他个人的命运之外的更高层面上。也正是出于这个原因，我们才会说他并不是孤立地解答问题。他与法典的破坏者的查拉图斯特拉之间的距离已经近在咫尺。叔本华的追随者斯蒂纳（Stimer）这时也站进了他们的队伍之中，而叔本华就是提出“世界否定”理论构想的第一人。从心理学上来说，“世界”的代表的是我是怎样看待世界的和我对世界的态度是什么；正因如此，世界就被理解为“我的意志”和“我的观念（表象）”。[2]世界本身是不存在差别的，它的差别是我的肯定（yes）和否定（no）赋予的。

所以，我们说，“否定”其实就是一种看待世界的态度，特别是叔本华式的态度，它不仅只是完全理智与理性的，同时，也是一种与世界的神秘相一致的深刻情感。这种态度是属于内倾的，所以它自然也无法逃脱类型对立的折磨。但叔本华的著作在很大程度上超越了他的人格。它清楚地把千百万人模糊地思索和感受的东西表达

---

1 但丁：《神曲·地狱篇》，第32节。

2 参见叔本华的《作为意志和表象的世界》。

了出来。尼采也同样做到了这一点，特别是他的《查拉图斯特拉如是说》，更是为我们时代的集体无意识的内容指明了道路。我们在他那里看到了反偶像崇拜者反叛传统道德氛围这一相同的特征，反叛对“最丑陋的人”的认可，这是导致《查拉图斯特拉如是说》中呈现出的毁坏无意识的悲剧的原因。但是，事实上也确实存在着创造性精神从集体无意识中所提取的东西，它们在集体心理中是必然要出现的。无政府主义、刺杀君王、极端左派中不断增加与分裂的虚无主义因素及其制定那些对文化采取绝对敌视态度的纲领……等等这些都属于群众心理的现象，然而这些对早期的诗人和创造性思想家来说并不陌生，他们早就将这些勾勒出来了。

因此，我们不能忽略诗人，因为他们在集体无意识的深层进行着创作，通过他们最重要的作品和最深邃的灵感，将他人只能梦见的东西都呼喊了出来。然而，尽管他们大声呼喊，但他们所塑造出来的只是蕴含着审美愉悦的象征，而没有涉及其他任何的真正含义。在这里，有关诗人和思想家对当代以及后世产生了多么有教育意义的影响并不是我想讨论的内容，但我认为，他们已经用相当清晰而有力的言说，把所有人都知道的东西表达了出来，这就是他们产生的主要影响。而且，他们只有把这种普遍的无意识“知识”表达出来，才能进一步教育人或感染人。只有那些知道怎样以恰当的形式表达最表层的无意识的诗人，才具有最巨大和最直接的暗示性。但是，创造性精神的洞见其穿透力越是深刻，广大群众就越是对它感到陌生，也就越强烈地抗拒着那些杰出人士。然而，群众虽不理解他，却无意识地在他所表达的东西中生活着；究其原因，不是因为诗人把它表达了出来，而是因为群众的生命源于诗人所窥测到的集体无意识。一个爱沉思的民族在理解诗人信息中的某些东西上确实更容易，但是，因为诗人的言辞把群众的生活过程准确无误地表现了出来，也因为诗人能够预测到他们本身的欲望，所以他们对这些思想的创造者心怀怨恨。然而这并不带有恶意，而只是出于他们进行自我防卫的一种本能。当诗人对无意识所洞见达到一定的深度，以致任何意识的表达形式都难以把握它的内容时，我们就很难判断，这到底是一种病态的产品，还是一种因为它具有独特的深度以致我们闻所未闻的东西。如果一种内容内涵深刻但并未获得充分理解，它就常常会具有某种病态的特征。通常来说，病态产品的寓意都是深厚的。然而，要了解这两种情形都不是一件容易的事。这些创造者一般在他死后一段时间，甚至数个世纪之后才能获得名声。奥斯特瓦尔德（Ostwald）断言，当代天才在十年之内便能获得认可。在我看来，这种断言在技术发明的领域是正确的；但是如果把这种断言放到其他领域中就显得荒谬了。

我认为还有另外一个特别重要的观点也是必须要提出来的。那就是，不管是《浮士德》、瓦格纳的《帕西法尔》，还是在叔本华甚至尼采的《查拉图斯特拉如是说》，都是通过宗教来解决问题的。因此毫无疑问，斯比特勒也被卷入了一种宗教背景中。当把问题当成宗教问题来理解时，在心理学上就意味着，它或是被看作某种极为重要的有着特殊价值的东西，或是被当成是某种与整体的人相关的因而也与（诸神的领域、另一个世界等等无意识）相关的东西。但在斯比特勒看来，由于宗教背景处在极端放纵的情形之下，所以，尽管其仍可在神话的丰富性和拟古主义方面有所斩获，但其独特的宗教问题早已不再具有深度。如果复杂的神话体系把问题隐藏在清晰的理解之中，给问题的解决造成了混乱，研究工作就更加难以进行下去了。这种对具有丰富性的深奥、怪诞甚或乏味的神话的依附严重地阻碍了精神的进入，使其不再具有研究意义，虽然它也能赋予全部研究以某种独创性，但却会使人生厌，而且这种独创性更加关注细节，所以只对逃避心理反常的控制有利。不管怎样，这种神话的丰富性都让人感到厌倦烦闷，在这方面它是有优势的，它允许象征的丰富性肆意地扩展，然而，在相关的无意识的情形中，诗人的意识才智完全不知道如何对它的意义进行充实，所以只能选择在神话的扩展与润饰方面倾注精力。就这一方面来说，斯比特勒的诗歌与《浮士德》和《查拉图斯特拉如是说》是不同的：在后两部著作中，诗人以象征的方式，加入了一种强有力的意识。为了迎合诗人解决问题的期望，《浮士德》中神话的丰富性与《查拉图斯特拉如是说》中理性的丰富性都被除去了。所以，相对斯比特勒的《普罗米修斯与埃庇米修斯》来说，它们更难以满足其审美性。另一方面，后者多多少少忠实反映了对集体无意识的实际过程，有着更加深刻的真实性。

《浮士德》和《查拉图斯特拉如是说》这两部作品对问题的个别把握是很有帮助的，而斯比特勒的《普罗米修斯与埃庇米修斯》因其神话材料的丰富，为问题提供了一种更为普遍的透视，所以，我们才能在集体生活中看到这些。斯比特勒对无意识宗教内容进行了描述，而其中所显示出来最主要的就是神的再生的象征，后来，他又在《奥林匹斯之春》（*Olympian Spring*）中对此进行了扩展。这种象征似乎直接关系着心理类型和功能之间的对立，很显然，它试图用一般态度的再生的形式来寻求对立问题的解决方法，用无意识的语言来说它被表现为神的再生。这就是为大家所普遍熟知的神的原初意象；在这里，我只要稍微指出一点点就够了：所有神话中所描述的神的死亡与复活，形形色色的原初预兆，还有物神及护符的重新注入魔力都是这样。它表现了态度上的转化，借助这种转化可以创造出一种新的生命的潜在势能、一种新的生命显示，以及一种新的丰硕。后一个类比有充分的证据能够说明神的再生与季节变化及植物生长的现象之间具有某种关系。人们更倾向于认为，季节的变化、植物的生长、月亮神话和太阳神话都包括在这种类比之中。然而我们应该记住，神话与所有心理事件一样，在它们眼中不是只有外在事件才是条件。一切的心理产物都有其内在条件，所以人们宣称神话完全是心理性的一点都不为过，因为神话只是用气象学或天文学的事件作为表现的材料而已。许多原初神话都是怪诞而荒谬的，这就使得后一种解释远没有其他的解释有说服力。

心理能量或欲力的调配中愈演愈烈的分裂是神的再生的心理出发点。欲力被分成了两半；一半流向普罗米修斯式倾向，另一半则流向埃庇米修斯式倾向。自然，这一分裂无论对社会还是对个体来说都是一种阻碍。因此，最适度的生命距离相对立的极端越来越远，它转而开始寻找中间道路，因为对立是理性的和意识的，而中间道路就必然是非理性的和无意识的。既然中间状态作为一种对立之间的和解功能，具有非理性的特征，而且是无意识的，那么，它就必然会投射在于中介的神的形式还有弥赛亚（Messiah）[1]的形象中。如果把原初理解为缺乏洞察力，那么。我们说，在更原初的西方宗教形式中，新的生命的承受者就曾以上帝或救世主的形式出现，他带着父性的爱和忧虑，从他自己内在的和解出发，将我们并不能真正理解但却切合于他的分裂彻底消除了。毫无疑问，这种观点很幼稚。东方人对这一过程可谓相当熟悉，几千年以来，以它为基础所建立起来的拯救的心理学说，把救赎的道路领入人的知识与能力范围之内。因此，印度与中国的宗教，特别是将二者融为一体的佛教，都具有那种借助意识态度而获得神奇效验的拯救的中间道路的观念。《吠陀经》的观念正是一种有意识的努力，把人从二元对立中解脱出来，以获得救赎。

一、婆罗门教关于对立问题的观念

如果从心理学角度上来理解，梵文称二元对立为Dvandva。这个词不仅包含着二元的含义（尤其指男女），还包含了有冲突、争吵、格斗、疑虑等含义。二元对立物是由世界的创造者规定的。《摩奴法典》说：

> 此外，他用功与过区分行为，他认为他的所造之物脱离不了二元对立物的影响，例如痛苦与快乐。[2]

注经家古卢格（Kulluka）对二元对立进行进一步研究后，把它称为欲望与愤怒、爱与恨、谨慎与愚蠢、饥饿与干渴、荣誉与耻辱。《罗摩衍那》说："这个世界注定永远脱离不了二元对立物的折磨。"[3]要让自己不再受到对立物的影响，要让自己摆脱它的控制，获得自由，使自己上升到对立之上，这是一项基本的道德任务，因为摆脱对立就意味着获得了拯救。

以下是一些例子：

---

1 弥赛亚是圣经词语，意同希腊语中的耶稣，是救世主的意思。——译者注

2 见《东方宗教经典》第15卷，第13页。

3 《罗摩衍那》，第2卷《阿逾陀篇》，第84章，第20节。

只要（他的心灵）有所归属，这世界上的一切事物对他就都没有了意义，不管生前还是死后他都将获得永恒的极乐。无论何人，只要用这种方式逐渐冲破所有的羁绊，使自己从一切对立中解脱出来，他就会于大梵[1]之中独自安息。

《吠陀经》谈到了三种德；但是，啊，阿居罗（Arjuna），你居然漠视这三种德，同时还漠视对立，你的勇气永远坚定。

然后，（在最深入的沉思中，samadhi），那种不为对立所动的状况终于还是到来了。[2]

在那里他摆脱了善行与恶行，他的亲朋获得善行；但并不行善，却反而行恶。然而，正如驾车的人看不见两只车轮一样，他也看不见白天与黑夜、善行与恶行，以及一切的对立。而只要他摆脱了善恶，对大梵就达成了明识且进入了大梵中。[3]

一个沉浸在冥思状态中的人一定能成为一个主人，他会摆脱愤怒、世事、感官欲望以及对立的羁绊和束缚，消除自我寻求，将愿望搁置一旁。[4]

苍穹之下，我用泥土在一棵树下建造我的住所，将所爱之物和所有所憎之物通通抛弃，不感到悲哀也不享受快乐，不接受责怪也不接受奖赏，不心怀期待也不思考尊敬，既没有财产也无牵无挂，如此，就可摆脱对立。[5]

每一个人，只要他视生如死，将幸运视作霉运，对得失荣辱不屑一顾，他就获得了拯救。不管是谁，只要他毫无所求，没有什么事需要不对考虑，他就摆脱了对立，他的灵魂不再激动，他完全解脱了……不管是谁，只要他不言对错，将他先前生命中功过通通抛弃，那么，就算他的肉体渐渐消失了，他的灵魂依然保持平静，他就获得了拯救。[6]

千百年以来，当我仍然无法控制地对外界事物充满渴望时，我沉湎于感官的享受。然而现在，我要将它们通通抛弃，我要让我的心灵接近大梵；漠视对立，摆脱自我—寻求，我将于荒野之中漫游。[7]

通过对所有造物的忍耐，通过禁欲、苦行、自我—克制、免除欲望，通过许愿和

---

1 大梵指绝对的灵魂（Paramatman），或指非个人的包含一切的神的存在，最初的本源，一切存在的最高目的。

2 波颠阇利（Patanjali）的《瑜伽经》。参见杜赛恩《哲学史》第1卷，第3章，第551页。

3 《考史多启奥义书》第1章，第4节。参见休姆《十三本原奥义书》，第304页及以后页。

4 《光明点奥义书》第3节。参见*Minor Upanishads*，第17页。

5 参见《摩诃婆罗多》，第1篇（《初篇》），第119章，第8节。该书为印度两大史诗之一，现存版本成书时间为公元前4世纪和公元4世纪之间。

6 《摩诃婆罗多》第14篇，第19章，第4节。

7 《薄伽梵歌——往世书》第9篇，第19章，第18节。“当他既厌恶非苦行又厌恶苦行的状况时，他变成了大梵。”《大林间奥义书》第3部分，第5节。

无过错的生活，通过平衡与忍让对立，他将享有大梵的极乐，那种无色的极乐。[1]

丢掉傲慢与妄想，不再依赖于恶，永远忠实于最高的自我，消灭欲望，不再为痛苦与快乐所动，他们就真实地走向了那永恒的境界。[2]

从上述引文我们可以看到，首先不能让诸如冷与热之类的外在对立物参与到精神中来，其次也不能让它们参与到诸如爱与恨之类的极度的感情波动中来。感情波动永远与所有心理对立的现象相伴随，因而永远与相冲突的观念的现象相伴随，这些观念要么是道德的，要么就是其他的东西。依据以往的经验，个体受到的刺激越大，个体感情的波澜就相应成比例地增大。

因此，我们就会很清楚地认识到，印度人的目的就在于使个体完全摆脱对立，保持原有的人性，以便人能从大梵中获得一种新的生命，就是与神同在，获得拯救。大梵最终克服诸对立，成为诸对立物的非理性的统一。作为世界的本原和创造者的大梵既创造了对立物，又必定会将它们再次消除，否则，就是没能考虑到拯救的状况。下面是另一组例证：

大梵既是有也是无，既是存在也是非存在，既是有限也是无限，既是实在也是非实在。[3]

大梵有两种形式：有形的与无形的，有灭的与无灭的，静的与动的，具体的与超验的。[4]

伟大的自性的神人以万物的创造者的身份永远存在于人的内心之中，他通过心、思和魂来感悟：知与不知；他所知道的变得容易朽坏。当黑暗（无知）不存在时，就无所谓白昼与黑夜，存在与非存在。[5]

在不朽的、无限的、最崇高的大梵中，隐藏着知与不知。不知容易腐朽，知却永远存在。但是，能支配知与不知两者的却是另一种人。[6]

在造物的内心隐藏着比微者更微、比大者更大的自性。借助上天的恩赐，只要人瞥见了自性的光辉，就能摆脱欲望，远离悲伤。他虽静坐于此却已远行；虽居家中却又无处不在。能了解神的不快与欢欣的舍我其谁？[7]

---

1 《薄伽梵歌——往世书》第4篇，第22章，第24节。

2 《诃罗达——往世书》，第16章，第110节。参见《印度教经书》第26卷，第167页。

3 杜赛思：《哲学史》第1卷，第2部分，第117页。

4 《大林间奥义书》第2篇，第3章，第1节。参见休姆《十三本原奥义书》，第97页。

5 《白净识者奥义书》第4章，第17—18节。参见休姆《十三本原奥义书》，第406页。

6 《白净识者奥义书》第5章，第1节。参见休姆《十三本原奥义书》，第405页。

7 《羯陀奥义书》第1章，第2轮，第20条。参见休姆《十三本原奥义书》，第349页及以后页。

他虽不动，他的心灵却如此迅捷。

其前行速度之快远远超过了众神。

他站立着，同时又远远居于那些行进之人之后。

行动着。又站立着。

亦远亦近。

内在的一切，

外在的一切。[1]

雄鹰翱翔于天空之后，因困倦而收拢翅膀，栖息于高山之上，神人也是这样，他片刻之间就进入无欲无梦的睡眠状态之中。

这就是真实的神人状态，摆脱欲望，远离罪恶，消除恐惧。就像怀抱美女的人感觉不到身内与身外之物一般，神人也因身怀明识之自性而同样感觉不到这一切。没错，这就是神人的状态，全部欲望都被满足，唯独渴望自性。那是无欲无哀之欲。

一个人若是亲眼见到大海，便不再想去观赏江河，这时他的世界就是大梵……这是人的最高成就、最大财富、最终目标，也是他无上的快乐。[2]

什么东西急速飞驰而又静止不动，

什么东西既呼吸而又不呼吸，

什么东西闭上了眼睛，

什么促成了大地的千姿百态，

又统一起来复归于一。

这些引文告诉我们，大梵的实质就是对立物的统一与分解，它是一种超出了对立的非理性因素。所以，我们说，大梵是一种完全超越认识与理解的神性实体，它是自性［虽然程度要低于类似的阿特门（Atman）概念］，同时也是一种特定的心理状态，能隔绝情感之流。因为苦难是一种情感，所以超脱情感就意味着获得解救。从情感之流中以及对立的紧张中获得解救，便预示着逐渐走向大梵的救赎之道。

因此，大梵绝不只是一种心理状态，还是一种过程，一种“创造的绵延”。由此，我们就可以理解为什么《奥义书》中会以象征的方式来表达的被我为欲力象征[3]的这种大梵观念了。关于这一点，我将在下面一节中给出一些例证。

---

1 《伊沙奥义书》，第4—5条。参见休姆《十三本原奥义书》，第362页及以后页。

2 《大林间奥义书》第4分，第3婆罗门书，第19、21、32节。参见休姆《十三本原奥义书》，第136页及以后页。

3 见荣格《转变的象征》，第204段及以后段。

二、婆罗门教关于和解象征的观念

当我们说大梵首次在东方诞生，就等于是在说，大梵每一天都像远方的太阳在东方诞生。[1]

那太阳中的来自远方的人是波罗摩西丁（Parameshtin）、大梵、阿特门。[2]
大梵像太阳一样带来光明。[3]
大梵是远方燃烧着的圆盘。[4]
大梵出生在东方。
太一出现在平地线上，仁慈而壮观；
他的光芒洒遍世间万物，至深，至高，
他同时孕育着存在与非存在。
光明是他的孩子，他创造了财富，
他显现于天际，姿态万千。万物用赞美诗颂扬他，
青春永驻，大梵借婆罗门之教义而永远增大。
大梵带来了众神，大梵创造了世界。[5]

我用着重号在最后一段对某些极富特征的句子进行了强调，它们表明，大梵在创造的同时也在被创造，他是不断生成之物。在这里，太阳被赋予了“仁慈的太一”（Gracious One，vena）的称号，若是在其他地方，这个称号则是用来称颂那些神性的荣耀的先知的，因为先知的精神就像太阳般的大梵一样穿越“大地与天空而入于沉思的大梵中”[6]。如此一来，我们就从总体上了解了神的存在与人的自性（阿特门）之间那种完全同一的亲密联系。我再从《阿闼婆吠陀》中举一个例子：

大梵的门徒将生命赋予两个世界。
他身上的众神拥有一个共同的灵魂。
他囊括了大地与天空又为其提供支撑，
他的托波斯（tapas）甚至供养着他的师尊。

1 《迦托普梵书》，14. 1. 3，3. 《东方宗教经典》第44卷，第459页及以后页。
2 《泰迪黎耶森林书》，10. 63. 15。
3 《金刚针吠陀书》，23. 48。
4 《迦托普梵书》，8. 5. 3，7. 《东方宗教经典》等43卷，第94页。
5 《泰延黎耶梵书》，2. 8. 8，8。
6 《阿闼婆吠陀》，10. 5. 1。

人们纷纷拜访这位大梵的门徒，
父亲与众神，单个或成群，
他就以他的托波斯滋养众神。

大梵的门徒本身就是由大梵转化而来，所以，从本质上来讲，大梵与某种特定的心理状况是统一的。

那由众神所驱动的太阳，光芒万丈，照耀四方。
这光辉来自大梵的威力，来自至高无上的大梵，
来自所有的神明，以及那使他们永恒的东西。
大梵的门徒将大梵的光辉播撒四方，
他身上交织着不胜枚举的神明。[1]

大梵就是般若罗（prana），意为生命的气息和宇宙的原则；大梵也是vayu，意为风，《大林间奥义书》（第3部分第7婆罗门书）把大梵描述为“联系这个世界和另一个世界以及万物的风，描述为自性、内在的控制者与不朽者”。

那居住于人之中且居住于太阳之中的他是同一的。[2]

弥留之人的祈祷：

在那真实者的脸庞上
覆盖着金色的圆盘。
揭开它吧，啊，太阳，
我们也许看到真实者的真容。
将你播散的光辉汇聚在他们身上！
那光芒是最美妙的，
我感受到了它。
那居住在远方的太阳中的神人就是我自己。
当我的肉体消失殆尽时，
我的气息化为了永恒的风。[3]

---

1 《阿闼婆吠陀》，11. 5. 23。

2 《泰迪黎耶奥义书》第2卷，第8章，第5节。参见休姆《十三本原奥义书》，第289页。

3 《大林间奥义书》第5分，第15婆罗门书。参见休姆《十三本原奥义书》，第157。

这普照一切的光辉，高于一切，达到万物之巅，甚至在至高的世界超越了另一非存在的世界，它同样是内在于人中的光辉。我们有确切的证据可以证明，我们可以凭借肉身中的内心感触而感受到它。[1]

与稻谷、大麦或小米没什么分别，它们的核心同样是内心中的金色神人，他如同无烟的火焰，广阔胜过大地，深邃胜过天空，辽远胜过世界。这就是一切造物的灵魂，就是我自己。我将从此进入我的灵魂。[2]

《阿闼婆吠陀》中的大梵被感知为生命力与活力论的原则，他构成所有器官及其相应的本能：

是谁在他心中撒下了种子，使他永远接续起繁衍之链条？是谁在他身上集聚了精神的力量，使他有了声音和面部的表情？[3]

甚至人的力量也从大梵而来。这些例子再清楚不过地告诉我们，它们能被无限地扩增，大梵的观念就其全部属性和象征而言，与我称作“欲力”的创造性原则或动力性原则相一致。大梵一词拥有着祈祷、圣言、符咒、神圣的生命、圣知（吠陀）、神圣的社会等级（即印度封建种姓制度的第一姓——婆罗门）、绝对者的含义。杜赛恩强调祈祷一词的含义独特。[4]该词来源于“barh”（参考拉丁文的“farcire”一词），意为“隆起”，因而可把“祈祷”理解为“人朝向神圣与神性而奋力向上的意志”。该词的这一引申义指的是一种特别的心理状态，也就是一种特殊的欲力的集聚，如果神经受到了强烈的刺激，它们就会产生一种普遍的心理紧张状态，且伴随着情感的迸发出来，亦即上文提到的隆起。而人们经常在日常生活中提到的诸如“激情的宣泄”“难以自制”“大发雷霆”之类的意象就是这种状态的表述。（“嘴上最常说的就是满溢于心的。”）印度瑜伽修行者为了达到这一状态，会进行系统的训练，练习将注意力（欲力）从外在客体和内在心理状态中撤回来，即把注意力（欲力）从对立物中撤回来。排除了感官知觉和意识内容势必会像催眠一样降低意识的程度同时使无意识的内容即原初的意象更加活跃，这些意象是普遍存在的，古老而又永恒，所以才会拥有宇宙的和超人类的特征。如此一来，那些诸如太阳、火、光焰、风、呼吸之类的古老比喻的内涵就不再难以理解了，它们是来自远古时期具有创造性和创造力能让

---

1 《唱赞奥义书》第3篇，第13章，第7节。参见休姆《十三本原奥义书》，第209。

2 《迦托普梵书》，10. 6. 3. 参见休姆《十三本原奥义书》，第209页。

3 《阿闼婆吠陀》，10. 2. 7。

4 见杜赛恩《哲学史》第1卷，第1部，第240页及以后页。

世界运动起来的象征。我在《转变的象征》一书中对这些欲力象征进行了特别的研究，因此在这里就不再展开论述了。

创造性世界原则的观念是对蕴含于人的生命本质的一种知觉的投射。为了不让活力论误导我们，为了使人恰当地以抽象的方式来思考这一本质，我们将之称为能量，同时，我们也必须坚决反对按照现代物理学家的观点那样把能量的概念具体化。能量的含义是两极对立，因为能量的流动必然以两种不同的潜能状态或两极状态的存在为前提，没有两极就无所谓流动。所有的能量现象（有能量才有这种现象）都离不开对立的双方，例如开始和结束、冷和热、早和迟、上和下、原因和结果等。两极对立的能量概念所具有的不可分性同样适用于欲力概念。因此，本源上具有神话或沉思特点的欲力象征，可以直接显示为对立，也能分解为两者的对立。我在之前的著作中曾经就欲力的内在分裂，以及由此而导致的极大的抗拒做过讨论，不过我的论证可能并不充分，因为事实上，没有比欲力象征与对立概念这两者间的直接联系本身更充分的论证了。这种联系我们在大梵的象征或概念中也发现了。作为祈祷与原初创造力的联结的大梵（后者本身分解为性的对立）在《梨俱吠陀》（10．31．6）的一首著名的赞美诗中出现了：

缥缈与远方的，这位歌手的祈祷，
化为世界存在之前的公牛。
众神系于同一血脉，
一同居住在阿苏罗（Asura）的宫室。
什么是森林，什么是树木，
大地与天堂来自哪里？
这是永葆青春的“二”，
它们用歌声颂扬每一个黎明与清晨。
他是世界上最伟大的，
公牛赡养这大地与天堂。
他的皮毛闪烁着纯粹的光辉，
那时，他像苏尔耶（Surya）一样驱赶他栗色的马群。
如太阳的金箭，他照耀广袤的大地，
如吹散迷雾的风，他吹遍整个世界。
如密多罗（Mitra）与维奴拿（Varuna），他将酥油涂满身体，
如森林中的阿祇尼（Agni），他光芒耀眼。
当追逐他时，不孕的母牛产崽了，

这不动之物，母牛创造了动物，自由地放牧。

她生下的儿子比她的双亲更古老。

在《迦托普梵书》（*Shatapatha Brahmana*， 2. 2. 4）中创造性世界原则的两极表现为另一种形式：

起初，在这个世界里只存在般荼帕底（Prajapati）[1]，他苦恼：我自己如何能生殖呢？于是他辛苦劳作，实施托波斯，[2]然后，他的嘴里就产生了阿祇尼（火）；[3]因为火是从他的嘴里产生的，所以火能吞没食物。

般荼帕底苦苦思索：我从自身创造了阿祇尼，他是食物的吞没者；但是，在我自身之外除了这可能吞没食物就再没有别的什么存在。因为那时大地上没有一点绿色极为荒凉，这一思考一直萦绕着他。

于是阿祇尼转而对着他那裂开的嘴。他听见自身的崇高对他说：牺牲吧！于是，般荼帕底明白是我自身的崇高在对他说话；而且这一崇高已经牺牲了。

接着，他开始向上升腾，照亮远方（太阳）；接着，他开始向上升腾，纯净万物（风）。因此，般荼帕底通过自我牺牲实现了自我繁殖，同时从死亡中挽救了他自己，就像那吞没食物的阿祇尼一样，被死亡吞食。

牺牲代表的是一个人放弃他有价值的部分，如此一来，牺牲者就能避免被吞食掉。也就是说，这里只有均衡和统一，而并不存在进入对立的转化，太阳与风这两种新的欲力形式就产生于此。《迦托普梵书》对此的描述为：般荼帕底有一半是不死的，另一半则是易死的。[4]

般荼帕底把自己分为了公牛和母牛，以同样的方式，他也把自己分为精神和言语两种原则：

这世界只有般荼帕底存在，言语是他自身，言语是他的第二自身。他苦苦思索：我将发出这种言语，她应运而生，势必穿透一切。于是，他发出了言语，她充满了整个宇宙。

这段话应该引起我们的特别注意，在这里，言语被假设为欲力的创造性的和外倾

---

1 般荼帕底是宇宙的创造原则，等于欲力。在他在创造事物之后，般荼帕底渐渐把爱灌输到他的造物中去。

2 孤独的沉思，禁欲主义，内倾。

3 火从嘴里的产生与言语有着明显的联系。参见荣格《转变的象征》第208段及以后段。

4 参见荣格《转变的象征》中的“狄奥斯柯里”动机（Dioscuri motif），即“双星座”动机，第294段。

的运动，一种歌德所说的心脏扩张（diastole）。它与下面这段话更为相似：

事实上般茶帕底就是世界，言语就是他的第二自身。他与她同房；她便怀孕了；她从他而来，又创造了万物，并且再次回到般茶帕底中去。[1]

在《迦托普梵书》（8. 1. 2，9）中，言语所占分量极重："确实，言语是智慧的Vishvakarman，因为是言语创造了整个世界。"但是，在《迦托普梵书》的其他章节（1. 4. 5，8–11）中，关于精神和言语出现的先后问题却有着截然相反的规定：

现在，精神和言语开始为谁先谁后而争论不休。精神说：我先于你，因为一旦我觉察不到什么时你就无话可说。可言语又说：我先于你，因为只有当我说出你所觉察到的东西时它才被人知晓。

它们找到般茶帕底做裁判。般茶帕底站在精神一边，他对言语说："没错，精神就是先于你，因为你只不过是遵循它的轨迹，说出了精神所觉察的东西；很何况，你一直以来都在模仿他优先的东西，这是下等的。"

这段话告诉我们，世界创造者自身分化出的原则本身还可以细分。最初它们包含在般茶帕底之中，以下引文就清楚地表明了这一点：

般茶帕底期待：我想成为多，我要自我繁衍。于是在他的精神中沉思，他精神里所具有的变成了歌（brihat）；他意识到：我的肉体中正孕育着这个胎儿，我可以通过言语把它生出来。于是他创造了言语。

上述引文揭示了作为心理功能两条原则：欲力的内倾创造出的是内在的产品，即"精神"；而外化或外倾的功能创造出的则是"言语"。由此，我们看到了另一段关于大梵的文字了：

当大梵进入另一个世界时，他思索的是：我如何才能将自己也延伸到这些世界中来呢？最后，他凭借形式与名称将自己双重地延伸到了这些世界中。

这两者是大梵的两大魔怪；无论是谁，凡是认识了大梵的两大魔怪，没有不变成强有力的魔怪的。它们是大梵的两种强有力的表现形式。[2]

之后不久，"因为人们通过精神才知道这种形式是什么，亦即精神是形式"（所

1 韦伯（Weber）：《印度语教程》第9章，第477页。也见杜赛恩《哲学史》第1卷，第1章，第206页。

2 《迦托普梵书》，11. 2. 3。《东方宗教经典》第26卷，第27页及以后。

以形式被定义为精），而“因为凭借言语人们了解了名称”，所以“名称”指的是言语。如此一来，大梵的两大“魔怪”也就成为了精神和言语，成为了两种心理功能，它们显然指的是“联系”的功能，大梵正是凭借它“使自己延伸到”两个世界中取得。凭借内倾的精神，事物的形式被“理解”或“领会”；而凭借外倾的言语，事物获得了名称。两者都涉及与客体的联系、适应或同化。两大“魔怪”显然被看作了人格的化身；这从它们的另外一个命名——yaksha（即显现物）中就可以看出来，因为yaksha的大致意思是恶魔或超人类的存在。

从心理学观点来看，人格化身总是意味着其心理层次的分裂，即意味着被人格化的内容的相对自主性。这种内容不能有意地再生；它们常常是自发生成，或者以同样的方式使自己从意识中抽身出来。[1]比如，当在自我与某个特定情结之间不能相容时，这种分裂就会显现出来。正如我们所知，如果这个特定情结是性情结的话，那么分裂就将变得更加明显，除此之外，其他的情结也有导致分裂的可能，比如权力情结，其一切的努力和意念都是为了获得权力。

然而，还有另一种分裂的形式也不可忽视，那就是，意识自我连同一种被选择的功能，与人格的其他部分的分裂。这种分裂形式可以被定义为自我对某种特定的功能或某组功能的认同。这种形式在这样一种人身上是很常见的：他们沉湎于自身心理功能中的某一种无法自拔，甚至还将此功能单独分化出来，作为他们唯一的意识适应方式。

在文学作品中，与此形象最为接近的莫过于处于悲剧开始时的浮士德。他们人格的其他部分首先表现为长卷毛狗的形象，稍后则表现为梅菲斯特。我认为，尽管从种种联想来看，靡菲斯特体现的都是性欲情结，但如果就此断定这是一种分裂的情结，从而宣称他是被压抑的性欲，显然是无法成立的。这种解释过于狭隘，因为靡菲斯特不仅是性欲，同时也是权力；实际上，对浮士德来说，靡菲斯特就是他的全部生命，也正因如此，才会导致他与恶魔签订契约的恶果。在浮士德的青春复活之前，他梦想不到的权力可能性展现得淋漓尽致！因此，浮士德因等同于某种功能而成为靡菲斯特，从而使他与人格整体分裂开来了，也许这就是正确的解释。后来，思想家瓦格纳也通过浮士德表达了这种分裂。

某种意识能力的片面化体现的是最高文化。但是，非自主性的片面化，即除了片面化而无任何能力体现的则是野蛮。因此，在半野蛮的民族中可发现最片面的分化——例如瑜伽修行者和西藏佛教徒，或是某些蔑视高尚情趣的基督教禁欲主义的方面。这种沦为某一片面性的牺牲品而无视人的整体人格的倾向对野蛮人来说是非常危

---

1 参见荣格的《情绪理论研究》。

险的。举例来说，吉尔加梅斯（Gilgamesh）史诗就肇端于此冲突。野蛮人的片面性带有恶魔的强迫性形式并具有狂暴者（Bernerker）[1]之怒的"肆意妄为"的特征。不管怎样，片面性以本能的萎缩为条件，这是原初人所不具有的，所以通常来说，原初人仍可摆脱文明野蛮人的片面性。

认同某一特定功能一定会立刻产生出对立的紧张。某种片面性越是强迫性的，流向某方面的欲力就越是野性难驯，同时也就越具有恶魔的性质。当一个人被控制在他失控的未驯服的欲力中时，他说话就像被恶魔附体或着了魔似的。如果从这个意义上说，那么，精神和言语（vas）的确可以被当成是强力恶魔，因为它们强有力地控制住了他。一切能产生强力影响的事物要么被视为神，要么被视为恶魔。因此，在诺替斯教中，就像言语被当作逻各斯一样，精神也被人格化为睿智的蛇。言语与般荼帕底的关系同逻各斯与上帝的关系一样。对我们这些心理治疗者来说，这种内倾和外倾都有可能变得具有恶魔性的状况是一种比较常见的经验。从我们的病人身上或是从我们自身中我们都能感觉到，欲力的这种向内或向外流动的不可抗拒的力量，以及深置于内倾或外倾态度中坚不可摧的倾向。把精神和言语描述为"大梵的强力魔怪"，这完全符合欲力一经出现就立刻被分成两条小溪流这一心理事实，通常情况下，两者是周期性地彼此交替出现的，但有时也可能会以外向的溪流与内向的溪流相对立这种冲突的形式忽然出现。这两种运动无法控制也不可阻挡，所以，是具有恶魔性质的。当然，这种恶魔性只有在以下这样的情形中才会被感觉到：因原初人的本能受到极大阻碍而使那种自然的且有意的朝向片面性的反向流动不再发生；文化发展得还不够充分，所以人对自己欲力的驯化还无法达到这样的程度，他只能以自己的自由意志和意愿来控制欲力内倾或外倾的流向。

三、作为动力调节原则的和解象征

在上述引自印度文献资料的章节中，我们对二元对立救赎原则的发展进行了追溯，并且一直挖掘到其相同的创造性原则的根源，由此我们获得了一种对规律性地发生的心理事件的洞见，在别人看来，它们与现代心理学的概念是互相包含的。心理事件发生的有规律性使我们印象深刻，印度文献则为这一印象提供了确凿的证据，因为它们同等地看待大梵与梨陀。梨陀为何物？它指的就是既定的秩序、规则、命运、圣律、法令、神圣习俗、正义、真理。根据词源学的考证，它的本义为法令、正确的道路、方向、必须遵循的路线。梨陀所规定的东西充斥着世界，但梨陀总是在那些自然过程的存在中有特殊显现，该过程一直是恒定的，能激发出对有规律出现的事件的意识。"梨陀的法令为天降的黎明带来了曙光。"掌管世界的古老太一"依循梨陀的法

1 北欧神话中受主神奥丁庇护的猛士，性情狂猛，会一直战斗到死。——译者注

令”，“使太阳上升于天”，太阳就是“梨陀燃烧的面盘”。环绕天空而行的是年，那是梨陀永远灵巧的十二辐车轮。人们将阿祇尼看作是梨陀的后代。就人的行为来说，梨陀就是正在运作的道德律，它铺设了真理和正直的道路。“无论是谁，只要他追随梨陀，就能找到一条平坦而没有阻碍的道路，并踏上这条道路。”

如果只考虑宇宙事件所呈现出的一种神奇的重复和循环，那么梨陀也在宗教仪式中呈现出来了。就像河流循梨陀的法令流动，绯红的黎明播撒光辉，牺牲也同样“在梨陀的马具[1]下”被点燃了；阿祇尼依照梨陀的惯例把牺牲献给众神。供献牺牲的人说，“纯粹的魔力啊，我向众神祈祷；祈求梨陀帮我工作，助我形成思想”。虽然在《吠陀经》中梨陀的概念没有被赋予人格，但柏盖根（Bergaigne）认为，它身上确定无疑地依附着某种具体存在的暗示。既然梨陀表明了事件的方向，那么自然就有了“梨陀的道路”“梨陀的马车夫”[2]“梨陀的航船”之类的说法；有时众神那里也会有与之相似的情形出现。例如，关于梨陀的论述对天空之神维奴拿（Varuna）来说也一样适合。而密多罗（Mitra）这位古老的太阳神也同样无法摆脱与梨陀之间的联系。而对于阿祇尼，曾有过这样的叙述：“如果你一心追随梨陀，你就会变成维奴拿。”[3]众神都在护卫着梨陀。[4]从以下文字中我们可以看到某种最重要的联系：

因为梨陀和密多罗都是大梵，所以梨陀也是密多罗。[5]

谁把母牛赐给大梵谁就能获得整个世界，因为她不仅包含了梨陀、大梵，也包含了托波斯。[6]

般茶帕底被称为梨陀的第一次降生。[7]

众神不会违背梨陀的规律。[8]

如果有人能看见隐藏的阿祇尼，他就无限接近了梨陀的生命之流。[9]

啊，聪明的梨陀智者，你对梨陀简直了如指掌！他钻木取火释放了梨陀众多的生

---

1 喻指马，表示梨陀概念的动态本质。

2 阿祇尼被称为梨陀的马车夫。见《吠陀赞美诗》，《东方宗教经典》第46卷，第158、160、229页。

3 见奥登贝格的《论〈吠陀经〉的宗教与神话》，第167页及以后页，以及他的《论〈吠陀经〉的宗教》，第194页及以后页。在这些资料上我得到苏黎世的阿贝格教授的帮助。

4 杜塞恩：《哲学史》第1卷，第1章，第92页。

5 《迦托普梵书》，4. 1. 4. 10；《东方宗教经典》第26卷，第272页。

6 《阿闼婆吠陀》，10. 10. 33。

7 《阿闼婆吠陀》，12. 1. 61。

8 《梨俱吠陀》，1. 65. 3；参见《吠陀赞美诗》，《东方宗教经典》第46卷，第54页。

9 《梨俱吠陀》，1. 67. 7；参见《吠陀赞美诗》，《东方宗教经典》第46卷，第61页。

命之流。[1]

“钻木取火”应是阿祇尼的功劳，因此这首赞美诗的主角就是他；在诗中，阿祇尼在这诗中被称为“梨陀的红色公牛”。所有阿祇尼的崇拜者都将钻木取火奉为生命更生的神秘象征。这里，梨陀的生命之流的“钻通”显然与钻木取火的含义相同；生命之流再次喷涌而出，欲力摆脱了束缚。[2]钻木取火的宗教仪式和大声朗诵赞美诗都同样能产生这种效果，在他们的信仰者那里，这一切很自然地被视为客体的魔力；究其实质，它是一种主体的“着魔”，是一种生命力的增强与释放、一种生命情感的强化和一种心理潜能的恢复：

尽管阿祇尼悄悄地离开了，但是祈祷者却径直地走向了他，走向了流淌着梨陀的溪流。[3]

如果将其视为能量的流淌，那么，充满活力的情感的复活往往被视为本义上的春天的复苏，视为春天到来时冬天的坚冰融化，比作久旱逢甘霖。[4]下面这些文字延续着这一主题：

“乳汁太充盈了，梨陀哞哞叫的母牛奶汁四溢。那从远方而来向神乞求恩惠的激流澎湃着击碎了山上的岩石。”[5]

这个意象暗示的是某种能量的紧张和某种欲力的阻截与释放。这里，“哞哞叫的母牛”代表的是神圣的赐福者和能量释放的最终本源。

在下述文字中我们还看到了前文提及的作为欲力释放的雨的意象：

迷雾散去，云层上有雷声轰隆滚过。吮吸梨陀乳汁的他被领上了通向梨陀的笔直的道路，此时，在大地上游荡的阿耶门（Aryaman）、密多罗和维奴拿则将那皮袋（=云）放进了下面的（世界？）子宫（发源地）中。[6]

这个“吮吸梨陀乳汁的他”指的就是阿祇尼，在这里他被比喻为从带雨乌云中闪现出来的闪电。在这里，梨陀又一次代表着具体的能量根源，阿祇尼就是由此产生出来的，正如《吠陀赞美诗》中所明确提及的那样。[7]

---

1 《梨俱吠陀》，4. 12. 2；参见《吠陀赞美诗》，《东方宗教经典》第46卷，第393页。

2 欲力通过宗教仪式得以释放。释放把欲力引入了意识的掌控之内，使其变得易于驯化了。欲力从一种本能的、未驯化的状态转变为可处置的状态。以下这句诗行对此进行了描述：“治理者，慷慨的君主凭他们的权力从底层产生出他（阿祇尼），从公牛的形式产生出他。”《梨俱吠陀》，1. 141. 3；参见《吠陀赞美诗》，《东方宗教经典》第46卷，第147页。

3 《梨俱吠陀》，1. 141. 1；参见《吠陀赞美诗》，《东方宗教经典》第46卷，第147页。

4 参见荣格《转变的象征》，第395和439段，注47。

5 《梨俱吠陀》，1. 73. 6；参见《吠陀赞美诗》，《东方宗教经典》第46卷，第88页。

6 《梨俱吠陀》1. 79. 2—3；参见《吠陀赞美诗》，《东方宗教经典》第46卷，第103页。

7 见《吠陀赞美诗》，《东方宗教经典》第46卷，第161、167页。

梨陀的泉流隐藏在神的诞生之地和神的宝座旁，他们热情欢呼迎接它的到来。当神居住在纵横交错的江河中时，他在这里吮吸泉流。[1]

我们所说的把梨陀当作欲力本源的观点在这段话中得到了证实，神居住在那里，他诞生于神圣的仪式之中。阿祗尼是潜在的欲力的主动显现；他完成或实现了梨陀，是梨陀的“马车夫”；他赶着梨陀的那两匹长着长鬃毛的红色牡马。[2]他驾驭梨陀就像用缰绳来驭马。[3]他给人类带来众神，并赐给人类力量和幸福；他们体现的是确定的心理状况，生命的情感和能量在那里自由欢快地流淌，尼采用奇妙的诗句描述了这种状况：

你那烈焰熊熊的长矛
化解了我冰冻的灵魂，
它携着至高的愿望前行
在海洋中呼啸奔腾。

接下来这一段祷词正好与上述主题相应：

让那神圣的门，让那梨陀的增生者，通通敞开吧……愿众神降临。愿黑夜与黎明……梨陀年轻的母亲们，同坐在献祭的草地上。[4]

很显然，这里的梨陀被比喻为了初升的太阳。梨陀之所以会呈现为太阳，是因为它是诞生于黑夜与黎明之中的新的太阳。

我认为，至此已经无须再举例进行说明了，很明显，梨陀的概念就像太阳与风一样是一种欲力-象征。只不过这一概念并不具体，它主要包含的是规律的抽象因素和确定方向，还有设定好的有序的道路或过程的观念。

因此，它象征着某种富于哲学意味的欲力，可以和斯多噶学派的命运概念进行直接对比。斯多噶学派的命运概念含有创造的、原初热量的意义，同时它也是预定而有序的过程，所以，它还有另一个含义，那就是其另一“命运星宿的强制”。[5]欲力是一种心理能量，所以也明显具有这些性质；因为过程通常指的都是从较高势能流向较

1 《梨俱吠陀》1. 144. 2；参见《吠陀赞美诗》，《东方宗教经典》第46卷，第160、162页。

2 《梨俱吠陀》3. 6；见《吠陀赞美诗》，《东方宗教经典》第46卷，第244、246页；以及《梨俱吠陀》4. 2；见《吠陀赞美诗》，《东方宗教经典》第46卷，第316、313页。

3 参见《吠陀赞美诗》，第382页。

4 《梨俱吠陀》1. 142. 6；参见《吠陀赞美诗》，《东方宗教经典》第46卷，第153、158页。

5 参见荣格《转变的象征》，第102、644段。

低势能，所以能量概念必然也将有规律的过程的观念包含其中。它等同于欲力概念，后者单纯指生命过程的能量。它的规律就是生命能量的规律。对于生命现象来说，作为能量概念的欲力是一个量的程式，它有不同强度的变化是很正常的。像物理能量一样，欲力充斥在所有可感知的转化之中；关于这方面，我们在无意识幻想和神话中找到了充分的证据。这些幻想主要是能量转化过程的自我呈现，它们依照自身特有的规律与特有的“道路”运行。这里的“道路”指的是描述能量的最佳释放及其相应释放结果的线路或曲线。所以，它充其量只是表现除了能量的流动和能量的自我显示。道路即梨陀，它是生命能量或欲力之流，是设定的线路，是一条正确之路，只要沿着它走下去就能接近不断自我-更新的过程。如果说一个人的心理可以决定其命运，那么，我们说这条道路就是命运。它是我们的天命，也是我们的存在规律之路。

如果将这种方向看成完全是自然主义的，那就意味着要完全屈从于人的本能，这显然是错误的。这等于是在为本能预有一种逐渐“下行”的倾向，以及自然主义相当于堕落与不道德。对自然主义的这种解释，我不能予以反对，但我也不会忘记，那种放纵自己任意而行的人是最有可能走向堕落的，原初人就是一个例子，他们不但有道德准则，而且还有比我们这些文明人严厉得多的道德准则。无论对原初人还是对我们这些文明人来说，如果善恶是某种东西，那么我们和原初人之间也就不存在什么区别了；最重要的是，其自然主义的发展会导致立法的产生。不同于西奈山（Sinai）上的摩西那样的人向他的百姓所颁布的观念，道德是像房子、船或任何其他文化器具那样在生活法则中被塑造出来的东西。同样的中间道路——欲力的自然流动，代表的是完全服从于人类天性的基本法则，所以也不就需要那种超越人类自然律的更高道德原则的存在了，自然律自然会将欲力引向生命最适度的方向上去。生命最适度是不可能存在于粗野的利己主义中的，因为事实上，人具有这样的特质：能使别人快乐对他来说意义重大。同样，那种对个体的优越无度的追求也不可能获得最适度，因为集体因素已经在人性之中根深蒂固，以致他对友谊的渴望将摧毁一切由赤裸裸的利己主义带来的快乐。要想获得生命的最适度，唯一的做法就是遵循欲力的涨落规律，通过心脏扩张舒张收缩的彼此交替——那种既产生快乐也在一定程度上限定快乐，给我们个体生命目标设置规律。

假如就像“自然主义”的悲观主义者哀叹的那样，实现中间道路就是对本能的纯粹屈从，那么，人类也就没有什么理由再去对最深刻的哲学沉思进行探究了。然而，如果你研究过《奥义书》的哲学，就会知道，要想实现这一道路确实苦难重重。相对印度人的洞见来说，我们西方人的优越感恰好显示了我们的野蛮根性，我们不具备他们那种最古老的细致入微的辨别力，自然也就不具有这种辨别力所带来的不同寻常的深度和令人惊叹的心理精确性。我们还是很缺乏教养，甚至必须要依靠外在的律令，严厉的工头或父亲告诉我们：什么是善，什么是正确的，什么事情是能做的。因为我们依然那么野蛮，以致对我们来说，任何对人的本质规律的信赖都表现为危险的和非道德的自然主义。这是为什么？因为野蛮人披着文化的外衣，其内在却潜伏着随时爆发的兽性，这就已经够恐怖了。然而，锁在牢笼中的这头野兽仍然没有被驯化。超出自由的道德并不存在。当野蛮人将潜藏于他自身中的兽性释放出来时，得到的不是自由而是奴役。因而要赢得自由必须先将野蛮性连根拔起。从理论上说，当个体把野蛮根性及其道德驾驭力感受为他自身的本质因素而不是外在的限制时，也就意味着消除了野蛮性。但是，要获得这种认识，恐怕只有解决对立的冲突这一条道路。

四、中国哲学中的和解象征

在对立的两者之间取中间道路的思想也在中国出现，那就是“道”。说起道，通常让人联想起于公元前604年出生的哲学家老子。但是，这一概念在老子的哲学问世前就有了。它与古老民间宗教的道教——“天师道”有密切联系，这一概念对应的恰好就是《吠陀经》中的梨陀。道的含义包括：善，道路，原则，方法，正确的，宇宙观，道德律，自然力或生命力，所有现象的本因，自然的有规律的过程。有的译者甚至把道译为无所不能的上帝，在我看来，就像梨陀一样，道是具有某种实体性的。

接下来我们先来看一下老子的《道德经》这部古代著作，我会从中举出一些实例：

吾不知谁之子，象帝之先。[1]（《道德经》第4章）

有物混成，先天地生。寂兮寥兮，独立而不改，周行而不殆，可以为天下母。吾不知其名，强字之曰道。（《道德经》第25章）

老子将道的基本性质比作水：

上善若水，水善利万物而不争，处众人之所恶，故几于道。（《道德经》第8章）

对于潜能的观念来说，再也找不到比这句更恰当的描述了：

故常无欲，以观其妙。常有欲，以观其徼。（《道德经》第1章）

虽然这并不代表道与基本的婆罗门教观念有过什么直接的接触，但谁也不法否认二者之间血缘上的联系。老子算得上是一位真正的原创思想家。原初意象具有像人

---

1 遗憾的是，此处及以下引文的内容与荣格认为的“道”具有某种实体性成分相矛盾。——英译者注

一样的普遍性，它潜藏于梨陀-大梵-阿特门（Atman）和道中，以能量或“灵魂力”（不管是哪个称呼）的原初概念出现在每个时代和所有民族中。

知常容，容乃公，公乃全，全乃天，天乃道，道乃久，没身不殆。（《道德经》第16章）

因此，就像认识大梵一样，认识道同样也具有拯救和提升的效果。人变成了与道合一，与永无停息的创造性的绵延合一，当然，前提是可以把柏格森的这个概念与古老的道的概念相提并论，因为道也是时间之流。道不是理性的、无法想象：

道之为物，惟恍惟惚。（《道德经》第21章）
天下万物生于有，有生于无。（《道德经》第40章）
道隐无名。（《道德经》第41章）

很显然，道是一种非理性的对立统一，象征着有与无。

谷神不死，是谓玄牝。玄牝之门，是谓天地根。（《道德经》第6章）

道如同父性生殖和母性生殖一样，也是创造的过程。它是一切造物的始与终。

故从事于道者，同于道。（《道德经》第23章）

圣人正是因为洞察到了对立物彼此间的关联性和交替性，才能将自己从诸对立物中解脱出来。所以老子说：

功遂身退，天之道也。（《道德经》第9章）
故（圣人）不可得而亲，不可得而疏；不可得而利，不可得而害；不可得而贵，不可得而贱。（《道德经》第56章）

与道合一的存在与婴儿的状况相近似：

载营魄抱一，能无离乎？专气致柔，能如婴儿乎？（《道德经》第10章）
知其雄，守其雌，为天下谿。为天下谿，常德不离，复归于婴儿。（《道德经》

第28章）

含德之厚，比于赤子。（《道德经》第55章）

大家都知道，要想进入天国，具备这种心理态度是最基本的条件，无论对它进行怎样的理性解释，它都象征着核心的非理性，都会产生救赎的效用。基督教象征与东方观念相比，基督教象征只具有更多的社会特征。它们直接将自己放置在古老的动力论观念中，认为从人和事物中，或者从在较高的进化层次上来说，从神祇或神圣的原则中会散发出一种魔力。

道教的思想认为，道是阳与阴的二元对立。阳指温暖、光明、男性；阴指寒冷、黑暗、女性；阳为天，阴为地。神和人灵魂的天上部分从阳力中产生出来；鬼和人灵魂的地下部分从阴力中产生出来。人就是一个微观世界，是对立的和解。天、人和地是世界的三大要素，被称为“三才”。

以上完全是对一个原初的观念的描述，我们在其他地方也同样看到了它的这种的形式，例如在非洲西部神话中，Obatala和Odudua是第一对父母，即天和地，他们共同生活在一个葫芦中，直到生出了他们的儿子即人的到来为止。因此，作为一个微观世界，人将世界上所有的对立物都统一于自身，他对应的就是统一了诸心理对立物的非理性象征。很显然，席勒之所以把象征定义为“生命的形式”，是与这种人的原初意象分不开的。

人的灵魂被分为两大类：神或魂，还有鬼或魄，这在心理上具有极大的真实性。《浮士德》中的著名诗句便与这种中国观念遥相呼应：

我的心中居住着两个灵魂，
它们总想脱离彼此。
一个对爱满怀期待，
执着恋眷于俗世凡尘；
另一个却竭力挣脱世俗，
想往崇高的先辈的居地飞去。[1]

这两种倾向互相争斗，无论哪一种都在尽力将人拖进极端的态度中来，使人附着于尘世中，它们都使人与自己在精神和物质上都产生冲突，所以必须找到一种平衡，而这种平衡就是“非理性的第三者”——道。因此，圣人们为了避免陷入对立的冲

1 《浮士德》第一部，第二场。

突，都会竭尽全力使自己能过上一种与道合一的生活。因为道是非理性的，所以仅凭意志是不可能得到它的；这也是老子一再地强调的。正因如此，另一个独特的中国概念——“无为”获得了一种特殊的含义。无为即“无-作为”（not-doing）［切记不要将其与“无所作为”（doing nothing）相混淆］。我们时代崇高却又邪恶的理性主义式的“有所作为”（doing），是不可能通向道的。

因此，我们说，在宇宙性的对立的紧张中，通过返回到道而获得拯救才是道教伦理的目的。与此同时，我们也必须要提及中江藤树这位被称为“近江圣人”的17世纪的著名日本哲学家。他以中国的朱熹学派的学理为基础，建立了理和气这两条原则。理代表世界精神，气代表世界物质。然而，理和气是一体的，因为它们都是神的属性，也都只在神那里存在，且只有通过神才存在，统一于神。同样，理和气也包含在灵魂之中。谈到神，藤树说：“神作为世界的本质将整个世界涵盖在内，但同时，神也存在于我们之中甚至存在于我们的躯体中。”他认为，神是一种普遍的自性，而个体自性则是深藏于我们内部的“天”，是一种被称为心的超越了感知的神性之物。心是“内在于我们的神”，每一个体中都有它的存在。它是真实自性。藤树把真实自性与虚假自性做了区分。虚假自性是一种后天获得的混杂着邪恶信念的人格。可以被定义为人格面具，即我们从对世界的影响和世界对我们的影响的经验中建立起来的普遍观念。叔本华曾说过，人格面具是在某人自己及其世界面前的呈现之物，但不是此人的存在之物，他的存在之物是他的个体自性，也就是藤树所说的“真实自性”或心。心又被称作“独”或“独知”。因为它显然是与自性的本质相关的，所以也不在外部经验所能决定的所有个人的判断的范围内。藤树认为心就是至善，就是“极乐”（大梵也是极乐，ananda）。心是贯穿世界的光明——这更近似于大梵。“心”是对人类的爱，它永不朽坏、无所不知、善良纯全。罪恶来自意志（与叔本华有几分的类似）。心是自我调节的功能，是理和气二元对立的调和；它非常符合印度人“居于心中的古老智者”的观念。正如中国哲学家、“日本哲学之父”王阳明所说的：“每个人的心中都有圣人的存在。只是人们对此表示怀疑，以致把它完全埋藏了起来。”[1]

从此观点来看，我们就能很容易理解瓦格纳的《帕西法尔》中有助于问题解答的原初意象了。圣杯与体现克林瑟尔的权力的圣矛之间对立的紧张是作品中痛苦的根源。在克林瑟尔魔法控制之下的坎德丽（Kundry），就是阿姆弗达斯（Amfortas）所不具备的本能生命力或欲力的象征。帕西法尔之所以能将欲力从骚乱的、强制性的本能状态中解放出来，首先是因为他没有向坎德丽屈服，其次是他并没有占有圣杯。阿姆弗达斯因为缺乏欲力所以占有了圣杯并因此受难。而帕西法尔两样一样也没做，所

---

1 见《阳明传习录》，查恩译，第207节，第193页及以后页。

以他摆脱了对立，成为拯救者、治伤的良药、鲜活的生命力、对立的和解；圣杯所代表的是光明、天国、女性，圣矛所代表的是黑暗、地狱、男性，这里的和解就是二者之间的和解。坎德丽之死意味着欲力挣脱了自然的、未驯化的形式（与前文所说的“公牛的形式”相比较）而言，如果这种形式被赋予了生命，那么它将使作为新的生命之流的能量在圣杯的光辉中奔涌而出。

帕西法尔避免了对立（尽管是无意识的，但至少是部分的），所以欲力积聚起来创造出了新的势能，能量也因此有了新的表现方式。这种不容置疑的性的象征表现可能会使人将圣矛与圣杯的结合片面地理解为纯粹意味着性欲的释放。然而，阿姆弗达斯的命运表明了，这个问题完全与性欲无关。正好相反，阿姆弗达斯就是因为重拾了受本性的野蛮控制的态度，才会遭受苦难并最终失去了权力。坎德丽以一种象征性行为来诱惑他，这表明，重创他的并不是性欲，而是本性的强迫性态度，以对生物性冲动的盲从。这种态度使我们心理中兽性成分的至高无上暴露无遗。人注定一方面被兽性伤害，同时还要抵抗兽性的征服；也正因如此，人才会获得发展。我在《转变的象征》中已经表明，问题关键不在于性欲，而在于欲力的驯化，至于为什么它与性欲会存在某种关系，原因是性欲是欲力中最重要和最危险的表现形式之一。

如果我们只将阿姆弗达斯的情形以及圣矛与圣杯的结合看作是一个与性有关的问题，那么我们就会面临不可调和的冲突，因为造成伤害之物同时又是治伤的药物。但是，假如我们能把对立看成一种层次更高的和解，或者说，如果我们能认识到这其实就是一种态度的问题，此态度使所有的活动（包括性的活动）获得调节，而并不是各种不同的形式出现的性欲问题，那么，这种悖谬也就变成了真实的或是可相容的了。我必须反复强调一点，那就是，对心理学的实际问题的分析，存在于比性欲和性欲的压抑更深层的地方。尽管性欲的观点无论在解释幼儿还是解释成人的病态心理方面都是很有价值的，但我们不得不承认其作为一种阐释人的心理整体的原则还是相当不完善的。在性欲或权力本能之下隐藏着的是对性欲或对权力的某种态度。这种态度不只是一种无意识的和自发的直觉现象，还是一种意识功能，所以可以被大致上看作是一种生命观。我们在看待所有疑难问题时，偶尔是有意识地但更多时候是无意识地极大地受到某些集体观念的影响，这些集体观念与过去世世代代的世界观和生命观有着密切的联系，我们的精神氛围就是由它构成的。不管我们是否意识到了它，我们都是通过在此精神氛围中进行呼吸而被这些观念所影响的。集体观念往往是宗教性的，因为一种哲学观念唯有对原初意象加以表达才能变成集体性的。这些观念的宗教特征来源于它们对集体无意识的真实表达，因而它们可以释放出集体无意识的潜能。生命的最大问题（当然也包括性）总是关乎于集体无意识的原初意象。这些意象要么是平衡的因素，要么是补偿的因素，它们总是与生命在现实中向我们所呈现的问题相适应的。

我们不用对此感到惊讶，因为正是人类数千年来为生存与适应而搏斗所形成的经验的积淀造就了这些意象。这些意象所积聚的宝贵价值，在生命中的每一次重大经验，以及每一个深刻的冲突中被唤起，从而也使它们形成了内在的布局。只有当个体具有强大的自我意识，以及睿智的理解力，以致他能对他所经历的一切进行反思而不是沉湎于过去的经历中，意识才能接受这些意象。生活在盲目中的人其实就是生活在神话和象征中，只是他自己没有意识到这一点而已。

第四节　象征的相对性

一、女性崇拜和灵魂崇拜

不同宗教所采用的和解对立的原则是不同的：佛教采取的是自性崇拜（自我发展），基督教则选择了上帝崇拜；而在斯比特勒与歌德那里，它又换成了灵魂崇拜，而且象征性地出现在女性崇拜中。这些类型包含了两大方面，一面是现代的个人主义原则，另一面则是原初的多神崇拜，它们分别将自身独特的宗教原则分配给每一个种族或部落、每一个家族甚至个体。

《浮士德》中所选取的中世纪背景含义独特，因为那正是导致现代个人主义诞生的时代因素。我认为，个人主义似乎是从女性崇拜开始的，之所以这样说，是因为个人主义作为一种心理因素在很大程度上强化了人的灵魂的作用，而女性崇拜又意味着灵魂崇拜。这种状况在但丁的《神曲》中得到了绝无仅有的完美表达。

作为自己的情人的精神骑士，但丁在天堂和地狱里进行了种种冒险。他的这种英雄的行为将情人的形象提升为超凡的、神秘的圣母的形象，由此，这个从客体中分离出来的形象就转化成了某种纯粹的心理因素，更准确地说，是化身成了无意识的内容，我将其称为阿尼玛（anima，男性的女性倾向）。在《天堂篇》的第三十三歌中，在圣·伯纳（St. Bernard）[1]的祈祷里，但丁的这种心理发展到了极致：

啊，纯洁的圣母，圣子的女儿，
谦卑却崇高于所有造物，
永恒的天意所命定的对象！
你赐予人类诸多高贵
那人类之父的上帝也不敢自诩

1 圣伯纳（1091—1153年）是著名的基督教护教战士，他创办了克乃伏（Claivaux）修道院，在他的讲道集中，他表现了对圣母玛利亚的虔诚崇拜。——译者注使他自己成为他创造的造物。

诗歌的第22–27、29–33、37–39行也暗示了但丁的这种心理发展：

此人，从全宇宙
最深的深渊来到这里，
看透种种灵魂的生存，
现在请你施舍恩惠，赐给他力量
使他能把眼光投向更高
直到获得最后的拯救。
我……奉献给你
我全部的祈祷——愿他们得偿所愿——
你将替他驱散一切的
伴随身边的，死亡的乌云，
让至高的极乐在他的眼前呈现。
愿你的庇护使他人性的情欲平息！
你看，贝德丽采及众多圣洁的灵魂，
皆双手合十恳请你允准我的祷告！[1]

在这里但丁通过圣·伯纳的口说出的祷告实质上表明了他自己存在的转变与提升。我们在浮士德身上也看见了同样的转变，从葛丽卿到海伦，从海伦到圣母，他进行了多次提升；他的本性也因多次比喻性的死亡获得改变，作为崇拜圣母的博士，他最终实现了最高的目标。浮士德通过这种方式向圣母祷告道：

统治世界的至尊女王！
让我在这一片
高擎着的蓝色的穹苍下，
观看你的幽远。
让我心怀神圣的爱慕，
把那优柔庄严、
打动男子心胸的一切，

1 但丁：《神曲》，L.C. 怀特英译，第187页。

谨呈于你。
我们的勇气不可动摇，
只要你一声令下；
我们的热情会很快降温，
只要你安抚我们。
内涵最美的纯洁的处女，
备受尊崇的女王，
你大可以与天神同列，
选给我们的女王！
请抬头仰视救主的目光，
一切悔悟的柔弱者，
承受至高福祉的命运，
感激地脱胎换骨。
一切品德高尚的人
都甘于效命于你；
童女，圣母，女王，女神，
请永远宠佑我们！[1]

此外，我们还可举出《洛雷托启应祷文》（*the Litany of Loreto*）中描绘圣母玛利亚象征的特征来佐证这些联系：

你是母亲，可爱的母亲
你是母亲，神奇的母亲
你是母亲，良言相劝的母亲
你是正义的镜子
你是智慧的宝座
你是我们欢乐的源头
你是人，精神性的人
你是人，尊荣的人
你是人，高贵的虔诚的人
你是神秘的玫瑰

1 《浮士德》，第五幕，第六场。

你是大卫之塔

你是象牙之塔

你是金库

你是《圣经》中的约柜（Ark of covenant）

你是天堂的入口

你是黎明的星星

这些特征不仅表现出了圣母意象的功能意义，也表明了灵魂意即阿尼玛是怎样对意识态度产生影响的。圣母是信仰的载体，她孕育了智慧和再生。

我们在早期基督徒的著作中看到了从女性崇拜到灵魂崇拜的典型转变。较为明显的例子是赫尔墨斯（Hermas）大约于公元140年写成的《牧人书》（*The Shepherd*），该书用希腊语书写，以大量的幻觉和启示为主要内容，表达了作者对新的信仰的执着。尽管这本著作被当作教规已经由来已久，但《穆拉托里教规》（*Muratori Canon*）却对其予以抵制。《牧人书》的开篇这样写道：

在罗马，我被从前抚育过我的那个人卖给了一个名叫罗达（Rhoda）的女人。若干年后，一次偶然的机会让我遇见了这个女人，我一开始就像爱妹妹一样地爱她。直到有一次，我看见她正在台伯河（Tiber）里洗澡，我将她从河里拉上来。当她那诱人的身体展现在我眼前时，我马上想道："假如我能有一个这么漂亮、迷人的妻子，那该多么幸福啊！"这是我此生唯一的愿望。[1]

以这种体验为开端，幻觉情节接踵而至。很显然，这里的赫尔墨斯只是被罗达任意驱使的奴隶；就像常常会发生的那样，他自由了，不久后又遇见了她，或是因心理上的愉悦，或是因为感激，他对她产生了爱意；然而他很清楚这只是一种兄妹之情。赫尔墨斯是基督徒，况且按照书中描写那时他也已经有家有孩子了。我们很容易理解，这种情境促使他压制住了浑身的欲火。然而，由于这种情形的特殊性必然会引发许多问题，而这些问题又会很容易将人的情欲愿望带入意识中。实际上，在赫尔斯斯的思想中我们可以清楚地看到这一点，一开始他希望有一位像罗达那样的妻子，接着他又特意强调，这一切仅停留在他的愿望中，因为道德立即控制并压制住了他的任何更露骨和更直接的表露。接下来的一切似乎就顺理成章了，在他的无意识里，这种被压抑的欲力使他发生了一种强有力的转化，它为灵魂–意象灌注了生命，使灵魂意象

1 赫尔墨斯：《牧人书》，克尔索普·莱克英译，收入《使徒的先驱者》第2卷，引文见该书第7页。

自发地显现出来：[1]

之后，我到卡美（Cumae）旅行，在它优美、博大、有力的怀抱里，我心怀对上帝的创造的颂扬而沉睡了。忽然，我在睡梦中被一个神灵抓住，并且被带到一个土地龟裂，河流交织，却杳无人烟的地方。我穿过河流踏上平坦的土地，然后双膝跪倒开始向上帝忏悔我的过错。此时，天空的帐幕突然打开，我日思夜想的那位女郎出现在天上向我致意，她说："欢迎你来到这里，赫尔墨斯！"于是我目不转睛地看着她，开口说道："女士，你为何来这里？"她回答说："我是奉上帝之命前来指责你在他面前所犯下的一切罪孽。"我问她："现在你就要指责我吗？"她说："不，你只要记住我对你讲的这些话就可以了。那居住在天庭的上帝，从无创造了有，他使万物繁衍生息，但是现在，因为你犯了侮辱我的罪，所以上帝对你发怒了。"我争辩道："为什么说我犯了侮辱你的罪？我在什么时候和什么地方对你说过什么邪恶的话吗？难道我不是敬你如神，待你如手足吗？女士啊，你为何要用如此邪恶而不清不白的事情来污蔑还对我横加指责呢？"她微笑着说："在你心里已经出现了罪恶的欲念。换言之，对于一个行为端正的男人来说，如果他心中怀有一个可怕的邪念，那么这无疑就是一种罪恶。"她接着又说："这不仅是一种罪恶甚至是罪大恶极，因为作为一个正直的男子汉，他应该为正义的事业而不懈努力。"

众所周知，一个人在孤独的漫游过程中是很容易做白日梦或产生遐想的。赫尔墨斯在去卡美的途中，很可能对他的女主人一直念念不忘；这时，他的精力过于集中，而他的欲力则逐渐被压抑的情欲幻想拉入了无意识中。随着意识强度不断下降，他慢慢进入睡眠状态，此时他的感觉是，自己被一种梦游或迷狂的状态抓住了，而事实上这只是一种将意识心理完全征服了的特殊强度的幻想。很有意思的是，这里出现的幻想并不是情欲方面的；他在幻觉中感到自己好像被带到另一个世界，在那个荒无人烟的地方跨越河流并旅行。无意识以一个上界世界的形式出现在他的眼前，在那里出现的人以及发生的事与现实中的一模一样。他的女主人就是他眼中那天上的女神，她以"神圣"的形式而不是以情欲的幻想在他面前出现。赫尔墨斯的那种被压抑的情欲印象把女神的潜在的原初意象即原型的灵魂-意象激活了。很明显，在集体无意识中，这一情欲印象与那些古代遗留下来的残余物结合在了一起，后者带有各种鲜明印象的女性性质的印记，这里的女性指的是作为母亲的女性和作为诱人的处女的女性。这种印象极富魅力，因为不管是对儿童还是对成人，它们都影响巨大，它们所具有的驱迫

1 参见赫尔墨斯《牧人书》，《使徒的先驱者》第2卷，第7—9页。

力是不可抗拒的也是绝对的，所以称呼它们的这种特性为“神圣性”就是恰当不过的了。如果把这种力量看成是魔力，那就不能说它来源于道德的压抑，而应该是因为心理有机体要用自我-调节功能来保护自己，使自己的心理不至于失衡所导致的。因为，当一个人面对那种压倒一切的激情且完全任由另一个人的摆布时，如果心理能起到抗衡作用，使其达到激情的巅峰时，将放纵的欲望的对象变成一个能迫使他跪倒在其神圣意象之下的偶像，那么，心理就能从对象的魅惑中把他解救出来。如此一来，他就再次回复了自我，并且幡然醒悟，发现自己再一次处在神人之间，依从他自己的规律行走在自己的道路之上。那种令原始人敬畏的惧怕，以及对一切难以忘怀的事物的恐惧，会通通被他感觉为魔力，而这种感觉实际上是他在以一种有意识的方式保护自己不与那些最可怕的可能性相接触，从而避免了灵魂的丧失，和随之而来的无法逃避的疾病和死亡。

灵魂的丧失相当于把人类天性中的本质部分给撕裂了；从本质上讲，它是一种情结的消失和解散，接着，它会蛮横地将意识的权位据为己有，并对整个的人进行压迫。它使人脱离既定的轨道，让人不得不行动起来，然而这些盲目的行动因其片面性最终必然会导致自我-毁灭。大家都知道，原始人脱离不了杀人狂、斗士狂暴的怒气、着魔之类现象的限制。认识这些激情的魔性特征的意义在于可以由此得到一种有效的防卫，因为这种做法可以很快排除对象的最强大的诱惑，使自己根植于魔性的世界即根植到无意识中，最终根植到激情的力量现实中的源头上去。那种以招魂和将灵魂从魔咒中解救出来为目的的驱邪仪式，也同样具有使欲力回流入无意识之中的效力。

在赫尔墨斯身上，这种机制的效力很明显。罗达转化成神圣女主，因而丧失了作为现实对象所具有的挑逗性和毁灭性魅力，这也对赫尔墨斯被带回到他自己灵魂的轨道和集体起了决定作用。赫尔墨斯因其突出的能力及人际关系，在那个时代的精神运动中理所当然地担当着极为重要的角色。他的兄弟比尔斯（Pius）是那个时候罗马主教团的主教。而赫尔墨斯原本是奴隶，所以他做梦也没有想到自己会被兄弟召去共商时代的大计。当时，还没有哪一个心灵有能力长期胜任传播基督教的时代任务，除非他在精神伟大的转变过程中被种族的限制和特殊性能赋予一种不同的功能。人被生命的外在条件所迫不得不去履行某种社会功能，同样，人也被心理的集体规定性所迫去向社会传布其思想。因被激情撞击而受伤之后，赫尔墨斯可能越轨的社会行为转而开始为他的灵魂服务，也正因如此，他才会被引导着完成具有精神性质的社会任务，这在那个时代具有重要意义。

对赫尔墨斯来说，只有其灵魂将对象的情欲的最后一点可能性彻底摧毁，才能完成这项非常重要的任务，否则就是对自己撒谎。如果有没有情欲的愿望那对他来说是再好不过的了，因此他开始有意识地排斥任何情欲的愿望，但是这仅仅赫尔墨斯的假设，绝不能证明他就真的没有情欲的企图和幻想。所以他所崇拜的女主人，他的灵魂，把他的罪恶残酷无情地披露了出来，但同时也使他摆脱对象神秘的束缚。她作为“信仰的载体”，接收了在她身上所耗费的所有激情。然而，如果要完成时代赋予的任务，就必须彻底消除这最后一丝激情，换句话说，就是要使人从感官性的束缚以及原初的神秘参与的状态中解脱出来。这种束缚是那个时代的人所无法忍受的。很明显，为了心理平衡使得到重建，精神功能的分化是必不可少的。一切企图恢复心理平衡的哲学都着重关注过斯多噶派学说，但它们都因其理性主义而失败。只有当人的理性已经成为一种平衡的器官时才有可能给人提供平衡。但是，在整个历史上究竟又有多少人曾有过这样的理性呢？通常，一个人只有在现实状况中出现对立时才会被迫去寻找中间位置。他绝对不会因为纯粹的理性而忽略生活环境中强烈的感官需求。他用对永恒快乐的追求来对抗尘世的力量与诱惑，必须努力达到精神境界上的一定高度来抵制来自肉欲的激情。为了能成功地对抗后者，前者必须拥有与后者可以互相匹敌的力量。

赫尔墨斯正是因为看到了自己实际存在的情欲才能对这种形而上的现实有所认识。原本依附于具体对象的感官欲力如今通向了他的灵魂意象，所以一直被感官对象所占有的现实性才能被赋予了灵魂意象。因此，他的灵魂所发出言说是有效的，能够非常成功地满足她的要求。

罗达在与他谈完话之后，就不见了，天庭也关了起来。接着有一个“衣冠楚楚的老妇人”出现在赫尔墨斯面前，告诉他，他的情欲与崇高的精神格格不入，不仅有罪而且是愚蠢的，但上帝迁怒他的原因并不是这些，而是因为赫尔墨斯对他家族的罪过无动于衷。就这样，这种奇妙的欲力完全摆脱了情欲，直接投入到了社会事务之中。特别神奇的是，在这里，灵魂丢弃了罗达的意象，变成了一个老妇人，这样情欲要素就被迫退到背景中去了。在之后的情形中，赫尔墨斯发现，老妇人代表的就是基督教会；在她那里，所有具体的和个体的因素都被分解为抽象的东西，理想也变得前所未有地真实。接着，老妇人读了一本神秘的关于攻击异教徒和背叛者的书给赫尔墨斯听，但他不能理解书中的准确含义。之后我们了解到，这本书表述的是一种使命。这位尊贵的老妇人将这一使命托付给了赫尔墨斯，而赫尔墨斯变成了她的骑士，要效忠于她，为她完成这个使命。美德的考验也是不可或缺的，因为没过多久，赫尔墨斯就出现了一个幻觉，他又看到了那个，她答应会在大概五点的时候来为他解释上帝的启示。接着赫尔墨斯就来到乡下一个被指定的地方，在那里他看到一张乳白色的卧床，床上铺着漂亮的床单并放着一个枕头。

那个地方一个人也没有，所以当我看见那里放着这些东西时，我感到极度震惊，一种恐惧感向我袭来，令我毛骨悚然，就像要大难临头了一样。但当我再次镇定下来时，我想到了上帝的荣耀，于是我再次鼓起了勇气，像平时一样，跪在上帝面前承认我的罪孽，恳请他的赦免。这时，老妇人带着六个年轻人走了过来，这些人都是我曾在梦里看见过的，他们一直在旁边听我向上帝所做的祷告和忏悔。老妇人抚摸着我说道："赫尔墨斯，你做完自己的整个祷告并陈述完罪过之后，也为正义祷告吧，这样你就可以带一些正义感回去了。"她扶我起来，把我领到卧床边，接着转头对那些年轻人喝道："快走开，做你们自己的事情去！"年轻人离开了，只剩下我和老妇人，她细声柔和地对我说："你坐在这儿！"我回答她说："太太，请您老先坐。"她说："我让你坐你就坐嘛。"但是，我正准备往她的右边坐时，她却用手势示意我坐她的左边。

我对此很迷惑，不知道该如何是好，我为什么不能在她的右边坐呢？她对我说："赫尔墨斯，你为何如此忧伤？那些为上帝的荣誉而受苦的人以及讨上帝欢心的人已经坐在了右边这个位置。但你现在还没有资格与他们坐在一起。不过到如今你本质上仍保留着良好的品质，因此你将来肯定能与他们同坐。右边的位置是留给那些能忍受他们所遭受的苦难并努力完成工作的人们的。"[1]

在这种情境下，赫尔墨斯会产生情欲的误解是很正常的。正如文中描述的那样，在"一个美丽而又与世隔绝的地方"约会，自然会有一种特殊的情感闪现出来。放置在那里的豪华的卧床必然会使人联想到爱神厄洛斯，所以，我们很容易就能理解为何这种场合所产生的恐惧能把赫尔墨斯征服了。显然，他必须牢牢控制住自己不往情欲方面联想，才能避免陷入淫乱的心境。他是真的没意识到那种诱惑力，在他描述自己的恐惧的时候，这种认识被看成一种不言而喻的诚实，与现代人相比，那时代的人要获得这种诚实会更加容易。因为那个时代的人比我们更接近自己的本性，所以，他们更容易直接感受到自己自然的反应，更能体会到其中的意味。处于这种情形下的赫尔墨斯在忏悔自己的罪过的同时可能会立即使自己联想起那种不圣洁情感。因此，摆在他面前的这一问题，即他应该坐在左边还是坐在右边，就必然受到他的女主人的道德训诫。虽然在罗马人的占卜仪式里，左向的符号预示着顺利，但对希腊人和罗马人来说，左向总的来说是不祥之兆，"sinister"一词具有不祥的意味，左边的双重含义就显示了这种情况。但这里所谓左边和右边的问题显然不是什么迷信，在《圣经》的《马太福音》第25章第33节中我们就能看到它的雏形："他把绵羊安置在右边，山羊

1 参见赫尔墨斯《牧人书》，《使徒的先驱者》第2卷，第27页及以后页。

在左边。”绵羊本性无害而温顺，所以代表着善；而山羊本性难驯且放纵，所以代表着恶。所以，赫尔墨斯的女主人示意他往左边坐，恰好说明了她对他的心理了如指掌。

所以，赫尔墨斯只能忧伤地坐在她的左边，就像他所回忆的那样，他的女主人在他眼前展开了一幅幻景。于是，他看见那几位年轻人正带领着千千万万的人在建造一座巨塔，巨塔的石头砌得很紧密，毫无缝隙。在赫尔墨斯看来，这个坚不可摧的无缝之塔象征着教会，并且他的女主人就是教会。我们看到《洛雷托的启应祷文》把圣母称为“大卫之塔”和“象牙之塔”。赫尔墨斯所看到的塔似乎出于同样或类似的联想。塔无疑意味着坚固和安全，圣经旧约《诗篇》第61篇第3节中说：“因为你做过我的避难所，做过我的坚固台。”此处的坚固台与塔同义。任何以巴别塔（Tower of Babel）[1]为对象的对比都含有一种非排除不可的内在矛盾的紧张，然而同时也包含对它的回应，因为与同时代所有其他有思想的心灵一样，赫尔墨斯必定也经历了早期教会由于异教的倾轧和无止境的教派纷争而导致的萧条景象。我们甚至可以推断他写作本书的主要原因就是出于这种印象，因为，在赫尔墨斯面前所显示的那本神秘之书强烈地抨击了异教徒和背叛者。同样，语言的混乱使巴别塔无法搭建成功，这种混乱同样也困扰着早期的一些基督教会，所以信徒们要竭尽全力来结束这种混乱。既然当时的基督教世界做不到像放牧者统率羊群那样得心应手，那么很自然地，赫尔墨斯就会渴望找到一个强有力的“牧羊人”，找到坚不可摧的“塔”，这座塔能将从四面八方吹来的风、周围的山脉和海洋等所有要素聚集起来连成一个神圣的整体。

与这个世界紧密相连的诱惑与尘世欲望，以各种形式表现出来的淫欲，以及在这个世界中各种形式的肆意挥霍日益消耗着心理能量，这就最大限度地阻碍了连贯的和有目的的态度。因此，那个时代最重要的任务之一就是排除这种障碍。所以我们会在赫尔墨斯的《牧人书》中看到如何完成这项任务的情景就不足为怪了。我们已经看到赫尔墨斯那被释放的原初情欲冲动和能量是怎样转化成了无意识的情结，变成了老妇人和教会的形象的，这种形象的幻觉的出现就是潜在情结具有自发作用的最好证明。此外，我们知道，这位老妇人现在成了塔的形象，而塔又代表着教会。这种转变让人觉得难以预料，因为老妇人与塔之间明显缺乏联系。不过，《洛雷托的启应祷文》中对圣母特性的描述会为我们理解这一点提供帮助，那里的“塔”与圣母是联系在一起的。这些特性来自圣经《雅歌》（*Song of Songs*）的第4章第4节第一行：“你的颈项好像大卫建造的收藏军器的高台。”第7章第4节：“你的颈项如象牙台。”第8章第10节也有与之相类似的句子：“我是墙，我两乳像其上的楼。”

---

1 巴别塔的传说出自《圣经·旧约·创世记》第11章，据说当时的人们欲建立一座通往天堂的高塔，而上帝担心人类建塔后变得肆意妄为，所以赋予人类不同的语言，使他们不能互相交流，而该塔最终也无法建成。——译者注

大家都知道，著名的《雅歌》最初是一首世俗情诗，也可能是一支在婚礼上表演的曲目，因此一直到晚近时期，犹太人学者都不接受把它当作教规来学习。但是，有某些深奥的解释把新娘比喻成以色列，而新郎被比喻为上帝，这都是出于正常的本能，这种本能甚至还将用诗歌中的爱情象征上帝与选民之间的关系。出于同样的原因，基督教圣经也收录了《雅歌》，于是一些人认为新娘象征的是教会，而新郎象征的就是耶稣基督。这种解释特别能迎合中世纪基督教神秘主义者的心理，因为这唤醒了他们不知羞耻的情欲，冯・迈格德贝格（Mechtild von Magdeburg）就是其中的典型。《洛雷托的启应祷文》的构思遵循的也是这种精神。它直接从《雅歌》中联想出圣母具有的某些特征，例如塔的象征。甚至早在希腊神父的时代，玫瑰花就被当成了圣母玛利亚的特征之一，与百合花一起出现在《雅歌》里（第2章，第1节）："我是沙伦（Sharon）[1]的玫瑰花，是谷的百合花。"在中世纪赞美诗中比较常用的意象是"关锁的园"和"封闭的泉源"（《雅歌》第4章，第12节："我姐妹，我新妇，乃是关锁的园，禁闭的井，封闭的泉源"）。显然，当时的神父们对这些意象所明显表达的情欲性质选择了全盘接受。例如圣・安布罗修斯（St. Ambrosius）就认为"关锁的园"比喻童贞。[2]同样地，圣・安布罗修斯把圣母比作蒲草箱（里面装着刚出生的摩西）：

圣洁的圣母就像蒲草箱，所以摩西的母亲已经做好了准备。上帝超人的智慧让他选择在圣洁的处女玛利亚腹中孕育他的儿子，并使其成为一个男子汉，因此把他的神性与玛利亚的人性统一起来了。

圣・奥古斯丁（St. Augustine）[3]将明喻内室即洞房用在玛利亚（常为后来的作者所使用）身上，这种明喻后来也常为后世的作者所采用，而在解剖学上，它也同样具有典型的意义："他给自己选择了这一贞洁的洞房，新郎和新娘在这里同房。"[4]还有："他在这个洞房，即这个处女的子宫里诞生。"[5]

于是，圣・安布罗修斯为确证圣・奥古斯丁的观点，把容器也解释为子宫，他说："他所选择的这个容器是属于天庭的而不是属于尘世的，他诞生于此，以致这个

---

1 古代巴勒斯坦地区的肥沃平原。——译者注

2 《论童贞的性质》，第9章。

3 圣・奥古斯丁（St. Augustine，354—430年），古罗马著名的基督教思想家，欧洲中世纪基督教神学、教父哲学的代表者。有"圣人"和"圣师"的封号。——译者注

4 引文出处不明。

5 《布道集》，第192条。

耻辱之殿变得圣洁。”[1]“容器”这个称谓常常出现在希腊神父那里。它或许会以暗喻的形式在《雅歌》中出现，虽然拉丁文版本《圣经》[2]并没有“容器”这个称谓，但我们却找到了它的替代名词——酒杯（《雅歌》第7章，第1节）：“你的肚脐如圆杯，不缺调和的酒；你的腰如一堆麦子，周围有百合花。”第一句的含义类似于科尔玛手稿《巨匠之歌》中的描述，在那里，玛利亚被比喻为撒勒法（Zarephath）的寡妇的油瓶（《旧约》的《列王记上》，第17章，第9节及以后节）：[3]“你起身前往西顿（Zidon）的撒勒法，住在那里，我已吩咐那里的一个寡妇供养你，以利亚（Elijah）就起身往撒勒法去；撒勒法的寡妇说：‘上帝降下了一位先知给我，使我们能够度过这个饥荒的时代’。”至于第二句，圣・安布罗修斯说：“在圣母的腹中，恩典如小麦堆与百合花丛般增长，甚至像小麦和百合花一样生长。”[4]在天主教文献中[5]，一些非常不起眼的章节也隐射着容器象征的意义，如《雅歌》第1章第1节：“愿他用口与我亲吻：因为你的爱情比酒更美。”他们甚至抽出《出埃及记》第16章第33节所描述的内容：“你拿一个罐子，盛满一俄梅珥（omer）吗哪，[6]存放在耶和华那里，留到世世代代。”

这些联想都是苦思冥想的结果，目的就是反对容器象征仅起源于《圣经》的观点。认为容器象征除《圣经》之外还有其他的来源不是无据可考的，中世纪大胆地借用了各地的比喻来赞美圣母玛利亚，从而使所有珍贵的事物都与圣母有某种程度的关联。容器象征很早就已存在，其源头可以追溯到公元3世纪或4世纪。这一事实与它的世俗起源并不矛盾，因为连神父都对《圣经》以外的异教意象感兴趣；德尔图良[7]与圣・奥古斯丁[8]就是很好的例子，他们都把圣母比作未受玷污的、未被开垦的土地，而从不曾从侧面看看那位神秘的柯丽（Kore）。[9]这种以异教模式所进行的比较与库蒙（Cumont）所描绘的出现在中世纪早期的插图原稿本中以利亚（Elijah）升天的情形

1 《论童贞的性质》，第5章。

2 拉丁文《圣经》，公元4世纪由St. Jerome翻译，罗马天主教唯一承认的圣经就是该版本。——译者注

3 参见圣经《旧约》的《列王记上》第17章，耶和华赐给撒勒法的寡妇一个用之不竭的面罐和油瓶，因为她曾经供养过先知以利亚。——译者注

4 《论童贞的性质》，第14章。

5 例如萨尔兹尔（salzer）：《记号与圣母的形容词》。

6 俄梅珥，古希伯来的度量单位，等于十分之一伊法。吗哪（manna），是基督教《圣经》记载中，上帝赐给古代以色列人的一种食物。——译者注

7 *AdversusJudaeos, XIII*（Migne，P.L.Vol. 2，col. 635）：“这块处女地从没有被阵雨浸润过，甚至没有受过雨水的浇灌。”

8 《布道集》，第189条。（Mipe，P. L. ，vd. 38，cd. 1006）：“真理从大地诞生，因为基督由处女马利亚所生。”

9 柯丽，处女神，等同于诺斯替教中的索菲娅。参见荣格的《柯丽的心理面》。

很相似，它们都是以同一个古代密斯拉（Mithra）[1]为原型的。教会的许多仪式都与异教的模式密切相关，如耶稣降生的过程就与无可匹敌的太阳的诞生有着惊人的相似之处。圣·希罗姆（St. Jerome）则把圣母比作作为光明之母的太阳。

这些不是来源于《圣经》的寓言，所以只可能是源自当时仍在泛滥的异教观念。因此，如果要对容器象征加以研究，就必须知道当时十分著名和广为流传的诺斯替教容器象征才是公正的做法。那个时代给我们留下来了大量的镌刻的珍宝，它们都有着大水罐的象征，上面镶着各式各样龙飞凤舞的图案，这很容易让人联想到包含脐带的子宫。

不过，与对玛利亚的赞美诗截然不同的是，这种容器被叫作“罪恶之瓶”[2]，而赞美诗中的玛利亚是“贞洁的容器”。金（King）[3]对这一武断的解释持否定态度，他的观点与科勒（Kohler）一致。科勒认为，那些珍宝上的浮雕（主要是埃及的）其实是水车上的罐子，它们的功用是从尼罗河抽水灌溉农田；这也使那些把罐子系在水车上的特殊带子得到合理的解释。

金观察到，罐子用来施肥灌溉象征为“用俄赛里斯（Osiris）的种子（精子）使爱色斯（Isis）受孕”[4]。在这类容器上，人们常常能发现筛篮的图样，这也许就是指“依阿克阔斯（Iakchos）的神秘筛篮”或λ lkvov，喻指小麦颗粒出生的地方，象征生殖。[5]希腊曾经有这样一种结婚仪式，在新娘头上放一个盛满了水果的筛篮，寓意新娘今后多结硕果，儿女绕膝。

古埃及人的观念证实了对容器的这种解释，即世间万物都起源于原初的水，Nu或Nut，义同尼罗河或海洋。Nu这个字由三个罐子，即三个水的符号和天空的符号组成。有一首赞美卜塔-特伦（Ptah-Tenen）的诗歌曾这样写道：“谷物的创造者产生了谷物，谷物的名字就是他那古老的姓名——‘奴’（Nu），创造者使天空的水逐渐丰富，使山上的水源源不断，将生命赐给男人和女人。”[6]沃利斯·巴奇爵士（Wallis Budge）使我们更加注意到这样一个事实，即时至今日，在埃及南部的偏僻地区，子宫象征仍然以雨水和生殖魔力的形式存在着。在那里还会偶然发生这样的事件，当地人在丛林中将一个妇女杀死，然后把她的子宫取出，以备在各种魔法仪式上使用。[7]

---

1 密斯拉，原为光和真理之神，后来成为太阳神。——译者注

2 见雅克·迈特尔《诺斯替教的历史批判》。也引自金的《诺斯替教徒及其遗迹》，第111页。

3 金：《诺斯替教徒及其遗迹》，第111页。

4 爱色斯，是埃及神话中专门管理生育与繁殖的女神。俄赛里斯，为爱色斯的丈夫，地狱判官，古埃及的主神之一。——译者注

5 见荣格《转变的象征》，第528段及以后段。

6 巴奇：《埃及的神》第1章，第511页。

7 塔尔博特：《在丛林的阴影中》，第67、74页及以后页。

尽管基督教神父们抗拒诺斯替教等异端的观念，但是只要人们考虑到他们在很大程度上被这些观念影响，那么对于容器象征中有一种已得到证明的，与基督教相符的异教遗迹也就没什么难以理解的了，圣母崇拜本身最可能就是一种异教遗存，它使基督教会对梅特尔（Magna Mater）、爱色斯（1sis）和其他母神的继承获得了保证。智慧容器（vas Sapientiae）的意象同样让人联想到对诺斯替教来说具有重大意义的象征——索菲娅。

因此，某些诺斯替教的因素被正统的基督教吸收了，女性崇拜也就是强烈地崇拜圣母玛利亚便是它们的表现。

与此相关的有趣材料有很多，其中我选取了《洛雷托的启应祷文》作为这种同化过程的例子。这些因素的同化于基督教象征使人的心理文化尚处在萌芽状态中就被消灭了；因为人的灵魂一开始就投射于固定的女主意象中，从而不可能通过同化来表达个体的形式。所以，灵魂会因受集体性崇拜的压抑而丧失个体分化。而这种丧失导致的结果往往是不幸的，在这种状况下，人们很快就会体会到这种不幸。既然集体性的圣母崇拜表现了与女性的心理联系，那么女性意象就丧失了人类存在因此而具有的自然权利的价值。

只要个体的表现形式被集体的表现形式所取代，该价值就会沉入到无意识中去；只要个体进行选择，该价值就能使个体找到自然的表现形式，女性意象在无意识里能获得一种使古代要素和婴儿期要素得到激活的能量值。既然分离的欲力激活了一切的无意识内容从而使它们投射于外在客体，那么真实的女性意象便被削弱，由魔性的特征来补偿。女性不再以爱的对象出现，而是以虐待者或女巫的面目出现。因此，中世纪后期产生了一个难以磨灭的污点，那就是圣母崇拜导致猎巫行动（Witch Hunt）的出现。

然而后果却远不止于此。有价值的前进趋势的分裂和压抑将在更普遍的范围内激活无意识。这种普遍的激活在集体的基督教象征里不可能找到合适的表现方式，因为所有恰当的表现方式都必须采取个体的形式。这就使得异端和教派分立提供了的契机，因此基督教意识只有通过宗教狂热才能与之进行有效的抗衡。宗教裁判对异端所进行的疯狂打压是源自无意识过度抗衡的产物，最终导致了宗教改革运动。

读者可能没有预料到，我会对容器象征进行如此大量篇幅的描述。然而我这么做肯定是有明确的理由的，那就是我希望能以此说明女性崇拜与圣杯传奇之间存在着某种心理上的联系，后者身上中世纪早期的基本特征是相当明显的。虽然这一传奇有很多的版本，但圣杯这一容器始终都是它们共同的核心的宗教观念。大家都知道，圣杯不是一个基督教的意象，只有在《圣经》以外的资料[1]中去寻找它的根源。根据我所引述的资料分析，我认为毫无疑问它就是一种诺斯替教信仰；它也许是在所有异教被根除时因为其神秘的传统而得以幸存，也许是在无意识抗拒正统基督教统治的过程中获得了重生。但不管怎样，它都是那个时代男性心理中的女性原则的强化的标志。女性崇拜引发了性欲冲动的精神化是它被象征化为不可思议的意象的原因。但精神化通常意味着有一定数量的欲力的存在，否则它将即刻在过度的性行为上被消耗殆尽。经验表明，如果欲力存在，除了它那向精神性的表现流去的一部分之外，而其余的残留物则都会沉入无意识，激活与之相应的意象，在此情形下便是激活与之相应的容器象征，象征产生于受到抑制的欲力形式，然后反过来又对这些欲力形式进行有效的控制。象征的分解代表着欲力沿着一条笔直的道路倾泻，或至少是一种所向披靡的直接运用欲力的冲动。但有生命力的象征把这种危险彻底根除了。只要象征的易于分解性被人们认识到了，象征就丧失了其魔力，换句话说也就是失去了它救赎的力量。对个有效的象征其本性一定是完美无缺的。它应当是一个囊括了所有意义的容器，是当今世界观最完美的表达；它也一定是与理解力毫不相干的，能抗拒一切批评理性企图对它的分解；最后，它的审美形式一定强烈地吸引着我们的情感，以致任何争论都不能够与其抗衡。在一个时期里，圣杯象征符合了上述所有要求，所以它活力四射，正如瓦格纳的例证所证明的那样，尽管我们的时代和我们的心理学仍在不断努力寻找问题的答案，但直到今天它仍然还散发着活力。

现在让我们对以上如此冗长的讨论进行一下概括，看看我们在其中都有怎样的收获。首先，让我们从赫尔墨斯的幻觉开始，他从幻觉中看到了正在建构的“塔”。塔象征着教会，所以那位老妇人会在一开始宣称自己代表教会，她的意义被转变成了塔，《牧人书》后面的内容都与此有关。对赫尔墨斯来说，以后他的关注点应该从老妇人转到塔上，因此仅仅留下了罗达。至此，欲力从现实客体中分离出来、在象征中的集聚以及被导向一种象征的功能，这些全都实现了。于是，在赫尔墨斯头脑中普遍的和不可分裂的教会观念变成了牢不可破的现实，表现为固若金汤、完美无瑕的塔的象征。欲力从客体中分离出来进入主体，把主体中潜伏于无意识中的意象激活了。

这些意象是构成象征的古代的表达形式，它们呈现为自身转变成相对贬值的客

---

1 凯尔特族（Celtic）神话是强有力的异教根源，其中的魔鼎就为容器象征提供了一个明显的证据。达格达（Dagda）是古爱尔兰喜欢助人为乐的众神之一，他有一口神奇的大鼎，会根据每个人的需要或功绩供应足够的食物。凯尔特众神中的布兰（Bran）也拥有一口奇妙的锅。有人甚至推断《圣经》记载耶稣在最后的晚餐时所用的圣杯——布朗斯（Brons）这一命名就是从布兰的名字发展而来的。纳特（Alfred Nutt）认为，达格达，布兰，以及布朗斯都是把凯尔特族的佩雷德尔传奇故事转化为寻找圣杯的事迹的铺垫。所以，似乎可以说，凯尔特族的神话中已经存在寻找圣杯的动机了。以上这些从伦敦的尼科尔博士（Dr Manrice Nicoll）那里获得的材料，使我收获很多，在此表示衷心的感谢。

体的对应物形式。这一过程如同人类的存在一样历史悠久，因为各种象征不仅在史前人类的遗迹中就出现过，时至今日，在大多数原初人类种族中也能看到它的存在。因此，象征-形成是一种极其重要的生物性功能是非常清楚的事实。因为象征只有通过客体的相对贬值才能充满活力，所以，象征所要达到的目标就是剥夺客体的价值。如果客体具有绝对的价值，那么它就会成为主体的绝对主宰，会使人丧失全部行动自由，因为即使是一种相对的自由也不可能在客体的绝对主宰地位下生存。对客体的绝对关系对应的是意识过程的完全客观化；这相当于使一切的认识都变得不再可能的主体与客体的同一。直至今天，这种状况在原初人中仍然以极微弱的形式存在着。那种我们经常会在分析实践中遇到的所谓的投射其实也只是这种主体与客体原初同一的残余物。

认识的排除和意识经验所导致的这种状况对适应能力造成极大的损害，而对人来说，这种表现会更加严重，因为人不具备本能防御的能力，其年幼的后代也孤弱无力，所以人的处境十分不利。同样，感情状态不佳也是一种危险，因为情感与客体的同一会产生种种不利因素：首先，所有主体会随时受到各种程度的客体的影响；其次，主体部分生发任何情绪都可以立即对客体造成干扰。这里，我要给大家讲述一个关于丛林垦荒者生活的故事，借助它我可以更好地表达我的想法：一个垦荒者以原初人的那种溺爱来爱着自己的小儿子。而这种爱就是心理学上的自体性爱，也就是主体借客体而自爱。客体在这里充当的是一面性爱的镜子。有一天，垦荒者一整天都没钓上一条鱼来，他走进家门就大发雷霆。他的小儿子像平常一样跑过去迎接他，可他却一把将他抓住并当场扭断了他的脖子。当然，随后他又同样毫不犹豫地放纵哀悼他的孩子，而正是这种放纵致使他亲手杀死了自己的孩子。

这个故事很好地体现了客体与瞬间感情完全同一。众所周知，无论对哪个部落的防御组织以及种类的繁殖来说，这种心理状态都是极为不利的，因而必须对其压抑或干脆进行转移。象征所要实现的目的便是如此，它就是为此目的而产生的。它使欲力离开客体，因此客体相对贬值，主体获得了剩余的欲力。这些剩余的欲力影响着无意识，以致主体发现自己处于内在与外在决定因素之间的位置，从而获得选择的可能性和相对的主体自由。

一般来讲，古代的遗迹或种族的印痕（印记）就是象征的起源，虽然其具体年代和源起已不可考，但却存在很多推测。企图从个体根源去寻找象征的起源是极其错误的，例如从压抑的性欲中寻找象征的起源。这样的压抑充其量只能激活古代印迹所需的欲力的数量。然而，这种印迹与功能的遗传模式是一样的，但功能遗传模式的存在与性欲压抑没有历史上的联系，它属于普遍的本能的分化。本能的分化以前是一种生物的需要，现在仍然是；它并不是人类独有的，因为在工蜂中，就算其性欲萎缩，也会同样表现出来。

前面我对容器象征进行的阐述，意为说明象征源于古代观念。我们发现这种象征的根源是原初人关于子宫的观念，因此推测塔的象征也有类似的起源。塔很可能是男性生殖器的象征，这种象征在历史上非常普遍。因此，当赫尔墨斯看到那诱人的白床而不得不压抑他的情欲幻想的时候，塔的意象（也许象征勃起）随之出现也就不足为奇了。我们已经看到，另一种关于教会和圣母玛利亚的象征特性具有性的根源是不容置疑的，《雅歌》中的内容就是很好的证明，教会神父们有关于此的解释也是相当明确的。《洛雷托的启应祷文》中塔的象征有着同样的起源，所以它们潜在的意义也许是相同的。用“象牙”来比喻的塔很显然也根源于性，因为它暗指身体的外形（《雅歌》第5章，第14节：“他的身体如同雕刻的象牙”）。但是，塔本身也出现在性欲的关联中。《雅歌》第8章，第10节这样描写道：“我是墙，我两乳就像其上的楼。”这个楼明显是指那丰满坚实而又富于弹性的凸起的乳房。还有一处描述：“他的腿好像白玉石柱。”（第5章，第15节）“你的颈项如象牙台。”（第7章，第4节）“你的鼻子仿佛朝大马士革的黎巴嫩塔。”（第7章，第4节）很显然这些都代表某种细长且凸出的东西。这些特性都来自触觉，从身体器官向客体的触觉转移。众所周知，对周围世界的感觉会受心情的影响，心情忧郁时似乎什么都是灰色的，而心情欢快时似乎什么都是明亮多彩的；同样，主观性欲感觉（在此种情况下是勃起的感觉）也会对触觉产生影响，触觉的感受性特征移转到了客体身上。《雅歌》的性爱心理的目标是用主体中所激起的意象来达到增强客体的价值。教会的心理学用了同样的意象把欲力导向形象性的客体，而赫尔墨斯的心理学的目的是提升无意识地唤起的意象本身，使该意象能体现出对那个时代的心灵来说具有最高价值的那些观念，即，巩固刚刚建立起来的基督教态度和世界观并使其形成组织。

二、爱克哈特关于上帝观念的相对性

赫尔墨斯经历了一个转化的过程，这个过程略微地体现了中世纪早期心理学中所发生的更大规模的一件事情：重新揭示了女性并发展了圣杯这个女性的象征。因为赫尔墨斯是从另外一个角度来看待罗达的，所以能使欲力实现自由的转化，从而完成自己的社会使命。

依我看，我们的心理特征是，在新时代的伊始我们找到了两个注定要对年轻一代的内心与精神产生巨大影响的大人物：其中一位是瓦格纳，他是爱的倡导者，他的音乐中有从特里斯坦（Tristan）下降至乱伦的激情，还有从特里斯坦上升到帕西法尔的优美精神，他将情感的全部领域都表达得淋漓尽致；另一位是尼采，他是权力和个体化的强力意志的宣扬者。瓦格纳在他最后也是最崇高的著作里，就像歌德回到但丁一样重新回到了圣杯传说当中，而尼采则对主人等级和主人道德的观念，以及那种体现在中世纪的许多被宠爱的英雄和骑士身上的观念紧抓不放。瓦格纳将所有爱的禁锢彻底摧毁，而尼采则将辖制个性的“价值法典”撕了个粉碎。虽然他们努力奋斗都是为着同一个目标，但无法调和的对立仍不可避免地产生了；因为在权力压倒一切的地方，就没有爱的立足之地，而在被爱充满的地方，权力就不得不退居其次。

这两位德国最伟大的心灵都用他们最重要的著作把中世纪早期的心理呈现给了我们，而这足以说明那个时代遗留下来的问题仍然悬而未决。所以，有必要对其进行较为细致的考察。我有一种强烈的感觉：在那些促使骑士团（比如圣堂骑士[1]）产生，并似乎在圣杯传说中找到了其表达方式的神秘事物中也许就包含着新生命取向的胚芽，也就是说，包含着一种新的象征。圣杯象征具有非基督教或者说是诺斯替教的特征，这促使我们回到了那些早期基督教的异端及那些蕴藏着整个世界的超凡的思想财富的起点。在诺斯替教中我们看到无意识心理达到了近乎反常的全盛状态；它包含着对“信仰统治”进行了最强烈反抗的真实之物，以及普罗米修斯式的创造精神，而这些都只属于个体灵魂，与集体原则无关。不管其形式是否粗糙，我们在诺斯替教中的确找到了之后几个世纪都缺失的东西：在个人天启能力和个人知识能力中的信仰。这种信仰以人与神的亲缘关系的自信情感为根本，与任何人类法则无关，它们具有强大的主宰力，甚至只凭纯粹的灵知的力量就能征服诸神。通向德国神秘主义直觉的道路就隐藏在诺斯替教中，这在心理学上意义重大，我们正准备论述的这个时代德国神秘主义会将它的魅力充分地显现出来。

现在因着摆在面前的这个问题，我们必须把注意力转移到这时代一位伟大的思想家艾克哈特（Eckhart）的身上来。在骑士团那里出现了一种新的取向的迹象，而我们在爱克哈特这里同样也发现了一些新的观念，它们的心理取向是相同的，正是这种心理取向怂恿但丁追随贝德丽采（Beatrice）进入到无意识的冥界，以及激发歌手们唱起了圣杯之歌。

然而遗憾的是，我们根本不了解艾克哈特的个人生活经历，不然我们就能知道他是如何使自己认识灵魂的。不过，他在忏悔演讲中描述了那种冥思的状态：“时至今日，人们也很难寻觅到一开始没有误入歧途，而后就能成就伟大事业的人。”[2]也许我们能以此来推断，他写作的素材就是他的个人经历。与基督徒的那种负罪感不同，艾克哈特因对上帝有着内在的亲和感，所以他的感染力令人惊叹。我们感觉到自己进入了《奥义书》所带来的那种广阔的空间里。艾克哈特必定体验到了自己的灵魂价值在逐渐增强，或者说他的内在存在的提升，使他获得了纯粹心理的和相对的上帝观念以及上帝与人的关系的观念。我认为，发现并深刻地揭示上帝与人及灵魂关系的相对性，不仅有助于理解宗教现象的心理学，而且有助于从理性批判的那种令人窒息的辖

1 公元1118年左右在耶路撒冷组建的以保护圣墓及朝圣者为目的的武士团。——译者注

2 见埃文斯《梅斯特尔·艾克哈特》第2卷，第19页。

制中把宗教功能解放出来，尽管我们不能否认这种批判必定有它的职责所在。

我们这章的主要论题是象征的相对性，而现在我们已经与这个论题距离很近了。根据我的理解，“上帝的相对性”是一个切入点，它抛弃了上帝是“绝对的”或与人完全“隔绝”的，只在超越所有人类状况之外存在的观点，认为上帝就在人的感觉中；也就是说，人与上帝是一种相互依存的根本性关系，由此看来，可以把人理解为一种上帝的功能，而把上帝理解为一种人的心理功能。分析心理学的经验观点认为，上帝-意象是一种对特殊心理状态或心理功能的象征表达，绝对高于主体意志是它的特征，所以不管意识如何努力都永远不能达到它对行为所产生那样大的影响和成就。上帝的功能显现于行动时，会使行为具有势不可挡的冲动，而且产生超越意识理解力的灵感，而这一切都是无意识中的能量集聚造成的。欲力的集聚把休眠于集体无意识中的各种意象激活了，而上帝-意象，也就是遗迹与印痕也被包含在内。因为无意识的欲力的集聚使这些遗迹与印痕对意识的心灵施加了影响，所以它们成为人类有史以来对至高的强大影响力的集体性表现方式。

作为一门科学，心理学是不能超出由认识所设置的经验数据的范围的，由此看来，就连上帝也不是相对的，它应该是一种无意识的功能，即用来激活上帝-意象所分离出来的一定量的欲力的表现方式。形而上学的观点理所当然地认为上帝是绝对的，是脱离其他事物独立存在的，也就是说上帝与无意识是完全无关的；而心理学的观点认为，这只能代表对上帝的行为产生于人的内在存在这样的事实的无知。与此相反，上帝相对性的观点指的是，大部分的无意识过程被列入了或至少可以说是被间接列入了心理内容。当然，只有将超乎寻常的注意力集中在心理上，从被投射的客体中撤回无意识内容，并且赋予其意识的性质，以致它们最后从属于主体且受到主体的制约时，才可能获得这种洞察力。

出现在神秘主义者那里的这种情形，并不是上帝的相对性观念的第一次露面。因为我们早就在原初人那里看到过它的原则或是真正的本质。几乎在所有有较低级次人群中的地方，上帝（神）观念都具有彻底的动力性特征；上帝（神）是一种与健康、灵魂、魔力、财富、酋长有关的神圣力量，它可以通过某种程序获得，从而使人获得其在生活中所需要的东西，但如果使用不当也会产生有害的效果。原初人感觉到这种力量既内在于他，也外在于他；既是支撑他生命的力量，也是保护他健康的“魔力”，或是他的酋长所散发出来的超自然之力。在此，我们为我们已经拥有了穿透一切的精神力量的概念。物神的威力或巫师的威望从心理学上讲其实都是那些客体所进行的无意识的主观评价。它们的力量是主体无意识的产物，在欲力中存在，同时也可从客体那里感受到，因为只要无意识内容被激活，它们都会以投射的方式出现。

因此，中世纪人的那种神秘的上帝的相对性实际上是回归到了原初人的一种状态。而个体与超个体的阿特门（atman）这个相关的东方概念则与之截然相反，它们是以典型的东方人的方式，在设法保留原初人原则的效应的基础上，超越了原初人而继续向前发展。如果考虑到这样的事实，那么向原初人回归就不足为怪了，而这个事实就是：宗教的所有重要形式，都将或多或少的将原初的意向集合融入了其宗教仪式或伦理观念中，这样便确保了那些神秘的本能力量在宗教程式中能够增进人性的完美。这种向原初人的回归或像印第安人那样始终与原初人保持联系，能使人不间断地与大地母亲接触，从而保持住一切力量的原始本源。然而，站在已经分化的观点的高度来看，比如从理性观或道德观的角度，这些本能力量并不是绝对“纯洁的”。只要是过于“纯洁”的东西就缺乏生命力，所以生命本身的源头是既清澈又浑浊的。如果排除了其中的浑浊因素，那么对清澈的执着追求以及分化的努力代表的就只是生命强度的失衡。每一次生命的更新既离不开清澈也离不开浑浊。艾克哈特这位伟大的相对论者早就明确地清楚地感受到了这一点，他说：

由于这个原因，上帝甘愿被各种罪恶一次次地伤害，却故意对它们视若无睹，他常常将罪孽加诸那些被指定要从事伟大事业的人们的身上。瞧！我们的传道士比任何人都更亲近我们的上帝，但他们都是罪人，而且大部分犯过不可饶恕的大罪。正如我们在《旧约全书》和《新约全书》中所见，曾被上帝指出犯过大罪而悔改的那些人后来都与他最为亲近，这就表明：至今为止，想要寻觅到一开始不犯点错误便能成就伟大事业的人都是不可能的。[1]

因为艾克哈特有着敏锐的心理以及深刻的宗教情感、宗教思想，所以才成为13世纪末倡导教会批判运动中的佼佼者。以下几段文字是他关于上帝的相对性观念的言论：

人是真正的上帝，上帝是真正的人。[2]

如果人没有获得内在于自身的上帝，他必须想方设法从外在方面来获得他，然而即使他在各种事物中，采用了各种行为的方式，找遍所有的人群或地点，也永远不可能找到上帝；毋庸置疑，这种人极容易为某种事物所左右，因此他不可能拥有上帝。不管是邪恶的团体，还是善意的团体；不管是街道，还是教堂；不管是恶意的话语和行为，还是友善的话语和行为，总之，所有这些事物都能轻易地干扰到他。因为在他自己的内心中存在巨大障碍，对他来说，上帝仍然没有变成世界。如果他拥有上帝，那么不论身处何方他都能感到安逸，对什么人都有安全感，这样上帝就永远住在他

1 见埃文斯《梅斯特尔·艾克哈特》第2卷，第18页及以后页。
2 见埃文斯《梅斯特尔·艾克哈特》第1卷，第188页。

的内心。[1]

这段话所蕴含的心理学价值非常特殊，因为它表明了上文所述上帝观念的某些原初特征。“从外在方面去获得上帝”对应的就是从外在方面获得tondi[2]的原初观点。当然，在艾克哈特看来，这或许只不过是一种演说的修辞手法，然而，其原初的意义却因此而暴露无遗。总而言之，“他极容易受到这些事物的困扰”很明显地证明了，艾克哈特把上帝看成是一种心理价值。如果上帝是外在的，那么他就不可避免地会被投射进客体，将一种过度的价值附加在客体身上。所以当这种情形发生时，客体便对主体施加巨大的影响力，使主体变得像个奴隶。这种从属于客体的情况使这个世界以上帝的面目出现，即上帝是唯一的决定因素，艾克哈特很清楚地论述了这一点。对这种人他这样评价道，“上帝依然没有变成世界”，因为对于这样的人来说，上帝已经被世界取代了。他没有成功地把剩余的价值从客体中分离出来并使之内倾而成为内在的所有物。如果能拥有这种内倾可得剩余价值，他就拥有了上帝（这一同样的价值），并且将上帝当作客体，以致上帝变成了世界。接着艾克哈特又说：

拥有正确的情感的人在任何地方和任何团体中都是正确的，与此相反，如果他没有正确的情感，那么他不管在何地或与何人接触都找不到任何正确的东西。因为上帝总是与拥有正确的情感的人同在。[3]

如果一个人能拥有这种价值则不管置身何处都会感到自如，他从不需要也从不希望从客体中寻找他所缺失的东西，自然也就不会依赖客体。

从上面这些思考来看有一点很明确，对艾克哈特来说，上帝就是一种心理状态，更确切地说是一种心理动力状态。

……如果我们理解了上帝的天国，也就理解了灵魂，因为从本质上来讲，灵魂与上帝是相似的。所以只要上帝本身是天国，那么在这里谈论所有与上帝天国的有关的东西也就等于是在谈论与灵魂的相似的本质。圣·约翰（St. John）说：“上帝创造了世间的一切。”这里的一切必须理解为灵魂，因为灵魂代表了一切。而之所以这样说，是因为灵魂是上帝赋予的，同样也属于上帝的天国……一位长老曾说过，上帝在

---

1 见埃文斯《梅斯特尔·艾克哈特》第2卷，第8页。

2 这是巴塔克人（Bataks）的欲力概念，参见沃内基的《巴塔克人的宗教》（莱比锡，1909）。Tondi是一种魔力的名称，据说这种魔力决定着万事万物的变化。

3 见埃文斯《梅斯特尔·艾克哈特》第2卷，第7页。

灵魂中是如此的根深蒂固，以至于他整个的神圣本质都依赖于灵魂。灵魂寓于上帝之中并不能使灵魂获得极乐，但当上帝寓于灵魂之中时，灵魂便能获得极乐；因此，后者显然比前者所处的层次更高。上帝自身就是灵魂中的极乐，一切皆有赖于此。[1]

纵观历史，灵魂这一概念有着多种解释和多重面向，但最终我们可以把它归结为一种心理内容，在意识范围内它必然拥有一定程度的自主性。否则，人们不可能赋予灵魂一种具有独立存在的特性的观念，以致灵魂给人一种似乎是某种客观的可被感受到的东西的感觉。灵魂一定是某种内容，它是内在自发的，因而就像所有自发性情结一样其中一部分也是无意识的。据我们所知，原初人一般具有好几个灵魂，即具有较高程度的自主性的自发性情结，所以，他们在例如精神失调等一些时候也就拥有了多重的存在。随着社会的发展进步，灵魂的数量也在逐渐减少，如果文化发展到了最高层面，灵魂就会全部消失了，成为主体心理活动的一般意识，而且只作为一个用语存在于心理过程整体中。灵魂同化于意识的这种状况，是东西方文化所共有的特征。佛教里的所有东西都被同化于意识中；甚至就连净化[2]这种无意识的建构性力量也要借助宗教的自我发展才能得到转化。

与上述灵魂观念的历史演变不同，分析心理学认为灵魂与心理功能的整体并不一致。我们既把灵魂界定为与无意识的关系，又将其界定为无意识内容的人格化身。站在文明的角度上来看，就像具有已分化的意识的人仍会因存在着作为无意识的内容而深感悲叹一样，这种无意识内容的人格化身的存在也是让人感到悲哀的。然而，因为分析心理学关心的不是人想让自己是什么，而是人实际上是什么，所以我们必须承认，就像一个文明民族中也有很多人相信鬼神一样，那些促使原初人所谈到的“灵魂”的相同现象也从未消失过。同样，我们可以对我们“自我统一”的理论予以极大的信任，依据这个理论，诸如自主情结这类东西是根本不可能存在的，然而，人的本性却丝毫不受我们的抽象理论的迷惑。

如果把“灵魂”定义为无意识内容的人格化身，那么如前文所述，上帝也就应该是一种无意识内容，如果认为上帝是人，那他就是人格化身；如果认为上帝是动力，他就是某些东西的表现形式或意象。当上帝被思考为无意识内容的人格化身时，上帝与灵魂基本是同一的。因此，艾克哈特的观点也是绝对的心理学观点。他说过，当灵魂寓于上帝之中，灵魂就不能获得极乐。如果人们认为“极乐”是一种强烈的生命状态，那么，依据艾克哈特的观点，只要“上帝”也就是欲力作为动力原则被投射到客体中时，就不可能出现这种状态。因为，如果上帝这种最高的价值要么在灵魂中，要

1 见埃文斯《梅斯特尔·艾克哈特》第1卷，第270页。

2 Samskaras是一种印度教徒举行的净化仪式。——译者注

么就是在别的什么地方。上帝肯定会退出客体而进入灵魂，这才是“更高的状态”，在这种状态中，上帝自身就是“极乐”。这在心理学上代表的是，当欲力投注于上帝，或者说当被用来投射的剩余价值被看作一种“投射”[1]时，客体那绝对的重要性就丧失了，剩余价值因此而在个体中不断地增长，最终使得强烈的生命感获得提升，并产生了一种新的势能。上帝就是最高强度的生命，所以寓身于灵魂之中，也就是进入了无意识之中。但是，这并不代表就此意义上说，上帝已经完全变成了无意识，意识中也再不会有关于上帝的观念存在。这只是代表着这样一种情形——比如说最高价值向别的地方转移了，以致现在从外部找不到它，而只有在内部才能找到。此时的客体已经不是自主性要素，而上帝却变成了一种自主的心理情结。然而，一个自主性情结是不可能具有完全的意识性的，因为它与自我的关联也是有限的，自我绝对不能整个地包容自主性情结，否则的话，它就不再是自主的了。从此刻开始，过高价值的客体就不再具有决定性作用，反而是无意识拥有了决定性的因素。由此便会产生一种决定性影响就发生在自身中的感觉，这种感觉导致了存在的统一的出现，意识与无意识相关联，起支配作用的显然是无意识。

现在我们必须问自己，这种“极乐”的情感出现，就意味着爱的陶醉吗？[2]在这种类似大梵的极乐状态中，因为无意识中存在着优势价值，所以意识势能渐渐下降，无意识开始起决定性作用，而自我则全部消失了。这种状态会让我们不自觉地想起儿童期和原初人，他们都受着无意识的强有力的影响。我们很可能会断言：回归到那种早期天堂般状态就是这种极乐的根本原因，并为得出了这一结论感到满足。但是，这种原初状态为何能带来如此特异的极乐，这是我们必须要弄清楚的。极乐感似乎总是与种种欢乐时光相伴而来，那种欢乐就如同拥有了流动的生命特征，如同被阻塞的东西终于突破阻塞而能自由流淌，如同不需要有意识地付出努力就能得某种结果。我们对这种情境或心情都了然于心，那时“事情会自行运转”，不用我们通过编造各种无聊的前提条件来获得喜乐。童年时代是这种难以忘怀的快乐的象征，那时的我们根本不会被物所扰，快乐会像暖流般在心底汩汩流淌。所以“孩童似的”象征着一种独特的内在状况，是极乐依赖的对象。“孩童似的”意味着拥有一座集聚着欲力的宝库和源泉，从中有欲力不断地喷涌而出。儿童的欲力向各种事物流去；他因而获得了世界，但是，随着他对各种事物的评价日益过高，他在世界中丧失了他自己（借用宗教的语言）。一旦对各种事物形成依赖，就必须做出牺牲，即撤回欲力，与一切外在断

1 把某物当作一种投射来认识并不意味着这是纯粹的理性过程。当理性洞察力的分解一种投射未达到适于分解的状况时，通过理性判断或意志行为使欲力从某物中撤回是不可能的。只有当其达到适于分解的状况才有可能。

2 威廉·布莱克（William Blake），英国神秘主义者，他说：“活力是永恒的快乐。”见《天堂与地狱的婚配》，《全集》，第149页。

绝联系。宗教的直觉教义力图通过这种方式重新聚集起能量；而宗教也确实把欲力在象征中重新集结的过程演示了出来。事实上，如果没有意识力加以阻碍，过高地评价客体与主体的过低价值之间就会形成鲜明的对比，如此一来退行的流动自然就会把欲力带回到主体中去。我们发现，在所有有原初人的地方都能看到与人的天性相协调的宗教活动，因为原初人在各个方面都能轻松地依循他的本能。他的宗教活动能够为他创造他所需的魔力，或者能招回他丢失在夜间的灵魂。

伟大的宗教的目标蕴含在“不要属于这个世界”的训喻中，它是对进入无意识的欲力的内在运动的暗示。其撤回和内倾促使欲力的汇聚于无意识中，可以被比喻为“珍宝”，就像寓言里所说的“昂贵的珍珠”和“原野中的珍宝”一样。艾克哈特对“原野中的珍宝”的解释如下：

> 基督说：“天国就像藏在原野中的珍宝。”这里的原野指的就是灵魂，天国神圣的珍宝就埋藏其中。因此，上帝就在灵魂中，所有被造之物都在“灵魂中获得了极乐”[1]。

这种解释与我们的心理学论点是一致的：灵魂是无意识的人格化身，在那里有珍宝存留，即欲力沉浸于内倾之中，并且以上帝的天国喻之。这意味着与上帝永恒地结合，在上帝的天国中生活着，或者在这种状态下生活着：欲力在无意识方面具有优势，并且决定着意识的生活。原本在无意识中聚集起来的欲力投注在客体上使得外在世界给人一种“全能”的感觉。那时的上帝是“外在的”，而如今却像潜在的珍宝比喻为上帝的天国一样开始在内部运作了。因此，艾克哈特断定：假如说灵魂本身就是上帝的天国，那么它就能被设想成一种与上帝相联系的功能，上帝将能运作于灵魂之中，且被灵魂感受到。艾克哈特甚至把灵魂称为上帝的意象。

透过人类文化学资料和历史资料，我们可以清楚地看到，灵魂一部分属于主体，另一部分属于精神世界或无意识。所以，灵魂兼具世俗的和幽灵的两种性质。灵魂同时蕴含着原初的魔力和原初的神圣力量，所以上帝才会在文化的较高层次中完全与人分离开来，被提升到纯粹理想的高度。但是，灵魂绝对会死守他的中介位置。因此，把它看作主体与难以接近的深层无意识之间的联系功能还是比较恰当的。灵魂反射了这种运作于无意识深层的决定性力量（上帝），因此而创造出各种各样的象征和意象，而它自身也只是一种意象而已。灵魂通过这些意象，把各种无意识力量输送给意识；它具有接收者和输送者的双重身份，同时也是一个对无意识内容进行知觉的器官。它所知觉到的是象征。而象征就是被定型的能量，是一种决定性的观念，具有与

---

1 见埃文斯《梅斯特尔·艾克哈特》第1卷，第271页。

精神价值一样巨大的感染力。就像艾克哈特所说的，当灵魂寓居上帝之中时，并不是什么“极乐”的状态，因为此时神的原动力已经将这个知觉器官淹没了，所以这绝对会是一种幸福状态。而真正的幸福状态是只有当上帝寓居灵魂之中时，即灵魂变成了无意识的容器，并使自身成为无意识的意象或象征时才达到。幸福状态是一种创造性的状态，下述文字绝妙地表现了这一点：

如果有人这样问我：我们为什么要祷告、斋戒？为什么要做各种各样好的工作？为什么要受洗？上帝为什么要变成人？我的回答是，因为上帝可能诞生于灵魂中，但灵魂也有可能诞生在上帝中。于是才会有《圣经》。上帝才会创造出整个世界，上帝可能诞生于灵魂中，而灵魂也可能诞生于上帝中。对谷物来说，最内在的本质是麦子；对金属来说，最内在的本质是金子；对所有生物来说，最内在的本质是人！[1]

艾克哈特在此坦言，上帝依赖灵魂，灵魂同时也是上帝的发源地。依据我们先前的见解，我们很容易理解后一句话。当灵魂作为知觉的器官时，它能理解无意识的内容，而当其成为一种创造性功能时它就催生了象征形式中的原动力。[2]从意识理性的观点来看，灵魂所产生的意象是毫无价值，因为它们根本无法被直接运用到客观世界中去。至于可能运用这些意象的，第一个很可能是艺术，当然，前提是个人具有这方面的天分；[3]第二个可能是哲学的沉思；[4]第三个则是准-宗教，最后导致了异端和其他教派的建立；最后一种运用这些意象的原动力的方式是在各种放荡行为中消耗其能量。像我们在本书开头（第25段）所看到的，后两种类型在诺斯替教的禁欲派（苦行的）和纵欲派（不守节度的anarchic）中以特别显著的形式体现出来。

从适应现实的角度来说，不管怎样，使这些意象获得意识的认识都具有某种间接的价值，因为这使得人与周围世界联系不再混杂。不管外在的环境如何，这些意象的主要价值都在于能增进主体的幸福和健康。能适应固然是一种理想，但却不可能总是这样的。在很多情形下，适应代表的只是坚韧的忍受。这种被动的适应会通过对幻想-意象的精心编构变成可能。因为这些幻想仅仅是一些原初材料，它们的价值还有待商榷，所以我才会在此使用“精心编构”一词。这些材料只有经过处理，被放置在一种最为精心编构的形式中才能产生最高的价值。由于这种处理是一个技术问题，所以在此就不做过多的讨论了。为了让大家有个更清楚的认识，在这里，我要谈及两种

1 见埃文斯《梅斯特尔·艾克哈特》第1卷，第81页。

2 艾克哈特认为，灵魂既是理解者又是被理解者。见埃文斯《梅斯特尔·艾克哈特》第1卷，第389页。

3 这是一些文学范例：霍夫曼、梅伦克、巴尔拉赫《死寂的时日》；在更高的层次上，有斯比特勒、歌德和瓦格纳。

4 比如：尼采的《查拉图斯特拉如是说》。

处理方式：一为还原；二为综合。前者将一切推回到原初的本能上去；后者则将材料演示为人格分化的过程。还原和综合这两种方法互为补充，因为还原到本能便是回归到了现实，更准确地说是回归到了对现实的过高评价，所以出现牺牲是必然的。综合的方法把对象征的幻想精致化了，而牺牲则造成了欲力的内倾。于是一种新的对待世界的态度应运而生，它提供了一种全然不同的新的势能。我称这种向新的态度转化的功能为超越功能。[1]先前沉溺于无意识中的欲力在这种新生的态度里，以主动完成的形式浮现出来。它无异于是生命的再生，被艾克哈特象征性地表现为上帝的诞生。而如果刚好相反，欲力从外部客体撤回并沉入了无意识之中，那么，“灵魂就在上帝中再生了”。就像艾克哈特所正确地观察到的，这并不是一种极乐状态，[2]因为它是一种背离了生命的行为，下降到了“隐蔽上帝”，此上帝与先前那个沐浴在白昼中的上帝本质上是完全不同的。

艾克哈特认为上帝的诞生是一个连续的过程。其实，我们在这里所讨论的这个过程是个心理过程，它基本是在无意识地毫不停顿地重复着自身，尽管只有当它转向极限时，我们才会意识到它。歌德所论述的心脏收缩和心脏扩张的观念好像从直觉上掌握住了这一点。也许我们可以更准确地说，这是一个在无意识中进行的生命力波动或生命律动的问题。这也使我们理解了为何那些现存的描述此过程的术语，几乎都是宗教方面的或神话方面的，因为这样的表达方式是与无意识的心理事实密切相连的，而并不像对神话的科学解释所常常断言的那样，与月亮的盈亏或其他的气象现象相关。因为无意识过程的问题是首要的，所以对于一名科学家来说，若是想要摆脱隐喻的语言，或者至少能够达到其他科学使用隐喻语言的那种程度，实在是困难重重。宗教语言力图通过自古以来就被神圣化的、具有深厚意义的、美的各种象征，来表达对天性的神秘力量的崇敬，心理学在这一领域的扩展不会给这种崇敬带来损害，然而科学至今也未能找到通往这个领域的道路。所以，在这里，我们唯一能做的就是把各种象征往后（即回归）挪一点点，以便能将一丝光亮照进它们黑暗的领地，但这并不代表着我们要屈从于这些错误的观念，即认为我们真的在面对让我们所有时代都感到困惑的谜时创造了比那种纯粹新的象征更加丰富的东西。尽管我们的科学脱离不了隐喻的语言的范畴，但它实际上比那些年代久远的神话假设运作得更好，因为它无须借助概念，其表达方式是具体化的。

---

1 参见《超越功能》一文。

2 艾克哈特说：“因此我又再次转向我自身，在那里我发现了比地狱更深的地方；但我的不幸又一次催促我离开。然而我已深陷此处，不能自拔！我将继续留在这里。”见埃文斯《梅斯特尔·艾克哈特》第1卷，第389页。

灵魂作为受造之物而创造了上帝，因为在灵魂被创造出来之前，上帝并不存在。之后不久我就宣布，我之所以为上帝的原因！上帝是灵魂所赋予的：灵魂本身具有他的上帝性。[1]

上帝正在生成并且死去了。[2]

因为所有造物都向他宣告，上帝正在生成。当我仍滞留于上帝性的底层和深渊、洪流及源泉中时，不会有人会问我去哪儿或去干什么；因为此时根本就不可能存在向我提出疑问的人。但是，当我流出来的时候，我听到所有受造之物都在宣称上帝……为什么没有人提及上帝性和在上帝性中一切都合而为一呢？只有上帝在运作；而上帝性却无所事事，它没有事情可做，也从没有找事情做的必要。上帝和上帝性正是因此而变得完全不同。当我再次回归于上帝时，我自身不用去做任何事情，所以我这次的回归比我第一次的离去显得更为卓越。因为我使所有受造之物都脱离了它们自身而进入了我的内心，与我融为一体。当我再次回到上帝性的底层和深渊与它的洪流和泉源的时候，没人会问我从哪里来，到哪里去。不会有任何人注意到我。因为上帝死去了。[3]

从这几段引文我们知道，艾克哈特对上帝和上帝性做了区分；上帝性是全体，它没有形体对自身也一无所知；而上帝则是一种灵魂的功能，就像灵魂是上帝性的一种功能一。显然，上帝性是一种无处不在的创造力量，如果用心理学的术语来说，它就是创生性的本能，这种本能没有形体对自身也是一无所知，完全可以被拿来与叔本华的普遍意志进行比较。而上帝则是上帝性与灵魂所产生的结果。像所有受造之物一样，灵魂同样"宣称"：上帝因灵魂与无意识的区分而存在，因知觉到无意识的原动力而存在；然而，如果灵魂沉没在无意识原动力的"洪水和源泉"中，那么，上帝就不复存在了（他死去了）。因此，艾克哈特说：

当我从上帝那里流出时，万物都在宣告："上帝存在！"但这并不能让我获得极乐，因为此时我只能把自己当作一个受造物。但是在我进行突破时，我是虚空的，我把上帝的意志掏空了，使他的造化变得空洞无物，甚至就连上帝本身也是空无——于是我超越了所有造物，我既不是上帝也不是受造之物：我就是我，不管现在还是将来，我都永远存在！然后有一股推力，将我带到高翔于天使之上的地方。凭借这股推力，我变得极为丰富，就连上帝本身、上帝所拥有的一切，甚至其堪称神迹的造化对我来说都毫不起眼；因为在突破的过程中，我不仅获得了我的一切，还获得了上帝的一切。我就是

1 见埃文斯《梅斯特尔·艾克哈特》第1卷，第410页。
2 见埃文斯《梅斯特尔·艾克哈特》第1卷，第143页。
3 见埃文斯《梅斯特尔。艾克哈特》第1卷，第143页。

我，无须增减也无须变动，我本身就是一个变动者，我能变动一切。上帝在人类这里再也找不到容身之处，因为人已经通过人的空无，重新赢回了原本就属于他的永恒，而且将永远保留下来。

“流出”是一种在灵魂诞生的观念形式中出现的、对无意识内容和无意识原动力的知觉。这是一种将自我与无意识原动力有意识地分离开来的行为，换句话说就是把作为主体的自我与作为客体的上帝（=原动力）分离开来的行为。上帝因此而发生了“变化”。但是，当这种“突破”以将自我与世界分割开来的方式使自我与上帝的分离消解，以致自我再次与无意识原动力融为一体时，客体身份的上帝就转变成了与自我没有任何区别的主体。这句话如果换个说法，就是，自我因为是后来分化出来的产物，于是与原动力的整一（All Oneness，原初人的神秘参与）再次相结合了。这就是所谓的沉浸于“洪流和泉源”中。这很明显与东方观念极其相似。那些比我能力更强的专家们早已对它们进行了各种阐述。如果不能直接交流，那么这种相平行的类似性的证明，以及艾克哈特一直思考的集体心理的深层，对东西方来说就是可以通用的。在历史背景不同的情况下却能做出同样的解答得益于一种普遍基础，这种基础以上帝的能量概念的形式在原初心理之中潜存着。

所有宗教都会出现这种向原初本性的回归还有与向史前心理状况的神秘退行，在那里，那些驱动的原动力还没有因抽象观念而变得僵化，作为一种经验，不管是表现在澳洲原住民[1]的与图腾合一的仪式中，还是表现在基督教神秘主义者的迷狂中，它们都依然生机勃勃。这一退行的过程是对与上帝合一的原初状态的重建，而新的势能也由此产生。也许这种状态的存在不可能成为现实，但它的确是一种印象深刻的经验，凭借复活个体与作为客体的上帝的关系而重塑了世界。

谈到上帝-象征的相对性，如果忽略了那位孤独的诗人赛勒修斯（Angelus Silesius）[2]（人们认为他的悲剧命运与他的时代无关，也与他自身的内在幻觉无关），那么对我们的研究来说是莫大的损失。那些艾克哈特绞尽脑汁以晦涩的理性语言极力表达的东西，却被赛勒修斯以亲切的诗句将其吟唱了出来，在他的诗歌中，我们可以看到对上帝与素朴的天真的关系的描述。他的诗句如下：

我知道没有我
上帝不能多活一刻；
如果我死了，他也

1 斯宾塞和吉伦：《澳大利亚中部的北方部落》。
2 即谢弗勒（John Scheffier，1624—1677），神秘主义者和医生。

只能一命归西。

上帝不能失去我
否则他只能造出一条可怜的蠕虫；
如果我不与他风雨同舟
他注定要毁灭。

我像上帝那样伟大，
上帝像我这样渺小；
他休想高高在上，
我也绝不委身其下。
上帝是我心中的一把火
我使他发出光亮；
我们的生命休戚相关，
分离之时就是我们末日。

上帝爱我过于爱他自己
我的爱与他相同，

不管他给予我什么恩赐
我都一定同等地报答他。

我是凡人他是上帝，
我们确实彼此不同；
我能满足他的渴望，
他能救助我的需要。

如果我们有意追求一切，
上帝就会同情我们；
如果我们不去完成使命，
他便视我们为敌。

上帝是上帝，

我就是我；
但只要认识其中一个，
你就认识了他和我。

上帝与我同在，
我们形影不离；
我是他的仁慈和光亮，
他是我的启明星。

我是上帝栽培的葡萄树，
被他极为珍爱；
我结出来的果实，
就是上帝这个神圣的幽灵。

我是上帝的儿子，
上帝也是我所爱的；
我们合而为一，
既是儿子又是慈爱的父亲。

为了将我的上帝照亮
我一定是阳光；
我一定把光束照射在
他那平静而无边的大海上。[1]

如果把诗句中这些大胆的思想以及艾克哈特的那些观念只看作是一些意识沉思的碎片，那就大错而特错了。这些思想产生于集体心理的无意识潜流之中，是有意义的历史现象。在意识的阈限之内蕴藏着数以万计与这些思想相类似的情感，这些情感虽然没有名称却与它们一起列居幕后，时刻准备着将新时代的大门打开。在这些大胆的观念中，我们看到了集体心理的身影，它们自信而沉静、坚定而持守自然律，它们促使精神发生转变与更新。在基督教改革运动过程中，无意识潜流逐渐浮现出来。基督

1 见谢弗勒《诗歌集》第1部分，第5页及以后页。这12节诗并不相互连接，而是选自第1部分第8节、第96节、第10节、第11节、第18节、第24节、第3部分第140节、第1部分第212节、第106节、第2部分第122节、第1部分26节和第115节。

教改革运动在很大程度上动摇了教会作为拯救者的地位，使个人与上帝的关系得以重建。至此之后，上帝观念失去了客观化的无上权威，变得越来越主观化了。这一主观化的过程必然导致教派的分崩离析，同时也带来了最极端的后果即个人主义，这一后果体现了一种新的与世界分离的形式，它的直接危险是导致再度沉没于无意识原动力中。这种发展不仅导致了对“金发碧眼兽”的崇拜，还使得我们的时代与其他时代得以区分开来。但是，既然有了这种沉没于本能的情形，补偿就一定会出现，这种补偿是从日益增强的抗拒纯粹原动力的混沌状态，以及对形式与秩序的渴望中产生的。面对隐藏着的心理洪流，灵魂必须创造出一种可以将这种原动力状态表达出来的象征。诗人与艺术家感受或直觉到了这种集体心理的过程，于是，对无意识内容的知觉便成了他们主要的创作源泉，他们心智开阔，所以能够感受到时代的关键问题，即便不能如此，也至少能感受到问题的外在方面。

第五节　斯比特勒和解象征的本质

斯比特勒的普罗米修斯代表的是一个心理的转折点的标志：他对先前相和解的对立双方的严重分裂进行了描述。普罗米修斯以艺术家和灵魂的仆人的身份离开了人类的世界；而社会因为完全屈从于无灵魂的道德惯例而被交给了寓意为陈腐理想所导致的有害且毁灭性的影响的河马巨兽。此时，虽然潘多拉（灵魂）创造出了无意识中的拯救的宝石，但却因为人们不能理解它而不能使其造福于人类。只有普罗米修斯的介入才会使情况有所好转，普罗米修斯的洞察力和理解力是惊人的，他会先使少数人觉醒，然后再拯救大多数人。毋庸置疑，斯比特勒的这部著作是以作家的私人生活为根本出发点的。然而，如果它只是对个人经验的纯粹的诗意编构，那么它的普遍有效性和永久性的价值也就不复存在了。然而事实却是，它的确具有普遍有效性和永久性的价值，因为它不仅属于个人，而且还涉及作者在我们这个时代中对集体问题的亲身经验。这部著作的初次问世必然会受到大众的冷落，因为不管对哪个时代的人来说，维护和颂扬现状都是大多数人的愿望，哪怕这种做法给那些有着创造力的心灵带来了灾难性的后果。

在这里，我们还需要探讨另外一个重要的问题，即被诗人预示为将会带来欢乐与解放的珠宝或再生的生命象征的本质。我们已经举出了很多文献来证明宝石“神圣”的本质，这显然意味着象征包含了新的能量即囚禁于无意识中的欲力释放的可能性。象征总是表明：在像这样的某种形式里，将可能显现一种新的生命，使生命可能从囚禁和世界性-困乏中释放出来。欲力通过象征而从无意识中释放出来从而显现为获得新生的神，或者说是事实上的新神；例如基督教中的耶和华就被看作是具有更高的道德、更为精神化和慈祥的圣父。也许大多数读者都熟悉，神的再生的主题是十分普遍的，可能也是为大多数读者所熟悉的。在谈到宝石的救赎力量时，潘多拉说："看啊！有这样一群人，他们被悲哀充斥，让人心生怜悯，我想到了这样一件礼物，如果你同意，我就可以用它来抚慰他们，使他们减轻痛苦。"[1]护庇"神童"的树叶唱着："这里拥有现在、福佑和仁慈。"[2]

"神童"带来的是一种爱与快乐的信息，就像耶稣基督诞生时的那种极乐的状态。而对太阳女神致敬，[3]以及不管身在何处的人都在诞生的那一时刻变成"善的"并获得极乐这样的奇迹，[4]则标志着佛陀的诞生。何为"神性的极乐"，我想以下这句话是颇具意味的："也许每个人还会与那些意象相遇，他一度把它们看为闪烁着微光的未来的梦中的孩童。"[5]这很明显地证明了，那些发生在人们童年的幻想，人们会在成年后努力地去实现它；因为这些意象并没有随着时间的流逝而消失，而是在成年后再次显现，而且被付诸现实。就像巴尔拉赫（Barlach）的老库勒（Old Kule）在《死寂的时日》（*Der tote Tag*）中说的那样：

半夜我躺下时，黑暗的枕头让我焦虑不安，灵光在我眼前不时地清晰闪现，它的回响，连绵不绝；许多具有灿烂前景的可爱的人影站在我床的周围。虽然它们呆板，依旧沉睡，但却美丽得光彩照人；如果有谁能把这些美丽人形唤醒，那么他将会为世界创造一个更加动人的形象，而这个唤醒者就会成为英雄……他们从不站在阳光下，甚至从不在有阳光的地方出现。但在某个时候，他们必将从黑夜之中站出来。能使他们能在站立在之下的那项事业该有多么伟大啊！他们将在那里活着。[6]

正如我们后来会看到的那样，埃庇米修斯也对宝石这个意象心中产生渴望；他在关于赫拉克里斯（Heracles）（一位英雄！）雕像的演讲中说："一块将在我们头上熠熠生辉的宝石，一块我们必定要赢得的宝石。这就是雕像的意义……"[7]然而，埃庇米修斯最终拒绝了宝石，而当这块宝石被带到教士面前，就正像埃庇米修斯所做的那样，这些教士也对宝石充满渴慕，他们赞美道："啊，来呀！啊，我的神！带着你的

---

1 见《普罗米修斯与埃庇米修斯》（谬尔赫德英译），第114页。
2 见《普罗米修斯与埃庇米修斯》（谬尔赫德英译），第131页。
3 见《普罗米修斯与埃庇米修斯》（谬尔赫德英译），第135页及以后页。
4 见《普罗米修斯与埃庇米修斯》（谬尔赫德英泽），第132页。
5 见《普罗米修斯与埃庇米修斯》（谬尔赫德英译），第132页。
6 见《普罗米修斯与埃庇米修斯》（谬尔赫德英译），第30页及以后页。
7 见《普罗米修斯与埃庇米修斯》（谬尔赫德英译），第140页及以后页。

恩典而来。”但是，当神圣的宝石在他们面前再次出现那一时刻，他们不仅拒绝接受它甚至还对其肆意辱骂。新教徒很容易把教士们唱的这些看成是赞美诗：

活生生的神灵，再度降临
你是真正永恒的上帝！
你的权力高高在上，
让我们永远住在你的居所；
所以神灵，欢乐与光明，
在我们心中永远居住，
甚至那全是黑夜之处。
你这力量和权力的神灵，
新的精神的上帝赋予了你，
把我们从诱惑中拯救了出来，
你使我们完美地上天堂。
在战场上你使我们全副武装，
让我们坚强而绝不屈服。[1]

这首赞美诗对我们前面的讨论是个很好的证明。它不仅与埃庇米修斯式创造的理性主义本质而且也与那些歌唱这类赞美诗的教士完全一致，他们把新的生命精神和新的象征拒之门外。在所有正常的情境下，理性往往以某种理智的一贯的逻辑方式解决问题，当然这是可以成立的；但如果是在那种真正重大和具有决定性问题情形下这就显得不怎么合适了。因为象征是非理性的，所以它没有创造象征的能力。如果理性的解决方式被证明了根本行不通，（就像它在某一时期后常常所做的），那么，问题就会在理性无法预料的那一面得到解决。（“拿撒勒[2]还能出什么好东西吗？”《约翰福音》第1章，第56节）例如，那种在弥赛亚预言中潜藏的心理学法则。预言其实就是无意识中对事件表现出的征兆的投射。因为解决方式是非理性的，所以救世主的诞生通常都会伴随着一种非理性的、不可想象的状况，比如童贞女玛利亚怀孕生子（《以赛亚书》第7章，第14节）。与许多其他预言一样，这一预言也表现在两个方面，如《麦克佩斯》（Macbeth，第4幕第1场）中所描述的：

麦克佩斯永远取得胜利

1 《德国抒情诗》（第二辑），第53页及以后页。
2 以色列北部的一座小城，耶稣的故乡。——译者注

除非有一天勃南的树林
会冲着他向邓西嫩高山移动。

在人们不曾预料的时刻，在最不可能发生的地方救世主诞生了，即救赎的象征出现了。所以《以赛亚书》（第53章，第1–3节）如此说：

我们所传的谁会相信呢？耶和华的膀臂向谁显露呢？

他在耶和华面前如嫩芽般生长，如根冒出干地。他无美丽外表，我们看见他的时候，也无美貌使我们欣羡他。

他被鄙视，被人厌弃，多受痛苦，常经忧患。他被藐视，被人视而不见，我们也不尊重他。

拯救的力量不仅会在人们预料不到的地方出现，甚至还会以一种从埃庇米修斯式观点来看十分不受欢迎的形式出现。我们注意到，当斯比特勒在描述拒绝象征时，他在用词上几乎不会有意识地借用《圣经》上的话。然而很有可能的是，他从那种有创造力的艺术家以及预言家所唤起的拯救的象征中吸取了同样的营养。

救世主的出现带来的结果就是一种对立的和解：

豺狼必与绵羊羔同居，豹子与山羊羔同卧，雄壮的狮子与牛犊并肥畜同群；小孩子要牵引它们。牛必与熊同食；牛犊必与小熊同卧，狮子必吃草与牛一样。

吃奶的孩子必在蝮蛇的洞口玩耍，断奶的孩子要将手放在毒蛇的巢穴上。[1]

象征的真正本质和功能是救赎象征的性质即儿童的性质[2]（斯比特勒称为“神童”），那是一种不带任何预设的态度或童稚性。童稚的态度以另一种指导原则取代了顽固的理性意向，所以它具有无比强大的效力，其力量也是神圣的。既然它本质上是非理性的，那么这种新的指导原则必然以一种神奇的形式显现出来：

有一婴孩为我们而生，有一子赐给我们，他的肩头必担负责任。他的名字是奇妙、策士、全能的神、永在的父、和平的君。[3]

---

1 《以赛亚书》第11章，第6节及以下。

2 荣格：《儿童原型心理学》。

3 《以赛亚书》第9章，第6节及以下。

救赎象征的基本特征就是由这些荣耀的称号构成的。它之所以具有“神圣”的效力原因就在于无意识中那不可抗拒的原动力。救世主的形象总是被描绘成具有使不可能成为可能的神奇力量。象征其实就是一条中间的道路，对立双方沿着这条道路向一种新的运动走去，好比久旱之后流出甘泉的河道。在解决问题之前，张力就像《以赛亚书》中的所说的“怀孕”：

妇女怀孕，临产阵痛，痛苦地高声喊叫；耶和华啊，我们在你面前也是如此。

我们也曾怀孕疼痛，所产的竟像风一样。我们在地上不曾做什么拯救的事，世上的居民也从未败落。

（你的）死人要复活，（我的）尸首要兴起。[1]

由于被救赎，死了的以及无生命的东西复活了；用心理学的语言来说，就是那些休眠的和未开发的功能，那些失去作用的、遭人蔑视的、被贬低的、受到压抑的等等心理因素，都在一瞬间爆发出来，重新获得了生命。这些被过低评价的功能，虽然它们曾经受到已分化的功能的致命威胁，但是现在却使生命得以延续。[2]这一主题在圣经《新约》关于万物复兴的观念中再次出现[3]，而且是世界各地有关英雄神话的各种版本中更高的发展形式，我们看到，这些神话中的英雄在冲出鲸鱼腹中时，不仅把他的父母，而且把那些先前被这个妖怪吞下的所有同伴一同带了出来，这就是弗洛比尼斯（Frobenius）所说的“普遍的摆脱”[4]。在《以赛亚书》的一段描述中就保留了这种与英雄神话的联系：

到那日，耶和华必用他刚硬有力的大刀
刑罚鳄鱼，就是那快行的蛇；刑罚鳄鱼，
就是那曲行的蛇，并杀海中的大鱼。[5]

因着象征的诞生，欲力停止了向无意识的退行。前行代替了退行，发泄代替了压抑，直至破除了母性深渊的诱惑。当巴尔拉赫的戏剧《死寂的时日》中的老库勒说那个之前沉睡但被他唤醒的意象将成为英雄时，母亲这样回答：“英雄先将他的母亲

---

1 《以赛亚书》第26章，第17—19节。

2 请参照我关于席勒的通信的讨论。

3 《使徒行传》第3章，第21节。

4 弗洛比尼斯：《太阳神时代》。参见《转变的象征》，第309段。

5 《以赛亚书》第27章，第1节。

埋葬。”[1]在此我就不再赘述“母龙”的主题了，因为我在早期的一部著作中[2]曾经用很详细的材料对其进行过论述了。《以赛亚书》第35章第5节还描述了曾经的不毛之地，重新焕发生机的情景：

那时盲人的眼必睁开，聋人的耳必通明；

那时瘸子必跳跃像鹿，哑巴的舌头必能歌唱；在旷野中必有水迸出，在沙漠必有河涌流。

发光的沙（或作蜃楼）要变为水池，干渴之地要变为泉源；在野狗躺卧之处，必有青草、芦苇和蒲草。

在那里必有一条大道，称为圣路，污秽之人不得经过，此专为赎民行走，行路的人即使愚昧也不至迷失。

救赎的象征是一条宽阔的大道，一条无须让生命经受折磨与痛苦就能沿此向前迈进的大道。

荷尔德林（Holderin）在《普特茅斯》（*Patmos*）中说：

上帝就在附近
却很难把握。
但在危险的地方，
拯救便接踵而至。

这看上去好像是说上帝的临近意味着一种危险，即对意识的生命来说，欲力集聚在无意识中似乎是一种危险。而事实也的确如此，因为欲力被越多地投入无意识中，或者说得更准确一些，是欲力主动地越多地投入到无意识中，那么它的势力或发挥的影响就越大：这意味着那些早在多个世纪之前，就已经完全被拒绝的、被丢弃的、已极度衰弱的功能的可能性又重新获得了生命，又开始对意识心灵不断地施加的影响，尽管意识在绝望中对其进行了抵抗，试图窥探到底发生了什么事情。象征是救赎的因素，它不仅包含着意识与无意识，还能将其统一起来。因为当被意识支配的欲力用在功能的分化上，导致其逐渐被消耗一空却无法得到补充时，内在分裂的征兆就会逐渐增加，从而出现一种无意识内容淹没一切以及毁灭一切的危险；然而在这个时候，象

1 第30页。参见纽曼《无意识的根源与历史》第165页及以后，第174页，第186页。

2 见《转变的象征》第二部分，第5章和第7章。在斯比特勒那里，屠杀海中的鳄鱼与降服河马巨兽很相类似。

征同时不断地发展着，它必然要将这一冲突解决。不管怎样，象征与来自无意识方面的危险和威胁都联系得十分紧密，所以它们很容易被混淆，或者说象征的出现很可能会将罪恶和毁灭的趋势重新唤起。在一切的事件中，救赎象征的显现都与毁灭与破坏有着密切的联系。如果旧的事物不灭亡，新的事物就不可能出现；如果旧事物对新事物道路的阻碍不是致命性的，也就不可能也无须将其彻底根除。

我们可以在《以赛亚书》中找到这种心理对立的自然结合，《以赛亚书》第7章第14节告诉我们，童贞女玛利亚怀孕生子了，孩子的名字叫以马内利（Immanuel）。很有意思的是，以马内利（救赎的象征）的意思是“神与我们同在”，即与无意识潜在原动力的结合。接下来的叙述中揭示了这种结合所预示的东西：

> 因为在这孩子还不知道如何弃恶择善，所以你所憎恶的那二王之地必遭唾弃。
>
> 耶和华对我说：“你拿一个大牌，用人所用的笔，在上面写上玛黑珥沙拉勒哈施罢斯[1]（意思是‘掳掠速临，抢夺快到’）。”
>
> 我以赛亚与妻子（原文作“女先知”）同室，她怀孕生子，耶和华就对我说：“给他起名叫玛黑珥沙拉勒哈施罢斯。因为早还在这孩子不会叫自己的父母的时候，大马士革的财宝和撒玛利亚的掳物，就已经在亚述王面前被搬了去。”
>
> 耶和华又晓谕我说：“这百姓既厌恶西罗亚（Shiloah）[2]缓流的水……因此，主必使大河翻腾的水凶猛涌来，这就是亚述王和他所有的威势，这水必会漫过一切水道，冲破堤岸；必冲入犹太，泛滥成灾，直到颈项。以马内利啊，他展开翅膀，遍满你的地。”[3]

我在早期的著作[4]中，就已经指出，神的降生不仅受到巨龙与洪水的危险，还受到虐杀孩童的威胁。如果运用心理学进行分析，这就相当于是无意识潜在的原动力可能在突然之间爆发而把意识淹没了。在以赛亚看来，危险来自拥有强大权力并进行敌意统治的外来国王。当然，由于是完全投射，因此以赛亚所面临的问题不是什么心理问题而是具体的实际问题。而刚好与之相反的是，对斯比特勒来说，从一开始问题就是心理方面的，所以与具体的客体毫无关系，但它所表现出来的东西却与《以赛亚书》中形式很相似，尽管这并不属于有意识的借用。

救世主的诞生意味着一次大灾难的降临，因为在一个似乎没有或有可能发生任何生命、力量的地方涌现出了一种新的强有力的生命。它来自无意识，即来自人们所不

---

1 即：Maher-shaiai-hash-baz。

2 是一个犹大圣地，位于死海西北巴勒斯坦中部。——译者注

3 《以赛亚书》第7章，第16节；第8章，第1、3、4节；第8章，第6—8节。

4 《转变的象征》第2部分，第5—7章。

知道的、所有理性主义者从根本上就否认存在的心理部分。正是在这个被质疑、被拒绝的领域，一种新的能量流动、生命的更新出现了。但这个被质疑、被拒绝的新的生命究竟源自哪里呢？它包含了所有因为与意识价值格格不入而被压抑的心理内容，即所有那些错误的、不合适的、无用的、丑恶的、不道德的东西，也就是那些与个体有着密切关系的在某个时刻显露出来的东西。这里现在出现了一种危险，也就是在这里出现的外观上奇妙的东西，很有可能对个体带来巨大的冲击，以致个体要么忘记要么就是拒绝承认他先前所接受的一切的价值。之前被他所蔑视的一切现在变为至高无上的原则，之前被认为是真理的东西现在在他看来成了错误的了。这种价值的颠倒无异于一个国家被洪水所毁灭。

因此，在斯比特勒那里，潘多拉从天国带来的礼物给地上的国家和居民带来了罪恶，就像古代神话描述的那样，当潘多拉打开她随身携带的盒子时，疾病等灾难将一拥而出，摧残了大地。[1]如果明白了这一点，我们为什么必须得这样对象征的本质进行考察也就不言而喻了。首先是农夫发现了宝石的象征，就像牧羊人是最先敬拜救世主一样。他们手拿宝石，不断掂量着，仔细地观察和揣摩，“直到最后他们完全被它那不道德的、不正当以及奇怪的外观惊呆了”。[2]于是他们把它交给国王埃庇米修斯查看，它的良心（良心被藏在衣柜里）迅速地跳出来落在地板上，又“带着难以置信的疑惑”极度惊恐地躲到床底下去了。

此时，良心就像一只四处逃窜的螃蟹，用眼睛恶毒地盯着，用它那交错的钳爪充满敌意地挥舞着，在床下往外窥探，只要埃庇米修斯把这个意象（宝石）往它的面前一放，它就会立刻带着厌恶的姿态往后退缩。它就这样静静地蜷缩在床下，不发出任何声音，不吐露任何言语，国王用尽了所有招数来乞求、哀告和哄骗都没有用。[3]

很明显，良心极度厌恶新出现的象征。所以，国王命令农夫们把宝石带给教士。

然而，那些高级教士刚一看见这块宝石，就厌恶得全身发抖，似乎是为了避免自己遭到重击，他把手护在前额上，大声叫喊着：“赶紧把这东西拿走！它反抗上帝且浑身都是邪气，肉欲隐藏在它的内心深处，它的眼睛里都是傲慢无礼。”[4]

后来，农夫们把宝石带到了学院，教授们发现它“除了缺乏情感与灵魂之外，还

1 根据希腊神话传说，宙斯命令潘多拉下凡并随身携带一个盒子，潘多拉不遵守命令私自将盒子打开，于是疾病、罪恶、疯狂等各种祸害都从里面跑出来充满世间。“潘多拉的盒子”比喻灾难的聚集地，是带来不幸的礼物。——译者注

2 见《普罗米修斯与埃庇米修斯》（谬尔赫德英译），第136页。

3 见《普罗米修斯与埃庇米修斯》（谬尔赫德英译），第142页。

4 见《普罗米修斯与埃庇米修斯》（谬尔赫德英译），第144页。

缺乏庄重，甚至没有主导思想”。[1]最后，金匠发现这宝石原来是假的，只不过是一块普通金属而已。农夫们想在集市上卖掉它，警察却把它抢走了，并高声斥责：

难道你没长心肝，你的灵魂丧失了良知吗？你竟敢把这放荡淫邪的、不知羞耻的裸露之物拿到众人面前？……你赶紧带着它滚蛋吧！如果你让我们清白的妻子和纯洁的孩子因为看见它而灵魂受到了玷污，那么连魔鬼都不会放过你的！[2]

在诗人的笔下，象征成了与道德情感相悖的古怪的、不道德的以及不正当的东西，这颠覆了我们有关精神和神圣的观念；象征表现了肉欲、败坏了风俗，因唤起了性欲幻想，而威胁到了公众的道德观念。这些特性所界定的东西明显是与我们的审美判断和道德价值截然相反的，因为它不具备更高级的情感–价值，缺乏“主导思想”暗示着它的理智内容是非理性化的。“反对上帝”这个裁决也许对应的正是“反基督教”，因为这段情节发生的时间不是在遥远的古代，发生的地点也不是在东方。象征的这些特征使其成了劣势功能以及未被认识的心理内容的代表。即使在任何地方都看不到对它的描述，但是很明显，这个意象是一个裸露的人类形象，即一个“有生命的形式”。它既表达了作为一个人所应有的绝对自由，也表达了作为一个人所应有的责任。它是一个人渴望成为人的象征，是出自天性而非某种人为了理想所追求的道德美和审美感的完满状态。这一意象来到人们面前只会产生唯一的一个效果，那就是，使他们身上那些一直被束缚的和虽生犹死的东西获得解放。也就是说，如果人身上只有一半是文明的，而另一半却仍然是野蛮的，那么他身上所有的野蛮性将会被唤起，因为那种使他意识到自身劣根性的东西是一个人的憎恨的焦点所在。因而宝石的命运铭刻下它被世界发现的那一时刻。愤怒的农夫们把第一个发现宝石的哑巴牧羊少年打得半死，宝石最终被他们“猛掷”在街道上。这样一来，救赎的象征便踏上了它典型而短暂的历程。毫无疑问，这基本近似于基督教中耶稣受难的主题，这一事实再次证实了宝石的救赎性质，它每一千年才会出现一次。不管是救世主降临还是佛陀的现身，都是十分罕见的。

宝石的结局有着浓厚的神秘色彩：最后一个四处流浪的犹太人获得了它。“这个犹太人看上去并不属于这个世界，因为他的着装令我们惊愕。”[3]这个特殊的犹太人只能是阿哈修勒斯（Ahasuems），他拒绝接受真正的救赎者，和当时一样，现在他窃取了这个救赎的意象。有关他的故事最早可追溯到公元13世纪，那是中世纪晚期基督教

1 见《普罗米修斯与埃庇米修斯》（谬尔赫德英译），第146页。

2 见《普罗米修斯与埃庇米修斯》（谬尔赫德英译），第149页。

3 见《普罗米修斯与埃庇米修斯》（谬尔赫德英译），第164页。

的传奇。[1]运用心理学分析，这个故事主要是源自那种在基督教对待世界与生命的态度里因无从发泄而备受压抑的欲力成分或人格因素。犹太人便是这些成分和因素的象征，这也是为何中世纪犹太人遭到疯狂迫害的原因。仪式屠杀的观念是对拒绝拯救者的投射的一种尖锐的形式；因为人们总是看见他弟兄眼中的“梁”，而看不见自己眼中的“刺”（自己身上具有的小缺点在他人身上却变成大缺陷）。仪式屠杀的观念在斯比特勒的故事中也发挥了一定的作用，故事中的犹太人把来自天堂的神童（宝石）偷走了。这是对一种隐约的知觉的神话化投射，被知觉到的是，拯救者的救赎活动往往被无意识中出现的未获拯救的因素所阻碍。这种野蛮的、未驯服的、未获拯救的因素不能得到自由而只能被囚禁，它们被投射在那些对基督教信仰拒不接受者的身上。此时，一种无意识的意识状况便出现了，人们不情愿接受这种难驾驭的因素的存在，所以就把它投射了出去，其实它是我们身上的组成部分，它竭力地避免自己被基督教驯化。这个流浪四方的不得安宁的犹太人形象就具体地代表了这种未获拯救的状况。

这一还未获拯救的因素瞬间就吸取了新光亮、新象征的能量。我们在上文（第449段及以下段）中已经论述了这是象征影响整体心理的另一种表达方式。就像唤起了斯比特勒所说的“市场的警卫”一样，它把所有受压抑的和未被认识的内容通通唤醒了；高级教士同样也没能逃脱这种影响，因为他无意识地抗拒自己的宗教，所以就在顷刻之间对新象征具有肉欲的性质以及亵渎神灵进行了强调。抗拒宝石的感情正与被压抑的欲力从数量上来讲是一致的。在道德上贬损这个来自天堂的纯洁的礼物以及促使其向教士和警卫肉欲的幻想的转化，就宣告着仪式屠杀的完成。但是象征的出现并不是没有一点价值的。虽然它纯粹的形式没有被接受，但对那种无意识的古代的和未分化的力量来说无疑具有巨大的吸引力（象征化地表现为河马巨兽），而且意识道德和审美观念也站在它一边。于是出现了对立状态，到如今，有价值的变成无价值的，善变成了恶。

埃庇米修斯所统治的王国是善的，它与河马巨兽统治的恶的王国一直以来都处在敌对的立场上。[2]河马巨兽和海中怪兽出现在圣经旧约的《约伯记》中，两个都是上帝所创造的怪兽，意为上帝至上的威权。作为猛兽的象征，它们是人类本性中相类似的心理力量的体现。[3]耶和华说（《约伯记》第40章，第15节及以后节）：

你且观看河马，我造你也造它。它像牛一样吃草。
它的力气在腰间，能力在肚腹的筋上。

---

1 柯尼格（Ktinig）：《阿哈斯瓦》。参见《转变的象征》第282段。

2 见《普罗米修斯与埃庇米修斯》（谬尔赫德英译），第179页。

3 参见《转变的象征》第87段及以后段。

它摇动尾巴如香柏树，它大腿的筋互相联络。[1]

它的骨头好像铜管，它的肢体仿佛铁棍。

它在上帝所造的物中为首……

对于这段话，我们必须仔细揣摩才能领会到，这种纯粹的原动力是耶和华上帝创造的开端，但是《新约》中的上帝已经不再是自然神了，他丢弃了这种形式。从心理学上来看，这相当于基督教的态度持久地抑制了集聚于无意识中的欲力的兽性方面；上帝在一定程度上受到压抑，或者被记入在人的名下，最终进入邪恶的领域中。于是，在无意识的原动力开始涌现的时候，上帝开始创造时，上帝就变成了河马巨兽。[2]甚至有人会说，上帝把自己装扮成了魔鬼。但这些道德评价充其量只是视觉幻象而已：生命的力量是不会为道德判断所限制的。艾克哈特说：

所以如果我说上帝是善的，请相信这不是事实：我才是善的，上帝并不是。更确切一些：我比上帝更善！因为只有善的才能成为较好的，只有较好的才能成为最好的。上帝不是善的，所以他不能成为较好的；既然他不能成为较好的，自然也就无法成为最好的。上帝离“好”“较好”“最好”这三个等级很遥远。他居于它们之外。[3]

对立之间的和解是救赎象征的直接效果，于是埃庇米修斯所统治的善的王国与河马巨兽所统治的恶的王国之间也和解了。这意味着，与无意识内容相联系的欲力同道德意识以及无意识内容达成了危险的一致。如果人类不具有“上帝的孩童”这一人类的最高价值，那么他就只是一只动物，而现在，照看这一价值的责任落在了埃庇米修斯身上。但是，埃庇米修斯的无意识与其对立面和解会带来破坏和洪水般的危险，意识的价值很容易就会被淹没于其中。假如宝石，即自然的道德与美感的意象不再隐藏于我们“道德的”文明幕后，煽动起所有猥亵的东西，而是受到重视且被真正接受，那么，就算善与河马巨兽结成联盟，也不会危害到圣子们，因为埃庇米修斯能区分什么有价值、什么没有价值。但是，因为他片面的、理性主义的、扭曲了的精神并没有接受所出现的象征，所以一切价值标准都失去了效力。然而，当在较高的层面上出现对立的和解时，洪水以及毁灭的危险必将随之而来，因为在“正确观念”的掩护下相悖谬的倾向也悄然地潜入了进来，这是极具特征的。甚至邪恶与危害也因为被理性化而成为审美的。所以意识价值被当作与纯粹的本能和愚昧进行交易的筹码——圣子们被一个个地送给

1 斯比特勒颇有意味地把可爱与丰产的阿丝塔尔德神（Astarte）当作河马巨兽的女儿。

2 参见弗洛诺耶（Floumoy）的《一个现代神秘主义者》，《心理学手稿》第15卷，1915年。

3 见埃文斯《梅斯特尔·艾克哈特》第1卷，第143页。

了河马巨兽。他们被之前仍是无意识的原初及野蛮的倾向所吞灭；因此，河马巨兽与海中怪兽打造出一条无形的鲸，以此象征它们的力量，作为埃庇米修斯式王国的象征的鸟便是与此相对应的。作为深海动物的鲸，象征着吞噬性的无意识；[1]鸟是天空这个光明王国的居民，它象征着意识思想；也象征着理想（飞翔）和圣灵（鸽子）。

普罗米修斯的干预保护了善，使其不至于灭绝。他把最后一位圣子——救助者梅西亚（Messias）从敌人的强权下救了出来。梅西亚继承了神圣的王国，作为两个分裂的对立面的人格化身，普罗米修斯与埃庇米修斯在此时相结合了，他们一起退隐于“土生的山谷”中。埃庇米修斯迫于无奈放弃了自己的权力，而普罗米修斯则是从来不争夺权力，不管怎么说，两人都不再享有统治权。如果将其转化为心理学的语言，就是说内倾与外倾不再是唯一的支配性原则，因而中止了心理分裂。长久沉睡的圣子梅西亚象征作为一种新出现的功能最终取代了它们。梅西亚是一位协调者，他象征着使对立面统一起来的新的态度。他既是一个孩童，同时也代表着一种古老原型的混沌状态，他用青春为那些失去之物的新生与复归（Apocatastasis）欢呼。潘多拉以意象的形式给人类带来的东西遭到了人类的拒绝，这个东西最终毁灭人类，而这一切都在梅西亚这里得到了实现。通常情况下，我们会在分析心理学实践中遇见这种象征的结合：由于我们上文所描述的原因，出现在梦中的象征会遭到抵制，甚至引起一种类似于河马巨兽的入侵那样敌对的反应。冲突的结果致使人格平均降低到自出生以来所呈现的基本特征上，维持着成熟的人格与童年的能量来源的联系。然而正如斯比特勒所表明的那样，象征被接受并不是最大的危险，象征所唤起的本能被理性化且受传统思维方式的支配，这才是最危险的。

英国神秘诗人布莱克[2]说：“人类可以分成丰产者（the Prolific）[3]和吞食者（the Devouring）[4]……宗教总是致力于调和这两者。”[5]凭借其简洁的诗句，布莱克不仅把斯比特勒的基本观点十分清楚地呈现在我们面前，也完全概括了上述我们所做的讨论，所以，我选择它来结束本章的内容。如果我的阐述过于详细，那是因为我希望能像我们在谈论席勒的《美育书简》时我们所做的那样，通过斯比特勒在《普罗米修斯与埃庇米修斯》中的论述来充分公正地评价我们所提出的大量同样的观点。我尽可能地使自己讨论的问题都具有实质性；的确，我不得不删去了我曾经十分关注并阐释过的关于这些问题的大量材料。

---

1 在《象征的转变》中可以找到无数这方面的例证，第309段及以后，第375段及以后，第538段。

2 《诗歌集》，第1集，第249页。

3 指那些奉献自己而创造大量财富的人，即硕果累累的人。

4 指那些侵吞他人果实以使自己得以保存的人。

5 《天堂与地狱的婚配》，《布莱克全集》，第155页。

第六章
心理病理学中的类型问题

现在，让我们来看看一位精神病学家的著作，这位精神病学家试着挑选出两种令人困惑的各种精神扰乱现象，将其归类于“心理病态的低级状态”。这是一种非常广泛的归类，它囊括了所有那些无法列入真正的精神疾病的心理病理的边缘状态，换句话说，也就是囊括了那些心理症的和所有退化的状态，例如理智的、道德的、感情的以及其他方面的心理低级状态。

这位精神病学家就是格罗斯（Otto Gross），以上就是他所进行的尝试，《大脑的次生功能》（*Die Zerbrale Sekundärfunktion*）是他于1902年发表的理论研究。这部作品的基本假设就是把他引入两种心理类型观念之中。[1]尽管他是用心理病态低级状态范围内的经验材料进行的讨论，但是他从中所获得的洞见无疑能在更广阔的正常心理领域发挥影响。在正常的范围内，某些心理现象通常只能被隐约地感知到，然而心理失衡状态却使研究者能以相当清晰的视野来观察它们。异常状态的行为有时就好比是一台放大镜。在最后一章我们将看到，格罗斯也把他自己的结论延伸到了更广阔的领域。

格罗斯认为“次生功能”就是“原初功能”出现之后脑细胞开始活动的过程。而原初功能会产生出确定的心理过程，比如观念的产生，也就是说，原初功能相当于细胞的实际运作。这种运作实质上是能量的过程，也可以叫作一种化学压力的释放；或者说是一种化学分解的过程。格罗斯把这种剧烈的释放称为原初功能，之后次生功能就开始了运作。次生功能是一个复原的过程，是一种借助同化的再建。先前能量释放的强度决定了其运作时间的长短。当其运作开始时，细胞处于一种不同于先前的兴奋刺激的状态，这种状态一定会对后续的心理过程造成影响。那些高调值的和充满感情的心理过程，因为能量释放的强度较大，而延长了次生功能所决定的复原期。格罗斯认为，次生功能对后续的联想线路产生了特定而明显的影响，这就是次生功能对心理过程产生的作用，从这个意义上来看，次生功能把联想的选择范围限定在原初功能

1 格罗斯在他的《心理病理研究》（Über psychopathische Minderwertigkeiten）一书中，修正了他的类型观点，但基本上保留了原有观点，参阅该书第27页及以后页。

所体现的“主题”或“主导观念”上。而事实也的确如此，我曾与几位学生合作写成了一本经验性著作，其中我就用统计的方法证明了，持续言语现象总是于带有较高情感–调值的观念系列之后出现。[1]我的学生埃贝切威勒（Eberschweiler）也进行了有关语言组成的研究，他以语言的部分相应和凝集作用证明了与我所述相同的现象。[2]此外，病理学的经验也告诉我们，持续言语现象是出现在严重脑部病变的病例中的次数究竟有多频繁，例如中风、脑瘤、萎缩及其他的退化状态都属于这一范围。我们可以把这种持续言语现象归因于前文所述的复原过程受到阻碍。而格罗斯的假设由此就具有了极大的可取之处。

我们会因此怀疑：是否真有次生功能持续的时间或者说复原期会比别人长的个体或类型存在？如果他们真的存在，那么是否可以断定，这就是产生某些特殊的心理的原因？相比持续时间短的次生功能，持续时间长的次生功能在一定时间内对连续联想产生的影响会更大也更明显。因此较短期的次生功能的原初功能可以更频繁地运作。在这种状况下的心理图像表现为一种不断更新的对行动和反应有所准备的状态，即某种心理错乱，这种联想是朝向表层而不是朝向深层的，因此在那种联想应该有意义的想法面前，就会显得过于简洁而且支离破碎。另一方面，在同一个时段出现了许多新的主题，然而其中任何一个都没有获得强调或受到清晰的关注，以致在同一个平面上存在各种不同价值的异质观念，使人产生一种威尼克（Wernicke）所说的“观念齐平”的印象。原初功能一个接一个地快速出现，以致完全不能真正地体验观念本身的感情价值，造成了感触性的肤浅。但与此同时，这也可能使态度获得迅速调适与改变。次生功能这样的简缩会使具体的思想过程或抽象过程受到伤害，因为抽象运作需要有较长期的次生功能，才能对众多的初始观念及其后续结果进行持续的沉思。缺少长期的次生功能，完全不可能使某个或某群观念进行深化和抽象。原初功能的快速复原产生出较高的反应性（较高指的是广度而非深度），使得它迅速把握了眼前的状况，虽然这些状况不是深层的含义而是其表层的含义。这种类型的人是非批判性的，他们总是不带任何成见看待一切；我们总是觉得他们乐于助人、善解人意，或者，我们还会发现他身上缺乏一种缜密思考，他欠缺圆滑甚至粗野，这些是不可理解的。因为他没有追求深层的意义，所以是盲目的，以至于看不到那些不会在表面呈现出来的东西。从外表上看来，他那快速的反应性总是让人感觉他镇定而大胆，但其实这只是一种有勇无谋的表现，这说明他不仅缺乏批判性，而且根本就不具备认识到危险的能力。他那迅速的行为从表面上看很果断，实质上却是盲目的冲动。他理所当然地干涉着他人的事务，而他对观念或行为的感情价值以及他对周围的人的影响的无视，则使

1 荣格：《词语联想研究》（*Studies Word-Association*）。

2 埃贝切威勒：《关于联想的语言组成之研究》。

这种状况的发生愈演愈烈。他随时做好重新行动的准备，这对于同化感知和经验来说是不利的；通常来说，这在很大程度上对他的记忆力是一种妨碍，因为只有那些与其他联想内容有很大关系的联想才是最容易重建的；而那些相对隔绝的联想内容很快就会消失不见；这也说明了，为何记忆一连串毫无意义且又不相关联的词语要比记忆一首诗困难得多。这种类型的另一特性是他的兴奋与热情都很短暂，顶多只能保持五分钟的热度，还有就是缺乏品味，而造成这一切的原因就是那些快速连续的各种异质内容使他欣赏不到各种不同的感情价值。倾向于再现和对内容的有序编排是他的思维方面的特征，而他缺乏抽象与综合。

我们在描述这种较短期的次生功能的类型时，使用的都是正常心理学的语言，这基本上依循了格罗斯的思路。这种类型被格罗斯称为“浅层意识的低下状态”。如果我们把这个极为明显的特征放到正常人的身上，就会看到一幅全面的画图，读者很容易就此而联想到乔丹所说的“缺乏激情型”（“冷漠型”），即外倾型。格罗斯是为这种类型建立起简要而一致的假设的第一人，因此，所有的功劳都应归之于他。

格罗斯称相反的类型为“聚敛意识的低下状态”。这种类型中的次生功能得到了特别强化，持续时间也特别长。因此相对其他类型，其对连续联想的影响程度也要高很多。或许我们可以这样假设，此类型有着较强的原初功能，所以其细胞运作比外倾型更广更彻底。因此次生功能变得持续而强化。初始观念的后续-影响是这种持续的结果，所以能维持较长的时间。因此格罗斯所说的“聚敛效应”就变得不言而喻：联想的选择以初始观念为线路前行，使“主题”得到更加充分的实现和深化。这一切持续地影响着初始观念，也使印象更加深刻。不过，联想因被限制了一个较狭窄的范围内，而使思维丧失了多样性和丰富性，这也是其带来的一个非常不利的后果。尽管如此，聚敛效应对综合来说是有帮助的，因为这给那些联结起来而持存的因素的聚集提供了足够长的时间，使它们得以达到抽象。这种对某一主题的执着，大大丰富了群集于它周围的联想，巩固了某一特定观念的集束（情结），但与此同时，也中断了观念集束（情结）与外在事物的联系，使其处于一种封闭的状态，格罗斯借用威尼克的语言将之称为“不相接”。观念集束（情结）的“不相接”导致众多的观念集群（或集束）之间联系松散甚至缺乏联系。正如格罗斯所说的，这种状况外显为向一种不谐和的“不相接”的人格。这些封闭的集束（情结）彼此独立，毫不相干；它们之间不能进行相互渗透、相互平衡和相互矫正。虽然它们具有逻辑的结构，本身的组织也严谨一致，但却不再具有取向不同的集束（情结）的矫正性影响。因此我们很容易就会看到这种状况：一个极为强大因而极为封闭且缺失矫正性影响的集束（情结），变成了一种独断性观念和一种“过高评价的观念”[1]，它对所有准则都持有一种藐视的态度，完全可以自主，最后变成控制一切的因素，以一种“坏脾气”出现。如果是在病态的情形中，它就会表现为强迫性的或妄想性的观念，它主宰了个体生命的全部根本无法克服。个体的整个精神都被颠覆了，而且完全“错乱”了。我们也可以用这种关于偏执妄想性观念的发生的观点来解释为什么它在其初期阶段的某些时候，可以通过适当的心理治疗过程即将它带入与其他具有更广阔的、更具平衡作用的集束（情结）的联系中而获得矫正。偏执妄想狂十分警惕不相关集束（情结）的联想。他们认为凡事都应该保持着清晰的分立，要尽可能地砍断集束（情结）之间的桥梁，以对集束（情结）内容的过度精确而严格的阐释程式进行取代。这种倾向被格罗斯称为“联想的恐惧”。[2]

很明显，这种集束（情结）严格的内在一致性将一切从外部影响它的可能性都拒之门外。只有当这种集束与其他集束如它自身组织一致那样坚固地、逻辑地相结合时，它才会受到外部的影响。没有充分联结的集束逐渐增多，使其与外部世界的严重分离，从而导致欲力的内在聚集。因此我们看到，从一定的规律上来讲，欲力特别明显地集中于内在的过程，根据主体是属于感觉型还是属于思维型，这种过程要么是集中于身体感觉，要么就是集中于理性过程。人格好像被抑制，被迷惑，或被吸纳，“沉浸于思考中”，心智严重倾斜，有疑病的表现。在这些情况下，这种情结所表现出的很少参与外在的生活，由于畏惧而与他人隔绝的独特倾向，往往会通过对动物或植物倾注巨大的爱来作为补偿。它的内在过程特别活跃，因为到现在与其他集束联系少或毫无联系的集束（情结）常常突发“冲突”，激发了原初功能剧烈地活动，从而释放出较长期的次生功能，使不同的集束混合在一起。人们也许会这样认为，所有集束（情结）都有可能在某个时间以这种方式发生冲突，使所有心理内容达到普遍的一致与整合。没错，只有在所有外在生活的变化都被遏制的情况下，才能产生这种整合的结果。但是，不断涌现的新刺激，不断引发的次生功能会使内在的路线变得错综复杂，所以这种情况是不可能发生的。因此，这种类型只会倾向于一种断然的状态，它对外在的刺激心生畏惧，害怕和逃避变化，使生命稳固的流动中止，直到内在的一切都混合起来。此外，也有一些病例会显示出这种倾向：他们隔绝一切事物，向往过一种孤寂的生活。用这种方式可以治疗病情较轻的患者。而对于那些病情较为严重的患者来说，减低原初功能的强度是唯一的治疗方式，就这种治疗方式，我们在讨

1 在另外一本著作《心理病理研究》的第41页中，格罗斯对“过高评价的观念”与“过高评价的集束（情结）”做了一个区分，我认为这个区分是正确的。格罗斯认为后者纯粹是这一类型的特征，但它也是其他类型的特征。不管“冲突情结”在哪一种类型中出现，因其具有高度的情绪性，所以它总是有着相当大的能量值。

2 《心理病理研究》，第40页。

论席勒的《美育书简》时已经涉及了一些，不过仍需要用另一章来进行一下处理。

我们能从感情方面相当特异的现象很明显地区分出这种类型来。我们已经清楚地分析了主体如何借助初始观念之力使联想运转起来。他一贯是以那些与主题相关的材料来进行充分的联想，也就是说，他联想到的一切材料与不具有既定联系的其他集束（情结）的材料没有关联。当刺激的因素与此集束接触时，会激起感情的剧烈爆发；但是在集束完全处于封闭状态的情况下，刺激的因素则会被排斥。感情一旦显现，就将释放出所有的能量值；形成具有强大力量的激情反应和延长的后续效应。不过因为这种爆发总是发生在深层次领域之中，所以一般来说很难从外部观察到。激情萦绕着主体的精神回响着，直到消退之后才会接受新的刺激。他难以忍受刺激的积累，于是他以激烈的防御反应来避免这种累积。只要一出现显著的集束（情结）累积的情形，那么习惯性的防御态度便会随之而来，并且转化为一种深度的不信任感，在病态的状况下甚至会发展成为迫害妄想症。

突然的感情爆发，自我防御与沉默交织在一起，其人格在周围的人们看来是古怪的甚至是无法想象的。因为这种类型的病人过于关注自己，所以一旦被要求镇定或迅速地采取行动时，他们往往会不知道怎么做才好。他们常常陷入无法脱身的尴尬情境，这也使他们更加逃避社交活动。感情时不时地突然爆发，使他们与其他人的关系遭到严重的破坏，在困窘与无助交织的情境之下，他们感到这种局面难以应付。这种笨拙的适应能力引发一连串不幸的经验，自卑感和难堪感也就油然而生，有时那些实际上或臆想中造成他们不幸的罪魁祸首甚至还会成为他们愤恨的对象。他们有着非常强烈的内在的感情生活，激情不停回旋激荡，使其对情感-调值的层次分辨和感知越发细腻。他们的感情上相当敏感，当激情的刺激出现或要引发这些刺激时，他们会变得懦弱而对外在的世界感到非常的不安。这种过敏性主要发生在周遭环境中的激情状况之下。由于主体对自身激情的恐惧，从一开始就被迫刻意回避一切唐突的意见表达、感情的申诉和感情的玩弄等，而这一切反过来这又将使他产生可能无法掌握的回应的印象。如果时间久了的话，这种敏感性很容易发展成忧郁症，这是由情感存在与生命相分离导致的。其实格罗斯就是把“忧郁症”看成是这种类型的典型特征[1]。他同时还强调，激情式的判断或者说“把事情看得太严重”，是由感情价值的实现导致的。这对内倾型内在过程和激情生命进行了卓越而直接的刻画，相比乔丹对“激情型”的勾勒，格罗斯的描述要充分且完善得多，尽管乔丹在主要特征方面的描述并不逊于格罗斯。

格罗斯在其著作的第五章中，描述了两种低级类型在正常范围内体现了个性的生

1 《心理病理研究》，第37页。

理差异。因此，浅广型意识与狭深型意识使性格得以区分开来。[1]格罗斯认为，拥有浅广意识的类型倾向于实践的层面，因为他具有迅速适应环境的能力。他的内在生命对于那些“伟大的观念集束（情结）”的形成没有起到任何作用，因此也不会占据主导地位。“他们能强有力地宣传自己的人格，在较高的层次上，他们也服务于过去流传下来的伟大的观念。”格罗斯果断地认为，尽管在较高的层次上，这种类型可能通过“接受外在的现成理想”而变得很有条理，但是感情生命始终都是原始的。格罗斯又说，他的行为也许可能变成“英雄式”的，“但是他们总还是平庸的”。“英雄式的”与“平庸的”好像无法共存。但格罗斯马上接着向我们解释道：在这一类型中，性欲的集束（情结）与其他观念的集束（情结）之间的关联并没有获得充分的发展，比如审美的、伦理的、宗教的或哲学的集束都名列其中。对于这一点，或许弗洛伊德会说那是性欲的集束（情结）被压抑了。而格罗斯认为，这种关联的显著表现，就是“高级人性的真正标志”[2]。正因如此，延长的次生功能的发展就成了必然，因为只有通过深化，意识中持留较长时间才可能获得内容的综合。接受传统观念可能使性欲流入到社会有用的方面，但是“超越不了猥琐的层面”。这一评断看似苛刻，但若以此来观察外倾性格，还是十分准确的：外倾者纯粹用外部材料来定向自我，所以他的心理活动主要体现在这些外部事件上，他很少甚至根本就没有闲暇来安置他的内在生活。事实上，他的内在生活是完全受外部事件的支配的。在这种情况下，根本不可能使高度发展的和低度发展的功能之间产生关联，因为这需要付出大量的时间和精力；这是一个自我教育的过程，漫长而且艰苦，缺乏内倾的参与是不可能完成的。但外倾者对此却毫无兴趣也没有时间关注；况且，就像内倾者对外在世界感觉疑虑一样，外倾者对他的内在世界也充满着那种难以掩饰的疑虑。

然而，如果我们因此认为，内倾者拥有较强的综合能力和实现感情价值的能力，便可以不费吹灰之力完成自己个性的综合，或者说可以建构起高级功能与低级功能之间和谐统一的联系，那就大错而特错了。我宁愿说，把这当成是纯粹的性欲问题只是格罗斯的构想，因为我认为，除了性欲之外，其他本能与此也有着极为密切的关系。当然，性欲以及各个方面的权力竞争是野性和未被驯化的本能最为常见的表现形式。格罗斯创造了“不相接的人格”一词，并用其指称内倾型，以此来对这种类型在整合自身不同集束（情结）上会遇到特殊的困难加以强调。内倾型的综合能力主要的用途是建构集束本身，所以，诸种集束之间完全是彼此隔绝的。这对迈向更高层次的整合来说无疑是一个难以逾越的障碍。因此，与在外倾型中一样，在内倾型中，性欲情结、以自我为中心的权力追求或寻求享乐，这些彼此之间都是孤立的，与其他集束没

1 《论大脑的次生功能》，第58页及以后页。

2 《论大脑的次生功能》，第61页。

有任何关联。我记得有一个内倾的、具有高度理智的心理症患者，他拥有最崇高的超验唯心主义但同时又进出于最污秽的城郊的妓院，然而他却一点也没有感觉到这两者之间在道德或审美上有什么冲突。这两件事有着天壤之别，是完全不同的两个方面。所以激烈的强迫性心理症便是其自然导致的结果。

在我们认同格罗斯对具有深度意识的类型所做的阐述的同时，以上的批判也不可忽略。格罗斯说，深度意识是“内省的个性的基础”。因为凝聚性效应非常强大，所以外来刺激常常从某种观念的视点来进行思考。其冲动是“努力内向”而并不是朝向现实生活。“不应把事物看成是个别现象而应看作是组成观念或大群观念集束（情结）的一部分”。这一论点恰恰与我们前面关于唯名论与唯实论及两种观点在古代的代表（柏拉图学派、麦加拉学派与犬儒学派）的讨论相符合。格罗斯的论述很清楚地把这两种观点之间的差异呈现在读者面前：有着较短期的次生功能的（外倾者），由于在既定的时空内与原初功能运作的关联极为松散，以致对个别现象印象深刻。在他看来，共相仅仅是缺乏现实性的名称。然而对于有着较长期的次生功能的人（内倾者）来说，内在事实、抽象作用、观念或共相一直占据着最重要的位置；在他那里，这些才是真正的现实，他必须把所有个别现象与其相联系。所以他是天生的唯实论者（经院哲学意义上的唯实论）。对内倾型来说，对事物思维的方式常常比对外界的感知优先，因此他很有可能成为一个相对论者[1]。一旦与周围环境协调，他就会非常愉悦；[2]这说明他心中十分渴望使他那些彼此隔绝的集束达成一致。他回避一切“放纵的行为”，因为这极容易使人的刺激受到干扰（当然，要排除感情爆发的情况）。对自己的内在生活过于非常的关注导致他的社交方法显得极为贫乏。他拥有强大优势的自身观念，以致不能够接纳别人的观念或理想。他精心编构自己紧张的内在集束（情结），所以使得他的个性特征变得非常明显。“他的感情生命总是个体性的，因此往往于社交而无益。”[3]

格罗斯所做的这些陈述存在着诸多问题，必须进行彻底的批判，根据我的经验，作者对这两种类型有极大的误解是问题的根本所在。格罗斯在此所描述的，显然是那种内倾理智型。这种类型的人一般会尽力使自己的情感不外露，所以他喜欢接受逻辑上正确的观点；另一方面，因为他害怕不正确的行为会引发扰乱人的刺激，以致挑动他同伴的情绪，所以他处处表现出端正的行为。他非常担心和害怕别人感情上的不悦，因为在他看来，别人与他一样敏感；而且，他对外倾型难以捉摸和反复无常的特点感到很苦恼。他将自己内在的情感隐藏起来，有时这种情感会慢慢增长以致变为激

---

1 《论大脑的次生功能》，第63页。

2 《论大脑的次生功能》，第64页。

3 《论大脑的次生功能》，第65页。

情，这种激情只有他能感受到，而对他来讲，这十分痛苦。他对自己那折磨人的激情了如指掌，他总是习惯于把它们与别人尤其是外倾情感型所显露的情感放在一起进行比较，结果发现他的“情感”和别人的有着很大的不同。于是，他反过来又想，自己的情感（确切地说是激情）是独树一帜的，或者就像格罗斯所说的，是“个体的”。因为外倾型的情感是一种用于适应的工具，已经被分化了出来，不具有内倾思维型那种深层情感的“真正的激情”，因此内倾型的情感与外倾情感型的情感很自然地存在着差异。然而，激情是基本的本能力量，是人所共有的东西，纯属个人特有的成分是非常少的，只有已分化出来的东西才属于个体。所以，一旦进入最深层的激情，在“人性的，太过于人性的”东西之中，所有类型的区分都会立刻消失。我认为，外倾情感型的情感已经分化出来了，所以他最有资格宣称自己拥有个人化的情感；但是外倾情感型在他的思维方面也陷入了与内倾型相同的错觉。他的思维也是相当折磨人的。他将自己与周围的人们尤其与内倾思维型的人所表现的思维相比较。结果得出了很少有人与他的思维相同的结论；于是，他可能认为这种思维是他独有的，或者他自己作为原创性思想家创造了这种思维，或许他也可能认为没有人像他这样思考从而全面地压抑自己的思想。其实每个人都具有这些思维，只不过很少有人拿出来说而已。因此我认为，尽管格罗斯的陈述是符合普遍性规律的，但这种源自主观性的陈述仍是错觉。

“人因为高度集中的内敛力量而全神地关注某些事物，但对这些事物并没有直接的生命兴趣。”[1]在此，格罗斯呈现了内倾心灵的一个基本特征：内倾者因此喜欢精心编构他的思想，而对外在的现实却全然不顾。这既有优势也有危险：使思想发展为抽象，摆脱感性的限制是其最大的优势；完全脱离了实际可应用的领域，丧失了其生命的价值则是其危险之所在。格罗斯同时也强调，内倾者总是处在太过于远离生命和从其象征的方面看待事物的危险中。尽管外倾者的情况会有所不同，但其并不比内倾者强多少。他在很大程度上能缩略次生功能，以致他只能体验到连续的积极的原初功能，而其任何事物他实际上都体验不到：他对一切东西都不执着，就像喝醉了似的对现实飘飘然而过；事物不再被他看为原来的样子，而是被纯粹地当作某种刺激物。这种能力既有优势也有劣势：优势在于使他能巧妙地避开众多麻烦的场合（“犹豫者恒输”），劣势则在于经常导致混乱，酿成灾难。

格罗斯把从外倾型中总结出的主体称为“文明天才”，与“实用的成就”相对应；把从内倾型中总结出的主体称为“文化天才”，与“抽象的发明”相对应。他还在结论中表达了这样的信念：前一个时代需要那种外向的浅层的意识，而我们这个时

1 《论大脑的次生功能》，第65页。

代则需要内敛的有深度的意识。“我们对那些思想者、有深度者和象征论者大加赞赏。走向纯净的和谐就是我们眼中最高文化的艺术。”[1]。

格罗斯写下了这段话的时间是1902年。那现在的情况又如何呢？如果人们一定要知道答案的话，那么我们就不得不告知：我们显然既需要文明也需要文化；离不开适合于文明的较短期的次生功能，也离不开适合于文化的较长期的次生功能。我们不可能把其中一个创造出来而把另一个丢弃了。然而很不幸，我们必须承认，这两者都已经被现代人抛弃了。如果用更准确的语言来说的话，就是要么嫌这一个太多，要么嫌另一个太少。现在看来，持续不停地鼓噪进步是很让人不解的。

总而言之，我认为从实质上来讲，格罗斯的观点与我的观点是一致的。甚至我们还可用他的概念来证实我所使用的“内倾”和“外倾”这两个术语。我们所要做的是，对格罗斯的基本假设以及次生功能的概念进行批判性的检验。

一般来说，以建构生理的或“有机体”的假设来解决心理过程的问题是很危险的。以前每当在大脑研究方面有重大突破时，都会掀起一股大脑研究的热潮，无一例外，曾经有一个所谓脑细胞的“伪足”在睡眠时就会缩回的假设被证明是错误的，然而那些被认真地接受且视为有“科学”的讨论价值的假说并不比这个假设更高明。它是名副其实的真正的“脑神话”。然而格罗斯的假设并不是另一个“脑神话”，就实际价值来讲，它远远超过了前者。它是极优秀的从事研究的假设，在推出后的二十五年中已经获得应有的承认。次生功能这个概念既简单又富于创意。它使人们能够将大量复杂多样的心理现象简化到一个令人满意的公式中，即归入到极为简单的凝缩与分类中，这是任何其他的假说根本无法做到的。可以说，次生功能的假说是十分幸运的，它受到人们极大的青睐，以致它的适用范围被大大高估了。然而很不幸的是，我们完全忽略了它具有很大局限性这样的事实，假设仅仅是一种预测而已，脑细胞的次生功能这个东西没有人见过，也没有人能证明它为什么或是怎样像原初功能一样在原则上能对后续的联想起聚敛的作用，而就定义来说，原初功能与次生功能是完全不同的。在我看来，更为重要的是进一步出现的事实：同一个人能在瞬间改变自己一贯而来的心理态度。但如果次生功能的持续长度具有生理的或有机体的特征，那么人们必然会认为它大体上应该是恒定不变的，它不会被急速的变化所影响，除非是发生什么病态的改变，否则在生理的或有机体的特性中看不到这种变化。我已经强调过很多次，内倾和外倾是机制的特征，而不是简单的性格上的特征，换一种说法就是，它们像机器一样可以随意开启或关闭。而它的性格特征会在其形成了习惯性的优势之后表现出来。各人天生的气质决定了性格偏向于哪一边，但这个决定性因素也不是一成

---

1 《论大脑的次生功能》，第68页及以后页。

不变的，环境的影响也是极为重要的。在我所经历的众多个案中，甚至有一个这样的案例：一位有着明显外倾行为的人，在与一位内倾者共同近距离地生活了一段时间之后，当他再与具有显著外倾行为的人接触时，竟然转变成了内倾的了。我曾经多次观察到个人的影响在短时间内是如何迅速改变次生功能持续的长度的，这甚至还会出现在具有明确的类型归属的人身上，但是只要外来影响消失，一切又会恢复原状。

依据这些经验，我认为应该更加地关注原初功能的性质。之前格罗斯强调了，次生功能在强有力的情感–调值观念波动的情形下会得到进一步延长，[1]这说明次生功能是依赖于原初功能的。人们常常把次生功能持续时间的长度作为类型理论的基础，但实际上，其理由是难以令人信服的；既然细胞运作的强度与所消耗的能量明显地决定了次生功能的持续时间，那么原初功能的强度同样也能被当作类型理论的基础。也许有人不同意这种说法，在他们看来，是细胞复原的迅速程度决定了次生功能的持续时间，而特别迅速的同化作用并不是存在于所有人的脑中的。在此情形下，外倾者大脑的细胞复原能力必然比内倾者更快。但这种假设缺乏任何证据，因此不太可能成立。我们仅仅认识到，次生功能增长是源于这样的事实：除了病态的情况外，原初功能的特殊强度导致次生功能的增长是逻辑上的必然。所以问题的症结就在于原初功能，我们或许可以总结说：每个人所具有的原初功能都是不同的，有的人强些有的人弱些。原因何在？把问题转移到原初功能后，我们就必须对是什么导致了原初功能的强度迅速变化给出回答。我确信这是由一般态度的能量现象决定的。

我认为，是要付诸行动时的紧张程度直接决定了原初功能的强度。心理紧张程度越高，原初功能就会越强，而且还会带来相应的结果。随着疲劳的加剧，紧张慢慢松弛下来，于是就出现了联想的烦乱与肤浅，最后变成“胡思乱想”，是微弱的原初功能和极短暂的次生功能导致了这些特征的出现。通常情况下的心理紧张（如果不考虑肌肉放松程度等生理方面的原因）是由心情、关注、期待等极为复杂的因素引起的，如果换句话说，就是由价值判断引起的，这些判断都是由之前一切的心理过程导致的结果。我在这里所说的价值判断并不仅指逻辑判断，还包括指情感判断。如果用专业语言来说的话，可以将一般的紧张描述为能量意义下的欲力，但因其与意识的心理有着密切的联系，所以用“价值”一词来表达更为确切。一种强烈的原初功能诚然是一种欲力的表现，也就是一个高度的能量的交换过程，它同时也是一种心理价值，因此我们认为从它导出的联想序列是有价值的，相反，那些由微弱的聚敛作用而产生的联想序列，则因肤浅而不具有价值。

通常情况下，内倾型的特征是具有一种紧张的态度，而外倾型则具有松散平易的

---

1 《论大脑的次生功能》，第12页。

态度。[1]然而，也有很多例外的情形存在，有时这种例外甚至会在同一个人身上出现。内倾者如果身处的环境和谐愉快，就会变得放松，转而成为外倾的，以致与其相处的人都甚是惊讶，怀疑自己还是不是外倾的。但如果把外倾者放在一个漆黑寂静的房间里，他就会被一切受压抑的情结（集束）折磨，这令他相当紧张，甚至一丁点儿刺激都会让他惊恐不已。类型因为生活情境的变化而具有相应的改变是暂时的，通常情况下，其基本的态度并不会轻易改变。尽管在特殊情况下内倾者会转为外倾，但是他仍然保持着原有的类型，外倾者也是如此。

总之，在我看来相比次生功能原初功能更重要。原初功能的强度起的是决定性作用。而它又是由一般的心理紧张，即积累的可供驱使的欲力的数量来决定的。这种积累的因素是心情、关注、感情、期待等先前所有心理状态的情结（集束）组合。普遍的紧张、强烈的原初功能以及相应较长的次生功能是内倾的特征；而普遍的松弛、微弱的原初功能以及相应较短的次生功能属于外倾的特征。

---

1 有时这种紧张或松散甚至表现在肌肉的调质上。人们通常可从他们的面部表情上看到这一点。

第七章
美学中的类型问题

我们有充分的理由相信，人类心灵的一切领域，只要直接或间接涉及心理学，对我们关于类型问题的讨论都有帮助。在前文中我们已经考察了哲学家、诗人、人类观察者和医生的看法，在这一章中就让我们来倾听美学家是如何言说的。

美学从性质上来说，应该属于应用心理学，它不仅能对事物的审美属性进行处理，而且还能对审美态度的心理问题进行处理。美学家不能一直忽视对内倾与外倾之类基本问题的关注，因为没有人能否认这样的事实：不同的人对艺术和美的感受方式有着巨大的差异。有些个人态度是属于某个人独有的，倘若我们将这种特异情况排除，那么就会有两种基本的对立形式呈现在我们面前，即沃伦格耳（Worringer）所说的抽象作用与移情作用[1]。他主要是以里普斯（Lipps）的观点为依据来对移情作用进行界定。里普斯认为，移情是“把自己客观化到一个与我不同的客体上去，而不管被我客观化的对象是否应以‘情感’这一名称命名。”“在统觉一个客体的时候，我有一种朝向特殊的内在行为方式的冲动的体验，就像有某种被统觉的东西内在于它或者从它那里流出来似的。这让我有一种被统觉的客体传达给我的感觉。”[2]乔德尔（Jodl）解释说：

艺术家们产生的感性意象，并不只对于借联想律把我们的心灵带入相类似的体验中有帮助。既然普遍外化[3]的规律支配着它，使其显现为外在于我们的东西，那么我们也会把由它在我们心中唤起的内在过程投射到它当中去，从而赋予它审美的生气，我认为，这种说法比“移情”一词也许更加妥当，因为人们自身的内在状态对意象的内向投射不仅涉及了情感，还涉及了其他各种内在过程。[4]

冯特（Wundt）把移情作用列入基本的同化过程中。[5]在他看来，移情是一种知觉

1 《抽象作用与移情作用》，巴洛克（Bullock）英译。

2 里普斯：《心理学教程》，第193页及以后页。

3 乔德尔所谓的外化，指感官知觉在空间上的外在。我们听到的声音既非耳朵中，看到的颜色也非眼睛中，声音和颜色都是存在于外在空间中的客体。《心理学教程》第2章，第223页。

4 乔德尔：《心理学教程》第2章，第396页。

5 冯特：《生理心理学基础》第3章，第191页。

过程，通过感情将某些基本的心理内容投射到客体上去，使客体在一定程度上融于主体、同化于主体，使主体感到自身仿佛存在于客体之中就是其特征。这种情况往往会发生在被投射的内容与主体的联系程度比与客体的联系程度要更高的时候。然而，主体并没有被投射到客体那里去的感觉，他只感到"被移情"的客体仿佛在他面前富有生气地对他倾诉。有一点必须指出，投射作用本身是一种无意识过程，而且通常是意识所无法控制的。另一方面，如果我们借用条件语句（例如："如果你是我父亲"）的话，也有可能有意识地复现投射作用，从而将移情的情景再现出来。通常情况下，投射作用会把无意识内容转移到客体上去，所以分析心理学把移情作用也称为"移转作用"（出自弗洛伊德）。所以，移情是外倾形式的一种。

沃伦格耳说过："自我的愉悦由审美愉悦客观化而来。"[1]这就是他对移情的审美经验所做的界定。所以，只有那种能使人移情的形式才是美的。里普斯说："只有在移情所及范围之内的形式才是美的。因为我的观念能在其中自由地游戏，这才是它们美的所在。"[2]由此推断，凡是不能移人之情的形式便是丑的。这说明移情理论有着局限性，就像沃伦格耳所指出的那样，有些艺术形式无法适用于移情态度。特别是，可能被人所提及的东方的和外来的艺术形式。很长一段时间以来，西方的传统已经将艺术美的标准定义为"自然美与逼真"，因为这正是希腊-罗马以及一般西方艺术（除了一些中世纪风格的形式）的标准和基本特征。

从古至今，我们一般情况下对艺术都是持移情的态度，正因为如此，我们才将那些能移情的事物看为美的。如果艺术形式是无机的或抽象的，并且与生命是相对立的，那么我们就无法在艺术中感受到自身生命的存在。里普斯说："对于我来说，生命一般是我自身所感受到的、所进入的东西。"我们只能对有机的形式即那些忠实于自然的和具有生命意志的形式移情。但是也毫无疑问地存在着另一种艺术原则，此原则虽然否定生命意志，与生命相对立，但仍然有资格被称为美。当艺术创造出否定生命的、无机的和抽象的形式时，任何出于移情的需要而产生的创作意志的问题都将不复存在；这是一种完全与移情直接相对立的需要，也可以说是一种压抑生命的倾向。沃伦格耳说："在我们看来，移情所需要的这种对立的一端即是抽象的冲动。"[3]沃伦格耳继续对抽象冲动的心理描述道：

什么是抽象冲动的心理前提？这些前提就存在于具有这种冲动的民族那里，存在于他们对世界的感受、对宇宙的心理态度中。人与外在世界现象之间的那种愉悦的和

1 《抽象作用与移情作用》，巴洛克英译，第5页。
2 乔德尔：《论审美》，第247页。
3 《抽象作用与移情作用》，巴洛克英译，第14页。

泛神论的信仰关系是移情冲动的前提，而外在世界现象使人引起的巨大的内在不安则产生出了抽象冲动。对于宗教来说，抽象冲动对应着一切观念所具有的强烈的超验色彩。这种状态可以被称为是一种精神上的极大的惧旷症。蒂布鲁斯（Tibullus）说，上帝为世界上首先创造出来的就是恐惧，这种恐惧感同样也可以被我们设想为艺术创作的根源。[1]

移情作用确实预先设置了一种信任或信赖客体的主观态度。它随时做好了与客体相折中的准备，它是一种使主体与客体间形成了良好的理解的主观同化，至少表面上会让人这么认为。虽然一个受动的客体不排斥自身被主体同化，但在同化过程中它真正的性质只会因移情作用而被掩饰或甚至遭到扰乱，而不会发生任何改变。那些实际上并不存在的相似性和表面上的共同性移情也能被移情创造出来。因此对于必然存在着另外一种与客体的审美关系的可能性这一说法也就没什么难以理解的了，这种可能性是一种审美态度，为了不受客体的影响，它不仅不与客体妥协，反而退回出客体，因为它在主体中创造出了一种心理活动，这种心理活动完全可以抵消客体的影响。

移情态度预设了这样的状况：因为客体是虚空的，所以要把生命灌注进去。然而，抽象态度却预设这样的状况：因为客体有着某种生命力与活力，所以要竭尽所能不让自己受客体的影响。抽象的态度是向心的，也就是内倾的。因此，沃伦格耳所提出的抽象作用的概念与内倾的态度是相对应的。沃伦格耳颇有意味地将客体的影响描述为恐惧或畏惧。抽象态度认为客体具有某种威胁的或伤害的性质，所以尽力地保护自己不受客体的伤害。毫无疑问，这种看似属于先验的性质就是投射作用，然而这种投射作用是否定性的。因此，我们必须做这样一种假定：抽象态度把无意识的投射行动当作其先导，将否定性的内容移入了客体之中。

既然移情作用同抽象作用一样，同属于一种意识的活动，而抽象作用又以无意识的投射为其先导，那么，我们就有理由提出这样的问题：无意识的活动是否也能成为移情作用的先导。既然主观内容的投射是移情的本质，那么随之而来的是，无意识活动作为先导必然与其相对——将客体的影响清除，使其丧失效用。客体通过这种方式被空置就被空置，即被剥夺了自生自发性，变成了一个能接受主观内容的合适的容器。如果移情的主体想要在客体中感受到自己的生命，那么客体的独立性以及它与主体间都不能有太大的差异。最后的结果就是，先于移情作用的那种无意识活动，削弱了客体的独立性，更准确地说，被过度补偿，因为主体占据了凌驾于客体之上的地位。而这只能在无意识中发生，无意识的幻想，要么使客体的价值和能量有所削减，

1 《抽象作用与移情作用》，巴洛克英译，第15页。

要么使主体的价值和重要性有所增强。只有这样，才能创造出移情所需要的位能差异，以便把主观内容移进客体中。

持抽象态度的人发现自己所处的世界充满生机但又十分可怕，这个世界企图压倒他，使他窒息；于是，为了能拯救自己，增强自身的主体价值，或至少让自己可以抵御客体影响，他退回到了自身。而持移情态度的人则刚好与之相反，他们发现自己所处的世界要求他把自己的主观情感通通赋予客体以使其具有生命和灵魂。移情者使客体与自己同样充满生气，并完全地信赖它；而抽象者则对客体的魔力持怀疑退避的态度，他们用抽象的构成建立起一个防御的对立世界。

如果我们对前面章节的讨论做一下简单的回顾，那么很轻易地就能看到，移情的态度对应的是外倾的机制，抽象的态度则对应于内倾的机制。“外部世界现象所引发的人的巨大恐慌”，都是由内倾者对所有刺激和变化的恐惧所导致的，由于现实的压力和其深刻的敏感，他时常会感到恐惧。其抽象作用很明显是为这一目的服务的，它会避免那些内在无规律的和经常变化的东西超出固定的范围。这种情形往往都会出现缺乏语言交流的时候，我们在原始艺术的繁荣期就可以见到这种基本上属于巫术的程式，那些神秘的几何图案所具有的魔力远非其所具有的审美价值能比。沃伦格耳正确地论述了东方艺术：

纷乱而流变的现象世界给他们带来了太多的苦难，所以宁静成为了他们一种强烈的内在需求。艺术给他们带来的那种愉悦，与其说是源自他们沉浸于外部世界的事物，不如说是因为他们把个别客体从任意和看似偶然的存在中提升出来，使其与抽象的形式类似而得以永存，从而能够在繁杂的现象中寻得一片宁静之地。[1]

这些抽象的有规律的形式不仅是最高级的形式，也是人们在面对喧嚣混乱的大千世界时，能从中找到的唯一宁静的形式。[2]

就像沃伦格耳所说的，东方的艺术形式和宗教的确展现出了对世界的这种抽象态度。因此，在东方人看来，世界与西方人眼中的面貌是完全不同的，西方人以移情的态度将生气灌注到世界之中。但对东方人来说，客体本就是充满生气并凌驾于主体之上的；因此东方人必须退回到抽象的世界中。在《火喻经》中，佛陀将东方人的态度阐明得很清楚，他说：

一切都在燃烧。包括眼睛和所有感官，都在燃着爱恨情仇与虚妄之火；生老病

1 《抽象作用与移情作用》，巴洛克英译，第16页。
2 《抽象作用与移情作用》，巴洛克英译，第19页。

死、痛苦、悲叹、哀伤和苦难以及绝望……点燃了这火，整个世界都被烈焰包围，整个世界都笼罩在烟雾中，整个世界都被火光所吞没，整个世界都在颤抖。[1]

正是这幅悲惨而恐怖的世界景象驱使佛教徒退回抽象态度中，这正回应了那样的传说，即这一相似的印象促使佛陀开始了他的生命探索之旅。这种客体世界的生气灵动作为抽象作用驱动的本因，在佛陀的象征性语言中有很明显的表现。其生气灵动并不是源自移情，而是源自先天存在的无意识的投射。“投射”一词如果用于表达这种现象的真正意义表达确实差强人意。因为投射是实际发生的行为，而不是此处我们所谈论的那种先天存在的状况。因此我认为，列维-布留尔的神秘参对于这种状况的描述更加准确，因为它极为恰当地阐述了原初人与客体的原生关系。在原初人看来，客体有着某种原动的活力，它们充斥于灵质或灵力［这不等同于物灵论者（animist）所假设的灵魂附体］之中，能直接影响人的心理，导致出真实的与客体灵动合而为一。因此，一些原初的语言里的个人所使用的物件往往具有表示“活物”性质的词性（例如带有表示“有生气的事务”的词尾）。抽象的态度就属于这种状况，因为此处的客体原本就生机勃勃，充满自主性，不用任何主体方面的移情；而正好相反的是，主体会因客体强大的影响力而被迫转入内倾方面。客体强大的欲力投入是它与主体自身无意识神秘参与的产物。这在佛陀的语言中表现得很明显：世界之火与欲力之火相同一，同时也与主体燃烧的激情相同一，这种激情之所以会在主体面前以客体的形式出现，是因为它尚未分化出来，不能为主体提供可供支配的功能。

因此，可以说，抽象作用实际上是一种与神秘参与的原初状态相抗衡的功能。打破客体对主体的控制是其目的所在。这种目的同时在向艺术–形式的创造和对客体的认识两个方面靠近。同样，移情作用也是艺术创造和认识的器官；但是，它的功能所处的层次上却与抽象作用完全不同。从基础上来讲，抽象作用的基础是巫术魔力和客体魔力，而移情作用的基础是主体的巫术魔力，主体通过神秘的合一获得凌驾于客体之上的魔力。原初人的状况便是如此：他一方面受到物神的魔力的神秘影响，另一方面也是巫师与魔力的聚集者，能将势能注入物神之中。有关这方面的例子，可以参看澳洲土著的护符仪式[2]。

作为移情活动先导的无意识势能的弱化或者说是“解除势能”，使得客体的能量值持续降低，等同于抽象活动的情形。既然移情类型的无意识内容等同于客体，使客体表面上看起来没有生气，[3]那么，要认识客体的本质，就必须移情。我们可把这种状

1 引自沃伦（Warren）的《佛教阐释》，第352页，引用文字做了压缩。

2 参见斯宾塞和吉伦的《澳大利亚中部的北方部落》。

3 因为移情型的人的无意识内容，相对来说，其本身就缺失了活力。

况描述为一种持续的无意识的抽象作用，它使客体完成了“去心理化”的过程。所有的抽象作用都能产生这种效果：从其与主体的魔性关系上来说，它把客体的独立活动都给扼杀了。为了抗拒客体魔性的影响，抽象类型的人便有意识地这么做。客体失去活力可以对移情类型的人为何会信赖世界做出解释；这里没有任何东西能对他施加敌意的影响，或压抑他，因为只有他才能将生命和灵魂赋予客体，尽管在他的意识心灵看来，实际情形与之刚好相反。另一方面，在抽象类型的人看来，世界被强有力而危险的客体充斥着，它们使人产生恐惧，让人感到无能为力；为了编织出那些能获得主导地位的思想和程式，他不得不摆脱所有与世界的亲密联系。因此，抽象类型的心理属于战败者的心理，而移情类型在面对世界的时候是自信的——对他来说，其失去活力的客体不再构成威胁。当然，以上概述仅仅是简要的描述而已，它与描绘外倾或内倾态度的完整图像还相差甚远；当然，它所强调的那些微妙的差别也是具有一定意义的。

实际上，移情类型通过客体使自身获得了一种无意识的快乐，但他并没有认识到这一快乐，与之相同的是，对抽象类型来说，他对客体加给他的印象的反思等同于他反思他自身。因为对某类人来说，他投射给客体的东西就是他自身，是他自己的无意识内容，而对另一类人来说，对他从客体获得的印象的思考实际上就是对他自身情感的思考，即对投射于客体在他面前所呈现的情感的思考。所以很明显，对于所有想要真正欣赏客体以及从事艺术创作的人来说，抽象作用和移情作用缺一不可，在每个人的身上都有两者的存在，只不过在通常情况下两者的分化程度不同而已。

沃伦格耳认为，“自我-疏离”，即取得外在于自身的需要是这两种审美经验的基本形式的共同根源。我们希望借由抽象作用和“对不变的与必需之物的沉思摆脱人类存在的偶然性，摆脱有机体普遍存在的随意专横[1]。”面对生气灵动、令人迷惑的繁杂的客体世界，我们创造出抽象物以及抽象的普遍性意象，我们用它们来召唤我们以摆脱混乱的印象，进入一种固定的形式。这种意象的魔力堪比巫术，具有抗拒经验的混沌之流的能力。但抽象类型的人也会因此而丧失自己，沉溺于此意象中，最终导致其抽象的真实性超越了生命的现实；因为生命有扰乱欣赏抽象美的可能，所以会压抑这种欣赏。他转而把自己置入抽象物中，使自己与意象永恒的效力等同合一，在那里变得僵化，因为对于他而言，意象就是一种救赎的方式。他从他的真实自我中脱离开来，将全部的生命投入他的抽象物中，换句话说，他在那里被凝固化了。

移情型的人与抽象型的人命运是相同的。因为他的活力以及生命被移入了客体，这也就是说，他本质的部分被移入了客体，所以，他自己也就进入了客体。他成了客

1 《抽象作用与移情作用》，巴洛克英译，第24页。

体，与客体相同一，并因此而外在于自身。因为他自己变成了客体，所以也就去主观化了。沃伦格耳说：

> 当我们把活动的意志移情到另一个客体时，我们自身也就在这个客体之中了。当我们被与经验相适应的内在驱力吸入到一个外在客体时，我们也就从个体的存在中摆脱出来了。接着，我们便会感受到我们的个性被囚禁了，这显然不同于个体意识无限的杂多性。自我疏离就潜藏于这种自我客体化中。这种对个体活动需求的肯定，同时也限定了对其活动的无限可能性，否定了对其无法调解的多样性。虽然内在的驱力一再催促我们要我们行动，但我们仍不得不在这种客体化的范围内停止了行动。[1]

在抽象型的人那里，抽象意象是抵御无意识生气充溢的客体所产生的破坏性效应的堡垒，[2]同样，对移情型的人来讲，情感向客体的转移也是为了防卫内在的主体因素所造成的分裂，即防卫那些漫无边际的幻想以及相应的行为冲动。外倾的心理症患者完全依赖于他的移情对象，而内倾的心理症患者则像阿德勒所说的那样，坚守着他“虚构的指导线路”。从对客体有益的或惨痛的经验中，内倾型抽象出了“虚构的指导线路”，他会通过这种程式，使自己免受生命所生发的无限可能性的伤害。

抽象与移情、内倾与外倾，都是适应和防卫的机制。在用于适应时，它们能使人规避外在的风险。从它们作为主导性功能[3]来说，它们能使人摆脱偶发的冲动；而它们之所以能抵御这些外在的危险和偶发的冲动，是因为它们提供了自我疏离的可能。日常心理经验告诉我们，有很大一部分人与他们的主导性功能（或“有价值”的功能）完全相一致；我们目前所讨论的类型也包含于其中。毫无疑问，与主导性功能相一致会带来一定的优势，人们会因此而更好地满足集体的要求与期望；而且，这种一致还能通过自我-疏离使人与那些劣势的、未分化和未定向的功能分离开来。此外，站在社会道德的角度来看，“无私忘我”常常被当作一种特殊的美德。然而一方面，我们也要记住与主导性功能的同一所带来的影响是极为不利的；它导致了个体的退化。毫无疑问，人在很大程度上固然可以被机制化，但绝不能完全放弃自身，否则造成的伤害就是不可想象的。因为人与某一种功能越同一，对这种功能投注的欲力也就越多，就越要撤回投注在其他功能那里的欲力。虽然欲力的被剥夺在这些功能可以长期容忍的范围内，但最终它们还是会进行反抗。欲力的枯竭使它们渐渐沦没到意识的阈限之下，它们与意识联想的关联一点点被抹去，直至最后沉没于无意识中。这种衍变是退

1 《抽象作用与移情作用》，巴洛克英译，第24页。

2 维斯契（Vischer）在他的小说《任何一个》中，对这种“生气充溢的”客体做了绝妙的描写。

3 关于主导性的思维，请参见荣格的《转变的象征》第1部分，第1章。

化的，是向婴儿期的逆行，最终必将退回到远古的层面上去。人类在文明教化的状态中生活了不过数千年，但却在野蛮状态下生活了数十万年之久，所以那远古的功能形式具有异常充沛的活力，要想复活是轻而易举的事。因此，当某些功能被剥夺了而开始分裂时，它们在无意识中潜藏着的古老根基就开始重新运作了。

这种状况长久发展必会使人格发生分裂，因为远古的功能形式与意识之间并不存在直接的联系，而意识与无意识之间也根本无法交流。因此，随着自我疏离的发展，无意识的功能会越来越深地沉没到远古的层面中去，而无意识的影响力也会与日俱增。它开始病态性地扰乱主导功能，于是就会出现许多对心理病症来说极为常见的典型的恶性循环：患者试图用主导功能方面的特殊优势来对这种扰乱性影响进行补偿，他们之间的争斗往往导致神经的崩溃。

与主导功能的同一所导致的自我疏离，其目的不仅限于要对某种功能进行严厉限制，还在于是主导功能本身也变成了加深自我-疏离的一种原则。因此，严格排除所有与其性质不相适应的东西就成了所有主导功能的共同要求：思维将一切扰乱性的情感排除在外，而情感则将所有扰乱性的思维排除在外。如果不将所有异己的东西通通打压下去，那么主导性功能就永远不能运行。但另一方面，既然生命有机体的自我调节的实质是整体人性的和谐，那么，生命在不同种族的人类教化中所必须完成的任务就是要更多地关注那些深受冷落的功能。

第八章
现代哲学中的类型问题

第一节　詹姆斯的类型观

现代实用主义哲学中同样也存在着两种类型，这一点在威廉·詹姆斯（William James）[1]的哲学中表现得更加明显。他说：

> 从很大程度上来讲，哲学史就是一部人类几种气质相冲突的历史……对于一位专业哲学家来说，不管他身上有哪种气质，在进行哲学思考时他总会这些气质隐藏起来，这是事实……但是他的气质会使他产生很多偏见，而且这些偏见的严重程度大大超过了他那些严格的客观前提。在他这里，气质会以各种方式渗透到他的论证中，形成一种更偏情感性的或偏冷静的宇宙观，就像由各种事实和原则形成的宇宙观一样。他对他的气质产生依赖，渴望获得一个能与其气质相吻合的宇宙，他不会怀疑任何一个与其气质相吻合的宇宙。他认为那些气质与宇宙相反的人，是与世界的性质水火不容的，即使这些人在哲学专业方面的思辨能力可能远远超过他，但在他看来他们并不不称职，根本就是外行。
>
> 但是他没有权力站在讲坛上，凭着他偏爱的气质宣称，他的辨别力有多么卓越或者他多么权威。于是，在我们的哲学讨论中就会有一些不真实的情形发生；就连一切的最深刻的前提都没有涉及这一点。[2]

詹姆斯就此开始对两种气质特征进行了描述。在风俗和习惯上，有拘泥礼节者和自由放纵者之分；在政治上，有独裁主义者和无政府主义者之分；在艺术中，有古典主义者和浪漫主义者之分；在文学上，有纯粹主义者和现实主义者之分；同样，依据詹姆斯的观点我们发现，哲学上也存在“经验主义者”和“理性主义者”这两种不同

---

1 威廉·詹姆斯：《实用主义：对旧思想方法的新命名》（*Pragnmtism：A New Name for Some old Ways of Thinking*），伦敦，1991年版。

2 詹姆斯：《实用主义：对旧思想方法的新命名》，第7页及以后页。

的类型。经验主义者“喜欢所有丰富多彩的事实”。理性主义者则“为抽象与永恒的原则献身”。[1]虽然事实和原则对人们来说同样不可或缺，但因为各自的理论倾向不同，人们看到的观点也完全不同。

詹姆斯把“理性主义”等同于“唯理智论”，把“经验主义”等同于“感觉论”。虽然我认为这种等同不能成立，但仍然需要沿着詹姆斯的思路继续讨论下去，结束后我们再来进行批判。詹姆斯的观点认为，唯理智论倾于与唯心主义或乐观主义，而经验主义则与唯物主义和非常有限的、不确定的乐观主义相联系。唯理智论常常是一元论的。它以“整体”、普遍性以及事物统一性为开端。而经验主义则是多元论的，它着手于部分直至将整体变成一个集合体。理性主义者富有情感，而经验主义者则异常冷静。很显然前者会倾向于信仰自由意志，后者则会对宿命论深信不疑。理性主义者容易向教条主义转变，而经验主义者则容易成为怀疑论者。[2]詹姆斯称理性主义者是柔性的，而称经验主义者是刚性的。这显然是詹姆斯对这两种类型心理特征的强调。在后面的内容中我们会更精确地考察这种特征。詹姆斯关于一种类型如何歧视另一种类型的偏爱的论述相当有趣，让我们一起来看看：

他们蔑视对方。一旦他们个人的气质变得都很强烈，那么他们之间的对抗就不再局限于只构成了历史时代哲学氛围的一部分，而是同时也构成了当今哲学的一部分。刚性的人认为柔性的人多愁善感，没有主见。柔性的人则认为刚性的人不文雅、无情或者残忍……每一种类型都认为自己比其他类型高尚。[3]

詹姆斯将两种类型的性质做了如下排列：

柔性的刚性的

理性主义的经验主义的

（根据“原则”而行）（根据“事实”而行）

唯理智论的感觉论的

唯心主义的唯物主义的

乐观主义的悲观主义的

宗教性的非宗教性的

意志自由论的宿命论的

一元论的多元论的

---

1 詹姆斯：《实用主义：对旧思想方法的新命名》，第9页。
2 詹姆斯：《实用主义：对旧思想方法的新命名》，第10页及以后页。
3 詹姆斯：《实用主义：对旧思想方法的新命名》，第11页及以后。

教条主义的怀疑论的

这个对比涵盖了我们已经在唯名论与唯实论那章中所讨论的各种问题。柔性的与唯实论有着相当的共同之处，刚性的则在一定程度上类似于唯名论。在前文我已经指出过，唯实论对应于内倾，唯名论对应于外倾。而詹姆斯所提到的哲学史上的“气质冲突”就包括了共相的论争，这是毋庸置疑的。于是我们有理由认为，柔性的属于内倾，而刚性的属于外倾。但是这个问题是否有价值仍有待我们进行考察。

因为我对詹姆斯著作了解有限，所以我无法举出他对两种类型的更详细的界定或描述，尽管他对这两种思维方式多有涉及，并不时地把它们称为“单薄的”与“深厚的”。在弗洛诺耶（Flournoy）[1]那里，“单薄的”意味着“薄弱的、纤细的、贫乏的”，而“深厚的”意味着“厚的、坚强的、笨重的、丰富的”。正如我们所看到的那样，詹姆斯有时也把柔性的人称为“没有主见的人”。“软的”和“嫩的”很容易让人联想到某些脆弱的、温和的、文雅的与柔和的东西；因而虚弱的、柔和的及相当无力的性质就与“厚的”和“硬的”性质形成鲜明对比，它们在性质上是相对抗的，这一点很难改变，因为物质的本质本就如此。因此，弗洛诺耶对这两种思维类型的解释如下：

> 当把抽象的思维方式与具体的思维方式进行比较时，我们知道前者对于哲学家们来说就是十分熟悉的纯粹逻辑的和辩证的思维方式，但詹姆斯对它丝毫不信任，他认为它不仅脆弱、空洞而且单薄，因为它过于远离了个别的事物；而后者则固步于龟壳似的坚实的大地，只会从经验事实那里获取养料，坚决不肯脱离其他的实证材料。[2]

然而，我们不应武断地就此段论述判定詹姆斯是在片面赞成具体思维。他对两种观点非常欣赏：“当然，事实是好的……给予我们大量的事实。原理也是好的……给予我们丰富的原理。”大家都知道，事实的存在不仅呈现为它自身的形态，也呈现为它在我们眼中的形态。所以，如果詹姆斯用“深厚的”或“坚实的”来指称具体思维，也就意味着他论述了这种思维具有某种实体的和有抵抗能力的性质，而抽象思维表现出的气质往往是虚弱、贫乏而苍白的，如果我们借用弗洛诺耶的解释来说的话，或许可以将其说成是近乎病态的和衰老的性质。当然，一个人只有在实体性与具体思维之间设立了一种先天的联系之后才有可能产生这种观点，就像我们所说的那样，就是产生了所谓气质的问题。从抽象的观点来看，如果经验主义者认为那种有抵抗力的实体性属于他的具体思维，那么他就是在自欺欺人，因为实体性或坚固性不属于具体

1 弗洛诺耶：《詹姆斯的哲学》，第32页。

2 弗洛诺耶：《詹姆斯的哲学》，第24页及以后。

思维而是属于外部事实。事实证明，经验性思维不仅极为虚弱而且毫无作用；它在外在事实面前很难把握住自己，总是跟在外在事实的后面，对外在事实有严重的依赖，因此要想提升到纯粹分类和描述活动的层面上是极为困难的。作为思维，它不能凭借自身而独立，而是依附于客体，客体作为决定性价值对它占据了绝对的优势，因此它非常脆弱而且无法自立。感觉阈限内的表象的连续不断是其思维的特征，这并非是为内在思维活动所驱动，如果将其看成是感觉印象的变化流动会更为准确。这种受感官感知制约的具体表象概念的流动序列，充其量就是一种被动的统觉而已，从严格意义上来说，与抽象思维者所称作思维的东西不是一回事。

因此，那种偏好具体思维并赋予其以实体性的气质，可依据感觉制约的表象占据优势而获得辨别；积极的统觉是从主观的意志活动产生出来的，旨在根据某种给定的观念的意向来组织这些表象，与上文中所说的气质形成对照。这也就是说，在这种气质里，客体方面才是重点：客体是被移情的对象，它以一种准独立的状况存在于主体的观念世界中，某种后续思维可以使它获得理解。这种气质是外倾的，因为外倾型思维是具体的。它自身不具有稳固性，而自身以外的被移情的客体具有稳固性，因此詹姆斯才将其称为“刚性的”的。凡是采纳具体思维或接受事物表象的人，他们都毫不怀疑地认为抽象思维是软弱的和无效力的。但对于持有抽象立场的人来说，抽象观念取代了感觉所制约的表象在发挥着决定性作用。

根据一种流行的观点，那么观念仅仅是经验集群的抽象而已。如果接受了这种见解，那么就很容易理解把人类心灵理看作一块白板，可慢慢地用生命与世界的知觉的、经验的彩笔在其上进行描画的观点。依据这种广义的经验科学的观点，也许观念仅仅是一种附带的现象以及一种取自经验的后天的抽象罢了，因而与经验思维相比它甚至显得更加软弱和没有色彩。但众所周知，人类心灵绝不是一块白板，因为依据认识论的批判我们知道，某些思维范畴是先天就形成的；它们在所有的经验之前，与最初的思维运作同时出现，并决定了思维的运作。康德对逻辑思维所做的证明在整个心理领域都可适用。就像心灵本身（思想的领域）一样，心理从一开始就不是一块白板。它的确不具备具体内容，但是，由于遗传和预构的功能配置，其潜在的内容是先天就有的。这只是一种贯穿我们整个先祖世系的大脑功能的产物，是种努力发生经验与适应的积淀。所以新生的大脑能适应相当特殊的目的，它是一件无限古老的工具，它不只能被动地感受，而且还能自主自愿地整理经验，下结论做判断。这些经验模式绝对不是偶然的或随意的；它们严格地依循着预构的条件，这些预构的条件不是经验所传达的理解的内容，而是所有理解的先决条件。它们是一种观念，存在于事物之前，是事先勾画好的草图，是决定形式的因素，它们赋予经验质料以某种特定的形式，就像柏拉图所做的那样，以至于我们把它们看作是意象或图式，或遗传的功能的可能性，然而，因为它们排斥其他的可能性，这在很大程度上会使它们受到限制。这就说明了，即使是心灵最自由活动的幻想，也不可能无边无际地游荡（诗人除外），它们只能在这些预构的范型内以及这些原初意象中保持着固定的状态。各个民族中都广泛存在的神话故事表明，因为有着非常相似的主题，所以它们具有相同的联系。即使依托某些科学理论为基础的意象，诸如以太（ether）、能量、能量的转换和永恒、原子理论、亲和力等等，也还是摆脱不了这种内在的限制。

与具体思维受感觉制约的表象的支配和导向一样，抽象思维同样也要受到缺失具体内容的“非表现的”原始意象的支配。只要客体因被移情而对思维有了决定性作用，那么它们就会保持一种不太活跃的状态。但是，如果客体没有被移情，从而不能再对思维过程的起决定作用，那么主体身上就会集聚起遭到拒斥的能量。于是，主体会被无意识地移情；沉睡的原始意象由此被唤醒，就像一个隐身幕后的舞台管理者一样，作为一种起作用的因素以非表现的形式出现在思维过程中。因为它们缺乏内容，只具有活跃的功能的可能性，所以它们是非表现的，必须寻求某种东西来充实自己。它们把经验的材料引入到自己空置的形式中，通过事实（材料）来表现自己而不是表现事实本身。或者说，它们用事实把自己包裹起来。因此，它们本身并不是一个已先被知晓的开端，与具体思维中的经验事实一样，它们只有通过对经验材料进行无意识的构形后，才有可能被经验到。尽管经验主义者也能组织这些材料对它们进行形构，但也只能是尽可能地依照那些建立在过去经验的基础上的具体的观念来进行构造。

另一方面，抽象思维者在形构材料时使用的是无意识的模式，因此只有在其将产品制作出来之后，他才能获得他用以形构材料的观念。经验主义者常常喜欢从他们自己的角度来判断抽象思维者的精神过程，在他们看来，抽象思维者是武断地依据一些苍白的、虚弱的、不恰当的前提来形构经验材料的。然而，抽象思维者自己并不知道这种实际上的前提、观念或原始意象，就像经验主义者并不知道自己是在无数的实验之后由经验一步一步推演出来的理论一样。这种情况就跟我在文中的第一章曾经说明过的一样：某种类型（在这里是指经验主义者）只关注个别客体，而且只关注此个别客体的行为；而另一种类型（在这里指抽象思维者）则主要关注客体间的相似关系，对其个别性却视而不见，因为只有把世界的复杂多样归结为某种统一和内在性的东西，才会让他感到舒适和安全。然而在经验主义者看来，这种相似关系让他感到非常烦恼困惑，阻碍了他认识客体的特殊性。他越移情于客体，就越能辨识其特殊性，也就更加不能洞见自己与其他客体之间的相似性。因为抽象思维者只是从外部来看待这些客体，所以，如果经验主义者也知道如何移情于其他的客体，那么他将比抽象思维者更能感觉和认识到客体之间的相似性。

具体思维者常常先移情于一个客体，然后再移情于另一个客体，这一过程是很浪费时间的，这就使得他认识客体间的相似性的进程变得相当缓慢，而他的思维也就显得迟钝和胶着。然而他的移情却具有流动性的特征。抽象思维者很快就能认识到相似性，用一般性特征取代个别的客体，凭借自己的思想活动来形构经验材料，尽管就像具体思维者受到客体的强力影响一样，他也会受到阴影的原始意象的强有力的影响。客体对思维造成影响的强烈程度与它铭刻于观念意象上的客体特征的深刻性成正比。而客体对精神产生的作用的大小与原初观念刻写在经验上的印痕的深刻程度成反比。

因为客体被赋予过度的重要性，所以专家们会对科学领域内的某些理论特别偏爱，比如本书第六章中（第479段）提及的精神病学中的“脑神话”。尽管这些理论只能在较小的范围适用，在其他的领域内完全行不通，但是它们仍然试图用某些原理来解释极大范围内的经验。而与之相反的是，抽象思维仅仅是因为与其他事实具有相似性，所以才能获得对个别事实的认识，它预设了一个普遍的假说，当其主导观念在近乎纯粹的形式中呈现时，它就如神话一般很少对具体事实的性质进行说明。因此，如果这两种思维类型走向极端的话，它们都能创造出神话来，一个用细胞、原子、振动等具体的词语表现出来，另一个则抽象地表达为“永恒”的观念之类的词语。不管怎样，就像在镜像中反思原始意象是极端观念主义者的优势一样，尽可能纯粹地呈现事实也是极端经验主义者的优势所在。前者的理性成果受经验事实的限制，而后者的实际结果则受心理观念的表现方式的限制。现今的科学态度完全是具体性的和经验性的，观念的价值并不为其所欣赏，因而与对原初形式的认识相比较，事实才更加重要，可是人类精神就是此种形式来认识事实的。相对而言，这种朝向具体化的转折就是晚近的发展和启蒙时代的残留物。其导致的后果令人惊异，它使数量巨大的经验材料积累在一起，造成的只是混乱而不是清晰。它会产生一个必然的结果，即科学分立主义和专家们的神话还有普遍性的观点的磨灭。经验主义的盛行不仅压制着主动思维；还对所有科学门类中的理论建构产生了危害。不管怎样，就像经验性观点缺失时的状况一样，普遍性观点的磨灭都为神话般的理论建构扫清了道路。

所以我认为，詹姆斯用“柔性的”和“刚性的”这两个词语进行藐视是片面的，它透露出了隐藏在詹姆斯骨子里面的某种偏见。但是通过以上讨论至少让我们明白了一点，那就是，詹姆斯所刻画的类型的性与我所指出的内倾型与外倾型是一致的。

第二节 詹姆斯类型观点中特有的对立范畴

一、理性主义对经验主义

在前面一节中我们将这组对立范畴理解为观念主义与经验主义的对立，并对其进行了讨论。因为具体的、经验的思维与主动的、观念的思维一样都是“理性的”，且都受理性支配，所以我没有使用“理性主义”一词。此外，因为理性主义是一种普遍的心理态度，同时适用于情感理性和思维理性，所以理性主义还包括逻辑的理性主义和情感的理性主义。我发现自己用来看待“理性主义”的这种方式与那些历史的和哲学的观点是不一致的，那些观点把“观念主义的”等同于“理性主义的”，把理性看为绝对的观念。然而，现代哲学家已经把理性纯粹的观念（ideal）特征彻底剥除了，他们偏好于把它描述成一种机能（facuhy）、本能冲动、意向，甚至情感或方法。但不管怎样，从心理学角度来分析，它都是一种被里普斯的“客观感觉”支配的态度。鲍德温（Baldwin）把它看为“心灵构成性的和调节性的原则”[1]。赫伯特（Herbart）把它看成“反思的能力”[2]。而在叔本华的眼中，它只是一种形成概念的功能，凭借这种功能，“我们就很容易理解以上所提到的将人类的生命与野蛮的生命区别开来的理性的表现形式。不管何时何地，只要人们将某种东西称之理性的或非理性的就都要取决于是否运用了这种功能”。[3]“以上所提到的表现形式”是指叔本华所列举的一些表达理性的方式；比如“对情绪和激情的控制，得出结论和建构一般性原理的能力……众多个体的统一行动……文明，国家以及科学，经验的保存”，等等。[4]如果就像叔本华所宣称的，形成概念是理性的功能的话，那么理性一定是以某种特殊心理态度为特征的，通过思想活动来形成概念是其功能。从此意义上来说，它纯粹是一种心理态度，因此，杰鲁萨伦（Jerusalem）[5]把理性看成是意志的倾向，以致我们能凭借理性能做出决断，控制激情。

综上所述，理性是一种对合理的、明确的态度拥有的能力，同时也是一种促使我们能够根据客观的价值来思维、感知和行动的能力。依据经验主义的观点，是经验导致了客观的价值的产生；但依据观念主义的观点，则是理性评价的积极行为导致产生了客观的价值，用康德的话说就是“根据基本原则来判断和行动的能力”。康德认为，观念的根源是理性，在他看来，观念是“其对象无法在经验中找到的理性概念”，它包含“理性在所有实际运用上的原型……一种调节性的原则，在经验实际中，我们运用理性能力使其保持完全的一贯性”。[6]这种属于真正内倾的观点，明显地

1 鲍德温：《心理学手册：感觉与理性》，第312页。

2 赫伯特：《作为科学的心理学》，第117节。

3 叔本华：《作为意志和表象的世界》，霍尔丹和肯普（Haldane and Kemp）英译，第1章，第8节，第50页。

4 叔本华：《作为意志和表象的世界》，霍尔丹和肯普（Haldane and Kemp）英译，第1卷，第8节，第48页。

5 杰鲁萨伦：《心理学教程》，第195页。

6 《逻辑学》第1章，第1节，第3段，《康德全集》第8卷，第400页。

与冯特（Wundt）的经验主义的观点形成了对比，冯特说，理性是理智功能的集合，“它们被先前的阶段赋予了一种必不可少的感觉基质”，因此而被聚集到“统一的一般性的表达形式中”。

很显然，“理智”是旧式机能心理学遗留下来的概念，如果可以的话，我们甚至可以说，它比记忆、理性、幻想等古老的概念更不幸。它遭遇了完全与心理学无关的逻辑观点所造成的混乱，因此导致它越是包含复杂多样的心理内容，就越是变得随意而不确定……如果科学的心理学角度来看，如果根本没有记忆、理性或幻想之类的东西，而只有它们相互间的联系以及基本的心理过程是真的存在的，且如果人们不加辨析地将它们统统归类到记忆、理性或幻想的名下，那么，在同质的概念（这种概念对应于某种严格界定的心理材料）的意义上，就仍然不会出现“心智”或“理智功能”。然而，在一些特殊情况下，这些从机能心理学中援引出来的概念还是很有价值的，当然，前提是必须经过心理学的方法修正。当我们遇到极为异质的心理构成的复杂现象，这些现象要求我们首先根据具体的原因以及根据它们结构上的规律性来思考它们时；这种情况要么出现在配置和结构上个体的意识出现某种特定的趋向时；要么出现在或心理构成的规律需要进行分析其复杂的心理配置时。然而无论上述哪种情况中，心理学研究都不能僵化地恪守这样形成的一般性概念，而必须竭尽所能地把它们还原到它们的简单要素中去。[1]

以上所述指的是外倾型，我用着重号对比较具有特色的引文进行了强调。在内倾型眼中，像记忆、理性、理智之类“一般性概念”都属于“机能”，也就是简单的基本功能，它们把受自己统辖的各种心理过程都囊括在内；在外倾经验论者眼中，只有基本心理过程才是更重要的，而这些“一般概念”与之相比都是次要的、衍生的，是对基本心理过程的精心编构。所以，如果去处理这些概念是极不明智的做法，我们应该原则上“随时将它们还原到它们的简单要素中去”。显然，经验论者会认为，既然一般性概念仅仅是从经验那里衍生出来的东西，那么题旨之中就只剩下了还原性思维。经验论者将被动的和统觉的思维放在感官印象上，所以对“理性概念”以及先天观念一无所知。这种态度所导致的结果是过分强调了客体；客体被迫成为一种主动力量去进行观察以及从事复杂的推论。虽然这个过程也有一般性概念的参与，但它只是在为在一个共同的名称下构成某类现象的集群服务。所以一般性概念理所当然地变成了次要的因素，它是一种没有现实的语言方面的述说。

因此，如果科学坚持认为唯一现实存在的东西就是感官感知的事实（基本事实），那么科学会在一定程度上接纳理性、幻想等概念，但不会对其独立存在的权利

---

1 冯特：《生理心理学基础》第3章，第582页及以后页。

予以承认。然而对于内倾型来说，当主动的统觉定向于思维时，理性、幻想等就获得了基本功能的价值、机能的价值或来自内部的主动运作的价值，因为在他看来，概念是价值的重心，而概念所涵括统摄的那些基本心理过程却不是。从一开始，这种思维类型就是综合的。它循着概念的路线组织经验材料，然后把经验材料“填充”进观念里。因此，概念是在运用自身的内在势能将自己变为主动力量，借以捕捉并形构经验材料。外倾型则认为，这种力量纯粹是由随意的选择，或者不成熟地、一般化地归纳其本身受到限定的经验材料所导致的。内倾型有时因为没有意识到自身思维-过程的心理，而把流行的经验主义当作了指导原则，这使得他在面对指责时无力还击。但实际上，这种指责只是外倾型心理的一种投射而已。因为主动的思维类型是从观念及内在功能形式中汲取他思维-过程的能量，而不是从随意的选择和经验中汲取的，由此便激活了他内倾的态度。他意识不到这种来源，因为这种来源天生就不具备内容，而只有被赋予了形式，即他通过思维把形式加诸经验材料上之后，他才能认识到观念。然而在外倾型看来，客体和基本心理过程都是相当重要且不可或缺的，因为他在无意识中把观念投射给了客体，所以只有对经验材料进行积累和比较他才能触及观念。在如何才能触及观念这一层面的问题上，这两种类型是明显对立的：前者凭借的是自己的无意识的观念来形构材料；后者则借助于包含他自身无意识投射的材料的导引。有某种内在激发的东西存在于这两种态度的冲突中，由此造成了最激烈也最徒劳的科学论争。

我相信以上内容已经对我的观点进行了充分的说明，理性主义，也就是把理性提升为原则的理性主义，它兼具经验主义与观念主义的双重特性。虽然观念主义可以为“唯心主义”一词所代替，但与唯心主义相对的是唯物主义，而我们却很难说与唯物主义者相对的是观念主义者。哲学史向我们证明了，如果唯物主义者不是经验地思考，而是从事物的普遍观念来开始思维的话，他们很有可能是观念主义的。

二、唯理智论对感觉论

感觉论指的就是极端的经验主义。它认为感觉-经验是知识唯一的来源。感觉论的态度完全取决于感觉的客体。感觉论对詹姆斯来说，明显是指理智的感觉论而不是审美的感觉论，所以，如果将“唯理智论”当成感觉论的对立面的名词，确实不太合适。站在心理学角度来看，唯理智论是这样一种态度，它把主要的决定性价值赋予理智、或者说赋予概念层次的认识。然而即便抱着这样的态度，但只要我的思维完全被源自感觉-经验的具体概念所占据，我仍然可以是一个感觉论者。同理，经验主义者也可能持唯理智论立场。哲学经常把唯理智论和理性主义混淆着使用，因此缘故，我们才被迫把观念主义看作是感觉论的对立面，因为感觉论的实质就是极端的经验主义。

三、唯心主义对唯物主义

人们或许已经产生这样的疑问：詹姆斯所说的“感觉论”是否是一种极端的经验

主义，也就是上文所推测的理智的感觉论，而他所谓的“感觉论的”是不是就是“感官的”——其性质作为一种功能与感觉有关而将理性彻底排除在外。此处“与感觉有关”指的是真正的感官性，而不是庸俗的肉欲官能性，它是一种心理态度，其中具有决定性意义的和起定向作用的因素，是纯粹感觉刺激的事实而不是被移情的客体。我们可以把这种态度描述为反映的态度，因为一切精神都依赖感觉印象，致使感觉印象达到了顶点。客体虽然没有被抽象地认识，也未被移情，但却可以凭借其特有的性质和存在产生影响，激发出主体完全定向于的感觉-印象。这种态度对应的是一种原始的精神状态。直觉的态度是其对立面和结果，直接的感觉或领悟可以成为区分直觉的态度的标志，这种态度依靠的不是思维或感觉，而是二者的紧密融合。就像在感知的主体面前感觉对象呈现出的一样，在直觉面前心理内容也同样以准幻觉的方式呈现出来。

在詹姆斯的笔下，刚性的人与“感觉论的”和“唯物主义的”（此外还有“非宗教性的”）人是一类的，这使我更加怀疑，他所意指的类型对立是否等同于我所意指的。大部分人会认为，唯物主义是一种将“物质”作为基础和核心的价值的态度——也就是某种道德的感觉论。因此，如果我们赋予这些用词以平常一般的含义的话，詹姆斯对性格所刻画出来的图像就与刚性的人很不相符。当然詹姆斯的目的并不是如此，这一点从他自己对这些类型所进行的描述中可以看到。我们能大概正确地推测出，詹姆斯心里所想到应该是这些用词的哲学含义。此意义上的唯物主义的确是一种将物质作为基础和核心的价值的态度，然而这些价值不是感官性的，它们具有事实性，是客观的而具体的现实。它的对立面是那种哲学意义上的把观念看成具有绝对价值的唯心主义。当然，这里的唯心主义不可能是道德的唯心主义，否则，我们就把唯物主义也设定为道德的感觉论了，这是与詹姆斯的本意相悖的。但如果詹姆斯所说的唯物主义指的是一种以事实价值为定向的态度，那么我们就会在这种态度中再次发现外倾性质的东西，这足以消除我们的疑虑。正如我们所看到的，哲学上的唯心主义是与内倾的观念主义相对应的。但事实上，道德的唯心主义具有内倾型的特征这并没有什么特别的，因为唯物主义者也可能是一个道德的唯心主义者。

四、乐观主义对悲观主义

实际上我很怀疑将这一对众所周知的对立范畴用在詹姆斯的类型观点上是否合适，以及是否真的能以此区分人的气质。举个例子，难道达尔文的经验思维也是悲观的吗？在那些持有唯心主义世界观并从自己无意识的情感投射的角度来看待其他类型的人看来，这是事实。但这并不代表着经验主义者选择了一种悲观主义的世界观。此外，如果依据詹姆斯关于类型的观点，那么思想家叔本华的世界观纯粹是唯心主义的（与《奥义书》中类似的纯粹的唯心主义），难道他与乐观主义者有一丝相似之处吗？我们可以说康德是一个纯粹的内倾型，但他与任何伟大的经验主义者一样，都与乐观主义和悲观主义相去甚远。

因此我认为，这种对立的范畴（乐观主义与悲观主义相对）与詹姆斯的类型观点没有任何关系。乐观主义者既可能是内倾型，也可能是外倾型，悲观主义者也一样。然而，作为无意识投射的结果，詹姆斯很可能犯下这种错误。唯心主义者眼中的唯物主义的、纯粹经验论的或实证主义的世界观似乎都是阴暗的，是悲观主义的。而在那种抱有“物质”具有神一样的性质的坚定信念的人看来，这类世界观应该是乐观主义的。唯心主义者认为，唯物主义的观点将生命的神经彻底斩断了，它的力量的主要源泉即积极的统觉和对原始意象的认识已经彻底枯竭了。在他看来，这种世界观剥夺了他所有的希望，让他看到永恒的观念在现实世界中实现的愿望化为泡影，所以，这种世界观绝对是悲观主义的。一个世界如果完全由事实材料构成的话，就意味着一种放逐和无处安身的漂泊。因此，当詹姆斯把唯物主义的视点与悲观主义视点看作一回事时，我们很容易从这位哲学家生命中大量的其他事迹推断并证实，他是站在唯心主义立场上的。这也是詹姆斯把“感觉论的”“唯物主义的”和“非宗教性的”这三种意义不是很清晰的称号强加于刚性者的身上的原因。《实用主义》中有一段话也进一步证实了这个推断，在那里，詹姆斯喜欢将两种类型之间的互相厌弃比喻为波士顿的旅行家与克里普尔港的居民相遇。[1]这一比较确实很难让另一类型满意，人们往往会将这种比较当成是一种情绪上的厌恶，一种无论具有多强的正义感都无法抑制的厌恶。我认为，在证实两种类型互相恼怒对方与自己的差异这一问题上，这种情形的确为我们提供了极有价值的证据。虽然我所强调的这两种类型之间的情感的对立性可能是微乎其微的，但是我们的确通过无数的经验看到，正是由于存在这些隐藏于背景后的情感，最公正的理性才会遭到歪曲，理解才无法顺利进行。我们完全可以想象得出，克里普尔港的居民如何用一种同样偏颇的眼光来看待波士顿的旅行家的情形。

五、宗教性对非宗教性

当然，对宗教性如何定义决定了这一对立范畴的有效性。如果詹姆斯以观念主义的角度为出发点，把宗教性看成是一种纯粹的态度，认为与情感相对的宗教观念是其中的决定性因素，那么，他把刚性的人描述为非宗教性的就能找到充分的理由。然而，既然詹姆斯思想开阔且对人性了如指掌，那么，他就不可能看不到宗教情感也同样决定着宗教态度。他曾经这样说道：“但是，我们尊重事实并不意味着我们不再具有宗教性。可以说，尊重事实本身基本上就是宗教的。而我们的科学气质是虔诚的。”[2]

1 詹姆斯：《实用主义》，第13页。波士顿人认为自己有着高雅的审美趣味，并以此为自豪，而克里普尔港居民则住在科罗拉多州的一个采矿区。“一种类型总是相信自己比另一种类型更高一等；然而在某种情况下这种蔑视中带着谐谑，而在另一种情况下蔑视中则掺杂着恐惧”。

2 詹姆斯：《实用主义》，第15页。

经验主义者对事实的信仰近乎对宗教的信仰，他因此而抛弃了对“永恒”观念的崇敬。从心理学角度来看，一个人是定向于上帝观念还是物质的观念，或者事实在其个人态度上变成决定性因素，这些都没什么区别。只有这种定向占据绝对的地位，才可以被称为是“宗教的”。从事实被提升的角度来看，事实就与观念或原始意象一样拥有了同样的绝对物的价值，可以说后者实际上是几千年来人类与现实事实艰难碰触后在心理上留下来的印迹。不管怎样，依据心理学的观点，都绝不能把对事实的绝对屈从描述为非宗教性的。与柔性的人有其观念主义的宗教一样，刚性的人也确实有其经验主义的宗教。而这恰好就是存在于现今文化时代的一种现象：客体决定了科学，主体即主观观念决定了宗教——因为客体将观念从它在科学中所占据的位置上驱赶了下来，所以观念只在寻找一个避难所。如果从这个意义上将宗教理解为现代文化的现象，那么詹姆斯把经验主义者描述为非宗教性的行为就找到了充分的理由，当然，这也是只限于意义上而言的。既然哲学家们与普通的人类没有什么两样，那他们也就不只属于哲学家的范畴，而是属于所有文明的人类的范畴。因此，那种把一半的文明人划归为非宗教性的观点或做法是绝对不可取的。原始人的心理使我们明白，宗教功能是心理的基本成分，不管它是否已经分化出来，我们都能找到它，无论何时何地。

如果我们一开始没有限定詹姆斯的“宗教”概念，那我们就能再次推断，詹姆斯很容易受到他自己情感的扰乱。

六、意志自由论对宿命论

站在心理学的角度来看，这组对立是十分有趣的。我们有理由认为，经验主义者必然会因果性地思考并把原因和结果之间的必然联系当成公理。经验主义者定向于被移情的客体；换句话说，外在事实驱使着他，使他产生了有因必有果的印象。从心理学角度来看，因果联系的必然性这种印象使他不得不却又很自然地产生了这种态度。内在心理过程从一开始就隐含了对外在事实的认同，因为主体大量的活动即他自己生命的活动都通过移情被无意识地投入了客体之中。因此，客体就把这种移情类型同化了，从表面上看就好像是客体被移情类型同化了似的。但不管什么时候，只要强调了客体的价值，客体就会立刻变得重要起来，从而影响主体，迫使主体异化于自己。就像临床心理学家从日常经验中看到的，人类心理的变化无常简直可以与变色龙相媲美。一旦客体占据优势地位，被客体同化的情形就会立刻出现。在分析心理学中，对钟爱的客体的认同作用占据着重要地位。在原始人中，因崇拜图腾动物或祖先神灵而异化于自己的心理例证简直不胜枚举。中世纪时期甚至晚近的时代圣徒们身上所打上的烙印（圣痕）[1]也与此现象类似。在《效法基督》（*Imitatio Christi*）[2]一书中，这种异化被提升为一种原则。

正因为人类心理具有这种无可置疑的异化能力，所以为何出现将客观的因果联系移置于主体的现象也就变得很容易理解了。因受因果原则所带来的绝对有效性的印象的支配，人们的心理疲惫不堪，于是，他们动用认识论的全部武装，来与这种印象的压倒性力量相抗衡。下述事实进一步恶化了这种情形：经验的态度在本性上本来就会对人们相信内在的自由造成阻碍，原因是它缺乏任何证据，或者说得更确切一些，是缺乏任何论证的可能性。在大量占据绝对优势的客观反证面前，那种模糊而不明确的自由感显得没有任何作用。因此，经验主义者的宿命论结局简直就是可以预见的：科学的世界和经验主义者从父母或环境那里所获得的宗教的世界相去甚远，双方都是他思维的来源，而他又不愿意与常人一样在这两个相互分隔的世界中生活。

我们已经看到，唯心主义的实质是其观念的无意识的激活。这种激活也许是生命对后来所获得的移情的反拨造成的，也许是天性所形成偏好的一种与先天先验的态度（在实际经验中我看到过很多这样的例子）。在后一种情况下，尽管观念因为缺少内容而不能表现出来，也不能呈现于意识，但却从一开始就是活跃的。然而，观念作为一种无形的（表现不出来的）内在决定因素，却超越所有外在的事实从而取得了支配地位，把它自主和自由的意义传送给主体，主体因为内在地同化于这些观念，所以产生了自己在与客体的关系上是独立的和自由的感觉。观念一旦成为定向因素的原则，它便将主体同化了，而且就像主体试图凭借对经验材料的形构来完全同化这些观念一样，同化的非常彻底。因此，与前文所描述的其态度定向于客体的情形相同，主体也异化于他自己，只不过这时是在相反的意义上迎合于观念的异化而已。

世代相承的原始意象虽然经历了一切时代与变化却仍然存在，它先于所有的个体经验同时又承续于它。所以它储存了巨大的力量。主要它被激活，由于主体被同化进了它自己，它便会经由主体无意识的内在移情而传送给主体一种独特的力量感。这就解释了为什么主体会感觉到独立、自由和生命永恒（参见康德的三重假设：上帝、自由与永存）。当主体感觉到他内在观念的活动超越了事实的现实性时，他自然就被自由的观念支配了。只要他的唯观念论（唯心主义）是纯正的，信仰自由意志就是他必然的结局。

我们所讨论这一组对立范畴对我们的类型观点来说是一个典型。外倾型因其对客体的执着、对客体的移情与对客体的认同，以及自发地依赖客体而得以区分于内倾

---

1 据说虔诚的基督徒身上会出现一些与耶稣受难时相同的伤痕，是一种至今无法得到科学解释的现象。——译者注

2 又称作《基督德范》，是著名的中世纪信徒灵修之书。——译者注

型。他受客体的影响程度与他努力同化于客体的程度是相同的。内倾型的独特之处在于他面对客体时的自我坚守。内倾型努力地使自己不依赖于客体，并赶走客体的一切影响，甚至可能对客体产生畏惧。这加深了他对观念的依赖程度，由于观念的庇护，他可以摆脱外在的现实，从而获得内在的自由感，哪怕为此他必须以非常显著的权力心理作为代价也在所不惜。

七、一元论对多元论

上述讨论使我们可以断定，只要是定向于观念的态度就必然倾向于一元论。不管观念是源自抽象过程中，还是作为一种无意识形式的先验存在，它都常常具有一种等级的特征。如果是前一种情形的话，可以说观念是大厦的顶端，将位居其下的一切都包括了；如果是后一种情形，那么观念就是无意识的法典制订者，对所有的可能性和思想的逻辑必然性都有绝对的控制权。所以不管如何，观念那至高无上的品性都是毋庸质疑的。虽然观念可能是多元的，但是其中总有一方会取得优势地位，专制地集聚着其他的心理要素。同样也很清楚的是，定向于客体的态度总是倾向于多元的原则，因为客体性质的多样性需要有多元性的概念进行适当的解释。倾向于一元论与内倾相似，而倾向与多元论则与外倾相似。

八、教条主义对怀疑主义

这组对立使我们看到，虽然一种无意识的观念的实现并不一定会导致教条主义，但是对于一种执着于观念的态度来说，教条主义可谓是其中的典型。然而，无意识观念通过那种强力的方式来实现自身时，确实会让外人产生这种印象：对于一个定向于观念的思考者来说，只要他开始思考，他便会教条地把经验硬塞入一个固定不变的观念模式中。同样的道理，对于一个定向于客体的思维者来说，他从一开始便怀疑所有的观念，因为让每个客体和每一种经验自己说话，免受普遍概念的干扰才是他关注的焦点。就此意义上说，无论哪种经验主义都不离不开怀疑主义。这组对立范畴也证实了詹姆斯的观点从根本上来说与我的类型观是相似的。

第三节　詹姆斯类型观的总体批判

在对詹姆斯的类型观进行批判之前，我必须强调一点，那就是他所有的论述都是与类型的思维性质密切相关的。人们很难期望从一本哲学著作中能得到其他什么东西。而由这种哲学背景而导致的偏见很容易造成混乱。要表明这一点是相当容易的，在相反的类型甚至众多的类型中同样也会出现某个或某些类似的特征。例如经验主义者可能是教条主义的、宗教的、唯心主义的、唯理智论的和理性主义的；而观念主义者也可能是唯物主义的、悲观主义的、宿命论的和非宗教的，等等。即便将这些名词所涵括的极为复杂的事实以及其中所存在的各种细微的差别都揭示出来，也不能排除其有可能引起的混乱。

因为詹姆斯所用的这些名词都过于宽泛，所以只有从整体上把握它们，才能使一幅关于类型对立的大致的画图呈现在我们面前。虽然这些名词没有把类型对立作为一种简要的程式总结出来，但它们对我们这幅从其他材料中获得的类型的画图来说确实是一种有益的补充。詹姆斯是关注到气质在多样的哲学思维中所具有的特别重要性的第一人，所以他应当获得最大的荣誉。调解因气质的差异而引起的哲学观的对立是他的实用主义研究的全部目的。

作为一种哲学运动，实用主义一度广泛盛行，它起源于英国哲学［代表人物是牛津大学的席勒（Schiller）］，主要观点是：认为“真理”的价值在于它的实际效用和有用性，而其他的观点对此真理观是否提出辩驳并不重要。詹姆斯的独具特色之处就在于从类型的对立来开始阐述他的实用主义，似乎这个方式能证明和确立他研究的实用主义的必要性。于是，我们再次看到了上演于中世纪的那场好戏。这种对立在中世纪时是以唯名论与唯实论相对立的形式出现；那时的阿伯拉尔（Abelard）便在他的谓词论或概念论里致力于调和这种对立。但是，因为当时心理学的观点根本尚未建立起来，所以他解决问题时不可避免地带有逻辑的偏见和理智的偏见，最后所有的尝试只能以失败告终。詹姆斯是以心理根基为出发点来认识对立的，因而他的理解更加深刻了，他致力于实用主义的研究，并以此作为解决问题的方式。然而我们不应对其价值抱有过多的幻想：实用主义只是一种权宜之计而已，它之所以是有效的，是因为还没有出现进一步的来源，它通过气质使理智能力的色彩更加丰富，也许也会在哲学概念的形成中把新的因素揭示出来。柏格森（Bergson）的确关注到了直觉的作用，以及一种“直觉方法”的可能，但他所留下来的只是提示，别无其他。正如我们所知道的那样，要提供论证确实不是一件容易的事，所以尽管柏格森宣称，他的“生命冲动”（elan vital）和“创造性绵延”正是直觉所带来的，但他并没有对这种方法进行足够充分的论证。如果不将这些早就在古代特别是在新柏拉图主义那里出现过的直觉概念考虑在内，那么，柏格森的方法就不是直觉的，而是理智的。尼采在最大程度上利用了直觉的这种来源，于是，他在形成自己的哲学观念的过程中不再被理智所束缚，他的直觉使他从原来纯粹哲学体系的范围超脱出来，从而进入艺术的创造之中，而这是哲学批判很难做到的。尼采的《查拉图斯特拉如是说》就充分体现了这一点，而他的那些哲学格言集因为接近于哲学批判，而且主要是运用理智方法，所以没有体现这些内容。因此，如果人们非要讨论直觉方法的话，那么我认为，选择《查拉图斯特拉如是说》是再合适不过的了；同时，它还对如何以非理性的而仍然是以哲学的方式来把握问题的可能性进行了惊人的阐释。必须要提示的一点是，叔本华和黑格尔都是尼采的直觉方法的先驱，叔本华的直觉情感对尼采的思维产生了决定性的影响，而黑格尔的直觉理念不仅构成他自己的全部体系，而且也对尼采具有决定性的影响。但不同的是，对这两位先驱者来说，直觉是居于理智之下的，而在尼采那里，直觉则居于理智之上。

如果想对对方做出公正的评判，就需要用一种实用主义的态度来处理这两种“真理”之间的冲突。虽然实用主义是不可或缺的，但因为它以完全的屈从为先决条件，所以创造性的枯竭就是它所导致的必然结果。在解决对立的冲突这问题上，不仅概念主义的理智性调解无效，对逻辑上不相容观点的实际价值的实用主义评判也同样不起作用，唯一的可能就是通过一种积极的创造性活动，使对立的双方同化为相互协调的要素，就好像相对立的肌肉群通过肌肉的协调运动而均匀地分布一样。实用主义通过排除偏见为创造性活动扫清了道路，因此可以被看作是一种过渡性的态度。在德国哲学（不是指学院哲学）已经踏上的路途上，詹姆斯和柏格森是路标性的人物。但实际上，这条道路的开辟者是尼采，是他通过猛烈的极端的形式真正开辟出通向未来道路。尼采的创造性活动从根本上超过了实用主义的那种无法令人满意的解决方式，就像在对真理的生命价值的认识上，实用主义从根本上超越了后阿伯拉尔派哲学枯燥的片面性和无意识的概念主义一样。尽管如此，摆在尼采面前的，仍然是等待攀越的高峰。

第九章
传记中的类型问题

在心理类型问题上，传记不负人们的期望做出了它独特的贡献。谈到传记，我们不得不感谢奥斯特瓦尔德（Ostwald），[1]他在对数位杰出的科学家的传记进行比较的基础上，建立了类型心理的两极对立学说，即他所谓的古典型与浪漫型的对立。[2]

前者的每一篇作品都透露着饱满圆熟的完美性，体现出一种极度与世隔绝、鲜少与周围环境发生联系的气质与人格。而浪漫型则完全相反，也许他的每篇作品都并不完美，但其作品的多样性以及独创性却让人惊叹不已，他的作品连续不断地问世，并对其同时代的人产生直接而巨大的影响。

我在这里还要强调一点：鉴别一位科学家归属于哪种类型，关键取决于心理反应的速度。反应快速者属于浪漫型，反之则属于古典型。[3]

古典型缓慢的创作速度导致公众一般都是在其生命的后期才能看到他心灵最圆熟的成果。奥斯特瓦尔德认为，“绝对地追求毫无瑕疵的特立于公众眼中的形象”是古典型永远不变的特征。他要以此来补偿“个人影响力的缺乏”，“古典型常常凭借自己的著作来保证一种更加全面以及具有潜力的影响”。

但是，这种影响看起来十分有限，赫尔姆霍兹（Helmholtz）[4]传记中有一段插曲便很好地证明了这一点。赫尔姆霍兹对电击感应的效应进行过数学研究，对此，他的同事杜博雷蒙（Du Bois-Raymond）在写给他的一封信中说道：“你应该（请原谅我使用这种口吻）多花些工夫，使自己摆脱科学观点的抽象问题的束缚，你应该与那些对问题仍然毫无所知，或者还不明白你究竟讨论的是什么的人做一下换位思考。”赫尔姆霍兹回答说：“我已经将我在这篇论文中所用的材料尽力呈现出来了，至少我已经对它非常满意了。”奥斯特瓦尔德对此评论道：“赫尔姆霍兹对读者的观点毫不理

---

1 奥斯特瓦尔德（Ostwald，1853—1932年），德国化学家，物理化学的开创者，1909年诺贝尔奖获得者。——译者注

2 奥斯特瓦尔德：《卓越的人》（*Grosse Männer*）。

3 奥斯特瓦尔德：《卓越的人》（*Grosse Männer*），第44页及以后页。

4 赫尔姆霍兹（Helmholtz，1821—1894年），德国19世纪后期著名的物理学家、解剖学家及生理学家，以视觉和耳蜗方面的研究而闻名。——译者注

会，是因为他作为真正的古典型纯粹是在为自己而写作，所以他认为自己的表达方式简直无懈可击，但很显然，其他人并不这么认为。”杜博雷蒙写给赫尔姆霍兹的同一封信中有一段更具特色的话：“我不止一次地拜读了你的论述和结论，但是我还是感觉云里雾里的，不知道你想要表达什么，也不知道你用的方法是什么……最终还是靠我自己才发现了你的方法，从而对你的论文逐渐有了理解。”[1]

对于古典型来说，这是他们生活中非常典型的事例，古典型很少甚至从未“用他自己的心灵之火成功地点燃别人的心灵”。一般情况下，他的作品只有在他离世之后才会显示出其影响力；也就是说，只有在发掘他的遗著之后才会产生这种影响。梅耶（Robert Mayer）就是这种类型的一个典范。他的作品之所以不能折服人、鼓动人或直接给人以感染力，原因就在于他的那种如同平常讲课或与人交谈的写作方式上，这种方式明显只是他自己的一种表达而已。因此，古典型并不是靠他的作品的外在诱惑力来产生的影响，而是在他们辞世之后，通过这些作品建立起自己的成就。奥斯特瓦尔德的描述让我们清楚地看到，古典型对于他正在做的事情以及他做事的方式谈论得很少，他只是把他所获得的最终结果单纯地表达出来，而对于公众对如何获得这种结果的事实一无所知这一事实毫不在意。很明显，对他来说，写作的方式方法问题似乎根本就不重要，因为这些都是他的私人问题，与他的人格密切相关，且深藏于他人格背后。

奥斯特瓦尔德把他的两种类型与古代的四体质说放在一起进行了比较，其中特别提到了反应速度的问题，他认为反应的速度是一个根本性的问题。迟缓的反应对应的是黏液质及忧郁质，快速的反应对应的是多血质及胆汁质。在他看来，多血质和黏液质是平常的类型，而胆汁质和忧郁质则体现了基本性格病态夸大的一面。

若是我们在浏览名人传记时，把戴维（Humphry Davy）[2]和利比克（Liebig）[3]看成一类，把梅耶和法拉第（Michael Faraday）[4]归于另一类，那么就很容易得出这样的结论：前者很明显是浪漫型，属于多血质和胆汁质的；而后者同样是很明显的古典型，属于黏液质和忧郁质的。我认为，奥斯特瓦尔德的这一观察结果是极具说服力的，因为这种划分与古代的四体质说一样，很有可能都是建立在相同的经验原则上基础上的。四体质能被区分，显然源于感触性（affectivity），也就是说，它们明显是对

1 奥斯特瓦尔德：《卓越的人》（*Grosse Männer*），第280页。

2 戴维（Davy，1778—1829年），英国化学家，法拉第的老师，曾以电解法分解出许多碱土类化学元素。——译者注

3 利比克（Liebig，1803—1873年），德国化学家，文笔极佳，他的作品《化学通信》在大众科学教育史上占据着重要地位。——译者注

4 迈克尔·法拉第（Michael Faraday，1791—1867年），英国物理学家兼化学家，发电机和电动机的发明者。提出了电磁感应学说，发现了电解定律，是电磁学及电气应用的广阔领域的开拓者。——译者注

应于感触反应的。但是，这种分类如果从心理学角度进行分析就会显得很肤浅；因为它只是依据外部表现进行判断的。正因如此，那些举止平和安静的人就被划分到了黏液质范畴之内。他之所以被归入了黏液质是因为从外表看起来他很“迟钝”。可实际上，他也许完全不“迟钝”；而是敏感而富有激情的，只不过他把这些情愫都隐藏于内在，所以才会给人以内向以及外表平静的印象。这也是乔丹的类型概念所重点关注的一个事实。乔丹不仅看到人的表面，而且看到人性深处的一面，并以此观察来进行判断。而奥斯特瓦尔德的区分标准同古代的体质划分没什么区别，完全是以外部表现为基础而建立的。他把快速的外在反应归于浪漫型的特征，却忽视了古典型同样可能具有快速的反应，只不过这种类型总是将这种反应表现于内在。

当我们阅读奥斯特瓦尔德的传记作品时，很容易就能看出，他的浪漫型对应于外倾型，古典型对应于内倾型。戴维和利比克是外倾型的典范，而梅耶和法拉第则是内倾型的代表。外倾型的特征是外在反应，内倾型的特性是内在反应。自我表现在外倾者看来是轻而易举的事；他喜欢在人前表现，这几乎是不受自己控制的，因为朝向外在客体就是他的全部本性。在朝向外在世界时，他很容易地就会让人感到愉快或是接受他；即便有时并不那么令人愉快，但至少可以被人理解。由于他快速的反应和快速的感情释放，以致不管这些反应和释放的内容是不是有价值，都被投射到客体上去了；他的反应风度翩翩同时也夹杂着阴郁的思想和感情。出于同一理由，他的这些反应几乎都是没有经过深思熟虑就做出来的，因为它们很容易就能被人理解；他那连续不断的即时反应会产生出一系列的意象，这些意象使公众能够清晰地看到他所追寻的道路，以及他获得此结论的方法。

与之相反，内倾者几乎完全把反应专注于内向，除了感情爆发，否则他通常不能释放出他的反应。尽管他反应的敏捷度也许完全不比外倾者差，但是这些反应往往被他抑制下来。人们无法从表面上看到内倾者的反应，所以很容易认为他们是迟钝的。即时反应往往带有强烈的本人色彩，所以外倾者不可避免地展将他人格的锋芒展露出来。而内倾者则因为压抑了自己的即时反应而隐藏了他的人格。他的目的是要从客体获得某种抽象物而并不是移情，不是要把内容移转于客体上去。相对于外倾者即时的释放与反应，内倾者更愿意在作品最终完成之前，在内心中长期地精心编构它们。内倾者终身致力于使产品不带有任何他本人的色彩，以及使产品与他本人毫无联系上。他把自己长期内在劳作的成熟的果实，以其最高度的抽象和非个人化的形式展现在世人面前。因为公众对其先期阶段，以及他之所以获得这一结果的方式缺乏认识，所以公众很难理解。内倾者的自抑掩盖了自己的人格掩盖，所以他与公众之间也就缺乏个人的联系，以致公众不能够认识他。然而正常情况下，只有依靠这种人格的联系，才能获得理智的领悟所无法提供的理解力。当在对内倾者的发展进行评判时，务必要牢记这一情形。由于内倾者真正的自我并不是显而易见的，所以人们对他了解很少。他因为缺少即时的外向反应能力而隐藏了他自己的人格。如果他的成就能使公众对他产生兴趣的，那么他的生活将为那些幻想的解释和投射提供了足够开阔的空间。

所以奥斯特瓦尔德说，浪漫型的特征是“心灵的早熟”。虽然这一说法完全正确，但我们还必须对此进行补充，因为古典型同样也可能是早熟的。古典型之所以会把产品深藏于自己的内心之中，并不是他本意要如此，而是因为他缺乏直接表达的能力。内倾者由于情感分化程度较低，往往表现得很笨拙，在与他人的个人关系上会表现出一种真正的婴儿期的特征。他的外在人格模糊不清，而且他对这方面又非常的敏感，所以他只敢把自己认为已经完美无缺的作品展现在公众的面前。他希望通过他的作品来说明他所要表达的，而自己却不会亲自出面维护自己的利益。显然，这种态度大大延迟了内倾者呈现于世界舞台的时机，以致他总觉得自己是晚熟的。然而，这一判断是肤浅的，因为它忽视了外倾者同样也具有类似的情况，对于明显早熟且外在分化程度很高的外倾者来说，其内在的方面，以及其与内在世界的关系，也同样呈现出完全婴儿期的特征。但这种特征只有在其生命的后期才会显示出来，比如在道德上表现出某种不成熟，或者更常见的表现为令人惊讶的婴儿期思维。奥斯特瓦尔德已经观察到，相比古典型来说，浪漫型拥有更多发展和成长的有利条件。浪漫型有着令人羡慕的外貌，他表现在公众面前的外向反应使他个人的重要性容易为公众所认识。于是，他很快就建立起了许多有价值的关系，工作也变得极富成效，获得了所谓的广度；而古典型却不露锋芒，他因缺乏人际关系而无法形成有广度的工作范围，但他的工作却因此获得了深度，所以其作品往往会流芳百世。

两种类型的共同特点是都怀有热情，不同点是，外倾者会将其内心中的热情表达出来，而内倾者则用缄默掩饰着自己的热情。他无法带动别人的热情，所以也形成不了通常意义上的同事圈子。即使他愿意把自己的知识传授给他人，也会因过于简单的表达方式而让人无法理解，这严重阻碍了他与外界进一步的交流；通常人们都认为，他是讲不出什么特异新颖的事来的。这就会使肤浅的人认为，内倾者的表达方式及其“人格”都是平平无奇的，而浪漫型的人看起来却天生就幽默诙谐，并且就如何引导公众对他产生这种印象的方法他都了如指掌。他卓越的口才对他阐明那些卓越的思想很有帮助，也有助于掩盖他思想中的某些漏洞。奥斯特瓦尔德强调浪漫型在学院生涯中很容易获得成功，这是符合事实的。浪漫型能够站在他的学生的立场，知道该在什么时候说什么样的话。但古典型往往只专注于自己的思维和问题，完全忽视了学生很难理解他这个事实。奥斯特瓦尔德在论到古典型的赫尔姆霍兹时说：

尽管他拥有渊博的学识，丰富的经验，他的心灵很有创造力，但这并不意味着他就是一位优秀的教师。面对他人的提问，他总是不能马上做出反应，而是过了一段时间后才进行回应。当他的学生在实验过程中对他提问时，他总是答应会好好考虑，但往往过了好几天才给学生讲答案；然而他的答案与学生先前问的问题完全牛头不对马嘴。因此很少有学生能发现老师后来给他做出解释的那种关于一般问题的精致完美的理论与自己所遇到的困难之间存在联系。他不仅不能为初学者随时提供帮助，也无法依据学生的个性对其进行正确的引导，以致他的学生逐渐失去了作为初学者对老师那种自然就有的信赖，最终无法掌握他这一学科的知识。而这一切都是老师不能立即满足他的学生的需要造成的，当他许久之后对学生的期待有所反应时，这种反应却早已失去了效果。

我认为，奥斯特瓦尔德根据内倾者反应的迟缓而对赫尔姆霍兹所进行的描述似乎并不恰当。因为说赫尔姆霍兹的反应迟缓是没有任何证据的。只不过他的反应是内在的而非外在的。他并没有站在他的学生的立场上，因而就不知道学生所需要的是什么。他的态度直接定向于他自己的思维；因此，他所做出的反应并不是针对学生个人的需要，而是针对学生的提问在他自己心中所引起的思考，他的这个反应既迅速又彻底，以至于他马上就领悟到了其更进一步的联系，不过这时，他还无法对其充分发展的抽象形式做出评价与回应。这并不是由他的思维太过于迟缓所导致的，而是因为在短时间内把握他所预见到的问题的全部内涵对他来说是不可能的。他根本想不到他的学生对这类问题竟然毫不知情，所以他很自然地认为自己应该做的是处理这问题，而不是在细微之处给学生一些简单的建议，如果他能够了解他的学生到底需要什么才能适应他的研究，那情况就会大不相同了。但是，他是一个内倾者，所以他从来没有想过要移情于他人；他只专注于自己的理论问题，完全沉溺于如何整理和编织学生所提出的问题的线索，以致完全忽视了学生当时的实际需要。很显然，在学院看来，这一特殊的态度不仅不合适，而且还会给人留下很糟的个人印象。内倾型教师常常给人以迟钝、古怪甚至笨拙的外部印象；所以，才会遭到大众的贬低和同事的轻视，而这种情况直到别的研究者接纳并对他的思想进行详细阐述的那一天才会停止。

数学家高斯（Gauss）[1]非常厌恶教学，他经常对他的所有学生说，他可能会取消自己所讲授的课程，他想借这种方法而避免再去上课。他认为，教学真是非常痛苦的事，因为教学就意味着，“在他还没有精心推敲和出版他的著作之前，就不得不在课堂中把他的某些科学的结论表达出来。在他看来，还没有做好充分查对工作就被迫传授自己的发现，简直跟穿着睡衣出现在陌生人面前没什么区别”。奥斯特瓦尔德在此

1 高斯（1777—1855年），德国数学家、物理学家，与阿基米德、牛顿齐名的世界三大数学天才之一。——译者注

指出了一个非常重要的事实，上文已经对此有过论述，即内倾者只愿意进行完全不带个人色彩的交流。

奥斯特瓦尔德指出，浪漫型因为逐渐丧失了自己的才华，所以不得不相对较早地在自己的专业生涯画下句号。他认为这一现象是由较快的反应速度导致的。然而我认为，既然科学上仍然不能解释什么是心理反应速度，而且外向反应要比内向反应敏捷这个结论也没有获得证实，那么，我们就不能断定外倾型发现者才能的较早枯竭与其反应的速度有关，事实上我们还可以说这与他的类型所特有的外向反应有关。外倾型的作品发表得早，成名也早，他是一位学术作家，同时参与的社会活动也十分密集；他交友广阔，在人际关系上投入了很多的精力，除此之外，他对学生的发展状况也非常感兴趣。而内倾型开拓者开始发表作品的时间较晚；时间间隔也比外倾型要长，简明扼要、字斟句酌的表达方式都是他的特点；如果不是为了引进新鲜的东西，他绝不会重复主题。他喜欢言简意赅地与别人进行科学交流，却经常忘了提示别人自己是如何获得成果的，所以别人很难理解和接受他的著作，而他也一直不为人所知。因为他讨厌教学，他的学生只能对他敬而远之；他名不见经传，所以交际圈子很狭窄；他不喜欢抛头露面，这不仅是必然发生的情况，而且也是他自己做出的选择。因此他避免了在很多方面耗费精力。在自身内向反应的引导下他一次又一次地回归到自身狭窄的研究道路上去；然而这些研究本身是相当精确，时间越久，就越耗费精力，以至于他根本不可能再有多余的精力去做别的事。以上事实使情况变得更加复杂起来，虽然浪漫型在公众面前能产生令人鼓舞的效果，但却往往被古典型轻视，而这种情形下，为了获得满足感，浪漫型便会迫使自己更加完美地进行研究工作。所以，我认为浪漫型天才相对较早地耗尽了他的才能的原因，更多地在于其外向的反应而不是快速的反应速度。

在奥斯特瓦尔德看来，他所进行的类型的划分并不是绝对的，因为任何一个研究者都可能既是古典型又是浪漫型。然而他提出了这样的看法：如果从反应速度上考虑，那么，“那些真正伟大的人”都可明确归入其中的某一类型，而“普通人”往往只表现为中间状况。综上所述，我认为，在奥斯特瓦尔德传记所包含的材料中，有相当一部分对浪漫型与外倾型、古典型与内倾型之间相对应的关系进行了清楚阐释，所以对类型心理学的研究来说是很有价值的。

第十章
类型学总论

第一节　绪言

在以下的篇幅中我将对各种类型进行总体的描述，而且我必然要涉及两种常见的类型，它们就是我们所说的外倾型和内倾型。另外，我还会竭尽所能把那些特殊类型的确定的性格特征展现在读者面前，这些类型在个体对生活的适应或定向中扮演了重要角色，因其各自特殊的功能而各具特色。我将前者称为一般态度类型，因为他们较为明显地带着一般兴趣和力比多运动的趋势，而对于后者，我则把他们称为功能类型。

我已经多次提及，我们可以从各类型对客体的特殊态度上区分出一般态度类型。对于内倾型来说，他对客体的态度是一种抽象的态度；从本质上来讲，摆在他面前的总是一个如何才能从客体中提取力比多这样的难题，这与他不得不持续地阻挠客体欲取得优势的意图没有什么不同。与此相反，外倾型一直保持着对客体的过分信赖。他因此而坚信客体是具有重要性的，他的主观态度不仅总是不断地随客体而调整，而且一直都与客体相关联。其实，客体并没有充分的价值；但在他看来，它却具有至高无上的重要性。

这两种态度有着根本上的不同，也形成了极为鲜明的对照，以至于只要我们稍加注意就可以明白，即使对于心理事件中的未知领域来说他们的存在也是一种再明显不过的事实。那些缄默、固执并常常有些害羞的人，很难让人了解，而那些开朗，善于交际，安静或者至少是友好以致易于了解的人则与之形成了鲜明的对照。后者在对待整个世界的态度上是善意的，即或他们与世界发生碰撞时，他们也不会放弃与之进行联系，这种联系也使他们与世界彼此互相影响着。

当然，人们起初会认为这些差异仅仅是个人的癖性。但是如果他们发现很多人都是这样的时候，他们便会清楚地知道，如此深刻的差异并不只是源自个体情形的特殊性，而是源自类型的态度，而且甚至比那种一开始就假定的有限的心理经验更具有普遍性。我们会在接下来的几章中讲到，这其实是一个基本对立的问题；当我们论述那些通过各种方式展现自己人格的个体时，这一问题一直若隐若现。这种人不是只存在于有教养的阶层当中，而是广泛存在于社会的各阶层之中；因此我们的类型不仅被国家最杰出的成员所清晰地证实，也同样会为工人和农民所证实。这些类型甚至还会对把性格的差异弃之不顾，因为在所有阶层的女性当中我们都可以找到同样的类型进行比较。我们很难将这种普遍的分布说成是意识怂恿的结果，即很难说成是意识和态度故意选择的结果。如果事实真的如此，那么这种态度必然就会大量地出现在由相同的教养和环境所联系起来并因此而抱成一团的某一特定的社会阶层中。可实际刚好与之相反，因为这些类型的分布明显不是规则的。比如在一个家庭里，其中一个孩子是内倾的，而另一个孩子却有可能是外倾的。

我们可以从上述事实中看出，态度类型显然被认为是一种随意分布的普遍现象，因为他们与意识判断或意图没有任何联系，所以只能将他们存在的原因归结为某种无意识和本能。因此，作为一种普遍的心理现象的类型间的差异，必定会以种种不同的方式将它的生物学征兆显现出来。

站在生物学角度看，主体和客体之间的关系通常是一种适应关系；因为主客体之间的相互限制作用是每一种关系的先决条件。这些限制构成适应关系。所以，这是客体的类型态度一种适应的过程。大自然经历了两种适应方式，它们从根本上来说是不同的，但都决定了生物的进一步的生存；其一形成于繁衍后代的生殖力，与一种相对来说较小的抵御力和对个体的保护伴随产生；其二形成于个体在自我保护的多种途径方面的才能之中，与之相伴的是一种相对来说不是很重要的生殖力。这种生物学上的对比情形不只是与我们的两种心理适应方式相类似的东西还是它们的普遍基础。对于这一点，只要指出某种纯粹的一般性征兆就可以了；一方面，对于外倾型我只需指明其特殊性，这种特性一直促使他以各种方式耗费和扩展自己，另一方面，对于内倾型还要指明其抵御外界要求的倾向，他不随意直接地与客体发生联系而耗费能量，因而保存了自己的能量，使自己始终保持最保险和最不易被攻破的地位。

这两种形式被布莱克描绘为“多产的”和“贪婪的”，他是正确的。一般的生物例证已经表明，两种形式在他们的种类上都很普遍而且是成功的；对类型态度来说，也同样真实。一个人只需一种关系就能获得另一个人通过多种关系才能获得的东西。

儿童经常在他们的早期阶段就显示出一种明确的类型态度，这一事实似乎可以使我们得出这样的结论，类型态度很可能不是产生于生存的竞争，一般说来，它会被理解为适应于确定态度所构成的强制性因素。但是我们强烈地反对这种看法，也反对那些甚至认为还没有断奶的小婴儿，就已经具有了一种无意识的心理适应在起作用，并将原因归结为母体影响的特殊性质在儿童身上引起了异常反应的观点。虽然这一观点证据充分，但它在“由同一位母亲所生的两个婴儿会很早就表现出两种截然不同的类型，并且不因母亲的态度而产生任何微小的变化”这样无可置疑的论据面前，也不得不举起白旗。尽管任何事物都无法诱惑我去轻视双亲那无法忽视的重要的影响，但是，这种体验却使我意识到：只有从儿童的性格中才能找到决定性因素。尽管外部条件可能具有最大的相似性，但同样为一母所生，两个儿童却变成了两种不同的类型的事实本身必然会把他归属到个体的性格之中，显然，我这里所指的仅限于在正常条件下出现的情形。如果条件异常，即母亲表现出极端反常的态度时，儿童也可能被迫形成一种类似的态度；但这样会蹂躏他们的个体性格，在没有变态或骚扰性的影响介入其中的情况下，他们的个体性格可能已经发生了转变，成了另外一种类型。一般情况下，不管什么时候，只要最终在外界影响下这种类型的本质被改变了，那么这个个体后来会变成神经症患者就是不可避免的，而且要想成功治愈这种疾病，就必须使那一态度的发展过程与个体的天生属性完全相符。

对于特殊的性格，我只知道一种个体，即他非常明显地既愿意接受又能够接受一种方式，或者对他来说要适应那种方式比适应其他方式更合他的口味，而其他的我就无从知晓了。在上面的分析中，可能有一些我们还不知道的心理原因在其中起了一定作用。根据经验来看，类型的转换可能会对有机体的生理健康造成极大的伤害，它经常会引发机体严重的衰竭，我认为这种情况的发生是很有可能的而且是可信的。

第二节　外倾型

在描绘这种类型的时候，有必要将意识心理和无意识心理区别开来，这样可以使表达更加清晰易懂。首先让我们对关于意识现象的描述进行一下考察。

一、意识的一般态度

我们都知道，所有人都被外部世界提供给他的事件所定向；然而我们看到，这种可能发生的情形只具有某种相对的决定性。例如在天气寒冷的室外，某人听从别人的劝告穿上了自己的大衣，但另一个想要变得冷酷的人则认为没这个必要；因为整个世界都崇拜一个新近成名的男高音歌手，所以某人就崇拜他，而另一个人并不崇拜这名歌手，其实不是因为他不喜欢，而是因为他认为一个人如果被广大公众所普遍崇拜了那就一定没有什么可崇拜之处；那个作为崇拜者的某人会对一种特定的事态屈从则是他从自己的经历中得知，一切向来如此，然而，另一个人却深信，即便同一件事以同样的方式重复了1000次，但第1001次时一定会有不同的状况出现。前者定向于客观事件，后者的观点介于他自己与客观事实之间。那么，当对客体和客观事实的倾向性占据绝对优势，致使客观关系而不是主观价值来对最经常和最基本的意图和行为起决定作用时，这就是我们说的外倾型态度。只要一个人习惯于这种态度，那么我们就可称其为外倾型。如果一个人为了能与客观条件及它的要求相一致而这样思考、感觉和行动，或者干脆说这么生活，那么，无论站在何种立场上看，他都是外倾型。价值扮演的角色在他的生活中所占的比重越来越大，他的生活完全使这一点明朗化了。当然，他的主观价值也是存在的，但是主观价值的决定性力量远没有外部客观条件重要。所以，他从没想过要从他自己的内在生活中寻找任何绝对的因素，因为他所认识的东西都是外在的。就如埃庇米修斯，他的内在生活一定是服从于外在需要的，当然其中也存在着斗争，只不过这种斗争总是客观的规定性取得最终的胜利。因为他总是从重要的和起决定性作用的外界来做决断，所以，他所有的意识都朝向外部世界。当然，他这么做是他的愿望。由于他心理上的所有显著特征都不是由某一确定的心理功能的优先地位或个体的特殊性导致的，所以这一基本态度是它们的来源。他的兴趣和注意主要随着客观事件和那些直接的环境的转移改变。人和事物都能让他产生兴趣。因此，人和事物的影响自然也会限制他的行为。它们直接地与客观事实和客观规定相联系，甚至可以说它们因此而能获得彻底的解释。众所周知，外倾型行为是与客观条件联系在一起的。从他并不纯粹与环境的刺激相对抗来说，他的特征常常与具体环境相适应，并且受客观环境所限能找到正确的活动范围。很明显，他的倾向不会超出这些范围。在兴趣方面也是这样：客观事件具有无穷的魅力，因此外倾型的兴趣自然也不会在正常过程中提出他的要求了。

控制他的行为的道德法则符合相应的社会要求，即符合普遍的有效的道德观念。如果普遍有效的道德观念不同，那么主观的道德指导路线也将不同，在这个时候，一般的心理习惯是不会发生任何变化的。他显示出的客观因素的严格规定性总是将对生活一般条件的全部理想和完全的适应包含在内，尽管实际情形并不是这样的。我们已经描述过的对该客观事件的适应性就是最好的例子。这一点似乎与外倾的观点全然相符，因为如果依据这一观点，那么我们对于客观既定事实的观点在任何情况下都是正确的就不会表示赞同。客观条件可能既是短暂的又有着局部的反常性。一个个体要适应这种条件就必须遵循他周围环境的反常情形，同时，为了与他的环境保持一致，他必须依据声明的普遍有效原则让自己一直处于反常状态中。个体即使处于这样的环境中也能在某种程度上茁壮成长，不过，一旦他与他的整个环境一起突破了生命的普遍规律时，他就必然毁灭。跌入这一灾难的深渊对他来说是无法避免的，这情形的彻底程度等同于他先前为了适应有效的客观环境而做的调整。然而，现在，他也在调整的范围之内了，不过他依然不能适应，因为适应在很大程度上要求毫无摩擦地与周围环境提供短暂的条件中融为一体（说到这里我就会提起斯比特勒的埃庇米修斯）。遵守生活的规律是适应的基本要求，而这些规律的运用范围绝对要超过那些纯粹是局部和短暂的条件。单纯的调节也就是限制正常的外倾型。一方面外倾型认为他的正常得益于他拥有以相对的安定去适应现存条件的能力。当然，他所要求的只是满足于现存的客观可能性而已，例如，他促使自己尽快地与那种能够在具体的时间和空间环境中提供合理前景的职相适应业。他会努力完成他的环境急需和期望他去做的事情，对于那些所有并不完全明显，或者在任何方面都超过了自己周围的那些人做期望的革新，他都主动放弃。但从另一方面来说，他是否具有正常性完全取决于外倾型是否考虑到了他的主观需求和所需求之事物的具体性；而这恰好就是他的弱点，因为他的类型的外部倾向如此强烈，甚至就连最为明显的主观事实，即他自己身体的状况也会很容易被恰当的思考所影响。身体并不完全是客观的或“外在的”，所以就连为了保证生理健康而提出的最简单的基本需求也无法满足。如此一来身体必定经常遭难，而灵魂就更不用提了。一般情况下外倾型自己很少注意到后一种情况，但他周围与他关系比较亲密的人却能真切地感受到了这点。只有当他感觉到身体上的不正常反应时，他才发现自己的心理已经处于失衡状态了。

这些实实在在的情形是他无法忽视的。这些事情对他来说是既具体又“客观的”而且也很自然，因为对他的精神状态来说，除了这些，他一无所有。他能立刻看到在他人身上的“想象力”在发挥作用。一种过分外倾的态度实际上会更加地漠视主体，以致主体完全失去了所谓的客观要求；例如，会失去不断扩大的商业要求。原因是，商业规律不断地要求主体注意自己，或是因为处于可能赢利的目的向那些能随时抓住它们的人招手。

外倾型的危险是：他被客观所束缚，在辛劳中完全迷失了自己。于是，产生于这种状态的功能性（神经性）或实际的生理紊乱就拥有了一种补偿意义，它迫使主体进行自发的自我限制。如果是功能性的症状，那么他们的特殊形成就可能代表着心理状况；例如，一个被声誉突然达到危险的顶峰诱使而错误的耗费了自己所有精力的歌唱家，会因为神经紧张而突然无法唱出以前能唱的高音。一个非常谨慎的人迅速拥有了极大的影响力和极高的社会地位，会被一种精神性的状态突然压垮，以致表现出高山病的症状。再比如，一个男人正准备娶一个一个生性多疑却被偶像化了的女人为妻，他完全高估了这个女人的价值，此时他会觉得自己患上了食道痉挛，所以每天都必须喝两杯牛奶并花三个小时来调养身体。他每天都要把精力花在保养自己的身体上，已经没时间去看望他的未婚妻了。一个忍气吞声、通过自己的奋斗创建了自己产业王国的人，往往会被干渴的神经症困扰，以至于很快变成歇斯底里的酗酒者，沦为酒精中毒的牺牲品。

依我看来，歇斯底里症在外倾型那里是最常见的神经病症。典型的歇斯底里症患者总是表现出一种与他周围成员之间的亲善关系，而这种关系中往往包含着许多被夸大的成分，显示出对适应环境的直接模仿。歇斯底里症的基本特征表现为一种诉诸兴趣和对他的环境所产生的印象的经常性倾向。与此相关联的是他那众人皆知的暗示感应性，以及他对他人的影响的易接受性。真正的外倾表现为歇斯底里的胡言乱语，它时常宣泄出纯粹的幻觉内容；所以，人们才会指责这种歇斯底里是在制造谎言。

在开始阶段，“歇斯底里”的特性还只是正常态度的一种夸张表现，可随着时间的推移，它被源自无意识方面的补偿性反应复杂化了，并以生理紊乱的形式表现出过分外倾的对抗，于是，就不可避免地产生了一种心理能量的内倾。这种无意识的反应导致了另一种内倾特征更加明显的症状，最初的幻觉活动的病态强化就属于这一类型的范畴。现在让我们离开外倾态度的一般特征开始描述形变，基本的心理功能也因这种态度而经历了这种形变。

二、无意识态度

我在本文中谈论“无意识态度”，多少会让人感觉有点奇怪。但是，就像我说的那样，在这里，我将无意识的关系看作是一种补偿性关系。依据这一观点，就像对意识一样，无意识对一种“态度”同样拥有充分的权利。

我在前面章节就曾强调过，在心理事件的过程中，外倾态度中某种单一性的倾向应属于主观因素的控制力量范畴，外倾型不由自主为了客体而牺牲自己的利益（这种情况很明显）并使他的主体与客体相适应这种事是很常见的。我已经对外倾型夸大的最终结果即这种主观因素的有害的压抑做了详尽的论述。在这里，我只希望用意识的外倾型态度的心理补偿对主观因素做一些特殊的弥补，换句话说，就是我们将证实在无意识中也有一种以自我为中心的强烈倾向存在。而事实上，实践经验已经提供了这样的论据。当然，我的目的绝不是建立一种诡辩论的观点。所以我一定要提醒读者注意以下章节，在这些章节中，我会从每一种功能类型的角度出发将颇具特征的无意识态度表现出来。本节中，我们涉及的只是一般外倾态度的补偿作用；所以我会将把我的话题限制在补偿性态度无疑是一种同样普遍的特征上。

作为意识外倾态度的一种有效补充，无意识态度具有明显的内倾特征。它把力比多集中在主观因素上，即集中在被过分外倾的意识态度所窒息和压抑的一切需要和要求上。我们从前一节的描述中可以很容易概括出，大量的主观情绪、意愿、需求与愿望的确被纯粹的客观倾向歪曲了，因为它们的自然权利——能量也被掠夺了。人不能像机器那样可以根据各种场合的需求来重新铸造，也不能像机器一样被按照别的模式和达到别的目的而制造，就算它经过改造后仍然像以前一样正常运转，但是，它的功能却与以前完全不同了。人类的历史很漫长，人体结构本身就是整个人类的历史最好的记录者。

历史因素体现了一种很重要的需求，这种需求必然与一种聪明的经济学相一致。如果口述人类历史，就会使它在不知不觉间渗透进我们的现代生活。因此，那些受压抑的少数民族，即那些属于过去并一直生存下来的分子对与客体的完全同化持坚决反对的态度。这一观点是相当普遍的，据此我们或许就能理解了为什么外倾型的无意识要求在根本上具有一种原始的、婴儿般的和自私的特性。当弗洛伊德说无意识“仅仅能够表示一种愿望”的时候，外倾型的无意识就包含了一种极大的真实性。对客观事件的调节和同化将不恰当的主观冲动挡在了意识之外。诸如思想、意愿、感情、需求和情感等所有这些倾向因与他们被压抑的程度相对应所以也具有一种退化性质，换句话说，知道它们的人越少，它们就越是幼稚原始。意识态度剥夺了他们主宰能量交换的相对的自主权，给他们留下的只是不能再剥夺的那些极少的能量。这些幸存下来的能量额效力仍然是不可低估的，我们只能把它描绘成原始的本能，这种本能用任何武断的方法都不能彻底根除；它需要经过世代无缓慢的、器官的变化从而导致根本上的改变，因为本能表现出的是一种确定的有机体根本的能量。

因此，与每一种压抑的倾向相伴随的，是有相当一部分能量最终被保留下来。这部分能量对应于本能的效力，因此仍然具有有效性，尽管那种对能量的掠夺使它沦为无意识。意识态度的外倾方式在无意识态度中将同等程度的幼稚性和原始性继承了下来。自我主义赋予外倾类型的无意识态度以明显的特征，而自我主义本身则远远超出了单纯的儿童自私性；甚至已经徘徊在了邪恶与野蛮的边缘。而就在这里，我们最为充分地发现了弗洛伊德所描述的乱伦欲望。众所周知，这些东西都是无意识的，在意识态度的外倾还没有达到一种极端的程度时，它们会将自己藏起来，让那些对此没有做深入研究的观察者发现不了它们。但是不管这种意识观点在哪里被夸大了，无意识都会通过某种症状的形式闪现出来，换句话说，就是无意识的自私性、幼稚性和原始性失去了它们原来的补偿性特性，在一定程度上表现为与意识态度的公开对立。这一过程以一种意识观点的荒唐的夸大形式作为开端，以进一步地压抑无意识为其目的，以意识态度的反证法而告终即一次彻底的失败为最终结局。对客观来说，这也许是一场灾难，因为主观性已经渐渐将客观目标改头换面了。我记得有一个出版商患者，他早期只是个雇佣工人，经过二十年的艰苦奋斗他终于有所成就，创立了一家庞大的出版公司。他的公司逐渐扩大，他肩上的担子也越来越重，后来因为其他人的股份慢慢侵入到他的公司，他连公司独立的控制权也被迫转让了出去。他被繁重的公司事务完全包围了，而他的这种放弃很快就会导致他最终的毁灭。为了对他的公司独有股份进行补偿，他的头脑中开始浮现出童年时代的某些记忆。那时的他曾对绘画和素描很感兴趣。但这种本来起平衡作用的业余爱好并没有被他当作一种能力来发扬光大，而是被他引进他的商业中，他开始用他“艺术家”的天赋来对他的产品进行构思。然而不幸的是，他的幻想最终被物质化了，他确实是按照自己原始和幼儿阶段的兴趣在脚踏实地地进行生产，可最后却以公司被彻底葬送惨淡收场。在我们的“文明理想”中隐藏着这样一种观点，它要求精力充沛的人专注于正被考虑的一方，而上文提到的出版商明显就是按照这种理想行事的。可惜的是，他越走越远，最后只能牺牲在他那主观幼稚的要求的淫威之下。

然而，那种灾难性的瓦解也可能发生在主观方面，即表现为神经崩溃的形式。这种瓦解往往是由无意识的反作用力出现造成的。他常常会使意识行为彻底瘫痪。这种情况下的无意识的要求直接闯进了意识领域，带来了一种灾难性的分裂，这通常表现为两个方面：一是主体性再也不知道自己到底想做什么，对任何东西都失去了兴趣；二是他要求过多的东西在瞬间变成现实，并对某些事情表现出极强的兴趣，但事实上，这些东西中没有一种是他真正感兴趣的。站在“文明的”立场上来看，对幼稚和原始的要求进行压抑是很有必要的，但这种压抑也非常容易导致神经症，或导致对酒精、吗啡、可卡因等麻醉剂的滥用。在那些很极端的病例中，这种分裂带来的最终结果往往就是自杀。

无意识倾向有一种显著的特征，即它们带有一种相应的破坏性特征，它们因为缺乏意识的认识而被剥夺了能量，并且，只要具有这种特征，它们就失去了补偿功能。而一旦达到了与文化（这种文化绝对不能与我们自己的文化和谐共存）相同的水准和层次，它们的补偿性作用也就丧失了。从此无意识倾向变成一种障碍，处处与意识态度对立；这种障碍不可避免地带来了公开冲突。

通常情况下，在心理平衡过程中，无意识的补偿性态度找到了表现的方式。当然，说一种外倾型态度是正常的并不意味着个体举止要毫无改变地与外倾型的整个图示保持完全的一致。即便是在相同的个体中，我们也可以看到多种心理事件，其中也涉及了内倾的机制。只有在外倾的机制占据优势地位的时候，才可以称该优势机制的习惯为外倾型。此种情形下的高度分离的功能具有一种外倾用途，而内倾方面找到的只是一种劣势功能，这种功能是更有价值的，因为功能越有意识对意识的控制和目的的服从就越彻底，而那些缺乏意识的功能即部分是无意识的劣势功能，相对来说却在很小程度上对意识的自由选择做出了屈从。

优势功能通常表现的都是意识人格，是他的目的、他的意识和他的成就，而劣势功能是体现在同一个人身上的东西。它们不仅引起谬误，例如口误和笔误，而且还会因自身的轻度意识而促使主体做出二分之一或四分之三的决定。这种情形的典型范例就是外倾情感型，因为这种人非常喜欢与其周围的人和物保持一种美好的情感联系，然而也会有一种极不圆滑的观念在那里出现。这些观念在他的低级思维和潜意识思维之中根深蒂固，只受客体部分的控制，和客体联系也不紧密；因此，根本无须经过缜密思考也不需背负责任感就能起作用。

在外倾态度中，劣势功能往往因带有明显的个人中心主义和个人的偏见而展示出一种高度的主观规定性，由此也可能证明它们与无意识之间确实关系密切。在它们的作用之下，无意识逐渐显示出来。我们没有任何理由认为，无意识是在许多潜在的心理层次之下永久地埋藏，只有经过艰苦的挖掘才能发掘出来的东西。恰好与之相反的是无意识常常会流入意识的心理过程：这种流动有时非常的快以致观察者只能十分困难地决定性格特征到底应该归属于意识人格还是无意识人格。那些习惯进行烦琐表达的人很容易面临这些困难。当然，这在很大程度上也由观察者是否掌握了意识和无意识的性格特征决定的。通常情况下，善于判断的观察者会侧重把握意识的特征，而有洞察力的观察者则更加容易受无意识特征的影响，因为判断主要对心理过程的意识动机感兴趣，而知觉则偏向于显示纯粹的事件。然而，因为我们常常是平等地运用知觉和判断的，所以我们会很容易认为一种性格既是内倾的又是外倾的，因此无法马上就断定优势功能到底属于哪一种态度。在这种情况下，只有透彻地分析功能的本质才能为我们得出合理的判断提供帮助。在分析过程中我们必须观察，哪一种态度被放置在意识的控制和动机之下，哪些功能有着偶然和自发的特征。通常来说，与后者相比，前者的分离性更高；而与前者相比，后者拥有更多婴儿的和原始的本质。前一种功能偶尔能让人感觉正常，而后者变态或病态的东西却有很多。

三、外倾态度中基本心理功能的特征

1.思维

思维因外倾的一般态度而主要倾向于客体和客观事件。这一思维倾向导致了一种显著特征的产生。

思维的来源一般有两个：其一是主观最后归结为无意识的根源，其二则是以感官知觉为传送途径的客观事实。

与前一种因素相比，外倾思维受后一种因素限制的程度更深。判断之前首先要设置一个标准；对外倾的判断来说，有效的决定性的标准必须建立在客观条件基础之上，不管这种条件是由可感知的客观事实直接表现出来，还是用一种客观理念表达出来；因为即使一种客观理念获得主观的承认，它在根源上也同样是外在的和客观的。所以，我们说，不见得外倾思维就一定是一种纯粹的具体思维，它也可能是一种纯粹的理念思维。例如，如果我们可以证明，他所涉及的那些看法在很大程度上来自外界，即由传统和教育传播而获得，那么这一说法就是成立的。所以，判断某种思维是不是外倾的，其准则就直接在于：他的判断标准到底来自外界还是来自主观根源？思维者所下结论的方向还会给出一个进一步标准，即思维无论如何都具有一种优先的外倾趋势。而他对具体对象的迷恋这一点并不能证明他具有外倾的性质，因为我们可能正在忙着对具体事物进行思考，同时也因为我正从中抽象自己的思想或者正在把这种思想同它一道具体化。即使我忙着思考具体事物，并且在那个范围内可能被看成是外

倾型，我的思维将要选择的方向也是颇具争议和特点的，即在其进一步的过程中，他会不会再回到客观事件、外部事实和一般接受的理念上？由于我们研究中涉及的是商人、科学先驱们、工程师的具体思维，所以能马上极为清晰地证实他们的客观倾向。但是这放在哲学家身上就行不通了，因为在任何时候他的思维过程都会指向观念。如果真的遇到了这种情况，那我们就应该在做决定之前搞清楚这些观念的来源，看它们究竟是来自客观经验的抽象物还是其他，搞清楚它们在什么情况所代表的是包含大量的客观事实的较高级的集体概念；或者它们不是（如果它们明显不是来自直接经验的抽象物的话）源自传统就是源自时代的智力气氛。而身处后一种情形中的观念也一定是属于客观事件的范畴的，所以此种情形中思维仍可以说是外倾的。

尽管我们不想只从这一点来外倾思维的本质加以描述，而是想在后面的章节中进行更多的说明，但是，这毕竟是一个基本问题，所以，我要在继续论述之前对它做一些说明，因为如果一个人能对我刚才对外倾思维所做的论述已经严格思考，那么他很容易就能意识到：这种论述将一切被普遍理解为思维的东西都囊括在内了。如果一种其目的与客观事实和普遍观念根本没有任何联系，那么它根本就不该被称为"思维"，这种说法确实会引起争议。我充分意识到：我们时代最为杰出的代表人物及整个时代的思想都只知道和认识思维的外倾类型。之所以会出现这种情况，部分原因是：不管是科学哲学还是艺术，只要是从世界外部获得其视觉形式的思维，就都是从对象或形成一般的理念中产生的。这两个方面虽然不总是很明显，但至少是清晰可见的，因此在某种程度上来说也是有效的。在这个意义上，可以将它说成是外倾的思维能力，即实际上定向于客观事件的头脑是被唯一认识的东西。

不过，事实上还存在一种完全不同的思维（即我将要谈到的内倾思维能力的问题），我们几乎不能否认它就是"思维"。这种思维既不定向于直接的客观经验，也与普遍产生于客观的理念无关。它可以借由如下方式获得：当我的思想集中在具体对象或一般理念上时，我会让我自己在思维过程的引导下回到我的对象上来，此时，这一理智过程并不是唯一一种发生在我身上的心理程序。我可能忽视了那些可能出现并因在某种程度上干扰了我的思维线路而变得越发吸引人的感觉和情感，而只是强调这一事实：这一在客观事件中产生并再次努力返回到客体的思维过程也与主体保持着一种经常的联系。这种联系是一种conditio sine qua non（绝对必要的条件），没有它，将不会发生任何思维过程。尽管我的思维过程努力地指向客观事件，但不管怎样它都是我的主观过程，它既离不开主观的混合状态更不可能彻底摆脱"她"。虽然我在尽我所能地为我的思想线路寻找一个完全客观的方向，但即便是那样，如果我的思想中闪射出来真正的生命火花尚未熄灭，我就不能排除相应的主观过程以及其他一切的参与，这一相应的主观过程具有一种在相对情况下才可避免的自然倾向，这种倾向会是客观事实主体化，即使它们同化于主体。

不管什么时候，只要主观过程获得了主要的价值，就会出现另一种与外倾思维相抗衡的思维，我将其称为内倾的纯主观的思想倾向。这种思维产生于既不为客观事实所规定也不导向客观事实的另一种倾向，因而它是一种在主观事件并指向主观理念的或主观特征的事实中产生的思维。在这里我并不想对这种思维进行过多的讨论；我只是想证明它的存在，目的在于为外倾型思维过程提供一种必要的补充，外倾思维过程的本质就达到了一个极为清晰的焦点。

当客观倾向占据了某种优势时，思维就是外倾的。而思维的逻辑性并未发生任何改变——它只是决定了思想家之间的不同，美国心理学家、哲学家詹姆士（James）认为这种不同属于一种气质的问题。就像我们已经说过的那样，对客体的定向在思维功能上并没有根本的改变；真正有改变的是它的外貌。因为受到客观事件的束缚，所以它就表现出一种为客观所捕获的想象，让人觉得如果外部没有对它定向它就不能存在。它总是表现出自己就是外部事实的结果，或者好像只有某种普遍有效的理念介入后，它才能达到最高点的样子。它好像总是受到客观事件的影响，因而所得出的结论都是本质上与这些东西相符的。所以人们会认为它们缺乏自由、偶尔也缺乏远见，即使在受到客观限制的区域内遇见各种机遇也没什么用。我所描述的只是观察者因这种思维而产生的印象，观察者本人一定有着与此完全不相同的观点，否则他根本不可能观察到外倾思维的现象。因为他怀着不同的观点，所以他看到的只是这种思维的外观而不是它的内在本质；不过一个本身拥有这种思维的人则刚好与之相反，他能看到这种思维的本质却看不到它的外观。只依据外观所做出的判断是不能公正反映事物本质的，所得的结果自然也就没有什么价值。但从本质上来讲，与内倾思维相比这种思维并没有更贫乏或更无能，只不过它的力量被用在了其他目的上。如果外倾思维专注于思考物质材料，我们就能清晰地感觉到这一差异，这种物质材料是主观思维特别倾向的。当一种客观事实带着分析性质地阐述了一种主观观念或是这种主观观念被当成是客观理念的产物或变体时就会出现上述情况。不过，在我们对科学有所倾向的意识面前，这两种思维模式之间的差异会表现得越发明显，这时具有主观倾向的思维会努力将客观事件带进并不是由客观条件提供的关系中，也就是使这些客观事件对主观理念表示屈从。两者都认为对方是自己领地的入侵者，因此就会产生一种预兆的效果，两种类型显示给对方的都是自己最不利的外观，因此，具有主观倾向的思维让人感觉相当武断，而外倾思维也好像具有一种极为模棱两可的和陈腐的不可比较性。因此两种观念的战争往往是无止境的。

我们应该想到，这种冲突会在我们把主观性质的客体和客观性质的客体作区分之后变得易于调解。不过很不幸，尽管已经有很多人尝试过去做这种区分，但至今为止，没有人能成功。退一步说，即使成功了，也是非常有害的，因为两种定向本身就是片面的，它们的有效性受到了明显的限制；这两者都需要矫正，不管在什么时候，只要思维被客观事件强有力地影响，思想就立刻失去了作用，因为此时，它已经被贬低成了客观事实的一种附属之物；在这种情况下，它不可能为了建立一种抽象理念而从摆脱客观事件。思想的过程被降低成了一种单纯的“反映”，而且这种“反映”是从模仿意义上来说，而不是从“深思”的意义上说的，这种模仿只会肯定那些已经在客观事件中明显或直接地存在着的东西。这种思维过程自然并直接地返回到了客观事实，但绝没有超过它；因此，它永远不会促使经验与客观概念连接在一起。而且刚好相反的是，当这种思维对它的客体持有一种客观观念时，它只能固守着一种从某种程度上来讲无为而重复的地位而根本无法把握实际的个体经验。唯物主义者的心理状态就是反映这种情况的一个绝好的例证。

当外倾思维受到一种客观规定的强制而被迫从属于客观事件时，它就完全丧失了自己的存在。一方面，在个体经验中继续将没有消化的经验材料积累起来；另一方面，大量被抑制的并且在一定程度上缺乏联系的个体经验会产生出一种要求得到心理补偿的理智分裂状态。这时必定出现一种理念，它简洁明了且具有普遍性，它能连接起那些已经被累积起来但缺乏内在联系的整体，或者至少将这种连贯的迹象呈现出来。我们所熟知的“物质”“能量”等概念就是与这一目的相符的。但是，不管到了什么时候，只要说思维依赖一个可接受的或第二手的理念比说它主要依赖于外部事实更恰当，那么，这种空洞无力的理念就需要一种补偿，补偿的形式是一种留给人更深刻印象的事实积累，这些事实会在保持相对受到限制或毫无结果的观念上显示为一种片面的集合；正因如此，事物的很多有价值和敏感的方面被忽略就显得理所当然了。在我们的时代，出现了大量让人眼花缭乱且发展势头良好的科幻文学作品，而前面提到的错误倾向就是这种文学存在的最大功臣。

2.外倾思维型

在同一个身体上，所有心理上的基本功能不可能具有相同的力量或取得发展至同一水平，这个事实是我们所能切实体验到的。通常情况下，总有一种功能其力量和发展水平会处于领先地位。当思维在所有的功能中占据优势地位，也就是当个体的生命主要受反应思维限制，以致所有重要行为都需要从理智的思考动机中产生，或是有一种与这种动机相一致的倾向存在时，我们就可以将之恰当地称为思维类型。这种类型同时具有内倾和外倾两种可能。在这里我们先来讨论一下外倾思维类型。

为了与它的定义相符，我们必须设定出这样一个人，他经常性的目的（当然，到目前为止他是作为一个纯粹的类型人物）是将他整个的生命活动与理智的结论发生联系，这些理论最终都是定向于客观事件的，而不管这些事指的是客观事实还是普遍有效的理念。这种类型的人，总会将一种决定性的意见（不仅为了他自己，而且也把他的周围的环境）同时赋予实际的客观现实又给予了它的客观定向的理智的程式双方。通过这一程式我们可以对善与恶予以衡量，也可以对美与丑做出决定。一切符合这一程式的都是对的；而一切背离此程式的都错了；一切与此保持中立的都纯属偶然。因为这一程式看上去是与世界的意义同一的，所以他也具有了世界性规律的性质，在任何时候和任何季节，这种规律都必须通过个体与集体来实现。就像外倾思维型让他自己顺从这一程式一样，他周围的人也要服从于程式善的一面，所有不服从它的人都是错的，都是在违背世界规律，因而也是不合情理、不道德，甚至没有良知的。他的道德准则不允许有例外；无论身处什么情况，他都必须实现他的理想；因为在他看来，他是这个世界上能想象到的对客观现实最纯粹的公式化说明，所以也必然是能普遍适用的真理，甚至可以拯救人类。这种自信源自对正义和真理所拥有的崇高观念而并不是源于他对邻居的什么巨大博爱。在他自己的本性当中，凡是表现出要废弃这一程式的东西都是不完善的，是由一种偶然的疏忽所导致的，不能让其出现在下一个场合中，不然的话，就会成在进一步失败的事件中一种明显的疾病。

如果对疾病、困难或精神错乱的忍耐有时也会成为这种程式的一个组成部分，那么就应该在慈善机构、医院、监狱、殖民地等地方设立一些特殊机构，或者至少制订出一些扩建计划来。通常，由于正义和真理根本就没有充分而具体地实施这些方案的动机，所以基督教的慈善机构接掌了这些使命，而这种慈善机构更多的是通过情感而不是只凭理智公式来施行这一使命的。我们会在这一程式当中看到大量的“一个人确实应该”或“一个人必须”的表达方式。如果这个程式有足够容量的话，这种类型在社会生活中就会扮演一个很重要的角色，他不仅会是一个成功的改革家，还会是一个对公共错误有提醒义务的监督者，一个公共良心的净化者，一个重要改革措施的鼓吹者。然而，随着这一程式严厉的程度加深，他会越来越牢骚满腹、圆滑世故，喜欢说教、骄傲自负、挑剔刻薄，他不光自己喜欢还强迫别人接受同一方案。

我们已经对两种不同的人物形象做出了大致的勾勒，处于两个极端之间的一些类型可以被大致地分为若干等级。

根据外倾型态度的本质，这种人格的影响和活动越是显得慈善和受到欢迎，这个人距离中心就越远。我们会在他们影响范围的边缘看到他们最好的外部表现。我们越是深入他们的内在领域，就越是受到他们那专横且令人厌恶的后果的刺激。在这一边缘还搏动着另一种生命，在这里，程式的真实性被感觉为一种与可估计的其余部分相连接的东西。然而，我们对这一程式所起作用的领域探究得越深入，我们就越是发现生命正从所有与其原则相悖的东西中悄悄隐退。通常，那些关系最为密切的近亲只能被迫尝试一种外倾程式的最使人生厌的结果，原因是，他们一开始曾对这一程式过分痴迷。但是，受到最大伤害的还是主体本人——这向我们揭示出了这种类型心理的另一面。

在恰当的表达式中包括大量生命之可能性的理智程式不仅现在没有，将来也永远不可能有，这一事实必定会导致（在这种程式可能被接受的地方）其他极为重要的生命形式和活动受到抑制或被完全地排除。在这种类型中第一个受到压制的就是那些依赖于情感的生命形式，比如审美活动、兴趣爱好、艺术感受、友谊的艺术等。非理性形式和宗教体验以及这些激情常常遭到排挤甚至变成无意识的东西。只要有可能，这些极为重要的生命形式就务必会保持自身的存在，但在很大程度上这种存在是无意识的。毋庸置疑，有一些人是例外的，他们宁愿牺牲生命来维护一种确定的程式，但大多数普通人是不可能拥有这种自命清高的永久性生命的。为了与外在的环境和内在的特征保持一致，受到理智态度压抑的生命形式迟早会通过生命的意识行为逐渐紊乱而变成可直接感知的东西。不管在什么时候，只要这种紊乱达到了某种确定的强度，这个人就会患神经症。不过在大多数情况下，这种情况不会太糟糕，因为个体会出于本能地找到某些为他的程式辩护和防御的借口，当然，他的表达方式是恰当而合情合理的。因此就创造出了一个能消除怒气、紧张而规避风险的安全阀。

与之相似的倾向和功能，比如在意识态度中被排除了任何活动的倾向或功能拥有一种相关的或整体的无意识，这种无意识会控制它们，在某种程度上限制它们的发展。较之意识的功能，它们是低级的。就它们是无意识的这一点而言，它们已经与无意识的其他一切内容融为一体，并从这些内容中获得一种非比寻常的特征。就它们是意识的这一点而言，它们的所扮演的角色并不重要，虽然对于整个心理图象来说这种角色是相当重要的。

既然情感首先与严厉的理智程式相互对立和冲突，那么它们就会首当其冲地受到这种意识抑制的影响，而最强烈的压抑也会落在它们身上。没有什么功能是能被彻底消除的，它们只能被极大地歪曲。因为情感本身是武断地形成的并要求其他东西服从于它们，所以它们只能对理智的意识态度表示支持，并努力使自己与它的目标相适应。但是，这只是就某种程度上而言的，另一部分情感仍然是顽强的，并因此而受到了压抑。如果压抑成功了，它就消失在意识中，转而去从事一种潜意识的活动，这种活动不只是与意识的意图相违背的，甚至还会产生一种对个体来说其因果律是简直无法想象的结果。例如，可能会有一种隐秘的自我追寻混杂在一种具有极为崇高的准则的意识利他主义之中；但个体却完全没有意识到这一点，并且这种自我追寻还会给内在的无私行为扣上自私自利的帽子。纯粹的伦理目的可能会把个体引到批判的环境中去，有时，从表面上来看，对这种环境起决定作用的并不是伦理动机而更多是其他的一些东西。有一些标榜自己为公共道德的保卫者或拯救者的人会突然发现自己处境危险，或是发现其实自己正需要被拯救，这是极其可悲的。他们往往会出于拯救别人的决心而采取一些手段，而这些手段只会使他们突然掉进自己曾拼命逃避的陷阱中。有些外倾型的机会主义者，他们耗费了大量精力来满足拯救人类的欲望，甚至不惜撒下漫天大谎，用欺骗的手段来实现自己的理想。对于这一点，科学界中有一些例子是极其可怕的，从真理强有力的说服力和他们的程式的普遍效力来看，声名卓著的研究者从未想过出于更好地实现他们的理想的目的而去歪曲证据，这是程式所认可的形我；而且最后的结果也证明这种手段是正确的。导致这些名人心理失常的其实是一种诱人而无意识地活动着的低级情感功能。这种类型的低级情感也以其他的方式显示出来。因为它能与占支配地位的绝对程式和谐相处，所以从某种程度上来说，意识的态度就变成非个人的了，而且还通常还会造成个人兴趣的极大损害。当意识态度发展到极端时，不仅对个人的思考会消失，就连那些与个体本身利益密切相关的东西也将不复存在。他的健康无人问津，他的社会地位每况愈下，对他最重要的家庭利益也受到了侵犯，他们的道德、经济都蒙受了巨大损失，就连身体和健康也无法避免地受到了威胁，而所有这些都是因为他追求理想的缘故，不管怎样，个人对他人的同情也必然受到打击，除非这些被同情的人偶尔也为“同一程式”服务。因此，常常有这样的事情发生：某人的直系亲属，比如他的孩子，只知道他父亲是一个暴君般残忍的人，而在家庭之外，这个所谓的暴君人性可是美名远扬的。虽然事实如此，但这并不完全理解为，是意识态度的高度非人格特征，赋予了无意识情感以高度的人格和过于敏感的特征，以致引起某种隐解的偏见，例如，把人们与他的程式对立的客观意见都歪曲为个人的恶意；或那种为了使别人的观点无效而首先否定他人的品质的惯常倾向——当然，这种做法的目的是为了保护自己的敏感性。这种无意识的过分敏感会使他的表达方式、表现出尖锐和带有侵犯性，声调也时常变得严厉，而且总对别人冷嘲热讽。这些情感的特性是犹豫不决且不合时宜的，而这种特性象征都是低级的功能。因此一种明显的愤恨倾向就不可避免地产生了。虽然个体为了理智的目的会慷慨地牺牲自己，但是，他的情感相对说来还是很微小、猜疑、固执和保守的。透过无意识仇恨的面纱，所有超出程式之外的新东西都能被观察到并被分别加以判断。一个以博爱主义著称的医生威胁自己的助手说要解雇他，理由是，程式规定，是否发烧只能通过观察脉搏来确定，可这名助手居然敢使用体温计。这种事仅会在19世纪中叶出现。当然，类似的这样的例子还有很多。

情感受到抑制的程度越深，在其他方面很可能堪称完美的思维就会越发受到微妙而有害的影响。一种理智的观点，或许会由于它实际的内在价值而公正地要求得到普遍的承认，它会因受到这种无意识的个人的敏感性的影响而发生一种显著的改变；这样，它会变成僵化的教条主义，而个人的专横被转化成了一种理智的观点。真理再也不能够发挥它的本质作用了，但是，它被主体的自居作用看成是一位敏感的意中人，但图谋不轨的批评家却蛮横无理地对待她，恣意地伤害她。如果施行人身攻击是被允许的，或如果任何诽谤都不过分，那么，批评家将会被毁掉。真理必定会被显露，直到众人都开始逐渐地醒悟过来，发现她根本就不是像她的创造者说的那样是什么真理。不过，理智观念的教条主义有时也会被无意识个人情感的与无意识个人混合物的进行进一步的特别修改；如果说得更严格一些，那就是，这些受到其他无意识因素污染的问题，以及这些因素在无意识中同被压迫的情感沆瀣一气。尽管理性本身证明，任何理智程式都只可能是部分的真理不可能是绝对的权威；但实际上，这一程式占据的优势之巨大根本没有为除它以外任何其他观点留下立足之地。所有更普遍的更少局限的因而也更加谦恭和更加真实的生活观念被它取而代之。甚至就连被我们称之为宗教的普遍的生活观也不例外。而这一程式也因此而变成了宗教，虽然从实质上来讲，它根本与宗教无关。如此一来，它就拥有了宗教所具有的最基本的绝对性特征。甚至可以说，它变成了一种理智迷信。但是现在，所有那些受压抑而深受折磨的心理倾向聚集在无意识当中，并形成了一种相对立的观点，使得疑虑症突然爆发出来。而意识的态度作为抵抗疑虑症的防御手段也会因此而变得狂热。所以，狂热归根究底是对疑虑的过度补偿。最后，这种发展造成了过分地防护意识观点的行为，同时也导致对立的无意识观点的形成，例如，一种发展起来的极端的非理性主义与意识以及理性主义对抗，或是当它变成了一种高度原始迷信的东西时与富于现代科学精神的意识观点对抗。那些心胸狭窄和滑稽可笑的观点就是源自这种根本的对抗，科学家和历史学家对此都再熟悉不过了，许多被后世传颂的先驱者就曾经犯过这方面的错误。在男性的身上表现出与他同一类型的女人身上所具有的无意识的东西，这种情况也是经常发生的。

就像我们所知道的那样，我的读者们大都对这一类型男性比较熟悉，因为更大多数时候，男性的思维会被当作决定性的功能。我认为，一般情况下，在女性身上占据了优势的思维，就是一种在占据优势的大脑直觉活动中产生的思维。外倾思维型的思想是属于建设型的，换句话说，就是它能创建出东西来。它不但能产生新的事实还能创造异质的经验材料的一般概念。它常常会做出一些综合性的判断。它可以在分析的同时进行建设，因为它一直致力于超越分析并达到一种新的组合，达到一种用新方法重新组合被分析材料或者某一种特定的材料进一步地增加某些东西的深层概念。所以，通常情况下，我们可以称这类判断为论断性的。不管怎么说，它之所以特殊都是因为它从不绝对地贬低或破坏什么，而总是将已经毁坏的价值代之以一种新的价值。是这样的事实塑造了这种品质：思维类型的能量主要是通过思想这种媒介流动的。人的思维本身就能显示出生命稳定地进展这一事实。所以他的理念会始终保持一种进步的、创造性的特征。他的思维既没有停滞不前，也没有后退。这种性质只与那种在意识中还未获得优先地位的思维紧密相连。而相对来说，此时的思维变得不再重要了，而且明显缺少了一种生命活动的特征。它常常与其他功能相伴而来，它变成了埃庇米修斯式的，它具有一种后觉者的性质，喜欢对成为过去的和已经消逝的东西进行苦思冥想，并努力分析和消化它们。正因如此，思维在创造的因素抑制了另一种功能的地方才不可能再获得发展。它的判断得到了一种决定性的内在特征，也就是说，它将自己完全限制在特定材料的范围之内，绝不会无超出这个范围。它在一定程度上满足于抽象的叙述，并且不会赋予早已不存在的经验材料任何价位。

这种外倾思维的内在判断具有客观的倾向，即它的结论往往表明的是经验的客观重要性。因此，它不仅在客观事件的倾向性影响下留存了下来，而且也遗留在了个体经验的魔力圈中，在这个圈子里它只能对提供给它的东西进行肯定。有些人会不由自主地将某种理性的和无疑非常有效的评论附加到一种印象和经验身上，但这种议论绝对也是在特定的经验的范围内的，要想在这种人身上观察到这种思维，是十分容易的。其实这议论只是在说，“我能理解它，或是我能重新构造它了。”但这也就意味着事情结束了。这种判断在它的最高级层次上代表的是一种设置在客观背景上的经验，所以这一经验被马上确认为这种框架的附属物。

在意识中，只要除思维以外的任何一种功能获得了优先权，并达到了一定显著的程度，那么，不论何时，相对思维完全是意识的而且并不直接依赖于主要功能的程度来说，它都会表现出否定性。但因为它对支配性功能的屈从，所以表面上看起来可能是一种肯定，但只要你仔细地研究就会发现，其实它只是在对支配的功能进行简单的模仿，而且虽然你能找到很多可以使这种功能更加稳固的观点，但这些观点明显都与适合于思维的逻辑法则格格不入。因此，这种思维对我们目前的讨论来说根本没有价值。我们更加关心那种思维的组成方式，它并不屈从于其他功能的统治，而对自己的原则相当忠实。要对这种思维本身进行观察和调查是很困难的，因为在具体情况下，它总是受到意识态度某种程度上的压抑。因此，大多数时候它都必须先获得意识背景中的某种援助，除非偶尔卸去了防备，否则它绝不会主动显示出来。通常，会有这样一些问题出现在它面前诱惑，如：“你现在到底在想什么？”或者：“你个人对此事有何看法？”有时甚至会有人不得已地施展一点点小小的诡计来提出诸如此类的问题：“那么，关于我对此事的真正看法，你是怎么想的？”当这种真正的思维是无意识的并因此而被投射出来时必然会选中后一种形式。被这种方法诱使而显现于表面的思维，有着特殊的性质；之前我在描绘否定的东西时所想到的正是这种本质。我们可以用“noting……but”（除了……以外什么也不）来表现它的惯常样式；歌德曾经把这种思维人格化为靡菲斯特菲勒斯的形象。它显示出了一种最为明显的倾向，即追溯它所判断的客体的某种平庸性或其他东西，因此而剥夺了它本身独立的意义。之所以会发生这种情况仅仅是因为它被表现为依附于其他普遍事物的东西。实际上只要两个男人之间爆发了明显而基本的冲突，那么，否定的思维就会对对方“花花公子”的行为大肆抱怨，这种情形会发生于所有地方。当一个人支持或提倡干某种事业时，否定的思维出于为事业的重要性考虑不会有任何责难，它只会简单地问一句：“由此他能获得什么？”同摩莱斯各特的名言“Der Mensch ist，was erisst”（人即他所食之物）一样，很多警句和观念都属于这一类别，这里，我就不再一一列举了。

同这种思维的偶然和有限的适用性一样，它的破坏性也无须过多的解释。但是还有另一种否定思维的形式存在着，乍一看，这种思维要被确认是如下描述是很难的：当今在全世界迅速蔓延的通神论思维，很可能是对本时代正在消逝的唯物主义的一种反应。然而通神论思维却没有一点退缩的意思，因为它宣称，自己的理念是超验的囊括了整个宇宙。例如，在它看来，梦就不再是一种最朴实的梦，而是在“另一水平”上的经验。因此，通过从一个人传递到另一个人的“震动电波”就能简明地解释清楚那种神秘莫测的心灵感应术了。它说将一种常见的神经障碍简单地解释为是某种东西与星体碰撞的结果。大西洋沿岸的居民所具有的某些人类学特征也被它用阿特兰提斯洲海底的特征轻易地解释清楚，诸如此类的例子还有很多。我们充其量只是打开了一本通神论的书，告诉自己所有的一切都得到了清晰的解释，在“神学”面前，根本不存在任何生命的未解之谜。然而从根本上来说，这种思维与唯物主义的思维一样都是否定的。当唯物主义要么将心理学设想为一种在细胞神经节中发生的化学变化，要么设想为一种细胞程序的挤压和缩减，或是一种内在的分泌时，从本质上来讲，它就与通神论没什么差别，都变成了迷信。二者唯一的差别是：唯物主义把一切现象都归入我们现代的生理学概念中，而通神论则把一切都归入印度人的神学概念当中。当我们说梦是饱胀的胃的产物时，并不意味着对梦做出了解释，而我们将通神论解释成一种“震动电波”，实际上也没有说出什么新东西来。因为我们不清楚“震动电波”到底是什么东西？所以问题还没有得到真正的解决。这两种方法的解释不仅没有起到任何作用，反而造成了破坏，因为这种表面的解释会使人们不再对问题感兴趣，在前面的例子中它用胃来做解释，在后面的例子中则以想象出来的电波来做解释，而不管哪种解释都阻碍了人们进行认真的研究。这两种思维不仅没有独创性还扼杀了独创性。它们本质上都是否定的，是一种令人无法想象的廉价的思维方法，很难产生能量和创造能力。它是一种被其他功能所支配的思维。

3.情感

外倾态度中的情感受客观条件的制约，换句话说，就是客体在这类情感中起着重要的决定性作用。它与客观的价值相一致。假如在某人看来，情感是主观的东西，那么他就无法直接地理解外倾情感的性质，因为外倾情感已经竭尽全力地脱离了主观因素的范畴，并且完全地屈从于客体的影响并以此来代替了它与主观因索的关系。即使在它好像表现出了具体客体本质的某种独立性的地方，它也仍然无法从某种传统或约定俗成的标准的控制中摆脱出来。例如，当我使用“美丽的”或“好的”这样的表语时，我就会感觉到被约束，因为我说客体是“美丽的”或“好的”并非出自我的主观情感的认知，而是因为这样做是恰当的和得体的，因为一种对立的观念会对一般的情感环境造成干扰，所以自然就会恰当。像这样的情感判断绝不是冒牌货或是说谎者，它只仅仅是一种适应的行为而已。例如，一幅图画被称作美丽的，是因为这幅图画悬挂在起居室并有名家签名，或许是因为使用“丑陋的”这一表语可能会触怒收藏这幅画的那家人，或许是因为拜访者想要善意地营造出一种和谐的情感氛围，不管怎样，总之所有的东西在他眼中都是令人愉悦了。这种情感受客观规定的标准的控制。它们本身确确实实是所有能感觉到的情感功能的代表。

如同外倾思维竭力摆脱主观影响一样，在所有的主观装饰被完全剥掉之前，外倾情感也不得不经历一种分离过程。由情感活动所产生的价值不仅要直接地与客观价值保持一致，还与某种传统的和普遍的价值标准相协调。这种情感应当肩负起重大的责任，正是这一情感的作用下，人们才会带着经过正确调试积极情感纷纷涌进剧院、音乐厅、教堂。不仅如此，这种情感还促成了流行生活方式的存在，而且使社会的、慈善的以及诸如此类的文化事业获得了全面肯定和广泛的支持。外倾情感正是凭借这些来为自己是一种创造性因素提供了证明。假如没有这种情感，美妙而和谐的社交性格就变得无法想象了。所以外倾情感像外倾思维一样，既有益处也有理性效应。但是，这种有益的效应却会在客体获得一种被过分夸大影响的同时失去。因为一旦发生这种情形，就意味着外倾情感把自己的人格过分地投入到了客体之中，即与客体过分地同化，于是，也就丧失了情感的人物特征，而它的主要魅力恰好就是由这一特征构成的。如果失去这一切，情感就会变得冷漠、利欲熏心，根本不值得信赖。它暴露了一个隐藏的目的，或者让公正的观察者产生怀疑。它使受欢迎的新鲜印象不再成为真实情感不变的产物了；相反，尽管以自我为中心的动机完全可能是无意识的，但他却总是给人一种故意卖弄的感觉。

这种过分的强调的确使外倾情感实现了审美的愿望，但是它却也因此失去了自由，而它只能诉诸感官或理性，但这样反而更糟糕。它能给一种情境提供审美的补充这是毋庸置疑的，然而它却在那里停止了，它以后的效用也就丧失了。因此它就变得没有任何生命力。如果任这一过程继续下去，就会导致一种奇怪的自相矛盾的情感分离的出现；每一客体都会被情感价值将所有客体情感牢牢握在手中。于是就产生了内在的或彼此不相容的种种联系。如果真的存在一个受到充分强调的主体，那么，要发生这种心理失常就是根本不可能的。因此，存留最后一丝痕迹的真正的个人观点也会受到压抑，主体完全被个体的情感过程所淹没，以致观察者感觉它似乎已不再是情感的主体，而只是一种情感过程了。在这种情形下，情感那原有的人类热情已经完全丧失了，人类会觉得它总是装模作样，它让人类感觉到的是一种装腔作势、出尔反尔，根本无法信赖，严重的时候还会表现出明显的歇斯底里症状。

4.外倾情感型

毫无疑问，与思维相比，情感这种心理现象显然更合乎女性的特征，从女性中就能找到最显著的情感型。我们将外倾情感占据优势的类型称为外倾情感型。在我的记忆中，这种类型的典范全部都是女性。这些女性往往听从她的情感的引导。在接受教育的过程中，她的情感慢慢地发展成了一种服从于意识控制的调节功能。除了极个别例子外，情感往往都带有个人的特征，尽管在很大程度上主观因素可能已经遭到了压抑。人格倾向于接受客观条件的调节。她的情感总是同客观环境以及普遍的价值观保持一致。这种情况在所谓“爱的选择”中被揭示得更为清楚。她爱上了这个男人，而这个男人并不比另一个更“合适”；她爱这个男人不是因为他完全地符合自己的基本性格（通常她对此还无察觉）——而是因为这个男人从社会地位、年龄、能力、高度和家庭条件等方面来讲都符合一种理智的要求，当然，如果我们对这类女性的爱情会完全与她所选择的对象相符合这样的说法表示怀疑，那么，这样的全盘考虑很可能就会被当作讽刺的和无价值的东西而被丢弃。爱情不只要与理智的设想还要与功利思想相符合。这样的婚姻绝对是这种合乎情理的，而且在现实生活中也数不胜数，而且它们并不算是最糟糕的。这些女人做贤妻良母显然是最理想的，她们只要求丈夫和孩子都有个普通的身体素质就行了。只有情感不受任何其他东西干扰时才能被人“准确”地感受到。但是，说起对情感经常性的干扰，没有什么能与思维相比。由此，我们也就不难理解为什么这种类型一定要竭尽所能地压抑思维了。当然，这并不意味着这种女性一点也不思考；相反，她很可能进行了大量卓有成效的思考，但她的思维却没有任何独特性，其实质就是一种埃庇米修斯式的附属物。她根本不会有意去想那些她无法感受的东西。或者说是不敢去想那些她感受不到的东西，这也是一个这种类型的人亲口对我说的，而且这让她感到愤怒。只有在情感允许的范围之内，她才能恰当地思考，然而，不管是多么合乎逻辑的结论，只要扰乱了她的情感，就会被她剔除出去。这根本就不能被称为一种思想。因此，一切与客观价值相符合的东西都是好的，都会被奉若珍宝；而除此之外的一切都被排除在世界之外。

但是这种情况也不是一成不变的，如果客观的重要性达到了一个相当高的程度，它就会发生改变。然后就像前文已经陈述过的那样，紧接着就发生了主体和客体的这种同化，并且几乎将情感完全吞噬。情感的个体特征转变成了情感本身；就像是人格完全地在瞬间的情感之中被分解了似的。既然随着实际的生活环境经常不断发生变化而释放出来的各种情感色调不只完全不同甚至还相互对立，那么，人格被分裂成各种不同的情感就不可避免了。显然，他在这一时刻所具有的情感与下一时刻的完全不同，我之所以在这里再次重复这一现象，是因为根本不可能存在这种多重的人格。自我的基础总是与自身保持一致，并且因此给人一种与情感的变化状态明显对立的错觉。而观察者会就此认为，将情感的看成是一种个人主观情感的表达，远不如将他看成是自我的一种改变，也就是一种情绪的改变来得准确。自身分裂的迹象将会随着自我和情感的瞬间状态两者之间的分离程度的不同而在一定程度上变得明显起来，换句话说，就是无意识最初的补偿性态度变成了一种明显的对立。首先，这种状态会在情感的过分显示和在喧嚣与炫耀的情感属性中将自己显示出来，不过，对于它，人们仍然有很多疑虑。它给人的感觉并不诚恳；它会让人对它产生怀疑。它会立刻给人一些抵抗的暗示，人们开始想知道这种判断是不是真的是完全不同的。而在很短的时间内，它们的确是不同的。环境中一种极为微小的变化，也会立刻唤起对同一的客体完全相反的评价。这种经验使得观察者最终无法做出任何缜密判断。他开始对自己的意见予以保留。但是，既然与环境建立一种深入的情感与和睦关系对他来说十分重要，那么，要克服这种保留意见就要倍加努力。因此，在循环论证的方法中情况变得越来越糟。越是过分地强调情感与客体之间的关系，无意识的对抗就距离表层越近。我们已经知道，外倾情感类型通常会对他的思维进行压抑，原因是思维很容易干扰情感的功能。同样，当思维力要求达到任何一种纯粹的结果时，它要做的第一件事就是要排除情感，因为没有任何东西比情感价值更适合骚乱和欺骗思维了。所以，如果说思维是一种独立的功能，那么，很显然，它在外倾情感型身上就受到了压抑。而他之所以会受到压抑，原因就是，它那毫不留情的逻辑逼迫它得出与情感不能相容的结论。它是情感的仆人，或者说得更准确一些，是情感的奴隶身份，这是它唯一的存在方式，它饱受苦难。它的脊椎骨都被压断了，从而不能根据自己的法则做对自己有利的事情。既然只要有逻辑存在就必定会不断得出正确的结论，那么，不管是不是超出了逻辑的界限，这种思维都必定在某个地方进入到无意识中去。因此这种类型的无意识内容很明显是一种独特的思维，具有婴儿的、原始的、否定的特征。

只要意识情感还保留着个人的特征，或者说，只要人格没有被情感的连绵状态所淹没，这种无意识思维的补偿性就不会发生改变。但是，只要人格分裂到各种在相互矛盾的情感状态中，自我的统一就会被破坏，而主体也变成无意识的了。然而，如果主体陷进无意识中就会与无意识的思维功能联系起来，这对无意识思维偶尔地进入意识中是很有帮助的。意识的情感联系越强烈，它就越没有“自我感”，无意识的对抗也就越强烈。下面的这个事实就表现出了这种情况：无意识理念只会在最有价值的客体中集聚起来，而这些客体的价值会因此而被无情地剥夺。那种总是用“除……之外什么也不”的方式思考的思维恰好就适合这一情况，因为它将那种联系着客体的情感优势摧毁了。无意识思想具有一种强迫观念的性质，它总是带着否定和贬值的普遍特性进行着猛烈入侵。当这种典型的女人把最可怕的思想强加在被她们的情感赋予最高价值的客体上时，就会看到大把的机遇。这一否定性的思维将每一种婴儿期的偏见或是说将所有与对情感价值产生疑惑相类似的东西当成了媒介，以此聚集起各种原始的本能，凭借它们对情感做出“除……之外什么都不”的解释。如果就这一点来说，那种认为集体无意识，即原始意象的总和也属于同一种方式，而且这些意象的同化作用和进化过程中还显示出了另一基本的态度获得新生的可能，就其本质上来说，这种观点可能是片面的。因为歇斯底里症明显具有无意识理念世界的婴儿性，所以它便表现为这种类型的神经症的主要形式。

5.外倾理性型概述

因为上述两种类型具有至高无上的推理和判断功能的特性，所以我把它们称为理性的或判断的类型。推理判断在很大程度上制约着他们的生活，这是他们这种类型普遍而明显的标记。但是有一点我们绝不能忽视，那就是我们是要把“推理”运用在论述关于个体主观心理的观点，或是那种从外部来感觉和判断的观察者的观点上。因为如果以此进行观察人们很容易就能得出一种对立的判断，特别是他对被观察的行为具有一种纯粹直觉的理解力并能以此为依据做出判断时更是如此。总的来说，这种类型并不是只依赖于推理判断生活的，它似乎在同等程度上也受到无意识非理性的影响。如果只观察行为举止，而与个体意识的内在含义无关，那么个体的言行举止中某种无意识表现的非理性和偶然的特征就会在我们的脑海中产生强烈的印象，其程度甚至比他的意识目的动机和合理性印象更深。因此，我才会把我的判断建立在那些被个体感觉为他的意识心理的东西的基础上。我已经决定对以一种相反的态度对待这种心理并在适当的时候将这种心理表现出来的行为表示认同。同时我也相信，如果我能幸运地掌握一门不同的个体心理学，那我一定会用相反的方法，从无意识的角度（也就是从非理性的角度）来对理性类型进行描述。这种情况使清晰地表现心理现象的难度加大了，这种难度不可低估，而且会使产生误解的可能性无限增大。就这些误解进行争辩往往得不出什么结论，因为它并未涉及真正的议题，所以不管从哪方面来说，都是在自说自话，说不到重点。这种经验充其量只是使我能以个体的主观意识心理为基础对自我进行描述的一个理由，因为这样我们至少会找到一个确定的客观立足点，不过，一旦我们试图把心理原则牢固地建立在无意识之上，这个立足点就将不复存在。在这种情况下，被观察的对象根本无法进行任何形式的合作，因为没有任何东西会把他自己的无意识了解得更清楚。观察者完全可以以个体心理为基础自己做出判断，即某种保证，这种个体心理也将会被精确地强加在被观察者身上。我认为在弗洛伊德和阿德勒心理学中出现的情形就属于这种情况。个体被对他进行观察的批评家的武断完全任意地支配着，而如果能以被观察者的意识心理为基础时，情况就会完全不同。总之，只有他本人能做出判断，因为只有他清楚自己的动机。

在这两种类型中，显示出生命的意识调节特征的合理性中蕴含着一种对于偶然和非理性的意识排斥。在这种心理中，推理判断代表的是一种力量，它把生活之中没有规则和偶然的东西强制为确定的形式，这就是它的目的。因此，一方面，因为意识只接受有理性的选择，所以要明确选择好生活的各种可能性；而另一方面，那些觉察生命的偶发事件的心理功能其独立性和影响基本上受到了限制。

当然，感觉和直觉不是绝对地受到局限。这些功能因其普遍性而得以存在；但是，它们的产品却被推理判断的选择掌管着。比如说，能够在行为的动机中起决定性作用的绝对力量，是判断而不是感觉。因此，从某种意义上来说，感觉功能与第一种类型中的情感功能，或是第二种类型中的思维功能一样有着相同的命运。它们因受到压抑而被分离，处于劣势之中。这种情形在我的两种类型的无意识中显得极为特殊：这些人所有有意识、有目的地去做的事情都是合乎他自己的理智的。但是，他们所做的事却都是与婴儿的原始的感觉甚至是与类似的古代直觉相一致的。在后面几个章节的内容中，我会尽量阐明我提到过的一些概念。不管怎样，在这种类型中出现的东西是非理性的，至少从他们自己的观点来看是这样的。既然这样的人有很多，他们的生命更多地体现在他们所遭遇的事情中，所以发生这种事也就没什么不可能的；这种人会在经过仔细的分析之后把我们的两种类型都描绘为非理性的。不过，我们也必须承认，与他的意识相比，一个人的无意识往往更容易地形成一种更强烈的印象；与他的理智动机相比，他的行为往往更有力也更有意义。

两种类型的理性都倾向于客观，依赖于客观事实。他们所具有的合理性完全吻合于在集体观念中流行的理性的东西。他们主观上认为，除了普遍被认可的东西外，其他任何东西都不合乎理性。但是理性在很大程度上也是主观的和个体的。我们身上的这一部分越是受到压抑，事实上，也就是客体的重要性被抬得越高，这种情况就越加重。因此，主体和主观理性时刻都被压抑威胁着；并且，在压抑之中，它们都受到了无意识暴虐的淫威的对待，这种情况下的无意识的本质是最使人生厌的。我们已经讨论了它的思维，但除此之外，它还会将许多原始感觉以强制形式自我表现出来，比如一种突然间爆发的各个方面的异乎寻常的狂欢，或是一些原始的直觉，它们会变成一种与客体或是与它们所处环境有关的可怕折磨。人们会察觉或是怀疑所有使人生厌的、痛苦的，还有所有令人恶心的丑陋和邪恶的东西，这些东西常常只有一部分是真实的，它们是最适合于引起那种最有害处的曲解的。在对立和无意识内容强大的影响之下，理性意识统治不仅会时常中断，甚至还会产生出一种偶然因素的明显的辅助作用，它们会造成这样的结果：偶发事件在它们的感觉价值或无意识的含义的帮助下获得了一种强制性的影响。

6.感觉

在外倾型态度中，感觉是最容易受到客体的限制的。感觉同感性知觉一样也要依赖于客体。但是，它同样也依赖于主体，所以，也存在一种主观的感觉，从本质上来讲，这种感觉是不同于客观感觉的。因为外倾型态度涉及它的意识的运用，所以在这种类型中，感觉的这种主观部分同时不仅受到了阻止还会被压抑。不管什么时候，只要一种理性功能（如思维和感情）占据了主导地位，就可以说它拥有一种意识的功能，而实际上这只是在意识的理性态度的默许下偶然的知觉变成了意识的内容，简单地说，就是认识到了这些知觉。当然，从严格意义上，感官的功能是绝对的；比如，从最深刻的生理可能性角度来说，我们能看见或听见所有东西，但这并不意味着所有东西都能获得阈限价值。然而，这种价值对于一种知觉来说是必不可少的，拥有它才能用曾经的经验来进行阐释。如果感觉本身占据了优势，而不只是作为一种辅助功能出现，那么，情况就会大不相同。在这种情形下，客观感觉的因素没有被排除也没有受到任何压抑，当然，只有我们已经提及的那一主观部分是例外的。感觉所具有的那种客观规定性不仅占据着绝对优势，而且还决定着那些能引起个体的心理最强感觉的客体。它明显而感性地把握着客观。所以，我们说感觉是一种具有活力同时也具有强大潜在活力的本能。被客体释放出来的感觉非常重要，因其威力巨大，所以不管它们与理性的判断相容与否，意识都完全接受了它们。作为一种功能，衡量它价值的唯一标准就是受其客体本质制约的感觉力量。因为所有的客观过程释放了所有的感觉，所以，它们都显现在意识中。然而，在外倾态度中，只有通过感官被感知的具体的客体或过程才会激起感觉；事实上，这里已经将那些每个人在每时每地都觉得是具体物的东西排除在外了。所以，这种个体的定向能与具体的现实保持绝对的一致。判断的理性功能因依附于感觉的具体事实而并而带有低级的分离性质，即具有带有婴儿和古代的倾向，所以被当作某种否定性的标志。与感觉相对的那种功能受到的压抑是最严重的，这种功能就是直觉，也就是无意识知觉的功能。

7.外倾感觉型

在现实中，没有什么人类类型能与外倾感觉类型同日而语。他对客观事实的感性获得极大的发展。他的生活是实际经验和具体客观事物的累积，并且，他越是卓尔不凡，他对经验就利用得越少，有些时候，发生在他生活中的事件很难被看作是“经验”。他根本不懂得怎样更好地利用他的感性“经验”，而只是差劲地把它当作新鲜感觉的前导；无论什么东西，只要进入他的兴趣范围之内哪怕只具有极少的新意都会被他列入感觉范畴之内并被用来为这一目的服务。如果人们倾向于把一种获得了高度发展的能与纯粹现实相适应的感觉视为合理的，那么，自然就会认为这种人是有理性的。但是，事实完全相反，因为正像他们依附于理性的行为一样，他们也同样地依附于非理性，依附于偶发事件的感觉。

绝大多数这种类型都是男性，他们完全不相信自己也会“依附于”感觉。他认为这种观点毫无说服力并对它竭尽挖苦之能事，因为在他眼中，是感觉证明了他生命的存在，或者说，感觉简直就是他实际生活的充实。享乐才是他具体的目的，他的道德观念也有着相同的倾向。因为真正的享乐本身就具有特殊的道德、节制和法则，以及无私性和忠实性。玩物丧志或是举止粗俗这些事跟他是绝缘的，因为他可能把感觉调整为纯粹审美的美妙音乐，甚至就连他最抽象的感觉也是绝对忠于他的客观感觉原则的。沃尔芬在《不顾一切的生命种类的向导》一书中，就曾直接地承认过这种类型的存在。所以，仅凭这一点，我也认为这本书是有阅读价值的。

在较低的层次上，这种人从较低的层次上来讲是现实且可触知的，他不会倾向于统一的目的也不会倾向于社会反映。他经常性的动机便是要感知客体、要拥有感觉，也许还要欣赏感觉。谁也不能说他不可爱，正好相反，他通常都是魅力四射，而且具有活泼地追求欢乐的能力；有时他是一个活泼开朗的伙伴，但更多时候是一个很有造诣的审美家。在前一种情况下，一顿丰盛的或平平淡淡的晚餐足以转移他对生活中的重大问题的注意力；在后一种情况下，那些东西都变成一些极令人感兴趣的问题。一旦他“感知”到了，就必须说出和做出一切。除了“说”与“做”，再没有什么东西能称得上是更具体、更实际的了；超越或逾越了具体事物的推测能获得许可，但前提是这些猜测必须增强感觉。不管怎么样，这种感觉都不是一种令人不愉快的强制，因为这种类型并不是一般的酒色之徒，他只是渴望得到最强烈的感觉，以他的本性来看，这种感觉只能从外界获得。在他看来，所有来自内心的东西都是病态的和令人讨厌的。他总是将思考和感觉降低到客观基础的水平，即降低到来自客体影响的水平上，尽管它粗鲁地违背了逻辑，却依然面不改色。无论何时何地，可感知的现实都让能他紧张的心绪恢复平静。他在这方面的可信赖程度简直出乎意表。他会果断地认为一种明显的心理症状与下降的气压有关，而在他看来，心理的冲突似乎就是一种古怪而变态的心理。他的爱扎根在客体明显的吸引力中，这是无可置疑的。正常的时候，他会引人注目地与实在的现实相适应——之所以说引人注目，是因为他的自我调节往往很容易被看见。他的理想是现实的；在这方面他有着相当周到的考虑。他所具有的理想无关于理念，因此，他也没有理由敌视事物和事实的存在。他生命中所有外在活动中都表现出了这一点。他穿戴时髦，对朋友以诚相待、慷慨大方，他的朋友们与他相处既感到舒适，又能理解他为何那样过分地讲究他的生活方式——这是不得已的，是为了满足周围环境的需要。他甚至能使人相信为了体面而付出一些代价是值得的。

但是，感觉越是占据支配地位，以致进行感知的主体都从感觉中消失了，这种类型就会变得越来越让人感到不满意。他要么慢慢变成一个庸俗的寻欢作乐者，要么就变成一个放肆而诡诈的酒色之徒。虽然对他来说客体是不可或缺的，但是像某种存在于它自身之中和通过它而存在的东西一样，它仍然被贬低了。因为它现在只剩下了刺激感觉这一个用途，所以它被粗暴地侵犯并在根本上被轻视了。客体已经遭到了最大限度的控制。因此，无意识被迫从它自己的职能脱离出来而变成了一种补偿性的功能，并且，被驱使着向公开的对立走去。然而，不管怎样，被压抑的直觉都以投射于客体的形式坚持了自己的权利。这时，我们看到了一个最为奇特的推测：嫉妒幻想和焦虑状态在性对象的病例中起着重要的作用。严重一些的患者会出现各种恐惧症，甚至会出现强烈性症状。这种病理学内容带有一种显著的虚幻气氛，这种气氛通常会带有道德或宗教的色彩。由此就会产生一种专注于细节的求全责备，或是使得一种荒谬的琐碎的道德同原始的迷信的以及“神奇的”宗教狂热联系在了一起，并一同回归到晦涩难懂的宗教仪式中去。所有这一切都能在被压抑的劣势功能中找到它们的根源，在这样的情形下它们与意识观点尖锐对立着；事实上，它们的外观更加明显，因为它们以最荒谬的假设作为依据，所以就会与现实的意识感受形成鲜明的对比。在第二种人格看来，思想和情感的全部文化似乎都应被归入到一种病态的原始性之中；理智就是一种既没有施行的价值又琐碎的分析的诡辩；道德则等同于一种狡猾的说教和法利赛人露骨的信仰（法利赛人，古代犹太教的派别之一：该派别以坚持传统礼教为自己的特点，基督教《圣经》称他们为言行不一的伪善家）。就连直觉这一人类的最高天分，充其量也只是个人的圆滑世故和一种躲在生活的各个角落里探头探脑的嗅探；它探测的不是新的领域，而是人类情感最卑鄙狭窄的东西。

神经病症状特殊的强制性特征体现出的是无意识对纯感觉态度中自由的道德观的一种反抗，如果用理性加以判断，就能发现这种自由的道德观不加辨别地接纳了所发生的一切东西，诚然，感觉型身上缺乏原则并不能代表他同样缺少一种绝对的无规律性和节制，但是，它至少剥夺了他那极为重要的判断的节制力量。理性的判断代表着一种意识的压制，理性类型明显在用这种压制来控制自己的自由意志，并用它来对自己的情感加以约束。如果从无意识方面来看，这一强制行为已经将感觉型完全控制了。甚至于理性类型根据一种判断的存在方式与客体的联系，也根本就不能代表这样一种不受任何限制的关系，即感觉类型与客体保持的那种联系。如果这种态度达到了一种不正常的片面性的程度，他就很可能会陷入无意识的怀抱之中，陷入的深度与他有意识地依附于客体的深度刚好一致，当他变成神经症患者时，让他用理性的方式来待人接物就更难了，因为医生要求他必须具有的那些功能相对来说根本就没有区别；所以绝不能过多地相信甚至根本就不能信任这些功能。为了让他一直保持清醒的意识，我们常常要借助于一些使人能接受情绪压力的特殊方式。

8.直觉

在外倾态度中，直觉作为无意识知觉的功能是完全地定向于外界客体的。因为直觉大体说来是一种无意识过程，让他拥有本质上的意识领悟是一件非常困难的事情。在意识中，直觉功能是通过某种期望的态度和一种知觉的具有穿透性的洞察力体现出来的，在那里，不管怎样，我们都只能从之后的结果中去证实到底有多少东西被“觉察到了”，到底还有多少东西潜伏在客体中。

就像当感觉处于优势地位时，不仅意味着一种对客体没有更多重要性的反应过程，而且还可能是一种把握客体形成客体的行为一样，直觉也绝对不是一种单纯的知觉或意识，而是一种主动的、创造性的过程，它在客体中注入了多少东西就拿走了多少东西。但是，因为这一过程无意识地提取了知觉，所以它也在客体中生产出一种无意识的产品。传送纯粹的意象、关系和环境的知觉是直觉的基本功能，其他功能也可以获取意象和知觉，但是，这种方式或是行不通或是方法上太过曲折。不管什么时候，只要直觉被赋予了这种主要的权力，这些意象就被赋予了明辨是非的价值和决定性的联系行为的价值；在这种情况下，心理适应唯一能依赖的就是直觉。思维、情感和感觉都在一定程度上受到压抑；在这些因素之中，感觉受到的影响最大，因为，它像感知的意识功能一样成了直觉的最大的障碍。感觉用它对直觉清晰、公正和纯真的意识进行着纠缠不清的感性刺激的干扰；因为这些刺激将直觉的注意力放在生理的外部，所以也就将那些直觉想掌握的处于远处和近处的真正事物纠缠其中。但是既然直觉客观倾向在外倾型态度中占据了优势，那么事实上它就与感觉距离很近了，对外界客体的期待态度的确可能会同样会利用感觉。因此，要想使直觉变得至高无上，就必须在很大程度上压抑感觉。现在我是把感觉当作简单和直接的感性反应来讨论的，也就是在某种程度上将其作为明确的生理和心理材料来谈论。必须事先就明确地建立起这种状况，因为，如果我问一个直觉者他是如何定向的，他一定会谈论一些与感性完全区分不开的东西。他会屡屡提到“感觉”一词。没错，他的确拥有感觉，但他并不是受这些感觉本身的引导，而只是把它们看作是指向远方的灯塔。它们被无意识的期望选中了。从生理学上说，最强烈的感觉并不是决定性的价值的唯一获得者，事实上，不管什么感觉，都会因直觉者的无意识态度的理性而最大可能地提高它的价值。通过这种方式就可以逐渐占据主导地位，直觉者的意识无法将之与纯感觉区分开来，但实际上却并不是这样。

外倾感觉会竭尽所能达到现实的至高点，因为只有这样才能描绘出生命的全貌，与此相同，直觉也尽可能地包含最大的可能性，因为直觉只有认识了可能性才能获得充分的满足。直觉常常想尽办法去发现客观环境中的可能性，因为它占据不了优势地位，所以只是一种纯粹的附属功能、一种工具，如果它所处的环境阻塞严重，它就会拼命工作以便早日到达出口。而其他功能是不能发现这一点的。如果直觉占了优势，那么，那里的生活环境就好似变成了一个密闭的房间，而直觉却只能选择打开这个房间。它不断地在外在的生活中寻找出口和可能性。在某一刻，对直觉者来说，所有实际环境都变成了一座囚禁他的牢笼；这个环境好似一根锁链将他牢牢捆住，所以他强烈渴望摆脱困境。对一个理念的解析可能引发新的可能性，如果客体偶尔体现出了这种理念，就好似获得了一种几乎是夸大的价值。不过，一旦它们履行了自己的职责，担当了直觉的梯子和桥梁，它们就只会被当成累赘丢掉，因为它们不可能再拥有更进一步的价值了。一种事实要想获得承认就必须发掘出超越于它以及免除个体的操作过程的新可能性时，由此显示出来的可能性则是直觉逃避不了的强烈性动机，它们都急于地想表现自己，为了这些动机它们必须牺牲掉其他所有的东西。

9.外倾直觉型

无论何时，只要直觉占据了优势地位，就会有一种独特而清晰的心理随之出现。因为直觉倾向于客体，所以就会明显依赖于外部环境，然而，这种依赖却与感觉型的依赖完全不同。在一般认识的现实价值中我们找不到直觉者，但是他却总是在可能性存在的地方出现。他能敏锐地嗅到那些具有远大前景但目前尚处于萌芽状态的事物。在那些虽然价值有限却被公认为是经过时间洗礼建立起来的稳定环境中从来看不到他的身影：因为他只对新的可能性感兴趣，而稳定的环境具有的那种紧迫气氛会让他感到窒息。他对新的客体和新的方法紧抓不放，心怀强烈的渴望甚至有时是澎湃的激情，但是一旦这些客体与方法被限定了范围，在它们身上也看不到任何远大发展的希望时，他就会毫不留情地抛弃它们，对它们再不予理睬甚至彻底地忘记。只要还存在一种可能性，直觉者就会把命运全部托付给它，就好像他的整个生命都渴望进入这一新的环境。人们会得到这种印象，当然他自己也明白，他正站在生命中一个重要的转折点上，并且今后再没有任何东西能这样对他的思想和情感产生如此大的吸引力了。尽管这种情形既合乎情理又恰到好处，而且还有你能想象到的各种论点来为稳定性充当辩护人，可是，无论怎样，他都仍旧会把那似乎向他许诺过自由和解救的自身的环境看作是一座监狱，而他因此而行动的那一天也终将到来。即使那种新的可能性有可能会与至今为止被奉若神明的那些信仰相悖，理智和情感也不能限制或阻挡他对这种可能性的追寻。思维和情感对于信仰来说是必不可少的，但对他来说，却只是一种劣势功能，起不到什么决定性意义；所以，它们缺少抵御直觉力量的原动力。不过，因为它们能够为直觉者提供他的类型完全缺失的判断，所以它们是唯一能够为直觉的优势地位创造有效补偿的功能。直觉者的道德观既不受理智的控制也不受情感的管辖；他的道德观是他所独有的，这种道德观对他的直觉观念忠实并自愿服从于他的权威。

他极少考虑邻居的利益，他可以旁征博引证明自己拥有健康和幸福生活的重要性，但却对邻居的健康和幸福漠不关心。我们也没有发现他有多尊重他的邻居们的信仰和生活习惯，实际上，他在人们眼中更多的是一个不道德和冷酷的冒险家的形象。既然他的直觉在很大程度上涉及外界客体，以及窥测外界的可能性，那么将自己付诸各种职业就成了他的乐趣所在，在那里，他可以全方位施展他的才能。商人、工头、投机者、代理人、政客等，大都属于这种类型。

显然，这种类型的女性要多于男性；不过，当处于这种情形之下时，职业范围中的直觉活动并没有社会范围中所显示得那样多。这种女性深谙如何把握每一次社会机遇之道，她们能建立起恰当的社会联系，她们会寻找一切可能的情人，而她们会为了一种新的可能性再次抛弃一切。

不管是出于政治经济学的观点还是在通俗文化的立场上来看，这种女性类型显然都异乎寻常的重要。如果一个人目标明确，在生活中不完全以自我为中心，而且他是为了优厚的待遇而去从事每一种具有美好前景的行业，那么，优厚的待遇在他看来就是一种动力。他天生就是那种看到了未来希望的萌芽的少数派的拥护者。当他更多地定向在人而不是物的身上时，他就能在他那直觉判断人们的能力和他那适应范围的能力的帮助下“创造”人。他具有无可比拟的鼓舞同伴奋发向上或引起人们对某些新生事物激情的天赋，尽管他很可能第二天一睁开眼睛就对这一切矢口否认。他的直觉越强烈鲜明，主观意识同神性的可能性就融合得越紧密。他使自己的主观意识生机盎然，并表现为一种强有力的形式，所以人们只能对他心服口服；他本身几乎也就等同于是这种主观意识的体现。这不是装模作样的舞台表演，而是与生俱来的一种禀赋。

这种态度具有极大的危险性：直觉也许会轻易地就将自己的全部生命耗费进去。他通过这种方式赋予周围的人和事以生机，他把生命的丰富性延伸到他周围的一切；在使别人获得了生命的同时他也将自己消耗殆尽。如果他有决定具体事物的能力，那么他所付出的艰辛劳动就能收获美好的果实；不过他很快就会丢下他刚刚播种过的土地，把丰收的果实拱手让给他人，然后自己去追逐某种新的可能性。正因如此，最后他还是两手空空。但是，一旦直觉者使事物达到这种程度时，就连他的无意识也会对他表示反对。直觉者的无意识与感觉型的无意识在某种程度上是相似的。我们可以将相对受抑制的思维和情感在无意中产生了婴儿的和古代的思维，同情感与对应类型的思维和感觉放在一起进行比较。它们同样会以表面上集中投射的形式表现出来，并且也同感觉类型的思维与情感一样的荒谬，而我只把它们看成是缺少感觉类型的神秘特征而已；它在性欲、经济以及其他某些危险事物的本质问题上所涉及的东西都是似是而非的，比如，对疾病附身的疑虑。这种差异显然是因具体事物的感觉受到压抑造成的。当一个男人突然与一个最不适合他的女人有了情感上的牵绊，或是反过来说，一个女人与一个完全不适合她的男人有了感情上的牵绊，人们就会更多地关注这类感觉，简而言之，其实，这是由他们带着古代感觉模式进行不明智的接触所导致的。但这也是无意识强制性依赖于一个毫无益处的对象的结果。这种事件已经属于强制性症状的范畴了，它也代表了这种类型最明显的特征，他与感觉型有同样的要求，那就是寻求摆脱一切压抑的自由，因为他的决定只是完全依赖于偶然性的感性认识，而并未对理性的判断表示屈从。他摆脱了理智的束缚，却通过过分迂腐的反证推论和责全求备的辩证法而彻底沦为无意识神经症强制冲动的牺牲品，并对客体的感觉产生强制性。在感觉和被感觉的客体看来，他的意识态度是一个高高在上、目中无人的统治者。其实表现出目中无人或高高在上的样子并不是出自他的本意，他只是看不到人人都已经看到了的客体而已；他这种视若无睹的态度很近似于感觉类型，只不过后者忽略的是客体的本质。而客体早晚会以忧郁症、强制性观念、病态恐惧以及任何一种能够想得出来的荒诞的躯体感觉形式来对这种态度进行报复。

10.外倾非理性型概述

出于上述原因，我把上面两种类型称为非理性的，即这是由于他们的职能和缺陷都不是以理性判断为基础，而是绝对地依赖于感性认识的强度而造成的。他们的感性认识涉及的只是一些简单事件，而这些事件中不包含任何经过了理智判断的反复斟酌的片段。显然，后两种类型在这方面与前两种判断类型相比更具优势。具体发生的事件既取决于某种规律，又是偶然的。如果它是由规律决定的，那么，就是合乎理性的，如果它是偶然的，那就是为理性所不容的。反过来我们也可以说，如果“由规律决定”一词被用于偶发事件其实只是因为我们的理智是这么认为的，而一旦我们捕捉不到它的规律性，就会称其为偶然的。对整个宇宙规律的假设只不过是一种理智的假设而已；不管从哪个方面看它都不是我们感觉功能的假设。既然这些东西以及对它们的假设都不是以理性原则为基础的，那么它们真正的本质就是非理性的。所以，就其本质来说，我的“非理性的”一词与感觉类型是一致的。但是，如果只因为它们把判断当成了感觉的地位就认为这些类型不合理同样也是不对的。它们只有在较高的程度上来说才是属于经验的；它们在经验的基础上过分地扩建，甚至过分到把它当成一种法则来看的程度，所以它们的理性判断始终无法与经验保持同步。但是，理智判断仍然没有丧失其功能，尽管它们在很大程度上弥补了无意识的不足。但是，既然无意识与意识主体分离开来了却还是反复出现在一定场合中，那么非理性类型的实际生活就是理性判断和选择的行为的有力呈现，其主要表现方式有方式明显的诡辩、严厉的批判，以及对人和环境的明显有意的选择等。这些特征带有一种婴儿的，甚至是原始的特征；它们时而表现出过分天真，时而表现得冷酷无情、粗鲁，甚至狂暴。在具有理性倾向的人那里，即使他们的真实性格已经发展到了最糟糕的地步，也会让人觉得是具有明确目的和理性的。但是这种批判只适用于他们的无意识，而不能用在他们的意识心理上。这种意识心理只接受感性认识的支配，原因是，它的本质是非理性的，所以理性判断很难理解它。最后，对于具有理性倾向的人来说，这种大批聚集的偶发事件很难被称为是一种“心理现象”。非理性类型使这种傲慢的判断与一种同样贫乏的理性印象形成了平衡；因为他认为自己只有半条生命，而他生命的唯一目的就是，把理性的羁绊牢牢地系在各种有生命的东西身上，并在自己的脖子上套上理性批判的绞索。这些例子虽然极端，但它们的确出现了。

从理性类型的角度来看，非理性类型可能更容易被描述为低级性质的理性，也就是说，要想认识他，唯一的方法就是了解他所遭遇的事情。这些事都不是偶发的，原因是，非理性类型就是它们的主宰，可奇怪的是，他却被理性判断和理性目的落在了后面。理性的头脑几乎无法理解这种情形，然而，理性在他看来，其无法理解的程度只不过是与非理性让人震惊的程度相同，这时，他发现竟然有人能把理性的观念附加在真实存在的具体事物之上，这简直令他无法相信。一般来说，要想沿着这个思路来指望他获得任何原则的认识是根本就不可能的，因为理性的理解力在他看来不仅不着边际甚至还令人讨厌，这种情型与理性型认为的不经过双方商议和不承担共同职责的情况下去订立一个契约的想法同样让人费解。

正是基于这一点，我必须对不同类型的典型代表之间的心理关系的问题进行思考。法国派催眠学家的术语将近代精神病学者之间的心理关系称为“和睦关系”。和睦关系指的是，尽管双方都确认其中还有差异的存在，但彼此之间却存在着一种和谐而具体的情感。而实际上，单就双方都坦承这种普遍差异的存在这一点来说，就已经算得上是一种和睦的关系和和谐的情感了。如果我们使某个具体的人物都深刻意识到他身上的这种情感，那么，我们就会看到，这种情感不仅从本质上来说是一种无法进一步分析的情感，而且还具有某种洞察力或认识内容的属性，能将观念形式中的协调之处表现出来。这种理性表现只对理性类型来说有效，它在非理性类型身上绝对不能运用，因为他的和睦是以真实存在的具体事物的相似物为基础而不是以理性判断为基础而建立的。他的和谐情感是对感觉和直觉的共同感知。按照理性类型的说法，他与非理性类型的和睦关系要完全依赖于偶然性。如果某些偶然事件导致客观环境变得融洽了，那么人类就会出现某些联系，但是没有人能就这些联系的有效性以及能持续下去的原因做出解释。理性类型常常对这种关系是否能像外部环境偶然产生的一种共同兴趣那样长久保持下去苦苦思索。他并不认为这种关系有什么与众不同的人类特征，相反，在他看来，处于这种环境中它只是非理性主义者所看见的一种仅具单一性的人性。因此，在所有人眼中，别人都是缺失了各种关系，不能被依赖的人且无法与社会规范条件进行交往。不管怎样，这种结果只会在一个人有意识地想评估他与同胞之间各种关系的实质进行某种估计时出现。尽管这种心理上的真挚很少见，然而不论在观点上有多大的差异，一种和睦关系通过以下方式频繁地出现了：一个人默默地坚持一种观点并猜测在所有的基本观点上别人都跟自己的看法一致，然而别人却能凭直觉推测或感觉到一种双方都感兴趣的客观共同性，前者一点也没有意识到这种共同性，他常常对它的存在予以否认，这种情况正好与后者从不认为他的关系必须以共同观点为基础而建立的情形是一样的。这种和睦关系并不少见；它建立在直觉推测的基础上，后来的许多误解也源自于此。

在外倾类型中，心理关系总要因客观因素和外部规定性而做出调整，而人在其中起不到任何决定作用。就我们目前的文化来说，外倾型态度对是人类关系起着支配作用，虽然内倾型原则也频繁出现，但那只是一种例外，而且必定是因为生命的坚韧性而产生的。

第三节　内倾型

一、意识的一般态度

就像我已经在本章第一节第一段中解释过的那样，内倾型与外倾型的区别在于：前者完全被主观因素限制，而后者却普遍地定向于客体和客观事件。在这一节中我特别地指出了内倾型在关于对象的知觉与他的行为之间添加了一种主观的观念，从而避免了他的行为呈现一种符合客观环境的特征。当然，这只是我举出的一个特殊的例子，目的仅仅是将其当作一种简单的解释。而现在到了必须深入地探索它的普遍形式的时候了。

毋庸置疑，内倾的意识会对外部条件进行观察，但它总是把主观规定看成是决定性的规定。因此，这种类型不可避免地要接受感觉和认识因素的引导，这意味着感官刺激也将主观意向包含在内，例如，两个都看见了同一物体的人绝不会从中接收到两种完全相似的意象。不仅个人观察上的误差和感官敏锐程度上存在着差异，通常在类别和程度上，在感知意象的精神感受作用上也都存在一种根本的差异。外倾型涉及具体事物在他头脑中的直接反映时表现得极为高明，而内倾型依靠的则是集聚在主体中的外部印象。这种差异在统觉的个体情形中表现得微乎其微，但在整个心理系统中，却极易引起人的关注，特别是在自我保留的形式中更是如此。尽管它的确预示了某些东西，但在我看来，魏林格倾向于把这种态度描述为偏好孤独癖，同其他作家倾向于将其描述为自体性欲、以自我为中心、主观性或利己主义的观点一样，不仅在原则上是错的同时还切实地贬低了自身的价值。它遥相呼应着外倾型态度一贯的偏见并和它联手对内倾型的实质进行抵制。我们应该记住（尽管外倾的观念太容易犯此类错误），没有什么感觉和认识是完全客观的，它们脱离不了主观条件的制约。能独立存在的不只是整个世界，还有我如何看它的问题。事实上，我们确实无法借助什么标准来形成一种对整个世界的判断，因为世界的本质是不可能被主观意识同化的。如果我们对主观因素视而不见，那就意味我们从根本上否定了完全认识世界的可能性这一重大疑问。而且，这也意味着那种迂腐而空洞的，在这个世纪初期就早已声名狼藉的实证主义再次卷土重来，这是独属于知识界的一种傲慢，它不会与粗俗的情感还有和对生命的违背相伴而来，它与它的专横一样愚蠢。通过过高地估计认识的客观作用，我们对主观因素的重要性进行了压制，这同时意味着对主体的否定。那么，主体到底是什么呢？答案是，人就是主体，换句话说，我们就是主体。只要不是病态的头脑就不可能不知道认识不能缺少主体，因为认识本身并不存在，所以那种我们不能在其中说"我知"的世界对我们来说也不存在，尽管这种说法就表明了所有知识都是具有主观局限性的。

这些道理对于所有精神功能也同样适用；这些功能就像需要拥有必不可少的客体一样同样必须拥有主体。"主观"一词给人一种责备和攻击的感觉，这正是外倾型目前评价事物的特点；而且，不管何时何地，在任何情况下"纯粹的主观性"这一称号都好像一种危险性极大的攻击性武器，它预示着那些鲁莽的外倾型头脑会对客体的绝对优越性坚信不疑。所以，完全搞清楚"主观"一词包含了哪些含义就变成了当务之急。而主观因素，我是这样想的，在心理行为或心理反应与客体的影响融合在一起的时候，往往会有一种新的精神现象产生。主观因素从古至今，在所有的民族中，都在尽可能地与自身保持一致，因为基本的感觉和认识几乎都是相同的。正因如此，对于它正像外部客体一样被牢固地挂立起来这一点也就不会有人再有疑问了。假如事实并非如此，那么，人们就看不到任何一种永久而没有根本变化的现实，而后代的理解力更无从谈起。所以到此为止，主观因素的存在与海洋的宽广和陆地的辽阔等事实一样是不容怀疑的。到此为止，主观因素也将世界决定性力量的全部价值都呈现了出来，不管遇到什么情况，这种力量都绝不会被排除在我们的考虑之外。这代表的是另一种世界规律，无论是谁，只要依照这一规律生存就会拥有同一种安全、持久和有效的基础，这一点与那些依赖客体而生存的人是一样的。但是，就像客观有时也会不同于客观事件一样，因为它们容易消失而且受机遇所限，所以主观因素也同样依赖于多变性和个别的偶然事件。因此，它只具有相对的价值。比如说，意识中的内倾观点的过分发展不仅不能使主观因素得到更好和更恰当的运用，反而会导致一种虚假的意识主体化，而此时，遭到"纯粹主观的"的谴责就在所难免了。因为，作为这种病态主体化的一种逆反倾向，通过魏林格恰当地称之为"嫌恶孤独癖"的夸大的外倾态度的形式，意识变成了非主体化的。因为内倾型态度是以普遍现实、极其真实以及绝对不可或缺的心理适应条件为基础而建立的，所以，像“偏好孤独癖”“以自我为中心”及其这类心理表现都是使人生厌的，是与实际相脱离的，因为它们有助于可爱的、固执己见的自我偏见的形成。这大概是我们所知的最荒唐的设想了。然而只要我们对外倾型对内倾型的理性判断进行考察就难免会碰到这种情形。当然，我们并没有把它归咎于外倾型个体，虽然这是目前正在普遍流行的外倾型观点，但却不只是存在于外倾型之中；在其他类型当中也能找到许多典型的代表，尽管这与他们自身的兴趣相差很远。那种对他的类型来说不切实际的谴责在后者身上同样适用，反之，至少也不能用它来非难前者。

通常情况下，内倾型态度会受到心理结构的制约，从理论上说，它取决于遗传因素，而且在主体看来，这种主观因素是永远存在的，不管怎样，都绝不能被简单地等同于主体自我，也不能被看成是前面提到的魏林格的定义中所确切包含的那种假设，实际上，它在很大程度上是受到所有因自我的发展而存在的心理结构的限制。对于真正的基本主体来说，自身比自我要更加地契合它的实际含义，因为前者包含的是无意识，而后者基本上停留在意识焦点上。如果将自我与自身看作一回事，那么我们能够以完全不同的形式和完全不同的含义在梦中出现就变得匪夷所思。而内倾型的独特之处就在于此，并且正如内倾型与一般偏见相一致一样，它与自身的倾向也保持一致，如此一来，他就会习惯性地将他的自我与自身混为一谈，并将自我提升为心理过程的主体，从而导致上文所提到的那种病态的意识主体化的产生，使它自己与客体相分离。心理结构也是这样，它在赛蒙那里被表达为术语“记忆基质”，而在我这里，它则被称它为“集体无意识”。个体的自身指的是在一切有生命的动物中普遍存在的一个部分、一段摘录，或一个代表，所以，它也是心理过程相应发展出的一个种类，只要有动物存在，它就不断获得新生。从古至今，本能指的都是没有被实践出来的行为方式，我把客体的这一心理领悟方式定义为“原型”。我做了这样一个假设，那就是每个人都熟悉本能所能领悟的东西。而对原则来说情况却不是这样。“原型”这一术语与“原始意象”（这种表达来自雅各布·布尔克哈特）包含着同样的思想，我曾在本书第九章中对这种思想进行过描绘。所以我要提醒读者对第九章特别是对“意象”一词的定义予以特别关注。

原型是一个象征性的程式，不管什么时候，只要没有出现意识的理念，或者不管在内在的领域或外在的领域都不可能出现意识理念时，它就开始发挥它的功能。集体无意识的内容通过一种显著倾向或是以事物的确切方式的形式表现于意识之中。在个体看来，它们都是由客观决定的，可实际上这种观点是错误的，因为它们是源自精神因素的无意识结构之中的，只是以客体的运行为释放方式罢了。与客观的影响相比这些主观的倾向和理念更加强烈，因为它们具有超过了所有印象的更高的精神价值。因此，与内倾型不能理解客体为何总是处于决定因素的地位一样，外倾型对主观的观点为何总是超越客观环境这一点也同样感到不可思议。因此他不得不这样认为，内倾型要么是一个自负的自我主义者，要么就是一个喜欢幻想的教条主义者。近期他似乎又总结出了新的观点，那就是内倾型始终摆脱不了无意识的权力情结的影响。可以肯定的是，内倾型自己也面临着这种偏见，因为从某种程度上说，他那显然从一开始就已将别的观点排除在外的，明确而又高度概念化的表达方式是对外倾型这种观点的一种赞同。而且，这种高于一切客观事件的主观判断的明确性和不易改变性能够以自我为中心产生出强烈的印象。在面对这一偏见时内倾型很少能为自己的观点进行正确的论证；因为尽管他对主观判断设想是完全合理的，但他仍然会像意识不到自己的主观知觉一样，意识不到自己的无意识。他会让自己始终与时代风尚保持一致，他的答案来自外部而不是自己意识的背后。如果他患上神经症，就会表现出自我与自身在无意识中某种程度上的同一。由此一来，自身的重要性就被降低到几近于无，而自我却超出了理性的限度肆意地膨胀起来。然后，主观因素那确定无疑的，具有世界性决定意义的权力就会在自我中全部集聚起来，逐步发展成一种极端的权力要求和一种愚蠢之极的自我中心。这就是所有把人的本质归结为无意识的权力本能的心理学的基础。举例来说，尼采在鉴赏力方面的很多错误就是由这种意识主体化导致的。

二、无意识态度

在意识中，主观因素占据了优势地位的同时，也就意味着客观因素处于低下地位。客体没有获得它本应该具有的重要性。正像它在外倾型态度中扮演了极为重大的角色一样，它在内倾型中几乎没有什么值得一提的。从某种程度上来说，内倾型的意识已经被主体化了，它赋予了自我过分的重要性，却没有为客体留下立锥之地。客体这种因素具有确定不疑的力量，而自我却的确受到限制，转瞬即逝。假如自身对客体持反对态度，那么就会出现完全不同的情况。自身和世界同样都是相应的因素，所有正常的内倾态度与正常的外倾态度也都同样有效并有权合法存在。但是，如果主体的权利被自我剥夺了，那么在客体影响的无意识强化的伪装下就会自然产生出一种补偿。这种变化越来越引人注目，因为，无论保证自我优势地位的企图有多么的确定和强烈，客体和客观事件都会产生一种无法阻挡的巨大影响，因为它出乎个体的意料抓住了它并向意识发起势不可挡的攻击。自我与客体不完善之间的这种关系使得（因为自我支配客体的意志并不怎么适应）无意识中产生了一种对客体的补偿性关系，作为一种对客体无条件和非抑制的情结，这种关系在意识中初露锋芒。自我想摆脱职责，以便获得所有可能的自由、独立和优势地位的想法越是强烈，就越是会沦为客观事件的奴隶。不光彩的经济依赖使主体的自由受到了束缚，公众舆论还常常会因主体对行为的冷漠态度而对其进行可怕的诋毁，低下的关系将他的道德优越感完全淹没了，他支配的欲望最终也会沦为一种或是获得爱戴的结局。在这种情况下，对客体的关系才是无意识关心的重点，它以那种计划彻底毁灭权力幻觉和优越性幻想的方法来对这种关系施加影响。而客体则经常对意识的蔑视视而不见并表现出它可怕的另一面。由此，自我同客体更加分离以及对客体更激烈的支配就成了其必然结果。最后，为了至少能保住自己的优越性幻想，自我把自己放在一种有规律的保护系统之中（对此，阿德勒已经聪明地进行了描述）。于是，内倾型就这样完全使自己与客体隔离开来了，他要么把自己的精力耗费在防卫方面，要么就是徒劳无功地努力将他的权力强加于客体以维护自己的权利。但是，这些努力却因他从客观那里接收来的深入骨髓的印象而遭到了毁灭。这些印象以与他的意志相抗衡为目的而不断地强加在他身上；这些印象以最讨厌最固执的感情对他进行刺激，阻挡他每一步的行程。为了“继续前进”，在他那里不断地产生了一种巨大的内心冲突。因此，他的神经症的典型表现就是心理虚弱，它一方面表现出极端敏感的特征，另一方面又感到过度疲劳而长期处于困倦状态。

通过分析个人无意识，大量的权力幻想油然而生，这中间还夹杂着对危险以及有生气的客体的恐惧，实际上，内倾型很容易被这类幻想牺牲掉。因为恐惧于客体而产生的特殊的怯懦使得他对别人唯命是从，他总是担心客体会因自己和自己的观点而产生某些变化，所以不敢把这些表达出来。他时常被他人强烈的感情所惊扰，时时处在那种敌意的恐惧之中。因为他眼中的客体拥有恐怖和权力的本质，这是他通过意识无法辨识的，可他却通过他的无意识的感觉能力毫无理由地坚信它们的存在。既然他与客体的意识关系在一定程度上受到了压抑，那就只能通过无意识的帮助来寻求生存的出口了，由此，他就拥有了无意识的本质。这些本质基本上是婴儿的和古代的，所以他与客体之间的关系也相应变成原始性的了，具有了原始客体关系的特征。于是，客体就仿佛拥有了某种神奇的魔力。奇异而新颖的客体常常会让内倾型感到恐惧和不信任，因为在他看来，这些客体内部好像隐藏着什么探知不到的危险，长期以传统为根基并被传统神化的客体就像一根无形的线一样紧紧地缠绕着他的灵魂，所有变化，如果其实际的危险性不能暴露出来，就必然会引起骚扰和不安，因为它明显代表了客体魔力的复活。一座在其中只存在被允许活动而活动的东西的孤岛是与理想相符的。维希尔的小说《任意的一个》就展示出内倾型心理丰富的洞察力，同时还展示了集体无意识的潜伏的象征，不过，我不会关于类型的描述中对这一点进行论述，因为它是一种普遍的现象，与类型没有特别的联系。

三、内倾型态度中基本心理功能的特征

1.思维

我已经在对外倾型思维进行描述时简单提及了内倾型思维的特征，在此，我将

对这一问题进行更加深入的研究。内倾型思维是定向于主观因素的。这种主观因素会以主观情感的趋向为表现形式，而判断是它的最后一种决定性因素。有时，它在一定程度上也是一种完整的意象，也能被当成一种标准。这种思维可能将具体因素和抽象因素都包含在内，但是在其中起决定性作用的还是主观因素。所以，让它从具体的经验中再返回到客观事物中去是不可能的，它总是徘徊在主观内容之中。虽然内倾型总喜欢宣称自己是以外界事实为目的和根源的，可实际情况并非如此。尽管它可能在真实和实在的领域中进行以主体为起始点和终点的最广阔的遨游。所以，它的主要价值在新的事实论证中是间接的，因为它只专注于新的观点，而不是对新的事实的感觉。它对某些问题进行了系统阐述并创造出理论，它展示了前景并取得了洞察力，可一旦事实摆在眼前，它就会变得瞻前顾后，怕这怕那。作为阐释的例证它们有着自身的独特价值，但绝不能再往下推演。我们收集事实的目的是将其当作某种理论的证据和例子，但绝不是为了事实本身而收集。如果经常出现后一种情况，那也只是出于对外倾型的恭维。因为这一种思维的论据并不是最重要的，显然，最重要的应该是主观意念的发展和表达，即原始的象征性意象在某种程度上是模糊地站在内心幻影的面前。因此，它的目的根本无关具体现实的理性重建，而是涉及从模糊意象进入一种光辉理念的形成过程。达到真实是它的愿望；看见外界因素如何形成和完成理念的框架结构是它的目标，它的具体创造性力量要经由下述事实得到证明，这个事实指的就是思维创造出的这样情景：虽然理念并不于外界事实中存在，但不可否认，它是这些事实最适当、最抽象的表现形式。当外界事实中不可避免地显现出这种思维所形成的理念，以致这些事实确实为它的有效性提供了证明时，就意味着这种思维完成了它的使命。

但是，就像外倾型思维很少能从这种思维中得到什么能用来曲解从具体事实中得出的真正符合情理的归纳性理念，或创造一些新的理念的东西一样，它也确实潜藏在内倾型思维的力量中，目的是把它的原始意象诠释成一种完全符合事实的理念。因为在前一种情况下，完全依靠经验主义来堆积事实会造成思维的麻痹，并使这些事实的内在含义窒息，所以在后一种情况下，内倾型思维就呈现出一种危险的倾向：它或是强迫事实变成它的意象的形状，或是对这些事实视而不见，随心所欲地铺展它自己的幻觉意象。在这种情形下，被呈现的理念就不可能否定它源自模糊的古代意象的根源。它身上还将带有某种神话般的特征，这种特征很容易被我们当成“独创性”，或者更为武断地将其看成是一个匪夷所思的古怪想法，因为对于那些一点都不熟悉神话动机的专家们来说，它的古代特征根本就不明显。这种理念中常常具有极强的主观的内在说服力，它的力量越是让人信服，就越能摆脱外部事实的影响。在那些热衷于理念的人看来，尽管他的那些事件的贫乏积累似乎真的能将他的理念的真实性和有效性的实际基地的根源恰到好处地显示出来，然而，这并不是事实，因为理念的说服力来源于它的无意识原型，是其的一种衍生，所以，它本身就具有普遍的有效性和永恒的真实性：不管怎样，它的真实性是相当普遍和富于象征意味的，所以它若是想成为一切生命的真正价值，就必须以进入已认识和可认识的时代知识之中为前提。比如，所有因果关系不都会在具体的原因和具体的结果中变为可知的。

这种思维非常容易在大量真实的主观事实面前失去方向。它是以为理论服务为目的而创建的理论，所以只是大概地审视一下真实的或至少是可能的事实，然而就急忙掠过理念的世界而进入到了纯粹的想象王国。因此，尽管头脑中可能出现多种直觉，但这一切都不是接近现实的，直到最后那种不再表达任何外界真实的意象产生出来，它们完全是一些不可知的象征。现在的它是一种绝对神秘的思维，并且与那种把它孤独的过程放进客观事实的框架中的经验思维一样得不出任何结果。前者莫名其妙地提高到了一种不可知的表现领域中，甚至超越了可在意象中表达的一切，而后者则完全沉溺于对一种事件的表现之中。因为事实会因主观因素被排除在外而充分地显示出来，所以事件的表现有着某种无可置疑的真实性。而它同样对未知世界的表现具有一种直接的、主观的和有说服力的力量，因为本身的存在就是它最好的证明。前者说“Est，ergo est”（“它在，所以它存在”），而后者说的是“Cogito，ergo cogito”（“我思，所以我思考”）。通过以上的分析，内倾型思维找到了证据证明它自身主观的存在，而外倾型思维则被迫提供证据来证明它与客观事实是完全等同的。因为，当外倾型在与客观事物的完全分离中对自身进行了否定时，内倾型却迫于满足自己的唯一存在的要求而不得不摆脱每一种内容。在这两种情况下，生命的进一步发展就被排挤出思想的领地而被迫进入其他心理功能的区域，这些功能直到今天还一直在相关的无意识之中存在着。内倾型思维与客观事实联系的极端贫乏通过大量的无意识事实获得了补偿。不管什么时候，只要意识能与思想的功能结合在一起，能把自己尽量地限制在最小和最空洞的范围内（尽管似乎包含着神性的丰富性），那么，无意识的幻觉就会因在早就存在于远古时代的事实，和一种变幻莫测的神奇魔术以及一些非理性的因素而丰富协调起来，这些东西所具有的特殊方面与那下一次将把思维功能作为生命的代表来解释的功能具有同样的性质。假如说这种功能可以成为直觉功能，那么就得用库宾或海伦克的眼光来审视“彼岸”了。假如它是情感功能，那么就会呈现出一种我们闻所未闻的，伴随着一种相当矛盾和晦涩难懂的性格的各种情感判断神奇的情感关系。如果它是感觉功能的话，那么不管是在体内还是体外，感官都会发现一些新的和以前从未经历过的可能性。只要对这些变化进行更深入的研究就能轻而易举地揭示出原始心理的再现以及它所有的性格特征。被感觉到的东西固然是原始的，但同时也是象征的，实际上，它的显现越古老、越原始，对未来真理的表现也就越充分，因为所有出于我们无意识中的古老的事件代表的都是即将出现的可能性。

一般来说，向“彼岸”的过渡在穿越无意识这一点上从未成功过，至于说采用无意识的补偿性的方法就更不用提了。贯通无意识的道路目的是把持意识的阻力，防止自我屈从于无意识的现实和无意识的对象的决定性现实。这种情况，明显是一种分裂，或者说，是一种以不断增长的大脑匮乏的内在耗费为特征的精神神经症，其本质是一种神经衰竭现象。

2.内倾思维型

如果达尔文可能代表着正常的外倾思维型，那么我们也可将康德看成是一个相对的正常内倾思维型的范例。达尔文依据的是客观事实，而康德则依据于主观因素；达尔文提出了极为丰富的客观事实，而康德却深陷普遍认识的批判之中。如果把比较的对象换成居维叶和尼采，这种对比将会更加鲜明。

内倾思维型带有我刚刚描绘过的那种思维的优势特征。他同他的外倾型伙伴一样也受理念决定性的影响；但这些理念并不是源自客观事件的，他同样遵循他的理念，只不过方向相反而已；他不是向外扩展而是向内扩展。他以偏重强度为目的而不是以偏重宽度为目的。正是他的这些基本特征使得他与他的外倾型伙伴之间差异明显。像每一位内倾型人物一样，他根本就不具备那种使他的对立类型显得极为突出的东西，即与客体的紧密联系。如果客体是人的话，那么，这个人的情感就只注重于否定方式，也就是说如果把他和一些性格温和的人放在一起，他只会认为自己是多余的，但如果把相处的对象换成一些更加极端类型的人，他就会感到自己被当成某种使人生厌的东西而被弃之一旁。这种对客体的否定性关系（冷漠，甚至嫌恶）是所有内倾型人物的特征；正是它的存在使得对普遍的内倾型进行描述变得相当不容易。他似乎使一切都消失和隐藏了起来。他的理性判断显得冷漠、固执和武断，没有恻隐之心，这主要是因为他与主体的联系要比与客体的联系多。这种判断可能会赋予客体较高的价值，但我们在里面却感受不到任何东西；它总是表现出想要超越客体的样子，可身后却总是留下某种主观优势的芳香。礼貌、和蔼和友谊这些东西也不是不可能出现，但它们的出现往往都脱离不开一种特殊的性质，这种性质暗示出了某种惶惶不安，暴露出了一种隐秘的目的，即只要能打败一个敌人，让他变得中规中矩，不会成为一个破坏分子，他可以付出任何代价。当然，他根本不是谁的一个敌手，而且如果他太过于敏感，就会感受到某种抵制，甚至是某种蔑视。客观必定总是在某种程度上受到忽视，更糟糕的情况是，它甚至还会被许多个根本没有必要的防御措施重重围困。正因如此，这种类型常常会消失在误解的迷雾中也就不足为奇了，他越是想借助他的劣势功能的帮助通过补偿的方式来带上某种文雅的面罩，就会使得迷雾变得更加厚重，而这常常与他的真实本性形成了最为鲜明的对照。虽然他不会逃避理念范围中的危险，也不管他是不是真的毫无惧色，甚至对这个世界具有危险的、革命的、异端邪说和情感缠绕的这种可能性都无所谓，他都会在焦虑偶然地变成客观真实的时候变成最紧张的焦虑的牺牲者。这与他的性格不符。如果他的理念真的能被移植到现实世界中，那么，此时他的焦虑与一个忧心忡忡的母亲为她孩子的利益担惊受怕的那种状况是不同的，他只是想单纯地表现这些理念，而且会因它们不能依靠自身的力量而很好地成长起来这种问题困扰不已。他经常会在实际能力方面表现出一种无法弥补的缺陷和对任何自吹自擂的厌恶，这两者对形成这种态度都有帮助。如果他认为他的行为在主观上是正确的和真实的，那么他肯定在实践中也是这样，而且他的这种肯定性一定会获得别人的认同。他从不愿意以谦卑地放弃自己的方式来博得他人的赞赏，如果他是个很有影响的大人物，在这方面表现得就更为突出。当他坚持要这样去做的时候，他看起来很笨拙，这就使得他最终只能得到与他的目的截然相反的结果。即使是在他自己固有的圈子里，他也拙于与同事交往，因为他对如何在特定的范围内赢得他们的青睐一概不知，通常他只是固执地按照自己的意志行事，这会让他的同事们觉得自己在他看来简直卑微得不值一提。他追求理念时通常执着、任性而且拒绝接受周围的影响。这与他对个人影响的暗示感应性恰好形成了奇怪的对照。在这种极其容易接受真正的劣势因素影响的类型那里，客体根本就是可有可无的东西。他们只能从无意识中对他进行控制。他能忍受最粗鲁的背叛和压迫，只要他的理念不受干扰就没什么忍受不了的，他几乎看不到他的朋友在他的背后偷袭他，将他洗劫一空，甚至还恶作剧般的将罪名安在他身上。之所以会出现这种情况，是因为他与客体的关系是次要的，所以会被遗弃在行为纯粹客观的估价之中，没有人给予他任何提醒。他努力思考自己能力的极限问题可同时又使问题变得更加复杂化了，以至于使自己无休止地挣扎在所有可能的疑虑中。不管在他自己看来自己思维的内在结构是如何清晰，他都不知道他的思维怎样或是在什么地方与客观真实有联系。他不知道为什么在他看来已经是非常清楚的东西，别人却并不清楚，直到后来在内心中进行了一场翻天覆地的斗争后，他才说服自己接受了这个事实。他的思维方式通常因为承载了太多诸如条件限制、附加条款、疑虑等附属品而变得复杂起来，这些东西产生于他那挑剔而多虑的性格。他的工作进展缓慢困难重重。他沉默少语，身边的人都不理解他；而他也借此判断出人类那无底深渊般的愚蠢。如果偶尔能有人理解他，他会很容易过高估计这种理解。野心勃勃的女人只需懂得如何利用他对待客体的非批判态度就能轻易地征服他；不然的话他会一直单身下去，充满童心而又愤世嫉俗。而且，他的外表常常也是粗俗的，给人一种是在为了逃避观察而在痛苦焦虑着的感觉；不然就会表现出孩子般的天真无邪，无忧无虑。他在自己工作的特殊领域里经常会遭遇激烈的矛盾和冲突，对此他一筹莫展，除非他偶然地被他的原始情感引诱到尖锐而没有任何结果的辩论中去了。他周围的人都觉得他独断专行，丝毫不为别人着想。不过，随着人们对他了解程度的加深，对他的判断就变得越来越倾向于他，他最亲近的朋友都知道该如何珍惜他们之间的亲密友谊。在那些以疏远的态度来评价他的人们看来，他很严厉，不近人情，甚至有时还会仗势欺人；那些与社会格格不入的偏见造成了他在别人眼中性情乖戾的印象。如果他去做一名私人教师，这对他没什么影响，因为他除了一点也不了解学生的心理状况之外，对教学实际上也没有什么兴趣，只有偶尔在教学过程中遇到的理论难题才会引起他的兴趣。作为教师，他并不合格，因为在教学中他的思维总是专注在具体的材料上，并且对它们纯粹的表面现象从来都不满足。

随着他的这种类型性格不断地增强，他的说服力也变得越加顽强。他彻底排除了一切外界影响；他对他周围的世界更加缺乏同情心，对自己的至交好友也就越发依赖。他的表情也变得更具个性和冷冰，他的思想更向深刻靠近，但是手头拥有的资料却不能将这些思想恰当地表达出来。然而他的易感性和敏感性弥补了这一缺陷。而外界的影响纷至沓来又从内心以及无意识方面对他发起了攻击，他不得不通过收集证据来抵御它，抵御那些局外人眼中极为不重要的和多余的东西。他与客体之间残缺不全的关系导致了意识的主体化，而那些与他个人密切相关的东西也因此被他看成是相当重要的了。他开始混淆他的主观真实与他的个人。他并不打算亲自说服别人，而是要对所有持批评意见的人进行恶意的人身攻击，全然不顾这些批评是多么的正确。所以，慢慢地，他在所有方面都陷入了孤立。他那原来较为丰富的思想因被苦难的沉淀物玷污而变得非常有害。越是与外界隔离，他对来自无意识影响的反抗也就更加厉害，直到他开始慢慢丧失活动能力为止。越是彻底的隔离就越能保护他免受无意识影响的伤害，但这通常只会使他更深地陷入那种将从内部毁灭他的冲突之中。

在那些以不停滞的速度接近原始意象的永恒有效性的理念的发展中，内倾型思维是综合性的也是积极的。但是，随着它们与客观经验的联系慢慢消失，相对于现实来说，它们就变成了神话的和非真实的了。因此，要想让这种思维变得对同时代人来说具有价值，就要让它始终处于与时代著名事件可见的以及可理解的联系中。但是，一旦思维变成了神话的东西，它就与一切毫不相干，直至完全丧失了自己。使内倾型思维与平衡的情感、直觉和感觉相对应的这些相对的无意识功能从本质上来讲是处于劣势的，带有一种原始的外倾特征，所有使这种类型屈服的讨厌的客观影响都是由这种特征造成的。这类人所采取的各种自我防御的手段，以及这一类人喜欢用来禁锢自己的离奇的保护物对大家来说都不陌生，所以，我就不加赘述了。它们都被当作一种对“魔力”影响的防御，这其中也包括对异性模糊的恐惧。

3.情感

内倾型情感主要取决于主观因素。这意味着情感判断与外倾型情感之间的基本差异同思维的内向与思维的外向之间的差异从本质上来说是相同的。毫无疑问，无论是想把内倾型情感过程用理性的形式表现出来，还是只对它进行一种大概的描绘，似乎都是很困难的，尽管只要人们完全意识到这种情感的特殊性它就会马上显示出来。但因为它一开始一直受主观前提条件的限制，直到后来才涉及客体，所以这种情感极少在表面上呈现出来，也常常被人误解。这是对客体一种明显的蔑视，因而它通常以其否定的表现形式闻名于世。似乎只有间接地推断才能证明出这种独断的情感的存在。它不是以尽量与客观事实相适应以致超越客观事实为目的的，因为它在无意识中一切的努力都是以把现实带给潜在的意象为目的的。似乎可以这样说，它一直在寻找一种意象，这种意象在现实中根本不存在，但它曾获得过这一意象的某种幻象。它似乎已经悄悄离开了永远也不会与它的目的相适合的客体。它为一种内在的感情强度而不懈努力，而各种客体也只不过是这种感情强度一种附加的刺激。这种情感的强度只能被神化，却不能被清楚地理解，人们只能对它表示沉默，它是那么难于接近；由于它敏感得犹如含羞草，所以为了能将自己延伸到主体的深层结构中，它会尽量与客体的粗鲁保持距离。它会提出否定的情感判断，不然就会以一副高深莫测的冷漠神态来保护自己。

当然，与情感一样，原始意象也是一种理念。所以，诸如上帝、自由、不朽等基本理念不仅具有理念的含义，还具有情感价值。所以，所有被说成是内倾型思维的东西都相应地暗示着内倾情感，只是呈现的方式有所不同：在这里是能被感觉到的，在那里一切都是呈现在此之中。但是，一般说来，与情感相比，思维似乎更容易将这一事实表达清楚，要想将这种情感的真实价值正确无误地描述或传达给外部世界，没有一种超越一般性描述或艺术表达水平之上的能力显然是不可能办到的。然而，主观思维是无关现实的，它很难唤起一种恰当的理解，而在主观情感那里情形亦然，尽管它可以在更高的层次上进行。为了与他人进行交流，它必须寻找一种外在的形式，这种形式不仅要与把主观情感吸入到令人满意的表达形式相吻合，它还必须以一种近似于发生在他身上的过程的方式把它传送到他的同伴身上去。幸运的是，人类是具有这种相对的伟大的内在相似性（当然也存在着外在相似性），所以这种效果可以变成现实，尽管找到一种情感能够接受的形式并不容易，但只要它仍然主要定向于原始意象那无底的深渊中，这种情形就会保持不变。但是一旦它被一种以自我为中心的态度所歪曲，它就马上变得冷漠而没有同情心，自此之后，它就只会专注于那些与自我有关的东西了。由于它总是尽其所能地唤起一种自我趣味甚至病态的自我欣赏，所以人们总觉得这是一种感伤主义的自恋。正像那些以抽象之抽象为追求目标的内倾型思想家的被主体化了的意识只能获得一种本身极度空虚的思想过程的最高强度一样，这种以自我为中心的情感的强化所产生的也只是一种空泛的激情，这种激情唯一能感觉到的就是自己的存在。这种神秘而迷狂的阶段，为进入被情感所抑制的外倾型功能扫清了障碍。客体用神奇的力量依附在一种原始情感上，而内倾思维却与这种原始情感相敌对，同样，内倾型情感借以保持平衡的也是一种原始思维。而这种思维的客观性和依附于事实的状况早已不在任何范围之内。这种情感逐渐脱离了与客体的关系，它创造了一种同时表现在行动上和良心上两个方面的自由，这种自由只对主体负责，甚至还会为此抛弃一切的传统价值，而无意识思维却在更大程度上沦为客观事件力量的牺牲品。

4.内倾情感型

我发现突出的内倾情感主要在女性当中出现。对于这类女性，那句叫作“静水流深”的成语就是她们的真实写照。她们中的大部分人都寡言少语，不好接近，令人难以捉摸；她们带着幼稚或平庸的面具，她们通常会表现出忧郁的气质。她们既不卓尔不群，也不刻意表现自己。因为是主观倾向的情感在全权控制着她们的生命，所以她们的真实动机一般都被掩盖起来了。她们外在的行动是协调的，通常并不引人注意；她们显示出的静谧常常令人惬意，也常常显示出一种与同情相类似的情感，但她并不想用这种情感去感化别人，也没想到要以任何方式去打动、影响或改变别人。如果这种外部特征在某种程度上得到了强调，那么随即就会产生一种嗤之以鼻和冷漠的疑虑，这种疑虑总是漠视别人的安慰和善意，甚至有时还会对其产生怀疑。人们能明显地感觉到从客体中分离出来的情感的运动。不过，如果是正常的类型，那么这种情形就只会在客体以某种方式拥有过于强烈的感情的时候发生。和谐的情感氛围只会在一种情形下发挥主导作用，这种情形指的就是客体以一种适中的情感强度按照它自己的路线运行，而且并不想介入他人的运行线路。客体的真实情感很容易遇到阻碍或是挫折，或者说得更准确一些，是容易被否定的情感判断“泼冷水”，谁都不愿意为接受这种情感付出一点努力。虽然人们可能会为平静而和谐的友谊做好充分准备，但是，陌生的客体不仅没有表现出一点亲切，甚至就连相应温和的微光都看不到，在它身上只能看到冷漠。人们甚至还会有一种自己的存在是多余的感觉。面对某些可能让人迷惑或者唤起热情的东西，这种类型通常站在温和的中间立场，并偶尔出人意料地表现出祛除敏感的客体的优势和批评的迹象。但是，残酷的冷漠最终会将暴风雨般的激情野蛮地熄灭。除非它巧合地从无意识方面抓住主体，即情感可以说是被完全控制住了，除非通过某些原始意象的复苏才能改变这种情形。在这种情况下，这种类型的女性就会在顷刻之间感觉到一种缺陷，在一定的时候必然会产生出一种更为猛烈的抵抗，它会直接击中客体最脆弱的地方。她与客体的关系被尽可能地保持在一种情感的稳健和平静的状况中，在那里，是不允许激情和无节制的放纵存在的。因此，她吝于情感流露，而只要她的客体意识到了这种状况，就会永远感到自卑。不过，也有一些例外存在，因为这种缺陷经常隐藏在无意识之中；这种无意识的情感要求会逐渐地产生一些要求被强烈重视的迹象。

极度冷漠和孤独的行为，以及对这种类型所有情感的否定可能会使一种表面的批判误入而走上歧途。但是，这种观点是极为虚假的，事实是，她的情感不但比较专一从不滥用，而且还相当有深度。例如，通过语言和行动可以准确地表达出一种广泛的同情感，使它迅速地摆脱了自己的印象；还有与之相反的，一种深刻的同情因为找不到任何表达的方式，所以就获得了一种激情的深度，其中包括了一个悲痛的世界，这种激情也完全变得麻木不仁。它很可能造成导致一种放纵的入侵，致使某些几乎可以说是英雄性格的惊世骇俗行为的发生，不过，不管是客体还是主体，在他们和这种行为之间都找不到任何一种正确的联系。对外部世界来说，或者对外倾型的盲目来说，这种同情给人的感觉是很冷漠的，因为它没有任何明显的表现，外倾型的意识那种无形的力量的存在无法信任。

这种误解正是在这种类型的生活中出现的特有情形，并且普遍地表现为与任何同客体的深刻情感联系相对的最激烈的论辩。然而，事实是，潜伏着这种情感的真正客体只是被正常类型模糊地神化了。它很可能用一种世俗眼光将宗教情感隐藏起来，或是选择一种同样能使人免受惊悸的和蔼的诗歌形式将它的目的和内容显现出来；不过，这其中必定隐藏着一种试图借助这些方式来产生高于客体的优越性的野心。女人经常会把这种激情表达在她们的孩子身上，耳濡目染地将其灌注到孩子身上。

尽管在这种正常的类型中，上面所提到的这种倾向只是通过秘密感受到的东西一再公开和明显地控制或强迫客体，但确实很少对它进行直接骚扰，而且它也从未想过要这么做，但是，它的某些痕迹仍然会通过一种秘而不宣但具决定性作用的形式，渗透到个人对客体的影响中。受其控制的客体会感觉到窒息或是压制，这些东西紧紧地集聚在一种魔力之下并受它操控。它往往使这种类型的女人看上去很神秘，这种神秘的力量会让她在外倾型男人面前表现出惊人的诱惑力，因为它触碰到了他的无意识。这种魔力衍生自内在感受的无意识主体中，但是，意识却乐于把它提供给自我，于是，这种影响就被贬低而变成个人的暴虐。但是，不管无意识主体在什么地方与自我融为一体，都无法阻挡深层的情感的神秘力量转化为平庸而盛气凌人的野心和虚荣和卑鄙的暴虐。一种最令人遗憾的、以毫无顾忌的野心和可怕的残酷而著称的妇女就这样出现了。但是这种情形中的变化也会导致精神神经症。

只要自我感到自己似乎仍然隐藏在无意识主体的怀抱之中，只要情感还能显示出某些比自我更加高级的和更加有利的东西，我们说，这一类型就依然是正常的。虽然无意识思维的确带有古代的特征，但是不可否认的是，它的弱化仍然对把自我提升到主体的偶然性倾向做出补偿有很大的帮助。但是，不管到了什么时候，只要这种情况只是产生于对无意识还原思维的产物的完全压抑之中，那么无意识思维就会站到对立的一方即客体的阵营中。于是，以自我为中心的主体就会渐渐就会对被贬低的客观的力量和重要性有所感觉了。意识也开始感觉到“他人所思考的东西”了。当然，这个时候的他人正在预谋各种罪恶的计划、策划种种的阴谋诡计、打算施行卑鄙的行径，等等。为了阻止这一切，主体必须开始制定防御性的措施，怀疑和测试他人，形成微妙的联合。在受到谣言的攻击时，只要有可能，他就会尽量把受到威胁的自卑感转变成优越感。无数的战斗在悄悄进行着，在这些难解难分的厮杀中，卑鄙和邪恶的手段不仅不会遭到蔑视，甚至美德也会被当作撒手锏来滥用。这种发展所带来的最终结果就是衰竭。神经症通常会表现为神经衰弱而不是歇斯底里；我们经常会在妇女病例中看到这种情形，比如，贫血症和它的继发症等伴随身体出现的一些严重症状。

5.内倾理性型的概述

前面的两种类型都是理性的，因为它们都是以推理和判断功能为基础的。推理判断既以客观资料也以主观材料为依据，但是，不管哪一种决定性因素（客观的或主观的）都受从早期青春期起就存在着的心理意向的限制，这一限制为推理功能的方向做了规定。对于一种的确与情理相符的判断来说，它应该同时涉及客观因素与主观因素，并在对待两者时保持公正。不过，这种情形只存在于理想中，需要以假定外倾和内倾两者都协同发展为前提。但是，两种运动一直是相互排斥的，只要存在这种窘境，要它们之间和平共处就不太可能，而只能在最大程度上分主次来排列。所以在一般情况下，是不可能有理想的理性存在的。无论何时，理性类型都是一种典型的理性差异。所以，内倾理性型就毫无疑问地具有一种理性的判断，只不过这种判断的主导特征是主观的。逻辑法则没有必要去改变方向，因为它的片面性在前提之中就存在。在每一结论之中就存在前提的主观因素的特点，并对每一个判断造成影响。与客观因素相比较，它的优势价值从一开始就是众所周知的。就像已经描述过的那样，它并不仅是一个被利用的价值问题，而且还是存在于所有理性评价之前的自然属性问题。因此在内倾型理性判断看来，许多区别于外倾型理性判断的细微差异是必然存在的。所以在谈到最一般的例证时，内倾型会认为，与那种通向客体的推理环节相比，导向主观因素的推理环节显然更为合理。总的来说，这种在个体情形中有着实际意义却又的确并不显眼的差异就是导致了无法沟通的对立的原因，这些对立越是让人不快，我们想意识到那种由个体的心理前提所产生的细微的基本差异就越困难。此时往往会出现一种根本性的错误，因为人们总是竭力去证明某种结论是荒谬的，却往往没有认识到这是由心理前提的差异所导致的。这种认识对每种理性类型来说都是相当困难的，因为它把他自己明显而绝对的有效性原则的基础削弱了，把他引向了一种对立，从根本上说，这无异于一种毁灭。内倾型比外倾型更加受到误解：这并不完全是外倾型比内倾型更容易成为一个冷酷的或好批判的敌手造成的，而是因为内倾型所处的时代风尚总是与他格格不入。他发现自己属于少数派，这并不是因为他与外倾型的关系问题，而是因为他与我们普遍的西方世界哲学相抵触，所谓少数不是从数字上说的，而是从他自己的情感证据上来说的。直至今天，在一般的生活方式当中，他仍然扮演着被说服了的参与者的角色，由于现在的生活方式及其对看得见摸不着的具体事物的独特认可都有悖于他的原则，他就在背地里以现实原则为依据来破坏自己原来的思想根基。由于这种对立是不会被人察觉的，他被迫对自己的主观因素的价值进行贬低，并强迫自己加入外倾型的行列，过高的评价客体。他迫不得已地赋予主观因素的价值极低的价值，并以自卑来使这种屈服获得惩罚。因此，不要怀疑，这就是我们的时代，特别是那些比此时代稍微早些的运动用各种夸张、野蛮和怪诞的表现形式揭示出来的主观因素。在我看来，这就是我们当今的艺术。

内倾型对自己的过低评价使他成了内倾自我主义者，他还把这种评价强加给自己遭受压抑的心理。他越是自私，就越会产生一种强烈的印象——那些不受任何良心的谴责就能够适应现行风尚的人是压迫者，为了使自己免受伤害，他只能选择反抗。他通常意识不到，他没有像外倾型追随客体那样，带着同样的忠诚和诚心对主观因素所犯的根本性错误表示依赖。因为贬低了自身原则的价值，所以，就必然会走向利己主义，当然，造成这一结果的就是外倾型的偏见。如果他能够一直忠实于自己的原则，那么，“自我主义者”这一断言就显得有点过分了；因为他的态度的公正判断是通过它的普遍效应建立起来的，于是所有的误解就消失得无影无踪了。

6.感觉

如果按其本质来说，在内倾型态度中，与客体和客观刺激有关的感觉也在很大程度上受到了限定。它也具有一种主观因素，因为除了被感知的客体，还存在一种正在感知的主体，此主体把他的主观意向直接地投进了客体的刺激之中。内倾型认为，感觉是以知觉的主观部分为基础而建立的，这是毋庸置疑的。这一观点的含义在艺术的客观再现中具有最完美的表达形式。举例来说，当几个画家同时描绘相同的风景时，他们都竭尽全力忠实地再现这一景致，但每个人画出的作品仍不可能相同，导致这种差异的不仅是技巧和能力的不同，最主要还是个人的观察力的不同；甚至在某些图画中还会有一种确定的精神变体出现，不管是在一般的情调上还是在处理色彩和形式上都不例外。这些性质在一定程度上表现了主观因素有影响的协调作用。感觉的主观因素与前面叙述过的其他功能基本上相一致。它是一种无意识的意向，它在它真正的根源上改变了知觉，因而也导致了它的纯粹客观影响这一特征丧失了。在这里，感觉首先联系着主体，其次才联系着客体。艺术最为清晰地显示出了主观因素可能有多么显著的强烈这一状况。主观因素的优势状况偶尔也会受到来自客体影响的全面压抑；但是感觉仍然不会只停留在感觉上，尽管它已经变成了一种主观因素的感知，客体的作用也已经下降成了纯粹的刺激。内倾感觉的发展是与这一主观的方向一致的。确实存在着一种真正的知觉，但大致看来，说客体强迫它们依照自己的道路进入主体，远不如说是主体以极为不同的观点观察事物，或者说相比人类的其他功能它能看到更多的东西来得准确。实际上，主体像其他所有人一样感觉到了同样的事物，只是他从不会对纯粹的客观效果感到满足，而是更多地关注由客观刺激所释放出来的主观感受。主观知觉明显与客观感受有所不同。在客体中绝对看不到它的踪迹，或者最多也就是稍稍有所暗示。不过，在他人看来，它与客观感受没什么不同，尽管它并不是从事物的具体行为中直接地衍变出来的。它让人感到它不仅是一种意识的产物，因为它太真切了，以至于我们不能这样说：但是它制造了一种确切的心理印象，因为它感知到了一种较高心理过程的要素。不过，这种过程与意识的内容并不相符。它既涉及各种假设，也涉及集体无意识的各种意向；既涉及神话意向，也涉及理念的原始可能性。这些充满意味和含义的特征对主观知觉有依赖性。它所显示的早就超出了纯粹的客观意象范围，尽管客体认为，主观因素只是对它才拥有某些含义。在他人看来，一种再现的主观印象似乎因为具有与客体不完全相似的缺陷而受到了损害，如此一来，它似乎就没能完成再现的目的。主观感觉把握的是埋藏于物质世界深处的隐秘，而不是只停留在它的表面。决定性的东西是主观因素的真实，是原始意象，而并不是客观的真实，它们相加得到的总和显示为一个精神的镜中世界。当然，这面镜子是有特殊容量的，我们从镜子中看到了现存的意识内容，但这些内容并不只是已普遍流行的和传统的形式中的内容，而是在某种意义上潜在的法定永恒形式中的内容，也许与那面古老意识岁月之镜中所照见的内容是一样的。这种意识不仅能领悟它们现代和目前的存在，还能领悟事物的变化和消逝，同时它还能意识到那些产生于它们的变化之前和消逝之后的非比寻常的东西。以这种意识的观点来看，现代阶段所产生的东西也可能是值得怀疑的。当然，这只是在打一个比方，不过，对此我必须给出一定的解释，以对内倾感觉有其特殊的性质进行一下说明，内倾型感觉传达了一种意象，它的作用可以说是对客观的再现，但更确切地说是抛给它的一种覆盖物，这种覆盖物中蕴含着产生于从古老年代的主观经验和未来还未发生的事件中的光彩。因此，纯粹的感觉印象一直朝着含义的内在深度发展，而外倾的感觉则只抓住了事物转瞬即逝的和停留在表面的存在形式。

7.内倾感觉型

内倾感觉的优势导致一种确定的类型的产生，这种类型有着某种特性。它是一种非理性类型，因为它不是凭理性选择的偶发事件，而是跟随着发生的事件的引导。外倾感觉型取决于客观影响的强度，而与之相反，内倾型却定向于从客观刺激释放出来的主观感觉要素的强度。因此，在客体和感觉之间很明显没有任何可以协调的联系，只有一些毫无规律以及反复无常的东西存在于两者之间。所以，如果从外部来判断，根本无法预言会产生什么样的印象。如果有一种在任何方面与感觉的力量相应的敏捷的表达才能存在，那么这种类型的非理性就会暴露无遗。例如，当个体是一个充满创造性的艺术家时，就会出现这样的情形。但是，这仅仅是一个例外，通常出现的情况是：内倾型难以表达的特征将他的非理性掩盖住了。相反，这些则表现为他行为上的冷静和消极，以及他的理性的自我抑制。这种常常误入歧途走向表面判断的特征的确是由他与客观的毫无联系所导致的。一般说来，客体没有受到丝毫明显的贬低，但是它的刺激物却被转移了，因为主观反映马上替代了他，而这种反映与客观的真实没有任何关系。当然，这样做还能贬低客观。这种类型容易提这样一个问题：人能生存下来原因何在？或者，既然所有基本的东西在发生时都不依赖客体，那么为何客体会具有普遍存在的权力？这种疑问可以在不属于正常范围的特殊情形下找到答案，因为客体的刺激对他的感觉来说是不可或缺的，只不过它所产生的东西与我们从事的外在状况中所猜测出来的东西是完全不同的。从外部来看，客体的作用似乎并没有强加在主体之上。这种印象之所以到现在还是正确的，是由于一种主观的内容实际上从无意识方面进行了干预，并且俘获了客体的作用。也许是这种干预太过粗鲁了，所以个体想直接通过摆脱所有可能的客观影响来掩盖自己。在所有病情加重和症状明显的例子中，也确实存在着这种防御性保护。哪怕只是稍微使无意识的力量有所增强，感觉的主观要素也会变得生机勃勃充满生气而使客观影响失去了光彩。这种结果一方面代表它是对客体方面完全贬低的情感，另一方面，也说明它是一种主体对实在的虚幻概念，这在患者当中甚至可能达到完全区别不了真实物体和主观感觉的程度。虽然这种关键的区别会消失在实际的疯癫状态中，但是在到达这一步之前，主观知觉依然会对思想、感情和行为造成影响，这些影响甚至还是极端的，而全然不顾客体的全部真实性是否都被看得清清楚楚了。不管什么时候，只要客体作为特殊心理强度在特殊环境中产生出来的结果，或是因为与无意识意象更加完全的相似性而成功影响了客体，那么即使在这种类型正常的情形下它也会被诱使着按照他的无意识模式开始行动。这种行为带有一种与客观真实有关的幻觉的性质，因此其特征非常离奇古怪。它能立即反映出这种类型背离真实的主观性。但是，不管在哪里，只要未被客观影响完全成功侵入，就会有一种温和的中立态度出现在那里，这种态度没有流露出丝毫同情，然而又竭尽全力地进行维持与调节。它把过低的稍微提高一些，把过高的稍微降低一些，对太富激情的迎头泼上一盆冷水，限制那些奢侈纵欲的，把那些不常见、不正规的东西纳入“正确的”程式，而这一切的目的都是为了把客体的影响限制在必要的范围内。可以说，这种类型毫无疑问已经变得对社会没有任何害处了，然而他在自己的生活圈子里却换来了痛苦。如果他的确变得对社会没有害处了，那么他对成为他人侵略和野心的牺牲品的结果也会乐于接受。这些人对他人的虐待不予以反抗，但喜欢在最不合适的场合却用加倍的固执和抵抗来进行报复。当他们不具有进行艺术表达的能力时，所有的印象都会沉入内心深处，他们在那里用符咒来控制住意识，使意识借助意识表达的手段来把握迷人的印象的任何可能性彻底消失。相反的是，这种类型对他的印象的处理只存在古代表达的可能性；对他来说，思想和情感都是相对无意识的，而且，它们所具有的某种意识，也只能在必要的、琐碎的日常表达中发挥一定的作用。所以作为意识的功能，它们根本完全不适合对主观感受进行恰当的表达。因此，这种类型很难接受一种客观的理解，并且，他自己的理解力也没有获得什么发展。

总之，他的发展使他自己越来越远离客体的现实，从而直接地把他推向自己的主观感受，这种主观感受促使他的意识按照一种原始真实性建立起了协调的关系，尽管他那比较判断方面的缺陷使他完全意识不到这一状况。事实上，他激发出了一个神话的世界，在这个世界里，不管是人、动物还是铁路、房屋、河流和山脉都被分成两半；一半像仁慈的神，一半像邪恶的魔鬼。对他来说，他的脑海中从未出现过这些东西，尽管在他的判断和行为上它们所起的作用根本就不可能存在其他的解释。他的判断和行动给人一种他真的具备处理事情能力的感觉；但是，只有当他发现他的感觉完全与现实不相符合时，他才开始承受打击。如果他倾向于客观的判断，那么，这种不符合在他看来就是病态的；但是，如果他仍然对他的非理性忠实，并且准备对他的感觉的现实价值予以承认，那么客观世界就会呈现为一种纯粹的虚构物和一幕喜剧。不过，只有在极特殊的例子中才会出现这种困境。通常，个体会对他的孤独和现实的平庸予以默认，不过，在无意识中，他对待这种孤独和平庸时通常使用的都是原始的方法。

他的无意识主要表现为直觉的压抑，它们借此获得了一种外倾的古代的特征。真正的外倾型直觉懂得随机应变，并且能敏锐地嗅到客观现实中所有的可能性，相反，这种古代的外倾的直觉能使人惊讶地鉴别出现实环境中的每一种模糊、阴暗、肮脏和危险的可能性。面对这种直觉，对客体的真正而有意识的意图也不具有任何意义了；它只会隐约显现于所有可能性之后以及这种有意识的意图之前。因此，它含有危险的成分，那是一些在暗中捣鬼的东西，它们常常会与意识的温顺慈善形成最鲜明的对比。只要个体对客体的疏远表现得不是特别过分，无意识知觉就会对极为迷人和太过轻信的意识态度进行有益的补偿。但是无意识一旦与意识对立起来，就会出现这种直觉，并将它们邪恶的影响四处扩散：它们武断地强加在个体之上，释放出最为邪恶的客观的强制性概念。强制神经症通常就是起源于这一系列事件的精神神经症，其中歇斯底里的特征减弱了，因为它被衰竭的症状弄得模糊不清了。

8.直觉

内倾型态度中的直觉是直接指向的是内在客体，它是我们用来指无意识因素的一个专门术语，因为内在客体与意识的关系几乎近似于意识与外在客体的关系，虽然说它们是一种心理现实而不是一种物质的真实。内在客体对直觉感受表现为事物的主观意象，虽然它们与外在经验并没有相遇，但它们的确对无意识的内容起到了决定作用，即作为最后手段的集体无意识。当然，如果从它们本身的特征来看，要想让经验理解这些内容是很困难的，但这正是这些内容与外在客体都具有的一种性质。就像外在客体只能跟我们对它们的感觉保持相对的一致一样，内在的感观认识形式也是相对的；我们很难理解它们的产品和直觉功能的特殊本质，最起码在我们看来是这样的。直觉同感觉一样也拥有它的主观因素，在外倾型直觉中这种因素得到了最大限度的抑制，但是在内倾型直觉中它却起着决定性作用。虽然从外在客体那里这种直觉可能获得它的推动力，但是，它从不会降服于外在的可能性，而只是与外在客体释放出来的因素共存。

内倾感觉借助无意识的方法将它限制在特殊的神经刺激现象的感觉范围里，并且使它绝不超过这个范围，与之相反的是，直觉则对这方面的主观因素进行了压抑，并从中领悟出了什么才是真正引起神经刺激的意象。举例来说，一个人突然患上心理晕眩并发症就属于这种情况。感觉经常受神经兴奋过程的紊乱这种异常特征的干扰，这种异常特征掌握了感觉所有的性质，比如它的强度、它那短短的过程、它的起源以及它消失的每一细节，但就是完全忽视有关产生神经紊乱的实质方面的问题，或是不考虑发展它的内容。与之相反的是，直觉那直接行动的推动力完全来源于感觉；它常常在场景后面若隐若现，迅速地抓住在特殊现象中出现的内在意象，即在目前状况中突然出现的眩晕。它看到了这样一个意象：一个摇摇欲坠的人被利箭刺穿了心。这一意象将直觉活动迷住了；它被意象抓获，无法再去探索意象的细节。它紧紧地抓住幻觉，以最浓厚的兴趣去观察这一图象是如何变化的，如何进一步展开，以及最后又是如何消失的。这样，与外倾型感觉感受外界客体一样，内倾型直觉也几乎同样清晰地感觉到了意识所有的潜在过程。因此，在直觉看来，无意识意象具有事物或客体的高贵品性。但是，由于直觉不肯与感觉合作，所以它既没有获得任何认识，也没有大致意识到神经兴奋过程的紊乱，或是由无意识意象所引起的身体反应。因此，意象似乎是与主体分离开来的，它似乎是独立存在的，与人没有任何关系。所以，在上面我们所提到的证例中，当内倾型直觉者感到眩晕时，他从未想过被感知的意象也许就是通过某种方式影射的自己。当然，在那些倾向于理性的人看来，这种事情简直是匪夷所思的，但不管怎样，这就是一个事实，通过与这种类型的人打交道，我时常能感觉到它的存在。

外倾直觉者对外在客体明显的冷漠态度也在内倾直觉者对内在客体的关系中显现。就像外倾型直觉者不断地窥测出新的可能性一样，他在追寻这些可能性时毫不关心自己的利益或他人的利益，也根本不在乎人类的利益，他彻底摧毁了他在永恒的寻求变化的过程中刚刚建立起来的东西，内倾型直觉者也是从意象到意象，在无意识多产的子宫中寻找所有的可能性，而没有在现象与他自身之间建立起任何关联。世界绝不会变成一个只为某些人所感受的那种道德问题，与此相同，意象世界也绝不会变成一个直觉者所感受的道德问题，它是一个审美的问题，一个知觉的问题，是一种“感觉”。这样，他就像别人也开始忘掉这一点那样让他自己的肉体存在的意识彻底消失在了内倾直觉者的视野中。外倾型对他持这种观点：“他在现实中根本找不到生存的位置；他把自身置于没有任何结果的幻觉之中。”生命的创造力在这种永远旺盛的状况中创造了无意识意象，从直接的适用观点来看，对无意识意象的感知显然是没有任何意义的。但既然这些意象是观察生活的表现方式（在特定的环境中这些方式能提供新的潜能），那么，对于整个心理系统说来，这种功能是必不可少的。就像它对于一个民族的精神生活来说是不可或缺的相应的人类类型一样。尽管对于外部世界来说，它是最为陌生的。如果不存在这种类型，也就不会存在以色列的众先知们。

内倾直觉掌握的是那种在先验中产生即产生于无意识心理的遗传基础的、其最内在的本质而经验无法理解的原型，表现出的是那种全部种族系列的心理功能的沉淀，换句话说就是，有机体存在的普遍经验的累积或郁积，在历经数之不尽的重复过程之后凝聚而形成了类型。因此，这些原型包含了盘古开天辟地以来发生的所有经验的表现。他们的原型差异越明显，就越会被频繁和强烈地体验到。用康德的话来说，就是原型是被直觉所感知并在感知中创造的意象的实体。

既然无意识并非一种在那里潜伏着的精神残骸，而是一种能够体验到天生就与普遍事物有关联的内在转化并与这种转化并存的东西，那么，通过感受这种内在过程，内倾型直觉就为理解那些普遍的偶发事件提供了某种绝对重要的依据：在大致清晰的范围内它不仅能预见新的可能性，还能预见随后必然要发生的事件。通过它与原型的关系能解释它先知先觉的预见，因为原型是所有可感知事物的决定性规律的代表。

9.内倾直觉型

当内倾的直觉的特殊性质占据优势地位时，一种特殊类型的人应运而生，这种人一方面是神秘莫测的梦幻者和窥测者，另一方面又是幻想的狂热者和艺术家。可以将后者看成是正常的情形，因为这一类型倾向于把自己限制在直觉的知觉特征之内。通常情况下，直觉者只止于知觉；知觉是他的主要问题，如果以创造性的艺术家为例的话，知觉通常是知觉的形象塑造问题。但是幻想的狂热者只会对直觉感到满足，他自己就是由直觉塑造出来的，直觉对他具有决定性作用。直觉的强化会使得个体与现实极度地疏远，他甚至会变成自己生活圈子中那谜一般的人物。假如他是一个艺术家，他就会用他的艺术来揭示一些非同凡响的东西，这种艺术身披着霓虹般的神圣光环，它不仅包含了有意义的东西，还包含了琐碎无聊的东西；不仅包含了可爱的东西，还包含了怪诞的东西；不仅包含了狂妄的东西，还包含了崇高的东西。如果他不是一个艺术家，那么他往往就是一个怀才不遇的天才，一个“投错了胎”的伟人，一个聪明的傻子，一个“心理”小说中的人物。

虽然在把知觉看成一个道德问题这一点上与内倾直觉型并不完全相同，但因为这样做需要在某种程度对理性的功能进行强化，所以就算是判断上的、相对极其微小的差异也能把直观知觉从纯粹的审美领域转移到道德领域中去。这样便产生了这一类型的变体，它与它的审美形式有着根本上的区别，虽然它仍然带有内倾直觉者的特征。当直觉者试着将自己与幻觉联系在一起时，当他不再止步于纯粹的知觉以及它的审美塑造和审美评价时，他就会面临这样一些问题：这对我和世界来说有什么意义？在这种幻觉中显现出来的是什么？它究竟对谁承担责任或任务，我还是世界？这时，也就出现了道德的问题。但这种问题从不会出现在那些抑制判断或者只有在迷恋于知觉时才拥有判断的纯粹直觉者面前。因为对他来说，唯一的问题是：知觉是怎样的？因此，他认为道德问题是无法想象的，甚至是荒唐的，同时他还认为它在最大程度上将他的思想组织了起来去考虑那些捉摸不透的幻想。具有道德定向的直觉者则与之完全不同。他只关注他的幻想的内容，相对来说，他考虑更多的是从它的内在含义里可能显现出来的道德效用，而很少想到它更深层面上的审美可能性。他的判断力使他认识到（尽管常常只是在暗中），作为一个人和一个整体，他总是以某种方式与他的幻想有着内在的联系，也认识到它不仅可以被感知，还渴望变成主体生命。通过这种认识，他感觉到把自己的幻想转变为他自己的生命是有必要的。但是，因为他倾向于唯独依赖他的想象力，所以他的道德努力就变成片面的了；他使他自己和他的生命变成了那种的确与事件的内在和外在相适应的含义，但却与目前的客观现实的象征不相适应。此外，他还拒绝接受现实中的任何影响，因为他总是使自己处在晦涩难懂的迷雾之中。他的语言也不通俗，而是被过分主观化了。他的辩论不能让人信服。他在迫不得已的情况下只能承认或宣称他说的话是“在荒野中的叫喊声”。

内倾直觉者所受的主要压抑需要在客体的感觉方面来获得宣泄。这显然是他的无意识所具有的特征，因为在他的无意识中我们发现了一种具有原始特征的补偿性外倾感觉功能。因此，最好将无意识人格描绘为一种相当低级和原始秩序的外倾感觉型。冲动和不受抑制是这种感觉的主要特征，并带有一种对感觉印象明显的依赖。后一种性质是对意识态度稀薄的上层气氛的一种补偿，它给意识态度增加了一定的分量使其不至于过度“升华”。但是，如果通过意识态度的强制性夸大而促使完全屈从于内在知觉的状况获得发展的话，无意识也就变成了一种对立，从而引发了那种由于过分地依赖客体而将意识态度置身于公开的冲突中的强制性感觉。这种神经症的形式便是强迫性神经症，其症状部分表现为忧郁症，部分表现为感觉器官的神经过敏，部分表现为对某些人或某些物体的强制性联系。

10.内倾非理性型的概述

以上所讨论的两种类型几乎无法经由外部进行判断。因为他们是内倾的，而且欠缺一种表达意愿的能力，这些往往会被一种有力的批判当成用来攻讦的短处。既然他们的主要活动是内向的，那么除了冷漠、隐秘、缺乏同情心、犹豫，以及一种明显而莫名其妙的困惑之外，他们无法在外表上显露出任何东西。即使真的有什么东西浮上表面，那通常也是低级的和相对的无意识功能的间接表现。这种性质的表现显然会造成一些对这种类型不利的舆论偏见的出现。因此，这种类型一般会被给予较低的评价，至少是被误解。因为他们极大地缺乏判断力，所以在某种程度上他们并不了解自己，他们对公众舆论为何经常这样地贬低他们也无法做出合理解释。他们看不到自己的外在表达实际上也是一种低级的特征。他们的想象力受大量的主观事件的迷惑。幻想中发生的事情对他们来说简直具有无法抗拒的魅力，以至于他根本意识不到，他们惯常的交际方式几乎根本没有将他们所体验或把握到的真正感受表达出来。他们通常采用一种片段的或插曲般的方式来进行交流，这对他们周围人的理解力和意志力提出了一种极高的要求，甚至，他们的表达方式就欠缺那种能说服自身的伴随着客体的激情。相反，这些类型在外部世界中的行为常常是粗鲁的、令人厌恶的，尽管他们可能尚未意识到这一点，或者至少没有想到要注意这一点。当我们开始认识到要用通俗易懂的语言来表达内心所感受到的东西难度有多大时，我们就会更为公正地判断这些类型的人，并且会对他们给予极大的谅解。然而，也不能太过于谅解他们，以免使他们认为表不表达根本没什么关系。这样做对这种类型来说是有害的。命运给他们制造了无法克服的外部困难，这种困难对他们来说或许要远远超过他人。不过，这些困难对于内在想象力的极度兴奋有着极为重要的作用，然而一般情况下，只能通过一种强烈的个人需求才可以从他们身上挤出一种使他人了解的表达方式来。

在外倾的和理性主义看来，这种类型的人的确是在人类中最没有用的。但是，如果换一种更高的观点来看，就会发现他们生动地显示了：具有充沛而魅力十足的生命力和丰富多彩的世界不单是一种表面现象，同时也是一种内在的存在。这些类型是大自然片段的显示，这是毋庸置疑的，但是对于那些拒绝被日常生活中的智力方式挡住视线的人来说，他们却是一种很有教育意义的经验。他们自己认为，具有这种态度的人不仅可以推动教育发展而且还能推动文化发展。相对他们的语言来说他们的生命更有教益。以他们的生命为出发点，而绝不是以那些好似他们的最大缺陷即他们的自我封闭为出发点来看，我们可以认识到我们文明的一个最大谬误，那就是对言行举止迷信的信仰，过高地估价了语言和手段的教育作用。一个儿童自然会受他父母高深莫测的谈话的影响，但是，难道我们真的可以说这个儿童因此就受到教育了吗？实际上教育他的是他父母的生活方式——父母所交流所用的那些语言和姿势只会给他造成混乱。这在教师身上也是同样的道理。但是我们对教育方法却抱着这样的信仰：如果这种教育方法很好，那么它的具体就会使教师变得伟大。一个人如果品行卑劣就绝不可能成为一个好的教师，但是他可以用一种美妙的教育方法或一种有着同样光辉的理智能力来掩饰那种致命的卑劣，以及那种在暗中荼毒学生的卑劣。当然，较为成熟的学生所唯一渴望获得的是有用的方法和知识，因为他已经被那种相信方法万能的普遍态度征服了。他已经知道，只要能够准确地掌握一种正确的方法，那么即使他的头脑是最空洞的，也依然能成为最优秀的学生。他周围的整个环境不仅竭力提倡而且还身体力行地对这种教条进行演示：所有的成功和幸福都是外在的，要想到达个人欲望的天堂就必须找到正确的方法。或许，他的宗教训导者的生命有可能将那种从内心幻想之宝藏中发射出来的幸福之光展示出来呢？非理性的内倾型当然不能被称为是一种更完美的人性训导者。他们不具理性和理性道德，但他们的生活却表现出了别的可能性，而我们的文明却正在艰难地朝着向这种可能性进发。

11.主要功能和从属功能

我不想在前面的讨论中给读者留下这样的印象：这些单纯的类型会经常出现在实际生活中。我们可以说，他们仅仅是高尔顿式的家庭肖像人物，在一个累积的意象中聚集了普遍的因而也是典型的特征，如果个体的某些特征被不均衡地抹掉了，与此同时，另一些特征也就被被不均衡地加以强调了。对个体情况进行精确的调查时总是显示出这样一个事实来。在与最显著的功能的连接中，总是呈现出另一次要的功能，即意识中的劣势功能，它是一种相对的决定性因素。

为了使大家的思路更加清晰，让我们做一下归纳：一切功能的产物都可以是意识的，但只有当它的运用不仅受意志支配，而且他的意识倾向也决定于他的原则时，我们才能就一种功能的意识进行讨论。后一种情形只有在某些情况下才是真实的，例如，当思维并不是一种纯粹的后觉者或沉思默想，而是思维的决定绝对的有效，以致逻辑归纳不管作为实际行动的动机还是作为保证，在缺少进一步的证据支持的特定情形下发挥作用时就是这样。以经验看来，这种至高无上的权威总是而且只能够是独自属于一种功能，因为另一种功能同样独立地介入势必导致另一不同的倾向的产生，至少它会部分地与第一种倾向发生冲突。但是，既然在意识的调节过程看来，使一种功能不模棱两可而是保持明显的清晰是一个根本的条件，那么相应能力的第二种功能的出现势必就会受到压抑。因此，另一功能的重要性只能是次要的，经验的事实就是这样。它的次等的重要性在于：在特定的情况下，它自身没有发挥主要功能或是确定不移的决定因素作用，而更多的是起着一种辅助性和补偿性功能的作用。当然，只有那些性质不与主导功能相对的功能才能表现为辅助功能。比如，情感与思维就绝对不能一同发挥作用，它只能扮演第二功能的角色，因为它的性质与思维有着巨大的差距。如果思维是真正的思维而且对自己的原则忠诚，那么它必然会严格地将情感排除掉。当然，这种排除并不是要排除这样的事实：在个体身上思维和情感确实平等地存在着，因此，在意识当中两者的原动力是不相上下的。然而在这种情况下，分化出类型的问题根本还未出现，此时存在的只是一种相对来说还未获得完全发育的思维和情感。因此，原始心理状态的显著标志便是功能的意识和无意识的同一。

经验表明，虽然辅助性功能的性质不会与主导功能相对立，但总是有所不同的，例如，作为一种原始功能，思维可以作为直觉的辅助物出现并协同行动，或者的确能与感觉相匹配，但是，就像我们所讨论过的那样，它与情感永远无法进行协调。不管是直觉还是感觉，都不会站在与思维敌对的立场上，这就等于说，它们不会被无条件地排除掉，因为它们的性质与情感是不同的，虽然它们的目的与思维相对立，原因是作为一种判断功能，情感比思维更具优势地位，但事实上，它们仍是一种感觉功能，能为思维提供受它们欢迎的援助。如果它们达到了能够与思维相媲美的分化程度，就会引起一种态度的变化，这一变化将与思维的倾向平分秋色。由于它们将要把判断的态度转变成感觉的态度，那么，就必须压制那种对思想来说不可或缺的理性原则，二则显然对纯感觉的非理性有利。因此，只有当辅助性功能服务于主导功能并且不要求自己原则的自主权时，它才能成为可能的和有效的。

这一原则普遍适用于在实际出现的所有类型那里，即除了意识的主导功能以外，还有一种相对的无意识的辅助性功能的存在，无论从哪方面来讲，它与主导功能的性质都不相同。于是从这些组合中就产生出了为大家所广泛熟知的情景，例如，具体的理智与感觉配成一对，臆测的思维能力往往与直觉汇集在一起，艺术家的直觉凭借情感判断来选择和呈现它的意象，哲学家的直觉与强健的思维能力结为联盟，把它的想象诠释成通俗易懂的思想范畴，诸如此类还有许多。

无意识功能的组合也以意识功能的联系为依据而发生，例如，一种无意识的直觉情感态度也许与一种意识的具体思维能力是一致的。因此相对来说，情感的功能比直觉受到的抑制更加强烈。不过，这种特殊性只是在那些对此类病例的具体心理治疗感兴趣的人眼中才是重要的。所以这种人的确有必要知道这一点。因为我曾经反复多次地观察过一个医生的方法：当病人明显患有心理疾病时，他就尽其所能地直接唤起患者的无意识之外的情感功能。这一方法注定是要失败的，因为这样做对意识的立足点是极大的歪曲。如果这种歪曲真的成功了，那么患者就会对医生产生一种真正的强迫性的依赖，以及产生一种只能通过粗鲁排除的“移情”，因为这种歪曲剥夺了患者的立足点，而医生则充当了他的新立足点。但是，当发展的途径通过第二种功能时，即在理性型病例中通过非理性功能时，那么，通往无意识和压抑最深的功能的通道就会于此时自然贯通，因为这样更恰当地保护了意识的立足点。由于借助了第二种功能，意识的立足点就超越了意识的可能性和紧迫性所设置的领域和前景，从而获取了一种恰当的保护力，它用这种保护力来抵御无意识破坏性的影响。与之相反的是，非理性类型则要求发展一种强有力的、在意识中表现出来的理性辅助功能，以便充分地准备好迎接无意识的冲击。

无意识功能处在一种古老的、野兽般的状态之中。它们在梦幻与幻觉中常常会象征性地显示为两个野兽或魔鬼正在进行一场格斗或冲突。

第十一章
定义

如果专门用一个独立的章节来讨论定义似乎显得有些多余。然而，事实证明，尤其在心理学领域，人们往往不会对那些所使用的概念和术语多加关注：原因在于在众多领域当中没有任何领域像心理学领域那样有如此众多概念上的歧义，如此频繁的曲解。造成这一缺陷的原因不仅在于心理科学尚处于襁褓之中；还因为作为心理科学研究对象的经验材料根本无法以具体的形式置诸读者的眼前。因而，心理学研究者只能广泛地借助间接的描述方法来表现他们所观察到的现实。只有通过数量测量的方式来传达基本事实时才能直接表现出问题。尽管人的具体心理似乎不能被当作可测量的事实来进行体验和观察，但是这样的事实确实存在着，正如我对自由联想的研究所表明的[1]：凭借数量测量的方法可以理解极为复杂的心理事实。然而一个对一门科学要求更多东西，想深入接触到心理学本质，和不把它限制在科学方法狭窄的范围内的人会认识到，实验的方法从来就不可能公正地对待人类心灵的本质，甚至连描绘出一幅大体上忠于复杂心理现象的图像都不可能。

然而，如果离开了这一可测量的事实的王国，那我们所能依赖的也就只有概念了。也就是说，概念的精确性取代了测量和数字成为被观察的事实的那种精确性的给予者。但很不幸，这一领域的所有调查者和研究者都清楚，现有心理学概念的不明确性和模糊不清使得它们根本无法相互理解。例如“情感”这一概念，我们只能通过把它所包含的一切都具体化来获得某种对一般心理学概念的变异性和模糊性的认识，从而接受它。事实上，尽管情感的概念所表达出来的某些具有特征的东西是无法为量化测量所理解的，但其存在仍然是可觉察的。对于冯特在他的生理心理学中听凭这种根本的和主要的心理现象被简单地否定掉，而寻求以原初的事实来取代它们，或者将它们消解于原初的事实中这一方法我们不能苟同，因为它已经完全抛弃了心理的本质部分。

为了避免对自然科学方法的过高评价所引起的弊端，我们只好向精确定义的概念

1 参见荣格《词语联想的研究》（*Studies in Word-Associatmn*）。

求助。为了获得这种概念的帮助，我们需要众多研究者的精诚协作，同时我们还要赢得普遍的赞同。然而，这种普遍的赞同并不是马上就能实现的，因此，个别研究者就不得不赋予他的概念以某种稳定性和精确性，通过阐释他所运用的概念的意义，使每个具有自己立场的人都能明白他运用这些概念时真正意指的是什么。

为了顺应这种需要，我想按照字母顺序来论述我的主要心理学概念，同时我愿意趁此机会向读者解释各种可能出现的疑问。当然这些定义和解释不单单是被用来确证我本人运用这些概念的意义的；我并不想宣称我的概念的运用无论何时何地都是唯一的、可能的或绝对正确的。

1.抽象作用（abstraction）

抽象作用，顾名思义，是将某种内容（某种意义或某种一般特征等等）从一种其他诸多因素所构成的联系中抽取或分离出来。这些因素之所以能组合成一个整体是因为它具有某些独特的或个别的东西，因而具有单一性、唯一性和不可比较性，这些都是认识的障碍；所以，那些与被当作基本因素的内容相联系的其他因素就显得没那么重要了。

所以说，抽象作用是一种精神活动的形式，它将本质性内容从与其无关紧要的因素联系中解放出来、彼此区分开来或者说分化出来（参见“分化”条）。从更广泛的意义上来说，所有将本质性内容从与其他因素的联系中分离出来的活动都是抽象，而其他的因素之于其意义都是无关紧要的。

抽象作用是一种一般心理功能（参见该条）活动。如同存在抽象的情感、感觉和直觉一样，也具有抽象的思维（参见这些条目）。抽象思维将它于理智上认为的不相干的组成成分中的理性的、符合逻辑的特定的内容挑选出来。抽象情感则是借助情感这一价值的判断来挑选出特征相同的内容；抽象感觉和抽象直觉也是这样做的。萨利（Sully）将抽象情感界定为理性的、审美的和道德的情感。[1]纳洛斯基（Nahlowsky）又在这其中添加了宗教的情感。依我看，抽象情感是符合纳洛斯基所说的“高级情感”或“理想情感”的。[2]如果将抽象情感与抽象思想放在同一层次上进行级次上，我们就不难发现，其实抽象感觉是审美的感觉，是对应于感官的感觉（参见“感觉”条）的；而抽象直觉是象征的直觉，是对应于幻想的直觉（参见“幻想”和“直觉”条）的。

在这里，我将抽象作用与对心理能量过程产生的意识联系在一起。当我对一个客体采取抽象态度时，我选择通过排除所有不相干的部分而把注意力集中在其某一部分上，而不是让客体从整体上影响我。我的目的是抽取作为单独和唯一整体的客体的一

1 参见萨利《人类精神》第2卷，第16章。

2 参见纳洛斯基《情感生活》，第48页。

个部分。事实上，我意识到了这个整体，然而我并没有陷入这种意识中或将我的兴趣全部投入进去，而是抽身而退，从中抽取所需部分并进入我的概念世界，而这个世界恰恰是为抽取客体的某部分这一目的或者说是为了把它们聚集起来做准备的。（只有借助概念的主观聚集，才可能得到从客体中抽象的力量。）我把“兴趣”理解为能量或欲力（参见“欲力”条），将欲力作为价值赋予了客体，或者说客体从我身上取得了欲力，这一做法是潜移默化地发生的，抑或是违背我自己的意愿的。所以，我把抽象的过程具体化，即使一种欲力从客体的退回，使一种价值从客体向主观抽象内容的回流。于是，我们这样认为，抽象作用相当于一种对客体价值的能量的贬低或者说抽象作用是一种内倾的欲力运动（参见“内倾”条）。

当一种态度（参见“态度”条）既是内倾的，同时又同化（参见该条）了客体的某些部分——这些部分常常被认为就是本质，并把其抽象的内容聚集于主体之中时，我就将它称为抽象的态度。一种内容越是抽象就越难表现出来。康德认为：概念越抽象，越容易排除事物的差异。[1]我对这一观点表示认同。就此意义上来讲，最高层次的抽象与客体的绝对是相脱离的，并以此达到不可表现的极限。这就是纯粹的“抽象”，我将其称为观念（参见“观念”条）。反之，一种在某种程度上仍具有可表现性或可塑性的抽象，则被我称为具体的概念（参见“具体主义”条）。

2.感情（affect）

我所谈到的感情指的是这样一种情感状态：一方面在身体上表现出显著的神经刺激的特征，另一方面则表现为一种特殊的对观念作用过程的扰乱。[2]在我看来，情绪和感情是同义词，而将情感与感情区分开来恰好与布留勒尔（Bleuler）的看法相反（参见“感触性”条），事实上情感和感情之间不存在明确的界限，因为任何情感在得到某种力量后就会释放出生理性的神经刺激，从而成为一种感情。然而，从事实的角度出发，区分感情与情感的做法是恰当的，因为与感情不同，情感是一种自主的可供支配的功能。这样看来，感情与情感明显的区别就在于它能清楚地察觉到身体上的神经刺激，而情感却不能，换句话说情感的心理强度太过于微弱，以致能证实它们存在的只有最精密的仪器了，心理电流（psy chogalvanic）的现象就是一个很好的例子。[3]感情通过对神经刺激的感觉逐渐积累起来，而这种神经刺激则是由身体释放出来的。这种观察促使詹姆斯-朗格（James-Lang）提出了感情理论，该理论认为是身体方面的神

---

1 见康德《逻辑学》第1章第6部分。《康德全集》第8卷，第403页。

2 参见冯特《生理心理学基础》第5章，第3节，第209页及以后页。

3 弗诺：《电阻变化的注释》，《生物界的报告》1888年，第217页及以后页；维拉格特（Veraguth）：《心理电流的反射现象》，《心理学和神经病学月刊》第21期，第387页及以后页；宾斯温杰（Binswanger）：《论联想实验中的心理电流现象》，《词语联想研究》第446页及以后页；荣格：《论联想实验的心理物理联系》，《变态心理杂志》第1期，第247页。

经刺激激将感情激发出来的。与此相对立的是，我认为感情一方面是心理上的情感状态，另一方面也是生理上的神经刺激状态，两者具有积累和相互影响的作用。换句话说，就是感觉的成分与强化了的情感联系在了一起，这样看来，感情就更加接近于感觉了（参见“感觉”条），所以从根本上说感情和情感是有区别的。我也并没有把那种伴随着激烈的生理上的神经刺激的感情归属到情感的领域之中，而是将之归入感觉功能领域。

3.感触性（affectivity）

感触性一词出自布留勒尔。它所表达的“不仅包括感情本身，也包含细微的情感或痛苦与快乐这一情感色调”。[1]布留勒尔不仅把感触性与感官这一知觉与其他身体感觉区别开来，还将它与可能被视为内在知觉过程的“情感”（例如某种确定性的“情感”、可能性的“情感”，等等）或模糊的想法、察觉等区别开来。[2]

4.阿尼玛／阿尼姆斯（anima／animus）：参见“灵魂”（soul）、“灵魂意象”（soul-image）条。

5.统觉（apperception）

统觉是一种心理过程，表现为一种新内容以一种可以被理解、被领悟或“变得清晰”的方式与类似的已经存在的内容连接起来。[3]主动统觉和被动统觉是有区别的。前者的过程是，主体自发地以自身的动机为出发点，有意识地并专注地领悟一种新内容，然后将它与另一种早就储备好的内容进行同化；后者的过程则是，一种来自外部（通过感觉）或来自内部（从无意识中）的新内容闯入意识并强行引起意识的注意和理解。由此可见，前者活动的重点在于自我方面（参见“自我”条）；而后者则是在自行闯入的新内容方面。

6.古代式（archaism）

我在这里说的古代式并非指“古风的”，也就是并不是像罗马后期的雕刻艺术或19世纪的“哥德式”建筑那样的拟古或仿古，我指的是心理内容或心理功能（参见该条）的“古老性”。即具有遗迹（relics）特征的那种性质。一切心理特征，只要能呈现出原初心灵性质的，我们就可将其描述为古代的。显然，古代式主要是无意识幻想活动的产品（参见该条），这一无意识幻想活动恰恰达到了意识层面。当意象（参见该条）也包含了无可置疑的类似于神话的产物时，它的性质就是古代的。[4]无意识幻想的类比联想与其象征方法（参见“象征”条）均是古代的。与客体的同一（参见该

---

1 布留勒尔：《感情状态、暗示感受性及偏执狂》，1906年，第6页。

2 布留勒尔：《感情状态、暗示感受性及偏执狂》，1906年，第13页及以后页。

3 冯特：《生理心理学基础》第1章，第322页。

4 参见荣格《转变的象征》。

条）关系或者神秘参与（参阅该条）、思想和情感的具体化（参见该条），强迫症和失去自我控制能力（如醉狂或恍惚状态、着魔等等）以及思维与情感、情感与感觉、情感与直觉等诸心理功能的融合（参见“分化”条）也都是古代的。另外，一种功能中某个部分与其相对部分的融合如肯定的情感与否定的情感的融合也是古代的。此外，像布留勒尔所说的自我矛盾倾向和两向性以及色彩听觉之类的现象也同属于古代的。

6a.原型（archetype）：参见“意象”“原初的”及“观念”条。

7.同化（assimilation）

同化指的是一种吸收新的意识内容，然后归入已经聚集起来了的主观材料中的行为过程，[1]在此过程中，由于新的内容和这种材料之间的相似性被着重强调，进而对新内容的独立性质造成了损害。[2]从根本上看，同化是一个统觉（参见该条）过程，不同的是它强调与主观材料的近似性因素而与统觉区别开来。正如冯特所说：

> 当同化的因素通过再建使得被同化的因素通过直接的感觉印象表现出来时，这种观念建立的方式（即同化）就变得显而易见了。因为这时记忆意象的因素被投射到外在客体中，并且当客体与再建的因素相互之间存在实质性的差异时，完成的感觉印象似乎就变成了幻相，将事物的真实本质隐藏起来。[3]

我偏向于从广泛的意义上使用同化概念，即客体向主体的接近。相对的，异化比较则表示主体向客体的接近，为了迎合客体土体同他自身疏离，这些客体包括外在客体和诸如观念之类的“心理的”客体。

8.态度（attitude）

相对说来，态度是心理学新近获得的概念。由穆勒（Mailer）和舒曼（Schumann）提出。库尔普（Külpe）[4]把态度界定为一种预感，它产生于感觉中枢或运动中枢对特殊刺激或持久冲动做出反应，相反，艾宾霍斯（Ebbinghaus）[5]从更宽广的角度上将它当成是一种训练的结果，表现在它将习惯性因素引进了偏离习惯的个别行为中。我们对此概念的运用采取了艾宾霍斯的观点。我们认为，态度是以某种方式行动或做出反应的心理准备状态。这一概念对复杂心理现象的心理学来说尤为重要，因为它阐述了以下特殊事实：为什么在某些时候某种刺激会产生十分强烈的影响，而在另一些时候它们的影响却又十分微弱甚至接近于无。对某一特定事物做好了准备的表现是已经对其

1 冯特；《逻辑学》第1章，第23页。
2 里普斯（1apps）：《心理学手册》，第104页。
3 冯特：《生理Jb理学基础》第3章，第529页。
4 《心理学基础》，第44页。
5 参见《心理学基础》第1卷，第681页及以后页。

具有了某种态度，即使这个事物指的是意识的事物也不例外；因为一种态度的存在就预示着有了先天的定向，这个定向是朝向某一特定事物的，无论能否呈现于意识中都不会有什么改变。态度是一种存在于某种主观的心理集束和心理因素或心理内容的特定组合中的准备状态，它们既可以决定和确定行为的方向，也可以通过某种确定的方式对外部刺激做出反应。积极的统觉（参见该条）离不开态度。态度有一个控制点，它既可以是意识的又可以是无意识的。当统觉一种新的内容时，一个已经聚集起来的内容组合体往往着力于那些显然属于主观内容的品质和要素。因此，无论在哪里，只要想排除任何不相干的东西，选择和判断就是不可缺少的。而到底什么是相干的、什么是不相干的，要让已经聚集起来的内容的组合体来判断。无论这个控制点是意识的还是无意识的都不会对态度的选择有什么影响，因为选择早就内在于态度中自主地出现了。然而，把意识与无意识区别开来是有必要的，因为这两种态度——意识的与无意识的随处可见。也就是说意识所聚集起来的内容与无意识所聚集起来的内容是截然不同的，在心理症中我们经常会看到这种双重现象。

态度的概念与冯特的统觉概念之间有某种亲缘关系，尽管如此，两者仍存在一些差异，那就是统觉包含把已经聚集的内容与被察觉到的新内容连接起来的过程，而态度则单一地与主观上聚集起来的内容进行联系。也可以这样认为，统觉是一座连接聚集起来的内容与新内容的桥梁，态度是河岸这一端的桥墩，而新的内容是另一端的桥墩。态度指的是期望，而期望发挥作用是有选择性的，并且具有定向的意义。当意识的幻觉领域中出现一种具有强烈情感色调的内容时，就会形成（或许与其他内容一起）某种特殊的心理集聚，这种心理聚集恰好与特定的态度相应，其内容促使其去统觉一切相似之物，同时抑制一切不同之物，从而创造出一种与之相应的态度。这种自主现象从根本上造成了意识定向（参见该条）的片面性。如果心理上不能通过自我调节或补偿来对意识态度进行矫正，心理平衡就将完全丧失掉。因此，从此意义上来讲，态度的双重性是一种正常现象，它只有在意识的片面性变得过分时才对其进行干扰。

从重要性的意义上看，态度可能是一种相对次要的附属现象，然而也是决定全部心理的普遍性原则之一。由于受到环境、个体教育程度、生活的一般经验以及个人信念的影响，一个主观的内容集丛可能会习惯性地出现，并且不断地形成某种能渗入到其生命最微小细节的态度。例如，一个对生存的阴暗面很敏感的人常常会对不愉快的事情保持戒备。而一种无意识的对快乐的期望则会为这种意识的不平衡提供补偿。此外，一个压抑的人常持有期待压抑的意识态度；在众多常有的经验中，他总是自然而然地挑选这种因素，以至于似乎在任何地方都能感受到它的存在。因此，对他来说，无意识态度的目标显得更有力量和更具优势。

尽管个体的全部心理具有其最基本的特征，但他仍然趋向于同他的惯常态度保持一致。普遍的心理规律能对每一个个体起作用，但这并不代表它们就是个体的特征，从习惯性态度的角度来说，它们发挥作用的方式是多种多样的。习惯性态度总是产生于对心理施加的因素的影响，诸如与生俱来的性格、环境的影响、生活的经验、通过分化（参见该条）而获得的洞察力和说服力、集体的（参见该条）观念等等。而个体心理的存在也离不开态度这种不可或缺的重要性。习惯性态度引起了如此巨大的能量置换，甚至改变了个体功能（参见该条）之间的关系，所以导致了这样的结果，这一切引起了人们对普遍的心理学规律的有效性的怀疑。例如，无论在生理基础上还是在心理基础上，某种程度的性活动都被认为是必不可少的，尽管如此，仍然存在没有伤害自身而生存下来的个体，即使相当大的程度上省却这些性活动，也不会出现病理现象或有任何明显的对他们能力的限制；然而在另一种情况下，即使极轻微的扰乱都可能引发可怕的后果。或许我们可以通过喜欢还是反感之类的问题看清个体所具有的差异。事实上，在这种情况下所有的规律其实都被抛弃了。那么最后剩下来的是什么，难道是这次没有让人感到快乐的东西吗？又或者是那种不能造成痛苦的东西吗？每一种本能和功能都可能对其他的本能和功能屈从。自我本能或权力本能都能成为性欲的主人，性欲本身也能自我奴役。思维可以掌控一切，同样情感也可以将思维与感觉吞灭，这一切全都依赖于态度。

从本质上来说，态度是一种无法为科学研究所理解的个体现象。然而，在实际经验中，某些态度类型是可以从某些心理功能上进行区分的。当一种功能习惯性地占据优势时，一种态度类型就会应运而生。根据不同功能的性质，形成某种心理内容的集丛，最终产生相应的态度。由此就有了思维、情感、感觉和直觉态度的类型。除了这些纯粹的，在数量上或许会增加的心理态度之外，还存在一种社会性的态度，也就是那些被打上了集体观念烙印的人。他们以各种各样的“主义”为表现特征。要记住，这些集体性态度是非常重要的，甚至有时比个体态度还重要。

9.集体性的（collective）

我所说的集体性是指所有那些并不单属某个人，而是属于许多人的内容，即属于社会、民族或一般人类的心理内容。列维-布留尔[1]将这类内容描述为原初人的集体表象，它们包含了流行于文明人中的一般性概念，诸如正义、国家、宗教、科学等。然而，集体性并不局限于概念和看待事物的方法还包括情感。正如列维-布留尔所表明的，在原初人中，集体表象和集体情感同属一个概念。由于其集体性的情感价值，他把集体表象定义为“神秘的”，因为它们不只是理智性的，而是包含了感情。[2]在所谓

1 列维-布留尔：《原始思维》，第35页及以后页。

2 列维-布留尔：《原始思维》，第36页及以后。

的文明文化中，某些集体观念如上帝、正义、祖国等等与集体情感密切相关。这种集体性不仅包含有个别的心理因素，也包含着整个心理功能（参见该条）。因此，当思维功能具有普遍的有效性、并且与逻辑规律相一致时，从整体上来说，它就具有了集体性的特征。与此相同，当情感功能不只等同于一般的情感，同时也与普遍经验、普遍道德或良知等相一致时，我们就可以说它从整体上说是集体性的。感觉和直觉也有类似情况，即当感觉和直觉同时具有大多数人的特征时，它们便是集体性的。个体性（参见该条）就是集体性的对立面。

10.补偿（compensation）

补偿指的是平衡、调节或补充。阿德勒（Adler）[1]将这一概念引入到心理症的心理学中，主要表现在补偿性心理系统对自卑感的功能平衡上，类似于器官处于低下状态时的补偿性发展。[2]阿德勒指出：

> 这些低等器官和器官系统与外部世界的冲突始于脱离母体器官的时候，这一冲突比发生在较为正常发育的器官中的冲突更为激烈且必然会出现……同时，胎儿的特性则为补偿与过度补偿提供了更大的可能性，以此来增进适应正常抵抗与非正常抵抗的能力，以便获得更新、更高形式的发展和成就。[3]按照阿德勒的理论，从病原学上来讲，器官处于低下状态的心理症患者的自卑感往往能产生一种“辅助性装置”[4]，即补偿，它通过设置一条“虚构的引导线路”来平衡自卑，换句话说，这一“虚构的引导线路”是一个努力将自卑感转变为优越感的心理系统。这一概念的重要性主要表现在补偿性功能在心理过程方面不可或缺的地位上，这是可以通过经验证实的。它对应的是生理学领域中与之类似的功能，换句话说，对应的是生命有机体的自我调节。

然而，我的观点与阿德勒的有所不同，他把补偿概念限制在自卑感的平衡上，而我则倾向于把它理解为一般性的功能调节即一种心理机制的内在自我调节。[5]换句话说，由于意识活动一般态度带有片面性，因此无意识（参见该条）活动被看作是对意识（参见该条）活动产生的（参见该条）一种平衡。心理学家们常常把意识比喻成眼睛，例如我们常谈及意识的视野与焦点。这个比喻在表达意识的本质特征上是极为贴切的。能同时被掌握于意识的视野之中的内容是极少的，而能达到意识最高程度的更

---

1 阿德勒：《心理症的构成》。最初由安顿（Anton）所提出的有关补偿理论，也出现在格罗斯（gross）那里。

2 阿德勒：《关于器官低下状态及其心理补偿的研究》，第73页。

3 参见阿德勒《心理症的构成》，第7页。

4 见阿德勒《心理症的构成》，第14页。

5 荣格：《论心理病理学中无意识的重要性》，第449段及以后段。

是少之又少。意识的活动是有选择性的，而选择又要求有定向，定向就必须排除不相干的一切。这些正是导致意识定向（参见该条）片面性的原因。那些被选择的定向排除出去的和抑制的内容就成了无意识，并且变成了对意识定向的抗衡力量。这一相反阵营的增强与意识片面性的强化会一直处于平衡状态，直到最后产生了激烈的心理紧张为止。虽然这种紧张能在初期将意识活动抑制在某种程度上，但仍可能被日益增强的意识的努力所打破，最终的结果仍是心理紧张变得更为激烈，使得被压抑的无意识内容以梦幻与自发意象（参见该条）的形式爆发出来。意识的态度越是片面，来自无意识内容的对抗就越发强烈，我们甚至可以说这就是两者之间的真正对抗。在这种极端的情况下，补偿便以对立功能的形式出现了。通常情况下，无意识的补偿并不会与意识相对立，它更多的是对意识定向进行平衡或补充。例如在梦中，无意识提供了全部在意识情境下搜集到的对于完满的适应来说是必不可少的内容，而这些内容却是被意识的选择所抑制的。

通常情况下，补偿是一个对意识活动的一种无意识的调节过程。然而在心理症的状况下，无意识与意识之间如此尖锐地对立着，以致补偿作用被扰乱了。因此，分析疗法的目的在于，充分认识无意识的内容，以便重建补偿作用。

11.具体化（concretism）

具体化指思维和情感的一种特征，这种特征与抽象作用（参见该条）是相对立的关系。具体化实质上就是“共同生长”。一个具体思维的概念指的是一个与其他概念共同生长或相互结合的概念。这种概念不是抽象的、封闭的或单单存在于自身的，而总是与别的概念相互融合和关联的。它置身于感官知觉所传达的材料中而不是一种已分化的概念。所有具体化思维（参见该条）的运作是与具体概念及其知觉对象相一致的，并始终保持着与感觉（参见该条）的联系。同样，具体化的情感（参见该条）也从未与感官断绝过联系。

原初思维和情感属于具体化的范畴；它们常常与感觉联系在一起。原初人的思想并不具有超然的独立性，它总是紧紧依附于物质现象。因此，充其量也只能算是一种类比。原初情感也同样被物质现象所限制，尽管有微弱的分化，仍免不了要依赖于感觉。因此，我们说，具体化是古代式的（参阅该条）。物神（fetish）[1]的魔力影响并不能被简单地理解成为一种主观的情感状况，更确切地说，它是一种魔力效应。这就是情感的具体化。原初人并不把神性观念看作是一种主观内容；而是把圣树当成神的居所，甚至当成是神本身。这就是具体化的思维。在文明人看来，具体化的思维除了能展现感官所传达的直接的和明显的事实之外，既无法设想任何其他东西，也无法将

1 原始人认为具有神力而加以崇拜的物品。

主观情感与被感觉的对象区分开来。

具体化是在一个更普遍的概念神秘参与之下产生的概念。正如“神秘参与”展现出的是个体与外在对象的融合一样，具体化同样也是思维、情感与感觉的融合的表现，所以思维和情感的对象同时也是感觉对象。这种融合保证了思维和情感的一致，使它们仍然从属于感觉的领域，无法发展成为纯粹的功能，最终使得感觉因素占据了在心理定向（参见该条）的优势地位（有关感觉因素的重要性见“感觉”条）。

具体化的劣势在于其众多功能都从属于感觉。感觉是对生理刺激的知觉，而具体化不是把功能固定于感官的领域内，就是不断地把它领回到那里。结果造成了心理功能处于感官的从属地位，即通过损害个体心理自主性来迎合感官事实。从对相关事实的认识这一角度看，这种定向显然是颇具价值的，然而，从解释和阐释事实与个体关系的角度看就大不相同了。具体化为事实的重要性赋予了过高的价值，甚至于通过压抑个体的自由来迎合客观材料。既然个体不单单受制于生理的刺激，很大程度上也受制于那些与外在现实相对立的因素，那么具体化的作用就是把这些内在因素投射（参见该条）到客观材料中去，对纯粹事实近乎迷信的崇拜就由此产生了，这与原初人的状况基本相同。

从尼采的例子我们可以得出结论：情感的具体化很可能会导致一种对饮食的过高评价，摩莱斯各特（Maleschott）的唯物主义的例子也有类似论述——“人即他的所食之物”。除了以上的例子还有奥斯特瓦尔德一元论中对能量概念的实体化。

12.意识（consciousness）

意识指的是心理内容与自我（参见该条）的关系，这种关系常常能被自我所知觉。[1]反之，无法被自我所察觉的则是无意识（参见该条）。意识是维持心理内容与自我关系的功能或活动。[2]意识和心理（psyche，参见“灵魂”条）是两个不同的概念，因为心理是所有心理内容的总和，它们与自我的关联不一定是必然的，完全的，或直接的，或者可以说它们采取的是一种意识性的方式来与自我取得联系。纵然存在着众多的心理情结，但并非都与自我产生必然的联系。[3]

13.建构（constructive）

我从与综合同义的意义上来理解这个概念，或者我们可以将其称为综合概念的一种图解。建构顾名思义是“建立起来”的意思。在此，我用建构与综合意指的是一种与还原（reductive，参见该条）相对立的方法。[4]建构的方法关乎的是无意识产品的精

1 拉托普：《心理学概论》，第2页；亦见里普斯（Lipps）的《心理学手册》，第3页。

2 赖尔：《当代哲学导论》，第161页。赖尔把意识看作“活动”或“过程”。

3 荣格：《精神分裂症心理学》。

4 荣格：《分析心理学的两篇论文》，第121段及以后段。

心编构（梦、幻想等；参见“幻想”条）。它以一种象征性的表达来诠释无意识的产品（参见“象征”条），并预示着一种正在到来的心理发展阶段。[1]从这个角度上看，麦德尔（Maeder）对无意识的预测功能（prospective function，参见该条）的论述是正确的，这种功能以半开玩笑的态度来对未来的发展进行预测。[2]阿德勒也察觉到了无意识的预期功能。[3]毫无疑问，无意识产品不能简单地被视为一种完成了的或终结了的产品，因为这与它的目的性意义相冲突。尽管在弗洛伊德看来，梦的预测功能基本上被限制在“愿望”上，但他对类似梦像“睡眠的保护者”等等的目的论论述仍表示赞同[4]。如果我们认为无意识与其他心理功能或生理功能相类似，就等于否定了其目的性的特征的先天性。因此，我们把无意识的产品设想为是定向于某一目标或某一目的的表达，只不过在来凸显其目的时它使用了象征性语言。[5]

依据这一观点，将与用于阐释的建构的方法有关的说成是无意识产品的原初根源或原始材料，倒不如说是将这种象征产物以一种普遍的和可理解的表现形式展现在人前来得更为恰当。由此，主体的“自由联想”就被认为是以它们自身的目的不是以它们的根源为着眼点的。不仅需要从未来的行动或不行动的角度来看待它们，同时，它们与意识情境的关系也必须被纳谨慎地考虑的范围，原因在于，根据补偿（参见该条）的理论，无意识的活动是对意识情境一种实质性的补充。在一个预期的定向（参见该条）问题上，无意识活动与客体的实际关系并不像在还原过程中那样突出，它还与处于过去状态下的客体有一定的实际关系。因此，这更像是一个主观态度（参见该条）的问题，客体充其量充当着反应主观倾向信号的角色。因此，建构方法的目的就是从无意识产品中诱导出某种与主体未来态度相关的联系和意义。由于无意识只能创造出象征性的表达方式，所以建构的方法恰好能通过努力地阐明象征性表达的意义来展现意识的定向是如何得到纠正的，主体是如何与无意识协调一致来行动的。

因此，建构的方法也如同其他的心理学的解释方法一样使用了某些比较性的材料，而不是孤立地建立在由精神分析对象所引起的联想的材料上的。同理，还原的解释也运用了来自生物学、生理学、民间传说、文学即其他方面的相关材料，与此相同，对理智问题的建构处理也会使用哲学方面的材料，而对于直觉问题的处理则更多地查考神话和宗教史方面的资料。

据我们所知，一种未来的集体性的态度只有通过个体才能得到发展，所以，建

---

1 这方面的详细例证见荣格的《关于所谓玄异现象的心理学和病理学》，尤其参见第136段。
2 麦德尔：《梦的问题》，第39页。
3 阿德勒：《心理症的构成》。
4 弗洛伊德：《梦的解析》，《标准本全集》第4卷，第233页。
5 西尔贝利亚：《神秘主义及其象征方法问题》，西尔贝利亚以同样的方法在他的神秘解释的形成中表达这种见解。

构方法的个人主义就是必然性的。反之，还原的方法是从个体的态度和事实返回到集体的态度或事实，所以，它就是集体性的（参见该条）。当主体采用一种直觉的方法时，也能直接地将建构的方法运用于他自己的材料，以便阐明无意识产品的一般意义。这种阐明添加了更多的关于材料的联想结果（因此区别于积极的统觉，参见该条），丰富了象征产品（即梦），最终获得了相当程度的清晰，而这种清晰度是足以为意识所理解的。它与更为普遍的联想相互交织，并被其同化。

14.分化（differentiation）

分化指的是将部分从整体中分离出来的过程。在本书中，我着重将这个概念运用在心理功能（参见该条）方面。只要一种功能与另一种功能或其他更多的功能（诸如思维与情感、情感与感觉等等）相互交融为一体且不能单独运作，它就处在一种古代的（参见该条）的状况中，即是未分化的，由于它自身没有作为一个特殊的部分和独立的存在从整体中分离出来，因此它无法脱离其他功能而进行思考；它总是与感觉、情感、直觉混合在一起，如同未分化的情感与感觉、幻想的混合一般，我们可以从心理症患者的情感与思维的性欲化（弗洛伊德）中找到例证。未分化的功能往往具有两向性和相矛盾性两个特征，[1]其一，它的每一种立场都带有其自身的否定，这一特征决定了未分化的功能在运用上受到明显的抑制。其二，它内部的各种成分之间是相互融合的关系；未分化的感觉将会因为各种不同方面感觉的混合（如“色彩-听觉”）而失去作用，同样，未分化的情感也会因为恨与爱被混为一谈而发生错乱。如果一种功能主要或全部是无意识的，它就是属于未分化的；它不仅会与它的组成部分相混合，也会与其他的功能混合在一起。而分化要做的就是将某种功能从其他的功能中分离出来，将个别的组成部分从其他部分中分离出来。由于一种功能的定向就是为了排除不相干的东西，因此，分化离不开定向。而与不相干的东西的混合必然排斥定向；这就决定了只有已分化的功能才具有定向的能力。

15.异化（dissimilation）：参见“同化”（assimilation）条。

16.自我（ego）

在我看来自我是一种构成“我”的意识领域中心，并呈现出具有高度连续性与同一性的观念情结。也可称之为自我情结。[2]自我情结是类似于意识（参见该条）状态的一种内容，我认为只要一种心理因素与自我情结发生了联系，那它就属于意识的。但是，因为自我只是我的意识领域中的一部分，不能等同于我的整体心理，换句话说，

---

1 布留勒尔：《消极的暗示影响性》，《心理学与精神病学周报》第6卷，第249页及以后页；《精神分裂症的消极性理论》，《心理学与精神病学周报》第12卷，第171、189、195页；《精神病学教程》，第130、382页。也可参见以上第684段。

2 荣格：《精神分裂症心理学》，《精神病学研究》索引，参见“自我情结”。

它只是其他情结中的一种情结。所以，我要使自我（ego）与自身（self，参见该条）两者相区别，因为自我只是我的意识的主体，而自身不单单是我的全部心理的主体还包括了无意识。从这个意义上看，自身是一个将自我包含于内的理想的统一体。自身常在无意识幻想（参见该条）中显现为出众的或理想的人格，歌德的浮士德或尼采的查拉图斯特拉正展现的就是这一概念的具体运用。而为了将自身的古代特征理想化，我们将它与"较高层次的"自身分离开来，正如歌德的靡菲斯特或斯比特勒的埃庇米修斯所呈现的那样。如果是在基督教心理中，这会表现在恶魔或反基督的形象上，而尼采的查拉图斯特拉则是通过"最丑陋的人"来发现他自身的阴影。

16a.情绪（emotion）：参见"感情"（affect）条。

17.移情作用（empathy）

移情作用是客体的内向投射（参见该条）。对移情作用的更充分的描述可见第7章或"投射"条。

18.对立形态（Enantiodromia）

对立形态指的是一种"流转"。在赫拉克利特（Heraclitus）哲学中，[1]它指的是对立事物之间相互转换的关系——即一切存在皆可转化为其对立面。"从生到死，反之，死再到生；从年轻到衰老，再从衰老到年轻；从醒来到睡眠，再从睡眠回到醒来；生殖与衰败之间的转换川流不息。"[2]"建设与破坏、破坏与建设是支配一切自然生命循环的原则而不管这一生命是最微小的还是最巨大的。正如宇宙本身起源于太初之火一样，它必将再度回归到火中——这是一幕永恒重演的戏剧，是在漫长的时间中依照有规律的节奏进行的双重过程。"[3]这是权威的翻译家们对赫拉克利特的对立形态的解释。赫拉克利特自己说：

对我们来说至善其实是一种对立。

人们并不知道有差异之物本身是如何协调的。事实上，正像琴弓与琴弦的协调一样，对立是一种紧张的协调。

当它们诞生时，不仅在准备生，也同时在准备承受死。

易朽即是永恒，永恒即是易朽。一物的生即是他物的死，一物的死即是他物的生。

灵魂的死亡变成了水，水的死亡变成了泥土。从泥土产生水，从水产生灵魂。

万物皆与火相互转换，这种转换正像货物与金子交换、金子与货物交换一样。

向上的道路和向下的道路实则是同一条道路。[4]

---

1 斯托波兹：Eclogaephysicae，1，60："命运是这个万物的创造者对立形态的逻辑产物。"

2 泽勒：《希腊哲学史》（英文版）第2卷，第17页。

3 龚帕兹：《希腊思想家》（英文版）第1卷，第1页。

4 参见伯内特（Bunt）《早期希腊哲学》，第133页及以后页，《残简》第46、45、66、67、68、22，69节。

我用“对立形态”一词来表达时间过程中出现的无意识对立。事实上，这种显著的现象总是在一种极端和片面的倾向支配着意识生命的时刻出现；在某一特定时刻，一旦一种相当有力的对立形成了，它就会开始抑制意识的活动，最终打破意识的控制。而在对立形态方面，最好的例子莫过于圣保罗和诺利（Raymond Lully）[1]对基督教的皈依；此外，病态的尼采开始把瓦格纳奉若神明，随后又对他恨之入骨，最后却自诩为基督；斯韦登博格（Swedenborg）[2]从学者到先知的转变等等无一不是对立形态的极好的例证。

19.外倾（extraversion）

外倾即欲力（参见该条）的外向转移。我们通常用它来表示主体与客体之间显而易见的联系，也就是主观兴趣朝向客体的运动。外倾状况下的人往往都以直接的、显而易见的方式在与客体相关的联系中进行思考、感受和行动。主观兴趣对客体有着明确的依附性，这是毋庸置疑的。因此，从这个意义上看，外倾是一种从主体到客体的兴趣的转移。如果是一种思维的外倾，那么主体自身便是通过客体来进行思考；如果是一种情感的外倾，那么主体自身就是存在于客体之内的。当外倾状态出现时，尽管客体不是唯一的决定因素，但其强大的力量也是不容忽视的。当外倾呈现意向性时，它是主动的，然而当它受到客体的驱使时，也就是当客体根据自己的要求对主体的兴趣产生吸引，甚至对与其意志相反的兴趣产生吸引时，它就变成了被动的了。形成习惯的外倾被我们称为外倾类型（参见该条）。

20.幻想（fantasy）

幻想有两种不同的情况：一种是想象的虚构物；另一种是想象的活动。本书的行文中已经就这两种规定的含义进行了许多展现。当它被用来表示想象的虚构物时，它具体是指一种没有客观的参照物，并且与其他的情结相区别的情结。虽然想象的虚构物，最初可能是以实际经验中记忆-意象（memory-images）为基础而建立的，但是它的内容却与外在现实无关；它完全就是一种创造性心理活动的产物，一种具有能量的心理因素组合而成的产物或表现形式。幻想能整个地或至少部分地被有意识地和蓄意地产生出来的原因在于心理能量能自发地定向。前一种情况中，它只不过是一种意识因素的组合，或者说是一种纯粹理论兴趣的人为的经验。然而，在日常心理实际的经验中，幻想不是从期待的直觉的态度中产生出来，就是表现为意识内容被无意识内容侵犯了。

通常情况下，我们是能够将积极幻想与消极幻想区分开来的，因为它们都是直

---

1 即伊鲁米赖图斯博士（lluminatus，1234—1315年），虽然是一名军人，但他因放荡而臭名远播，后来，他一改自己过去的生活方式，参加了反对穆斯林的十字军东征。

2 瑞士神秘主义宗教家。——译者注

觉（参见该条）的产物，即为一种被无意识内容知觉的态度（参见该条）所唤起的导向，目的是为了使欲力能迅速渗入所有无意识的要素中，并在对相关材料的联想的帮助下，将这些无意识的要素带进清晰可见的形式中。消极幻想从一开始就以可见的形式出现，因为它没有直觉的期望先行预示也没有直觉的期望相伴随行，它自身主体的态度完全是被动的。这类幻想属于心理中的自主性范畴。显然，消极幻想只能表现为心理分裂相对的结果，原因在于，它们的出现必须以能量从意识控制的撤回和相应的无意识材料的高度活跃为前提。因此，圣·保罗[1]幻觉的先决条件是他在无意识中准备接受基督教，尽管他的意识并没有洞察到这一事实。

或许，消极幻想总是在意识与无意识相对立的过程中产生的，但这个过程中投入的能量大致与投入意识态度中一样多，因此它具有冲破意识阻抗的能力。然而，积极幻想的存在，与其说是无意识过程产生的结果，倒不如说是一种意识的倾向，这一倾向将某些色调轻微的无意识情结的暗示或片段吸收进来，通过联想让它们与相关的因素进行联结，且通过精心地编构让它们展现出明晰可见的形式。因此，分裂的心理状态这一问题的存在并不是必然的，必然存在的反而是意识的积极参与的问题。

消极幻想常常伴随着一些病态特征或至少带有某些非正常的迹象，而积极幻想却是一种最高级的心理活动形式。因为在这里，在这条主干溪流中，主体的意识人格和无意识人格汇聚在一起共同创造了一个相互统一的产品。这样的幻想可以说是一种人个性化（参见该条）的统一体的最高表现形式；甚至可以说正是它对人统一体的完美表达，个性才能被创造出来。通常情况下，消极幻想并不能成为任何一个统一个性的表现形式，原因在于，它要成为统一体个性的表现形式就必须满足依次建立在显著的意识／无意识基点上的相当程度的分裂这一先决条件，这是被证实过的。因此，强行闯入意识这一状况下的幻想是不可能完美表现一个统一的个性的，它只能体现出无意识人格的观点了。圣·保罗的生命正是这方面的最佳例证：他对基督教的皈依意味着他接受了先前的无意识观点，同时也意味着先前的反基督教观点让他感到压抑，然而直到后来，直到他的歇斯底里的发作他才意识到这一点。因此，为了避免对无意识对立的观点的纯粹强化，消极幻想总是需要意识的批判。然而，不与无意识相对立反而作为其补偿产品的积极幻想是不需要这种批判的，它只需理解。

如同在梦（梦只是消极幻想）中一样，幻想的外显意义与潜在意义也必须区分开来。外显的意义出现在幻想意象的具体“样式”中，直接呈现在观念情结的底层中。然而，虽然外显意义在幻想中的发展程度总是超过梦，但它并非常常名副其实；或许这是因为梦的幻想通常消耗的能量较少，因此昏昏欲睡这一意识的微弱阻力很容易就

---

1 见《圣经·新约全书·使徒行传》第9章第3节及以后节。

能被克服掉，这样一来，仅有的轻微对抗性和补偿性的倾向就能达到知觉的范畴了。然而，清醒的幻想则是大不相同的，它需要相当大的能量才能克服意识态度的抑制力量。清醒的幻想得以发生的重要条件是无意识的对立，这样的对立给予它取得突破而进入意识中的能力。如果它仅限于由模糊不清或者几乎不能把握的暗示组成，它就不具有将意识的注意力（意识的欲力）引向自身的能力，自然也就不能有效地中断意识内容的连续性。因此，无意识的对立离不开一种非常强大的内在凝聚力，它要通过一种着重强调的外显的意义将自己展现出来。

外显的意义不仅是可见的，也包含着具体的过程，从客观上来说，它具有非现实性，因而无法满足意识对理解的需求。为了满足意识的要求，它不得不寻找另一种意义来迎合意识，即寻找其解释或潜在的意义。虽然潜在意义不一定存在，即使存在也极可能存在争议，但是理解的要求使我们不得不对其彻底探求。这种对潜在意义的探求要求找出幻想的心理根源，因此它可能是纯粹因果性的。一方面，它追溯到很久以前幻想形成的原因，另一方面还需要搜寻出本能的力量，从能量上看，这种本能力量与幻想的活动是紧密相连的。我们都知道，弗洛伊德是使用这种方法的集大成者。我将这种解释方法称为还原法（参见该条）。还原后的观点具有明显的合理性，但同样不容忽视的是，这种方法也适用于对心理事实的解释，对具有某种气质的人来说掌握这种方法足矣了，没必要再进行更深层的理解。如果发出寻求援助呼喊的人后来被证实确实处于生命垂危之际，那么我们就为这一事实找到了恰当而令人满意的解释。如果一个人做梦时梦见一桌丰盛的饭菜，而事后发现他睡觉时正处于饥饿状态，那么，对这个梦来说，这也是个令人满意的解释。如果一个如同中世纪教徒般常常压抑自己性欲的人产生了性的幻想，那么也可通过还原对性的压抑来做出令人满意的解释。

然而，假使我们要用还原到事实的方法来解对圣·彼得的幻觉进行解释，即认为他因为“饥肠辘辘”而受到来自无意识的诱惑，而他去吃那“不洁”的动物，或者认为吃这些不洁的动物纯粹是为了实现一种受到禁制的愿望，那么，这样的解释对我们来说毫无用处。假如我们把圣·保罗的幻觉还原成他因为嫉妒基督在他的同胞中扮演的角色而产生的压抑，并认为正是这种嫉妒使得他最终对基督表示认同，这种解释也同样不尽如人意。尽管这两种解释都可能具有某些真理的闪光点，但却都不能真正触及这两位圣·保罗和圣·彼得的真实心理，因为解释是受限于他们生活的时代的，而这种解释显然太过简单了。我们不能把历史事件简单地当作是生理的或纯粹个人丑闻那样的问题来探讨。这种观点显然存在很大的局限性。因此我们不得不对幻想的潜在意义进行进一步的考察验证。首先我们来看看它的因果关系，个体心理是不能孤立地就个体本身做出详尽的解释的：为了能够清醒地认识我们需要掌握一些特定的方法，因为个体心理也同时被历史和环境约束着。它不单纯是一个生理的、生物的或道德的问题，同时也是一个时代的问题。况且，没有什么心理事实能仅凭因果关系就获得彻底的解释；作为一种生命现象，它与生机过程的连续体的联系是不容分割的，因而它不只是一个已演进完全的东西，也是处在演进和创造过程中的东西。

任何心理都具有两面性——回顾和前瞻。即演进着，同时也预示着未来。若非如此，意向、目标、计划、预测和预感就失去了心理的可能性。如果当一个人表达某种观点时，我们只把这种观点与以往别人的观点联系起来，那这种解释就是相当不全面的，因为我们不仅想了解他的行为的原因，更想了解他的行为的意义、目的和意图，以及想要达到的效果。通常情况下，这些就足够让我们感到心满意足了。在日常生活中，我们常常想都不想就本能地在解释中掺杂进目的性的观点；事实上，我们常常完全忽视严格的因果性因素而把目的性的观点当作决定性的东西，从而单凭直觉去辨识所有心理中的创造性因素。如果日常生活中的我们经常这么做，那么在一门科学的心理学中，这种状况更是不得不考虑的，单纯依赖最初从自然科学中所获取的严格的因果性观点是不完全可靠的；因为对它来说，心理目的性的重要性也是不容忽视的。

如果说日常经验是确立意识内容目的性的取向的要素，那么在没有相反的经验的情况下，我们就不能假定，无意识内容不属于这样的情形。我的经验告诉我内容的目的性取向是不容置疑的；相反，在绝大多数情况下，引进目的性的观点才是获得令人满意的解释的最好方式。现在，让我们再次思考保罗的幻觉，但这一次我们要把角度调整到他未来的使命上，我们获得的结论是这样的，尽管在意识上保罗在迫害基督徒，但他的无意识却接受了基督教的观点，由于无意识观点的侵入，并且这种无意识人格始终朝这一目标而奋斗，使得他最终不得不对它予以公开承认，我认为，这似乎比还原到个人动机的解释更符合事件的真正含义，"太过于人性的"情况是从不缺乏的，因此这些动机以各种形式发挥了某种作用。同样地，这也清楚地展现了对《使徒行传》（第10章第28节）中圣·彼得的幻觉所做的目的性解释，它远比单纯生理的和个人性的推测更能令人满意。

总而言之，幻想既需要因果性的解释又需要目的性的解释。通过因果关系的解释，它作为先前事件的结果，显现为一种生理的或个人状态的征兆（symptom）。而通过目的性的解释，幻想以一种象征的形式显现出来，在现存材料的帮助下，刻画出某种明确的目的，或追寻未来心理发展的线索。由于艺术心灵的主要标志就是积极幻想，所以艺术家自然也就不是一个单纯的外观的再现者，而是一位创造者和教育者，因为他的作品可以象征性地预示未来的发展线索。至于其象征的社会有效性是普遍而有限的是他所创造的个体的生命能力决定的。个体越是反常，它的生存能力就越小，它表示的象征产生的普遍社会价值就越是有限，尽管对个体本身来说它们仍然具有绝对性。

没有人能否定幻想潜在意义的存在，除非他认为一般的自然过程毫无意义。然而，自然科学将自然过程的意义识别为自然律的形式。简言之，这些其实都是人为的假设，是为了迎合自然过程而做出解释。然而只有确信这些预设的规律确实与客观过程相符，我们才有讨论自然事件意义的资格。同理，正是由于我们证实幻想是有规律可循的，我们才有谈论幻想意义的资格。然而我们只有在被揭示的意义确切地表现了幻想的本质时才会感到满意，换言之，就是其规律已被证明名副其实之时。自然过程既遵循着规律同时也证实规律。一个人睡眠时会做梦这是符合规律的，但是这并不能够对任何有关梦的性质的规律做出证明；它充其量只能称作是做梦的条件。至于对幻想的生理原因的论证，我们同样也只能把它当作幻想存在的条件，而并非关乎其本质的规律。作为一种心理现象的幻想，它的规律只能说是一种心理的规律。

这就把我们带到了幻想的第二层意义，即想象的活动。想象是心灵一般性的再造或创造活动。由于它无论是在思维、情感、感觉还是直觉这些心理活动的基本形式中，都可以发挥作用，所以，它不是一种特殊的功能。依我看，幻想作为一种想象活动时，只不过是对心理生命的直接表达，是对那些只能以意象或内容的形式出现在意识中的心理能量的直接表现，正如物理能量只能作为一种以物理方式来刺激感觉器官的特定物理状态，否则是无法显示自身的。正像所有的物理状态从能量的观点上看时都是一种动力系统一样，心理内容也是出现在意识中的动力系统。所以我们可以这样说，想象虚构物意义上的幻想，只能以意象的形式出现在意识中，因而也只不过是一定量的欲力。想象虚构物是一种观念力。作为想象活动的幻想是与心理的能量流对等的。

21.情感（feeling）

我把情感列为四大基本心理功能（参见该条）之一。我不赞同把情感视为一种依赖于“表现”或感觉的衍生现象的心理学派的观点，我的看法与霍夫丁（Hoffding）、冯特、莱曼（Lehmann）、库尔佩（Ktilpe）、鲍德文（Baldwin）及其他心理学家一样，我们都把情感看成是一种自成一类的独立的心理功能。[1]

情感大多是发生在自我（参见该条）与某一特定内容之间的一种过程，这是一种在接纳或排斥（如“喜欢”或“反感”）意义上赋予内容以某种特定价值的过程。该过程也可能会以“情绪”的形式单独出现，这时片刻的意识内容或片刻感觉常常会将它忽视掉。情绪或许与先前的意识内容存在因果联系，但这并不是必然的，因为，它同样产生于无意识的内容，正如心理病理学所大量证明的那样。但是，即便是一种情绪也代表着一种评价，而这与它是一般的情感还是部分的情感无关；这种评价不是只

---

1 有关情感理论与情感概念研究的历史文献：冯特：《心理学概论》（第33页及以后页）；纳洛斯基（Nahiowsky）：《处在感觉的基本现象中的情感》；李伯特（Ribot）：《情感心理学》；莱曼：《人类情感的主要原理》；维拉（Vila）：《现代心理学》（第182页及以后页）。

针对某种特定的、个别的意识内容，它评价的是当下整个意识情境，尤其是那些接纳或拒斥方面的问题。

所以说，情感完全是一种主观过程，尽管它与每一种感觉紧密关联，但它的各个方面都独立于外在刺激的可能性却很大。[1]即使是看似“麻木不仁”实则仍带有一种情感的色调，这就等于说，冷漠也代表着某种评价。因而情感是一种判断，不过，与理性不同的是，它的目的并非建立在概念关系的基础上，而是以一种接受或拒绝的主观取向为转移的。情感评价存在于所有的种类的意识内容中。当情感的强度增大到一定程度时，就转变成了感情（参见该条），即一种伴随着明显的身体神经刺激的情感状态。情感与感情的不同之处在于，它没有产生身体能察觉得到的神经刺激，或者说它所产生的神经刺激大致只相当于一般的思维过程。

通常，“简单的”情感是具体的（参见该条），这表现在它与其他的功能要素尤其是与感觉相混合。在这种状况下，我们称它为感情，正如我在本书中所表达的那样——情感-感觉，以此来意指一种几乎无法分割的情感因素与感觉因素的混合物。这种典型的混合出现在所有情感仍然作为一种未分化的功能的地方，尤其在具有已分化的思维的心理症患者的心理中最为明显。虽然情感本身是一种独立的功能，但是它很容易对其他功能产生依赖性——例如依赖于思维；这样，情感也就成了思维的伴随物，要想被压抑，就只能顺应思维的过程。

将抽象情感与具体情感做区分是十分重要的。正如抽象概念（参见“思维”条）放弃领会事物之间的差异一样，抽象的情感也在它所要评价的个别内容的差异之上，产生出一种评价或情感状态，这种评价涵括了不同的个别，也丢弃了这些评价的“情调”。思维也以同样的方式将意识内容组织在概念名下，情感则以意识内容的价值为根据来安置它们。越是具体的情感，它赋予意识内容的价值就越是主观化和个人化；而越是抽象的情感，它所赋予的价值就愈是普遍化与客观化。举个例子说，一个完全抽象的概念仅仅显露事物的普遍性和无差异性，而与事物的个性和特性相区别开来，同样，完全抽象的情感仅仅与所有内容的未分化的整体性相一致，却不再与特殊的内容及其情感价值相一致了。情感与思维相似，同属于一种理性的功能，因为正如一般的概念根据理性的规律而形成一样，一般的价值是根据理性的规律来配置的。

当然，上述定义并没有说出情感的本质——而只是从外部对它进行了描述。理性证明概念的术语无法系统地阐释情感的真正本质，因为思维的范畴与情感的范畴是不能兼容的；而实际上，没有任何基本心理功能可以完全用另一种功能来表述。在这种前提下，同样的，任何理性的定义都不能完全地恰当地将情感的特殊本质复制出来。单靠对情感做出分类来理解它们的本质是无济于事的，因为即便是最精确的分类也只

1 参见冯特对情感与感觉所做的区分，《心理学的生理基础》，第350页及以后页。

能预示着理性所能理解到的情感内容是可以被表达出来的，但是要把握情感的特殊本质这些还远远不够。对情感所做的众多的分类充其量只能起到辨析出能被理性所理解的内容的种类的作用，但情感本身不是仅凭分类的方法就能理解的，因为这已经超出了理性所有内容分类的范围，而拒绝理性进行分类的情感是大量存在着的。从实质上看分类的观念是理性的，因而与情感的本质根本无法相容。因此我们只能满足于对此概念所做的限定。

我们可以将情感评价的本质与理性的统觉（参见该条）放在一起进行比较，将其看成是一种对价值的统觉。我们可以通过情感把主动的统觉与被动的统觉区分开来。被动的情感任由自己被一种特定的内容所吸引或激发，随之迫使主体的情感也进入这种内容之中。而主动的情感则是从主体方面所做的一种价值的传达；它会对一些与情感相一致而与理性不一致的内容做出意向性的评价。所以说，主动的情感是一种定向的功能，也是一种意志（参见该条）的行为，正如恋爱中的爱与被爱相对立一样。爱是一种主动活动，被爱则是一种被动的状况，因而是未定向的、被动的情感。未定向的情感处于情感直觉的层面。严格说来，只有主动的、定向的情感才能说是理性的，被动的情感则是非理性的（参见该条），因为主体并未参与它价值的产出过程，它有时甚至与主体的意向相左。主体的态度完全为情感功能所定向这一状况，我们称之为情感型（参见“类型”条）。

21a.同情（feeling）：我们可以从移情作用（参见该条）辨析得出：同情是情感功特有的内容或质料。

22.功能（function，也可参见“优势功能”inferior function条）

我把心理功能当作一种特殊的心理活动形式，它从原则上来说，在各种情形下都能保持同一不变。现在我们从能量的观点来看，功能是欲力（参阅该条）的表现形式，在相当大的程度上，欲力与物理力一样可以被看作物理能量的特殊形式或显现，同时在原则上，它同样是恒定不变的。我把全部的四种基本功能归为两类理性的和非理性的，它们分别是思维与情感，感觉与直觉。我不能用充分的理由说明为什么将这四种功能定义为基本功能，我只能说，这种想法是以多年的经验为依据的。我之所以把这四种功能区分开来是因为这四种功能相互之间既不相互关联又不相互化约。例如，思维的原则与情感的原则截然不同，其他的也是这样。我将这些功能与幻想（参阅该条）做了基本的区分，区别在于，幻想是一种特殊性的活动形式，它能在所有这四种功能中显示出自身。依我看，决断或意志（参阅该条）完全是次要的心理现象，并未引起极大注意。

23.观念（idea）

在本书中，观念有时是指与我所谈及的意象（参阅该条）有密切联系的某种心理因素。从它的起源上看，意象可以是个人的也可以是非个人的。非个人也就是集体的（参阅该条），主要区别在它具有神话的特征。我们也可以将之称为原初意象。个人的意向往往不具有神话的特征，也就是缺乏灵视的性质和集体性，我们称之为观念。在这里，我用“观念”一词来表达某种原初意象的意义，这种意义是从意象的具体性（参阅该条）中抽象出来的。而作为一种抽象（参阅该条）的意向，观念具有某种从基本要素中衍生或发展而来的外观，即一种思维产品。这就是冯特[1]及其他人眼中的意义。

然而，既然观念是原初意象被程式化了的意义，使得原初意象得到了象征性的表现，那么，从本质上来讲，观念就不是派生的或是经过发展形成的东西，从心理学上来说，它是与生俱来的，作为适应于一般思维结构的一种既定的可能性存在着的东西。因此，根据它的这一本质（而并非根据其程式），我们可以得出观念是一种先天存在的起决定作用的心理因素的结论。正是在这个基础上，柏拉图把观念定义为事物的原型，而康德则把它界定为“理性之全部实际运用的原型”，一种摆脱了可经验事物限制的超验概念，[2]“一种无法在经验中找到自身对象的观念”[3]。康德说：

> 虽然我们认为理性的超验概念仅仅是观念罢了，但这并不意味着它们是多余的和空洞的。因为即便它们不能决定任何对象，但作为知性用以延伸的和一致使用上的标准，或许它们正在以一种基本的且未被注意的样式辅助知性。由此，我们得知，知性并不能更多地获得多于它自身概念的关于对象的认识，但是通过理性，它能获得更好和更广阔的指引。进一步说（我们在此所需要的东西是不值一提的），理性的概念或许实现了一种从自然的概念向实际的具体的概念的过渡，在此过渡中，理性概念能支撑道德观念本身。[4]

叔本华说：

> 就意志是一种脱离了杂多性的自在之物而言，我把观念理解为意志客观化过程的每一个特定的阶段；这些阶段作为其永恒的形式或原型而与其他个别的事物相关联。[5]

叔本华来认为，观念是可见的东西，因为他把观念完全理解为我所描述的原初意象。事实上，观念仍然无法被个体识别，只能通过“纯粹的认识主体”来显示它自

1 冯特：《哲学研究》，第7章，第13页。

2 参见康德《纯粹理性批判》，肯昔·史密斯（Kemp Smith）英译，第319页

3 康德：《逻辑学》第1章，第1节，第3段。《康德全集》第8卷，第400页。

4 《纯粹理性批判》，第319页及以后页。

5 叔本华：《作为意志和表象的世界》第1篇，第168页。

己，“是高于一切意志和个性的”。[1]

黑格尔把观念完全实体化了，他认为它是真实存在的，是“概念、概念的现实以及两者的统一”，[2]是“永恒的普遍化”。[3]拉斯维兹（Lasswitz）认为观念是“指示我们经验发展方向的规律”，是“最确定与最高的现实”。[4]［科恩（Cohen）］，则认为观念是“概念对自身的意识”，存在的“根基”。[5]

我无意再去更多地列举有关观念原初（primary）本质的证据。这些引文足以说明观念是一种基本的、先天的因素。它的这种本质是从其前身即原初的象征意象中获得的。它是某种抽象的，衍生而来的东西的次生本质，是理性精心编构的结果。为了适用于理性的使用，所有的原初意象都必须服从于这一编构。原初意象是一种自发性的心理因素，无论何时何地它都能反复出现，换句话说，从理性的本质出发，观念已深深地受到理性精心编构的修正和程式化的限定，目的是为了适应当时的环境和时代精神。既然观念是从原初意象衍生出来的，那么某些哲学家就有理由认为它具有一种超验的性质；其实这种性质并不属于观念，而是属于原初意象，它具有一种不受时间限制的特征，是所有人类心灵不可或缺的组成部分。它的自发性特征也源自原初意象，该特征不能说是“创造出来”的而只能说是不断呈现出来的，它自发地呈现于知觉中，似乎在努力实现自己，使心灵误以为它就是一种主动的决定性因素。然而这种观点其实是比较片面的，又或许只相当于一个态度的问题（参见该条，也可参见第7章）。

作为一种心理因素，观念不仅决定思维，还以具体的观念的样式制约情感。一般情况下，我只有谈到思维类型中的思维决定性因素、或情感类型中的情感决定性因素时才使用“观念”一词。当面对一种未分化的功能时，我们说它是被原初意象先天性地决定的，这从用语上看才是正确的。观念具有双重性，即它同时具有某种原生的东西和某种衍生的东西，这恰好与以下事实相符合，我有时将它与原初意象交错使用。观念对于内倾型的态度来说是原动力；而对于外倾的态度来说，只不过是一种产品。

24.认同作用（identification）

这个概念指的是一种心理过程，人格在这个过程中部分地或整体地被异化（参见“同化”条）。认同作用是指因为客体的参与导致主体与他自身的一种疏离，同时主体在疏离中被隐藏了起来。例如，儿子对父亲的认同作用实际上意味着接受并采用了父亲的所有行为方式，就好像儿子不是一个分立的个体而是变成了又一个父亲。认同作用与模仿是有区别的：模仿是一种有意识的复制，而认同作用则是一种无意识的模

1 叔本华：《作为意志和表象的世界》，第302页。

2 黑格尔：《美学》，第1卷，第1章，第1页。

3 黑格尔：《逻辑学》，华莱士（Wallace）英译，第356页。

4 拉斯维兹：《真实论》，第152、154页。

5 科恩：《逻辑学》，第14、18页。

仿。模仿对于青年人人格的发展来说是一种不可或缺的推动力。只要它不以顺应的方式阻碍恰当的个体的发展道路和发展方式，我们便可以说它是有益的。同理，个体未成熟时，认同作用也是有益的。但是，一旦个体以已较为成熟的样式出现，认同作用就会像它在成为个体的极大阻碍之前曾经无意识地帮助与支持过个体一样，显示出它的病态。这样一来它展现的分裂效用，就会将主体分裂为两种相互背离的人格。

认同作用所涉及的范围不只局限在人还包括事物（如某种运动，一项职务等等）和心理功能。实际上，对某种心理功能的认同作用是极为重要的。[1]认同作用所引起的次生性格的形成，使得个体对他获得最佳发展功能的认同达到一定的程度，最终导致了他与自身极大的分离，使他真正的个性（参阅该条）陷入了无意识中，甚至完全脱离了他原生的性格。这种状况对于那些具有高度分化的功能的人来说几乎就是一种规律。实际上，它已成为个性化（参阅该条）道路上的一个必然的过渡阶段。

从认同作用与一种先天家族的同一性相一致的情形来看，认同双亲或家庭最亲近的成员是一种正常现象。在这种情形下，再说认同作用似乎就不是那么恰当了，用同一（参阅该条）来取代它似乎更为贴切，同一表达的是一种实际的境况。对家庭成员的认同与家庭成员的同一是不同的，前者不是先天就有的，而是一种次生的现象，它是这样发生的：当个体的发展超出与家人的同一时，一种无法轻易克服的障碍将阻碍他去适应和发展。随之而来的欲力的积阻更使得它不得不去寻找一条退路。退行使得早年的状况重新复活，其中包括与家人相同一的状况。对家庭成员的认同作用正与这种与家人相同一的退行复活相一致，事实上，这种同一原本几乎是已经被克服了的。所有对人的认同作用都是以这种方式出现的。认同作用总有一个目的，即获得一种优势，越过障碍，或者可以说是用另一个体的方式来完成一项任务。

25.同一（identity）

同一是一种无意识的现象，我用它来意指一种心理上的一致。意识的一致这一概念里包含着对两种不同的东西的意识，自然也就包含了主体与客体之间的分离，在此情况下，同一作用就自动失效了。心理上的同一必须是无意识的。它具有原初精神的特征，其真正的基础是神秘参与（参阅该条），它充其量也只是原初的主体与客体处于未分化状态的心理遗迹，因此可称之为一种原初的无意识状态。此外，它还具有较早的婴儿期的精神状况的特征，而在成年人当中，它具有无意识的特征，由于它无法转化为意识的内容，所以仍然永久保持着与客体的同一。与双亲的同一是对双亲的认同作用（参阅该条）的基础；事实上投射（参阅该条）与内向投射（参阅该条）的可能性也依赖于同一。

1 参见以上第108段及以后段、第158段及以后段。

同一主要是一种无意识的与客体之间的一致，是一种不可能成为意识的对象的先天的相似性。它绝不能被理解为等同。同一依赖于这样一些天真的假设，即认为两个人有着近似的心理，同样的动机的效用是普遍的，我所喜欢的东西也显然为他人所喜爱，我眼中邪恶的在他人看来也必定是邪恶的，等等。同一不但依赖于这种近乎普遍的愿望，在他人那里最需要纠正的东西也是自己所需要纠正的，也构成暗示感受性及心理感染的基础。在病理学病例中，同一表现得分外明显，例如，在偏执妄想狂有关感应和迫害的妄想中，病患自然而然地认为他所认定他的主观内容也被他人所认定。然而，同一也使有意识的集体性（参阅该条）和社会性的态度成为可能，兄弟之爱的基督教理想就是它们最崇高的表现形式。

26.意象（image）

本书中我们所要讨论的意向是来自诗学运用中的一个概念，即幻想的形象或幻想-意象。这种意向不是那种对外客体的心理反应，它以间接的方式参与到外在客体的知觉当中。这种意象常常将无意识的幻想活动当作的活动产品，此外，梦幻或幻觉也是它偶尔会使用的方式，它们总是让人意外地出现于意识中，但仍旧不具有那种临床治疗图像中表现出的病理学特征。虽然意象具有幻想性观念的心理特性，但是，幻觉的准-现实性特征对它来说却是望尘莫及的，换句话说就是：它总是能够通过它自身是一种“内在的”意象这一事实将自己与感官现实区别开来，也就是从不会去取代现实。通常情况下或即使是在特殊的情形中，它都总能以某种外化的形式呈现出来，而不是一种空间上的投射。即使这种表现模式从本质上看是健康状态时，也无法排除它的古代的特征，所以它仍旧被称为古代的（参见该条）。然而，在原初的层面上，内在的意象很容易在空间上被投射为一种幻觉或一种听觉幻象，这属于正常现象。

通常情况下，意象本身并不具有现实价值，但它的心理价值是不容置疑的，例如，它增强了人们对于精神生活重要性的客观意识，给我们呈现了一种超乎外在现实的内在现实。在这种情况下，个体的定向（参见该条）的内容所涉及的更多是如何适应其内在要求而非对外在现实的适应。

内在意象是由无数不同根源的不同的材料建构而成的一个复杂结构。但却非同于一个大杂烩，它是一个具有其自身意义的同质性产物。意象是整体心理情境的浓缩性体现，它并不单单是纯粹而简单的无意识内容的表现。不可否认，它的确表达了无意识的内容，但仅仅是那些瞬间聚集起来的内容，并非无意识的全部内容。这种聚集一方面是有无意识的自发活动产生的，另一方面也是由瞬间意识状态带来的，它总是能在激起相关阈下材料的活动的同时对不相关的材料的活动加以抑制。所以说，意象既是一种无意识的表现，也是一种暂时的意识状况。它导致我们在阐释其意义时既不能从无意识开始，也不能从意识着手，而只能着手于它们之间的相互关系。

我们把具有一种古代（参见该条）特征的意向称为原初的。[1]当意象与熟悉的神话主题惊人地一致时，我们便可以说它具有远古的特征。它所表现的材料主要源自集体无意识（collective unconsious；参见该条），这足以表明，它影响瞬间意识状况产生的影响是集体性的（参见该条）而非个人性的。个人的意象表达的是个人无意识的内容（参见该条）和为个人所限定的意识状况，这一内容既不具有古代的特征，也不具有集体的含义。

有些地方将原初意象称为原型（参见该条）[2]——它的集体性表现在它对整个民族乃至整个时代来讲是共同的这一点上。从所有可能性这一层面上来讲，极为重要的神话主题对所有的时代和种族来说是共同的；实际上，我已在患精神错乱病症的纯血统黑人的梦与幻想中证明了所有来自希腊神话的系列神话主题。

从科学中因果关系的角度出发，原初意象被认为是一种记忆的沉淀，或是一种由无数种相类似的过程浓缩而成的印迹或记忆痕迹（engram，赛蒙语）。这一形成方式决定了它必然是一种凝结或沉淀，同时它也是某种反复出现的心理经验典型的基本形式。作为一种神话主题，它的表现形式是恒久有效并且不断出现的，它能够将某些心理经验重新唤醒，并且以一种恰当的方式将其程式化。基于这种观点，我们可以将原初意象理解为一种对生理学和解剖学配置的心理表达。如果人们认为某一特定的解剖学上的结构是环境条件作用于生命物的结果，那么我们也可以认为处于恒久而普遍的分布状态的原初意象是受到恒久而普遍的外在影响的结果，它的行动取决于自然规律的运行结果。这样看来，人们就更容易理解神话与自然之间的联系了，例如关于太阳的神话与每天日出日落之间的关系，或是它与显著的季节变化之间的关系。尽管如此，还是会有一些难题出现，即为什么太阳及其运行的显著性不是直接地或不加掩饰地显现为神话的内容。太阳、月亮或气象现象极少以寓言的形式显现这一事实充分展现了心理协作活动的独立性，因而，我们得出它并不只是环境的产物或体现的结论。由于它从何处获取超出感官知觉之外的观点的心理能力还未可知，所以，我们由此得知它根本不可能具备能够随意行使超出纯粹感官事实确证的能力。面对这些问题，赛蒙自然主义理论和因果论的“记忆痕迹”就失去意义了。我们不得不怀疑，大脑既定结构的特殊本质并不单单是周围环境影响的结果，事实上，它在很大程度上是特殊的、自主的生命物的本质表现，或者说是内在于生命本身的规律。因此，有机体的构成方式一方面是外在环境的产物，而另一方面也取决于生命物内在本质。由此可见，原初意象不仅与某种明显可见的、永恒不变的并且持续运行着的自然过程保持着联系，同时也与某种心理生命和一般生命内在的决定性因素联系在了一起。有机体用眼

1 阳性生殖器意象是古代意象最著名的例证，见荣格《转变的象征》，第151段及以后段。

2 荣格：《本能与无意识》（*Instinct and Unconscious*），第270段及以后段。

睛这种新的结构来面对光亮，而心理则用一种象征的意象来面对自然过程，它以同样的方式将自然过程等同于捕捉光亮的眼睛。正像眼睛能够识别生命物特殊而自主的创造性活动一样，原初意象呈现出了心理绝无仅有的且不受限制的创造力。

因此，我们可以说原初意象是对生命过程的一种浓缩。它同时赋予了感官知觉与内在精神知觉这两者同等的和固有的意义。起初它的存在显得既无规则又无联系，通过这样的方式心理能量才能从未被识别的知觉的束缚中被释放出来。与此同时，它也与那些由于刺激而感受到某种确切的意义因而得到释放的能量相联系，并沿着与这种意义相适应的线路去引导行为。原初意象通过把精神引回到自然、把纯粹的本能引入到心理形式这一方式释放出难以被利用和受抑制的能量。

原初意象是观念（参见该条）的前身，也是其母体。对原初意向本身来说，将其从特殊的具体化（参见该条）中分离出来是十分必要的，理性随之将它发展为概念，即与所有其他概念相区别的观念，这种观念不能作为经验的材料，只能作为所有经验的基础原则。作为大脑特殊结构的表现形式，观念性质是从原初意象中衍生出来的，它赋予了每一种经验以特定的形式。

原初意象心理功效的大小是由个体的态度（参见该条）所决定的。倘若其态度是内倾的，欲力（参见该条）自然就会从外在客体撤回，同时强化了内在的客体即思想的意义。原初意象无意识地勾勒出的这条线索使其思想得到极大的发展。再深入下去，我们发现原初意象已经间接地达到了表面。我们知道，思想的进一步发展将通向观念，而观念充其量只是被理性地程式化了的原初意象。观念只可能产生于相对立功能的进一步发展之中，换句话说，一旦观念被理性地掌控了，它就会刻意地去影响生命。这就唤起了情感（参见该条），然而，在这种状况下，情感的分化程度相比思维来说要低很多，也更具体化。因为其未分化的情感是混合的，所以它仍然混合于无意识当中。所以，个体使这样构成的情感与观念统一起来是不可能的。在这个时候，原初意象作为象征（参见该条）在幻觉的内在领域出现，凭着它的具体性质，它将未分化的和具体化的情感包含在内，而且，凭着它内在的含义，它又将观念纳入自身之中，以致能把观念与情感统一起来，而这些都是源于它的母性。通过这种方式，原初意象变成了一位调解者，它不断地提供着救赎的力量，这种力量也表现在各种宗教中。所以，我把叔本华所论述的观念确切地运用在原初意象上，因为我已经解释过，观念并不是某种完全来自先天的东西，而必然被看作是次生的和衍生的（参见“观念”条）。

下面我引用了叔本华的一段文字，如果读者用“原初意象”一词代替“观念”，就能知道我要表达什么了。

个体本身是不可能认识“观念”的，除非是那种将自己提升到超越所有意志和所有个性的纯粹认识主体的高度的人才可能做到。所以只有天才或是上面说的这种人才能获得观念，由于被天才的产品激发，他顺利地把纯粹认识的能力提升到一种接近天才的心境。所以，可以说，观念并不是完全不可传达的，只是它的传达需要一定的条件，举个例子，蕴含和重建于一件艺术品中的观念，只对那种自身拥有相当理智能力的人才有感染力。

观念是个统一体，它依据我们直觉领悟的时间和空间的形式把复杂多样的东西统一到一起。

概念就像一个没有生气的容器，人们把东西一个接一个地放进去，但却不能再继续放进去或取出来。观念则不是这样，如果有人理解了它，它就会发展为与同名的概念处于新的联系中的总念：观念好比是一个有生命的、能够自行发展的有机体，拥有着自我增殖的能力，不断产生出先前没有被放进去的东西。[1]叔本华清晰地辨识了“观念”或我所界定的原初意象，按照平常意义上那种产生概念或“观念”的方式不能够产生出它来（康德把“观念”定义为“从总念所形成的概念”[2]）。这里的观念被一种超越于理性程式的因素所依附，这种因素与叔本华口中“接近天才的心境”极为相似，简言之，这就是情感的状态。一个人因为在通向观念的道路上翻越了观念的顶点而就进入与其相对立的功能即情感之中，这样他就能从观念到达原初意象。

原初意象超越了观念的清晰，这是它的巨大优势，也是它的生命力。它是一种自身充满活力的有机体，“拥有增殖的能力”。原初意象是一个坚不可摧的系统，是一种内在固有的心理能量的组织，它不仅能在能量过程中有所表现，而且还能使其运作。它把自古以来能量过程如何依循不变的线路运作展现出来，同时又通过理解或对情境的心理把握，即时地容许永不停息地对它的重复，使生命能延伸到未来。所以，它是本能（参见该条）不可或缺的对应物，本能同样以一种有目的地对即时情境做出有意义的把握为前提条件，是一种有目的的行为模式。然而只有预先存在的意象才能保证这种理解或把握。原初意象表现为实用的程式，这种程式是理解新的情境必不可少的。

27.个体（individual）

心理上的个体有着某种特殊的和在某些方面独特的心理特征。个体心理的特殊性在它的基本要素中表现得很少，而在其复杂的心理构成中表现得很多。心理个体或个性（参见该条）拥有一种先天的无意识存在，但只有当它出现对其特殊本质的意识时，即出现一种与其他个体的有意识的区分时，这才是有意识的存在。尽管心理个性就像我们观察到的那样在最初的时候是无意识的，但作为一种与身体个性相关的东西，它是先天就规定好了的。其分化（参见该条）的意识的过程或个体化（参见该条）过程要求个性被带向意识，也就是把个性提升到超脱与客体同一的状态之中。个

---

1 叔本华：《作为意志和表象的世界》，第1篇，第302页及以下。

2 康德：《纯粹理性批判》，第314页。

性与客体同一等同于个性与无意识同一。如果个性是无意识的，那么就不会出现心理个体，而只有一种集体的意识心理存在。于是，无意识个性就这样被投射到客体中，以致客体获得了巨大的价值，成为具有强大影响力的决定性因素。

28.个性（individuality）

在我看来，个性是个体所有心理方面的特殊性与独一性。只要是不属于集体性的（参见该条）东西以及不属于一大群人而确实只属于某个人的东西都是个体的。很难说个性是从属于他们本身的心理要素的，它只是从属于这些心理要素独特的聚集与组合（参见“个体”条）。

29.个性化（individuation）

在我们的心理学中个性化概念所扮演的角色可谓举足轻重。通常说来，它决定了个体的形成与区分过程；更确切地说，它是指心理个体（参见该条）的发展，把个体从普遍的集体心理中分化出来。所以，个性化是一个分化（参见该条）的过程，个体人格的发展是它的目标。

为了使个体的生命活动免受伤害，就要努力避免保持在集体性的同一水平上，此时必然需要个性化。既然个性（参见该条）是一种先天的心理和生理上的事实，那么个性在表现自己时必然也使用心理的方式。所以，所有针对个性的严厉的限制都是一种人为的阻碍。如果一个社会集群是由受到阻碍的个体所构成的，那么这个社会集群是不可能健全和充满活力的；在给个体以最大可能的自由的前提下，保持个体的内在统一和集体的价值，这样的社会才会具有充满生机的前景。既然个体的真正存在必须以集体联系为前提，而不只是单一的、分立的存在，那么个性化的过程所导致的结果必然是更深更广的集体联系，而不是变得更加封闭隔绝。

个性化与超验功能（transcendent function，参见“象征”条）关系密切，因为超验功能为个体的发展开辟了道路，如果坚持集体准则所规范的道路，那么就根本不可能获得这种发展。

不管在什么情况下，心理教育的唯一目的都不是个性化。在个性化可能成为目的之前，必须首先实现适应集体规范所必需的最小限度这个教育的目的。一株植物要充分展现它的特殊属性的前提是，它必须在它所植根的土壤上生长。

从某种程度上来说，个性化与集体规范是相对立的，因为它意味着从一般性中脱离和分化出来，从而建立一种特殊性；这种特殊性原本就植根在心理构成中，并不需要我们去刻意追求。然而，个性化虽然与集体规范相对立，但是这种对立只是外显的，通过较为细致的观察，我们发现，个体的立场与集体规范并不是相对抗的，它们只是定向不同而已。个体方式与集体规范从来都不是直接对立的，只有另一种规范与集体规范相对立，而且这种规范是矛盾的。就个体方式的定义来看，它绝不可能成为一种规范。所谓规范只能在个体方式的总和中产生，它的正当性和有益性依个体方式的存在以及依个体随时定向于某一规范的需要而定。当一种规范的有效性是绝对的时候，它的一切目的都将丧失。只有当个体的方式上升为一种规范，即成为极端个人主义的实际目的时，才会显现出它与集体规范的实际冲突。然而，这种目的显然是病态的而且是与生命相冲突的。因此它与个性化没有任何关系，尽管它可能开辟一条个人的小路来，但正因为如此，它才需要凭借规范来确定其社会的定向以及确定个体与社会至关重要的必然性联系。所以，个性化使集体规范自然地受到尊重，但是，如果这种定向纯粹是集体性的，那么规范就会变得越来越多余，道德也会被破坏。人的生命越是被集体规范铸造，其个体的堕落就越是可怕。

个性化与有意识地超出原初同一（参见该条）状态的发展过程实际上是相同的。可以说它是意识领域的一种延伸，使意识的心理生命变得更加丰富。

30.劣势功能（inferior function）

这个概念是指在分化（参见该条）的过程中残留下来的功能。经验告诉我们，在一般环境不利的情况下，无论是谁都不可能使他的心理功能得到发展。为了适应社会的要求，每个人首先必须把那种最具有天赋或能最大限度地确保他获得社会成功的功能分化出来。的确，通常来说，一个人总是完全与那种他最宠爱的也是获得最大发展的功能相同一，这似乎是一种普遍的规律。因此，各种不同的心理类型（参见该条）就出现了。正是因为这种发展是片面的，所以必然导致在发展中有一种或更多的功能遗留下来。我们可以心理学上而并非在心理病理学的意义上将这些功能恰当地称为劣势功能，因为这些后来所发展的功能并不是病态的，而只是比优势的功能落后一点而已。

虽然劣势功能可能被当作一种现象来认识，但它的真正意义仍然没有被认识到。它与许多受到压抑或难以辨识的内容一样在活动着，有些是意识的，有些是无意识的，好比一个很浅显的道理：人们能认识一个人的外观，但对于这个人的真实内心可能完全不了解。所以只要情况比较正常，就仍然可以意识到劣势功能，至少可以意识到它的影响；但对于心理病患者来说，它全部或部分地沉入了无意识。因为，只要欲力（参见该条）的分配在很大程度上达到能够被优势功能获取的程度，劣势功能就会产生一种退行的发展；它重返古代的那种状态，以致无法相容于意识的优势功能。如果一种功能在正常情况下从意识的变为无意识的，那么其特有的能量也会过渡到无意识的。比如情感这种功能，它的天性赋予它能量；它是一种有生命的组织完好的系统，不管在什么情况下，它的能量都不会完全消失。劣势功能也同样：它那残留的能量进入了无意识，以一种反常的方式将自身激活，在与古代化的功能相应的水平上，产生了幻想（参见该条）。如果要想借助分析使劣势功能从无意识中释放出来，那么就必须让现在已经被激活的这些无意识幻想的构成在表面上浮现出来。倘若这些幻想在意识上获得实现，就会把劣势功能也带入意识的层面，使其有可能获得进一步的发展。

31.本能（instinct）

不管在本书中还是其他的地方，我所谈及的本能，都是从该词被普遍理解的一种含义，即一种朝向某些活动的冲动上来说的。冲动源于超出心理因果律范围的器官，也可能源于外在或内在的刺激，正是这种刺激在心理上引发了本能机制的运作。所有心理现象都是本能的，它们不是由意志产生，而是由动力性的冲动产生，不管这种冲动是直接源于器官，从而有了超心理的源头，还是来自意志目的影响下所释放的能量——在后一种情况下，有一个条件是必须达到的，那就是最终的结果对意志所预料的影响的超越。我认为，只要那些心理过程的能量不受意识控制就都属于本能的。因而感情（参见该条）既属于本能过程，又属于情感（参见该条）过程。正常情况下，因而也是完全处于意识的控制下的原本作为意志（参见该条）功能的心理过程，当出现反常情况导致其获得无意识的能量时，它就可能变成本能的过程。在那种因压抑不相容的内容而限制了意识的活动范围的地方会出现这种现象，或者在其他地方也会出现，比如在疲劳、醉酒或一般的脑部病变所导致的精神层面降低的地方，换言之，是在意识尚未控制或者不再控制那些具有最强有力的情感色调的过程的地方出现。那些曾经是意识的过程现在却已经变成自动的，因此，我将它们归入自动的过程而不是本能的过程。以正常的眼光观之，它们的行为与本能并不一样，因为在通常情况下，它们从不显示为冲动，只有当它们获得一种陌生的能量时才显示为冲动。

32.理智、理性（intelleet）

我把理智称为定向的思维（directed thinking）（参见该条）。

33.内向投射（introiection）

"内向投射"一词是阿芬那留斯（Avenarius）[1]引入的，该词与投射相对应。阿芬那留斯用"投射"一词恰当地表达了某种主观的内容被驱入了客体的意思，因此也就被很好地把适应于这一过程的"投射"一词保留了下来。现在，弗伦克兹（Ferenczi）以与"投射"相对立的含义来为内向投射定义，即把客体摄入到主体感兴趣的范围中去，而"投射"是把主观内容带到客体中去。"妄想狂者从自我中排除那种让他讨厌的情绪，而神经病患者则根据他自己的需要摄取外部世界的某一部分，并将其转变成无意识幻想的对象。"[2]前一种机制是投射，而后一种机制是内向投射。内向投射是一种"淡化过程"和一种"兴趣范围的扩展"。弗伦克兹认为，这些过程

1 《人的世界观念》，第25页及以后页。

2 见弗伦克兹《内向投射与移情》，47页及以后。

都是正常的。

从心理学角度来看，投射是异化（参见该条）的过程，而内向投射则是同化（参见该条）的过程。投射通过将主观内容带入客体（参见“投射”条）而使客体异化于主体，而内向投射则使客体与主体同化。内向投射是一种外倾（参见该条）的过程，因为同化于客体要求移情（参见该条），要求客体投入其所具有的能量。内向投射又可分为被动的内向投射与主动的内向投射：在治疗心理症患者的过程中会见到一种移转作用的现象，这种现象就属于被动的内向投射，一般情况下，被动的内向投射包括所有客体对主体具有一种强有力的影响的情形；而作为一种适应过程的移情则属于主动的内向投射。

34.内倾（introversion）

内倾意味着欲力（参见该条）向内流动，它表现了主体否定客体的这样一种关系。主体的兴趣不是指向客体，而是从客体退出来回到主体当中。凡是持内倾态度的人都以这种方式思考、感觉和行动，该方式清楚地说明了是主体决定了动机的形成，而客体的价值仅仅占据次要地位。内倾可能具有感觉（参见该条）或直觉（参见该条）的特征，同样内倾也可能表现为理智的或情绪的。当主体自愿使自己脱离客体时，内倾便是主动的，而当主体不能让从客体流回的欲力再流回到客体时，它就是被动的了。如果内倾形成一种习惯，就可以被称为内倾型（参见该条）。

35.直觉（intuition，拉丁语，源于intueri，观看或洞视）

我认为，直觉是一种基本的心理功能（参见该条）。它通过一种无意识的方式传达知觉。不管是外在对象、内在对象还是它们之间的联系，这些都能成为这种知觉的焦点。直觉的特殊本质在于：它不是感官知觉，也不是情感，更不是理智的推论，但它可能会在这些形式的任何一种中出现。在直觉中，某种内容本身都以一种整体形式完全呈现出来，但我们对这种内容是怎样获得却做不出任何解释甚至根本无从发现。不管直觉内容是什么，它都是一种本能的领悟。与感觉（参见该条）一样，它也是一种非理性的（参见该条）知觉功能。直觉在内容上与感觉类似，都具有“被给定”的特征，这种特征与思维和情感“衍生的”或“产生的”特征形成鲜明的对比。直觉的知识具有内在的确定性和内在的确信性的特征，这是斯宾诺莎（以及柏格森）把直觉的知识确定为最高的认识形式的原因。虽然感觉也具有这种性质，但感觉的确定性是以身体为基础而建立的。直觉的确定性也依赖于一种特定的心理“警觉”状态，只是主体没有意识到这种状态的根源而已。

直觉既可能是主观的也可能是客观的：主观的直觉是对根植于主体的无意识心理材料的知觉；客观的直觉则是对其他材料的知觉，这些材料依赖于对客体的阈下知觉以及客体所引发的情感与思维。依据感觉参与程度的不同，我们也可把直觉分为具体的直觉与抽象的直觉。具体的直觉传达与事物的具体性相关的知觉，而抽象的直觉则传达与观念性相联系的知觉。因为具体直觉直接对既定的事实做出回应，所以它是一种反应的过程；而抽象的直觉则与抽象的感觉类似，需要某种定向的因素以及一种意志的行为或目标。

直觉与感觉相似，也具有婴儿期心理和原初心理的典型特征。通过传达对神话意象——即观念（参见该条）的前身——的知觉，它平衡着婴儿期的强有力的感官印象与原初心理。直觉一直保持着对感觉的补偿，它像感觉一样，都是思维与情感赖以发展为理性功能的母体。虽然直觉是一种非理性的功能，但是很多直觉在事后都可以被分解，以致它们可以被放到它们的组成要素和起源中去，这样它们就与理性法则相协调了。

凡是将一般态度（参见该条）定向于直觉的人都是直觉型（参见“类型”条）。如果直觉是向内定向于内在幻觉就可称之为内倾直觉；如果自觉向外定向于行动和成就则可称之为外倾直觉。在反常情况下，直觉在很大程度上混入了集体无意识（参见该条）的内容之中，并受其支配，这使直觉型表现出极大的非理性，让人无法理解。

36.非理性（irrational）

“非理性”这个词指的不是与理性相对立的东西，而是超出理性范围的东西，以及不是以理性为基础的东西。基本的事实就属于非理性范畴，比如月亮围着地球转，氯是一种元素，水在4摄氏度的时候密度最大，等等。偶发事件也属于非理性的，尽管之后可能证明该事件的发生是符合理性因果律的。[1]

非理性是这样一种存在，虽然日益精致化的理性阐释逐步地把它排挤到我们的视线之外，但这种阐释也会因此变得非常复杂，以致凭我们的理解能力都无法理解。所以，也许理性法则把整个世界都充满之前，理性思维的局限实际上早就暴露出来了。完全以符合理性的要求来解释一个实际存在的客体（并非纯粹假设的客体）是一种乌托邦式的理想。在理性的基础上能被完美地解释的只有被假设的客体，因为它身上所有的东西都不会超出理性思维的设定。经验科学也同样对囿限于理性范围内的客体进行了设定，因为刻意排除了偶发事件，它并不会思考整个实际的客体，而只能对被挑选出来的适应于理性观察的客体的某一部分进行思考。

从这个意义上来说，思维（参见该条）与情感（参见该条）一样，都是一种定向的功能。当这些功能并不涉及理性地选择客体，也不涉及客体的性质及其相互联系，而只是涉及对实际客体所并不缺乏的偶发性的知觉时，它们定向的功用就立刻丧失了，由此它们的某些理性特征也就丧失了，这一切都是它们接受了偶发性造成的。

1 荣格：《共时性：一种非因果性联系的原则》。

它们变成非理性的了。定向于对偶发性事件的知觉的思维或情感（因而它们是非理性的）要么是直觉的要么就是感觉的。直觉（参见该条）和感觉（参见该条）是在对事件之流的绝对知觉中将其功效实现出来的心理功能，所以借助它们的本性，它们对任何一种可能发生的偶然事件都能做出反应，与绝对的偶然性协调一致也就意味着失去了其所有的理性定向。正因如此，我才把它们称为与思维和情感相对置的非理性的功能，因为思维和情感要想发挥其功效前提条件就是它们完全与理性法则相一致。

虽然非理性无法成为科学的对象，但是在实用心理学上，正确地评价非理性的因素是非常重要的。实用心理学提出的许多问题是理性所完全无法解决的，能解决它们的只有非理性，即只有走一条与理性法则相反的道路才能解决这些问题。期望或绝对对肯定有一种理性的方法能够解决所有冲突这一点深信不疑，这对于寻求具有非理性性质的解决之道来说，是一道很难跨越的障碍。

37.欲力（Libido）

我认为，欲力指的就是心理能量。[1]心理能量意指心理过程的强度和它的心理价值。这指的不是价值的分配，无论是其道德的、审美的还是理智的价值都一样；心理价值已经隐含在其决定性的力量中，表现为特定的心理效用。许多批评家认为我把欲力理解为一种心理力，其实这是误解，正是因为这个误解他们才会步入歧途。我用能量来表示一种强度或价值，但并不是把它的概念实体化。我认为，是否有一种特定的心理力存在这个问题与欲力的概念根本无关。我通常在使用“欲力”与“能量”这两个概念的时候没有注意区分。我已经在本书脚注里注明的著作中对我之所以称心理能量为欲力的理由进行了充分的解释。

38.客观层面（ojectivelevel）

当我从客观层面上来解释梦或幻想时，我想要表达的是，我们可以从客观上将出现在梦或幻想中的人或情境归入现实的人或真实的情境之中。从主观层面（参见该条）上可以做出与之相对的解释，在这种情况下，人和情境完全被归结为主观的因素。弗洛伊德几乎完全是从客观层面上对梦进行解释的，因为梦的愿望其实就是现实的对象，或是性的过程，这些都完全落入了生理学的、超心理学的范围。

39.定向（orientation）

我们通常用这个概念来表达支配态度（参见该条）的一般原则。不管某种观点是否是意识的，每种态度都定向于这个观点。权力态度（参见“权利-情结”条）定向于自我（参见该条）权力，凭借自身的力量来与不良的环境和影响相对抗。思维的态度定向于被其奉若神明的逻辑原则；感觉的态度则定向于对既定的事实的感官知觉。

---

1 荣格：《转变的象征》，第2部分，第2章、第3章，以及《论心理能量》，第7段及以后段。

40.神秘参与（participation mystique）

这个概念由列维-布留尔提出。[1]它指的是与客体某种特殊的心理联系，因为神秘参与，主体不能清楚地使自己区分于客体，他凭借一种类似于与客体部分同一（参见该条）的直接联系缚于客体身上。这种同一是由主客体先天的合一导致。神秘参与是这种原初状况残留下来的东西。它并不适用于全部的主-客体关系，而仅仅在某些出现这种特殊关系的情形那里适用。这种现象常见于原初人当中，在文明人当中也并不少见，唯一的区别就是，它们的影响范围或强度有所不同。在文明人中这种现象通常发生在人与人之间，而在人与物之间却极少发生。如果发生在人与人之间，它就是移转作用的关系，其中对象（一般来说）获得了某种作用于主体的魔力般的（即绝对的）影响。如果发生在人与物之间，它同样具有巨大的影响力，只不过这次的对象换成了物，再不然就是一种对物或物的观念的认同作用。

41.人格面具（persona）：参见“灵魂”条。

42.权力情结（power-complex）

我有时用这个概念来意指观念的整个情结，其一切奋斗的目标都在于使所有其他的影响对自我（参见该条）屈从，而对这些影响在民众和客观环境中所具有的根源以及它们根植于主体自身的冲动、思维和情感视而不见。

43.投射（prejection）

投射与内向投射（参见该条）相对，意味着把主观内容驱入客体中。所以，投射是一个异化（参见“同化”条）的过程，在这个过程中，主观内容远离了主体，换句话说被具体化进了客体中。主体通过把某些痛苦的以及不相容的内容投射出去从而摆脱它们，主体也投射那些有着正面价值的内容，但是出于诸如自卑等各种各样的原因，主体很难接受这些内容。投射因主体与客体的原初同一（参照该条）而产生，但是，只有当出现解除与客体同一的需求时，称其为投射才是恰当的。当同一变成一种扰乱的因素，也就是当欠缺被投射的内容而成为适应过程的阻碍，并急于把进入主体的内容撤回时，这种需求就应运而生。此时，先前的那种同一就具有了投射的特征。因此，投射，指的就是一种同一的状态，因为该状态已经引起了大家的注意，因而招致批判，而这种批判可能是主体的自我批评，也可能是别人的客观批评。

我们可以把投射分为消极的投射与积极的投射。消极的投射是所有病态的和许多正常投射的惯常形式；它没有无目的，完全是自主地出现。积极的投射是构成移情（参见该条）活动的一种主要成分。总的说来，移情是一种内向投射的过程，因为它使客体与主体产生密切的联系。为了使这种联系得以建立，主体从自身分离出某种内

---

1 参见《原始思维》。

容（比如一种情感），然后将其投入客体中，以致客体变得充满生机，通过这种方式，客体被吸入了主体的范围。然而，积极的投射也是一种判断的行为，使主体与客体分离就是其目的。在这里，作为一种有效陈述，主观判断从主体中分离出来，移入客体之中；主体借此使自己和客体区分开来。因为与内向投射不同，投射并没有走向摄取和同化，而是走向了主体与客体的区分和分离，所以，投射是一种内倾（参见该条）过程。最终，投射也在偏执妄想狂患者身上发挥了最主要的影响，以致主体彻底的孤立。

43a.心灵（psyche）：参见“灵魂”条。

44.理性的（rational）

理性的意味着合乎情理，与理性相同。在我看来，理性是一种态度，它的原则是使思维、情感和行为符合客观价值。客观价值一方面以外在事实日常经验为基础，另一方面则以内在心理事实的日常经验为基础。然而，就算这些经验被主体“评价”为有价值的，它们也并不能代表客观的“价值”，因为这种活动已经是理性的了。使我们有权力宣称客观价值具有最终的有效性的理性态度并不是单个主体的创造物，而是整个人类历史的产物。

大多数客观价值甚至还有理性本身，都是经历数代传承而得以保留下来的有着稳固根基的观念集丛。这些由无数代的人辛勤耕耘组织起来的这些观念集丛，与以下情形有着同样的必要性：生命机体必须对环境中经常连续发生的状况做出反应，并以相应的功能情结来应对它们，比如眼睛，它与光的性质形成完美的对应。如果正如叔本华所说的，与一般环境影响相适应的反应不是生命机体赖以存在的必要条件的话，那么，我们就可以来谈谈所谓先天存在的、形而上学的、普遍性的“理性”了。由此可知，人类理性并不是其他的什么东西，而是人在适应于一般环境时所做的表达，它在稳固建立起来的观念集丛中逐渐沉淀下来，成为我们客观价值的构成部分。所以，理性律是这样一种规律，它指称并统辖那些被普遍认同为“正确的”的东西，即已经适应的态度（参见该条）。凡是符合这些规律的就是“理性的”，凡是与其相冲突的便是非理性的（参见该条）。

因为思维与情感受到反思的决定性影响，所以它们是理性功能。当它们在最大程度符合理性律时，它们便得到了最完美的运作。而感觉和直觉是非理性的功能，它们完全是以获得对整个事件过程最完美的知觉即最纯粹的知觉为目的的，为此，它们必须竭尽所能地排除理性（因为理性的先决条件是排除所有超出理智之外的东西）。

45.还原（reductive）

还原的意思是“返回”，这个术语被我用来表示一种心理解释的方法，即不把无意识的产品当成是一种象征，而是在症状学上把它看成一种潜在过程的符号或征兆。

因此，所谓的还原就是把无意识的产品回溯到其元素中去，无论这些元素是对过去实际发生的事件的回忆，还是一些基本的心理过程。还原的方法定向于过去，与建构的（参见该条）方法刚好相反，不管是站在纯粹历史的意义角度还是站在比喻的意义角度上看，还原方法都在于把复杂的、已经分化的因素回溯到一种更普遍和更基本的东西上去。弗洛伊德和阿德勒所使用的方法都属于还原法，因为在他们的方法中都存在一种对愿望或追求的基本过程的还原，而且这些愿望和追求都带有婴儿期的或生理性质的特征。因此，无意识产品必然被冠以一种非确切的表达方式的特征，而“象征”一词对于表达这一特征来说并不合适。还原方法拆解了无意识产品的真正含义，因为它要么追溯到其历史的前在物，从而使其变得毫无意义，要么根据其从此所生的同样的基本过程把它们重新组合起来。

46.自身（self）

自身是一个经验的概念，意为“一个人心理现象的全部范围”。它对作为整体的人格的统一性进行了表达。但是，就整体人格因其是由无意识的成分构成的所以它不可能是全部的意识这一点来说，自身的概念也只有部分是经验的，而其他方面则是预设的。也就是说，它将可以经验到的和无法经验到的（或仍然未经验到的）都包含在内。众多的科学概念也普遍具有它所具有的这些性质，它们的命名比观念之类的概念更加流行。从意识和无意识所构成的心理整体是一种预设这一点来说，它就是一个超验的概念，因为它对经验基础之上的无意识因素的存在进行了预设，因而带有统一体的特征，它仅能获得部分的描述，而其他的部分仍然是未知的、不可计量的。

在实践中我们常常会遇到意识现象和无意识现象，因此作为心理整体的自身也包含意识与无意识两方面。从经验上来看，自身在梦、神话和民间故事中呈现出诸如国王、英雄、先知、拯救者等“超常人格”（见“自我”条）的形象，也会表现为诸如圆环、方形物、方形圆、十字等整体象征的形式。当它体现出一种复杂的对立和一种对立的统一时，它也能以二元对立的统一的形式在诸如阳与阴相互作用的道、互相敌对的兄弟、英雄与他的对手（主要敌人、龙）、浮士德与靡非斯特等形式中出现。因此就经验上来讲，尽管自身被理解为对立双方统一于其中的整体和统一体，但仍表现为明与暗的交替。既然无事实根据的第三者这个概念很难被表现出来，那么，我们就可以说它是超验的。如果对它意味着统一的象征（通常从经验上才能看到）这一事实忽略不计，那么，从逻辑思考上来看，它也许是一种空虚的沉思。

因为自身无法论证自己的存在，即无法使自身实体化，所以它并不是一个哲学观念。以理性的观点来看，它仅仅是一个正在运作的假设而已。此外，它经验性的象征常常很明显地表现出超自然性，即一种先天的情绪价值，在曼荼罗中，“神是一个圆环……”还有毕达哥拉斯的四轮花[1]以及四位一体，[2]等等。这些都证明了它是一个原型观念（参见“观念”“意象”条），它以某种形式将自己与其他观念明显地区别开来，在此形式中，它处于与其内容和超自然的意义相适应的核心位置上。

47.感觉（sensation）

以我的观点来看，感觉是一种基本心理功能（参见该条），冯特也认为感觉是一种基本的心理现象。[3]感觉把对身体的刺激传达给知觉。因此它等同于知觉。我们必须把感觉与情感进行严格区分，因为情感与感觉是完全不同的一种过程，尽管情感作为“情感-色调”可能与感觉相联系。感觉既与外部刺激有关联，也与内部刺激即内在器官感受过程中的变化有关联。

因此，感觉主要表现为感官的知觉，感觉器官和“体感”（如肌肉运动知觉，血管舒缩感，等等）是知觉的传达方式。一方面，它作为观念作用的一个要素，把它所知觉到的外在客体的意象传达给心灵；另一方面，它作为一种情感的要素，通过知觉身体上的变化，使情感具有感情（affect，参见该条）特征。由于感觉把身体变化传达给意识，所以也表现出一种生理上的冲动。但它与生理冲动又不相同，因为它只是一种知觉的功能而已。

我们必须区分感官上的或具体的（参见该条）感觉与抽象的（参见该条）感觉。前者涵盖了以上提到的所有的感觉的形式，而后者所指的感觉则是从其他心理因素中抽象出来的或分离出来的。具体的感觉无法以“纯粹的”形式出现，它总是与观念、情感和思维掺杂在一起。抽象的感觉是某种已经分化出来的知觉方式，它按照自己的原则，使自己脱离所有与被知觉到的客体的不同要素的混合中还有所有思维和情感的混合，从而达到了超出具体感觉的某种纯粹程度，因此它可以被称为“审美的”。比如，在对一朵花进行具体的感觉时，传达的不只是对花本身的知觉，还有对花的茎、叶、产地等方面的知觉。它也与看见花时所激起的喜爱或厌恶的情感混合在一起，同时还混合了关于花的气味知觉，以及关于花的生物学分类的想法，等等。但是，抽象感觉直接传达出的却是对花的最为突出的感官属性（比如花的光彩夺目的红色）的知觉，这是它唯一的或至少是主要的意识内容，完全摆脱了所有其他的混合因素。抽象的感觉在艺术家中很常见。

与所有的抽象作用相同，它产生于功能分化（参见该条），不包含其他任何原初

---

1 关于“四轮花”见《心理学与炼金术》，第189段；《关于金色花的神秘的评论》，第31段；《心理学与宗教：东方与西方》，第61、90、246段。

2 四体的形象在荣格的后期著作中十分常见，如果读者想了解其深厚的意义（包括自身的象征的意义）的话，可以查阅《荣格文集》的索引（第9卷第1部分和第2部分，第11、12、13、14条）。

3 关于感觉的概念史可见冯特的《生理心理学基础》第1卷第350页以及后页；德索伊尔（Dessoir）的《德国心理学发展史》；维拉（Vma）的《当代心理学》和哈特曼（Hartmann）的《现代心理学》。

的东西。功能的原初形式总是具体的，即相互混合的（参见“古代式”与“具体化”两条）。具体的感觉表现为一种反应的现象，而抽象的感觉则与所有的抽象作用一样，往往与意志（参见该条），即一种定向感联系在一起。当意志定向于抽象的感觉时，它就是审美感觉态度的表现及运用。

在儿童和原初人那里，感觉获得了极有力的发展，因为他们的感觉超过了思维和情感，尽管可能不一定会超过直觉（参见该条）。在我看来，感觉是有意识的知觉，直觉是无意识的知觉。与思维和情感一样，感觉与直觉也表现为对立的两方面，或两种互相补偿的功能。虽然思维与情感都是独立的功能，但从个体发生和种系发生上来看，它们都源自感觉（当然，也源自与感觉相对应的直觉）。如果一个人的全部态度（参见该条）都定向于感觉，那么这个人就属于感觉型（参见该条）。

既然感觉是一种基本现象，那么它是先天就形成的，与思维和情感不同，也不遵循理性规律。尽管理性竭尽所能地把大部分感觉同化于理性系统中，但我仍称它为非理性（参照该条）的功能。

正常的感觉应该是均衡的，即它们与身体刺激的强度要大致上相对应。病态的感觉不具备这种均衡，它们要么反常的微弱要么反常的强大。在前一种情况下，它们被抑制，在后一种情况下，则是被夸大。因为另一功能占据优势地位所以被抑制；因为与其他功能不正常地相混合在一起而被夸大，比如与未分化的思维或情感相混合。一旦那种与感觉混合在一起的功能依照自己的要求获得了分化，那种感觉夸大的情况就不会再继续下去。关于这方面，心理症心理学为我们提供了一个例证，这些例证极具启发性，之所以这么说，是因为我们经常能看到对其他功能强烈的性欲化（sexualization，弗洛伊德语），也就是这些功能被混合着性的感觉。

48.灵魂（soul）

当我对无意识结构进行研究的时候，我不得不在概念上对灵魂与心理两者进行区分。依据我的观点，心理是所有心理过程、意识和无意识的总和，而灵魂是一种能被恰当地称为“人格”的有着明确界定的功能集丛。为了让读者更加明白我的意思，我必须把某些更确切的观点展示给大家，特别是梦游症、双重意识和人格分裂等现象，法国学派[1]在这些现象的研究上做出了卓越的贡献，这些研究使我们认识到在同一个体中可能存在多重人格。

作为功能情绪或“人格”的灵魂

很明显，这种多重人格在正常个体中是不可能出现的。然而，上文提及的一些现

1 亚逊（Azam）：《催眠术、双重意识与人格变化》，巴黎，1887年版。帕伦斯（MortonPrince）：《人格分裂》，1906年版。兰德曼（Landmann）：《个体中的多数精神性格》。李伯特（Riboit）：《人格论》。弗洛诺耶（Flouraoy），《从印度到火星》，1900年版。荣格：《论所谓鬼神现象的心理学及病理学》（《论文集》，第2集）。

象表明，在正常的个体中可能存在或至少潜藏着人格分裂。其实，对于心里观察者来说，只要他稍微细心一些就能轻易地证明，在正常个体中存在性格分裂的痕迹。如果我们极为细心地观察某人在不同的环境中的表现，就会看现，此人的人格也随着环境的变化发生了异常的变化，他会在前后两个场合中表现出完全不同的性格。“在外面是天使而在家里是魔鬼”这句来自日常经验的谚语恰当地概括了人格分裂的现象。特定的环境要求持有特定的态度（参见该条）。这种态度持续的时间越长，就越需要频繁地出现，以致成为习惯性的态度。有教养阶层中的大部分人都必须在家庭和事业这两种不同的环境中生活。在这两种截然不同的环境下就必须具有两种不同的态度，由于自我与当时态度的认同作用（参见该条）所达到的程度不同，性格的双重性就产生了。在社会的限制和要求下，社会性格一方面定向于社会的期待与需要，另一方面定向于个人的社会目标和抱负。一般来说，是家庭环境的便利与舒适，以及感情的需要和闲散的追求铸造了人的家庭性格；在公共场合活动的必须有充沛的精力、大胆的行动、顽强的毅力和坚定的意志，当那些在外面表现的很冷酷的人沉浸在家庭的天伦之乐中时，脾气就变得温和、随和，甚至表现出软弱。那么，究竟哪一种才是他们真实的性格？其真正的人格又是什么？这些都是难以回答的问题。

以上思考表明了，即使在正常个体中，也存在性格-分裂的可能。因此，我们把人格分裂看作一个正常心理学的问题来研究就找到了充分的理由。我认为，以上问题的答案就是这种人并不具有真正意义上的性格：他不是个体的（参见该条），而是属于集体性的（参见该条），只不过是受到环境和普遍期望的摆弄而已。如果他是个体的，那么不管他的态度怎么变化，他都只会有同一种性格。他与当下的态度绝不同流合污，这既不会也不可能成为他在各种不同的状况中表现出自己个性的障碍。虽然他与其他所有生命物的存在一样都是个体的，但这充其量也只是一种无意识的存在。由于他在一定程度上与当下态度相同一，他就在别人面前将自己的真实的性格隐藏了起来，甚至还会自欺欺人。他用面具武装自己，并且知道这个面具与他的意识意图是一致的，同时，该面具也符合社会的要求，顺应了社会的舆论导向，以致他的动机接连获得成功。

作为人格面具的灵魂

这个面具，即这种特别采纳的态度，被我称作人格面具[1]，这个词来源于古代演员所戴的面具。我把与这种面具相一致的人称为“人格的”，它是与“个体的”相对的。

上文提到的两种态度即是两种集体人格的体现，我把它们简要地概括为“人格面具”。我已经暗示过，这两种人格并不是真正的个性。因此，人格面具是为了适应或出于个人便利而存在的一种功能情结，它绝对不同于个性。人格面具只与客体的关

1 荣格：《分析心理学》的两篇论文，第243段及以后段。

系有关。必须对个体与外在客体的关系同个体与主体的关系进行严格的区分。所谓“主体”，在我看来，就是所有那些内在于我们的流动着的模糊而幽暗的心绪搏动、情感、思维与感觉，任何可被证明的对客体的意识性经验都不是它们的源头，它们的出现就像一股能产生骚乱和压抑但有时又是有益的力量，从黑暗的内心深处，以及意识的背后和底层迸发出来一样，而我们对无意识生命的知觉正是由这些东西加在一起的总和构成的。我所理解为“内在客体”的主体就是无意识。既然有一种对于外在客体的关系，即一种外在的态度存在，那么，一种对于内在客体的关系，即一种内在的态度也同样存在。很显然，由于内在态度极为私密而又难以接近，而外在态度却通常能立刻被每一个人知觉到，因此内在态度远比外在态度难以辨识。但是，以我的观点来看，想要对内在态度的概念进行系统地阐释不是没有可能的。所有这些被称为偶然的抑制、奇想、情绪、模糊的情感以及凌乱的幻想之类的东西，会时常扰乱我们的心灵、干扰着我们的注意力，使我们难以平静，即使在最正常的人身上也是这样，它们被合理地归结为身体上的或类似的原因，而事实上，一般情况下，它们都不是源于理性所有意识地描述的那些原因，而是源于对无意识过程的知觉。很显然，梦可以被归到这些现象之中，正如我们所知，尽管这一解释根本经不起事实的推敲，但梦仍经常被归结为是由像消化不良、仰卧之类的外在和表面的原因引起的。个体处于这些情形之下，就必然会拥有各式各样的态度。某人可能不会允许自己受到内在的过程哪怕一丁点干扰，他也许对它们根本就不予理睬；而另一个人却完全任由内在过程控制，但当他苏醒过来时，他就会一整天都沉浸在被某种幻想或令人讨厌的情感所破坏的情绪中；模糊且不愉快的感觉充斥着他的头脑，使他联想起一些隐秘的病痛，一个梦就让他产生阴郁的预感，虽然他平时并不迷信。对于其他人来说，这些无意识的骚扰只是暂时的，或者只是在很短的时间里接触到无意识的一些方面。对某人来说，它们从来就不会作为任何值得思考的东西出现在意识中；而对另一个人来说，它们却能让他整日郁闷困惑。某人把它们看作是生理性的，另一个人则认为它们源于他邻居的行为；而第三个人则在其中发现了宗教的启示。

与对待外在对象的态度一样，这些对待无意识骚扰的截然不同的方式也逐渐变成了习惯。因此，内在的态度与外在的态度都与某种特定的功能情结有联系。或许可以这么说，那些一直忽视外在对象和事件现实性的人并不缺少一种典型的外在态度；同样，那些完全对他们内在心理过程视而不见的人也并不缺乏一种典型的内在态度。在前者的情形中，人格面具普遍表现出缺少与外在世界联系的特征，有时甚至对外在世界视而不见，除非他受到了命运无情的打击。正是这些戴着严厉的人格面具的人，很容易被无意识过程感染和影响其态度。虽然从外表上看，他们坚定而难以接近，但是只要触碰到他们的内心世界，他们软弱与缺乏定见的特征就会暴露出来。因此，他们的内在态度对应于一种人格，而这种人格却与其外在人格完全对立。举个例子，在我认识的人中有这样一个人，他没有任何动机且无情地将所有与他最亲近的人的幸福通通毁掉，而这个人只要看到车窗外有吸引人的森林美景就会立刻中止对他来说很重要的商务旅程。相信每个人都熟悉这类事例，在此就不用我再多举例子了。

作为阿尼玛（anima）的灵魂

与我们可以根据日常经验合理地讨论一种外在的人格一样，我们也完全有理由来讨论一种内在的人格。内在人格这种行为方式与某人的内在心理过程相联系；它是转向无意识的内在态度或性格面貌。我把外在的态度或外在面貌称为人格面具，而称内在的态度或内在面貌为阿尼玛。[1]一种态度一旦变成习惯，它就与功能情结密不可分了，自我就可能在某种程度上等同于这种功能情结了。当一个人在某些情境中表现出一种习惯性的态度，用一种习惯性的方式处事时，我们的日常语言将其生动地表述为：他完全变成了另外一个人。这是习惯性态度所体现的功能情结自主性的实际证明：就好像他的人格被另一个人占有了，好像"他的血液注进了另一种精神"。自主性不是只有外在的态度才能具有的，内在态度或阿尼玛（灵魂）也同样具有自主性。改变外在态度或人格面具是教育事业最困难的任务之一，而改变阿尼玛（灵魂）与改变人格面具的困难程度也与其相同，因为它的结构也焊接得十分紧密，绝不逊色于人格面具的结构。人格面具似乎常常是构成一个人全部性格的统一体，甚至还会伴随他终身无法改变，与此相同，阿尼玛（灵魂）也是一个带有他全部性格的明晰确定的统一体，往往也是自主的和无法改变的。因此要刻画和描述它非常不易。

我的经验证实了存在一种规律，即阿尼玛（灵魂）的特征与人格面具的特征基本上是互补性的。阿尼玛（灵魂）包含着意识态度缺乏的人性共有的品质。典型的例子便是被噩梦、阴暗的预感和内心的恐怖所折磨的暴君。他表面给人一种冷酷、苛刻的感觉，人们都对他敬而远之，但在其内心深处，他却捕风捉影、疑神疑鬼，听凭一些幻觉的摆布，就好像一个耳根最软的人任凭别人左右一样。因此，他的阿尼玛（灵魂）就包含了所有那些他的人格面具所缺失的易受暗示影响的人的品质。如果他的人格面具是理性的，那么我们就可以确定他的阿尼玛（灵魂）是按感情行事的。我已经很明确地证明了，阿尼玛所具有的这种互补特征也对其性别特征造成了影响。一个娇

---

1 在德文的版本中，"阿尼玛"一词仅仅使用了两次：这里与第805段开头。其他地方则都用seele（灵魂）一词。在本译本中，阿尼玛之归属于"灵魂"乃特指男性中的女性成分，正如在第49条（灵魂—意象）中间尼姆斯（animus）之归属于"灵魂"乃特指女性中的男性成分一样。只有当其意指男女两性共同的心理因素时，才会使用"灵魂"一词。读者并非总是能够认识到这种区分，或许随时可以把阿尼玛／阿尼姆斯用"灵魂"替代，这样可能对弄清楚荣格的观点有帮助。关于这个问题的讨论可参见"seele"（心灵、灵魂）一词的解释，《心理学与炼金术》第9段第8行。也可参见《分析心理学的两篇论文》第296段及以后段中，对阿尼玛／阿尼姆斯与人格面具之间关系所进行的论述。

气柔弱的女人却拥有一个男人的灵魂，一个英俊威猛的男人反倒拥有一个女子气的内心。这种矛盾是源于这样的事实，一个男人的全部气质并不都是男性化的，同时也具有某种女性特征。他越在外在态度上表现出男性化的特征，他的女性特征就越容易被掩盖；因此，他的女性特征只能在他的无意识中出现了。这就是为何拥有男子气概的男人竟会那么容易性格软弱的原因；他们在无意识中会表现出女性的那种柔弱和多愁善感。然而，这样的情形也是极为常见的：一个典型的女性，其内心性格却是极为倔强、执拗和刚愎自用的；这些性格之强烈往往可以与男人在外在态度上所表现的特征相提并论。因为女性的外在态度会排斥她所具有的男性特征，所以这些特征便成为了她的灵魂的品质。

因此，如果我们谈到男性的阿尼玛，那么也必须要谈到女性的灵魂一个正确的名称——阿尼姆斯。在男性的外在态度中，逻辑和客观性通常占据优势，或至少被看成是一种理想，而对于女性来说，占据优势地位的是情感。然而在灵魂中，这种关系却刚好相反：在内在方面，男性是感觉的，而女性却是思考的了。因此，女性总是能找到安慰和希望，而男性却更加容易变得绝望，这也是男性比女性更容易轻生的原因。一个女人也许会为社会环境所迫去做一些低三下四的事甚至最后自甘堕落去卖淫，而男人也可能同样以酗酒或是做出其他一些恶行的方式沦为无意识冲动的牺牲品。

就其共同的人性来说，从人格面具的特征中可以推断出阿尼玛的特征。在正常情况下所有应该在外部态度中出现却又找不到的东西，总是能在内部态度中找到。我的经验反复地证明了，这是一条基本的规律。然而，从这一方式中却根本无法推演出阿尼玛的个人品质。我们只能确定一点，那就是，如果一个人与他的人格面具相一致，他的个人品质就会与他的阿尼玛产生联系。这种联系经常在梦中出现，以精神受孕的象征表现出来，该象征可追溯到英雄诞生的原初意象（参见该条）。以这种方式降生的孩童就代表个性，它虽然出现，但仍然不是有意识的。与人格面具作为适应环境的工具受到环境强有力的影响一样，阿尼玛也同样深受无意识及其本性的影响。人格面具在原初环境中必然会呈现出原初的特征，而阿尼玛也就同样获得了无意识的古代式（参见该条）特征，并且表现出其象征的、预示的特性。并因此使其内在态度具有了“怀孕的”和“创造性的”品质。

与人格面具的同一（参见该条）会自然而然地导致与阿尼玛的无意识的同一，因为，如果自我与人格面具没有被区分开来，它就无法意识到与无意识过程的联系。所以，它本身就是这些过程，与它们完全同一。只要某人的本身与他的外在角色等同，那么他将毋庸置疑地屈从于他的内在过程；他将通过绝对的内在需要将他的外在角色打败，或者借助对立形态（参见该条）的过程使其外在角色变得荒谬。他可能不再沿着他个人道路走下去，否则他的生命将会不断遇到死结。此外，他的阿尼玛（灵魂）

必然会被投射到一个现实的对象中，以致完全地依赖于这一对象。每一个由此对象所产生出来的反应，都直接导致了主体的内在衰弱。这种方式（参见“灵魂-意象”条）通常形成了悲剧情结。

49.灵魂—意象[（soul-image），阿尼玛／阿尼姆斯（Anima／Animus）]

在所有无意识所产生的意象中，灵魂-意象是一种特殊的意象（参见该条）。就像某些人梦中的意象体现了人格面具或外在态度一样，这些人以特别显著的形式拥有人格面具的外在性质，同样，某些具有相应性质的人在无意识中也体现了一个人的灵魂即阿尼玛或内部态度。我们把这些意象称为“灵魂-意象”。有时我们根本就不了解这些意象，或是某些神话的人物。在男人那里，阿尼玛经常被无意识人格化为一个女性；而在女人那里，其阿尼姆斯则往往被人格化为一位男性。在所有个性（参见该条）都是无意识的并因此与灵魂相联系的情况下，灵魂-意象就拥有了同一性别的特征。如果一切存在与人格面具相同一（参见该条）并且灵魂因此是无意识的，那么，此时的灵魂-意象就变成了真实的人。这个人或是被强烈的爱着或是能被强烈的恨（或恐惧）着。这个人具有直接的、绝对强迫性的影响力，因为它总能使人在感情上产生反应。之所以会存在这种感情（参见该条）是因为这样一个事实，即根本不存在真正有意识地适应代表灵魂-意象的人。因为不可能存在一种客观的关系，所以欲力因受到了阻碍只能以感情的爆发宣泄出来。感情总是在适应失败的地方出现。有意识地去适应代表灵魂-意象的那个人之所以不可能存在，是因为主体意识不到自己的灵魂。如果他意识到了灵魂，他就能区分于对象，就可以消除对象的直接影响力，因为对象的力量由灵魂-意象的投射（参见该条）决定的。

对男人来说，因为他的灵魂具有女性的性质，所以女人真正地负载着他的灵魂-意象；而对女人来说，负载着她的灵魂-意象的将是男人。不管在什么地方，只要两性之间有一种充溢激情的近乎魔力的关系存在，那么就必然存在着投射灵魂-意象的问题。这种关系是极为普遍的，因此我们经常发现，灵魂必然是无意识的，这就等于说，绝大部分人是根本意识不到自己与内在心理过程有着某种联系的。因为与这种无意识状态联系在一起的往往就是对人格面具完全的认同，所以这种认同会不断出现。而这也的确是事实，大多数人完全等同于他们的外在态度，因而根本就意识不到与自己的内在过程的联系。但也可能发生相反的情形，灵魂-意象并没有被投射，而是在主体内保留着，这使得他认同灵魂，因为他深信自己与内在过程的联系方式就是自己的真实性格。如果身处这种情况之下，作为无意识存在的人格面具就会被投射在相同性别的人身上，这就为众多公开的或潜在的同性恋事例提供了理论根据，同时也为许多男性中的父性-移情作用或女性中的母性-移情作用事例提供了理论根据。这些事例中，对外在现实的适应是有缺陷的而且还与之保持着一种有缺陷的联系，因为对灵魂的认同，一种绝对定向于内在过程的知觉的态度出现了，客体的决定性力量也就被剥夺了。

只要灵魂-意象被投射，客体就会产生一种绝对的影响力。如果它没有被投射，将会导致一种相对不适应的状态获得发展，这就是弗洛伊德所说的自恋。只要使对象的行为与灵魂-意象保持一致，那么灵魂-意象的投射就将使某人不再过度专注于其内部过程。于是主体突破了他的人格面具，因而在生存中谋得了一席之地，有了进一步发展的能力。然而，客体几乎很少能够满足灵魂-意象的要求，这些要求也是不太明确的；然而，却有大部分女性能通过对自己全部生活的忽视，长期成功地体现出她们的丈夫的灵魂-意象。这一点是得益于生物性的女性本能的帮助。一个男人也可能会为了他的妻子无意识地表现出同样的情形，尽管这可能会促使他去做那些无论好坏但都令他难以胜任的事情。这里为其提供帮助的同样是生物性的男性本能。

如果灵魂-意象没有被投射，那么其与无意识的联系就会逐渐变成完全病态的。主体逐渐淹没在无意识的内容中，他与客体的适应关系是有缺陷的，以致他不能同化或以任何其他的方式也无法使用这些无意识内容，因此，主体与客体之间的关系就变得更加恶化。很显然，这两种态度代表了两种极端，而位于两种极端中间的才是正常的态度。正常人的灵魂-意象的特征不仅不是特别明晰、纯粹或深刻的，恰恰相反，其特征是比较模糊的。那些有着和蔼而不具侵略性的人格面具的人，他们的灵魂-意象常常带有相当狠毒的特征。此方面在文学上的代表形象就是斯比特勒的《奥林匹斯之春》中那个陪在宙斯身边的恶魔般的女人。如果一个女人是理想主义的，那么她的灵魂-意象的承载者便是堕落的男人；因而在她的心头时刻都萦绕着这种“救赎的幻想”。在男人身上也会发生同样的情形，对于这种男人来说，妓女的头上常常闪耀着疾呼救助的灵魂的光环。

50.主观层面（Subjective level）

当我从主观层面来对梦或幻想进行解释时，我的出发点是，在这些梦或幻想中出现的人物和情境，其涉及的纯粹是属于主体自己心理的主观因素。大家都知道，客体的心理意象与客体本身并不是完全相等同的，它们最多仅具有某种相似性而已。客体的心理意象产生于感官知觉和统觉（参见该条）之中，而知觉和统觉则是内在于心理以及完全由客体刺激的过程所产生的。虽然我们的感觉事件被认为在很大程度上与客体的性质相一致，但是我们的统觉所受到的主观影响的限制是无法估计的，这就很难对客体进行正确的认识。况且，人类性格中所具有的这种复杂的心理因素为纯粹的感官知觉提供的支点的数量也是极其有限的。要认识人类的性格，移情（参见该条）、反思和直觉都不可或缺。由于各种极为复杂的因素，我们最后的判断其价值总是值得怀疑的，所以，主观条件必然在很大程度上限制我们对人的对象（客体）所形成的意象。因此，在实用心理学领域，如果我们能将一个人的意象或成像与他的现实存在严格地区分开来来，那就是再好不过的了。通常来说，成像不是关于客体本身的意象，而更多的是属于一种主观功能集丛的意象。在分析治疗无意识产物的时候，不能假设成像就等同于客体是最基本的要求；最好把它看作一种与客体的主观关系的意象。这便是主观层面的解释的意义。

从主观层面来解释无意识的产物，揭示都是主观判断与主观倾向的存在，客体被看成是这种判断和倾向的载体。所以，我们不能把出现在无意识的产物中的客体-成像看作是现实客体的意象，它与我们所讨论过的主观功能的集丛或情结（参见“灵魂”条）更加相似。主观层面的解释使我们能以更宽广的视野来看待梦和文学作品，而文学作品中个性的人物也因此成了作者心理中相对自主的功能情结的代表。

51.象征（symbol）

我认为，应该把象征的概念与符号的概念严格地区分开来。象征与符号两者的意义是完全不同的。费雷罗（Ferrero）[1]在他有关象征主义的著作中，并没有从严格的意义上对象征加以讨论，而只是论述了符号。举个例子，有一种旧风俗是这样的，出卖一块土地的同时还要交出一块草皮，“草皮”一词在模糊的意义上可被描绘为“象征的”，但实际上它只单纯具有符号的特征。这块草皮就是一个符号，代表的是整块土地。铁路官员佩戴的翼轮徽章不是象征着铁路，而是被用作与铁路系统全体工作人员相区别的符号。一个象征往往预设着，所选择的表达方式能对某一相对未知事实进行最恰当的描述或阐释，这个事实仍然被认为或是假定存在着。因此如果把铁路官员佩戴的翼轮徽章解释为象征，这就等于是说这个人身上涉及着某种未知的系统的东西，唯独翼轮才是最好的表达方式。

凡是认为象征表达是一种对已知事物所做的类比或缩略的观点都是符号的。而凡是把象征表达理解为能恰当地对一个相对未知的事物进行阐释，却难以对其做出更清晰更具特征的表达的观点则都是象征的。那种把象征表达理解为一种对未知事物进行有意的改写或以其他方式描写的观点是比喻的。认为十字架象征着一种圣爱，这种解释是符号的，因为“圣爱”所描述的事实比十字架所能表达的更好更贴切，它可能包含许多其他的意义。与之相反，如果把十字架放在超出所有可能想象得到的解释的范围之外，将其看作对仍然未知的无法理解的神秘事实或超验事实（即心理本质）的表达，此时，对十字架的这种解释就变成了象征的，它直接找到了体现在十字架中最恰当的意义。

象征是一种充满生机的东西，当无法恰当地更好地用其他方式来刻画某物的时

1 费雷罗（1871—1942年），意大利历史学家和社会学家，参见他的《象征心理学》（1895）。

候，象征就是最好的表达方式。只有当象征孕育着这一意义时，它才是拥有生命力的。但是，如果其意义被大白于天下，如果这种表达形式被找到了，而且它比至今为止所有可接受的象征能更好更系统地对那些寻求、期待或预见的东西进行阐释，那么，象征就失去了生命，其意义仅仅就是历史的了。或许它仍然被我们当成一种象征来谈论，但那只是建立在一种人所共知的假设的基础上，即我们是在尚未产生出能穷尽它的意义的更好的表现形式之前来谈论它的。圣·保罗和早期神秘思辨者用十字架来阐述他们的观点的方法表明，他们认为，十字架仍然是一种充满生命力的象征，它对那些难以表达的东西所做的表达方式是任何其他方式无法超越的。在任何秘教的解释看来，象征都已经死去了，因为秘教主义已经为象征找到了（至少表面上如此）一种更好的表达方式，于是象征就变成了用于联想的设定好的符号，而在其他一些地方，这种联想早已为人们所熟知。而如果从显教（exoteric）的观点来看，象征就又变成有生命的了。

一个表达已知事物的方式仍然仅仅是符号而绝不是象征。所以，从已知的联想中根本不可能创造出有生命力的、怀孕着意义的象征。因为这样创造出来的所谓的象征包含不了比所放进去的更多的东西。无论是哪种心理产物，只要它在当时情况下是对一种未知的或相对已知的事实所进行的最恰当的表达，我们便可以把它看作是一种象征，它对我们所接受的这种表达具有规定性，代表的是那些只是预测但还没有被清晰意识到的东西。既然所有科学理论都包含着假设，因而是对某种基本上仍属未知的事物所进行的预期性描述，那么，我们可以说，科学理论也是象征。更进一步说，如果我们假设每一种心理表述所陈述或意指的东西多于或超出了其本身，因而也超出了我们目前所掌握的知识的话，那么这些心理表述都是象征。在所有意识与事物在深层意义上相协调的地方，这种假设都是可能的。对于这同一个意识来说，只有当它本身构想出一种能够把它想要陈述的东西准确地陈述出来的表达形式（例如一个数学术语）时，这种假设才会变得不可能。但是，就另一种意识而言，并不存在这种限制。它可以把这个数学术语看成是一个对未知的心理事实适应的象征，数学术语不是被用来有意地表达心理事实，而是在其中就隐含了心理事实——因为构想出这个表述符号（数学术语）的人并不知道这个心理事实，因此它也无法为任何意识所运用。

一个事物能否变成一种象征主要由进行观察的意识的态度（参见该条）决定的；例如，要看该态度是否不只把某一既定事实看作是既定事实，还将其看成是对某种未知事物的表达。因此，一个人完全有可能创造出一个在他看来毫无象征意义的事实，而这个事实却在另一个人眼中具有深刻的象征意义。当然，也可能会出现相反的情形。当然，也有这样一些产品存在，它们的象征特征不仅仅由从事观察的意识的态度所决定，而且从它们对观察者所施加的象征性影响中会自发地显示出来。这些产品是这样构成的，所以它们除了被赋予的象征的意义之外，再不具有其他任何意义。举一个简单的例子，一个内含一只眼睛的三角形，这是何等的没有意义，以致观察者甚至都不可能把它看作一种纯粹偶然的乱涂乱画。但是，这个图形或许能立刻让人意识到一种象征的解释。这种自发的效应会因同一个图形以同样的形式反复出现而得到强化，也会因在创造它的过程中投入了特别的关注而得到强化，如此一来，它成了对赋予它的特殊价值的表达。

如果某种象征不能以这种方式对观察者起作用，那么这种象征便死去了，换言之，要么它已经被更好的阐释方式取而代之，要么就成了其象征的性质完全由观察意识的态度决定的产物。我们可以简要地称那种将特定的现象看作象征性的态度为象征的态度。事物的实际行为只能证实它的一部分；而其余的部分，则产生于某种特定的世界观，世界观把意义加在各种大小事件上，这些附加意义的价值超越了事实本身。有另外一种观点与这种关于事物的观点相对立，它看重的是纯粹的事实，使意义屈从于事实。就这种态度来看，只要象征的性质完全取决于观察的方式，象征就绝对不可能存在。但即便在这样一种态度之下，依然存在象征，即存在着那些激发观察者去预设一种潜在的意义的象征。一个牛首神的意象无疑可被解释成一个长着牛首的人的身躯。但这种解释本身几乎无法不能抗拒象征的解释，因为象征方式的魅力是如此之大如此的具有魅力，以致根本不容忽视。如果一个象征需要竭尽全力把其性质强加给我们，那就不是一个有生命力的象征。或许其意义是纯粹属于历史的或哲学的，只能在理智或审美上唤起趣味。只有当象征被用来表达某些可预测但尚不为观察者所知的东西时，它才是最好和最高的表达形式，才真正具有生命力。它使得无意识也参与了进来，产生生命-赋予和生命-提升的效应。就像浮士德所说："这个新的标志对我产生了多么不同凡响的影响啊！"[1]

有生命力的象征使基本的无意识因素获得合理的配置，这种因素分布得越是广泛，其象征的作用也就越普遍；因为它触动了所有心理中与其相应的一切的琴弦。对每一个回响来说，既然它能最恰当地表达那些仍然未知的事物，那么它毫无疑问一定是那时代最复杂且最具差异性的心灵的产品。但是，为了能最终达到这个效果，它必然将所有群体共同具有的东西都囊括进来。让它成为最大分化程度的东西和最高的获得物是绝对不可能的，因为它只能被极少数的人获得和理解。普遍的因素一定是某种如此原初的以致无处不在的东西。它只有被象征囊括并被以最大可能性的形式表达出来时，才显出普遍的功效来。这正体现了有生命力的、社会性象征的威力及其救赎的力量。

我曾论述过的所有的有关社会性象征都同样适用于个体象征。有些个体心理产品

1 歌德：《浮士德》，第22页。

的象征特征极为明显甚至立刻就会引出象征的阐释。它们对个体所具有的功能意义等同于社会象征对于一个较大的社会团体所具有的功能意义。这些产品绝不是只源自意识或只源自无意识，而是两者的协调合作的产物。在本质上，纯粹的无意识产品并不比纯粹的意识产品有着更令人信服的象征性力量；是进行观察的意识的象征性态度赋予它们两者以象征特征。但是，就像人们可以把猩红热的红疹看作是疾病的“象征”一样，它们可能会以同样的方式被恰当地看作是一个因果性决定的事实。不过在这种情况下，将它说成是一种“症状”而不是“象征”显然更为准确。因此我认为，当弗洛伊德依据他的观点谈到作为症状的[1]行为而不是作为象征的行为时，他是非常正确的。因为对他来说，这些现象不是指界定在这个意义上的象征，而是特定的以及众所周知的潜在过程的症状性符号。当然，也有一些心理症患会把主要是病态症状的无意识产品当成绝对重要的象征来看待。但是通常情况都是相反的，例如，今天的心理症患者就是太容易把实际上可能充满意义的产品当成“症状”看待了。

有这样两种明显对立而又相互矛盾的观点，它们站在各自的一边为事物是否有意义进行着激烈的争辩，这一事实告诉我们，这样的过程是明显存在的，它们的出现并没有任何特别的意义，而仅是一种结果或症状而已；并且还有另外一些其中包含着潜在意义的过程存在，它们不仅源自某些东西，而且致力于变成某种东西，所以它们是象征。要确定我们正在观察的东西是症状还是象征，必须要借助我们的辨别力和批判的判断力。

象征常常是一种最终具有复合性质的产物，因为它囊括了所有来自各种心理功能的材料。因此它既不属于理性的（参见该条）也不属于非理性的（参见该条）。从某些方面来讲，它是合乎理性的，而从另一方面来讲，它又是不合理性的；因为它是由理性材料和纯粹内在的和外在的知觉所提供的非理性的材料共同构成的。正如象征的深厚意蕴及其怀孕的意义像强有力的思维（参见该条）和强有力的情感（参见该条）诉求一样，其特殊的可塑性意象（当其在感官知觉的形式中塑形时）也会激发感觉（参见该条）和直觉（参见该条）。有生命力的象征绝不可能在呆滞的或低度发展的心灵里诞生，因为这样的心灵只要传统提供的已经存在的固定的象征就会满足。只有那种急切地渴望获得高度发展的心灵才能创造新的象征，因为在它们看来，传统的象征的表达方式已经不能够把理性的和非理性的、最高的和最低的东西统一起来了。

然而，说得更准确一些，由于新的象征是从人的精神最高度的亢奋中诞生出来的，也一定是从人的最深层的存在根基中诞生出来的，所以它不可能产生于最具高分化程度的心理功能的片面性之中，而必然产生于最低下的和最原初的心理层面。如果

1 弗洛伊德：《日常生活的心理病理学》。

这种对立状况的联合最终成为可能，那么，它必然首先与最强烈的意识对立面相对。这必然使一个人的内心产生一场激烈的交战，在这场战斗中，正面与反面相互否定，同时自我也被迫认识到它只能站到哪一边。如果一方投降了，那么象征将必然成为另一方的产物，在这种情况下，象征便很少作为象征而成了被压抑的一方的症状。然而，如果象征在某种程度上纯粹变成了一种症状，它便不再具有救赎的作用，因为它无法对所有心理部分存在的权力进行充分的表达，而单纯变成了被压抑的一方的一种持续的暗示，尽管意识可能完全没有注意到这个事实。但是，如果对立双方实力相当僵持不下，并且自我毫无疑问地加入双方而证实了这种情形时，那么，意志（参见该条）就很难做出决断，因为当每一种动机都伴随着同样有力的反动机时，意志就不再具有发挥作用的可能性了。既然生命对这种停滞的现象无法容忍，那么就会发生生命能量的阻积，如果对立双方的紧张没能促使一种新的能协调的功能的产生，以超越对立双方的话，那么一种难以承受的状况就将不可避免地出现。因为受到阻积，欲力的回归中会自然地产生新的功能。由于意志的完全分裂，以致暂时不会有任何前行，欲力迫不得已只好流向后方，也许会一直流回到它的发源地。也就是说，意识的中立和不活跃促使无意识变得活跃，在那里，所有已分化的功能其所具有的古代的根源是相同的，在那里，所有的内容都在混杂的状态中存在，原初精神表明它们仍然大量地残留于其中。

由于无意识的活跃，一种新的内容现在便浮现了出来，其中正面和反面在相同的程度上聚集起来，在补偿性（参见该条）联系中共存。从而形成了一个中间地带，对立双方在这个地带里可能得到和解。比如，如果我们假设这种对立是肉欲性与精神性的对立，那么由无意识的调解所产生的内容就会凭借丰富的精神性联想提供出与精神性的正面相适应的可随意受用的表达形式，同时也会凭借其官能的想象提供出与肉欲性的反面相适应的可随意受用的表达形式。在这里，自我虽然因处于正面和反面之间而被扯裂，但不管怎样，它还是在这个中间地带中找到了与其相对应的东西，找到了唯一能对它进行表达的方式，为了避免分裂，它急不可耐地将这一表达方式握在手中。如此一来，由对立的紧张所产生的能量就流进了用来调解的产物中，使它不至于再直接爆发冲突，因为对立双方都竭尽全力把新的产物拉到自己这边来。精神和肉欲都渴望从它这里得到些东西——精神渴望得到的是某些精神性的东西，而肉欲渴望得到的某种肉欲性的东西；前者想把它转化为科学和艺术，后者则想把它转化为感官经验。只要自我还没有完全分裂而比较偏向于其中一方，这一方才能成功地占用或者消解这种用以调解的产物。然而，如果其中一方成功地获得并消解了调解的产品，那么自我就会站到这一方的阵营中，于是就产生了自我对优势功能（参见“劣势功能”条）的认同作用。于是，更高层次上的分裂过程就会重新出现。

然而，倘若结果是自我没有投入任何一方，而是坚定不变，以致没有一方能成功将用以调解的产物消解，那么这就充分证明了与双方相比，调解的产物要更具优势。我认为，自我的坚固不变和调解的产物对对立双方的正面和反面所具有的优势是互相关联和互为条件的。有时起决定作用的似乎是天生的个性（参见该条）的稳固，而有时又好像调解的产物能够决定自我并具有一种绝对稳固性的优势力量，然而也许实际的情形是，个性的稳固和调解产物的优势力量是同一物体的两个方面。

如果调解的产物并未被消解，也就是说仍然保持完整，那么它就会变成用于建构过程而不是用于消解过程的原始材料，其中，正面和反面都会发挥各自的作用。在此过程中，它转变成一种新内容，其作用是统辖整体态度、使分裂结束并能迫使对立的能量流入共同的管道。由此便克服了生命的停滞，使生命带着更生的力量开始流向新的目标。

我将这个过程整体上称为超越功能，这里的功能不是指基本功能，而是把它看作由其他功能组建而成的复合功能。“超越”没有任何形而上学的性质，而仅仅是指，这种功能拥有从一种态度向另一种态度转变的能力。原始材料由正面和反面形构而成，在形构的过程中，对立双方达成了和解，这种材料正是有生命力的象征。其深厚的意义就在于原始材料本身，就在于它是超越了时间与消解的心理的真正本质；它从对立双方所产生的形构中获得了超越所有心理功能的最高权力。

我们可以在宗教创立者早期活动时他们所体验到的零碎的内心冲突中找到象征在形成过程中所留下来的迹象，比如，耶稣与撒旦、佛陀与玛拉（Mara）、路德和恶魔、兹温格利与他前世生活之间的冲突；或是出现在同魔鬼签订契约的浮士德的复活中。我们在《查拉图斯特拉如是说》看到，被压抑的反面的最好的例子就存在于“最丑陋的人”身上。

52.综合（synthetic）：参见“建构”条。

53.思维（thinking）

在我看来，思维是四种基本心理功能（参见该条）的其中之一。思维这种心理功能是遵循它自身的规律而运作的，它以某种方式把观念的内容融入概念的联系中。因为它是一种统觉（参见该条）活动，所以，可以把它分成主动的思维和被动的思维。主动思维是一种意志（参见该条）的行为，而被动思维是一种偶发现象。如果处于前一种情况中，我会对观念内容自发的判断行为表示服从；而如果处于后一种情况中，概念的联系通过其自身的规则已经建立了起来，所形成的判断甚至与我的意图是相冲突的。它们与我的目的并不一致，所以以我的观点来看，它们没有方向感，尽管后来我通过主动的统觉活动认识到了这一点。因此，主动思维与我的定向思维[1]的概念是一致的。我在先前的著作中不恰当地把被动思维称为“幻想的思维”[2]。然而现在我要称其为直觉的思维。

我认为，像某些心理学家所描述的那种联想思维一样的那些被简单地串联起来的观念，[3]实际上不是思维，而只是观念作用。以我的观点来看，“思维”这个词应该被界定为通过概念把观念联结起来，也就是被界定为判断的行为，该行为是否是意向性的并不重要。

我称那种用于定向思维的能力为理智的，而称那种用于被动的或非定向思维的能力为理智的直觉。进一步说，我把定向思维称为理性的（参见该条）功能，因为它用来处置观念作用内容的那些概念，正与我所能意识到的理性规律相一致。与之相反的是，我认为，非定向思维是非理性的（参见该条）功能，因为我无法意识到它那些用于处置和判断观念作用内容的规则，因而也无法认识到它们与理性是否是一致的。虽然在我看来，判断的直觉行为是以一种非理性的方式出现的，但也许我能够认识到它与理性的一致。

我把那种被情感（参见该条）所控制的思维看成是依赖于情感的思维，而不是直觉的思维，因为它不依照自己的逻辑原则，而是遵从情感的原则。在这种思维中，逻辑律只在表面上有所呈现，而为了满足情感的目的它们实际上被搁置起来了。

53a.思想（thought）

我把思维功能的特殊内容或特殊材料称作思想，思想可从思维（参见该条）获得辨析。

54.超越功能（transcendent funchtion）：参见“象征”条。

55.类型（type）

类型意指一种样式或范本，它以一种典型的方式将某一个种类或类别的性格再现出来。本书所使用的是一种它的狭义，即类型指的是在许多个体形式中出现的一般态度（参见该条）的典型模式。我从这种大量存在或可能存在的态度中挑选了四种；这四种态度主要定向于思维、情感、直觉、感觉（参见诸条）这四种基本心理功能（参见该条）。所有这些态度，只要其中的任何一种成为习惯，并且因此使个体性格表现出明确的印记，就可被称为心理类型。人们把它们称为思维型、情感型、直觉型和感觉型，这些功能-类型可根据其基本功能的性质分成两大类别，即理性的（参见诸条）和非理性的（参见诸条）。理性的类型包含思维型和情感型，非理性的类型包含

1 荣格：《转变的象征》，第11段及以后段。

2 荣格：《转变的象征》，第20段。

3 参见以上第18段；引自詹姆斯《心理学教程》第2章，第325页。

感觉型和直觉型。如果以欲力（参见诸条）运动优势的倾向为依据，还可进一步区分为内倾型（参见诸条）和外倾型（参见诸条）两类。根据内倾态度或外倾态度各自占据的优势，所有基本类型都可以划分到这两种类型之内，归为其中的一类。[1]思维型既可以属于内倾型，也可以划归为外倾型，对其他的类型来说也是如此。至于理性和非理性类型的区分则是另一方面的问题，它们与内倾和外倾无关。

我在之前关于类型理论的文稿中[2]，没有对思维型和情感型与内倾型和外倾型加以区分，而是把思维型等同于内倾型，把情感型等同于外倾型。但经过对资料更为深入的研究，我明白了，必须把内倾型和外倾型提升到高于功能类型的范畴。而且，这种区分与经验是完全相一致的，比如，很明显地就存在两种情感类型，一种是内倾情感型，该类型的态度更多地定向于他的情感-经验，而另一种则是外倾情感型，该类型的态度更多地定向于客体。

56.无意识（unconscious）

在我看来，无意识概念是一个纯粹心理学的概念，而不是本质上形而上学的哲学概念。我认为，无意识在心理学上是一个分界概念，它涵盖了一切非意识的、亦即在任何可知觉的方式上与自我（参见该条）无关的心理内容或心理过程。要证明无意识过程的存在，我的理由是非常充分的，这种理由唯独来自经验，特别是来自心理病理学的经验，那里无疑为我们提供了强有力的证据，举个例子，在歇斯底里健忘症病例中，自我根本就不知道有大量心理情结存在，然而在另一时刻，只要一个简单的催眠步骤就能够再现所有被遗忘的内容。

无意识心理内容的存在为无数的经验所证实。在具体的状况中，如果无意识内容与意识没有联系，它就有可能丧失所有的认识。所以，贸然地猜测它毫无意义。猜测是通过大脑作用和心理过程将无意识状态联系起来的，它同样脱离不了幻想的范畴。它不可能对无意识的范围即无意识包含些什么内容进行详细的说明。能对这些问题起决定作用的唯有经验。

经验告诉我们，意识内容通过丧失其能量价值能够转变成无意识的。这是正常的“遗忘”过程。依据经验我们得知，有些内容并没有简单地消失而是进入了意识的阈下，在那里沉潜了数十年之后，如果条件适合，它们就会重新浮现出来，比如在梦

---

1 因此只要属于内倾或外倾的类型都可以称为态度—类型。参见以上第556段，及《分析心理学的两篇论文》第Ⅰ部分，第4章。

2 参见荣格《心理类型研究手稿》，《心理原型》第16集，第152页；《无意识过程心理学》，《分析心理学论文集》，第391页及以后页，第401页及以后页；《无意识的结构》，《分析心理学的两篇论文》第462段第8行，第482段。

中，或在催眠状态下，或以潜在记忆[1]的形式，或通过对已遗忘的内容的联想进行复活而重新浮现出来。我们还知道，通过“有意的忘却”，意识内容可能会沉入意识的阈限之下，弗洛伊德将其称为对痛苦内容的压抑的东西，它们并没有损失太多的能量价值。人格的分裂即意识的崩溃也会产生与之类似的情形，这是由激烈的感情（参见该条）或神经震惊造成的，或是在精神分裂中由人格解体造成的（布留勒尔）。

同样，依据经验中我们得知，有些强度轻微或注意力偏离的感官知觉无法获得意识的统觉（参见该条），但通过无意识统觉仍然可以成为心理内容，催眠术就是一个很好的例证。同样，这种情形也发生在那些由于其能量太小或由于注意力的偏离而仍然遗留在无意识中的判断或其他的联想中。最后，我们还从经验中得知，诸如神话意象（参见该条）等无意识的心理联想根本就没有成为意识的对象的可能，所以必然纯粹是无意识活动的产品。

于是，某种程度上我们可以说，经验为我们假设无意识内容的存在提供了一个支点。但它无法告诉我们某种无意识内容是什么。对此进行揣测是没有任何意义的，因为某种无意识内容的范围是无穷尽的。什么是阈下感官知觉的最低限度？有什么方法能测量无意识联想的广度和深度？遗忘的内容会在什么时候被完全消除呢？这些问题都尚未找到答案。

不管如怎样，到现在为止凭我们的经验只能对无意识内容的性质进行某种一般的分类。我们能区分出个体无意识，它涵盖了所有个体生命的获得物：所有被遗忘的、被压抑的、下意识领悟到的、想到的以及所感受到的一切。除此之外，还有另一种无意识内容存在，它不是从个体获得物中产生的，而是产生于遗传的一般心理功能的可能性，即源于遗传的大脑结构。这种无意识内容指的就是神话联想、神话主题和神话意象，无论何时何地，它们都能重生而不需要依赖历史传统或移植。我称这些内容为集体无意识。

与意识内容从事于某种既定的活动一样，经验告诉我们，无意识内容也从事着相同的活动。意识的心理活动能够创造出某种产品，然而，无意识心理活动同样也能创造出产品，比如梦、幻想（参见该条）等等。推测在梦中意识成分的多少是在白费力气。梦在我们睡觉的时候出现，然而我们却不能有意识地去创造它。有意识的再现甚或是对梦的知觉，在很大程度上都改变了梦，但创造活动的无意识根源这一基本事实是无论如何也不能改变的。

我们可以把无意识过程与意识的功能联系描述为补偿性的（参见该条），因为经验告诉我们，如果一切都是意识的话，那么它们会使那些在意识状况下聚集起来

1 见弗洛诺耶（Floumoy）的《从印度到火星》（1900年）；荣格的《论所谓鬼神现象的心理学和病理学》，第139段及以后段。

的阈下材料，即所有并未消失于心理图景中的内容都重新浮现出来。无意识的补偿性功能越明显，意识的态度（参见该条）就越片面化，在这方面，病理学提供了大量的例证。

57.意志（will）

在我看来，意志是在意识支配下有着一定数量的心理能量。根据这个概念，意志力就是一个意识动机释放能量的过程。因此，在意志的概念里我排除了无意识动机所形成的心理过程，意志这种心理现象是依赖于文化和道德教育而存在的，这是原初心灵所极度缺乏的。

结语

在我们这个时代，我亲眼目睹了法国大革命为实现“自由、平等、博爱”而进行的革命斗争，最后又看着它演变成一场更广泛的社会运动，这场革命不全是以把政治权利降低（或者说是提高）到同样普遍的程度为目标，而且更大程度上是希望借由外部管理和平等主义的改革来彻底消除不幸；处在这样的一个时代里，谈论一个国家的基本组成成分的完全不平等的确是徒劳无功的事。法律面前人人平等，每个人都拥有政治选举权，无人能凭世袭的社会地位和特权欺压他人，这些虽然很美好，但是，只要平等的概念延伸到其生命的领域时，这些所谓的美好就可能不复存在了。只有从极为遥远的距离来看待人类社会或其视野被完全遮蔽的人，才会认为，对生命平等划一地管制可以确保每个人都获得幸福。如果他真的认为相同的收入、均衡的机会对每个人来说都是有相同价值的，那么他已经深陷谎言之中不可自拔了。但是，如果他是一位立法者，那他要如何对待那些其最大的机遇并非外在于生命而是内在于生命中的人呢？又如何对待那些生命的最大可能性不是外在而是内在的人呢？如果他是公正的，他给一个人的金钱必须要超过给予另外一个人的两倍，因为这个人创造的东西多，而另一个人则创造的较少。任何社会的立法都不能够平衡人与人之间的心理差异，因为它是为人类社会提供生命能量的最不可或缺的要素。因此，研究人类的这种异质性是为一种非常有价值的目的服务。这些差异包括对幸福的不同要求等内容，就算是再完善的立法也绝不可能完全满足这些要求。所有对生命形式的外在的设计，不管它看起来多么的平等和公正，都不可能在对待人类不同的类型时一视同仁。尽管如此，热心的政治家（还有社会的、哲学的和宗教的热心者）仍然为寻找那些能为人类带来更大幸福机会的平等划一的外在条件而忙碌地努力着，我认为，所有这一切都与单独地定向于外部世界的生命的一般态度有关。

在这里我不可能对这个深远的问题有更加深层次的涉及，因为这种思考不在本书所讨论的范围。本书涉及的是心理的问题，其中首要问题就是不同的类型态度的存在，不仅对于心理学来说如此，对所有人类心理在其中扮演了决定性角色的各个科学分支和生活的领域来说也是这样。例如，对普通智慧来说，以下事实是最明白不过的，哲学不仅是哲学史，个体心理也是它所依赖的前提条件。如果要做出最终的心理评价的话，这一前提条件被普遍认为是纯粹的个人天性。由于它总是被看作理所当然的，所以我们常常忽略了这个事实：虽然某些东西在某人看来是带有偏见的，但并不是在所有情况下都是这样，因为一位哲学家独特的观点常常引来一大批的追随者。这些追随者之所以接受这位哲学家的观点，并不是因为他们在没有思考的前提下就附和他，而是因为他们赏识他的观点而且能够完全地理解。如果哲学家的观点完全是他个人的，那么这种观点完全不可能被理解，很显然，在这种情况下，他不仅无法获得理解，甚至会使人难以容忍。因此，追随者们所理解和赏识的这种具有独特性的观点，必定是与某种类型的态度一致的，在社会中能发现很多与其相同的或类似的代表。通常情况下，每一方的支持者在攻击另一方的时候只会从外部着手，总想从对手的论点中挑出毛病来。这种争辩往往是没有任何结果的。如果把争辩挪移到心理学的领域，那么就会产生更大的意义，因为矛盾的焦点一开始就是从这里诞生的。转变观点后，我们很快就会看到：有各种各样的心理态度存在着，它们都有自己存在的权利，而且都设立了各种互不相容的理论。如果人们想通过外部调和来解决争端，那么人们就只能沉湎于那些肤浅的心灵的需求，而原则从来不能点燃他们的热情之火。因此我认为，彼此真正的理解只可能发生在作为心理前提条件的异质性被接受的时候。

实际上，在我的实际研究中不断地大量出现这一事实：人们很容易认同自己的观点，但几乎很难理解和接受别人任何的观点。在生活中的一些琐事上，将表层上的一种展望与一种极其少见的迁就和忍让以及一种极为难得的亲善相结合，对于人与人之间所明显缺失的理解的鸿沟来说，无疑相当于架设起一座桥梁。然而，在重大的事件中，特别是那些与理想相关的事件，理解似乎变得根本不可能。确实，在人类存在的悲-喜剧中总是有冲突和误解的出现，但有一点是可以肯定的，即随着人类文明的发展，过去的那种丛林法则已经演变成为现在超越论争各方之上的法庭和是非标准的建立。我坚信，可以在对于不同态度类型的认识中发现平息相冲突的观点的基础——不仅要认识到存在着这些类型，而且还要认识到每个人都受他自己的类型的限制，以至于对别人观点的完全理解变成了几乎不可能。如果没有认识到这一确切的需要的话，那么他就不可避免地会侵犯别人的观点。但是，就像在法庭中争执的各方必须禁止直接的暴力，而是和平地在公正的法律面前向无偏袒的法官陈述自己的主张一样，凡是意识到自己类型的偏见的人，也必须禁止向对方施加肆意的谩骂、猜疑和侮辱。

我希望，可以通过思考和概要地描述类型态度的问题引导读者去审视这幅反映生命的多种可能性的图画，希望我能在对具有多样性及其多层性，并且几乎难以确定的个体心理的认识上贡献自己的一份微薄之力。我相信，在我对类型的描述上，没有人会得出这样一个结论，即认为唯一可能存在的类型就是我在这里所呈现的四种或八种类型。那绝对是严重的误解，因为其他的观点也可以对这几种态度进行考虑和分类，这是毋庸置疑的。实际上，本书也对这种可能性进行了阐述，例如乔丹根据好动与否对人的性格所做的分类。但是，不管用什么标准来对类型进行分类，如果比较各种不同习惯性态度的形成，都将导致同等数量的心理类型的诞生。

不管怎样，如果不从这里所采用的观点而是从其他的观点来思考存在的态度是比较容易的，但要拿出反对心理类型的存在的证据却很困难。我坚信，我的论敌会尽其所能把类型问题排除在科学的研究范围之外，因为在任何一种自称具有普遍有效性的复杂的心理过程理论看来，类型问题一定是一个极为不受欢迎的障碍。一般的科学理论预设了自然在基本上是同一的，同样，各种关于复杂心理过程的理论也对人类心理的一致性进行了预设。但是，心理学领域有其特殊的状况，即在形成理论时，心理过程不仅是客体，而且还是主体。因此，如果人们假设在所有个案中主体都是同一的，那么也就设定了形成理论的主观过程不管在哪里都是同一的。这与事实并不相符，那些已经存在的各种各样、差别极大的关于复杂心理过程本质的理论就是这一方面最生动的例证。因此，新出现的某种理论之所以总是在最后把其他理论设想成错误的，这通常只是因为作者有一个与他的前辈观点不同的主观观点而已。他还不知道，他所看见的心理仅仅是他自己的心理而已，或者最多是他所属类型的心理。所以他会推断，他所观察到的心理过程唯独仅有一种真实的解释存在，即那种与他所属类型相一致的解释。所有其他的观点（或许我也可以说是所有其他的七种观点）就他们自己的类型而言，虽然也一样是真实的，但在他眼中却都变成了谬误。所以，出于维护自己理论的有效性考虑，所有关于人类心理不同类型存在理论的建立都会引起他一种强烈的反感，尽管这个反感是可以理解的。之所以会如此，是因为他的观点有可能会因该理论的建立而丧失八分之七的真理价值；还因为除他自己的理论之外，他必须把其他七种关于同一过程的理论都看作是真实的，或者更确切地说，至少把它们看成与自己的理论具有同等价值的第二种理论。

我深信，一种在很大程度上独立于人的心理，因此而只能被看作客体的自然过程只具有唯一一种真正的解释。但同样我也毫不怀疑，对一种用任何器械都无法客观记录的复杂心理过程的解释，必定是在进行解释的那个主观过程中产生的。也可以说，概念的制造者只能产生那种相应于他努力解释的心理过程的概念；但是，这种相应的概念只有在被解释的过程，与发生在概念制造者本身中的过程相一致时才可能产生。如果概念制造者本人那里既不存在被解释的过程，又没有任何相类似的过程，那么一个十足的哑谜就会摆在他面前，他只能拜托一个这一过程的亲历者的人来完成这个解释。例如，假如说我产生了一个幻觉，然而没有任何器械可以客观地记录它使我知道它是怎么发生的；那么，我只有在理解它之后我才能对它的起因做出解释。但是，“我自己理解了它时”这句话是存在偏见的，因为这代表着我是在幻觉过程呈现于我本人的方式的前提下进行解释的。那么，我又怎么能保证在其他人那里幻觉过程会以完全相同的或近似的方式呈现出来呢？

出于某种理由，人们把一切时空下人类心理的同一性当成了普遍论据以支撑这种主观判断。我本人也深信人类心理的同一性，以致甚至把它归入到集体无意识的概念，以及等同于一种普遍的和同质的基质，这种同一性在世界各地同样的神话主题和民间故事的主题中一再出现，比如，一个从来没有受过教育的美国黑人会梦见希腊神话中的主题，[1]一个瑞士的店员在精神病状态下会产生与埃及诺斯替教徒同样的幻觉。[2]但是，一种同样强大的意识心理的异质性抵消了这种基本的同质性。原初人、培里克里斯时代的雅典人的意识与现代欧洲人的意识之间所存在的差别是何等的巨大！学富五车的教授与他妻子在意识上又是多么的不同！总之，如果心灵的同一性真的存在，那么我们今天的世界又会是何种情形呢？然而事实却不是这样的，意识心灵的同一性这个概念完全是学院派所妄想出来的，毋庸置疑，它会更利于大学讲师为他的学生讲授这个概念，然而一旦遭遇现实，它就一击即溃。不仅个体最内在的本性之间存在着巨大的差异，而且作为个体类别的类型本身在很大程度上也彼此有着天壤之别，而我们所描述的一般观点的差异正是这些类型的存在造成的。

要想发现人类心理的同一性，就必须深入到意识的根基中去。只有在那里才能发现一切的心理现象都具有相似性。如果我以所有人的共同性为基础来建立我的理论，那么我在解释的时候就必须以心理的根基和源始为依据。但是，这种解释涉及的只是其历史的和个体方面的差异。因这一理论，我把意识心理的特殊性忽略了。实际上我否定了全部心理的另一面，即否定了它从原初胚胎状态以来的分化。我要么把人还原到种系发生的原型，要么就是把人分解成他的基本过程；当我尝试对他进行重构时，在前一种情况下，出现的将是一个类人猿，而在后一种情况下，则呈现出一大堆既无目的又无意义的忙碌于相互活动的基本过程。

心理解释可以而且能完全正确地建立在同一性基础上，这是毋庸置疑的。但如果我想将心理图像的全貌投射出来，那么我就必须牢记心理差异这个事实，因为意识的个体心理不只具有一般的心理图像，还具有它的无意识基础的图像。因此在我的理论建构中，我有充分的理由从不同的心理角度出发来对同一个过程进行思考，虽然我之前选择的是同一性的角度，但现在我要换到不同的个体心理的角度去看待它。这自然使我向与前述看法根本相反的观点靠近。在前面的观点中，凡是被当作个性的变异而超脱于整体图像之外的东西，在这里都因为适应进一步分化的起点而变得很重要；恰

1 参见荣格《转变的象征》第154段。

2 关于男性生殖器的幻觉。《转变的象征》第131段及以后段；《心理的结构》第31段及以后段；《集体无意识的概念》第104段及以后段。

恰相反，在前面的观点中，凡是因同一性而被赋予特殊价值的东西，现在都变得没有任何价值了，因为它们只是集体的。从这个角度来看，我所要关注的是事物会向何处发展，而不是它从何处来；但从前面观点的角度来看，我只会考虑它的起源，而绝不会去考虑它的目的。因此，我能通过两种相矛盾的且相互排斥的理论来对同一个心理过程做出解释，我并不认为这其中有哪一种是错误的，因为其中一种被心理的同一性证明了其正确性，而另一种则被心理的多样性证明为正确的。

这为阅读过我的早期著作（《转变的象征》）的普通大众和科学界人士带来了极大的困难，很多能独立思考的人都因此而陷入困惑。因为在那里，我企图通过个案材料来对这两种观点同时展开描述。但因为现实既不由理论构成也不依照理论而行，所以我们肯定地认为，这两种相互背离的观点，在现实中其实是相一致的。它们都是来自过去，并且具有未来的意义，不能肯定地说他们一定就是始点或终点。心理中一切有生命的东西都像彩虹般五彩斑斓。对那些认为心理过程只有一种真实的解释的人来说，心理内容如此充满活力（它们需要两种相互矛盾的理论）这一事实无疑是令人绝望的，特别是当他对那些简单而不复杂的真理进行欣赏时，要他同时思考这两种观点是不可能的。

另一方面，我也不相信，这两种被我称作还原的和建构的思考心理的方法[1]就完全穷尽了其解释的可能性。恰好相反，我认为仍然存在很多能对心理过程进行同样“真实”的解释，实际上，每种类型都有一种解释与之对应。而且，就像不同的类型在其个人关系上所表现出来的情形一样，这些解释既可能彼此也可能互相冲突。因此，应该承认人类心理中是存在着类型差异，依我看来，也确实找不到什么理由不承认它的存在。然而，这使科学理论家不得不面对这样一种使人尴尬的境地：或者多种一些思想者不可避免地走向明显的诡辩，比如，假设存在一种超出心理过程之外而能客观地沉思其所属心理的“客观理性”，或者同样假设理性有能力站在自身之外来沉思自身。所有这些预设其目的都是希望能创造一个阿基米德式的地球以外的杠杆支点，对于理性来说，它是想借此支点把自己举到自身之外。对于具有深度的人们需要方便的解决之道这一点我非常能够理解，但是我对真理为什么必须屈从于这种需要却始终弄不明白。然而我也可以理解，如果我们不去理会那些怪异而相互矛盾的解释，尽可能地将心理过程还原为最简单的本能基础，让它在那里停住不动，或者让它具有救赎的形而上学的目的，使它在这种希望中能够获得一种宁静，那么在审美看来，这会更加让人满意。

不管我们用理性竭尽所能地去探索什么，如果这件工作确实是诚实的而并不是为

---

1 参见荣格《论心理理解》第391段及以后段；也见《分析心理学的两篇论文》第121段及以后段。

便利的预期理由服务的，那么最终得到的只能是吊诡和相对性。对心理过程的理性理解会以吊诡和相对性告终，这是一种必然，因为心理功能有很多种，理性只是其中的一种，它们实质上的目的是帮助人类去建构其关于客观世界的意象。只通过理性就能理解世界根本就是自欺欺人的，这根本就不可能；要想感悟世界，情感的方式同样是必不可少的。因此，最好的理性判断也只不过是一半的真理，如果它足够真实，也会承认自己的不足之处。

类型的存在是一个事实，我们不可能对此予以否认。正因为它们的存在，每一种关于心理过程的理论都必须将其看成是一种心理过程，或是一种对于人类心理的特殊类型的表达方式依次给予的具有自身合理性且有一定价值的评价。只有通过这些心理类型的自发呈现，才能将相关的材料聚集起来，从而使它们的相互运作形成一种更高的综合。

第二卷 2

荣格自传

Jung
Psychology
作者序

他站在遥远的地方，
用望远镜观察自己的灵魂，
眼前是乱七八糟的一团，
他却说看到的是一个美丽的宇宙，
他为意识的海洋添了一朵美丽的浪花，
那是唯独他一人知晓的宇宙。

——柯勒律治：《笔记本》

1956年夏天，我去阿斯科纳参加埃兰诺斯会议期间，遇见了出版商库尔特·沃尔夫。他当时正在和苏黎世的友人高谈阔论。谈话间他表露出这样的念头：想让纽约的万神殿出版社出版一本卡尔·古斯塔夫·荣格的传记。当时荣格的助手乔兰德·雅各比博士也恰好在场，他提议由我来执笔完成。

说起来容易做起来难，因为荣格一向厌恶将私生活公之于众，这点我们心知肚明。事实也是如此，获得荣格的首肯，颇费了我们一番时间和功夫。但是，荣格是一个行动派，一旦答应，就会立刻做出相应的安排。他的正常工作已经安排得密不透风，而且这位八十余岁的老人很容易疲劳，但他仍然每周腾出一整个下午的时间和我一起工作。

于是，在1857年我们开始了工作。最开始，我们预想这本书应该是“自传”而非“传记”。荣格口述，我执笔，这种合作模式决定了这本书的形式。我最初的工作只是向荣格源源不断地提问题，荣格作答。刚开始的时候，他明显有一些顾忌，但是很快他便从这种顾忌中走了出来，饶有兴致地为我讲述他自己、他的心路历程、他的成长轨迹、他的各种各样的梦，以及他截然不同的思想。

1957年年末，我们这种合作关系发生了改变，当然，改变者自然是荣格。而他之所以跨出这具有决定性的一步，是因为他察觉到了自己内心的动荡。敏锐的他已经开始察觉，他晚年的各种思想，竟然同童年那些早就应沉没在内心最深处的形象密切相关。但荣格觉得自己无法让这些形象清晰起来。一件事情可以证明：他告诉我，他的童年往事虽然有趣，但只是一个又一个的片段，甚至很多都是独立成体的，不具有任何的连接性。荣格也认识到了这一点，所以有一天清晨，他说他想直接将自己童年的各种回忆写下来。

荣格的决定虽然出乎我的意料之外，但是让我欣喜若狂。对于已经80余岁的荣格而言，写作是一份费力耗时的艰难的工作，他之所以去这么做，只有一个原因：他感知到了内心，并将内心的召唤当成一种不能推脱的责任。换言之，这本“自传”偏离了预期的轨道，从写荣格的经历，转而开始讲述荣格内心的故事。

当荣格要为自己的自传“转型”后不久，他曾经说过这样的话：“我写每一本书，都是命中注定要写的。我在写作过程中，会遇到各种难以预料的事情，我无法按照预期的计划按部就班地完成我的写作计划。这本自传也不例外，它的走向在不知不觉间已经发生了变化。最早的时候，我只想完成一本‘自传’，到现在写下我早年时的　系列回忆对我来说已成了一种必要。如果有一天，我没有去这样做，我会感觉浑身不舒服。但是当我拿起笔继续我的工作的时候，这种不舒服立刻烟消云散，而且思维无比清晰。”我意识到，这是荣格要自己写下自己童年的心路历程，于是将这句话记录在案。

从1958年4月开始，荣格写下其自传的前三章——“我生命开端的早年事件”。其中包括他的童年时代、中学时代和大学时代。从他出生一直到他1900年完成医科专业。

然而，荣格对此书做的直接贡献不仅于此。他还亲手写下了“后期思想”这一章节。那是1959年1月，他住在波林根的乡下别墅中。那时，我们的书已经显现雏形，所以荣格每天早上都能看一些选出来的章节。看完后，他将“论死后的生活”这一章退回。我惴惴不安，结果他对我说道：“这一章节的内容，触及了我内心的某种东西了。我心中已经有数，我一定要写出来。”在这个章节中，我们能看到的是荣格最深切最深远的各种想法，“后期思想”这一章无疑是这本书中最精彩的部分之一。

同样是1959年的夏季，也是在波林根，荣格已经完成了在非洲腹地肯尼亚以及乌干达的旅行。这部分关于村社印第安人的部分，也被我从一份未完成也未发表的有关原始人心理的手稿中截取出来放在了我们的书里。在一些学术意味颇浓的章节中，我收入了一些荣格的著作和研究发现。比如说，为了写好“西格蒙德·弗洛伊德”及“正视潜意识”这两章，我将荣格于1925年所做的一次报告的一些章节收录其中。当然，这些章节，同荣格的内心世界同样息息相关。还以1925年荣格的报告为例，荣格在这次报告中首次谈到了他的内心世界。

在这部书中，还收录了一些“语录”。比如“精神病治疗活动”这章中，我收录了荣格在1956年同苏黎世伯戈尔茨利精神病院的几位年轻助理医师之间的谈话。这次谈话的气氛很轻松，因为荣格的孙子正在这家医院做精神病医生，兼之他们的谈话是在荣格位于库斯纳希特的家中进行的，所以这既像是前辈和晚辈们在交流意见，又像是长者和青年人的一次谈心。

此书的书稿完成之初，荣格便通读了此书。我们之间的配合随着书稿的陆续完成也越来越显融洽：他偶尔会做点修改或补充些新材料；我则利用我们谈话的录音来完善和补充他手写的部分。在我们的相互配合中，不通顺的地方被修改得流畅，简略的地方得以扩充，重复的地方得以删减，遗漏的地方得以填补。

这本书最大的特别是“随和”，宛然我们就坐在读者旁边谈话，这种感觉是由本书的写作内容带来的。书中各章，如同窗外快速掠过的灯光，只是稍纵即逝地照亮了荣格生活与工作中的一些外在性事件，而这些事件充其量只算作荣格一生中的一些浮光掠影。作为补偿，荣格将自己的精神世界也融入人生体验中，写进了书里。我常常要求荣格就某些外在性事件提供一些特定的资料，但往往徒劳无功。因为荣格镌刻在记忆中的外在性事件也都是与他的精神世界有关的，这些便足以占据大量的篇幅。

比起上述这点，行文上的麻烦似乎微不足道。荣格曾经在一封信中提到过自己的大学好友曾在1957年对荣格提出要求——写下他青年时代的回忆。荣格在给他的回信中，如是写道：

……您说得很对。当人老了，便常常会回顾自己的一生。30多年前，我的学生们要我讲述一下，我的有关潜意识观念是如何形成的，为了回复这一请求，我便做了一次专门性讲座。而后几年，我收到来自各地的源源不断的建议，让我写一些自传性质的东西。说实话，我看过的自传不可谓不多，然而大多是自欺欺人，有的干脆从头至尾都是谎言。所以，我便不想冒这个险。

最近，您要我提供一些自传性材料，我在回答这些问题的时候发现，有一些客观性的问题，如同藤蔓一样，缠绕在我的心底。我需要弄清楚这些问题从何而来，便需要做更仔细的剖析。我权衡了一下，得出这样的结论：我要将手中做的事情停下来，留下一段足够长的时间来思考我人生开端的一些事情。我需要理顺，需要分析，需要找到问题的源头，这些问题十分棘手，为了解决它们，我便只好答应自己说，写好的东西在我有生之年决不拿去发表。我对自己如是许诺，才得到了心灵的释然和内心的平静。事情逐渐明朗化，原来我脑海中一切宛然昨日的记忆，和那些在我内心中引起滔天巨浪的情感性体验息息相关。于是我终于找到了能客观叙述我的人生的方法，就当我确定这点的时候，您的信适时地来到我的身边。

您的信，更加证明了一点。我写自传这件事是命中注定的。我发现，我人生中所有“外在性”方面，竟全都是偶然促成的。由此可见，只有“内在的”（精神、情绪等）对于人生才具有实质性及决定性价值。正因如此，有关“外在性”事件的记忆便会一点一点地淹没在时间的长河里，因为“外在性”的体验根本不具有本质性。即使有“外在性”事件嵌入到我的记忆中，也是因为“外在性”事件和“内在性”偶尔巧合而已。我人生中绝大部分的“外在性”事件，已经无法从记忆中觅得踪迹了。于我看来，“外在性”事件之所以会消弭在我的记忆中，同我用全部精力同其缠斗不休不无关系。可是一本常规的传记中怎么能缺少“外在性”事件呢？通常来说一个人遇见何人，发生何事，有趣的旅行，惊险的冒险，命运的纠缠，等等，这才是构成一本传记的组成元素。可是于我来说，这种情况却大相径庭——除了有几个例外之外，这些“外在性”事件竟然都如同幻象一样模糊不清。我无法回忆出它们的全貌，也没有去回忆的欲望，因为它们已经不再能激起我的想象了。

与之截然相反的是，我对“内心”经历的回忆却变得越来越生动和丰富多彩。这种对“外在性”的忽略和对“内在性”的重视，让我颇感踟蹰，以致无法下笔；至少在目前是这样的。原因如是，故而不能满足您的要求，我为我的无能为力深感抱歉……

荣格这种个人式的矛盾由此可见一斑。尽管他认为写自传是“命中注定”，加之自己也想“投身进去”，但是最终却以拒绝结尾，这种矛盾甚至一直持续到他去世从未消失过。对于自传的未来读者，荣格本能地持有一种怀疑态度。在他眼中，自传并不是科学工作，甚至这本自传压根不是自己的书，所以当他提到这本书的时候，总是用“阿尼拉·杰菲的工程”来代替。他认为，他只是协助我完成工作，做了一点“微不足道”的小帮助。

在写荣格自传时，我发现了这样的情况：只要提及荣格所见的名人、政要甚至亲戚朋友的时候，荣格的话就很少。他说：“我曾经与我同时代的很多名人交谈过，这些名人往往都是科学界以及政界的泰斗，我也曾同探险家、艺术家、作家、王公贵戚和金融巨子们交谈过。但说句心里话，这样的会面仅有几次是有意义的。更多的时候，我们就好像在公海中相遇的两艘船只，彼此扬旗致意就可以了。而后我们各行其是，再也没有任何交集。还有些时候，这些人是有事要请教我，而那些事是我无权泄露的。所以我便记不起他们了，不管这些人在别人心中如何显赫，于我不过是匆匆过客。而那些能留在我记忆中的，虽然清晰，但是我依然无法去详细谈论。因为这些记忆不但属于我，同时也属于别人，我无权为公众一把推开那永远锁着的一道道门。”

有失必有得，“外在性”的缺失恰恰为荣格详细论述他“内在性”（思想、体验、感悟等）提供了条件，而荣格的“内在性”也填补了“外在性”的不足。正如他本人所说，“内在性”是传记中不能缺少的重要组成要素。但就荣格对宗教的看法而言，也能看出这的确很重要；当然，这本自传中也包含荣格对于宗教的独特理解。

荣格本人对于宗教性问题有很多关于自己的看法，这些问题大多是从各种渠道传递到荣格处，而后积累而成的。其中便有他童年时的各种幻觉，这些幻觉让荣格不得不面对宗教的现实性，他将这种幻觉永远保留在自己的记忆中，荣格的特点是，凡事只要涉及精神以及精神表现，他都要去刨根问底、追本溯源。这在他的科学研究中十分典型。此外，还要指出一点，荣格的宗教问题和他的善心存在着重要的联系。作为一名精神病医生，荣格深知病人的宗教信仰会在治疗中发挥重大的作用。在治疗过程中，荣格还观察到精神本身便是宗教内容的发源地——能自动自发地生成一些有关宗教内容的形象。

荣格的很多观念和传统基督教内容并不相融，对于有关上帝的观念，荣格更是“大不敬”——他可不认为上帝是仁慈的。这让荣格成为基督徒们“所不欢迎的人”。这些对荣格怀有成见的“基督徒”们从他的著作到指责他的个人，这让荣格感到很痛心，甚至在这本书里，还能看到他对一位总是对他的著作横加指责的审查者的深深失望之情。还有人讽刺荣格，没有了解宗教的观念便大放厥词，而荣格也不止一次严肃地说：“要是在中世纪，他们会把我当作异教徒而处以火刑！”然而，一直等到荣格过世之后，才有越来越多的神学家们肯定了荣格的学说，并赞叹荣格是20世纪宗教史上最杰出的人物。

荣格是基督徒，他明确地告诉世人他忠于基督教。在他的很多著作中，都涉及探讨基督教和神经病学之间的关系。荣格甚至还力图在心理学同基督教之间建立某种必要的联系。但是荣格建立联系的方法是在不断的反思中以求进步，可是基督教不需要反思，他们更喜欢盲目的信仰——一切的一切都应该是理所当然的。这同荣格的想法便形成了巨大的矛盾，荣格的痛苦和挣扎我们从他的信中可见一二：我的思想，宛然九行星绕日一样，围绕着上帝旋转。上帝对我的吸引我无法抗拒，一旦我抗拒这种吸引，我就会感觉我十恶不赦。

荣格著作等身，在他诸多的著作中，唯有本书详细论述了荣格对上帝的认识、体验。当他写到他年轻时反对教会的事情时，他说：“在那个时候，我便已经明确地认识到，上帝是我最直接的体验。”而在荣格的其他著作中，涉及上帝只是只言片语，如果无法避免要谈及上帝，荣格会用“人类精神里的上帝形象”这个术语进行代替。

为何荣格明明是虔诚的基督徒却拒谈上帝？这难道不是矛盾的吗？其实不然。因为我们要分两种情况来看待荣格所说的话：第一种情况，荣格所说的话是源自内心的，是主观的；第二种情况，荣格所说的话是科学研究式的客观语言。

在第一种情况里，他呈现的状态是他的个人身份，也就是“本我”。经历、感触、感情、直觉等等都能引发思想上的风暴；在第二种情况和第一种情况大相径庭，这时，他是纯粹的科学家。他所说的每一句话，都有例证和论据的支撑。荣格具有多重身份，他不仅是一位卓有成绩的科学家，还是一位经验主义至上者。也就是说，荣格认为只有同自己有相同经验或者相似体验的人，才能全盘接受自己所说的一切。当荣格在这本书里谈及他的宗教体验时，他是假定他的读者是愿意深入到他的观点里去的。

在写作自传的过程中，荣格始终怀有积极而肯定的态度。但很长时间以来，荣格对其自传的出版前景却表示怀疑。这当然是很可以理解的，他之所以惧怕公众的反应，和他直率地坦露自己的宗教体验和观点是分不开的。荣格曾写过一篇《答约伯书》，引发了很多争议。大量的敌对意见让荣格不堪其苦，这种痛苦至今让他记忆犹新。毕竟自己的行为被一般世人所不容，这种感觉是一般人都难以承受的。“我之所以想终生守护这些材料，并不愿意将他们公之于世，原因在于，如果它们受到抨击，我就会受到巨大的伤害，这种伤害远大于我的其他书受到抨击所带来的伤害。我不知道如何避免批评的箭矢不再射到我身上，我甚至想离这个世界远远的，好让我的心理有足够的准备，以经受得住敌对的反应。我只不过是说了些人们并不懂得的事情，却陷入不了解甚至是孤立的境地。对于我来说，这实实在在是种折磨。面对这种折磨，我的心灵痛苦不堪。《答约伯书》遇到了如此这般的不理解，我担心我的‘回忆录’会遭遇到比《答约伯书》更不幸的命运。要知道，这本‘自传’犹如年轮，镌刻了我的一生，而我的回忆是我用科学研究中所获得的知识堆砌而成的，换言之，我的‘回忆’和我的科学研究根本就是一回事，所以，这本书对那些不懂得或不理解我的科学观点的人们提出了很高要求。从某种意义上说，我将我的一切都融入到这本书中，其中包括我生存于世的状态，我科学研究的方式，我的科学研究结晶等等。这本书，是‘我’这个整体中不可分割的一部分。”

随着本书逐渐显现雏形，荣格也逐渐发生了变化。一章一章回忆录的写就，让他距离“真我”越来越远。甚至，到了最后，他回顾和打量着自己，就像打量着一个陌生人，做到了最大的客观。当然，也因为如此，他终于能够如隔岸观火那样地来观察自己及他的生活与工作的意义了。荣格曾经说：“如果你问我，我这一生价值何在，那我只能把现在的自己拿来与过去的自己进行量度，然后我就一定会说，对，它是有某种意义的。但如果是拿今天的观念去量度，它却什么意义也没有。”随着对这本书的深入阅读，读者自然会看到，荣格所说的话，体现出强烈的人格性的历史延续性。

其实这一章应该被称为“著述”更为妥当，因为在这一章中，简单概述了荣格最重要的著作的产生过程。它看上去似乎显得有点杂乱，这也实在是没有办法的事情，因为著作等身的荣格所有著作加起来差不多有二十卷之多呢！此外，荣格也不愿意提供一份有关他理论观点的概括单——谈话中如此，写作中亦如是。倘若你请他这样做时，他便会以他那标志性的十分严厉的方式答道：“对于这件事，超出我的能力范围之外。我看不到发表一份我的论文概要有何意义，这种概要篇幅短小，导致我很难详细讨论问题。如果要发表一份这样的概要，我就必须略去我所掌握的一切证据。同时，我还得依靠一种分门别类性的说明，这样一来，人们对于我的研究结果会更加困惑。我的研究的确和动物反刍有相像之处——因为这包含着把已经咀嚼了一遍的东西再反刍一次的机会……”

如果你将这一章内容看成无所不包的，恐怕会让你失望；而如果你能将这一章看成是回顾性的提纲，则会收获更多。

据出版社要求，我在书末附上一些术语诠释，我希望这些术语能对不熟悉荣格著作的人有所帮助。一些荣格著作中没有涉及的定义，是我从《心理学词典》中摘引的。而只要有可能，我便会从荣格的著作中引用原文来阐释荣格心理学的各种概念，同时我还会用相同的办法来弥补《心理学词典》中定义的不足。不过这种引文也存在欠缺之处，因为这种引文只能被当作提示性暗示来加以看待，而荣格对于定义采用的是不断的更新以及不同的方式。因为他感到，终极性定义是不存在的。明智的他认为对于那些附于精神却无法解释的要素或是神秘的东西，还是原封不动地保留为好。

这一令人振奋而又困难重重的工作的完成，同许多人的帮助密不可分。在此书缓慢的写作期间，他们一直对此表现出高度的兴趣，是他们的期盼甚至是批评推动了这本书的完成。在此，我要对所有对这本书表示过关心并提供过帮助的人表示衷心的感谢。尤其是洛加诺的海伦与库尔特·沃尔夫，是他们提议写作这本书并最终让这本书走到了现实中。还有库斯纳希特、苏黎世的马里安娜与沃尔特·尼胡斯和荣格，在这本书的写作过程中，他们的意见给我提供了灵感。还有巴尔马·德·马洛卡和R.F.C.哈尔，面对我源源不断的琐碎问题和由此带来的麻烦，充满耐心的他们都地给予了最大的帮助和建议。

Jung
Psychology

自序

在我的一生中，潜意识始终自由自在地发挥着自己的作用，它掌控着我的外部表现，人格也积极发展起来，要求脱离意识形态变成一个独立的整体来同我一起体验人生。如果你让我用科学的语言来回顾自己的成长过程，我是无能为力的，因为我的成长并非是一个科学问题。

更何况，如果想要精确地表现生活，神话比科学更精准，也更人性化。神话是我们内在的想象力，它用不可名状的想象来描摹我们具体的样子，甚至还能描绘出人类从永恒的角度看是什么样子。然而，这一切科学却表述不出来。科学所能运用的工具，只剩下古板的、普通的平均性概念，在五花八门的个人生活面前，科学望尘莫及。

岁月在我的年轮上画了83道印记，我需要承担起讲述我个人神话的责任了。当然，我也不过是“讲讲故事”，故事的“真假”已经无足轻重，重要的是，我所讲的是否是专属于我一人的神话。

看起来，自传难写得很，因为它没有什么可参照的、现成的标准来对自己进行评判。尽管我知道自己跟别人是不一样的，但我并不清楚我到底是一个什么样的人。这想必也是很多作自传者的困扰，因为他们无法从同其他生物（比如猴子、牛、树木）的比较中，得到关于自己的中肯的评论。我是一个人，可是人又是怎么回事呢？若是将人等同于猴子、牛、树木的话，那么人的活动范围便缩小得跟猴子、牛、树木一样了。幸而我们还有神话，神话让人拥有了无数的可能性。在这无数的可能中，我们是如何形成有关自己的确定看法的呢?

面对我们的精神过程，我们常常感到无能为力。所以，不管是面对我们自己抑或是我们的生命，我们的终极性判断常常显得浅薄和苍白。如果我们能判断我们自身，那么我们真可以说得上无所不知——如果你说你能判断自身，那么你的身上便打上了自以为是的烙印。在我们的内心深处，对于我们本人，我们的生活乃至生命，我们总是会产生各种困惑。在一个人生命的长流中，如果我们碰巧碰触到了某块礁石，还没有等我们描摹出礁石的形状，洪流已然将它带走。面对生命，我们就像是河流上飘荡的小舟，不知道自己来自何方，更不知道自己将去向何处，唯一能有的，大概就是生活本身所给予的模棱两可的暗示。

人生是一种莫大的奇迹，它在稍纵即逝的过程中发展出了无数的可能。这个事实在很早以前，我还是医科大学的学生的时候便给我留下了深刻的印象——就像是我逃过了早夭这一关。

在我的意识中，生命的本质类似于以根茎维持生命的植物。真正的生命藏在根茎的内部，是看不见摸不着的。我们所看见的，只是露出地面的那一部分，短暂的只能维持一个夏秋。于是我们感慨生命如同夏花一般美丽短暂，但是生命和文明，却藏在根茎中，永无休止的生长着。生命之花消逝了，然而生命的传承却依然存在。

我一生中经历的事情众多，但是最值得讲述的一件便是我从那个永远不会被毁灭的世界进入到了这个变化莫测的世界中来。这就是我坚持要谈我的内心体验的原因所在，这其中有我的梦、我的幻觉，它们是我科学研究中不可或缺的重要元素。它们如同滚烫的岩浆，赋予了我的科学研究以各种形状。

相较于我内心事件的变化，旅行、我所认识的人、我所处的环境等回忆都显得黯然失色。我们时代的任何一个故事，都有很多人参与其中，如果你想知道有关他们的事情，可以去读有关他们的文字或是听他们亲自讲述。而我对于外在性时间的记忆已经模糊，甚至已经开始踪影全无，唯一牢牢镌刻在我的脑海中的，便是“另一种现实”——我同潜意识的斗智斗勇。我同潜意识的较量，如同一座丰富的宝藏，在它面前，任何记忆都丧失了光彩。

我的记忆，如同一幅长长的卷轴，只有一开始就写入其中的名字，还能保有鲜活的色彩。

我的内心体验犹如一枚烙印烙在了我遇到的每一件外在性的事情上。我很早便有了这方面的觉悟：对于生活中看似复杂的各种问题，如果内心给不出答案，那么表面再复杂的问题其实都无关轻重。外在性的问题永远无法代替内心的体验。而我一生中的外在性事件也同样贫乏，因为我觉得它们是空洞的、不具体的，所以，对于它们总觉得无话可说。我只能以内心发生的事为依据来概括我自己，这才是我独一无二的一生，也是我的这本自传里应该有的内容。

第一章
童年岁月

1875年，我随父母从康斯坦茨湖边的凯斯威尔移居到莱茵瀑布边上的洛封城堡，那时的我才6个月大。

我开始记事的时候才两三岁，现在我已经83岁了。记忆的长河要回溯到80年前，就只剩下了模糊的轮廓。住宅、花园、洗衣房、教堂、城堡、瀑布以及叫作沃思的小城堡和教堂司事的农场，都像是散落的珍珠项链。珠子还在滚动，我却找不到将它们串起的绳子了。

我生活中最早的记忆，是一个明亮温暖的夏日。天空湛蓝如碧，金色的阳光从葱翠的树叶中倾泻下来，刚刚睡醒的我躺在打开车罩的儿童车中，被眼前的神奇多彩的世界吸引了。在小小的我的眼中，眼前的美景光辉灿烂，美好舒适。

我能记得另外一个情景是，餐厅里，我蹲在一把高高的椅子上，用汤匙舀牛奶喝，那牛奶中还泡着碎面包块，整个餐厅充斥着牛奶的香味，很好闻，也很特别。那是我第一次知道闻到味道是什么感觉，不过，这份记忆也已经遥远得如同爸爸书橱中的19世纪的羊皮卷了。

我的童年记忆中还有一片拼图是有关一个美好的夏日傍晚的。姨妈对我说："我们去看一样好东西。"我们从家中出来，走在去达申的大路上，看沐浴在夕阳中的阿尔卑斯山。姨妈说："山全红了！"这是我第一次知道自己看见了阿尔卑斯山。这种感觉在第二天被加深了。第二天，村子里的孩子都要去郊游，爬苏黎世附近的干特里峰，因为年龄的缘故，我无缘此行。从那个时候起，甘特干特里峰和苏黎世就成了我梦幻中不可企及的一块土地。

过了一些时候，母亲带着我去图尔高访友。也是这一次，一个念头在我的脑海中扎了根——我一定要一辈子生活在湖边，没有水，人活不下去。带给我如此大震撼的是康斯坦茨湖边的一座城堡，湖水在一个小孩子的眼中，如同大海一样无边无垠。广阔的水面，挑染了西天的云霞，瑰丽而壮观。阳光在水面上闪烁，粼粼金光，如同童话中的圣境。水下的沙子被浪花冲成鱼鳞的形状，渡船激起的浪一直冲到岸边……这一切都让我深深着迷。

现在回想起来，还有一件事能清晰地浮现在我的脑海中：乱哄哄的场面中，围聚来的众人脸上都表情激动，那是因为渔民发现了一个死人。女仆急匆匆地跑过来问我的父亲："有一个死人被瀑布冲下来了，他们要将尸首抬到洗衣房去，这可以吗？"父亲爽快地答应了："好吧，按你们想的办吧。"我迫不及待地想去看看那个死去的人，但是母亲严厉地制止了。但是我并不甘心，我看尸体的决心空前坚定。于是我耐心地等待所有人离开，然后悄悄地溜进了花园，来到洗衣房。可是门锁着，不过我并没有死心，而是绕着洗衣房转了一圈又一圈，直到发现洗衣房的后面有一个排水槽，这才分散了我的注意力。水流从水槽汩汩而出，一直通到斜坡下面。不到四岁的我，觉得这一切简直有趣极了。

我儿时最爱的一首歌开头是这样唱的："静谧之夜，人人安眠……"至今，我对这首歌的旋律依然记忆犹新。那时发烧的我哭闹不休，父亲便不断哼唱着自己学生时代的老歌哄我入眠。每当我回忆到这一幕，总能想象到静悄悄的夜晚中，父亲唱歌哄我入眠的情景。

1878年，我得了湿疹。当然，这是后来母亲告诉我的。尽管我当时不过是个幼童，但凭借着自身的敏感，我意识到父母的婚姻出现了某种问题。甚至，我认为，我之所以会生病跟父母婚姻出现问题不无关系。为了逃避婚姻出现的问题，母亲同我短暂分离了一段时间——她独自一人在巴塞尔的医院中待了几个月。尽管母亲走后仍然有姨妈照顾我，可是离开母亲的痛苦无从补偿。更别提姨妈从未结过婚，又比我的母亲年长20余岁，所以我无法在姨妈那里感受到母爱。

这种痛苦根植到我的内心之中，导致我在相当长的一段时间里，都认为"女人"是不可信任的，相较而言，"父亲"则比较可靠，但他们又缺乏控制力。我带着这样的印记开始了我的人生之路，不断的经历不断的体验，早期的印象也开始有所改变：男人虽然值得信任，但是他们往往将事情搞得一塌糊涂，让人失望；女人虽然让人怀疑，但是她们做事稳妥，不会让人失望。

在母亲离开这段时间内，女仆成为照料我的主力军。现在回想起来，我还能记起她的面容——黑色的头发，橄榄色的面孔，跟母亲截然不同。便是这样的一个女人，将我抱起来，让我的头枕在她的肩上。从我的位置，能看见她的发型轮廓、喉咙甚至耳朵。这些印记牢牢地铭刻在我的记忆里。她的一切在我看来都是奇特的，好像她不是我们家的成员，而是专属于我一个人的。她好像代表了一些那时的我还不能理解的神秘事物。而记忆中的女仆，最终成为了我潜意识异性人格化的代表。她给予人的感觉，既生疏却又似曾相识，并最终成为我内心女性本质的象征。

我的记忆中还有另外一个清晰的形象，那是一位年轻漂亮的姑娘。她在我父母分居的时候，走入了我的世界。现在回想起来，她的模样还宛如就在眼前：湛蓝色的眼睛流光溢彩，金色的秀发宛然麦浪。那是个秋天，天色湛蓝如碧，阳光恣肆地倾下，穿透婆娑的枝叶，泻下一地光斑。黄色的树叶宛然精灵，飘落在地。如此美景下，她陪着我玩耍。我们在沃思城堡附近散步，沿着莱茵河，徜徉在金色的枫树和栗树下。再度见到她的时候，我已然21岁，那个时候，一向仰慕我父亲的她已经成为我的继母。

最早的梦的记忆

上面所说的都是显露于外的记忆，下面我所说的，是另一些力量更大、影响更深的印象。其中一部分我只能记住大概了，比如有一次我摔下了楼梯，还有一次碰到了火炉腿的角上，当时血流如注，我感到非常疼痛。医生给我缝合伤口的情形，我现在还记得。这次意外给我留下永恒的印记——我的头上留下了一块明显的疤痕，直到我成为医学院的学生时，这块伤疤依然存在。还有一次，我和母亲一起去诺伊豪森过莱茵瀑布桥时，我差点儿掉下去，一条腿已经滑出了栏杆，如果不是女仆及时抓住了我，我恐怕已经葬身瀑布之中。当我成为一名心理学的医生时，我明白了这些事的代表意义：自杀的冲动贯彻人类潜意识的始末，换言之，是人对生活在这个世界中的一种无力的对抗。

在那段时间里，每当夜晚来临，恐惧就如同潮水一样将我牢牢禁锢。在黑暗中，我经常听到有什么东西在来回走动。莱茵瀑布沉闷的咆哮声如同一头被激怒的野兽的嘶吼，让深陷恐惧的我久久不能入眠。

我甚至觉得周围没有安全地带：不断地有人溺水而亡，面目全非的尸体从岩石上被冲下来；阴森的墓地里，教堂司事不断地挖坑，一堆堆棕色的土就像是一个个坟墓；男人们身穿长而黑的礼服，高耸的帽子看上去郑重而严肃，闪闪发光的黑色靴子映衬着人的悲伤，人们都肃穆着面孔，往土坑中抬进一个黑色的木盒子。作为牧师的父亲，声音洪亮，但是内容应该很悲伤。因为不断有女人在哭泣。小小的我并不明白发生了什么，只是听说，有人被埋在地上的这个坑里，这些人先前都跟我们生活在一起，后来被召唤去了上帝那里。

早在这之前，母亲就教会了我做祈祷，我很高兴做祈祷。因为它能消除我对暗夜的恐惧之感：

舒展双翼，慈祥我主，
幼子如雏，纳您羽翼。
魔鬼来袭，气势汹汹，

得您佑护，注定无功。

请我天使，如是吟唱。

我所知道的耶稣，如同城堡里的唯根斯坦先生一样是富有、威严、庄重、善良、仁慈的人。他尤其关注夜里的小孩。可是让我困惑的是，耶稣为什么如鸟般长出翅膀呢？而且他为什么要把鸡雏般的小孩吞吃入腹呢？从祈祷词中看，耶稣似乎并不情愿吞吃小孩，好像小孩跟苦药一样难以入口。不过后来我就释然了，因为我听说魔鬼对小孩的味道情有独钟，魔鬼喜欢吞吃小孩。为了不让小孩被魔鬼发现，上帝才忍着难吃的感觉，勉为其难地将他们吞吃入肚。每当我在黑暗中恐惧地瑟瑟发抖时，我就如此想，心里就觉得很安宁。但是随后的事情颠覆了我的认知，因为耶稣并不挑食，还要吃别的人。吃的方式非常可怖——将他们埋在地上的坑里。

这种联想如同多米诺骨牌一样引发了连锁反应，我开始对上帝产生了巨大的怀疑。在我的脑海中，上帝不再是那只让人安适舒服的大鸟，而和葬礼上那些阴郁的黑衣人相差无几。

这些思索带给我的是人生第一次精神创伤。在一个炎热的夏天，我像平常一样，坐在屋前的大路上玩沙子。我们的房子坐落在道路旁，这条道路蜿蜿蜒蜒，直通山岗上的一片密林中，也就是说，只要坐在房子边就能看到前面相当长的一段路。我一边玩着一边不经意地抬起头，发现一个人正慢慢地向我走来。他身着黑色长袍，头戴宽帽檐的特大号帽子，这套服饰像是女人穿的。我开始害怕，可是这个人已经走到了我的面前。我清楚地看出，这是一个男人，一个从头到脚裹着黑色长袍的男人。我恐惧得不能自已，全身都在战栗，这时我的脑海只有一个念头："这是一个耶稣会会士。"我是从父亲的谈话中知道"耶稣会会士"这个词的。在不久前，父亲同他的一位同事进行了一次似乎并不愉快的谈话，而父亲谈论到"耶稣会会士"这个词的时候语气恼怒而恐惧，仿佛耶稣会士们进行了某种妨碍到他的阴险的活动。因此我猜想，那些"耶稣会会士"可能是一些特别危险的人，但事实上，我并不知道耶稣会士究竟如何十恶不赦。我甚至我不知道他们具体的样子，但我对祈祷词中的"耶稣"二字，却是熟悉的。

在我幼小的心灵中，这个从山上下来的那个人必定是个乔装打扮的坏人，肯定有不良的念头，否则一个男人为什么要穿上女人的衣裳？想到这里，我急忙跑到屋里去，冲到我认为最安全的地方——阁楼。我不知道我在那里藏了有多久，感觉好像过了一个世纪。当我壮着胆子下楼，宛如受了惊的鸡雏一样小心翼翼地向外探望时，那个人已经踪影全无。在随后的几天里，恐惧一直笼罩着我的心田。我甚至不敢走出屋子，似乎那葱茏的树林中随时可能出现危险。过了很久，我才知道，那黑衣人其实只不过是个与人无害的天主教神父。

大概也就是在这个时候，也就是我三四岁的时候——也可能还要小一些，我记得不是特别清楚了。我有了最早的关于梦的记忆，这个梦一直盘旋在我的心头，久久不散。

我们的住宅宛然水中的孤岛，独自矗立在洛封城堡附近。在教堂司事农场的后面有一大片草地。而梦中的我，就在这片草地上徜徉。然后我的注意力被一个洞穴吸引住了。这个黑黝黝的洞穴被石头砌成长方形，是我以前从未见到的。我好奇地走过去，小心翼翼地从外向里窥伺，却看见一排排石阶蜿蜒向下，深不可测。我犹豫了半刻，尽管胆战心惊，却还是走了下去。洞穴并非深不可测，走出不远，即见洞底。圆形的拱门气派地挺立在那里，上面还有一块绿色帷幕。那帷幕质地很精良，似乎是用上好的锦缎加工而成。好奇心撩拨着我，让我心里痒痒的，此时，我的脑海中只有一个念头：帷幕后边是什么？在这种好奇心的驱使下，我掀开了它。暗淡的光线下，一间房子跃入我的视线之内。这间房子装饰得很华丽：长约30英尺长的长方形屋子上有拱形的屋顶，而且全部是由精雕细琢的石头砌成。地板是用大理石铺就，光可鉴人。在大理石地板的最中间，铺着一条红地毯，从门口一直通到一个低低的平台。平台上放置着耀眼的宝座，宝座以金银雕就，周遭镶嵌着各色宝石。这样豪华的家什，只有童话中国王的宝座才能与之媲美。宝座上立着我不认识的东西，大概有12~15英尺高，1英尺半到2英尺厚，高高大大，乍一看，宛如一棵树木直冲屋顶。我定睛一看，这并非树木，而是皮肉组成的圆圆的像人头那样的东西。上面没有皮毛，也没有五官，但是顶端却分明有只眼睛，死死地盯着屋顶。

尽管没有窗户，但是房间内明晃晃的亮成一团。头顶处那一片灿烂的辉光，让房间内绚烂夺目。害怕的感觉如同潮水将我攫住，我感到宝座上的东西虽然没有动作，但是只要它愿意，随时可能像虫子一样向我爬来。这时，母亲的声音从缥缈的天际中传来："看看它吧，那就是吃人的怪物！"母亲的喊声，让我陷入恐惧的深渊中。等我惊醒后，已经一身冷汗，即便已经醒来，仍然瑟瑟发抖。此后的很多晚上，我恐惧地无法入眠，生怕再度经历这样的梦境。

这个梦缠绕在我整个童年，直到很久以后，我才意识到，儿时的我梦见的那个东西其实是男性的生殖器。

现在我要进行"解梦"：草地喻示坟墓，而草地上的洞穴是坟墓下的神庙。绿色的帷幕依然是草地，在这里象征着大地的神秘。至于红色的地毯和圆形拱顶，到现在我都解释不了。作为一个3岁的孩子，从来没有人领我去姆诺，去参观沙夫豪森的圆形城堡。"直挺挺地"矗立在宝座上的是生殖器。就像是我从记忆中找寻不到红色地毯和圆形拱顶的线索一样，我也找不到我是依据什么想象出生殖器的。从解剖学的角度出发，我想象中的生殖器的样子完全同现实中的生殖器的样子契合——把小便排出口解释为一只眼睛，上面发着光，这同希腊原文中“生殖器”的词源相一致（希腊原文的意思是“发光”“明亮”）。

梦中的生殖器作为一个隐秘的“神”根植在我的脑海之中，这种情况一直持续到我的青年时代，并同耶稣之间建立了奇妙的联系，以至于只要有人过分强调地说到耶稣，它就出现在我脑海中。耶稣对于我而言，越来越虚无缥缈。我从来没有敞开内心去接受它，更甭提会感到亲切了。每当别人提到耶稣，我想到的都是它在地下的那个对等物。我被这个可怕的启示困扰着，可是它是如何找到我的呢？毕竟我没有去找它啊？难道是那个伪装的耶稣会会士在我的基督教教义上投下了阴影？我不知道它从何而来，但是这并不妨碍我对耶稣的理解。耶稣在我眼中，同死神相近似，似乎他只在暗夜降临的时候才会发挥应有的作用。我本以为他能驱散暗夜的恐惧，现在看来也未尽然。因为他自己就是一具被钉在十字架上怪模怪样的血淋淋的尸体。人们谈起他的时候，他总被慈爱和善良等字眼包裹着，然而他真的慈爱善良吗？我心里暗暗表示怀疑。当然，我的怀疑并非空穴来风，而是有一定的依据。主要原因是，那些说“亲爱的耶稣”最起劲的人，比如身为牧师的我的父亲和8个叔叔，都穿着黑色的礼服和发亮的黑靴，他们和出席葬礼上的人物穿着一模一样。也正是因为如此，多年以来，我对我的父亲和8个叔叔总是心怀恐惧之情。至于偶然见到的天主教神父就更是如此！黑衣人，总是和我脑海中曾经惹恼过父亲的耶稣会会士的形象重叠在一起。甚至在我行坚信礼的时候，我都没有办法对基督采取人们所谓的正确态度。尽管我在内心不断地告诫我自己，但是无论如何我也挥散不去对基督隐隐的不信任感。

也许每个孩子的心中都有一份对“黑衣人”的恐惧，但我的恐惧却有不同之处，因为我将“黑衣人”同耶稣对等起来，而且这种认识深刻的根植在我的心中。我的大脑自动为那个诡谲的梦提供了解释：“那是吃人的怪物”。但是吃人的怪物却在洞穴中的金色宝座上。那时候的我，想象极度匮乏。谁有资格坐在宝座上呢？当然是国王，还有上帝和耶稣。他们头戴金冠，金光闪闪，远居蓝天，身处宝殿。自然会坐在更高的宝座上。而“耶稣会会士”的出现，加重了我的联想：看吧，“耶稣会会士”的形象多么可怕：他们戴着过分宽大的帽子，穿着不伦不类的女人的衣饰，恐怖而且诡异。而这么恐怖和诡异的形象竟然和上帝和耶稣联系在一起，也就难怪我会害怕了。这种害怕根深蒂固，以至于我在玩耍的时候都不会忘记朝山坡张望，以免这样的危险再度走近。而且在梦里，我发现宝座上的东西跟我预想的截然不同。此物绝非来自人间，也非阴间之物。我认为这个目不转睛盯着土地上的东西，必然以人肉为食。我带着这样的疑惑成长着，直到50年后才揭开了事情的真相。那是一篇研究弥撒象征的宗教论文，其中一段文字让我在电光石火间顿悟。这段文字论述的内容是，人之初都有吃人肉的习性。这个时候我才恍然大悟，儿时的两次经历绝非幼稚，反而过分复杂。谁的意识创造了我潜意识中的形象？谁在我的耳边喋喋不休？究竟是一种什么样的超级智力在起作用？不过，我不能指望从世人那里得到回答。因为大家总是乐于将复杂问题简单化，将“黑衣人”和“吃人的怪物”等同于“巧合”，以便驱散孩子纯真心田上的那片乌云。唉，这些正常的人啊，他们善良、他们聪慧、他们实际，只是这些人总让我想起泥坑中的泥鳅，他们在污水中自得其乐，根本不会想到第二天水便会干涸，他们会无处栖身。

可是我故事的溪流的源头又在哪里？可曾有人在我耳边讲述我完全不懂的问题？又是谁将天和地都塞进我的脑海里，进而构筑让我一生都热情洋溢的基石？

儿时的梦恍如钥匙，打开了我通往大地的秘门，深埋于地下的一切，都向我敞开。我深陷其中不能自拔，直到很多年后方才脱身。而直到今天我才领悟，我之所以会如此，是为了把最大的光芒引入黑暗之中，也是我步入黑暗领域的开端。我的理智生活从此开端，我的潜意识开始起步。

六岁时的记忆片段

1879年，我家搬家了。这次搬到了巴塞尔附近的小惠宁根。对于这件事，我完全没印象，但是我能记得1883年克拉卡托火山爆发的事情。那个晚上，父亲将我抱到家中朝西的门廊中。他指着黄昏的西天让我看，我抬眼望去，只见那里有一片耀眼的绿光，夺目璀璨。还有一件事让我记忆深刻，那就是父亲带我去看东边地平线上的一颗大彗星。

当地后来还发了一次水灾。流过许多村镇的维塞河不再如往昔般温柔，而是露出了狰狞面目。它张牙舞爪地摧毁了大坝，摧毁了桥梁，还毁了别人的生命。有14人丧生于这场水灾之中，尸体被浑浊的洪水冲进了莱茵河，直到河水褪去，插进泥沙中的尸体才露了出来。当我听说这件事的时候，便不管不顾地跑去看。结果真的被我看到一具男尸，他的身子一半埋在沙子中，一半露在外面，手臂在外面，搭在眼睛上。我断定他是从教堂出来的人，因为他身着黑衣礼服。我不光喜欢看死人，还喜欢看宰猪的情景，这两件事对我有很大的吸引力，而这把母亲吓得不轻，因为无论是死人还是杀猪，都让她觉得恐怖不已。

小惠宁根，是我与艺术有关的记忆开始的地方的。当时我们居住在一栋建于18世纪的牧师住宅里，里面有间小屋，虽然窄仄阴暗，但陈设的家具质量考究，墙上还悬挂着很多陈旧的画。至今，那些画还存在于我的记忆中。其中有一幅是大卫和歌利亚的意大利作品。当然，这幅画是仿制品，原作注定离不开卢浮宫，至于这副赝品从何而来，我也无从得知。另外，这间屋子里还有一幅取景于18世纪早期的巴塞尔的风景画，这幅老画至今还悬挂在我儿子的屋子中。我经常溜进这间昏暗陈旧、与其他房间隔绝的屋子，久久地坐在那些画前，因它们的美而出神。对于当时的我来说，这是我能唯一理解的代表美的东西。

当我还是一个6岁的小鬼头的时候，一个姨妈带我去巴塞尔的博物馆，那里面有很多用稻草填充的动物。我几乎认真地看了每一件展品，因此在博物馆花费了太多的时间，直到下午四点，博物馆关门的铃声响了，我还在展台前流连忘返。姨妈喋喋不休地抱怨，可是我就是不想走。这个时候展厅的大门已经落锁，我们不得不走另外的出口。就在我走到古代画廊的展厅时，我再也无法移动我的脚步——一幅那么美的画像，简直让人神魂颠倒。那是我最早看见裸体，还有仅身着几片叶子的人像。可是我最初与美以及艺术的交往被我姨妈给打断了，她将我拖走，并不断地叫嚷着："讨厌的小鬼，把你的眼睛闭上。讨厌的小鬼，把你的眼睛闭上。"她宛然被冒犯了一样怒气冲冲，似乎我们不是从博物馆出来，而是从妓院出来。

依然是在6岁的时候，我得以外出，因为父母要带我到阿尔勒谢姆去旅行。对于母亲当时的形象我至今记忆犹新，那次母亲穿了一件同以往不同的衣服，黑色的质地老土陈旧，上面印着绿色的月牙。在我眼中，这件衣服粗鄙不堪。似乎母亲没有穿这件衣服之前，是一位年轻漂亮的女郎；穿上这件衣服，就变得衰老、肥胖。

当我们来到教堂的时候，母亲告诉我说："这是一座天主教堂。"我的心里很复杂，既有想一睹为快的好奇，还有想远远避开的惧怕。在这种复杂心理的作用下，我从母亲的身边开溜，摸到教堂门口去偷窥。里面很光亮，因为是复活节的缘故，所以祭坛上装饰一新，上面插着那种巨大的蜡烛。我正看得入神，没有想到脚下一滑，绊倒在地，下巴撞在一块铁铸凸起物上。这个东西很尖锐，我立刻血流不止开始尖叫。父亲赶紧抱起我，可是我的心情却很有意思：一方面，我很羞愧，因为我的行为让整个教堂的人都开始注意我；另一方面，我觉得自己做了一件违禁的事情。但是很快，我便找到了迁怒的对象：耶稣或者是绿色的帷幕抑或是吃人的怪物。正是因为我来到了和耶稣会会士有关的天主教堂，我才会绊倒疼得叫喊。

第一次去天主教堂的经历让我对其产生了阴影，这导致了我对天主教堂的排斥。似乎只要进入到天主教堂之中，我便会摔倒流血。这种思想越演越烈，甚至摔倒和流血已经变成了天主教堂的代名词。但是矛盾的是，另一方面我对天主教堂又情有独钟，天主教堂的氛围对于我很有吸引力。但是天主神父一旦靠近我，我又惶惶不安。这种感觉很让人压抑和恐怖，直到30岁的时候，我去维也纳圣斯蒂芬大教堂时，才克服了这种感觉。

过了6岁，我便到了上学的年龄。父亲开始正式给我讲授拉丁文课程，并将我送到了学校。我不怕上学甚至觉得很轻松，因为早在上学之前，我便开始阅读，所以在学校里成绩一直名列前茅。记得有一次我遇到了一本读不懂的儿童读物，这本儿童读物中有很多插图，主要是讲外国的宗教，比如说印度教，有婆罗门教、毗湿奴、湿婆等。我拿着书去请教我的母亲，母亲为我讲述了这些外国宗教，这让我感到无穷无尽的快乐。当然对于这时的回忆，我有些模糊了。后来是母亲告诉我，我当时如同着魔了一样翻看这本插画书。其实我看这些插图的时候，内心浮起的是一种说不出来的感受，仿佛这些插画和我自己臆想的“原始的启示”之间有千丝万缕的关系。但是这些语焉不详的秘密，我也理顺不清其中的关系，直觉告诉我，这些秘密“不足为外人道”。母亲证实了我的直觉，因为我发现，当母亲说起“异教徒”时，总是用一种鄙夷的口气。我明白，如果我向她坦白我的“启示”，她肯定会大发雷霆，甚至会因此责备我。既然明白这一点，我当然不会自讨没趣。

这种行为于我今天看来并不是幼稚的，这和早年的我的性格有关系。那个时候的我敏感的如同一株含羞草，一有风吹草动内心便会掀起巨大的波澜，同时，那个时候的我，是孤独的。妹妹在我9岁以后出生，她占据了父母的注意力，我只能一个人按照我自己的方式玩耍。因为岁月的缘故，我已经记不清我玩的究竟是什么了，但是我能清楚地记得，我玩的专心致志，而且自得其乐，并不愿意别人来打扰，就好像别人看见我玩耍后，会信口雌黄。我记起我玩的是什么游戏的时候，已经七八岁了。那个时候，我喜欢用砖建筑起防御塔，而后用地震的方式毁灭它。在整个七八岁的时间，我心醉神迷地画战役、狙杀、保卫、毁灭等有关战役的图画。我在我的笔记本上肆意涂鸦，兴致勃勃地为这些图画找出各种离奇的解释。也正是因为如此，我乐意上学，因为上学的时候，我似乎找到了伙伴。

我、小人和他的黑石头

在学校，我亦有所斩获。不过在谈学校的事情之前，我必须先要谈一谈我在夜里的发现。当夜幕笼罩天地的时候，似乎发生了很多奇怪的事情，这些事情不可理解，诡谲可疑。当时父母分居，我睡在父亲的房间里，这个时候我听见，有难听的声音从母亲的房间内传来。这样的情况发生了很多次，母亲在我心中的形象也开始变得古怪、神秘起来。直到有一天，我看见一个似是而非的影子从她房门中走出，那是怎样的一个样子啊？脖子和头是分开的，头甚至还在脖子上面浮动，看起来，就像脖子上面长出了一个小小的月亮。这个时候，陡然又出现一个头，头又离开了脖子。这种情况发生了好几次，以至于忧心忡忡的我把这种感觉带到了梦里，我梦见的东西总是忽大忽小。比如说我能看见一个球从远方直奔我而来，越滚越大，最后变成了一个骇人的、让人窒息的东西。还有一次，我梦见了很多鸟栖息在电线上，电线变得越来越粗，直到我被吓醒。

虽然我对教堂的感觉不好，但是圣诞节的时候例外。当圣诞颂歌《上帝创造了这一天》的声音回荡在教堂里的时候，我就格外的快活。晚上的圣诞树让人高兴不已，整个人的心情都变得大好。不过只有圣诞节能调动我的情绪，对于别的节日，我一直冷漠处之。即便是除夕，尽管除夕很像圣诞节，但毕竟不是圣诞节。基督降临节也是一个比较有特色的节日，但是还是不能跟圣诞节相提并论。圣诞节是和夜紧密相关的，所有形容暴风雪、房间的黑暗和细碎的声音、古怪的事情的词语都能用在它身上。

现在来说说我在乡村时的同学。我发现他们让我产生了某种变化，和他们在一起的时候，我和在家中时截然不同。我和他们一起嬉戏玩耍，也处心积虑地搞一些恶作剧。而这些，我从来不会在家中做。当然，我心知肚明，这些小把戏即便是我一个人也能想出来。我认为我自身的变化同我的同学们密切相关，他们将我身体内潜在的我引导了出来。在这个广阔的世界里，虽然没有父母，但是却包含了别人。这个世界对我产生了影响，这些影响就算不是明确清晰的，也是隐隐约约的。我越来越能感受到这个世界的美，白天里那金色的阳光如同碎金一样散落在绿色的树叶之上。但是即便如此，我还是能感受到影子世界的无法逃避。在影子世界中，充斥着让人无法明了的恐惧，害得我提心吊胆。虽然每天晚上的祈祷能给我一种形式上的保护，但是这种祈祷却又成为白天的终结和夜晚的开端。我觉得自己一分为二，对此，我感到难以言喻的恐怖，我内心再也找不到一个安全的避风港。

7岁到9岁的光景，我对火开始痴迷。那个时候，我家花园中有一堵石头砌成的斑驳的老墙，因为年久失修的缘故，石头之间的缝隙渐渐地变成了一个洞，我便经常在这个洞中生火，并发动别的伙伴帮我找寻引火柴，努力让火不熄灭。这堆火只归我一个人所有，我拒绝别的孩子对这火进行染指，他们可以去别的石洞里面点火，唯独这堆不能。我觉得，只有我的火是圣洁的，甚至我觉得我的火上面有一圈圣洁的光辉。

这堵墙的前面是一道斜坡，有一块凸起的石头立这斜坡之上，我将这块石头据为己有。我认为它属于我一个人，当我自己一个人的时候，我便爬到石头上面去，让意识飞。通常会想的是："我在石上，石在我下。"但是石头也可以这样想："我在斜坡上，我在他下面。"当我这样想的时候，便会为一些问题所困扰。"我"究竟是谁？是坐在石头上的"我"，还是坐在斜坡上的"我"呢？我当然回答不了这样的问题，这个时候，我便会从石头上站起来。这个问题一直无解，但是每当思考这个问题的时候，我总会出现一种奇怪的感觉——这块石头同我有关系。也正是因为如此，我对这块石头可谓情有独钟，经常在上面一坐就是好几个小时，而后再被这个老问题逗得晕头转向。

30年后的我，有了家庭，当了父亲，有了事业，有了房子，还有一颗包含计划和思想的头颅。但是我还是会变成那个曾经点燃一堆闪烁着神秘色彩的火，并坐在石头上思索：我究竟是谁，石头是我，还是我是石头的孩子，每到这个时候，我还能想起我在苏黎世的生活，那段岁月已经有了岁月的刻痕，陌生的如同隔年的挂历。而那些如同来自遥远的空间和时间的消息，依然让我感到战栗。我的童年是永恒的，我沉湎其中。但是这个永恒的童年已经从我的世界中剥离，我的世界不断地向前，以期适应这个世界的运行速度，避免失去对未来的控制。

这个时刻是我童年永恒的色彩，即便是我成年后，这色彩也没有一丝一毫的剥落。这色彩的意义被10岁时的我揭示出来。我感觉自己一分为二，且对世界充满了各种不确定感。也正是因为如此，我做了一件连我自己都无法理解的行为。那个时候我还是小学生，有一个小学生都用的涂着黄漆的文具盒。当然，铅笔盒中装的也是小学生司空见惯的文具——小锁、尺子。但是我却赋予了我的铅笔盒另外的意义：我在尺子上刻了一个小人，这个小人大约2英寸高，身着礼服，头戴高帽，足蹬黑靴。我将小人涂染成黑色，而后将他从尺子上锯下来，再放进铅笔盒里。为了让这个小人的居住环境好一点，我在铅笔盒中为他量身定做了一张小床，甚至还用羊毛为他做了一件体面的大衣。做完这些，我觉得还少了点什么，便又到莱茵河河畔找到一块长方形的光滑黑石，并涂上水彩，把它分成上下两半，将这块石头带回家中，放到铅笔盒中，这才觉得大功告成。我觉得这块石头属于这个小人，至于为什么，我也不明白。当然，我做的这一切都是在隐秘中偷偷进行的，为了不让别人发现我的“小秘密”，我为我的它找到了最为稳妥的藏身之所——房顶那个禁止别人上去（楼梯老旧，有断裂的危险）的阁楼。并将我的“秘密”安放在一根大梁上，我心中得意地想：谁也甭想看到我的秘密。对于我选择的这个地点，我感到十分的放心，甚至有一种快慰和满足。每当我有什么不顺心的事情时，比如父亲对我大发雷霆时的惶恐，还有母亲的病情让我惶惶不安，不管我做错什么事，抑或是感情受到了伤害，只要我想到我的铅笔盒，想到那个被小心翼翼地包裹着得小人，以及那块漂亮的不可思议的黑石头，我都会产生一种难言的快慰，内心的矛盾和苦恼都会一扫而空。每隔几个星期，我都会绕开别人的视线，溜上阁楼。我灵活地爬上大梁，打开我的铅笔盒，同我的小人以及石头诉说相思之情。不过遗憾的是，我忘记我都对小人诉说了什么，我只知道每次我还要在盒子中放一些我在学校里写的纸卷，上面写着只有我才能看得懂的语言。久而久之，这些小纸卷变成了小人的图书馆，现在我想，那些给小人一个人的“信件”中必然包含着叫我无比开心的事情。

潜意识里“生命的呼吸”

我并不在意这些行为背后隐含的意义，也根本没有想过去探索所谓的意义。我只知道，这样做让我很有安全感，因为我占有一些别人不知道而又无法获得的东西。这就是秘密，而且是一种需要永远忠诚的秘密，因为我觉得它掌控着我生命的安全。至于为什么我会这么想，我从来没有想到过这个问题，反正事情就是这样了。

心中藏有秘密这件事，就像是一把刻刀，无形之中在我性格的塑造的过程中划下了一笔。我对自己的秘密讳莫如深：有关于生殖器的梦我对任何人都守口如瓶，耶稣会会士的事情也成为我私密花园的只有我独享的花朵。有关小人和它的石头，是这些秘密花朵的芳香，是我力图将我的秘密进行外延的首次尝试。首次尝试自然是幼稚的，但是这并不影响我探求它的意义。在我不明白秘密所代表的象征意义的时候，我想从大自然中获得线索。在这种情况下，我对自然、植物、石头的热情空前高涨。在此期间，我自觉有了某种关于基督教的意识。可当我接受灌输给我的教义的时候，人们总是对我说：“大概是这样，有一些事物并不能完全地理解。”正是因为如此，我继续“上下求索”，我常常探头探脑地找寻着，希望解读一些神秘的行为，比如“地下的那个东西是什么意思”这些神秘的事情。

雕刻小木人事件代表着我童年的终结，也将我的童年推向了一个高潮，而后我便将它抛诸脑后。这件事在我脑海中埋藏了十几年，直到我35岁才被再次想起。即便是这样，这段儿时的记忆依然清晰质朴，似乎从来没有被掩藏过。彼时我正在撰写我的《性本能的变化和象征》，因此缘故，我研读了大量的书籍，其中便包括有关“灵魂石”和“神石”的书籍。灵魂石的出土地点在阿尔乐谢姆附近，而神石来自澳大利亚。在研读有关这方面的知识的时候，我发现“神石”或者说“灵魂石”同我心中的“灵魂石”的形象完全重叠在一起。一直以来，我的心中也存在着这样的一块“灵魂石”，它是长方形的，质地精良，颜色微黑，而且用截然不同的颜色涂成上下两半。不过我的“灵魂石”的形象也有所改良——我加入了铅笔盒以及小人的形象。小人宛然神祇，身着古代天神才会穿的大氅，正如埃斯克勒彼阿斯碑上的泰莱斯福鲁斯在给他读一个羊皮纸的卷轴。当时，我努力探寻这个小人的来历，查阅过父亲图书室的所有书籍，但是一无所获。当然，我也没有询问父亲，故而父亲对此一无所知。

当我用回忆将这一切串联在一起的时候，我第一次得出了这样的理解：即便没有任何传承，古代的心理因素也会进入到个人的心灵中。

1920年时，我来到了英国。虽然儿时的记忆已经消散，但我还是雕刻出了同儿时记忆中小人相仿的人像。最开始的时候，我雕刻了两尊木头雕像，而后又用石头雕刻了较大的复制品，这尊石像最终被我安放在奎斯纳赫特我的花园里。在我雕刻的过程中，潜意识适时地跳了出来，为这尊雕像提供了名字——奥特玛位图。意为“生命的脉动”。我认为，潜意识如是告诉我是有缘由的。它将我幼时的梦境做了一个延续，是那棵让我惧怕的树的树枝。看来，我梦境的树便是“生命的脉动”。而幼年让我魂牵梦绕的小人，最终成为我意识中的神祇。长方形的“神石”是神祇的供奉。现在回顾我做的事，似乎近似于非洲居民的祭祀仪式——正像非洲居民的祭祀仪式一样，我在行动，但是并不明白自己在做什么，直到现在才恍然大悟。

第二章
中学时代

11岁那年对我别具意义。那一年，我被送进了巴塞尔的大学预科。我挥挥手，作别乡村的伙伴，带着懵懂和憧憬，进入了“灯红酒绿”的大城市。大城市很快让我大开眼界，这里有很多有权势的大人物。他们的华宅宽敞明亮，他们的马车豪华舒适，他们中的每个人都操一口流利的德语和法语，而他们的优雅从容也传递给了他们的子弟。当那些衣着华贵、风度翩翩的世家子弟，在我面前高谈阔论如何在阿尔卑斯山度假的时候，我就会被嫉妒和惊恐所笼罩。天啊，这些人竟然是我的同学。他们登上过苏黎世附近那闪闪发光的雪峰，甚至还去过大海，感受过大海的波涛汹涌；后者更让我羡慕和嫉妒。直到这个时候我才意识到我的父亲是多么的穷。他只是一个山村穷牧师，穿补过的鞋，袜子若是湿了断然没有换洗的，而他从家中来看我，需要坐6个小时的马车。而我是山村穷牧师的儿子，当我意识到这点的时候，我开始懂得了父母的辛苦。但是有趣的事情发生了，尽管我对父母充满了同情和孺慕，但是这种感情更倾向于父亲。可矛盾的是每次父母发生争执的时候，我却站在母亲这一边。这种必须明确表示支持哪一方的情形对我性格的形成是不利的。为了成功地从他们的冲突中跳出来，我不得不充当一个超级仲裁人的角色，无可奈何地判断父母的是非，这使我产生了某种妄自尊大的情绪；我的自信本来就不稳定，现在更不稳定了，忽而膨胀，忽而收敛。

我9岁时的一个夜晚，当我正像往日一样爬上床时，父亲进来了。他既激动又高兴地说：“你现在是哥哥了，就在今晚，你有了一个妹妹。”我很吃惊，因为我没有意识到我母亲即将为我生出一个妹妹。尽管她看上去总是躺着的时候多，可是对于母亲的卧床，我根本没有当回事，甚至我认为，卧床不起是软弱的表现，而且这种软弱是不可原谅的。当我父亲领着我去母亲处看妹妹时，我大失所望。那个小东西浑身通红，皱巴巴如同猴子，甚至背上还有一根根清晰分明的红毛。她的眼紧紧地闭着，好像是瞎了的小狗。我很困惑：“新生儿就是这个样子？”我天真地问父母，妹妹从何而来。他们含含糊糊地回答婴儿是鹳鸟送来的。好吧，就算这个说法我勉强能接受，不过小狗和小猫的崽儿们又怎么样呢？在那一窝崽儿生完之前，鹳鸟得来回飞多少趟呢？母牛又怎么样呢？我无法想象鹳鸟能设法用嘴叼着一整头牛犊。而且我有证据证明并非是鹳鸟叼来牛犊，因为农夫说过小牛犊是母牛生的。事情已经很明显了，妹妹是鹳鸟送来的是个谎言。是我身上的众多的谎言中的一个，我敢保证，母亲绝对做了我不该知道的事情。

妹妹的降生对于我而言太过突然，当然我的意思并不是说我没做好做哥哥的准备，而是她的出现让我产生一种很微妙的不信任感。为了证实我的不信任是确实的，我开始近乎敏锐的观察。后来母亲近乎古怪的反应证实了我的猜疑，似乎妹妹的降生的确有遗憾之处，虽然这种古怪有可能对我12岁时的经历起到了强化作用，但当时，的确让我大伤脑筋。

母亲有个习惯很是讨厌：每当我外出的时候，她总是追在我身后喊出种种告诫事项："不要忘了代爸爸妈妈问好！""鼻涕流出来了！""你的小手干净吗？"……对于我而言，即将要出席的场合都要穿着最体面的衣服，皮鞋也要擦得锃光瓦亮，而母亲总是在公开场合提醒我那些丢人的话，这简直就是一种耻辱。

那个时候的我，已经开始懂得了自尊和虚荣。每次外出的时候，我都竭力呈现出无可挑剔的形象，但是这种我努力营造的完美，都被我母亲的提醒轻易打破，让我的真实面目暴露在光天化日之下，这让我觉得十分不高兴。对于幼小的我而言，外出事关重大。在去做客的路上我沾沾自喜，觉得自己高人一等，甚至觉得自己是一个贵族。所有这一切感觉，都是穿着节假日才能穿的衣着给我的错觉，可是，这种错觉就像是雾，在我看到要做客那家的房子的时候，顿时雾消云散。那户人家的豪华和富贵，就像是巨石一样，让我觉得沮丧和渺小。甚至，我觉得自己如果变成一只鼹鼠，钻到地里面去，会更让我舒适。在我按门铃的时候，这种沮丧和渺小的感觉到了极致，这时候的我，听着门铃声就像听见了丧钟。我畏首畏尾地进到屋中，这个时候脑海中全然是母亲的提醒："你的鞋子上沾满了灰尘，你的手上全是脏污，你的手帕哪里去了，你的脖子为什么黑黑的……"如果情况不太糟，出于逆反心理，我必然不会将父母的问候带到，或者举动带有不必要的害羞和固执。如果情况变得太糟时，顶楼上的秘宝就会安抚我的心灵，让我想到，我不是我自己，而是另外一个人，这个人拥有不可侵犯的秘密，还有一块魔法黑石，甚至还有一个穿大氅戴高帽的小人。如是一想，我很快就会平静下来。

耶稣同穿黑长袍的耶稣会会士有没有关系？那些身着大氅头戴高帽的人们在坟墓边吟唱的内容耶稣能否听见？草地上坟墓边的洞穴是什么？男性生殖器的地下神殿究竟是什么？甚至我铅笔盒里的小人和耶稣有没有必要的联系？这一切之间的联系，童年的我是否曾经探寻过，已经成为一个永久的迷案。但是，当时的我并没有哪怕是朦胧地认识到，我内心的“灵魂之石”和我本人的石头之间存在一种千丝万缕的联系。

现在，我已经83岁。但是我早期记忆中的结已经成为一个死结，至今无解。仿佛那早期的回忆就像是一棵在广袤大地上孤零零的马铃薯种子，也像是潜意识列车上的一个小站——孤独、神秘、不可碰触。虽然我对上帝的态度始终不明确，但奇怪的是，从11岁开始，我对上帝越来越感兴趣。甚至，我发现我开始喜欢同上帝祷告，这让我的“矛盾”得到片刻的释放。因为在我祈祷的时候，矛盾会短暂消失——上帝就是上帝，不管你信任与否，他不变不移。而且他的形象也绝非画上的耶稣所能代替，更不能粗暴武断地等同于穿着黑袍子的人。因为“戒律”明确地说：“任何雕像不能代替你，任何事情不能等同你。”他固然近似于一个非常有权有势的老人，但是人们不能轻慢他。而且耶稣并非“神秘”或者不可碰触的，有关耶稣的悟性都是顶楼的秘密给予我的。

令我厌烦的学校课程

学校占用的时间太多了，这让我感到厌烦，我更乐意将时间花费在画画或者玩耍上。天知道，我对描绘战争场面和玩火是多么的着迷。更何况，同枯燥的如同干草一样的神学科相比，代数更是一门让人恐惧的学科。但是老师却说：“代数是一门完全自然的学科，是一门天经地义的学科。”可是对于我而言，“数字”却是抽象的。它不是看得见摸得着的，没有鲜花芳香和娇嫩，也没有动物的可爱与躁动，甚至都没有化石冰冷的触感。代数不是被想象出来的事物，而是由计算产生出来的量。更让我一头雾水的是，这些量又由字母代表着，字母又由舌头发音而成，我们能“听”到代数。

我发现我陷入一个问题中无法解脱：“数字是什么？”对此，无人能解答。我的同学们驾驭数学如鱼得水，我的老师倒是诲人不倦，他们不厌其烦地向我说明，这种将可理解的量化为声音的奇特运算的目的何在。经过老师的教导，我终于明白，代数的终极目的在于建立一种约分体系。很多量被置于这个约分体系中后，可以变得简洁和明了。明白是明白了，但是我依然不感兴趣。甚至，我认为这是“狗屁不通”。声音和数字根本是两码事，否则人们也可以用苹果树来表示a，用盒子表示b，用个问号表示x。a，b，c，x，y，z并不具体，它们像苹果树一样，并不能向我解释出数字的实质。但最让我一头雾水的还是定理：如果a=b而b=c，那么a=c，虽然根据定义a是苹果树，b的意思是盒子，这根本是完全不同的两件事。既然不同，a因而也就不能与b相等，更不用说与c相等了。苹果树就是苹果树，盒子就是盒子，若是说a=a，b=b，等等，我就会容易理解的多。虽然我认为这a=b是蹩脚的谎言，但是同平行线定理相比，就不算什么了。老师说：平行线无穷大的时候会相遇，对此我甚至感到很愤怒。这简直是将我们当成白痴一样愚弄，最起码愚弄我们需要一些比较高明的骗术。而且，这种定理跟我有什么关系呢？尽管这些定理反复无常自相矛盾。这种感觉一直持续到我的晚年，至今我仍然接受不了 a=b、太阳=月亮或狗=猫这一定理，甚至我暗暗庆幸，数学没有将我欺骗得很深，倘若我80岁的时候才意识到自己受骗的话，那多么的滑稽。这也成为我人生中的一个巨大的矛盾：我可以正常地运算，但是我始终不明白数学，尤其不理解为什么我对数学始终持怀疑态度。

方程式简直就像是抽象的字符一样难以理解，只有用特殊的数字值替代字母并通过实际计算来验证运算时，我才能一知半解。我是怎么对付数学课的学习呢？当然不是抄写对我而言如同天书一样的数学公式，更不是死记硬背黑板上那些面目可憎的特殊字母组合，而是用特殊的数字值代替字母并通过实际计算来验证运算。但是这种“投机取巧”的好办法却被老师宣告以后再也不能用了，因为老师上课的时候总是喜欢用公式。他习惯性地在黑板上潦草地写上几个字母，这些字母似乎凭空蹦出来的，我不知道他从哪儿来的这些字母，不知他为何写——但是有一点我无比明确，这些字母是他认可的唯一的结论。我为我的不理解而难过，这使我不敢问任何问题。

对我而言，数学课简直是恐怖的恶魔和痛苦的折磨，这种恐怖和折磨，来自我对数学的无法把握。尽管我的视觉记忆力能让我获取比较高的数学分数，正因为如此，我更担忧有一天会一败涂地。这种恐惧不断地加深，我绝望地发现，对于数学乃至这个世界，我都无力控制和改变。这种恐惧演变成为对周围世界的渺小感，这种渺小感逐渐演化成为对世界的厌恶和绝望。这种厌恶和绝望，毁了我对学校的所有的好感。此外，对于绘画课我十分的热爱，但矛盾的是，给予我很多自由空间的绘画，也成为我新的失败之处：尽管在绘画上，我可以称为有天赋，但因为我的绘画天赋只能在我绘画那些我想象出来的东西上表现出来，但现实中的绘画课，却需要我重复临摹瞎着眼睛的希腊神话的复制品，而当临摹不好的时候，老师便理所应当地认为我需要锻炼，于是把一只山羊头的画放在我的面前让我照着画，进而提高我的绘画水平。显然，这个作业我完全失败了，这就是我的绘画课的结束。

我的失败无处不在，它们寄居在数学和绘画中，也寄居在我的体操课程里。我对别人告诉我如何做动作深恶痛绝，更何况做这种体操看起来就像是在耍杂技的猴子，没意义而且丑陋！

而且，由于幼年事故的原因，懦弱始终根植在我的心灵深处。这种懦弱，让我觉得这个世界没有安全感。尽管在我的眼中，世界美丽而梦幻，但是它也处处隐藏着目不能视的各种危险，而体操恰恰会加重这种危险。这种懦弱我很晚才克服掉，我也一直在探索这种懦弱从何而来。难道因为母亲抛弃过我几个月？当我的神经性昏厥开始发作时，为了我的“病情”着想，医生不允许我练体操，这令我十分满意。我内心窃喜终于摆脱了体操这个讨厌的东西——换而言之，我又多了一项“失败”。当然，“偷”来的时间，我并没有全然用于玩耍，而是用于自由思考——思考我已经产生的绝望的情感，还有进行阅读。此时我对阅读有深刻的渴望，我如饥似渴地阅读每一片落在我手中的印刷品。

我遇见了我自己

1887年初夏的一天，一件事情改变了我的命运。那时是初夏，12点的时候上午的课已经结束，如往常一样，我站在大教堂广场，等着一位我同路回家的同学。这个时候，有个男孩猛地推了我一把，猝不及防的我跌倒在地。他的冲劲太大了，以至于我的头部重重撞击到路旁的石头。在我即将昏厥的那一刻，一个念头清晰地凸显：你再也不用上学了。然后我放心地昏倒了，当然，还有对袭击者进行报复的隐性念头包含在内。而后我感觉到有人将我抱起来了，送到附近的一户住着两位上了年纪的老处女的家中。

从那个时候起，我的昏厥症开始加深。若是我不得不返回学校，抑或父母催逼我的功课时，我的昏厥症都会适时发作。感谢昏厥症，它让我6个月不用去上学。不上学的日子对于我而言就像是郊游，我获取了最宝贵的东西——自由。我可以随心所欲地去任何我想去的地方，也可以无拘无束地做任何我想做的事情。我经常去林中水边游荡或者去画画。我画的内容大多是残忍而血腥的战争，或者荒诞不经的漫画。直至今日，那些画中的图案还经常出现在我的梦中。狂暴的战争，遭到焚烧的古堡，龇牙咧嘴的面具……这些画面盘旋、扭曲，还有一些逐渐变成不久之后就死去了的熟人的面孔。在这里，需要指出一点：我一直有一种朦胧的认知：我在逃避本我。因为我开始埋首神秘的世界，一个完全从正常世界剥离的世界。这个世界有参天的树木、清澈的池塘、神秘的沼泽、畸形的石头、可爱的动物甚至还有父亲的图书室，这个世界这么美，让我离世界越来越远。不过这些并不能让我快乐，尽管我自由地挥洒光阴，自在地阅读玩耍。

我完全不知道为什么会变成这样，我努力想痊愈，因为我同情父母的忧虑。父母对我的情况十分担忧，他们为我找来很多医生，可面对我的“病”，医生们抓耳挠腮，束手无策，最后，家人本着“死马当作活马医”的念头，打发我去温特图尔的亲戚家度假。我很开心，“病情”也有所好转。这个城市有个火车站，对于儿时的我而言，简直可以媲美一个巨大的乐园。

但是好景不长，当我回到家中的时候，本来已经好转的“病情”又恢复成原样。甚至有个“高明”的医生认为我得了癫痫，可我知道癫痫病发作是怎么回事儿，于是在心中暗暗嘲笑庸医：他简直是在胡说八道。面对“病入膏肓”的我，父母忧虑渐重。那一天，我躲在花园的灌木丛中，忽然听到了父亲和自己朋友的谈话。本来我应该走开，但是好奇心又让我继续“偷听”。父亲的朋友说：“嗨，朋友，你儿子的病情有好转吗？”父亲用一种忧虑而又沉重的语气回答：“简直糟糕透了，甚至医生都不确定他得的是什么病。有的医生认为他是癫痫，正在按癫痫的法子治疗。如果治疗不好的话，那就太可怕了。我现在已经一无所有，若是我儿子不能自食其力的话，他的下场会很悲惨……”

我如遭到雷劈一般，这是与现实的冲突。“哎呀，我必须用功了！”我突然想到。

从这个时期开始，我完成了蜕变，变成了一个严肃的孩子。我来到父亲的书房，取出我的拉丁文法书，努力地集中精神开始用力背诵。但是，没过几分钟，昏厥又开始来困扰我，以至于我差点从椅子上跌落下去，直到几分钟后，我才恢复正常。我不断地对自己说：“坚持住，不要昏倒。”之后继续用功。第二次的昏厥晚来了5分钟，我依然用老办法，告诉我自己：“如果现在你不用功的话，你就完了。”在一次又一次的告诫下，我坚持的时间越来越长。第三次的昏厥1个小时后才来，我还是在坚持。我隐隐觉得，我打败了它，我觉得我的状况比以前几个月都好，事实也证明了我的想法。从此之后，昏厥症再也没有困扰过我，从那天开始，我每天都能顺利地学习拉丁文法和其他教科书。当我几个星期后返回学校时，昏厥症已经彻底痊愈了。在学校中，一些困扰我的东西都迎刃而解，也是在这个时候，我明白了什么是神经病。

我像文物学家对待出土文物一样小心翼翼，总算是还原了事情的真相——不光彩的局面是我自己促成的。甚至，毫不夸张地说，整个事件是我的一个阴谋，在整个事件中，我扮演了恶魔的角色。当我理顺了这一切的时候，我就不再会生那个把我推倒的同学的气。我为自己感到可耻和羞愧，我暗暗告诫自己，以后不能再做同样的事，也是从这一刻起，我再也不能忍受父母对我的担忧，或者用一种同情的口吻对我讲话。因为当他们这样跟我说话的时候，我就觉得他们洞悉了我这个“秘密”。

这种类似“神经病”的感觉成为我“不能说的秘密”。在我的心中，这个“不能说的秘密”是见不得人的，甚至是失败者独有的。不过“不能说的秘密”是把双刃剑，它在让我陷入痛苦的同时，也诱发了我不同寻常的偏执和勤奋。这些偏执和勤奋，让我受益终生，也成为我一生勤奋的开始。我最初的勤奋，绝非是为了做样子，而是为了成为社会的栋梁之材。为了成为我想象中的和失败者相对的栋梁之材，我真真正正地做到了：三更起，五更眠——每天都要5点钟起床学习，甚至有的时候从凌晨3点一直学到7点，而后再上学。

面对孤独，人人谈之色变，我却情有独钟；面对寂寞，人人敬而远之，我却情根深种。这种同众人“迥异”的喜好，让我进一步接近自然。在我幼小的心中，大自然处处都是奇迹。这些奇迹让我着迷。似乎每一块石头都充满灵性，每一株植物都能歌唱，每一件东西都那样的奇妙。当我同自然无限接近的时候，我感觉我也是自然的一部分，同人类世界格格不入。

大约在同一个时候，我还有一段重要的经历：那时我正像平常一样，从我的居所克莱恩—亨宁金出发，欢天喜地地走在前往巴塞尔上学的路上。我没有感到今天同往日有一点区别，正在这时一种突如其来的强烈的感觉攫住了我。那种感觉宛然是从山穷水尽转变到柳暗花明，我似乎明白了一直困扰我的问题：我是谁？

我将一直将“我”掩盖住的墙甩在了后面，因为那堵墙上没有任何“我”的字样。我看到了我自己，这同以往的我自己是截然不同的。以往的我，活在别人的意志中；而现在的我，完全被我自己的意识所支配着。在我看来，这个经历极其重要新颖：我获得了对我自己的支配权。说来奇怪，在此期间以及我的昏厥神经官能症发作的那几个月里，顶楼上有关珍宝的记忆成为过眼烟云。如果在这个时候，我将这种感觉同“珍宝”在我身上激起的价值感做对比，就会发现它们是相当类似的。遗憾的是，我并没有将两者联系在一起，而且我对铅笔盒的热爱和偏执，已经成为我回想不起的“过去”了。

就在这时候，我家的一位朋友邀请我们前往他在卢塞恩湖边一栋度假用的房子做客。让我欣喜若狂的是，房子不仅坐落在湖畔，而且还有一只划艇。主人允许我们（我和他儿子）使用这条船，但他用严厉的口吻告诫我们绝对不能鲁莽冒失。可是，天知道威德令船（一种平底船）有多难驾驶！按照正确的划船方法，应该坐着划，可我们怎么知道如何驾驶这个鬼东西呢？于是我便像驾驶家中那条方头平底船一样，站在船的尾部，用一只桨划进湖水中，并试图划出花样来。对于我们划船这件事，房主人本来就忧心忡忡，结果又看到我出格的动作，顿时就觉得太过分了。于是他想让我们回来，对着我们大声吹口哨，等我们上岸后，更是用一大堆责骂迎接我们。他的斥责让我哑口无言，因为我所做的恰恰是他不让我们做的，尽管我不乐意，但是也得承认他的教训完全有道理。与此同时，一股莫名其妙的怒气涌上我的头顶——这个肥胖、无知的乡下佬怎么敢侮辱我？从年纪而言，我是一位老人；从社会地位而言，我是一位体面的有高贵职位的尊贵的人。我应该是被尊重敬畏的对象。当我的怒火即将脱口而出的时候，我又开始踟蹰，好像哪里出了问题，似乎他们并不知道我如此重要。我冷静下来的时候，沮丧的看到了现实——我不过是一个12岁的小学生，而他，是一位父亲，还是拥有两栋房子和若干匹骏马的有钱有势的人。

在这个时候，我被我自己的念头所困惑。一个人的身躯，怎么能装下两个截然不同的灵魂。一个灵魂就是地地道道的小学生，会因不会代数而苦恼，觉得自己是飘摇大海中的一叶扁舟，自己都掌握不了自己的人生；另外一个却截然不同。他来自18世纪，是一个响当当的人物。他的影响力，简直可以同制造商相媲美。当然，他的形象也是典型的18世纪的人物——他的头上戴着白色的假发，穿着扣形装饰鞋。如是体面的人，座驾自然也不同凡响：必然是一辆带有凹面后轮的轻便旅行马车。

这种念头并非无中生有，我的奇特体验为这种念头的萌生提供了最佳生长环境。那时，我们还住在克莱恩—亨宁金，有一天，一辆真正的绿色的马车驶过我的家，那是一辆真正的古董车，宛如直接从18世纪开来。我顿时手舞足蹈："看啊，那是我所处时代的车！天啊，它来自我的时代！"我将它认出了，我甚至可以确定它同我的座驾是同一型号。但是我并不开心，取而代之的是一种让我不悦的情感。这种情感近似于厌恶或者是恶心，好像是我被欺骗了似的——有人偷走我过去的岁月，我的怀旧、我的承认，似乎都被印证了。但是被印证的却是虚无缥缈的，我根本捉不住它。它却不停在我耳边雀跃："是的，就是这个样子！是的，就是这个样子！"

我还有重回18世纪的感觉。那时，我在我姨妈家中，看见一件旧赤土陶制雕塑。雕塑由两个彩色人物构成，色彩虽然剥落，但依然栩栩如生。其中一位是18世纪末巴塞尔市卓有声名的老斯塔克伯格医生，另外一个人物是他的病人。这个病人一副就诊的模样——双目紧闭，舌头伸出。这座雕塑的来历是有典故的：相传18世纪的一天，老斯塔克伯格正悠闲地散步，当他散步至莱茵桥时，这位病人不知道从哪走到了他的面前。用让人生厌的口气喋喋不休地抱怨医生的医术。被别人打扰并冒犯的医生十分不悦，便对这位讨人嫌的妇人说："你一定是哪儿不舒服，让我为你诊治一番吧。现在，闭上你的眼睛，伸出你的舌头"。妇人依言而行后，斯塔克伯格立即偷偷开溜。妇人不明就里，还是保持着"医嘱"的状态。她滑稽的模样，惹得众人狂笑不止。当我注视着小雕像的时候，竟然发现，老医生穿着的扣形装饰鞋，同我想象中一模一样。仿佛我以前也穿过这样的一双鞋一样。我甚至可以确定，那一定是我的鞋。这种肯定从何而来？我也不清楚。同样奇怪的行为还有，我经常将1886年写成1786年，甚至每当出现这种情况时，就会有一种怀旧的情绪会将我席卷。

在船上做的恶作剧以及受了惩罚之后，我开始用思维将并不相连的印象穿成一串，并试图将它们组合成一幅首尾呼应的画卷：在这幅画卷的影响下，我认为自己被一分为二，两个自己截然不同：一个生活在这个时代，这个人做错了事情，就要接受同他身份——小学生相适应的惩罚；一个生活在迥异的时代——那个我应该生于1795年因而生活在19世纪。可是矛盾之处在于，另外一个我本在我诞生之前便驾鹤西去，怎么会又跟我保持同一呢？这让我觉得困惑，这些想法如同枷锁一样将我禁锢。换言之，所谓的另外一个我，纯粹是胡说八道。这些千头万绪的思索，大多从朦胧的模糊感觉和梦幻繁衍而来，这个时候的我，或许还不知道有关我同歌德之间的关系。我只不过总是从父母和亲戚处听到有关祖父的故事。我应该补充一句，有一种令人讨厌的传言，说我祖父是歌德的私生子。

我和我思想的拉锯战

同年的一个夏日，天光正好，阳光明媚。午后，我走出学校，来到大教堂广场。天空湛蓝璀璨，阳光恣肆的倾斜而下，洒在大教堂房顶，落在新铺的瓷砖上迸发着光彩，斑斑点点，金光闪闪。如是美景让我如痴如醉，我想："世界如此美丽、宁静、祥和，而这一切都是上帝给予我们的。上帝坐在上方，在遥远的蓝天上的一个金色宝座上……"我的思想，又要偏离预想的轨道，奔向那深不可测的黑洞之中，这让我又开始抑郁。这种感觉让我麻木了，唯一能做的便是不断地告诫自己："不能再想下去了！有一种我不愿意想，不愿意靠近的东西，在以一种不可抗拒的力量包围我。当我被这种力量控制的时候，我就会犯下最为可怖的罪孽。是什么呢？应该是比谋杀更深重的罪孽。我会反对圣灵，这种罪愆是不可饶恕的。谁犯了这种罪谁就要遭天谴，永生永世在地狱中遭受痛苦煎熬。作为独子，父亲母亲一向奉我若掌上明珠。一旦我要遭受永生永世的痛苦，他们必然会感同身受，痛不欲生。即便是为了我的父母，我也不能这样做，我千万不能再去胡思乱想了。"

然而，说来容易做时难。从学校到家，有一段很长的路。我一边走，一边尽力思考各种各样有趣的事情。但是不管我想什么，意识总会兜兜转转，转回到我喜欢的大教堂和坐在宝座上的上帝方面。当我意识到这点的时候，我自己受到了巨大的震动，仿佛受到了猛烈的电击。我勒令自己的意识调转方向，我甚至自言自语："把它忘掉吧，想点别的吧。"我在拼命地同我的意识做斗争，所以，当我回到家中时，已经十分疲惫。

母亲将我的疲态尽收眼底，便关切地询问："可是出了岔子？学校中有什么事情没有？"我实话实说："学校中一切都很顺利。"我觉得，我要是将我的胡思乱想和盘托出的话，对我而言，虽然有些微的好处，但是我就无法干这些我做不到的事情了。冥冥之中，我已经意识到，我的思想很危险，简直是一头扎进了地狱。我不想让我可怜的母亲为我担忧，于是我放弃祖露了此事的念头，并想方设法地将自己的形迹掩盖起来。

当天晚上，我失眠了。那个我还不知道如何引导的思想，如同奔腾的潮水一样向四面八方涌出。我拼命地想将“洪水”关在我的脑海中，虽然袒露心事会让我获得轻松，但是这种诱惑和父母的感觉相比，简直不堪一提。因为我想，如果我告诉了他们我想什么，他们肯定会伤心的。对于一个孩子而言，这是一种多大的折磨啊。

到了第三天晚上，这种折磨变本加厉了。简直让我无法忍受，在床上翻来覆去的我无计可施，辗转良久方能入睡，而后便又惊醒。我的脑海中，充斥着上帝和教堂，差点一直想下去。我感到，我的反抗如同风中的烛光，越来越微弱了。我浑身都是冷汗，便索性坐起来，希望自己能清醒一点。我的脑海中盘旋着一个念头，“这事真新鲜啊，我得严肃对待。”我想把这件事弄个水落石出，可是又一个念头出现在我的脑海中，我为什么要去想那些我一无所知的事情呢？从我的角度而言，这绝非是我愿意去想的，那是千真万确的。是谁让我去想我一无所知，却必须要想的事情呢？谁强迫我这么做的？是谁让我饱受折磨？我应该想的是万能的主，是万能的主创造了这个世界，生存在这个世界上的我应该对他感恩戴德。可是，我为什么会在这个光景想各种恶毒的事情呢？这些念头有多恶毒，我甚至都没有个概念，但是我却清晰地意识到，我不能也不该向这个想法靠近。因为我一旦向它靠近一点点，都会思考它。而它会像噩梦一样困扰着我，我很迷惑，这件事究竟从何而来？我虽然没有去做这件事，但是这件事却真真切切地在我身边发生了。

无论如何，我来到这个世界是上帝的旨意，是上帝按照我父母的样子将我创造而出的，但是我现在的样子是父母所期望的吗？我纯洁而善良的父母必然不会这样胡思乱想，因为想法是多么的恶毒啊！

我明白，我的想法荒唐可笑。我祖父母的样子便在这个时候出现在我的脑海中。当然，我从来没有见过他们，只是从画像里了解他们，但是他们的形象在我心中始终是和蔼可亲、严肃认真的。当我祖父母出现在我的脑海中，我心中归咎于父母的想法立刻荡然无存。我觉得这个办法行之有效，便在脑海中将所有我知道的长辈通通想了一遍。甚至想到了亚当和夏娃。这个想法具有决定性：亚当和夏娃是最早的人类，无父无母的他们由上帝直接创造而成。他们的样子是上帝的旨意，他们无法选择也无从逃避，只能长成上帝预想的样子。因此，他们无从知道他们何以各不相同。我所知道的上帝，从来都是完美的。自然，他所创造的亚当和夏娃也是完美的。可是由完美的上帝创造的亚当和夏娃，为什么去做上帝不希望他们去做的事情呢？他们原本是能不去做这件事的，但是受到了蛇的诱惑。可是蛇是上帝在创造他们之前就已经先创造出来了啊，蛇的存在难道只是为了让亚当和夏娃犯罪的吗？既然上帝无所不知，他必然知道蛇会诱使亚当和夏娃犯罪。换而言之，他创造出了蛇便是要人的始祖不断地触犯原罪，那么，人不断触犯原罪，原来是上帝的旨意啊！

当我这么想的时候，心中立刻感到快慰。要知道，是上帝本人将我放在这种境地中的。开始的时候，我并不知道是上帝有意对我进行磨炼，而当我这么想的时候，我便不会去想那些因为祈祷而获得的启示的事情了。不过上帝太差劲了，他根本不管我的想法就将我扔在这样一个进退维谷的境地中并且不管不问，我必须得清晰地弄清楚他的意图是什么，并找到一个应对的方法。可是每当想到这里的时候，又一个问题蹦了出来。

上帝要我做错事！

“上帝意欲何为？这个问题深深地困扰着我，我必须要马上弄清楚上帝的真实意图。”当然喽，我自是知道，从通常的道德角度出发，我应该规避这样的想法，这似乎是理所当然的，我也是这样做的，可是我已经无法继续压抑我的想法了——我已经将自己束缚到无法忍受的地步，我夜不能寐，辗转反侧，日渐憔悴，如果我不弄明白上帝的意图的话，恐怕无法善罢甘休。因为我已经明确一点，上帝是所有问题的根源。

但是让人惊讶的是，我从来没有想过这个问题是否和魔鬼有什么关系。在那个时候，魔鬼在我的心中，只是微不足道的，他起的作用微乎其微。因为我觉得，同上帝的力量相比，魔鬼的力量太过渺小。其实这不足为奇，自从我从意识的迷雾中找寻到自我开始，上帝的完整性、超然性始终在我的想象中占据统治地位。从此之后，我的心中不再存在别的疑问，仅剩上帝本人对我进行安排。我将这次的困惑当成一种考验，通过这种考验的唯一方法便是找寻到对上帝的正确理解。而且我知道，最终我还是被迫让步，但是我真的不希望发生自己不明不白的事情，尤其是我将永生的灵魂拯救都压在这件事情上了。

上帝眼睁睁地看着我在犯罪的边缘徘徊，眼看就要坠入万劫不复的深渊，但是他并不打算出手相助。尽管他全知全能，救赎我于他来说是一件太过简单的事情，但他就是不愿意这么做。他想做什么？是不是打算利用我做违背我道德判断的事情来考验我是否忠诚呢？这件事对我而言，意义重大，我正在全身心地同这件事做斗争，因为对于我而言，下地狱是件很可怕的事情。可是上帝的真实意图是什么呢？他是不是想考验一下我的意志力如何呢？当信念和理性遭遇到死亡和幽灵时，孰胜孰败呢？这也许就是上帝的意图。其实这只是我自己的想法，很有可能这种想法是无稽之谈。我是不大相信自己的推断的，所以我不得不理顺我的想法。

可是，我再一次理顺了我的思维，得到的结论仍是相同的。“显而易见，上帝需要我鼓起勇气的帆船。”我想到，“如果我能顺利地通过他的考验，那么上帝会将福气赐给我。”

这样想的时候，我浑身激荡着勇气，仿佛地狱之火在我眼前燃起，我也能等闲视之。当我如是想的时候，大教堂又出现在了我的眼前。蔚蓝如碧的天空上，上帝端坐在金光闪闪的宝座上，远离世俗。然而正在这时，宝座下面有一块巨大的粪块掉了下来，落到了闪闪发光的屋顶上，并将大教堂砸得稀巴烂。

当我想到这里的时候，顿觉如释重负，巨大的快乐将我席卷。预料中的天谴没有来到，来的反而是巨大的天恩，这种巨大的落差，让我快乐得不能言喻。我感觉很幸福，进而对上帝产生了巨大的感激心理，我哭了。许多以前不明白的事情，现在豁然开朗。我想这些都是我父亲所不明白的，他应该不明白上帝的意志，而他之所以不明白，是因为他的信念太过根深蒂固，那些信念同上帝的意志是相悖的，所以他体验不到那可以根治一切并通俗易懂的上帝的意志。

我的父亲将《圣经》的“十诫”当作他的行动指南；他信仰上帝，但只是以《圣经》所指示的方式和他的先人所教导他的方式来信仰。可是他并不知道，上帝脱离《圣经》和教堂而存在。而且他全知全能，是活生生的上帝。他的感染力无处不在，能让人被动的放弃自己的观点和信念，以便毫无保留地履行上帝的意志。他对自己的“臣民”进行种种考验，这种考验可以是各种各样的。不管他采取什么手段对别人进行考验，都不怕造成邪恶的后果，因为他全知全能。倘若一个人能通过了上帝的考验，他便明了：自己走在正义道德的康庄大道上。

我毫不怀疑，之所以亚当和夏娃会做上帝不愿他们去做的事情，就是为了弄清楚亚当和夏娃是否对他完全的服从。就像是上帝对亚当和夏娃做的那样，上帝让我做这件事情——因为宗教原因而不得不加以拒绝的事，正是因为我的恭顺服从，才使我获得了天恩。这种感觉，让我彻底明白了何谓上帝的恩惠。我也明白了，一个人必须将身心都呈现于上帝的祭坛上，彻底地执行上帝的意志，而其他的事情都是可以忽视的。如果，你不将身心都奉献给上帝，那么无论你做什么都是愚蠢和无意义的。当我意识到这点的时候，我开始承担起我个人应该承担的责任。可是我还存在一个困惑，为什么上帝将自己的教堂毁掉呢？我隐隐约约地感觉到一个秘密——只要上帝愿意，他可以变成可怕的东西。这种想法让我一生生活在阴霾之中，变得郁郁寡欢。

这个体验让我很自卑，我觉得自己蠢笨如猪，简直是个魔鬼。可是随后我翻阅了《圣经·新约》，当我读到法利赛人和收税官这一段，以及上帝没有放弃堕落的人做其选民这一段时，又感受到了满足和愉悦。这些段落的描写让我永生不忘：存在不公正念头的管家却被人称赞，心有犹豫的彼得，最终获得传教的重任。

我的自卑感与日俱增，我觉得上帝的天恩于我太过渺茫。似乎我从来没有自信过，我一直认为自己在堕落的深渊徘徊，同别人相比较而言，大为不如。即便我的母亲说："你是一个乖孩子。"其实我连乖孩子具体指的是什么意思都不知道，这让我感觉很奇妙。

经历了上帝和大教堂的事件后，我终于让我那虚无缥缈的秘密落在了实处——感觉就像是天上落金币，恰好落在了我的口袋里一样。可是这种独特的体验同时也让我觉得可耻，因为我认为自己被一种邪恶的不良的东西牢牢地束缚住了。这让我感觉到，我既是上帝的子民，也是被上帝抛弃于天恩之外的人；既是被诅咒束缚的人，还与上帝的祝福同在。我很想知道，别人是否同我一样有这种体验，但当我细心观察别人的时候，却没有发现这种情形。

我对我的体验、我的秘密守口如瓶。我从来没有跟任何人提到过我梦见的地下庙宇，也没有提到过那可怖的男性生殖器，以及我所雕刻的小木人，直到我56岁的时候，我才跟我的妻子透露过一鳞半爪，甚至对我的朋友都讳莫如深。其余时候，我从来没有公开提到我的体验。因为我从小便知道，所有的这些事情都是禁忌。

这难以理解的秘密贯穿了我的整个青春期，也正是因为如此，我承受了常人难以忍受的孤独感。我极力抵制同别人分享这个秘密的诱惑，这便造成我同世界相融的模式：我一如既往的孤独，因为我懂得别人不懂的事情，还会将别人不懂甚至也不想懂的事情加以暗示。

在我母亲的亲戚中，有6个牧师；而我父亲这方不遑多让——不仅两个叔父是牧师，甚至我父亲本人也是牧师。正是在这种环境中，我有机会听到很多有关宗教、神学的谈话、讨论以及布道演说。每次我听着他们的高谈阔论，内心便浮起这样的感觉："这简直是太好了，终于有人能为我'解惑'了。你们知道吗，我的秘密也是天恩，上帝为了让我体味他所谓的恩惠，正在威逼我去做我不喜欢的事情。"可是他们说来说去，总是不得要领，甚至完全言不及义。这让我不得不想："其实他们也不懂。"于是我便在内心祈求："看在老天的份上，一定得有个人懂点啊，真理一定藏在某个地方。"于是我便在父亲的图书室内翻箱倒柜地查找，一旦涉及上帝、三位一体、灵魂的书，我便迫不及待地开始阅读。尽管我几乎是在饥不择食地阅读，但是所获甚微。

我甚至还去《路德派圣经》中查找我想要的答案，可不幸的是，里面那个以坚忍耐劳而闻名的约伯，似乎正在板着面孔训导别人，我对这种描述方式倒了胃口，对这本书也没了兴趣，不过还好，我在这本书的第9章"诗篇"的第30个小节中找到了一丝慰藉，里面说："以雪水濯己身……您却将我投入泥淖。"

后来，母亲告诉我，那个时候的我整日没精打采。我不相信她的话，恰恰相反，那个时候的我内心平静如水而且祥和安宁。因为我整天为这件事冥思苦想，每当我想到自己是石头的时候，我便能从我的所有这样那样的怀疑中抽出身来，似乎一切矛盾和冲突都消弭于无形。我会如是想："石头是确定的，千百年一成不变，没有同别人沟通的必要。"

我的第一人格和第二人格

在那个时候，不管我父亲说了我什么我都持怀疑态度。在父亲布道的时候，我总是结合自己的体验理解所谓上帝的恩惠。当我这样做的时候，父亲所讲的一切在我看来就变得那样的迂腐和空泛，仿佛父亲讲的不是上帝的恩惠，而是道听途说却没有亲自证实的故事一样。我很想帮父亲规避这点，但是我却无从下手。首先，我的年纪太小了，无法插手父亲的事务；其次，我害怕启动"第二人格"的能力；最后，我害羞，无法告诉父亲我的体验。

即便我长到18岁，父亲同我经常就信仰的问题展开讨论，最后也往往不欢而散。因为我总是含蓄地暗示父亲有关天恩的奇迹，我希望父亲能够懂得这一点，从而减轻自己的罪孽。如果父亲能领会到上帝的意志并执行，那是再好不过的事情了。可这些讨论却刺激了父亲，因为他总会说："胡说八道。"并且对我的行为嗤之以鼻："你总是去想，一个人不应该那么去想，只去信仰便可以了。"我心中不以为然，我会想："才不是呢，若想懂得，必须去体验。"但是我口中却如是答应："那么请把这种信仰给我。"这时的父亲便会耸耸肩，无可奈何地离开。

我开始拓展我的交际圈，很多出身淳朴、个性腼腆的孩子成了我的朋友。我的学习成绩也名列前茅，甚至会名列全班榜首。但是这让我感到不愉快，因为我发现几个成绩不如我的同学开始嫉妒我，并试图追上我。我很讨厌类似的竞争，就连别人玩竞争类的游戏我都敬而远之。为了规避这种竞争，我的成绩开始保持全班第二，我发现这更能让人保持心情愉快。我的老师中有几位很信任我，这种特殊的信赖至今仍让我铭记于心。尤其是一位教拉丁文的大学老师，每次回想起他的时候我都会心怀感激。这位老师十分聪明，因为我6岁便学习拉丁文的缘故，对拉丁文的学习举重若轻，老师察觉到了这一点，所以他经常不让我坐在班中听课，而是让我去大学图书馆去给他借书。对于这个任务，我非常乐意去做。我经常高高兴兴地去图书馆读书，并在回去的路上尽可能地把时间拖长。

可这只是少数的老师，大多数的老师认为我狡黠愚笨。在学校中，一旦有什么事情出现纰漏，我是第一个怀疑对象。要是有同学聚众斗殴，我也被认为是始作俑者。但是实际上，我只参加过一次打架事件。也正是那个时候，我才看清别人对我怀有根深蒂固的敌意。那一次，我的7个同学埋伏起来等着我，并对我发动突然袭击。万幸的是，那个时候我长得又高又壮，脾气也不好。我轻而易举地抓起其中一个男孩的手臂，将他当成兵器，甩得团团转，他的两条腿成了我攻击用的最好武器，其他几个同学全部被打倒在地。事后老师是怎么处理的我已经记不得了，但是我能模模糊糊地记得我遭受了不公正的惩罚。这件事情发生后，我便形单影只了，没有人理睬我，但是也没有人欺负我。

招致敌人，遭受不公正待遇，这些都出于我意料之外。但是让我困惑的是，虽然我因为那些对自己的指责而大发雷霆，但我又对这些指责却无法否认。我对自己的认识太少了，这导致我会有很多具体的而且潜而不发的过失。对此，我怀有沉重的负罪感。也正是因为如此，我对别人的指责十分敏感，因为这些指责或多或少都说出了真相，也戳中了我的痛处。尽管对方的指控纯属“莫须有”，但是我却能依稀感觉到，这种事情我迟早会去做。我甚至列了一张表格，上面陈列着我搜肠刮肚想到的种种托词，以便等到我真的做了被指责的事情时，有备无患。若是对方的指责言之有物，我便会如释重负，因为这个时候，我便真的知道我错在了哪里。

我心中的不安越来越大，为了减少这种感觉，我尝试营造外在的稳重感。换而言之，我不想用意识强制约束我的缺陷，而是凭借缺陷本身克服。也能理解成，我一方面知道自己罪无可赦，一方面却坚信自己清白无辜。这个时候的我已经明确自己是个双重性格的人。其中的一个人，是我父母的儿子，这个人正在上学读书，虽然并不聪慧，天资有限，但是认真勤勉，学习刻苦；另外一个人，是一位老人，秉性多疑，从不轻信他人，超脱凡世，更为亲近自然、地球、月亮、天气等一切除了人世间以外的所有事物。这个另外的人，最喜欢的是“夜晚”、睡梦等最接近“上帝”能直接作用其身的事情。这里，我之所以将上帝用引号引起来。是因为我觉得大自然如我，都是上帝创造并借此表现自己意志的事物。我对这点的认知无比执拗，谁也说服不了我——“上帝的形象”被局限在人的形象里了，可是实际上，无论是山川河湖，抑或者是花草树木，还是飞禽走兽，都体现了上帝的本质。难道不是吗？人类只会穿花里胡哨的衣服，心地粗鄙，爱慕虚荣，假话连篇，自私自利，面目可憎。人类的这些特色，对于“我”，也就是1890年的一个普通学生而言，太过熟悉。他的世界并非世界的全部，在他的世界之外，还有一个神秘王国的存在。王国状若神殿，每个进入神殿的人都被他改造过，并在神殿中看到了整个宇宙的奥义。每个进入神殿的人，都在里面流连忘返、乐不思蜀。

当然，在这里，还存在着另外一个人。他知道上帝虽然超脱凡人，但是具有人格。在这里，上帝同每个人结合成一体，宛如我们的心灵同上帝的眼结合在了一起，一同俯瞰大地。

我在这里所说的每字每句，都是我那时从任何方面都没意识到的东西。虽然我还没有意识到它，但是它以摧枯拉朽之势，让我强烈地受到它的存在。也就是在这个时候，我知道我当之无愧为我，只要我孑然一身，便会轻而易举地进入到这种状态之中。我所追求的即第二种人格的安宁和孤独。

第一种人格和第二种人格相互作用贯穿了我的一生，但是这种“相互作用”同医学角度而言的“精神分裂”却大相径庭。在我的一生中，第二人格占据了过多的席位，我总是无时无刻想着为内心深处的第二人格腾地方。一般人同我相反，他们的第二人格往往形同虚设，丝毫不起作用。因为即便第二人格是一个典型的任务，却很少有人能洞察到这一点。因为大多数的人意识达不到这个广度和深度，理解能力也有限，所以他们不知道他也是他们那样的人。

我的命运完全取决于我自己

渐渐的，教堂变成了我的梦魇。因为在那里，有人肆无忌惮（而我认为是无耻）地进行有关上帝乃至他的恩旨或者行为的演讲；在那里，会众被劝诫某些感情和秘密都是合理的。我知道，所谓秘密是内心深处真切的悸动，是不能泄露的内心秘密。可是很显然，没有人会知晓这种秘密的真谛，就算是牧师也一样。反过来说，没人敢于在公众面前泄漏上帝的神秘性，或者没人敢于用陈腐和多愁善感的话去亵渎这些无法言传的感情。而且，用这种方式，我敢保证，是无法接近上帝的。我从我自己的经验里知道，上帝的恩赐只给那些一心一意执行上帝意志的人。

我是从布道坛上知道这一点的，即启示能让上帝的意志变得通俗明了。但是矛盾的是，在变得清晰明了的同时也变得模糊和不可知。它让我意识到，宗教的条文将上帝的意志取而代之，虽然说起来有些“惊世骇俗”，但这是唯一能解释得通为什么人们不去理解上帝的意志的。我的怀疑一日更甚一日，也正是因为如此，我父亲乃至我叔父口中所说的布道词，便让我不忍卒听。而我周围的人呢？却认为这些话是天经地义的，甚至这些教义中那些含糊的东西也是理所应当的。他们脑筋都不动一下地囫囵吞下所有的说法，根本不去理会这样的说法是否自相矛盾。比如，上帝禁止人类的犯罪，但是人类还是在不断犯罪。比如，上帝预见人类的历史，但是却又说上帝创造了人类。我并没有每天都去探索上帝的意志，除非有特别的理由。在我的时间分配中，第一人格占据了“大头”。

但是奇怪的是，不管我思考得多么深入，魔鬼总是没有出现在我思考的范畴中。不过，在我看来，魔鬼充其量不过是一只狗，而且还是一只被壮汉用铁链拴住的看门狗。我始终秉承着这一观点：只有上帝对这个世界有责任，而且我知道上帝不仅力量惊人，而且还很可怖。

当我父亲用磁性的声音虔诚地布道时，他在赞颂“仁慈”的上帝，言辞恳切地表示上帝爱人，人人自当以爱回报上帝。每到这个时候，我的怀疑和恐惧便会空前加深：父亲真的懂得自己在说什么吗？

我开始怀疑他是不是会向以撒的父亲学习，将我杀死作为给上帝的祭礼，或者向不公正的法庭判处耶稣一样将我钉在十字架上？不过我知道我的父亲是不会这样做的，因为他同上帝的意志相差甚远。上帝真正的意志蕴含在《圣经》之中，是相当骇人的。

事情慢慢凸显出真相，所谓的人们应该信仰上帝服从上帝而非他物的话，只不过是人们随便说说的，因为他们根本不知道上帝的意志是什么。如果我们意识到上帝的意志何在，便会对上帝生出无穷尽的恐惧出来，这种单纯的恐惧便能让人们对上帝百依百顺。因为上帝的可怕之处在于，他会随心所欲地将自己的意志甚至是可怕的意志强加给孤立无援的弱小人类，就像是他已经将他的意志强加在了我身上一样。这些表面上洞悉“神谕”的人可否洞悉上帝对我的所作所为？关于这个问题，我通读《圣经·新约》，希望能找寻到类似的事情，遗憾的是我一无所获，而《圣经·旧约》，特别是《约伯书》，在这方面本可能使我大开眼界，但可惜那时候我对之却不够熟悉。当时的我正忙于接受坚信礼，而坚信礼中却没有任何有关这方面的教导。坚信礼的主要内容是教导我们要敬畏上帝，但是这种观念被很多人嘲谑为“老土”的行为，认为这种观念很不合时宜，是“犹太人”的行为，敬畏上帝，有什么必要呢？因为很久以前，敬畏就被上帝的爱和仁慈所取代，这才是基督福音啊！

年幼时的体验的象征性以及各种形象的狂暴让我沮丧不已。我时常扪心自问：“是谁说出这样的话语呢？是谁这样恬不知耻在神龛中展示赤裸裸的阳具呢？是谁让我知道上帝用狂暴的行为摧毁教堂呢？”最后，我找到了“托词”：“这是否是魔鬼的诡计呢？这种行为必然是上帝或者魔鬼所为。”我不断地进行心理暗示，最终确定，让这种思想和形象出现在我脑海的，绝非我自己的行为。

这些生活中的体验累积到一定程度时，让我恍然大悟：我必须对我的生命负责任，因为我的命运方向完全由我自己左右。只有我自己，才能找到问题的答案所在；只有我自己，才能找到打开我心门的钥匙。但是是谁将这个问题强加在我头上的呢？这个问题谁也帮助不了我，所以我必须从隐藏在我内心最深处的“自我”那里找寻答案。因为我知道，现在在上帝面前的只有我一个人，并且知道上帝就这个可怕的问题只问了我。

命中注定的感觉从我幼时便伴我左右，这让我觉得命运给予我的，不管是好还是不好，我都要全盘接受。这让我内心安宁无比，虽然我知道我无法用世俗来证明它，但是它却已经证明了自己。我没有肯定它，它却肯定了我，这种信念，在我的心中根深蒂固。我被上帝选中去做我本不情愿做的事情，上帝便给予了我我行我素的权力和力量。我常常有这种感觉，在一些至关重要的事情上，我超脱众人之外，同上帝单独在一起。我属于好几个世纪，而做出回答的上帝从我诞生之初便存于我的意识中，即便我死亡，上帝依然存在。与“另一个人”的谈话对我来说，是一种独特的体验——这种感觉就像是一面是刀枪剑戟枪炮轰鸣，一面是风和日丽兴高采烈。

当然，这些体验为我一人所独有，我不可能同其他人分享这些。我不知道可以同谁交流这些事情，除了我母亲。我发现我母亲同我有相像之处，因为我们思考的思路是大同小异的。但是我很快就注意到，在交谈中，母亲往往说不过我，这个时候她对我的态度简直能用敬畏来形容。这可不是什么好事！所以我只能将我的思想深埋心底。总体来说，我很喜欢这样做，我乐意有一个自己的秘密世界。更何况平日里，我便喜欢一个人游戏，或者是独自做白日梦，或是独自在森林中徜徉。

对我来说，母亲温和得如同一团火苗。她的样貌和蔼可亲，个子高大，身材结实，她对人仁慈慷慨，对孩子温和宽容，而且还做得一手美味的菜肴。每当她开始说话的时候，我都能感觉到泉水叮咚响。甚至她还有一种罕见的文艺天赋，遗憾的是这种天赋被埋没在肥硕、宽厚的老妇人的体内，没有被充分挖掘出来。但是我母亲似乎也是一个“双面人”，一方面她好客而且富有幽默感，保有一个传统妇人所应有的全部美德；但是另外一方面，她又能在无意之中，流露出截然不同的个性——这种个性出人意料的铿锵有力。她显现的是一个心怀城府、严肃认真，而且富有权威的形象。我确信我的母亲也拥有两种人格，第一种是善良不怀恶意，一种是神秘莫测。神秘莫测的性格偶尔会闪现，每次出现都让人意外，也让人害怕。而且，母亲通常会选择自言自语，她这样做似乎是无意，偏偏她的每字每句都能直接戳中我的要害，这让我吃惊之余还有些恐慌，然后会选择一语不发。

大约是在我6岁的时候，这种情形显露端倪。那时候我们同一位富人比邻而居，他有3个孩子，一男两女，最大的同我年纪相仿。在我看来，他们那种城市人的打扮实在古怪可笑。特别是在星期天的时候，他们往往涂脂抹粉，穿着光可鉴人的皮鞋，衣服上点缀洁白的褶皱，带着雪白的手套。同我相比，他们的确很“体面”，那个时候我穿着皱巴巴的裤子，甚至鞋子上面还破了几个洞，双手总是脏乎乎的。也正是因为这样，他们急不可待地表示对我的厌恶和隔离。

甚至母亲经常拿这些孩子教育我：“你看这些孩子，不仅漂亮还有教养，再看看你，简直是个小傻瓜。”这样的训诫让我觉得很屈辱，恼羞成怒的我决定教训教训那个男孩子，我决定痛打他一通。事实上，我也这么做了，他妈妈气坏了，来到我家大吵大闹。我的母亲不知所措，声泪俱下地教训了我一场，时间延续了很久，母亲也一直很激动，这是我从来没有见过的。但是我丝毫不觉得是我错了，反而很开心，我觉得我用我自己的方式补救了村子中的不和谐。但是对于母亲的激动，我怀有很深的负疚感，于是便悄然退到家中那架古旧的钢琴后自己玩耍自己的“玩具”——砖头瓦块。房间恢复寂静后，母亲一如往常坐在窗前打毛线。这个时候，我听见了她的自言自语，显然母亲是在想刚才发生的事情，不过此时母亲的态度已经大相径庭了：“一个人怎么能生这么多的狗崽子？”我立刻意识到母亲是在抨击那几个惺惺作态的人。她最喜欢的兄弟是个猎人，他养了好些狗，并且总是口不离养狗啊、杂种狗啊、纯种狗啊及狗崽子之类的话。我意识到母亲认为这几个小孩是让人作呕的劣种狗。但是我并没有洋洋自得，因为我知道在我这个年纪，倘若说出“您和我想的一样”这样的话，母亲必然愤慨地反驳：“这孩子真讨厌，你怎么会跟母亲想的一样呢？”从这件事情中，我得到了一个结论：我有过类似的体验，只是因为时间的缘故我已经想不起了而已。

“隐形的”第三只眼

我之所以会讲述这个故事，是因为又出了一件事，恰好能证明母亲的两重性。那个时候正好是我对宗教产生怀疑的时候。那天，我们一家环桌而坐，话题说到某些赞美诗曲调单调乏味，也提出了修订赞美诗的可能性。这个时候母亲喃喃自语：“我爱你，你是我的至爱；我诅咒你，你是我的至福。”就像是母亲平常出现的两种人格一样，我证实了这一点，觉得很高兴。

我母亲拥有两种人格，而且这两种人格截然不同。白天，她是一位温柔可亲的母亲；晚上，她神秘不可思议。这可能是我童年经常做那些不可思议的梦的缘故。她像是一位预言者，又像是出没诡谲的女祭司。她是那样的怀古，同时又如真理一样理性无情。在这种时刻，她就是我叫作“自然精神”的代表。

这种喜欢古代的天性，在我身上也能找到。这种天性同我的天赋——将人同万物按其天性区别对待，紧紧地捆绑在一起，但是这种经历并不全然是愉快的。所以我也乐于“妥协”——让人欺骗我。但是实际上，我是知道到底是怎么一回事的。我就像是一只狗，尽管对方能欺骗我，但是我总能找到被藏得严严实实的东西。这种“洞察力”是与生俱来的本能，是建立在“神秘的共享”的基础上的。这种感知行为甚至不需要你亲自去参与，自然有一双“隐形的”第三只眼在背后偷偷观看。

当时，在我身上发生了很多离奇的事情。那次，在我妻子的朋友的婚礼上，我对婚礼的主角的家庭一无所知。喜宴中觥筹交错，我同一位美髯绅士攀谈起来。恰好有人为我们介绍，我得知对方是一位律师，便兴致盎然地同他谈论起犯罪心理学来。为了回答他的一个专业的问题，我不得不详尽地描述一个虚构的或者干脆我不认识的人的生活故事。我努力地丰富细节，力图让这个故事翔实可信。但是正在我讲故事的时候，这位绅士的脸色却变了，接着整个桌子的气氛变得凝滞。我知道说错话了，便止住不言。幸好饭后水果及时送到，适时地缓解了我的尴尬。等到吃完后，我匆忙离开现场走到饭店的休息室中。当我坐在角落中点燃雪茄的时候，我将刚才发生的事情理顺一遍，这个时候一位目睹了一切的客人表示："你怎么能犯这种错误？你太不慎重了？"我大惑不解："不慎重！""对啊，你讲的故事太失礼了。""但那个故事是我杜撰出来的啊！"

一种可怕的情绪攫住了我，我讲的故事恰好是我对面的人的故事，准确得连细节都丝毫不差。但是让我再次回想这个故事，大脑中却一片空白。在《自我启示》里，佐克描述了相类似的一件事：在一个小旅店中，他内心中的那双眼睛看到了一位素不相识的年轻人偷窃的全过程。

我生活中常常会发生这样的事情：一件我一无所知的事情突然会出现在我的脑海中。这件事是一个绝对权威的声音，同周围的情境完全吻合。我母亲似乎跟我有一样的情形，母亲在说话的时候，会忽然就这样，但是母亲没有意识到这一点。

我母亲深信我是一个智力超群的孩子，于是她经常用对大人说话的口吻同我说话，甚至将我当成她的好友，将一些她所遇到的麻烦事向我和盘托出，这些事情甚至她对父亲都守口如瓶。

大约我11岁的那年，她跟我说了一件有关父亲的事情，这让我很吃惊。显然，我无法正确对待这件事，我觉得我有必要问询一下我父亲的朋友的意见。这个人选，我圈定了一位别人口中的很有影响力的人。有天下午，我没有跟我母亲说便进了城去造访这位先生，可是女仆告诉我，这位先生恰好不在家，我在失望和沮丧中，踏上了归程。这位先生不在家，简直是上帝给予我的恩惠。因为不久后母亲的描述，让我颠覆了这种认知。同样的一件事，但是这次母亲的描述却截然不同，这件事对于母亲早就过去了，可是却留给我很深的印象，我对自己说："你这个大傻瓜，差点导致灾难。你怎么能相信这件事呢？"从那个时候起，对母亲的话我不再全盘信任，而是一分为二。这件事导致我对母亲的不信任，也是因为如此，母亲便不是我展示秘密的合适听众。有的时候，母亲描述一件事情描述得十分真实，真实得仿佛在我身边发生，可是不久，母亲的第二人格便显现了。

如果母亲能一成不变的话，我本来便有一个妙不可言的交谈者。对于我父亲，情形却很不同。我本来很愿意跟我的父亲探讨一下我宗教方面的困扰，可是我却没有这样做，因为我觉得这样做是自讨没趣。因为我觉得他会因为自己的敬业而不得不做出回答。我的怀疑不久之后得到了证实。那个时候，我的父亲天天对我进行有关坚信礼的教育，这让我很厌烦。有一天，我随手翻检教义，希望能找到感性的描述我主耶稣的文字，却翻看到了有关三位一体的那一段。“三位一体”让我很感兴趣，三位一体，既是三位性，还是一体性，那么到底是三还是一呢？我被这个内在矛盾性的问题迷住了，我迫切等待着父亲给我解答。可是好不容易进行到那一章的时候，父亲却说：“对于三位一体，我们不如跳过去，因为我对此也一无所知。”我很敬佩父亲的诚实，但是却感到无法言喻的失望，于是便自言自语：“已经看到了问题，但是却不对这个一无所知的问题进行思考，那么我的秘密只能深埋我的心中？”

我试着找人探讨这个问题，我选择的对象是我认为的比较善于开动脑筋的同学，但最终无功而返，这些同学并没有预期的反应。这导致我同他们渐行渐远。

上帝隔绝了我和信仰

我很厌烦，但是我却竭力让自己相信并逃避对此进行深度思考，因为我觉得我父亲更喜欢我的这种态度，同时我也准备好了去领圣餐，我觉得领圣餐是一种对耶稣的纪念活动。虽然耶稣离开我们的时间太长了，他是在1890－30＝1860年前去世的，可是这并不影响他具有暗示性的话语流传。他说：“尽情享用我的身体。”他的意思是，我们领取的圣餐面包，实际上是他的肉。同理，我们饮的杯中酒，是他的血。我理解这种说法：我们通过吃面包饮酒的形式，和耶稣结合成一体。这在我看来，是十分荒谬的一件事。我断定，这种行为之后必然隐藏着巨大的秘密。我乐于参与进这种神秘之中，因此我对领圣餐期待不已。

一切依例而行，我的教父人选尘埃落定，是教会委员会中的一位委员。我的教父是一位安静安详的老人，他的社会身份是一位车轮制造匠。在他没有成为我教父之前，我便经常钻到他工作的车轮铺里，看着他摆弄车床和手斧，现在，他变成了我的教父。这天的他因为穿了大衣戴了呢帽的缘故，显得分外肃穆。我的父亲还是老打扮——教士的袍子。他站在祭坛后面，开始朗诵《公祷文》中的祈祷词。当他用抑扬顿挫的声音说话的时候，我明白这只是规定的一部分，因为父亲的祈祷词中，对耶稣死去一千八百六十年的事情不闻不问。但是在其他纪念性的宗教仪式中，耶稣逝世之日却被着重点名。我的注意力关注到了祭坛上，上面摆放着几个大碟子，碟子上摆着一片片的面包。我能看出来这面包出自我们附近的面包师的手笔，味道我也能想象得出——淡薄无味。至于酒，我确信是从酒店买来的，已经从锡壶中倾倒在一只大号的白锡杯中。父亲率先吃了一片面包，喝了一口酒，所有的人全都正襟危立，表情肃穆。但是这一切对我而言，没有任何意义。我在焦急地等待着，希望这几位老人身上出现一些非比寻常的事情，然而这里的整个气氛同其他的仪式比如洗礼、葬礼并无二致，只给我留下一个按照规矩办的感觉，我的父亲也只是关注这件按照章程办的仪式有没有从头到尾地执行。我看不出来有什么值得伤心或者快乐的地方。不管是从纪念的角度说，还是从庆祝的角度而言，这次圣餐都没有什么可取之处，它甚至比不了世俗的宴会。

不知不觉轮到我了，我把面包吃下去，还饮了一口葡萄酒。面包和葡萄酒的味道都印证了我的想象，面包寡淡无味，葡萄酒酸涩不已。接下来是例行的祈祷，仪式结束后，人们便鱼贯而出离开教堂。他们的神色很平静，既不消沉沮丧，也不兴高采烈，只是例行公事。

我和父亲一起步行回家，此时的我头戴黑色新呢帽，身着黑色长礼服。这件黑色长礼服类似夹克，不同的是，它在臀部的位置上开了两个开衩，开衩之间是一个精巧的口袋，口袋中有一条手绢。我的穿着让我觉得我已经是个成年人了，而且还是一个男人味十足的成年人。当我穿上这件礼服的时候，我觉得自己的社会地位已经提高了，而且融入了男人的社交圈。所以，我穿着新衣服到处晃荡。与此同时，我却若有所失。

以后几天中，我逐渐发现了问题的端倪，那便是我已经站在宗教点拨的最高峰。我心知肚明，上帝不会用惊天动地的事情给我启示的，比如说熊熊的大火或者尘世中乍现的光明。为了证实这一点，我希望会发生什么事，具体是什么事情我却说不清楚，结果什么事情也没有发生。于是这次庄严的仪式却丝毫看不见上帝的痕迹，至少对我而言是这样。

当然了，上帝是必须被谈到的，可是谈到的上帝只不过仅仅停留在口头上罢了。从其他人的表情上看，他们似乎不怎么绝望，反而是兴高采烈地在感激着上帝的恩赐。可是我无法感受到上帝的本质，我审视我的内心，发现我并没有同上帝“心电感应”“水乳交融”等迹象。可是我又是想和谁建立“心电感应”的感觉呢？是耶稣吗？可是耶稣不过是去世一千八百六十年的古人。我为什么要同他建立“心电感应”？人们用“上帝之子”来形容耶稣，说明耶稣不过是如希腊神话中英雄样的“半神”，我是一个普通人，怎么能和他建立“心电感应”呢？可是这便是基督教的教义所在，但是基督教的教义跟我所体验到的上帝却没有一点联系。另外，很明显的是，上帝和耶稣的确有关系，因为他一向教导教徒：“上帝吾父，赐众以福。”这时的耶稣必然感受到了上帝的慈爱；当他在客西马尼被钉子钉在十字架上时，也曾感到过绝望，那时，他一定也看到了上帝的可怕。这些我是理解的，但是我不理解的是为什么要用干巴巴的面包和酸得发涩的葡萄酒来进行这种可恶的纪念性的礼拜呢？这种礼拜目的何在？后来我开始意识到，这种体验糟糕透了。除了虚无，它什么都不能证实，这简直是太失败了。我心知肚明，这种仪式从此开始远离我。因为我觉得：倘若没有上帝，教堂死气沉沉，这里没有生命，只有死亡。这显然不是宗教的真谛。

我开始可怜我的父亲，这种怜悯十分强烈。电光石火之间，我便明白了他的职业造就他生活在一个巨大的悲剧中。因为他奋斗的终极会无可避免地死亡，当我意识到这一点的时候，我发现我和我父亲之间存在不可逾越的鸿沟，而鸿沟上根本无法架设桥梁，因为这条鸿沟太过巨大。我的父亲是那样慈爱，他给予我做想做的事情的自由，从不强迫我去做什么。我爱我的父亲，所以我不能将我的父亲推入绝望和亵渎耶稣的深渊之中。要救赎我的父亲，需要浩荡的天恩，可是施与天恩的只有上帝，我是无权这样做的。如果让我的父亲坠入绝望的深渊，那显然是不人道的，如果上帝这么做了，那么上帝必然是不人道的。

可这恰恰是上帝的伟大之处，无论什么事物都妨碍不到他的脚步。因为他如同一枚硬币，正面是仁慈，背面是可怕——两者却奇妙地统一在一起。而每一个人想要救赎自己，都要竭力避开上帝可怕的一面，但是这种竭尽全力的躲避，往往会适得其反，加速了他们滑向诱惑和堕落的深渊。耶稣肯定意识到了这一点，所有他便教导他的信徒们："让我主引导我们，避开诱惑！"

于我看来，我遭遇了有生以来最为严重的一次失败。以前我认为，教会和人类世界是一个紧密契合的整体。并且，我朝思暮想构成的我同这个世界的总教练席彻底解体了，这种感觉被彻底粉碎了，我将无法如同别人一样去感受信仰的欢乐。这个时候我觉得自己再度陷入一种无法言喻的事情之中，这再次成为了我的秘密，注定找不到别人分享。这是很可怕的，这是最糟糕的，我认为这是魔鬼用卑劣的手段和可笑的方法对我的愚弄。

我开始思考：我们该用什么态度面对上帝呢？关于上帝和大教堂的想法并非我一个人的"专利"，我三岁时做的那个梦启示我：这一切早就存在了。只不过一个比我意志更强大的意志在我面前揭示了二者之间的联系。难道自然是始作俑者？但是自然也不过是造物主的产物而已。难道是魔鬼的卑鄙伎俩？可是魔鬼也是上帝创造而出的啊。只有上帝才是伟大的——他甚至能熄灭地狱之火，还是施与天恩。

圣餐仪式又失败了，这对我产生了怎样的影响？能将错误都归咎到我头上吗？我本来极为认真地做好了准备，也虔诚地希望自己能获取天恩，可是什么都没有发生。在这场我精心准备的盛宴中，上帝缺席了。由于上帝的缘故，我突然发现我同教会之间产生了隔膜，甚至同我父亲乃至他的信仰产生了隔膜。似乎基督教是他们的，而我只是一个局外人。这种认识让我觉得伤心欲绝，让我在步入大学之前的生活满是阴霾。

我对上帝的诸种疑惑

虽然父亲的图书室收藏有限，但是这并不妨碍我对它的兴趣。这个图书室在我的记忆中留下了浓墨重彩的一笔，因为在这里我搜寻到了很多有关上帝的知识的图书。搜寻伊始，我只找到了一些“常规类”的图书——讲述传统观念。可是这并不是我的目的所在，我希望能找到由思想独立的作家写作的书。最后，我终于如愿以偿，找到了彼得曼的《基督教教义》一书。我找到的是1869年出版的版本，彼得曼显然是一位独立思考的作家，他的文章内充满了个人的观点。这本书让我受益匪浅，我明白了宗教是“精神信仰的一种，但是这种行为建立在人同上帝的关系的基础之上。”然后对于彼得曼的这种说法我并不认可。我有我的理解，宗教是上帝作用于人身上的某种力量，是上帝单方面的行为，我只能被动地等待上帝的施与。在这场“力量的角逐”中，上帝是强者而我是弱者。

我的“宗教观”将人同上帝的行为割裂了。因为哪个人类能和上帝并驾齐驱呢？正是因为如此，我决定要更好地了解上帝，并同他建立某种良性的关系。在比德曼的书中，在“上帝的性质”中我又有所斩获。我发现，上帝可以表现自己具有“人格，如同人类的‘自我’：这种人格存在于整个宇宙，是一种空前绝后超脱万物的‘自我’”。

就我对《圣经》的了解程度，我认为这个定义是恰如其分的。拥有一种人格的上帝，是全宇宙“自我”所在，上帝的这种“自我”之于宇宙，就像是我自己的心灵之于我的肉体。但是，我发现我的想法有些说不通。因为人格能和个性画等号，可是个性却是显性的可以言传的东西，甚至可以说“个性”是一种“特性”。但是对于上帝而言，他代表的是一切，怎么会具有“特性”呢？而且如果上帝真的具有这种“特性”的话，那么上帝就只能停留在主观世界中，成为优先的“自我”。另外，上帝的“特性”究竟为何？这是问题的关键所在，除非有人能洞悉这个问题的答案，否则他同上帝之间还是脱节的。

以我的自我为中心，并不断的外延，进而推断上帝，这种方式使我的内心产生了一种极其强烈的抵触感。我心知肚明，这种方式过于狂妄，简直是赤裸裸的亵渎。因为我对自己的“自我”心知肚明，我的“自我”即便是我也难以把握。首先，它是两个对立的个体，它们是矛盾的两个方面，却统一在我的人格之中，变成第一人格和第二人格。另外，不管是第一人格还是第二人格，我的自我都是不完全的。不管是哪一种人格，都会出现欺骗、错误、情绪、感情、冲动、犯罪等各种倾向。当出现这种倾向的时候，往往我很难控制我的“自我”。换而言之，我的人格浅薄幼稚，虚荣空虚，自私自利，贪得无厌，索求无度，敏感矫情，懒惰，无责任心等。检视我自己的人格，我发现我的人格中缺少那种让我孜孜以求的才华和美德而我的“自我”也同我们所想的上帝的性质截然不同。

我积极投入到去找寻上帝的特征这件工作中去，并发现上帝的特征都被明确地列了出来，其行为方式让我有“熟悉感”。比如说，在其一百七十二条的时候曾经有这样的记载。“上帝超越凡俗，我们可见（1）否定，上帝不为凡人所见，等等。（2）肯定，上帝居于天堂之中，等等。”当我看到这些字眼的时候，头脑中下意识地出现了“亵渎”上帝的种种想象，这对于我而言是太过糟糕的感受，简直是一种灾难，我认定这是上帝直接强加到我的意志之中，或是通过魔鬼将这种意识塞进我的脑海中的。

第一百八十三条如是说：“凡尘的道德世界看不见上帝的影子，上帝的超越世俗相对于道德世界来说，因为他铁面无私，公正无私”。可是上帝的“公正无私”迥然于我所认知的“公正无私”，因为上帝不仅有“明辨是非”的能力，而且还能有“神圣不可侵犯的神圣存在感”。

这让我大失所望，因为在我的预想中，这一段会谈到上帝的许多的阴暗面：比如他喜欢报复，还能给人带来灾难，全知全能的上帝创造出有不能理解的言行的东西，全知全能的上帝对造物的缺陷心知肚明，但是却以将人类引入歧途为乐，或是看着他们在考验中挣扎彷徨为乐。上帝的个性究竟是什么呢？这种行为人类该给他一个怎样的界定呢？这个问题困扰了我，让我不能打破砂锅问到底。我又读到，尽管上帝全知全能，但是除却自身以外却一无所求，但是他为了让自己“满意”，还是创造了这个世界。并且，用自己的仁慈去充实和丰盈自然界；用自己的爱和仁慈去完善道德世界。

对于“满意”这个词，我玩味再三。“上帝为了让自己满意”，但是是对什么满意呢？或者是对谁满意？从字面上看，上帝肯定是对这个世界满意。因为这个世界很好地体现了上帝的意志，世界给我的印象和上帝重叠在了一起：一方面十分的美好，一方面十分的可怖。就说我居住的小村庄吧，虽然人口很少，一年之中鲜少发生大事，但是它也足够恐怖。正是因为这个小村庄很少发生大事，所以对于“衰老、死亡、疾病”村民们体验得就比别的地方格外深刻。

尽管我还没有成年，但是我已经感知了生命的渺小和苦难。我经常看到人和牲畜的生命消亡，也从教堂和学校中听取了这个世界的腐败和苦难。上帝必然是对这个世界不满意的，他只能对天堂满意。但是天堂中却有条有着毒牙并且引人犯罪的毒蛇，那么上帝还对天堂满意吗？我反反复复阅读彼得曼的作品，但是让我失望的是，他并没有就此讨论过多，取而代之的是喋喋不休的宗教式的唠叨，我想他并没有察觉到他说的话繁复拖沓没有意义。而我却从他的作品中看到了很多不为人知的细节。我觉得上帝生活在一个对立统一的世界，在这个世界中，所有的造物都相生相克，就像是有了生便有了死那样自然。上帝眼看着他所创造的人和飞禽走兽在痛苦中挣扎煎熬，感受到了残酷的满意感。

对于星座我也有我自己的认识，我认为人们所谈的星座只不过是抽象的图形而已，他们并没有亲眼看到他们口中津津乐道的星座。星座只不过是上帝通过让人骇然的力量所制服的一团混乱，什么协调，什么星空，全部是虚无的没有意义的。

对于所谓的上帝的仁慈在自然界无处不在的说法，我不怀疑但是也不理解。我认为这只不过是诸多歌颂上帝的观点中的一个而已，像别的说法那样，我只有完全无条件信服这一条，而没有办法去怀疑。如果我用理性的思维去思考一下的话，那么我的思绪就会变成脱缰的野马。比如说，上帝既然是世界上最慈祥最善良的所在，但是为什么他还要将这个世界创造得千疮百孔呢？难道在创造这个世界的时候，上帝受到了魔鬼的影响？可是从某种意义上讲，魔鬼也是上帝的孩子啊。不完美的世界和魔鬼到底有什么必要的联系？这让我困惑了很久，我不得不再度打开彼得曼论基督教教义的那本书，继续从中寻找答案，结果让我失望，因为我一无所获。

这种感觉对于我而言糟糕透了，我甚至感觉到了信仰的幻灭。因为这本该是一本严肃的宗教巨著，里面却充斥着自以为是的废话以及想当然的胡话。我认定这本书是一个愚蠢拙劣的骗局，它的最终目的不过是将真理隐藏起来而已。对此，我除了失望便是愤怒。自然，对父亲的怜悯也加重了，我甚至认为我的父亲成为邪教的牺牲品。

这些哲学家们到底怎么了？

我的失望中还隐约夹杂着希望，我觉得世界上一定存在某些人，他们肯定在孜孜不倦地思考，追求真理。拒绝自欺欺人，并对这世界上有些让人失望的看法持怀疑态度。就在这个时候，我看到了希望的曙光。有一天，我母亲，换而言之是我母亲的第二人格，忽然突兀地对我说：“如果这些日子你有空闲的话，大可以读一读歌德的书，《浮士德》很美妙。”恰好我的家中有《浮士德》，我便将它找出来，开始阅读。这本书宛如灵丹妙药，瞬间治愈了我的灵魂。我想终于有个人认真严肃地对待魔鬼，甚至还同魔鬼订立了契约。这里的魔鬼拥有和上帝旗鼓相当的力量，而这个人的意图是让这个世界更加完美。只不过按照我的理解，浮士德难免过于轻率，他同魔鬼订立契约的行为过于轻率了。作为一个想让世界变得更加完美的人，他应该聪慧无双而且是道德楷模才是。这样的一个人，怎么能轻易拿自己的灵魂开玩笑？从这点上说，即便是浮士德的灵魂坠入地狱，我也觉得没有什么突兀之处。他要为自己的轻率付出代价！

从人物构造上看，浮士德是个空谈的“专家”，正是因为这样，整部《浮士德》侧重于魔鬼身上。我并不喜欢《浮士德》的末尾，魔鬼被天使愚弄了。这个魔鬼并不愚蠢，从某种角度而言，他甚至很了不起。这样的一个魔鬼，被傻了吧唧的小天使给无情地愚弄了，我觉得很不合逻辑。我认为浮士德是个骗子，虽然他许诺将自己的灵魂送给魔鬼歆享，但是他并没有兑现自己的诺言。甚至还有可能，将这种骗局延续到来世。

从这个角度而言，我是愿意浮士德去体验一下炼狱之火的炽热的。就我看来，魔鬼的形象更为饱满。我隐隐约约觉得，魔鬼同某种世界的本源存在千丝万缕的关系。《浮士德》的末尾，魔鬼和上帝的双重指引，让我记忆犹新。对我而言，那是一种神秘的体验，它最大限度地接近了我的意识世界。

我的怀疑，终于被《浮士德》证实了。世界上的确存在这样的人，他们对邪恶知之甚深，并且拥有无上的法力，当人们遭遇黑暗和苦难的时候，这种法力便会发挥巨大的威力。从此之后，我的心中，歌德化身为一个伟大的预言家。可是我又有点不能原谅他，因为他通过小伎俩，轻而易举地将魔鬼打发了。这太富有神学色彩了，太过轻率，也太过不负责任。歌德竟然堕落到用这种手段，将邪恶粉饰得弱小甚至无害。

在阅读《浮士德》的时候，我对人物的设定有了更加清晰的认知。浮士德本身是一个哲学家，尽管这样说有些牵强。虽然他厌恶哲学，但是却阴差阳错地在接受真理方面采用了正确的态度。可是，对于彼时的我而言，哲学还是一片大块的空白。我没有接受过任何有关哲学方面的知识，正是因为如此，我萌生了新的想法。或许，有冥思苦想的哲学家可能回答得了我的疑问。

父亲的图书馆中有关哲学家的著作实在太过匮乏。想必是哲学家思索得过于深邃，而成为需要被“特别注意”的对象。我只好反反复复地翻看克鲁格的《哲学科学通用词典》，这本1832年的再版书，让我如痴如醉。有关上帝的词条，被我反反复复地翻看。但是对于上帝的解释，我并不满意。在这本书中，上帝这个单词的词源，是“善”，或是“最高的存在”，以及“完美”。在这本书中论述到，上帝的存在甚至是上帝的观念乃至行为，都是无法证明的。但是在人的方面，却存在着“神迹”。所以推断出，在人的身上肯定存在某些潜在的存在。并且表示，我们的“智力”早已经升华到某种高度了，甚至在出现“上帝”的意识前，已经悄然存在了。

这种解释让我目瞪口呆，所谓的哲学家对上帝的了解也不过是“一鳞半爪”，他们的表述甚至还漏洞百出自相矛盾。这还不如神学家呢，神学家肯定了上帝的存在。那么哲学家是不是出现某种错误的认知呢？不过这本书的编纂者克鲁格，从他的论断中我们可以得知，他是信奉上帝的。所以他自己断言，上帝是千真万确的存在。他似乎认为，上帝存活于人的意念之间。可是要想人的意识生发出上帝的形象，需要人的意识发展到一定的高度。可是就我所知，在丛林中赤身裸体茹毛饮血的野蛮人脑海中也非空空如也，也是存在着各种各样的念头的。但是野蛮人同哲人似乎不能相提并论，那么野蛮人的脑海中也会生出上帝的形象来吗？就我而言，我的脑海中就从来没主动产生过有关上帝的任何观念。对于哲学家所说上帝是不能证明的这一点，我倒是有所体会。打个比方说，一个蚀衣蛾虽然吃的是奥地利产的羊毛，它却怎么能够向别的蛾子证明奥地利是存在的呢？上帝的存在是千真万确的，不管我们去不去证明，我们都改变不了这一点。除了上帝的存在，几乎没有别的事情让我心悦诚服。上帝是存在的这个观点，绝对不是我的意识生发出来的，更不是我思考的结果，对于耶稣的一切，我经常性地加以怀疑，但是对于上帝，我却从来没有过这样的想法。尽管对于上帝的论述远没有耶稣的多，即便我对上帝的认知只有一鳞半爪，但是我却从来没有怀疑过上帝的存在。所以哲学家所说的上帝是个观念，绝对是胡说八道。上帝怎么会是一种观念呢？甚至被哲学家们扭曲成为一种假设。其实上帝是千真万确存在的，而且这种存在很好理解，就好像一块砖头掉在你头上你会感觉疼痛一样天经地义。

忽然之间，我醍醐灌顶。上帝，是人最为直接和笃定的存在，最起码对我是这样。就我而言，我从来没有在意识中亵渎教堂的存在，但是这样的念头却千真万确地存在我的意识之中，那便是上帝强加给我的，让我不得不用最恶毒的念头来思考它。这是上帝给予我的考验，正是因为我通过了考验，我便有了获取天恩却无从表达的感觉。而整个过程，是我无法影响的。结合我自身的体验，我得出了这样的结论：哲学家们是一群糊涂蛋，因为他们将上帝当作一种假设的存在，并对这个荒谬的想法进行各种论证。让我更为不满意的还有一点，是这些哲学家们对上帝的可怕行为选择了忽视。在我看来，上帝的这些可怕行为恰好是问题的最关键和核心所在，哲学家们却选择了忽视，在这点上他们不如神学家，至少神学家们还认为这个问题是十分的棘手难解。我觉得哲学家们对于这个问题闻所未闻，这让我失望透顶。

不过，还有一个题目让我兴味盎然。那便是对魔鬼的解释。书上如是写：“魔鬼，诞生之初，并非邪恶的产物。”这样一来，简直是自相矛盾。我的面前出现了一个二元论的问题，假设魔鬼被上帝创造伊始是一个善良的生物，也许因为自视过高所以堕落了。我很高兴看到了这一点，假定世界有原罪的话，那么这种原罪必然是自视过高的“骄傲”。除了魔鬼，还有其他造物，他们的邪恶却是无法解释和无法说明。这让我重新开始思索，哲学家也许并不是不懂事情的真相，只不过他愿意像神学家一样缄口不言，有关魔鬼的起源，是同样不可探究的。

命运和我开的玩笑

我在这里所叙述的一切，都是我思想和观念变化发展运转的轨迹。我如是思考了好几年，时断时续。但是有一点从未改变，那就是这些思想和观念都发生在我的第二人格中，是我私密的意识花园，从来不为外人道。为了进行这方面的研究探索，在我父亲没有许可的情况下，将他图书室变成了我的资料室。有的时候，我的第一人格在大剌剌地阅读戈斯塔克的小说，或者是被翻译成了德语的英国经典小说。当然，我所阅读的小说大多是德国的经典作品，在学校中我们也加以阅读和学习。但是学校中的老师，往往对这些通俗易懂的作品，做一些画蛇添足的解说。不过，这并没有让我对其失去兴趣。我喜欢阅读，因此我阅读的范围很广，我经常在书海中漫无目的地遨游。不管是戏剧还是诗歌，不管是历史还是小说，甚至是科学著作，我都读得津津有味，将我从第二人格的束缚中解放出来。此时，我的第二人格经常出入不能遏制的沮丧和悲观之中，因为我第二人格的思考之路太多坎坷。要么无功而返，要么我对思考出来的东西感到不满意。别的人似乎比我兴趣广泛，也比我正常，这就注定了我找不到人和我进行这方面交流，所以我很孤独。我想要将我的想法倾诉出来，但是同人交谈的时候，我却找不到如何将这个问题带入谈话中的切入点。相反，我经常感觉别人对我，或者对我的这种想法，呈现敬而远之的态度。他们不信任我，或是对我的想法产生了某种程度的惧怕。于是我不得不将我的想法吞到肚中，没人同我交流让我感到很沮丧。我不知道该如何是好，我想从学校的教科书中寻找答案，但却再一次沮丧地发现，学校的教科书中对此也是只字不提。难道只有我一个人拥有这样的想法？在我的想法中，光明和黑暗，是不能怀疑的存在。尽管这两方面让我压抑，但是却是不能怀疑的存在。

我觉得我成了孤家寡人，甚至变成了一个特殊的存在——我的想法对别人造成了威胁。这样的想法让我沮丧不已，似乎我成了一座荒岛，被所有人孤立。这让我尤为不快，因为这造成了我屡次被不公正的对待。此外，我学习上遇到的麻烦，让我更加不舒服。是这样的，我的德文课成绩平平。我觉得那些德语的语法和作文，不仅矫揉造作，而且浅薄愚蠢。这种学习态度的轻慢，体现在了我的成绩中——我的学习成绩在中等滑来滑去。不过这对我有极大的好处，让我从“万众瞩目”，到“泯然于众”。我喜欢默默无闻，也正是因为如此，所以我喜欢淳朴的同学。他们的不太聪明，让他们发现不了我的与众不同之处。但是矛盾的是，我对他们的愚蠢颇感不快。这个时候，我的身上已经产生了一种与众不同的气质，虽然我对此毫无察觉，但是老师和同学已经意识到了，并对我加以排斥。

我的老师和同学，用一种先入为主的看法对我进行评判。在诸多先入为主的看法中，有一件事对我造成了伤害。那是一次作文课，老师为我们布置了一个显然引发了我兴趣的作文题目。我很少会对作文题目产生如是浓厚的兴趣，于是我便铆足了劲头好好写，并对自己最后完成的作品很满意。我觉得这是一篇十分优秀的作文，最少能得90分左右，当然，我并不希望我的作文得满分，这会让我太招摇的。

我们的作文老师喜欢在课堂上点评作文，他点评的第一个人是我们班学习成绩最好的一个男生。这是很自然的事情，包括我在内的全班同学都习以为常。老师一个接一个地进行点评，我等了又等，却迟迟没有等到我的名字。我开始不安，天啊，不可能，难道我精心写成的作文还不如这几个可怜虫？难道我的作文是这样的不堪入目么？这可不是什么好事，这意味着我将在尴尬中再度被孤立。

事情峰回路转，老师结束了所有文章的点评后，终于说到了我。他说：“现在，还剩下本次作文中最好的一篇，是荣格写的。这是一篇能得满分的作文，遗憾的是，是荣格抄袭而成。现在你坦白吧，这是你从什么地方抄袭来的呢？”

我的心中顿时五味杂陈——有被冤枉的羞愤，被侮辱的震惊，还有隐隐约约的害怕。我噌的一声站起来，大声辩驳：“那是我自己写的，不是我抄来的。”但是老师对我的辩白充耳不闻，他大声冲我嚷嚷：“你在撒谎，这样的作文怎么可能是你写的呢？我绝对不相信，现在你告诉大家，这篇作文你是从哪里抄来的？”

尽管我赌咒发誓这篇作文出自我手，可是老师坚持己见，并威胁我说：“如果你不承认的话，倘若被我知道你的作文的出处，你就要被开除学籍。”老师摔门而去，同学们用一种复杂的难以言说的目光看着我，仿佛在说：“原来是这样一回事。”我想辩白，但是却又无从说起。

这个时候的我，既无助又绝望。我觉得我身上被贴上了骗子的标签，原本我可以成功地混迹于普通人之中，但是经历了这件事后，便完全的不可能了。作文老师当众侮辱我，让我沮丧羞愤，却又无能为力。尽管我发誓一定要让老师付出代价，但是我却始终没有找到让他付出代价的机会。而且当务之急在于，我要如何证明这篇文章千真万确是我写的呢？

接连几天，我的脑海中被这件事完全占据着。我将这件事反反复复地想了很多遍，最后得出了一个结论：面对命运，我完全处于被动位置，对于它恶意的玩笑，我无能为力，甚至任由它在我的身上打上了说谎者和骗子的烙印。

在这之前，我对老师们的不以为然便显露痕迹。因为每次我的父亲问及我在学校的表现时，老师们总会不以为意地表示：“他才智一般，但是难得用功。”这让我很不满，因为我意识到，在老师的心目中，我不仅浅薄，而且无知。但是我对老师的不满，从来没有这样强烈过，因为他们认为我是说谎者，这等于在道德上将我处以极刑。

悲伤和愤怒的火焰，在我的胸膛中熊熊燃烧着。这些天发生的事情让我悲愤莫名，却又无以言说。但是这件事发生之后，我在瞬间冷静下来。我的心，忽然之间从热情到冷却，如同一间隔音的门将吵吵嚷嚷的纷乱全部关在了外面。我扪心自问："难道我要和一个白痴的老师一般见识么？既然你知道他是一个白痴，他怎么会知道你的本性如何呢？换而言之，对于你，他了解的比你要少得多。但是从某种角度而言，你跟老师是一路货色，因为你根本不信赖你以及他人。正是因为如此，所以你才愿意和那些天真愚笨的人混迹在一起。人之所以会激动，大多是因为对事物的不可认知。"

在这些极端但是冷静的观念的引导下，我的脑海中再度浮现出类似的想法，但我不愿意去思考一些事情的时候，它便神奇地出现了。这个时候，我还看不出第一人格同第二人格之间的区别，虽然我认为第二人格为我一个人所有，但是我隐隐约约能感受到，除了我自己还有别的什么，藏在我独有的世界最深处。我的这个世界仿佛只是一个花园，而这个花园坐落在一个广袤的世界中，这个世界触动了我。或者说，是一个死去很久的灵魂的蛰伏在我的世界中，这个人虽已死去，但却不受时间限制地永远存在着，一直存在到很遥远的将来。这类人的结局往往笼罩着一圈指导精神的光环。

事实上，那个时候我的思维不足以成熟到用这种方式表达自己。我也并非想把自己的意识都寄托在那些子虚乌有的事情至上。我只是借助我所有的感觉，尽可能地让我心中的那个朦胧的世界显现出它自己的轮廓。

在"上帝的世界"中栖息

"作文抄袭事件"发生了几个月后，我获得了一个新绰号——"亚伯拉罕老爹"。对我的第一人格而言，这个绰号是十分的滑稽可笑。但是对于我的第二人格而言，这个绰号阴差阳错地直中要害。因为这个绰号产生的背景，让我十分痛苦。

随着我在城市生活得越久，城市的形象在我的脑海中越发地清晰和完整。有一个念头逐渐地凸显出，那便是所有的真实存在的东西都同我自小生长的环境截然不同。我所心心念念的是个截然不同的世界：那里风和日丽，彩云飘飞，河流逶迤，林木葳蕤。但是这个地方，没有出现在任何一版的地图中，而是"上帝的世界"。全部由上帝安排而成，充满了各种神迹和上帝的旨意。

但是人们往往没有认识到这一点，甚至动物都丧失了感知的本能。母牛悲伤的双眼中却没有任何感情要传递，马一副逆来顺受的神情却没有任何神采，狗虽然忠心耿耿但显然是愚忠，猫在粮仓狩猎但是却不知道自己真正在做什么……动物已经丧失了感知的本能，它们处于无知无觉的状态。人同动物相比，情况不遑多让。他们同样无知无觉，当他们看、听、想的时候，并非是为了思索人们为何在统一的宇宙中和谐共处，也不会去想正在上帝的世界中翱翔，更不会去想生和死是宇宙的永恒，他们就像是动物一样，聚群而居，钩心斗角。

虽然我们同动物十分的相像，但是对于这点，我们并没有明确的认知。其实，动物的灵魂远比我们纯净，甚至我们同动物在一起的时候，人类身上的动物本能将会被充分地发掘出来。我们都曾感受过欣喜和悲伤、爱恨情仇、饥寒交迫、尔虞我诈等等，这没有什么可奇怪的，这些原本就是生命的本质特征。不同之处在于，我们同动物对于生命特征的表现手法大相径庭。人们凭借其得天独厚的知识优势，表述得更加科学和准确。虽然我对科学很崇敬，但是我认为，科学会让人们同上帝的距离越来越远，而动物却因不懂科学而永远不会堕落。动物对于上帝，永远不会变心，并且值得信赖，所以，我喜欢动物。

对我而言，昆虫和动物之间没有画上等号，昆虫不是动物。因为昆虫是可以观察并可以搜集到的实体物，在昆虫到脊柱动物的金字塔上，处于最低端。

“上帝的世界”往往以植物王国作为直观的表现形式，植物世界甚至便是上帝同人类沟通的主要方式之一。这就好像有人在小心翼翼地偷窥上帝，但是万能的造物主却对此一无所知，仍然自得其乐地制造有趣的玩具和琳琅满目的装饰品。而且，从严格意义上讲，无论是人抑或者是动物，都本应该是上帝的一部分，所不同的是，现在这“曾经的一部分”独立出来了。这也是人或动物和植物的区别，独立出来的人和动物可以随心所欲地选择住处，而植物却不管生长地的条件如何都要原地不动。植物中体现出的远不止美感，还往往渗透出上帝的观念，而植物的本身却很少好恶。在植物中，最为神秘的是树木，它简直体现了所有人不可能理解的生命的真谛。也正是因为这个原因，我认为伐木作业现场最能激起人的敬畏。

随着我对哥特式大教堂的熟悉，这种观念逐渐得以强化。但是在教堂里，我感觉世界上的一切：宇宙的浩渺，世事的虚无，人格的执着，尘世的纷乱，林林总总都被包容进一颗石头里。包容一切的石头本身深不可测，但是它却毫不意外地体现出了我所渴慕的那种精神。我隐隐约约感觉到我同石头之间有一切必要联系，这种联系应该是生物、死物都共有的神性。

正如我所陈述的那样，彼时的我能力有限，无法具体而系统地阐述我的感受以及我的直觉。因为无论是感受还是直觉，都是用我第二人格的形式出现。换而言之，我本身一直处于被动地位，尽管自我向来主动而且感知能力超强。我发现我的自我和一个年龄逾千岁的老人结合在了一起。即便我不去思考，也能感受和体验到这位老人的存在，并能感觉到他强大的影响力。这位老人一出现，我的第一人格便隐匿起来。我自身，自然是没有能力同第一人格一起改变这种状况。可是这位老人，最终也被时间和记忆抹去了印记，导致我现在回忆起来，他就像是一个遥远而不清晰的梦境。

等到我16～19岁之间的时候，我的第二人格开始隐匿，第一人格开始凸显。困扰我意识的那团迷雾终于散去，我的意识情况又恢复成一片明朗。这个时候，我将大部分时间投入到学校和城市生活中去，从中获得的知识将我第二人格所热衷的直觉的世界给压制住了。这个时候，我的学习开始系统化，我已经开始探索起各种我拟定的课题。

与此同时，我阅读了一本哲学史简论，这本书让我对世界观有了个大致的轮廓。在阅读的过程中，我渐渐开始觉得满意，因为我发现历史上有很多人物和我的想法不谋而合。不管是毕达哥拉斯还是赫拉克利特，抑或是恩培多克勒、柏拉图，他们的思想是那么的迷人，将我深深地迷住了。尽管这些思想还有一点小小的瑕疵，因为这些思想多多少少都有一点苏格拉底式的啰嗦，但是瑕不掩瑜，他们的哲学思想美丽且有生机，宛如晨曦中的那颗启明星一样，只是有点遥远。

直到看了美斯特·埃克哈特的著作，这种距离感才得以消弭，当然，这并不意味着我读懂了这些书。但是经院哲学家们让我觉得冰冷，且高不可攀。圣·托马斯那种亚里士多德式的唯理智论在我眼中，宛如一片无人区，冰冷，没有生机。我对此的评价是："逻辑是这群哲学家的戏法，他们用这种戏法来呈现某种神秘的东西。但是这些东西他们也是一知半解，甚至都没有权力去了解。他们竭力证明的无非是某种已经存在的信仰，但其实，信仰无须证明，因为信仰本身便是体验层面的事情。"在我眼中，他们像是一群"无知"的人，他们显然听说过世界上有大象的存在，但是却没有亲眼看见过，却一本正经地进行证明："按照逻辑，这样的动物以这种形态存在过。"但是实际上呢，他们连大象长什么样都不知道，真是可笑啊。

18世纪的批判性哲学对我而言，太过乏味。而19世纪的哲学家也是乏善可陈。唯一可以称道的不过是黑格尔，可是黑格尔的作品的显然太过晦涩，还裹挟了黑格尔本人盛气凌人的性格。我对黑格尔有本能的不信任感，在我的眼中，他如同被囚禁在高楼大厦中某一房间中的囚犯，明明所见有限，却还在夸夸其谈。也正是因为如此，所以我对他乃至他的作品，都敬而远之。

叔本华点燃的心灵火花

不过，我终于获得了最大的发现，那就是叔本华。在我有限的认知中，叔本华是第一个提出这个世界本身便是悲苦的观点的人。这种触目惊心的痛苦就环绕在我们周围，叔本华还表示，无论是混乱还是情欲甚至是邪恶，都被人们努力地回避着甚至将这些纳入到可理解、可包容中去。我欣喜若狂，终于有一个人敢于承认，宇宙万物并非是"性本善"。在叔本华的书中，以往我习惯看到的事物全然没有了痕迹。比如说造物主是全能全爱的，宇宙是和谐协调的。反而，他以近乎莽撞的率直指出，人类历史是悲伤的乐章，大自然的法则近乎残酷。这些都是一种原始的缺陷，这些都将问题凝成一个——创造世界的意志是随心所欲的。这个观点在我早期生活中便被证实，在我生活的早期，我看见过一点一点腐烂的鱼，很多野兽因为冬天的寒冷而冻僵，很多小鸟因为无处觅食而饿死。尽管表面上花团锦簇，其实内在里有很多的“肮脏”。比如说，在鲜花覆盖之下，绿草包覆之上。我看见一群蚂蚁将一条蚯蚓折磨得奄奄一息，并撕成一片片。但是我所打交道的人，都谆谆告诫我：“人性本善。”可是我知道得太多了，换而言之，我正在将我同一半的动物区别开来。

对于叔本华抨击世界是黑暗的论述，我是举双手赞成的。但是，叔本华提出如何解决世界的阴暗面却让我觉得不赞同。对于叔本华反复强调的“意志”一词，我敢断言这指的是造物主上帝。那么叔本华所说的“创造世界的意志是随心所欲”便等同于说上帝是盲目的。结合我本身的经验我知道，上帝断然不会同叔本华生气，并追究他的大不敬的责任。事实上，上帝还鼓励他呢，上帝鼓励他追究和发掘世界的阴暗面和人性中的邪恶性。正是因为如此，我对叔本华的这方面的看法持完全赞同的态度，这简直就是一个真理。但是叔本华的另外一种理论却让我不敢苟同，因为他说当人理性思考的时候，那么这种盲目的意志便可以得到矫正。意志既然是一种意志，怎么会让人看得到说得清呢？退一万步讲，意志真的能毫发毕现，但是人类如何用理性去说服它，去矫正它呢？要知道，即便是理性，也不过是人类意识的一种，是灵魂的一个组成部分。打个比方说，理性不是一整面镜子，而是镜子的一个角落。小孩拿着这片镜子去反射太阳光，却希望用这片镜子去晃花太阳的眼睛，这是多么的不可思议啊。但是叔本华却对这个理由深信不疑。

正是出于对叔本华理论的怀疑，促使我更深入地研究他和他的著作。另外，为了全面地认识他，我不得不从他的人际关系入手，开始阅读有关康德的著作。康德是《纯粹理性批判》让我开始沉思起来，等到我想明白的时候，一切都豁然开朗。原来叔本华的哲学体系并不完美，存在着根本性的缺陷。他犯了一个致命的错误，即将一个不完善的形而上学的主张人格化了。甚至，他还将一种没有任何主观意识的本体，赋予了各种特性的过错。我之所以能认识到这一点，是从康德的哲学观出发的，是他的哲学观让我意识到了这一点。如果康德说的是真的话，那么我从康德处所获得的东西远比从叔本华处获得的东西来得多，来得大，来得更深远。

从我17岁开始上医学院开始，在很长一段时间内，我的哲学观都在不断丰富和发展。此间，我对世界对人生的态度发生了翻天覆地的变化。以前，我是一个胆小羞怯的男孩，对整个世界都不信任，就像是一只随时可能躲起来的小白兔，但是现在的情况却大不相同。我求知若渴，并且知道该用什么手段去追寻自己想要的知识。同时，我也不再少言寡语，而是喜欢同别人交流。随着我人际关系的好转，我结交了很多好朋友。我发现，贫困对于人而言，并非是产生痛苦的根源。那些衣着华美的孩子并不一定比衣衫破旧的孩子获取更多的幸福。幸福，并不是靠口袋中有多少钱进行衡量的。当我想通这点后，整个人豁然开朗。也是因为如此，我开始大胆表现自己的观点，可是事与愿违，我并没有收获理解反而招致更多的敌意。甚至有同学恶意地说我是吹牛大王，甚至是骗子。当我表述我的观点时，经常被恶意尖锐的批评，我很震惊，更多的是狼狈。那些我认为是梦魇的东西死而复生了，只不过是这次换了一个比较温和的面孔。这一次，依然同作文有关。我很认真地写出了作文，并煞费苦心地加以润色。果不其然，老师对它很看重。老师说："这是一篇文采飞扬的作文。"但是老师的话锋一转，说："但是能看出来，荣格在这篇作文中并没有花费太多的功夫，文笔滞晦。远不如某某的作文，某某虽然文采欠缺，但是他写作文是用心的写而不是凭借小聪明。只有诚实，而且认真，才能最终走向成功。"

这次的批评显然比上次的温和多了，毕竟老师真是批评我的作文中没有用心，而不是指责我去剽窃，可是即便是比上次温和，并不意味我会接受。我再次同我的老师进行辩驳，可是老师却用亚里士多德的《诗学》对我进行驳斥。他说："《诗学》认为，诗歌中优秀的篇章大多将作者的苦心巧妙的掩藏，但是你的作文却让我感受不到。所以我断定你的作文是一挥而就，没有过脑。"其实，我倒是觉得我的作文在别的方面独树一帜，不过老师显然故意忽略了这一点。

虽然这件事让我不快，但是我还能忍受。让我不能忍受的是，我同同学之间的关系又开始剑拔弩张起来。我认为被同学孤立是一件让人不能忍受的事情，大抵同学看出了这一点，便用孤立我来威胁我。我绞尽脑汁地思考，我在什么方面得罪了我的同学，后来事情才水落石出：别人认为我不懂装懂地对一些事物品头论足。比如说，我假装懂得一些叔本华和康德。当我知道事情的真相时，我又有了新的顿悟。在生活中，所有受到争议的问题实际上都和生活无关，而是同我的第二人格有异曲同工的地方，那便是它是隐晦的秘密的，即便你了解了，也要装作一无所知。

意识到这一点后，我开始小心谨慎地收敛自己的言行。不管是在同学家，还是在成人中，对于那些深奥难懂的事情，我都只字不提。因为我已经知道，不管我交谈的对象是谁，都难以逃脱不被理解的命运。而我的"牛皮大王""骗子"的名号，却很有可能被落实。这种事情一再发生，处于逃避心理，我又去了"上帝的世界"。这也成为我内心中最痛苦的一件事，你可以想见，一个满腹心事的人却找不到人倾诉。我的苦恼远非如此，因为我还要想方设法地防止自己的人格分裂成两个世界。

"上帝的世界"，很多人看见这个词的时候，会出现伤感的情绪。好像"上帝的世界"同死亡、分别密不可分。可是对我而言，"上帝的世界"是一个温暖的所在，这里充满了各种超人的事物：绚烂的光线美轮美奂，黑暗浓得像是一块上好的巧克力，无穷无尽的时间如固体般涌来涌去，世界的神秘古怪纷纷呈现……

在科学与宗教之间摇摆

随着我年纪越来越大，一个问题被不可避免的问及。那便是：“你要成为一个什么样的人？”我的父亲和母亲越来越频繁地问我这个问题，但是我对我的未来根本没有任何规划。我就像是站在十字路口的人，并不知道何去何从。这条路通往的是科学，建立在事实上面的科学。那条路通往的是宗教。对此，我难以取舍。科学就像是一个巨大的宝库，动物学、古生物学，就是宝库中耀眼的宝石。人文科学就像是银河，希腊罗马埃及甚至史前的考古都是银河中的星星在熠熠生辉。这个时候的我，太过青稚，根本没有意识到之所以我会在十字路口上左右为难，是以为我的内心为二：我喜欢科学，是因为它有着具体的事实和广泛的历史性背景；我热爱在宗教，是因为在宗教里我可以大胆探索精神性问题。在科学中，我可以忽略意义；在宗教中，我可以忽略经验主义。科学和宗教，满足了我的所有人格。

我站在天平的两端，不知道该怎么取舍。但是有人将我往宗教的方向推去，那是我母亲的弟弟，也是巴塞尔圣·阿尔班教堂的牧师。他之所以认为我适合宗教，大概是因为有一次他和自己那几个神学院学生探讨问题的时候，我专心致志旁听的样子被他注意到了。其实我之所以会专心致志，只不过是想证实一下，世界上有没有这样的神学学者，他们和大学中那些让人头疼的知识有联系，或者他们的知识同父亲相比较而言，哪个更多一些。事实上，对于他们的谈话，我并不在意。因为他们关心的只有类似我的体验的那种体验，或者局限于《圣经》中那些耳熟能详的故事。每次提到《圣经》我都兴趣索然，在我看来，那里面充满了各种不能自圆其说的牵强的故事。

星期四的时候，我要去大学预科的高中部上课。正是因为如此，我得去这位舅舅家吃饭，对此我很感激。因为饭菜着实不赖，而且我还获得了同成年人进行理智谈话的机会。这对于我而言，是种全新的奇妙的体验。在我家中，我甭指望和任何人进行学问性的问题讨论。如果我想同我父亲进行比较严肃的谈话，那么结果便是碰钉子。碰了几次钉子我才发现，父亲是害怕思考的，因为他内心中充满了各种疑问，如果放任思考的话，后果不堪设想。我的父亲是没有办法接受自己思考的结果的，更甭提“通过斗争赢取自己想要的”，所以他选择用盲目的信仰来逃避一切的疑惑。

舅舅和表兄们心平气和地谈论历代教皇的教规与教义及现代神学研究家们的各种观点。我发现他们站在一个奇妙的世界秩序中，有着自身的一套品评的标准。在这个世界中，德国哲学家尼采“大不敬”的言论从来没被提起过，而瑞士文化艺术史学家伯克哈特只是被褒义的口吻一语带过，并且嘲谑他是一个思想过了头的思想家。通过他们对这些人的评述，我慢慢发现，他们在讨论问题的时候，立场坚定、观点鲜明，只不过，他们坚定的立场本身便有一定的倾斜性。我想，在我舅舅的眼中，神学和我是八竿子打不着的，所以我不敢将我的问题摊开在他的面前，我敢肯定这会为我招致灾难。但是为了不让舅舅失望，我的第一人格适时地出现了。我的第一人格受到了科学唯物主义的浸染，并且受康德的《纯粹理性批判》所影响。但是纵观我的周围，《纯粹理性批判》却很少被人提及。如果我的神学家舅舅要是提及康德，必然是用康德的原理来让反对性观点退却，而不是将康德的观点应用到自己的观点中来。

于是，去舅舅家吃饭成了一种煎熬。一方面，由于我惯性地缺乏安全感，我觉得星期四的会餐很不吉利，我的意识同这个精神舒适的世界格格不入；一方面，我对于星期四的会餐又十分的渴望。因为在这儿，我如同海绵一样吸收理智和激励的甘泉。我在这两种感觉中挣扎、徘徊，我便对自己说：“你这个骗子，竟然欺骗对你怀有好意的人。这些人生活在一个现实的社会中，他们不谙贫困，宗教对于他们而言，不过是个普通的职业。他们全然没有意识到，上帝完全有能力将他们从他所营造的精神世界掩出。可是这也不是他们的过错哦！我无法向他们解释这一点，只好自己独自背负这个包袱踽踽前行。”可是，即便到了现在，我还是一无所获。

随着这一道德冲突的紧张程度的增加，第二人格对我来说便变得越来越令人怀疑和令人讨厌了。对于这点，我知之甚清，甚至都懒于为第二人格进行掩饰。虽然我很想将我的第二人格消灭掉，但是我尝试了很多方法都没有获得成功。第二人格同我如影随形，我去学校，我同朋友交谈，我学习科学，这些手段我都用过，但是第二人格只会短暂消失一段时间。当我独自一人的时候，第二人格再度出现，随它一起回来的还有上帝的世界的雄壮瑰丽，以及叔本华和康德的各种想法和意识。甚至我所学习的科学，也成为上帝世界中的重要组成部分，为上帝的世界这幅巨大的画布上添加绚丽的让人昏眩的色彩。这个时候的第一人格便悄然隐匿。这是我在19世纪最后十年期间的一个小小的插曲，但是当我结束了在意识世界徜徉的时候，我便又碰触到了冰冷的现实。我的第一人格胆怯地提醒我，我生活在此时此地，必然要选择一个职业，这是非常必要的。

我的父亲对我的状况忧心忡忡，针对我何去何从，父亲同我进行了几次很严肃的交谈。他说：诚然，我有选择我未来的权利，但是他以一位父亲和一位朋友的身份给予我建议，建议我别选择神学。他的原话是这样的：“我亲爱的儿子，你可以选择成为任何样的人，但是尽量不要成为神学家，好吗？”尽管真的没有成为神学家的意思，但是听了父亲的话后，我开始有意识地疏远教堂，甚至尽可能地避免去参加圣餐仪式。对此，父亲自然是乐见其成，不会责怪我。这个时候我和父亲之间甚至达成了一种不必明说的默契，那便是，我可以随心所欲地去说什么或者去做什么，父亲绝对不会责怪我。我不去教堂了，但是我很想念教堂的合唱乐团和风琴。这其实并不矛盾，因为风琴和合唱乐团跟“宗教界”八竿子打不着，当然，我是跟哪个“界”都不搭“界”的。尽管“宗教界”人士可能在德行方面缺乏必要的建树，但是得承认，他们是正派的人，而且他们感情充沛且流露自然，对于上帝尽管盲目但是足够的虔诚。

虽然我可以斩钉截铁地告诉任何人，我绝对不想成为神学家。但真实状况是，我依然处于十字路口，并不知道该选择人文科学和自然科学哪一条路。从吸引力的角度而言，这两者都是我的“挚爱”，我受他们的吸引不分伯仲。这个时候，我忽然发现，其实我的第二人格在这件事情上是没有发言权的。当我的性格被第二人格主宰的时候，它给予我什么感觉呢？我的意识可以高屋建瓴地俯瞰世界上的一切事物，但是我的身体却如同地球上一块笨重的石头，不能移动分毫。这个时候的第一人格便被完全束之高阁，显然，它并不满意遭受如此待遇，它也想谋求对我意识的控制权。可是，第一人格却在我的未来选择上摇摆不定。我能明显感觉，他举棋不定。对此我也无计可施，只能静待我的第一人格能早点做决断。在他没有做决断之前，我对前方依然一片茫然。别人问我，想要成为一个什么样的人？我会说：“我想成为一个语言学家。”但是私底下，我还是想去埃及，成为一名考古学家。而在假期的时候，我还要继续学习同语言学八竿子打不着的自然科学以及隶属人文学科学范畴的哲学。平常的时候是这样，而假期的时候尤甚。我长大了，再也无法像是过去那样，动辄跑去跟母亲抱怨：“我烦死了，我不知道该干点什么”。现在的假期对我而言，是一段最美妙的时光，我可以无拘无束，自由自在。至少在暑假期间，父亲绝对不会管束我，因为在这个时段，他往往会去萨克森度假。

我的第一次意识旅程

在我14岁的时候，我也曾经去过外地。彼时的我，正在被疾病困扰，所以不得不同昂特列不西的医生预约，对我的健康状况加以诊断。当时，我住在一位天主教父的家中，这对于我而言，是一种新鲜刺激的体验——在我14年的人生中，第一次单独置身陌生的成年人之间。神父很忙，我看见他的机会很少。倒是总能看见他颇为严肃的管家，但是他也没有做任何威胁到我的事情。我的医生是一位普通的乡村医生，他开设的与其说是疗养院，倒不如说是旅社。因为这里面的人身份各种各样，有农夫，有官员，有商人。在这些人中，不乏有教养的人。甚至，有一位是化学家，还获得了我一项顶礼膜拜的博士学位。虽然我的父亲也取得了博士学位，但是他取得的是哲学博士，而他更富建树的是语言。显然跟化学博士截然不同，我很雀跃，我认定化学博士可能是知晓我石头秘密的人。虽然化学家是博士，但是一点没有博士的倨傲，他很和气地教给我打槌球。出于羞涩和胆怯，或者是不善言辞，又或者是无知，反正我什么也没有问过他。我只是尊重他，敬佩他，在我眼中，化学家洞悉大自然的一切秘密。他同我同桌而食，亦同我闲话家常，这个时候我就会觉得自己已经步入到一个成年人的更庄重的领域中来了。后来发生的事情让我的感觉得到了证实。寄宿者被安排了一次郊游，在这个过程中，我们参观了一个造酒厂，主人请我们品尝美酒。

琼浆玉液，可以忘忧；
金轮换名，叫作美酒。

我发现，小小杯子中所盛的美酒很神奇，只需要一杯，便让人觉得飘飘欲仙，忘乎所以。什么“内部”和“外部”，什么“自我”和“本我”，什么“第一人格”和“第二人格”，什么“谨慎”和“胆怯”，甚至是天和地，宇宙和银河，全部的都被我抛诸脑后。我只觉得天旋地转，甚至天和地，合为一体，这个时候的我快乐无比地醉倒在地。喝醉的感觉是什么样呢？我认为是一种极乐的感觉，脑海中有无数的念头在此起彼伏，如同海浪一般一波又一波地向我席卷而来。我很难再保持平衡，于是不得不盯着或者贴着一切的实体事物，结果却看到街道如同航道一样起伏，树木和房屋在纵情摇摆。“这种感受真是太妙了。”我只不过多喝了一点点，本应该是其乐无穷的体验却因为我的喝醉掺上了一些痛苦的色彩。但是不管怎么说，这是一种十分奇妙和美好的感受，只不过因为我个人的缘故，将这份感受破坏了而已。

疗养结束后，父亲接我回家。顺路到卢塞恩旅行，在这次旅行中，我第一次坐上了轮船。我以前从来没有见过轮船，这个大家伙太令人着迷了。所以我目不转睛地看着蒸汽发动机，感觉十分的奇妙。我还没有看够，别人就告诉我说维茨诺到了。雄伟的大山环抱着这个小小的村庄，有一条铁路一直铺设到高高的山顶。我们来到了火车站，那里面停靠着可能是世界上最古怪的火车头。锅炉是竖着的，甚至倾斜出一个诡异的角度。父亲告诉我，这是里基。并递给我一张车票，告诉我说：“你可以独自坐车，一直坐到山顶。我等着你，因为两个人都坐的话，那就太贵了。坐车的时候注意安全，千万别摔下来。”

我欣喜若狂，简直找不到什么话来形容我的高兴。高高的山岭高耸入云，远胜于我见过的任何一座山，甚至可以和我记忆中的那火红的山峰能相媲美。这个时候，我已经觉得自己是个成年人了。当然，我的设备也是成人式的——一根拄杖和一顶英国骑士帽，这简直是一个世界级旅行家的装备。现在，我就要登这座高不可攀的山峰了，我简直分不清究竟是这山峰雄伟还是我自身伟大了。那辆奇妙的火车，呼哧呼哧地喷着气，伴随着晃动和咔嚓咔嚓的响声，我终于到达了山顶。我站在空气相对稀薄的山顶，登高远眺，眼前的情景如同一个崭新的世界。我手舞足蹈，这不就是我朝思暮想的“我的世界”吗？“我的世界”真实地出现在了我们的面前，这里没有老师，没有学校，没有任何让人困惑的问题，在“我的世界”中任何人都能不被要求地存在。因为周围都是悬崖峭壁，陡峭无比，我沿着小路小心翼翼地行走。因为周围的地势高耸，让人心情不得不肃穆起来。我觉得，人们之所以登临这个世界时就变得恭谦有礼，是因为这是“上帝的世界”。“上帝的世界”在这里变成了一个“实实在在”的存在，是我的父亲让我第一次领略到“上帝的世界”，这是我父亲给予我的最珍贵、最美好的礼物。

这种情景在我心中留下了鲜明的印象，正是因为这个印象如此深刻，导致我在“上帝的世界”中发生的事留给我的印象却被冲淡了。但是这次的旅行中，第一人格占据了主要位置，给我留下了鲜明无比的印象。我清晰地看见了我自己——在一个富丽堂皇的宫殿一般的大饭店的草坪上，头戴时髦的帽子，手拿贵重的手杖的我；或是坐在一张名贵木头制造桌子面前喝咖啡，头上是遮挡阳光的遮阳棚；或是用在用餐的我，拿着涂满了金黄色奶油和果酱的新月形面包，慢条斯理地吃着喝着。等待吃饱喝足之后，漫步至轮船至上，这条船带我翻山越岭，那些山必然是整日被冰雪覆盖，折射出耀眼的银光。

这种想象在我脑海中经常浮现，每次我因为工作过度想要找个地方休息的时候，这个形象便适时地出现了。可是这个壮丽的情景只出现在我想象之中，却没有让我在现实中遇到过一次。

这次旅程是我意识的旅程。过了大概一两年之后，我再度做了这样的旅行。那个时候我去萨克森探望正在度假的父亲，父亲告诉我，他同这里的天主教神父相见恨晚，结为朋友。我不禁暗暗地佩服自己父亲的勇气了，他简直是“胆大包天”。也正是因为如此，我得以参观佛卢爱丽的隐居修行之所和克劳斯修士的圣物。在这个时候，据说克劳斯已经修行到一定程度，飞上天际去了。但是我很疑惑，教徒们是怎么知道克劳斯已经升天了？难道是克劳斯亲自告诉他们的？我对克劳斯的印象十分深，因为我觉得他做了不可能完成的事情。就像是一个人，将自己的身心都献给上帝，而且还理解了上帝的所有神谕，这简直是一件太过浩大的工程。想到这里，我不禁冷战连连，因为我的疑惑越来越多了。比如克劳斯的妻子和孩子，怎么知道自己能让圣人作为自己的丈夫和父亲呢？我的父亲很爱我，这是不是说这是父亲的缺陷呢？谁能跟圣人一起生活呢？我想克劳斯也明白这一点，所以他只能去做一个离群索居的隐士。

不过隐士似乎没有怎么脱离家庭生活，所以他的修行之所跟他的家距离很近。这个主意倒是不错，家人们住一起，我住在一个地方。在我的“小天地”中，也有我喜欢的书籍，甚至有我所熟悉的写字台。壁炉中生着明晃晃的火，饿了的时候，我可以烤栗子，渴了的时候，我便用三脚架煮美味的汤喝。想要做隐士，我无须去教堂，甚至还有独属自己的小教堂。

我从隐士修行之处向山上走去，这个时候我沉浸在我刚才的思绪之中。我信马由缰地想要从山的左边下山，这时一个漂亮姑娘的身影映入我的眼帘。从她的装束看，这是一个当地姑娘，脸庞如同野花一样漂亮，蓝色的眼睛宛如天空上的明星。她的年纪同我相仿，除了表姐妹，我从来没有和陌生女孩打交道的经历。但是这个女孩很大方，她用悦耳的声音跟我打了个招呼，便自然而然地跟我一起下山。我很窘迫，只好没话找话说。当然啦，介绍的都是我自己的一些情况，比如我是来这里度假的，我现在在巴塞尔读书，马上就要考试了，日后要进大学去读书。女孩一语不发，但是面孔上浮现出了羡慕和害羞的神情。

我正在说的时候，一个念头忽然闪现——我遇见这个女孩是命中预定的事情。换而言之，她便是应该在这个时刻出现的。我在这里遇见她绝非偶然，她不应该是一个普通的农家女孩。或者她也是一个天主教徒，抑或是我的父亲的朋友恰好是她的父亲。她对我一无所知，那么我能不能将那些让我产生共鸣的叔本华的意志说给她听呢？尽管她显得不邪恶，尽管她的父亲未见得是一位鬼鬼祟祟的天主教神父，可是我的父亲是新教的神职人员，我要是贸然跟她说，会不会冒犯她？那么我们要选择一个怎样的话题呢？哲学？魔鬼？浮士德？歌德？显然这些话题都不合时宜。这个女孩隶属这片天真无邪的土地，而我却已经跌入尘世，沾染世俗了。我过早地体验了造物的残酷和壮美，而这些对于没有被尘世污染的她而言，是不是过于残酷了呢？我们之间矗立着一堵无法穿越的厚墙，这让我们永远不能有任何关系。

这种想法让我没来由地伤心，我不得不将我倾诉的欲望压在心底。而是找寻一些不会引起麻烦的话题。比如今天的天气真晴朗，路旁好风光，她要去何方之类的安全的话题。

从表面上看，这次邂逅不仅普通而且偶然，简直没有任何独特之处。但是在我内心之中，这件事久久萦绕不去。这次的相遇，就像是路边的路标一样，永远镌刻在我记忆之中。那个时候，我的意识还很青涩幼稚，还认为生活是各自为政的。我却没有想到，命运的转轮，在不经意间从克劳斯修士那里转到了这位漂亮姑娘身上。

城堡塔楼上的秘密

这个时期的我被一分为二。我的脑海中，充斥着各种矛盾的想法。第一，叔本华的思想和基督教无法有机统一；第二，第一人格和第二人格在不断斗争，抢夺对我意识的最终控制权。在诸多的矛盾斗争的过程中，竟然产生了我的第一个幻想。这个幻想不是一下子出现的，而是循序渐进出现的。我甚至还能记得这个幻想所产生的根源。

那是西风呼号的一天，大风呼呼作响，莱茵河水甚至翻涌起了浪花，朵朵浪花和西风上下呼和。我上学的路上沿着河边，将这些情景尽收眼底。这个时候，从北面驶来一艘帆船，顺风鼓着帆，正飞驰而行。这条帆船给我的想象插上了翅膀，我的思绪漫天飞舞。倘若莱茵河不是一条河，而是一个大湖，那么巴塞尔就变成了港口。居住在莱茵河畔的人，会如同居住在大海边一样的惬意。自然，我的学校，甚至我上学的路都会消失不见，我便能以一种更为随心所欲的心态去安排我的生活。

湖中自然不是光秃秃的，必然有一座秀美的小山，或者嶙峋的怪石。大陆和湖，并非是一分为二的，肯定有地峡将两者勾连在一起。当然，运河是必不可少的，运河上面架设着高大雄伟的大桥。顺着大桥的两侧能通往一道大门，这个大门建立在一个高高的斜坡之上。当你进入到这道大门之中，你将看到一个美丽的中世纪国度。在最高的山顶，矗立着一座雄伟的守卫森严的城堡，城堡中有高高的瞭望塔和一个防御楼。这便是我的家，当然，我的家并非穷奢极侈，而是古朴简单。但是在我的家中，有一个巨大的图书馆，世界上任何图书你都能在这里找到。在我家中，有收集来的各种武器。城堡的防御楼上，设置着几架大炮。当然，还有一个由五十多人成立的巡逻队，他们保卫着我家的安全。在这座中世纪城市中，大概只有几百个居民。为了维护居民的秩序，由市长和元老组成了市议会治理。而我呢，是治安法官，也是纠纷的制裁人以及法律的顾问。我素来是深居简出的，只有在开庭等重大事件发生的时候才露面。在岛屿通往陆地的地峡处，有一个小小的港口。港口上停靠着我的一只双桅快船，船上装备有几门小炮。

有关这个城堡的布局，以及防御塔上的秘密，都为我一个人所有，这个想法，如同电击一样震撼我的心灵。在防御塔内，从雉堞到有拱顶的地下室是一根直上直下的铜柱，也可以看成一根如同人手臂粗的电缆。这根铜柱或者电缆，又分成了很多细小的枝节。铜柱如同树冠一样，放射到天空中去。这些细小的枝节暴露在天空中，从天空中吸收各种养分和其他奇奇怪怪的东西。这些东西被吸收到电缆中，通过电缆传送到地下室之中。地下室有我的实验室，我利用它们吸收来的神秘物质来制造金子。至于我是如何提炼，我人为地将其忽视。实验室中有一种不成文的禁忌，那便是："人不要对这些加以深究。"比如说，不能问我在空气中提取的是什么，也不能问我怎样用这些提炼黄金。就像是歌德在提到母亲们时所说的那样："她们的名字不能提及，即便是提起，也能让勇士丧失勇气。"

我认为，纵然人有百手，手有百口，却不能将"精神"表述明白。但是在我的认知中，"精神"和纯净无杂质的空气相差无几。那些"触角"将所吸收的神秘物质源源不断通过铜柱输入到地下室，然后变成了光彩照人的金块。"精神"由虚无变成有型的了。这简直是一种法术，虽然没有念咒也没有符咒，但是却是一种不折不扣的法术，甚至是大自然的可敬的可怖的秘密。这种秘密我是如何知道的，我其实并不明了。正因为我的不明了，所以我将其掩饰起来，让市议会的元老和市长也不知道。

早先的时候，我上学放学的路程可以用"漫长"来形容，因为它太枯燥了。自从我开始想象后，这段路变得十分的简短，以前那种腻烦的感觉几乎是一去不复返了。因为我一走出学校的大门，便步入了我的城堡。每天，城堡内的社会结构都在发生翻天覆地的变化：每天市议会都在举行各种促进城市发展的会议；法院正在忙于惩恶扬善；防御设施正在用大炮对入侵者进行反击；我的双桅快船早已经清理得干干净净，准备扬帆起航。就这样，我几乎是立刻走到了家门口。如此迅疾，就好像我是坐马车回来的一样。我沉浸在其中不能自拔，并乐此不疲了整整好几个月。直到我开始厌倦这种愚蠢和可笑的游戏，我不再对这种白日梦热衷，取而代之的是另外的爱好——制造要塞。我每天都要用小石子、泥土和石灰浆来塑城堡和炮台的模型。我研究法国杰出军事工程师伏班的防御计划，研究他的防御思想和防御计划，由此我很快就熟悉了各种各样的防卫技术。不光是伏班的防御计划，还研究现代的各种的防卫技术。我甚至建造了胡宁根要塞（当时的胡宁根要塞还完好无损），在这段时间，我对于自然科学的知识明显开始增多起来，当然，这都是以牺牲我的第二人格为代价的。

但是，我对现实生活仍然一知半解。我一直有一个误区，认为对现实生活的思考纯粹是浪费时间。我认为每个人都可以天马行空地进行想象，但是未见得都能在现实生活中学有所长。为了开拓我的视野，我的父母为我订阅了一份科学期刊。这份期刊让我入了迷，以至于我每天都要前往朱拉山脉寻找各式各样的化石，以及矿物标本、植物标本和人的头骨。化石大多是猛犸象的骨头，在莱茵兰平原的沙砾坑中找到的；人的头骨来自胡宁根附近的一个1811年下葬的群葬墓。

这个时期，我对植物也很着迷。但是这种着迷，却远非科学意义上的探索。我之所以被植物强烈地吸引，源于一种奇妙的感情。那便是我对植物的悲悯——我认为植物应该根植土地之中开花结果，而非被拔出来晾晒致死。而且我认为，植物本身是有生命的，尽管它们只有在开花和结果的时候才有意义——一种秘密的意义，因为植物被造物主赋予了他的思想，他的意志。正是因为如此，所以我们对待植物的态度不是轻慢亵渎而是尊重敬仰，甚至要以哲理式的好奇来对植物进行思考。生物学家对生物的表述是非常非常有趣的，但是没有由表及里。但是真正的意义是什么，我也无从得知。我也被这些问题困扰着，比如说植物如何体现神的意志的？我无法给出答案，尽管如此，我却知道，植物与世无争自由自在，是应该给予尊重和敬意的，而非破坏。跟植物形成鲜明对比的是昆虫，昆虫必然是植物的一个变种，它可以看成一个变异了的花或者果实。但是它却对植物造成了伤害，它们时而扇动花瓣模样的翅膀四处乱飞，忙于啃食大量的植物；时而用腿和长足四处乱爬，吸取植物最精华的营养。也正是因为如此，所以昆虫被大量捕杀。这是对于它们无法无天行为的惩罚，比如六月间，人们将毛毛虫和甲壳虫当成天敌一样进行消灭。我的悲悯虽然号称悲悯的是所有的动物，但是其实不然，只是限制在那些热血动物。冷血动物比如青蛙和蛤蟆，断然不在我悲悯的名单上，因为它们的丑陋和肮脏，同某些人有相像的地方。

第三章
大学时代

虽然我对科学的兴趣日渐浓烈，但是我却没有“喜新厌旧”，时不时地会继续研究哲学。我究竟应该何去何从，选择什么职业作为我安身立命之本，这件事越来越多地被提起。我一方面为马上要结束中学时代开始大学时代而兴奋，一方面为该选择什么学科而烦恼。我应该选择自然科学，从而掌握一些实际的知识。但是我不是心心念念着历史和哲学吗？我不是盼望着成为一名考古学家，而后去埃及和巴比伦发掘更多的古文明吗？可是我的经济条件有限，若是离开巴塞尔，我去别的地方上大学那经济条件也不允许。如果在巴塞尔上大学的话，考古学和哲学的学科根本没有开设。我在各种观点之间摇摆不定，只能将决定的时间尽可能地往后拖。对于这种情况父亲比我更为着急，他说：“这孩子对自己设想的一切感兴趣，但是他绝对不知道自己想要的是什么。”我不得不承认父亲说的对，事实上我也正是这样。随着大学入学考试的时间开始接近，我的同学们纷纷开始决定报考何种专业。但是他们却对我的打算一无所知，因为即便是我，也说不准自己究竟是选择人文科学还是自然科学。

之所以会这样摇摆不定不是没有原因的，就在几个星期前，我的第一人格和第二人格还进行了非常激烈的竞争——争夺对我意识的控制权。于是我便做了两个梦。

第一个梦：我正沿着莱茵河河畔的树林漫步，忽然看见一个小山丘上有一个坟堆，这让我很兴奋。我便动手开始发掘，不久之后竟然真的有所斩获，我挖到了史前动物的一些遗骨。从这个梦境我知道，我有必要去揭开大自然的神秘面纱，真正地了解我们所生活的世界，并了解我们周围的一切事物。

第二个梦：梦中的我处于一片密林之中，树林之中溪水潺潺。在光线最为阴暗的地方，我看到了一个圆形的池塘，池塘周围林木葳蕤，水中有奇怪的浮游生物。这种生物我从来没有见过，浑身圆鼓鼓的，柔和的银白色的光芒将它全身笼罩。视力可及处，能看到它浑身由很多细小的细胞组成，也可以这样说，它就像是巨型的深海放射目动物，浑身都由触手类的器官组成。目测它的身高有三英尺，安宁祥和甚至威严地躺在池塘之中。落在我眼中，这简直是一个巨大的“神迹”，深深地吸引我去一探究竟。

等我醒来，这梦境给我的冲击依然很强烈。也是这两个梦推动我往科学的方向而去，同时让我所有的犹豫都烟消云散。

我开始豁然开朗，我生活在每个人都必须养活自己的时代和世界。想要赚取让自己得以生存的生活资料，每个人都必须去扮演一定的社会角色。我敢说，我所有同学都有类似的感觉，但是他们并不就这个感觉进行深入思考，他们的茫然，给我留下了深刻的印象。和同学们进行对照，我看到了自己的奇怪。我为什么不能像我的同学们那样下定决心并确定一个方向呢？比如德语老师天天称道的那位“好学生”，在德语老师的心中，这位“好学生”简直就是我的楷模，他早早地确定了想成为一个“神学家”。我恍然大悟，我必须静下心来，好好地将这件事想通透。我开始衡量各种职业的“性价比”：倘若我研究动物学的话，那么我的前途便是成为一位中学老师，或是去动物园同动物们朝夕相处。虽然我很喜欢动物园并排斥做老师的粉笔生涯，但是这种所谓的“前途”是没有前途的。

在进退维谷的情况下，我灵机一动，为什么我不选择医学呢？选择医学，是我以前从来没有考虑过的事情。大抵是因为有很多人在我耳畔说我曾祖父曾经从医，所以我对从医很排斥。因为我的座右铭是：“做第一个自己，绝对不做第二个别人。”但是现在我一改初衷，我告诉自己说：“医学可能是我通往科学的桥梁。”当我步入医学的大门时，可能我便能获取做任何事情的自由。另外，医学这一学科包罗万象，我若是想从事某个行业的话，也很容易。我终于选择了医学，但是还有一个问题需要去处理，那便是我如何从医呢？生活费没有着落，我也没有钱，所以我没有办法去国外念书，所以我无法去从事某种专业的科学训练。在这种情况下，我只能变成“一瓶子不满，半瓶子晃荡”的情况。而我呢，又拥有一种奇怪的个性。这种个性让那些自诩说话算数的老师们，和我不愿意深入思考的同学们对我敬而远之，所以注定我的注意和我的发展缺乏了必要的追随者和支持者。所以，当我最终敲定医学作为我的发展方向的时候，我的内心怅然若失。总觉得学医没有远大的前程，同社会生活的联系也并非多么的紧密。不管怎么说，我终于做出了一个决定。这个决定已经无法扭转，并能搪塞那些问询我打算的人，我总算可以如释重负地大大松一口气了。

第二人格是永恒的存在

然后，让人尴尬甚至痛苦的问题缠住了我。我去哪里弄到我的学费以及生活费呢？因为我的父亲只能筹集一部分钱，所以他代替我向巴塞尔申请生活津贴费，居然被批准了。我觉得十分难堪，这一举动无疑是将我家庭的贫困状况暴露在光天化日之下。而且我对所谓的上流社会、上层人士存在着根深蒂固的偏见。我认为，这些人都对我有着不可转移的偏见。他们显然不会对我有任何的“照顾”，显而易见，我沾了我父亲的光。因为我父亲声名在外，他不仅仁慈而且胸怀坦荡。我呢，必然跟我父亲的形象大相径庭。

别人眼中的第一人格的我，为人内向不合群，是个没有任何天分甚至有些愚笨的孩子，虽然“命比纸薄”但却“心比天高”。而我的本质呢，却拥有不甘于被拘束的天性，而且我的天性还不固定。时而如同一个孩子般天真热情，时而又如同幼童般易于失望，可以用两种人作为我本质的代名词——隐士和蒙昧主义者。我的第二人格看待我的第一人格，是饱含着不屑的；第二人格认为第一人格的所作所为，是一种困难且吃力不讨好的道德任务，甚至是一门通过某种方式获取学分的课程。在第二人格的眼中，这种课程具体是什么呢？它懒惰成性、易于放弃、擅长沮丧，具有不切实际的没有丝毫价值的想法，对事物有着不恰当的热情，爱轻信，对于所谓的“友谊”十分看重。同时见识短浅，容易傲慢，时常有偏见，还有在数学学科上的愚蠢，对别人缺乏了解，缺乏相应的哲学观念，第一人格甚至既不是一个虔诚的基督徒，也不是别的什么人。这便是第二人格对第一人格的全部看法。

第二人格本身是没有任何确定的性格的，或者说，第二人格本身是永恒的存在。这种意识，超脱于人生命的存在。人出生，第二意识便出现；人活着，第二意识如影随形；人死了，第二意识变成一种生活的幻觉，还存在于人类社会生活之中。虽然第二意识是永恒的，但是第二意识注定是“第二”，他无法利用第一意识厚重的媒介来表现自己。但是第二意识时时刻刻想取代第一意识，所以当第二人格处于支配地位的时候，那么第一人格往往和第二人格出现某种交叉点。当然，在第一人格的“眼中”，第二人格显然是一个完全黑暗的所在。第二人格觉得，第二人格的想象，就像是打向棉花的千钧重拳，软绵绵的找不到着力点，更没有任何的回应。不过在第二人格的身上，积极向上的光明面占据了主要位置。那个感觉如同那些光彩夺目的宫殿一样，每一间宫殿都面向太阳，金色的阳光洒向了宫殿之中，光明和美丽，将宫殿塞得满满当当。同第一人格不同，第一人格本身是不连贯的断断续续的，而第二人格本身是连续的，所以第一人格和第二人格形成了鲜明的对照。第一人格本身和现实缺乏必要的接触，而第二人格同现实是息息相关的。同时，第二人格同《浮士德》中所描述的中世纪的情形相契合，是过去的那段岁月的延展。我敢肯定，歌德也继承了第二人格的“遗产”，从《浮士德》中可以看出，歌德承认第二人格是一种真实。这对于我而言，是一种莫大的安慰。我现在发现，《浮士德》对我的影响远胜过《福音书》（《福音书》是《圣经·新约》中的“四福音书”之一，其余三者为《马泰福音》《马可福音》《路加福音》），因为我从《浮士德》中找到了莫大的情感共鸣。

而《福音书》中给予我的却是隔阂和古怪，在《福音书》中所说的救世主，让我觉得他行为古怪。《浮士德》中所表现出的第二人格，是活生生的。我想，浮士德这个人物的设定，便是歌德，乃至那个时代的第二人格的代表。这种顿悟让我的心灵得到了慰藉，同时让我从此找到了归属感。当我看到了《浮士德》，我明白了，在这个社会中，我不是孤身一人，我的思想也不古怪，我也不是注定被嘲笑的对象，我有一位具有权威感的教父，他的认知跟我相同，他便是歌德本人。

也正是在这个时候，我做了一个奇怪的梦。这个梦无法真正地界定，虽然它是一个噩梦，但是却从某种角度而言鼓舞了我。我现在来描述这个梦：梦中一片黑暗，我不知道我身处何处，更不知道我要前行何方。黑夜漫漫，我找寻不到丝毫的光明。大风呼号，我迎着风艰难地挪动。漫天的大雾逐渐席卷我的周围，在黑暗的雾中，我将两只手并拢，用此来保护一盏微弱的小灯。那灯火忽明忽暗，只有浅浅的光晕，似乎随时都会熄灭。忽然，我发现身后有一个硕大的黑影，正在亦步亦趋地跟随我。我很害怕，但是却清醒地意识到，虽然有各种各样的危险，但是保护住这盏灯，却是问题的关键。只有这盏灯安然无恙，我才能化险为夷。尽管这盏灯微弱无比，但是这盏灯却是我唯一的指望。当我清醒后，我立刻意识到，那个硕大无朋的黑影是布罗垦峰的鬼魂。我明确了一点，那盏微弱的小灯便是我的意识，我所拥有的唯一财富，也是我人生中最大的财富。

这个梦的密码很快被我破译了，那个步履维艰的提灯者便是我的第一人格，而那个神秘无比的黑影便是我的第二人格。而我的任务是保护这盏灯，而不去看第二人格那永不消失的生命力。第二人格的世界显然同第一人格的世界截然不同。第二人格的世界为不同的光芒所照耀，那里是一个独特的王国，禁止人们随便涉足。但是在第一人格的角色里，我必须扮演好这个角色。在这个角色中，我不得不去学习，不得不去赚钱，不得不承担命运赋予我的各种责任，不得不受到各种错误的拖累，不得不顺大流地犯些糊涂的错误，不得不忍辱负重，不得不经历各种失败等等。在梦中，我向着前方艰难地行进，而第二人格想将我推回到一个无穷黑暗的世界里，在这个无穷黑暗的世界中，每个人的存在都没有表面的意义。究竟是什么将我推回那个黑暗的漩涡呢？自然是时间。只有时间才能拥有如此巨大的力量。时间的洪流紧紧追逐着我的脚步，并发出巨大的吸引力，贪婪地将任何生命体吸到自己的身体中。只有不断地前进，排除自己遇到的任何的困难，才能摆脱时间的洪流。而可怕的过去，永远不会消弭，若是谁不能给予自己的命运一个正确答案，时间的洪流便将其攫在自己的手掌心里。

我的世界观再一次发生翻天覆地的变化：一个念头明确地浮现在了我的脑海之中，那便是我的道路已经被预设好了，笔直地通向一个外部的世界。而这个世界，究竟是怎么样的呢？这个世界明显是立体的，而且不是无限延展的，是有限的，且是黑暗的。在我看来，亚当必然体会到过我同我一样的困扰，伊甸园对于他而言便是一个有限且黑暗的世界。所以亚当以一种义无反顾的心情离开了伊甸园，他的心情必然是轻松愉悦的，脱离了伊甸园的他，即便是每天都要在满是荆棘和石头的土地上耕种，心情也是愉悦的。

预知未来发展的童年经验

当我自问“这样的梦究竟是从哪里来的”之前，理所当然地认为梦是上帝给予我的启示，而现在的我却对此不得不开始怀疑。一般来说，人的意识就像是种子，经历了时间的雨露，才能分蘖发芽，最终破土而出，用梦的表现形式来告知，这便是正常的梦的发生程序。真正的问题在于，为什么我会做这样的梦呢？我的梦的种子是什么时候种进我的意识中的呢？我可没有故意去做什么事情来加速这种事情的出现，肯定是某种意识在出现，并在我的意识中发挥了重大的作用。这种意识在我的意识中占据了绝对的优势，在它的光芒映射下，我内心王国中开始出现了一个巨大的黑影。换而言之，这种想法绝非我自己意识的产物。也正是如此，我开始明白了以前发生过的但是我同样不解的事物。每次我间接提到或是含糊的暗示“内心的王国”的事物的时候，人们的脸上便浮现一种不可思议的表情，随即变得开始疏远，并投给我以冰冷而疏远的眼神。

现在形式已经非常明朗了，我有必要将第二人格丢到一边去。但矛盾的是，我不能自欺欺人地说第二人格不存在啊，这等同于我亲手扼死了我的第二人格。另外，我还丧失了探索我梦的起源的线索。因为在我心中，一个念头不可动摇——梦的起源同第二人格密切相关。而且我也敢肯定，我的第二人格显然具有更为高明的意识。但是与此同时，我同第一人格的联系日益紧密，这种情况又向我传递了一个消息：我的这种思考和想法本身便属于第二人格的一部分。当我感觉到这个观念的时候，我开始觉得我同第二人格的联系并非我想象中的那么紧密。我甚至认为，第二人格本身便是能同黑暗进行某种对抗且能立于不败之地的精灵，反正在我做这个梦之前我对这个精灵一无所知。即便是现在，我仍然不能具体而清晰地描摹出这个精灵，但是我却毫不怀疑我认识这个精灵。

不管怎样，我同第二人格之间产生了某种“隔阂”。“我”的天平，更加倾斜于第一人格，同时让我和我的第二人格渐行渐远，我和第一人格却融合成了一体，甚至第二人格变成了一种脱离我的意识独立存在的人格。我并不把这件事同任何一种肯定的个性的想法联系起来，但是这种肯定的个性的意志简直就是幽灵所有的。由于我是在乡下长大的，在乡下这种怪力乱神的事物或多或少地得到了人们的相信，所以这件事在我看来并没有过多的大惊小怪。精灵的存在由来已久，而且在时间上具有延展性，在空间上具有实践性。虽然我对空间的存在还没有形成任何概念，但是这并不妨碍我用空间性来给精灵下定义。在我第一人格存在的背景里，空间性是第一人格组成的重要元素，虽然空间性没有明确地限定我的第一人格，但是却存在于我的第一人格。

对于小孩子而言，大人说的话所产生的影响，绝对比不上在陌生的环境中或是对不了解的事物产生的反应。小孩子令自己的潜意识适应这种环境和事物，这便让小孩子的身上产生各种有关的补偿。以我而言，我幼小的心中所产生的“宗教”的概念便是一种自发形成的意识。当然，由于我所生长的环境，也可以将这种自发性的反应等同于我父母的环境以及对精神所做出的反应。我父亲经历了很长的一段时间，他对宗教产生了一种本能的怀疑。随着他对这个世界的认识的加重，以及对宗教知识的了解，让他的这种怀疑逐渐地加重。我父亲陷入深深的矛盾之中，一边怀疑，一边对抗这种怀疑。这种矛盾的状态让我父亲处于一种坐立难安的状态，这种状态又从我父亲那传递到我身上，这也没有什么可奇怪的了。

不过，我对于父亲的矛盾一无所知。我认为这些影响是我母亲影响我的。并不是说，我母亲对于耶稣上帝的态度有多虔诚，而是我总觉得我母亲如同一棵树，牢牢扎根于肥沃而丰饶的土地之上。我总觉得我母亲是大自然的一部分，她以某种方式同动物、树木、山脉、草地、流水联系起来了。但是这种联系，和我母亲表象上虔诚的信仰基督教并对这种信仰加以维护的做法，形成了鲜明的对比。母亲的这种态度，和我的第二人格巧妙地达成一致。这让我觉得很安心，让我觉得自己很踏实。宛然脚踏实地地站在黑且厚重的土地上，我从来不觉得自己的想法是“异教徒”，因为我母亲的第二人格和我自己的第二人格几乎不谋而合。这种感觉同父亲的矛盾，其实产生了一定的冲突。但是这种冲突又被我的第二人格所产生的奇异的观念补偿了。

回想起来，我童年时候发生的林林总总的事情，不仅已经预示了我未来的事件，还让我适应了父亲宗教观的崩溃，甚至还为我适应这个被破坏的世界并找寻新的发现扫清了道路。其实人们今天所看到的新发现并非是一蹴而就地形成的，而是在我们发现之前就已经循序渐进地发生着。尽管我们人类拥有自己的生活，可是我们人类是什么呢？是在以世纪做单位的岁月中的一种集体精神的代表者、牺牲者、促进者。我们大概是认为，我们行走在人生的道路上是凭借着本能行事。但是在大多数的情形下，我们只不过是命运的舞台上的配角。尽管我们对这种真相一无所知，但是我们的生活却不由自主地受到命运的牵引。而命运是潜移默化地对我们发挥作用的，甚至让我们无法察觉到，不过其影响却是巨大的。因此，我们的生命被分成若干个部分，不同的部分分属不同的时间。这不同的部分，只能被我一个人所驱使，我将其命名成第二人格。第二人格，绝非是一个人打发时间的“玩物”。有关第二人格的相关概念，已经被西方的宗教所证实。这种宗教明确指出，人们将自己的意识倾入到自己内在的铸造上——“无须去外面寻找人的本性，真理如同珍珠，埋在人类这个贝壳之中”。

神学在父亲和我之间筑起鸿沟

在1892—1894年之间，我常常同我父亲进行特别热烈的讨论。父亲回忆起了自己的大学时光，那时的他是一位语言学家，曾经去哥廷根学习过东方语言，并以阿拉伯版的《所罗门之歌》写了自己的学术论文。但是当他结束了最后一次考试后，父亲作为一位“语言学家”的日子便一去不复返了。因为作为一个普通的乡下牧师，父亲所有的语言方面的才华全部被埋没了。正是因为怀才不遇，所以父亲每天都生活在一种感伤的理想主义中去。也正因为如此，父亲经常陷入对大学生活的追忆中去，似乎是为了祭奠自己的大学生活，他还保留了用长柄烟斗抽烟的习惯。尽管他做了很多的好事，多不胜数的好事，但是结果却事与愿违。而且父亲的婚姻生活也不尽如人意，父亲母亲都似乎过着很虔诚的生活，但是两人却经常为了细枝末节的琐事争吵。这些困难似乎是人之常情，但是却逐渐地让父亲的信仰灰飞烟灭。

那个时候，父亲的烦躁和痛苦与日俱增。母亲似乎察觉到了这一点，尽可能避开做一些能刺激到他的事情，同时母亲也拒绝同父亲产生争吵。我觉得这是个好办法，但是父亲的情况让我很忧心，所以在父亲大发雷霆的时候，我会尽可能地顺从他。但是当父亲的情绪冷却下来的时候，我会尝试同父亲沟通，进而探求他内心的真正想法。很显然，父亲正在被什么深深地困扰着，出于直觉，我认为父亲情绪起伏和他的信仰不无关系。父亲的言谈中流露出了种种的细节都告诉我，父亲已经对宗教产生了怀疑，而这种怀疑让父亲痛苦无比。在我看来，父亲必然体验到了一些让他悸动的东西。于是我想方设法地同父亲进行深入的交谈，从而“套话”。但是我的发现却让我大失所望，原来，对父亲而言，那些让他悸动的体验不是多了反而少了。因为不管我问父亲什么问题，父亲给予我的回答都是千篇一律的——大同小异的、重复千万遍的、完全符合神学标准的回答。有的时候，连回答也懒得回答，直接丢给我一个耸肩的无奈的表情。这让我很矛盾，我不明白为什么父亲不在吵架的时候抓住机会跟情况妥协。我也明白，我那些尖锐的、批判的问题让我父亲很伤心，但是我并不想见好就收，我太过迫切地想让父亲体验一下上帝给予的独有的体验。当父亲体验过这一切的时候，就会明白所有都是那样的奇妙。我对于认识论的认识还很浅薄，但是我却知道对于某种东西的认识是不需要证明的，因为在我看来，很多东西的存在就像是夕阳的静美和暗夜的阴森一样那么自然而然。我绞尽脑汁想向父亲传递这个认知，希望能帮助他承受信仰破灭的痛苦。在家中，父亲是喜欢同人争吵的，但是他为什么不去和自己的信仰甚至是造物主进行争吵呢？要知道，只有造物主才能对这个世界的阴暗和苦难负责啊。如果父亲能同造物主进行争吵的话，那么上帝必然会用自己的方式让父亲体验一下上帝的意志。就像是上帝将自己的意志传递给我一样，尽管我没有向上帝请求，可是上帝还是通过做梦让我明了我自己的命运。

我不知道为什么上帝想让我知道这一切，甚至，上帝还让我窥视到了他的真实面目。这显然是一个重大的秘密，我可不敢跟我的父亲揭示这一点。其实如果我的父亲能够理解同上帝直接交流的经验，我倒是可以告诉他这一点。但是我每次跟父亲交谈的时候，从来不敢触及这么深刻的问题。我直觉地感到，倘若讨论这个问题，那么这个问题必然会变成导火索，引发一系列新的问题。所以每次我同我父亲进行交流的时候，往往是采取一种非心理学的理智方法对我们的问题进行处理。这个方法让我很烦恼：方法如同一块鲜艳的红布，而我是一头愤怒的牛犊，这种方法只会让我更加烦恼。至于我为什么对这个问题如此抵触，我自己也无法理解。

这些“无意义”的讨论，让我以及父亲都十分恼火，我们不约而同地放弃这些讨论，背负各自的苦恼。神学如同一块看不见摸不到的玻璃，已经在我和我父亲之间形成了固有的隔阂。尽管我没有孤独，但是却觉得自己很失败。我隐隐约约地觉得，我的父亲正在被他的命运推向预设的轨道中。我的父亲很孤独，他的周围没有一个“知己”，至少我知道，他的熟人中是没有一个能跟他分享他的心路历程的。有一次，我听见了他在祈祷，他表示自己要忠于自己的信仰。当我听到父亲如是祈祷的时候，我的心灵既受到了震动还感受到了一种莫名的气氛。情况已经明摆着了，父亲如同一朵小小的浪花，被神学乃至教会的漩涡牢牢吸引住，完全不能自拔。而神学和教会思想如同“污泥”一样，将我父亲和上帝之间的联系阻塞住了，但是神学和教会思想又毫不犹豫地抛弃了我的父亲。我现在已经全然明白我最早体验的预示了。一方面，上帝才不理会所谓的神学和建立在神学上的教会呢；另一方面，上帝以其固有的悲悯原谅了神学的所作所为，就像是他原谅其他别的什么东西一样。神学所表述的信息是，人应该为这个世界的罪恶和堕落负责任，可是这是多么荒唐的一件事。这未免太过夸大人的行为了，人算是什么呢，就像是小狗一样既聋又哑还瞎。他们和造物主创造的别的事物并没有太大的区别，他们也不过只拥有一点点微弱的光芒。而这种光芒，如同飓风中的烛光，根本不足以照亮人们摸索前进的黑暗道路。而且，我敢打包票，我所认识的神学家，没有一个曾经亲眼看见过那所谓的“照亮黑暗的光明”，如果他们真的亲眼看见了“照亮黑暗的光明”，他们就断然不会再从事什么“神学”或者“宗教”了。所以我认定这种宗教是有所欠缺的，但是人们为什么却还要虔诚地相信他们呢？宗教既然和“照亮黑暗的光明”没有关系，那么就不能不抱任何希望的相信他们。我父亲以前倒是这样做了，但是他却碰了壁，并且碰得鲜血淋漓，涕泪横流。神学本身是被证明的人们必须相信的东西，但是我比任何时候都确定，神学缺乏某种批判和体验。

我的父亲深深地陷入这种矛盾之中，这种矛盾类似于精神病医生的发现：在人脑海中本应该存在精神的地方，却只有物质。而原本应该存在于此的精神，却是一片虚无。我的父亲正被这种矛盾撕扯着、左右着。我可怜的父亲在这种感觉作祟下要求我发誓，如果我学医的话，千万不要成为一个物质主义者。为什么他让我发下这样的誓言，因为我父亲认为物质主义者没有信仰，他们所信仰的一切便是他们的定义，如同神学主义者信仰他们的“信仰”一样。在我看来，我可怜的父亲简直是“离了狼嘴，又跳进虎窝”。我并不认为我父亲的信仰是什么好东西，事实上我觉得我父亲的信仰愚弄了他，不仅愚弄了他，还愚弄了很多有教养、严肃的人。信仰的罪过在于，它将经验完全摒弃了。神学家们怎么能知道上帝允许什么存在，又不允许什么存在呢？就像是精神病医生，他怎么知道人的心灵的特性呢？我父亲害怕我成为物质主义者，但是物质主义者又会造成怎样的危害呢？父亲倒是有信仰，但是他却陷入长期的痛苦之中不能自拔。显然，有人对我的父亲说了一些“联想”相关的建议，所以我看见我的父亲开始拿着伯恩海姆和西格蒙德·弗洛伊德有关联想的书——《联想及其治疗作用》，这可是件新鲜事。因为我父亲从来不看任何除了小说和游记类的类型以外的书。可遗憾的是，阅读精神病有关的书籍却不能让我的父亲的精神变得愉悦起来，甚至，父亲的沮丧和悲观的情绪还在与日俱增。父亲开始觉得自己有各种各样的病症，有的时候，他说自己的肠胃有问题；有的时候，他觉得自己的腹部有结石。但是这种情况太过频繁了，我们开始变得不以为意。这种情绪影响到了父亲的医生，他也开始对父亲的病症感到疑惑起来。这件事发生在1895年左右，让我现在仍记忆犹新。

1895年春，我已经是巴塞尔大学的一名大学生了。在我人生中让我厌弃的阶段——我的中学时代终于一去不复返了。当我步入大学后，“科学”和“自由”的金色大门向我缓缓展开。在这里，我可以听到有关自然的真理，学会了解剖，以及生理方面的知识，还能在这里学习各种治疗疾病的知识。我甚至还参加了父亲当年所属的一个能佩戴彩色徽章的兄弟会。这对于我父亲而言，是一种很好的体验。甚至在我大一的时候，父亲还特意赶来参加了兄弟会的一次活动。这次活动的地点是马克格拉芬县所属下的一个酿制葡萄酒的村庄。父亲在那里发表了一篇激情洋溢的演说，这篇演说充斥着迸发的激情以及天马行空的想象。我在这个时候无比明晰地认识到，父亲对于生活的期望，对于生活的追求，在他大学毕业时，便全部结束了。一首大学校歌如同雷电一样打动了我的心灵：

昔日意气风发已不在
今日垂头丧气勉向前
我们不情愿地回到现实的国土
啊呀呀，我的老天
我们的国土发生了翻天覆地的巨变

这些话让我的心一阵阵地绞痛，我的父亲，在大学一年级的时候，肯定如同我一样，激情洋溢，热情万丈。这个时候，世界向他打开了大门，知识的宝库也向他敞开。可是，这一切如同海市蜃楼一样稍纵即逝，父亲在大学时代饮尽了甜蜜，剩下的时光中便只剩下了苦楚和追忆。我不明白，究竟是什么导致父亲变成了这样。我所找寻的答案实在太多了，可是我觉得每个答案似乎都不能对号入座。在那次葡萄酒会后，父亲发表的那篇热情洋溢的演说让他重新回到了自己的记忆中，似乎他就是这样一直生活着的。那之后，我父亲的健康情况每况愈下，直到1895年秋末，我父亲的病情开始恶化，1896年年初便去世了。

因为父亲生病了，我上完课后便回了家。我很焦急地问我母亲，“父亲的情况怎么样？”母亲很忧伤的样子，她说：“他，还是老样子，身体很虚弱。”父亲低声问我的母亲我在说什么，母亲同样低声地转述我的话，然后给我使了一个眼色，告诉我父亲他已经处于神志不清的状态了。母亲转述父亲的话：“你父亲想知道你有没有通过国家级考试。”这个紧要关头我知道我必须得撒谎，“通过了，考得还不错呢。”父亲如释重负地叹了一口气，接着便闭上了眼睛。随后，我又进屋中看父亲，母亲这个时候去别的房间收拾什么。这个时候的父亲似乎很痛苦，他的喉咙之中发出咯咯的声音，一种奇怪的感觉攫住了我，我甚至是有点入迷地看着眼前的情景，这也是我第一次看见有人死在我的面前：父亲的呼吸骤然停止，我等待父亲的呼吸再度连续上，可是这个情景一直没出现。我飞奔到另外一间房间去告诉我的母亲，她却坐在窗户下面打毛线。我惊惶地说：“他已经不行了啊！”母亲跟着我来到父亲的房间，发现父亲已经过世了，她如同唱歌一样地说道：“这一切就这样过去了啊。”

随后的日子里，我陷入亲人离世的痛苦和忧伤中去。此间，并没有太多的记忆镌刻在我的脑海中。唯一记忆犹新的是，母亲用这她的第二人格同我交谈，或是对周围的空气交谈：“为了您，他死去了。”这句话的意思好像是说，“‘您’同我父亲的性格格格不入甚至水火不容，父亲的性格已经制约了‘您’的发展。”说实在的，这句话跟我母亲的第二性格是颇为吻合的。

“为了您”这三个字如同蛇一样咬了我一口，咬得我内心生疼。我已经开始明白，那一段美好的时光已经永远地逝去了，这让我痛苦不堪。同时，我已经开始察觉到，我是一个真正的男子汉了。我父亲去世了，在家庭中，我取代了他的地位。比如说，我已经搬进我父亲的房间中；比如说，我每星期都要将家用亲手交给我不会理财和计划开销的母亲。

我的父亲离开了我6个星期之后，他的存在变成了我的梦境。我梦见父亲忽然之间出现在我面前，说自己已经度假结束了，他的身体已经恢复了健康，现在正在回家的路上。我开始忐忑不安，因为我搬到了父亲的房间中，我深恐父亲会因此讨厌我，谁让我想象他去世了呢，这足以让我问心有愧。两天后，我又做了相同的梦。梦中再度重复了前日的情景，梦中我的父亲再度恢复了健康，并准备回家。我再度自责，不该假想父亲过世。等到我清醒后，我便不断地自我追问："父亲一次又一次地出现在我的梦境之中，而他的样子又栩栩如生，这到底是什么意思呢？"这种体验过于清晰，让我第一次认真思考死后的生活。

父亲去世了，我们的生活开始变得拮据。我母亲的一些亲戚认为，我不该继续读书而该去当地银行做个小职员，赚取点钱来贴补家用；我母亲最小的弟弟提议给予我母亲帮助，来贴补母亲的生活；我父亲的弟弟也就是我的叔父同意资助我的生活以及学业——到我读完大学的时候，我已经欠了我叔父3000法郎。但是这距离我的学费还是有些距离的，所以我还要靠做助教，以及帮姑妈卖古董赚取学费——姑妈将自己收集的一部分古董卖掉，我帮助她寻找买主，并以高于市场价的价钱将这些古董卖掉，并从中抽取很可观的差价。

人都是在贫穷的时候知道珍惜和俭省。我对这时候的一件小事还记得：有人送我一件礼物，竟然是一盒雪茄。这让我很欣喜，要知道这时候的雪茄简直是珍贵的礼物。这一盒雪茄我整整抽了一整年，因为我只有在星期天的时候才抽一根，所以格外节省。

体验，才是宗教最重要的事

我的大学时光足够美妙，因为整个大学时代都充满了各种智力活动。不仅如此，我还在大学时代结识了很多好朋友。在兄弟会的会议里，我曾经就神学和心理学方面进行过讲演，这些讲演并没有给我招致非议，反而让我收获了别人的赞扬。我们围绕着各种问题集思广益，并非局限在医学的范围内，我们对哲学和文学的兴趣也很浓厚，有的时候我们会对哲学问题进行讨论，比如谈论康德和叔本华的观念，甚至还会对古罗马政治家和作家西塞罗的文笔和文风展开讨论。

在大学期间，我得到一次发散思维的机会，让我的宗教观更加完善。我有幸和一位主教进行交谈，他是我父亲所在地区的主教，也是一名神学家。这个人以胃口好而出名，另外让他声名卓著的便是他的博学。和这位主教的一席话，让我有“与君一席话，胜读十年书”之感。从他那里，我更加了解教会乃至神父的本质，对教规的历史也有了比较全面而深刻的认知。甚至他还给我讲了一些有关“新教”的知识。这个时候，正是里赦尔的神学观念大行其道的时候，他认为基督教如同那行驶的火车，而圣子耶稣的到来为这辆火车提供了永恒的动力，让这辆火车轰隆隆地开过一个又一个世纪。这种比喻让我明白里赦尔认为神学的历史是循环的，这种论断让我莫名的气愤。包括我兄弟会的那些“同好们”，他们虽然想法新锐，头脑灵活，但是对于基督给予历史的影响却是惊人的一致，这同样让我气愤。我觉得这样看来不仅愚蠢，而且呆板木讷。“耶稣是上帝的代言人，并来到人间执行上帝的意志”，这样的观点在我看来滑天下之大稽。我认为耶稣的本人观点应该是这样的：我死了，我的灵魂永生。我的灵魂会变成圣灵，永远驻守人间。

在我看来，圣灵才是上帝的化身呢。因为圣灵同上帝一样深不可测，变化万千。圣灵具有上帝耶和华的一切行为特征——崇高庄严、神秘莫测、让人怀疑。对于耶和华，天真的我将其等同于上帝在基督教中的外显形象。当然，这也是我在结束坚信礼的时候所接受的教导之一。当然，这个时候的我对魔鬼一无所知，否则我也会就为什么魔鬼同基督教相生相随的问题进行思索。我主耶稣对于我而言，是一个活生生的人。他是圣灵选中作为代言人的人，他也有喜怒哀乐，甚至也会犯错误。当然，我的这种观点跟传统的神学观念是格格不入的，所以注定了我的想法无人能理解，也无人能体会。这让我很失望，并在失望之下开始自暴自弃，对神学方面的某些知识开始麻木不仁起来。不过这却从侧面证实了我另外的一个看法，那便是想要真正地理解宗教，个人的体验至关重要。

我的大学一年级所获颇丰，科学将知识的大门对我缓缓打开，但我只是看见了浩瀚的书海，却缺乏对书中知识必要的了解。要知道，人的顿悟是多么奇特啊！但是几乎没有书籍对人的顿悟进行论证，而哲学书籍却说心灵衍生情景，心灵的火花没有迸射，顿悟的热火便不会燃烧，那么知识的火焰便不会被点燃。我遍寻了很多书籍，发现对于心灵或者顿悟，绝少有人提及。人们大多认为心灵是与生俱来的人类的本能，若是提起， 也是三言两语泛泛而谈，正如G. G. 卡鲁斯。他们的观点大多将心灵或者顿悟等同于人类的冥思苦想，似乎人类只要一冥思苦想就能大彻大悟似的，这也太容易了，我对此持怀疑态度。对于他们这种似是而非的解释，我实在是无从理解。

到第二学期的时候，我对顿悟乃至心灵的理解又上一层楼。这种理解对于我日后的生活和工作产生了重大的影响。起因是我在同学父亲的藏书室中找到了一本小册子，这本小册子是70年代一位神学家所著，书中的内容主要是论述精神性现象。书中所陈述的内容让我产生了共鸣，那大多是童年的时候我在家乡所听到过的内容。经过我的亲身验证，我对这本小册子的怀疑荡然无存。这些材料是千真万确存在过的，但是这些材料是否如物质一般是真实存在的呢？作者对于这个疑问的回答显然不能让我满意。但是我可以确定一点，那便是，在各个时代，这些故事得以流传肯定有其必然的原因。这个原因绝非大家拥有相似的宗教那么浅显，而是同人的心灵行为有重大的关系。但是就这个主题——心灵的客观性而言，除了哲学家的“三言两语”外，我实在找不到别的材料进行佐证。

唯灵论者的观点处处透着诡谲，所以我对此持怀疑态度。可是偏偏对于研究心灵和顿悟来说，这些观点又是我看见的首批记录。很多人的名字随着我研究的深入都给我留下了深刻的印象，我如饥似渴地阅读有关这方面的所有书籍。自然而然的，我想就这个观点同我的朋友们进行讨论，但是他们的反应实在是太强烈了：有人对我的想法冷嘲热讽，有人的对我的想法嗤之以鼻，有人对我的想法急不可耐地奋起抗辩。他们的态度让人玩味，他们何以断定世界上没有鬼魂呢？如果真的没有鬼魂，那么转动桌子之类的事情又如何解释呢？既然他们大义凛然地认为世界上不可能有鬼魂，却为什么采取了不说有，更不说无的守势态度呢？这种急急忙忙的表态很有“此地无银三百两”的架势。对于我自己而言，这是一件让我心情愉快的事情。但是归根结底，为什么大家就认为不应该有鬼魂存在呢？为什么大家这么笃定事情是完全不可能的呢？对于我而言，这恰恰是有趣而且引人入胜的。这方面的认知给我的思维打开了一番新的天地，似乎从此之后我的世界的广度和宽度都被拓展了。我的思维又开始进行苦苦的思索。鬼魂在梦境之中起了什么作用呢？这个时候康德的《一个看见鬼魂的人的梦》出版了，我甚至还发现了卡尔·杜普雷尔这个人，他的著作从哲学上和心理学上对这些观点进行了评价。我还挖掘到了埃斯肯梅耶、巴萨旺、吉斯提奴斯、克尔纳和格雷斯的著作，还读了斯威登堡的七卷著作。

在我所认识的人的人格中，只有我母亲的第二人格对我这方面的热情抱有支持和同情的态度，而其他的人则只能让我泄气。在这之前，我所遇到的困扰只不过是传统观点构筑的厚实的墙，可是现在，我所遇到的困扰简直是铜墙铁壁。人们对这种事物不仅存有偏见，而且还肯定这种事物不复存在，即便是我最亲密的朋友对我的这种观念都持不能理解的态度。对于他们而言，这是很糟糕的事情，堪比我专注于神学。当我处于这种情况的时候，我总感觉自己被边缘化了。难道不是吗？让我兴致盎然的，恰恰是别人避之不及的。

我在害怕什么呢？我也找不到任何解释。但是我仍然认为有这样的事物存在，这种事物超越了时间、空间和因果关系，尽管这种事物是荒唐而惊世骇俗的。比如地震发生之前，动物能够凭借本能感受到灾难即将来临；比如人在过世的时候，真的会出现停止再走的钟和跌碎了的镜子，甚至还有人会做有关死亡的梦。而这些，在我童年的时候被认为是理所当然的，也是广为人知的。但是到了现在，听过这些事情的人却只剩下我一个。我开始重新检视我所面临的世界。我所面对的是城市，这个城市跟我以往所熟悉的世界截然不同。我所熟悉的那个世界，是乡村的世界，那里有连绵不绝的山脉，茂密的树林，涓涓的溪流。这个世界对于动物和“上帝的思想”的现实世界是一无所知的。乡村的世界，是人获取学识的宝库。但是城市世界在人的精神这方面，显然是受到了局限的。城市给予人的顿悟是十分有限的，它常常赋予人一种莫名其妙的优越感，所以让人盛气凌人——这种解释更有说服力。不管如何，这种解释让我的自尊心得到了舒缓。但是这种想法让我不舒服，甚至会产生自厌的情绪。我童年时代开始困扰我的自卑和抑郁重新浮现，而这些负面情绪曾经是我不择手段想要挣脱的。我不想被这个世界排除，让那种让人不安且难看的声誉重新被冠在我的头上。

我害怕成为尼采第二

当我完成了入门课程后，我开始担任解剖学的初级助教。随后的学期里，示范老师让我负责教授组织学课，这让我十分高兴，因为这正合我意。因为从我本身而言，我对解剖学和进化论有着很浓厚的兴趣，做助教还有一个便利，那便是我有机会去熟悉新生机论。

但是让我着迷的远非这些，而是广义的形态学方面的观点。形态学方面的论述，是同生理学截然相反的观点。众所周知，如果你想学好生理学，你就要学习活体解剖。但是我本人对于活体解剖是相当反感的，因为活体解剖是要用动物做实验的，而在我看来，动物同我有着很深刻的共同点，这种感觉我始终无法挥去。因此，只要在我能力范围之内，我便避免去上解剖课。解剖课在我的眼中，是野蛮的代表，不开化的象征。而且还是没有必要的附庸。为什么说它没必要呢？很简单，以我而言，我便能根据大家的描述，自行想象出完整的解剖过程来。我对动物的热爱由来已久，而绝非是从叔本华的哲学中吸收了一点经验，进而来装点门面。我认为，我同动物之间是平等的，这种认知来自我的潜意识。当然，那时的我对自己的这种心理还一无所知，我只是知道我很讨厌生理学课程而已，所以这个科目的课程我考得并不是很好，不过万幸，最后总算是及格了。

随后两学期我忙得不亦乐乎，因为这个时候我们已经步入了有关临床方面的学习。业余时间少得可怜，让我没有时间进行学业以外的探索。只有在星期天，我才能偷得浮生半日闲，去研究研究哲学。比如我会看一些康德或者爱德华·冯·哈特曼（Eduard von Hartmann）的著作。甚至有一段时间，尼采的书籍也出现在我的书单上，只不过是我始终认为我还没有做好阅读尼采作品的准备。在那个时候，大家都在议论尼采，而且大多是贬斥的声音。讨论尼采作品的人，大多是进行哲学研究的集大成者。从这些“大方之家”对尼采的批评中我可以能感受到，他们对尼采充满了敌意。在反对尼采的哲学家中，最出名的是雅各布·布尔科哈特。他驳斥尼采的文章被很多人传诵着，而那些“附骥尾”的人，虽然压根也没有读过尼采的著作，但是他们更乐于传播尼采有关的琐事。比如说，尼采这个人生性傲慢，擅摆绅士的架子；比如说，尼采生性奢侈，他弹的钢琴架子十分的华贵；尼采的文章华而不实等等。这些有关尼采的传言，让整个巴塞尔市所有有身份的人对尼采敬而远之。但是这些显然都不是阻挡我阅读尼采著作的原因，恰恰相反，这些都加深了我去阅读尼采作品的欲望。只是我“近乡情怯”，我唯恐我会变成尼采那样，至少在我的“秘密”方面跟尼采产生了共鸣，他的内心肯定经历了那跟我相仿的体验和顿悟。不幸的是，尼采不像是我那样守口如瓶，而是企图向别人阐述自己的这种感觉，结果发现根本没有人能理解他。所以，大家将他看成一个怪物，看成一个怪人，尽情嘲笑。无论怎样，我都不想“沦落”成他这样。尼采是我的“前车之鉴”，我可不想变成他那样。尽管尼采拥有一定的社会地位，从表面上看来，他是一个名教授，不仅著作等身，而且名誉环身。但是我依然不想变成尼采那样。我同尼采拥有一定的共同点，我们都是牧师的儿子，所不同的是，我来自乡下一个普通的牧师家庭，我出生于瑞士，而且还是瑞士国境。但是尼采来自德国，在我的印象中，德国幅员辽阔，国土延展到了海边。尼采还是语言天才，他可以讲优雅的高地德语，还懂得拉丁文和希腊文，可能还懂法文、意大利文及西班牙文，而我只会说一口流利的且唯一的一种语言——瓦格斯—巴塞尔方言。尼采，拥有很多人都望尘莫及的东西，所以他是一个矛盾的人物——尽管被人诟病，但同时又被人奉为圣人。所以他并不在乎别人对他的非议，可是我却不能。

尽管我内心顾虑重重，然而还是无法抵过好奇心的驱使，我还是决定去阅读他的著作。《不合时宜的思想》是我所阅读的尼采的第一本书，随即，我又阅读了尼采的另外一本书《查拉图斯特拉如是说》，这本书中充斥着尼采对于这个世界的热情，这极大地感染了我。尼采的著作，尤其是《查拉图斯特拉如是说》对于我的影响，堪比歌德的《浮士德》对我的影响。在我看来，《查拉图斯特拉如是说》就是尼采的《浮士德》，在这本书中，体现了尼采的第二人格。我的第二人格呢，就像是尼采的《查拉图斯特拉如是说》一样。尽管这个比喻并非多么的合适，太过托大了：我的第二人格就像是小鼹鼠随意挖掘出的一个小土堆，而尼采的第二人格，就像是在阳光下闪耀银辉的布朗山。但是我同尼采的第二人格有相似之处，从《查拉图斯特拉如是说》中我们发现查拉图斯特拉的人格是病态的，而我的第二人格恰好也是病态的。当我意识到这点后，我非常的惊恐，我拒绝承认这一点，每次想到这一点的时候我都会冒一头冷汗。我本能地排斥这个观点，但是越排斥这个念头越往我的脑海中钻。

尼采到了晚年才发现他的第二人格，但是我在童年的时候便发现了我的第二人格。尼采曾经轻率地将自己的第二人格昭示于人，比如说他曾经幼稚地同人谈论，将无所谓有无所谓无的东西命名为阿尔希顿。但是我发现，尼采这样做为他招致了很多的麻烦。当他还是个年轻人的时候，便来巴塞尔担任教授，那时的尼采前途远大，见识广博，对人对事颇有见地，但是他对人对事有一种病态的误解——尼采对于这个人们对某些事情一无所知的世界，太过信任太过倚重，所以他敢于将自己的第二人格释放出来，并让它乱跑。如果不是他对于这个世界对于这些世人太过轻信的话，他不会犯这个幼稚的错误，因为他是那样的聪明，对于这个世界有着很深刻的认知。他被一种迫切的希望所推动着，那便是他要找到能够分享自己的认识的人，他想找到那些能用新的价值观评价世界的人。可是尼采失望了，他找不到这样的人，他所能找到的是那些受到过教育的“伪君子”。最初尼采根本没有意识到这一点，他沉浸在不可名状的神秘世界里，并希望那些因为愚钝被上帝抛弃的人们赞美这种神秘，可是尼采忘记了对自己进行了解。于是在别人眼中，尼采总是夸夸其谈，比喻重复拖沓，欢乐情调华而不实，所以大家对尼采嗤之以鼻，认为尼采不过是将自己的灵魂卖给魔鬼，将不连贯的事实勉强地串在一起来哗众取宠。尼采宣称自己在刀刃上舞蹈，但是这种绝美的舞姿却没有人能欣赏。他并没有发现，在世人眼中，他已经成为一个走火入魔的人，每个人对待他都像对待一个病人。所以尼采有“世人皆醉我独醒”的孤独，在我所有的熟人和朋友中，只有两个人声称是尼采的追随者，但是这两个人都是同性恋者。一个人自杀而死，另外一个人自诩是一个被俗世误解的天才，但是大家却认为他是个废物。更多的人对于尼采的态度是无动于衷，对于他的惊世之作《查拉图斯特拉如是说》，都呈现一种惊人的冷漠态度。

《浮士德》是一枚钥匙，为我打开了一道大门；《查拉图斯特拉如是说》则是一把锁，为我锁上了一道门。这道门一直紧闭着，很长时间都没有启封。就像是故事说的那样：一个老农夫有两头牛，这两头牛跟中了邪似的将头塞进了一个笼头里。小儿子很好奇地问自己的父亲：“爸爸，这一切是怎么发生的？”父亲沉吟片刻，回答道：“孩子啊，这样的事情千万不要跟别人说！”

我开始意识到，除非你跟人们谈论他们知道的事情，否则注定无功而返。幼稚的、冲动的人并不明白，对于大多数的人而言，谈论他们不懂得的事情是一种赤裸裸的侮辱。除非这些幼稚的人是赫赫有名的作家、记者乃至诗人的时候，大家才会原谅这种冒犯。一种新思想开始在我脑海中逐渐成形，也许这并非是新思想，而是旧思想中我所没有发掘的一面：只有有事实依据，才能同人建立沟通。事实是实实在在存在的，绝对不会被人轻视。我认识到，我所缺乏的恰恰是这些事实。在我的手中，任何事实都没有。以往很多时候，我的意识经常放任经验做主，这种感觉简直糟糕透了，就好像我穿过了一个满是钻石的山谷，但却无法说服别人相信我的经历，甚至连我自己都怀疑起来，因为我手中所拿的样本就是普通的岩石。我开始迁怒于哲学家们了，他们在传输经验的时候过于喋喋不休，但是在表述事实的时候却将嘴巴牢牢地闭住，在这方面，他们跟神学家们苍白的原论简直一模一样。

我发现人的心灵的客观事实

1898年，我觉得自己必须学有所长，开始正式考虑成为一名医生。可是我很矛盾，不知道在外科和内科之间如何抉择。我个人比较喜欢外科，因为我专门学过解剖，另外我对病理学还非常有兴趣。如果我有足够的钱来支持的话，我肯定选择外科，但是我没钱，为了上学我早就债台高筑，这种情况让我很痛苦。我心知肚明，期末考试结束后，我便应该去赚钱养家了。我预想的职位应该是县级医院的助理医师，相较于普通诊所而言，县级医院的助理医师的升职加薪空间更大。另外，让我纠结的一点是，诊所的职位，常常和负责人的支持和个人交际能力密切相关。而这，恰好是我所欠缺的。我的人际关系并不好，因为这一点所造成的困扰，我已经尝到了。我经常落落寡合，只是因为没有人理会我，因此，我并不指望能在诊所谋求到职位，只好寄希望于在地方医院找一个助理医生的职位。申请这个职位取决于我是否努力工作，取决于我的努力和我的申请。

但是，人算不如天算。在暑假期间，却发生了一件对我的选择有着十分重大影响的事情。

那天，我同往常一样在房间里温习功课。隔壁的房间原本是我的卧室，现在房门正开着，母亲正坐在里面织毛衣。她离一张桌子只有一码远，这张圆形的桌子是胡桃木质地的，至少有70年的历史了，因为它是我外祖母的嫁妆。房间内就剩下我跟我的母亲，女佣在厨房里面煮汤，而妹妹则去上学了。房间内静谧安详，忽地响起一声类似手枪射击的声音。我被这声音惊呆了，一跃而起，冲进发出爆炸声的房间，想要一探究竟。那就是隔壁我母亲所在的房间，因为母亲结结巴巴地说："发，发，发生什么事情了，在我这里。"而当我冲进去的时候，只见我母亲坐在扶手椅中，毛线团已经从她的手中掉落在她的脚边，她目瞪口呆地看着什么，一动不动。顺着她的目光看去，我看到了发生的一切：桌子竟然碎裂了，而且还不是沿着接口碎的，而是从桌子的边缘到中心产生了深深的裂缝，这件事让我如遭雷殛，这是怎么发生的呢？这张胡桃木的桌子虽然有些历史，但是质地结实，而且胡桃木本身是非常坚硬的木材。如果说它在冷且干燥的冬季碎裂或是在火炉边碎裂我一点也不诧异，但是它是在温暖而湿润的夏天碎裂的，这简直是太不可思议了。我百思不得其解，一句话便脱口而出："一定存在什么古怪。"母亲附和地点点头，用她第二人格独有的语气说："是啊，这一定是意味着什么。"这句话让我记忆犹新，但是我却无言以对，正是因为如此，我竟然生起自己的气来。

古怪的事情一而再，再而三地发生了。距此事发生两个星期之后，我踏着傍晚夕阳的余晖回到了家中。当我进入家中，立刻发现很不对劲，因为母亲、妹妹乃至女仆都处于一种激动的状态。我连忙问怎么了，原来一个小时前，我家发生了一件大事：家中有一个质地优良的餐具柜，历史颇为悠久，大约从19世纪初便买回来了。但是它忽然就倒在地上了，而在此之前没有任何征兆。母亲和妹妹还有女佣一起动手，从上到下察看这个餐具柜到底出现了什么问题，结果一无所获，这个餐具柜甚至没有一丝小小的缝隙。我亲自动手检查，依然没有发现任何让餐具柜倒下的罪魁祸首。不过我还是有些发现：在餐具柜的内壁里，存放面包篮的那层碗柜里，我找到了一条长面包，以及一把切面包的刀子。这把刀子的刀刃甚至都碎成了一片片，而刀把已经滚落在面包篮的角落里。奇怪的是，刀刃非常均匀地散布在四方形面包篮的三个角。我认识这把刀子，就在不久前的四点钟喝茶时，这把刀子还在被使用。自打上次四点钟喝完茶，就再也没有人靠近过这个餐具柜。

第二天，我带着已经变成碎片的刀刃去镇上有名的刀具商那里，想问问这一切是怎么发生的。他用放大镜仔细观察刀刃的断裂口，而后摇头给出一个比较权威的回答。他说："这把刀子很正常，完全没问题。碎裂成这样，只有两种可能：第一种，便是将刀刃插在抽屉的缝隙里，然后依次拆掉一片；第二种，便是将刀刃从高处抛下，掷在石头上。"不过他说，这把刀用的钢非常好，而好钢是不会出现这种情况的。他说："一定是有人在开你的玩笑。"因为这件事发生得过于诡异，所以我现在仍然保存着这些刀刃的碎片。

当时餐具柜倒下的时候，我母亲和妹妹恰好在这个房间中，突如其来的响声吓了她们一大跳。母亲的第二人格高深莫测地看着我，而我对此却给不出一个有说服力的解释。这件事让我记忆犹新，但是我却不知道它是如何发生的，甚至感觉莫名其妙，桌子莫名其妙地开裂，刀子莫名其妙地碎裂，这一切到底是怎么发生的呢？难道说这是偶然发生的巧合，可是这样的说法太过敷衍。偶然的发生是怎样发生的呢？就像是出于机缘巧合，莱茵河的河水竟然倒流了，这简直是匪夷所思嘛。

过了几个星期，我听亲戚们说起他们正在热衷搞桌子转动的事情，而且已经进行了很长的一段时间。甚至他们还找到了一个降神的人——一个不足16岁的年轻姑娘。

我的亲戚们一直很热心地想让我见见这位降神者，他们纷纷表示这位降神者能轻而易举地让人进入到梦游状态并能顺利招来死去的人的灵魂。当他们这么说的时候，我心中一动，自然而然地联想到前两件发生在我们家中的诡异事情，我认为，这位降神者肯定和这些事有关系。在这种念头的驱动下，我开始出席他们的降神会。这种降神会每周六举行一次，地点都在我亲戚家中。最开始发生的事情让我感到很惊奇，因为我感受到了墙和桌子发出奇怪的声响。我承认降神者会让桌子发出响声，但是我对她是如何和桌子交流起了疑心，因为如果降神者一动不动的话，那么墙和桌子所发出的声响便消失了。

我觉得，如果对降神者施法的条件加以限制的话，那么降神者施法所引发的效果便大打折扣。

后来，我将我的观察结果都写进了我的博士论文中。我参加了将近两年这种降神会，最初的新鲜感丧失后，我感觉到十分厌烦，甚至觉得这位所谓的降神者，不过是妄图通过一些小伎俩让人产生某种幻想而已。但是现在想起我却有些后悔，因为参加降神会能让我明白第二人格是如何形成的，并且我可以直观地看到第二人格是如何控制一个小孩的意识。降神者是那种早熟的孩子，在她24岁那年，我见过她最后一次，并亲眼见识到了她的独立人格，她成熟的独立人格给我留下不可磨灭的印象。不幸的是，她26岁便去世了，死因是肺结核病。她过世后，我偶然之间遇到了她的家人，便问询起她生命最后时光的状况。她的家人说，在她弥留的最后几个月中，那些卓尔不群的个性一点一点地消失，到了最后，她简直就像是一个两三岁的孩子，便是在这种情况下，她溘然长逝。

无论怎样，这对于我而言都是至关重要的一种体验。这件事让我早期的哲学观念一扫而空，取而代之的是心理学上的观点。对于人的心灵，我开始有一些顿悟。但是这些顿悟只可意会，不能言传。

我只能在我心中对我的顿悟不断润色，但却找不到一个倾听我顿悟的听众。因此，我只好将这个问题当作悬而未决的问题处理——束之高阁。直到两年后，这些问题才重见天日——有关这方面的我的专题论文才问世，这篇论文的标题是“论所谓的神秘现象同人的心理以及病理”。

而在医务所那里，弗列德里希·冯·穆勒取代了老伊玛曼的位置。在穆勒身上，我发现了很多闪光点。他才华卓绝，经常理智地把握问题的精髓并提出疑问，每次当他提出问题的时候，这些问题其实已经解决了一半。他似乎颇为赏识我，我认为他是看出我身上有种与众不同的素质。也许正是因为如此在我实习将近结束的时候，他对我说：“作为我的助手，你应该跟我去慕尼黑，因为我已经接受了慕尼黑的任职。”如果没有发生下面这件事，也许我便会接受他的建议和邀请，变成一位内科医生。但是发生这件事情后，我的决心彻底改变了方向。

精神医学才是我唯一的目标

要想讲清楚这件事，需要从头说起。虽然精神病学和临床医学一直存在于我的课程表里，但是我对这两门课程实在是提不起兴趣。第一，讲授精神病课程的老师只会照本宣科，丝毫不会让人发散思维，因此我不感兴趣。第二，我父亲临过世之前在精神病医院的种种体验，给我留下了难以磨灭的回忆，所以我对精神病学有本能的排斥。

我对精神病学没有一点好感，在学校中有关这方面的专题讲座和临床示范给我留下的印象很少，我甚至都回想不起来我在医院看到的有关精神病的病例。每当别人提起有关精神病学方面的内容时，我便会感觉恶心和厌烦。所以在回家准备考试的时候，我有意无意地将精神病学的教科书放在了最后。精神病学的书对我而言，就是鸡肋，我并不指望能从中获得什么。当我拿起卡拉夫特·艾宾所编著的《精神病学教科书》的时候，我还嗤之以鼻，我想："好啊，现在我要看看，一个精神病学家为了自己到底会胡诌一些什么吧！"

我开始"不怀好意"地读序言，我想看看精神病学家们是如何用科学的语言概述自己的科目，他们怎样证明精神病是存在的。从我所持有的居高临下的态度，读者们一定会知道，当时的精神病学家在医疗界的地位是不太高的，甚至是被人所歧视的。

这种情况的发生在所难免，因为当时没有一个人愿意将精神病学看成一个整体，遑论将人的各种病理变化囊括到精神病学中去。精神病学家和患者们被隔离在精神病医院之中，与世隔绝。在常人眼中，精神病医院就像是以前的麻风病医院，远离城郊，几乎没有人愿意往那里看上一眼。其他科目的医生对于精神病学知之甚少，自然，他们也不愿意深入了解这个科目。这造成了他们对于精神病的了解并不比门外汉们多多少。而大多数人认为，精神病是永远不会被治愈的病症，这种根深蒂固的偏见也影响到了人们对精神病专家的看法。以至于精神病医生在那个时候被认为是怪胎，对于这点，不久之后我便有了亲身体验。

打开序言，映入我眼帘的是："可能是因为这个科目发展得并不完全的缘故，神经病学相关的教科书便被打上了清晰的主观印记。"我一目十行地浏览，很快就发现了这样的一段话："精神病患者所患的病症是人格之病。"当我看到这句话的时候，如遭雷击。我的心开始狂跳起来，我不得不站起身来长长地出一口气，纾解一下我的紧张情绪。

就在这电光石火的一瞬间，我的脑海中已经得到了清晰的启示：精神病学才是我未来选择的唯一目标。从这句话我便意识到，只有学习精神病学，我才能将我的兴趣的两条洪流汇聚在一起，并将这两条的洪流汇聚成一道强有力的水柱，为我的将来冲出一道康庄的河床。在我眼中，精神病学为我进行实验提供了广阔的天地，而这种广阔的天地恰恰是我所梦寐以求的。在此之前，我一直寻觅着这样的天地的所在，但是一直求而不得，而在这里，我终于找到了它，这片天地让大自然和精神的碰撞产生了现实的火花。

当卡拉夫特·艾宾在自己的精神病学著作中，说到了“人格”以及“主观”的时候，就像是在我干燥的思维之柴上投了一把大火。其实我也心知肚明，他所提到的“人格”和“主观”掺杂了他本人固有的偏见，他不过是对于这些“人格”乃至“主观”做一下主观性的总结概述而已。即便是这样，我在医院中并没有听别的老师讲述过这些。可以这样评价克拉夫特·艾宾的书对我产生的影响：这就像是一道光，指引了我即将前进的方向。除了跟随这耀眼的光芒的指引，我别无选择。

我终于做出了决定，但这并不意味每个人都要接受我的决定。当我告诉我内科老师这个决定的时候，他如受到了惊吓。面部表情充斥着惊诧和失望。这些表情告诉我，我再度成为一个不受欢迎的人，似乎老师要打从心眼里开始疏远我。这种表情撕裂了我内心已经结痂的伤口，让这个伤口重新变得鲜血淋漓，痛不堪言。不过即便是我自己，也说不明白我到底是怎么了。为什么我会放着康庄大道路不走，而走那些崎岖的小路呢？甭说我的朋友了，我自己都想不通。也难怪我的那些朋友认为我是个傻瓜了，毕竟不是每个人都有勇气放弃谋取医学内科这样前途远大的职业，而喜欢精神病学的胡说八道的。在我的朋友看来，这简直是明珠暗投。

老师和朋友的态度都告诉我，我再次孤身一人踏入了一条死胡同，无人相伴亦无人理解。可是依然没有任何事物能左右我的决心，我一意孤行地认定自己的决定是正确而有道理的，并且坚信，我之所以会做出这样的决定是命中注定的。做出这个决定后，我觉得我的第一人格和第二人格开始齐心协力地发挥作用，他们就像是截然不同的河流，在一处汇聚，产生了巨大的能量。

作为一个“双重性格合二为一的人”，我开始自信满满，觉得自己就像乘坐着一帆风顺的帆船，拥有魔力的海浪会让我顺风顺水。也正是因为这样，我顺利通过了期末考试，而且还取得了第一名的优异成绩。我在通往奇迹之路上一帆风顺，甚至在几个科目考试上，都猜到了他们会问我什么问题。可是，显然我已被胜利冲昏了头脑，开始飘飘然了。所以我在最拿手的科目上跌了大大的跟头，原本的病理解剖学对于我而言，简直是小菜一碟，可是在进行考试的时候，我却犯了不应该犯的错误。在显微镜上的承物玻璃片上，我看到的只是含有上皮细胞的碎屑，但是我却没有发现躲在玻璃片一角的霉菌。大风大浪我都平安地度过了，却在阴沟里翻了船。也正是因为这一点，最高分同我失之交臂。

考试的最终结果出炉了，我和另外一个平素里独来独往的家伙所取得的分数一模一样。我并不了解这个人的个性，甚至我有时会觉得这个人的性格十分平庸。平常除了无法避免的“客套话”，我几乎不跟他做任何方面的深入交流。另外，我发现，不管是什么事情，他都会报之高深莫测的微微一笑。这种微笑的神情，总会让我想到古希腊岛屿上的神像——高人一等，没有丝毫的人间烟火气。但是同他这种高人一等不相协调的是他的行为，似乎不管是在什么场合，他都会显得手忙脚乱。他的行为完全和他的神情脱节了，这是不是一种“愚蠢”呢？我没有任何证据证明他的愚蠢，但是有一点我可以肯定，他野心勃勃，甚至是个偏执狂。不过对于实务以外的事情，他通常兴趣缺缺。

几年之后，这位同学便罹患了精神分裂症。我之所以会提到我的同学，是想用我的同学来做一个例子来论证我某些观点。就像是在我的第一本书中，对精神分裂症也称早发性痴呆，曾经阐述过的某些观点：病人人格及其倾向与这种人格之病是相对应的。我素来认为，精神病学的广义意义在于，病人的“心灵”在同医生的心灵在进行对话，当然，这种对话建立在一种前提下，那便是我们先假设医生的心灵是正常的。而病人的“心灵”肯同医生的心灵进行对话，本身便是一种让步和妥协，因为医生同病人一样，都拥有相同的主观意识。我的观点是，幻想和妄想，人人有份，绝非精神病人所独有。

期末考试结束后的晚上，我给自己放了一个假，放任自己去肆意享受一下。我给自己买了一张戏票，去戏院看戏一直是这几年中我可望而不可即的享受。在过去的几年中，我的经济情况不能允许我做如此铺张浪费的行为，但是现在已经是期末了，更何况我帮助姑妈卖古董所赚取的差价到现在还有结余。所以我不仅有能力去看一场歌剧，甚至我还去慕尼黑和斯图加特旅游了一番。

比才（Bizet）的音乐攫住了我的心灵。那动人悦耳的音乐响起的时候，我便如同在一望无际的大海上的波涛上随波逐流。当真称得上是“绕梁三日”，到我第二天乘坐的火车越过边境的时候，《卡门》优美的旋律依然久久萦绕在我的耳际。而在慕尼黑，我再度领略了真正的古典艺术。古典艺术同比才的音乐完美地融合在了一起，让我如痴如醉，欲罢不能。这时候的我所感受到的气氛是什么样的呢？春天百花绽放，万物复苏或者是新婚时候的欢天喜地。我无法用语言精准表述出来我的感觉。但是外部环境却和我领会的氛围截然相反，因为现在正是七月份，正是连天阴雨的时候。

人生便是这样的奇妙，你不知道哪一句再见会变成再也不见。在斯图加特的时候，我拜访了我的姑妈弗劳·雷玛·荣格，她跟我有千丝万缕的关系。对我而言，她的丈夫是一个精神病学家；对我的父亲而言，她是他的姐妹，对我的祖父而言，她是我祖父与弗吉尼亚·德·拉索尔的第一次婚姻所生的女儿。她是个让人着迷的老太太，她有一双如同天上星子般灿烂的蓝眼睛，她的性格活泼得如同春天汩汩流动的溪流，在我看来，她仿佛生活在一个充满不可名状的幻想的世界中。在这个世界里，任何的记忆中的事物都是鲜活的——她宛如生活在一个消亡的过往中，这一次的拜访，是我同我的童年的告别。

苏黎世的新生涯

1900年12月10日，对我而言是一个特殊的日子，这天我在苏黎世的博格尔磁力精神病院谋得了助理医生的职位。来到苏黎世工作让我很高兴，因为在巴塞尔的生活，让我觉得厌烦和无聊。另外，巴塞尔的人在我眼中也是见识短浅的。他们总是觉得只有巴塞尔是文明之都，而别的城镇却是顽劣不开化的，在他们眼中，波斯河的北岸，简直是野蛮人的国土。

我离开巴塞尔的举动让我的朋友们迷惑不解，他们断定我很快便会回到巴塞尔。但是他们大错特错，对于巴塞尔而言，我是绝对不会回来了。虽然巴塞尔拥有浓郁的知识气氛，但是传统的习惯却让我无福消受。因为在巴塞尔，不管是什么时候，当别人提到我的时候，都会说我是保尔·荣格牧师的儿子和卡尔·古斯塔夫·荣格教授的孙子。他们为我贴上知识分子的标签，似乎这样的我只能加入某个特定的圈子，可是我不想加入到任何特定的圈子中去。

当我来到苏黎世后，我立刻感受到了巴塞尔和苏黎世的区别。巴塞尔是一杯气味清香的香茶，而苏黎世是一杯醇香四溢的咖啡。巴塞尔同世界联系的桥梁是知识，而苏黎世同世界联系的纽带是商业。在苏黎世这里，气氛是自由的，思想是自在的，而这种心灵上的自由自在恰恰是我所看重的。在这里，即便你的出身并不是书香门第，也不会感受到丝毫的压力。对于这一点，我非常的喜欢。但是，我依然怀念巴塞尔。当我想到巴塞尔，就会想到同巴霍芬和伯克哈特在街上漫步的那些日子，会想到大教堂后面的牧师会会堂，还会想到莱茵河上的那座古桥，我甚至还记得那座古桥是半木石结构的。

我离开巴塞尔对于我母亲而言是个不小的打击。我知道，母亲正在遭受“生离别”的痛苦，作为她的儿子，我却无法帮助缓解这种痛苦。我的母亲很坚强，她自己承受了这种痛苦。这个时候我的母亲同我的妹妹相依为命，我的妹妹容颜清秀但是多愁善感而且身体孱弱。不管从哪个角度来说，我跟我妹妹都是截然不同的人，似乎妹妹的性格就注定了她会终生不嫁，后来，这也变成了现实。虽然我的妹妹沉默寡言，但是无论是待人接物还是为人处世，我妹妹都拥有让人尊敬的品格。让人痛心的是，我妹妹最后死在了手术台上。那个时候她不得不做一个小手术，而医生保证说这种手术没有风险，可恰恰是这种没有风险的手术，带走了我妹妹的生命。当我发现，我妹妹将自己的生前事都一一安排妥当，每一个细节她都考虑到了，当我意识到这一点的时候，除了痛心还有崇敬。虽然表面上看，我很感性，我妹妹总是很冷静，可她同样也有一颗玲珑剔透的心。我可以想象得出，就像是我祖父他那唯一的妹妹经历过的那样，她在养老院中怎样打发她人生最后一段时光的。

就这样，我在伯戈尔茨利精神病院的工作开始了，这个时候的生活要求我专心致志，精神高度集中以应对突发情况，头脑清醒地对病人进行治疗，认真负责地看待我的工作，等等。

精神病医院就像远离世俗的修道院。当你踏入到这里面的时候，你便不得不屈从那些大概可能有的，却没有一次被验证过的东西。你不得不放弃尘世中你所有的一切，并屈从于那些平庸平淡平凡的东西。在这里，一切超凡绝俗都变成了面目模糊。从此之后，我们有的只是华而不实的表面，却没有内在深邃的意义，以及连绵不断的继续。我们有的只是不断缩水的知识，却同相关的时间划出了距离。我们有的是，日常事务中琐碎的沙漠，以及看不到光明的前景，没有了希望，没有了未来。

接连六个月的时间，我如同苦行僧般在这如同修道院一样的精神病医院中，习惯这里的生活。为了让自己更加熟悉精神病患者的思想和心理，我再度将《精神病学概论》的每一卷都认真研读。这个时候的我想要搞清楚的只有一件事：人类的心灵在面对毁灭的情境时，会做出什么样的反应？在我看来，精神病学是一种这样的存在：它颠覆了以前的那种论调———支配健康头脑做出生物反应的意识。

让我发生兴趣的不光是精神病人，还有治疗精神病人的医生们，也就是我的同事。在接下来的几年中，我暗中编制了我的一些瑞士同事在遗传方面的统计数字。这些统计数字让我受益匪浅。我这样做的目的有二：不仅能让自己增进知识，还能更好地理解精神病人的智力发展情况。

我全心全意地进行工作，闲暇时候便专心读书。几乎不用我刻意去做什么，我同同事之间便开始产生了隔阂。他们并不知道，精神病学对我的意义，我急于参透隐藏在精神病学之中有关意识的真相。那个时候的我十分的青涩，还没有任何属于自己的治疗手段。但所谓正常的病理变异，却让我深深地着迷。因为在这个时候，我已经获得了渴望已久的机会，更方便和深入地观察人的心灵。

这便是我开始我的精神病学生涯的伊始。因为在这个时候，我已经从客观的生活中总结出了主观的经验。我依然活在自己的主观世界中，既不想用一种超脱的纯粹客观的观点来观察自身，更没有这种全然客观的能力。我很乐意写一本这样的书，书中充满了我对自己的修正的痕迹，或者将自己描述成全知全能的人物。可这些都是一般自传中人们所津津乐道的错误。因为，人本身只不过是一个事件，它只能发生，却无法给自己做出任何判断，判断人的，始终是他人。

第四章
精神医学之旅

在伯戈尔茨利精神病医院工作的那几年，我还是一无所知的“菜鸟”。但是这并不妨碍我对自己的工作充满了研究的热情和兴趣。其中最让我感兴趣的是一个紧要的问题：“精神病人的内心到底是如何想的？”当时对于这个问题，我充满了好奇，但是却一无所知。我的同事也不遑多让，他们压根对这个问题就不感兴趣。他们感兴趣的是如何做出诊断，并想方设法用医学术语描述病人的病状。我经常看到，医生带着一打厚厚的资料——有关病人事无巨细的病例来见病人，并将病人简单的分类，然后在诊断书上盖上象征盖棺定论的橡皮图章。没有人去关心病人的人格，因为在当时很多医生的认知中，病人的人格就是病人的个性，对于治疗而言，是全然没有意义的。

在这一点上，弗洛伊德变成了我的领路人。尽管他本人是不折不扣的精神病学专家，但却将病理学引入到了精神病的治疗当中。尤其是在癔病和对梦——人们的潜意识进行解读的方面，弗洛伊德做了基础性的研究。对我而言，他的观点为我在治疗个别病人时，调查和了解一些病人的潜意识给出了方向和手段。

至今，我依然能清晰地回忆起那个时候让我十分感兴趣的一个病例——一位年轻的妇人患有“忧郁症”被医院收容。医生对她做了例行检查，无非是询问病史，以及对病人做一些常规检查之类。诊断的结果是精神分裂症，利用当时的术语来说，这位妇人得了精神分裂症，也就是变成了痴呆。而结果呢？肯定不是乐观的了。

最开始的时候，作为初学者的我自然不敢对诊断提出异议。因为提出异议往往意味着鲁莽，或者是初生牛犊不知天高地厚。可是这个病例却让我觉得很奇怪。我认为，这个病例根本不是精神分裂，而是一种抑郁症。恰好这位病人被分在了我所属的部门中，我便决定实验一下我自己的治疗方法。

那个时候，我正忙于诊断性联想研究。于是我便将我的联想实验应用到病人身上。我同她在一起，千方百计地让她说出自己的梦境。根据她的梦境，我直接从她潜意识中获取了信息。这个信息既不在病例中，也不在病史上，却无疑是真相。

当这位妇女云英未嫁之时，她结识了一位富有的工业家之子。因为富有，加之本身的条件，这位工业家之子是附近地区所有女孩的梦中情人。因为这个女人长相相当美丽，便自信能让这位大众情人变成自己的裙下之臣。可是这个人表面上对她很冷淡，这让她心灰意冷，很快便择人另嫁。

五年之后，有一位老友前来拜访这个妇人。他们一起回忆往昔，在说到未嫁的那段岁月时，老朋友无意中说起："还记得您那位某某先生（富有的工业家之子）吗？在您结婚的时候，他遭受了失恋的痛楚。"就是这一句话，诱发了她的抑郁症，几周后导致了无法弥补的后果。这位女士所住的地方是卫生情况并不好的乡下。这个地方的水源并不卫生，饮用水还好一点，用的是泉水，可是洗澡的水却是河里的脏水。那天，她给孩子们洗澡。先给4岁的女儿洗澡，而后给2岁的儿子洗。当她给女儿洗澡的时候，发现孩子正在吸吮一块洗澡用的海绵，但是她却没有上前制止，甚至还从浴盆中舀了一杯脏水给自己的儿子喝。当然，她并没有意识到自己做了什么。换言之，她的所作所为全是靠着潜意识支配的。这便是抑郁症在发挥影响了。

在很短的时间内，她的所作所为已经显示出了后果。喝了脏水的小儿子，幸运地活了下来，但是她的掌上明珠——小女儿却在伤寒病中死掉了。这时，她的抑郁症已经到了相当严重的阶段，她的家人不得不将她送入医院。

经由这些联想实验，一切真相大白。这位妇女所患的并不是精神分裂症，而是心理发生性扰动。而后者，也是诱发她抑郁症的主要原因。其实这位妇女，是一个谋杀犯，是她亲手杀害了自己的小女儿，而我掌握了她的秘密。

这个时候我的同行们都做了什么呢？给这位可怜的妇女注射麻醉剂，让她昏睡来克服她的失眠症；看守她，以防止她自杀；给她做一些常规例行检查，发现她的身体还算健康。除了这些，便没有做其他的治疗了。那么应该在治疗手段上采取哪些新的措施呢？我陷入沉思之中。

我现在处于两难之中：如果我将我所知道的一切跟她开诚布公的话，会取得怎样的效果？如果我将知道的一切三缄其口的话，那么病人的病情该怎么治疗呢？良心在激励我，职责在鼓励我，但是世俗却在尝试劝说我。而我一切的问题，都必须自己去承担。如果我尝试让我的同事帮我的忙，那么同事们肯定会众口一词地劝说我放弃这个念头。他们会说："天啊，看在上帝的面子上，荣格你千万不要用这件事去刺激她，这样只会让她的病情更加恶化而已。"可是我并不这么认为，我觉得这样做的效果可能是"以毒攻毒"。更何况心理学的治疗手段根本没有固定的方式，一个问题可以这样回答，也可以那样回答；一个病人可以这样治疗，也可以那样治疗，都取决于医生是否将病人的潜意识考虑在内。我觉得我有必要冒这样的风险，哪怕病人的病情会加重或是让我承受怀疑和指责。

所以我还是决定要尝试一下用我的方法对这个病人进行诊治，横竖这位病人已经被确定了无可救药，再糟糕也不过就是一样的结果。于是我便将我所联想到的一切对这位病人和盘托出，读者们可以想见这种做法的难度。认定一个人是杀人犯可非同小可，而且这个人还并不知道自己已经杀了人，她会感到痛苦万分。但是这种治疗方式显然是具有一定成效的，因为两周以后这位病人已经痊愈了，从此之后，这位病人再也没有进过精神病医院。

当我成功治疗了这个病人之后，很多同事询问我是如何治疗的，我不得不守口如瓶。这是因为当我告诉他们一切的真相的时候，他们会对这件事议论纷纷，当流言甚嚣尘上的时候，可能会对我的病人造成有关诉讼方面的困扰。可能说诉讼是有些夸张了，因为没有足够的证据指认我的病人是一位谋杀犯。但是即便是这样的言论，也足可以给我的病人带来灾难性的后果。因为命运施予她的惩罚已经足够残忍！对于一位母亲而言，还有什么比失去自己的孩子更加让人痛心呢？！ 她的赎罪行为在她患上了抑郁症并被监禁在医院中的时候，便已经开始了。即便她痊愈出院，她身上的有关这方面的压力却有增无减。从此以后，她会背负着这样的负担生活，并在生活中进行赎罪，在我看来，这更有意义。

有一种非常常见的情况常常出现在精神病的治疗过程中——精神病人都存在一个不为人知的病源。这种病源，是在病人内心最深处的苔藓，也是将病人的意识之船撞得七零八落的暗礁，只有对病人病情的来龙去脉进行调查和研究，这才是治疗的开端。甚至可以说，这个源头，才是医生破解治疗密码的关键。作为一个精神病医生，他的主要职责便是找到这个病源。在大多数的情况下，意识方面的内容也很重要，但并不是关键所在。想要找到这种关键所在，不妨尝试一下联想试验的方法。除了这个办法，从病人的梦境入手，或是以高度的同情心和耐心对待病人，也能取得一定的效果。在治疗方面，不要将治疗的手段局限在病人的症状上，而是要从病人的整体出发，研究并明白病人的心理，为了弄明白病人的心理，我们必须提出各种触及病人人格的问题。

第一次真正的治疗体验

1905年的时候，我荣膺苏黎世大学的精神病学的讲师。这一年对于我而言，是个丰收年，因为在这一年，我还成为精神病诊所的高级医师。我对这个职位很是看重，在这个职位上足足干了四年有余。直到1909年，我才不得不对这个职位说再见。因为这个时候我的职称已经晋级成了教授，而诊所的事情也越来越忙，我在私人时间内治疗的病人越来越多，时间安排也越来越紧张，所以我才停止了这项工作。在课堂上，从最初到1903年，我所讲述的心理病理学，往往以弗洛伊德的理论为基础。同时，我还讲述弗洛伊德的精神分析的基础课程以及蛮族人心理学。作为辅助，我还讲述催眠术。

在讲述催眠术期间，我通常喜欢在学生面前诊治病人，这种示范性教学往往要求我对病人的病史进行详细问询。这其中有一个病例留给我深刻的印象：

有一天，一位上帝虔诚的信徒来到我处就诊。58岁的她，虽非垂垂老矣，却是拄着拐棍来的。原来她的左腿已经瘫痪了17年了，在女仆的帮助下才能前来就诊。我先是让她坐在舒服的沙发上，然后要求她讲述一下这个梦的来龙去脉。她一开口便滔滔不绝讲述起她可怕的病症，事无巨细地为我讲述自己病的故事。她继续不停地说下去，而且还讲到了最令人惊异的各种梦，讲到了代表着潜意识的极为深刻的体验的各种梦。然而，直到几年之后我才明白了这一点。当时，我认为她是处于一种极度兴奋状态，于是不得不打断她，并告诉她说："夫人，现在我们没有时间详谈了，我现在就对您进行催眠，好吗？"就在我刚刚说完，还没有任何动作的时候，她已经酣然入睡了。我敢保证，我根本没有对她进行催眠。但是她却出乎我意料地沉沉睡去，从表面上看，我的催眠进展得十分顺利，但是事实上我却知道这次催眠中我根本就是局外人。当时的情况已经不允许我再说什么了，因为现场还有二十多个学生目不转睛地看着我的行动呢。

一个半小时后，她依然睡得酣甜。我试图将她唤起，但是她显然睡梦正酣，对于我的呼唤，沉睡的她置若罔闻。这样的情况让我很是震惊，也让我尴尬得面红耳赤。因为我觉得，我可能无意之中闯入到了她精神的最深处。难道说，她实际上是一个潜在的精神病患者。我花了大概10分钟的时间才将她唤醒，这个时候我的精神处于高度紧张的状态。这个女人醒来的时候，她就像是睡梦中被惊醒的任何人一样，意识混混沌沌，面部表情还有几分摸不清楚情况的呆滞。趁这个机会，我对她大声说道："我是您的医生，您现在已经痊愈了。"听到这里，这个女人大声呼喊："我终于可以摆脱病魔啦。"说完这句话的时候，她果然将拐棍扔掉，行走自如。我完全懵了，我心知肚明，这一切跟我都没关系，但是我还是硬着头皮对我的学生们说："看吧，这便是催眠术的奇效。"

是什么让我放弃催眠术的呢？这次经历便是其中的一个原因。我甚至都不明白到底发生了什么，这个女人便痊愈了，似乎是真的痊愈了，因为她的表情是轻松而且愉悦的。我请求她能让我跟踪治疗，因为我怀疑过了24小时，她便会旧病复发。可是这之后过去了很久，她的病也没有复发。尽管内心存疑，但是我还要接受她的确是被治疗好了的事实。

第二年夏天的那个学期，在我进行第一次授课的时候，她再度来了。这次她跟我说："我背疼得厉害，这种情况以前从来没有过。"似乎自然而然的，我便询问是不是跟我近期进行的讲座有关。她不置可否，我只好不断地问问题。是不是在报纸上看到了我开设讲座的通知？是不是发生了什么事？但是她回想不起来背疼发作的那一天她到底发生了什么。最后我得出了结论，在报纸上看到通知的那一天，恰好是她在报纸上看到我开设讲座的那一天。虽然这证实了我的猜想，但是我却仍然不知道她的病源是什么。我再次对她进行催眠，这种看似催眠很有成效，因为她再次陷入了昏睡状态。当然了，当她再次醒来的时候，她的背疼情况已经有所好转。

为了打听有关她更多的事情，讲完课后我将她挽留下来。经过交谈我知道，她原来是有一个儿子的，但不幸的是，这个儿子是弱智痴呆儿，很小的时候便被送往精神病院。之所以我以前不知道这件事，是因为她的姓是第二个丈夫的姓，而她儿子的姓，是她第一个丈夫的姓。而她的儿子，是她的独子。儿子的病对她而言是巨大的打击，因为她的梦想便是成为一个英雄的母亲。当她见到我的时候，我是一位“事业有成”“前途大好”的年轻医生，她竟然将我等同于她的儿子，满足她有一位好儿子的梦想。也正因如此，她将我认成干儿子，还到处给我做广告，说我是神医，轻而易举地治好了她的病。

我在当地获得了很大的声誉，这要归功于她；我拥有了第一批病源，这同样归功于她；我的心理疗法开始成型，依然归功于她。换句话说，我的心理疗法竟然是从一位想让我代替她患精神病的儿子存在的母亲开始的。当我认真讲述为什么她会这样的时候，她听得很认真。看上去她理解了我的说法，因为她的病再也没有复发过。

从实质上说，这是我第一次真正的治疗，也可以这样说，这是我第一次对病人的病源进行有效的探索。甚至直到今天，我依然记得这位老太太都说了什么。她很聪明，自然知道我不是敷衍她，而是认真地在倾听她，也知道我对她儿子的关心发自肺腑。因为我态度很真诚的缘故，她很感激我，对于一个内心苦闷的人而言，这的确是在帮她忙。

她审判了自己

当我开设私人诊所、挂牌行医的伊始，我也将催眠作为治疗的主要手段。但是我很快就放弃了这种做法，因为每次使用这种做法的时候，我的内心总是不安。催眠手段只不过是在黑暗中进行摸索，无从知道病人病情的治疗状况，更不知道这种方法所产生的效果能持续多久。另外，我不喜欢我的自我指手画脚地告诉病人应该这样做还是那么做。相比较而言，我更喜欢的是从病人的本心出发，找到他们的病源，并按照这种病源的指示对他们进行引导。为了找出病人的病源，要对病人的梦加以重视，并对潜意识的外在表现进行探索，这是相当有必要的。

在1904—1905年期间，我的精神病理学实验室开始进行了有条不紊的工作。这个实验室并非我一人之功，我的学生们也起到了非常重要的作用。我们在这里进行试验，对精神性反应做各种的调查研究。大弗兰茨·李克林是我的伙伴，协助我完成试验，路德维罗·宾斯旺哥在写一篇有关精神电疗法效应的博士论文，而当时我在写《论从心理学角度对事实的确定》这一篇论文。在我们的同事中还有几个美国人，如卡尔·彼特森、查尔斯·里克什等，他们的论文都在美国期刊上发表。这些联想研究，给我们带来了声誉和认可。1909年，我被克拉克大学邀请去进行讲学，并在克拉克大学对我的研究成果进行一系列的讲座。与此同时，弗洛伊德也被邀请至克拉克大学。虽然跟我无关，但是我仍然要强调一点，我们两人均被克拉克大学授予了“荣誉法学博士”的头衔。

我之所以在美国声名鹊起，源于我使用了联想实验和精神流电疗法实验。很快，我的诊所门庭若市，很多病人慕名来找我进行治疗。在这一批病人中，有一个病例我记得很清楚。患者是美国人，是由我的美国同行介绍来的。他的病例上写着：酒精中毒性神经衰弱，并被医生下达了判决书：无法治愈。我的那位同行唯恐我的治疗不起作用，便采取了双保险的策略，在我这里求诊的时候的同时，还建议患者到柏林某位神经病权威那里进行求治。

经过我的“望闻问切”，我很快断定这位前来就诊的患者患了神经官能症。对于这种病的病因，他讳莫如深。但是经过我的联想实验，我发现，他被一种可怕的恋母情结困扰着。从表面上看，他事业有成，妻子温婉贤淑，他很富有并在当地享有声誉，可这一切都是表面现象。他之所以会酗酒成性，是想利用酒精摆脱一切困扰。他极力想让自己处于麻痹状态，并将那些纷扰置之脑后，但是他高估了酒精的作用。

他母亲是一家大公司的创始人，而她智力过人、在管理上甚有天赋的儿子在公司帮助母亲打理生意。从年龄和能力上看，他应该早就脱离母亲的强制管制，但是他却鼓不起勇气，更下不了决心抛弃优渥的职位和优厚的薪水。正是因为他顾虑重重，才便被自己的母亲牢牢控制住，任由自己的母亲将自己的职业生涯捏圆揉扁。当他们对于工作的意见产生分歧的时候，他会屈从自己的母亲。他不甘心这样做，所以用酗酒来麻醉自己。他之所以会如此痛苦，是因为他离不开自己温暖舒适的家，无法抵抗财富的诱惑，尽管这一切有违他的本意。

经过短时间的治疗，效果十分显著。从表面上看来，这个病人已经改过自新，不再酗酒，甚至连他自己都这样认为，但是我并不乐观。我严肃地对他说：“如果您重新回到以前的生活环境中去，很有可能会旧病复发。”但是对于我的担心，他不以为然，还是高高兴兴地返回到了自己美国的家。

当他重新变成雏鸟回到自己母亲的羽翼下的时候，他故态复萌，重新变成一个不折不扣的酒鬼。他的情况显然是糟糕透了，以致他的母亲不得不来到瑞典亲自询问我有关的治疗办法。从她的言谈看出，这是一位相当精明的女人，且对权力的控制欲很强。当我见到他的母亲的时候，我知道他一直想要争取的是什么了。同时我也意识到，在这样的母亲面前，任何的抗争都是无济于事的，甚至就连体格上，他也比自己的母亲还要柔弱。对于这样的他，我不得不采取强迫性的治疗方法。我给他的母亲看了一张医疗证明，证明上白纸黑字地告诉她，由于酗酒的缘故，她的儿子已经无法胜任任何工作，在证明的最后面，我给出了医嘱——开除他是最好的办法。我的建议被他的母亲接纳了，他对此大发雷霆，但是已经于事无补了。

其实在这里，我做了一件不该做的事——我给他母亲看的医疗证明都是虚假的。按照医学家的规定以及一个医生的道德而言，开这样的证明似乎是错误的行为。可是，我说服我自己，为了让病人痊愈，我顾不得这么多了。

关于他的故事还有后续，他如同一只羽翼丰满的雏鸟终于离开了自己的母亲。离开了母亲的他，很快找到了自己的天空。他不仅戒掉了酗酒的坏毛病，而且在自己的事业上有了长足的发展。他的妻子认为，这是因为我给他对症下药的缘故，正因为如此，他的妻子将我看成了他的恩人。

虽然结局看起来皆大欢喜，但是我内心仍然有所愧疚，毕竟我当时是背着他偷偷开的证明。尽管我确信只有这样才能让他解脱出来，并且事实也证明了这一点——他最终从恋母情结中解脱出来，精神病症状也消失了，他彻底痊愈了，但是这并没有消弭我的罪恶感。

在我挂牌行医的时候，人类精神对人类本身所犯罪行做出或多或少或轻微或者强烈的反应，这种反应给我留下深刻的印象。就像是我前文所说的那位年轻的妇人，其实最开始的时候，她并不知道是自己杀害了自己的孩子，但是她却表现得很有罪恶感，这便是典型的例子。

精神病背后的正常人格

还有一个与这位年轻妇人相似的病例，同样让我刻骨铭心。有一天，一位夫人来到我的诊所求诊。当我问及她的姓名时，她拒绝回答，并告诉我，姓名无关紧要，因为她只就诊一次。从她的言谈和气度上看，她来自上流社会。并且她告诉我，她也曾经是一位医生，而今天来，并非为了求诊，而是为了“自白”。大约在20年前，这位夫人陷入爱河不能自拔，但是她爱的人，却是有妇之夫——她最好朋友的丈夫。她很爱那位男士，想要得到那位男士似乎只有一条途径，那就是杀了自己的好朋友。毫无疑问，她也那样干了，甚至没有一丁点儿的道德负担，她觉得，只要自己不被抓住，那么任何负担以及压力都不会存在。

然而结果却不是她预想得那样美满，的确，她同这位男士“有情人终成眷属”了，可是这位男士却“英年早逝”了。而这只是一系列奇怪的事情的开始。他们婚后曾育有一女，但是女儿长大后，想方设法要离开她，最后年纪轻轻的就结了婚，远嫁之后音信全无。

这位太太喜好骑马，而且骑术颇佳，她有几匹很喜欢的乘用马。但是有一天，她发现这些马开始跟她疏远起来——在她骑乘的时候惶恐不安，而她最喜爱的那匹马甚至试图将她甩落在地。在这种不得已的情况下，她放弃了对马的热爱，转而喜欢起狗来。有一只狗最得她的喜欢，可是命中注定会发生点什么，这只狗忽然瘫痪了。这个时候的她彻底陷入了孤独的孤岛。不幸的她终于意识到，她在道德上是一个破产的人。她是一个杀人犯，但是在杀人的同时将自己的道德乃至灵魂也谋杀了。杀人者得到的判决，往往来自陪审团，也来自自己。如果杀人犯东窗事发的话，法律就会给予制裁；如果谋杀者并没有原形毕露，而且没有意识到这是犯罪，甚至自己也没有给自己道德施压的话，她依然会遭受到惩罚。而这种惩罚就像是病例中所说的那样，是无孔不入的，甚至动物和植物都开始远离她。她认识到了这一点，也正是因为如此，她需要找一个人来坦白自己，从而换取心灵的救赎。

由于她杀了人，便受到了孤独的惩罚，动物们甚至都不亲近她，这种难以言喻的孤独感吞噬着她的心灵。为了摆脱这种孤独，她需要一个人倾听自己的秘密，这个人最好是一个心理健康、历史清白的人，而且客观公正，我被选中充当这样的角色。之所以选择我而非牧师，实在是因为牧师不是一个好的倾听对象，他们在倾听别人的忏悔的时候，往往带有浓重的主观色彩，他们不会就事论事，而是从道德出发判定别人有错没错。对于遭遇丈夫早亡，女儿抛弃，甚至连动物都疏远的她来说，任何一丁点儿的谴责都会变成压死骆驼的最后一颗稻草。所以她找到了我——精神病医生，满足她倾诉的所有条件，似乎只要同这样的人坦白，她便能再度回到人类社会中一样。

我一直不知道这位女患者的真实身份，更找不到任何真实的证据来证明她讲述的故事是真实的，可是我依然对这个女人心怀挂念，她会有个什么样的结局呢？倘若她说的是真的的话，那么自白只能短时间内缓解她的情绪，而不能一劳永逸地改变她心灵的困顿。她会不会在巨大的压力的逼迫下自杀呢？我简直无法想象，一个人如何在完全孤独的情况下继续生活。

临床诊断非常重要，如果将医生治疗比喻成航海的话，那么临床诊断便是灯塔，指引着医生治疗的方向，但是对于患者而言，临床诊断的作用不是很大。对于精神病医生而言，最重要的是发掘病人内心的故事，找到病人患病的根源所在，只有找到这点，才能对症下药，医生的治疗才会发挥作用，有一个病例便证明了这点。

这个病例是有关一位“病史悠久”的女病人的，当我遇见她的时候，她已经75岁了。在她75岁的生命中，有3/4的岁月是在病榻上度过的，但是医院绝大多数的人都已经不记得她是因为什么住院的了，记得她住院始末的人大多数已经与世长辞，唯独医院中的一位老护士长，对她的往昔还残存了一点细枝末节的印象。这位老太太现在已经不会说话了，她的肠胃也萎缩得厉害，只能吃一点流食来维持生命延续的养分。她靠手指进食，将手指放在牛奶杯中，沾上了牛奶后，将牛奶一滴一滴地滴落在自己口中。有的时候，喝一杯牛奶就要耗费她将近两个小时的时间。而不吃东西的时候，她又开始做一套古怪的动作：双手上下有规律地律动着。

这些动作究竟代表着什么呢？我百思不得其解。虽然我对精神病之于人精神的损害之大是有所认识的，但是我却找不到任何合理的解释给予这种古怪的动作。因为这位老太太得病已久，所以被医学院当成了“教学工具”，当成精神分裂的典型病例让医学院的学生们进行参观。可是这对我而言，却没有太多的意义，即便我参观她一千次，依然无法理解她古怪动作所代表的含义。

这个病例给我留下了最深刻的印象，而这种印象就是当时的我对精神病学的认识。那个时候的我懵懵懂懂，并不知道精神病学到底意味着什么。精神病学对我而言，是个神秘的事物，对此我一无所知。我认为精神病学最重要的任务在于弄清楚病人的头脑中发生了什么，我对于这样的情况一无所知。也正因为如此，当我站在精神病学主治医师或者是我同事面前的时候，我常常会局促不安，而他们各个一副胸有成竹的样子，可我始终在黑夜中徘徊，始终找不到光明。

一天晚上，夜色已经笼罩了大地。当我依例巡查病房的时候，我看到老太太在重复她固有的动作。我百思不得其解，她这套动作代表的是什么意思呢？随后我便去护士长那里询问这件事，我问护士长：“她一直都是这个模样吗？”护士长回答道：“是啊，以前的老护士长在离任的时候曾经告诉过我，她一向是这样，这一套动作是在做鞋子。”听完老护士长的话，我赶紧去翻看她那已经泛黄的病例，病例登载的内容印证了老护士长的话。上面说，她有做鞋子动作的习惯。我想了一下，这的确是做鞋的动作。旧日的乡间，鞋匠将鞋子夹在两膝之间，而后穿针引线。到现在，乡间依然能看到这样的鞋匠出没。

这位病人不久后撒手人寰，在葬礼上我遇见了她的哥哥。出于一位医生的职责，我小心翼翼地询问：“您妹妹是如何患上这种病的呢？”他叹了一口气说：原来的时候，她同一位鞋匠坠入爱河，本来已经约定了婚期，但是出于各种原因，这位鞋匠表示无法同她结婚。这件事情发生过后，她的精神便失常了。一切都豁然开朗了，她之所以会保持着做鞋的动作，是因为做鞋的动作等同于认同她的鞋匠爱人。这种认同，她保持了整整一生的时间。这个病例告诉我，精神分裂都有着本身的心理起源，这种起源和精神病之间有千丝万缕的联系。

有关精神病学的心理学背景的幕布，是一个病人为我挑开的。让那种“没有意义”的妄想的心理背景，呈现在我的面前。在这个病例中，我第一次明白了精神分裂者独有的语言，在此之前，我一向认为那些颠三倒四的语言没有任何意义。这个病人叫作巴贝特，姓不详。我曾经在别的文章里，多次讲述过她的病例，甚至在1908年的时候，还曾经在苏黎世的市政厅做了有关她的专题讲座。

巴贝特出生自苏黎世旧城，迎接她出生的是肮脏不堪窄仄幽暗的街道，和穷困潦倒的家庭，这些环境都给她打上了卑贱的烙印。她的家庭成员同这些环境也是“相得益彰”，她的父亲酗酒如命，醉死在一个小巷里，她的姐姐是一个妓女，早早死于非命。而她的命运，同样多舛，她只活到了39岁，带着典型夸大狂特征的偏执狂式精神分裂症的病症进了棺材。当我见到她的时候，她已经住院20多年。对于医生而言，只看到了她的精神分裂很典型，这也是她经常被当成直观教学的教具，作为“模型”展览给好几百个医学院的学生的原因。

从表面上看，巴贝特精神已经彻底崩溃了，所以她才会疯疯癫癫、胡说八道。我费了九牛二虎之力，才明白了她那些疯话中隐藏的意义。当医生们想弄清楚她的状况的时候，她总是惊声尖叫：“我就是洛雷特。”看上去是信口胡诌，可是这句话总会跟在医生们说完“我们对她一无所知”这句话之后，另外她也会哭号：“我，就是人世间的另外一个苏格拉底。”一个疯婆子和哲学大家之间能有什么联系呢？可是我发现她话语的意思表达的真正意思是：“我的待遇如同昔日的苏格拉底，是不公平也是不公正的。”有的时候她忽然说：“我是举世无双的公益学校。”或者说：“我是一块香甜的蛋糕，上面点缀着葡萄干和鲜樱桃。”或者是：“我是一勺甜美的混血奶油，来自日耳曼和赫尔维提亚。”或者是：“感激我吧，是我在为整个世界提供美味的面条。”由这些话中，我们得见她将自己吹捧到了一定的高度之上，只有这样，她那因为出身和环境造成的自卑感会短暂的消失。

诸如巴贝特这样的病例让我着迷，他们为我打开了另外一道大门。这些病人口中所说的话，并没有我们想象的那么疯癫，其中有很大部分的话其实很正常。我不止一次从这些病人身上看到这一点：他们的内心深处，依然残留一定的正常的人格。这种正常的人格平素里无动于衷，但是偶尔的时候，尤其是身体生病的时候，这种人格也会冲破意识对他的束缚，充当身体意识的主力。这种人格通过梦或者呓语的方式告诉我们它的存在——这种人格给予我们的是非常理智的评论。

有一位老太太曾经是我的患者，她是一位“资深”的精神病患者。她总是告诉我，她的身体的每个部分都发出细小的声音，而身体正中间的声音最为庄严——是上帝的声音。从她的病情看，她似乎已经无药可救了，我唯一能做的，便是让她感受到我给予的温暖。其实，每个医生都会遇到这样的病人，病入膏肓、药石罔效，对于这样的病人，医生能做的只是将她通往天堂的阶梯给修理得平整，仅此而已。

“那个声音是值得信赖的”，我斩钉截铁地对她说，当这句话脱口而出的时候，连我自己都被吓了一大跳。是这样的声音说出如此睿智的话语，而借助这个声音，我在对待这个病人的时候如虎添翼。现在那个声音又伏在我的耳边说：“让他看一下您对《圣经》的虔诚。”她果真带来一本很旧的，显然是经常翻看的《圣经》，因为这本书都已经被翻看得破破烂烂的了。于是我每次巡查病房的时候，都指着一章《圣经》的内容，让她进行阅读，她按照我说的那样去做了。我经常让她这么做，几乎每隔一两个星期便要给她布置这样的特殊任务。最开始的时候，我很不安，我不知道我这样做是对还是错，但是随即，我便认识到了我给她布置这项任务的意义所在。

这种方法对于保持她活跃的注意力是相当有效的。也正是因为如此，她才不会更深地陷入精神分裂的泥淖中去了。经过治疗，以前遍布她全身的那些叽叽喳喳的声音越来越少。这些声音的阵地也正在缩小，渐渐退守她身体的左半部，而右半部分什么都没有了。但是她身体的左半部的声音也没有原来那么强了，声音没有变强，不过也没有变得孱弱。我似乎可以做出这样一种比较中肯的结论，这位病人已经痊愈了，尽管只痊愈了一半。这是意想不到的成功，因为我根本不敢奢望这样的成功，毕竟我对记忆练习的效果未抱太大的希望。

在治疗病人的过程中，我逐渐认识到，妄想病患者思想和幻觉一脉相承。精神病的实质便是病人的另外一种意识的呈现，一种常规生活的颠覆，一种外显为欲望的希望。倘若我们对这些事物一无所知，那么肯定错误出在我们这里。我在这个时候才豁然开朗，人格的正常的心理，如同糖果一样包在精神病这张糖衣中。当我们剥开糖衣的时候，看到的是自古以来便存在的人类的矛盾同冲突。病人的表现或者疯疯癫癫，或者举止失常，可是他们的精神之火，仍然在轰轰烈烈地燃烧着。他们的精神如同屹立不倒的巨石，闪烁着人性独有的光芒，而这些精神闪闪发光的光芒，比这些人的行为更加有意义。但从本质上看，精神病如同钢琴，它的分类如同黑白琴键那样有限，但是它所代表的内容如同从有限的琴键上弹奏出的各式各样的旋律一样，是没有穷尽的。

很多精神病学家致力于解释清楚精神病所包含的内容，仅此一项，他们便要殚精竭虑，宵衣旰食，花费了很长一段时间。在这段时间内，几乎没有人对病人的幻想产生兴趣。他们不想知道：为什么病人会有这样的幻想？为什么不同的病人的幻想是不同的？比如说，这个病人幻想自己被耶稣教迫害，那个病人就幻想自己被犹太人迫害，而另外的呢，会认为政府正在无缘无故缉拿他……像是这种情形，这到底意味着什么呢？可是没有医生对于这个问题感兴趣，他们只是将这些不一而足的幻想都归结在“受迫害妄想”这个名词下，这无疑是不负责任的。在我看来，这种情况太过古怪了。更让我觉得奇怪的是，我从20世纪初便用心理疗法治疗精神分裂症，这已经充分证明这个不是新鲜的玩意。但是我的调研成果却被忽视了，从来没有人提到过这一点。让我耿耿于怀的是，过了很久人们才把心理学引入到精神病学中去。

我战战兢兢，步履维艰，在处治我的精神病患者的时候，小心翼翼，谨慎非常。如果我对我的精神病人态度大而化之，那么别人就会指责我对病患漫不经心；如果我的治疗取得了一定成效，别人就会质疑这个患者是否是真的精神病患者。

1909年的时候，弗洛伊德来苏黎世看我。我特意让他看一下巴贝特的情况，可是弗洛伊德的态度让我失望。他说：“荣格，我确信，您肯定能从这个病人身上发现一些有意义的内容。但是你为什么会有耐心面对一个既老又丑的老女人呢？”当他说完这句话的时候，我肯定瞪了他一眼，因为“厌烦”“不耐”这样的字眼从来没有在我的脑海中出现过。恰恰相反，我认为这个老女人身上有很多可爱的地方，她天马行空的妄想让人觉得很有趣。而且最重要的一点是，她身上闪耀着人性所特有的光彩，这种光彩已经从她怪诞的行为，滑稽的言行中折射出来。不过遗憾的是，巴贝特患病的时间过长，治疗大概对她不起作用。但是我看到过其他的病例，这些病例中，如果医生能耐下心来，长时间关怀和体贴病人，那么是会产生疗效的。

正视病人内心体验的重要性

单纯地从表面上看，我们只看到了精神病人悲惨的遭遇，而因为这些悲惨的遭遇，他们将心灵紧紧地锁了起来。对于他们的心灵我们一无所知，因为从他们的外表，我们透视不到他们的心灵。我还记得一个病例，那是一个紧张病患者。这个患者不过18岁，出身于一个教育良好的家庭。可是在她15岁的时候，被自己的亲哥哥诱奸，而后被她同学凌辱。这件事过去一年之后，她便生活在自己的世界中。同她有唯一感情联系的是邻居家的恶狗，她试图将这只恶狗变成自己的伙伴。她绝食，而且一语不发，在她17岁的时候被送入了精神病院。我第一次看见她时，她正处于一种典型的紧张症状态之中。

经过了几个星期的时间，我费尽口舌，才让她开口说话。她说自己一直居住在月亮之上，当她登上月亮的时候，看到的只有男人。这些男人将她带走，到月亮下的一个住处安置下来。在那里，她看到了很多女人和小孩。原来在月亮的高山出没着吸血鬼，专门掠去并杀害女人和小孩，月亮现在遭受着灭种的威胁。之所以月亮上近半数的女人都躲了起来，也正是因为如此。

这位病人打算捍卫她挚爱的月球，她做了周密的准备，打算一举消灭吸血鬼。她站立在一座专门为她建造的高塔的平台上，准备伏击吸血鬼。夜凉如水，吸血鬼由远及近飞来，这只怪物拥有黑色的羽翼，闪耀着黝黑的光泽。她拿出了早就藏在了自己衣袖中的长刀，这种长刀通常是用来宰杀祭祀用的祭品的。她屏气凝神地等待吸血鬼的到来，准备给吸血鬼致命一击。转眼间，吸血鬼已经来到了她的面前。吸血鬼的面部和身体被巨大的翅膀遮蔽得严严实实，那一双双黑色的羽翼在招展着。这让她的好奇心燃起，忽然很想知道翅膀下面遮挡的是什么。在这种强烈的好奇心的驱动下，她朝着吸血鬼走去。突然之间，吸血鬼的翅膀打开了，出现在她面前的是一张俊美的面孔，如同磁石吸引铁屑一样吸引着她。她呆在了那里，手中的刀掉落在地上都没有察觉到。这个时候，这个男子用有力的双臂将她牢牢夹住，带着她飞走了。

当她将这些和盘托出的时候，她说话便顺畅多了。她说："世界肮脏不堪，但是月亮却出尘不染。只有在月亮生活，才能远离肮脏和丑恶。"这个时候，她身上的反抗性再度显现，似乎我便是她回归月球的最大障碍一样。不久之后，她的紧张性再度复发了，在不得已的情况下，我将她送往疗养院。在疗养院的日子中，有一段时间她的情况可以用癫狂来形容。

两个月之后，她痊愈出院。我也能再度同她沟通，经过我的开解，她似乎开始明白，她注定只能生活在地球上。对于这种既定的命运，她拼命抗争，病情再度加重，被再次送往疗养院。我到疗养院探望她，正色对她说："不要抗争了，命运之轮已经将你抛在地球这片充满罪恶的土地上了，您无法再回到月亮上去了。"她一言不发地听着我说话，神色凄楚。这一次，她待了没多久便出院了，自此后，认命的她再也不奢望回到月亮之上了。

她在一家疗养院找到了工作，担任一名护士。可是有一次助理医生态度蛮横地责备了她几句，当即点燃了她的怒火。她掏出一把左轮手枪，对他开了枪，幸运的是，这个助理医生只不过受了点皮外伤。但是从这件事情中我们才知道，她一直随身携带着武器。有人曾经说，她曾经带着上了子弹的步枪。客户在这次治疗结束的时候，她将这把枪交给了我，我很惊讶，便问她："您带着这把手枪要做什么呢？"她的直言不讳吓到了我，她说："如果您欺骗了我，我就给您一枪。"那是我最后一次看到她。

当这次开枪射击的激动终于平复下来后，她就像是一个正常人那样返回了自己的家乡。回到家乡的她，似乎痊愈了。不仅嫁人了，还生了几个孩子，甚至经历了两次世界大战后，还幸存于世。在她漫长的人生中，旧病再不曾复发过。

通过阐述这些幻象，我们得出什么样的结论呢？这个姑娘将年轻时的乱伦关系看作奇耻大辱，在这种耻辱感的压迫下，她遁入了神秘王国来逃避。但是与此同时，这种耻辱在理想王国转化成为了骄傲和荣誉。这不难理解，因为乱伦向来是王室和神才能拥有的特权。这种矛盾让她同这个世界割裂开来，她整个人便自然呈现出一种精神病的状态。也因为如此，世界对她也越来越淡漠。在这样的情况下，她对远在千万里的纯洁世界念念不忘，她的意识遨游到了外层空间，并在那里，邂逅了英俊的魔鬼。就像是在治疗期间经常发生的那样，她将魔鬼的印象投射在了我的身上，我，对于她而言，便是那个魔鬼。当我劝说她回到尘世的时候，我同任何人没有区别，她觉得我要置她于死地。但是当她将她同魔鬼的“秘密”讲述给我听的时候，就意味着她背叛了魔鬼，神秘王国的大门彻底对她关上了。在迫不得已的情况下，她将自己的灵魂安置在一个凡人身上，并按照一个凡人那样结婚生子。

对我而言，这是一个分水岭：在此之前，我以常规的视角看待精神病人所遭受的痛苦；在此之后，我用一种全新的视角来观察和领会病人所遭受的苦痛。因为我已经洞悉，很多病人拥有极其丰富的内心体验，而这点对于治疗而言，十分的重要。

对于我自己的心理疗法和分析疗法，我常持批判的态度。我经常检视它们，并从中找寻我还无法理解的疑问。这种疑问，我无法解答，似乎病例不同疗法也不尽相同。当一个医生兴高采烈地告诉我，他在坚持这种那种的固定疗法的时候，我是很怀疑的。我曾经听过这样一件事：医生在对病人进行治疗的时候，病人很排斥，之所以病人反应激动，是因为这种疗法几乎是强制性地将某些观点硬性灌输到病人身上。而事实上，疗法应该根据病人的情况自然而然地生发。故而我认为，心理疗法和心理分析需要具体问题具体分析。我在治疗的过程中，根据不同的病人的情况，匹配以不同的解决办法。我从来不认为有普遍的法则，即便是有，这种普遍性的法则也不是面面俱到的。心理学中的“真理”有这样的特色：将“真理”颠倒过来，同样适用。对于我而言形同鸡肋的方式方法，对于别人而言，可能非常恰如其分。

一个医生必须掌握很多方式方法，这是天经地义的。但是医生必须警惕一点，不要落入到特定的方式方法中去。因为这些方式方法千变万化，可能在这种假设中，它们是正确的；但是在另外一种假设中，它们则是错误的。而在我的分析中，特有的方法几乎没有。我可以让自己游离在所有的体系之外，不同的病人，我选择不同的语言来对待他。对待A的时候，我可能用阿德勒的语言，对待B的时候，我可能用弗洛伊德的语言。只有这样我才能保持最大程度的客观。在我看来，想要同人打交道，没有什么方法比了解他更有效的了。

非常重要的一点是，当我面对病人的时候，采取的都是一对一的方式。而分析本身，是需要至少两个以上的参加者才能进行的对话。当我们分析者和病人面对面的时候，我们有观念要倾诉，病人同样有想法要表达。

受过伤的医生才会疗伤

心理疗法绝非单纯的一种方法。在治疗病患的时候，简单地对精神病学方面的剖析是远远不够的。早在1909年，我便认识到，如果我对心理疗法的象征含义一知半解的话，那么我将无法治疗隐性精神病者。我本人工作了很久，在试验中不断进取，才掌握了这种方法。当我掌握了这种方法的时候，我也开始了我对神学的研究。

很多病人拥有良好的教养和过人的智慧，这对精神病学家提出了更高的要求。作为一个精神病学家，要有更广阔的知识储备。因为除了必要的理论假设外，他还要去探求病人发病的根源。否则，医生就会招致病人的厌烦和排斥。归根结底，我们的所作所为并不是验证理论知识，而是让病人意识到他是一个人。想让病人意识到这一点，就必须以集体意识作为参考物。这点，医生必须要十分了解。也正因如此，单纯的医疗性训练是不够的，医生们要不断拓展自己的事业，开阔自己的心胸，而不是将自己的视野局限在诊室这个小小的天地之中。

我们接近身体，是轻而易举的；但是接近心灵，则任重而道远。当我们同心灵对话的时候，世界隐藏的另一半才在我们眼前展现。也正因如此，心灵并非是个人的问题，而是一个世界级的问题，也就是说，精神病学家所要打交道的是整个世界。

到了今天，遮挡在我们眼前的迷雾散开了。威胁我们人类社会的从来都不是大自然，而是人类本身。有很多威胁人类社会的灾难，取决于人类的理智是否正常。打个比方说，有些人丧心病狂，那么氢弹可能便会爆发。

心理疗法学家要了解的不仅仅是病人，还有自己。换而言之，了解分析对象是心理疗法学的“充要条件”，也是所谓的“训练性分析”的基本内容。病人需要医生的治疗，只有医生懂得自己，并将自己的问题都解决掉，这样的医生才有资格教导病人。在“训练性分析”中，医生必须对自己的精神了如指掌，驾轻就熟地驾驭。如果他做不到这一点，那么病人便不去学习他的方式方法，也就无从解决自己的精神问题。对于“训练性分析”而言，再多的概念也只不过浮光掠影，它的精髓远非通过死板的记忆出的那些教条。精神分析对象必须有这样的认识：他本身也是这种分析的重要组成部分，如果分析者并没有意识到这一点的话，他就要为日后的失败付出惨重的代价。

在“附属心理治疗法”理论中，需要治疗者和被治疗者都要充分参与到治疗之中。医生注定无法独善其身，如果医生不介入的话，那么这种治疗将无功而返。医生是将自己看成治疗过程的一部分，还是将自己变得高高在上，治疗的结果都会大不相同。如果生命处于生死存亡的紧要关头，一切已经刻不容缓，而医生还在拐弯抹角地进行暗示，那么这种治疗就是杯水车薪毫无意义。而且在这种时刻，医生的整个为人更会受到挑战。

治疗者不管是在面对自己还是面对患者时，对于那稍纵即逝的反应都要密切注意。因为，我们不只是要对我们的意识有反应，我们还必须自问："我们的潜意识是如何成长成这个模样的呢？"因此，我们要先把自己当成心理分析对象，对我们的梦境加以解读，对我们自己进行密切的注意。否则，整个治疗就有可能出现障碍，而我们却不知道障碍来自我们自己，我举个浅显的例子说明一下。

我曾经有过一位女病人，这位病人智力超群，但不知道因为什么原因，她让我觉得不信任。在我们的心理分析伊始，我们进行得很顺利，但是马上，我就觉得问题来了。我们的谈话开始空泛而乏味，对她的梦境，我似乎也无法给出正确的答案。因此我决定，好好跟我的病人谈一次话，我已经说过这个女病人十分聪明，她肯定也意识到我们之间出现了某种差错。就在我同她谈话之前，我做了这样的一个梦：

午后的阳光，让人感觉暖洋洋的。此时的我，沿着一条山谷中的公路踽踽而行。我的右边，一座巍峨的高山高耸入云，上面还矗立着一座雄伟的城堡。在城堡最高的塔楼上，有个女人正在凭栏而望，即使是在梦中，我还是一眼便认出这是我的病人。为了很好地看清楚她，我不得不将脖子拼命往后仰。这给我留下了轻微的后遗症——我清醒后，脖子酸疼不堪。

做完这个梦后，我开始茅塞顿开。众所周知，梦境是对现实中的意识的延续和弥补，如果说我的梦中我是仰望着她，那么现实中，我便是俯视她。我将这个梦境以及我对这个梦的认识告诉她后，效果很显著，她的心境和态度都发生了我能看到的变化，于是我们的治疗开始顺遂起来。

作为医生，我常常想，我同病人所传递给我的信息之间是存在某种联系的。倘若他的观点对我来说没有任何意义，那么我也就丧失了撬开他坚硬内心的支点，对病人的病也就无从下手了。俗话说得好："只有受过伤的医生才会医伤。"想要很好地治疗病人，要求医生的感情得先受到感染。如果医生的内心守卫森严，那么病人的意识对于他们而言就什么也不是。要知道医生也非全能，也会被这样那样的问题困扰，这个时候，病人就会成为医治自己的良方。也正是因为如此，我对我的病人认真对待，从来不敢敷衍，唯恐遇到类似棘手的情境。

每个心理分析师都应该配备由第三者支配的控制力。这样的控制力，能让自己更容易接受一些迥异的观点。就像是教皇保罗，他站在宗教的最高点，但是也配备了忏悔师。我总是对来进行心理分析的人说："去找个忏悔师忏悔吧。"我觉得这种角色由女人承担更为恰当。因为在观察和直觉方面，女人往往具有惊人的洞察力和天赋。只需要一眼，她便能洞悉男人秘而不宣的心思，男人隐藏的诡计被她们一览无余。她们的“视力”看到了男人所看不到的方面，所以几乎没有一个女人会认为自己的丈夫是个超人。

在潜意识里被淹灭的“正常”

如果这个人是精神病人，他应该接受一下心理分析。只有接受了心理分析，才能确定这一点。如果这个人觉得自己是个正常人，那么我们也无法逼迫他去接受心理分析。那些所谓的“正常”人，恰恰是不正常的。举个例子来说，我遇到过一个正常得不能再正常的人了。他是一位医生，是我前同事介绍来的，并带来我前同事一封评价极高的推荐信。他曾经是我同事的助理，后来接替了我同事的工作。现在的他，拥有正常的患者，正常的婚姻，正常的家庭， 住在一个正常的小镇中有一栋正常的房子，我想，他饮食也该是正常的。他来找我，并告诉我他想成为一名心理分析师。

我对他说：“你知道你的选择么？如果你真的想走这条路的话，你必须先懂得自己。因为你便是打开对方心理的钥匙，如果你这把钥匙不对的话，怎么能打开对方紧锁的心门呢？想要锻造成心理分析的钥匙，就要求你是这块材料，不然的话，你不得不向上帝祈祷，以期万能的主能眷顾你，因为，这样的你只会将病人带入到歧途中去。所以，想要成为心理分析学家之前，你应该接受心理分析。”这个人立刻应允下来：“这很好啊，遗憾的是，我没有什么同你讲的。”这对我而言，便是一个很危险的讯号。我赶紧说：“那很好，既然这样我们来谈一下你的梦境吧。”这个人接着说：“可是我根本不做梦啊。”我回答说：“没关系，你很快就会做到美梦似的。”晚上的时候，任何人都可能做梦，可是偏偏他无法回想起他梦境的内容，这样的情况坚持了将近两个星期，我开始对这件事感觉到十分不自在。

最后，一个印象深刻的梦不期而至。我不得不在这里讲述这个梦境，这个梦境的意义在于，在实践性精神病学史中，梦所占的分量相当重。梦中的他，坐在火车上去旅行。当火车行驶了两个小时后在一个小站上停驻，不知为何，他想去看一下这个城市浏览浏览。他顺着街道漫无目的地乱逛，看到了一栋漂亮得出奇的房子。他走进了这栋房子，发现房子里面的布置更是精美，房间的四壁悬挂的是价值连城的古画和精美的壁毯，价值不菲的古董随处摆放。

这个时候他发现，天色已晚，太阳早早地下山了。这个时候他心道：我得赶紧回到火车站才是。可是他很快地发现，自己迷路了，甚至都找不到出去的大门在哪里。

这个时候他意识到，从他进入到这栋建筑后一个人影都不曾出现过。他开始惶惑不安，脚步越来越快。终于来到了一扇大门前，他松了一口气，以为这便是出口。可当他打开大门后，却发现自己进入了一个又大又黑的房间。房间之大，让他吃惊，房间之黑，让他看不到对面的墙。他的内心混合着吃惊和恐惧，于是便飞跑起来，就在房子中间他发现了一个白色的物体。定睛一看，却是一个幼小的白痴儿。这个小孩坐在一个黄色的铜尿壶上，再仔细一看，这个尿壶之所以是黄色的，是因为上面都涂抹着屎尿。就在这个关节，他大喊一声惊醒过来，醒来后他的内心仍怦怦乱跳，久久不能平息。

一切都昭然若揭，我所面对的恰恰是一位隐性的精神病患者。我得承认，要使他走出这个梦境颇为费力，甚至让我周身冒着冷汗。我将那些有害的细节忽略不谈，尽可能引导他走出这个梦境。

其实这个梦的完整版是这样的：他欢天喜地地开始了自己的苏黎世之旅，然而他只在苏黎世待了很短的一段时间。在这段时间里，他看到了这个像是他两岁时模样的小孩子，这个孩子十分不讲卫生，对自己的屎尿有着异乎寻常的喜好。其实这并不难以理解，尽管屎尿非常的肮脏，但是却有颜色和古怪的气味，这对于城市中那些被管束得十分厉害的孩子而言，是很有吸引力的。

可是有一点需要强调，做梦的医生是一个不折不扣的成年人，而不是不谙世事的孩子。当我们将他成年人的身份同梦境结合起来看，那么就能得出一条结论，这个梦的真正意向是一种恶毒的象征。当他将这个梦境倾诉给我的时候，我立刻意识到，他平素的正常只不过是对于这种隐性的恶毒的补偿。随后，在帮他又一次"解梦"的过程中，找到一个差强人意的借口，为这件事画上了句号。我们彼此都很高兴这件事有个终结。我并没有告诉他我的诊断结果，但是他一定有了某种程度的认识。他大概意识到自己站在山崖边上，而脚下便是万劫不复的恐慌深渊。因为他在这段时间，又做了一个全新的梦，在梦中他被一个手执利刃的疯子疯狂追赶着，他也明白是我在危急时刻挽救了他，否则这位隐性的精神病人就会变成不折不扣的精神病人。在这之后，他便回到了家中，从此之后安安分分，不敢再刺激自己脆弱的潜意识了。从他显著的正常性中，我们能看到人格倘若不进行发展和完善，就会在同潜意识的对决中一败涂地。这种隐性精神病患者，是心理疗法家们最不喜欢的对象之一，因为他们的病症并不明显，很难确定病情。

鉴于我想解释这种情形，那么就不得不谈谈门外汉们是如何进行心理分析的。其实，我本人是赞成由门外汉也就是非医学院毕业的人来实施这种方法的，这样也许能取得更好的效果。但对于隐性精神病人而言，这样做风险却太大了，所以需要职业医生在旁进行有效的指导，而当外行者在治疗的过程中发现一点不对的苗头，就会跟职业医生进行沟通。而我赞成非医学院毕业的人来进行心理分析也是基于两点：第一，心理疗法需要对医生进行长期的训练和必要的培训，更需要大量的知识储备，而这种知识储备是不易获得的。第二，外行人，尤其是从事心理分析治疗甚至还用这种方法分析过自己意识的外行人，往往精明强干，见微知著。

医生和病人之间的关系，有的时候近似灵学现象。尤其是当病人发生移情的时候，那么病人和医生的潜意识便会出现某种重叠的情况。我几乎是频繁地遇到这样的情况，其中一个病例至今回想起来依然历历在目。这位患者患了心理发生性沮丧，在我的帮助下，他摆脱了病魔的困扰，痊愈回家的他，很快便结婚了，可当我看到他的妻子的时候，我对他妻子的第一印象并不好。从他妻子的态度中我也能看出来，这位妻子视我为肉中刺，尽管她丈夫对我很感谢，但是这并不能改变她的态度。之所以她对我的态度如此不客气，可能同我对她丈夫有很大的影响有关。其实这种情形并不罕见，有种女人，虽然并不是全心全意地爱着自己的丈夫，但是却处心积虑地破坏丈夫同别人的友谊，以期达到独占丈夫的目的。妻子之所以会嫉妒丈夫同别人的友谊，恰恰是一种缺乏爱情的表现。

这位妻子的态度成为这位病人无法承受之重，这种来自亲密的人的压力，让他无法排遣。在他结婚一年后，便故态复萌，重新陷入沮丧和绝望的泥淖中。我之前就预见了会发生这样的事情，并曾经谆谆地叮嘱于他，倘若又有抑郁之感，立刻同我联系。但是他的妻子再度发挥了负面的作用，当她察觉丈夫的精神开始萎靡不振的时候，便用尖酸刻薄的语言取笑他，以致他神智昏聩，忘记了我的叮嘱。

就在那天，我不得不去别的市区参加一项讲座。忙碌了整整一天，等到回到旅馆的时候已经接近午夜了。我跟我的朋友们就我们感兴趣的话题聊了一会，我便上床准备睡觉。但是这天，我辗转反侧，难以入眠。接近两点钟的时候，我才有些睡意。就在我睡意蒙眬的时候，我忽然感到阵阵心悸。我觉得有人偷偷潜入到我的房间，甚至这个人都没有将房门掩上。我立刻拉亮了灯，但是灯光下一切依然，没有丝毫的变化。我想，难道有人进错了门？可是当我看向走廊的时候，那里空空如也。难道是我看错了，但是我真的感觉有人来到我的房间里了啊。于是我仔细回想我到底是怎么醒来的，我是被一阵突如其来的剧烈疼痛给疼醒的，似乎有一把榔头重重地敲了我的前额后又敲了我的后脑勺一样。等到第二天，我便明白了发生了什么。因为我在第二天的时候接到了一份电报，我的这位病人自杀身亡。他朝着自己的脑袋开了一枪，子弹穿过了前额留在了他的后脑勺里。

这种体验是将在同一时刻不同时空发生的现象融合在了一起，这种感觉相当奇妙也相当的难得。一般而言，只有在特大事情比如死亡类的事情发生的时候，才能观察得到。通过拓展潜意识的空间性，可能会发展成这样：我在此处，却能感受到彼处正在发生的事情。而集体潜意识呢，则是古人所说的：万事万物皆有“常”心的基础。在这种情况下，其实我的潜意识已经找到了这位病人的病源。否则我的情绪怎么会发生这么大的变化，平素里安安静静，只有那一天我却坐立难安，神情紧张。

跟着引导力量的治疗

我从不强迫病人更改自己的宗教信仰，也不对病人施加压力，我认为，想要让病人痊愈，最重要的一点就是让病人意识到他对事物的看法究竟是怎么样的。不管是基督教还是天主教，不管是犹太教还是其他什么宗教的教徒，我都让他们顺应自己的命运。

到现在，我对一位犹太女子的病例记忆犹新。这个病例是丧失宗教信仰导致精神问题的典型例子，那时候我做了一个奇怪的梦，梦中一位犹太女子向我求诊，正在她滔滔不绝地谈论自己的病情的时候，我忽然福至心灵：“这个女子一定被恋父情结所困扰着。”这个梦，竟然变成了现实。

第二天，预约门诊让我忙得团团乱转，一直到下午四点钟才得以歇息。这个时候，我的门诊来了一位年轻女子。听她的表述我很快知道，这是一位富有的银行商的女儿，容颜美丽，身材窈窕，穿着入时，举止得宜。从她的言谈中，我能感受到她智慧过人，同时拥有良好的教养。她自述病史，原本她有固定的心理医生，但是她的心理医生却对她产生了难以自禁的感情，到最后这位医生恳求这位女士找别的医生，否则自己的家庭将被他的热情烧成一片荒芜。

这么多年以来，这位姑娘始终被一种严重的忧虑性精神病所折磨。我浏览了她的病历，却一无所获。从她的病史上看，她是个已经西化了的犹太人，是个完全的开明人。我并不知道她到底遇上了什么样的麻烦，一段时间内束手无策。直到有一天，我惊觉这个小姑娘就是出现在我梦中的小姑娘。可是这个小姑娘似乎没有表现出一丁点恋父情结的倾向，这让我很迷惑，因此我询问她有关她祖父的情况，这是我处理这类病情的常用手法。当我提出这个问题的时候，她双眸紧合，我立刻意识到这也许就是解开她心结的关键所在。她开始缓缓叙说，她的祖父是个犹太法学博士，而且还是犹太教虔诚派的成员。我循循善诱：“他既然是虔诚的犹太教教徒，那么他就是圣徒啰？”她肯定地回答：“是的，据说他是一位圣人，而且还拥有第二视力，可是您知道的，这是根本不可能存在的事情。”

我从她所讲述的内容中，开始将她的精神病史串联在了一起。我不得不跟她解释：“现在我跟你说的话，你可能无法接受。你的祖父是上帝虔诚的子民，但是你的父亲却背离了犹太教，成为不折不扣的背叛者。在你的认知中，他背弃了上帝。正因为如此，所以你对上帝心存惧怕，认为上帝会施惩罚于你，这才是你得精神病的根源。”当她听完这句话后，如遭雷击。

第二天晚上，我又做了一个梦。那个时候我的家中正在举行一场盛大的宴会，天啊，这个小姑娘也是我邀请的客人。这个时候她踱到了我的面前：“外面大雨滂沱，您可有雨伞？”我听从她的吩咐，立刻为她找到了雨伞，并将雨伞打开了。可是让人惊诧的事情发生了，我并没有将伞递给她，而是虔诚地跪下，将伞双手奉上。

我将我的梦告诉了这个小姑娘，过了一周，她便痊愈了。我的患者似乎痊愈的时间通常都比较短，这也成为我治疗的“特色”。这个梦昭示了这个小姑娘并非轻浮，在她看似浅薄的表象下，隐藏着一颗近乎圣人的心灵。可惜她对神学一窍不通，所以她意识不到什么方式才是表达自己的最佳方式。也正因为如此，所以她误入歧途，将上帝给予她的天赋，都应用到对衣服、性的追求上了。因为她只知道这些，尽管她努力想过上一种有意义且充实的生活。我只是告诉她，她是上帝的孩子，她的宿命是去完成上帝的旨意。当我唤起她神学和宗教方面的意识的时候，她便痊愈了，因为她属于精神至上的人，当我这样告诉她的时候，她的人生找到了新的方向，必然就会痊愈了。

在这个病例中，我没有应用任何医学手段。我察觉到了一种“引导性力量”的存在。这种“引导性力量”告诉我们：其实方式方法并不重要，重要的在于我们要对上帝保留着一颗敬畏的心。当我将这些向我的病人讲述清楚的时候，她的病变会痊愈。

在我所接触的精神病患者中，有很多人的病根都在于对人生问题做出了片面甚至错误的回答。比如说，他们将比较高的社会地位，能够攀龙附凤，漂亮的外表和拥有大量的金钱作为自己追求的目标。可是当这些人真的获取了自己想要的东西时，却仍然感受不到幸福感，甚至会患上精神病。这些人的病根在于，他们将自己的精神困顿在狭小的天地中，他们的人生缺乏必要的内容和意义。一旦这个人的眼界得到拓展，那么他的精神病会不治自愈。也正是因为如此，发展眼光，拓展心界，这些观念对我格外重要。

在我的病人中，没有宗教信仰的人是大多数。在我看来，这些失去信仰的人，就如同迷途的羔羊一样。拥有宗教信仰的人往往还能在教堂中找到心灵的“片刻的安宁”，他们可以通过弥撒、洗礼、基督、上帝等等找到心灵的救赎。想要获得心灵的救赎，需要一个前提条件，那便是成为一个虔诚的信徒。但是在今天，这个前提条件往往得不到满足。在精神病人身上，这种情况尤甚。在很多精神病患者的病例中，我们不得不观察他的潜意识，因为他的潜意识能诱发那些他所欠缺东西的象征形象。即使到了现在，在梦中见到各种象征或者有幻觉的人，我还不能精准地理解梦中形象的象征含义，也无力承担解决这种问题的后果。

我曾经在《集体潜意识的各种原型》中描述过一位神学家的病例，他的症状是这样的，他反反复复在做着同一个梦，梦中的他站在高高的山坡上，居高临下地俯瞰，山谷森林的美景尽收眼底。即便是做梦，他也知道，在这片密林的中央有一个波光潋滟的大湖。他甚至还知道，始终存在一种神秘的事物阻止他继续前进，有一次他试图将自己的打算付诸现实，结果在湖边的时候，阴风阵阵，湖水中泛起暗黑色的涟漪，这种诡谲的气氛让他惊叫一声，惊醒过来。

初始的时候，这个梦显得很荒诞，可是作为一个神学家，这个被春风吹皱的一池春水本来很好解释——水塘就是病人受洗的水塘——贝提斯塔水塘。天使想要救赎世人，便从天上下凡到了人间。他轻轻触碰了水面，整个水塘都变成了圣水，能活死人肉白骨。而吹皱池塘水面的清风，就是圣灵本身。这个梦暗示的就是这样的存在，人们看不见摸不到，但是他却能随心所欲地过着自己的生活，一旦显露真身就会被吓得发抖。但是这个患者对于这样的联想很惧怕，他根本不愿意想到贝提斯塔。对于他而言，这样的事情应该刊载在《圣经》里，或是在做礼拜的时候作为题目进行讨论，在这样的场合提到这样的问题是相得益彰的，但是这个问题却不应该出现在这里，而这也绝对不是能体验到的现象。

想要让这位做梦者痊愈，唯一的办法便是让他克服惊恐。在治疗的结尾，这位患者真的克服了恐惧。我不赞同当时非常流行的假设，当时很是风靡的一种假设是病人具有一般人都会有的逆反心理，所以才会对医生的疗程敷衍了事。但是在我看来，反抗性，特别是很激烈的反抗，都是必须加以注意的。从表面上看，这是普通的反抗，但是从实质上看，这些反抗全部是给予治疗方法的严重警告。换而言之，固定的手段并非能适用所有的病人，对于有些病人来讲是灵丹妙药，对另一些病人来说可能就是毒药。如果病人不愿意走我预设的治疗之路，我绝对不勉强。

人格的核心经过剥茧抽丝终于显露端倪，可大多数人看到这个核心的时候，都会忙不迭地逃之夭夭。探究人的内心，对于大多数的人而言都是很难接受的，他们无法面对自己内心的真实想法。倘若我们探究的视角变成一种虚无缥缈的，比如超自然或者历史渊源的话，那么人们接受起来就容易得多。在这些逃避自己内心真实想法的人中，神学家的困扰更加大。一方面，他们和宗教的关系密不可分；另外一方面，教会的规矩以及宗教，就像是绳子一样将他们牢牢束缚。当他们遇到和心灵相关的问题，而且还不得不面对这个问题的时候，他们通常的反应便是对自己的心灵显露出一副毫不在乎的藐视态度来。

病人使我得以深入人生的现实

在现代的心理疗法中，往往要求医生“顺着”患者的行为和情感，我不认为这是正确的。其实有的时候，医生干预是非常有必要的。

曾经有一次，我接待了一位贵妇人患者。这位患者的症状是“暴力”——她经常掌掴仆人，甚至医生。当然了，在她眼中，她付费了的医生跟自己的仆人没有任何本质的区别。最开始的时候，这位患有强制性精神病的贵妇人在一家疗养院治疗，很快她就赏了主治医生一记响亮的耳光。无奈之下，这位医生让她去另外的医院治疗，可是在新的医院，这样的事情再次重演。显然这位夫人并不是真疯，如果用灵活的手段进行温和的引导，很容易痊愈，也许正是出于这样的考虑，她的医生将他送到了我这里。

这个女人形容严肃，个子很高，应该有六英尺高。我敢打赌，被她的巴掌扇一下的滋味绝对不好受。她来了，最开始的时候我们谈得很投机。可是该来的时候还是来了，我说的内容对她而言显然是冒犯。这个时候她火冒三丈，从椅子上跳了下来，并高举她的手，威胁我要赏我一巴掌。我不甘示弱，也离开跳下椅子，对她说：“这真是太好了，你是夫人，女士优先，你先打，不过等你打完之后，我要打你，还回来。”我用我的态度和我的行为告诉她，我不光是这样说，还会真的这样做。这当我这样说的时候，她如同泄气的皮球那样瘫坐在了椅子上，她沮丧地说：“以前是没有人敢于这样说我的。”从这个时候开始我便知道，我的治疗起到了作用。

这位病人需要的并非是一味地顺从，而是一种强悍的男子汉的反应。如果你没有对症下药，那么病人的病情绝对得不到控制和缓解，甚至比你不采取治疗还要厉害。这个患者之所以患有强制性的精神病，在于她的道德马车失控了。面对这样的人，你不得不用外力帮助她控制她的道德马车，这样能产生强制性的功效。

很多年前，我曾经对我的病人做了一个统计。在我的病人中，有1/3的病人被我治愈了，剩下的2/3中有一半的情况得到了好转，而剩下的那部分则全然没有效果。可是这些看上去全然没有效果的病患，其实是最难判断是否有效的。可能是我现在给予治疗，患者却在过了很久之后才明白这一切的意义。就像是我以前的一位病人说的那样，“10年之前我在您处就医，可是10年之后我才明了，当时发生了什么”。

我曾经有几个病人，最终离开了我这里去别的医生处就诊。虽然这种情况很罕见，但还是实实在在地发生了。可是同样是这些病人，有的写信告诉我，尽管他们去别的医生处就诊，但是我的治疗还是起了作用。从这点可以看到，我们很难给处治是否成功划出评判的标准。

显而易见，在行医过程中，作为医生肯定会遇到对其产生重大影响的一些人。

这些人不管是好是坏，对于公众而言，他们都是平凡的。可是这些人对于医生而言，却意义非同小可。因为这些人因为各种各样的原因，承受着人类无法承受之重，那些苦难和磨砺，在他们的心灵上绽开了对于医生而言最美丽的花朵。这些人，有的才华出众，甚至有让人为之奉献的魄力和魅力。遗憾的是，这些天才们往往有着古怪的脾气。让人们分不清楚他的问题是天才固有的问题，还是这个“庸才”发展不平衡的缘故。可以这样比方，这样的人如同一片土地，但是收成却无法保障。有的时候，注定颗粒无收；有的时候，却能收获花朵的芳香和果实的甜美。可是这种罕见的心灵之花，绝对不会出现在人类社会平原上。

出于这个原因，想要心理疗法有效的话，就要同病人之间建立密切联系。我们医生，对于病人的痛苦，不管是细微的痛苦，还是深刻的痛苦，都不能视而不见。事实上，医生同患者，从表面上看心灵相互对立，但是我们却要不断地理解对方。这种互相作用会产生巨大的作用，有利于我们疗程功效的完整，病人的症状才会得到缓解。当医生和患者之间构建了密切的联系，病人的病情才能得到纾缓。

时代特征，造成很多人的精神开始分裂。换而言之，这些人便是我们通常所说的精神病人。如果他们并没有生存在这个时代，也许他们便不会成为精神病患者，但是他们出生在了这个时代，注定就是一个巨大的悲剧。因为在这个时代中，人们通过神话同祖先的世界建立了联系，可是这种联系只是内在的，跟外部的本质没有一点关系。有一部分人，感受到了神话的失落。还有另外一部分病人，他们更加矛盾。他们既找不到通往外部世界的科学道路，同时也对自欺欺人的现状十分痛苦，他们不安于欺骗自己的现状，却又找不到杜绝这个情况的方式，所以他们痛苦不堪。

如果说在精神病患者的病因中，时代是始作俑者的话，那么这些人大多是非强制性的精神病患者。作为一名精神病学的医生，如果能在这类患者的自我同潜意识之间搭建起桥梁，那么他们的病症就会明显得以好转。如果医生能够意识到这一点的话，那么他就能更深切地理解潜意识是如何形成的。这种了解能有效遏制医生的飘飘然，让医生明白，只有从自身找到各种原型，才能有效避免治疗病人的时候陷入消极性的影响之中去。

在同病魔做斗争的时候，我们往往高估或者低估它。造成这种情况的原因在于，我们让理智的观点占据了上风，而轻忽了我们本身的经验。这往往就是心理失常的开始，这种心理失常的首要表现便是让理智主宰一切。如此一来，便同实际经验失之交臂，而实际经验却能让医生和病人最大限度地接近本源。理智的“罪”远非如此，它还将心理现实代入到一个显然是人为的两维性的观念世界中去。在人们固有的思维中，这样的世界显然是稳妥的，因为在这里生活的真实性被各种条理分明的观念所取代。经验、感知等被闲置起来，人们乐意去接近那些干巴巴的但却一成不变的词汇，因为这些词汇让人免受经验的侵犯。可是经验不能被消亡，因为它并不是人类主观意识中成长出的花朵，而是绽放在人的行为和客观事实上。可是即便是这样，人们还是在不断地舍本逐末。

根据我的经验看，最难以对付同样也是最难让人有好感的，便是那些所谓的知识界人士。可以这样说，他们简直和说谎成癖者没有什么太大的区别。他们简直不知道自己的手都在做什么，他们的理智和情感是完全脱节的。当理智的烈马挣开感情的束缚时，那么理智便一点作用没有了。我见过很多知识界人士，因为感情的萎缩，他们都被精神病折磨着。

我同病人的接触，可以看成是我和林林总总的心灵的接触。当心灵同心灵开始碰撞时，那些火花和灵感便源源不断地呈现在我的面前。通过治疗别人，我的知识也在不断丰富，这些都不是最重要的，最重要的一点是，通过治疗别人，我获取了正视我本心的能力。当然了，作为一个菜鸟，我的错误和失败也很多，但是我在不断地成长。我的患者大多是女性，这些病人愿意配合我的治疗，她们很自觉，理解力超强，才智过人，这些患者让我在治疗方式方法方面，得以另辟蹊径。

我的病人变成了我的拥护者、宣传者、跟随者，他们带走了我的思想种子，并让这些种子在世界范围内开花结果。不管时光荏苒，抑或是生活磨炼，都没有改变我们之间的友谊。

我的病人让我感觉到“听君一席话，胜读十年书”，他们如同一幅现实的写生，让现实生活的画卷在我面前徐徐展开。这些人形形色色，他们的心理状况又不一而足。相比较而言，名人们的只言片语，同这些人的交谈相比，太过单薄。可以这样说，我一生中最美好最有意义的谈话，大多都是和默默无闻的人之间的谈话。

第五章
我和弗洛伊德

这个时期的我，可以用心理疗法家来称呼。我开始不断地在自己选择的道路上进行探索和发现。这个时候的我充满激情，一丝不苟地观察我病患的心理过程。尽管有的心理过程我并不理解，但是这并不妨碍我将这些一一记录下来。甚至我还对我的记录内容进行了分类：那些已经被前人充分分析的病例，我便置之不理，认为这些都是“病理学”的相关内容；另外一方面，我对那些我可以理解但是缺少记录的病例兴趣很浓。比如妄想狂症、抑郁性精神病、心理发生性精神障碍等。为了丰富和充实自己的理论只是，在我自己开始进行精神病治疗的时候，我开始研习大量的书籍。其中包括布鲁厄、弗洛伊德及皮埃尔·雅内的著作，这些著作拓展了我思维的广度。而这其中，弗洛伊德解梦的技巧和阐述方式，他将梦看作是精神病人思维表现的又一种形式，这种耳目一新的观点让我大开眼界。

其实我接触弗洛伊德的《梦的解析》要追溯到1900年，只不过当时读完这本书的时候，并没有让我产生过多的悸动。看过书后，我便搁置一旁了。对于我而言，这种理论过于艰深晦涩，我缺乏同这些理论产生共鸣的必要经历。等到1903年，我再度看到这本书，这个时候的我已经拥有了一些自己的人生阅历，这次阅读让我收获良多。我发现，这本书的某些观点竟然和我的想法不谋而合。这甚至让我有了想将受压抑机制的概念应用到梦的方面的想法，更让我欣喜的是，有关压抑机制的概念的源头是病人的心理。这种观点让我很惊喜，因为在我们进行词语联想检测的时候，经常发现这种情况，比如说针对我们用以激发病人的词语，病人要么根本不回答，要么对这个词语反应非常迟钝。后来经过多次观察和实验，我发现，之所以会产生这样的情况，在于这个词触痛了病人心中的痛。而弗洛伊德的《梦的解析》告诉我，这种情况便是压抑机制。他的理论同我的实验结果不谋而合，我的实验也侧面证明了弗洛伊德的理论的可行性。

这只是一方面，但在另外一个方面，也就是受压抑的内容上，我同弗洛伊德的看法又产生了分歧。他认为，压抑的内容是对性的压抑。可是根据我的临床试验证明，在我接触的很多精神病病患中，性其实只起了一个次要的作用。而其他的因素才是主要的，比如同社会脱节，比如生活中的悲惨造就的巨大心理压力，比如对身败名裂的惧怕，等等。在我同弗洛伊德交流的时候，我曾经把这些问题向他和盘托出，可是弗洛伊德并不认为是这样的，他坚持己见，执着地认为所有的精神病患者都是性遭到了压抑。这让我觉得十分不满意，似乎遭受了某种程度的欺骗一样。

想让弗洛伊德在我的生活中占据一席之地还真不是容易的事情，甚至在阅读他作品的伊始，我都无法用比较客观的态度看待他。从时间的角度而言，当我最初接触弗洛伊德的时候，我还在规划我的学术生涯，我并不知道我该行往何处。当时手头上正在做的事情是想写一篇论文，作为大学中为我提高职称的敲门砖。就弗洛伊德在学术界的地位而言，他显然是一个最不受欢迎的人，那些学术界的“大人物”从来不在光明正大的地方提到他，人们在任何会议现场也不会提到他，人们提到他的场合往往是走廊中、过道里，绝对不会是一些庄重的场合，由此可见他是多么地遭受排斥。这个时候如果我同弗洛伊德建立某种联系的话，无疑是自讨苦吃，可我的实验成果和弗洛伊德不谋而合，这对我而言，似乎不是什么好事。

这些问题都像是橄榄，让我一次又一次地品味。有一次，我在实验室的时候再度想到了这个问题时，魔鬼扇动着他黑色的羽翼对我说：“为什么不将实验结果发表出去呢，千万不要提什么弗洛伊德。”这听上去很令人心动，这意味着我可能名利双收。归根结底，我实验的日期早于我弄清楚弗洛伊德著作之前。这个关键时刻，我听见了第二人格对我的召唤，他说：“如果你假装不知道弗洛伊德，而后将自己的实验成果公布于众的话，那么你便是在撒谎，从此之后你的生活将建立在谎言之上，这是多么危险的一件事啊，就像是海滩边的沙堡，注定无法长久的啊。”当我听见第二人格如是说的时候，内心的一切矛盾便烟消云散了。从那个时候开始，我便成为弗洛伊德的拥护者和维护者，几度在公开场合为他辩护。

我公开成为弗洛伊德的“铁杆”拥护者是在一次慕尼黑的代表大会上，那是我第一次站出来为弗洛伊德辩护。当时的情况是这样的，一个与会者大模大样地提到了强迫观念性精神病，可是他却无视弗洛伊德。这让我很不满，其实我的不满由来已久，这次不过是一个导火索罢了。就像是1906年发生的那件事那样，我为《慕尼黑医学周报》写了一篇名为“弗洛伊德有关癔病的理论：答阿查芬堡”的文章。在这篇文章里，我就事论事地说，弗洛伊德的强迫性神经病学观念对精神病的治疗发挥了重大的作用。可是这篇十分客观的报道却为我招致了非议。两名德国籍的教授给我写了一封“热情洋溢”的恐吓信，在信中，他们威胁我，如果继续站在弗洛伊德那边的话，代表着我的学术生涯很快就告一段落。可是我不为所动，依然站在弗洛伊德那边。我坦然应战，回信道：“只要弗洛伊德说的是正确的，那么我就是他的拥护者。如果你所说的学术要以轻忽真理为前提的话，那么这种学术绝非我所追求的。”正是因为这些

“前因后果”，所以我义无反顾地为弗洛伊德进行辩护，但是我在辩护的时候也存在一定的疑惑，因为在治疗过程中我发现，有的精神病的确是因为被强迫压制所诱发，但是有些精神病却并非因此而来。即便是这样，弗洛伊德也已经独辟蹊径，这本身便意义重大，那些因为震惊而选择一边倒反对的人的态度，在我看来是全然荒诞不经的。

我和弗洛伊德的第一次见面

《精神分裂症心理学》的问世，并没有取得我预想中的反响，我的很多同事甚至对此嗤之以鼻。不过幸运的是，我同弗洛伊德用这本书结缘。他热情地邀约我去他那儿，这促成了我们1907年在维也纳的第一次会面。这次会面相当愉快，我们相见恨晚，以至于光顾着谈话都忘记了时间。从下午一点开始的谈话，竟然整整持续了13个小时。中肯地说，弗洛伊德是我一生中所遇见的最重要的人之一，在我当时的经历中，几乎没有人能同他比肩。同弗洛伊德的谈话是愉快的，因为他的话语中没有任何浅薄的东西，他是那样的聪慧过人，思维敏捷、见识不凡。只有一点，我无法找到合适的形容词来描绘他给我的第一印象。

当他谈到有关性的理论时，我被深深地吸引住了。遗憾的是，尽管他滔滔不绝，可是我固有的怀疑却没有烟消云散。有好几次，我试图提出相左的意见。但是这些意见都被弗洛伊德风轻云淡地忽视了，他很简单地将我相左的意见归结于我经验的欠缺。不过这是事实，这个时期的我，还没有更多的经验和阅历，这些方面的欠缺让我的反对显得很单薄。我能明白，对于弗洛伊德而言，这方面的理论很重要。这点让我印象深刻，但是我却不能确定，如斯的推崇性，是不是他的主观偏见。

最重要的一点在于，弗洛伊德对精神的态度有些偏执和不可思议。不管是个人，还是一件艺术品，只要是在智力方面表现出了一定的超自然的现象，他便会将这件事归结于性欲的作祟。如果他不是正面说，必然也要想方设法地告诉我，性欲在其中正在发挥作用。如果这件事真的同性欲八竿子打不着的话，他便胡搅蛮缠地认定是精神性性欲。对于他的说法，我无法表示赞同。因为倘若设定这样的假设存在，那么就会推断出这样的一个结果：文化最终会走向毁灭，甚至在这种观点的佐证下，文化不再是一种璀璨的明星，只不过是一场闹剧——你能指望在性压抑的情况下做出什么好东西呢？可是当我将我的怀疑说出来的时候，弗洛伊德却说：“是啊，原本的事实就是这样的。这是我们所无法抗拒的，孩子，这便是命运。”对于他的这种观点，我不以为然，但是我苦恼的是，我似乎无法同他进行辩论。

在一次会面中发生了很多有意义的事情，但是最让我念念不忘的是一件事物。这件事物同在我们友谊画上句号后我才想出来的东西一脉相承。彼时的弗洛伊德在情感上不可救药地陷入了他对性欲的独有的理论中去了。这点，我可以确定。因为弗洛伊德的表情和态度证明了这一点。当他谈起性欲的时候，他的声调便不由自主地开始变得尖锐，甚至达到了焦急的程度。而他的表情也发生了变化，整个面部都笼罩在一种奇特的，甚至是莫名感动的情绪之中，这和他平日里批判事物的态度和表情完全是迥异的。对此，我有一种很奇妙的感觉，性欲对于弗洛伊德而言必然是与众不同的神奇事物。1910年，我同弗洛伊德进行了第二次会面，这次的谈话再度证明了我的猜想，这个时候距离我们第一次谈话，已经过去了3年。

现在回忆起那天的情形，我依然记忆犹新。弗洛伊德以一种近似父亲的口吻对我说："亲爱的荣格，请你答应我，千万不要对性欲的理论弃之不顾。我想让性欲理论变成一种教条，牢不可破的权威，性欲是很多问题核心，我们有必要为它打造一座坚不可摧的防御工事。"他说话的时候情绪很激动。就好像是我父亲在对我说："亲爱的荣格，请你答应我，千万不要忘了周末去教堂做礼拜。"不过我很纳闷，"防御"和"教条"让我受到了震惊。"教条"两字尤其刺痛我的心灵，什么是教条呢？就是那种你无法辩驳必须相信的东西。"教条"本身的存在便是要将那些怀疑的苗头斩杀。当事物被贴上"教条"的标签的时候，注定了它同科学渐行渐远，从此之后，决定"教条"的只有个人冲动。我将我的疑问问了出来："既然您说要打造一座坚不可摧的防御，可是我们防御的是什么呢？"对于我的问题，他给出了答案，他说："防止那些暗夜的泥淖的侵袭。"说到这里，他意犹未尽，又补充道："是有关神秘主义的。"

这简直就是一把匕首，直直地插在了我们的友谊之上。这个时候我便明了，我断然不会接受这种态度。弗洛伊德所说的"神秘主义"不过是一件外套，内在包裹的是哲学和宗教，甚至将当时风靡一时的灵学也囊括其中。可是这些问题同我的想法却大相径庭，性欲所代表的内容玄妙无比，换而言之，很多论断只不过是推断，却不能等同于真相。结合我本身的经历而言，一种科学真理在某个时期可能是真实的，但在另外的时间却并非是真实的，所以任何理论都不能当成神物保留。

尽管我当时并不能很清楚地了解问题的真相，可是我却在弗洛伊德的身上看到的是潜意识中的宗教因素的涌现。很明显，他想让我变成他的铁杆盟军，然后共同构筑一道保卫这些潜意识中宗教因素的坚固防御工程。

这次谈话的直接后果是让我思维混乱，直到这个时候，我对弗洛伊德的观念都不能苟同。我可不认为性欲罪无可赦，可是弗洛伊德却肯定性欲将人紧紧地捆绑住，并且是个恶魔，随时随地让人陷入尴尬和危险的境地之中。显然，性欲对于弗洛伊德而言，其影响远胜于其他人。也可以这样说，性欲之于弗洛伊德，就像是宗教对于虔诚的信徒。面对这样牢不可破的观念，为了避免尴尬，一般人会选择三缄其口，所以我期期艾艾地好几次想提起这方面的问题，但是却说不出口，不久之后，我们的谈话便结束了。

我的情绪很复杂，一方面我的困惑加深了，一方面我为自己的行为感到尴尬。我觉得，我已经来到崭新的王国面前，甚至有机会窥伺这新王国的雄伟和辉煌。新王国中流行的思潮，开始如同洪流一般向我涌来。这时，一件事开始慢慢地浮出水面：一边不敬神灵一边利用神灵的弗洛伊德，已经开始着手创造一种教条。我们可以打个这样的比方，原本这片领土的领主是一位心胸狭隘的上帝，但是现在这片领地却被另外的神灵所占据。同原本的领主相比，新的领主不遑多让。他同样固执、苛刻、盛气凌人、险恶、道德上自相矛盾。就像是某些精神强悍的人，被“神圣”和“堕落”形容那样，“性本能”也不过是一个形容神的形容词而已。对于弗洛伊德而言，用性本能代言隐蔽的神有很多的好处。最大的好处在于，他将自己精神的新原则同科学结合起来，似乎彰显自己的学说不含任何的宗教色彩。可是实质上，这种神秘性的根源来自两种相生相克对立统一的事物——上帝和性欲。本质是相同的，但是行为表现不同，这简直是换汤不换药的行为。当然了，随着这种改变，观点也随之改变了：丧失领地的那位神灵，不得不“下凡”来到下界寻找新的领土了。但是，这个东西即便是改换了姓名，本质上又有什么区别呢？倘若心理学这个学科不复存在的话，那么存在的只有具体的物质。要么意识干掉物质，要么物质消灭意识。可以肯定的是，一个必然会被另一个所毁灭和取代。但是实际上，在心理体验上，所有的强迫和紧张都可以得以纾解。这个问题看上去没有答案！我们该如何消除我们身体内的负面情绪呢？诸如忧心忡忡、良心谴责、内疚自责、冲动焦躁、潜意识、意识、本能等。与其我们从那些正义凛然的理想主义入手，倒不如从黑暗面入手，或者直接从生物学入手，也许能治疗的可能更大。

这些想法如同大火燎原一般，从我的脑海中喷涌而出。当我回忆起弗洛伊德的性格时，这些想法便适时地发挥作用。他的性格被镀上了一层这样的色彩：痛苦。我们在初次见面的时候，这点便给我留下深刻的印象。但是我却不知道为什么弗洛伊德会被痛苦笼罩，当我尝试着将他的痛苦同他对待性欲的态度结合来看，一切都豁然开朗。弗洛伊德很矛盾，尽管他心知性欲本身很神秘，但是他只能用有限的理论和贫乏的术语，将性欲简单归结到生物学的范畴。但是弗洛伊德却无法控制自己的本心，这从他每次谈到性欲都眉飞色舞中就可以看出端倪，他兴奋的语调将他内心的激荡显露无遗。从根本上说，至少在我看来是这样，弗洛伊德试图教导人们，性欲囊括了灵性的本质。可是他的术语过于贫乏，他的理论知识很悠闲，所以他的观念只能在心中翻滚，却无从表达。也就是说，弗洛伊德的所作所为，其实是和他内心相悖的，毕竟世界上没有什么事情能比同自己为敌更痛苦了。我可以用弗洛伊德自己的话来形容他：

“我感到自己被‘诽谤的黑潮’给裹住了，我想屈从，但是内心却还在躁动。”

弗洛伊德不断谈论性，但是他从来不会反省自己为什么会不由自主地谈论有关这方面的内容。这种观点就像是磁石，牢牢地吸引着弗洛伊德。可是对于这种现象，他给予的是简单粗暴的解释，这本身便是对问题的逃避。弗洛伊德在逃避自身的神秘性，他拒不承认在自己的身上有神秘性，这只能充分说明，弗洛伊德对于潜意识的内容是盲目的，潜意识如同黑暗中的小路，弗洛伊德不能发现它的歧曲之处和陷阱。弗洛伊德还不知道的是，任何潜意识的产生都有其根源，不管是内部还是外部。当我们在谈论潜意识所产生的外部原因的时候，弗洛伊德通常只会谈论整体问题的一半，久而久之，这种情况导致了恶果——对弗洛伊德的潜意识出现了某种反作用。

对于弗洛伊德的“短板”，我无力纠正。我寄希望于他本人的改变，或许他会有新的内心体现，没准他便能走上“正途”，不过在这个时候，他还是顽固得很。总是将有关这方面的感觉简单粗暴地归结于“纯性欲”或者“心理学性欲”。他始终没有挣脱该有的樊笼，也是因为如此，我将他看成一个纯粹的悲情人物。因为一方面他很伟大，做出了很多卓绝的贡献。同时，他却不能支配自己的命运，是任由恶魔摆布的傀儡。

弗洛伊德晕倒了

在维也纳，我同弗洛伊德进行了第二次交谈。此间，我对阿德勒的权力假说有了更深入的了解。实话实说，在此之前，这方面的内容还真没有引起我的注意。其实阿德勒做得并没有多么的费解，就像是儿子本能地会模仿父亲的言行一样。厄洛斯和权力驱动说，就像是两座大山，牢牢地压在我的心头。弗洛伊德亲口承认，对于尼采的著作他向来是敬而远之，从未涉猎。但是我却将弗洛伊德的心理学看成通往尼采，或者说通往理智的历史之间的桥梁。我认为，弗洛伊德的理论是对尼采权力原则神化的补充，所以这个问题变成了弗洛伊德同尼采之间的对立，而不是弗洛伊德同阿德勒之间的对立。我觉得，这场争斗超脱了精神病学的范畴。电光石火间，对于这件事我豁然开朗。

可以这样比喻，厄洛斯和权力驱动力就像是有同一个父亲的两个意见相左的儿子。他们同宗同族，血脉相连，却又偏偏水火不容，但是内在却存在千丝万缕剪不断理还乱的关系。他们就像是粒子同反粒子，电池的正极和负极。厄洛斯是被动的一方，而权力驱动力是主动的一方，也可以这么说，权力驱动力是被动的一方，而厄洛斯是被动的一方。或者这样说，厄洛斯对权力驱动力有着本能的要求，反过来亦然。

两者相克相生，没有厄洛斯，权力驱动力的存在将没有任何意义；而如果没有权力驱动力，厄洛斯也会自然消亡。人对于权力驱动力也是矛盾的，一方面他们在权力驱动力面前卑躬屈膝，另外一方面他们又想驾驭权力驱动力。面对权力驱动力，我的前辈们是如何做的呢？弗洛伊德让自己的客体变成权力驱动力的臣子。阿德勒告诉人们该如何利用这种驱动力将自己的意志强加于人。尼采的情况呢，他无力掌控自己的命运，不得不杜撰一个“超人”出来。经过研究，我得出了这样的一条结论，厄洛斯对弗洛伊德的影响十分大。实际上，他想将自己的这种观念用某种教条确定下来，并形成一定的权威。他希望这种权威不可撼动，如同狮身人面像捍卫着金字塔。在尼采的《查拉图斯特拉如是说》中，人物“查拉图斯特拉”是传递福音的使者，这是人所周知的事情。

但是弗洛伊德更甚于尼采，他甚至想将自己的意念凌驾于宗教之上，并将这个理论等同于不可改变的真理。我唯一可以肯定的一点是，弗洛伊德并没有大张旗鼓地去做这件事，他倒是怀疑我想成为某方面的先行者。当他提出了这种颠覆性的想法的时候，却又自觉地将其放弃。人们对于神秘的东西，往往就会像弗洛伊德做的那样——与其怠慢，不如尊敬些妥当。因为这些东西一方面是虚无缥缈的，一方面却又是实实在在的，让人无从去判断他们的真假。神秘性的体验，一方面是崇高的，一方面是卑微的。这种体验恰恰发生在弗洛伊德的身上，他对性的态度，既神圣又邪恶。其实只要他稍微深入思考一下，便能将这个问题从生物学的范畴中解放出来。而尼采的问题在于，他做了一棵远离人类生存基础的浮萍，这就注定他会因为理智走向极端而失控。

事情就是这样的凑巧，倘若有地方存在神秘的体验，让精神的岩浆喷涌而出的话，相对应的让人安然无恙的保全设施便会被破坏殆尽。如果发生这种情况，那么这个人就会掉进绝对肯定的深渊。对此，东方强调超脱，摆脱束缚人的种种阴暗面。而我呢，站在天平的两端，一边是理智另一边是非理智，摇摆不定，不过幸好，我不是在正确和错误之间左右为难。要知道，神秘的事物往往会将人引向万劫不复的深渊，可能适度的真理依然是真理的一部分，但是一个不起眼的错误往往会导致不能弥补的错误。随着时间的流逝，很多昔日的真理被证实为谬论，而昨日的谬论恰恰是今日奉行的真理。心理学方面的内容尤甚，可是在这方面，我恰恰欠缺了很多。我甚至不理解这些事情意味着什么，除非我的意识和潜意识将这些事情尽收“眼”底，否则这些事物都不会出现在我的大脑中。

通过这次谈话，我开始渐渐明白弗洛伊德想要表述的内容。他担心他对性的顿悟会被堕落和黑暗吞没。甚至我从他的话语中推出这样的一幕，黑暗的恶魔正在同光明的天使进行这样的决斗。用这种方式，便能轻而易举地解读弗洛伊德藏着掖着的事情，我不难理解为何弗洛伊德会用教条的方式来对这个问题进行解读，因为这是为宗教辩护的最佳手段。我在我的著作《力比多的变化与象征》中论述了缘何英雄会愿意为了争取自由而奋斗，但是弗洛伊德对我这本书的态度却很微妙。正是这种态度刺激我在这种题材上的研究之路越走越远。这个时候权力成为最佳的助力，导致我对象征论进行了深入的研究。与此同时，我开始延续持续了很多年的“神秘论泥淖黑潮”的研究。也就是说，我竭力想弄明白作为我们当代心理学基础的意识方面的和潜意识方面的种种历史性假设。

我想向弗洛伊德请教一下他对于未卜先知等的看法，于是在1909年去维也纳拜访他的时候，便针对这几个问题提出疑问。可是他固有的偏见，让他对除了实利主义以外的事情都嗤之以鼻。他将未卜先知和一般性灵学批驳得体无完肤，甚至说，这些都是浅薄的胡说八道。他慷慨激昂，态度激烈，看到他这种样子，我只好将涌到嘴边有些冲动的辩驳给咽了下去。这件事过去了几年之后，弗洛伊德才勉强承认了灵学的严肃性并承认“神秘现象”的真实性。

当我同弗洛伊德谈话的时候，有种异样的感觉从我的心中升腾而起。此时我的横膈膜似乎变成了一块被锻造的铁，不仅滚烫，而且热气腾腾，几乎将我的横膈膜变成了红光闪闪的拱顶。像是迎合我内心的异变一样，这时书架内忽然发生响亮的声音，由于我们就在书架旁边，毫无预警的响动将我俩吓得几乎跳了起来。我们担心书柜会倒下，砸在我们身上。我有些得意地说：“看吧，这便是一个所谓的催化性客观现象的典型例子。”

“哈哈，你这是在胡说八道！”

“这可不是胡说八道，”我笃定地回答，“教授先生，您大错特错。我的说法即将被证实，现在我就敢预言，过一会还有相同的声响。”就像是为了验证我的说法似的，我话音未落，书柜中又响起了一模一样的声音。

直到今天，我都不明白为什么我那样的笃定。但是我就是知道，这种声音会再度响起。当声音真的响起的时候，弗洛伊德简直“石化”了，他瞠目结舌地看着我，似乎被这件事吓到了。我不知道他的内心到底是怎么想的，也不敢去探寻他的眼神意味着什么，但是有一点我可以确定，自此以后，弗洛伊德不再那么信任我了，而我也觉得，自己做了一件反对他的事情。从此之后，我再也没有同他谈论过这个问题。

1909年发生的事情对于我和弗洛伊德来说意义重大。那个时候，我非常荣幸地被邀请到麻省伍斯特市的克拉克大学就联想测验开设讲座，与此同时，弗洛伊德也接到了该大学的邀请。我们合计了一下，决定一同前往。当我们在布莱梅汇合的时候，弗伦兹也加入到我们中间。在此期间，后来成为人们谈资的弗洛伊德昏倒事件发生了。这件事是怎样发生的呢？让我从头细说。当时，我对“死尸”产生了兴趣。这些

“死尸”是化石，都是史前人类的尸体。因为这些尸体死亡的地点或者埋葬的地点特殊——要么是在沼泽中淹死，要么是被埋葬在沼泽中。这些尸体被富含腐殖酸的泥煤水浸泡着，这种酸虽然能腐蚀人类的骨头，但是对人类的肌肤和毛发无能为力。从本质上说，这是一种自然化木乃伊的过程。从史前到现在，随着地壳变动等外部元素，这些尸体有的就会被挤压碎。在丹麦和瑞典，这样的尸体残余，经常被煤炭工人发现。

我们来到布莱梅的时候，我恰好在报纸上读到了有关这类“尸体”的报道。可这时的我对这类问题还是一知半解，于是就觉得这些“尸体”在我的印象中就像是木乃伊一样。可是我的这种关注让弗洛伊德感到不快，他用嗔怪的口吻对我说：“为何你对这些念念不忘？”从他说话的语气我能看出，他很恼火，并在有一次我们用餐的时候突如其来地昏了过去。过后，他告诉我，他百分之百地确定，当我谈论起死尸的时候，我心中的念头是盼着他早点死。他的这种想法让我大吃一惊，他有关这方面的想象过于诡谲，也过于强烈，难怪会让他昏倒了。

类似的事情还重演过一次，弗洛伊德在我面前再度昏倒了。那是1912年我同弗洛伊德共同参与了一次心理分析大会，这场大会在慕尼黑举行。

谈话中，有一个人将话题扯到了阿曼诺菲斯的身上。这个人表示，阿曼诺菲斯有一种浓得化不开的仇父情节，不然他怎么会毁掉父亲树立的石柱上的象形文字呢？这个人用这件事论证，尽管阿曼诺菲斯创立了神教，但是他却否定了自己的父亲。这让我很是震怒，我站出来试图说服他。我的意思大抵是安曼诺菲斯不仅有着深刻的宗教信仰，同时他也是一个拥有创造思维的人。这个人所说的阿曼诺菲斯否定父亲是说不通的，因为他一直保存着父亲给予他的纪念品。他所破坏的并非是他父亲存在的痕迹，只不过他讨厌“阿曼”这两个字而已。“阿曼”代表的是神的名字，所以他将这个名字销毁了。而这个人所提出的论据，即阿曼诺菲斯凿去的他父亲石柱上的象形文字，也不过是“阿曼”两个字。这并非是阿曼诺菲斯的独创，很多法老都那样干过——用自己的名字代替纪念碑或者塑像上他们祖先的名字。他们觉得，自己的祖先是神的化身，但是自身同样是神的化身，那么他们便有能力去这样做。更何况，相较于阿曼诺菲斯而言，这些人更接近凡人，毕竟他们没有开创一种新宗教，也没有拓展一种新观念。

就在这个时候，弗洛伊德昏了过去。他毫无预警地从椅子上滑落下来，身子软绵绵的，我们都吓坏了。大家围绕着昏倒了的弗洛伊德，手忙脚乱。我赶紧将他放在我的背上，将他背到隔壁的房间中，并让他以一个尽可能舒适的姿势躺卧在沙发上。在我背着他的时候，他的意识开始苏醒，他就那样凝视着我，这种眼神让我永生难忘。他就像是我的父亲看我那样，一直看着我。我认为，造成他昏倒的原因不管是什么，都同我脱不了干系。当时的场面十分混乱，而这两次昏倒的共同原因都是明显的父杀子的幻觉所造成的。

在那个时候，弗洛伊德经常做出某种暗示，表示他将我看成继任者。似乎只有我，才能将他的理论发扬光大。这点让我很难堪，因为我知道，我不可能对弗洛伊德的理论知识囫囵吞枣，无条件地坚持和支持他的看法。首先，我对党派之争没有任何的兴趣，我不想让自己身负党派这种让人厌烦的大包袱，更何况这件事情完全背离我的天性，另外，我对于我思想的独立性是十分看重的。最后我看重的只有真理，而对个人威望问题不屑一顾，所以我并不欢迎这种说法。可是，我的批评分量太轻，让弗洛伊德可以无视，另外，我对弗洛伊德也是十分尊敬的。

我和弗洛伊德日益明显的差距

1909年始于布莱梅的美国之行持续了7个星期。在此期间，我整日和弗洛伊德对彼此的梦境进行深入的分析。彼时我的梦很多，但是弗洛伊德却给不出关于我梦境的解释。其实我觉得这并不丢脸，梦是虚幻的，再好的分析者也碰触不到梦境的虚无，只要你是普通人，便会有这样的挫折。我可不想因为这个小小的插曲，影响到我同弗洛伊德之间的关系，更不想因此影响我们之间“解梦”的行动。不仅如此，我还认为，我们之间的关系十分难得。不管是从年纪、阅历，还是从才华、见识上看，弗洛伊德都是我的长辈，在他面前我永远以晚辈自居。但是后来发生的某件事，动摇了我的这种想法。

弗洛伊德也做了一个梦，因为这个梦涉及了很多他个人私密的问题，所以我无法公之于众。我竭尽全力给他“解梦”，并不得不告诉他：“如果您给提供给我更多的有关你私人生活的内容，也许我可以做出更多更好的解释。”听完我这句话后，弗洛伊德迅速看了我一眼，眼中包含了诧异和怀疑，而后他语调缓慢地说：“这怎么可能，我绝对不可能拿自己的权威性来开玩笑。”当我听到这句话的时候，我知道我们之间的关系迟早都得玩完，因为此时在弗洛伊德心中，权威性的地位远高于真理。

正如我已经说过的，弗洛伊德可能会将我的梦给“解开”，但是同样存在这样的可能：弗洛伊德根本就不明白我的梦想要表达什么。在我的梦境中，大量的集体性内容充斥其中。在我诸多的梦中，有一个格外重要，也是这个梦，在我同“集体潜意识”之间建立了某种联系，这种观念，我都写入了我的《力比多的变化与象征》。可以这样说，我的梦境是我作品的前奏。

这个梦是这样的：我的家改换了模样，竟然变成我全然陌生的两层楼的屋子。不知不觉间，我已经步入二楼，这里的装饰告诉我，这是一个客厅，装潢得很精致，大多是洛可可风格的老式家具，墙上悬挂着一些非常珍贵的名画。我感到很疑惑，这怎么会是我的家呢？于是我便说：“这真不错。”随即便想起来，我还没有去一楼看过，我沿着楼梯来到了一楼。一楼的东西散发着浓郁的古老气息，类似中世纪风格的装饰，红砖铺设的地板，都让我感到非常好奇。我已经充分认识到，这房子的历史肯定可以追溯到15~16世纪。房间内光线晦暗，我心里想着：“看来我有必要一探究竟，每个房间我都要一探究竟。”立在我面前的是一扇厚重的大门，我稍微用了用力，它便向我敞开了。门的那边，是一层又一层的石砌台阶，我顺着台阶走，竟然来到了地下室。与其说这是地下室，倒不如说这是一个非常美丽的房间。它有着圆形的拱顶，让房间显得古香古色。四壁镶嵌着一块又一块整齐的砖块，甚至石灰浆中也看到了砖块的碎屑。这种独特的建筑方式，让我想到了罗马时代的建筑。我的兴趣被挑起来了，经过我的观察，地板是一块巨大的石片，在这个石片之上，我看到有一个小小的石环，拉动这个石环，这片石片就被掀起了，我再次看到了一道窄窄的石阶，通往地下更深处。我接着顺着这个石阶往下走，直接走进一个岩石凿成的低矮的洞穴。石洞十分简陋，而且人迹罕至，因为地面上已经积攒了厚厚的灰土，灰土中散落着一些骨头的碎片和陶瓷的碎片，这些都告诉我，此处乃是原始社会的遗迹。我在这些遗迹中翻翻拣拣，找到了两个人的头盖骨，这两个头盖骨似乎有些年头，好像我一碰触，它们便会化成齑粉。当我梦到这个的时候，便清醒了。

对于我的梦境，弗洛伊德最感兴趣的是那两个头盖骨。他在我的意识中翻翻拣拣，试图诱使我说出这两个头盖骨的意识根源。他让我回答两个问题，“你是如何想到这两个头盖骨的呢？”“这该是谁的头盖骨呢？”他的问题暴露了他的真实意图，那便是这个梦中隐含着死亡的愿望。面对这样的问题，我还是迷惑，他到底想弄清楚什么呢？我怎么会对谁怀有死亡的祝愿呢？我对这样的阐述并不满意。但是我不能让我的不满意显露出来，这个梦预示着什么，我内心有一点征兆，但是我并不确定，我觉得我有必要听取弗洛伊德的看法。于是我按照他的思路胡诌了一句：“我的妻子和妻妹？”不管怎样，我得胡诌一个我祝愿他死亡的名字啊。

那时我正值新婚燕尔，我心中有数，我根本没有产生过有关的这方面的任何意识。可是我要将我对这个梦的看法对弗洛伊德来个竹筒倒豆子的话，那么势必会引起弗洛伊德情绪的极大反弹。想要让这个事情以温和的帷幕落幕，简直是不可能的。我觉得，我根本没有必要跟他进行争吵。另外，我担心我们之间爆发的分歧和争吵会让我们之间的友谊产生裂痕。除了担心失去他的友谊外，我对另外一个问题很好奇，如果我按照弗洛伊德的想法去胡诌一个东西去欺骗他的话，他会做出什么样的反应呢？所以我干脆跟他撒了一次谎。

我的行为只是在随机应变，对此我心知肚明，所以我认为我无须自责。我算明白了，想要让弗洛伊德明白我的内心世界是天方夜谭，我们之间的差异天差地别，所以我只能“见风使舵”地谈话，而弗洛伊德听完我说的话后似乎松了一口气。从这件事上我开始看清，对于“解梦”的事情，弗洛伊德本人是无能为力的。他能做的便是引经据典、文过饰非，我明白，这个时候该我自己去探索梦的含义了。

对我而言，这些问题显而易见。屋子是一种精神形象的象征，换而言之，屋子代表的是我的意识以及我意识的附加物，而大厅代表的是同潜意识水火不相容的意识。甭看大厅和屋子的建筑风格古风颇重，但是它却拥有人居住的痕迹。

地板象征的是潜意识的伊始，当我开始深入发掘的时候，陌生感开始涌起。那里的景象对我而言，不仅生疏而且黑暗。在这陌生而阴冷的洞穴里，我看到了原始社会的遗迹，也可以理解成原始社会的文化残骸。奇妙的是，这种文化残骸同我心底的某些事物产生了某种共鸣。这个世界是高高在上的，高居在我们的意识无法企及的高度。从某种角度出发，人类的原始性精神同动物的灵魂有一定的相似之处，就好比是，原始人类占据的那些得以遮风避雨的山洞，原本是为野兽们所占据的。

在这个时期，我慢慢地发现，我同弗洛伊德之间的分歧太过巨大，简直是一条不可逾越的鸿沟。众所周知，我的童年乃至少年都在富于历史情怀的巴塞尔长大，也是在那里，我接触到了某些古哲学家的观点，进而获取了某些心理学史的知识。每次我遇到梦涉及了潜意识内容的时候，就要将我梦境之中的内容做一下纵向的比较，拓展这些梦境的历史渊源。而我的大学时代，使用的是克鲁格的老版哲学词典，也正因为如此，我对18世纪和19世纪初期的作家充满了各种亲切感。这些作家的文风，就像是我童年时代十分喜欢的家中二楼大厅的那个世界。通过纵向的对比，我产生了这样的印象：弗洛伊德的知识是一道沙拉，上面有毕希纳的培根、莫乐斯霍特的小油菜、杜波依斯的柠檬、莱蒙德的黑胡椒以及达尔文的黄油。简而言之，弗洛伊德的知识是以上我所提到的这些作家的知识的大汇总。

这个梦清晰地告诉我，我所描摹的意识形态有进一步的归属：这些意识形态具有明显的中世纪风格。不管是长长的没有脚踩踏的地板，抑或是有着浓郁的罗马风情的地下室，又或者是简陋的史前洞穴，这些则意味着意识传承的各个时代。

在我没有做这个梦的前几天，我的脑海中横七竖八地排列着很多的问题。这些问题让我头疼不已，却不得其法去破解。弗洛伊德的心理学研究的宫殿，它的基石是什么？弗洛伊德过分强调和推崇个人人格至上论调，这种观点具有很强的排他性。但是这种观点和一般的历史假定之间真的是一清二白没有联系的吗？我的梦做得正是时候，它指引了我一个方向。我的梦告诉我，意识不仅具有历史性，还有层次性，文化史是意识循序渐进的过程。我的梦构成了人类精神的结构图，同时我的梦还告诉我们，人类的有些本性含而不露，藏在人类的固有精神之上。就像是英国人说的那样：

“我们从钟表咔哒的响声中知道时针和分针的走动中，可以窥一斑而知全豹”。这个梦，开始指引我的前进，这件事其后得到了证实；其实也根本无须证明，最开始的时候我便对这一点毫无怀疑。

我最初的想法影影绰绰还没有成型，我只是朦朦胧胧地对隐藏在个人精神之下的集体性潜意识有了一鳞半爪的看法。我最初将这些等同于潜意识的功能，由于我个人的不断成长，我个人的阅历在增加，知识在丰富，我开始认识到潜意识本身就是人类本能的反应，我开始一点一点洞悉这些问题的根源。

对于弗洛伊德的说法，我一直不敢苟同。梦应该是“冰山”的表象，而真正的意义隐藏在“冰山”之中。意识知道潜意识的功效，但是却恶意地将其扣留了。对我而言，梦的功效是截然不同的，它只是人类天性的一部分，它不会欺骗人更不会恶意引导别人。

梦境的最大功效在于，它用最大的能力来表达某些东西。我再度强调，梦境没有欺骗人的动机，素来只有人们自欺欺人，我们之所以能欺骗自己，是因为我们双目不明，缺乏必要的洞察力；是因为我们双耳不聪，缺乏必要的信息过滤能力。其实我们的耳朵并非恶意地欺骗我们，以我而言，早在我同弗洛伊德会晤之前，我便认为不管是潜意识，还是潜意识的表现形式——梦，都是自然发生的过程。梦，是纯粹的，不应该加入其他的杂质。很多为梦“添枝加叶”的行为，都是“非自然”的。我不明白有什么理由可以假定，意识的种种“添枝加叶”的行为，更能反衬潜意识的这种自然性。结合我本身的经验我可以看出，意识和潜意识之间是水火不相容的。

预示分道扬镳的梦

这个以屋子为内容的梦对我的生活产生了古怪的作用：它就像是一支火把，将我少年时代对考古学的热情重新点燃了。在我重回苏黎世的时候，我再度对巴比伦考古学的书籍产生了浓厚的兴趣，同时我还没忘记分了一些时间给神话学著作。然而在阅读的过程中，我又发现了弗里伊德里希·克鲁泽的《古代各民族的象征主义与神话》——这使我大开眼界！我着迷了一样地阅读，在兴趣的驱动下，我很快便将堆积如山的神学资料读完了，甚至连诺斯替派的著作也没有放过。可是读完后，我却只剩下了空虚。

我陷入了一片混乱中，不知道自己该前往何方去向何处。这种迷茫我并不陌生，当我还在医学院时便已经经历过。那个时候的我就像是没头苍蝇一样，想要找到弄清精神病患者心理状态的密钥，却找不到入手点。我处于想象中的疯人院，并着手像对待我的病人那样处置和分析克鲁泽著作中的形象——那些人兽、林怪、人神。就在我这样忙着的时候，我却无意中发现了古代神话和原始人的心理之间千丝万缕的联系，于是我又开始转而研究起这一点来了。

在我进行这些研究的时候，偶然间的发现给予了我新的启示。绝对是偶然，那是一个关于米勒小姐的报道，这位小姐是美国人，而我与她素昧平生。这篇报道刊载在日内瓦版的《心理学档案》上，当我看到作者署名的时候更加高兴，因为这位作者是我的老朋友西奥多·弗劳内伊，在我的印象中，他不仅品德优良，而且为人慈祥，所以我打起精神来阅读这篇报道。报道中刊载的天马行空的富含神话特色的幻象，如同闪电一样触动了我的心灵。这些感觉如同蓄水池一样慢慢积攒，等到我意识到这点的时候，这个蓄水池的规模已经非常壮观了，我的新书《潜意识心理学》甚至也从这个蓄水池中汲取了营养。

在我写着上述这些书的时候，我又做了一些别的梦，这些梦预示着我同弗洛伊德背道而驰。最重要的一个梦境是这样的，那是瑞士和奥地利交界处的一个山区的景象。梦中恰好是黄昏时分，在夕阳的光辉中走出了一位奥地利海关官员。他显然是一个老人，花白的头发，微驼的背。他面容凄苦，心事重重，旁若无人地从我身边走过，视我为无物。梦中不光是他一个，还有别的人。正是这些人告诉我，这个官员并非活人，而是去年死去的人的灵魂。“他并不愿意死去”，这便是我梦境的序章。

我开始深入分析我的梦境。“海关”这个词，往往伴随着“检查”二字；对于“界限”，我想到的则是意识同潜意识之间不可逾越的鸿沟，不光如此，还有弗洛伊德的观点同我的观点之间的巨大分歧。边境上严苛的检查条例，在我看来便是“分析”的另外一种表现形式。众所周知，在海关上，我们不得不将自己所有的包裹打开，一起检查有无违禁品。而在这种检查的过程中，有关潜意识的“违禁品”便开始露出马脚。但是对于这位年老的海关官员来说，这种检查是枯燥且乏味的，显而易见的是这份工作没有给他带来丁点儿快乐，也正是因为如此，他对待整个世界的态度绝对是尖酸刻薄的，这点同弗洛伊德多少有点相近。

尽管这个时候对我来说，弗洛伊德的权威性已经丧失大半，但是这并不影响我对他的推崇和敬爱，因为弗洛伊德的形象总是同我父亲的形象莫名其妙地结合在一起。这种父亲形象的投射，让我很尊敬他。在做这个梦的时候，这个投射显然还没有消失。只要这种投射存在一天，那么我的判断就永远做不到中肯和客观。一方面，我们对于这种投射具有高度的依赖性；另一方面，我们又在抵制这种投射。这也导致了我对待弗洛伊德态度的分裂：在我做这个梦之前，对于弗洛伊德，我始终持高度评价的态度，不过同时，我对他也持批判的态度。这种前后矛盾的态度是一种预示，说明我既没有下定决心，对局势也看得不分明。当然了，这并不是我自己特有的，而是形象投射共有的特色，而这个梦，让我彻底弄清楚了一切。

弗洛伊德的个性比较强势，当我同他在一起的时候，我要完全接受他的意见，而抛却自己的判断。没有自己的意见，是和弗洛伊德合作的前提。我不得不努力说服我自己：“算了吧，如果说弗洛伊德是月光的话，你便是一只小小的萤火虫，你只有向他学习的份。”虽然我竭力告诉自己，要尊重弗洛伊德，但是在我的梦境中，我却肆无忌惮地将弗洛伊德看作是一位性格怪僻的奥地利官员，而且还是一位去世已久鬼魂还流连世间的海关官员。这难道是在暗示，我内心在希望他死掉吗？但是我却发现，除了梦境，在别的方面我对弗洛伊德却是极为尊重和推崇的，我甚至不惜牺牲一切来换取同弗洛伊德合作的机会。其实坦白讲，每个人都有私心杂念，我更不例外。我之所以会不惜一切代价同弗洛伊德合作，目的在于获取弗洛伊德的丰富资源——他拥有的经验。弗洛伊德的友谊对我而言，意义重大。我绝对没有理由希望弗洛伊德死掉，可是我的梦又该如何解释呢？是潜意识中对他高度崇敬的补偿吗？其实这个梦是在传递这样的一个消息：对弗洛伊德，我应该带着批判性地去看待。但是这个梦的结尾让我觉得，我的潜意识在告诉我，弗洛伊德的观念非常腐朽，也正因为如此，我才会感到非常震惊。

当我梦到海关官员的时候，这个梦并没有戛然而止，反而是在不断地继续。过了没多久，第二个梦又来拜访我了。相较而言，这个梦对我更为重要。在这个梦境之中，我漫步于一个意大利城市中，天上明晃晃的日光告诉我，这是正午12点。天光正好，灼人的热浪笼罩着狭窄的街道。这座城市背靠大山，形状和建筑风格都与巴塞尔的万克伦堡有几分相像。窄窄的街道逶迤而下，直直地延伸到山谷区伯西格塔尔，山谷横贯了整个城市，所有的街道由台阶组成。这个城市就是巴塞尔，它很有意大利风情，建筑风格有点像是贝加莫市。我的梦中似乎是夏天，万物都沐浴在烈日骄阳之下。这个时候，人流川流不息地向我涌来，我知道这个时候店铺关门，恰好是人流的高峰期。行人们大多面色憔悴，行色匆匆，但是其中有一个人的打扮却截然不同。那是一位骑士，身穿银光闪闪的盔甲。他头戴钢盔，只在眼睛那里留下一个细长的缝隙，锁子甲披挂在他的身上，外面还罩着一件法衣，而法衣的前后面都织着鲜红的十字。

让我用简要的文字描摹一下我的所见吧：那是个现代城市，恰逢下班的高峰期，人头攒动。这个时候，我忽然看到一个身着古代十字军装的人向我走来。让我惊讶的是，川流不息的人群中没有人向这个“鬼魂”投来哪怕是古怪的一瞥。他似乎穿了隐身衣一样，但是古怪的是我却看见他了。我问自己说：“这个鬼魂到底意味着什么呢？”就在这个时候，有个人却回答了我的问题：“你猜想的没错，这是一个准点的鬼魂。他每天都在10～12点间经过这里，已经坚持了好几个世纪，所以大家都见怪不怪了。”我回头想看看是谁回答我的问题，但是周围却空无一人。

这位骑士和那位海关官员的形象大相径庭，海关官员形象模糊朦胧，可以用“消逝的鬼魂”给他做注脚；但是那位骑士的形象却迥然不同，他的形象饱满鲜活，给人活生生的感觉。这个梦的下半部分充满了神秘的色彩，但是边界上的景象却是平淡无奇的，甚至本身也是很平淡的，甚至我也是在回忆的时候，才能领会到一点其代表的意义。

我失去了弗洛伊德的友谊

做了这两个梦后，很长一段时间内，我的头脑中一直萦绕着骑士那神秘而高贵的形象，我冥思苦想了很久，才有了思路。在梦中，我已经知道骑士是12世纪特有的产物，这个世纪不仅是炼金术开始风靡的时期，还是十字军东征去寻找耶稣用过的圣杯的时期。其中，圣杯更让我念念不忘。自从我15岁初次听到圣杯的故事后，这个故事便在我的记忆中占据了一席之地。我隐隐约约觉得，圣杯的后面掩藏着一个非常重大的秘密，所以，我便获取了某种天赋——能了解为什么我会做能召唤出骑士的梦。从这件事所代表的意义的广度上看，这是我独有的私密花园。而这个私密花园显然仅为我一人所有，同弗洛伊德的那个天地毫无瓜葛。我一直在孜孜不倦地寻找某种未知的，但却能赋予人类平庸生活以意义的东西。

这让我觉得很失落——喜欢探索的头脑，千辛万苦来到心灵的深处，找到的并不是所想的，而是平日极为熟悉和“富有人性”的那些熟面孔，这让我很是失望。那些我在马厩中一无所获的事情，却从拉伯雷式的智慧中找到了灵感的闪现。我本来就来自乡间，混迹于农民之间，所以我也从民间传说中获取了部分答案。其实对于我而言，乱伦和性反常也没有什么大不了，似乎这些事情不需要我们给予格外的关注。按照我们的惯性思维而言，乱伦、性反常、犯罪行为都是世界阴暗面中长出的毒蘑菇。这些毒蘑菇纤毫毕现地展现着自身的丑恶，大大破坏了生活的意趣。不过，鲜花插在牛粪上，蔬菜长在粪堆上，这一切在我看来理所当然。毫不客气地说，这些不能给予我一丁点儿的启示。“只有那些‘造作’的城里人，才对人乃至大自然的丑恶一无所知。”每当我这样想的时候，对这些丑恶事情的排斥就与日俱增。

对大自然一无所知的人患上精神病其实是件很正常的事，因为这样的人和现实格格不入，他们如同孩童般一样纯真，他们对真实的生活一窍不通。打个比方说，我们要千方百计地让他们明白，他们跟其他人别无二致，这种方式又怎么能纾解他们的病情呢？与其说这种方式是治疗，倒不如说是启蒙。只有让这些人脱离了平庸，他们才有可能变成正常人。这些人很眷恋他们曾经的那种压抑状态，如果你劝说他放弃他热衷的状态，却没有充分说服他们的理由，而是想当然地“有道理地命令”，他们是断然不会放弃的。因为这恰恰就是他们无法做到的东西，所以他们如同天上飘浮的白云一样，在深沉的大地上找不到落脚的地方。他们为什么会“沦落”至此呢？其实人的生活方式等同顽疾，难以改变。除非这种生活方式能够被更科学更合理的生活方式所取代。可是理想、科学的生活方式，经过实验证明却是镜花水月，基本上不可能有。所以，想从本质上改变一个精神病人简直就是天方夜谭。

到了这个时候，一切便豁然开朗了。弗洛伊德的个人心理学之所以如同灯光一样吸引我这只飞蛾，是因为我急于想让他用“合情理的解决”来为我揭开那个我一直想要知道的真相，甚至为了获取这个真相，我做好了奉献和牺牲的种种准备。可是，现在我依然在追寻真相的道路上奔跑着，而弗洛伊德却永远停下了脚步。不厚道地说，弗洛伊德本人也是精神病患者，他的病征十分明显，早在我们美国之行的时候我便已经洞悉。对此，弗洛伊德说，每个人都是精神病患者，也正因为如此，每个人对待别人都需宽厚和容忍。可是我就如同沙漠中干渴的旅人，这点水珠根本不能缓解我的干渴，我更想知道如何才能让一个人避免患上精神病。更让我不解的是，弗洛伊德对自己的精神病无能为力，他以及他虔诚的信徒们更无法理解精神分析理论以及实践到底意味着什么。但是这并不妨碍弗洛伊德将自己的理论同方法结合起来，变成一种教条。对此，我失望透顶，面对这样的情形，同弗洛伊德分道扬镳也成了我唯一的选择。

在我动笔写那本有关力比多的书尤其是在“献祭”一章告一段落时，我便心知肚明，这件事是有风险的，它会让我与弗洛伊德决裂，因为这本书中有大量同弗洛伊德相左的观点。我在这一章中所写的力比多颠覆了传统的力比多，另外我还加入了大量的我自己对乱伦的看法。而这些，恰恰是弗洛伊德所不同意的。在我看来，将乱伦单纯等同于精神错乱是简单而粗暴的。

通常来说，乱伦经常披着高度宗教性的外表，由于这种原因，不管是宇宙起源还是神话，我们都能看到乱伦的身影。遗憾的是，弗洛伊德并不这么看，他看待问题时推崇的是“ 就事论事”的方法，拒绝对乱伦所象征的精神方面的意义进行深入的思考。我知道，他断然不会接受我这方面的看法。

我忧心忡忡地和妻子谈起这件事，妻子一直在试图打消我的疑虑，因为她觉得弗洛伊德是个宽宏大量的人，或许他不会对我的这本书大加鞭笞，甚至更乐观一点，没准他能接受我的观点呢。不光是妻子这么想，其实我也是这样认为的。在接连两个月的时间里，我一直左右为难：是听从我内心的声音，让我的灵感跃然纸上，还是捍卫我同弗洛伊德的友谊呢？我在这种矛盾中痛苦地挣扎，这种矛盾不仅困顿了我的思维，还禁锢了我的意识，导致我迟迟无法继续写作下去。

就在我同弗洛伊德分道扬镳后，我的好友、熟人也因为不理解而纷纷离我而去。雪上加霜的是，我的新书甚至被宣判为是一派胡言。事情似乎让我弄得没有任何转圜余地了，不过我早就预见了自己将被扔在一个孤岛之中，更何况，我对所谓的朋友能给予我什么态度并不抱太大的幻想，所以我的失望并不是很大。不过，幸运的是，还有科林和梅达认可我。其实做什么事情都得冒风险，而且你不得不为自己的信念表明立场。这是人之常情！更何况我是神秘主义者，新书“献祭”的章节注定需要一个祭品，而这祭品便是我自己。正是因为洞察到了这点，我才义无反顾地继续写下去；在知道我的新书可能不为别人所接受的前提下继续写下去。

现在回想这一切，我还能笃定地说，我是弗洛伊德唯一的“后继者”，只有我才会继续研究弗洛伊德最感兴趣的两个问题：“古代遗迹”和“性欲问题”。很多人认为，我是一个对性欲无视甚至排斥的清道夫，这种观点大错特错。恰恰相反，在我的心理学理念中，性欲是构成精神完整性不可或缺的一环，它甚至是最接近精神完整性的一种表达。自然，我关心性欲更着重关心精神性方面的内容以及性欲所隐含的神秘含义，这些方面的研究超越了性欲本身的人性意义和生物学方面相关的功能。我醉心于这方面的研究，实则是继承了弗洛伊德的理念，他本人也对这方面的研究十分热衷，遗憾的是他并没有把握其中任何的精要。我将这方面的思考成果写进了《感情转移心理学》和《神秘的联系》这两本书中，其中，我着重表述了这样一个观点：作为精神表达的性欲，往往具有头等的重要性。而性欲所要表达的精神，也隐晦地和上帝的阴暗面相契合。自打我开始沉溺于炼金术的世界以来，神秘精神的问题在我脑海中挥散不去。从根本上说，这是与弗洛伊德间的初次谈话给我留下的深刻印象。当时的弗洛伊德沉溺于研究性欲和潜意识之间的必要联系，这让我百思不得其解。

弗洛伊德的最大成就在于他对待精神病人的态度十分严肃，并能认真对待他们的病态心理。在我看来，他是一个勇敢的人，因为他鼓励病患说话；他是一个心态开放的人，为了明白病患内心所想，他开始用病人的验光看待这个世界；他是一个有主见的人，任何偏见都左右不了他，他愿意以深刻的思考来观察和理解精神病，甚至还纠正了大量的偏见。

在我的眼中，弗洛伊德的形象和《圣经・旧约》中描述的一位先知的身影重叠在了一起，他还是一位勇往直前的勇士，将虚假的神祇推倒在地，撕开了掩盖种种不诚实和虚伪的幕布，让腐朽的当代精神被暴露在光天化日之下。他我行我素，丝毫不畏惧别人对于自己工作的非议和误解，可以这样评价他：他是人类文明的助推器，他是将人类文明引向潜意识的先行者。是他首肯了梦境是人的潜意识这一重要说法，从这个角度而言，他坐实了先行者的美名。因为他将看起来势必要丢失的工具重新拾起并交还到人类的手上。不过遗憾的是，尽管他已经用经验证实了潜意识的存在，但是这个论点却被归类到了哲学中的假设存在，特别是C.G.卡鲁斯和爱德华·冯·哈德曼的哲学之中。可以这样说，尽管现代人对于潜意识的理解赶超了前半个世纪，但是当代的文化意识依然对潜意识设置了门禁，并没有将潜意识的全部观念纳入到哲学的范畴。由此可见，未来发展和完善有关潜意识的重点就在于对潜意识的基本思想加以吸收和消化。

第六章
正视潜意识

与弗洛伊德分道扬镳之后，在很长一段时间内，我都找不到方向，此时的我如同一只迷失了方向的小舟，在浩渺的大海上随波逐流，不知道该何去何从；就像是一粒蒲公英的种子，随着风飘飘荡荡，找不到自己扎根的那片大地。最终我找到了问题的关键所在，觉得我完全有必要对病人采取一种新的态度，那便是暂时不把任何理论前提加到他们身上，更不要为这些病人贴上什么标签。我要静观其变，等待病人会发自内心地说些什么，只有自然地对待病人，才能取得最好的治疗的效果。果不其然，我的方式是行之有效的。没过多久，很多病人便自动自发地向我讲述他们的梦境和他们所看到的幻象了。而我似乎只是漫不经心地问一句："您发生过和梦境相关的事情吗？"或是："您是如何认定是这样的呢？"诸如此类的问题，那么病人便自愿甚至是乐意解读这些梦境的来历。这种方式让我在不用任何理论知识的情况下，帮助病人理解了梦的意象。

不久之后，我便认识到，以这种方式解梦是正确的，因为梦是现实的别样表现方式，这也是梦的最终目的所在。不过，用这种方式解梦有好处也有弊端。相较于平常而言，我更需要一个解梦的标准，或者可以这样说，我需要找到一个出发点进行解梦。

同一时期，我体验的感觉非常奇怪。我将我有记忆开始到现在所走过的道路统统回想了一遍，然后发现自己站在十字路口的正中间，在两种声音上摇摆不定。一个声音清脆爽朗地说："现在你已经掌握打开神话学大门的钥匙了，接下来你可以随心所欲地想去哪就去哪了。"我还来不及欣喜若狂，另外一个低沉的声音便已经响起："为什么要把所有大门都打开呢？"这两个声音在"斗法"，这个时候一个新的问题便自然而然地产生了。那便是，如今的我究竟取得了什么样的成绩呢？没错，我是将古人的神话做了一定的解释，我甚至还写了一本有关英雄的书，并在这本书中详细论述了人们总是生活在神话中。可是，这一切在今天看来都有些不合时宜，人们不会永远生活在神话当中。如果将"神话"替换成"基督教"，那么说人们永远生活在基督教神话中才算是差强人意。我不得不问自己："你是不是也沉溺其中呢？"实话实说的话，答案是"是的"。对我来说，似乎根本不存在我以什么为生的事情。于是便出现了以下的对话：

“我们不再有神话吗？”

“对的，神话被剔除出了我们的生活！”

“但是，你却生活在神话之中，那么你所坚持的神话是什么呢？”

当对话进行到这里时，给人的感觉便不那么让人愉快了，我的想法在这里戛然而止，甚至干脆不再想下去了，我的思考似乎走进了死胡同。在1912年的圣诞节前后，我做了一个奇怪的梦。梦中的我处在一个意大利风情的凉亭里，凉亭装点得金碧辉煌，大理石的地板光可鉴人，同样质地的栏杆熠熠生辉。我端坐在一把金光闪闪的椅子上，恍惚觉得自己穿越到了文艺复兴时代。我的面前是一张绿色石头雕刻的桌子，质地温润，美不胜收。我就坐在这样的地方，凭目远眺，这座凉亭的地理位置得天独厚，竟然建在高高的城堡塔楼上，我的远眺占尽了地利。而我的孩子们呢，正围桌而坐。

突然，一只形态秀丽的白鸟飞到桌子上慢慢趴下休息，如果不是小海鸥的话，那么便是一只小鸽子了。我用手势示意孩子们按兵不动，以免惊扰了它。像这么美的白鸟，不是什么时候都有机会看到的。可转眼之间，让人跌破眼镜的事情发生了，这只美丽的白鸟变成了一个漂亮的金发小女孩。她跟我的孩子们一起跑离了桌子，去走廊那里快乐地玩耍起来。

我思绪起伏，用心感受我刚才所体验的究竟是什么意思。这个时候，那个小女孩又跑了回来，用她的双臂轻轻抱住我的脖子，然后，又忽然变回了鸽子，然后口吐人言道：“只有晚上的最初几个小时我可以变成人，因为那时雄鸽子正在埋葬12只死鸽子。”说完，她又飞向湛蓝的天际，而我也立刻惊醒。

醒来后的我十分激动，雄鸽子能和死人有什么关系呢？可是宝石绿的桌子，忽然在我的脑海中闪现，我开始联想起塔布拉的故事。炼金术中的大师塔布拉便有一张宝石绿的桌子，而他的徒子徒孙们，将他炼金术的精髓全部刻在这张桌子之上。

上帝的12个门徒也经常出现在我的意识中，甚至每年要分成12个月等也会出现在我的意识之中。但是这些为什么会出现，我却不知道答案。在苦思无果后，我便放弃了这种徒劳无功的努力。我唯一确定的一点是，我的潜意识空前的活跃，但是我却找不到它们是如何产生的。对此，我无能为力，只能坐以待毙。好吧，我并非是坐以待毙，实际上我还是像以往那样生活着，然后对我所看到的幻象加以高度的注意。

有一种幻象十分顽强地纠缠着我，怎么解释这种现象呢？就好像一种东西死亡了，但与此同时它又以另外一种方式继续存活着。比方说，当尸体被推入焚化炉的时候，却忽然发现它还是活人。我的这些幻象都是以梦的形式出现的：

梦中我所处的地方其实并不陌生，它的建筑风格同靠近阿尔的阿尔斯岗地区十分相近。阿尔斯岗地区有一条非常出名的巷道，是完全用大理石石棺做成的。这些石棺的历史非常悠久，直追公元5世纪前半期法兰克人向南迁移时，统一了高卢后建立起来的墨洛温王朝。在我的梦里，这条巷道再现了。梦中的我，刚刚从一座城堡中出来，便进入到类似的陵墓组成的巷道之中。这些陵墓各式各样，有的陵墓上还有石头的底座，而死者就摆在底座之上，这简直同教堂古老的骑士手脚伸开的死法一模一样。我梦中的死者都身着古代服饰，双手紧握，不过他们并不是石雕，而是以非常规的方式做成的木乃伊。梦中的我，目不转睛地观察着一位死者，然后发现，他大概死于19世纪30年代，我对他的服饰充满了好奇。但是就在这个时候，这个已经死了并成为木乃伊的死人，却恢复了生命。似乎只是因为我瞧了他，所以他恢复了生机，这种感觉让我很不快。当我来到另外一具属于18世纪的尸体面前，这样的事情开始重演。当我凝视着他的时候，他原本成为枯骨的手，忽然松开了。我宛如检阅一样，来到12世纪的尸体所在处。这具尸体穿着锁子甲的十字军服饰，双手交握着躺在那里，并且是一具木雕。我目不转睛地凝视着他，并确定他是真的死了的，但是就在我这样想的时候，他的手指已经开始活动，须臾，他的双手也松开了。

“入门礼”的建筑游戏

当然，最开始的时候我是弗洛伊德思想的铁杆拥护者，因为他曾谈论过古代的种种不可思议的迹象，并以此论证潜意识存在古代之中。但是我的梦以及我从小积累的潜意识经验告诉我，潜意识内容并非是明日黄花，而是同我们的生命特征息息相关。彼时，我的研究已经证实了这条假设，而这条假设也成为我日后理论的基石。

然而，做过这些梦后，我依然感觉自己是一条没有方向的小舟，被放逐在茫茫无际的大海之上。这些梦没起到任何作用，却反而让我一直有一种恒久的压力感。这种感觉强烈得如同生鱼片中的芥末，让我无法忽视，我甚至感觉，自己罹患了某种不可言喻的精神障碍。也正是因为如此，我不得不将我的记忆重新翻检出来，一件一件进行检查，其中，对于童年的记忆我格外看重。因为我觉得，在我的童年中，发生了太多我所不明白的事物，这可能是造成我精神障碍的根源。可惜，这种检索除了证明自己依然无知外，没有任何作用。这个时候，我便自言自语：“既然我一无所知，那么我就跟着感觉走，干一些内心愿意去做的事情。”我开始完全屈从我的潜意识，让自己化成一艘小舟，在意识的洪流中放任自流。

如果说我的记忆如同一条长河，那么10岁或者11岁的童年记忆便是浮萍，漂浮在这条河的最表面。在那个时候，我是个不折不扣的“积木迷”，即便现在回想，我也能清晰回忆起我是如何用积木搭建城堡和房子的。甚至，我还很有创意地用瓶子来构成门窗和拱顶。不过很快，我便开始用石头和泥浆来进行“实战演习”，这样的建筑让我深深着迷了一段时间。当这段记忆苏醒的时候，伴随而来的还有各种深沉的情感。我对自己说：“哈哈，这些东西仍然让人觉得生气勃勃。童年的那个孩子显然更富于创造力，那么，现在的我要如何再找到这种创造力呢？”作为一个成年人，要想在现在的我同11岁的我之间重新搭建桥梁，那么，似乎就只有一个办法了，那就是像小孩一样生活，并重新玩小孩喜闻乐见的游戏。当我做出这个决定的时候，我再度迎来了我命运的转折点。之所以将其称为我命运的转折点，是因为这是我的意识在经过矛盾的斗争后，才做出的决定和让步。当我意识到，除了玩幼稚的游戏才能获取这种联系的时候，那种丢脸的感觉不言自喻。

尽管觉得丢脸，可我还是会收集可能用到的石头，这些石头有的来自湖边，有的来自湖里，总之来自我去过的任何地方。当我收集的石头足够多的时候，我便开始着手建造起我想象中的城镇。别墅、教堂、整个村庄慢慢开始凸显出形状，可是还是没有教堂。为了弥补这样的不足，我便在城镇的最中央造了一个长方形的建筑物，并且给这个建筑物安了一个六角形的圆顶，在我的认知中，一个教堂拥有一个祭坛简直是天经地义，可是我却迟迟没有建筑祭坛。

如何完成这个艰巨的任务呢？这是我那个时候每天思考的内容。有一天，我沿着湖边散步的时候，忽然发现了一块红色锥棱形的方块石头，我推断，这块石头的本来面目应该不是这个模样，应该是河水冲刷和打磨把它变成这副模样的。这块由大自然无心为之的杰作却让我眼前一亮——我找到了祭坛，我要将这块石头放在圆顶下方的正中央。我不仅这样想了，也这样做了，而这样做让我又想到了童年时代的梦境——位于地下室的阳物，这种联想让我产生了很大的心理满足感。

每天吃完午饭之后，只要天气尚好，我便要继续进行我的建筑游戏，一直到有病人上门才暂时告一段落。倘若工作结束得早一点，那么我还会继续弄我的建筑。奇怪的是，每当进行这项特殊的“工作”时，我的头脑似乎就会格外清醒，思考也变得十分有逻辑，几乎是轻而易举地便能把握住在我脑海中稍纵即逝的种种幻象。

我几乎不费吹灰之力就能发掘我所从事的建筑工作的意义，我扪心自问：“实话实说，你在做什么？你似乎在建设一个微型的城镇，但是你的行为倒像是在举行祭祀一样。”我没有回答这种质问，我内心只肯定一件事，那便是我正在自己创造一个神话。创造微型城镇只是一个微不足道的小小开端，它释放出了一系列的幻象，而这些幻象均被我记录在案。

这种事情对于我而言司空见惯，甚至贯彻我的整个人生。在我下半生的生活中，当我遇到似乎无法入手也无从解决的问题的困扰时，我便会冷静下来，安静地画一幅画，或去雕塑石雕。这样一来，原本无从入手的问题，便会显露出解决方式。可以这样说，画画和雕塑是一块“敲门砖”，让我的工作和想法更加顺遂。比如1955年和1957年，我写了《未被发现的自我》《飞碟：一个现代的神话》《从心理学上看良心》，而我之所以能写出这几本书，同我妻子过世那年我为了排遣痛苦而去雕刻石雕给予的灵感密不可分。在我妻子过世的那一年，我的情绪波动得非常剧烈。生命的行将就木以及死亡所给予我的强烈感觉，让我整个人的意识从我自身中剥离出来，感谢石雕，将我从这种感觉中带出来，并让我重新获取生存和研究的勇气。

1913年的秋季，我发现自己的身上发生了某种变化。我身上所有的压力，正在一丝一缕慢慢地向外渗透出去，就好像空气中有什么东西具有难以抗拒的吸引力一样。于我看来，这种压迫并非产生于精神方面，而是来自现实方面愈演愈烈的现实情况。让我忧心的是，这种情况似乎有加剧的趋势。

同年的10月，一种幻觉困扰住了我。这种幻觉来得很突然，那是在我独自旅行的时候，恍惚间，我看见滔天的洪水来势汹汹，席卷北海，将阿尔卑斯山所有的地势低洼的地方淹没。洪水越升越高，就在这紧要关头，群山开始不断伸展，将国家纳入洪水侵犯不到的地方。我眼前的幻象清晰无比地传递着一个这样的讯息：一场浩大的灾难即将来临。滔天巨浪席卷一切，无数的死尸在滚滚的波浪中起伏，文明的残片被波浪冲成了齑粉，整个汪洋大海充斥着血腥，就像是血海一般。这样的幻觉持续了大约一个小时，当幻觉结束后，我茫然无措。我不知道这个幻象代表着什么，每当回想起这个幻象，我都感觉恶心和迷惑，同时还有深重的无力感。

本以为这种情况是昙花 现，然而两个两个星期过去后，这种幻觉再度不期而至。这次的幻觉同上次的又有不同，因为这次幻觉出的事物更加清晰鲜明。尤其是血海，简直栩栩如生。我内心中的声音再度说道：“睁大你的双眼，好好看看，这才是真实的，对此你千万不要怀疑。”也是在这年冬天，有人问起我对世界形势的看法，结合我的幻觉我如是回答：“对于世界的政治形势，我知之甚少，但是我却看见了尸积如山和血流成河。”

我不断拷问我的内心，难道这些幻觉预示着即将爆发一场浩大的革命？但是结合现实来看，这种情况似乎不可能出现。于是我得到一个自以为中肯的结论：这幻觉跟我本人息息相关，看来我已经有精神病的症状了，我压根没有想到这场幻想预示着精神病。

差不多过了一年多的时间，也就是1914年的春季和夏季，我做了三次重复的梦。梦境中是夏日炎炎，却有一股寒流从北极气势汹汹地涌来，大地迅速结冰。冰霜将绿植全部冻死，洛林地区变成了冰雪王国，连运河也变成了冰河，大地一片荒芜，人们不得不逃离这个地方。这个梦分别在1914年的4月、5月、6月出现。

在第三个梦中，严寒同样不期而至，但与前两次的梦境不同的是它的结尾：漫天的冰雪中竟然出现了一棵果树，只有叶子，没有果实。但是经过严霜侵袭的树叶最后竟然变成了葡萄，而这种葡萄的汁水是治疗病痛的良药。我摘下一串葡萄，将其分给那些翘首以待的人。我认为，这棵树便是我的生命之树。

距离做完最后一个梦一个月后，也就是1914年7月，英国医学协会邀请我前往阿伯丁，为一次学术会议做名为“潜意识在精神病理学中的重要性”的学术报告。因为我的幻觉和梦境都如此强烈，无疑就是对我的预警，所以我已经充分做好了出事的准备。我觉得，我的精神状态已经感知到了恐惧，而在这个时候我偏偏要对潜意识的重要性做报告，这简直是命中注定的事情。

1914年8月1日，是个让所有人铭记终生的日子。就在这天，第一次世界大战的枪声响起，我的任务也终于水落石出：我要弄清楚我的体验同人类的体验到底可以巧合到何种程度。我必须对我精神的深处进行探索，这是我必须承担的责任。基于这种想法，我将我在做建筑游戏时脑海中的幻想都一一记录下来，这是我研究的开始，而且这项工作的重要性高于其他任何事情。

我不得不夸张地记下我的幻想

光怪陆离的幻想蜂拥而至，我努力保持冷静，找寻理解这些奇怪想法的方式。最初的时候，面对这个从未接触过的世界我手忙脚乱，其中种种元素都让我难以理解。我生活在一种高度紧张的生活中，经常觉得天上正在下陨石雨，狂风骤雨电闪雷鸣，如果我想承受住这种试炼，就要求我拥有强悍的、兽性的力量，才不至于被打倒。要知道，有很多前辈们都被打倒了，比如尼采。但是我是与众不同的，因为我拥有神魔一样的能量。而且我相信，我要服从一种更高的意志，所以我从一开始便笃定自己能够找出隐藏在纷纷扰扰的潜意识中的真相。这种感觉一直陪伴着我，支持着我，直到我掌握了了解这种幻象的方法。

在最初阶段，我经常心烦意乱。为了控制自己的情感，我不得不做瑜伽，利用瑜伽动作让自己暂时平静下来，以求保持内心的安静继续对潜意识进行探索。这种方式很有效，但是我练瑜伽同印度人练习瑜伽的初衷是截然不同的。我练习瑜伽的终极目的是想知道我内心发生的事情的意义，当我的心情得到平复的时候，我便放弃对情感的捆绑，让内心的意向和声音重新开始说话。可是印度人练习瑜伽是为了全然的忘却，不管是心灵内容还是种种意向。

一旦我将这些感情物化，换言之，发现了掩藏在这些情感中的真正意象后，我的内心就会变得无比安宁。从以前进行的心理实验中我认识到，找到隐藏在潜意识内部的情感是非常有必要的。倘若我没有发现隐藏在潜意识后的种种意向，便会落于下风，我的精神也很可能会被纷至沓来的各种潜意识撕得四分五裂。而且我认识到，我只有一次机会将这些潜意识一一进行物化，否则，意识分裂的我将变成一个不可救药的精神病人。

我尽可能用文字来描摹我所体验到的种种幻象，但是面对这种变化莫测的幻象，我不得不用一种“夸张”的语言来描绘我所见到的幻象，之所以我会这么做，是因为我不得不将我所看到的幻象同我的文字相匹配。我所见到的幻象是高度扭曲的，这些光怪陆离的幻象刺激我的神经，感觉就像是有人在抹了灰浆的墙壁上刮他的指甲，或者在粗糙的石板上磨刀。

但是我并不知道我的潜意识会发生什么，除了将我所看到的幻象一一记录在案外，我什么都做不了。我感知潜意识的方式也是多种多样的，有的时候是用耳朵来感觉，有的时候要用嘴来感知，似乎我的舌头正在编造词语——因为时不时地，我听见自己在嘀嘀咕咕。在意识之下，一切都闪烁着生命色彩。

从最开始，我就将自己体会潜意识设想成一种科学实验，我是这场实验的实施者也是观察对象，对实验的结果充满期待。直至今日，我仍然可以自豪地说，这是我一个人的实验。对我而言，这场实验的最大难处在于，我要如何坚持批判的态度。因为那时的我面对自己不认可的情感采取的是屈从态度，可是我描述幻象的文章和文字，因为无法找到与之匹配的意义，所以看起来就像是在胡说八道。因为无法理解幻象的意义，所以这些幻象看上去亦正亦邪，这种感觉我费了很大力气才压制下去。可是我依然接到了命运的挑战，我不得不尽我最大的努力，才得以从迷宫中找到光明的源头。

尽管深知想要了解活跃在我脑海中的阴暗处的幻觉，必须先要沉浸其中，可是我对于这点，还是忍不住心生排斥。我担心，我会丧失对我自己的控制权，并让幻觉攫取对我的控制权。对于一个精神病专家而言，如果丧失了对意识的支配权，那么会发生什么，我再清楚不过了。期间我也尝试了别的方法，然而都一无所获。经历了长时间的徘徊后，我依然决定去冒险，因为这样做是主动出击，很有可能找到驾驭它们的方法。如果我不去冒险的话，就只能被动挨打，等待这种幻觉对我意识的攻城略地。

我之所以要冒这么大的风险，最大的动因在于我身为医生的责任感。我确定，倘若这件事我不敢尝试的话，那么我就无法说服我的病人进行尝试。面对未知的事物，光有一个帮助者显然是远远不够的。我心知肚明，我这个帮助者，是无法帮助他们的，除非他们根据自己的直接体验找出他们幻觉的根源。而且，我还清楚，到目前为止，我这个帮助者所拥有的只不过是纸上谈兵的理论，而这些理论甚至还打上了一些我固有的偏见。我当时便是这样想的：“我不但是为了我自己，还是为了我的病人，才去承担这危险的一切。”这种想法成为我的动力，让我成功度过好几个重大的阶段。

在1913年的12月12日，也就是基督降临的日子。我觉得我有必要采取决定性的步骤，于是我安坐椅上，想找出恐惧到底是怎么来的。然后我放任自己从椅子上滑落，就在我滑落那一瞬间，我感觉地面在一瞬间裂开，我坠落深不见底的深渊，恐怖感如同潮水一般涌来，将我包围。

但是忽然之间，我的脚底感知到了东西。从触感上体会，似乎是一团绵软黏糊的东西。原来这个洞穴没有我想象的那么深，虽然周围还伸手不见五指，但是我却大大松了一口气。过了一会，我的眼睛已经习惯了这种黑暗，能模糊地看见周围的场景了——这是一个幽暗的洞穴，洞口处站着一个棕色皮肤的侏儒。这个侏儒似乎已经死去良久，因为他就像是木乃伊干尸那样已经被风干了。我勉强从这个侏儒的身边挤了过去，才从洞口进入到洞中。洞中别有洞天，冰水齐膝，岩石凸起。我涉过冰水，绕过岩石，找到了另外一个洞口，在这个洞口，我发现了一块闪烁光泽的红色水晶。

我双手握住这块石头将其搬了起来，结果发现这块石头是个堵塞物——石头下面还有洞穴。因为里面太黑了，最初我分辨不出里面有什么，等过了一会儿，我的眼睛适应了，才发现里面有一道水流。不多时，水流中冲下一具尸体，那是个满头金发的年轻人，头上有个明显的伤口，尸体后面还跟着一只巨大的黑色圣甲虫，这时一轮红灿灿的太阳从水面跃出，耀眼的阳光恣意挥洒，闪得我都睁不开眼。我便想将石头放回去，就在这个时候，一道水柱喷涌而出，我定睛一看，那居然是一股血水。我的胃中立刻翻腾起来，可是这股血水又源源不断地喷了好久。最后，血水水柱终于停止了，幻觉也终止了。

这种幻象吓得我瞠目结舌，从我幻象中的事物不难看出这种幻象同英雄和太阳有关。在埃及，圣甲虫意味着再生，那么这个幻觉也能如是理解：这是一次有关死亡和复活的昭示。可是这样理解又有点说不通，如果同太阳有关，那么幻象的结尾应该是黎明，但是幻象中的结尾是让人作呕的血水水柱。随后我便将这次的幻觉同这一年秋天的那次与血有关的幻觉结合在了一起，可还是徒劳无功，最后，我选择了放弃。

在我进行这次冥想的6年后，我又做了一个梦。梦中，我正在坐在一片人迹罕至风景秀丽的石山上，同我在一起的是一位皮肤呈棕色的智者。此时正直黎明，群星渐隐，东方的天空中已经出现了一道鱼肚白。正在我们沉浸在如斯美景中的时候，忽然听见了西格富列的号角声，不知道为何，我们当时做出一个决定，必须杀死西格富列。于是我们拿起我们的武器——来福枪，埋伏在一条狭隘的岩石小道上等待他出现。

这个时候，西格富列出现在高高的山巅之上。朝阳为他镀上了一层灿烂的金光，他驾驶着一辆用死人头骨做的车逆光而行，车子行驶得飞快，眼见要冲下这个陡峭的山坡。说时迟，那时快，我们立刻向他开枪射击，他应声而倒，显然是死掉了。

西格富列本身是英雄，杀死他相当于毁灭伟大和美好，我的内心充满了挥之不去的厌恶和后悔，另外还夹杂着唯恐东窗事发的后怕。这个时候天气骤变，转瞬下起了滂沱大雨，虽然我心知谋杀的痕迹会被大雨冲刷的一干二净，我谋杀英雄的事情不会被发现，我的生活会一如既往，可是那种浓得化不开的罪恶感依然存在。

当我从这个梦中醒来的时候，我便开始研究这个梦的代表含义，但是压根没有效果。于是，我努力想再度入眠，可是内心中却有一个声音在叫嚣："你必须立刻马上弄明白这个梦。"对于这个声音，我本想置之不理，不过这个声音却催逼得越来越急，最后甚至说："如果你弄不明白这个梦，你干脆开枪自杀算了。"对它的话我无法置若罔闻，因为就在我晚上还伏案写作的桌子的抽屉里，便放着一把子弹上了膛的左轮枪。我被这个声音吓坏了，便努力想弄明白到底发生了什么事情。电光石火之间，我豁然开朗。这个梦境同世界局势暗暗相符，西格富列所代表的便是德国，梦中的意向意味德国的期望——自由自在，自行其是，并将自己的意志强加给别人之上。其实我也想这样做，只不过这种绝对的"自由"是不复存在的，如果你想追寻这种绝对的自由，那么只有一个下场——被毁灭。这个梦告诉我，我再也不适合有西格富列的态度了，除非我也想被消灭。

当我想通这一切的来龙去脉后，一种悲天悯人的情怀充斥了我的内心，似乎在梦中被枪杀的是我自己，而不是西格富列。这是因为，我将西格富列等同为我自己，由此便感受到了那种被迫放弃梦想的悲伤。世界上存在着比自我更为崇高的事物，在它面前，一切个人主义和理想主义都不得不低头，因为小我是无法跟大我抗衡的。这样的想法是符合逻辑的，当我说服我自己后，我再度酣然入睡。

睡梦之中那位棕色皮肤的智者始终伴我左右，是他提议我们进行这次谋杀的，他便是原始形象的体现。这场雨表明，潜意识同意识已经化干戈为玉帛了。除了这些，我再也没有办法从这个梦中获得更多的信息了，虽说如此，但我身上的潜能却得到了释放，这让我在对潜意识的实验进行总结时变得有如神助。

我的宗教导师费尔蒙

为了紧紧把握这些幻想，我往往会进行这样的想象——我在走一段陡峭的下坡路。我绞尽脑汁，竭尽全力想将幻觉的真相弄个水落石出。可是天不遂人愿，如果说上次我探索到了1000英尺的高度，这次我却踏入了无底深渊之中。这个深渊深不见底，更像是一条看不到尽头的路，或是通往月球或是通往一个截然不同的空间。我顺着这个深渊往前走，最早映入眼帘的是一个火山口，这里俨然是另一个世界，是死人才能踏足的国土。在那里，有一块岩石立在一个斜坡之上，此外，我还看见两个人，从他们的举止看，他们似乎是活生生的人，一个是个白胡子老头，另外是一个漂亮的姑娘。我靠近他们俩，想知道他们在谈什么。

然后我听见老人说自己是伊利亚，这使我吃了一惊。可是那个姑娘的话，更让我大惊失色，她竟然说自己是莎乐美，看出我的怀疑神色，伊利亚出来作证说这个姑娘的确是莎乐美，而且他本人和莎乐美自从上帝创造这个世界开始便是伉俪。这让我听呆了，让我惊骇的是，同他们一起生活的还有一条巨大的黑蛇，这条大蛇同我还算亲近，似乎有几分喜欢我的样子。我不得不靠近伊利亚，在我看来，这三个生物中，他是最讲道理的一个，而且他具备了很高的智力。对于莎乐美，我实在不敢恭维，唯有敬而远之。伊利亚同我促膝长谈，遗憾的是，我并不懂他在说什么。

《圣经》中的人物出现在我的幻觉中，我自然要一探究竟。有一个解释勉强能说得通，那就是我的父亲是牧师，所以我梦见《圣经》中的人物似乎是理所当然的。但是仔细想来，这个解释根本不合逻辑。伊利亚象征着什么？莎乐美意味着什么？他们两人如何走在了一起？我百思不得其解，直到我的阅历更丰富后，老人和姑娘之间的关系才昭然若揭：

在梦境中，老者旁边陪伴着年轻姑娘的事情并不罕见，其实这样的事情在神话中都能找到对应，比如按照诺斯替派的传统，西蒙·马格斯身边的年轻女子便是他从妓院中带出来的，这位女子声名赫赫，据说便是引发特洛伊战争的海伦。克林格梭与肯德利、劳泽与舞女等均属于这一类。

在上文中我曾经提过，除了伊利亚和莎乐美，还有一条黑色的大蛇。其实大蛇的意象不难解释，在很多神话中，蛇往往是英雄的化身。很多故事都约定俗成地这样讲："这位英雄有一双蛇一样的眼睛"或是"英雄死后变成长蛇庇佑世人"，甚至还有一种说法："英雄由蛇孕育而成。"蛇之所以会出现在我的幻觉中，只说明我的幻觉是一个和英雄相关的神话。

莎乐美本身便是女性的形象，自然也体现的是女性的意象。遗憾的是她对事物一无所知，所以梦境中的她是个盲人。伊利亚则化身成为一个睿智的先知，因为他代表的是理性和知识，而莎乐美代表的则是情欲。这两个形象代表了逻各斯和厄罗斯，如果就这样的定义，难免刻板，所以我并没有对这两个形象的意义做进一步的引申，而是单纯就他们的表面来进行探索，歪打正着，其实这样反而给予我更多丰富的含义。

这一场幻觉发生没多久，新的形象不期而至。这个形象以伊利亚为基础发展而成，我将其命名为费尔蒙。他是一个异教徒，身上体现了诺斯替派同埃及以及希腊融合在一起的色彩，他最初出现在我的这个梦中。

梦中的情景如下：蔚蓝的天空上，漂浮的不是云彩，而是一块块棕色的土地。这些土地似乎正在分裂，在土块同土块的间隙之间，我看见了海水，原来海水变成了蓝天。这个时候，一个长着翅膀的人，从右边掠过长空，匆匆一瞥间，我看清楚了他的模样。他是一位老人，却长着牛角，腰上挽着一条腰带，上面系着连成一串的四把钥匙。其中一把钥匙，被他宝贝一样握住，似乎要用这把钥匙开启一把锁。他的翅膀无论是颜色还是模样，都同翠鸟相差无几。

由于不明白这个梦意味着什么，我便将梦中的情景画下来，以便自己能牢牢记住。就在我忙于画画的那几天，我在靠近湖边的花园中发现一只死去的翠鸟。这只翠鸟明显是近两日死的，而且身上没有任何外伤，当我发现这一点的时候，如遭雷殛。

这只翠鸟让我恍然大悟，我幻象中存在的事物，不管是费尔蒙还是其他形象，都不是由我凭空幻想出来的，他们本身便拥有生命。费尔蒙所代表的并非是我本人的能力，否则，在幻境中，我们所交谈的内容，就应该是我所耳熟能详的，但是费尔蒙所说的是我完全没有意识到的问题。费尔蒙说，思想如同森林中各式各样的动物，或者像不同的房子中不同的人，或者像是天空中不同种类的鸟儿。他接着说："倘若你看到了房间中的人，你断然不会认为是你创造了他们，更不会兴起为他们负责的念头来。"费尔蒙的话让我受益匪浅，从这个时候开始，我的精神中的主观色彩在不断减弱，客观性不断增强。因为费尔蒙以一种客观的形态出现，这让我明白我的精神应该有一定的现实性、客观性。费尔蒙简直是一条桥梁，他区分了我同我的思维对象。通过费尔蒙，我开始意识到，我的身上存在一些东西——甚至是同我对立的东西，这些东西或者说的是我不知道的事物，或者是我不敢说的事物。

如果将费尔蒙放置在心理学上，那么也可以用更高级的洞察力为他命名。对我而言，费尔蒙是个神秘的所在。他时常出现，有的时候我们会一起漫步花园，他让人觉得活生生的，简直是个生命体。费尔蒙对我而言，意义非同小可，它之于我，简直就是印度教中所说的宗教导师。

每当一种全新的形象出现在我的脑海中时，我便会感到前所未有的沮丧，我觉得这是我的失败。因为全新的形象代表着我不懂的事物，而全新的形象层出不穷，简直没有尽头。我被困在无知的深渊中不能自拔，这种恐惧时不时地困扰着我。我的自我开始自轻自贱，除非我用世俗中所取得的成就才能稍微打消一点有关这方面的疑虑。我感受到了无边无尽的黑暗，我一直希望有一个活生生的宗教导师能在我的身边对我进行指导，或者是一位拥有高超知识的智者，帮我找到新形象对应的事物。费尔蒙的出现，满足了我的希望。不管我愿不愿意，我都必须承认，费尔蒙是我的招魂巫师，他传授给我很多知识，让我听完之后恍然大悟。

15年后，一位拥有很高修养和智慧的印度老者前来拜访我，他同甘地交情匪浅。我们最开始谈的是印度的教育问题，当谈到宗教导师和弟子之间的关系时，我犹豫良久方才问道："您能否跟我说一些宗教导师的个人还有他们性格方面的事？"对此他很爽快地回答："啊，是的，他就是商羯罗。"

"您指的是不是曾经评论过《吠陀经》，但是已经死去了好几个世纪的那个商羯罗？"我惊疑不定。

他以一种很肯定的语气说："没错，是他。"

我继续穷追不舍："那您指的是商羯罗的精神了？"

他赞同我的说法："是的，您说的对，就是他的精神。"

当我们进行这番谈话的时候，我想到了费尔蒙。

他接着说："不光是活着的宗教导师，还有一些幽灵类的导师呢，有的人甚至会用鬼魂来充当自己的导师。"

从印度学者那里获得的消息，不仅开启了我对这方面的探索，同时消除了我身上的种种疑虑。原来这种感觉非我独有，那些做出了同我相仿努力的人也有同样的感受。

后来，费尔蒙变得具有某种相对性。因为这个时候又出现了一个新形象——我称其为"护卫灵"，"护卫灵"的原形来自古埃及的"国王护卫灵"，是肉眼可视的有形体的灵魂。在我的幻觉里，"护卫灵"似乎来自大地，是从一个深井中冒出来的。"护卫灵"的表情和《浮士德》中的魔鬼墨菲斯托弗里斯的表情并无二致，我后来画了一幅画，用他尘世间的形体来表现墨菲斯托弗里斯。画上，他是下半身为石头，上半身为青铜的隐士，画面的最上方，出现了翠鸟的翅膀，在翅膀同护卫灵之间有一团依稀是圆形但是发光的星云。墨菲斯托弗里斯一手拿着一件东西——可能是七彩玲珑塔，也可能是描金黑漆的圣骨盒，另一只手拿着一只铁笔，在圣骨盒上刻画着什么，他念念有词地说："我将诸神埋葬在金玉之地。"

虽然费尔蒙的一只脚跛了，但是他原本是拥有翅膀的精灵。费尔蒙代表的是精神，或者是"意义"。而护卫灵，则是客观、鲜活、实质的。而护卫灵代表的含义有二：一是代表大地精灵或是金属精灵，二是如同希腊炼金术的中的安替罗巴里恩那样自然的精灵。护卫灵能使一切变得真实，但也能让丰富的精神，也就是"意义"变得含糊不清，甚至干脆用美这种"持久的影像"来取而代之。

白驹过隙，时光荏苒，我对炼金术的研究逐渐加深，终于将两个形象合而为一。

我和"女性意向"的对话

当我记录这些幻觉的时候，我也迷惑不解："我到底在做什么？这些幻觉肯定跟科学毫无关系，那么它们究竟是什么？"这时心中的一个声音说："它们是艺术啊！”我大吃一惊，我从未想过我记录的幻觉会与艺术有关。我随即想道：“在我的潜意识中，还隐藏着其他的人格。这种人格同我毫无关系，但是它却坚持己见一定要将自己的意图抒发出来。从声音看，它似乎是个女人的声音。对这个声音，我并不陌生，那是我曾经的一个病人。这个病人才高八斗，热情开朗，她的形象移情到了我的心里，并成为我心理中密不可分的一部分。”

显而易见的是，我所进行的工作并非是科学工作，按照一个女人的思考方式，非是科学，即为艺术，这似乎是世界上唯一的选择对象。

我斩钉截铁地断言：“我所从事的并非艺术。”而后我便感觉内心涌起不能忽视的强烈的反感，但是却没有辩驳的声音传来。于是我便继续我的工作，但接着，新的疑问再度出现，这时，那个声音再度响起：“就是艺术。”这一次，我不会让它溜走，我赶紧反驳：“不，不仅不是雕琢过的艺术，恰恰相反，这是自然。”随后我打算跟她做一番辩论，可是这个声音再度偃旗息鼓。我发现，这个声音并不能控制语言，所以我建议她使用我的语言系统，她照办了，并滔滔不绝地说个不停。

一个女人竟然能成为干扰我内心的“拦路石”，这件事情让我有探索的冲动。我得出这样的结论：这个女人的声音便是原始的灵魂的表现方式。可是为什么原始灵魂要用女性意向来表现呢？后来我渐渐明白，内心中的女性形象在男性的潜意识中会起一种原型性的作用，我将之称为“女性意象”，而在女性的潜意识中，对应的形象被我称为“男性意向”。

之初，我对女性意向的否定耿耿于怀，我被她唬住了，那种感觉如同房间里有一个人，但是你却看不见。然后，我忽然灵机一动，将我的幻象写下呈给女性意向看。换而言之，我写下供我分析的材料时，实质上是在给女性意向写信。也能这样理解，我的意识从不同的角度出发写信给我本人，这样我获得的评论往往出人意料而且能触及我所未认识的死角。此时的我，就是一个不折不扣的病人，因为我在对女人和病人进行分析。

每天晚上，我都很自律地写着，这样做的目的有二：一是让女性意向明白我的幻觉；二是防止女性意向利用我的幻象进行什么阴谋活动。毕竟知道某件事，和将这件事说出来是两种概念。为了对自己忠诚，我将一切都事无巨细地记录下来，我的所作所为遵循了希腊的一句格言：“有施于人者才能受之无愧。”

在我正在忙于写作的时候，我的内心会产生一些奇怪的想法，这些想法干扰我的思想；这种情况时有发生。随着这种干扰的增多，我慢慢地学会将这种干扰压制下去的方法。当情感上某些庸俗的事情上涌的时候，我便会告诫自己：“没错，有的时候我会这样想，但是这并不意味着我将永远这么想，我拒绝接受这种庸俗，再度想起这些，只是证明我曾经庸俗过，这是很丢脸的一件事。”

我的当务之急是将这些潜意识的内容具体化，以便让我更为它们所接受，同时让我脑海中那些想法同潜意识之间产生联系，让潜意识来剥夺这些想法。让这些想法具体化并不难，但这些想法有某种程度的自主性，因为这些想法往往是独立存在的。正是因为这些想法具有这样的天性，总是要求我向他低头，所以这本身便是一件让人反感的事。但是潜意识通过这种方式来表现自己的存在，却让我具有了获得控制它的最佳手段。

对于女性意向所说的话，我从来都持怀疑态度，因为这种态度往往是狡黠的。女性意向竭力想让我将潜意识所产生的幻觉当作艺术。倘若我认为我的潜意识都是艺术的话，那么我的潜意识就如同艺术一样——拥有一定的视觉冲击力，但这并不是真实的，并不具有说服力。女性意向一直在诱使我将自己看作一个才华横溢但为世俗所不容的艺术家，我所拥有的艺术天分可以轻忽现实。要是我对女性意向的话深信不疑的话，那么迟早有一天，女性意向会对我说："你从来没有想过自己写的是胡说八道吗？你竟然相信你所写的是艺术？这真是太可笑了！"女性意向向来犀利而讽刺的说法，可以将一个人完全毁掉。而且，归根结底，起决定性作用的是意识，意识能理解潜意识的各种表现形式，并对潜意识的各种观念采取一定的立场。

不过女性意向也绝非一无是处，她是一座桥梁，勾连了潜意识的各种意向和意识。之所以我会看重女性意识，就是因为她的这一点。这么多年一来，每当我的潜意识懵懵懂懂，虽然积聚但是始终不得其形的时候，我便会对"闹别扭"的女性意向说："您现在意欲何为？如果您将您所看到的事物告诉我的话，我会乐意倾听的。"尽管女性意向仍然不高兴，但是她还是会按时地向我传递清晰的意向。当这种意向出现的时候，紧张和压力都烟消云散了。不安和烦躁等负面情感全部转化成为对意向的兴味。接下来我便会和女性意向讨论她所传递给我的意向，因为这些意向我有的也理解得不算精准，不得不像对待梦境一样对待它。

到今天，我已经不需要继续同女性意向进行联系了，因为我已经不再拥有这样强烈的情感。倘若我依旧有这样的情感，我还会用同样的方法进行理解。时至今日，我早已经破译潜意识的密码，不仅能充分接受潜意识的内容，并能恰如其分地理解它们，所以我已经能直接理解女性意向的想法。我不仅理解心中的意向，我还知道应该如何正确对待它们，只要它们出现在我的梦中，我便能理解它们。所以，这个时候的我，已经可以直接同我的潜意识进行对话，根本不用一个沉默的女性意向替我同潜意识之间进行联系了。

所有体验终须回到现实

开始时，我把这些幻觉写进“黑皮书”中；后来又写进“红皮书”里。在“红皮书”中，我画了些曼陀罗插画。

在“红皮书”中，我努力从“美学”的角度阐述我的幻觉，但是这项工作却没有完成。因为我在进行这项工作的过程中发现，我始终找不到精准的语言来进行阐述，我不得不将这些幻觉粉饰成为别的东西。我意识到，我必须放弃“美学”的倾向，必须先对这种幻象进行理解。我觉得，这些幻觉如同参天大树，必须根植于现实的土壤之中。换言之，我必须回归现实。对我而言，现实便是科学的、精准的、合乎逻辑的理解。潜意识赋予了我洞若观火的观察力，我必须将我观察的事物总结起来，并从中提炼具体的观念——这个任务是我一生最大的工作。

作为精神病学方面的专家，在我进行有关潜意识方面的实验中，所遇到的幻象不仅是精神病方面，还是精神病人方面的，这简直太有讽刺意味了。这种幻象的根源是一种想象力，这种想象无处不在，但是人们为这种想象力贴上了禁忌的标签，并对这种想象力敬而远之。这种想象力，往往是人们精神失常的罪魁祸首，但同时还是自从我们步入理性时代便烟消云散的创造神话的本源。人们一旦踏入探索这种想象力的道路，便被认为是“玩火”或者“以身试险”。因为这样的道路前途未卜，往往会让人误入歧途，通向灾难和万劫不复。就像是歌德的一句话：“我打开了这扇大门，人们义无反顾地踏过。”从这个角度理解，《浮士德》的下半卷的意义也远非一部单纯的文学作品——它是《金链》中所提过一种“链接”。这种“链接”无处不在，不管是哲学上的炼金术，抑或是诺斯替教派，抑或是尼采的《查拉图斯特拉如是说》，都体现了这种“链接”。这种“链接”尽管不为人知且充满了危险，但却将世界的此端同彼端相联系起来。

要将这些幻觉搞个水落石出，就必须在这个世界上找寻一个支点。对我而言，我在现实生活中的家庭、工作便是这个支点。我之所以能抗衡内心这个变幻莫测的世界，现实中正常的生活功不可没。正因为如此，现实中的正常生活对我而言，非常重要。

我的家庭、工作，让我随时可以从潜意识中回归到现实生活中，它们证明我是一个实实在在的存在。每当我迷失在意识的旋涡中的时候，这些都提醒我：你是实实在在地存在着的。我有个美满的家庭，我和我妻子以及5个子女，居住在库斯纳克特市西斯特拉斯228号。我还拥有瑞士大学颁发的医学学位证书，同时我还有一批病人等待我的救助。这些实实在在的事情，避免我继续滑入潜意识的深渊，也避免了我重蹈尼采的覆辙，没有根基的他如同一张白纸，随着精神的强风到处翻飞。

尼采之所以丧失根基，因为他除了自己的内心世界外一无所有。应该说，他同现实生活完全脱轨了。这样的尼采如同离开大地的植物，被强风吹到空中。没有了根基的尼采，只能采取惊世骇俗甚至是哗众取宠的方法行事，但是对我而言，不现实往往是坠入万劫不复的深渊的开端。归根结底，我是以现实生活为根基的，不管我如何偏执，我所履行的职责都是以让我们的生活更有意义为目的的。我始终记得自己的座右铭：将所体验的真实昭示给大众，不可塞责，不可逃避。

基于此，不管是我的家庭生活，还是我的工作，都变成了让人“赏心悦目”的现实，这种现实让陷入潜意识深渊的我，得以过上正常的生活。

渐渐的，内心的变化从里而外地在我身上显现出来。

在1916年，我感受了一种内心的冲动，这种冲动驱使我要为某种东西赋予具体表现，它让我不得不去详细表述某些东西，比如，费尔蒙所说的话。费尔蒙说的话，是怪癖的，极类“对死者的七次布道词”中生僻而难以理解的语言。

布道词的开头便给人惊惧难安的感受，有些“不知所云”，我不明白“他们”想要向我表达什么意思。我只是感觉，我的周围被一种不祥紧紧地包裹住了。我觉得，空气中充斥的都是游荡的鬼魂，仿佛是验证我的想法似的，我的房间内出现了“闹鬼”的情况。先是我的大女儿看见一个白衣人穿过房间，然后是我的二女儿，她的被子竟然无缘无故掉落在地，就像是被人扯落。在我二女儿被子掉落的那个夜晚，我9岁的儿子做了一个奇怪的梦。第二天是星期六，大清早他便吵闹着，要求他妈妈给他拿来蜡笔，从来没有画过画的他，竟然一蹴而就地完成了一幅画。画的正中央是一条河流，一位渔夫正在河边钓鱼，而且已经钓上了一条鱼。渔夫的头顶上有一个类似烟囱的事物，滚滚的浓烟正在喷涌而出，在浓烟中能看见零星火光。这个时候，魔鬼从河的那一边飞来，他怒气冲冲，不断咒骂着，并扬言要渔夫好看，因为他的鱼被人偷了。而渔夫头顶的天空，却有天使在盘旋，天使说：“你甭指望动他一个指头，他只不过钓走你那些罪恶无比的鱼而已。”

怪事接踵而至，大约在星期天下午5点左右，大门上的门铃叮叮咚咚地唱个不停。因为这天天气颇好，女佣们正在厨房忙碌，从厨房的视角看，门外的空地上的情景一览无余，但是上面空无一物。大家立刻去门口查看，竟然空无一人。这个时候，我正巧坐在门铃旁边，不仅亲耳听见门铃在唱歌，还亲眼看见门铃在震动，当我们意识到这个门铃无人自响的时候，我们都惊呆了，然后面面相觑，都感觉到了怪异。而后，我迅速知道一定发生了什么事情，空气沉闷得让人窒息，空气似乎停滞了，似乎房间内挤了满满当当的人——鬼魂，我吓得抖若筛糠，心中默念：“究竟是怎么回事？看在上帝的分上，谁能告诉我？”就在这时，我的耳边振聋发聩，他们齐声高叫：“我们从耶路撒冷失望而归，我们上下求索，却一无所获。”这句话，恰恰是“对死者的七次布道词”的开篇第一句话。完美。我的座右铭是：于此务须立即以真实行为昭示大众，不可搪塞！尔后，剩下的话语自然而然地涌现在我的笔下。历经三个夜晚，这篇文章最终写成。当我执笔写作的时候，鬼魂立刻作鸟兽散。房间重归静谧，空气清新，闹鬼的事情终于告一段落了。

看来这种体验是根据相应的情形而改变的，它同我的思想状况密切相关。不过我可以确定一点，我的这种思想情况同灵学现象有异曲同工之妙。它是一个潜意识的世界，充斥着怪异和扭曲的氛围。我随即认识到，它便是一种原始的引导性力量。“它无迹可寻却又无处不在，时而在云端漫步，时而四处游走”。不过理智却将这种事情归结为一种科学的——要么是物理的，要么是知识的现象；或者干脆将这件事一笔勾销，将其定义为违反科学法则。但是若是没有这类违反科学规则的事情存在，世界该有多么的沉闷无聊啊！

令人又爱又恨的精神

就在这样的体验过去后不久，我再度体验了神奇的幻觉——我的灵魂脱离了我的身体，并肆意飞翔。这件事非常重要，意味着我的灵魂，确切点说是女性意向同潜意识建立了某种联系。从某种意义上说，这种联系不仅是灵魂同潜意识之间的联系，还是死去的全部人类同潜意识之间建立的联系，因为潜意识体现了死去的全人类所构筑的神话世界。这种联系具有历史性、延续性、传承性。倘若有人灵魂出窍，则意味着其潜意识退缩进了人的潜意识中，或是死人的“国境”。在潜意识，或者死人的“国境”中，祖先的种种形迹等集体性内容，都转化成为让人清晰可见的形式。这是一种具体的联系方式，让死者有机会展现他们自己。因此，当我的灵魂出窍的时候，那些过世良久的东西依依涌现，这直接导致了《七次布道词》的出现。这便是“失魂”的典型例子——这种情况在原始人中时有发生。

从此时开始，死者的声音开始萦绕在我的耳际。之所以会这样，是因为他们的呼声无人理解，没人在意，没有获得救赎。这种声音越来越清晰。我被选中回答这些问题的指令并非是由外部世界告知我，而是内心世界通知我的。同死者进行交谈，是我了解潜意识，并将这些潜意识昭示世人的有效途径。我所要传达的内容是一种井然有序的世界格局，和对这些格局的来龙去脉的阐述。

时至今日，我再度回顾并思考我在此期间对种种幻觉进行研究所造成的后果时，有一种强烈的认知，这是命运加诸给我的任务，无法抗拒，不能推诿。我所拥有的意向中的事物，不仅同我密切相关，还关联他人。

从这个时候起，我，不再属于我自己，也无权让“我”属于我自己。我熊熊燃烧的生命之火，要照亮更多的人。我孜孜以求去探索的知识，是当时科学上的一大片空白，我不仅要独自一人去涉足那未曾开拓的疆域，还要将我所收获的体验的种子，移植到现实的土壤中，并让这种子扎根、分蘖、抽叶、拔节、开花、结果。否则，这种体验将永远停留在没有被证实的主观假设中来。与此同时，我已经做好了为精神献身的准备，我对精神爱恨交加，而且精神是我所拥有的一座丰富的宝藏，我将我自己献给了精神，对于精神我无法反抗，只能尽力去享受。

我同这些初始的体验之间的关系从来没有被割断过，我的著作内容大多体现的也是这种关联。自从1912年开始，我脑海中的幻觉和梦境，就成为我取得一切创造性活动的来源。包括我晚年所取得的成就，都来源于这些幻觉和梦境之中。不过有所区别的是，最初的时候，我只看到一些初期的东西——简单的情感和意向。

我所拥有的科学知识是一把利剑，砍断了那些极有可能困扰我的混乱的荆棘。如果我没有拥有这些丰富翔实的科学知识，那么我就如同原始森林的藤蔓，极有可能被这些荆棘困顿而死。基于此，我战战兢兢、如履薄冰，对每个单独出现的意向都不敢等闲视之。我谨慎地对待每一个精神中的意向，并尽可能对每一个意向都做科学的分类。但是最重要的一点，依然是将这种意向的种子，根植到现实的土壤之中。这一点，恰恰是我们以前进行此方面研究所欠缺的——我们只会将这些意向分门别类，并昭示于人，但是我们的研究工作到这里便戛然而止。至于这些意向如何产生，同伦理有什么关系等，我们都不会再加以论述。

认为获得意向便已经大功告成，这是犯了一种浅尝辄止的错误。必须将这种获得意向的观察升华为一种伦理性的职责，倘若不这样做的话，就会丧失原则，成为权力的附庸，这种行为将产生危险的后果，这种后果如同一把沾了毒药的利刃，不仅能摧毁别人，还能摧毁自己。潜意识的种种意向赋予洞察者一种不能推卸的责任，如果洞察者不去承担这种责任，那么他的思维便会四分五裂，他本身的生活将痛苦不堪。

当我将我的全部精力倾注在对潜意识意向的研究的时候，做出了一个决定，那就是从我所任教的大学中辞职。这个决定让我痛苦不堪，因为我已经在这所大学中担任有职无薪的教师职位八年了。但是我不得不这样做，因为此时的我，在进行了潜意识的体验后，智力活动就开始裹足不前。更糟糕的是，在我的著作《潜意识心理学》问世后，我发现我已经不能阅读科学书籍了。这种糟糕的情况，持续了大概3年。这个时候，我意识到，我同知识界再也没有交集了。这样的我如何还能教书育人呢？更何况，我意图将我对潜意识的体验公之于众时，差点将我弄成哑巴。我发现，我已经不能将那些迷人的潜意识用一种具体的方式表现出来了，况且当我教授课程的时候，即便我的智力状况差强人意，我也不得不找寻全新的方向和表现方式进行授课。而且这个时候的我本身就被怀疑和困惑困扰着，这样的我如何能教书育人？这不是误人子弟吗？

我再度站在十字路口上，要么继续我的教学生涯——这无疑是一条康庄大道；要么遵从内心人格的吩咐，接受一种更高理性的安排——向着我那诡谲但是意义重大的任务，向着我一直从事的潜意识方面的实验，不断前进。如果我选择了后者，那么除非我的研究已经取得阶段性的成就，否则我就无法在出现在公众面前了。

基于这样的考虑，我便自觉放弃了我的教学生涯。因为我感觉到，一种具有开天辟地般重大意义的事情将降临在我身上，而我恰恰是信任这种事情的。我感到这件事是具有永恒性的，十分重要，它会让我的人生极大丰富和充实。为了达到这个目的，我会不惜一切代价。

归根结底，我能不能当上教授，又有什么关系呢？自然，不得不放弃教授的职位是让人觉得遗憾的。但不管是出于哪个方面的考虑，我都觉得自己不能困囿于那些世人已经充分理解的事物之上。偶尔，也会有一种强烈地想要同命运抗争的感情激烈地冲击着我，但是这种感觉总是稍纵即逝，换言之，这种感觉绝对不会让我命定的轨迹出现丝毫的偏移。而与之相反的是，另外一种情况却十分重要，那便是我必须倾听自己内心的人格的所说所想。当我认真地听取我内心人格的所说所想的时候，外部的环境便虚无缥缈，转瞬成为过去。这种体验，不仅出现在我忍痛放弃我的教学生涯的时候，其实早在我的儿童时代，我便已经有过这样的体验了。当我还是一个少不更事的毛头小子时，我的脾气差得可以，但是当这种感情忽然上升到一定程度时，我的情绪居然会调转方向，从暴跳如雷变得心平气和，刚才还触动我心灵的事物，现在就已经成为一个遥远的过去了。

我将这种方式引入到我以及别人所不能理解的事情之上，结果导致我坠入了孤独的深渊之中。我如幽魂一样飘来荡去，脑海中填充的思想层出不穷，可是我却找不到一个人同我交流，因为如果我这样做的话，就将被误解。这个时候，我深切地感受到，外部世界和这些意向构成的内心世界之间，有一道不可逾越的鸿沟。当时的我，看不到外部环境和意向构成的内部世界之间存在千丝万缕的联系，只认识到了内部世界和外部世界之间存在不可调和的矛盾。

从最开始我便意识到，尽管会花费我大量的心力，但若是我能够成功证明精神体验的内容是实实在在存在的——不仅仅是我个人的体验，还有每个人都拥有的集体性体验也是实实在在存在的。如果我能找到这一点，那么我便找到了内心体验进入到外部环境的切入点。这一点，也成为我后来的研究内容，我尽量向世人证明这一点，并推荐给那些和我相交甚密的亲友们利用这种方式看待世界。当然，我做这项工作是具有风险的，稍有不慎，便会落入孤独的境地，万劫不复！

“曼陀罗”记录我自己

这种情况在第一次世界大战结束后，发生了改变。这个时候我的研究工作开始展现曙光。两件事造成了这种情况的出现：第一，我决心同那个竭力让我相信我的研究是艺术的女性意向一刀两断；第二，这个时候的我，已经充分理解了曼陀罗的绘画。不仅如此，我还能绘画出曼陀罗的绘画，那是1918—1919年前后，那个时候，我的《七次布道词》已经问世，此时，我还画出了一幅曼陀罗的画。当然，这个时候，我并不理解我所画的曼陀罗的画所代表的意义。

1918—1919年，当时的我正担任英军战区战俘监管上校，我们的军队驻扎在夏托达堡。那时候，我每天的“任务”便是在笔记本上画曼陀罗。所有的曼陀罗都非信手涂鸦，每一尊曼陀罗都象征着我精神上的变化。这些图画成为我观察我精神变化的验证。在这个时候，女性意向“死灰复燃”，她给我写了一封“信”，在信中，她再度重申从我潜意识中衍生的种种事物，都具有一定的艺术价值，或者索性说这些就是不折不扣的艺术品。这封“信”让我感觉十分不舒服，因为这封“信”不仅不愚蠢，恰恰相反，还具有很强的说服力。因为现代艺术家往往是通过潜意识进行艺术创造的，这只是表面情况，隐藏在这种表象下面的除了妄自尊大便是追名逐利。这点，让我开始对自己产生了怀疑。换言之，我开始不明白，我的幻象是真的自然的产物，还是自己在功利心的驱动下进行的虚构。我不能否认自己意识中还存在偏执和狂妄，而凡是处在这种情形中的人，总会一厢情愿地认为，任何短暂的高尚的灵感，都是因为个体足够高尚，而那些卑鄙低劣的反应却都是偶然出现的。因为这种刺激和不协调作祟，第二天我便画出一幅不一样的曼陀罗的形象：曼陀罗同周围的联系被割断了，于是图画中所产生的对称性被破坏殆尽。

这件事过去很久之后，我才领悟曼陀罗的精髓要义：“它是心灵的永恒创造”，这种创造可能业已成型，可能正在发生变化，也可能是永恒存在的。这才是人格完整性的体现，倘若一切顺利，人格就是和谐的，不会出现自欺欺人的情况。

我所画的曼陀罗成为了我解码自我人格的密钥，但是密码却千变万化，每天都以崭新的情况出现。通过这些变化多端的密码，我认识到了我的人格——我的存在，在以一种极端活跃的情况工作着。我唯一肯定的一点便是，虽然对于自我的人格的理解，我只是一鳞半爪，但是我已经认识到这点对我极为重要，对于这些观念，我如同珍宝一样珍爱。随着时间的列车轰隆隆地向前推移，我通过它们开始了解自我人格的观念。我觉得，自我个性同我本是一体，而我笔下的曼陀罗代表的是我的分身，对应是我的精神这一微观世界。

就在我思索的同时，我还一直在画曼陀罗。究竟画了多少幅的画，我也数不清了。在作画的过程中，一些问题水落石出：我画画的行为体现了什么？我画画的目的是什么？结合本人多年同潜意识“作斗争”的经验，我知道，我绝对不能自作主张选择一个没有价值的目标。这种情况昭示着，我必须放弃一种狭隘的想法——让我的人格在潜意识中占据绝对控制权。我必须放弃这种想法，否则我无法继续从事对神话的科学分析。而对神话进行科学分析是我的主要任务，从《变化的象征》开始，我便已这样确定了。 从我正视潜意识的时候开始，我便被潜意识“牵着鼻子走”，它引领我去往何方，我并不知道。情况的转变是从我画曼陀罗的时候开始的，从我所画的曼陀罗中已经可以看到我的心路历程了。我的行进步伐，兜兜转转，迂回到居中的那个点。事情逐渐显现端倪，曼陀罗才是中心。曼陀罗是一切道路的代表，它们不仅通向这个中心，也通向个性化的道路。

从1918—1920年开始，我逐渐开始明白，精神发展的目标就是发展自我的人格。自我人格的演化并非“直来直往”，而是兜兜转转迂回发展。“均匀性”的发展，只会出现在开始，之后，便成为明日黄花。尔后，一切都开始向着发展自我的人格“进军”。当我明了这一切的时候，我的内心获得了平复，变得平静如初，现在的我找到了表现自我人格的工具——曼陀罗。当然了，肯定有些人知道得更多，但这个人绝对不是我。

1927年，我做了一个梦，这个梦侧面证实了我的想法。对于这个梦境，我可以用一幅名为“守望永恒之窗”的画——内容自然是曼陀罗，来表现。这幅画后来成为《金花之秘》的插图。1928年，我再度画了一幅画，内容自然还是曼陀罗。这幅画的主体是一座富丽堂皇的城堡。当这幅画跃然纸上的时候，我开始问我自己：“为什么这幅画中有这样浓郁的中国风？”这幅画的形式和色彩，让我记忆犹新，虽然外观上我绝对没有用中国元素，但是这幅画的整体感觉却是中国味儿十足，这也是这幅画给我的最直接的感觉。这件事过去没多久，理查德·威尔海姆给我寄来一封信，信中附了一篇论述炼金术的文章，他让我给这篇文章写一些评论，让我更感兴趣的是这篇文章的标题——“金花之秘”。我迫不及待地看这篇文章，简直是一目十行。文章中所论述的，从侧面证实了我对曼陀罗是“中心”的观点。在“金花之秘”这篇文章中，我感受到了共鸣，也就是说，我终于可以就某件事或某个观点，和某个人进行交流了。

我终于走到我的“生命之地”

这种巧合称得上是“无巧不成书”，当我回想起这高度的“同步”时，我在这幅让我印象深刻，具有明显中国风的画作上写下了如下的话：“此画完成于1928年，画作主要表现的是一座大气恢宏的金色城堡。此画完成之际，恰逢身居法兰克福的查理德·威尔海姆来信，信中附了一篇距今3000年的中文文章，详述金色城堡意为长生不老。”

这一切又和我之前做过的一个梦相呼应，梦中的我置身于一座煤灰遍地的肮脏城市，时值暗黑的冬夜，风雨凄迷。从周围的建筑不难看出，这是英国的利物浦。我同可能是六七个瑞士人一起穿过几条黝黑的街道。我当时的感觉是，我们正从港口出发。奇妙的是，真正的城市却不在这里，而是在悬崖之上。当我们攀缘而上时候，我们才一睹城市的全貌。这所城市给我的感觉如同巴塞尔。在巴塞尔，市场便是位于城市的下半部分，你必须通过“死亡之巷”再往上走。这条“死亡之巷”笔直地通向上半部的城市的一片高地，进而延伸到彼得广场和彼得大教堂。当我们到达这片高地的时候，眼前的情况堪称“别有洞天”。一座巨大的广场正笼罩在昏黄的灯光下，广场是一个中心，街道由此辐射开来。一座圆形的水池位于这座广场的正中央，而一座迷你的小岛则位于水池的正中间。风雨交加，烟雾缭绕，昏黄的灯光将光线交织得迷迷蒙蒙，周围的一切只现其轮廓，不见其真形，但是小岛上却被光芒映射得灿烂夺目。岛上有一棵木兰树，树上绽放着殷红若血的红花，这棵树似乎树立在光源之中，分外耀眼夺目。似乎这棵树便是太阳初升之地，又似乎这棵树本身便是光源，但是我的朋友们——那些瑞士人对这棵树却视而不见。这个时候，他们谈论起另外一个瑞士人，并对他乐于定居于此表示不解。此时的我，被这千朵繁华竞相绽放的美景所震撼，为这种美丽所动容，我心道：“至于他为何选在此地定居，我比你们要明白。”这个时候，我便清醒了。

我还要补充梦中的一个细节：这些城市呈点状以一个中心往外辐射，一点一点，均是开放性的小方块，有一盏硕大无朋的灯照亮了这个小方块，形成了类似刚才小岛的一个复制品。我知道，他们所谈论的那个瑞士人，便居住在这些鳞次栉比的点中之一。

此梦一如我的心情，彼时我的心情非黑即灰，这个梦让我领略了超脱凡世的美，这种美丽让我得以复生。利物浦有“生命之源”之意，寓意着这里孕育了新生命。

这个梦，再度验证了命运所加诸给我的任务。于我看，此梦的目的已经昭然若揭：中心即目的，所为皆为此中心。而以一人之力，走到中心之外必然是力所不能及的。通过这个梦，我明白了，“我性”即为方向和含义的原则和原型，其中蕴含着治疗的方法。对我而言，这种顿悟暗示通往中心之路，这一达成目标的方式，而我和神话之间的关系也显露端倪。

做完此梦后，我便停笔不再画曼陀罗的画了。这个梦，象征着潜意识发展的顶级阶段，它将我内心中的事物淋漓尽致地展现了出来。这个梦让我头脑清晰，让我能客观地看待我脑海中存在的一切意向。此梦过后，我得到了极大的满足。我已经知道，我倾注心力的工作意义重大；尽管我知之不详，而且也无法同我的同事进行交流。

如果这个梦境没有出现，那么我很有可能就会迷失方向进而放弃命运交予我的事业。幸好，梦境对我的一切做了清晰的揭示。当我同弗洛伊德分道扬镳之时，我并不知道自己该行往何方。弗洛伊德学说以外的世界，对于我而言，是全然的黑暗。面对黑暗，我迈出了关键的一步，之后不久，便做了这样一个梦，一切似乎冥冥之中自有天意。

“十年磨一剑”，我花费了近50年的时光将我所体验的事物付诸笔端。当我还是个年轻人的时候，我的理想是在科学上有所成就。而后，我碰触了潜意识这股岩浆，它的热和光，将我的生活改造得天翻地覆。促使我潜心研究的便是这种光和热，而我的任务便是将它们同世界完美地融合在一起。

我探求内心意向的那些年，是我一生中最为光辉的一段岁月——一切根本性的东西都在这段岁月奠基，后来的细节和详情不过是建筑在此基础上的补充而已。当这些材料从潜意识中爆发而出的时候，如同岩浆一般炽热，将我燃烧殆尽。而这些，便是可供我研究、求索一生的丰富材料。

第七章
研究和著述

当我踏上我人生的后半段时，我也在潜意识的道路上渐行渐远。我的研究绝非一日之功，而是在进行此种研究约20年后，对于幻觉的理解才渐入佳境的。

面对幻觉，我首先要找出自己是否有过类似的历史体验。我不断地问自己："我的这些幻觉是不是以前曾经在哪些地方出现过？"如果我找不到这种体验，我便无法让我的幻觉具体化。接触炼金术对我的影响十分巨大，因为炼金术为我提供了我之前一直无法找到的历史基础。

分析心理学隶属自然科学，相较于其他学科，它更容易受观察者的主观偏见影响。因此，心理疗法医生想要排除判断上的大致错误，就必须依赖历史上和文学上的类似人物。在1918—1926年间，我潜心学习诺斯替教派作家的著作，他们是我的先驱——是世界上最早一批正视潜意识，并对其进行讨论的人，他们甚至还探讨过受直觉所误导的意向。遗憾的是，由于可以查询到的资料过少，所以他们是如何理解这些意向的我们不得而知。另外，依然还是这批资料，竟然是出自诺斯替教派的反对者——基督教诞生六百年后解释教义的一批作家们的手中。

我个人觉得，诺斯替教派的作家们对于这些意向的理解大概还停留在表面，没有涉及心理。不过我的时代与诺斯替教派相距过远，所以我们之间无法建立起任何联系。

据我所知，这一教派所乐道的神秘直觉在今天已经失传了。这意味着想要架构起从诺斯替教派通向现代社会的桥梁，是一个不可能完成的任务。但是当我了解了炼金术后，这种情况出现了逆转。因为炼金术同诺斯替教派之间存在着历史延续性，将我同诺斯替教派联系在了一起。炼金术是中世纪的自然哲学，它起到承上启下的作用，不仅通往过去，还通向未来和现代，它让潜意识心理学开始完整起来！

这方面的开山鼻祖是弗洛伊德，他将诺斯替教派的性欲动机乃至邪恶的父辈权威代入到心理学之中。诺斯替教派中，耶和华类的造物神的动机再度出现在与弗洛伊德有关的本源之父，以及从这位父亲处衍生的超我的神话中。在弗洛伊德的"神话"中，他是创造悲伤、伤痛的魔鬼。

炼金术士对物质情有独钟，物化的倾向已经展现无遗。弗洛伊德认为，这种倾向掩盖了诺斯替教派的本质：作为至高无上的神祇，他送给人类一个能转换精神的器皿，这种器皿体现的是女性意向。女性意向，在弗洛伊德的理论世界中是可以忽略的。当然了，有这种偏见的绝非是弗洛伊德一个人，就像是上帝之母和耶稣的新娘，都是历经千百年的争执和犹豫，才被接纳入神圣的“内室”之中的。尽管已经有部分教众接纳了上帝之母和耶稣新娘，可是在新教和犹太教，至高无上的依然是父权。但是在炼金术中，女性意向却发挥着同男性意向相同的作用。

在我发现炼金术之前，我做了一系列的梦。梦中反反复复出现相同的场景——我的住所旁出现了另一所房子。从表面上看，这似乎是一座附属建筑物，但却让我觉得很古怪。每次做梦我都能梦到相同的附属建筑物，而我对它一无所知。后来我又做了一个梦，梦见自己置身该建筑之中。我发现，房子中有一个奇妙的图书馆，历史悠久，似乎是16、17世纪的产物，一本本以猪皮包就的书籍林立其中，这些书大多装饰有特色的铜版画，插图中有我所不认识的各种古怪象征符号。当时我并不认识这些符号所代表的事物，很久之后，我才知道这些符号是炼金术的专属符号。在梦中，这些奇思妙想的符号极大地取悦了我的感官。

那个时候的我还没有意识到那附属建筑物便是我的人格的象征：代表着属于我的某些事物。尤其是图书室以及涉及炼金术的事物，那时我仍旧对其一无所知，之后我才开始对其进行研究。时光大概走过了十五载春秋，我用所收集的书构建了一个图书室，样子就同这一梦中相仿。

1926年，我做了一个与众不同的梦，这个梦预示着我会同炼金术产生不同程度的联系。梦中正值战时，而我正坐在一个矮个子农民驾驶的马车上离开意大利的前线南帝洛尔，子弹在我们周围炸开。我脑海中只有一个念头，赶快逃离这个危险的地方。

我们需要穿过一座桥以及一条隧道。

隧道为圆拱形结构，上半部分已经被炮弹轰得不成样子，当我们穿过隧道到达另一端时，出现在我们眼前的，竟然是一幅风和日丽的图卷。我很快便认出，此情此景，是维罗纳的一个地区。而在我们眼前的，恰是维罗纳市，它正沐浴在阳光的照耀下，熠熠生辉。我顿时松了一口气，我们继续前行，穿过了苍翠欲滴、生机盎然的隆巴德平原。一路上的情景皆能入画，春意阑珊的乡村洋溢着静谧祥和之气，葱翠的稻田生气勃勃，油橄榄树和葡萄园点缀其中。随后，我在这条路的斜对面发现了一座大庄园，它规模浩大，气势磅礴，如同北意大利公爵的宫殿。这座庄园拥有很多附属建筑物，曲折迂回，犹如卢浮宫。沿着这条路继续往前走，绕过这座宫殿，穿过一道门进入庭院之中，在这里，我得以窥见这座庄园的全貌：远处的第二道门后是不尽的春光；右边是庄园的正面，左边是仆人住宅区、马厩、谷仓和其他建筑物。

当我们即将到达庄园的中心时，让人大惊失色的事情发生了：随着“砰”的一声，庭院中的大门关上了。驾车的农民张皇失措地跳下来，大喊大叫："啊！我们被关到17世纪了！"我束手无策："真的是这样啊，该怎么办呢，这下我们会被关在这里好几年的时间。"不过转念一想，又觉得安慰："总有一天，我会从这里出去的。"

炼金术的象征语言

做完这个梦后，我一直在找寻帮助我理解这个梦的东西。我宵衣旰食，在浩如烟海的世界历史、宗教史、哲学史中找寻可能用得上的资料。直到很长时间之后，我才领悟到，它所指的是炼金术。因为炼金术在17世纪达到了它的顶点。奇怪的是，我全然忘记了炼金术的集大成者赫伯特·希尔比勒的代表作。那个时候，他的代表作早已付梓。而这个时候的我，认为炼金术不过是招摇撞骗的把戏，不仅愚蠢而且可笑，这种情形与我欣赏希尔比勒那神秘的、不为人所知的观点很相似。

此时，我同希尔比勒过从甚密，我不仅同他有书信往来，而且对他的著作给予很高的评价。可是同他最后悲剧性的结局一样，在这个问题上，希尔比勒虽然看见了曙光，但全然不理解这种曙光所代表的含义。我对他后期采用的材料，了解的并不清楚。记载炼金术的书籍后期呈现的特点是怪异的，只有破译了这些文本，才能知道文本所记载的重要内容。

1928年，理查德·威尔海姆寄给我一本有关中国炼丹术的书的样本——《金花》，通过这本书，我才逐渐了解炼金术的本质。读完这本书后，我心中涌动着喷薄的欲望，想进一步了解炼金术。我找到一位来自慕尼黑的书商，并委托他为我留意炼金术的书。不久之后，他为我找到了《炼金术卷二》，这本书是用拉丁文写就的论文集，其中几篇是炼金术的"巅峰之作"。

不过这本书被我闲置了差不多两年，我只是在偶然间才会翻看里面的画面，但是每次阅读的时候我内心都会叫嚣："天啊，这些都是胡言乱语，难以理解。"但是它一点一点地引发我的兴趣，终于让我下定决心去研究它。翌年冬天，我开始认真研习，不久之后，便发现了它的奇妙之处。虽然它的很多章节对于我而言犹如天书，但是有些章节对我而言却十分的重要，间或能发现一些我懂得的句子。最后我认识到至关重要的一点，那就是炼金术是在用象征表示自己的观点。初相逢却是旧相识，象征原本就是我所熟悉的啊。我如获至宝："嘿，这可真是富于幻想了，我必须先学会如何破译这些象征。"这个时候，我完全沉浸其中，一有时间便埋头苦读。有一天晚上，我正在研究这些象征的时候，忽然想起了我那个有关17世纪的梦境，这个时候，我终于得以将一切串联起来："原来是这样，看来我得从头研究炼金术了。"

对于我而言，炼金术犹如一个迷宫，而我，又没有阿里阿涅往我的手中塞线团，所以费了九牛二虎之力才在这个迷宫中找到自己的道路。有一次，我在阅读16世纪的书籍《哲人的玫瑰园》的时候，发现一些高频词汇：“分解与凝结”“神秘的管道”“石头”“本源物质”“水银”等等。这些词句或者同类的表达方式出现的频率太高了，于是我决定着手编著一本此类用语的词典，类似的摘抄也占满了好几大本。我利用语言学作为未来发展研究的方向，这种情形有点像是猜字谜。按照这种方式进行下去，坚持不辍了近10年，炼金术的表达方式才逐渐呈现在我眼前。

随即我便看出，炼金术同分析性心理学隐隐相合。炼金术士同我有相同的体验，同处一片王国。这一点绝对是个惊人的发现：无心插柳柳成荫，我找到了潜意识心理学历史上的对等物。炼金术代替了诺斯替教派，将这条潜意识的链条延续下去，这些为我的心理学提供了具体的例证。当我阅读完这些古老的文本时，一切也各归各位：我从各种幻觉象征中得到了结论，想要了解这些精神性的内容，就要结合历史观点明了其到底是何种意思。我对它们所有的典型特色的了解正在不断加深，其实这种了解早在我开始对神话感兴趣的时候已经开始了。

在我的调查工作中，占主流的是本源性的意向以及类型。对我而言，历史是心理学存在的先决条件，而心理学是潜意识的母体。可以肯定一点，拥有了意识的心理学同个人在生活中获取的材料相互丰富。这就像是我们想解释一个人精神病的来历，就先要联系这位病人的既往病史，因为病史可能比表现更加深刻。如果我们在治疗过程中，要做一份艰难的决定或者摇摆不定的时候，便会做梦，梦中所阐述的内容远比我们自己认识得要多，而且也更为深刻。

以洞察人格秘密为依据

我把自己对炼金术的研究看成是我与歌德内在联系的一种迹象。歌德的秘密在于他被原型性变化过程控制，歌德身上发生的“被控制”无独有偶，千百年来一直发生。也正是因为如此，歌德身上有一种“超人”的气质，他拥有的是原型世界的伟大梦想。他将他的这种伟大梦想寄托在《浮士德》上，并因此将《浮士德》认定为一种“重要工作”，以致一生都围绕着《浮士德》而活动。

我也被相同的事情支配着，自我11岁起，我便不得不从事一项“独一无二”的事业。这种事业浸淫了我的生命，并将我的观念、我的目标串联起来：这就是渗透人格的秘密。根据这个中心，所有的问题都能大白于天下，而我所有的著作的主题，都是围绕着这个中心进行的。

于1903年开始的联想实验，是我进行科学研究的开端。我最早写就的是《词语联想研究》，而后写成了《早发型痴呆心理》和《精神病内容》，这两本书的写作初衷在前文中已经交代过了。1912年，我的《转变的象征》大功告成，这本书让我同弗洛伊德最终分道扬镳，自此，我独自在潜意识道路上下求索。

基于我对我的潜意识所产生的意向十分着迷，所以我干脆将这个作为起点。我对潜意识意向的研究从1913年开始，一直持续了4年，之后，原本层出不穷的幻觉就开始渐渐减少了。就在幻觉的潮水还没有全然退去，而我也不再是个在幻觉的大海中起伏挣扎的溺水者之时，我终于可以用客观理性的态度对潜意识的意向加以深思。于是，我便给自己提出了一个问题："对待潜意识，人们的看法如何呢？"对此，我用《自我和潜意识之间的种种关系》做了解答。随即，在1916年，针对这个问题，我在巴黎举办了一次讲座。讲座中，我对潜意识的典型特色做了一些概述，我还强调："头脑中的意识，对于潜意识所持的态度，远非无动于衷。"这次讲座的内容，在1928年以德文出版，不过内容得以增益。

同一时期，我的《心理类型》一书已经显现雏形，并最终于1921年首次出版。我之所以会写作这本书，是想在书中明确界定我的观点同弗洛伊德和阿德勒的观点的不同之处。当我想要将这种观点表现出来时，"类型"这个拦路虎开始困扰我：心理类型千人千面，并在人进行判断时起决定作用。所以这本书的目的被开放成为探求人与世界，个人与他人之间的关系。书中囊括了林林总总的意识，因此意识决定的头脑对世界采取的态度也必然是五花八门的。这种意识从临床角度出发，属于意识心理学的范畴。

在这本书中，我加入了大量的文学要素。其中斯比特勒的作品更是处于一种独特的地位，尤其是他的《普罗米修斯与埃庇米修斯》，当然了，席勒、尼采以及古典知识也占有一席之地。我甚至唐突地将这本书寄给了斯比特勒，但是却如石沉大海。而后他做了一次报告，并在报告中不无揶揄地说自己的这本《普罗米修斯与埃庇米修斯》根本没有那些莫须有的含义，就像是他在唱歌的时候，他会无意识地哼出"啦啦啦——"的音节一样。

《心理类型》这本书让我茅塞顿开，我认识到，人格制约个人的判断，而人做出的判断具有一定的相对性。随即，一个问题产生了，即对各种各样的多样性进行补偿的普遍性问题。对这个问题的探索，让我将视线转移到中国的"道"上。在前文中，我已经介绍过我同理查德·威尔海姆合著《金花之秘》的来龙去脉。只有在我的思想和研究到达一定的程度，在碰触了"自我人格"后，才能完成对我自己的救赎。之后，我便开始到处继续我的专题讲座，并开始我的游学生涯。各种论文和演讲稿，已经成为衡量我内心事物的砝码。甚至，我的学生、病人、读者向我提出的问题，也被囊括其中。

继《转变的象征》问世后，性本能（力比多）便成为我新的课题。我将力比多设想成为一种类似物理性能量的精神类似物。因为力比多有数量性的观念，所以无法用质的术语来界定。我的目的在于从风靡的力比多理论中跳出——换而言之，我更愿意将饥饿、侵略、性这些本能看作一种精神性能量的表现方式。

如果我们想用物理的方式表现能量，显然容易得多，比如光电，比如热能等。其实心理学中也存在着能量，我们处理问题的重中之重依然还是能量——能量的大小以及能量的强弱。不过，我们所要处理的心理方面的能量，会以各式各样的伪装出现。倘若我们假设力比多是能量的话，首先我们要采取一种一致而且综合的统一观点，不管力比多代表的是什么，性欲也好，权力欲也罢，不管这些东西的数量以及强度，都要退居到次要地位去。

我希望能为心理学做一点事，这件事不仅要合乎逻辑，而且深邃正确。打个比方说，就像是能量学或者力学之于物理学那样。而这点，在我1982年写就的论文《论精神性的能量》中得到了最深切的体现。

打个比方说：我将人类各种各样的动机都看成能量光怪陆离的表现方式，而这些动机便是心理学上的力，就像是光和热在物理学上的力一样。任何一个有常识的物理学家断然不会说热能导致一切力，作为心理学家，也不能武断地认定性欲导致一切本能。认为性欲导致一切本能，是弗洛伊德早期的错误。不过弗洛伊德利用“自我本能”对于自己的错误进行了修正，并提出了“超我”的学说，借此赋予了新学说以神圣的地位。

其实《自我与潜意识之间的关系》这本书仅侧重了我为什么会对潜意识感兴趣，以及和这种兴趣相关的一些事物。但是对于潜意识，这本书所谈甚少。当我对幻觉进行深入研究的时候，我才发现，潜意识可以在人的经历方面发挥重大作用。当我自己熟练掌握了炼金术后，我便意识到，潜意识本身便是一个过程，一个利用自我不断充实和丰富自身潜意识的过程。在个性方面，这种转变可以从幻觉和梦境中找到蛛丝马迹。在集体意识方面，各种随着时代而变化的宗教都是其组成部分。包括炼金术的象征性都是在不断变化、不断发展的，通过对此的研究，我得到了我心理学中至关重要的一个概念——个性化的进程。

基督与心理学的关系

我的研究工作开始取得了实质性的进展，很快它的触角便触碰到了人类世界观这个问题，继而开始探寻心理学同宗教之间天然的联系。为了搞清楚这类问题，我对诸如此类的观点做了详尽的研究，其结果最早收录到《心理学同宗教》一文中。之后，作为我的研究成果的直接呈现，我还将一些观点写入《自大狂》中。这种观点体现的最为鲜明的便是《自大狂》这本书的第二篇文章——“精神现象的一种——自大狂”。

巴拉塞尔索斯的书中囊括了他很多独创性的观点，比如他清晰地阐述了炼金术士所提出的种种古怪的甚至裹上死人外衣的问题。

倘若要剖析巴拉塞尔索斯的话，就不得不先讨论和宗教以及心理学都有莫大关系的炼金术。炼金术的本质是什么呢？它更接近于一种宗教式的哲学。我在《心理学与炼金术》一书中，花费了大量的章节来探讨炼金术的本质。如此，我如同飘荡的蒲公英，将我从1913—1917年的经历，都根植于大地之上了。因为彼时我的经历，恰好能与炼金术的变化对应起来。

潜意识的外向性同基督教抑或是别的宗教之间有什么必要的联系吗？这是一直困扰我的问题，其实我这样想是很自然的一件事。我将基督教对人的启示发扬光大的同时，也知道了基督教对西方人非同小可的重要性。但是基督教必须紧紧联系时代，跟着时代的脉搏而律动。否则的话，基督教便会从时代脱节，成为时代发展的桎梏，不会发挥任何积极作用，在我的著作中，我一直极力想表现的就是这一点。

不管是圣父、圣子、圣婴的三位一体的教义，抑或是做弥撒的文本，我都曾经用心理学加以阐述。我甚至还将三位一体的教义以及弥撒文本同帕诺波利斯的佐西莫斯所描述的幻觉做了对比。尽管他生活在公元3世纪，尽管他是炼金术士和诺斯替派教徒。我之所以这样做的原因，在于我想在分析心理学同基督教之间架构起桥梁，并将基督代入到心理学的范畴中来，其实早在1944年，我便这么做了。当时我的《心理学与炼金术》中，已经论述了基督形象同炼金术士之间的对应关系。

1939年，针对依格纳蒂乌斯·洛尤拉的《精神修炼》，我举行了一次讲谈会。在进行讲谈会的间隙，我正在为我的新书《心理学与炼金术》搜罗可能用得到的材料。那天晚上，我将醒未醒之时，看到了月亮的清辉撒在了床脚处。更让我惊疑的是，那里竟然有被钉在了十字架上的耶稣的形象。也许大小有点出入，但是形象却完全吻合。更令人惊讶的是，耶稣的本尊竟然是绿色的金子构筑而成。这种美丽的景象，是我见所未见的。虽然我的脑海中经常迸发幻觉，也曾经在半睡半醒之际看到惊异的场景，但这种美景依然深深震撼到了我。

从《精神修炼》引申出的冥想——基督灵魂，是我一直关注的问题。这个幻觉的出现似乎再次向我指出我忽视了的问题：从本质上讲，基督同炼金术士所说的“绿色的金”“精神之金”没有什么区别。当我这样认识的时候，我便释然了。这个幻觉便是炼金术士的象征，这个时候的我似乎已经发掘到了耶稣本质的东西。

绿色的金是炼金术士找寻的“本质”，这种本质是鲜活的，具有生命力的。这种本质是生命精神的体现，是人类灵魂的精髓所在，是宏观世界的精华浓缩，是整个宇宙活跃起来的人类表现。这种“本质”是一种精神，这种精神会渗透到万事万物中去。不管是有机世界还是无机世界，都能找到“本质”的身影。这种本质无处不在，不仅存在于人类的身上，还体现在无机的自然界中，甚至还能出现在金属和石头里，我所产生的幻觉便是在基督的形象同物质中的“本质”之间产生了某种联系。

那种绿色的金摄魂夺魄，导致我无法假定，是否有种本质性的东西慢慢地在我“基督教”式的视野中从有到无。也可以这样说，我之前所有的是，传统的基督教形象，而这些基督教形象已经不合时宜了，但是我所拥有的基督教观念的精髓没有发生偏移。可是金向我展示这样的问题：炼金术赤裸裸地告诉我们，基督教观念是将死去的肉体和活着的精神完美结合在一起。

在《伊涌》中，基督再度成为了我的研究对象。但是在这本书中，我侧重的并非是历史上惊人的相似物，而是基督的形象同心理学之间千丝万缕的关系。我无法将基督等同于一个失去了外在性的人物，恰恰相反，我将基督看成了一个具有延续性、持续性、历史性的宗教进程。为什么占星术能喻示基督到来？基督体现了何种时代精神？基督在发展了两千余年的宗教中充当了什么角色？人们究竟是如何看待基督的？这些都是我们所研究和探索的问题。千百年来，随着基督教不断完善和发展，基督周围一直环绕这各种光环和争议，这一切恰恰是我们所要研究和探索的。

如果想对所有的问题追本溯源的话，那么耶稣曾经是人之子的事情就无法避而不谈了。耶稣曾经是人，这个问题是具有重大的历史意义的。耶稣之所以会变成人，是他所属的时代的智力凝聚。换而言之，耶稣之所以是人形，意味着他才是人类本源的形象，人类的智力、渊源都能从这位无所不知的犹太人的预言中找到。

人类的古老观念如同一粒种子，根植在犹太人传统的土壤之中，埃及霍律斯神神话为这粒种子提供了庇护。人类的古老观念，从基督教纪元伊始便成为人们的普遍观念。之所以这种观念这样风靡，很大原因在于这种观念本身便是时代精神的象征。这种观念将上帝之子和被神话的奥古斯大帝对立起来，并将犹太人的弥赛亚的问题融合在了一起，将其变成了一个世界级的问题。

耶稣不过是木匠之子，他之所以会成为救世主只不过是“时无英雄，使竖子成名”，这种观点存在着很大的误解。耶稣必然天赋异禀，所以他才能如斯完美地表述那个时代人们集体的潜意识期望。除了耶稣，没有人能成为这种期望的传递者和歌颂者，只有耶稣这位被命运选中的人才能做出这一点。

这是一个专断的时代，神圣的恺撒所建立的罗马帝国宣扬“顺我者昌，逆我者亡”的观点，并在这样的观点下创造出这样的世界——在这个世界中，不管是个人还是民族，都被剥夺了他们在文化上甚至是精神上的自由性和自主性。也正是因为如此，在很多地方才会出现基督热潮“复苏”的情况，甚至“基督再现”的说法也会甚嚣尘上，这些都说明，人们的灵魂需要救赎。而今天，则重复了罗马帝国的“悲剧”。今天个人和民族，文化和精神，再度遭遇了过去的威胁——大众吞没，只不过是他们采取的形式，是同时代契合的“新”手法——看到了飞碟或者不明飞行物。

炼金术里的移情——相合

我的论点在于，我的心理学和炼金术之间存在某种联系，或者是对立，或者是统一。包括上述的宗教问题，以及我的心理疗法，我都想在炼金术士的著作中找到相关的论据。其实这种方法并不罕见，临床上将心理疗法的这种问题称作“移情”。对于这件事的认可，我与弗洛伊德的观点惊人的一致。

经过我的实验，有个观点被我证实了。炼金术并非是虚无的，而是同现实中的某些事物一一对应，这便是“相合”。对于这个问题，绝非我一人注意到了，希尔贝勒便发现了这种“相合”。我对这个问题的研究，具有一定的渐进性。之初，在我的著作《心理学与炼金术》中，我列举了这方面的例子作为论据，两年之后，我在《移情的心理》中对这个问题继续做了进一步的研究，最后的研究结果就凝聚在《神秘的相合》一书中。

正如我以前思考问题的情况一样，一旦我对某些问题——个人问题或者是科学问题，产生关注的时候，甚至会产生相合问题的时候，那么梦境便开始做出预兆。在这些林林总总的梦中，有一个梦将各种问题凝结成了清晰的意向。

随即，我再度做了一个梦。梦中，我进入到一座我从来没有进过的附属建筑物。我很好奇里面到底是什么，便决定去一探究竟。我走了进去，面前是一道厚重的大门，我费力地推开了这道门，发现里面是一个布置井然的实验室。在这间屋子的窗户前，摆放了很多形状各异的玻璃器皿和实验用具。这显然是我父亲的工作室，只是我父亲的身影却没有出现在这里。沿墙有一溜书架，各式各样的瓶子放在上面，里装着各种各样人们所能想象到的鱼类。我恍然大悟，原来我父亲正在从事鱼类的研究。

我正站在那里东张西望，然后发现有一条布帘似乎正在被强风吹拂似的时不时鼓起来。正好，汉斯这个农村青年出现了，我便吩咐他：“汉斯，你去看看那条鼓起的布帘，是不是窗户没有关好。”汉斯听完我的话，便走了。这一去便是很长时间，等到他回来的时候，脸上出现一种灰败颓唐的颜色，他只是说：“是啊，布帘后的确有东西在出没。”

随后，我发现有一道直通往我母亲房间的门，我走了进去，发现房间内空无一人。我仔细观察这间房间，房间过大，弥漫着神秘莫测的氛围。同正常房间迥异的是，天花板上悬挂着两排柜子，一排5个。这些柜子，形状类似花园中的亭子。每个柜子大概6平方英尺左右，而且柜子中都摆着双人床。我立刻意识到，这房间便是我母亲从冥界回到人世所居住的房间，而这些类似亭子的柜子，自然是接待来拜访我母亲的鬼魂的。这些鬼魂大多是夫妇，他们成双结对地来拜访我的母亲，并在这种柜子中休憩，不仅是黑夜，有时白天他们也会居住在这里。

正对着母亲的房间有一扇暗门，我打开了暗门，眼前竟然是一个空无一人的大厅。这个大厅的结构和装潢，极类似那种大饭店的大厅，大厅中有铜柱支撑，厅中还摆放着摇椅、桌凳、豪华的装饰品等。大厅内的音乐声更加清晰了，铜管乐队在演奏舞曲和进行曲——我刚才在房间中听过的乐曲。但是我并不知道音乐是从哪里传来的。

饭店金碧辉煌的大厅中正在鼓乐齐鸣，人们在这里醉生梦死寻欢作乐。谁都不会料到，在这热闹的环境的另一面，竟然是地狱。多么讽刺啊，欢乐到了极致便是一地死灰。而大厅这个梦的意向是对我粉饰太平的嘲笑，是对世人追寻欢乐的鄙视。

然而我们看到的只是肤浅的表面，在这表面之下隐藏着一些同表象千差万别的东西。想要探寻这类东西的真相，便要换个环境，显然这管弦乱耳的环境是不大合适的。让我感兴趣的是两个意向：一是鱼类实验室，二是专门为鬼魂虚左以待而悬挂的亭子，两者皆是阴暗幽冥之地，当我身在其中时，都能感受两者皆弥漫着安静和神秘的氛围。我有这样的感悟：这里代表的是无边无际的黑暗，大厅内的喧闹和热烈被归属到白天的范畴，也喻示着尘世的虚浮和浅薄。

这个梦最重要的意向是“鬼魂接待所”和鱼类实验室，“鬼魂接待所”以一种戏剧性的方式同我的潜意识相吻合，而“鱼类实验室”则昭示了我对基督的“偏见”，因为我一向认为，基督本人就是一条鱼。这两种意向，我接连研究了十多年。

让人惊疑的是，父亲竟然主管鱼类的研究工作。按照古代的观点来说，鱼类象征着人的灵魂，不是有这样一句话吗？“彼得向尘世撒了网，捕捉到了人的灵魂。”在这个梦中，他成为了一个看守，专门看管基督徒们的灵魂。让我惊魂甫定的是，在同一个梦境之中，我还看到了我的母亲，她摇身一变，成为那些分裂灵魂的保护者。从这个梦中，我知道，我的双亲都曾经肩负着医治灵魂的重任，不同的是，现在这个重担挑在了我的肩膀上。

我父母的夙愿还有一些未能得偿，即那些基督徒的灵魂向我提出的，我无法给出解释的问题。换而言之，这件事依然被潜意识的浓雾遮蔽住，有待于后人的发掘。这提醒我要解决“哲学”上的炼金术的主要问题，即相合问题。此外，还有一件事影响了我工作的进度，那就是由我妻子进行的圣杯传说的主要研究工作还没有完成。

我回忆起每当我讨论《伊涌》中有关鱼类究竟象征何物的时候，脑海中便会浮现白鹭的形象或是追寻圣杯的场景。倘若不是我要保持对妻子的尊重，不随便涉足她的领域的话，我必然会将圣杯的形象融入到我对炼金术的研究中来。

我印象之中，父亲是一位安福塔斯式伤的受伤者，他如同一只白鹭，身上的伤口不能治愈，也无法根除。而炼金术之所以会风行，就是因为炼金术士一直在找寻医治这种绝症的良药。作为一个口不能言的帕斯法尔，父亲的痛苦可以想见。而我，在我的整个童年时代，都见证了父亲同这种痛苦所做的斗争。

对此，我无法赤裸裸地表述出来，只能做出一点暗示。事实上，我父亲从来没有对拟兽类的基督，或者基督的另一种符号象征产生过兴趣。直到我父亲与世长辞之际，他都生活在基督所预见以及许诺的痛苦里。当局者迷，我父亲始终没有认识到，他所有痛苦的根源都来源于基督教。父亲将自己的病痛等同于一种个人身上的痛苦，并认为医药能根除这种痛苦，他根本没有认识到，他的痛苦是所有基督徒共有的痛苦。

加拉太书中曾经有这样一句话："我活着，而非耶稣诞生在我身上。"肯定有什么深刻的意义在父亲的脑海中根深蒂固不可动摇。在此处，他信仰着他的信仰；在彼处，他需要越过他的信仰，为他的灵魂找到新的栖息处。这种情形，要求理性适时地退让。

《马太福音》如是说："并非每个人都可以接受这种清规，这种清规只会寻找那些接受它们的人。有这样神圣的阉人，他们为了天国做了牺牲，自己阉割了，以便更好地皈依。"盲目的接受，不可能解决所有的问题，只会让问题越积越多，甚至导致巨大的代价。

众神身上有明显的野兽特征，他们是"超人"，而且这种"超人"并不隶属人类王国。换而言之，动物才是"超人"的影子，大自然将动物的影子和"超人"融合在一起。"基督之鱼"表明，那些耶稣的追随者们，就是一条条鱼。我们也可以将这些鱼看成潜意识的灵魂。这些灵魂有一定的自发性，但是却需要别人引导。

鱼类实验室的另一个释义便是"灵魂看管之所"，如同病人能让自己得病一样，同理，医生也可以治愈自己的病痛。这个梦最重要的意义在于，潜意识对于死者施加了作用，而这种作用却能直观地体现在死者的意识世界中。

正因为如此，这个时期的我根本没有意识到我肩上的责任有任何意义，更无法对我的梦境做出一个差强人意的解释。我只能感觉到这个梦有所启示，但是这种启示是什么，我却一无所知。在我可以写出《答约伯书》之前，我需要克服我内心的怯懦。

而《答约伯书》的根源就在《伊涌》之中。在《伊涌》里，我详细研讨了基督教徒的心理。我认为，不管是以安贫若素著称的约伯，还是被钉在十字架上的基督，都拥有一定的共性。那便是，他们都在受苦，替蒙昧的世人承受苦难。在基督徒的世界中，世界的苦难从何而来？自然是因世界的种种罪恶产生。可是创造世界的是上帝，那么创造罪恶的依然是上帝。所以为承担自己的错误，上帝的仆人们为人类承受苦难。约伯如此，耶稣亦如是。

在《伊涌》里，多次提到这样的一个信息：神圣之物，有其光明的一面，也存在着阴暗之处。我能找到的证据便是《约伯书》中所列举的“上帝的愤怒”，定律要求我们要敬畏上帝，以及祈祷词中的我们耳熟能详的“别让我们受到诱惑”。《约伯书》中花费了大量的篇幅对上帝的这种矛盾性进行了论证，这种矛盾将上帝撕扯成了仁爱和严酷、慈祥和无情，这种矛盾闪烁着悲剧色彩。而我在《答约伯书》中，主要论述的就是这方面的内容。

我不过是表达个人之见

我之所以着手编著《答约伯书》，外在的原因不能忽视。不管是公众还是病人，向我提出的问题都具有一定的共同性。这让我感到，我必须表明我明确的立场，才能使现代人对于宗教的疑惑得到缓解。多年以来，我一直摇摆不定，因为我本人知道，倘若我真的这么做了，无异于平地的一场飓风。但是到了最后，这个问题越来越紧要了，所以我勉为其难地对它进行了我独有的解答。

我真的这么做了，回答的方式同提问的方式大同小异。换而言之，作为一种洋溢着感情色彩的体验感情的方式，与其说是这种方式选择了我，倒不如说，我选择了这种方式。

因为只有采用这种方式，我才能将那些永恒的真理宣扬出去。《答约伯书》只不过是我个人意见的表述而已，我希望我的《答约伯书》能像是抛进池塘的小石子，在大众这片池塘中激起一阵一阵的涟漪，或是能起到抛砖引玉的作用，可是，神学家们却指责我正在宣扬一种永远不变的真理。神学家们之所以这样，很大的原因在于他们总是跟“永恒”的真理打交道，对于其他的真理却闻所未闻。

当物理学家说“原子是这样的”，并随手画出一幅原子的结构图的时候，他的意思绝不是要证明他所表述的便是永恒不变的真理。不过神学家们往往对自然科学一窍不通，遑论心理性思维了。组成分析性心理学的主要元素，是各种各样的事实，这些事实以一种高度一致的形式存在，并以此构成了表述。

其实，我曾做过一个梦，梦中对约伯的问题进行了似是而非的表述。这个梦是这样的：我去看望我已经过世良久的父亲，他住在我没有听说过的乡下。在那里我看到了一座老式的房屋。从建筑特色上看，似乎是18世纪的，因为只有18世纪的房屋才会配备这么多的附属建筑。经过和父亲的谈话，我才知道这栋房屋是一家温泉疗养院开设的旅店。很多要人，诸如皇亲国戚、学者政要都曾在此居住。这些人自然不是长生不老的，死去的人的尸身便保存在这座房屋的地下室中，我父亲的职责便是看管这些尸身。

我很快就发现，父亲的身份不仅局限于看守人，而且还是一个著名的学者，这跟他生前可完全不一样。我在父亲的书房里跟父亲会面，不过奇怪的是，另外一个跟我年龄差不多的精神病医生甲和他同操一职的儿子也在场。不知道是不是因为我提出了这个问题，导致了我的父亲开始试图回答我的问题。只见他从书架上取下一本书来，这本书沉甸甸的，厚重不堪。我定睛一看，原来是《圣经》。这本圣经的包装我很熟悉，我的图书室中有一本梅里安的插画《圣经》和它一样，都是用闪烁着银灰色光芒的鲨鱼皮包装的。

父亲翻开了《旧约全书》，出于我对他的了解，我猜测这肯定是第五卷的卷首处。然后我的父亲便针对这一章节，开始滔滔不绝地讲述起来。他解说流利，学识渊博，以致我听得十分吃力。我只能感知到父亲的话语中有某些精要所在，但却无法掌握和领会这种精要。跟我一样不懂的还有那位医生，他那愚蠢的儿子甚至开始吃吃地笑了起来。他们觉得我的父亲如同一个普通的老人，是在唠叨一些没有意义的废话。不过我心知肚明，我的父亲之所以会滔滔不绝，不是因为病态，所说的也非愚蠢的话，而是一些非常有意义但是我们没有了解的话语。

父亲的话语字字珠玑，内中夹杂的知识之丰富让人瞠目结舌。只是我们愚钝不堪，不能理解其中的精要而已。他所说都是十分重要的事情，让我十分的着迷，而他之所以话语激动，是因为他的脑海中充斥着那些我们所不懂的深刻观念。他对我们所说的一切，就像是在对牛弹琴。当我明白这一点的时候，我既愤怒又惋惜。

这两位精神病医生代表了什么？自然是世俗的目光短浅的医学观点。他们还代表着我身上根深蒂固的缺点——我也受到了世俗的短浅的医学观点影响。这两位精神病医生还代表着两个相似的身影，那种身影，只有父亲和儿子才会拥有。

随即，场景发生了巨大的变化。父亲和我，忽然转到了房屋的前面，面前是一个作为存储木材的木棚。忽然之间，我们的周围发出了巨大的声音，“砰——砰——”的声音在我们耳边响起，似乎有人将厚实的红松木板胡乱扔到了地上。从声音上看，绝对有两个以上的工人在这里忙忙碌碌。但是我的父亲却跟我示意：这个地方不干净，处处是游魂。这种喧闹声并非是木工所为，而是鬼怪故意弄出的响声。

我们进入了这间类似木棚似的房屋，发现整间房屋厚实而有质感。我们沿着阴暗窄仄的楼梯拾级而上，这个时候，一种奇怪的景象展现在我们面前：面前是一个富丽堂皇的大厅，几乎跟莫卧儿皇帝的“首都”法特赫布西克里苏丹阿克巴的会议厅一模一样。大厅呈圆形，回廊也应景地呈现出回旋状。回廊上有四座桥，这四座桥通往一个盆状的中心。这个中心位于一根硕大无朋的圆柱顶端，最中央有一张座椅，只有苏丹才有资格端坐于上。可以想见，苏丹必定坐在这张座椅上，同幕僚乃至哲学家们高谈阔论。而这些人大多依傍回廊的圆形墙壁而坐，这个整体再度形成一个巨大的魔圈，无论是形状还是状态都跟这个会议厅不谋而合。

在梦中，我惊觉房间的最中央有一座狭隘而笔直的楼梯，楼梯直直通往最高处，在最顶端有道小小的门。我正在诧异，这里的情景怎么跟原来的不一样呢？正在我疑惑的时候，我的父亲出现了。他说："我来引领你到最高的存在处。"他一边说，一边屈膝跪下，并虔诚地向地板叩首。我依样跪在尘埃中，不过出于某种原因，我的头始终无法碰触到地板，但是相差不过一毫米左右。在进行这样的举动时，我内心十分激动。这个时候，我忽然明白，或者我父亲以前便告诉过我，楼梯通往的那个小房间，必然是大卫王的大将乌利亚的住处。

关于这个梦，我必须做出一些解释，以免大家看得一头雾水。梦中的开头，讲述的是潜意识的任务是如何完成的。而且这个任务具有一定的历史性，我确定这个任务由是我"父亲"也就是我的潜意识来进行的。我的潜意识对《圣经》情有独钟，对《创世记》兴味盎然。并迫不及待地想要将自己的感悟告诉别人。鲨鱼皮代表着什么呢？因为鱼总是有嘴却不能言，有头却无法思考，所以尽管我可怜的父亲已经顿悟了一切——《圣经》是潜意识的内容，但是却无法将这种内容公之于众，甚至都找不到第二个人对自己的感悟进行分享。这并不难以理解，因为听众要么蠢笨如猪，要么不怀好意。

这种实验失败之后，我们穿过街道到了鬼怪活跃的"另一边"。在这里，鬼怪横行，肆无忌惮。那些刚刚进入青春期懵懂的年轻人周围，最容易出现鬼怪的身影。而那个时候的我便是个不成熟的毛头小子。我的潜意识刚刚崭露头角，梦中有关印度的景象，便是"另外的一个世界"。

当我去印度的时候，议会厅的魔圈结构让我印象深刻，我总觉得这个结构便是中心。这个中心投射后，便变成了阿克巴大帝的宝座。阿克巴大帝如同大卫王那样统治整个世界。可大卫的侍从——将军乌利亚的位置却在大卫之上，为什么会这样呢？因为乌利亚不仅忠心耿耿，而且敢于牺牲。可是大卫却出卖了乌利亚，让他死在敌人之手，并霸占了乌利亚的妻子。所以乌利亚痛苦不堪，日夜吟唱："主啊，主啊，我日夜赞颂你，信仰你，却为什么将我抛弃？"直到后来，我才明白了个中的隐喻。乌利亚象征耶稣，而耶稣却被上帝抛弃了。《旧约全书》中，便揭示了上帝形象的两重性。可是，我不敢将我体会的事物公之于众，因为这对于我而言，有百害而无一利，还要冒着死神将我的妻子攫去的风险。

这件事在我的潜意识中扎根，并一直等待我发觉到它。可以这样说，这是命运加诸给我的，不能违抗，不得逆转，我只能被动接受，并且应该三跪九叩，以体现我的谦逊和顺从。

但是有些事情我却不能一味地顺从，这些事情总会和我心中预想的“差之毫厘”。每当这个时候，我内心便有个声音在呼喊：“看上去都很好，但是事实真的是这样吗？”我身上的某些特质不愿意就这样被摆布，并对事实三缄其口。我想，这种特质并非我所独有，而是体现在每一个自由人的意识中，否则在耶稣诞生之前就不会有《约伯书》问世。人的思想，绝对不是坦诚的，而是有一些为自己独有的思想。就算是面对神谕，人们也有所保留。否则的话，人们就没有自由而言。如果将自由建立在威胁自由的基础上，那么自由又有什么意义呢？

在阿巴克的一个凡人无法企及的高度里，乌利亚在这里自由自在地生活。就像是梦境所昭示的那样，乌利亚生存在一个“高高的地方”，我们经常用这样的形容词来形容上帝的居所，抑或是拜占庭那美轮美奂的艺术品。每次身处这里，我都会想到佛祖和诸神之间的关系。在众神的法力之下，人们才得以洞悉造物主的存在，可是人却是造物主的“杰作”，本身便拥有造物主消灭世间万物的能力。对于亚洲人而言，释迦牟尼无疑是最伟大的神，就像是西方人眼中的上帝。也正是因为如此，小乘佛教（佛教的分支，相对应大乘佛教而存在，认为并不是每个人都能成佛）饱受争议，甚至有极端的人认为小乘佛教是一种无神论者，这简直是滑天下之大稽。

时至今日，人们可以利用放射性现象来毁灭世界。其实佛祖对于世界到底归于何处早早就给予了启示：大彻大悟，轮回不止。

换而言之，轮回的齿轮不生不灭，年老、疾病，以及死亡之间的联系可以从有到无，那么幻觉便消止了。叔本华也曾经就意志做过否定性的预言，我们可以将这种预言代入到现在乃至未来的问题中去。这个梦，只不过将早就存在于人类中的思想和预兆显示出来：造物主的观念并非不可颠覆的，造物可以通过微小的但是关键的事物对造物主的观念进行颠覆。

经历了这次梦境的游历之后，我回归到我的写作中来。在《伊涌》里，一个个问题纷至沓来，以至于我不得不一一进行解决。我曾经试图解释这样的一个问题：基督产生的时代同新的时间起源（在这个时代，鱼是唯一的物种）的时代，存在着一一对应的关系。

基督的一生，同春分进入到黄道十二宫的双鱼宫之间存在某种一致性。鱼类的时代，双鱼座的宫格，这都昭示着，基督就是“鱼”。这点并非是我一个人的论调，早在巴比伦王朝，第六代君王汉谟拉比颁布《汉谟拉比法典》时，就曾经认为自己是“羊”，并作为新时代的统治者所出现。我将有关这一切的疑问，都收录在与保利合著的《自然与精神释义》中。

《伊涌》中所提到有关基督的问题对我产生的影响是：促使我结合我本人的体验，来表述对安索洛波斯的现象。什么是安索洛波斯？用心理学的术语解释便是“个性”，在1954年我的著作《出自意识之源》中，我曾对此做出清晰的回答。在这个方面，我所着重论述的是意识同潜意识之间的相互作用。在潜意识逐渐向意识过度并渗透的过程中，会对人格产生何种影响？这种影响又如何体现在人的生活之中？

当我的作品《神秘的相合》问世之时，我的这种研究已经有所斩获。在这本书中，我再次谈到了“移情”问题。在这里，我将我的意图不经修饰便展示给世人，即人们理解炼金术不能只看浅显的表面，而是要将炼金术作为一种深度心理学来进行表述和理解。在我的这本《神秘的相合》中，我的心理学拥有了历史的基础以及现实的对照。这种做法，让我的心理学更容易为人们所接受。这样一来，我便功德圆满了。可是唯一美中不足的是，我想将我所体验到的问题的核心用科学的语言进行表述，可这偏偏是我力所不能及的。

在这里，我对我的研究工作进行了简单的总结，这种概述显然只是浮光掠影，浅尝辄止。我应该再多说点或者说得更为精简才是，然而不管怎样，都是出自我的临时起意。这些即兴产生的东西可能会对那些懂得并了解我的工作的人有所帮助，至于其他人，则可能需要进一步理解我的观点后才能知道我在说什么。

我的一生可以用我所从事过的事情，也就是我所进行的科学工作来进行概括。我的人生同我所从事的科学工作密不可分，科学工作，表达了我内心的发展历程，而我的著作就是各个历程中的中途站。

我之所以会写这些，是因为我受到了内心的召唤，这是命运加诸给我的无法逃避的任务。我所写的都是我内心的悸动，我将那些让我震颤的灵魂所说的话写了出来，仅此而已。正因为如此，我并不奢望我的作品会引起别人的共鸣。我的著作代表了我对我所属的时代的一些欠缺做出的尽可能的修正，如果这种做法让人反感，那么我也无能为力。

同样因为这样的原因，我经常会感受到无助和凄凉，尤其是在最开始的时候，这种感觉尤为强烈。更对于我所说的一切会让人觉得刺耳这一点心知肚明，毕竟人们喜欢听到“莺歌燕舞”“时代一片大好”的论调，他们觉得一切反调都是无法让人接受的。不过到了今天，我倒是可以说，人们赋予了我没有预想到的成功。这更让我吃惊，我觉得有些过誉了，我只不过是做了我该做的事情而已。毫无疑问，我的工作还有所欠缺：有些工作我本来可以做好的，但是却没有做好，还有些事情我也无能为力……

第八章
塔楼

随着知识的丰富，阅历的充实，工作的继续，慢慢地，我开始拥有一种能力了，那便是将我的幻觉乃至潜意识的内容从虚幻变成现实。但是我已经不满足于文字和纸张了，我需要一种东西来将我内心深处的潜意识表现出来。文字和纸张毕竟不那么坚实，而我需要的恰好是如同石头一般坚实的东西。换而言之，我需要用大理石一样的东西来表示我意念的坚定，这便是“塔楼”——我在波林根为自己建筑的房屋的最初目的。

“人离开水，便无法存活”，这是我童年时代的想法，这个想法根深蒂固，以致我决定自己将来的房子必定要依水而建。而且我一直心念苏黎世湖的美景，久久不能忘怀，所以在1902年之时，我便在波林根买了土地，这块土地位于圣梅恩拉德地区，原本属于圣加尔修道院的地产。

最开始的时候，我并没有清晰的房屋规划图，只不过想将它建筑成原始的单层住宅。在我的内心深处，总觉得这间房屋和非洲的小屋有异曲同工之妙——房屋总体呈圆形，燃烧的旺旺的火炉立于房屋的正中间，墙壁上镶嵌着纹理美观的木板。每当冬天的时候，家人们绕着火炉环坐。原始的小屋，将家庭整体性这个观念具体化了。在我的构思中，不仅是我的家人，甚至是豢养的宠物也被考虑在内。

不过在建筑初期，也就是刚破土动工之时，我的想法便改变了。因为我觉得，盖成原始人的房屋过于简陋了。我朝思暮想的房屋应该是一栋二层的正规房屋，而不是低矮不堪的小窝棚。1923年，我将想法付诸实际：一栋拥有圆形房顶的建筑物拔地而起，在它竣工之际，我发现，这栋建筑物便是我预想中的塔楼式的住房了。

对于这个塔楼，最初我便赋予了它一种静谧和新生的感情色彩，对于我而言，塔楼代表的是母亲对孩童的庇佑，但是我逐渐意识到，它并没有将那种浓烈的感情色彩表述得淋漓尽致。换而言之，这个建筑是不完整的。基于这样的考虑，在1927年，也就是4年之后，我为它增添了一个中央性的结构，还增添了一些塔式的附属建筑物。

又过了4年，我再度觉得这座建筑物美中不足：从表面看来，这座建筑物过于古朴陈旧，甚至有点像是原始人居住之所。在1932年，我将塔楼的规模再度扩大。在这栋塔楼中，我要增设一个专属于我的房间。对此，我的心中早有雏形。这种灵感来源于印度人的房屋，在印度人的房屋中，通常会有一个让居住者休憩的地方，尽管这个地方不过是房间的角落，只是用布帘子简单地隔开而已。可是地方的狭小，并不妨碍人们在这块“与世隔绝”的地方练习瑜伽，或者只是静坐。这样的地方，对于印度人而言必不可少，因为这里住得太拥挤了，人们很难找到让心灵放松的地方。

当我进入到我所隐居的房间中时，精神得到了放松。房间的钥匙为我一人独有，未经许可，任何人不得入内。在随后的几年中，我在房间的四壁涂鸦，只是为了让此处变成我从时间跳出，进入到浩渺的永恒的场所。在这里，我的精神不仅能得到休憩还能自由地奔走，所以塔楼的二楼变成了我的精神凝聚之所。

1935年，我又有了新想法：将这片土地圈在一起。如此一来，我便能获得更加广阔的空间，这种空间将对天空甚至自然门户大开。自然，想要达到我想要的效果这样做还不够，于是我增设了新的建筑物——用了4年的时间建筑了一个漂亮的庭院和一个靠近湖边的凉亭。庭院和凉亭为我的整体建筑增加了新的元素，虽然它们属于整体建筑物的一部分，但是它们本身却是跟主体建筑物相分离的，从表面上看，它们十分的独立。于是造成了什么样的现象呢？四个截然不同的建筑物构成了完整建筑，完成这一切花费了我将近12年的时间。

1955年，我的妻子与世长辞。也正是这个时候，我的内心中产生了巨大的悸动。我想要展示真实的我自己，而我选择展示自己的手段便是波林根的这栋建筑物。这个时候，我惊觉那座低矮的，藏而不露的位于屋子正中间的房子便是我的代表。同时，我也认识到，我无法将自己隐藏在“母性的”以及“精神性”的塔楼后面了。基于这样的考虑，在1955年，我在塔楼原有基础上，又添置了一层，这一层代表的是我已经觉醒的自我人格。如果是以前，我断然不会这样做，我会认为这是一种浅薄的自我表现。但是现在，我却不会这样认为了，新增的塔楼意味着在步入老年之后的我的身上，意识正在不断地开疆拓土。随着我的意识的不断完善，塔楼的建筑也渐成规模。值得一提的是，第一层塔楼的建筑时间，也同死者有关。那是在1923年，也就是我的母亲去世两个月后。

让石头自己说话

从最开始，我便认为塔楼是一个“催熟”的场所。就像是母亲的子宫，在这里，人们将得到最大的庇护。我在这里，将过去的我、现在的我以及将来的我变成了一个统一的整体。塔楼让我变成了稚嫩的模样，就好像是孕育我的那块石头刚刚被造物主创造出来时一样。所以塔楼便是一个让虚无实体化，并比那些青铜器流传得还要久的纪念物。自然，在建造塔楼的时候我却没有想得这么深远，我只是按照当时风行的建筑模式按部就班地修建的。换而言之，塔楼的诞生，是我歪打正着的杰作。遗憾的是，最初的时候，我并没有发觉这一点，到了后来，我才知道这样的建筑中一切的配合都是那么相得益彰，它将精神的完整性展露得淋漓尽致。

在波林根，我又变成了“我”自己——炼金术中便存在着这样的说法，而我在这里体验了这样的说法。其实早在我年幼时，便体验到了“老人”的第二人格，它以费尔蒙的形式出现。而在这里，我再度变成了“母亲上了年纪的老儿子”，换而言之，我的第二人格苏醒了。这种第二人格，不仅存在于过去、存在于现实且同样存在于将来。在这里，我的第二人格如鱼得水。

我感觉我自己同周围的景物融为一体，这样的话，我便无处不在。我生活在每一棵生机勃勃的大树中，生活在每一朵朝气蓬勃的浪花里，生活在每一朵变化多端的云朵中，生活在走来走去、林林总总的动物里，生活在色彩浓淡得宜的四季中。塔楼中的一切皆有历史，几乎每一样东西长成现在的模样都需要十余年的时间，这些东西几乎没有一样同我有任何联系。我们各行其是，并行不悖。塔楼是这个世界的世外桃源，是人类精神的自由王国。

我没有牵来电线，只靠壁炉取暖。每当太阳落下山去，我便点燃那几盏老旧的灯。在波林根，同样没有自来水。我便亲自去井中抽取井水，让清泉濯去我身上的尘埃。在这里，我劈柴烧饭，我亲自抽取井水，这些返璞归真的行为洗去我身上的浮华，这种出自自然的淳朴是多么的难得啊！

在波林根，周围静谧安详。如果你屏气凝神，那么连蚂蚁的脚步声也能听得一清二楚。我在波林根生活的日子里，能够感受到同大自然之间的和谐、协调，在这种静心的情况下，沉淀的思想便会浮在表面上。这种思想天马行空，有的时候会回溯遥远的历史，有的时候会遇见不可预知的未来。在这里，创造本身便是一场游戏，同痛苦相隔甚远。

1950年，我用一块大石头为这座塔楼做碑，来铭记这座塔楼对于我而言不同凡响的意义。这块石头也是有来历的。那个时候，我需要一些石头来建筑我花园的围墙，于是便从靠近波林根的采石场订购了石料。石匠告诉采石场的主人所需要石料的大小，采石场的主人便命令属下将合适的石头从船上运下来。我恰好无事，便在旁边看着他们之间的交易。可是交易中出错了：拐角处所用的石头应该是三角形的，送来的却是一块方形的石头。不光形状不合适，大小也不合适，比预想的石料足足大了1立方多，厚度也比原来的多20多英寸。石匠拿出自己的本子一一比对，当他看到这个完全货不对板的石头的时候，火冒三丈，要船上的人立刻把这块石头运回去。

而我一看到这块石头，便立刻斩钉截铁地说："千万不要动这块石头，这块石头我要了。"我迫不及待地想将这块石头据为己有，我觉得我一定能用这块石头做点什么，其实这块石头能派上什么用场，我根本无从得知。

看到这块石头时，我想到炼金术士阿诺德斯曾经用拉丁文写过的一首诗。我毫不犹豫地将这首诗刻在石头上，这首诗翻译过来的意思便是：

丑石屹立此地，价钱便宜至极。
愚者将其轻贱，智者将其爱惜。

这首诗歌描述了这样的一个情景："世人眼中的草，却是智者眼中的宝。"那些炼金师们所追寻的石头，在世人眼中却是邪佞的代表。不仅被世人所看轻，还被世人所厌恶。

很快，这件事又有了新的发展。原来，这块石头的正面，石头本身的纹理，构成了神似一只眼睛的形状。我将这只眼睛勾画出来，并在瞳孔的正中央刻画出一个小矮人。小矮人对应的是我们本身——我们在别人眼中的形象。当然也能将这个小矮人看成是泰雷斯福鲁斯那样的人。因为在古代的雕像中，这个小矮人身穿斗篷，手执灯盏，就像是一个指路人一样。我将我在雕刻的过程中所想到的诗句也雕刻在上面，我是用拉丁文写的，翻译过来如下：

时光恍如顽童，抓着一把纸牌恣意玩耍。小孩的王国无比的雄伟，原来这个小孩就是泰雷斯福鲁斯。在宇宙的黑暗面，处处能看到他的足迹。他的身影，如同暗夜中的星光一样闪耀。他是个指路人，告诉那些迷途的羔羊，哪里通向太阳，哪里去往梦幻之乡。

这些诗句子在我雕刻石头的时候跃入我的脑海中，萦绕期间，久久不散。

在这块石头的第三面，即朝向着湖边的那一边，我刻上了一些炼金术方面的诗句，翻译过来是这样：

甫一出生，我孤苦伶仃。无父无母，茕茕孑立。独自一人，浪迹天涯。我是一个人，却充满了矛盾。我是耄耋之年的老者，也是风华正茂的少年。因为无父无母，我也不知我自来何处。我的过去是人们从深潭中捞起的鱼？还是从天而降的白色石头？山川河流，高山平地，都有我游荡的踪迹。即便是人的灵魂深处，我也曾经驻足。我的生命很有限，但是我的生命之光却闪烁着恒久的光芒。

在阿诺德斯·德·威拉诺瓦那首诗的正下方，我用拉丁文镌刻上了结语：G.G.荣格感谢自己的75周岁，于1950年树立此石于此地。

这块石头被我安置好了，我频繁地盯着它看，并对它充满了好奇。我在心里问我自己，“你为什么要雕刻它呢？你到底是怎么想的呢？”

这块石头矗立在塔楼外，就像是对上述问题最佳答案。在我的内心深处，这块石头才是塔楼的真正居住者。不过我的这种心态，不足为外人道也。你想知道我在这块石头背后雕刻了什么？我告诉你答案：梅林的叫声。众所周知，梅林是阿瑟王时代的云游诗人，却因为某种不知名的原因被女巫的魔法困在荆棘丛中。梅林走不出被施了魔法的丛林，只好在那里一直沉睡，可是他的声音却能穿过荆棘和丛林，被外面的人听到。可是尽管人们能听到梅林的声音，但却不知道这种声音代表着什么。

梅林代表了什么？代表了中世纪时人们的集体潜意识，在他们的潜意识中，他们想要创造出一个同巴斯法尔对等的人物。在基督徒的认知中，巴斯法尔是一个顶天立地的大英雄。但是这样的英雄，却有一个有着阴暗心灵的哥哥。他的哥哥是梅林这个魔鬼玷污了一个纯洁处女所生的孩子。在12世纪初，没有什么具体的依据来解答梅林出现的含义，只是“梅林的喊叫声”这样的传说，越传越广。众人所知道的是，梅林死了，但是在他的葬身之处——密林中，依然能听到他的哭喊声。他的故事并没有因为他的死亡而终结，其实按照现在的说法很容易理解这一点，梅林之所以在死后还能发出哭声，意味着他依然无法对自己进行救赎，所以他的灵魂被束缚在这片森林里。

可以这样说，倘若没有墨丘利乌斯的话，梅林的炼金术很有可能失传，甚至直到今天，梅林的炼金术都很有可能依然是个不解之谜。因为普通人很难正视自己的潜意识，更何况同自己的潜意识朝夕相处。所以，当我进行潜意识心理学方面的研究时，再度提到了梅林这个人物。

幻想与现实的对应

塔楼的第一层快要建完时，正值1923年冬到1924年的初春，我人在波林根，当时冰雪消融，地面上已有早春的痕迹。此时的我已经独处了约一个星期（或者更长），一种无法言传的沉寂涌上心头。

我清楚地记得一天黄昏，我正坐在壁炉前，准备烧水洗脸。水开了，水壶似乎在歌唱。我侧耳倾听，大壶中有很多声音在唱歌。说唱歌有些不确切，确切点说，是很多管弦乐器甚至是管弦乐队在进行演奏。它们所演奏的音乐具备高中低各个声部，抑扬顿挫，慷慨激昂。老实说，如果这是现实中的乐曲，我真是无福消受。但是此情此景，我却觉得十分有趣。就好像是塔楼内部有一个乐队，而塔楼外面还有一个乐队，两个乐队彼此呼应，你唱我答，十分的有趣。

这简直是一场音乐盛会，我足足听了一个小时还意犹未尽。这场音乐会是大自然的旋律，因为只有大自然，才能将和谐乃至不和谐的全部都兼容并包起来；因为大自然不仅是协调的，协调中还存在大量的混乱和不可调和的矛盾。我所听到的音乐有很明显的大自然的特征，各种声音蜂拥而出，风声呼啸，水声滴答，都被囊括其中。这种音乐有种不可名状的美妙，让我听得心旷神怡。

1924年的冬末春初。我孑然一人，孤零零地待在波林根。有天晚上月色很好，周围一片宁静。就在这个时候，我听到一阵音乐声由远及近。声音在我耳畔响起，慢慢地，又开始有其他的杂音加入到音乐声中，不仅有欢天喜地的笑声，还有大呼小叫的声音。对周围的地形，我早已烂熟于心。沿着湖边那条小径很是荒僻，几乎没有人走过，所以我很纳闷，这样的天气，这样的时间究竟谁会这样做呢？他们意欲何为？想到这里，我便完全清醒过来。跳下床，推开窗，可是窗外一无所有。没有一个人影，也听不见任何的声音，甚至连风，都识相地停止了吹动，根本什么都没有！

“太奇怪了！”我想着，刚才我明明听到了阵阵的脚步声，肆无忌惮的大笑声，以及高谈阔论的声音，但是空空如也的外面告诉我，刚才只是南柯一梦。我再度躺下，思索着这件事的来龙去脉。究竟是有人在同我恶作剧？还是这真是一个梦，倘若这真的是个梦的话，那么这个梦向我揭示的是什么呢？在思考间，我再度入睡，结果同样的一个梦又开始了：掩沓的脚步声在我耳边响起，伴随的是大呼小叫的声音，甚至还有人弹奏乐器。在这个时候，我看见了几百个身穿黑色衣服的人——很有可能是礼拜天穿着正式服装的农家孩子。他们从山上涌下来，而我所听见的声音是因为他们行进到塔楼附近，跳着踢踏舞，大声欢笑，歌唱着不知名的小调，手风琴正为为她们进行伴奏。我气急败坏，这真的是太讨厌了，难道他们不知道这会影响到别人的休息吗？我刚才还以为这是在做梦，却没有想到梦境竟然变成了真的。就在这个时候，我再度惊醒。我从床上跳起来，推开窗户，结果外面依然空无一物。在恣肆的月光下，我心思有些许的恍惚，这到底是怎么了呢？究竟是发生了什么？正在我苦苦思索的时候，一个念头闪进我的脑海，难道是闹鬼了？

我在心里不断问自己，这种情景简直逼真得如同现实。这究竟代表着什么？一般说来，只有当鬼怪作祟的时候，我们才会发生这样的情况。只有清醒，才能感知真实。这个梦象征一种真实发生的情景。在这种情景中，人是以清醒的状态存在的。这种梦，跟常规的梦是截然相反的，因为常规的梦会让人知道梦本身是虚假的，可是这种梦却让人觉得自身在梦境中是清醒的。当你回顾起这个梦境的时候，这种真实感有增无减。对于这种真实的来源，很多人进行过探讨。大家一致认为，这种真实要么来源于身体自身的感知，要么来自人们脑海中对原型人物的认知。

那天晚上发生的事情活灵活现，简直让我分不清哪里是现实哪里是梦境。对于这个梦，我一无所知，那些排着整齐的队列，并不断吹奏着乐器的孩子到底代表着什么？我不知道，我推断他们只是因为好奇这座塔楼，才走到我的家中。

从此之后这些场景再也没有出现在我的梦中，甚至我再也没有听过类似的事情。过了很久之后，在我之后早已经将这件事淡忘了，却意外地在一本17世纪的书中找到了答案。这本书是17世纪伦瓦德·塞萨特写的《卢塞恩编年史》。在这本书中，他记述了这样的一则故事：有一个牧场，建在比拉图斯山上。有一天晚上，塞萨特正在牧场中睡觉时却被惊醒。他定睛向外看，看到了长长的队伍。队伍中有人载歌载舞，有人吹奏乐器——这种情景跟我在塔楼中所见所闻完全一致。后来塞萨特才知道，这个高山牧场以鬼魂而出名，据说直到今天，瓦坦依然在这个地方施展魔法。

等到第二天早晨，塞萨特迫不及待地询问一起过夜的牧羊人，希望从他的口中就昨晚的事找到一个明确的答案。可牧羊人的答案似乎早就预备好了，因为这个答案已经以不变应万变的回答了很多类似的问题了。他说："那些人一定都是同乡，虽然过世良久，但是心念故乡故人，所以现形了。也可能是那些受到祝福的死者，由他们的灵魂组成了这支队伍，他们四处游荡，并不避讳活人。"

这很有可能昭示着，这样的现象曾经真的存在于历史的长河中，但是我却不知道这种幻象基于何种现实存在。此外还存在着这样的一种可能，那就是和我当时的状态息息相关。当时的我，不仅孤独，而且在这种孤独的作祟下还格外敏感。正因为我的内心遭受了这样的创伤，出于补偿心理，一群人以"死去的同乡"的表象出现在我的幻觉中，而这种幻觉具有明显的补偿功用。

倘若将这种体验简单地等同于心理补偿，似乎又缺少了什么；而如果将这种体验简单地归结于普通的幻象，我又觉得有些不妥，毕竟这些是没有经过证明的事物。我觉得，有必要去验证一下我的幻象是否曾经真实存在过，尤其当我偶然间看到了有关17世纪的记载后，再度确定了这一点。

这种现象很有可能一起发生，它们昭示：幻觉或者预兆同真实性存在某种对应，而且这种对应发生的还十分频繁。就我而言，便经常发生同我感觉相类似的真实的事情。在中世纪，经常会有一些年轻人的集会。这些年轻人有个特殊的身份——雇佣兵。这种雇佣兵往往在春天的时候接到命令聚集在一起，从瑞士中部出发，穿过洛迦诺，最终在米兰汇集。这些雇佣兵们在意大利服兵役，在接到很多外国王储的命令下浴血奋战。我觉得，我的幻觉便是这种场景的重现。我眼中的幻象所对应的必然是某个春天，雇佣兵们受到了召集，欢天喜地地聚集在一起，唱起故乡的歌谣同自己的故土作别。

1923年，我们开始动工修建位于波林根的住宅。但是在奠基之时，却发生了一段插曲。我的长女在看到地基的时候开始惊声尖叫，“您怎么能将房子建筑在这种地方呢？这里到处都是尸体啊！”我不以为然，并且认为她在胡说八道，这里怎么会有死尸呢？可是她的话，却在4年后应验了。

4年后，我们要建筑一个花坛，在挖土挖到7英尺深的时候，挖到了一具骸骨。这具骸骨的肋骨之中残存着一颗旧式的子弹，从尸体的腐烂状况以及入葬的方式，我们不难看出，这具尸骨是在高度腐烂后才被以一种非常马虎的方式扔进了坟墓的。后来我们才知道，这具骷髅是一名法国士兵，在1799年在林斯河被溺死，后来才被冲到岸上，跟他一起被溺死的还有几十名士兵。之后，我们给这具骷髅拍了照并保存在了塔楼里，上面还标注了挖开坟墓见到骷髅的日期——1927年8月22日。之后我在这块地上给这个士兵举行了很隆重的安葬仪式——首先在他的坟墓上鸣枪致意，而后为他竖立了一块铭着墓志铭的墓碑。通过这件事我意识到一点，那就我的女儿从她的外祖母那继承了一种能力——感知鬼魂的力量。

从1955年的冬季开始，持续到次年的冬天，我完成了一项工作——将列祖列宗的名讳刻在三块石板上，并将这三块石板树立在自己塔楼的院子上。为了体现家族的传承性，我还在塔楼的天花板上镌刻上我们夫妇以及女婿的纹章。在这里，我并没有沿用家族古老的纹章。最开始，我们荣格家族是选用凤凰作为家族纹章的图腾的，因为凤凰象征了长生不老、青春永驻等意义，可是我的祖父却将纹章的内容作了很大的改动。我想，祖父之所以这样做，十有八九是出于对自己父亲的反抗。不仅如此，结合祖父的生平来看，这位共济会的铁杆会员，还将共济会的内容搬到了我们家族的纹章之中。当然，这一切，本来都是不值一提的小事，我之所以会说到这些方面的内容，是因为正是这些无关紧要的琐事构成了我生活的完整性。

祖父对于石板上的改动，我必须进行保存。所以在我的纹章上面，凤凰图案便被弃之不用了。我的纹章采用了金色作为底色，右上方用天空的颜色刻了一个十字，左下方用海洋的颜色刻画了一串葡萄，两者之间是一条镶嵌着金星的蓝色勋带。这样的纹章，同共济会以及玫瑰十字会所要传递的教义有异曲同工之妙。玫瑰和十字代表着两种对立物，即基督教以及狄俄尼索斯。十字架代表的是“大爱”的上帝，而葡萄意味着“魔鬼的诱惑”。将上帝以及魔鬼勾连在一起的则是那条镶嵌了金星的蓝色勋带。金星，意味着哲学之光。

如果要说玫瑰十字会，就不得不说到隐逸派哲学和炼金术哲学。这两个教派的创始人叫作迈克尔·梅厄，是同时代有名的炼金术士。但是他的名字没有多尼乌斯的名气大，同时代的炼金术士中，以多尼乌斯的名气最大。多尼乌斯的论文被收录在1602年版的《炼金术大全》的第一卷中（也能从他论文的收录位置感知到他的地位）。不管是迈克尔·梅厄还是多尼乌斯，两人都生存在当时炼金术的中心——法兰克福。

不管怎么样，当时的迈克尔·梅厄还是名声显赫的，他不仅是鲁道夫二世的宫廷御医，还是一位伯爵。那一时期，我们的家谱中还有一位卡尔·荣格，他住在不远的美因茨，不仅是位医术高明的医生还是一名德高望重的法官，除此之外，我们还能知道我们的曾高祖父名叫西格蒙德·荣格，生活在18世纪之初的摩根厅。除此之外，我们便一无所知了，因为到这个时候家谱便中断了。而之所以家谱会中断，很大程度上是因为战争。当时的西班牙爆发了声势浩大的王位争夺战，家谱中很重要的一部分就毁灭在连天烽火之中了。

经过我们的研究，可以基本确定一个事实，那就是那位学贯五车的卡尔·荣格博士，对这两位炼金术士的著作耳熟能详。为什么我们如此笃定呢？因为当时的药物学深受身为瑞士医师同时也是一位炼金术士的帕拉切尔苏斯的影响，这种影响十分深远，多尼乌斯就曾经公开宣称自己是帕拉切尔苏斯的忠实信徒，并就帕拉切尔苏斯的著作《长生》写过一本评论。相较于其他炼金术士而言，帕拉切尔苏斯很少谈及个人化的进程。我终生的工作都是围绕研究对立物展开的，尤其是对炼金术方面的对立物的象征意义更是兴趣盎然。也正因为如此，我对缺乏个人性论述的帕拉切尔苏斯的观念，没有任何的兴趣。

当我在那几块石板上刻字的时候，我感受到了命运的牵引，似乎命中注定我要通过某种方式和我的祖先发生千丝万缕的关系，毫无疑问，这种方式指的就是刻字。我深刻地认知到，那些在我脑海中挥散不去，并对我产生深深的困扰的问题，大多都是我的祖辈和我的祖父辈所没有完成或没有回答的。就像是大家所认识到的那样：一个家族的命运往往会一代一代的传承下去。从此之后，我便决定，一定要回答祖辈、祖父辈甚至是更久远的祖先们所未能回答的问题。

这些问题体现的特殊性（个人性）多一点还是普遍性（集体性）多一点？很难加以界定。不过在我看来，这种情形体现的是普遍性也就是集体性。因为一个集体性的问题，倘若不这样去进行认知的话，它便同个人性问题混淆在了一起。若是将集体性问题混淆为个人性问题会产生一种怎样的后果呢？人们会觉得个人的精神王国出现了坍塌。而这种坍塌，会让社会产生某种不良的风气氛围。没错，当我们讨论集体性问题的时候，个人性问题的领域难免会遭遇到一定程度的侵袭，但是这种侵袭却无法在个人性问题上占据主导地位，换而言之，即便是个人性问题遭遇到了集体性问题的侵袭，这种侵袭也是无关紧要的附属，而不是至关重要的关键。所以，当我们想要探讨产生这种干扰的原因，就要将我们的视线放开，不要局限在个人环境，而是要到集体性环境中去探索真相。然而，即便是到了今天，心理疗法依然被走不出个人性的环境的包围。

我对这个世界的主观看法

就像任何具有内省能力的人一样，我也早就认为，我人格上的分裂纯属个人私事，理应由自己负责。其实早在我阅读到《浮士德》中如下文字时便感受到了这个问题："天啊，我的心一分为二，为两个截然不同的灵魂所居住。"《浮士德》只是提出了这个问题，但是没有对这个问题的产生做更多的说明。不过在同《浮士德》初次亲密接触之时，我却没有领悟到，歌德的英雄式神话是一种集体性体验。甚至歌德在《浮士德》中，已经充分预见了德国人的命运。我觉得，歌德在《浮士德》中所体现的洞察力同我不谋而合，因此，我觉得自己也被牵扯其中。在看到浮士德因为无知与自大，导致费尔蒙和波西斯枉死后，我甚至觉得我也犯了罪，似乎在谋杀这两位老人的罪行中，我也是帮凶似的。这种奇怪的想法惊得我目瞪口呆，我认为我有责任为这种罪行进行赎罪，并防患于未然。

我曾经听过一些谣言，这为我错误的论点提供了进一步的支撑。人们曾经大肆宣扬，我的祖父是歌德的私生子，这种流言让人厌恶，但却给我留下一种古怪的感觉：我同《浮士德》之间诡谲的联系，并非没来由的。实话实说，我对"转世"之说嗤之以鼻，但是我对印度人所说的"命运"观念似乎有种没来由的熟悉感。在这个时候，我对潜意识根本一窍不通。不知道正是因为如此，我无法从心理的角度解释这件事。即便到了今天，我不过是略知皮毛。也许，潜意识已经预设好了未来，而那些眼光敏锐的人是能提前知道的。我们可以假设这样的情况，当凯泽·威廉一世在凡尔赛加冕登基之时，先贤雅各布·伯克哈特便预知"德国的末日已经来临"——威廉一世在位之时妄自尊大，导致了欧洲各国之间的剑拔弩张，为1914年的灾难埋下了隐患。瓦格纳的原型来临之时，尼采式的狄俄尼索斯的体验接踵而来，这种体验可以被纳入"狂喜之神"瓦坦的范畴。

1890年时，我还是个少不更事的毛头小子。在时代的大潮中漂浮，找不到自己前行的方向，此时《浮士德》的出现如同一尊灯塔，照亮了我的前进方向。《浮士德》的指引只属于我一人，最重要的是，我心中的善良同邪恶、精神同物质、光明和黑暗，这些对立都被它所唤醒。浮士德是一位愚蠢的哲学家，但他却遇到了他生存时代的黑暗，那暗黑的形象浓缩成了靡菲斯托弗里斯。但是需要指出一点，尽管靡菲斯托弗里斯是黑暗的象征、邪恶的代表，但是他却象征了那位彷徨在生死一线上暮气沉沉的哲学家截然不同的人生的精神。我内心的矛盾以一种戏剧化的形式呈现出来：歌德早就为我的矛盾和解决办法写了基本的提纲——浮士德同其对立面——靡菲斯托弗里斯，在我身上合二为一。如果将这种感觉表述出来的话，那就是《浮士德》给予我的震撼也是命中注定的事情。《浮士德》带给我的震动非同小可：有的地方，我会热烈赞同；有的地方，我会强烈反对。对于整部《浮士德》，我都怀有强烈的感情，无法淡定以对。后来，我索性将我的工作同浮士德所忽略的事情联系在一起：人的权利，将被奉之以崇高的地位，加以尊重；"古人"的思想，被安置在神龛之上，加以注意；文化和知识史拥有连续性，加以重视。

不管是我们的灵魂还是我们的肉体，都由各种元素构筑而成。这些元素不仅体现在我们身上，在我们的列祖列宗身上也有所体现。个人精神中的"新元素"只不过是这些旧元素以新的方式重组而已。灵和肉，被镌刻上鲜明的历史特征，可是这种被重组了的"新"事物，却在新时代中找不到合适的地位。换而言之，构成我们祖先的元素中只有部分存在于这些"新"事物之上。

从表面上看，我们的精神早就跃出了中世纪的范畴，遑论古代和原始社会，但其实不然！我们如同跳入湍急的河流，激流让我们身不由己地被推动，我们距离我们的根越来越远，距离我们的根越远，我们就越狂躁，这已经成为了一种恶性循环。当我们同我们的根彻底断裂的时候，这种激流将永不停歇。同样因为失去了"根"，导致了人们开始不满足于各式各样的文明，我们生活的节奏越来越快，仿佛我们生活的不是在当下，而是在未来——生活在虚无缥缈的未来的许诺中，可是我们的身体走得太快，灵魂却在原地踏步。我们日益暴躁、易怒、惶恐不安，为了排遣这些"负面情感"，我们不得不用标新立异来救赎我们干涸的心灵。我们生活的依靠不再是扎扎实实的现实，而是虚无缥缈的诺言；我们在生活中罔顾今天的光明，却专注于未来的黑暗。我们心怀期待，认为黑暗可能是辉煌的前奏，可又自欺欺人，无视我们为了获取那些"美好"所付出的代价。比如，我们心心念念的自由和希望，却在某些国家的奴役下档案无存；比如说，那些闪烁光环的科学发现却让我们遭受巨大的威胁。我们祖辈、父辈所上下求索的是什么？我们一无所知，我们变成了帮凶，协助去斩断我们的那些根。而这些根，已经不具备指导我们的能力。能引导我们的就剩下尼采的地心引力精神，它使得我们千人一面，独立的个性已经泯然于众。

不管是通过改革促进的进步，还是通过奇技淫巧来促进的改革，在最开始的时候，让人觉得耳目一新。不过经过时间的考验，这些新兴事物大多需要我们付出高昂的代价。总体而言，这些事物对于促进人类的幸福感没有什么建树。比如说高速通讯，它们更像是糖衣包裹的苦药。它们剥夺了人们的时间，人们发现自己越来越忙碌了，可正如古代先贤们的口头禅所说："只有魔鬼才匆匆忙忙。"

与此同时，通过“倒退”促成的改革倒是代价很小，但是时间耗费长，因为这种改革让人重新回到过去的质朴之中。这种改革极少利用报纸、电台、电视以及所有假设会节省时间的新发明。

这本自传的主要内容，大多是我对世界的主观看法。这种看法并非理性抑或是逻辑的产物，而是我幻想出来的意向。就像是我闭着一只眼，堵上一只耳朵，所看见的、所听到的事物一样。倘若我们过于理性，并崇尚逻辑的话，那就注定我们听不到我们先人的心灵，也无法利用他们的观念来理解现在——换而言之，我们必须明白我们的潜意识是如何对待我们的现实生活的。否则的话，我们便对我们先人持何种观点对待这个社会，是被接纳还是被排斥，均一无所知。是否能获得内心的平静同满足，这取决于个人身上与生俱来的家族传承性同现实生活是否相协调。

生活在波林根的塔楼时，就像在几个世纪穿梭。这座塔楼将成为一种永恒，而我的生命却是稍纵即逝的。这座塔楼的建筑地点和建筑风格，都有“古风”。在塔楼中，找不出过多现代的痕迹。倘若一位16世纪的人搬进这座房子，除了油灯和火柴还算新鲜事物，剩下的跟他的生活并无二致。在这里，既没有电灯也没有电话，没有什么现代因素惊扰长眠此地的祖先的灵魂。我想，我的祖先也感受到了这栋房子里的气氛，我已经尽可能回答了祖先们遗留的问题，甚至还将这些问题的答案刻画在了墙上，当然了，我的回答很是粗浅。塔楼，可以看被成一个大家族在此无言的聚居，这种情形会持续良久。在这里，我用我的第二人格的方式生活着，并将人生看成是来来回回、循环往复的过程。

第九章
旅行

北非

1920年初，一个朋友告诉我，他即将前往突尼斯，问我是否愿意同行。我当即应允，并于3月动身。我们行进的路线如下，先至阿尔及尔，沿海东上，抵达突尼斯，南下至苏萨，在苏萨，我和朋友分手，朋友去办事，而我则漫无目的地继续行进。

之后，我终于到了一个我梦寐以求的地方——一个和欧洲国家截然不同的国家：在这里，欧洲语言不占上风，宗教也非基督教一统天下，居住此地的种族同我所熟知的大相径庭，他们的历史传统和哲学思想是跟我们完全不同的。唯一的遗憾是，我对阿拉伯语一窍不通，为了弥补这个缺憾，我于观察方面注意力更加集中。我经常在阿拉伯的咖啡馆中，一坐便是一个下午，在那里聆听着我听不懂的声音，不过虽然听不懂，但是我能观察他们的手势、表情，我能察觉到他们同白种人说话时细微的表情变化。我也从一个截然不同的角度观察此地的欧洲人，陌生的环境必然在他们身上打下印记，我通过一种超然外物的眼光进行观察，进而了解那些离开自己环境的白种人。

从表面上看，东方人呈献给欧洲人的态度是冷静甚至是淡漠的，但我认为这种冷静和淡漠只是一种表面现象。我能感觉到这片土地上潜藏着隐隐的不安，甚至是躁动。当我踏上这块土地的伊始，我立刻察觉到了一种鲜明的无法忽视的印象——这片大地上的每一寸泥土，都被鲜血浸染。我忽然想到，这块方寸之地，已经承受了三种文明——迦太基文明、罗马文明以及基督教文明的冲击。那么技术时代会给伊斯兰教徒带来什么呢？这需要时间去印证。

我在苏萨没有过多驻足，很快南行至斯法克斯——撒哈拉大沙漠的入口，进而行进到绿洲城市托泽尔。托泽尔是一片略矮的高地，位于高原的脚下。这里得天独厚，碱性的温泉是上帝赐予的礼物，并分成若干河渠滋润绿洲上的生物。高大的椰枣树为人们送来阴凉，树下桃树、杏树、无花果争春。葱翠欲滴的果树下，有紫色的点缀，原来那是绿叶紫花的苜蓿。在这万绿丛中，翠鸟是灵动的装饰，这些精灵们从这棵树掠到另外一棵树上，鲜活无比。在斑驳的树荫中，穿着白衣的人影在这美景中尽情徜徉，其中很多人勾肩搭背，很是亲热，却是同性。显然，这是同性恋。这让我仿佛置身于古希腊时代，那个时候，男人才是社会、国家的黏合剂。那个时候，男人只和男人说话，女人只能搭讪女人，男人见到的女人很少。这种情况在这里也是相同的，街上清一色的男人和儿童，女人罕见。即便能看见几个女子，大多蒙着面纱，行色匆匆。倒是有几个女人不带面纱，可是我的翻译告诉我，那些都是妓女。

我的翻译验证了我的猜疑——同性恋在这里司空见惯，因为当他告诉我这些之后，便向我求欢。这个天真的人一定没有注意到，我的思想发生了剧烈的变化——我已经被一股洪流带往一个少年世界，这个世界原本存在于几个世纪之前。生活在这个世界的少年们，凭借着"肤浅"的《古兰经》知识，想要从他们一直生活的那种不经雕饰的朦胧意识中脱离，开始意识到了自我的觉醒，以其对抗北方的威胁。

当我沉湎于这种静谧、历史悠久的遐想的时候，忽然想到，加速了欧洲时间的罪魁祸首其实是怀表。怀表如同一片阴云，悬挂在毫无防备的人的上空。它们如同猎人，而包括我在内的欧洲人都是他们的狩猎对象。虽然我们感受不到它们直接的威胁，但是如同那些被狩猎的鸟兽一般，也会隐隐不安。而最大的猎人，自然是时间这位至高无上的上帝，他将永恒的时间割裂成为天、小时、分、秒。

不久之后，我离开了托泽尔，向着奈福塔行军。日出时分，我同翻译已然上路。我们的坐骑是高头骡子，行程极快，临近绿洲之时，看见了一位行路人。此人身着白衣，神情倨傲，趾高气扬，视我等如无物。他的骡子装饰的富丽堂皇——挽具饰以银条，布满银钉。他高雅的行止，让人觉得他比那些傻乎乎的欧洲人高出了很多。我敢断言，他绝对没有怀表，甚至他连怀表是什么都不知道。他保持的风采，是具有连续性的。但是在怀表的提醒下，欧洲人知道自己已非原本的自己，却又不知道自己变成了什么人。时间的痕迹，通过怀表传达给了他们，当然，也从他们身上攫走了一些事物。在"时间"作祟下，他们不断抛弃一些事物，以其轻装上阵，加快速度，飞奔至形迹不明的目标。在虚幻中，他们不断前进，用轮船、铁路、飞机和火箭，来弥补他所抛弃的事物。但是这些产品，却割裂了他们的延续感，将他们推进速度和加速度的一种现实中去。

越深入撒哈拉的腹地，我越发感觉不到时间的痕迹，甚至觉得时间发生了逆转。那扑面而来的热浪，让我如入幻境。当我们步入绿洲，见到高大的棕榈树时，我觉得这一切跟原来一模一样，丝毫没有改变。

第二天早晨，我被喧嚣惊醒。旅店前有个宽大的广场，昨天晚上一片寂静，但是现在却被人、骆驼、驴子挤满了。骆驼在嘶叫着，声音高低不同，表述着它们的愤怒；驴子们仰天长鸣，似乎在跟骆驼一较短长。人们似乎很兴奋，他们四处游荡，指手画脚地呼喊。他们的样子似乎很不开化，但是却很狡黠。翻译解释说，今天是一个盛大的节日，他们正在庆祝，好几个部落集聚于此，要为圣人服务。所谓的“圣人”是一位大善人，在灾年为部落提供救济，而这些人来到这是要开辟一块新土地，还要挖出相匹配的水渠。

广场彼端掀起尘土，绿旗招展，钟鼓齐鸣。数百个面目狰狞，提着篮子，拎着锄头的人列队前行。为首的是一位白胡子老人，他身上的尊贵和威严似乎与生俱来，从面相上看，已是百岁老人。显然，这便是圣人。他乘一匹白骡，男人敲着鼓，环绕着他翩翩起舞。他们兴奋地吼叫，声音震耳欲聋。尘土飞扬，热气翻滚，大队人马狂热而威严地走过，开入绿洲，犹如军队奔赴战场。

我不自觉地受到感召，尾随着队伍，但是我的翻译让我不要跟得太近，所以我同他们保持了一定的距离。很快，我便来到了“工地”。“工地”上热气朝天，犹如被打扰了蚂蚁窝——热闹、混乱却又有条不紊：有人是“拉拉队”，敲鼓、呼喊为工作的人们鼓劲；有人是“工蚁”，踏着鼓点搬泥土筐，或是以癫狂的状态掘地、挖沟；而圣人在做什么，他正漫步走过这喧嚣的场面。在这样的背景对比下，他显得更加安适。他显然是在指导，用步入老境的人特有的尊严、缓和、疲惫的手势进行指导。他出现在哪里，哪里的工作节奏便加快。傍晚的时候，人们大多筋疲力尽，便卧在骆驼边，进入梦乡。入夜后，除了狗叫以外，一切归于沉寂。曦光再度降临之时，报号人用一种足以刺激到我的声音呼喊起来，人们便去做早祷。

这个场面启示了我：这些人从自身的情感中跃出，受到感召，将自己纳入到某种情绪之中。他们的意识同他们相互作用——意识指导他们所处的地位，感受外部世界的印象，但是意识本身却被冲动和情感刺激着。但是，意识并不作用于思考，自我丧失了话语权。其实，欧洲人的情况跟他们差不了多少。但是我们要稍微复杂一点，因为欧洲人有明确的意志和清晰的方向，但是缺乏生活的强度。

这种原始魔力极大地影响了我，我的精神也受到感染。外部表现为我的肠炎在用当地的方法——大米汤和甘汞治疗下，很快痊愈了。

我内心满满当当的都是问题，带着这些问题，我重回突尼斯，即将前往马赛。在奔赴马赛前夜，我做了一个梦，总结了我的全部感受，这是自然而然的事情。因为我的生活一直被分为平行的两部分——意识境界，努力求索，有时不知所谓；潜意识境界，它竭力想要表达某种事物，但是表述效果远不及梦幻。

我梦到自己置身于阿拉伯城市，这种城市具有阿拉伯色彩——城市建在平原之上，城市的中央是一座城堡，城市有高高的方形城墙，有四面城门。城堡有一条宽阔的护城河，我就站在通过城堡的吊桥上。此时的城堡门对着我大开，我对城堡内部的结构很好奇，便继续前行。刚刚走了一半，一位英俊的阿拉伯青年拦住了我的去路。他肤色黝黑，仪表堂堂，俊逸非凡，一看便知是这座城堡的王子。可这位王子走到我面前，二话不说，便出手攻击。我不甘示弱，同他交手。在扭打过程中，我们不慎撞坏扶手，双双跌落河水之中。他将我的头按下去，想要淹死我，我没有束手待毙，反而将他的头也按下去，我虽然这样做，但是并不想杀死他。只是为了自保而已，因为我的内心，极为喜欢他。

接着梦境骤然发生了变化：我们坐在城堡中心一间八角拱顶的房间内，一排沙发椅依傍着淡色的大理石墙。房间的主色调是白色，古朴典雅。我的面前有一本打开的书，白色的羊皮纸上是用华丽的字体写成的黑色字体，不过倒不是阿拉伯语，而是西土耳其斯坦的维吾尔文。若非我曾经对吐鲁番的经文残片进行过研究，根本不知道这些是什么。我意识到，这本书是我写成的。那位跟我不打不相识的王子就坐在我的右边，我对他说："既然我打败了你，你就必须认真研读这本书。"但是他拒绝看这本书，我亲近地用我的胳膊搂着他的肩膀，用极大的耐心和善意让他读这本书。我觉得这是必需的，最后他答应了我的要求。

这个梦的意向不难理解，梦境中的王子便是那个见我们不打招呼的傲慢阿拉伯人的化身，是自性的化身。他的城堡，便是一个标准的曼陀罗——四个大门，方方正正的城堡。他要杀死我的原因，就像是《圣经》解释的那样："他是上帝的使者，因为他不认识人，所以要将人杀死。"

天使的归宿在我身上，因为他只知道真理，却对人类缺乏必要的了解。初始，他以为我是敌人，但是我没有被他吓倒，反而奋起反抗。在梦的后半部，我反客为主，成为城堡的主人，他反倒受我的支配，理解我——或者说是人的思想。

同阿拉伯文化的接触给我留下了不可磨灭的印象，他们不同于我们，跟生活已经产生了隔阂。但是他们不善于反思。他们的情感特征如同一簇火苗，点燃了我们身上的历史沉淀。这些积淀，我们自以为彻底摆脱，实则不然。这种情形如同我们童年时代的天堂，我们自以为从这座天堂走来，并将这座天堂远远甩在了后面，可是这个天堂如影随形，只要我们稍微不慎，那么它就会让新的挫折降临在我们身上。我们越来越崇拜进步，和过去渐行渐远；我们越来越危险，因为我们对未来的期许越来越高，可能经受"希望越大，失望越大"的痛楚。

童年的显著特点在于，天真和无意识的"童年"，往往能比少年乃至青年更能清晰地表现自性。个性中的精髓——人的形象被完美地勾勒而出。儿童，甚至原始人的眼光，能在成年人、文明人的心中唤起柔软。这种柔软和人格欲求不满有联系，这些欲望已经为了人格面具而牺牲掉了。

非洲之旅，让我受益良多。这是一个有别于欧洲的谨慎观察站，我的潜意识唤起了被欧洲习惯压制下的人格。在我的自性之中，该人格同潜意识水火不容。我用"蛮力"将其压制，而它为了让我臣服，则竭力让我变成潜意识并企图杀死我。我用心良苦，努力通过自知力将意识灌诸于它，以其在短时期内能够与之和平共处。那个阿拉伯青年有着黝黑的肤色，预示着他便是“阴影”。这种阴影绝非个人阴影，而是种族的阴影。这种阴影和我的“人格面具”毫无关联，但却和我的自性——人格整体密切相关。梦境之中，他乃城堡之主，故而可将其看成自性的“阴影”。泰半欧洲人发现一些人性时都觉得陌生，并以这种陌生为荣，然而欧洲人却用自身的活力交换了这种理性，大自然赋予他们的自然属性开始削减，甚至开始转入地下活动。

这个梦揭示了我的北非之旅对我造成了重大的影响：第一，我身上所具有的欧洲人的意识会遭受突如其来的危险袭击；第二，我对这种情况还处于懵懂状态，甚至那种具有优越感的欧洲人意识正在主宰我；第三，我的欧洲人观念根深蒂固，并让我用欧洲人的态度观察和区分同我个人气质迥异的个性，但是我根本没有意识到，一种潜在的力量潜伏在我的潜意识之中，并坚定不移地站在陌生人那边，因此会造成强烈的冲突。在我的梦境之中，阿拉伯王子欲置我于死地，便体现了这种尖锐的矛盾。

这种冲突的实质，直至几年后我的非洲之旅时方恍然大悟。实际上，这只是一种“灵魂渐黑”的现象。那些没有“根”却羁旅非洲的欧洲人，最容易受到这样的威胁，只是他们没有充分认识到这种威胁。“何处有险情，何处有破解之方”，此情此景，使得我想起了荷尔德林的话。破解之方便是在预警之梦的协助下，将潜意识的欲求提高到同意识并举的地位。我的梦已经做了预示：“我等身上蕴含一种物质，当潜意识来袭之时，它不仅不屈服，反而同‘阴影’联手奋起反抗。”

当我们回忆起我们年少时的青葱岁月时，一种极其强烈的感情控制了我们的意识。看似陌生且迥异于我们日常生活的阿拉伯环境，唤醒了在我们脑海中沉睡的，却从来没有消失的有关史前的原型意向的回忆。

生命的潜力被疯长的文明掩去了本有的光彩，但这不意味着的这种潜力已经消失。如果我们一厢情愿地去重新温习它，就必须重返原始时代。因此，我们宁愿它被遮掩。可是如果它用其他的方式重现在我们面前，我们就必须将这种形式储存起来，并用我们的大脑检测我们已有的生活以及我们遗忘的生活。倘无特殊理由，已经被遗忘的过往不会没来由地出现。在活灵活现的精神结构中，任何事物都不会以单纯的、机械的方式呈现。每种现象的出现，都同整体组织密不可分，过去的事物重现也不是偶然现象，它的出现是有目的、有意义的。不过意识缺乏这种整体观，对这种意义一窍不通，所以传递给我们的只是表象，并寄希望于将来能解释这种同自性阴影相矛盾的意义。反正当时的我是根本不理解这种原始型的意向的，对于历史上的相似情况也是闻所未闻。那个时候的我，根本没有了解这个梦的真正含义，但是这个梦却清晰地存在于我的脑海之中，所以我一直期待再有机会重返非洲，而这个愿望5年之后才如愿以偿。

美国：村社印第安人（未发表手稿部分）

想要让杠杆发挥作用，我们便需要一个外部的支点，心理学尤甚。资料证明，心理学这门学科是受主观因素影响最大的一门学科。打个比方，倘若我们没有机会站在外面观察我们的民族，我们便无法从整体把握我们民族的特点。想要站在另一个民族的立场观察我们的民族，先决条件便是获取外国集体精神的相关知识。在学习此类知识的过程中，民族偏见、民族特质都会成为我们的新问题。别人让我们火冒三丈之处，都是我们了解自己的重要途径。

我了解英国，因为我是瑞士人，而且我能感受到英国的某些不足；我了解欧洲，因为我是欧洲人，故而我能了解世界的某些不足。通过和美国人的交往，在美国的旅行，我开始更深入地认识欧洲人。我一直认为，想要真正理解欧洲人，就要站在“高处”俯瞰欧洲才能获取全貌。我首次从撒哈拉沙漠观察欧洲场景时，周围尚被文明包裹，这种文明和欧洲同罗马文明之间的关系相仿。而美国呢，也受到了白种人文化意识的浸染并囿于其中。我渐渐意识到，想要进一步了解欧洲，只有观察那些文化更为低下的群体。

当我第二次来到美国旅行的时候，得到机会去接触新墨西哥州的印第安人——即村社印第安人。之所以称为“村社印第安人”，因为“城镇”用在这里过大。这里的建筑大多是鳞次栉比的密集的房屋，也就是“村庄”的规模。但是在印第安人的语言中，却有“城市”一词。在这里，我有幸和非欧洲人，也就是纯正的非白人交谈。这个人是这个印第安村社的酋长，年龄大致50岁左右，叫作奥奇唯艾·碧昂诺。我和他的交谈十分顺畅，没有丝毫障碍。同欧洲人说话的时候，我还会经常无话可说，但是和这个印第安人说话时，我却发现我们的谈话之船，正在开往越来越深的水域。我甚至分不清哪种乐趣更多：发现新话题，抑或是发现通往古老知识的新途径。

碧昂诺对白人的评价不怎么样，他说：“白人好狠斗勇，唇薄、鼻尖、皱纹如同山脉。他们总是不安分地到处寻找，没有片刻的宁静。他们总是需要各种新事物，但是我们并不理解他们的这种需要。我们觉得这些白人都是疯子。”

我说：“为什么你觉得白人都是疯子。”

他答道：“因为白人说自己用脑袋思考。”

“那你们用什么思考呢？”

碧昂诺指了指自己的胸心脏位置：“我们用这个!”

我陷入沉思，有生以来，我觉得第一次有人就白人的真正形象为我指点迷津。似乎过去，我所见到的“白人肖像”都点染了悲情色彩，而且是被美化了的彩色图片。而这个印第安人直言不讳地戳中我们的弱点，将我们一直忽视的现实揭露了出来。我觉得我的体内正升腾起一股白雾，一个一个鲜活的形象从这白雾中走出，活灵活现地出现在我面前：横扫高卢城镇的罗马大军，尤里乌斯·恺撒成为罗马的主人，北海河岸翻腾的浪花，白尼罗河奔腾的河水，都见证了罗马的辉煌。随即，我看见了奥古斯丁将基督教的信条挑在矛尖上传递给了不列颠人，查理大帝血腥镇压异教徒以其让人皈依基督教，而后十字军开始烧杀抢掠。这一切撕开了十字军那张温情的面纱，接下来是哥伦布、柯尔特斯和其他的征服者。他们拿着武器和基督教义，来到这些安静、与世无争、天真地还认为太阳神存在的小村落。那些道貌岸然的传教士逼迫当地居民穿他们的旧衣物，从而将猩红热、天花、梅毒等肮脏的病，传递给当地人民。

原来我们所说的传递文明，只是我们一厢情愿的说法。我们大谈特谈的开发殖民地、教导异教徒、传播先进文明，可实际上却如同那些猛禽一样在搜寻大地上的一切猎物。从本质上来讲，我们同江洋大盗、拦路抢劫的好汉没有任何不同。怪不得不管是我们的武器还是我们的外衣，都装饰以雄鹰以及猛兽的形象，这正昭显了我们的种种心理。

碧昂诺同我们的谈话，镌刻在我的记忆之中。我们谈话的内容，同我们谈话的环境相得益彰。倘若我不描述我们之间的谈话，那么这篇叙事便不完整。我们谈话地点是在五层楼的屋顶上，谈话断断续续地进行。我们不时从屋顶上望去，能看见其他的印第安人安安静静地裹着羊毛毯在静待日出。

簇拥着我们的房屋是泥土房，低矮呈方形，有造型奇怪的梯子连接地面和屋顶，或者从稍矮的屋顶通往更高一点的屋顶。从屋顶上观看，呈现在我们面前的是逶迤至地平线的陶斯高原。几座锥形山峰矗立在地平线，它们高大巍峨，高度在1.2万英尺之上。我们的身后是一道清澈见底的小溪，缓缓流淌的河水绕过我们的房屋。河水对岸是有一个小村落，房屋以红色的屋顶为主，星罗棋布，然后众星捧月般地烘托出居民点中心。这种布局和美国以高楼为中心的美国大城市的布局隐隐相合。沿溪而上半个小时，一座巨大的山峰孤零零地坐落在此，这座山峰在地图的标注上没有显示名字。相传该山山顶出现云雾缭绕之时，便是人们去行神秘礼仪的时间了。

村社的印第安人话并不多，对于他们的宗教更是守口如瓶。他们的信条是对他们的宗教保密，故而我的直接提问铩羽而归。我从未遇到过如此严守秘密的宗教——很多宗教，不管是教条还是教义，都已经大白天下。但是这里的宗教，被秘密包裹得严严实实，任凭你是黑人白人，全都无法窥见其痕迹。

这种情况同古埃及埃流西斯的神秘相仿。埃流西斯这座古城的秘密，只有埃及人知道，而其他人只能一直望"迷"兴叹。我现在理解了包桑尼亚斯和希罗多德的感受，怪不得他们说："我没有资格说出神的名称。"我倒是不觉得这是故作神秘，而显然是一种重要的秘密，是否能保持决定着这个部落的存亡。拥有这个秘密，村社印第安人便能保持一种“民族自豪感”，并用这种“自豪感”凝聚部族所有成员的力量，并以此对抗白人的统治。我敢确信，只要他们的秘密不为人知，那么印第安村社便会永远存在。

震撼到我的是当地人谈及自己信仰时候情感的剧烈波动。平素里，他们安于命运，推崇宿命论，自我节制，而且捍卫尊严。可是一旦被提问涉及他们信仰的问题，他们的情绪就会发生惊人的变化。我前文已经说过，直接的提问一无所获，于是我采取了迂回的方式。用一些提问进行试探，同时观察他们的表情。如果我偶然涉及了一些事物，他们或者答非所问，或者三缄其口，或者极力掩饰自己的激动情绪（但是却徒劳无功，因为他们已经红了眼眶。我想他们的宗教感染性太强了，竟然让男人涕泪横流）。我确定了一点，他们的宗教观念不是理论，而是实物，是实实在在的外部现实。

我和碧昂诺在屋顶静坐，看着太阳升起。这个时候，他的表情端庄，指着太阳说：“那是我们的父亲在行走啊，世界上还会存在其他真神吗？没有太阳一切都荡然无存。”他的兴奋之情溢于言表，而且越来越浓厚。他搜肠刮肚地寻找合适的语句来描述自己的感情，最后惊叹道：“若是无太阳，人在山中将什么事都做不了，没有太阳便没有光热以及火。”

我小心试探，问他是不是想过，太阳只是神创造出的火球。不过我的问题没有得到回应。他没有诧异，遑论愤怒。他的反应淡然，我觉得我的千钧重拳打在了棉花上，他只是说：“太阳是神，人所共知。”

太阳之于人，是不可忽视的重要存在。可是当这些人用激情洋溢的神态面对太阳时，对我而言，是一种全新的经历。

还有一次，我站在河边，仰望巍巍高山。这高达6000英尺的山顶雄伟高大，我不禁想到这就是美洲大陆的屋脊。人们在此安居乐业，面对红日，一如那些裹着羊毛毯子仰望日出的印第安人。忽然，一道洋溢着激情的声音打断了我的沉思，声音中带着遏制不住的颤抖传进了我的左耳：“难道你不认为这是生命之源吗？”我转身一看，一位年长的印第安人正站在我的旁边，因为他穿着鹿皮鞋，因此走路无声无息，我没有察觉。这个问题在我看来不着边际，我再度观察这座高山，飞流直下的河流，似乎生命来源于此所言不谬，因为有水的地方便有生命，这是直观可见的。我感到，他喷涌而出的感情和这座山有密切的关系，我忽然想起在山中举行秘密仪式的故事，便回答：“你所言极是，简直是真理。”

不过我们的谈话没有继续深入，因此也未能进一步的探讨山水的象征意义。

我发现，村社印第安人尽管对他们的宗教讳莫如深，然而在讨论他们和美国人之间的关系时态度却很激烈。酋长山湖说：“美国人为何不愿意让我们获得片刻的安宁呢？他们不许我们跳舞。甚至还将我们的孩子从学校里接回来送到基瓦（仪礼场地）

去！为什么美国人要为我们的生活设置障碍呢？”沉吟片刻后，他继续说：“美国人是想要毁了我们的宗教信仰？我们所作所为，绝非为了一己之私，而是为了美国人，甚至是为了全世界，每个人都能从中获得好处。”

他慷慨激昂，我可以看出，他说指的便是他们宗教中最要紧的元素。我问他：“你认为你的宗教可以造福全人类。”他没有丝毫的犹豫便回答：“自然，倘若我们不这样做，世界将坠入无可救药的深渊。”说这句话的时候，他指了指悬挂天际的太阳。

我预感到我们的谈话已经越来越接近这个部落的秘密，他继续说：“归根结底，我们的部落徜徉在世界屋脊上，太阳乃我父。我们部族整日祈祷，举行庄严的仪式，以其让太阳之父走过天空。我们之所以会这样做，不仅为了我等，还为了世人。倘若我们不再举行这种仪式，快则三四年，慢则十来年，太阳便不再升起，那个时候世界将坠入无边的黑暗中。”

顿时，我明白了这些印第安人尊严的来源。他们之所以神态安详神圣，源于他们太阳之子的身份。他们的生命，拥有的是宇宙意义，他们协助太阳庇佑世人。我们形形色色的科学解释理性阐述下的生命的意义，同这些印第安人的生命意义相比较而言，都相形见绌。对于印第安人纯粹的“天真”，在嫉恨作祟下，我们只能微笑，并且用乖巧来粉饰自己。倘若我们正视这一点，我们便发现自己的生活如同贫瘠的土壤。原来知识并没有我们预想的那样丰富我们的生活，反而让我们同神话世界渐行渐远，而我们原来正是凭借神话来熟悉这个世界的。

如果我们将欧洲理性主义抛诸脑后，并将有关这个世界的知识暂放一边的话，那么我们便能行走在这座孤零零的高山间的清新空气之中，徜徉在无垠的地平线外。我们营造的一无所知的境界，能让我们更好地体会为什么印第安人说“这座山是生命之源”。印第安人对此深信不疑，他们同样确信他们生活在世界屋脊之上，相较于世界其他地方他们更接近上帝，他们的声音最容易被上帝倾听，他们的礼仪会让遥远的太阳轻易地看见。山有神性，同耶和华在西奈的显灵，尼采在恩家庭所得到的灵感，并无二致。于我等看来，礼仪能影响太阳之念，荒谬不堪，可是进一步观察的话，就会发现这种说法不仅不是荒谬的，恰恰相反，这种观念其实比我们预想的还要熟悉亲切。这种观点在我们耳熟能详的基督教中也能找到痕迹，即：特殊的行动，用某种特殊的方式影响上帝。这种特殊的方式，包括仪式、祈祷甚至上帝所钟情的美德。

人之礼，是对上帝施与人的举动的回应。不仅如此，这种回应还能净化心灵，这种净化是一种奇妙的强制形式。人类相信，对于无所不能的上帝的影响，人类可以做出某种回报。在这种思想下，人们自然会衍生出一种自豪感。会感到人的某种尊严得到了提升，尽管这种尊严有些“形而上学”。“上帝同我们本是一体”，这种潜意识的含义，让村社印第安人获得了安宁的底蕴，这样的人不仅安之若素，而且自得其乐。

肯尼亚和乌干达

一切皆出自造物主之手。

——卢梭

1925年，机缘巧合之下，我去参观伦敦温波利展览会。展会上有关英国统治下小国的各种介绍让我兴趣盎然，所以我决定去热带旅行一次。

同年秋，我携两友——一来自英国，一来自美国，共往蒙巴萨。我们乘坐的是沃尔曼轮船公司的一艘蒸汽船，船上的旅客中还有很多奔赴殖民地岗位的青年。从船上的气氛看，他们绝非度假，而是去打拼人生。船上的气氛既轻松愉悦，也庄严肃穆。在我返航之前，得悉了这些旅伴命运。两个月过去后，这些旅伴大多凶多吉少。有人死于热带疟疾、细菌性疟疾和肺炎。这些死者，有的同我擦肩而过；有的曾和我同桌就餐。其中大名鼎鼎的艾克里博士，是中非大猩猩保护协会的奠基人，旅行前我还在纽约同他见过一面。

蒙巴萨气候潮湿炎热，城市掩映在高大的棕榈树和芒果林之中，景色秀丽，风景宜人。城市中，最高的建筑是葡萄牙风格的城堡。因为地理位置的原因，蒙巴萨还是一座天然的城堡。我在蒙巴萨流连了两日，然后乘窄轨火车前往内陆地区内罗毕，很快便被热带的夜晚所吸引。

火车沿着海岸平原行进，火车所过，有黑人的村庄，村民环坐火堆。不久之后，村庄不见了踪影，火车开始上坡。从火车往外看，皆是黑乎乎的一团。气温渐降，我进入了梦乡。黎明破晓，旭日东升之时，我醒了过来，只见火车被裹在朝霞之中——触目皆是红光，正环绕一个陡峭的悬崖转弯。抬头仰望，在峭壁之上，有一人伫立。此人瘦高个，肤色黑褐，斜倚长矛，一动不动俯视火车，在他的身旁有一株状若烛台的仙人掌。

这种景象让我如痴如醉，尽管之前我从未接触过，但是却给我以似曾相识之感。我觉得，这种场景一定在我人生的某个阶段出现过，我理解这个同我只有时间距离的世界。这片土地，似乎承载了我的青年时代，而那个黑褐色皮肤的人是我的旧相识，他在这里伫立了5000年，只为等待我的到来。

这种奇妙的感觉贯彻了我的非洲之旅。这种人所共知的现象无独有偶，我还能想起类似的一件事：彼时欧根·博罗伊勒教授还是我的上司，他同我一起观察心理玄学现象。在此之前，我曾经设想第一次看到这种现象，我肯定会惊得目瞪口呆。不过当这种现象出现后，我根本没有大惊小怪，我觉得这种现象是理所当然的，似乎我早就熟悉这一切了似的。

我暂时还不清楚，这位孤独的黑肤猎人触动了我哪根心弦，但是我却知道，我和他所面对的世界，即便经历了沧海桑田，也是一致的。

列车在中午时分抵达内罗毕，这是一座日光城——整座城市位于海拔6000英尺的高原之上，日光倾泻而下，光线明亮耀眼。此情此景，让我想到了恩家庭谷底的冬日——人们在雾霭之中乍见阳光。让我觉得惊奇的是，火车站工人们所带的旧式滑雪帽我们很熟悉——在恩家庭的时候，不仅看到别人戴过，我们自己也戴过。这种帽子老少咸宜，上翘的帽翅可以折下，从滑雪帽变成了鸭舌帽，不仅能抵挡阿尔卑斯山的寒风，也能遮挡那里夏日的炽热。

在内罗毕，我们经常开着福特车到阿泰平原的野生动物保护地去。只要登上一座小山丘，便能将热带草原的景观尽收眼底。小羚羊、大羚羊、角马、斑马等动物从地平线处奔跑而来。兽群们一边吃草，一边前进，宛然一道缓慢流淌的河流。周围寂静无声，除了一只猛禽偶尔发出的鸣叫之声，这一切让人恍然觉得，这种寂静才是世界的本来面目，这种寂静不仅是初始的，还是永恒的。我便处于这种状态之中。在此之前，必然没有人知道这是一个世界。我脱离了自己的伙伴，独自前行，直到伙伴们消失在我的视线之中。在这里，我觉得自己是第一个领悟到这个世界的人，但是当时的我却不明白是我率先“发现”了它。

在这个时候，意识中的宇宙意义对我而言清晰得似乎唾手可得。正如炼金术士们所言：“自然欠缺者，艺术将补偿”。有一种创造活动，虽然不可见，但是却是实实在在的客观活动，这种创造活动是另类的完美。我们经常将这种行为归结于造物主，但是却没有想到，如果我们这么想，便是将生命简单看作了一个按部就班的精密仪器。这座机器按照预定好了的步骤，有条不紊地发展着。在这里，精神发展毫无意义，设想毫无意趣。在这种如同钟摆每天摆动一般的生活中，没有人类世界和上帝的意志，没有“翌日”只有“每天”，不仅枯燥，而且乏味。

我不仅想到村社印第安人中的碧昂诺，他认为他们部落存在的意义在于协助他们的“神父”太阳行走天空。我很艳羡，因为我们不仅缺乏信仰，而且我们现有的信仰也根本没有意义。我寻觅着专属于我们的神话，但是一无所获。现在我醍醐灌顶，人是创造的基本元素。因为人本身，便是创造世界和改造世界的主创，只有人，才能让客观的世界显露出来。倘若没有人，世界便被埋没于黑暗之中，只能毫无意义的在寂静之中进行生死、繁衍、没落，直至亿万年，直至尚不可知的终结。人类的意识创造了客观存在，人类在存在过程中发现了自己不可或缺的地位。

我们乘坐的火车沿着未完工的乌干达铁路，来到了它临设的终点：第六十四站。工人们七手八脚地卸下我们的行李，我临时的座椅是一个装满了杂物的大箱子。这个箱子中装满了各种食物，每一种都够这些工人搬运一次。我点燃了我的烟斗，沉思着地球的边缘——再继续行进，势必没有人烟。这里再无大路，只有精巧的小路蜿蜒而去。片刻以后，一位年长的英国人打断了我的沉思。他似乎是一位牧场主，坐在我对面，点燃了他的烟斗。他问我要去哪儿，我告诉了他我们没有目的的目的地。他随即又问："你是第一次来非洲吧，我可在这里待了50年了。"

我说："的确是第一次，尤其是非洲这个地区。"

"那我给您一点忠告好吗？先生，你要知道，这片区域非是人类所独有，而是上帝的神域。倘若有突发事件，不要手忙脚乱，只需安坐。"说完这句话，他便站起来，扬长而去，很快便消失在周围忙碌而拥挤的黑人人群之中。

他的话我听起来有些意义，我试图想出他为什么说这种话。但是这些话却呈现了他的经验之谈：在这里，人不是主要因素，那些奇思妙想才是。

我还没就他的话理清头绪，两辆大卡车便出发了。8个人和行李将大卡车填得满满当当。路况很差，车颠簸不已，我们力图坐稳，已经无暇思考。下一个居民点比我想的要远，这个叫作卡卡梅家的地方，不仅是专区特派员驻地，还是非洲步兵守备司令部所在地。令人奇怪的是，里面还有个小小的精神病院。傍晚稍纵即逝，转眼便已入夜。此时，又出现插曲：大团的乌云积聚，汇聚成滂沱大雨，不仅为小河注入激流，还将我们变成了落汤鸡。

夜间零点三十分，大雨散去，月朗星稀，我们终于抵达了卡卡梅家，此时的我们筋疲力尽，饥寒交迫。这地方同苏塞克斯的乡间房屋很相像：壁炉中炉火正旺，装饰典雅的客厅中间有张大桌子，上面随意摆放了几本英语杂志。区特派员在大厅中用威士忌为我们接风，在这里，疲惫的我已经分不清哪里是现实哪里是梦境。随后，我们搭起我们的临时住宅——帐篷。这种体验倒是全新的，随即我们检查了行李，确认什么也没有丢失。

翌日清晨，我得了喉炎，虽是轻微喉炎，却让我卧床一天。而在此期间我见识到了"脑膜炎鸟"，倒也是个难忘的经历。这种鸟反复重复一个调子，若是唱对第一个音阶，就要漏掉最后的音符。我听了一整天它们的歌声，神经濒临崩溃的边缘。

另外一种鸟鸣从香蕉园中传来，原本是由两种甜美的笛声组成，但是结尾却是难听的音符"自然不完美"，不过"鸟鸣"却体现出一种纯粹的美。当它开始唱歌的时候，声音似乎一直回荡在地平线上。

第二天，在专区特派员的帮助下，我们得以继续前往艾尔贡山的旅行。我们的队伍壮大了，不仅有一批搬运工人，还有3名土著士兵。车辆率先通过干燥的草原，我们得以看到伞形的阿拉伯香蕉树，而后进入人们视线的是地平线上约1.4万英尺的火山口壁。一些大概6英尺高度的小丘随处可见，那是被白蚁废弃的窝。

沿途有很多圆形的小泥屋，这种迷你屋是专供旅客休息用的。没有旅客的时候，门户大开；有人入住，便在门口悬挂灯，这样生人便止步了。但灯的数量不足，厨师没有灯，但是独自分有一间小屋，他很满意这种分配。可随即而来的一场惊险遭遇，却让他心有余悸：

厨师将我们用5个乌干达先令买的羊羔给料理了，烹制成鲜美的羊肉端上了我们晚餐的餐桌。晚饭过后，我们在火堆旁环坐，一边抽烟一边聊天。这时传来一种奇怪的声音——很难描述，开始有些像熊叫，随即又转成狗吠。声音尖利得就像是疯子的尖叫或狂笑，声音越传越近，似乎就在我们身边似的。初始，我们感觉很有趣，因为这个声音有点像巴纳姆和贝利剧院的滑稽演出。随即气氛变得惊险起来，我们被一大群鬣狗团团围住了。显然，这些鬣狗为了羊肉而来，它们仰天长啸，虽然畏惧火光，仍不死心地埋伏在草丛中，它们饥饿的眼睛闪闪发亮。

我们对鬣狗并不陌生，并装了一肚子的“防鬣狗知识”。据说这种动物不会主动攻击人类，可是此情此景，难免让人惴惴不安。这时，休息室后传来人震耳欲聋的尖叫，我们赶紧拿起武器，对着草丛中的眼睛一阵扫射。我们刚放下枪，厨师便屁滚尿流地跑了出来，他惊恐万分结结巴巴地说：“有，有只鬣狗，跑进我的房间，差点咬断我的脖子。”厨师的样子让搬运工哈哈大笑，营地上喧嚣一片，鬣狗们害怕了，一边狂叫一边撤退。直到后半夜，一切终于重归寂静。第二天，地方长官拎来两只鸡和一篮子鸡蛋作为礼物，请求我们再射击一次鬣狗。因为鬣狗太猖獗了，昨天竟然将一位熟睡的老人拖走并吃掉了。

天亮时分，阵阵笑声从工人住所出传来。原来他们正在表演昨天的场景：一个人扮演酣睡的厨师，一个士兵扮演狡猾的鬣狗，正小心翼翼地靠近“厨师”，准备咬他。这出活闹剧不知演了多少次，但是人们依然乐此不疲。

厨师因此事得了一个绰号：“肥狗”。我们也被贴上了不同的标签。我的英国朋友，被唤作“红脖子”——在当地人眼中，红脖子是英国人的普遍象征。我的美国朋友，被称为“花衣裳”——在当地人眼中，美国人总是衣着考究的。而我呢，因为满头白发的缘故，被称为“老爷子”，甚至有传言说我已经100岁了。在当地，这是尊称。因为上年纪的人很罕见，我在旅途中甚至没有见到白发苍苍的老人。当然了，这样称呼我，还因为我是“布吉舒心理学考察队”队长，其实这个考察队很有些名不副实，我们访问布吉舒人的时间远不及访问艾尔贡人的时间多。

我发现，在这次经历中，黑人们表现出了一种特性，即对他人性格洞若观火。通过模仿，他们可以将别人的神态、表情表演得惟妙惟肖，他们对他人情感的理解，也十分到位。我们经常谈天，恰好他们也都喜欢谈天，所以此行让我收益良多。

这种掺杂了官方色彩的旅行有很多好处，首先更方便我们雇佣搬运工，而后还能获得士兵保护。这种保护可不是画蛇添足，因为我们得穿过非白人的辖区。在一名班长两名士兵的陪伴下，我们奔着艾尔贡山徒步前行。

这里的地形是个缓坡，越靠近艾尔贡山，熔岩断层地貌越多。我们穿过丛林，林中便是高大的凤凰树，枝繁叶茂，红花似火。甲壳虫和蝴蝶，在红花绿叶间翩翩起舞。我们渐入密林腹地，好奇的猴子利用树枝遮蔽偷偷打量着我们。这简直是人间天堂！

我们在这片有着紫红色土壤的热带草原上行走，沿着蜿蜒曲折的土路，我们踏上了南迪地区。南迪森林是一片密林，穿过密林后大山离我们越来越近，路况也变了，我们只能沿着狭窄的小路缓慢攀缘。当我们平安到达艾尔贡山脚下的休息室时，当地地方长官已经等候多时，他是当地土著大夫的儿子，骑着一匹马等待我们（这是我们在这里看到的唯一一匹马）。他告诉我们，他们虽然生活在艾尔贡山上，然而他们的根却在马赛。

乌干达总督给我们写的信比我们先到此地，信中请求我们保护一位取道苏丹返回埃及的英国女士。首先我们知道这是一位比较合得来的旅伴，其次总督在信中谆谆叮嘱，我们肯定会完成他的请求。

之所以我要在这些细节上浪费笔墨，是要借此告诉大家某种原型对于我们的行动会产生一些影响。我们原本是3个男人的队伍，如同“三位一体”的原型意向。这需要第4个人对命定的群体进行补充完备。我曾经请求一个朋友同行，但他的情况不允许他答应我的请求，

而这位女性的加入，恰好能对这种原型欠缺加以补充。对此，我乐见其成，欢迎这位女士参加我们的队伍。这位女士胆大心细，吃苦耐劳，让我们的队伍达到平衡。当时队伍中有一人患了疟疾，危在旦夕，是她凭借着一战中做护士的经验让他转危为安，对此，我们都心怀感激。

我们一行人攀缘几个小时后，来到一处宽阔的林中空地。一道清溪，将空地一分为二，清溪之上，10英尺高的瀑布正在喷溅。瀑布下的幽潭成为我们的天然澡堂，我们在距幽潭300码的缓坡上安营扎寨。缓坡上树木林立，伞状的橡胶树为缓坡遮蔽骄阳。这里并非与世隔绝，步行15分钟便是土人村庄。说是村庄，不过茅屋三两间，以荆棘篱笆分隔。小村为我们提供运水工：当地土人妇女和她两个女儿。她们浑身赤裸，佩戴着贝壳宽带。三个人都戴着手镯和脚镯，还有耳环——或者是铜质管状圆环，或者是木质。下唇用骨片和铁钉做装饰。巧克力色的皮肤，身材窈窕，十分美丽。她们从小溪走来，脚镯叮叮作响，动作从容，行止有度，颇有贵族色彩。见到我们，她们总是露出迷人而羞怯的微笑，显得彬彬有礼，很有教养。

有一件事我要简略说一下，尽管有人猜想我会同土人女子交流，事实上我并未如此做。这儿的风气和南欧相近，都是男人同男人交流，而女人去找女人交流。如果男人贸然同女子说话，便被认定两者有“私情”。如果白人这样做，名誉将大大受损。有几个白人，便触犯了这样的禁忌，对我而言，这是教训。我们经常听到当地土人对

某些白人嗤之以鼻，究其原因，答曰：“白人坏，同我们的女人睡觉。”

在艾尔贡，男女分工不同。男人忙于狩猎和饲养，女人则忙于耕作。她们忙碌的身影出现在香蕉园、玉米地里。一家人，包括儿童和家禽、家畜，都在圆形茅草房内居住。在维持生计这方面，女性体现出了天性和自尊。她们精诚合作，而女性平等的权利概念只会让这种合作失去意义。原始社会的平衡依靠利己主义和利他主义都得到充分尊重来维系，倘若发生紊乱，那么就要通过意识行为来调节。否则的话，这种秩序将被破坏殆尽。

回忆起我在艾尔贡的旅程，就不得不提到吉波罗亚特。他是当地部落酋长的儿子，英俊非凡，谈吐出众。他很信任我，并高兴地接受了我的馈赠——一支雪茄。但是他有“度”，并非贪得无厌的什么礼物都要。他经常来拜访我，讲述他所见所闻的趣事，礼仪教养皆佳。但是我总觉得他还有所求，只是难以启齿。在我们的友谊很稳定后，他邀请我去他家做客。我知道他父母双亡，未婚，他家，其实是他姐姐的家。而她姐姐，是她丈夫的第二位夫人，有四个孩子环绕膝下。显然，长姐如母，而吉波罗亚特想让我去拜访他的姐姐。而我呢，正想了解当地人的家庭生活，这是一个很好的机会。

当我们抵达之时，女主人早就虚左以待。她走出致意，落落大方。她容貌秀丽，30多岁。除了佩戴必不可少的贝壳宽带外，她还带着手镯和脚镯，耳垂上装饰了铜质耳环，胸前以小动物的皮毛装饰。她的风度一如她的弟弟，而他的弟弟正因为心愿得偿而满脸喜悦。吉波罗亚特的姐姐原本将孩子关在房内，但是房门却阻挡不住孩子们好奇的目光和兴奋的笑声。我请求见一见这些孩子，她便将他们放出来，不过这颇费了一番功夫，因为这些孩子要克服他们的羞怯才能走出房门。

我们无法落座，地下除了尘土便是鸡屎甚至羊粪，于是便站着围绕一些家中琐事泛泛而谈，她介绍了她的家庭、小孩、房子、菜园。她丈夫的第一位夫人住在离她80码的地方，两人的土地相连。在两位妇女所居正中间，有座三角形的茅屋，那是她们丈夫所居。还有一间小茅屋依傍中心这座茅屋，这是长子所居。两个女人各自拥有各自的土地，这位女主人因为自己拥有土地而骄傲。

这位女人言谈中流露的信心，归根结底在于她对自己有个完整的认同。她的个人世界由土地、家人、家畜所组成。当然了，她的完美的体态也是其中重要的组成部分。在她的话语中，只会偶尔提及自己的丈夫。这位丈夫并非长居于此，现在丈夫在哪里，她并不知情。似乎没有什么问题能困扰到她，这种坚定性足可以成为丈夫的安心停泊的港湾。这桩婚姻的基石，和她丈夫在哪无关，而是和这位女士的完整性相关，只要她保持这种完整性，那么她正在游牧的丈夫就会拥有一个地磁中心。当然了，这些“淳朴”的灵魂中心是非意识的，只是我利用欧洲的分析归纳法推断而成。

我不免疑惑，白人妇女日益男性化和她们的自然完整性——土地、孩子、家畜、火炉、自己的房屋消失相关。而白人妇女日益贫困化，白人男人日益女性化都是这个问题的衍生物。制度越合理，性别的差异越模糊。同性恋在现代社会功用颇大，不仅因为母性情结作祟，还因为同性恋能有效地防止人口增殖。

我和旅伴都很幸运，和非洲世界进行了亲密接触。这片大地呈现给我们的是不可思议的美和让人惊心的苦难。在这片土地上，我享受到了原始土地特有的“纯粹和平”。在此，我第一次领会了“人和其他动物和谐相处”。在此，我远离了“魔鬼之源”的欧洲，我们之间相隔了几千英里。在这里，魔鬼只能对我“望洋兴叹”；在这里，电报、电话铃、信件、不速之客都不复存在，束缚良久的精神力量得到了释放，在这广阔天地中自由遨游。

每天的黎明，我们便同当地人闲聊。每天，他们都乐此不疲地在我们营地边上看我们工作。我的搬运工头伊布拉歆告诉我谈天的正确方式：男人们席地而坐，无一例外。伊布拉歆为我找来酋长专属的四腿红木小凳，我坐下，谈天便开始了。当地人都操一口洋泾浜斯瓦力的英语，我努力让我的英语听上去也是这个味道。我们的沟通还依赖于一本小字典，这本小字典是他们不断赞美的对象。由于我的词汇量有限，不得不精炼我的谈话。听众们半听半猜理解我话语中的含义，这简直像是一场非常有趣的猜谜游戏。我们的聊天通常会持续的一个小时左右，再继续的话，面露倦意的人会做出手势表示他们已经很困乏了。

我一直想知道当地人的梦境如何，最初，我无法实现我的愿望。我不断赠送给他们一些小礼物，比如图钉、雪茄、火柴等，依然一无所获。他们为什么不愿意讲述梦境呢？联想到非洲人厌恶照相——唯恐照相机摄走灵魂，我觉得他们这样做也是出于恐惧和不信任，唯恐别人利用他们的梦境加害于他们。不过，我的搬运工们似乎不在此列。他们都有一本解梦的小册子，须臾不曾离身，并在旅途中经常翻阅，如果对书上的解释不满意的话，他们便找我帮助，我也因此被他们称为“知书者”。因为我懂得有关《古兰经》赐予的知识，他们都认定我是不为人知的伊斯兰教徒。

我的疑问得到了释疑，源于我同本地医生的谈话。他身着蓝色猴皮斗篷，贵重而显赫。我询问他可曾做梦，一句话竟让他热泪盈眶，他哽咽着说：“在遥不可及的过去，医生都是做梦的。通过梦境，他们知道战争何时爆发，瘟疫何地横行，哪里水草丰茂，哪里牲畜繁衍。我的祖父尚且做梦，可是自从白人的脚步踏上非洲的热土，梦境就丧失了意义，因为‘英国人全知全能’。”

他的回答告诉我，医生的存在已经没有任何意义。因为“英国人全知全能”，故而开启当地人心智的心灵钟声不再响起。过去，医生何其神圣，甚至能同天神通话，并将众神的旨意传递给人们。这种情景，就像是古希腊阿波罗神庙的女祭司的话神圣不可质疑一样。可是现在，医生的权威已经荡然无存，只有专区特派员才是权威。此时，生命的价值观已经隶属于这个世界，黑人能否意识到自然力量的无与伦比，这只是时间和黑人种族顽强性的问题。

这位医生并非大义凛然一身正气的人，恰恰相反，他只是一位身体孱弱、个性胆小的老人。他见证了这个世界从完整到破碎，从流行到过时，最终无法复原并且正在加剧解体的全过程。

无数场合下，我将谈话的列车引向“神功”“仪式”“礼节”的方向。于此方面，我只看到了一个活例。在村子中的“主干道”上，一座茅草屋旁边几码内，都清扫得干干净净。中间的位置，依次摆放着贝壳带子、耳环、陶瓷碎片、掘地木棍。对此，我们能知道的一切是：“有个女人在这个茅屋中死去。”之于丧葬，并无只言片语。

闲聊的时候，人们用一种强烈的语气告诉我：西边的邻居并非好人。那里倘若有人离世，西村人便通知邻村。当夜，遗体被安置在两村交界，邻村便将礼物络绎不绝地送往遗体处，翌日，遗体便不知去向。言下之意，邻村人将死者给“处理”了。艾尔贡人用一种强烈的口气谈及此事，并斩钉截铁地强调：艾尔贡人绝对不会这样做。事实上，的确没有在艾尔贡发现埋葬的迹象，大抵是因为他们都是将遗体安放草丛中，并让鬣狗处理这些尸体。

关于艾尔贡人的丧葬，还有一种版本：人死后，遗体被安放在茅屋中间的地面上。医生绕着遗体转圈，并将碗中的奶泼洒在地面上，口中念念有词：“艾一科—阿蒂斯塔，阿蒂斯塔—艾一科。”

这些词不难理解，在此之前我已经从一次谈话中领会了这些词的含义。那时恰逢闲聊结束，一位老人忽然说：“黎明之分，太阳初升，出我茅庐，吐唾于手，正对新日，举起双手。”我请求他为我表演一次，他便按照自己所说的做了一遍。我问其何意，他说：“一直这样做。”虽然不知所谓，但是我却已经顿悟：他们仅知道该如何去做，对于这样做的意义却一无所知。我们亦如是，就像是我们在圣诞节的时候会点燃蜡烛，在复活节的时候会藏起彩蛋一样。

旋即老人又言道：“不管是凯威伦多人，还是卜干达人，只要是登高远望目光所及范围内，甚至看不见的遥远民族，都敬奉‘阿蒂斯塔’——初升之日，为真神。太阳唯有初升之时才是上帝，月亮只有西天初上时才是上帝，其余的时候都不是。”

艾尔贡人的仪式不难理解：对着旭日即太阳神进行膜拜，而唾沫则是献礼——在当地人的眼中，唾沫含有魔力，拥有愈合伤口的力量和生命力。而吹气，则是“罗波”，和阿拉伯语中的“陆和”，希伯来语的“卢安和”是一个意思，可被解释为“风”和“灵魂”。那么这个动作就可以翻译成：“我向上帝献祭，祭品是我的灵魂”。他们动作虔诚，感情热烈，用文字翻译，便是：“上帝啊，我愿将我的灵魂奉献给你。”

艾尔贡人崇拜的不仅是“阿蒂斯塔”，还有“艾一科”。“艾一科”是地灵——魔鬼。他带来恐惧，为人生旅途带来阵阵阴风。老人们会用口哨吹出北欧灾神洛基的旋律，描摹出艾一科潜伏在高大茂盛的林草之间的形态。

总之，这里的人们认为，造物主创造的世界很美好。造物主本身无恶无善，他是美好的，那么他所创造的世界也是美好的。

我问：“那些对你们的生命和财产造成威胁的猛兽们呢？”他们说：“狮子，好！”我又问：“那些攫走你们生命的疾病呢？”他们说：“你在日光中，好！”

这种乐观主义留给我很深的印象，随即我便发现，这种乐观主义到了下午6点便消失不见了，取而代之的是一种对魔鬼的惧怕，并通过仪式让自己免受魔鬼惊扰。因为下午6点之后，便是艾一科的世界。此时的世界满是险恶、危险以及恐惧。等到破晓，乐观主义去而复返，彼此交替，绝无矛盾。

在尼罗河发源地，我发现了奥西里斯的两个侍者——霍鲁斯和赛特，他们象征着埃及古代观念。这种发现，让人欣喜若狂。很明显，这种发源于非洲的原始经验，顺着尼罗河的洪流，涌向了地中海。霍鲁斯就是阿蒂斯塔，寓意光明；而赛特即为艾一科，寓意黑暗。之所以医生会在丧葬仪式上不断地说：“阿蒂斯塔—艾一科……”并将牛奶倾洒于地，即向光明和黑暗献祭。黑暗和光明，从它们降临于世的时候便拥有了对等的效力和意义。就像是昼夜各统治世界12个小时一样。而且热带拥有白昼的时间长，且太阳初升缺少过渡，所以当太阳一跃而起，无边的黑暗顿时化成生机盎然的光明。

热带的日出蔚为奇观，让我每天都惊叹不已。在这里，日出的壮丽不局限于从地平线上喷薄而出，而在于升起之后。为了看日出，我养成了一个习惯——破晓之前便从营地搬来小凳，安坐于橡胶树下，静心等待。映入我眼帘的是一条山谷的谷底，有一条浓绿、黑绿的丛林条带。山谷旁边有巍峨高山，矗立一旁。初始时，明暗泾渭分明。随即，物体纤毫毕露。世间万物皆沐浴阳光之中，山谷之中的光芒绚烂夺目。此时的地平线变得如同白练一般，闪烁着耀眼的银光。光线似乎从物体内部迸射而出，万丈的光芒从内而外的显现，如同被千万块玻璃折射一般。万事万物都变成了火焰般的晶体，随即，钟鸟的欢歌从地平线上传起。此情此景，给人神圣庄严之感。这是每天中最壮观的时刻，让我每每沉浸其中，不能自拔。

在我的观察点附近，有一处陡峭的岩壁，上面住着一群大猩猩。每日初晓，它们静坐岩壁一隅，直面初日。但其余时间，它们便游森林，喧闹尖叫，与别的大猩猩无异。它们清晨时的举动，似乎是在专待日出，让我想到在埃及阿布—新贝尔神庙道中做出行礼姿势的狒狒。不管是猩猩还是狒狒，都告诉我：从原始时代始，生物就认为黑暗中的光芒可以拯救万物于水火。

于是我明白了，从天地创始，心灵便对走出黑暗、寻求光明怀有热切渴望。夜色无边无垠，笼罩世间的是沮丧的情感，此时，每一个心灵都在期待光明。这种紧张，不仅是原始人眼中时有显现，在动物眼中也经常看到。在看到黑暗时，动物眼中有一种沉淀的悲哀，我们不知道这种悲哀牵扯的是动物的灵魂，还是潜意识正在向我们渗透信息。这种悲哀，也体现了非洲人的情绪，这是一种对孤寂的反应。黑暗，是孕自母体的神秘，光明来临之时，带来的是补偿和慰藉，让人知道："灵魂无所依着的夜晚业已过去"，故而旭日对本地人意义重大，所以他们称旭日为上帝。这便是不清晰的且已经忘却的原型经验，但这是近乎理性的概括。还有一种黑暗，同自然界的黑暗截然不同，至今为止，这种黑暗还在大地上逡巡，亿万年来未曾改变。人们对于光明的渴望，也可以说是人们对于意识的渴望。

这次艾尔贡山的旅行接近尾声，我们恋恋不舍地收拾行装，同时心中暗暗做出决定：我们一定会再来。然而艾尔贡山之旅，是我们第一次也是最后一次体验这种旅程的愉悦。当我们离开后不久，卡卡梅家被发现具有大量的黄金矿藏，黄金带来的狂潮，席卷了当地那些清白单纯的人，也将我们从文明迷梦中惊醒。

我们沿着艾尔贡山南行，景色开始渐变，从平原变成覆盖了热带密林的山地。居民肤色更黑，身躯更为高大，仪态不及马赛人风雅。在布南巴利略作歇息，我们便进入了布吉舒地区。这里海拔很高，居高临下遍览尼罗河美景。随即，我们到达穆巴拉，并在此乘福特车前往维多利亚湖畔的金贾。我们将行李安放在每两个星期才开放基奥贾湖的火车上，离开火车后，又踏上烧木柴的蹼轮轮船。这样鞍马劳顿，方到达马新抵港，并在那里改乘火车，到达马新抵市。该市伫立高地之上，并将基奥加湖和阿尔伯特年察一分为二。

有个小村子，是从阿尔伯特湖到勒贾夫的必经之路，在这里的兴奋经历为我们的见闻增添了色彩。我们见到了当地的地方长官，他们的肤色是我们见过的最黑的。这伙人的态度很是模糊，虽然首领给了我们3个护兵，可是这3个士兵仅有3夹子弹，看来首领给我们配备护兵，只不过是一种故作姿态而已，随即我发现我的推断是正确的，因为这些士兵和我的工人相处并不融洽。

首领提议在晚上举行舞会，我欣然同意，我想借助这场舞会看到他们的善意。夜晚时分，我们恹恹欲睡，突然听见鼓角争鸣，约60人鱼贯而入。他们身上披挂着耀眼的投枪、木棒、刀剑。人数在不断增多，儿童伏在母亲的背上紧随其后。这哪里是舞会，分明是一场盛大的社交集会。时值酷暑，高温不下，然而还是点燃了篝火。妇女儿童环绕火堆成了一个小圈，而男人们在她们的外面组成一个大圆。这样的排列，我仅从暴怒的大象身上看到过。面对如此规模的场面，我喜忧参半，环顾四周，却找不到工人和士兵的踪迹。我忙不迭地表示友好，并将我随身携带的雪茄等小礼物分赠众人。男人们开始高歌，摇摆双腿，歌声慷慨激昂，恍若出战的战歌。此情此景，倒是恰如其分。妇女儿童，欢天喜地，男人们的舞蹈也很有特色，他们挥舞着武器，跳着舞步前进，而后后退。随即，在惊天动地的歌声中，再度向前。

红亮的火光同银白的月色交织在一起，让整个场面显得野性、刺激。我和英国朋友也加入跳舞的队伍，从这些人的表情我知道，他们准许我们加入。我大胆地迈出步伐，并挥舞着我的犀牛鞭——这是我仅有的防身之物。舞会已经进入了高潮，舞步的节奏骤然加快，不管男女老幼全部用力跺脚，用力嘶吼歌唱，大家满脸兴奋，汗如雨下。

在这种激情澎湃的音乐中，本地人如痴若狂，跳舞的人几乎变成了野人。此时的时间已经是晚上11点了，他们的兴奋如脱缰的野马，我忧心忡忡，不知道该如何终止这场即将变成闹剧的舞会。于是我便对首领做手势，告诉他们时间太晚了，他和他的部落应该休息了，可是他却意犹未尽，表示可以再来一次。

我犹然记得，我的同乡萨拉辛的表哥，曾经在印度尼西亚的苏拉威西岛探险，就因为参加这类舞蹈，被兴奋的当地人投的长矛刺中。想到这里，我罔顾兴致勃勃的首领要求延时的要求，将人聚拢一处，一边分发雪茄一边地做出睡觉的手势。我挥动犀牛鞭，并不断大笑，我找不到合适的语言，便用我的母语大喊大叫，告诉他们舞已经跳了，是睡觉的时间了。当然了，当地人看出我是在假装生气，但还是领会了我的意图，便大笑着散开，旋即消失在黑暗之中。但是过了很久，还能听见他们兴致盎然的吼叫声以及鼓声。好不容易，天地寂静下来，我们放松已经精疲力竭的身体，进入梦乡。

坐落在尼罗河畔的勒贾夫是我们徒步旅行的终点，我们打理行装并将行礼放置在一艘因水位不深，几乎是搁浅的蹼轮蒸汽轮船上。就在这个时候，我的经历已经变成了我的精神负担，盘踞不散。虽然很痛苦，但不得不承认，我已经无力消化更多的新印象。我的首要任务便是将我的观感和体验重新思考一边，并探索它们的内在之源。所有值得记录的，我都要一一记录在案。

贯彻我旅途中的梦境都绕开了非洲，反复出现我家乡的情景。我的梦似乎告诉我，我的非洲之旅只是我臆想出来的，是一种象征性的行为，就连旅途中我印象最深的事情，也未曾入梦。在整个非洲之旅中，我仅梦到过一次非洲黑人，这位黑人的脸孔似曾相识，我绞尽脑汁地回忆我在什么地方见过他。后来终于想到，这是美国田纳西州查塔努加市的理发师。梦中，这位美籍黑人，正在操作一把巨大的而且显然是烧过的（红且热）的剪刀，在我脑袋上比画，想要将我的头发理成黑人状的卷发，我能感觉到皮肤的刺痛，于是从梦中惊醒。

我推断，此梦乃意识的预警，告诫我原始事物是有毒的蘑菇，但是那个时候，我已经“走在回家的路上”。大抵是当时的我被沙蝇病困扰，病症瓦解了我的精神抵抗力。为了告诫我黑人危险，并防备当地黑人，潜意识特地引发我12年前看到的黑人理发师的回忆。

我的梦和一战中的一些记录不谋而合：进入正在战场厮杀的士兵梦境中的，不是血雨腥风的战场，反而是魂牵梦绕的家乡。随军精神病医师认为，倘若一个士兵频繁梦到战争场面，那么这个士兵就该离开前线，因为这种情况昭示：该士兵的精神防线已经崩溃，不再具备反抗外部印象的心理机能。

虽然我的外部非洲之旅跌宕起伏，可是我的梦境之中依然泾渭分明，梦境之中依然是我的私人问题。由此我可以推断，不管经历什么，都改变不了我欧洲人格的完整性。

渐渐的，我开始明白了问题所在。原来我这次非洲之旅，无非是想要逃避在欧洲错综复杂的各种关系，如同很多人做的那样，甚至为了逃避这些问题，可以永远常驻非洲。这次非洲之旅，很难和原始心理探究扯上关系，贯彻其中的始终是一个问题：在非洲荒野之中，心理学家荣格的心理何如？的确，我拥有欧洲人面对原始条件如何反应的知识，但是我却一直规避这个问题。这种研究并非是客观的科学项目，而是被打上了深刻的主观烙印。任何深入研究，都有可能刺痛我内心敏感的神经。我必须承认，诱发我非洲之旅的并未展览会，而是我想逃避欧洲沉重的氛围。我便是怀揣着逃避，顺着尼罗河北下的。喀土穆，是航行的终点，北面就是埃及。我心愿得偿，不是从欧洲和希腊，而是从尼罗河源接近另一文化中心。我对埃及文化中的亚洲元素缺乏兴趣，但是对韩米特人对埃及文化的贡献却兴味盎然。于此点上，艾尔贡人给我的霍鲁斯启示尤为重要。这点思维之火，在我看见埃及南门的阿布·辛贝尔神庙中的狗脸狒狒的雕像时，顿成燎原之势。

霍鲁斯的神话，就是光明诞生的古老故事。这个神话，诞生于意识将人们从史前时代的黑暗解救出来之后。基于此，我从非洲腹地挺进埃及，便成了观赏光明诞生这一戏剧的旅程。这部浩大的戏剧，和我的心理息息相关。对此我心知肚明，却无法用文字表达我的感受。旅行之前，我不知道非洲会馈赠给我什么，而至此时，非洲已经将丰厚的馈赠给予了我。这比民族成果、武器、陶器、猎物收藏更有价值。我曾经设想过非洲会给我带来什么，现在终于心愿得偿。

印度

1938年，我踏上了古老东方神秘之都——印度。此次旅行原本不在我的计划之内，而是在应印度英国政府之邀，参加加尔各答大学建校25周年纪念时，临时做出这个决定。

在此之前，我也曾涉猎过印度哲学和宗教方面的书籍，一直为古老东方的智慧所折服，然而此时的我，如同被福尔马林液浸泡的人体标本，一直在寻觅着失落的自我。想要找到真实的自我，并且拥有自己独有的结论，我必须亲自去验证书中所说的一切。印度之旅对于我而言，如梦似幻。

当时我全身心地投入炼金术哲学的研究，印度之行只是一个片段。我沉耽于炼金术的神奇之中，甚至此次旅行，还随身携带1602年版的《炼金术大全》。旅途中，我时常翻看这本书，里面有关格拉尔杜斯的著述让我着迷。我的头脑变成一架天平，一面放着欧洲思想根基层次的材料，一面放着欧洲以外的思维方式和文化印象。两者诡谲的平衡，大抵是因为两者都源于潜意识的精神体验，产生的顿悟所差无几。

在印度之行中，我首度体验到了一种高度迥异的文化，而在之前的北非之行中，文化暂居次要位置。不过两次旅行也有相似点，不管是北非还是印度，我都有机会同他们的文化“宗师”做深入的交流。我曾是迈索尔的宗教师S.苏波拉马尼亚·伊艾尔的座上宾，这件事我跟很多人提及，只不过这些人的名字都淹没在记忆的长河中。与此同时，我努力避免自己陷入“圣人”的窠臼中去。倘若我向“圣人”学习，并全盘接受“圣人”的教化，那么我就无法找到真正的自己，也无法独立获取知识，这样做同盗窃有什么分别吗？就是我在欧洲的时候，我也从不借用过东方理论。我必须观察我的内心，倾听我内心的声音，或者将自己交给大自然，让它们来主导我的生命。

在印度，“恶”是印度精神的重要一部分，这引起了我的关注。我开始用独出心裁的方式解读这种“恶”，我发现，相较于西方而言，品德问题并非东方人首要考虑的问题。东方人认为，善恶效法自然，意义深远。在不同程度上，善就是恶，恶就是善。我的推断不断被验证，和一位有教养的中国人的谈话，再度印证了这一点，他说：很多人善于在不为人知的情况下，给“恶”穿上“善”的外衣。

我看到，印度推崇的神性善恶兼具。基督教追求善却屈从恶，印度人通过超越善恶，用沉思和瑜伽为自己搭起通往天国的阶梯。对此，我有独到之见。倘若承认善恶一体，那么善恶之间的分隔将变得模糊，那么信仰便停滞不前了。人们所信非真善亦非真恶，善恶应落在实处——“我的善”“我的恶”，从“我”出发，作为判断“善”和“恶”的主要标准，这种情况为我们提供了论据，证实印度的神无善恶之分，造成这种情况的根源在于印度人矛盾和负担过重，所以人们亟待脱离万事万物存在。

印度人并非追逐道德的完满，而是力求超脱的境界，他们希望脱离万物而存在。基于此目的，他们通过沉思和瑜伽来追逐“空”的境界。而我呢，希望亲自去观察和体会自然和精神的形迹。我既不想离群索居，更不想割断我同自然的联系，因为不管是精神还是自然，在我看来，都是神迹。自然，是承载精神同生命的载体，它才是真神。如果罔顾自然，那么精神和生命还有什么意义？对我而言，存在的最高意义在乎自然，而不在于自然不存在这类命题。

于我而论，不顾一切的超脱根本不复存在。那些我未经历、未领会的事物，无从超脱。我个人的超脱是什么呢？自然是摒弃杂念，专注命运加诸给我的任务，并全心全意地完成它、为它贡献、牺牲。如果我功亏一篑，那么我的精神将不再完整。当然了，如果我不能投入某种经验，我的理由同样充分。但是我若是真的做了，便是昭示我能力有限，错过了一些意义重大的事物。而我一旦明白了我能力有限，便会积极行动起来，来弥补不足。

一个人倘若没有通过情欲的试炼，又如何能夸口战胜过这些情欲？只有与情欲为邻，才能战胜于它。任何时候，情欲之火都可能喷涌而出，将他的心灵之屋付之一炬。换而言之，所有我们曾经放弃不管、弃之不理的东西，都有可能气势更汹地卷土重来。

在康纳拉克，我结识了一位同伴。他专门研究梵学，并有礼貌地提出要陪我参观一座神庙和庙中供奉的大神。庙中有塔，遍布精巧的淫秽雕刻。关于这特殊的建筑，我们谈论了很久。他解释说，如是建筑是为了净化人的灵魂。我反对这种说法，并指了指我们面前的那些青年。这是一群青年农民，他们驻足塔前流连忘返，表情中充满惊异和艳羡。我说：“他们的灵魂得到什么净化了呢？我敢打赌，他们的脑子里全身欲念。”他反驳道：“关键并不在此，倘若他们不度过他们的劫难，灵魂如何净化升华呢？这些不堪入目的淫秽，之所以存在便是唤醒人内心的‘净’，若是不进入这些青年的潜意识，他们就会将‘净’遗忘。”

让青年男子清心寡欲如同非发情期动物，我觉得这真是闻所未闻的新鲜见解。可是这位梵文研究者却坚持年轻男子的冲动是潜意识的，需要无时无刻地提醒。他还说，之所以塔中的装饰如此，便是时时刻刻告诫着他们需要想着“净”。若非如此，他们就不能渡劫，将无法进行自我救赎。

神殿门口，有两尊舞女雕像，她们皆露出蛊惑人心的完美臀线，面带微笑，广迎天下来客。他指着“女引诱者”说：“看见这两个舞女了吧？它存在的含义一如塔上雕饰，当然了，对于你我这类意识达到高超水平的人而言，作用不大。但是对于那些毛手毛脚的农村小伙子，这可是必不可少的教育和训诫。”

当我们离开大殿，沿着一条小巷缓步前行时，他又忽然道：“看见那边的石雕了吗？我猜你肯定不知道它所代表的含义，来吧，让我告诉你这个秘密。”我很好奇，因为石雕雕刻的是很明显的阴茎形象，难道这些形象后还有什么隐喻？他神神秘秘地凑在我的耳边，小声地说：“这是男人的阴部。”我呆住了，我还以为有什么其他的象征呢，比如说湿婆之类的。随即我惊诧地看着他，期待他还有别的解释。但是他只是傲然地点了点头，似乎在说：“真相如是，你们这些浅薄的欧洲人想到了吗？”

我将这段小插曲告诉海因里希·齐默尔，他听得兴高采烈，并惊呼：“我总算感受到真正的印度风情了！”

当我参观佛讲经的桑奇佛塔时，一阵悸动突如其来。这种悸动我并不陌生，当我遇到我未意识到的人或其他时，这种悸动便会出现。茵茵绿草间，用石头铺就一条小路，沿路而上，便能到达佛塔所在的石山。佛教中，佛塔大多是圣地，要么是得道高僧的陵墓，要么是圣器存储之地。这个佛塔呈半圆状，宛然两个大碗倒扣一处。整个建筑的形象都如同释迦牟尼在《大般涅盘经》中描述那般，所以英国人含着崇敬之意对该建筑进行了修复。围墙环绕着佛塔，墙上镶嵌了四道精巧的小门。佛像位于四门基点的中心处。任意选取一门，左行便是一条环绕佛塔的曲径。顺时针走完一圈，便更上一层塔。视线为之开阔，平原远景，尽收眼底，佛塔、废墟也一览无余。寂静是这片圣地的主基调，我将同伴远远地甩在了后面，享受这难得的寂静和圣洁。

须臾，锣鼓喧腾。待声音响在耳际，我才看清声音来源，原来是一群日本朝圣者，手持小锣，列队前行。他们敲的节奏，同古老祷词“莲花生，珍珠现，神啊”的节奏一般无二。他们的鼓点，刚好落在“神啊”这个字节上。在佛塔外，他们鞠躬行礼，进入到佛塔中后，再度唱着圣歌，对佛像重复相同的动作。当他们走完两圈曲径后，在每一尊佛像面前都吟唱了圣歌。我目不转睛地观察着他们，觉得自己的神思和灵魂和他们契合一处，于是心中谢过了他们，正是他们的存在，让我难以抒发的感情得到了宣泄。

我强按内心的激动，因为我知道，桑奇山对我而言肯定是一种中心所在，佛教的另外一个崭新侧面就安放于此。我察觉到，佛的生命可等同于一种自性实现。自性外显，渴求有人格的生命。对于佛而言，自性是万物的本源，高于一切。自性的世界是个统一的世界，在这里，人类经验和世界本质融为一体。自性包含了两个方面——已存在和未可知，没有自性的世界是没有意义的。人类意识同宇宙开辟一样，是庄严不可侵犯的，如果人们忽视了意识，那么世界将坠入万劫不复的深渊。叔本华的成就在于他意识到了这一点！

基督教同佛教有相仿之处，皆是自性体现，不过两者又有所区别。佛，源自大彻大悟后的通透；基督，则是命中注定的牺牲。佛教，推崇“做”和“见”；基督教，敬仰“痛苦”。虽然两者途径不一，但是殊途同归。不过印度人认为佛更加完美，佛的人格镌刻历史中，便于理解。而基督，人神合一，理解起来便颇为不易。归根结底，基督想了解自己，都非易事。他只知道，他的内心洞悉了自己的宿命——牺牲自己。他的牺牲，是命运轮盘转动的结果。佛，尽享天年，而后驾鹤归西；而基督作为基督存在，不过区区一年时间。

后来，佛教和基督教的发展轨迹又出现了交叉点——发生了变迁。佛的形象成为自行发展的个中翘楚，人人得以效仿。佛教导说：凡是人，皆可了悟。跳出轮回，均可成佛。基督也成为楷模，每个基督教徒，都能在上帝处找到完整的自己。但是，历史的洪流将人们冲向基督的彼岸，可是人们却误入歧途，并非因人而异选取完整的道路，而是盲目模仿基督所走的道路。在东方，时代的车轮将人带到佛的身畔。佛成为模仿的对象，本身便是对佛的一种亵渎，正如对基督的效仿让基督思想开始停滞所差无几。佛的顿悟，远胜婆罗门诸神；基督也对犹太人虎须：我乃真神！但是，他话中的精髓，却被人忽视。所以，我们看出，不管是基督教还是佛教，都没有为人创造出一个崭新的世界，反而加速现有世界的消亡。

在印度的阿拉哈巴德、贝纳勒斯以及加尔各答，我获取了3个名誉博士头衔，最有趣的是，3个头衔分别代表着3个城市3种宗教——伊斯兰教、印度教、英属印度教的医学和科学界。这看上去很好，但是有违我的初衷，我最需要的是修养。在加尔各答我患了痢疾，入院10天，因祸得福得到了修养的机会，犹如在惊涛骇浪中，终于得以安坐一隅。这里是我的“根据地”，我可以置身于外地观察让人惊愕的拖沓喧嚣。

返回旅馆时，我的健康状况依然差强人意。此时，一个奇怪的梦造访我的大脑，梦境如下：我和一群来自苏黎世的好友来到一个不知名的小岛，那似乎是英格兰南部的某个岛屿。岛屿小而狭长，大致20英里左右，没有人烟。有一座中世纪风格的城堡坐落在小岛南端，我们这群参观者很快来到这座城堡的庭院中。在我们面前，矗立着一座富丽的塔楼，从大门的缝隙中能模糊看见石阶上的圆柱形大厅，大厅中烛光摇曳。我立刻明白，这便是圣杯的城堡，而且今晚便要为圣杯举行庆典。“圣杯庆典”非同小可，可是我们的旅伴：一位和毛姆森酷似的教授却对此闻所未闻。我曾经和他谈过话，并为他的睿智和深邃思想所折服。不过有一件事让我不安：他同我谈话的时候，经常讨论死亡的“前生来世”，并用圣杯故事同英法渊源作为佐证。可是他却没有意识到圣杯的意义，也没有发觉这个传说已经应验了。但是我已经认识到这两点。更诡异的是，他似乎对眼前的环境视若无睹，如同站在大学讲坛上面对自己的学生那样侃侃而谈。我想提醒他看清现实的情况，但是徒劳无功。他不仅没有发现阶梯，更没有发现大厅中的烛光。

我东张西望，不知道该何去何从。这时，我却站在了一座高耸入云的城堡的城墙边，墙的下半部皆是装饰用的格子，质地并非常见的木头，而是黑铁铸就，并雕成葡萄的形状；不管是葡萄藤，还是葡萄叶，甚至还有卷须和葡萄串，惟妙惟肖，栩栩如生。横枝之间，独留一块6英尺左右的空白，上面有一座精巧的房屋，如鸟笼大小，同样为黑铁铸就。就在我凝神观察之时，那黑铁铸就的叶子竟然轻微地颤动，似乎有老鼠在上面走动。旋即，一个铁制的有蹄的小精灵从一间小屋钻到另一间。我惊讶得无以复加，急忙对教授说：“哎，赶快看，你……”

幻象戛然而止，梦境再变。依然是我们一行人，却独少了那位教授。依然来到城堡之外，但是风景迥异，周围皆是光秃秃的岩石。我知道，事情还在继续，今天晚上依然要举行圣杯庆典，但是圣杯却不在城堡中，而在海岛的北面唯一一间无人居住的小屋中。我们一行人中，有6人愿意去寻找圣杯，故而转身北行，

我们徒步行进了几个小时，才发现，海水将海岛一分为二。我们行进至海岛最狭隘处时，发现海水仅有100码宽。这个地方人迹罕至，凄凉萧瑟。登高远望，绝少绿植，仅有草丛和岩石。没有桥，更没有船。夕阳西下，夜幕降临，我和我的同伴疲惫不堪，就地歇息。天气刻骨冰凉，同伴大多酣然入梦，我却在苦思对策，最终想出一个办法：我可以泅水渡过海峡去取圣杯。当我脱掉外套时，我醒了。

这个预示着欧洲的梦境出现的时候，我的脑海中正承受着印度印象的冲击。其实早在10年前我便察觉，圣杯传说在英格兰一些地区广为流传，尽管这个传说承载了很多的学术成果。天马行空的神话，同中规中矩的炼金术，却在对于这“圣杯”的论述上达成一种奇异的共识。这件事让我的印象开始清晰起来：白昼所淡忘的神话，黑夜将继续叙说；强大的意向被意识抛弃并嗤之以鼻，但是诗人却赞美它，讴歌它，于是它在预言中涅槃重生。所以这些强大的意向改头换面，被那些善于思考的人发掘正视。过去那些伟大的形象并没有消亡，而是换了一个名称继续流传下去。“力大无穷，往往蕴于轻薄之中，隐身的卡比尔进入了新屋。”

这个梦，将我对印度的强烈印象扫荡得一干二净，并将我的关注点重新转移回对西方的关注中来。这种关注变成了对圣杯和哲人之石的求索，我不再关注印度了，因为我已经在冥冥之中得到了启示：印度并非我的终点，而是我通往终点必不可少的中转站。这个梦在问我：你在印度意欲何为？你为了谁寻找救世主？你还是你的同伴？这才是你的责任所在。现在你的情况十分危险，千百年所建成的事物将被你毁坏！

锡兰（今斯里兰卡）是我旅行的终点站，它折射给我内心的形象同印度大相径庭。锡兰如同天堂，处处弥漫着南海风情，人们在此乐不思蜀。科伦坡是一个繁华的国际港口，人来人往，熙熙攘攘。我们未在此处过多逗留，很快进入丘陵的内地，到达皇城康提。在这个城市，每天早晨五六点便会骤然下一场倾盆大雨，升起的薄雾在康提城中缭绕。湿润的气候，让繁花似锦，草木葳蕤。佛牙寺虽小，然魅力独特。我在寺中驻足良久，同僧人论佛，还瞻仰了刻在银叶上的佛经。

在此地，我有幸见识了一次让人印象深刻的祈祷。男女信徒将大捧的茉莉花撒在祭坛之上，口中轻声吟诵。我猜想他们是在向佛祈福，但是陪同的僧人却说：“佛已圆寂，我们无法再度向他祈福。”他们的唱词是：“人生苦短，朝生暮死，譬如鲜花。愿提婆同我，共享这一奉献的福祉。”

仪式的前奏是近一个小时的击鼓，在印度庙中的侍候厅进行。鼓手有5位，大厅四角各立一位，另外一位站在中间独奏。这位青年上身赤裸，褐色皮肤，扎白头巾，

戴红色花环，着白色长裙，双臂饰有闪闪发光的镯子。他虔诚地走向金佛，用双面鼓演奏。我观察他的后背，这位站在摆满小油灯的门前的青年动作优美，躯体、手臂配合得恰到好处。他的鼓声奇妙，但是于艺术的角度而言，却无可挑剔。鼓声似乎是用腹部和后腹部表达一种古老的语言，腹部并非祈祷，而是引发思维扩散。这里的一切并非是对佛的盲目崇拜，而是已经被唤醒的人在进行自我救赎。

在春归大地之际，我踏上了归途。因脑海中各种印象纷纷扰扰，故而不想再去孟买。只是停驻船上，看拉丁文版的炼金术著作。印度之行，并未给我留以深刻印象，因为印度，只是渡者，将我从一种永恒引导至另外一种永恒。

拉文纳和罗马

1913年，我第一次访问拉文纳。当时，加拉·普拉西达的陵墓给了我灵魂的触动。这种触动，在我1933年再度到拉文纳的时候，有增无减。在他的陵墓前，我的灵魂依然被震颤，内心再度被震动。那时，我是同熟人一同前往的，依然是从陵墓直接进入正教洗礼室。

正教洗礼室被柔和的蓝光笼罩，却看不到光源，对此，我并不觉得有任何不妥之处。但是我依然感到惊讶，因为此处跟我第一次来此时发生了改变。初见时候的窗户被四幅很大的彩色玻璃镶嵌画所取代。南面窗户上镶嵌的画，内容是约旦河的洗礼式；北面窗户上镶嵌的画，是以色列的孩子们渡过红海；东面窗户上的画，已经模糊了。我绞尽脑汁，也回想不起画中内容。看来我的记忆力不太可靠，这让我觉得很沮丧。这幅画的内容，有可能是那曼在约旦洗去麻风病；在我的藏书中，有一本梅安古版的《圣经》，其中一幅插画同其有些类似。西面窗户上的画，让人印象最深。我们最后才观赏这幅画，画面上是基督向波浪之中的彼得施以援手。我们在画面前流连良久，就原有的洗礼仪式问题讨论了近半小时，洗礼代表的古老观念也让我们津津乐道：洗礼的起源似乎和危险相关，本意便是在水中的没顶，似乎预示着淹死的危险，而洗礼表示的就是有关生死的原型意向观念。

彼得落水的画，让我记忆犹新。时至今日，依然历历在目：海水潋滟，彩色玻璃镶嵌，彼得同基督一问一答。我曾经探索过他们谈话的意义，但是一无所获。离开洗礼厅后，我立刻去阿里纳找寻和这些镶嵌画类似的照片，但是无功而返。我们的时间不多，还想继续参观，我只好将此事搁置一旁，暗暗决定回去后从苏黎世订购。

返程后，我曾经托一位拉文纳的熟人为我代购，但是却无功而返，因为他发现我所描述的那种画根本就不存在。

在此期间，我参加了一次研讨会，并在会上谈论了洗礼的渊源概念，还有我在洗礼厅内所看到的镶嵌画。这些画让我印象深刻，而当初与我同行的女士却一直不能相信，她“亲眼看到的”的东西竟然不存在。

我们都知道，确定两人是否见的是同一事物，甚至是同时见到同一事物，是不容易的。但是，我却能断言，我们所看到的画，起码在轮廓上是一模一样的。

拉文纳之行，是我一生中的奇幻经历之一。几乎无法找到解释，不过有关加拉·普拉西达皇后的一些记载和故事，倒是能提供一些解释。有一次，皇后要在暴风雪中前往拉文纳。她从拜占庭出发的时候曾经发誓，倘若平安到达，就建造一座教堂将海上的惊险记录下来。后来，她并没有忘记自己的誓言，建筑了圣乔万尼教堂并装点了镶嵌画用以还愿。虽然，圣乔万尼教堂和装饰画在中世纪的一场大火中付之一炬，但是可以从米兰的安勃罗西安纳教堂中窥见其乘船的草图。

从我第一次参观开始，加拉·普拉西达的形象便根植我心。我很疑惑，为什么这位教养风度俱佳的女子会常伴野蛮不开化的王储左右。她的陵墓是残存于世的遗产，从陵墓中，我能窥见她完整的人格，感受她的人格和完整的存在。她的坚韧性格，同我的女性意向不谋而合。

男人所拥有的女性意向历史悠久，甚至可以追溯到史前，并且将过去的内容一一呈现出来。作为潜意识的人格化，它将它所知道的信息，源源不断地输送给个人。对于个人而言，女性意向就是过去曾经存在，而今依然保留在他身上的生命体。每次我将自己同我的女性意向相提并论时，我总觉得，自己没有历史积淀，简直是无中生有的生物，无过去亦无未来，如同未开化的野蛮人。

我见到的镶嵌画所表现的内容，实质上是我同女性意向相接触的过程。我也曾遭遇过彼得的遭遇——遭受灭顶之灾，而后被上帝所救。法老大军的命运，也同我的命运隐隐相合。我就像是彼得或者纳曼那样，不过幸运的是，我安然无恙，这要感谢潜意识内容的整合为促进了我的人格完整化。

一个人将潜意识的内容和意识内容进行整合，此时只能意会无法言传，这是无须赘言的主观境界。我们对于自己的行止有一种独特的感受，这种感受毋庸置疑，当然，怀疑也没有意义，同样毋庸置疑的还有我们对别人的认识。据我所知，能消除这些见解和印象之间的权威根本不存在。这种整合会带来什么结果，会带来什么性质的变化，这是主观信仰的问题，科学方法无能为力。因此，这种整合在主流世界中乏人问津。然而，这种现象却是实实在在的，衍生物良多的问题。无论如何，无论是心理治疗医生还是对心理治疗感兴趣的心理学家，都无法罔顾这个问题。

拉文纳洗礼所触动了我的心弦，让我顿悟内在事物并非困囿内在，也可以表现为外在；而外在事物也不局限外部，也可能表现在内部。我的肉眼已经清晰明白地看到了洗礼所的围墙，但是又被一些迥然的形象遮挡住，这个形象却非虚幻，而是同洗礼圣水盆一样实实在在。只是我分不清，在那个特定的瞬间，哪个是真实，哪个是虚幻。

我的情况并非只有这一种，每个人遇到这种情况，都会不由自主地认真对待——比道听途说的情况更为认真的对待。一般情况下，人们一听到这样的传闻，都会马上联想到各种神秘事物，并给出不一而足的解释。我的结论是，当我们确立了有关潜意识的任何理论之前，必须确定潜意识各种感受的具体意义。

回顾我的一生，旅行并不多。罗马是我的梦想之都，但是我觉得我不配享有这座城市给予我的印象，因此搁浅。庞培城，我在经受了1910—1912年的古典心理学的课程后，才动身前往。即便这样，庞培城的印象，也超出了我的接受能力之外。当船只接近罗马城所在的纬度时，我登栏远眺。罗马城坐落在那，它原本是古代文化传播中心，兼容并蓄，将基督教世纪同西方中世纪全部纳于其中，即便今天，那灿烂的古典文化依然灿烂夺目，而古典世界的残酷无情也依然有迹可循。

那些本意是打算去巴黎或伦敦，却阴差阳错转去罗马的人让我欣羡不已。当然，古城罗马可以让我们从美学的角度领会它的美好，但是如果每一堵墙和每一根柱子的残躯，都面目鲜明地凝视着你；如果你每行进一步，古老的灵魂都要进入你的内心深处，就要另当别论了。甭说是罗马了，就算是在庞培，见所未见的景象会不期而至，你预料之外的事物会忽然充满你的意识。问题接踵而来，但是解释这些问题却在我的能力之外。

未去罗马，一直是我的遗憾。在1949年，我的人生已至暮年之际，本打算弥补这个遗憾。可是买票的时候我却忽然晕倒了，看来，这个遗憾注定会永远地成为遗憾了。

第十章
幻象

年初，我的身体接连出现状况：先是扭伤了脚，随即又心脏病复发。从我在死亡线上挣扎，并接受输氧和输液的时候开始，狂乱的幻象就开始争先恐后地涌入我的潜意识。这些形象大多硕大无朋，让我断定自己离死亡只有一步之遥。护士告诉我："您的状态极类回光返照。我曾在很多人的弥留之际看到过这样的状况。"我的确达到了人生的极限，当时我在梦中正处于狂喜的情景中。看来，我身上的确发生了一些奇怪的事情。

我似乎立于空中，俯瞰着地球。它由湛蓝的海水同一块块大陆组成，蓝色的光辉包裹在它的外围。我的视线不能将整个地球尽收眼底，但是地球轮廓依然清晰可见。它五彩斑斓：距离我最远的是锡兰，前面远方是印度次大陆。锡兰是深绿色，轮廓线是闪耀的银光，如同氧化了的银器；大片的荒野黄里透红，那是阿拉伯沙漠；随即跃入眼帘的是红海，银红辉映中还有浓墨重彩的金色。正如地图所标注的那样，在地球后面及更遥远的地方，我看到了地中海一角。我的目光直接专注于此地，然而其他事物，却是朦朦胧胧的。我还能看到喜马拉雅山山峰，不过它被大雪覆盖，而在它那个方向上的一切都看不分明。我的目光始终没偏向过右边，但我却知道，我正在飞离地球。

后来我发现，大约要在1000英里的高度才能拥有这样开阔的视野。在这个高度望下去，地球的壮美恢宏，让人叹为观止。

原本我背靠印度洋，观察片刻后，我调转身子，面向北部。随着我转身，新的景色出现在我的面前。在我附近的天空中，漂浮着状若房屋大小的黑色巨石，当然，我也在漂浮。与之类似的巨石我曾在孟加拉湾海岸上看到过，不过不是黑色，而是茶褐色的花岗石。其巨大程度，甚至可以凿空成庙。这些漂浮着的石头也是这样。

前面有一处入口同大厅相连，右侧有一个皮肤黝黑身着白袍的印度教徒盘腿以待，我知道他在等候我。入口处还有两级台阶，左边有直接通往寺院内部的大门。精致微型的神龛中有碟状的凹穴，里面装满了椰子油，上面还有灯捻，神龛中的灯光围绕着这扇门。这种场景很像我在锡兰参观佛牙寺时所看到的，那里的大门四周的确也有这样的灯。

当我踏上巨石上的台阶时，脑海中浮现出一种奇怪的感觉：浩渺天地正在消弭，我所执着的、偏爱的，念念不忘的一切，那些存在于地球上的执念，都离我而去。这种剥离极为痛楚。当然，也有东西得以保留——似乎围绕着我发生的那些事情并没有消失。我可以如是说："我以为我什么也没有，其实我什么也没丢。"我的经历，我的历史，构成了我。一种感觉清晰明确：我便是如此。我是一切发生过、完成过的事情的集合。

这件事让我万念俱灰，同时又感觉十分充实。此时的我再无所求。我的过去和我的经历，组成了客观的我。最开始的时候，我十分痛苦，觉得自己的一切被掠夺了，但是转瞬之间，这种感觉荡然无存。一切都化为乌有，只有存在的才是永恒的。往昔的都随风散去，我便不在惋惜那些已经消逝的了，我所感受到的一切，才是实实在在的。

还有一件事让我费解：当我靠近寺庙的时候，我坚信我会在一间开阔的大厅中看到我在现实中的同好。我以及我的人生，将被归属历史的哪一个范畴，这个谜题终究会获得解答。在我之前存在什么？我存在的意义是什么？我的人生河流将往何处流淌？这些谜题将迎刃而解。我的生活，就像是一个没有开头也没有结尾的故事，而我只是从中间剪辑的片段。但是新的问题又随之出现了：为什么单单要从这么长的事件中截取这一部分呢？为什么我会做出奇怪的承诺呢？我顺应了这些片段还是扭曲了这些片段？我觉得，只要我踏入石庙之中，这些问题的答案将不言自明。在这里，一切都会水落石出，似乎我会遇到一个知道前世今生的人。

不可言喻的幸福幻想

就在我思考这些问题时，一件事转移了我的注意力：从下方，也就是欧洲的方向浮来一个形象，是我的医生H博士，或者准确说来是类似H博士的影像。他头上戴着金色的装饰品，可能是金链，也可能是月桂花环。我心里说："这是我的医生，他给我看了很久的病。现在是他的原型，如同科斯国王一般。"生活中，他是这个原初形象短时期体现的仆从，但是在这个时候，他便是以原初的形象出现的。当然了，这种原初形象是一开始便有的。

由此推断，此时的我也是原初形象。虽然我并未亲眼得见，但是却深信不疑。当H博士出现在我面前的时候，我们之间默默地交流思想。H博士向我传达了地球的消息，说地球上的人全部反对我的离开，我没有权利离开地球，需及早返回。当我听到这个消息时，蓦然惊醒。

我失望得无以复加，因为这一切都是没来由的。想要挣脱痛苦，却被证明徒劳，我没有被允许进入寺庙，见我的同好。

事实上，我求生的欲望在3个星期后才再度燃起。我没有食欲，似乎一切事物都面目可憎：窗外的天地如同遍布黑洞的彩色帷幕，或是印满没有意义的照片的碎报纸，这一切都让人感到失望，这个时候我想："现在的我，不得不返回'箱子体系'中——在宇宙之外的宇宙中，存在一个三维世界，每个人都拥有一个精巧的箱子。"当务之急，是我必须说服自己。对我而言，生活就像是一座巨大的牢笼，如果我认为这牢笼存在得不合情理，那么烦恼便滋生了。我以为我已经挣脱了它，但是实际上，我同众生一样，再度被绳子捆束高悬于这箱子之中。在空中游荡之时，我无牵无挂，来去自由，然而，这一切已经成为镜花水月，再不可追。

我对这位医生的情绪很矛盾，虽然他挽救了我的生命，但是他却引发了我的忧虑。"以原初形象出现的人，即将离世。因为原初形象意味着，他属于更为'广阔的群体'"。我惊恐交加，随即想到，H博士也是以原初形象出现的，换而言之，他会代替我死亡。我努力想要和H医生谈论这件事，但是他根本不理解我说的话。我很生气，明明他是以原初形象出现的，却竭力否认自己是科斯国王的仆人！我很气愤，怒形于色。我的妻子责备我不够友好，好吧，得承认我妻子是对的。但是与此同时，我还很生气他在幻境中对我的所作所为。"他有什么权利用这么粗鲁的语言、粗暴的态度对待我？小心点！"他命不久矣，对于这点我深信不疑。

事实果然如此，我至今还记得很清楚：1944年4月4日，H医生溘然长逝。而我，正好是他最后一位病人。我得到许可，从病榻上坐起时，他正好卧病在床，而后一直缠绵病榻。据说他患上了间歇热，不久后，他因败血症与世长辞。他是一位拥有天分的好医生，否则便不会以科斯国王的模样出现了。

那几天的我，处于一种诡异的生活节奏中。白天时的我，身体虚弱，精神萎靡，"我被迫重回这个无味的人世"的念头一直萦绕在我心中的。我总是昏昏欲睡，会一直从傍晚时分睡到午夜，而后醒来。黑夜中的我，被狂喜围绕。我觉得自己在空中飘荡，宇宙将我护佑，那缥缈无所依着的空虚，却让我欣喜不已，内心中满满当当当都是幸福。我想："这才是永恒的福祉啊！多么不可言喻的奇妙啊！"

在入夜的这一个多小时里，我心情愉悦，胃口大开。此时护士会给我送来加热的食物，因为这个时候我的胃口才会变好，什么都能吃而且吃得不少。在这段时间里，我觉得这位看似年轻的护士实际上是一位年老的犹太女人，她正在给我端上干净的祭品。我凝视着她，发现有蓝色光圈在她头顶若隐若现。我呢，则身处在安石榴园里，是迪菲莱特和马尔蒂斯婚礼的来客。我又好像是犹太法学博士西蒙·本·约斋本人，此时冥婚正在进行。我无法用言语表述这场婚礼的奇妙，我只是心中不断默念："这就是安石榴园，这是马尔蒂斯和迪菲莱特的婚礼。”我是来客还是傧相？我不知道，但是我知道，我就是婚礼本身，我的福祉便是婚礼的福祉。

安石榴园的形象烟消云散，取而代之的竟然是张灯结彩的耶路撒冷，原来耶稣即将在此迎娶新娘。细节我无法描述，但是那欢乐的情绪却让我永生难忘。天使从空中飞来，光明乍现，我觉得我就是“耶稣的婚礼”。

这种幻象转瞬即逝，新的事物不期而至，这是我幻象中的最后一幅。那是一个开阔的山谷，尽头可见群山。有一个古典式的半圆形的剧场坐落于此。周围一片碧色，不仅雄伟而且雅致。此时，这个剧场上正在上演神圣的联姻。男女舞蹈家粉墨登场，就像是《伊利亚特》描述的那样：长椅之上，鲜花吐露芳香，在此中，众神之父宙斯和赫拉完成了神圣的婚礼。

每到夜晚，我所拥有的体验皆光明灿烂，我在此中徜徉，就如“我被创造的形象所包围着”，各种场景糅合在一起，最后光彩尽失。如梦似幻的感觉只会存在一个小时的时间，而后我便酣然入梦。早晨来临之时，束缚人的箱子去而复返，我便陷入沮丧和痛苦之中。和夜晚的光辉灿烂相比，白天不仅愚蠢而且可笑！我的身体日渐康复，这些幻象越来越远，直至3周后，便再也不来拜访我了。

身至幻境之中所感受的壮美和激动，简直无法言喻，只能说幻境种种皆是壮美之景。这同白昼对比鲜明：白日时，焦躁来袭，烦恼环绕，粗俗伴身，满目皆是粗鄙，触目尽是粗俗，不管是空间，还是时间，都限制了我的发展。但是这个结论是如何得出的，我也不知道原因。当它出现时，似乎有催眠的力量，让我觉得这本来就是现实。可是，我也觑见了它的不足。即便后来我已经痊愈，但是这个印象却根植我的脑海，无法自拔——宇宙是定做的三维的箱子状的，我们都被装入这些箱子里。

过去、现在和未来合而为一

彼时情况依然鲜活地存在于我的记忆之中：那时，我在安石榴园的环境中流连，我请求我的护士宽恕我。我说，室内有一种圣洁，可能不利于她，可是她并不能理解我的意思。然而我却心知肚明，每当圣洁降临，室内就充斥着一股奇异的气味，这种气味我甘之如饴，却不知道别人是否能适应。此时的我，明白了为什么有人津津乐道圣洁的气味，所谓“圣人降临，必有芳香”，指的便是这种气味。这个房间中所出现的圣洁的气氛，同神秘现象隐隐相合。

我从来没有想过能体会到这样的经历，幻象不是它的母体，主观臆断不是它的胚胎。一切体验皆像现实，同客观一般无二。

“永恒”一语，我们避之不及。但是可以将我这种体验等同于超越时间的欣喜。因为现在、将来以及过去融为一体。万事万物，皆未被抛诸时间之外，只要是存在的事物，便被融合统一整体之中，再也无法用时间度量。这种经验永远停驻在感觉之中，却无法用想象还原。而昨天、今天、明天，三位一体的情况也超出我想象的范畴。完成的事物，尚未开始的事物，现在正在进行的事物，如何将三者融合在一起呢？我仅能感觉它们是一个整体，并具有时光特有的质感。我能感觉三者所包括的感情——对过去的失望或满足，对现在的惊奇，对来日的期待，人们被卷入这个整体之中，同时要以完整的态度去观察领会它。

后来，这种客观存在以一种特殊方式“拜访”了我。我妻子去世后，我在幻境中看到了她。她离我有一段距离，依稀30余岁的模样，身着我那位身为将神者的表姐为她做的一件衣服。这件衣服很华美，可能是她穿过的最华丽的衣裳。她站在远处，直盯盯地看着我，表情不喜不悲，而是洞悉万物的空灵，好像世间的爱恨情仇都如同一件旧衣裳，从她的身上脱去了。我知道，这不是我妻子，而是她为我精心制作的一幅肖像。从肖像中能看到我们相识、相知、相爱，我们共度的52载春秋，甚至她生命的终结。面对这样完整的形象，我们相顾无言，因为她不会做出任何的回馈。

不管是这个梦，还是我在幻境中所看到的一切，都是我已经完成的个性化的重要组成部分。这种个性化，意味着我们之间的感情纽带已经彻底断裂了。虽然，感情纽带对人类而言至关重要，但是这些感情纽带中包含了某些映射。如果剥去这些映射，那么自我的客观存在便“图穷匕见”。感情的纽带，也是欲望的纽带，它有强制束缚的色彩，是一个人对另外一个人的期望。这种期望，让我们的人生有了负担。客观地认识藏匿在感情关系中的磁力，似乎是个终极的秘密，只有通过客观的认识，才能达到真正结合的境界。

此次患病，因祸得福，让我的工作进入成熟期。我所获得的顿悟给予了我新的灵感——万事万物皆有归宿。我重新燃起著述的勇气，很多作品于在此时间段完成。这个时候，我不再执着于将我的见解最大程度地完美化，而是遵循我个人的思想活动。这样一来，问题便一一显露出了雏形。

此次患病，还让我有个收获，即我开始肯定现存事物，不再对客观存在的事物进行主观的反抗。我要接受我的天性，我所见的事物，我生存的环境，而且不管它们是什么样的。患病初期，我的态度有些偏执，当然，我要为这种态度负责任，可是如果不想循规蹈矩，想过自己喜欢的生活，便是要冒险。没有冒险和失误，那么人生便不圆满。我们时时刻刻会犯错误，时时刻刻有坠入深渊的危险，如过真的有一帆风顺的康庄大道，那么只有通往死亡城堡的路径是这样的。死亡之后，一切都不会发生，最起码不会有风险和错误的事情发生。任何想要走捷径的人，都跟死人没有什么区别。

这次患病的最大收获，是让我明白我的命运何其重要。如是，我们才能铸造出一个即使遇到迷惑也不会迷失的自我。这个自我，虽然安于现实，却又有能力同全世界乃至命运对抗。这样，失败同胜利就变成了历史的正反面，而不管是内在的还是外在的我们，都不会为其干扰，因为自我的延续性已经将生命和时间的洪流拒之门外；不过这种情况只有在人们不刨根问底或者干预命运时才会出现。

我还认识到，每个人内在、独立的思想，都是个人现实的重要组成部分，我们必须接受它。当然，事物有真假之分，但正是因为如此，所以它们的约束力不强，只能退居第二位。思想的存在，相较于我们对它的判断而言更为紧要。但人的判断也不能轻忽，因为它们也是我们现存的思想，更是我们完整性的重要组成部分。

第十一章
论死后的生活

关于人死后乃至来世的生活，这方面的叙述于我而言都是一些回忆，是我感知的形象和让我惴惴的思想的回忆。就某种角度而言，这些回忆是我写作的基础。迄今为止，我已经在我的著作中对“今生”“来世”的问题，尝试做出了新的回答，然而，我却没有对“死后的生活”做出明确的阐述。因为想要如是做，就必须先找到我论点的论据，可是我却一直寻觅不到，所以还是听天由命吧，现在我来说一下我对死后生活的看法。

即便是今天，谈及死后生活我也只是在讲“神话故事”。也许这种“智慧”，只有人在感受到死亡气息的时候才能得到。当然，这并不是说，我对我死后的生活有所要求，恰恰相反，我宁愿对死后的生活一无所知。不过，我必须重申，实际情况是，虽然我并不希望，也不想作为，但是这种思想却在我内心盘踞不散。我无法判断，哪些观点是真，哪些观点是假，唯一确定的是，这些观点是实实在在的存在。而且，倘若我没有一些根深蒂固的偏见，那么这些观点就可以破土而出，成功进行表述。精神现象如同一株幼苗，可能会被偏见的严寒所损伤，有关死后生活的观念，也会被批判理性主义和其他的神话概念所重创。之所以会出现这样的情况，原因在于人们将自己等同于意识。甚至自以为是，认为自己如何揣度自己，那么自己就是什么样的人。可是如果他们具备一些心理学常识的话，他们就会发现自己多么浅薄可笑。当然了，我们无权嘲笑别人，因为理性主义和教条主义是我们整个时代的通病。在这些主义的作祟下，我们狂妄地认为可以回答一切问题。但是，我们所拥有的知识其实只是一个小圈，我们对圈外的知识一无所知。很多新知识，还有待我们的发现，我们的时空观念只能说是一些近似的观念，却无法避免还有偏差的存在。鉴于这样的情况，我对涉及精神的神话格外重视，同时对我遇到的所有事进行了仔细筛选，找出合适我理论的事件。

可惜的是，时至今日，人们不仅创造不出寓言，对神话也大加鞭挞，结果，人们错失良多。因为谈论那些不可思议的事物，最有益的方式，莫过于坐在热乎乎的壁炉旁，叼着烟斗，说一个跌宕起伏的鬼故事。

其实不管是死后生活的意义，还是神话身后的现实，我们都一无所知。我们甚至都无法说明，这些故事除了作为神、人同形同性映射外，还有什么具体的毋庸置疑的价值。所以，我们必须明确，对于超出我们认知范围的事物，我们缺乏认识的能力。

对于那个由截然不同的法律支配的世界，我们始终缺乏想象力。那是因为我们生活在一个特定的世界中，不管是我们的思想方式，还是我们的精神条件，都由这个世界给予。我们的先天结构打上了这个世界独有的烙印，所以我们的思维和存在如同一条绳索，捆住了我们的思维。神话要求人们割断这条绳索，而科学却要求人们安于现状。对于智慧而言，我的神话论述是没有意义的论辩；但是对于情绪而言，我的神话论述具有治愈性，具有不可代替的价值。神话活动，给予我们无法消除的一种声音，而我们不仅无法消除也缺乏消除它们的理由。

心理玄学认为，死者显示自己的形式无外乎自己本身、幽灵，或者死者自身才能理解的外物，这对于科学上的来世研究是有力的补充。可是，就算是论据充足，也不能释疑这个问题：死者同幽灵之间可否画上等号？他们之间存在精神折射吗？描述的事物是来自死者还是死者潜意识中既有的知识？

我们暂且将有关这些事物确定性的理性争辩搁置一旁，需要注意的一点是，对于大多数人而言，若是生命得以无限的延续，意义重大：他们会生活得更加安心坦然，毕竟还有数百年的时光供他们支配。所以，不如现在就生活得安逸一点，因为那种疯狂的行进几乎没有意义。

可是这种情感并不是推行百世而不悖的。有的人对永恒避之唯恐不及；有的人一想到坐在云端弹万年的竖琴便惶恐不安；有的人，一生坎坷想用死亡来做终结，但是对于大多数人而言，还是想奢求长生不老的。针对这个问题，我们必须提出某种见解，又该如何提出呢？

潜意识的自由发展

我的想法是，我们可以利用潜意识和梦境给予我们的启示。一般来说，我们认为这些问题无法回答，便将这些启示弃之不理，针对这种司空见惯的怀疑主义，我不以为然。打个比方说，宇宙如何形成，这是未解之谜，可能这个谜题将永远继续下去，这种科学问题我肯定要放弃，但是如果这个问题的见解出现在梦中，那么我就应该引起注意。凭借梦中的启示，我可以构想一个概念，即便这种概念是永远不能证明的假设，那又有什么关系？

人们应该勇于尝试，去建立有关来世的概念，或者创造来世的形象，即便是失败了，也没有关系，不去尝试，才是最大的损失。只要人类提出这个问题，便继承了人类古老的遗产：一种神秘生命的原型，这种原型依附在我们的个人生活中，以保持它的完整性。理性提供给我们的界定过于狭窄。在理性范畴内，我们只能接受已有的事物，似乎我们只能生活在预设的框架中，这是多么的滑稽。我们尚且不知道我们的生活能延续多久，却还要在理性的框架中过活。事实上，我们的生活远在理性外，甚至在意识外，即便我们还没有意识到，但是这并不妨碍潜意识有条不紊地发展。虽然理性将我们的生活空间挤压得越来越小，生活的丰富程度也大打折扣，可是我们的潜意识却在不断丰富，并利用神话将我们残缺的生活补全。那些被人推崇的理性同政治上的专权擅政有共同点：在其统治下，人开始变得贫乏。

潜意识的最大作用在于向我们传递逻辑思维所不能到涉及的讯息，给我们以启示。很多梦境、预感都成为同现实同步的现象。二战时，我返回位于波林根的家，路途上，服兵役时知道的一次溺死事故始终在我脑海中徘徊不去，以致我什么都做不下去。于是我想："可能是真的出了什么事吧？"

我在艾伦巴赫下车后随即步行回家，期间这种感觉依然挥之不去。我的二女儿和我们住在一起，我看见她的孩子们都在花园里，所有人都闷闷不乐。我便询问缘故，孩子们说，因为战乱，他们从巴黎回到瑞士。在途中，最小的男孩亚德里安不会游泳，却在游艇码头误落水中。水很深，他几乎淹死，最后还是他哥哥将他救了出来。我对了一下时间，发现他差点淹死的时候正好是我在火车上有类似的回忆的时候。看来潜意识已经给我启示了，但是潜意识的启示仅限于此吗？

类似的体验还出现在我妻子家的人过世的时候。那个时候我梦见妻子的床变成有石壁的深坑，这个深坑就像是一个古典风格的坟墓，随即我听见一声叹息，似乎什么人的呼吸声停止了。这个时候，一个形似我妻子的女人身着有古怪符号的黑色长袍从坑里坐起，身子向上浮起。我被惊醒，忙不迭地唤起我妻子，又特意看了一下时间——凌晨3点，我想到，肯定是有人过世了。翌日7点，噩耗传来，妻子的堂姐在凌晨3点左右溘然长逝。

有的梦不是预警，而是告知。有一次，我做了这样的一个梦：梦中的我正在参加一个花园聚会，却看见了我过世很多年的姐姐。不仅如此，还有几位已经过世的朋友出席了这次的宴会。我还来不及惊讶，又发现我认识的一位女性友人正陪伴着我姐姐。在梦中，我便确信这位女士命不久矣，因为她已经有了明显的标志。在梦中，我很清晰地知道她是谁，甚至还知道她住在巴塞尔，可当我醒来时，依然能清晰地回想起我的梦境，但却想不起来这位熟悉的女性是谁。

几个星期后，噩耗传来——我的一个朋友因故去世。我当即便反应过来，这位朋友便是我梦中出现我却一直没有辨认出是谁的那个人。对于她，我很熟悉，甚至熟悉到对她的很多细节都了如指掌，因为在她去世一年前，一直都是我的病人。可是我梦醒后，却追忆不起她的容貌。苏黎世的熟人们的容貌如同一幅幅肖像悬挂在我们记忆的画廊中，唯独那位女性的肖像不翼而飞，而原本，她的肖像是悬挂在前列的。

不知是否有人同我有过相仿的经历，其实这种经历的实质在于对潜意识的潜能充分的尊重。但是有一点，需要我们谨慎注意：这种讯息含有主观色彩，可能会和现实符合，也可能同现实相差甚远。不过，有一点是我可以确认的，那就是立足于潜意识基础上的启示是卓有成效的。尽管我不想写一本有关这方面的启示录，但是我得承认，某种东西激励我继续深入了解有关这个领域的"神话"，而神话，恰恰是科学表现的雏形。我的"论死后的生活"，只围绕着这方面的神话和梦境展开论述，仅限于这种内在的启示。

肯定有人会如是反驳我：因为一切生命奢求永恒，所以有关生命在死后的延续的那些神话和梦，大多是我们脑海中自发给予的补偿性的幻觉。为了回答这种疑惑的观点，我可以用神话来充当我的论据。

很多迹象都表露，部分精神是不受时间和空间法则控制的，J.B.莱茵那广为人知的实验便证明了这一点。精神有预见性、非空间性、无直觉性的特点，有关这些特点的论证并不罕见。这些实验的结果证实，精神经常在因果关系的时空规律中发挥作用。这充分说明，不管是因果关系，还是时空规律，都非金科玉律，如果想要完整再现世界图景，就必须增加一维才行。只有这样，世界的完整性才能有统一的解释。可是，唯理性主义却对心理玄学嗤之以鼻，并坚持认为其是子虚乌有。但是他们根本没有意识到，他们的世界观却和此息息相关。如果唯理主义者坚持己见，那么他们所勾画的宇宙图景就会变得支离破碎，没有价值。表象世界背后，隐匿着可以作为判断价值的标准的事实，这是一个无法规避的问题，我们因此而必须面对这样的一个事实：我们世界中的时间、空间、因果逻辑都同世界另一面的秩序有千丝万缕的关系。世界另一端的秩序，不管是前生还是今世，不管这里还是那里，都无须进行区分。存在于我们肉体上的精神，是以空间和时间的相对性为特征的，这点我深信不疑。而且这种相对性同意识的距离成正比，直到到达非时间性和非空间性的绝对境界。

促成并审订我对死后生活的观点的，除了我自己的梦以外，还有别人的梦，其中，有一个是我很重视的一位学生的。她是个60多岁的老妇人，去世之前2个月左右曾经做了一个梦。梦中，她进入冥界，周围的环境似乎是教室，很多故去老友都端坐木椅之上等待上课。她遍寻老师未果，才意识到自己便是老师。因为故去良久的人对刚过世的人的经历充满了兴趣。所以刚过世的人都在在此讲述自己的全部生活经历，好像尘世中的时间、空间和时间对死人的活动和经历有重要的作用。

不管怎样，这个梦描述了我们会拥有尘世间不可想象的听众。按照常规思维来解释，是死去的人对人生最后的心理状况兴味盎然。当然了，这不过是我们的臆想。然而，这种“听众”存在一种静止的时间之中，他们所感兴趣的是他们匮乏的事物。

做这个梦时，这位妇女处于极度怕死的心理状态之中，她在回避有关死亡的全部思想。但是，死亡对于一个弥留之际的人而言，就像是烛光之于飞蛾。死亡给她提出了一个无法回避的问题，她必须予以回答，以此作为出发点，她描绘了一个神话。倘若让理性主义做主的话，那么她所看到的只不过冰冷潮湿的坟墓。神话，可以让脑海中的形象活灵活现地出现，让死人的世界也出现丰富多彩的生活图景。倘若她相信这些神话，或者信赖甚至欢迎这些神话，那么她同那些对此持坚决否定态度的人一样，也许是对的，也许是错的。一方面，人们正在走向虚无，这种人听从本能生活；一方面，人们坚信死后会以原初形态继续生活，并沿着生命的轨迹继续前进，这种人对抗着本能。

潜意识的形象并不饱满，想要极大丰富潜意识，就需要汲取知识。在我同潜意识接触初时，莎乐美和伊利亚的形象让我很感兴趣，不过这些形象转瞬即逝，直到两年后，这两个形象又重新出现。不过让我惊讶的是，这些形象没有丝毫变化，它们的言谈举止方式同两年前并无二致。随即我恍然大悟，这两个形象隐藏在潜意识之中，因此对意识状态一无所知。他们陷入时间停滞的环境中，他们不仅同自我，也同瞬息万变的环境失去了联系，但是此时我的生活，已经发生了翻天覆地的变化，于是，我不得不将我这两年中发生的事情一一告诉他们。

如果死后有意识存在

其实我很早就知道，我必须引导潜意识形象，并摘出“故去的人的灵魂”。1911年，我第一次感受到了这一点。当时我正跟一个朋友骑自行车横穿意大利北部，我们从帕维亚行至亚罗纳，到了马桥莱湖下方，并露宿于此。我们原本想沿湖而行，而后穿过台森直达费多。可是就在露宿的时候，我做了一个梦，这个梦将预定的计划完全打乱了。

梦中的我，正在一场盛会之中。这场盛会，名流云集，而这些名流大多是各世纪的名人的灵魂。这种感觉和我1944年所出现的黑石寺庙的幻境相仿。名人们用拉丁文寒暄、谈话，有一位头戴假发的绅士问了一个我很艰涩的问题，我虽然听懂了他的问题，但是因为我的拉丁文并不纯熟，所以无法用拉丁文作答。我羞惭交加，情绪低落，而后在这种情绪中醒来，醒来后的我已经忘记了这个问题是什么。

醒来后，我立刻将梦境同我的著作《潜意识心理学》相联系，想到梦境中我无法作答的问题，依然羞愧不安。我觉得，我必须立刻工作，找寻梦境之中问题的答案，我无权继续骑着自行车闲逛，浪费光阴，所以，我立刻登上返家的火车。

梦境的答案姗姗来迟，我了悟那位戴假发的人是祖先的灵魂，抑或是死者的灵魂。他所提的问题，远超于我当时的水平，即便我回答不出，也没有什么大不了，可当时的我，却隐隐约约觉得，如果我努力工作便能回答这个问题。我的祖先之所以会提出这样的问题，是因为问题的答案出现在几个世纪之后。如果问题和答案唾手可得，那么我的努力也就没有了意义。诚然，自然的知识没有穷尽的时候，但是它如同一枚果实，需要时间才能成熟，只有成熟了，意识才能吸收。这个过程如同人的精神，一个人可能一开始对某件事物只有泛泛的印象，而这种印象会在某个特定的时刻才清晰地凸显出来。

在我写作《致死者的七次布道词》的时候，死者再度说："我们从耶路撒冷归来，却没有找到我们期望的东西。"这个问题的提出，让我很惊讶。因为按照我们一般人的想法，如果说我们所拥有的知识是涓涓溪流的话，那么死者所拥有的知识便是浩瀚的大海。这种想法并非空穴来风，而是有基督学说作为佐证。基督学说表示："我们要在阴间赤诚相见。"但显然，死者灵魂所知道的一切都是他们生前知道的，对于死亡之后的事情一无所知。所以他们才极力想要渗透到我们的人生中来，干涉我们的生活，进而分享我们的知识。我常常觉得，这些灵魂便站在我们的身后，准备倾听我们出的"命运"的答案。死去的灵魂依附着我们——比他们活的时间久，抑或是生存在变化着的世界中的人们，通过我们才能获取知识和答案。换而言之，死去的灵魂无权支配全意识，但是死去的灵魂，可以渗透到活人的精神中，并以躯体为依托。所以活人的灵魂在此方面比死人的灵魂更具有优越感：活人更容易获取那些意义重大，认知深邃的知识的能力。

我觉得，这个世界可能是个三维世界，时间和空间是横坐标和纵坐标。当这个坐标系统出现在"那里"的时候，会出现怎么一种情况呢？多面的原初形象被打散了，它们围绕着坐标系统上下浮动，犹如一团散乱的星云。可是，依然能分辨出断断续续的内容，所以这种坐标系统必不可少。如果情况使然，我们得以置身于一种混乱却全知的情况下，没有时空分界，没有主观意识，那么，这种活动简直是不可思议的。认知，如同繁衍一样——上下之分，前后之别，彼此之属的对立始终存在于其中。

倘若死后有意识存在的话，那么这种存在会让意识在已有水平上无限地延续下去，当然，意识在任何时代都有个上限。很多人穷极一生，都未能发掘自己的潜力，甚至会落后于当世平均意识水平之后，所以，当他们离世的时候，他们也在孜孜求得他们生前没有获得的那份意识。

这个结论是我结合死者的梦推断而出的。有一次，我梦见我去访问过世两周的老友，这位朋友在世的时候思想僵化不知变通。梦境之中，他的家坐落于类似巴塞尔附近的土林格山脉的小山峰上。有一座广场，由一座古堡的城墙围拢而成。一座教堂，两三座小房坐落其中。这广场的风格，类似于拉伯思维尔城堡。时至晚秋，树叶已黄，柔和的阳光为景物镀上一层光彩。我的朋友和他的女儿同坐桌前，她的女儿在苏黎世学习心理学，我知道她正给自己的父亲讲述心理学内容。我正要靠近，听得津津有味的老友做出一个手势。这个手势有两层含义：熟人之间的"请勿打扰"；也是告别的手势。这个梦以一种我揣测不透的方式告诉我，我将继承他的精神，而这是他一生都未达到的境界。

还有一个梦让我对死后的灵魂的演化又有了新体验。那是妻子去世大约一年左右的一个夜晚，我梦见和妻子身处法国南部的普罗旺斯，我们朝夕相处，而她正在从事圣杯的研究。而后我便醒来了，梦中有关妻子研究圣杯的细节让我格外注意。因为，妻子离世之时圣杯的研究还没告一段落。对此，主观性的解释是，我的女性意向依旧没结束她的工作。我很清楚，我这方面的工作依然没有结束，但是妻子死后依然继续工作，让自己的灵魂得以升华，这种见解，对我而言意义重大，从某种意义而言，会让我感到欣慰。

诚然，这种观点并不精准，甚至会误导别人。正如投射到一个平面上的形体一样，或者恰恰相反，正如以一个三维的形体为依据设计一个四维的模型一样，它们都使用三维世界的术语来向我们展现本身。数学凝聚了很多人的心血，创造除了各种关系的具体表达形式，而这种形式单凭经验是无法领会的。对于进退有度的想象力而言，它需要以逻辑和经验作为基础，用梦的见闻作为材料，进而建立起高深莫测的建筑形象。我们选用的方法，就是我提到过的"必要陈述法"，在这种方法下，梦的意向被放大，甚至可以轻而易举地用简单的整数来陈述来表示。

1是一个单数，但是1也是独立的个体，1代表着"一元性"和"非二元性"。当然了，这已经超越了数学范畴，而是哲学问题——上帝的原型意向本为单子。人类利用自己的智慧为此做出了相关的论述，可是智慧受到了一元化的制约。也就是说，这些论述可不是胡乱说说的，而受到一体性质的制约，所以具有必要性。从理论上说，逻辑推理完全适用于数的下余概念。但事实不然，这种推埋在事实上是站不住脚的，因为情况复杂多变，数目过多，难以理顺。

每一个单位数的出现都会引发新变化，这种辩护体现在新特征出现和对旧的进行斧正上。比如说，我们用四次方程可以求解数字4的特性，但是用五次方程却只能铩羽而归。所以，数字4的陈述为：它是开端，更是前一个阶数的末尾。每一个单位数的增加，都会导致数学特征的改变，所以论述要分门别类，不能概述。

自然数的无限序列对照的是单个个性生物的有限数目。个体的集合是序列，序列中前10个个体的本质同从单子中分离出来的抽象宇宙开创论相差无几。可以用数的特性代替物质的特性，所以，方程式成为它行为的最好说明。

我认为，很多现实状况，如同数学论述那样难以表达。打个比方说，我们想象出的事物，因为它们的原型主题发生过于频繁，所以才被普遍接受。这些想象，就像是数学方程式中的因数，它们和客观物质无关，我们也无从知道神话和精神现实有什么关联。就像是热气不规则运动方程存在很久之后，气体计算等才得以解决一样，某些题材的神话也由来已久，但只是在近期才获得名称的。

让死亡灵魂重寻另一半

在我看来，不管在何时何地所获得的知觉，都会最大限度地浓缩成为死人的知识，这就是尘世生活的意义所在，也是人在死亡之时所带走的事物十分重要的原因所在。只有在这里，脱离了对立的尘世生活，意识才能“更上一层楼”。看来，这是一种形而上学的任务。只有借助“神话传说”，我们才能顺利地完成这项任务。不管是潜意识认知，抑或是意识认知，神话都是不可或缺的过渡环节。诚然，潜意识获取的信息远胜于意识，但是潜意识所获取的知识，却同现在无关，它往往是一种“永恒”的存在，无法用语言精准描摹。只有借助于神话时，我们才能将其一览无余。这个过程不是特例，而是贯彻在每一个成功的梦的分析之中，原因便在于此。倘若有一种解释变得机械、单调，那么我们可以断言，我们解梦的方式已经成为刻板的教条主义。

虽然没有证据证明人死后灵魂能得以保存，但我们会遇到各种各样能诱发我们思考的事物，我视其为启示，绝不会为其强加一些顿悟的意义。

有一夜，我辗转反侧，朋友的猝死让我不能成眠。他的遗体已在前一天下葬，我很关注此事。忽然，我感觉他便在房间中走动，似乎就站立在我的床头，并开口邀我前行。与其说他是幽灵，倒不如说是他的内在形象的再现。我暗自安慰自己，这不过是幻象。可是如是解释，似乎有点说不通。说他是幻象，可是又没有证据。假设这真的是我的朋友，我却认为他是幻象，这不是很失礼了吗？我不能证明他是幻象，也同样不能证明他是幽灵。即便我满肚子疑问，也于事无补。为了完成我的实验，倒不如赋予他现实感。我刚想到这儿，他已经走到门口，招呼我随他而去，这样，我们便能一起去玩儿了。他的请求出乎我的意料，我再度用我的逻辑安慰自己。而只有在幻想中，我才能亦步亦趋地跟着他。

他引导我走出房间，穿过花园，越过公路，最后才来到他的家中。待我进门后，他引着我进入书房之中，并爬上高凳，指给我看一套躺在书架上的红色封皮的书中的第二本。此时，幻象戛然而止。他的藏书，我很陌生，加之幻景朦胧，我根本看不清他给我看的书的书脊上标注了什么。

这种体验对我而言是陌生新鲜的。因此，第二日清晨，我便去拜访他的遗孀，询问可否让我去友人房中寻找一点东西。得到允许后，我发现幻象中的凳子的确出现在了书架下，即便远观，我也能看到有5本红色封皮的书。我踏上凳子，观看标题，原来是左拉译本的《死者的遗产》。我对书中的内容缺乏兴趣，但是标题同我个人的经历相契合，这才是重要的。

母亲离世前我也做过一个梦，这个梦对我而言同样具有重要意义。那时我正在台辛流连，听闻噩耗时我不知所措，因为实在太过突然。而就在她去世前一晚，我做了一个让人惊骇的梦。梦境中，我身处阴晦的密林之中，周围怪石嶙峋，看上去是一副没有进化的原始状态。忽然，一阵尖利的口哨声响彻天地，乍闻此声，我一阵寒战，接着，灌木丛中呼啦啦作响，我转身一看，顿时噤若寒蝉。那是一头巨大的狼犬，正张着血盆大口。狼犬视我若无物，径直而去，我忽然顿悟，它是受到荒野猎人的驱使，去摘取一个人的灵魂的。思及此，我惊骇莫名，蓦然惊醒。第二天，就传来了母亲去世的噩耗。

从来没有哪场梦让我如此惊骇。从表面上看，母亲似乎受到了魔鬼的袭击，可是精确点说，那并非魔鬼，而是荒野猎人在南风呼啸的一月，带着狼群外出打猎。那是瓦坦，是我们日耳曼人祖先供奉的神灵，将我的母亲召唤了回去。悲观地说，母亲重回“野蛮的部族”受苦；乐观地说，母亲回到“福祉”享福。虽然基督教士极力诋毁瓦坦，但是它本身就是神。如同墨丘利和赫尔墨斯一样，他们都是自然的精粹，以圣杯的预言家的形式出现，并成为炼金术士们孜孜以求的秘方。如是，这个梦可以这样解释：我母亲的灵魂前往的地域更为广阔，已经超过了基督教控制的范畴。在那个领域，自然和灵魂浑然一体，没有矛盾也没有冲突。

我立即动身，连夜归家奔丧。我痛不欲生，但是悲哀却未到达心中。原因很奇特，因为车厢中一直播放着舞曲，笑声和欢闹声此起彼伏，似乎正在举行婚礼，这同我的心境形成及其鲜明的对照。这一边，欢乐的情绪正在浸染我；那一厢，悲哀如同潮水般涌来。我被撕扯成了两份，欢愉温暖，恐惧悲凉，这两种情绪一直在我心中游走。

如果说在上一个瞬间，我们用自我的观点来看待死亡；下一个瞬间，我们用精神观点来看待死亡，那么这种奇异的感受便解释得通了。前一种情况下，死亡是不折不扣的厄运，在人们的脑海中，死亡挥舞着穷凶极恶的镰刀，打算随时随地结束别人的性命。

事实上的确如此，无论是肉体上，还是精神上，死亡都代表着残酷和可怕。精神上尤甚：原本活生生的人，忽然消失不见，只剩下死亡的冰冷的余韵。任何人都不能扭转，死亡如同大桥的桥梁在一夕之间齐根断开。这种残酷，我们无法逃避，且无处不在，无常得让我们痛苦：理应长寿的智者却在风华正茂之年夭折，凡夫俗子却活至耄耋之年。我们从中得出结论："上帝不慈悲，正义本不存，善意何处觅？"

如果从另外的角度看，死亡也不是绝对的坏事。从永恒的角度而言，死亡往往意味着神秘的结合。直观点说，可以被理解成一种婚礼。通过死亡，灵魂找到自己失落的一角，重新完整。死亡的欢愉，在希腊，以少女的热舞表现；在艾特鲁斯坎，以盛宴表现。虔诚的教徒老西蒙·本·约在弥留之际，朋友们却说他在筹备自己的婚礼。时至今日，还有很多地区拥有这样的传统：万圣节日，野餐之时。由此看出，死亡实在是一场庆典。

神话、再生和业

1922年9月，比我母亲去世时间要早几个月。那时，我做了一个预示她离世的梦。梦境和我父亲有关，这让我印象极深。自从父亲1896年离世后，我从未梦到过他，而现在他再度出现在我的梦境之中。他风尘仆仆，如同远行归来。他年轻了，而且还保有父亲的权威感。我们相偕入书房，我期待和他促膝长谈。我准备向他介绍我的妻子孩子，并带他去房子里参观，告诉他我的工作、我的成就，我甚至还想告诉他我近期出版的心理学著作。但是我很快便发现，现在说这些便是太没眼力，因为我父亲期期艾艾，似乎有什么难言之隐。我发现了这一点后，只能将马上要脱口而出的话语咽了下去，等待父亲开口说话。

随即他跟我说，我毕竟是一位心理学家，他想就婚姻心理问题听听我的看法。我准备了一番长篇大论，专门讨论婚姻的复杂性。可是这个时候，我醒了。对于这个梦的含义，我并不理解。但是我却没料到，这预示着母亲的离世。直到母亲永远离开了我，我才恍然大悟。

父母的婚姻并不美满，摩擦、不耐时常出现。他们如同世俗夫妻那样，犯了很多常见的错误。离世26年的父亲出现在我梦境之中，并求教我（一位心理学家）婚姻问题。由此可见：其一，很快他就要恢复同我母亲的婚姻关系；其二，他所处之地无时间流淌的状态，因此，他对婚姻的认识才停滞不前。他必须求教于活着的人，因为活人感受到了时代变化的好处，并对一些情况有了全新的了解。这便是我母亲去世的前兆！

此梦传递的信息仅限于此。当然，我如果继续探求其主观意义，可能会发掘得更深。但是，何以在母亲过世之前，我只梦见了她的死，但是却没有预见到她的死？看来这个梦只牵涉到了我的父亲，随着年岁日增，我对父亲的同情感始终有增无减。

潜意识的特征之一便是"空间相对性"，相较于意识，它拥有更多的消息源。关于死后生活的种种神话，很大程度上依赖于梦的启发和潜意识自发性的提高。前文业已交代，这些幻境同知识储备无关，遑论证明。但是这些知识可以作为论据，证明神话存在，并为进一步的智慧探索提供必不可少的素材。倘若割断同神话想象世界的链接，那么心理将陷入僵化的境地。事物均有其两面性，如果同神话过多接触，那么意识薄弱的人就会陷入危机之中，因为他们会混淆幻境同现实，暗示同知识。

人的来世是由灵魂转世和形象形成的，这种神话一直广为流传。印度，不仅智慧高度复杂，而且历史远比我们国家悠久，在这里，灵魂转世观点是司空见惯的，就像是我们对上帝创世和灵魂导师深信不疑一样。当然了，有教养、见识的印度人知道，我们并不赞成这类观点，但是他们并不在意。根据东方的灵魂论，轮回无穷无尽，不为生死所割断。人活着、学习、死亡、再生，如同一只滚滚向前但是漫无目的的车轮，只有佛，才知道哪里是目的。

东方神话不为西方所接受的一点在于，东方对神话的需求仅停留在目标清晰的宇宙创造论上，这是西方人所不能容忍的。他们无法接受一种静逸的、孤立的、生生不息的观念，但是东方人却很容易接受这种观念。看来东西方的主要分歧在于对自然的性质这一感觉上，其实现代天文学家对这个问题也是各抒己见，并无定论。西方人认为，静态宇宙毫无意义的观念不能接受，他们必须赋予宇宙以意义；但是东方人则认为，无需加诸“意义”给宇宙，宇宙就是意义本身。西方人需要完善世界的意义，东方人则需要完美人类的意义，并在人身上消除世界和存在的痕迹。

于我，两者皆正确。西方人外露，东方人内敛；西方人认为意义蕴于客体，东方人认为意义在乎本身，但是意义不仅在内在，也在本身。

来生同劫难的联系紧密，而问题的关键在于，人的劫难是不是个人性的，倘若是的话，那么人的来生的命运便是前几世成绩的再现，因此，人格得以延续。但是，如果事实并非如此，那么来生所获得的劫难便是客观的，那么这种劫难便是加诸给新的人生的，这并非人格的延续。

释迦牟尼的弟子曾经就一个问题问询过他两次：人的劫难是否是个人的？释迦牟尼顾左右而言他，对这个问题置若罔闻。他说：“存在的虚无，绝非明了此理可以勘破。”他认为，对于弟子而言，思考人生才更为有益——思考人之初生、死亡、苦难等产生的原因和意义。

我的劫难是果，我的前生是因？抑或是我祖先们的成就是因，我的苦难是果？对于这些疑问，我没有答案。我是否是祖先精神的集合体？我是否将祖先们的精神一一展现？前世的我用何种人格存活？我的前生何如，可否遭遇过我所遭遇的问题，今天的我是否能找到问题的答案？这些，都是未解之谜。佛对这个问题置之不理，是因为我觉得他也无法回答。

在我的想象中，我的“生命”可能延续了几个世纪，我遇到了很多棘手的问题，我必须再次转世，才能完成我前世未能完成的问题。待我死去之时，我的一切都随我而去，我带走了我的一切，并非赤条条地离开，这是我的想法。看来佛也意识到了这一点，否则不会告诫自己的信徒不要在这种无谓的思辨上浪费时间。

生活向我提出问题，问题便是我人生的意义；我是世界提出的问题，如果我不想依赖别人的答案，就必须自己作答。这个问题的解答，是一生中超脱于人生命的任务，我只有尽力尝试作答。我揣度，我的祖先也曾为这个问题感到困惑。而尼采同样没有解决这个问题：基督教徒不知该对生活中的酒神精神方面如何作答？抑或是我的祖先们——日耳曼人和法兰克人见到瓦坦—赫尔墨斯精神时，所提出的难题？

让记忆在灵魂面前展现

我能感受到我祖先生活的后果，也可以这样表述，我感受到了过往的人的劫难。这种劫难也可以看成是一种客观原型。这种原型依然附庸在每个人的身上，尤其对我死缠烂打。比如神的三位一体在中世纪得到了怎样的发展？神的三位一体同女性原理是如何接触的？诺斯替教派如何界定恶的起源？

是否存在这样的状况呢？一个人的成就给世界带来了新问题，而这个问题只能他提出答案。打个比方：我提出问题而后解决问题，但不如人意。那么我就要渡劫，必须再生，而后找到自己满意的答案。也可能是这样：世界不需要这样的答案，我就没有转世的必要，那么我就会享受近百年的安宁，直到百年之后，定然会出现这样的人，不仅重复了我的困扰，还将行之有效地完成这一任务。如果是这样，那么我想，我可以休息了，因为我知道我这一生的工作已经顺利完成。

劫难，对我而言是懵懂的。同样让我懵懂的还有人的再生以及灵魂转世。我开放了我的胸怀，接纳了印度教有关再生的理论，并结合我自己的生存环境，找寻指引我再生的启示。当然，我也将找寻信仰再生的见证。信仰，只是昭示了我信仰的现象，却没有告诉我信仰的内容，我必须找到经验和信仰的重叠点，才能接受它。可是，尽管我努力搜寻有关这方面的蛛丝马迹，但是我始终没有找到这方面有让人信服的证据。但是近来这种情况发生了改观，我的梦给予我新的启示。这些梦，似乎向我剖析了一位故去老友转世的过程。可是我并未在其他人身上做过类似的梦，这就注定了我的观察是单一的、主观的，缺乏比较的参照物。我只能提及它的存在，却无法进行深入的研究。可是就是这样的经历带给我全新的变化，虽然我还不能做出一种确切的解释，但是我看待问题的视角却发生了变化。

我们做一个假设，假定生命在“那边”得以延续，那么存在的形式只能是精神而非其他。之所以是精神，是因为精神生命对空间与时间的要求并不高。精神存世，尤其是我们密切关注内在的形象，是我们思辨神话的主要元素。我们将生活想象成为一种形象世界的延续，同理，精神很有可能是死亡之地的沃土。

从心理学的角度上看，探索来世似乎是老人精神生活的主要内容。人的年龄越大，越喜欢观察、思考，这时内在形象便在人的生活中发挥越来越大的作用。“尔等老者，该做异梦”，这也从侧面证实，老人的精神并非枯木般僵硬死板，“灵丹炮制迟，疾病入膏肓”。步入人生的冬天后，记忆开始出现在灵魂之眼面前。在对过去的反思和思考中，人们开始结合内在的形象和外在的形象给自己以客观的评断，这似乎是为转世做准备，就像是柏拉图认为：哲学是死亡的先行者一样。

内在形象防止我坠入自我反思的深渊之中，很多老人会因过度重现往事，而被这些记忆牢牢地束缚住。这种反思若是人精神的投射，而且这种投射还能具体化，那么反思就像是借助后退所产生的推动力，让人跳得更远。我想找到贯穿我人生的那条主线。

按常理说，来世的概念大多是人先入为主、自以为是的想象。所以，在很多关于来世的描述中，来世宛如天堂。可是我却不这么看，死后被引导到鲜花怒放、草木葳蕤的圣地，在我看来，几乎是不可能的事情。如果来世的一切都尽善尽美，那么我们同我们祝福的灵魂之间应该存在某种善意的、友好的、长期的交流，甚至我们在转世之前，那个世界会传达一点善意。可是，生与死不可逾越。另外，但凡讲述同死者不期而遇的故事大多是恐怖故事。而且现实亦如是，不管我们在棺椁面前如何痛不欲生，它回应我们的只是沉寂和冰冷。

我控制不住我的想法：世界的本相是一元的，对立物荡然无存的来世无法存在。那里亦有自然，而那里的自然也是上帝的自然。我们死后将进入一个可怕而又恢宏的世界，这个世界如同上帝抑或是我们所探索到的有限的自然界一样。在这里，痛苦如影随形，并未消失。我的这种思想得源于1944年的幻境经历，放弃肉身束缚，方能窥见本源。不管是黑暗，抑或是人情冷暖，全部消失不见。让我们重回幻境，想一想那块黑色的花岗岩石头，代表着什么？创世的土地上如果十全十美，无懈可击，那么创造还有什么必要，我们还剩什么渴望呢？为什么佛神不关心人同创世呢？为什么他们不关心无休止的轮回呢？追本溯源，是因为佛将“空”同已存的痛苦对立起来，基督徒呢，则希望今世事今世毕。

在我看来，来世还是有某些局限存在的，而死者的灵魂只能慢慢摸索解脱的界限何在。在“外部形象”中，必定蕴含了某种决定性的因素，而这种因素同整个世界制衡，对什么样的灵魂要去转世起决定作用。我觉得，相较于永恒，部分灵魂应该更喜欢以三位一体的形式存在，可是这可能要取决于灵魂从人世中获得多少完满性。

当灵魂到达某种阶段时，三维生活对于它们而言，便没有意义了。已经达到某种高度的理解，将它们重现的欲望扼杀，那么灵魂便也没有回归的意义了。这个时候，灵魂便从三维世界中烟消云散，达到佛教所说的“涅槃”的境界。但是如果还有一次劫难未度的话，或者灵魂的理解还需要完成，那么灵魂会再度同欲望纠缠，再次转生。

就我而言，我之所以转世肯定是同追求理解的欲望纠缠不清。因为，追求理解是我人格中最为强烈的因素。永不止步的探索欲望，已经催生出一种意识：世间存在什么？什么事情会发生？不可知物给我们以什么启示？这种启示同神话之间有无联系？

我们尚无证据证明任何事物都能得到永恒，我们至多可以说，我们的某部分精神在肉体死亡后，还会以某种形式继续存在。但是我们并不知道，那些继续存在的事物同其本身之间有无关系。如果我们觉得必须就这个问题达成某种共识，那么我们或许可以以精神解体现象中所知道的情况作为研究对象。大多数的情况下，分裂的人格都以人格的形式出现。似乎情结本身便是有意识的，精神病患者所听到的声音也是人格化的，这方面的问题，早在我的博士论文中便已提及。如果我们愿意的话，我们可以将这些情结归类成为意识得以延续的见证。同样，不管是因脑部重创，还是精神崩溃导致的假死，得到的观察结果，都可以作为这种假设。因为在这两种情况下，意识已经丧失对外界的感知能力，这个时候大脑皮层即意识中枢已经停止工作。这个时候，人明显处于潜意识的控制之下，而这种现象只是意识能力的一种顽强存在。

人的自性是永恒的，它同时间、空间乃至尘世中人的错综复杂的关系，倒是可以用我的两个梦来表示。

既是有限也是永恒

1958年时候，我梦见在家中的我忽然看见两个“不速之客”——两个镜片状闪耀金属光泽的圆盘，那是飞碟。飞碟在屋顶上画了一条锐角弧线后，沉入湖中。而后，另外的不明物体向我飞来，在距离我将近500码的地方盘旋片刻，而后飞走。俄而，又有一个物体从空中急速飞来：这是透镜，金属铸造，可以延伸。当它延伸到一个箱子状的幻灯处，也就是距离我将近60码的地方时，它不再动弹，将光投向我。而此时的我也变成了一个圆形透镜，如同望远镜的镜片一般。我从梦中醒来后，梦中的一起依然历历在目。我不禁想道：“一直以来，我们都认为飞碟是我们的投射物，但是我们却从来没有想到过，我们是飞碟的投射物。我，卡尔·荣格，便是被这个幻灯映射而成。但是是谁操纵这种映射呢？”

在此之前，我曾经做了一个有关自我和自性之间问题的梦。在这个梦中，我正悠然自得地行走在乡间的小路上。艳阳高照，视野开阔，我行至一个小教堂，发现大门轻掩，我便走了进去。里面的情况让我很诧异：既没有供奉圣母，也没有标志性的十字架，祭坛之上竟然是奇花异草。这时一个盘腿而坐的信徒映入我的眼帘，他在沉思。我定睛一看，这个信徒竟然有一张和我一模一样的脸。我大惊失色，旋即惊醒。醒来的我想到："他不就是设计我的那个人吗？他定然在入睡，而我便是他的梦。"我知道，当他梦醒，我便消失了。

这个梦是在1944年我痊愈后做的，这是一个暗喻：我的自性正在思索将我的尘世设计什么样子。换句话说，自我以"人"的形象出现，以便适应这三维的存在，宛如一个陆地上的旱鸭子换上潜水服便能在大海中行走一样。当确定不再转世的时候，自我的存在便有一种宗教色彩，这和梦境之中的教堂吻合。在尘世的形体中，它经受三维世界的种种体验，通过更大程度的意识，向体现靠拢。

梦中的信徒代表的是我生前的完整的意识，梦中还表示，远东，是一种同我们并不亲近，而且同我们截然相反的精神状态。和幻灯大同小异的是，信徒的沉思代表的是我的经验现实。通常我们会反向看待这个因果关系：曼陀罗是潜意识的"儿子"，它以完整的原型或者完整的正方形来表现自己。不管我们什么时候想要表现出一种完整，都不得不选用这种形体。我们是一座摩天大楼，而根基便扎驻在自我意识之上。自我，如同太阳，我们的世界笼罩在它的光芒之下。我们便是用这样的视角看待这个纷扰的世界，我们都无法知道我们所看到的阴影形体有多少产自我们的意识。肤浅的观察者在做完第一种假设后便浅尝辄止，倘若他们更加仔细的研究，就会发现，潜意识所产生的形象并非以意识为母体，而是有自己的自发性和现实性。遗憾的是，我们却认为这点可以忽略不计。

这两个梦意欲何为？无非是想混淆自我意识和潜意识之间的关系，并将潜意识打造成经验人格的制造机。在"另一方"的见解中，我们的潜意识是千真万确的存在的，而我们的意识则是镜花水月的幻觉，甚至是为专门目的而专门设计的现实，如同梦境一样。不过，只要我们尚在其中，那么这种"幻觉"便是现实。这种情况，极类东方的"虚幻"。

由此，我明白了潜意识完整性的意义：它是全部生物事件和精神事件的导师。它竭力争取实现获得全部意识的目的，这是不能改变的任务。获取意识，从广义上说，属于文化范畴，自我，则是达到这个目的途径。东方人赋予自性以神性意义，根据古代基督教的观点，有关自我的知识，便是通往认识上帝的途径。

对人而言，人是否和无限挂钩，才是决定性的问题。当我们确定哪些无与伦比的事物是无限的，才能避免将我们的精力浪费在无所谓的活动上，才能将我们的经历凝聚到那些真正有意义的目标上。我们要求世界承认，不管是我们的才能还是我们的美，都是不折不扣的财富。人越是炫耀那些虚假的财富，便距离本质的事物越远，他的生活便充满了各种不足。因为他的目的极为有限，他觉得自己受到了束缚，如是羡慕、妒恨便应运而生了。倘若我们能看到，我们的生活将永远延续，那么欲望和野心将会大大削弱。归根结底，我们重视什么在乎它的本质，倘若我们不知道珍惜这种本质，那么生命就会出现浪费。而处理人际关系的重中之重，就在乎这种无限关系是否会表现在这种人际关系之中。

被自性牢牢束缚的人，只有接触极限，才能了解极限。自性往往表现成为“经验”：我仅此而已。我们同潜意识之间的无限联系，建立在认识到自己受限于自性的前提下。在这种认识中，我们会发现，我们既是无限的也是有限的，这个便是那个。如果能认识我们自己在我们个人的组合体中是独特的，我们就有能力认识到无限。

这个时代侧重扩大生存空间和理性知识，因此，要求人们意识到自己的独特性以及局限性就变成了最高的挑战。独特性和局限性这两个词可以互换，如果没有达到这两点的话，就不可能领会无限，更不会上升到意识的高度。而表面认识充其量，就像那些身怀政治野心的人，只会因自己是多数派的而沉醉不已。

我们时代的特性是人同世界都变成了恶魔，因为我们将注意力全部放在了当下。不管是独裁者的出现还是他们所带来的接近毁灭的灾难，都是因高级知识分子目光短浅，并剥夺了人们的超越感而造成的。在独裁者的带动下，越来越多的人成为潜意识的奴隶，这同人类的任务南辕北辙——人类的任务是通过意识，辨别潜意识。人，不能在潜意识上坚持己见，更不能借用同一的潜意识元素，来逃避命运加诸给他的创造出更多意识的任务。从我们的认识角度出发，人类存在的目的，是在黑暗之中，用意识点燃火光。甚至可以这样臆断意识和潜意识之间的关系：正如潜意识可以作用于人类思想一样，意识也可以作用于潜意识。

第十二章
后期思想

有关我的任何传记，都必须将我的下述思想囊括其中。没错，这些思想都是一些让人觉得艰涩的理论，但是这些“理论”如同人类本能，不仅是我自身的一部分，还是我的基本功能。

基督教教条中，最让人瞠目结舌的教义在于，众神中存在一种变形物。这种变形物，即一种从此到彼的历史变化。这种新神话的表现形式在于同诸神发生矛盾冲突，其实在早期的创世神话中便已经显现出了这一点，比如造物主便有敌人——蛇，它通过有意识、有选择地增进人类的某些知识，从而让人类开始不再盲从于诸神。第二个暗示便是天使来到人间，这是潜意识内容早期作祟于人类世界的结果。这些天使仅仅代表他们的主的思想，除此之外，再无其他。堕落的天使也就是“黑天使”，他们往往狂妄自大，不可一世。其形其行，类似于今天某些独裁者：这些“黑天使”同人类交媾，生出巨人。而巨人竟然宣称，要吃掉人类。《以诺书》便是这样记载的。

《旧约全书》中曾经详细描述了神话发展的第三个阶段——上帝同人神圣的结合，也就是上帝用人的形态发挥自身最大的力量。在基督教还没有发展完善的时候，这种神话的雏形——基督在我们之中的观念便已经被提纯。此时的潜意识已经登堂入室，大摇大摆地进入内心体验的王国，并传递给人他在那真实形体中所看到的一切。这是至关重要的一步，对人如是，对造物主亦然。在那些已经走出黑暗的人的眼中，上帝已无恶质，且尽善尽美。

这个神话持续了千年，在这段时间内不仅无懈可击而且意义重大。可是这一切，都在11世纪时发生了变化，此时意识已经开始显露迹象。从11世纪开始，焦躁和疑虑开始日渐增多，这种情况一直持续到20世纪末还没有消减。这个时候，世界上开始频频爆发大灾难，而灾难最开始都是以意识产生威胁开始的。这种威胁的根源叫“自大症”，换句话说便是意识的狂妄自大，它断言说：“人才是最伟大的，人类的行为才是最伟大的。”基督教神话的超然被粉碎成齑粉，随风四散，“来世得完美”的观点也不能例外。

光明和阴影，是造物主的两面。阴影和光明如影随形，这种情况在12世纪开始出现高峰值。邪恶在基督教中发挥了越来越大的功效，光明正大的不公正、独裁政治、说谎成风、欺凌众人、良心泯灭等问题，都开始出现。最为直观的邪恶就像是俄罗斯民族，邪恶简直成为一种永恒，但是这种邪恶大规模的爆发却是在德国！邪恶肆无忌惮，基督教在20世纪已经被糟蹋得千疮百孔。面对这样的情况，即使我们的洁身自好也依然于事无补，邪恶依然存活于世，我们必须学会驾驭它，才能同它共处，却又不至于爆发可怕的后果。除此之外，别无他法。

不管怎样，我们都要调转我们的航向，转变我们的思想。接触邪恶有可能让我们屈从邪恶，危险巨大，所以我们不能再屈从任何事物，包括所谓的“善”。倘若我们奉“善”为至尊的话，那么善会为我们招来麻烦。并不是说善不好，而是执着于某物的“瘾”都不好。不管这种“瘾”是来源于烟酒、咖啡还是善恶。我们必须警惕一点，善恶之间的区别并非如我们想象般泾渭分明。以前的伦理标准十分简单——但凡善的便不遗余力地执行，但凡恶的要深恶痛绝地避免。而现在，想要认识到恶，就必须以善作为参照物。善恶，俨然变成了像是一个矛盾中的两个方面。

换言之，善恶的分界线变得模糊了。我们必须认识一点，无论善恶，都是一种判断，而人的判断难免有谬误，所以不存在永远正确的判断。倘若我们迷信我们的判断，那么我们很有可能成为判断的牺牲品。伦理问题受到这个原则的影响，导致我们看待道德问题有些拿捏不准，即便如此，我们还是可以判断一些伦理问题，进而做出决定，只时判断的内容要受制于时空瞬息万变的条件，并根据此条件做出不同形式的回应。换言之，善恶界限不分明，并不意味“善”“恶”分类，而做出道德判断的情形总会伴随着带有特征性的心理后果。正如我的反复强调的那样，一切皆在重演，倘若我们在未来随心所欲地做错事，那么我们的灵魂必会遭受报复。因为道德评价以道德信条中岿然不动的信条为准绳，而这种准绳能精准区分何为善何为恶。我们须知这种基础并不确定，所以人对于伦理问题的处理可以被看成一种创造性的行为，还有主观色彩太过浓重。在上帝的首肯下，我们方能相信其确实性。换言之，潜意识方面必须具有一种自发的和决定性的冲动，而伦理本身，却不会被这种冲动左右。我们面对伦理的时候心情更为矛盾，因为谁都躲不开在伦理上做决定的处境。若需要我们在伦理上做这个或那个的决定，这实在是很苛刻的一件事，甚至在某种情况下，自由的我们不得不去从事一些别人以为是恶的善事。这句话也可以理解为：印度哲学为我们提供了可以援引的格局：无论是善，还是恶，我们都不能屈从其中之一。对于那些已知事物，道德信条的存在没有意义，因为既有的观念中没有任何新鲜之处，但是面对未知情况，我们只好自行做出伦理的选择。在心理学出现前的时代中，这样的选择被认为是“职责冲突”。

总的说来，看不出自己有做决定的潜力的人们，其实是没有办法有这种意识的。

相反，他们焦躁不安，左顾右盼，希望有智者或者其他别的什么将他引导出这种无所适从的环境中。之所以会出现这种情况，除了人固有的弱点之外，教育也难辞其咎。传统的教育不过是那些老一套，却对私人性的体验的神秘闭口不谈，所以，教育所传授的往往是那些理想性的行为或者信条。而人们往往对此心知肚明，但是却无法做到。正如那些政客，每天都将理想挂在嘴边，但是他们却清楚连自己也无法做到，也根本不打算这样做。更可恶的是，对于这种教育的价值取向，始终无一人敢于质疑。

这个问题在今天已经被提及，只有这样才能探索有关恶的问题的答案。想要知道问题的答案，首先便要求人们有自知之明，并且最大限度地懂得自己的完整性。如是，人才能知道自己为善怎样，作恶如何。还要小心谨慎，以免混淆彼此。二者皆是天性，在人身上共存，无法逃避，亦不能自欺。

遗憾的是，尽管今天很多人对于自己有了一定的认知，但是绝大部分的人却没有具备在这种水平上生活的能力。这样的自知之明之所以重要，是因为它更接近我们本能的核心，而这个核心恰恰是制约我们意识做出伦理决定的先天动因。这个核心包含着潜意识，以及潜意识内容，对此我们无法做出终极性的判断。但可以肯定的一点是，我们的判断是完整的，因为我们从来没内在有在认识方面为其加以限制。通过科学，我们了解了自然，科学扩大了我们的知识，而我们的知识拓展了我们的意识。所以说，真正的自知之明同科学，尤其是心理学息息相关。毕竟没有人能不懂而仅凭善意就制造出望远镜和显微镜。

我们的时代需要心理学，因为心理学同我们的生存息息相关。当纳粹肆虐的时候，人们常常感到迷茫，根本原因在于我们要么对人一无所知，要么只有一些片面的、歪曲的了解。

倘若我们有自知之明，这种情况便不会发生。我们面对的是恶，然而恶是什么？我们却一无所知，遑论同其做斗争了。即使我们知道这个恶，恶为何在此发生？我们却依然无法理解。曾经有政客天真骄傲地自称缺乏“作恶的想象力”，这种说法很是中肯，我们缺乏“作恶”的想象力，但是并不影响恶将我们玩弄于股掌之中。面对恶，要么一无所知，要么同流合污。

世人的心理无外乎这么两种：一些人自认得到基督庇佑，可将恶踩入尘埃；一些人则屈从于恶，眼中再也无善。恶的势力，在今日空前巨大，已经成为一个不容忽视的“大国”了。一部分人依靠人类集体的推理制定教义，强大了自己；另一部分人，则因为缺乏同这种情形旗鼓相当的神话而变得孱弱。这种两极分化的情况，正在基督教的王国中上演。基督徒们正在沉睡，并试图将千百年一直沉寂的神话再度唤醒。可是对于那些发表了神话性的观念，并对黑暗冲动有一定看法的人，世人却无法容忍他们的存在。就像是弗洛拉的乔奇姆、梅斯特·埃克哈特、雅各布·波伊姆，他们被世人认为是不开化的蠢蛋，似乎只有教皇保佑的乌斯十二世，才是让时间变得美好的唯一光明。可能很多人并不能理解我现在这样说指的是什么，他们并没有意识到，宗教就像是一株植物，当它不再生长的时候，意味着它已经完蛋了。

我们的神话已经噤声，不会做出任何的回应。过错不在于它，而在于我们。是我们，不仅没有培植它，并且压制发展它的发展。

基督曾说："你如蛇般聪明，却如鸽子般无害。"可是人为什么要跟蛇一样狡黠呢？而狡猾的蛇和和平的鸽子之间又有什么联系呢？基督还说："返璞归真，变成儿童。"可是谁有耐心去想小孩究竟是什么样子的呢？基督大摇大摆地进入耶路撒冷，并顺手牵走了一头驴，怎样用道德原则证明他的做法是合理的呢？随即，他还莫名其妙地诅咒了无花果，这到底是怎么一回事呢？那不仁的管家预示着什么？被收入《耶稣语录》中的话，"信徒们啊，倘若你对你的所作所为洞若观火，那么你便可以承受福祉；倘若你对你的所作所为一无所知，那么你便要承受诅咒。"这句话对于认识我们的困境有着怎样的启示呢？甚至圣保罗的忏悔词也不知所谓，他说："非我本意，而我作恶。"我不想再继续讨论《启示录》中没有任何深度的启示了，因为那些就像是平坦的地面那样一目了然。没有人会相信这样的预言，而他所有的论题都让人觉得不尴不尬。

被遗忘的人的灵魂

"邪恶何处来"的问题一直困扰着诺斯替教派，而基督教并没有为这个问题找到答案，倒是奥利金曾经提过一种新锐的观点，但是这种声音淹没在反对和抨击他的观点中了。今天，我们必须面对这个问题了，但是我们却茫然无措，不知道该何去何从。似乎这样的观点从来都没出现在我们的脑海之中。我们需要神话对我们进行救赎，可是到底是什么神话能让我们免于沦入苦难的轮回呢？政治局势动荡难安，科学上取得了让人触目惊心的成果，我们被恐怖事件以及那些灰暗前途所骇住，但是我们却只能听天由命。只有极少数的人，把已经遗忘在角落里的灵魂问题取了出来，并拂去灰尘。

"圣灵"显圣开始频繁出现在信徒身上，似乎他们就是"上帝之子"，这昭示神话得到了进一步的发展。通过这些"上帝之子"，很多人都分享了这样的确定性：他们同地球上的生物有所不同，他们可获得两次新生。他们可见的、客观的物质生命在这个世界上，但他们的根紧系神性。就像是基督教有关救赎的神话说的那样，不可见的、内在的人，将返归最初意向的完整性中，最终归于永恒的圣父。

如果说造物主是完整的，那么他的子民们自然也是完整的了，完整的观念自然固若金汤，可是不知道从何时起，这种完整的观念产生了裂痕。光明和黑暗，乘虚而入。而在基督出现之前，便已经预见了这种后果，不管是约伯的体验还是《以诺书》中都有相关的记载。在基督教中，这种形而上学的分裂保持了很长时间。比如说，撒旦在《旧全约书》中还被看成是上帝的最亲密的伙伴和最虔诚的仆从，然而今天，撒旦是邪恶的代表，是上帝的对立物。其实早在11世纪初，便出现了一种说法：创造的世界是撒旦而不是上帝，因此，撒旦是无法根除的。“黑天使的神话”已经清楚无误地告诉我们：“黑天使”教会了人们危险知识——科学和艺术。在基督教教史的下半部中，这种论点始终挥散不去。如果讲述这些古老知识的人出现在此时，那么他们将会对广岛说些什么呢?

雅各布·博伊姆是最早意识到上帝是自相矛盾的，他为神话的发展做出了贡献。而分裂的上帝体现在博伊姆的画下，便是曼陀罗。因为在内圈中，还有两个背靠背的半圆。

教义认为，不管三位一体的哪个部分，上帝出现时都是完整的形象。自然了，这种完成会渗透到圣灵之中，换而言之，每一位上帝的子民拥有这种完整。其实上帝所蕴含的对立性也进入到了人的身上，不是完整性而是作为矛盾对立的形式进入的。上帝不仅是光明的化身，还是黑暗的代表，两者相互对立斗争的过程，正发生在我们的时代里。遗憾的是，那些人文学科的教师们，却没有意识到这个问题，而明了这个问题，本应是他们的职责所在。我承认，我们面临一个时代的转折点，可是我们时代的人却认为，只有核裂变、核聚变、宇宙火箭，才能称得上是伟大，而对心灵中所发生的一切，大家视若无睹。

从心理学的角度看，上帝的形象是精神产生的根源，如果上帝的形象一分为二，且对人类产生显著影响的话，那么上帝的这种分裂就会深入世界政治中去，进而产生补偿现象。这种补偿采取了统一性的表现形式，类似于一个圆圈。这个圆圈意味包含于精神中的两个对立面的综合。在此，我想提一下世界上盛行的有关UFO的流言。这种流言早在1945年便甚嚣尘上，大多是人们看见了来自第四维的太空飞船，这些流言要么是人的幻觉，要么是实际现象。

1918年的时候，我曾经对潜意识展开过调查。在调查过程中我发现，曼陀罗符号是一种具有普遍性的符号。为了证实我的发现，我花费了近10年的时间去搜求材料，之后，我公布了我的发现——曼陀罗的确是一种已经被时代证实了的原型意象。曼陀罗的原型意象代表精神基础的完整性，意味着我性具备完整性。也可以这样说：神性加诸人身。现代曼陀罗同博伊姆的观点大相径庭，前者强调的是一种统一性。这种统一性是对心灵破裂的一种补偿，或是对即将出现的心灵破裂提出预警。这种补偿发生在潜意识中，所以它便让自己表现出来，并用广为流传的幽浮事件来证明，它们作为一种精神征兆，无处不在。

分析疗法会赋予“阴影”以意识，如是便造成了分裂双方的矛盾不可调和。这种尖锐的对立让它们不得不在统一中谋求补偿，而完成这种转变的工具便是符号。当矛盾不可调和的时候，我们必须认真对待。倘若我们不这样做的话，我们的精神承受能力就将达到上限。

逻辑，似乎没有被证明是有价值的：焦头烂额，无计可施。倘若一切顺利发展的话，那么解决办法就会瓜熟蒂落，似乎只有这个时候，它才是有说服力的。人们会认为这种办法是一种“天恩浩荡”的表现。不可调和的矛盾之中蕴含了解决办法，我们也可以认为它是潜意识和意识各种因素混合而成的，宛如一张纸币，虽然被撕成了两半，但仍然可以拼凑成完整的纸币。它，是潜意识和意识相互妥协的结果，并以和上帝形似的曼陀罗的形式表现而出。曼陀罗发乎内心，是两方互相妥协的产物，它以一种质朴的样式来表现这种完整观念。

最初的时候，对立产生于自我之中。但是这种冲突很快让人顿悟到，主观冲突不过是一个独特的例证，其本质依然是双方的矛盾。我们的精神结构同宇宙的结构并无二致，在宏观世界中发生的一切，都要在微小的主观世界中重演。由于这种原因，我们可以断言，上帝的形象是一种事物在内心的投射。

这种形象通过一种具体事物来表现，而这种具体事物便是内心体验的原动力。从诞生伊始，这种具体事物便神秘莫测，这种神秘，也成为这种具体事物的主色调。我不禁想到了曼陀罗的初始表现方式：将圆二等分或者四等分。借助这种方式，想象力让自己从具体中解放而出，并试图将那些不可见的用现象后的某些事物表现出来。

这样的体验具有双面性：可能会对人类有所增益，也可能给人们带来灭顶之灾。因为如果人们不能把握、理解、驾驭这种体验，那么就对这种体验无能为力，而只能将其归类为不能逆转的。人们开始意识到，它们并非是从自己意识上分裂出的事物，便认为其是超能力，甚至是撒旦或者基督。人们对精神实质一无所知，而对于潜意识的认知手段又只能是精神，而科学之所以为它冠名为潜意识，实际上已经将对它一无所知的情况和盘托出了。对于超能力、撒旦、基督等等形象，我们无从肯定却也无法否定，但是我们却可以确认一点真实：潜意识的确和某种客观但是不在精神范畴内的事物有联系。

我们所经历过的事情，未必是我们知道的事情。打个比方说，我们并不会去主动制造灵感和幻觉以及梦境，但是这些东西却自然地出现了。以这种方式发生在我们身上的事情，可以说是一种超能力。这种超能力可能来自魔鬼，也可能来自一位天使，也可能来自超能力或者我们的潜意识。魔鬼也好，天使也罢，甚至是超能力，都可以唤起神秘的情感，但是潜意识，因为太接近现实的缘故却显得平淡无奇。潜意识衍生出了经验的王国——我们目所见、耳所闻的平凡现实。“潜意识”这个词，不仅平淡而且被合理化，因此它对想象力的驱动十分有限。归根结底，“潜意识”此词是为了科学而创造的。它适合纯粹的客观——没有形而上学，没有感情色彩，但是不大适用于那些超越了的经验的观念，因为这些经验属于一种狂热的论战性的病因。

我对于“潜意识”这个名词十分的喜欢，原因呢，自然只有我知道。如果我想用神话的语言来表述，上帝和撒旦就是无法不提到的字眼。但当我的确使用了神话语言时，我知道，撒旦、上帝对应的不过是潜意识而已。换言之，上帝、撒旦、超能力同潜意识不过是半斤八两。但人们总是对前三者知道得更多，因为人们总是觉得信仰远比科学概念能给自己带来实质的好处。“魔鬼”“上帝”的概念好处多多，最大的好处在于能让水火不容的东西变得客观，并赋予它们人格。而正是因为它们有了生命同情绪，所以爱恨交加、恐惧、敬畏，开始粉墨登场，并演出一场扣人心弦的大戏。本来只是“展示”，但是这“展示”却变成了“行动”——人同现实的博弈。只有到了这个时候，人才会变得完整；只有这个时候，“上帝才会出现”。换言之，上帝出现在人的世界中，和人自然而然地产生关系。上帝通过“化身”，取“自我”而代之。这同耶稣说的话完全一致：看见我即看见天父。

当然，我们由此也能看出神话术语上的缺点。基督教渲染上帝是创世主，无所不能，无处不在。当上帝想变成人的时候，上帝便隐匿于相对于原型而言过小的人体之内。很难理解，人的皮囊为什么没有被上帝撑破呢？神学家赋予了耶稣以超人的性质，所以耶稣本人没有原罪。而之所以耶稣没有“污点”，是因为耶稣是神人，或者人神。基督教中上帝的形象同这个形象无法化身成经验性的人是不矛盾的——只有很少的人被神“钦点”，成为神的代表。

神话亲一元论，远二元论。可是官方的态度同它截然相反，二元论被奉上上帝独居的神殿，被冠以永远的黑暗敌对者的名号。在这种体系内，不管是库萨的尼古拉斯哲学的敌对性和复杂性也好，还是雅各布·博伊姆的道德矛盾性也好，都能获取一席之地。只有这样，上帝才能成为唯一，将矛盾双方整合成为一个综合的整体。

这样的情形并不罕见，由于其性质特殊，象征物完全可以变成一条纽带，将对立的双方维系在一起，并让两者永不分离，互相补偿增益，并让生命更加有意义。这种情况一旦发生，那么自然之神的矛盾便很容易理解了。反过来说，上帝必须化成“凡夫俗子”——基督教义的本真——的神话，可以被理解成为人创造性的正视双方的对立。这种正视，可以认为是双方在“我性”这座大工厂中被熔炼在了一起。创世神的形象中所蕴含的尖锐的对立矛盾，落在炼金术上的表现便是对立物的相合，钟摆在神秘的统一和我性的统一之间摇摆不停，终于找到了一个共同点。在我性的认知中，此次妥协的双方非是“上帝”和“个人”，这种妥协发生在上帝内部对立的双方。这可以看成是人奉献给上帝的功德。就像是光明孕自黑暗，造物主意识到了自己要创造，人意识到了到了自己本身。

在十数年的探索中，我的神话理论逐渐完善。我认为一定存在某个目标，让人们一边适应预定的规划，一边让这种适应的过程有意义。这样的目标是我所认可和崇高的，这样的目标让我满意。

人类的思考，让他从自然界脱颖而出，让他证明大自然对意识的重视，让他见识了世界的存在。于是，人类便拥有了自然，证明了创世神。倘若没有意识，那么这个世界便不会充满了各色纷呈的现象；倘若没有意识，造物主便永远无法意识到自己，而如果造物主没有意识到自己，那么就不会发生这样的情况——人类历史延续千百万年，各色物种和生物陆续出现。

通过自然史我们得知，经过数百万年的物竞天择，物种们经历了各色挑战和机遇。人类的生物学史同政治史，从本质上讲，几乎没有什么分别。但是思想史却一枝独秀，因为在这个方面，意识介入了宇宙起源学说。意识是可怕的，导致人们开始怀疑，世界的真谛其实藏在那些混乱却没有意识的某处。通往意识的道路，最终被智力发展水平参差不齐的热血脊椎动物铺平。从表面上看，意识似乎是“偶得之”，但寻找意识的过程，却似乎一直被一只看不见的手推动向前。

“上帝的话”这么说

我并不敢说，我勘破了人类和神话意义的真谛。但是我认为，这是双鱼座在遥遥无期的时间终于过去之前所说的话。而且要将水瓶座考虑在内，因为双鱼座离开，意味着水瓶座正在到来。水瓶座坐落在双鱼座旁边，双鱼座的形状如同两条头尾倒置的鱼组成的组合，而水瓶座似乎代表着我性。水瓶座之水流入双鱼座的嘴里，而双鱼座象征的则是一个没有意识的儿子。有关于此的潜意识内容，过了两千年才真相大白，由摩羯座的怪异性显现出来：它是一个怪物。它代表的是高山和深海，所以它体现的是两种截然不同的动物构成。这种奇异的生物，可以很容易地变成最初造物神的形象。在这个问题上，我只能保持缄默。就如同若非是经验性资料——即同我相熟的人的潜意识的产物或者历史文献，我将无法使用一样。顿悟若非是自然之果，那么苦思冥想并不能嗅见其芳香。只有当我们拥有有关水瓶座漫长发展的第一手材料时，苦思冥想才不是无用功。

意识的长河蜿蜒几何？它将流向何处？我们皆一无所知。“我”，是创世故事中的新元素，找不到“我”的对应物，就不知道“我”的潜力到底怎样，前景如何。他的命运会不会和曾经在地球上雄霸天下，但是现在已经灭绝的物种的命运相仿？即便是生物学家，也无法提出有关这方面绝对不会出现的足够的论据。

当我们想要表达人对于宇宙的世界观时，神话是一个不错的解释工具。因为神话中的内容，包含很多元素。这些元素是精神的花朵，是意识和潜意识交媾产下的孩子。无意义论意味着人类并不完美，等同于人类已经得病了。有意义则不然，它能让很多事物青春永驻——甚至是一切事物。神话的地位科学无法撼动，而神话绝对不会移植到科学的沃土之上。

上帝并非是神话，而是解释了人身上具有的神圣性——生命。我们并非是创造神话的主体，恰恰相反，神话是以“上帝的口吻”讲述给我们听的。当上帝的声音在我们耳边回荡的时候，我们无法区分那是上帝的声音还是上帝本身。上帝的声音，让我们不自觉地承担了起自己的义务，并开始正视它。这种声音所说的“话”我们可能都很熟悉，甚至可能还有点人情味，不过上帝之声，似乎不受我们的独断专行的主观意识所影响。灵感是什么？我们无法给出一个精准的解释。但是灵感绝非是我们推理的结果，而是不知道何时不期而至的。而假如说我们偶尔做了一个有预见性的梦，我们又怎能把它等同于我们自己的能力呢？归根结底，我们往往一无所知。直到很久之后，才惊觉这个梦是一种启示。自然，这种启示可以是近处的，也可以是远处的。

我们之所以任由上帝之声选择我们做载体，是因为我们是献祭品，随时可能牺牲。因为上帝体内拥有矛盾，这充分说明，在上帝身上一切都能成为可能。真假、善恶、美丑，都有可能发生。就像是德尔菲神谕说的那样，神话是可以矛盾的。我们似乎不应该抨击理性，但是我们也要相信，当我们遇见问题的时候，本能会出现并帮助我们。

对于这个道理，最早的领悟者可能就是上帝。上帝想让我们反对上帝，“另外一种意志”通过上帝之声传递给人，并在思想、谈话、意向等等有限的事物内出现，正因如此，当人们用某些心理学上尚不成熟的术语进行思考时，便很容易将自己看作是万物之源，并认为，世间万物，皆出自他的自身。他如同一个小孩般天真，他知道他能力的范畴，也知道他身上具体有什么，但是他不知道的是，软弱的意识，搞破坏的潜意识，都是他前行的绊脚石。他甚至无法区分哪些东西涌自他的脑海，哪些东西是他经过严密推理而成的。这时候的他便无法再成为一种客观的度量，却又不能轻易地将自己等同于一种现象——这种现象是他在不断发展自身的时候发现的。初始的时候，一切都加诸他的身上，他费了九牛二虎之力，才成功地为自己打拼出一个小小的自由的天地。当他站在自由道路的起点的时候，他发现自己面对的是本能性的根基。这种根基与生俱来，且挥之不去。他的开始并非是他过去的延续，而是作为和他一样的永恒存在下去。他意识受到影响的程度，也和周围的物质世界并无二致。这些事实，变成了勇猛的拳头，从内外两个方位对他发起进攻。他只好将这些观念认定为是神的声音、神的启示。这些事实的作用，被他描述成上帝之音，或者是来自心灵的神秘灵感和启示。

想要增强个性化的感觉，没有比发誓和保守秘密更好的方式了。社会结构一稳固，人们对秘密结社的渴望便增强了。倘若没有实实在在的秘密出现，那么就要炮制出具有“特殊性”的首批信徒才能参与的秘密宗教仪式。玫瑰十字会便是典型的代表，在这些“人为”的秘密中，的确存在很多新入会者不知道的秘密，就像是很多会社偷偷地从炼金术的传统中截取教义那样。

追溯到原始时代，那些故弄玄虚的秘密，有着事关存活的重要意义。这些秘密，很好地补偿了个人化所匮乏的粘合力，让个性不断回归到群体成员的初始潜意识中，进而将部落变成一个整体。意识到人本身的特点后树立的目标，会让人们裹足不前，连教育也形同虚设。就像是因为参与某种组织，并获悉不为多数人所知的秘闻的人，从根本上也需要“从众”一样，不同的是，他们认为，他们从的“众”是和社会性团体所不同的“众”罢了。

在通往个性化道路中，有无数的驻脚点，秘密结社便是其中之一。依靠集体组织，进而实现个人的与众不同，到今仍在沿用。换言之，即便今日人类也根本没有认识到，与众不同本来是个人的任务。集体的同一性，不管你加入各种面目的组织，支持什么样的主义，都会大大影响个人任务的完成。这种集体同一性，只不过是护佑和避难所，跛脚人，在这里找寻拐杖；胆小鬼，在这里找寻庇佑；懒蛋，在这里找到安逸；不负责任的人，在这里得到了庇护。但与此同时，它还庇佑了穷困和弱小，为遇难的人提供希望；给孤苦伶仃的人送去温暖；给理想破灭万念俱灰的人点亮了未来；为迷途的羔羊提供了一个安全的羊圈，它简直就是一位哺育万民的伟大母亲。因此，若是认为这个驻脚点不过是一个温情的陷阱，便大错特错了。恰恰相反，作为表示个人生存的方式，它将在将来很长的一段时间里得以延续。所以时至今日，集体组织依然是社会根本，而个性却受到了前所未有的威胁。倘若有人在个性的道路上迈出步伐，就会遭受非议。人们会认为他狂妄自大、愚蠢透顶。

即便如此，人类中总不乏冒险者。出于某种充分的原因，这些人果敢地迈开步子，向着更广阔的天地进发。他翻检了摆在他面前的服装，生活中各式各样的形式以及风俗习惯，却发现没有东西是为他的前进所准备的，结果他只能只身前往，同自己为伴。他要同一个群体那样发挥作用，会有各种各样的观点和倾向，当然，这些观点和倾向不一定是沿着同一个方向前进的。实际上，他甚至会同自己本身产生矛盾，因为想要前进就必须将他身上的所有团结起来而后共同前进。他会遭遇很多的麻烦，表面上，他能在中间的驻脚点得到休养生息，但内心的多样性依然让他防不胜防。倘若他体内团结分裂，那么他便要放弃希望而后泯然众人。

秘密结社的新人们，已经获悉了原本不允许他们知道的秘密，单独前行的人却依然需要一个秘密。这个秘密，出于各种原因只能长埋心中。这个秘密，可以变成力量，激励他向着自己的目标不懈努力；这个秘密，可以变成孤独，让他成为精神病患者。如果是后者的话，那么他对他人甚至是对自己，都要躲躲闪闪，永远不能直面人生。

一般来说，这类人最后的结局是放弃自己的个人目标转而去追求集体一致性。而他之所以这样做，同他所处的环境、集体观点、信仰乃至理想，息息相关。环境很难被战胜，除非拥有一种秘密——害怕放弃的、不能泄露的、无法用语言表述的，甚至像是胡思乱想的秘密，才能防止这种倒退。

很多情况下，他迫不及待地需要一个秘密。只有秘密，才能让他从无法负责、无法面对的观念和行动中脱身。他如是做，同狂妄任性无关，只是出于一种迫切的需要。至于为什么有这样的需要，他亦无法解释。这种需要如同命中注定一样，或许是他生命中第一次同异己事物的亲密接触。在他的“领地”中，他以为自己是主人，而这种事物，展现出的力量却往往远超过他人性中最精要的部分。雅各的故事便是很鲜活的事例：雅各同天使摔跤，结果以臀部髋骨错位而告终，可是这次比赛毕竟防止了一次谋杀。

在过去的岁月中，对于雅各的故事人们深信不疑。可是如果现在还有人讲述类似的故事，那么只会收获别人不怀好意的笑声。他自然是不愿意讲述这样的故事的，因为他要保守一个秘密——即他是耶和华的私人信使。不管他愿意还是不愿意，他都拥有了不能同别人讨论的秘密。秘密让他同主流社会格格不入，只能离群索居。除非他能将“伪君子”的面具牢牢戴在脸上，否则的话，他的秘密最终将大白天下。若是企图两者兼顾，既要适应所在群体，又要追求个人目的，人的精神就会被撕成两半，变成精神病患者。现代的雅各，可能会永远保守秘密——他知道这场比赛并不公平，天使是两者中的强者。事实好像也证明了这一点，因为几乎没有人说过那位天使最终离场的时候是瘸着腿的。

精神的内在对立性

人们费尽千辛万苦，终于越过中间阶段，并到达了这段“从未有人涉足，也无法前行”的区域。在这里，没有路标为你指明方向；在这里，没有“房屋”为你遮风避雨；在这里，当你遇到闻所未闻见所未见的情形或者冲突时，没有先贤为你指路。大多数情况下，人们刚刚涉足这里，便被这些还未爆发的冲突吓倒了，于是匆忙退却。我不想苛责那些立刻拔脚就走的人，但是我也不赞同这种软弱和胆怯的行为，毕竟我的轻蔑不会伤他分毫。我只是想说，这样不战自屈，实在找不到可赞扬的地方。

如果一个人面对冲突的时候如果亲力亲为地处置它们，还要当着一位整日坐在一旁判断他对错的法官的面，那么，他就会发现是孤立的。不过，现在情况不同往昔了，因为他的生活中出现了不能言说的秘密——这是一场旷日持久的内心审判。他不仅是当事人，还是辩护律师以及陪审团。不管是世俗上还是精神上的法官都不值得信任，他对这样的法官的判决充满了厌烦，倘若不是这样的话，他才不会卷入到这场冲突来呢。这种冲突，以更高意义——超脱于凡俗的责任感作为前提，也正是因为此次冲突拥有这样的特性，才致使他罔顾集体判决。在这样的情况下，内心世界就变成了秘密宣判的法院。

这种情况的发生赋予了个人精神更多的意义。这种意义不仅仅是为集体和社会所明文规定的自我中心，而是根据个人价值量身定做的。内心冲突所造成的意识的成长，几乎没有什么能超越。原告再度提出了事实确凿而又出乎意料的佐证，那么被告也要找到相应的暂时没有发现的理由才行。行进过程中，外部世界得以进入到内部世界。借此，外部世界或者被无罪释放，或者倾家荡产。另外呢，内心世界已经高居法庭之上，身价倍增。可是明确的自我，已经不是原告了，角色对调，它成了被告。自我进退维谷，充满了矛盾和不确定性，它开始意识到，还有一种高于它，且反向的存在。

可以这样说，没有一种责任冲突，会的的确确地被“解决”，这种情况也许会持续到世界末日。但是这种责任冲突却可以被讨论、被制衡、被抵消。其实决定就在那里，不管是早还是晚，总会以一种意外事故造成的结果显现。一种矛盾，不可能永远左右实际生活，可是对立双方、对立状况并不会发生改变，甚至即便一方开始软化了也不会发生变化。它们会成为妨碍人格统一的罪魁祸首，并用二重化将生活变得复杂。

人的本能会意识到这种状态带来的痛苦和危险。人们会眷恋家中的美好，这里不仅温暖而且安全。只有这些，才能为人们剑拔弩张的精神提供一个庇护的港湾。父母遮蔽的天空自然是安全的，但是还有为数不少的人却发现自己不得不走上个性化的道路。他们无须太多时间，便能从自己的天性中嗅到正与反在对立。

正如一切能量孕自对立，精神也有其内在的向性，否则活力就将丧失。这一点，赫拉克利特很早便认识到了。不管是实践还是理论，都已经证实了向性是万事万物的本能。而这种向性同自我的统一性是截然对立的，不同于向性这种本能，自我的统一是经历了千年积淀并借助无数外力保护才得以形成的。自我的诞生，极有可能催生这样的情况：不管是高与低，冷与热，还是大与小，所有的矛盾双方在其能量在进行碰撞、交换的时候，都竭力谋求一种平衡。隐匿于意识的精神生命所蕴含的能量，先于生命而存在。这种能量最早属于潜意识的范畴，它慢慢靠近潜意识，并投射成超能力、神迹、撒旦等形象，而这些形象倘若为人所接受，便能反哺这种能量。当这种形象消失的时候，它便失去了这种控制。这个时候，经验上的人，也就是自我，就会将这种能量源泉据为己有。于是一种矛盾的现象出现了：一方面自我苦苦谋求占有这种能量；另一方面，它却被这种能量所占有。

但是有一点是我们始终坚信不疑的，那就是这种诡谲的情况只有在意识被看成精神的唯一存在形式时才会发生。如果这种情况在哪里再现，那么投射的内容便可以被先于意识存在的向性纳入其中，正因如此，这种投射的客观性和自主性才能被完完整整地保持下来，让自满无处容身。原型的年纪比意识大，这样方便它调试自己的角色同现时代相适应，即以意识物先驱的结构形式而出现。不管从哪个角度说，它都绝非我们自身之内的事物，相反，它所代表的事物可以在现实中有迹可循。它们只是具体观念中部分集体成分的阐述者，所以我们能断定，它们绝没有制约观念特殊性的能力。

自然，作为一种本能的属性，它们具有主观能动色彩，所以能引起或者促进固定形式的各种行为或者动机，进而产生各种能量。在某种特定的情况下，它们拥有强制色彩，从本性的角度说，它们的确是被魔鬼操纵的。

自我的诞生

倘若有人认为，通过这样的方式可以改变事实的话，只能说明他太过天真。不管我们为事物赋予什么名称，事物本身的性质不会发生任何的改变。即便我们用“虚无”来代替“上帝”的名声，也不会改变事实分毫，亦对我们的生活无甚影响。假如新名称有否定的含义，那么说明我们对待现实的态度尚有待商榷；假如新名称有肯定的含义，那么说明我们会从对待生活正确的态度中获得好处。如果我们将“上帝”替换成为“原型”的话，就等同于的我们对于“上帝”的实质性只字未提。“原型”只不过传递了这样的一个信息：“上帝”在我们的精神中只占了一席之地。但上帝先于我们意识的存在而存在，因此我们无法说上帝是我们的意识臆造的。我们没有让上帝高不可攀或者消弭无形，而是让上帝更接近我们触手可及的范围。后一种情况绝非无关紧要，事实上，倘若我们无法体会这项事物，我们会干脆否认它的存在。这种怀疑是一种常态，在我有关原始人的潜意识的试验中，我没有看到上帝的信仰者，却看到了无神论。

即便不是无神论，也是诺斯替教派，我衷心希望不是诺斯替教派，最好是类似潜意识的精神现实。要是潜意识能和具体事物相联系的话，那么潜意识就包含早期意识的各个进化阶段。人和人的全部荣光皆是在“创世”第六天创造而成，没有任何的过渡和衔接，这种说法在今天看来太过不合时宜，简单得让我们无法满意；很多人在这一点上达成了共识。对于精神的观点同样不合时宜：精神诞生之初，宛如白纸，它在纸上挥洒的样子便是自己的样子。

时光荏苒，人们最终掌握了真相——意识是种系发生性和个性发生性的附属现象。精神系统和解剖系统殊途同归，两者皆有千百年的历史。人体的每一个部分都能看到进化的痕迹，同时还残留了较早时代的迹象，精神也是如此。最早的时候，意识也是从动物的状态开始进化历程的。这种“进化”被我们看成是潜意识的，而且生生不息，几乎在每个孩子的身上都要重演一次。在意识没有攫取头脑的最终控制权之前，小孩的精神可以是一张白纸，当然也可以是别的：以让人认出的个人的方式在起着作用，此外还具有人所特有的所有本能及高级功能的各种先验的基础。

这种基础，便是自我诞生的沃土，是自我的培养皿，它贯穿人的一生。当这种基础不再工作的时候，那么自我便停滞不前了，而后死亡接踵而来。精神的生命对于现实的生命意义重大，在它面前，外部世界的影响相形见绌。倘若操纵它和驾驭它的内部源冲动原地踏步的话，那么瞬息万变的世界就变得意义全无。没有一种意识能够取代生命本能，因为这种本能由内而外激发，并体现在我们的身上。即使我们用“撒旦”的名字来为它命名，也不是什么新鲜事——早在远古时代，我们的祖先便这样做了。“撒旦”和这种心理状况相得益彰。但是即便我们用接近原型的概念来命名魔鬼的时候，我们也并没有增加什么，减少什么，不过是稍微接近了生活的本源而已。

作为一个精神病学专家，我对此感兴趣无可厚非。因为我致力于找寻恢复病人健康的基础，想要达到目的，就不得不扩充自己的知识。从总体而言，医学也以相仿的姿态前进着。医学上所谓的“成就”，绝非偶尔得到了什么窍门进而简化了治疗方法，恰恰相反，医学是循序渐进逐渐发展成为一门学科的，而非从其他学科中借鉴知识完成自己。

因此，我不想证实什么东西和什么原理匹配，我更关心怎样将知识应用到我的治疗过程中去。我的责任在于，对我所掌握的知识应用到治疗过程中的结果，进行报告和阐述。当人们将一种学科的知识应用到另外一种学科上时，那么新的问题便产生了。X光射线，倘若只能是物理知识的话，那么我们的医学知识将不会被丰富了。再比如放射疗法在某些情况下会对患者产生危险，对此医学家很是苦恼，但是物理学家不屑一顾。这不过是因为两者对于放射性的应用、方式的目的不同而已。倘若医生指出，某些光线对人的健康有害无益的时候，物理学家绝对不会认为医学家侵犯了自己的领地。

而我将历史知识应用到心理学的范畴内，得到的结论必然和原本的历史知识有所出入。因为这些知识来到别的领域，就要为别的领域服务，得出的结论自然也是迥异的。因此，我们便能理解了，精神动力学中的向性，从广义上说，随着哲学、宗教融入其中，对立双方的整个问题便成为心理学问题。当它被纳入到心理学范畴的时候，便按照心理学的问题加以讨论——不再从宗教和真理的角度出发，而是检验它们在心理学上的可信性，那么它便不可避免地丧失了原本自己领域的自主性。倘若我们罔顾它们自我标榜的“独立真理”，那么结果便成了：从事实的角度来看，它们主要是精神现象。这种事实于我而言不可撼动！它们自我标榜同心理学的某些方法不谋而合，这种方法绝非匪夷所思，而要小心谨慎对待。“只是宗教”或“只是哲学”的论调，都会被心理学拒之千里。同样，倘若有些论调评论某些事物“只是哲学上的”“只是神学上的”，那么也会受到抨击。

并非只有精神是存在的

凡是同想象相关的表述都源自精神。不管是对立双方构成的基础，还是对立两级之间的能量交流，都是促进精神活跃的能量来源。“原则不需多，超出范围则矫枉过正”，这是逻辑上的金科玉律。用能量的方式来阐述自然科学，是各个学科证明后所采取的常规方式，我们的心理学也不能例外。既能提出某些观念还有事实佐证的事物并不存在，另外，精神内容的对立性也已经被心理实验证实。如果精神动力学是正确的，那么超越精神向性界限的表述便是自相矛盾的。

倘若精神宣布了什么真理，打个比方说：“上帝是运动的”或者“上帝的地位不可撼动”，可是精神的向性却决定这种表述具有相对性，那么“上帝是静止的”或者“上帝没有地位”的表述也是正确的。精神永远无法超越本身，这决定了精神无法树立任何的真理。

精神永远无法超越本身，因为精神的向性决定了精神无法树立真理。因为精神的片面性，精神会解体并丧失了其认知能力。因为没有反映能力，精神便衍生成没有反映的一系列精神状态。在这种精神状态中的每一种状态都认为自己是合理的，而这些状态之所以“夜郎自大”是因为它们看不到有其他的别的什么状态。

我们所说的并非是价值判断，而是想告诉大家，越界之事司空见惯，并不鲜见，就像是赫拉克利特所说的那样：“万事万物皆在运动。”紧随观点其后的就是它的对立面，在两股对立的激流冲撞间会产生一个迂回的缓坡——第三因素。而在此之前，第三因素从不为人所知。在这种情况里，精神的对立性在此得到体现，精神永远无法超过自身也再度得到证实。

当我描述精神的局限性的时候，并不是要表达“只有精神是存在”这种观点。我的意思是，不管是我的认识还是我的感知，都是在精神范畴内完成的。非精神的、超体验的事物是存在的，这个论点已为科学实验所证明，但是科学同样表示了，想要认识这种物质十分困难——感知的器官罢工，恰当的思维在当时还没有出现，故而不管是我们的感觉器官甚至是人造的器官，都无法证实这种物体是实实在在地存在着的。因此，想要证明这点更加困难。这样就给人一种假象，让人们认为这种事物压根就是子虚乌有。

这种判断难免过于草率，我从来不敢苟同，因为我从来不认为我们感官感受到的所有事物都是实实在在的。甚至，我还大胆地设想，源于精神事件的原型的客观体现可以建立在精神的高地上。

换言之，可以建立在一种只是部分是精神的且可能完全不同的存在形式上。但这种想法只是空中楼阁，我缺乏必要的理解和具体的知识，便按照人们通常的叫法称其为精神形式。但是科学随即否定了我的想法，它不具备物质性。我的知识如同一桶水，而知识浩渺如海洋。可是只要各种各样的原型对我发生作用，那么对于我而言，它们便是确确实实地存在着的。即便我并不知道它们的本性，但是这并不妨碍我如是想。当然了，我的想法并不能和所有的原型相匹配，但是和精神的本性却有些相合度。不管它讲述的内容多么的天马行空，但都绝对没有超过它自身的范畴。我们所理解的和能理解的，从本质上都是精神性的，换而言之，我们如同囚徒，被束缚在精神的牢笼之中。即便是如此，我们依然有理由假定，我们只是舞台上的演员，而幕后依然存在着我们所不能理解，但是推动着我们的事物——对于那些无法理解的精神现象的情况亦如是。不管是可能的表述还是不可能的表述，将它们放在具体的领域中，都能得到具体的应对。倘若没有具体的领域，那么这些表述就只是在夸夸其谈而已。

立足客观来讲，某些主观臆断缺乏客观佐证的表述，尽管是不允许的，但是偏偏有些这样的表述，却能做得出来。这个原理出自心理动力范畴，通常被称为是主观的，并被看成是纯粹的个人的事情。

可如果这样想，便会“误入歧途”。这个时候，我们便无法区分，这种表述到底只是个人动机驱使下的孤岛，还是群体动机驱动下的群岛？倘若是后者，它便不属于主观范畴，而应归入心理客观观念的隶属之下——在这种情况下，数量不详的个人，会发现自己受到了内心的驱动并做出相仿的表述，或者认为，这种观念是不得不选用的。原型并不活跃只是表象，而能量中充盈着力，这才是它不得不陈述的最大动因。想要理解它，便要围绕着这种动因开始。换句话来说，并非是个人，而是他讲话的原型在做这种表述。而倘若那些表述没有被注意到，或者干脆被弃之不顾，那么由医学常识便会得知，精神不佳的状况正在慢慢加剧。这种病患通常会表现出精神病症状，或是集体性妄想的症状。

原型性的母体是以本能性为前提的，和理性无关。推理无法推断出它，也无法用合理的论据加以论断。在世界景象这幅巨大的图卷中，它是浓墨重彩的一笔。莱维·卜吕尔曾经用“集体复现表象”称呼这种现象，非常恰如其分。当然，在现实生活中，自我及其意愿在积极发挥着作用，可是原型过程中的自主性和神秘性，会干扰它发挥作用。这种干扰的方式，通常是潜移默化的，我们根本察觉不到。但是我们用心理学观点讨论宗教的话，就会发现这些干涉的过程同宗教的本质密切相关。

在这一点上，事实本身为我开辟了崭新的领域。在这个更为广大的领域中，推理式的理解乃至表象的推理方式，都无迹可寻。在这个领域，厄洛斯是主人。在古代，当类似的事情得到了恰当理解的时候，人们便会称颂厄洛斯是全知全能的天神：神力广大，超越了我们的理解范围，并不以任何我们常见的方式加以表现。我愿效仿先贤，冒险对这个魔鬼品头论足。这家伙的活动范围，上穷碧落下黄泉，而当我要去找到“爱”不计其数的自相矛盾的言论时，我却踟蹰不前了。厄洛斯是宇宙进化的象征，高级意识的创造者。

有的时候，我觉得圣保罗那句“天使之舌，同我交谈。穷我之力，爱意枉然”是认知神进而领略神性精华的先决条件。不管学者对于“上帝即爱”如何理解，但是这句话却体现了神性本身所含对立性是复杂的。不管是我的医疗实践活动，还是我自已的生活，我都在不断领略着“爱”的神秘，我无法解释，“爱”到底是什么。我如同约伯，只好：“用手掩口，述之一次，绝不再言”。这句在《约伯书》中的话，包含了矛盾——最大的和最小的，最远的和最近的，最高的和最低的。倘若我们讨论它，就必须讨论同时两方面，而无法只专注其中一方。这种自相矛盾，任何语言无法阐述。人们可以肆意评说，但是什么话都表述不全其含义。谈论部分的内容，若非过大，便是过小，只有讨论整体才是有意义的。爱“衍生万物”并“包容万物”，这句话便是一切，多一字则有余，少一字则不足。深邃点说，我们都是宇宙之“爱”衍生物。之所以我为“爱”字添加引号，因为我想表示，“爱”同欲望、喜爱、希望乃至类似的情感无关，“爱”超脱于个人，而且是 种统一不可分割的事物。

人本身便是这种事物中的一部分，故而无法理解整体。人们受到它的摆布，你可以热爱它或者憎恨他，但是你却在它布下的范畴内。人们靠“爱”为自己输送养分，“爱”既是他的光明，也是他的黑暗，但是究竟目的是什么，他也不知道。“爱无止境”这句话，无论是用“天使之舌”还是科学而言，都昭示生命的起源源自细胞，会无限延展下去。人可以用各式各样的名称来为“爱”命名，并将自己掌握的种种赋予“爱”，充当其内涵，但是他随即便会发现，这种行为不过是自欺欺人。倘若他的智商够用，便会停止这种没有意义的活动——给未知物起各种莫名其妙的名字。你即使将“爱”称为上帝，也只不过是承认了它的不完美，同时证明了自己对它的依附。但是“爱”还是一种证明，证明他拥有在真理和谬误面前站队的自由。

第十三章
回顾

当人们说我是智者或者圣人时，我认为这是谬赞。就像是一个人从涓涓溪流中舀了一帽子水，这水同溪流相比，又有多少呢？我不是溪流，只是站在河岸上的人，更何况我还无所作为。当然，同我一样徘徊河岸的还有其他一些人，但是他们都认为自己该做些什么，而我呢，却什么也没做。我从来都不是那种见微知著的人，甚至从没注意过樱桃生长。我只是站在一旁、静静地观察着、赞美着造化的无穷。

有一个故事，常常让我觉得美妙无比。一位大学生找到拉比，问出自己的疑惑：“古时尚有人看到过上帝的面孔。今人为何看不到了呢？”拉比答道：“因为今人不会垂首如古人那样低。”

倘若想从清溪汲碧水，人要做的就是将头垂得低一点，再低一点。

而我之所以跟别人不同，在于那面“隔断之墙”对于我而言是透明的。但是这面墙落在别人眼中，却是厚实且无法穿越的。因为看不到墙后的东西，他们便主观臆断后面一无所有。从某种角度而言，我能觉察不远处正在发生的事物，这让我的内心安宁无比。对于那些什么也看不到的人而言，他们没有办法获取这种安心，更无法推断出个结论——即便是做出了结论，他们也不敢轻信。我不知道我是在何时感受到了生活的洪流，可能是潜意识本身为我引路，也可能是我早年的梦境为我指点。总而言之，我这艘船的航向，早已确定。

因为我能看到那些被隐蔽的过程，我同世界的关系便不可避免地受到了影响。这种关系，从我的童年开始延续到了现在。孩提时代的我被孤独所笼罩，今日依然如此。因为我知道一些事情，而这些事情是别人不愿意去体会，或者体会到了也不愿意去交流的。我之所以感到孤独并非因为我周围无人，而是因为我无法找到同我交流的人：他们要么不愿意同我交流，要么对我的观点嗤之以鼻。从我早期开始做梦的时候，这种孤独便如影随性，等到我开始对潜意识进行研究的时候，这种孤独达到了高潮。倘若一个人知道的比常人多一点，那么这个人肯定是孤独的，但是这种孤独并不妨碍友谊，因为孤独的人对于友谊的渴望是最强烈的。而友谊，随着个人确定了自己有哪些与众不同的个性，只会变得更加浓厚。

能够对一些未知事物抱有预知性——拥有这个秘密是很重要的，它让生活充满了非人格化的神秘色彩。倘若一个人没有这种体验，那么便是一种错过。他应该觉得，自己生活在一个与众不同的神秘世界里。这种感觉已经出现而且他已经感受到，但是却不能付诸言表。那些神秘的、令人难以置信的事物是的的确确存在着的，也是可以预知的，只有这样的体验，才能让生活变得完整。对于我而言，人生的伊始，便昭示了这个世界无法把握且无穷无尽。

我同我的观念共存，这也带来了麻烦——到了最后，起决定性作用的是隐藏在我身上的那个“魔鬼”。当它在我的意识中占据上风时，我就会变得看上去冷血无情。不论是什么，倘若我一得到，便会马上对它丧失兴趣，然后急急忙忙地踏上再度追求幻觉的旅途，而我的同侪们对我的幻境不明就里，在他们眼中，我只不过是一个匆匆忙忙一直不断行进的蠢蛋。这点，我能理解。

当我遇到并不懂我的人的时候，我便知道我们之间的关系完了。我还要继续向前，势必不能在这些人身上浪费过多的时间，这让我开罪了不少人。我对人明显缺乏耐心，但对我的病人是例外。我要遵循我内心的教条，它并没有给我留下过多的选择空间。当然了，我并不是一定要服从它，可是我觉得，人行为做事要前后一致，若是朝秦暮楚，那么他何以自处？

如果有人同我的内心世界有联系的话，我便会欣喜若狂，不断出现在他们身边，并同他们建立并保持友好的关系。可是一旦维系我们之间友谊的纽带断裂，我们便还是会分道扬镳。我痛苦地意识到，人们的意识是一直不断向前的，可能同我说时产生了一个交叉点，随后这个交叉点便不在了。许多人激发了我活动着的人格，但是只有他们出现在心理学的曼陀罗之内时才这样，等到焦点凝聚到别处时，一切就会变为乌有。我经常对人产生兴趣，当我了解了他们，这种兴趣便烟消云散了，正因如此，我才不断与人结怨。可是，一个具有创造性的人，是无力控制自己的生活的，他不过是一个傀儡，任由身后的魔鬼肆意摆布。

强大的力量
撕扯了我们的心
这是天神的祭品
若是你敢反对
必然不能善终

这是荷尔德林（Holderlin）发出的哀鸣。

我此生最大的遗憾，便是没有这种自由。在我身上经常会发生这样的情况：我恍惚置身战场，口中讷讷："我的战友，你已经流血倒下，而我的步伐依然前行。"因为"强大的力量，撕扯了我的心"。所以，我爱你若生命，但是我却要依然前行。我就像是"天神的祭品"，我无法裹足不前。魔鬼掌控万物万事，人必须一一经历，并受到其庇佑。不过，和我的"不忠诚"形成鲜明对比的是，我可以保持我的信仰，这点让人毫不怀疑。

或者换一种表述方式：在某个高度上，相较于别人，我可能更需要人，也可能也并不需要人。当魔鬼成为我们内心的主宰时，不要做，一做便是错。要么行之不足，要么过犹不及。只有魔鬼不再发挥作用的时候，我们才能达到平衡的状态。

我如鱼肉，魔鬼若刀俎。常常是，我精心策划布置周密的事情却事与愿违。万幸的是，并非万事皆如此。为了弥补，我变成了彻底的保守派。我用祖父的烟叶壶中的烟叶装满我的烟斗，还将他的登山手杖保留至今。这柄手杖顶端装饰着羚羊角，那是他去奉特雷西一个首次开放的疗养胜地，作为第一批客人拿回的纪念品。

对于我走过的一生，我还是比较满意的，生活给予了我许多我本不指望能有的收获。然而，让我出乎意料的事情还在不断发生。倘若我不是我，那么很多问题可能有所不同，但是我就是我，所以该发生的事情都在按部就班地发生。很多事情如我们预料那样产生了结果，尽管这种结果对我而言并不总是有所裨益，但是所有的事情都是如我预想的那样有条不紊地发展。有的时候，我也会为自己的固执感到懊恼，但是如果我想实现自己的目的，那这种气质就是必须拥有的。失望和希望，两种情绪反复纠缠着我。我对自己失望透顶，但是对别人却怀有莫大的希望。人们，常常能让我领略很多匪夷所思的事情，我也借此取得了超乎我预料的成就。然而，生命现象以及人的现象庞杂广大，我也难以做出最终的判断。尤其是进入耄耋之年后，我所懂得的事情越来越少，对自己本身的洞察也越来越少了。

在如何看待自己这件事上，我的感觉很复杂：既对自己失望透顶，同时又感到欣喜快慰；因此沮丧消沉，同时又志得意满。我的一生到底是有价值的还是没有价值的，我无法做出终极的评断。似乎没有什么是我深信不疑的，也没有什么事情是明显不变的——事实上也的确没有。我只知道，我生于斯，长于斯，死于斯，另外，我觉得自己是被迫前行的。不过，尽管这所有的一切我都无法确定的，但是我却能隐隐感觉到，所有存在都潜藏在一种稳固的状态中，而且我的存在方式也有其延续性。

我们生于斯，长于斯的这个世界既野蛮残忍，又圣洁而且美丽。我们如何看待这个世界——是有意义的还是没意义的，认为它是由哪一种成分构成的，这是一个内心气质问题。倘若我们认为世界根本没有意义，那么生活的意义也会随着我们的发展，而消失殆尽。但是问题绝非这么简单，就像是所有形而上学的问题那样，这两者应该是共存的。换而言之，生活应该是既有意义又没意义的。当然，我内心更倾向于这个世界是有意义的，没意义终将被其消灭殆尽。

老子说：“众人皆明，唯吾独蒙”时，恰恰是他已步入人生暮年时的所想所感。老子有一种惊人的洞察力，他看到了有价值同无价值这对矛盾的共存。并希望能在人生最后的阶段复归到本源——永恒且不可知的意义中去。这位老者的原型永恒且正确，与此相同的类型会出现理智的每一个层次中，他们可能是老农夫，也可能是老子那样的智者，然而，不管其表象如何，都有一个共同的限制元素，那就是，他们都是行至暮年的老者。我的脑海中依然充斥着各种形象：花草树木、飞禽走兽、天空云彩、黑夜白昼……越是对自己的认识模糊不清，我同万物之间的联系便越紧密。事实上，我认为，那种长期的疏离感，不仅让我“与世隔绝”，甚至也在我的内心发挥了作用——它让我觉得对自己都感到陌生。

附录 I
信函

弗洛伊德致荣格的信

亲爱的朋友：

……同一晚，我正式收你为长子，并任命你为我的继承人和王储，此事非同小可！另外还有一点非同寻常，那就是你可以拒绝接受我这父辈的好意，也可以罔顾这会给你带来愉快，就像是你将你的喜好硬塞给我一样。现在，我依然要在你面前扮演父亲的角色，同你讨论我对鬼魂的看法。之所以不得不谈，在于此事同你所想有出入。

我对你的评论和实验印象颇深，以至于你走后，我决定就此事进行观察，以下为我的观察结果：

我的房间内回荡着吱吱嘎嘎的声音，声源显而易见——在橡木皮柜上，那里摆放着凉快厚重的埃及石碑。在相邻的房间中，我们也听见了类似的声音，而原本，这种声音并不常见。你在此时，声音出现的频率很高。倘若这种声音自你走后便销声匿迹的话，我便要赋予这种声音以意义，可是这种声音在你走后，依然反复响起。由此我确定，这种声音同你我所讨论的问题，以及我的思想，并无关联。随即，这种原本对我而言至关重要的现象便被别的事情所取代了。原本因你而来所产生的魔力，我本打算相信，可是现在，这种相信却消失了。

因内因关系，我再次认为这种事情的发生代表不了什么。因为摆在我面前的是没有灵魂的家具，它们是死物。这种情况宛如显圣的希腊诸神瞬间在诗人面前消失，面前又是沉寂无神的大自然一样。

出于此，我不得不戴上那副角质架象征父亲形象的眼镜，告诫我最爱的儿子，头脑要冷静。与其去分析那些莫须有的东西，并付出严酷代价，倒不如始终一无所知的好。面对这个棘手的、心理综合分析方面的问题，我挠了挠我已经发灰的头发，然后想：算了，这是年轻人的特点。他们总是被欣赏某物的热情所驱动，只是我们就没必要紧跟其后了。我们已然老迈，跟在后面，累得气喘吁吁也跟不上。

借助比你多的生活经验，我要唠叨几句。我告诉你一件谁也搞不懂的事情。前几年的时候，我被一个念头攫住了：我会在61～62岁间撒手人寰。那个时候，我的人生正春风得意（从今天算起，距那时只有8年时间了）。之后不久，我和我的兄弟去希腊旅行，然而没想到的是，和“1”“2”或是“61”“62”有关的数字总是一再出现，出现频率最高的地方是轮子上面。我有意识地将这些事情一一记录下来，到达雅典时，内心已是一片阴霾。我们的房间在旅馆二楼，我松了一口气，总算是能暂时摆脱掉“61”这个数字了。可是谁能想到呢？我的房间号码竟然是“31”——“62”的一半。这个数字大有来头，非同小可，简直比“62”还让我伤神。

自此，“31”这个数字根植于我脑海，挥之不散。每次回想，“31”便跟“2”如影随形。因为我的心理学系统纯粹是由知识构建的，不应该存在迷信元素，我便尝试着做出分析，分析结果如下：在1899年，我初次产生卒年61～62岁的念头。当时还有两年事情发生。头一件，我写了一本书，叫作《梦的解析》（正如你所知，这本书直到1900年之后才正式出版）。另一件，我的电话号码换成新的了——14362，至今仍在沿用。这两件事同我的臆想之间似乎有某种必然的联系：我43岁时，也就是1899年，完成了《梦的解析》，比它还要明显的是，电话号码显示的数字预示了我死亡日期——61或62。我认为我对卒年61～62岁这一观点来源的解释，看似荒诞不经，但却又合情合理：完成这本著作后，我于愿足矣！死亦可瞑目。经过这番分析，你会不会觉得这种想法并非荒诞不经。当然，这里还有威廉·弗里斯的事，1899年，恰好是他开始对我的学说进行攻击的年份。

上述的情况也是一个佐证，便于你进一步了解我身上具有的犹太人式的神秘色彩。通过这件事我想表述的是：一、你要对潜意识小心提防，这样才能像浮士德那样，从每个女人身上发现海伦的相似点；二、偶然性会产生某种意象，这点无可否认。它与歇斯底里症中的身体上的伴随状态（somatic co-operation）抑或双关语中语音上的伴随活动（linguistic co-operation）一样，在幻觉生成的过程中作用相仿。

我对于你有关神鬼的研究看法很感兴趣，并且很想多听你聊聊这方面的东西。我认为那是非常有趣的幻觉，甚至已经急不可待地想要跟你分享我的看法。

向你、你的妻子和孩子致以衷心的祝愿。

你的弗洛伊德

1909年4月16日

伯尔格街19号

维也纳

亲爱的朋友：

……我知道，你会在源自内心深处的驱动力的驱使下继续有关神鬼的研究。我敢肯定，你归家时必定硕果累累。你可以“我行我素”，听凭内心的指引去追求去探索，这是正确的。你的著作《痴呆症》为你带来的声誉如同一面盾牌，短时期内可以帮你抵挡被人说你陷入“迷信”中的指责。只是我要求你，不要离开我们太久。葳蕤的热带丛林固然引人入胜，然而家中也温暖安心。

问候你，并希望你休息后可以给我回信。

你忠诚的

弗洛伊德

1911年5月21日

伯尔格街19号

维也纳

亲爱的朋友：

……弗伦奇的经历，给我留下很深的触动。每次谈及鬼神，我难免自惭形秽。我答应过我自己，要相信那些没有道理的东西。但是你知道的，我这是在强迫我自己，每当这样做的时候，我的内心在叫嚣呐喊。我的自负已经被土崩瓦解。不管是你还是弗伦奇，任谁要踏出那关键且危险的一步时，一定要保持步调的一致。我猜想，你们肯定在工作过程中和谐相处，却有各自为政。

衷心地问候你并祝你拥有漂亮的房子。

你的弗洛伊德

1911年6月15日

伯尔格街19号

维也纳

自美国写给爱玛·荣格的信（1909年）

……此时，我们已经平安抵达沃斯特！我一定得跟你说说我的这次旅行。上周六，纽约的天气很坏。腹泻轮流拜访了我们三人，肚子很疼……虽然身体不舒服，也没有食欲用餐，可是我还是去了古生物博物馆。我认为，所有的古生物，皆是上帝为创世的结构。这个博物馆声明，它完整地收藏了第三世纪所有的哺乳动物的谱系，所以，想要完整详述我在这里看见的一切，简直无法做到。后来，我还见到了刚从欧洲来美国的老朋友琼斯。三点左右的时候，我们坐上火车，从第四十二号大街一直到了码头。从那儿，我们登上了一艘大如海鲸的蒸汽轮船，甚至因为船身巨大，看上去有些笨重滑稽。轮船上有五个甲板，随即我们在船舱中安顿下来。船只绕过了高层建筑林立的曼哈顿，又穿过了布鲁克林，在拖船、渡船间穿梭，继而从长岛后面的桑德穿过。湿冷的空气萦绕不散，腹泻以及饥饿还困扰着我们，所以我们没有闲情逸致去观察什么，只好躺在床上百无聊赖。船行一夜，翌日清晨我们到了瀑布河城。那儿小雨淅沥，我们搭上了去波士顿的火车，随即马不停蹄赶往沃斯特。赶路时，天色转晴，呈现在我们面前的是美不胜收的乡村景色：连绵不绝的缓坡上，大片大片的森林缀连成片，沼泽散布森林之间，嶙峋巨岩林立其中。零星村落，建筑物皆由木头建筑。这些小屋有的是的鲜亮的红色，有的是鲜嫩的绿色，有的是神秘的灰色，窗户皆为白色。这些房屋掩映在高大树木之间的，好一派荷兰风光！十一点三十分，我们终于到了目的地——沃斯特。我们下榻的饭店名叫斯坦迪斯，这家饭店物美价廉。就像是当地人说的那样："客随主便"，"主人"已经为我们安排好了房间。晚上六点的时候，我们拜访了额斯坦利·霍尔先生。这位年近七旬的老先生温文尔雅、颇有盛名，他热情地欢迎了我们。他的妻子性情娴雅，风趣幽默，只是长相不敢恭维，但其貌不扬的她有一手好厨艺。见面伊始，她便叫我和弗洛伊德"孩子"，我们所吃的食物不仅美味而且营养丰富，还有很多名贵的酒，在这种精心的照顾和修养下，我们很快便恢复了健康。那天晚上，我们在饭店睡了一个香甜的觉。第二天一早，我们便搬到了霍尔先生家。他家的房间布置得高雅别致，简直到了让人难以置信的程度。房间宽敞舒适，走到哪里视野都很开阔。霍尔先生还有一间华丽的书房，里面的藏书多达数千本，还有随处可见的雪茄烟。他的两个黑人仆人，都衣冠整齐，神情肃穆。所有的房间都敞开着，包括浴室，人们在不断地进进出出。直通地板的大落地窗采光很好，地板上还铺着华丽的地毯。房子周围都铺设着英式草坪，没有栅栏。在这座将近18万人口的城市中，将近50%的人都同古木为邻。街道上皆是斑驳的树影，房屋高度仅在一人左右。这些小巧的房舍，掩映在鲜花和灌木之中，其中不乏弗吉尼亚爬山虎和紫藤。这里空气清新、环境整洁，气氛静谧、安详，看得出，人们对于维护环境付出了很多心力。这样的美国让人耳目一新。这座城市就是人们口中的"新英格兰"，城市不大，却名声在外。它建自1690年，经济繁荣，对教育的倾注也很大，可以说，这座城市结合了古典和高雅，非常美丽。早晨的时候，是某大学的开幕式。X教授率先做讲座，但是内容乏味得就像是没有味道的咖啡，于是我们便偷偷溜了出来，环绕着这座小城愉快地散步。触目所见皆是繁茂的树丛和清波荡漾的湖泊，这份宁静、美丽让人沉醉不已。我们花费了两天时间从纽约到达了这里，触目皆是自然，感知全是清新……

1909年9月6日，星期一
寄自沃斯特，克拉克大学
斯坦利·霍尔家……这里的人对待别人态度很和蔼，而且能看得出教养很好。住在霍尔家中，我们受到了周全的招待。我的身体已经完全恢复过来啦，肚子疼的情况也基本上好了，只不过偶尔还会时不时地疼一下。除此之外，我的身体再也没有不适的地方了。昨天是弗洛伊德第一天讲座，效果很好，掌声如潮。我们的听众逐渐增多，虽然增长速度不快，但是一直在增多，我们在这里赢得了一席之地。今天，我和两位年长但是很有教养的女士谈了谈精神分析学说，她们表现得兴趣盎然且思想开化。我原本以为，我会遭到抨击呢。最近，我们举办了一次规模很大的花园聚会，有将近五十人前来参加。在聚会上，我同五六个女士言笑晏晏，虽然我的英语惨不忍睹，可是我现在居然也能用我那蹩脚的英语大方地开玩笑了。明天便是我第一次讲座的日子，不过我已经不感到紧张了。因为听众们不仅举止得宜，而且富有教养和求知欲。他们想要聆听新鲜事物，我完全能够满足他们的要求。据说周日晚上这所大学会举行盛大的庆典，并授予我和弗洛伊德荣誉博士头衔，晚上还会举行"正式的欢迎聚会"。今天下午五点钟的时候我们和霍尔夫妇还有个约会——他们要带一些人来拜访我们，所以这封信不得不结束了。《波士顿晚报》对我们进行了采访，我们开始变得非常忙碌，不过，若是用这种忙碌的方式让自己"放松"一下，也未尝不可。我感觉到我身体里的力比多正在贪婪地享受这一切……

1909年9月8日，星期三

马萨诸塞州，沃斯特

克拉克大学

……昨天晚上的庆祝仪式很是盛大，我穿着款式别致的漂亮衣服，每个人都穿着各种款式的红黑相间长外套，头戴金边方帽。我们整齐有序地排成庄严的一列，准备接受大家的祝贺。我被授予法学博士学位，弗洛伊德跟我相差无几。现在我可以在我名字后面缀以博士学位了，你是不是很羡慕我？今天，M教授开车带我们去一个美丽的湖边用午饭，那里的风景精致到可以用"迷人"来形容。我们晚上还要在霍尔先生家举行一次以探讨"性心理"为主要讨论内容的私人会议。我们的行程被安排得十分紧凑，美国人在时间利用方面，堪称大师，他们简直不给人留下喘息的空间。这些活动看似很难组织起来，但是偏偏就组织起来了。经历了这么多事情以后，我已经精疲力竭，甚至觉得天旋地转了，我渴望重归山峦，并在那里获得宁静！昨天晚上在博士头衔授予仪式上，我在300人面前做了即兴演讲，效果不错。弗洛伊德开心得如同小孩，看到他兴奋得不能自已的样子，我也很开心……

我现在很想重新回到海上，在那宁静的空间里，让我过度兴奋的灵魂获得安宁。不过，仍然要感谢上帝，我还是可以尽可能地享受，这样便能以极大的热情去迎接一切。现在我要将随着风暴而来的灵感写下来，而后慢慢地享受这片刻的安宁……

1909年9月14日

马萨诸塞州，沃斯特

克拉克大学

……还有两天，我们在此地的行程便要告一段落了！这里一切活动好像都在高速运转。昨天，我站立在高约5600英尺的岩峰上，眺望远方，入目的是看不到尽头的一片蔚蓝，飒飒冷风，让人打心眼里感觉到冰凉。今天，我到了繁华而喧闹的新奥尔巴尼，这是纽约州的中心地带。这片神奇的土地，给我留下了难以磨灭且复杂多样的印象，一切都妙不可言，难以描摹、无法言说！在这几天的时间里，我渐渐发现，在这里，那种理想中的人的潜力已经变成了现实。这里男人的文化修养程度已经不容小觑，但是妇女的文化修养程度比男人还要高。我在这里所见的一切，点燃了我内心强烈的向往，甚至能让人深刻思考社会进化问题。事实上，就科学技术文化的角度而言，我们落后美国很多，这会让我们付出很多昂贵的代价，关于这一点，日后我再同你详谈。这次旅行所经历的一切，让我念念不忘，我已经等不及同你分享这一切。现在，我们已经对美国的一切已经不再感到新鲜了，明天早晨我们将去纽约，9月12日……

1909年9月18日

于纽约，奥尔巴尼

……昨天早晨，我们阔别美国。心情轻松，但是头疼欲裂。因为昨天晚上，Y先生用上好的香槟盛情款待了我们……由于正在戒酒，我不得控制自己的酒量，同时也在不停地咽口水。我找到了冠冕堂皇的理由让自己从很多戒酒主义协会中退出——他们要求滴酒不沾。我承认，我是一个不折不扣的罪人，但我也会诚实地告诫自己不要看见一杯没有喝的酒便扑上去。越是被禁止的东西，越是有吸引力，也许我不该如此禁止我自己……

我们是昨天早上10点起航的。行进中，岸的左侧是很多纽约市的塔楼，巍峨入云，红白相间；右侧呢，则是霍博肯冒着浓烟的大烟囱以及船坞。大雾弥漫，不多时，纽约便消失在雾气之中。过了不久，海风扑面，波涛汹涌的海洋显露出来。美国领航员下船，我们的船驶向了“苍凉的荒原”似的大海。大海波澜壮阔，如宇宙一般宽广，这种壮丽、醇厚之美，让人们找不到合适的词句来表达自己的激动之情，于是只能沉默地看着大海。这种情况在夜晚的时候，更是如此。水天一色，星罗棋布，似乎星星的源头是大海一样。你安静地眺望大海，此时越发能感觉到自我的重要。古老的传说，历史的景象，在脑海中飞快地掠过；海浪飞卷，大海仿佛在我们耳边喃喃细语。大海告诉我们的是美丽的女神罗克希亚的故事。她从层层叠叠的海浪泡沫处出现，将缀满珍珠的面纱递给了疲惫不堪的俄狄休斯，将他从波塞冬的愤怒中拯救出来。大海就像是一曲交响乐，演奏的是梦想的音符，所有的灵魂皆能在大海中找到梦想的寄托。美丽而壮阔的大海，让我们不自觉间进入到我们灵魂的领地，里面是累累的硕果。我们从“苍凉的荒原”似的大海中获取重新检视自己的动力，现在由于“幕后几天的折磨”，我们筋疲力尽，我们需要安静下来，用心回忆我们前几个月的生活。当然，潜意识还有工作要做，它必须将美国印象分门别类。

1909年9月22日

从北非寄给爱玛·荣格的信（1920年）

……这个非洲不可思议。

抱歉，我无法思路清晰地给你写信，因为要写的内容太多，所以我只好捡一些也许不重要但是很有趣的事情来说。到了阿尔及尔，海上的寒冷、阴暗被救驱散得无影无踪。这里的清晨阳光正好，房子和街道皆被曦光笼罩。深绿色的树丛林立，高高的棕榈树冠从这中间探出头来。我们眼前的人，皆身着白色外套和土耳其毡帽，还有穿着黄色制服的“非洲干扰者”以及红色衣服的阿尔及利亚骑兵。这里的植物园真漂亮，热带森林神秘迷人，根须犹如倒置的天线，形状类似怪兽的圣树，又像诸神居住的奇怪房舍。海风吹拂的时候，厚实、巨大的树叶会沙沙作响。

之后，坐了将近30个小时的火车，我们来到了突尼斯。这座阿拉伯城市是一座典型的古城——中世纪时摩尔人曾在此居住，有关格林那达和巴格达的童话传说也发源于此。如果你不想着自己的话，那么你就会很容易被这所大杂烩似的城市溶解。难以描述的是：镌刻着历史的罗马圆柱被当成一堵墙，它们安静地伫立着；一个丑陋的、身着白裤的犹太妇人正从我们面前走过；小贩在人群中穿梭，他在卖力地推销着带包头巾的白外套。他用喉音声嘶力竭地吆喝着，我推断这种语言同苏黎世的哪个州相关。天空蓝得如同水晶，洁白的伊斯兰教堂的圆顶同其相互辉映。小鞋匠在凸起的神龛处摆摊，他面前的毯子上盛的是满满当当的阳光；卖唱的盲人手里拿着鼓和精巧的三弦琴；面有菜色的乞丐，除了脏衣服一无所有。苍蝇绕着冒着烟气的油饼嗡嗡地鸣唱，远远传来欢快的中午颂歌的声音，顺着声音，可以看到高处有伊斯兰教教堂的白色塔尖。不远处有一个由柱廊连成的大院子，似能给人阴凉之感。马掌形状的门上全部镶嵌着瓷砖，在阳光的照射下熠熠生辉。阳光洒在墙上，有一块大大的光斑，一只胖乎乎脏兮兮的猫卧在那里。红色、白色、黄色、蓝色、棕色的披风，白头巾、红毡帽、黄制服、白皮肤、黄皮肤、黑皮肤，红色拖鞋和黄色拖鞋，步履匆匆却赤裸的光脚等等，在人的眼前来回闪现。

清晨，太阳神傲然站立，将蕴含着力量和欢乐的光辉洒向地平线的两端。万物欢欣鼓舞，受它支配，为它臣服；夜晚，月亮女神悄然出现。清辉皎皎，神圣万千。此情此景，谁会质疑爱与生殖之神——艾斯塔特的存在?

在阿尔及尔同突尼斯之间，有一条造物主赋予的分割线——长约五百五十英里的土地，这块土地如同一条棕色的毯子，朝着高贵巍峨的阿特拉斯山脉延展。宽阔而平坦的高原和谷底中满布农作物，多汁的葡萄，茁壮的谷物映照在阳光下，格皮槠树森林如同一块宝石，闪烁着绿莹莹的光芒。埃及太阳神荷拉斯今天赶了很远的路，从遥远的灰白色山峰中升起，为棕色绿色的平原镶了一条金色的光边。有风自沙漠来，一直吹到海面，泛起涟漪，波光潋滟。在连绵不绝的灰绿色山坡上，在古罗马城棕黄色的废墟上，一群又一群的黑绵羊自在悠闲。绵羊的主人离它们不过一箭之地，支着黑帐篷的贝都因牧民不仅放牧黑山羊，还放牧驴和骆驼。说到骆驼，还要多说一句，一匹骆驼流连在铁轨上，火车鸣笛示意，它不为所动，最后被撞死了。当时场面十分混乱——奔向出事地点的杂乱脚步声夹杂着大呼小叫，还有让人眼花缭乱的各种手势。转头再看此时的大海，它千变万化，时而呈蓝黑色，时而反射太阳的金色。这时，一座雪白的城市正从恣肆的阳光中探头探脑，原来它被高大的棕榈树和东一丛西一丛的仙人掌遮挡住了。城市中便是洁白而神圣的伊斯兰风情的塔尖和塔楼，它们庄严地肃立在山坡之上。苏塞的风情同其类似，依然是一排排墙和塔楼，下面是港湾。深蓝色的大海起起伏伏，港口内停泊了很多帆船——帆船上有两个三角帆，我的画中还出现过这样的帆船呢。

之后，你还可以在罗马废墟上流连，我居然还用手杖挖到了一块罗马陶器的碎片。

我不知道该用什么语言准确描述眼前这一切。我不知道非洲在对我诉说什么，因此我很沮丧，但是我确定它真的正在同我表述什么。试想一下，太阳几乎触手可及，巨大而灿烂，空气如同高山之巅一般清新，大海碧蓝胜过我们曾看过的任何一片海域——这些色彩似乎都是由不可思议的力量创造出来的。在市场里，两耳细颈的古董酒瓶随处可见——可以想象一下——还有月亮！……

于1920年3月15日，星期一

苏塞

苏塞格兰特饭店

……大风肆虐了一天，一直到午夜时分方才停止。大多数时候我都站在风暴无法企及的高度——桥楼的下方。因为居高临下，壮丽的图景在我面前徐徐展开：滔天的海浪翻卷而来，随即将洁白的泡沫掀到船上。船身剧烈地摇晃起来，又冷又咸的海水将我们都打湿了。天越来越冷，我们到舱里喝茶取暖。不知道怎么回事，我觉得大脑昏昏涨涨，好像脑髓顺着脊柱一直流到了肚子里，想要破腹而出似的。我只好又上床趴着，过了一会儿就好多了，晚上还一切正常地吃了顿饭。船舱外，潮打大船寂寞回。我舱里的所有物品全部“活”了，面前的一切通通变了：沙发垫偷偷溜到地板上，并找了一个光线不充足的地方藏身；一只卧着的鞋子站立起来，东张西望的，旋即又躲到了沙发底下；另外一只鞋子疲惫地打着哈欠，无精打采的加入到同伴的阵营中去。我立刻惊觉，那两只鞋跑到沙发下，是为了抓住我的背篼和公文包。忽然，这些东西又列队，鱼贯进入到床底下的洞道里去。我的一只衬衫袖子也在沙发上使劲地摆手，焦急地表示它也想要加入。箱子和抽屉中，传来稀里哗啦的声响。我的脚下是厨房，海浪打得船身摇摇晃晃，只听叮当一声，五百个盘子从沉睡的状态中清醒。随即，叮叮咚咚、噼里啪啦、叽叽喳喳的声音响作一团。船身再度摇晃，如奴隶般的盘子顿时结束了自己苦难的一生。这时，周围的舱中响起一片片无声的抱怨，这就意味着下顿饭肯定很难吃。迷迷糊糊中我进入了梦乡，今天早晨，狂风依然肆虐，不过换了一个方向。

1909年9月25日

谈理查德·威廉

20年代初，达姆施塔特召开了关于“智慧说”的会议，那时我在凯瑟琳伯爵家第一次见到了理查德·威廉。1923年，我们再度邀请他来到苏黎世，之后他在心理学俱乐部发表了自己对《变化》一书的看法。

早在我们相遇之前，我便对东方哲学产生了浓厚的兴趣。1920年的时候，我曾经以《变化》为主题做过实验。当时是在波林根，我决定顶着夏天的骄阳破解这本书中的谜团。我没有按照采一堆欧蓍草的传统方式来进行，为了破解谜团，我为自己砍了一捆芦苇。我常常静坐在一棵百年梨树下，冥思苦想，困扰我的《变化》一书就放在一旁，我的方法，是将因很多原因产生的结果以及预言一一比对，不一般的结果会由此凸显出来——这些结果同我的想法有千丝万缕的联系，可是联系究竟是如何产生的，我也无法跟自己解释清楚。

这种实验中，唯一的主观色彩便是实验者拥有一种自由——猝然出击，就这样将49根欧蓍草的草捆打开来。初始，他并不知道一捆里有多少根欧蓍草，但猝然出击后的结果却依赖于欧蓍草之间的数字关系。其他的实验都是在客观的条件下进行，主观意志没有加入其中，如果不小心出现主观色彩，意识在其中发挥了微不足道的作用，那这纯粹是一种偶然，就像是投硬币所产生的结果那样。

整个暑假，我都在苦苦思索：探索蕴含于《变化》一书中的答案是否有意义呢？如果意义重大，那么精神和身体活动之间是如何互动的呢？我经常会遇到惊人的巧合，这些巧合似乎说明思想在某个时段是存在共性的（后来，我索性称其为同步现象）。这些实验让我心醉神驰，导致我将记录的事忘到脑后，对此，我感到很遗憾。后来，我经常在我的患者身上做这种实验，有很多的答案都被证实是正确的。让我记忆犹新的是一位年轻病人，他有很强的恋母情结，但是后来他想结婚了。于是以结婚为目的，他结识了一位各方面条件都很适合的姑娘。可是就在他决定结婚的时候，他又觉得心中不安，唯恐自己在新情绪的影响下，会再度陷入恋母的泥淖中来。于是我便用类似的方法给他做了实验，结果他的话语“扭曲”了，显示成：“这个女孩子威力无穷，一个人不该娶这样的女子。”

30年代中期，机缘巧合下，我得见中国哲学家胡适。我就《变化》一书咨询他的意见，但是胡适却说，“哦，那本书啊！只不过是有点年头的巫术集，没有别的意义。”从他的话中，能看出他似乎从来没对这本书进行过解读。他说在他的记忆中，这本《变化》似乎只被应用了一次。当时他跟一位为情所苦的朋友散步，朋友喋喋不休地对他诉说自己爱情的痛楚，正好两人路过一家寺庙，于是胡适便戏谑地提议，“你可以让预言指引你！”然后，两人就真的这么做了。两人进庙后，便让和尚就《变化》一书中的某个章节进行解读。不过呢，胡适对我言之凿凿，说他压根不相信这些预言。

然而我很好奇那些预言是否说中，结果胡适一脸不情愿地说：“噢，是的……”我忽然想起著名的“好友”的故事——人所做事，皆非所愿。我小心翼翼地问胡适，是否从这件事中受到了益处。他说：“嗯，当时我也开玩笑地问了一个问题。”

“那么那个预言给没给你什么合乎情理的答案？”我问。

他迟疑了片刻，才说：“你这样说也行！”随即调转话题，显然不想继续这个话题。

在我用芦苇做实验的几年后，《变化》一书附带威廉的评论问世。我马上弄了一本，结果发现，在有意义的联系问题上，威廉和我的见解大同小异，这让我尤为欣慰。当然，威廉在此方面资料更为翔实，有效地弥补了很多的空白。而这种空白，本来也是我的空白。当威廉来到苏黎世的时候，我找到机会同他深刻讨论这个问题，另外，我们也谈论了很多中国的宗教问题和哲学问题。威廉本人是个“中国通”，他熟知的中国思想为我解开了很多百思不得其解的疑惑。而这些疑惑，原本都是我欧洲的潜意识强加给我的。于是我同他谈了一些我对潜意识的顿悟，这让威廉很吃惊，因为在此之前，他认为我所谈的潜意识的有关内容本是中国传统哲学所独有的。

年轻时候的威廉曾经以传教士的身份去过中国，在那里，古老东方的神秘精神大门缓缓为他敞开。威廉是一个不折不扣的宗教精灵，他遇事有自己的见解，从不为别的意见所轻易左右。即便是见识和领略了陌生的思想，他也能保持不偏不倚的中立态度。这种态度，让他能更深入地了解东方精神，并使这种精神漂洋过海，将之带到欧洲来。中国文化在他身上打下了清晰的烙印，有一次他竟然对我说："我从来没有给一个中国人洗礼过，这真叫人欣慰。"尽管他本身是耶稣的信徒，但是他却无法自控地清晰分析出了浩如烟海的中国思想的条理。也许，"烙印"一词对他而言也不大恰当。我可以换一个字眼，他被"同化"了。他的基督教背景退居幕后，作为一种精神积淀而存在。基督教成为他道德上的附庸，而后来，这个附庸造成了致命的后果。

在中国时，威廉结识了一位老派哲人。这位哲学家因为国内革命的缘故远离故土，他叫劳乃宣。正是劳乃宣为威廉打开了《变化》的大门，也正是因为两人的合作，我们现在才得以目睹附带精辟评论的《变化》一书。我认为，这是威廉一生成果的丰碑，也是东方的著作第一次以一种生动可懂的形式传入西方。尽管威廉的思想是不折不扣的标准西方人，但是为《变化》做书评的那个威廉，却成为一个地道的中国心理学的信徒。

当《变化》一书翻译完成后，已经八十多岁的劳乃宣大师离开了人世。似乎他的夙愿——将即将消亡的古老中国的最后一个音符传递到欧洲，已经完成了。威廉的确是一个很完美的弟子，他实现了劳乃宣的夙愿。

再见威廉时候，他已经变成了地地道道的中国人。这种改变不仅体现在他作品、言谈中，甚至连举止都"中国化"了。东方观点和中国文化，似乎已经成为他内心的驾驭者。他回到欧洲的时候，立刻成为了美茵河畔法兰克福的中国学院的教师队伍中的一员。但是，从威廉的教学或者讲座中，我仍能感受到矛盾之处：尽管他已经"中国化"了，但是传统的基督教却依然是压在他精神上的大石。那些本来已经退居幕后的基督教观点和思维模式，开始稳步地走向前台。我去听了他几次讲座，所讲内容同传统的布道并没有什么区别。

这种"后退"落在我的眼中，便是"缺乏理智""甚至是危险"的代名词。这种"后退"过程，可以看成是再度被西方"同化"的过程。我断定，此时威廉的内心一定爆发了剧烈的冲突。我认为，此次威廉的"同化"是被迫"同化"，是向环境的妥协和屈服。相对的，而在潜意识中，他身上所蕴含的东西方文化将不可避免地发生尖锐的冲突。在这种冲突中，如果中国影响胜出的话，那么他将再度被东方文化所"同化"；倘若欧洲文化和精神再度在他的潜意识中占据上风，与此同时也没有一种强有力的意识加以诠释的话，那么潜意识中的冲突就会影响其身体状态。而这种影响，可能是致命的！

所以，在听完他的讲座后，我尝试着引导他看见这种潜在的威胁。我说："亲爱的威廉，请你原谅我的直言不讳。我觉得，西方的精神已经再度成为你的主宰，你无法再继续将你东方的精神传递给西方了。"

他说："言之有理，我也能感到似乎有什么东西能在控制我，但是我却无能为力！"

几年后，威廉来我家做客，那时的他因为患了变形虫痢疾，身体已经彻底垮了。其实他早在二十年前便感染了这种病，不过就在最近几个月，病情却突然迅速恶化了。后来他不得不入院治疗，等到我去探望他的时候，他已经病入膏肓了。尽管医生们还没有绝望，尽管威廉还同我畅想着痊愈之后的一切，但是我已经预料到了悲惨的结局，而他的梦也证实了我的猜测。威廉告诉我，他做了一个梦。梦中的他，故地重游，来到了荒芜苍凉的亚洲草原，那是他离开已久的中国。他说，关于中国他仍有一些问题亟待解答，然而被西方思想牢牢束缚的他已经无力去寻找问题的答案了。他的病拖了几个月，始终不见好转。

在威廉去世前的几个星期里，我始终没有再听到关于他的消息，然后有一天晚上，我却在半梦半醒间看到了一幅幻象，接着蓦然惊醒：我的床边立着一个中国人，他一袭蓝衣，双手合十，笼在袖间。接着他躬身一礼，好像在向我传递什么讯息。这个幻象非常清晰，甚至连这个中国人的皱纹和衣服上的线头都一一可见。我知道，这说明威廉完了。

出现在威廉身上的问题可以等同于潜意识同意识之间的尖锐冲突，这种冲突的表现方式便是东方和西方之间的抵触。我和威廉的情况有相仿之处，因此我知道这种情况的出现意味着什么。尽管我为威廉介绍心理学的时候，他表现得很有兴趣，但是他的兴趣只局限在了客观事物方面——宗教或者是其他心理问题。所以在我们最后一次会晤的时候，威廉并未多说什么。我能感觉到，当我向威廉介绍心理学的时候，他还一切正常，然而，一旦我试图碰触他的内心的时候，他就会立刻后退，马上关闭心灵的大门——因为这些问题往往是最关键的。不仅是威廉，我在很多"重要人物"的身上都体验过这一点。就像是《浮士德》中所写的那样："这是脚步从未踏过的圣地"，一分一毫都不能容忍别人的涉足。那里是命运的禁地，任何人无权打扰。

附录Ⅱ
术语诠释

放大（Amplification）：以直接联想为基础，结合人文科学，如象征学、神话学、玄学、民俗学、宗教历史学、生态学等，对梦做出可能准确的阐述和澄清。

女性意向和男性意向（Anima and Animus）：男性潜意识向明显的女性性质和女性的潜意识向明显的男性性质人格化的过程。可以理解成为心理雌雄同体现象在生物事实上的反映。即，哪一种基因，雌性是雄性的数量呈现绝对优势的时候，那么这种基因就是性决定中的决定性因素；而位于下风的相反性的基因则产生一种有别于主体性格的性格。这种性格通常呈隐匿状态，不为人知。女性意向和男性意向，最典型的表现方式便是梦中或是幻想中的人物，即梦中情人（无论男女），或是用一个男人或者一个女人不理智的想法作为表现形式。不管是男性意向还是女性意向都是行为的调节器，是最具影响的原始意向的表现形式。

C.G.荣格："每个男人心中都有一种永恒的女性形象，并非是具体到哪个女人，而是一个纯粹的绝对的女性形象。这个形象隶属潜意识的范畴，是男人与生俱来的有机体系上初源处（Primordial origin）遗传因素，是所有祖先在进化过程中保有雌性所经历的一切的积淀。可以用'痕迹'（imprint）或'原始型'（the archetype）来形容。由于这一形象是潜意识的，所以潜意识为女性意向勾勒出所爱之人的面貌，这也是产生喜欢或厌烦等情感的重要原因。"（《人格的发展》，荣格全集，第17卷，第198页）

"女性意向混合了多种情感，而这些情感不仅能左右男人的理解力——就像是俗谚所说：'他是头颅，而她是脖子'，还能让男人的理解力变得扭曲。"男性意向也是潜意识的"初期形象"，但是男性意向的产生是那些未经过多考虑并脱颖而出的观念的集合体。男性意向会对女人的情感生活产生重大影响。因为男性意向愿意以"英雄式""高贵的""救世主"的形象出现，往往是体育明星、政治家、艺术家等人。出现在女人身上的女性意向，自然也属潜意识范畴，但是这种潜意识对女人显然是偏爱有加，对于女人的劣根性，贪慕虚荣、冷酷无情、无能胆小等，能全部包容。（《心理疗法的应用》，荣格全集，第16卷，第301页往下）

“倘若男人同男性意向交谈的话，只需五分钟，他就会为女性意向所控制。如果男人有足够的耐心和幽默感，准会感到愕然。因为交谈中所充斥的大多是老生常谈的话语，这些话要么是从报纸中，要么是从小说里摘抄出来的老式的、陈旧的、迂腐的描述，语言低俗，且缺乏逻辑性。可就是这种极度不尊重谈话者的谈话方式，却在这个世界上被各种语言千百万次地重复着，从未改变。”（《阳向离子》，荣格全集，第9卷，第2部分，第15页）

“不管男性意向还是女性意向，都拥有这样的自然功能，即，将自身游离于个人意识同集体潜意识之间。也可以说，不管是男性意向还是女性意向都是一副人格面具——作为一种层面，覆盖在自我意识同外界事物接触的过程中。可以说，男性意向和女性意向，就像是桥或者纽带一样，引领着我们意识到集体潜意识的存在。这种作用，与人格面具走进世界的作用是一样的。”（讨论笔记，未发表。《幻象》第1部分，第116页）

原始意向（Archetype）。C.G.荣格：原始意象的由来，建立在大量的观察研究实验之上。以世界各国的神话作品和童话作品为例，可见均含有绝对的动机。这种动机并不罕见，几乎每天都在上演！今天我们这群活生生的人的幻想、梦境，兴奋或者哀伤甚至错觉里，都存在与之相仿的动机，我把这些典型形象和联想称作原始思想。它们越是惟妙惟肖，所拥有的感情色彩越强烈……它们会形成一种假象，不断地迷惑我们。其实它们都能在原始意向中找到原型，只不过原始意是一种无法表现、潜意识的、先存的（pre-existent）形式，这种形式让人觉得，它是传承已久的灵魂结构的重要组成部分，只要它愿意，可以随时随地、自然而然地表现出来。这种原始意向类似本能，所以它便成了情调情结（the feeling tone complex）的衬托，而且与情调情结一起自治该区域。（《过渡的文明》，荣格全集，第10卷第847段）

“我经常会碰到一种景象——人们对原始意向抱有根深蒂固的偏见。偏见说，原始意象由其内容决定的，换言之，认为它是一种潜意识思想。这里有必要再次强调，原始意象不被内容左右，只为形式决定，这种决定，也是很少出现的。一个原初形象，只有在成为意识，而又被物质性的意识经验所填充的时候，才会被其内容左右。原初意象的形式，就好像是带轴的水晶体。可以这样认为，这个晶体本身缺乏物质实体，但却可以利用液体做出水晶结构。这种现象的出现依照的是离子与分子相合成的具体方法。原始意向原本没有任何内容，只有空泛的形式；也只是有形式而已。从此角度看去，它们各方面都有与本能一样的特点，而本能也困囿于形式中。当它们无法以实体的形式出现问题时，证实原始意象的存在与否同证实本能的存在与否相一致。”（《原始意象与集体潜意识》，荣格全集，第9卷，第1段，第79页往下）

“我认为，如果说原始意象不为意识所认识，这种说法是站得住脚的。说它是超

验的，所以我称呼其为心理状态很有可能是正确的。”（《心理结构与动态》，荣格全集，第8卷，第213页）

联想（Association）：知觉、感觉等，因为彼此相仿、同时产生、相互矛盾、偶然联系等情况而联系在一起。弗洛伊德解梦时所用的自由联想是：同生共存于梦者脑海的念头，该念头同梦有关或无关。荣格释梦时说经引导的抑或受到控制的联想是：同生且在梦中进行的念头，同梦密切相关。

联想测验（Association Test）：凭借计算反应时间（the reaction time）和解释对刺激字（stimulus words）所做的回答的方式发现情结的方法。

情结标志（Complex-indicators）：当敏感字符碰触到患者意图隐匿或者未意识的情结时，患者所耗费的时间过长，犯错误的可能增大，或者回答迥异常人的特异性质。

情结（Complex）。C. G. 荣格：“可以这样说，情结原本是一个整体，却因为某种创伤或者不合时宜的分裂，碎裂成心理碎片。在进行联想实验的时候我们发现，情结扰乱了意志意向，让意识过程变得一塌糊涂：它们如同杂音，妨碍联想变成一条完整的链条。情结要么将意识捆绑住，不让其发挥作用；要么让潜意识影响人的言谈和行动。总而言之，情结的行为如同一个脱离意识的独立体，如同一个特别是在非正常思考状态下显而易见的事实。患者们经常能倾听到情结同他们的交谈，这些情结甚至控制了一个人的自我性格（ego-character），就像精灵的自我性格在自动下笔和与此相类似的技巧中显现出它们自己一样。”（《心理结构与动态》，荣格全集，第8卷，第121页）

意识（Consciousness）。G.G.荣格：“当人在回忆意识究竟为何物的时候，这种东西在他的脑海中留下了深刻的难以磨灭的印象——该物产生了奇迹，导致宇宙中发生的事件会在内心产生一种形象，便是：‘意识形成过程！’”（《巴塞尔讨论会》，私下出版于1934年，第1部分）

“创造我们意识的绝非我们意识本身——它是从不知名的深处涌出的。当我们还是孩子的时候，它便悄然觉醒。而后通过生命，每天早晨从潜意识覆盖的深层中醒来。如同潜意识是意识的母体，意识从潜意识的子宫中诞生。”（《心理学与宗教：西方与东方》，荣格全集，第11卷，第569页往下）

梦（Dream）。C.G.荣格：“在精神最深处，最隐蔽的地方，有一扇小小的门，这扇门，便是梦。这扇小门只对浩渺的夜空开启，而这浩渺的夜空存在于自我意识，即精神诞生之前。不管我们的意识走了多远……所有的意识都是独立的；但是在梦中，这种情况被打乱。我们将很多同意识相似或者相仿的东西等同于原始夜晚黑暗之中，更宽广、更真实、更永恒的人的住所。存在的依然存在，丝毫未被时间改变。这些存在都蕴于他的身上，倒是人们很难将自我的本质从自我之中脱离出来。梦，便是从连为一体的这些中冉冉升起，始终保持着如婴儿般的本真。它不仅永远保持初升时的色彩，而且代代流传。”（《过渡的文明》，荣格全集，第10卷）

外倾性格（Extraversion）：一种态度型，特点是将注意力集中于外部物体。参见内倾性格。

上帝形象（God-image）：按照教会教士所言，他们认为上帝形象（imago Dei）镌刻于灵魂之上。不管是梦境还是幻境抑或是错觉之中，都是这种形象的发源地。从心理学的角度看，它是自我的象征，同时也象征着精神整体。

C.G.荣格："通过精神这条途径，我们才认识到上帝在我们身上活动。遗憾的是，我们并不能清晰地界定潜意识同上帝之间的不同。不管是潜意识还是上帝，都是解释超验内容的模糊不清的概念。尽管如此，但是它可能通过一种可能性的到达的程度被验证。即，能通过隶属潜意识范畴的梦境将自己的原始意向完整表现出来。倘若其他的原始意向和这个中心构建联系的话，那么还存在一种从意识意象（the conscious will）独立出来的倾向。导致的结果是，光看表面的话，原始产物产生出一种类似上帝特点或者是上帝特征，就不是什么不可能的事情了……潜意识和上帝之间的契合绝非完美，上帝只是和潜意识中的某种特殊部分相吻合。这一特殊部分，便是自我的原始意向。当然，也正是因为这一点，我们无法再利用经验将上帝的形象分辨开来。”（《心理学与宗教：西方与东方》，荣格全集，第11卷，第468页往下）

"如是，上帝的形象可以解释成……自我的反映，或者反其道而行之，解释成人身上投射的上帝形象的自我。”（《伊比特》第190页）

圣婚（Hierosgamos）：神圣的婚姻，或者精神婚姻。典型代表是古代炼丹术中原始意向人物的结合或是基督教会将新郎新娘和太阳月亮相联系的例子。

个性发展过程（Individuation）。C.G.荣格："我之所以会选取'个性发展过程'这个词，是为了表现一个人是如何变成心理学上所说的'个人'的过程——变成一个可分离，然不可分割的整体。”（《原始意象与集体潜意识》，荣格全集，第9卷，第275页）

"个性发展的过程就是变成单一的个体的过程，而且，由于'个性向前发展'，我们必须同我们内心最深处的、绝无仅有的太一相结合。因为其包含了变成自我的意思，由此我们可以将人性发展的过程等同于'走向自我'的过程。”（《论分析心理学的两篇论文》，荣格全集，第7卷，第171页）

"但是我不止一次地强调，我们经常犯一个错误——混淆个性发展过程和自我走进意识。因而自我（ego）常常被认为是自我（self），这两个过程简直就像是孪生兄弟一样难以分辨的，容易混淆。似乎个性发展过程仅包括自我中心和自动起性两个部分。但是自我（self）比仅仅一个自我（ego）所包含的东西要多得多……它（self）不仅是个人的自我，还是集体性的自我。而那个自我（ego），仅仅是一个人的自我。”

人格扩张（Inflation）：是一种超越原有限定的人格扩张，以认同人格面具，或者原始意象在历史或宗教人物中的认同为工具。

内倾性格（Introversion）：一种态度类型，其特点为生活定向中的主观心理满足。参阅“外倾性格”。

玛那（超自然力量）（Mana）：美拉尼西亚语，有“健康”“声誉”“力量”的含义。意为源自个人、一种行动，却能产生巨大影响的力量。这种力量能造就奇迹，含治愈力量，是心理能量的基本概念。

曼陀罗（梵语）（Mandala）：一个圈。象征着圆心、中心、终点。在荣格的言论中，代表目标中心点，也看以看成心理整体的自我或是一种走向中心的心理过程的自我复现现象，是朝着新人格的蜕变。这个概念可以用圆形、方形、四位状的东西直观的体现。靠对四这个数和其倍数的对称摆放，象征性地复现出来。不管是在希腊神话中的女妖术（lamism），还是印度神秘的瑜伽术中，这个圈都代表静思打坐的工具，是诸神诞生之圣地，也是他们休憩的座椅。被打乱的曼陀罗，可以用这样的形状来直观表现：不是正圆或者正方，或是等四边的十字状，或是不是4或者4的倍数的基数。

C. G. 荣格：“曼陀罗意味着一个圆圈，尤其意味着一个魔圈，这种象形并非局限于东方，在我们西方也并不罕见。颇具基督色彩的魔圈在中世纪之前传入，在中世纪发展到达高潮。他们往往将基督放置在中心，四周环绕着四个福音传教士，一般而言，基本点方位上都会安置着传教士的东西。这个传统由来已久，就像是埃及太阳神荷拉斯，和他的四个儿子，也是以这样的方式站位……曼陀罗的表现形式要么是一花、一十字架，要么是一车轮。这一形式有一种朝作为其结构基数的四的方向而去的显著趋势。”（《金花之秘》，1945年，第96页往下）

“倘若你的心理出现惶惑或者失调的情况时，曼陀罗便会出现。原始意向往往以一种井然的秩序出现——于是星座出现了。这种模式就像是被一分成四的十字架或者四等分的圆圈，是被心理学称为‘视角探测器’的东西，它将自己建立在混乱的心理上，所以每一种事物都得到了满足，然后复归秩序，让心里感到惶惑或失调的东西就会被那个具有抵抗作用的圆圈钳制住……此时，它们就变成一种能让秩序得以恢复的工具——印度神秘瑜伽术。”（《过渡的文明》，荣格全集，第10卷，第803段）

圣灵存在（Numinosum）：鲁道夫·奥托语（出现在其所著《神圣的意念》一书中），意为一种无以言喻、神秘莫测，让人莫名惊骇的，无法间接体验的和只同神灵沟通产生关联的感觉。

人格面具（Persond）：面具，最早指演员戴着表演用的面具。C.G.荣格：“人格面具……是个人觉得自己应该采取什么方面面对世界的体系。比如，人格面具可以因行业而定。这样做是有风险的，人们往往分辨不出哪里是自己，哪里是面具——典型的例子是教授和课本、歌唱家和声音……毫不夸张地说，人格面具和本人是迥异的，但是其他人甚至本人都会将自己等同于人格面具。”（《原始意象与集体潜意识》，荣格全集，第9卷，第122页往下）

原初形象（Primordial Image）：由荣格最初使用，指原始意向。

精神状态（Psychoid）：“灵魂状的”或“准精神的”。C. G. 荣格：“集体意识衍生出一种精神……这种精神无法直接获得——不能直接感知或者‘再现’，这种精神相对应可感知的精神现象而存在。由于这种精神稍纵即逝‘无法再现’的性质，因此我称其为‘精神状态’。”（《心理结构与动态》，荣格全集，第8卷，第436页）

四位体（Quaternity）。C. G. 荣格：“四位体是一种原始意象，它的足迹遍布世界。任何一种判断力都立足于它的逻辑根基。倘若谁愿意做一下这种判断力测验，那准会收到四种层次。就好像，你想描摹地平线，你就会用天空的四个部分来形容……四，是无处不在的基数。四种元素、四种基本性质、四种原色、四种阶层等等。四，作为无所不在的基数也出现心理学范畴……为了给我们自己定位，第一，我们必须有能肯定某种事物存在的功能（感觉）；第二，我们还要确定这种事物是什么（思维）；第三，我们还要判断我们同这种事物相适应，我们能否接受它（情感）；第四，我们还要确定这种东西源自何处，要去何处（直觉）。上述四步都完成后，就毋庸赘言了……理想的完成形式就是圆形或球形，但它的自然最小分裂式是个四位体形式。”（《心理学与宗教：西方与东方》，荣格全集，第11卷，第167页）

四位体或者叫四元结构——3+1架构，组成四位体的一元数与众不同，它往往具有有别于其他数的性质（打个比方：三个福音传教士的象征物为动物，而第四个传教士的象征物则为天使）。换而言之，便是这三个同这一个相加，而后构成一个统一的整体。在分析心理学中，“恶”往往就是“第四个”，它对意识的整合是个性化过程中重要任务之一。

自我（Self）：原始意象的中点，原始意象的中心；次序的原始型；人格的整体。其象征物为圆形、方形、四位形；儿童，曼陀罗等等。

C. G. 荣格：“相较而言，自我的数量远胜于意识自我（the conscious ego）的数量。因为它的组成部分不仅有意识，而且还有潜意识。甚至，我们也是参与其中的人格……倘若我们想要到达自我意识的边缘，简直是痴人说梦。因为不管我们怎样去意识，都不可避免地存在着一个没有定限也无法定限的潜意识物质的量，该量属于自我的整体之中。”（《两篇论分析心理学的论文》，荣格全集，第7卷，第75页）

“自我（the self）不仅是圆心，还包含以此圆心辐射成的意识同潜意识相结合的圆圈。它不仅是整体的中心，还是意识思维的中心。”（《心理学与炼丹术》，荣格

全集，第12卷，第41页）

“自我（the self）是我们生活的目标，因为我们正是把那一至关重要的整合所做的最完整的表述称之为人格。”（《两篇论文》，荣格全集，第7卷，第238页）

阴影（Shadow）：人格中的“恶”，不仅包含个人精神因素，还包含集体精神元素。这些因素同已被选择的意识态度共存，因此它们拒绝出现在生活中。所以这些因素便自主联合成为同意识相对的，带有独立色彩。它们往往成为“分裂人格”的始作俑者。但是阴影同时还是意识的补偿物，除了本身的消极色彩外，还有一定的积极意义。

C.G.荣格：“阴影将我们不愿意承认的一切都进行人格化，但是阴影通常也会将自己直接或者间接地强加在个人身上——例如性格中的‘恶’，和其他不相容的倾向。”（《原始意象与集体潜意识》，荣格全集，第9卷，第284页）

“阴影是那个被压抑、被隐匿的部分，它隶属于卑劣同负罪人格的范畴，其绝大部分都可以追溯到我们动物祖先的时代去。当然了，整个潜意识的历史发展进程也都被囊括其中……如果就此断定，人类的阴影是万恶之源，并对此加以研究考证的话，就会发现：潜意识的人，他身上的阴影的组成元素不仅是道德上为人所诟病的元素，还有大量值得称道的品质——正常的本能，合宜的反应，实事求是的洞察力，创造的冲动等。”（《阳向离子》，荣格全集，第9卷，第二部分，第266页）

灵魂（Soul）。C.G.荣格：“倘若给人的灵魂下一个定义，那是非常困难的。因为灵魂，是一个出乎人想象的复杂多变体。用心理学充当认识它的工具并不可行，所以我只能怀带惊奇同敬畏之心看着我精神本质，仰之弥高。灵魂，是一个没有空间界定的宇宙，各式各样的意向充斥其中。这些意象颇有渊源——大多在人类身上发展了近百万年，方才积淀而成，而且已经固定在有机体之上。我的意识如同第三只眼睛，穿越遥远空间的迷雾，但是精神上的非自我（pon-ego）同样活跃，它们召唤来无空间的意象，将这些空间填塞得满满当当。这些意象并非可忽视的近似透明的阴影，而是威力巨大的精神因素……在这种图像旁边，我想放上这样一卷图画：夜空中繁星点点，能同内心宇宙相媲美的不过是外面的宇宙。当我利用天体作为抵达这个世界的媒介时，我也通过精神这一媒介到达了那一世界。”（《弗洛伊德与精神分析》，荣格全集，第4卷，第331页往下）

“倘若说上帝在灵魂之外的任何地点都能显圣，这种说法本身便是对上帝的亵渎。事实上，上帝同灵魂之间的关系坚不可摧，如果亵渎灵魂，便是从某种意义上的亵渎上帝。如果真的划定两者的距离，也许灵魂并非和上帝密不可分，但是灵魂与生俱来的功能之一便是同上帝保持联系。否则的话，将没有什么联系会出现。这种说法，用心理学术语阐述便是‘上帝形象的原始意向’”。（《心理学与炼丹术》，荣

格全集，第12卷，第10页往后）

同步（Synchronicity）：荣格创造的词。意为：两件含两件以上的事情会出现某种巧合或者相仿，这种相仿分两种情况。A：身体状态同精神现象出现某种相合性，这种相合并非偶然。例如：通过梦、幻境、预感等内心方式感受的事件，在外界一一实现，那么内心的预感意象便成为了现实。此时，可以说两者发生了同步。B：相同或者近似的想法、梦境、幻觉等，在不同的地点不同人物处上演，也称为同步。因为无法将同时上演的双方解释为巧合，可以看成在潜意识中活跃的原始意象在作祟。

C.G.荣格："我对潜意识的痴迷可谓久矣！这种痴迷成为我去独辟蹊径的最大驱动力。因为我发现，那种偶合原则虽然在解释某些潜意识心理颇惹人注目，但在我看来，却不是很恰当。在我的探索之下，精神并列现象'水落石出'，但是这并不能将两者偶然地联系在一起，而必须通过必要的纽带——事件列连性联系起来。于我而言，之所以要这么做，源于一个事实，即它们拥有相对的同时性——'同步'。确实，抽象不适合做时间的形容词，只有连续统一体才能恰如其分的形容时间。其中包含着质量或叫基本条件，这些基本条件在不同地点通过并列现象同时将自己显现出来。那一并列现象不能被解释为偶然现象，就像不能将同时发生的同一想法、象征或者精神状态情况解释为偶然现象一样。"（《金花之秘》，第142页往下有修改）

"我来阐述选择这个词的原因，在于这种同时发生的两件并非偶然的，而是有意义联系的事情。我将其看作是判断的根本依据。故而，我用'同步概念'来形容，但是我却赋予'同步概念'以'并发事情'的内涵。在'并发事情'中，有两个含两个以上的毫无关联的事件同时发生却并行不悖，它们拥有相同或者相近的意义，这与'纯系同步发生性'形成对比；该词则仅仅意味着两个事件的同时发生。"（《心理结构与动态》，荣格全集，第8卷，第441页）

潜意识（Unconscious，the）。C.G.荣格："潜意识是无限的又是有限的。从理论的角度出发，因为意识具有无穷尽的扩展能力，所以无法给其划定明显的'势力范围'。从经验的角度出发，当潜意识同未知事物（the unkown）发生碰撞的时候，潜意识却出现了界限。潜意识之外的事物，我们一无所知。这一事物，同意识领域的核心——自我（the ego），没有任何的交叉点。未知事物可分为两类客体：一类居于外部，且能为感觉所感知；一类虽居于外界，但是我们一无所知。我们将后者所囊括的范畴，统称为潜意识。"（《阳向离子》，荣格全集，第9卷，第2部分，第3页）

"我已感知，却未加以思考的事情；我曾意识，镌刻在我记忆中的事情；我的感官已经触及，却没有被我的头脑所意识的事情；我被动接纳，原本不为我所注意、思考、记忆、期望的事情；塑造我，并进入意识未来世界的事情：所有这些都是潜意识的内容。"（《心理结构与状态》，荣格全集，第8卷，第185页）

“不光是这些，还有那些多多少少对全人类的痛苦想法的压制，我们将其统称为‘个人潜意识’。不仅如此，我们还在潜意识中发现了很多并非出自后来而是先天传承的性质。如：意识没有介入，冲动作为本能发挥作用。集体潜意识包含两个重要组成部分：本能和原始意象。我将其统称为‘集体’，因为其有别于个人潜意识，它并非是由个体或者特殊内容构成，而是由具有普遍意义、时常发生的、司空见惯的事情构成。”

“第一种：包括个人人格中的重要组成因素，可以被意识轻而易举地意识到。第二种：是一种永恒的存在，放之四海而皆准，推行百世不悖。”（《阳向离子》，荣格全集，第9卷，第2部分，第7页）

“精神是层次分明的，当其更深的‘层次’隐匿于黑暗时，其个体的独特性会消失殆尽。‘更深’即，它们在自治功能体系中渐行渐远，以至于‘进化’成为集体性质。当它们以普遍性的面目出现时，那么身体内的实体性不复存在。换而言之，在化学中消失，身体的碳化合物，仅仅是碳化合物。所以在精神的最深层，精神也仅仅是精神了。”（《原始意象与集体潜意识》，荣格全集，第9卷，第173页）